AutoCAD 2021

从入门到精通

龙马高新教育 ◎ 编著

北京大学出版社
PEKING UNIVERSITY PRESS

内 容 提 要

本书通过精选案例系统地介绍了 AutoCAD 2021 的相关知识和应用方法，引导读者深入学习。

全书分为 5 篇，共 15 章。第 1 篇为基础入门篇，主要介绍 AutoCAD 2021 简介、AutoCAD 的命令调用与基本设置及图层等；第 2 篇为二维绘图篇，主要介绍绘制二维图形、编辑二维图形、绘制和编辑复杂对象、尺寸标注、文字与表格等；第 3 篇为高效绘图篇，主要介绍图块与外部参照及图形文件管理操作等；第 4 篇为三维绘图篇，主要介绍绘制三维图形及渲染等；第 5 篇为行业应用篇，主要介绍摇杆绘制和一室一厅装潢平面图等。

在本书附赠的资源中，包含了 25 小时与图书内容同步的教学视频及所有案例的配套素材文件和结果文件。此外，还赠送了大量相关学习内容的教学视频及扩展学习电子书等。

本书既适合 AutoCAD 2021 初、中级用户学习，也可以作为各类院校相关专业学生和计算机培训班学员的教材或辅导用书。

图书在版编目（CIP）数据

AutoCAD 2021 从入门到精通 / 龙马高新教育编著 . — 北京：北京大学出版社，2021.7
ISBN 978-7-301-32270-3

Ⅰ . ① A… Ⅱ . ①龙… Ⅲ . ① AutoCAD 软件 Ⅳ . ① TP391.72

中国版本图书馆 CIP 数据核字 (2021) 第 118312 号

书　　名	AutoCAD 2021 从入门到精通 AutoCAD 2021 CONG RUMEN DAO JINGTONG
著作责任者	龙马高新教育 编著
责 任 编 辑	王继伟　刘羽昭
标 准 书 号	ISBN 978-7-301-32270-3
出 版 发 行	北京大学出版社
地　　址	北京市海淀区成府路 205 号　100871
网　　址	http://www.pup.cn　新浪微博：@ 北京大学出版社
电 子 信 箱	pup7@ pup. cn
电　　话	邮购部 010-62752015　发行部 010-62750672　编辑部 010-62570390
印 刷 者	北京溢漾印刷有限公司
经 销 者	新华书店
	787 毫米 ×1092 毫米　16 开本　27 印张　657 千字
	2021 年 7 月第 1 版　2021 年 7 月第 1 次印刷
印　　数	1-4000 册
定　　价	79.00 元

AutoCAD 2021很神秘吗?

不神秘!

学习AutoCAD 2021难吗?

不难!

阅读本书能掌握AutoCAD 2021的使用方法吗?

能!

为什么要阅读本书

AutoCAD是由美国Autodesk公司开发的通用CAD（Computer Aided Design，计算机辅助设计）软件。随着计算机技术的迅速发展，计算机绘图技术被广泛应用在机械、建筑、家居、纺织和地理信息等行业，并发挥着越来越大的作用。本书从实用的角度出发，结合实际应用案例，模拟了真实的工作环境，介绍AutoCAD 2021的使用方法与技巧，旨在帮助读者全面、系统地掌握AutoCAD的应用。

本书内容导读

本书分为5篇，共15章，具体内容如下。

第0章 包含5段教学录像，介绍AutoCAD 2021的应用领域与学习思路。

第1篇（第1～3章）为基础入门篇，包含19段教学录像，主要介绍AutoCAD 2021中的各种操作。通过对该篇内容的学习，读者可以掌握如何安装AutoCAD 2021，了解AutoCAD 2021的工作界面及图层的运用等操作。

第2篇（第4～8章）为二维绘图篇，包含28段教学录像，主要介绍AutoCAD 2021二维绘图的操作。通过对该篇内容的学习，读者可以掌握绘制二维图形、编辑二维图形、绘制和编辑复杂对象、尺寸标注及文字与表格等。

第3篇（第9～10章）为高效绘图篇，包含10段教学录像，主要介绍AutoCAD 2021高效绘图操作。通过对该篇内容的学习，读者可以掌握图块的创建与插入及图形文件的管理操作。

第4篇（第11～12章）为三维绘图篇，包含11段教学录像，主要介绍AutoCAD 2021的三维绘图功能。通过对该篇内容的学习，读者可以掌握绘制基本三维图形及渲染等。

第5篇（第13～14章）为行业应用篇，包含4段教学录像，主要介绍摇杆绘制和一室一厅装潢平面图设计。

选择本书的 *N* 个理由

❶ 简单易学，案例为主

以案例为主线，贯穿知识点，实操性强，与读者需求紧密结合，模拟真实的工作学习环境，帮助读者解决在工作中遇到的问题。

❷ 高手支招，高效实用

本书的“高手支招”板块提供了大量的实用技巧，不仅能满足读者的阅读需求，也能解决工作学习中一些常见的问题。

❸ 举一反三，巩固提高

本书的“举一反三”板块提供了与该章知识点有关或类型相似的综合案例，帮助读者巩固和提高所学内容。

❹ 海量资源，实用至上

赠送大量实用模板、实用技巧及学习辅助资料等，便于读者结合赠送资料学习。

配套资源

❶ 25 小时名师视频教程

教学视频涵盖本书所有知识点，详细讲解每个实例及实战案例的操作过程和关键点。读者可以更轻松地掌握 AutoCAD 2021 软件的使用方法和技巧，且扩展性讲解部分可以使读者获得更多的知识。

❷ 超多、超值资源大奉送

随书奉送 AutoCAD 2021 常用命令速查手册、AutoCAD 2021 快捷键查询手册、通过互联网获取学习资源和解题方法、AutoCAD 行业图纸模板、AutoCAD 设计源文件、AutoCAD 图块集模板、AutoCAD 2021 软件安装教学视频、15 小时 Photoshop CC 教学视频、《手机办公10 招就够》电子书、《微信高手技巧随身查》电子书、《QQ 高手技巧随身查》电子书及《高效能人士效率倍增手册》电子书等超值资源，以方便读者扩展学习。

配套资源下载

为了方便读者学习，本书配备了多种学习方式，供读者选择。

❶ 下载地址

扫描下方左侧二维码并输入资源码“cad2021”，或扫描下方右侧二维码，均可下载本书配套资源。

❷ 使用方法

下载配套资源到电脑端，打开相应的文件夹即可查看对应的资源。每一章所用到的素材文件均在“本书实例的素材文件、结果文件\素材\ch*”文件夹中，读者在操作时可随时取用。

本书读者对象

1．没有任何 AutoCAD 应用基础的初学者。

2．有一定应用基础，想精通 AutoCAD 2021 的人员。

3．有一定应用基础，没有实战经验的人员。

4．大专院校及培训学校的教师和学生。

创作者说

本书由龙马高新教育编著，其中，宁跃飞任主编，齐雷、李明任副主编。读者读完本书后，如果惊奇地发现“我已经是 AutoCAD 2021 达人了”，就是让编者最欣慰的结果。

在本书编写过程中，我们竭尽所能地为您呈现最好、最全的实用功能，但仍难免有疏漏和不妥之处，敬请广大读者指正。若在学习过程中产生疑问或有任何建议，可以通过 E-mail 与我们联系。

读者邮箱：2751801073@qq.com

投稿邮箱：pup7@pup.cn

目录

第 0 章　AutoCAD 最佳学习方法

本章 5 段教学录像

第 1 篇　基础入门篇

第 1 章　AutoCAD 2021 简介

本章 6 段教学录像

AutoCAD 2021 是 Autodesk 公司推出的计算机辅助设计软件，该软件经过不断的完善，现已成为国际上广为流行的绘图工具。本章将介绍 AutoCAD 2021 的安装、工作界面、文件管理、新增功能等基本知识。

高手支招

第 2 章　AutoCAD 的命令调用与基本设置

本章 7 段教学录像

命令调用、坐标的输入方法及 AutoCAD 的基本设置都是在绘图前需要弄清楚的。在 AutoCAD 中辅助绘图设置主要包括草图设置、选项设置和打印设置等，通过这些设置，用户可以精确方便地绘制图形。

第 3 章 图层

本章 6 段教学录像

图层相当于重叠的透明图纸，每张图纸上面的图形都具备自己的颜色、线宽、线型等特性，将所有图纸上面的图形绘制完成后，可以根据需要对其进行相应的隐藏或显示，将会得到最终的图形需求结果。为了方便对 AutoCAD 对象进行统一管理和修改，用户可以把类型相同或相似的对象指定给同一图层。

第 2 篇 二维绘图篇

第 4 章 绘制二维图形

本章 7 段教学录像

二维图形是 AutoCAD 的核心功能，任何复杂的图形，都是由点、线等基本的二维图形组合而成。本章通过对液压系统图绘制过程的详细讲解来介绍二维绘图命令的应用。

高手支招

第 5 章 编辑二维图形

本章 4 段教学录像

编辑就是对图形的修改，实际上，编辑过程也是绘图过程的一部分。单纯地使用绘图命令，只能创建一些基本的图形对象。如果要绘制复杂的图形，在很多情况下必须借助图形编辑命令。AutoCAD 2021 提供了强大的图形编辑功能，可以帮助用户合理地构造和组织图形，既保证绘图的精确性，又简化了绘图操作，从而极大地提高了绘图效率。

高手支招

第 6 章 绘制和编辑复杂对象

本章 6 段教学录像

AutoCAD 可以满足用户的多种绘图需求，一种图形可以通过多种绘制方法来绘制，如平行线可以用两条直线来绘制，但是用多线绘制会更为快捷准确。

栅栏在日常生活中随处可见，本节就利用多线、样条曲线、多段线、填充、复制、阵列、修剪等命令来绘制栅栏。

高手支招

第 7 章 尺寸标注

本章 6 段教学录像

没有尺寸标注的图形称为哑图，在现在的各大行业中已经极少采用了。另外需要注意的是，零件的大小取决于图纸所标注的尺寸，并不以实际绘图尺寸作为依据。因此，图纸中的尺寸标注可以看作是数字化信息的表达。

高手支招

第 8 章 文字与表格

本章 5 段教学录像

在制图中，文字是不可缺少的组成部分，经常用于书写图纸的技术要求。除了技术要求外，对于装配图，还要创建图纸明细栏对装配图的组成加以说明，而在 AutoCAD 中创建明细栏最常用的方法就是通过表格命令来创建。

高手支招

第 3 篇 高效绘图篇

第 9 章 图块与外部参照

本章 5 段教学录像

图块是一组图形实体的总称，在应用过程中，AutoCAD 图块将作为一个独立的、完整的对象来操作，用户可以根据需要按指定比例和角度将图块插入到指定位置。

外部参照是一种类似于块图形的引用方式，它和块最大的区别在于，块在插入后，其图形数据会存储在当前图形中，而使用外部参照，其数据并不增加在当前图形中，始终存储在原始文件中，当前文件只包含对外部文件的一个引用。因此，不可以在当前图形中编辑外部参照。

高手支招

第 10 章 图形文件管理操作

本章 5 段教学录像

AutoCAD 软件中包含许多辅助绘图功能供用户进行调用，其中查询和参数化是应用较广的辅助功能，本章将对相关工具的使用进行详细介绍。

第 4 篇 三维绘图篇

第 11 章 绘制三维图形

本章 5 段教学录像

AutoCAD 不仅可以绘制二维平面图，还可以创建三维实体模型，相对于二维 *XY* 平面视图，三维视图多了一个维度，不仅有 *XY* 平面，还有 *ZX* 平面和 *YZ* 平面，因此，三维实体模型具有真实直观的特点。创建三维实体模型可以通过已有的二维草图来进行创建，也可以直接通过三维建模功能来完成。

第 12 章 渲染

本章 6 段教学录像

AutoCAD 提供了强大的三维图形效果显示功能，可以帮助用户将三维图形消隐、着色和渲染，从而生成具有真实感的物体。使用 AutoCAD 提供的渲染命令可以渲染场景中的三维模型，并且在渲染前可以为其赋予材质、设置灯光、添加场景和背景等。另外，还可以将渲染结果保存为位图格式，以便在 Photoshop 或者 ACDSee 等软件中编辑或查看。

第 5 篇 行业应用篇

第 13 章 摇杆绘制

本章 2 段教学录像

摇杆属于叉架类零件，多为铸造或锻造制成毛坯，再经机械加工而成，一般分为支撑部分、工作部分和联接安

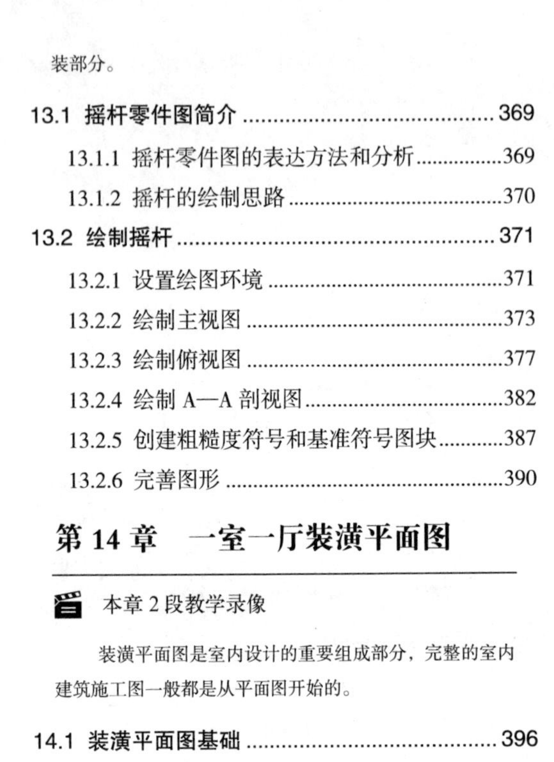

装部分。

第 14 章　一室一厅装潢平面图

本章 2 段教学录像

装潢平面图是室内设计的重要组成部分，完整的室内建筑施工图一般都是从平面图开始的。

第 0 章 AutoCAD 最佳学习方法

本章导读

AutoCAD 是美国 Autodesk 公司开发的自动计算机辅助设计软件，用于二维绘图、详细绘制、设计文档和基本三维设计，现已成为广为流行的绘图工具。AutoCAD 具有良好的用户界面，通过交互菜单或命令行的方式便可以进行各种操作，让用户在不断实践的过程中更好地掌握它的各种应用和开发技巧，从而提高工作效率。本章向读者介绍 AutoCAD 的最佳学习方法。

思维导图

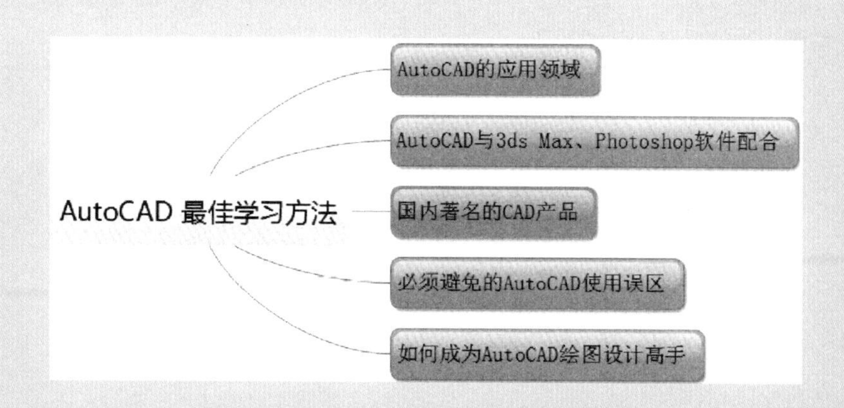

0.1 AutoCAD 的应用领域

AutoCAD 由最早的 V1.0 版本到目前的 2021 版本已经更新了几十次，CAD 软件在工程中的应用层次也在不断地提高，越来越集成和智能化，通过它无须懂得编程，即可自动制图，因此在全球被广泛使用，可以用于机械设计、电子电路、装饰装潢、土木建筑、服装鞋帽、航空航天、园林设计、城市规划、轻工化工等诸多领域。

1. 建筑设计

计算机辅助建筑设计（Computer Aided Architecture Design，CAAD）是 CAD 在建筑方面的应用，它为建筑设计带来了一场真正的革命。随着 CAAD 软件从最初的二维通用绘图软件发展到如今的三维建筑模型软件， CAAD 技术已被广泛使用。这不但可以提高设计质量，缩短工程周期，还可以节约建筑投资。建筑设计的样图如下图所示。

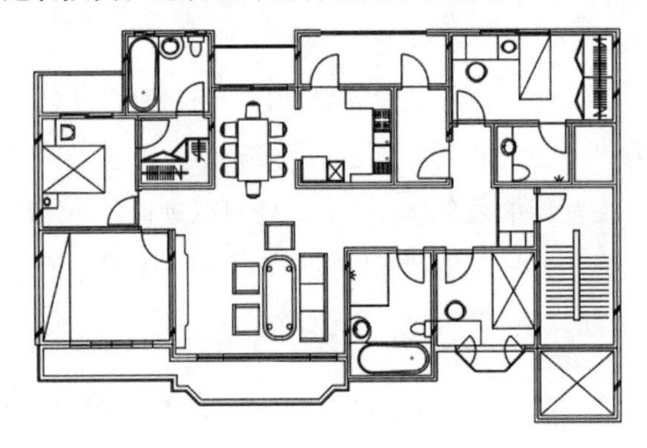

2. 机械设计

CAD 在机械制造行业的应用是最早的， 也是最为广泛的。采用 CAD 技术进行产品设计，不但可以使设计人员放弃烦琐的手工绘制方法、更新传统的设计思想、实现设计自动化、降低产品的成本，还可以提高企业及其产品在市场上的竞争能力，缩短产品的开发周期，提高劳动生产率。机械设计的样图如下图所示。

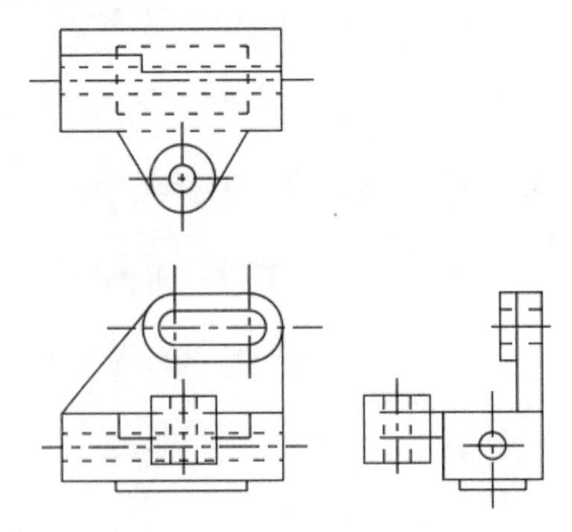

3. 电气设计

AutoCAD 在电子电气领域的应用称为电子电气 CAD。它主要包括电气原理图的编辑、电路功能仿真、工作环境模拟、印制板设计与检测等。使用电子电气 CAD 软件还能迅速生成各种各样的报表文件（如元件清单报表），方便元件的采购及工程预算和决算。电气设计的样图如下图所示。

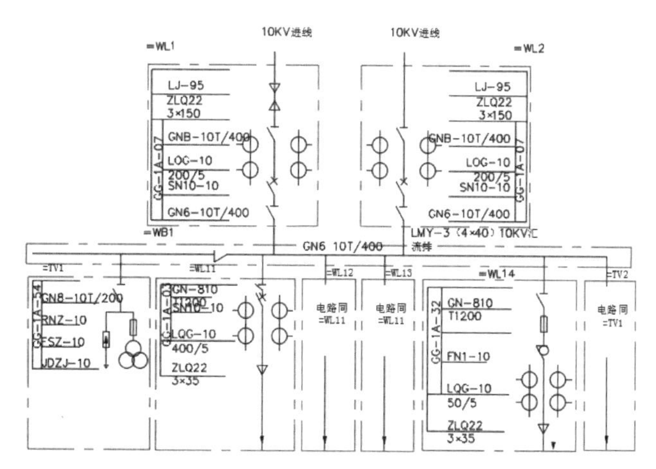

4. 室内装潢

近几年来，室内装潢市场发展迅猛， 拉动了相关产业的高速发展，消费者的室内装潢需求也不断增加，发展空间巨大。AutoCAD 在室内装潢领域的应用主要表现在家具家电设计，平面布置，地面、顶棚、空间立面及公共办公空间的设计，此外，使用 AutoCAD 搭配 3ds Max、Photoshop 等软件， 可以制作出更加专业的室内装潢设计图。室内装潢设计的样图如下图所示。

0.2 AutoCAD 与 3ds Max、Photoshop 软件配合

一幅完美的设计效果图是由多个设计软件协同完成的，根据软件自身优势的不同，所承担的绘制环节也不相同。例如，AutoCAD 与 3ds Max、Photoshop 软件配合使用，因所需绘制的环节不同，在绘制顺序方面也存在着先后差异。

AutoCAD 具有强大的二维及三维绘图和编辑功能，能够方便地绘制出模型结构图。3ds Max 的优化及增强功能可以更好地进行建模、渲染及动画制作，此外，用户还可以将 AutoCAD 中创建的结构图导入 3ds Max 中进行效果图模型的修改。而 Photoshop 是非常强大的图像处理软件，可以更有效地进行模型图的编辑工作，如图像编辑、图像合成、校色调色及特效制作等。

例如，在建筑行业中如果需要绘制校门效果图，可以根据所需建造的规格及结构等信息在 AutoCAD 中进行相关二维平面图的绘制，还可以利用 AutoCAD 的图案填充功能对校门二维线框图进行相应的填充。

利用 AutoCAD 完成校门二维线框图绘制之后，可以将其调入 3ds Max 中进行建模，3ds Max 拥有强大的建模及渲染功能。在 3ds Max 中调用 AutoCAD 创建的二维线框图建模的优点是结构明确，易于绘制、编辑， 而且绘制出来的模型将更加精确。利用 3ds Max 软件将模型创建完成后，还可以为其添加材质、灯光及摄影机，并进行相应的渲染操作，查看渲染效果。

对建筑模型进行渲染之后，可以将其以图片的形式保存，然后便可以利用 Photoshop 对其进行后期编辑操作，可以为其添加背景，以及人、车、树等辅助元素，也可以对其进行调整颜色及对比度等操作。

0.3 国内著名的 CAD 产品

除了 AutoCAD 系列产品之外，国内也有几款著名的 CAD 产品，如浩辰 CAD、中望 CAD+、天正建筑、开目 CAD、天河 CAD 及 CAXA 等。

1. 中望 CAD+

中望 CAD+ 是中望软件自主研发的新一代二维 CAD 平台软件，运行更快、更稳定，功能持续进步，更兼容最新 DWG 文件格式。中望 CAD+ 通过独创的内存管理机制和高效的运算逻辑技术，使软件在长时间的设计工作中快速稳定运行；还有动态块、光栅图像、关联标注、最大化视口、CUI 定制 Ribbon 界面系列实用功能，手势精灵、智能语音、Google 地球等独创智能功能，最大限度提升了生产设计效率；强大的 API 接口为 CAD 应用带来无限可能，满足不同专业应用的二次开发需求。如下图所示为中望 CAD 2021 的主界面。

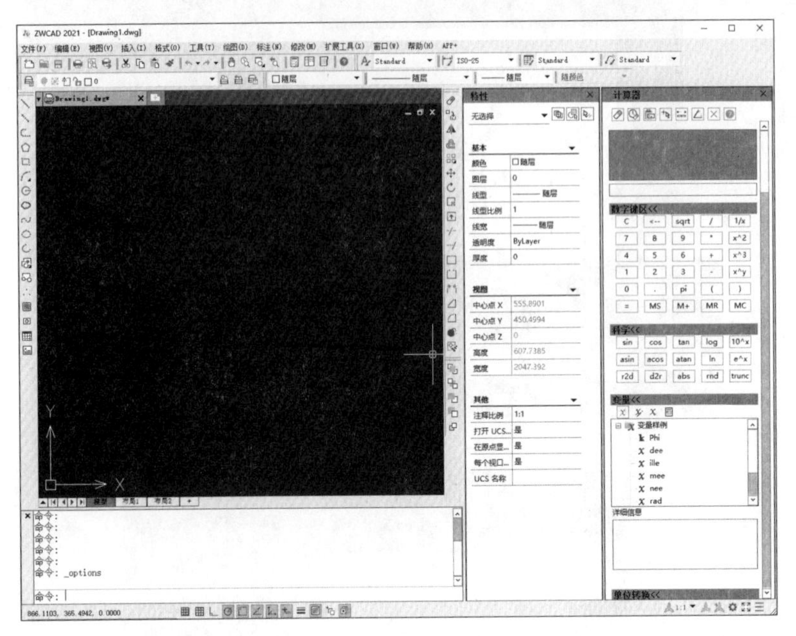

2. 浩辰 CAD

浩辰 CAD 平台广泛应用于工程建设、制造业等设计领域，已拥有十几个语言版本。浩辰 CAD 保持主流软件操作模式，符合用户设计习惯， 完美兼容 AutoCAD，在 100 多个国家和地区得到广泛应用。专业软件包含应用在工程建设行业的建筑、结构、给排水、暖通、电气、电力、架空线路、协同管理软件和应用在机械行业的机械、浩辰 CAD 燕秀模具，以及图档管理、钢格板、石材等。如下图所示为浩辰 CAD 2021 专业版的界面。

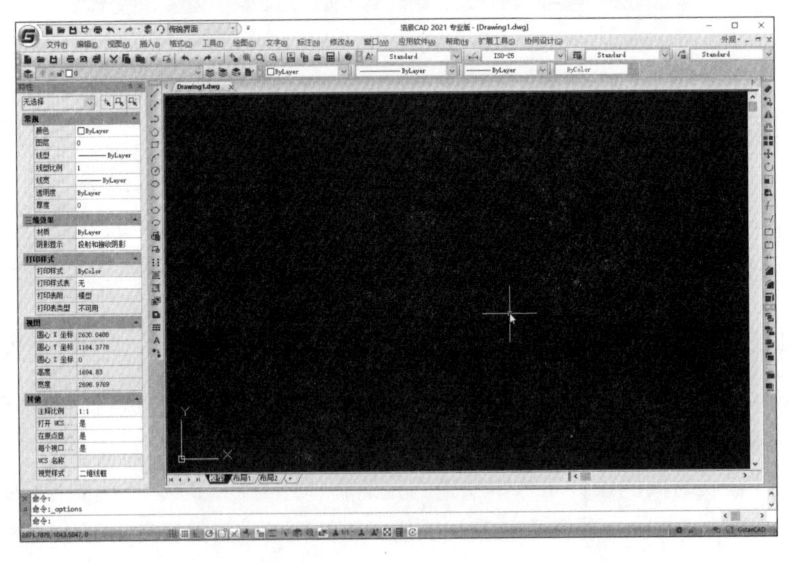

3. 天正建筑

天正建筑在 AutoCAD 平台的基础上开发了一系列建筑、暖通、电气等专业软件，通过界面集成、数据集成、标准集成及天正系列软件内部联通和天正系列软件与 Revit 等外部软件联通，打造了真正有效的 BIM 应用模式。它具有植入数据信息，承载信息，扩展信息等特点。同时天正建筑对象创建的建筑模型已经成为天正日照、节能、给排水、暖通、电气等系列软件的数据来源，很多三维渲染图也是基于天正三维模型制作而成。

0.4 必须避免的 AutoCAD 使用误区

在使用 AutoCAD 绘图时必须避免以下几个使用误区。

（1）没有固定的图纸文件存放文件夹，随意存放图纸位置，容易导致需要时找不到文件。

（2）图纸文件的命名不规范。尤其一家公司内如果有数十位设计者，没有图纸命名标准，将会很难管理好图纸。

（3）绘图前不设置绘图环境，尤其是初学者。在绘图前需要制定自己的专属 AutoCAD 环境，以达到事半功倍的效果。

（4）坐标观念不清楚。用自动方向定位法和各种追踪技巧时，如果不清楚绝对坐标和相对坐标，对图纸大小也无法清晰知晓，那么就不可能绘制出高质量的图纸。

（5）不善于使用捕捉，而是用肉眼作图。如果养成这样的习惯，绘制图纸后局部放大图纸，将会看到位置相差甚多。

（6）学习片面，如学习机械的只绘制机械图，学习建筑的只绘制建筑图。机械设计、土木建筑、电子电路、装饰装潢、城市规划、园林设计、服装鞋帽等都是平面绘图，在专注一个方面的同时，还需要兼顾其他方面，做到专一通百，这样才能更好地掌握 AutoCAD 技术。

（7）机械地按部就班绘图。初学时通常按部就班地在纸上绘制草图，构思图层，然后在 AutoCAD 中设置图层，并在图层上绘制图形。熟练操作之后，就可以利用 AutoCAD 编辑图纸的优势，先在 AutoCAD 上绘制草图，然后根据需要将图线置于不同层上。

0.5 如何成为 AutoCAD 绘图设计高手

通过本书的介绍并结合恰当的学习方法，就能成为 AutoCAD 绘图设计高手。

1. AutoCAD 绘图设计的基本流程

使用 AutoCAD 进行设计时，前期需要和客户建立良好的沟通，了解客户的需求及目的，并绘制出平面效果图，然后通过与客户的讨论、修改，制作出完整的平面效果图，最后就可以根据需要绘制具体的施工图，如布置图、材料图、水电图、立面图、剖面图、节点图及大样图等。

使用 AutoCAD 绘制图形的基本流程如下图所示。

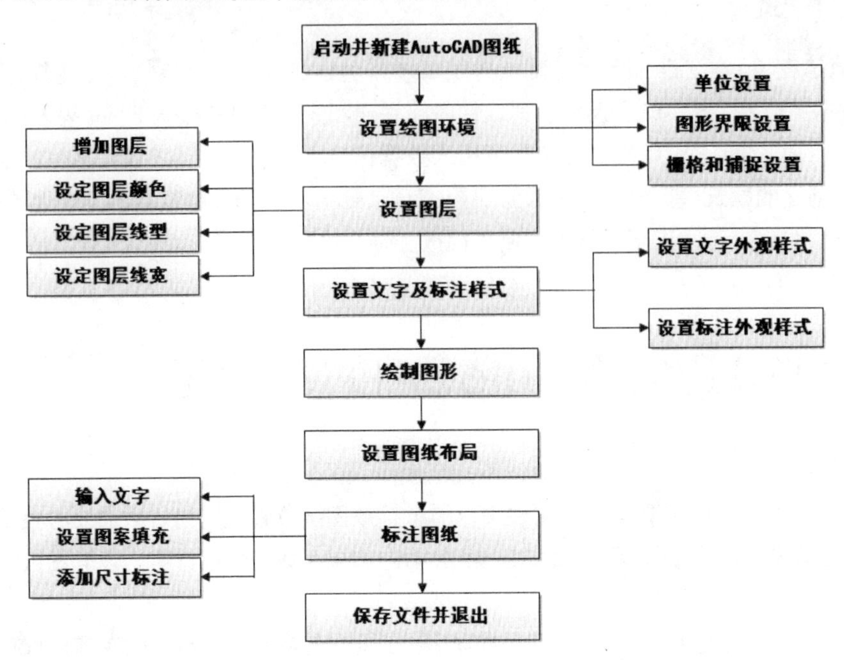

2. 如何阅读本书

本书以学习 AutoCAD 2021 的最佳结构来分配章节，第 0 章可使读者了解 AutoCAD 的应用领域及如何学习 AutoCAD。第 1 篇可使读者掌握 AutoCAD 的使用方法，包括安装与配置软件、图层。第 2 篇可使读者掌握 AutoCAD 绘制和编辑二维图形的操作，包括绘制二维图形、编辑二维图形、绘制和编辑复杂对象、文字与表格及尺寸标注等。第 3 篇可使读者掌握高效绘图的操作，包括图块的创建与插入、图形文件的管理操作等。第 4 篇可使读者掌握三维绘图的操作，包括绘制三维图形及渲染等。第 5 篇通过绘制摇杆及一室一厅装潢平面图介绍 AutoCAD 2021 在行业中的应用。

第
1
篇

基础入门篇

第 1 章　AutoCAD 2021 简介

第 2 章　AutoCAD 的命令调用与基本设置

第 3 章　图层

本篇主要介绍 AutoCAD 2021 的入门操作。通过对本篇内容的学习，读者可以掌握安装与配置 AutoCAD 2021 及图层等的操作方法。

第1章 AutoCAD 2021简介

本章导读

AutoCAD 2021是Autodesk公司推出的计算机辅助设计软件，该软件经过不断的完善，现已成为国际上广为流行的绘图工具。本章将介绍AutoCAD 2021的安装、工作界面、文件管理、新增功能等基本知识。

思维导图

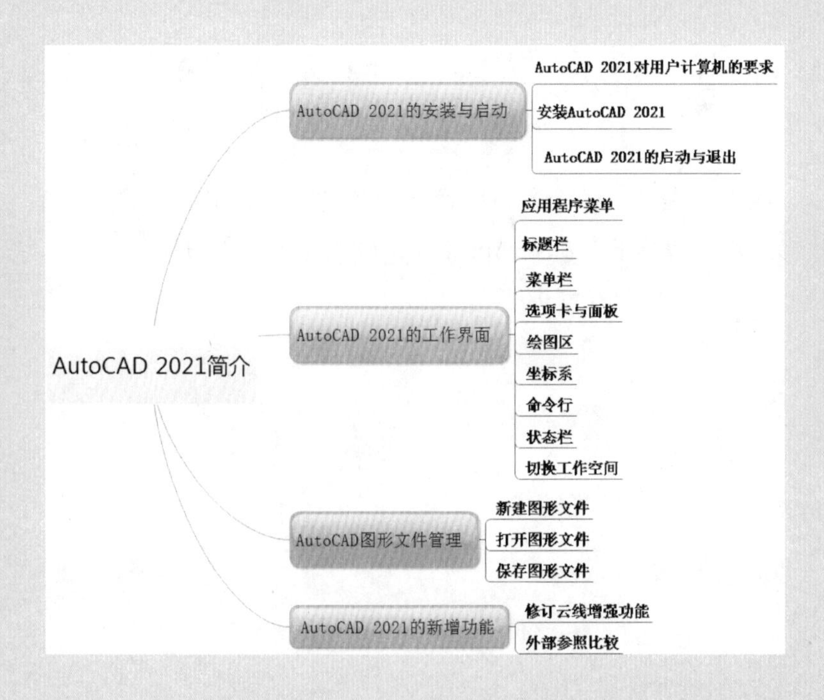

1.1 AutoCAD 2021 的安装与启动

用户要在计算机上使用 AutoCAD 2021，首先要在计算机上正确安装该软件，本节将介绍如何安装、启动及退出 AutoCAD 2021。

1.1.1 AutoCAD 2021 对用户计算机的要求

AutoCAD 2021 对用户（非网络用户）计算机的配置要求如表 1-1 所示。

表 1-1　AutoCAD 2021 安装要求

说　明	计算机配置要求
操作系统	带有更新的 Microsoft® Windows® 7 SP1 KB4019990（仅限 64 位） Microsoft Windows 8.1 （含更新 KB2919355）（仅限 64 位） Microsoft Windows 10（仅限 64 位）（版本 1903 或更高版本）
处理器	2.5~2.9 GHz 处理器（推荐 3 GHz 以上的处理器）
内存	8 GB RAM（建议使用 16 GB）
显示器分辨率	常规显示器：1920×1080 真彩色 高分辨率和 4K 显示：Windows 10，64 位系统支持高达 3840×2160 的分辨率（带显示卡）
显卡	基本要求：1 GB GPU，具有 29 GB/s 带宽，与 DirectX 11 兼容 建议：4 GB GPU，具有 106 GB/s 带宽，与 DirectX 11 兼容
磁盘空间	7.0 GB
定点设备	MS-Mouse 兼容设备
浏览器	Google Chrome™ （适用于 AutoCAD 网络应用）
.NET Framework	.NET Framework 4.8 或更高版本 * 支持的操作系统推荐使用 DirectX 11
网络	通过部署向导进行部署 许可服务器及运行依赖网络许可的应用程序的所有工作站都必须运行 TCP/IP 协议 可以接受 Microsoft® 或 Novell TCP/IP 协议堆栈。工作站上的主登录可以是 Netware 或 Windows 除了应用程序支持的操作系统外，许可服务器还将在 Windows Server® 2012 R2、Windows Server 2016 和 Windows Server 2019 各版本上运行

1.1.2 安装 AutoCAD 2021

安装 AutoCAD 2021 的具体操作步骤如下。

第 1 步 将 AutoCAD 2021 安装光盘放入光驱中，系统会自动弹出【安装初始化】进度窗口，如下图所示。如果没有自动弹出，双击【我的电脑】中的光盘图标即可，或者双击安装光盘内的 setup.exe 文件。

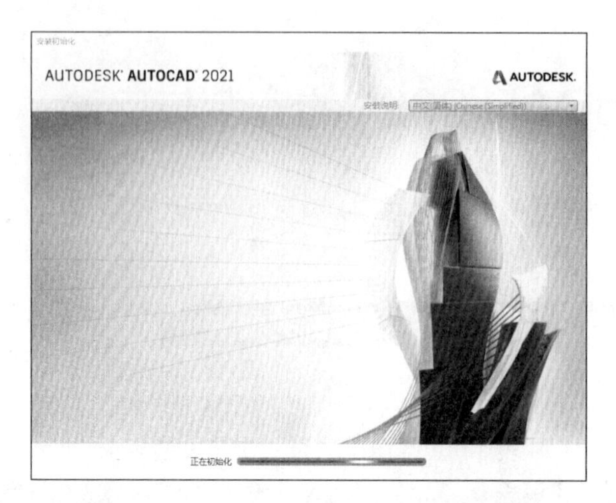

第 2 步 安装初始化完成后，系统会弹出安装向导主界面，选择安装语言后单击【安装 在此计算机上安装】按钮，如下图所示。

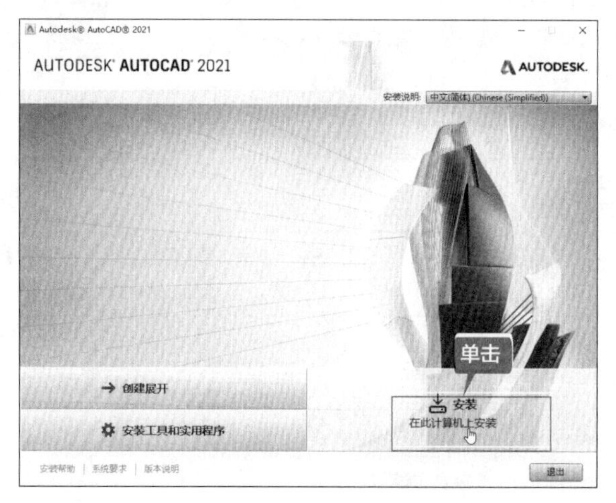

第 3 步 确定安装要求后，会弹出【许可协议】界面，选中【我接受】单选按钮后，单击【下一步】按钮，如下图所示。

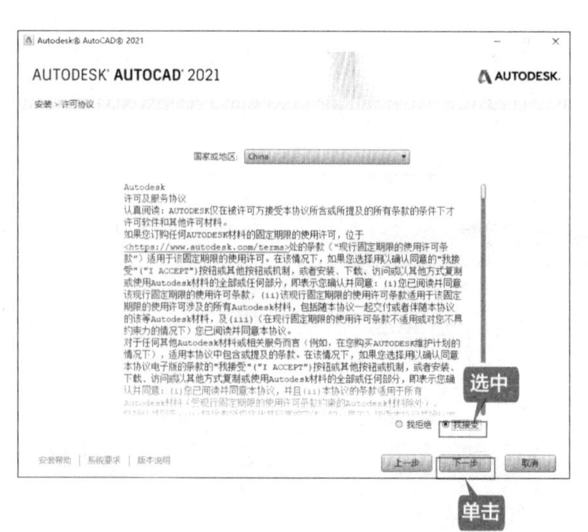

第 4 步 在【配置安装】界面中，选择要安装的组件及安装软件的目标位置后单击【安装】按钮，如下图所示。

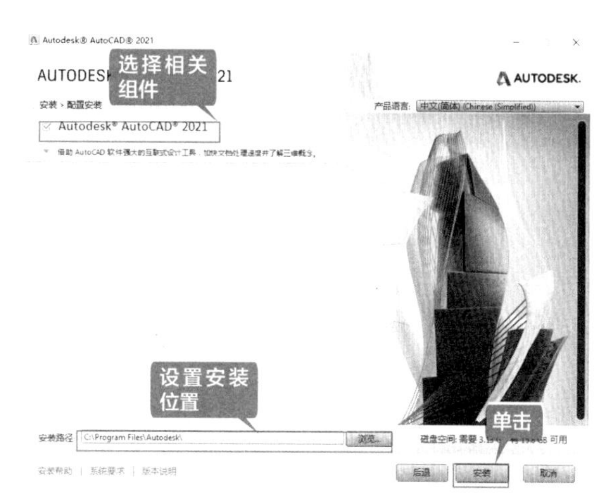

第 5 步 在【安装进度】界面中，显示各个组件的安装进度，如下图所示。

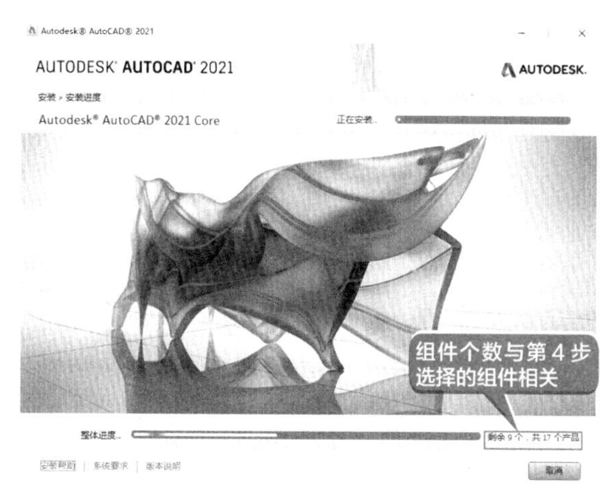

第 6 步 AutoCAD 2021 安装完成后，在【安装完成】界面中单击【立即启动】按钮，退出安装向导界面，如下图所示。

提示

对于初学者，安装时如果安装盘的空间足够，可以选择全部组件进行安装。

成功安装 AutoCAD 2021 后，还应进行产品注册。

1.1.3 AutoCAD 2021 的启动与退出

AutoCAD 2021 的启动方法通常有两种，一种是通过【开始】菜单的应用程序或双击桌面图标启动，另一种是通过双击已有的 AutoCAD 文件启动。

退出 AutoCAD 分为退出当前文件和退出 AutoCAD 应用程序，前者只关闭当前的 AutoCAD 文件，后者则是退出整个 AutoCAD 应用程序。

1. 通过开始菜单的应用程序或双击桌面图标启动

在【开始】菜单中选择【所有程序】>【Autodesk】>【AutoCAD 2021- 简体中文(Simplified Chinese)】>【AutoCAD 2021- 简体中文(Simplified Chinese)】命令，或者双击桌面上的快捷图标，均可启动 AutoCAD 应用程序。

第1步 在启动 AutoCAD 2021 时会弹出【开始】选项卡，如下图所示。

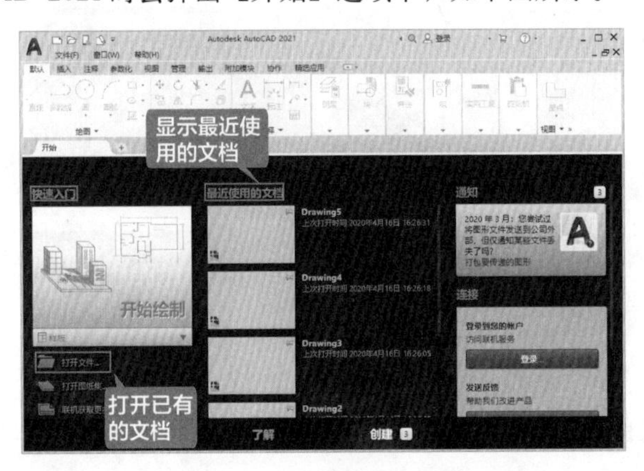

第2步 单击第1步界面中的【开始绘制】按钮，即可进入 AutoCAD 2021 工作界面，如下图所示。

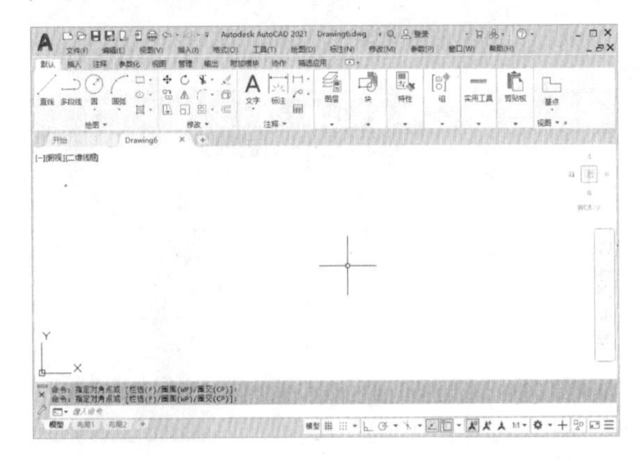

2. 通过双击已有的 AutoCAD 文件启动

第 1 步 找到已有的 AutoCAD 文件，如下图所示。

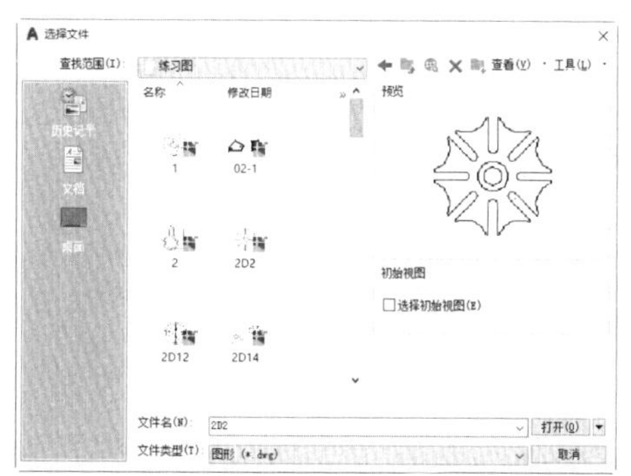

第 2 步 双击 AutoCAD 文件,即可进入 AutoCAD2021 工作界面并打开文件，如下图所示。

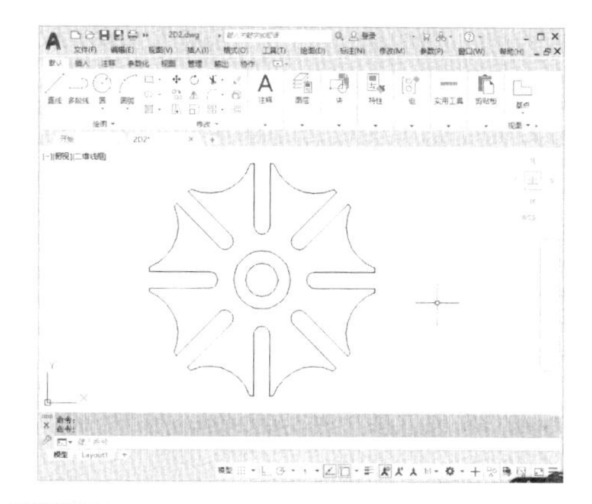

3. 退出 AutoCAD 2021

退出 AutoCAD 2021 分为退出当前文件和退出 AutoCAD 应用程序。

（1）退出当前文件

① 单击菜单栏中的【关闭】按钮 ×，如下图所示。

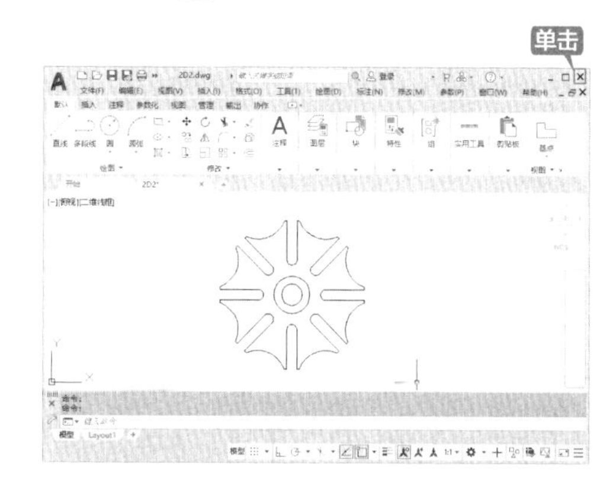

② 在命令行中输入“CLOSE”命令，按【Enter】键确定。

（2）退出 AutoCAD 应用程序

① 单击标题栏中的【关闭】按钮 ×，如下图所示。

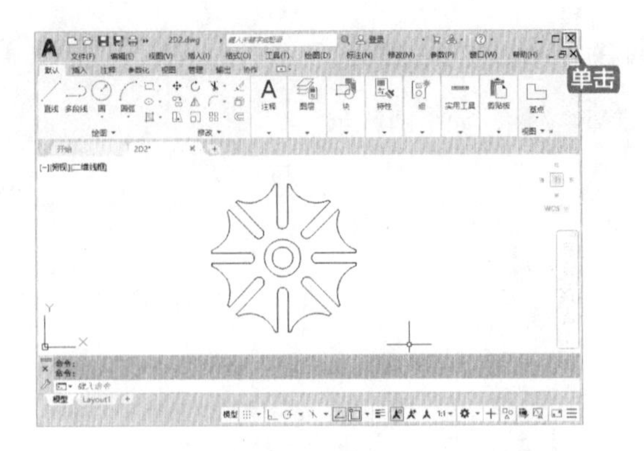

② 在标题栏空白位置右击，在弹出的快捷菜单中选择【关闭】命令，如下图所示。

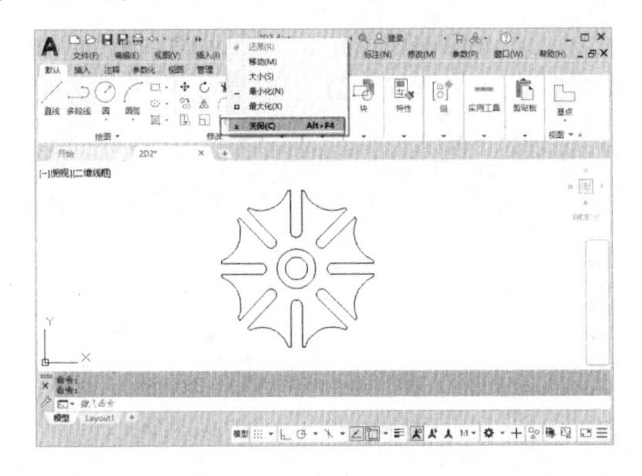

③ 使用快捷键【Alt+F4】也可以退出 AutoCAD 2021 应用程序。

④ 在命令行中输入“QUIT”命令，按【Enter】键确定。

⑤ 双击【应用程序菜单】按钮。

⑥ 单击【应用程序菜单】按钮，在弹出的菜单中单击【退出 Autodesk AutoCAD 2021】按钮 退出 Autodesk AutoCAD 2021，如下图所示。

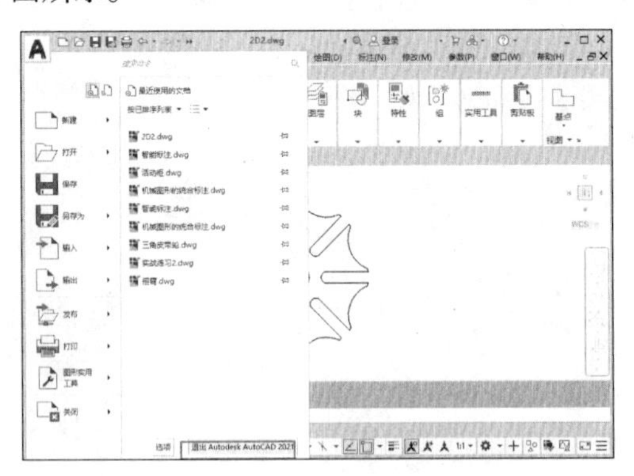

1.2 AutoCAD 2021 的工作界面

AutoCAD 2021 的界面由应用程序菜单、标题栏、快速访问工具栏、菜单栏、选项卡、面板、坐标系、命令行、绘图区和状态栏组成，如下图所示。

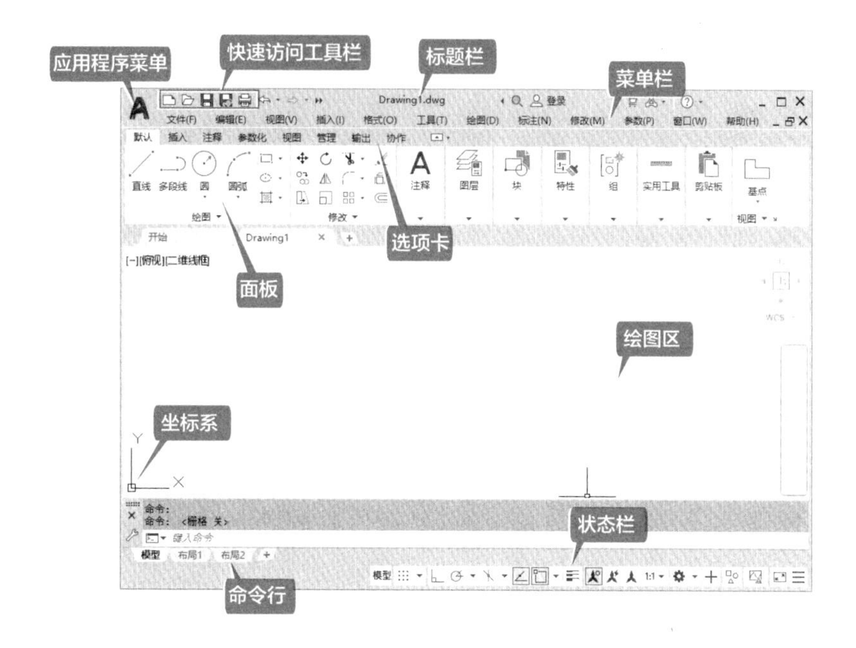

1.2.1 应用程序菜单

在应用程序菜单中，可以搜索命令、访问常用工具并浏览文件。在 AutoCAD 2021 界面左上方，单击【应用程序菜单】按钮，弹出应用程序菜单，在应用程序菜单上方的搜索框中输入搜索字段，按【Enter】键确认，下方将显示搜索到的命令，如下图所示。

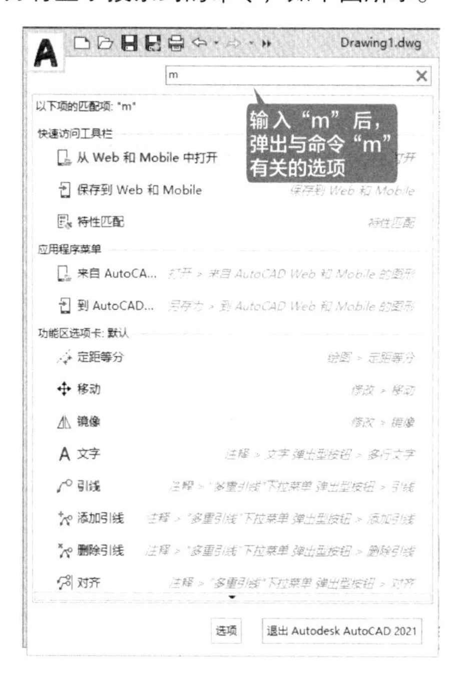

在应用程序菜单中可以快速创建、打开、保存、核查、修复和清除文件，打印或发布图形，还可以单击右下方的【选项】按钮打开【选项】对话框或退出 AutoCAD。

在【最近使用的文档】窗口中可以查看最近使用的文件，可以按已排序列表、访问日期、大小、类型来排列最近使用的文档，还可以查看图形文件的缩略图，如下图所示。

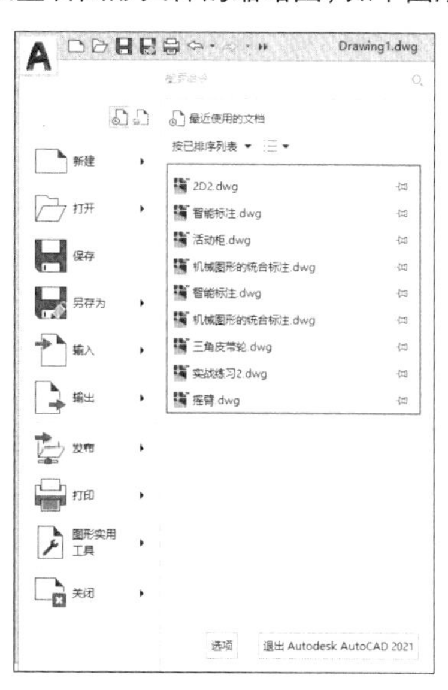

1.2.2 标题栏

标题栏位于应用程序窗口的最上面，用于显示当前正在运行的程序名及文件名等信息。如果是 AutoCAD 默认的图形文件，其名称为 DrawingN.dwg（N 为 1、2、3……）。

标题栏中的信息中心提供了多种信息来源。

- 单击相应的按钮，可以快速新建、打开、保存 AutoCAD 文件。
- 单击下拉按钮，可以快速切换图层，还可以快速开 / 关、冷冻 / 解冻、锁定 / 解锁图层。
- 草图与注释 单击下拉按钮，可以切换工作空间。
- 在文本框中输入需要帮助的问题，然后单击【搜索】按钮，就可以获取相关的帮助。
- 单击【保持连接】按钮，可以查看并下载更新的软件；单击【帮助】按钮，可以查看帮助信息。
- 单击标题栏右端的按钮，可以最小化、最大化或关闭应用程序窗口。

提示

可以通过【自定义快速访问工具栏】对新建、打开、保存、切换工作空间及图层等是否在标题栏显示进行设置，具体设置参见 1.2.3 节。

1.2.3 菜单栏

单击快速访问工具栏右侧的下拉按钮，在弹出的下拉列表中选择【显示菜单栏】选项，即可在标题栏下方显示菜单栏，重复执行此操作并选择【隐藏菜单栏】选项，则可以隐藏菜单栏的显示，如下图所示。

文件(F) 编辑(E) 视图(V) 插入(I) 格式(O) 工具(T) 绘图(D) 标注(N) 修改(M) 参数(P) 窗口(W) 帮助(H)

菜单栏是 AutoCAD 2021 的主菜单栏，主要由【文件】【编辑】【视图】和【插入】等菜单组成，它们几乎包括了 AutoCAD 中全部的功能和命令。单击菜单栏中的某一项，可打开对应的下拉菜单。如下图所示为 AutoCAD 2021 的【绘图】下拉菜单，该菜单主要用于绘制各种图形，如直线、圆等。

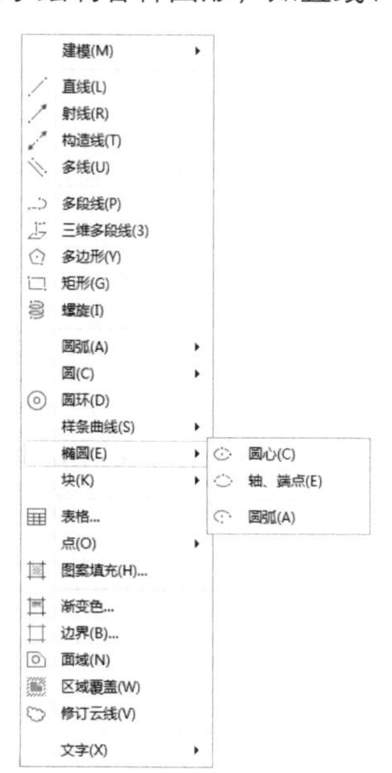

提示

下拉菜单具有以下特点。

1. 右侧有“▶”的菜单项，表示它还有子菜单。

2. 右侧有“…”的菜单项，单击后将弹出一个对话框。例如，单击【格式】菜单中的【点样式】选项，会弹出如下图所示的【点样式】对话框，通过该对话框可以进行点样式设置。

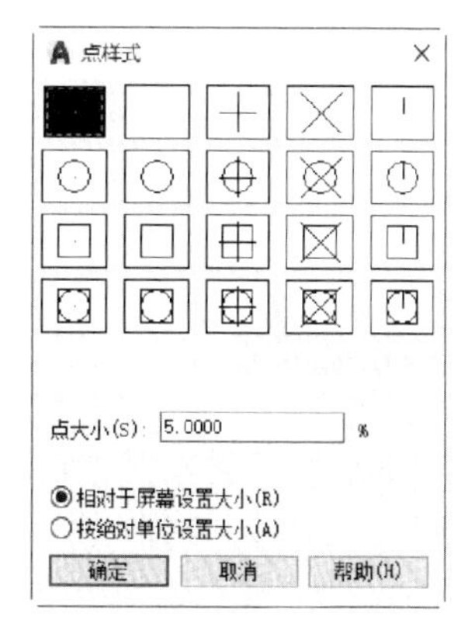

3. 单击右侧没有任何标识的菜单项，会执行对应的 AutoCAD 命令。

1.2.4 选项卡与面板

AutoCAD 2021 根据任务标记将许多面板组织集中到某个选项卡中，面板中包含的很多工具和控件与工具栏和对话框中的相同，如【默认】选项卡中的【绘图】面板。

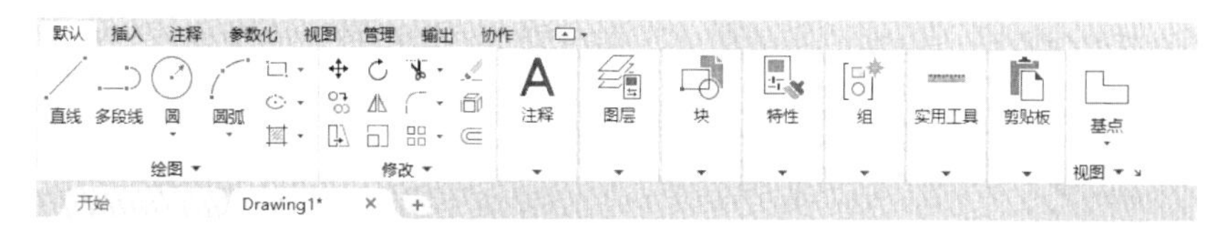

在面板的空白区域单击鼠标右键，然后将鼠标指针放到【显示选项卡】选项上，在弹出的子菜单中单击选项，可以将该选项对应的选项卡添加或删除，如下图所示。

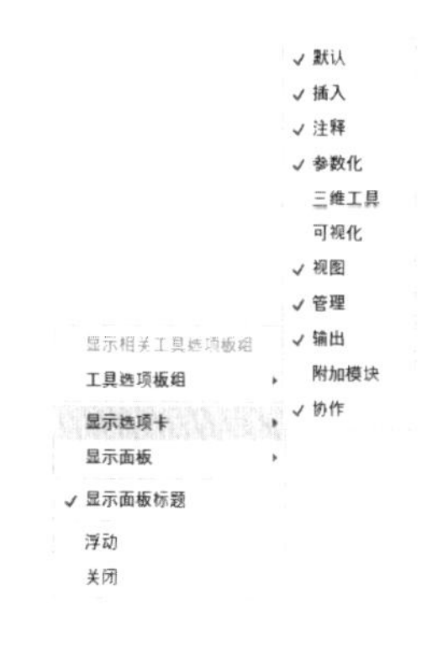

将鼠标指针放置到【显示面板】选项上，将弹出该选项卡下显示的面板，单击可以添加或删除面板，如下图所示。

提示

在选项卡中的任一面板上按住鼠标左键，然后将其拖曳到绘图区域中，则该面板将在放置的区域浮动显示。浮动面板一直处于打开状态，直到被放回到选项卡中。

1.2.5 绘图区

在 AutoCAD 中，绘图区是绘图的工作区域，所有的绘图结果都反映在这个区域中。可以根据需要关闭其周围和里面的各个工具栏，以增大绘图空间。如果图纸比较大，需要查看未显示部分时，可以单击窗口右边与下边滚动条上的箭头，或拖动滚动条上的滑块来移动图纸。

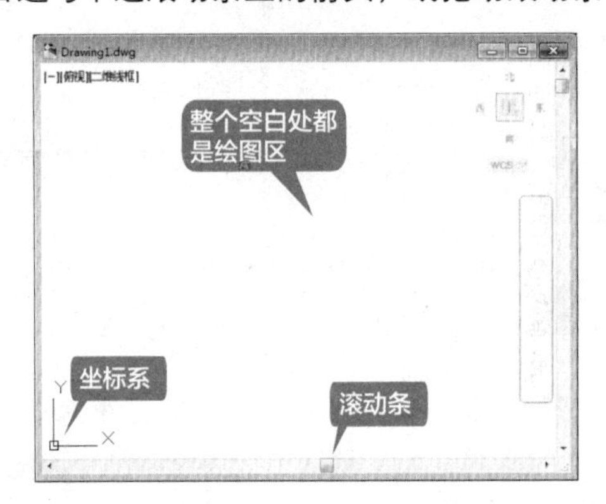

在绘图区中除了显示当前的绘图结果外，还显示了当前使用的坐标系类型和坐标原点，以及 *X* 轴、*Y* 轴、*Z* 轴的方向等。默认情况下，坐标系为世界坐标系。

提示

单击状态栏上的按钮，可以控制全屏显示的开关。

1.2.6 坐标系

在 AutoCAD 中有两种坐标系，一种是世界坐标系（World Coordinate System，WCS），一种是用户坐标系（User Coordinate System，UCS）。掌握这两种坐标系的使用方法对于精

确绘图是十分重要的。

1. 世界坐标系

启动 AutoCAD 2021 后，在绘图区的左下角会看到一个坐标系，即默认的世界坐标系，包含 *X* 轴和 *Y* 轴，如果是在三维空间中则还有一个 *Z* 轴，并且沿 *X*、*Y*、*Z* 轴的方向规定为正方向。

通常在二维视图中，世界坐标系的 *X* 轴水平，*Y* 轴垂直，原点为 *X* 轴和 *Y* 轴的交点（0，0）。

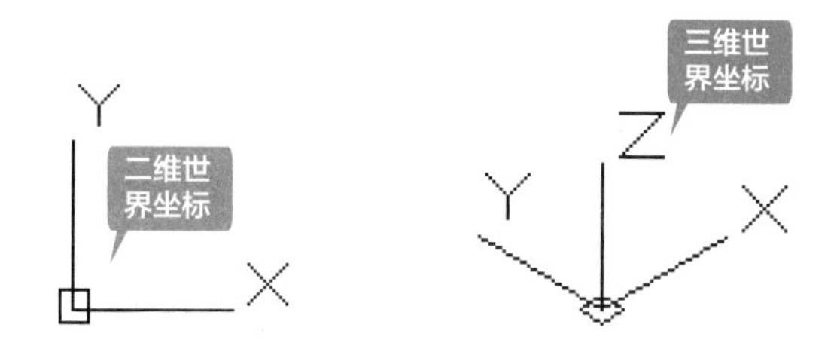

2. 用户坐标系

有时为了更方便地使用 AutoCAD 进行辅助设计，需要对坐标系的原点和方向进行相关设置和修改，即将世界坐标系更改为用户坐标系。更改为用户坐标系后的 *X*、*Y*、*Z* 轴仍然相互垂直，但是其方向和位置可以任意指定，有了很大的灵活性。

更改为用户坐标系的方法如下。

第 1 步 单击【视图】选项卡下【坐标】面板中的【UCS】按钮，在命令行中输入“3”。

```
指定 UCS 的原点或 [面 (F)/ 命名 (NA)/ 对象 (OB)/ 上一个 (P)/ 视图 (V)/ 世界 (W)/X/Y/Z/Z 轴 (ZA)] <世界>: 3 ↙
```

提示

【指定 UCS 的原点】：重新指定 UCS 的原点以确定新的 UCS。

【面】：将 UCS 与三维实体的选定面对齐。

【命名】：按名称保存、恢复或删除常用的 UCS 方向。

【对象】：指定一个实体以定义新的坐标系。

【上一个】：恢复上一个 UCS。

【视图】：将新的 UCS 的 *X Y* 平面设置在与当前视图平行的平面上。

【世界】：将当前的 UCS 设置成 WCS。

【X/Y/Z】：确定当前的 UCS 绕 *X*、*Y* 和 *Z* 轴中的某一轴旋转一定的角度以形成新的 UCS。

【Z 轴】：将当前 UCS 沿 *Z* 轴的正方向移动一定的距离。

第 2 步 按【Enter】键后根据命令行提示进行操作。

```
指定新原点 <0,0,0>: ↙
```

1.2.7 命令行

【命令行】窗口位于绘图区的底部，用于接收输入的命令，并显示 AutoCAD 提供的信息。

在 AutoCAD 2021 中，【命令行】窗口可以拖放为浮动窗口，如下图所示。处于浮动状态的【命令行】窗口随拖放位置的不同，其标题显示的方向也不同。

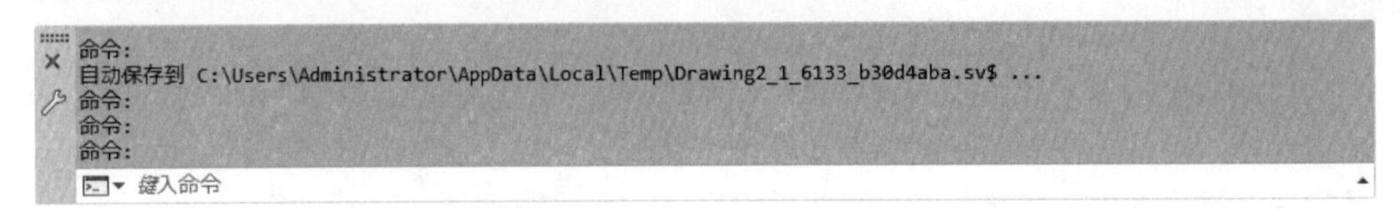

AutoCAD 文本窗口是记录 AutoCAD 命令的窗口，是放大的【命令行】窗口，它记录了已执行的命令，也可以用来输入新命令。在 AutoCAD 2021 中，可以通过执行【视图】➢【显示】➢【文本窗口】菜单命令打开。

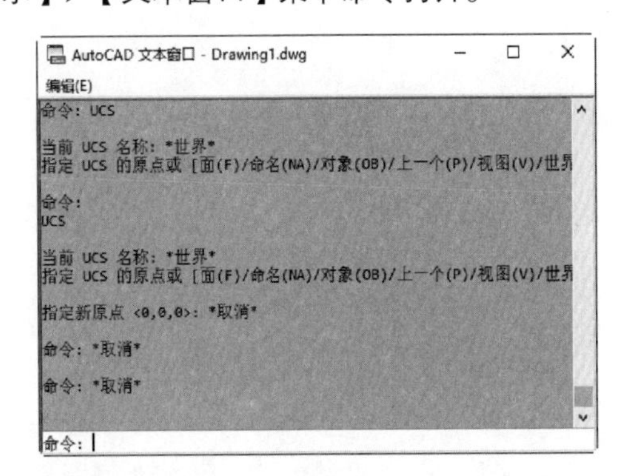

| 提示 |

在命令行中输入"Textscr"命令，或按【F2】快捷键也可以打开 AutoCAD 文本窗口。

在 AutoCAD 2021 中，用户可以根据需要隐藏命令行窗口，隐藏的方法为单击命令行的【关闭】按钮✖或选择【工具】➢【命令行】命令，AutoCAD 会弹出【命令行 – 关闭窗口】对话框，如下图所示。

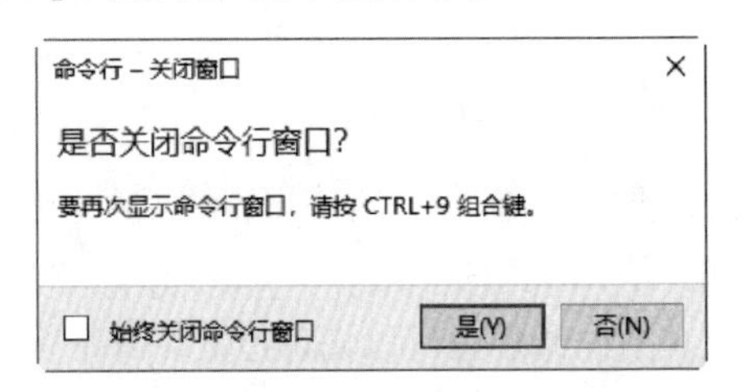

单击对话框中的【是】按钮，即可隐藏命令行窗口。隐藏命令行窗口后，可以通过单击菜单项【工具】➢【命令行】命令再次显示命令行窗口。

| 提示 |

利用【Ctrl+9】组合键，可以快速实现隐藏或显示命令行窗口的切换。

1.2.8 状态栏

状态栏用于显示 AutoCAD 的当前状态，如当前十字光标的坐标、命令和按钮的说明等，位于 AutoCAD 界面的底部。

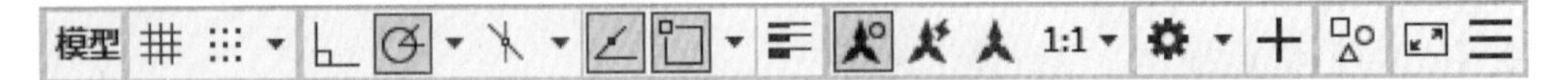

单击状态栏最右侧的【自定义】☰按钮，如下图所示，可以选择显示或关闭状态栏的选项，显示的选项前面有"√"标识。

坐标
✓ 模型空间
✓ 栅格
✓ 捕捉模式
推断约束
动态输入
✓ 正交模式
✓ 极轴追踪
✓ 等轴测草图
✓ 对象捕捉追踪
✓ 二维对象捕捉
✓ 线宽
透明度
选择循环
三维对象捕捉
动态 UCS
选择过滤
小控件
✓ 注释可见性
✓ 自动缩放
✓ 注释比例
✓ 切换工作空间
✓ 注释监视器

1.2.9 切换工作空间

AutoCAD 2021 提供了【草图与注释】【三维基础】和【三维建模】3 种工作空间模式。默认为【草图与注释】模式，在该空间中可以使用【默认】【插入】【注释】【参数化】【视图】【管理】【输出】【附加模块】【协作】和【精选应用】等选项卡绘制和编辑二维图形。

AutoCAD 中切换工作空间的常用方法有以下 3 种。

（1）方法 1

单击状态栏中的【切换工作空间】按钮，在弹出的菜单中选择相应的命令即可。

✓ 草图与注释
三维基础
三维建模
将当前工作空间另存为...
工作空间设置...
自定义...
显示工作空间标签

（2）方法 2

单击标题栏中的【切换工作空间】下拉按钮▾，在弹出的菜单中选择相应的命令即可。

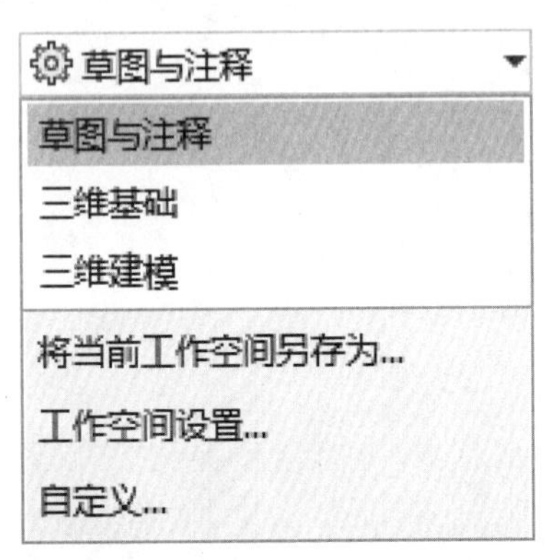

（3）方法 3

选择【工具】➢【工作空间】菜单命令，然后选择需要的工作空间即可。

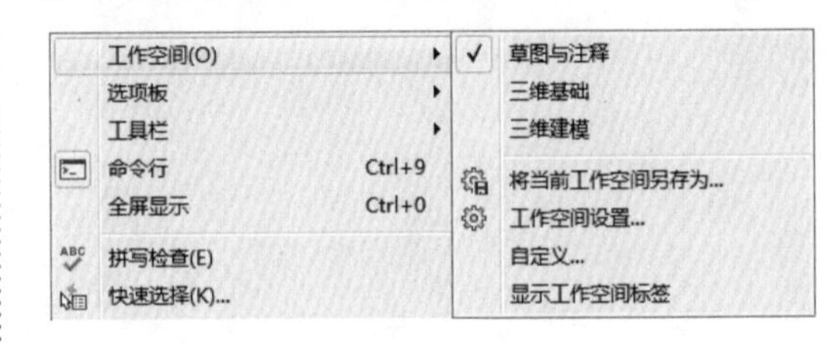

提示

切换工作空间后程序会默认隐藏菜单栏，如果要重新显示菜单栏，请参考 1.2.3 节相关内容。

1.3 AutoCAD 图形文件管理

在 AutoCAD 中，图形文件管理一般包括创建新文件、打开图形文件及保存图形文件等。下面分别介绍各种图形文件的管理操作。

1.3.1 新建图形文件

AutoCAD 2021 中的【新建】功能用于创建新的图形文件。

【新建】命令的几种常用调用方法如下。

（1）选择【文件】➢【新建】菜单命令。

（2）单击快速访问工具栏中的【新建】按钮。

（3）在命令行中输入“NEW”命令并按空格键或【Enter】键确认。

（4）单击【应用程序菜单】按钮，然后选择【新建】➢【图形】菜单命令。

（5）使用【Ctrl+N】组合键。

在【菜单栏】中选择【文件】➢【新建】菜单命令，弹出【选择样板】对话框，如下图所示。

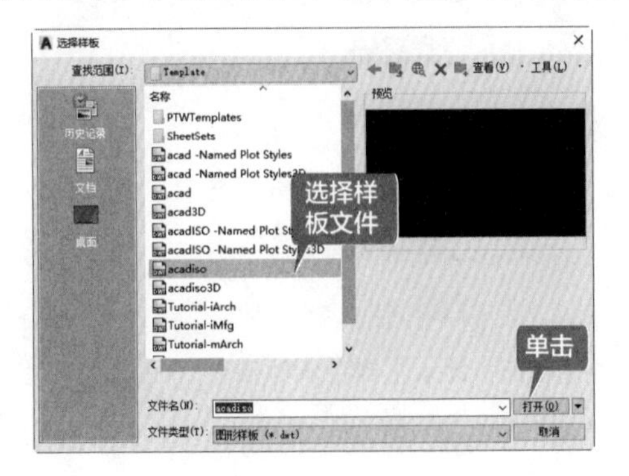

选择对应的样板后（初学者一般选择样板文件 acadiso.dwt 即可），单击【打开】按钮，就会以对应的样板为模板建立新图形。

1.3.2 打开图形文件

AutoCAD 2021 中的【打开】功能用于打开现有的图形文件。

【打开】命令的几种常用调用方法如下。

（1）选择【文件】➢【打开】菜单命令。

（2）单击快速访问工具栏中的【打开】按钮。

（3）在命令行中输入“OPEN”命令并按空格键或【Enter】键确认。

（4）单击【应用程序菜单】按钮，然后选择【打开】➢【图形】菜单命令。

（5）使用【Ctrl+O】组合键。

在【菜单栏】中选择【文件】➢【打开】菜单命令，弹出【选择文件】对话框，如下图所示。

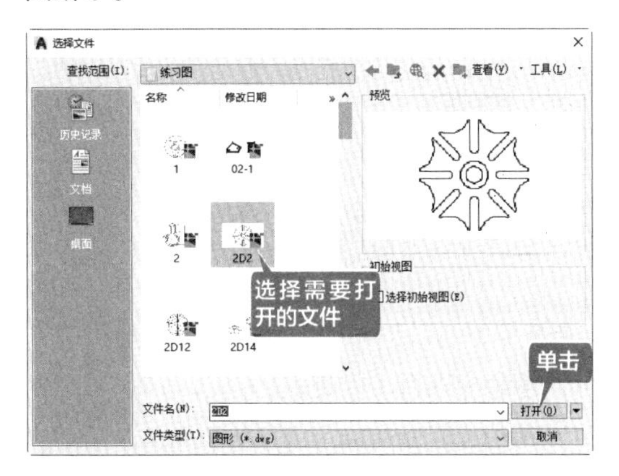

选择要打开的图形文件，单击【打开】按钮即可打开该图形文件。

提示

利用【打开】命令可以打开和加载局部图形，包括特定视图或图层中的几何图形。在【选择文件】对话框中单击【打开】旁边的箭头，然后选择【局部打开】或【以只读方式局部打开】命令，显示【局部打开】对话框，如下图所示。

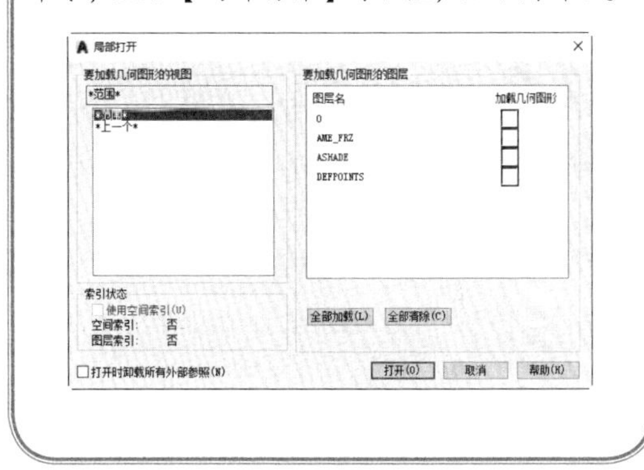

1.3.3 保存图形文件

AutoCAD 2021 中的【保存】功能用于使用指定的默认文件格式保存当前图形。

【保存】命令的几种常用调用方法如下。

（1）选择【文件】➢【保存】菜单命令。

（2）单击快速访问工具栏中的【保存】按钮。

（3）在命令行中输入“QSAVE”命令并按空格键或【Enter】键确认。

（4）单击【应用程序菜单】按钮，然后选择【保存】命令。

（5）使用【Ctrl+S】组合键。

在菜单栏中选择【文件】>【保存】菜单命令，在图形第一次被保存时会弹出【图形另存为】对话框，如下图所示，需要用户确定文件的保存位置及文件名。如果图形已经保存过，只是在原有图形基础上重新对图形进行保存，则直接保存而不弹出【图形另存为】对话框。

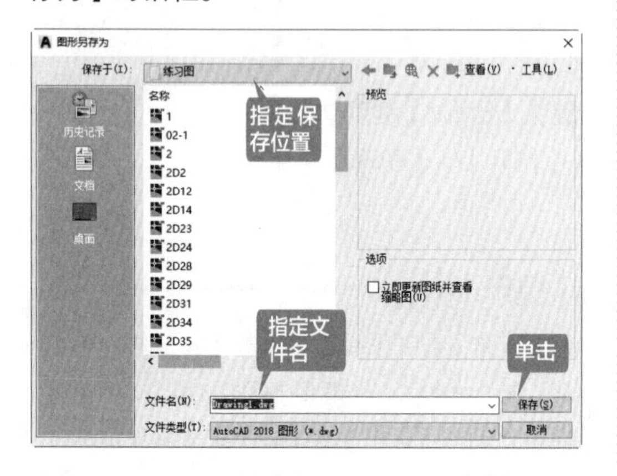

提示

如果需要将已经保存的图形以新名称或新位置进行保存时，可以执行【另存为】命令（SAVEAS），系统会弹出【图形另存为】对话框，可以根据需要进行保存。

另外可以在【选项】对话框的【打开和保存】选项卡中指定默认文件格式，如下图所示。

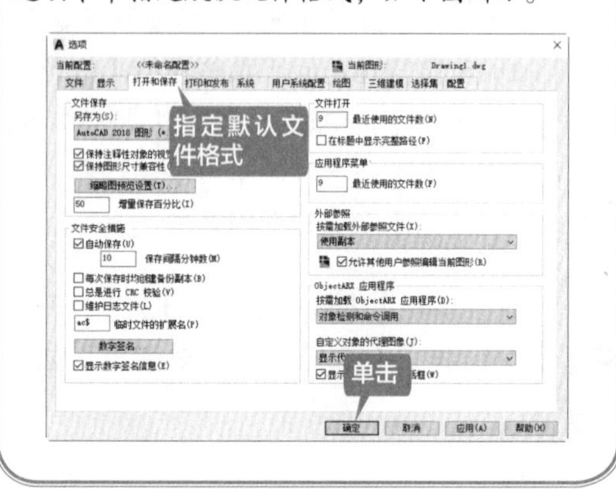

1.4 新功能：AutoCAD 2021 的新增功能

AutoCAD 2021 对许多功能进行了改进，新增打断于点功能，对修订云线、外部参照比较、块选项板、快速测量等功能进行了增强，对修剪、延伸等命令进行了改进。

提示

本节主要介绍修订云线和外部参照功能，其他新增或改进功能在后面的章节中将会进行详细介绍。

1.4.1 修订云线增强功能

修订云线包括其近似弧长的单个值，如下左图所示。可以在【特性】选项板中更改选定修订云线对象的弧长，如下右图所示。

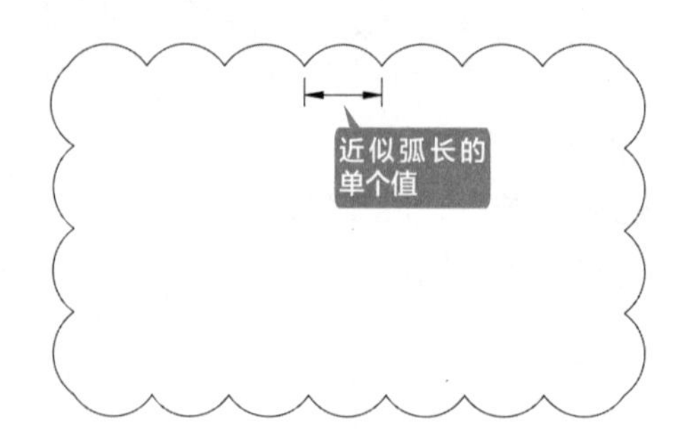

第一次在图形中创建修订云线时，圆弧的尺寸取决于当前视图的对角线长度的百分比。可以使用 REVCLOUDARCVARIANCE 系统变量控制圆弧的弦长是具有更大变化还是更均匀，将该系统变量设置为“OFF”，可以恢复之前创建修订云线的方式，将其设置为“ON”，将偏向手绘外观，命令行提示如下。

```
命令 : REVCLOUDARCVARIANCE
输入 REVCLOUDARCVARIANCE 的新值 < 开 (ON)>:
```

在 AutoCAD 2021 之前的版本中，【特性】选项板将选择的修订云线对象显示为多段线，如下图所示。

而在 AutoCAD 2021 中则显示为对象类型，如下图所示。修订云线现在仍然具有多段线的基本属性，同时它也具有附加圆弧特性和用于在夹点样式之间切换的选项。

1.4.2 外部参照比较

AutoCAD 2021 外部参照比较功能是在 AutoCAD 2020 DWG 比较功能的基础上增加的，可以帮助用户跟踪 DWG 参照的改变并在主图里将变化高亮显示出来，如下图所示。在比较状态中可以利用顶部的工具栏和展开的设置面板更好地理解比较结果，红色代表老版参照中的内容，绿色代表新版参照中的内容，灰色代表没有变化的内容，略暗显示的部分表示没有被比较，每部分内容都可以开关并修改显示颜色，比较结束后可以点击顶部工具栏中的 ✔ 按钮返回到正常编辑状态。

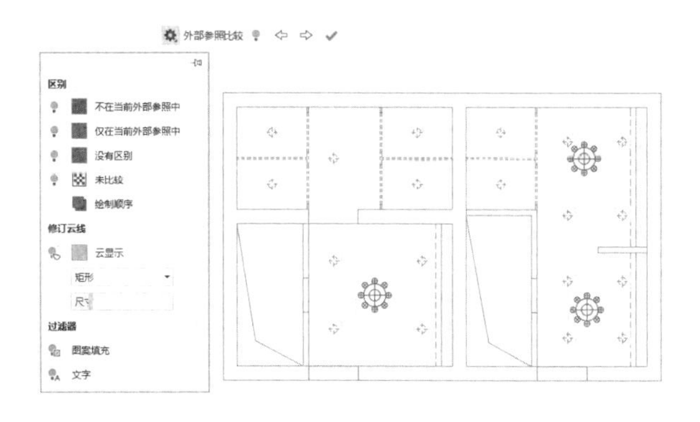

AutoCAD 2021 在主图打开的情况下，外部参照被更新后的通知如下左图所示，在重载的下面增加了【比较更改】的选项，在勾选【比较更改】选项的情况下单击重载，可以进入外部参照比较的状态。

AutoCAD 2021 在主图没有打开的情况下，外部参照被更新后通知会在主图下次被打开时显示，如下右图所示。单击通知中的链接，可以进入外部参照比较的状态。

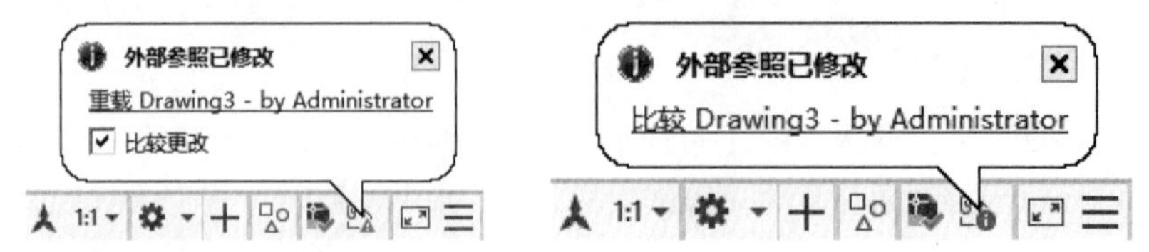

外部参照比较提供了命令行进入的方式，通过 XCOMPARE 命令可以对所有的更改或指定的一个参照进行比较，命令行提示如下。

```
REVCLOUDARCVARIANCE 命令：
XCOMPARE
输入要比较的外部参照的名称或 [?] <最近所做的所有更改>:
```

将图形输出为 PDF 格式

Auto CAD 2021 除了可以将图形文件保存为 DWG 格式外，还可以通过【输出】功能，将图形保存为 DWF、DWFx、PDF、STL、DGN、BMP 等格式。下面以将“别墅立面图”输出为 PDF 格式为例，来介绍输出功能的应用，具体操作步骤和顺序如表 1-2 所示。

表 1-2　将图形输出为 PDF 格式的步骤

步骤	创建方法	结　　果	备　注
1	打开随书配套资源中的素材文件“素材\CH01\别墅立面图 .dwg”		

续表

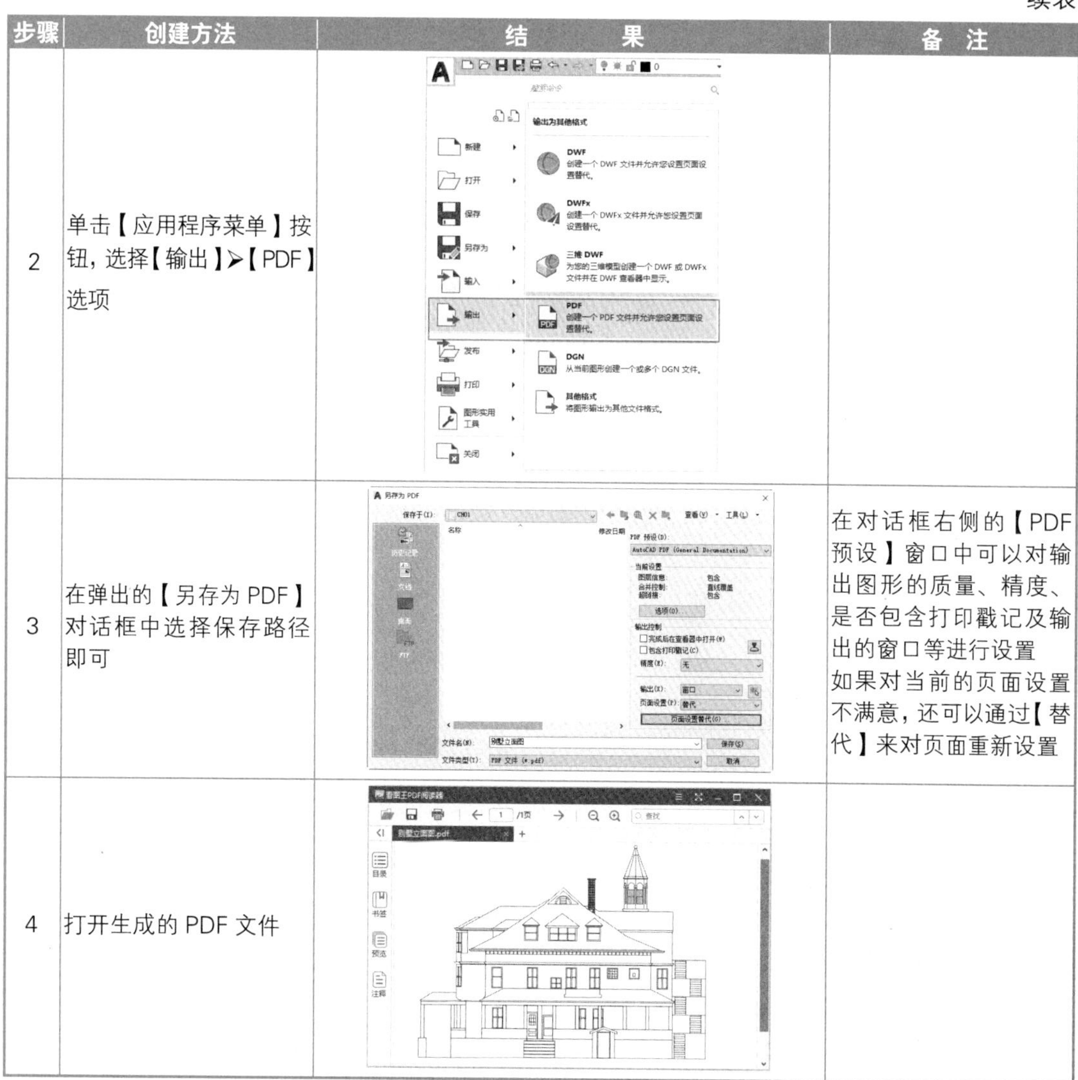

步骤	创建方法	结　　果	备　注
2	单击【应用程序菜单】按钮，选择【输出】➢【PDF】选项		
3	在弹出的【另存为 PDF】对话框中选择保存路径即可		在对话框右侧的【PDF 预设】窗口中可以对输出图形的质量、精度、是否包含打印戳记及输出的窗口等进行设置 如果对当前的页面设置不满意，还可以通过【替代】来对页面重新设置
4	打开生成的 PDF 文件		

◇ 如何控制选项卡和面板的显示

AutoCAD 2021 的选项卡和面板可以根据自己的习惯控制哪些选项卡和面板需要显示，哪些选项卡和面板不需要显示等，例如，设置不显示【协作】选项卡和【应用程序】面板的操作步骤如下。

第 1 步 启动 AutoCAD 2021 并新建一个 DWG 文件，如下图所示。

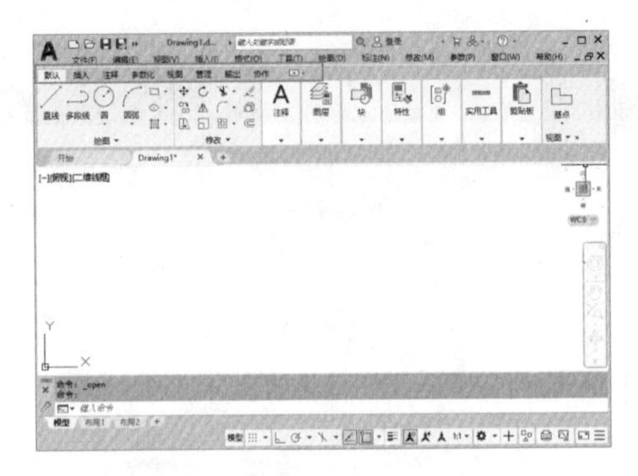

第 2 步 在选项卡或面板的空白处单击鼠标右键，在弹出的快捷菜单中选择【显示选项卡】➤【协作】选项，将其前面的“√”去掉，如下图所示。

第 3 步 【协作】选项前面的“√”去掉后，选项卡栏中将不再显示该选项卡，如下图所示。

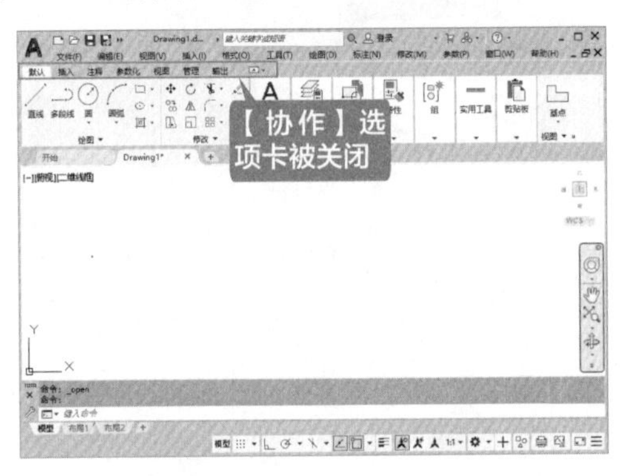

第 4 步 单击【管理】选项卡，如下图所示。

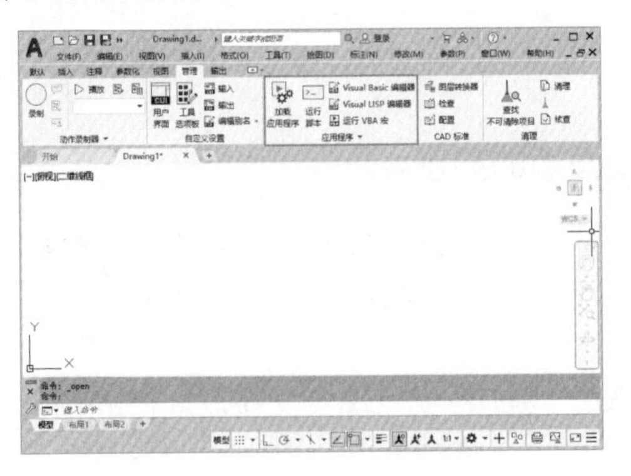

第 5 步 在选项卡或面板的空白处单击鼠标右键，在弹出的快捷菜单中选择【显示面板】➤【应用程序】选项，将其前面的“√”去掉，如下图所示。

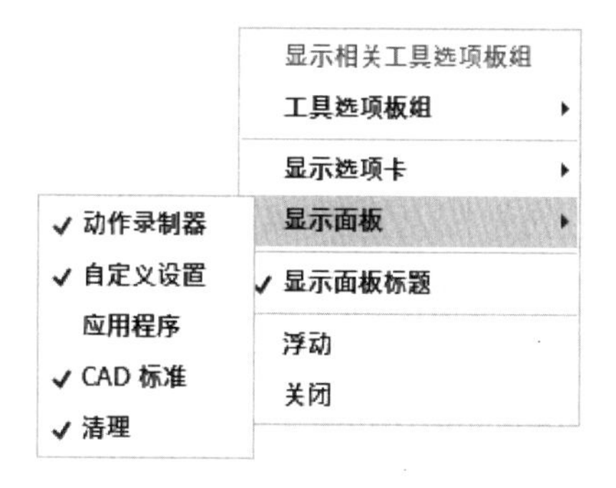

第 6 步 【应用程序】选项前面的“√”去掉后，【管理】选项卡下将不再显示该面板，如下图所示。

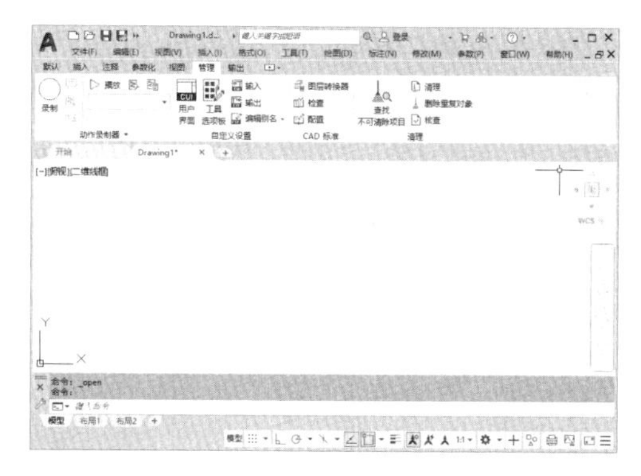

◇ 如何打开备份和临时文件

AutoCAD 中备份文件的后缀为“.bak”，将文件的后缀改为“.dwg”，即可打开备份文件。

AutoCAD 中临时文件的后缀为“.ac$”，找到临时文件后将它复制到其他位置，然后将后缀改为“.dwg”，即可打开临时文件。

◇ 为什么我的命令行不能浮动

AutoCAD 的命令行、选项卡、面板是可以浮动的，但如果将其锁定，那么命令行、选项卡、面板将不能浮动。

第 1 步 启动 AutoCAD 2021 并新建一个 DWG 文件，如下图所示。

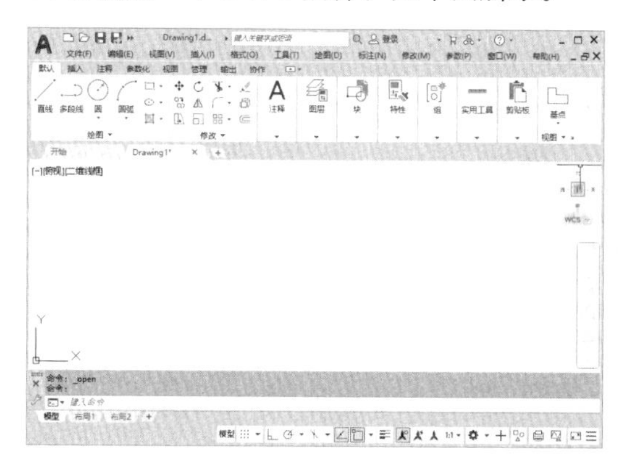

第 2 步 鼠标左键按住命令行窗口并进行拖动，如下图所示。

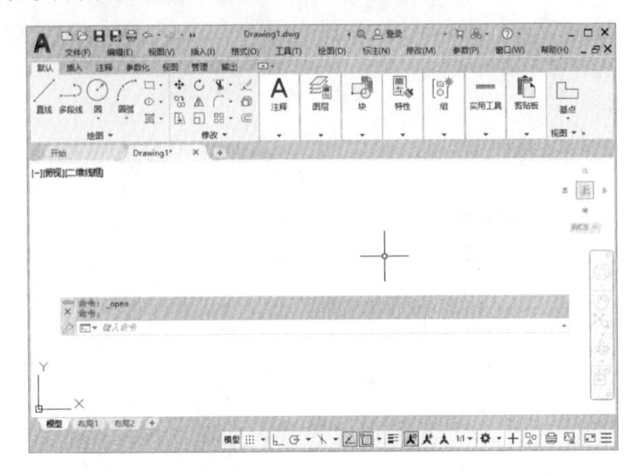

第 3 步 将命令行窗口拖动到合适的位置后释放鼠标，然后单击【窗口】菜单命令，在弹出的下拉菜单中选择【锁定位置】➤【全部】➤【锁定】选项，如下图所示。

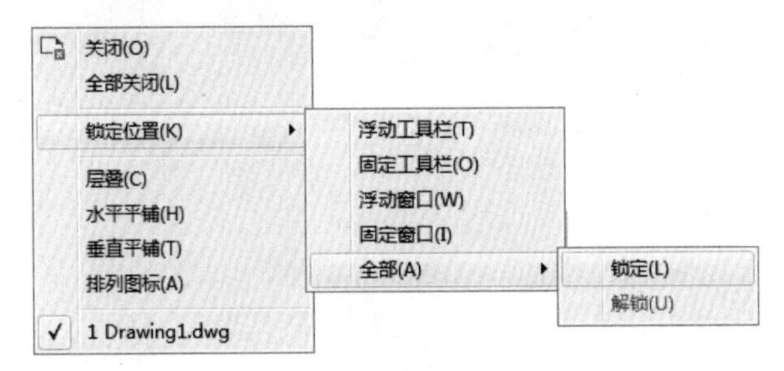

第 4 步 再次按住鼠标左键拖动命令行窗口时，鼠标指针会变成“🚫”，无法拖动命令行窗口，如下图所示。

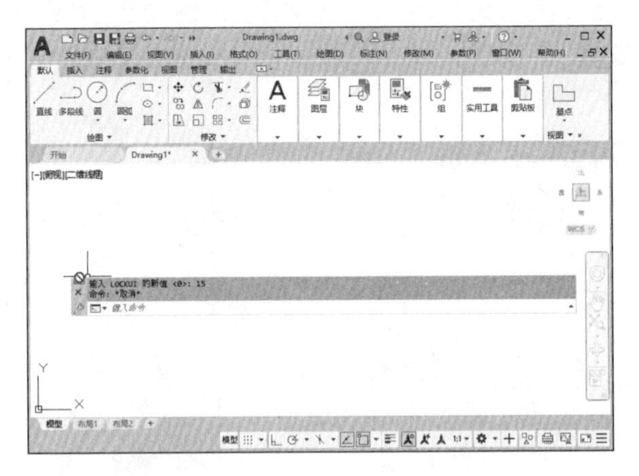

提示

取消锁定后，命令行又可以重新浮动了。

第 2 章 AutoCAD 的命令调用与基本设置

本章导读

命令调用、坐标的输入方法及 AutoCAD 的基本设置都是在绘图前需要弄清楚的。在 AutoCAD 中辅助绘图设置主要包括草图设置、选项设置和打印设置等，通过这些设置，用户可以精确方便地绘制图形。

思维导图

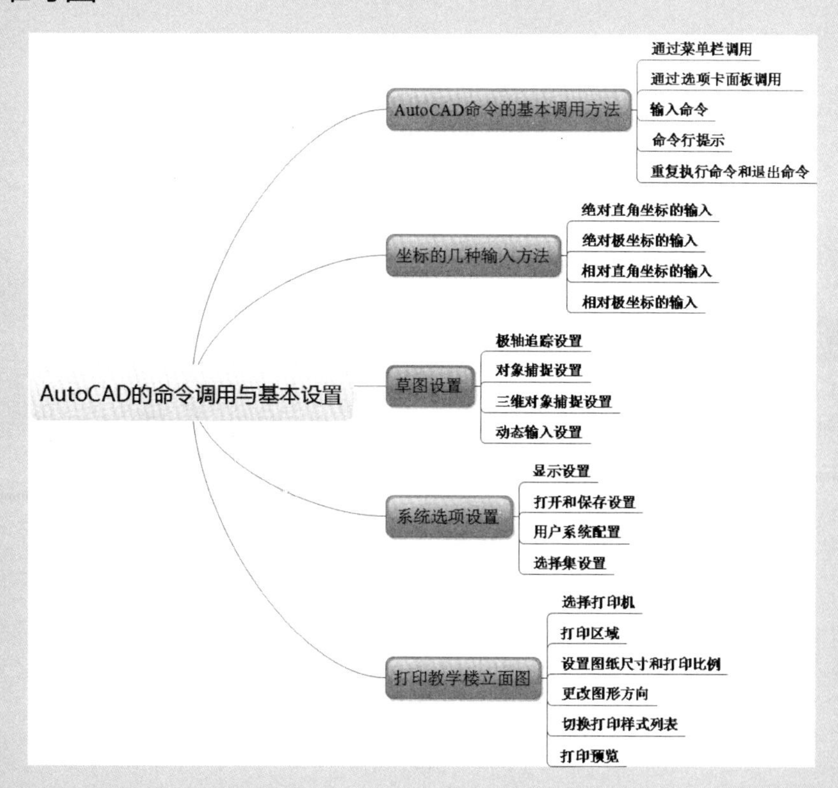

2.1 重点：AutoCAD 命令的基本调用方法

通常命令的基本调用方法可分为三种，即通过菜单栏调用，通过选项卡面板调用，通过命令行调用。前两种调用方法基本相同，找到相应按钮或选项后单击即可。而利用命令行调用命令，则需要在命令行中输入相应指令，并配合空格键或【Enter】键执行。本节将具体讲解 AutoCAD 中命令的调用、退出及重复执行命令的方法。

2.1.1 通过菜单栏调用

菜单栏中几乎包含了AutoCAD所有的命令，通过菜单栏调用命令是最常见的命令调用方法，它适合 AutoCAD 的所有版本。例如，通过菜单栏调用【圆心、半径】命令绘制圆的方法如下。

选择【绘图】➢【圆】➢【圆心、半径】命令，如下图所示。

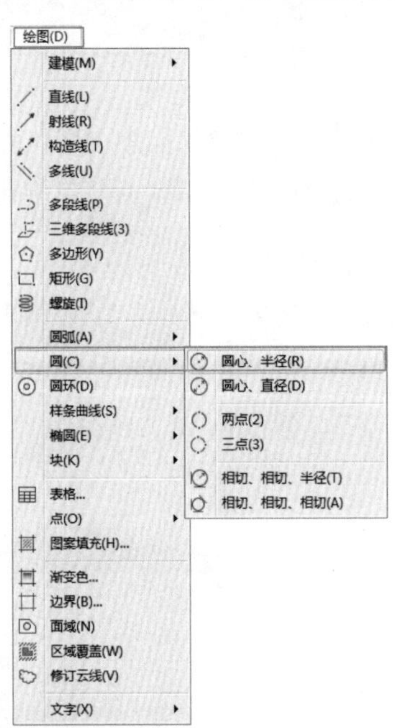

2.1.2 通过选项卡面板调用

对于 AutoCAD 2009 之后的版本，可以通过选项卡面板来调用命令。通过选项卡面板调用命令更直接、快捷。例如，通过选项卡面板调用【轴、端点】命令绘制椭圆的方法如下。

单击【默认】➢【绘图】➢【轴、端点】按钮，如下图所示。

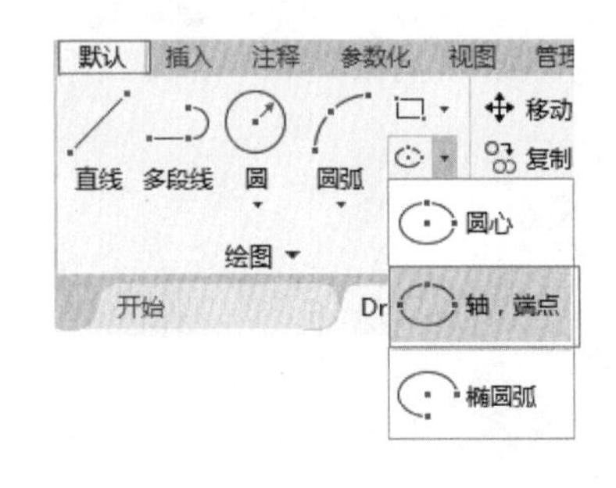

2.1.3 输入命令

在命令行中输入命令，即输入相关图形的指令，如直线的指令为“LINE（或 L）”，圆弧的指令为“ARC（或 A）”等。输入相应指令后按空格键或【Enter】键，即可执行指令。表 2-1 中提供了部分较为常用的图形命令及其缩写，供用户参考。

表 2-1 常用命令及其缩写

命令全名	简写	对应操作	命令全名	简写	对应操作
POINT	PO	绘制点	LINE	L	绘制直线
XLINE	XL	绘制射线	PLINE	PL	绘制多段线
MLINE	ML	绘制多线	SPLINE	SPL	绘制样条曲线
POLYGON	POL	绘制正多边形	RECTANGLE	REC	绘制矩形
CIRCLE	C	绘制圆	ARC	A	绘制圆弧
DONUT	DO	绘制圆环	ELLIPSE	EL	绘制椭圆
REGION	REG	面域	MTEXT	MT/T	多行文本
BLOCK	B	块定义	INSERT	I	插入块
WBLOCK	W	定义块文件	DIVIDE	DIV	定数等分
BHATCH	H	填充	COPY	CO/CP	复制
MIRROR	MI	镜像	ARRAY	AR	阵列
OFFSET	O	偏移	ROTATE	RO	旋转
MOVE	M	移动	EXPLODE	X	分解
TRIM	TR	修剪	EXTEND	EX	延伸
STRETCH	S	拉伸	SCALE	SC	比例缩放
BREAK	BR	打断	CHAMFER	CHA	倒角
PEDIT	PE	编辑多段线	DDEDIT	ED	修改文本
PAN	P	平移	ZOOM	Z	视图缩放

2.1.4 命令行提示

无论采用哪一种方法调用 CAD 命令，调用后的结果都是相同的。执行相关命令后命令行中都会自动出现相关提示及选项供用户操作。下面以执行多线命令为例进行详细介绍。

第 1 步 在命令行中输入“ml（多线）” 后按空格键确认，命令行提示如下。

```
命令：ml
MLINE
当前设置：对正 = 上，比例 = 20.00，样式 = STANDARD
指定起点或 [ 对正 (J)/ 比例 (S)/ 样式 (ST)]:
```

第 2 步 命令行提示指定多线起点，并附有相应选项“对正（J）/ 比例（S）/ 样式（ST）”。指定相应坐标点，即可指定多线起点。在命令行中输入相应选项代码，如输入对正选项代码“J”后按【Enter】键确认，即可执行对正设置。

2.1.5 重复执行命令和退出命令

对于刚结束的命令可以重复执行，直接按空格键或【Enter】键即可完成此操作。还有一种常用的方法是单击鼠标右键，通过【重复】或【最近的输入】选项来实现重复执行命令，如下图所示。

退出命令通常分为两种情况，一种是命令执行完成后退出命令，另一种是调用命令后不执行（即直接退出命令）。对于第一种情况，可通过按空格键、【Enter】键或【Esc】键来完成退出命令操作。第二种情况通常通过按【Esc】键来完成。用户需根据实际情况选择命令的退出方式。

2.2 重点：坐标的几种输入方式

在 AutoCAD 中，坐标有多种输入方式，如绝对直角坐标、绝对极坐标、相对直角坐标和相对极坐标等。下面通过实例说明坐标的各种输入方式。

2.2.1 绝对直角坐标的输入

绝对直角坐标是从原点出发的位移，其表示方式为（*X*, *Y*），其中 *X*、*Y* 分别对应坐标轴上的数值。输入绝对直角坐标的具体操作步骤如下。

第 1 步 在命令行中输入“L”并按空格键调用【直线】命令，在命令行中输入“-500,300”，命令行提示如下。

```
命令: _line
指定第一个点: -500,300
```

第 2 步 按空格键确认，如下图所示。

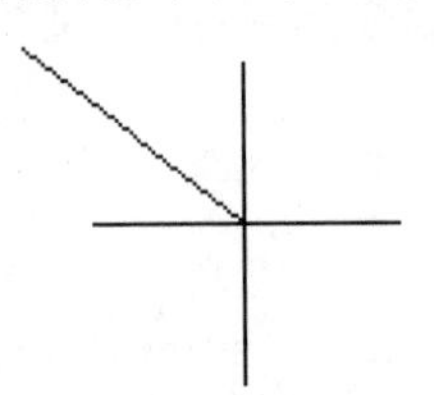

第 3 步 在命令行中输入“700,-500”，命令行提示如下。

```
指定下一点或 [放弃(U)]: 700,-500
```

第 4 步 连续按两次空格键确认后，结果如下图所示。

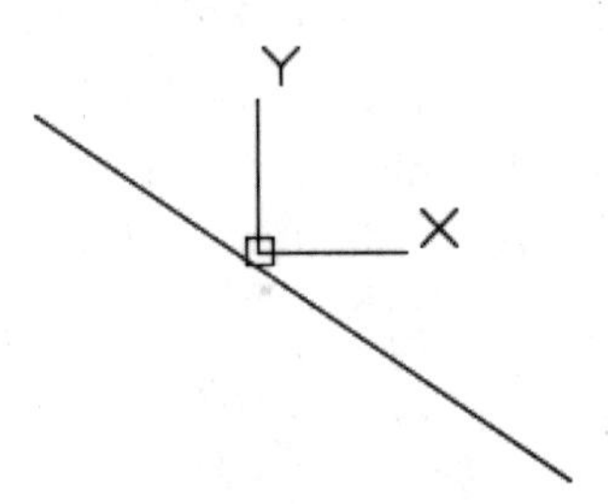

2.2.2 绝对极坐标的输入

绝对极坐标也是从原点出发的位移，但绝对极坐标的参数是距离和角度，其中距离和角度之间用“<”分隔开，角度值是从原点出发的位移和 *X* 轴正方向之间的夹角。输入绝对极坐标的具体操作步骤如下。

第 1 步 在命令行中输入“L”并按空格键调用【直线】命令，在命令行中输入“0,0”，即原点位置，命令行提示如下。

```
命令: _line
指定第一个点: 0, 0
```

第 2 步 按空格键确认，如下图所示。

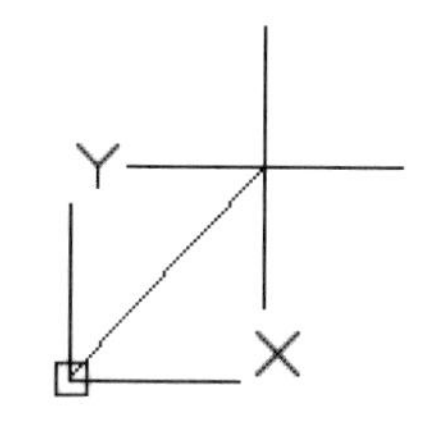

第3步 在命令行中输入“1000<30”，其中1000确定直线的长度，30确定直线和 *X* 轴正方向间夹角的角度，命令行提示如下。

指定下一点或 [放弃 (U)]: 1000<30

第4步 连续按两次空格键确认后，结果如下图所示。

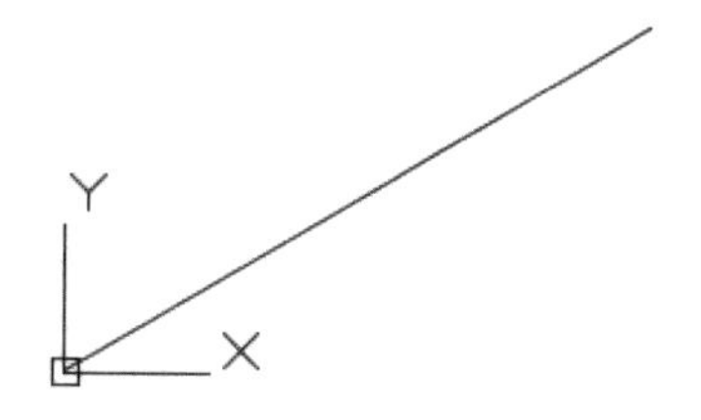

2.2.3 相对直角坐标的输入

相对直角坐标是指相对于某一点的 *X* 轴和 *Y* 轴的距离，其表示方式是在输入的直角坐标前面加上“@”符号，具体操作步骤如下。

第1步 在命令行中输入“L”并按空格键调用【直线】命令，在绘图区域任意单击一点作为直线的起点，如下图所示。

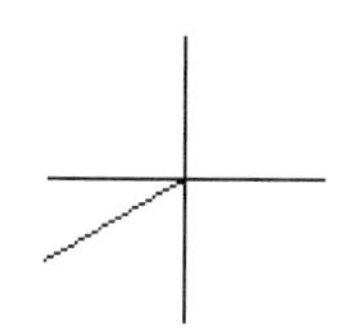

第2步 在命令行中输入“@0,300”，命令行提示如下。

指定下一点或 [放弃 (U)]: @0,300

第3步 连续按两次空格键确认后，结果如下图所示。

2.2.4 相对极坐标的输入

相对极坐标是指相对于某一点的距离和角度。其表示方式是在输入的极坐标前面加上“@”符号，具体操作步骤如下。

第1步 在命令行中输入“L”并按空格键调用【直线】命令，在绘图区域任意单击一点作为直线的起点，如下图所示。

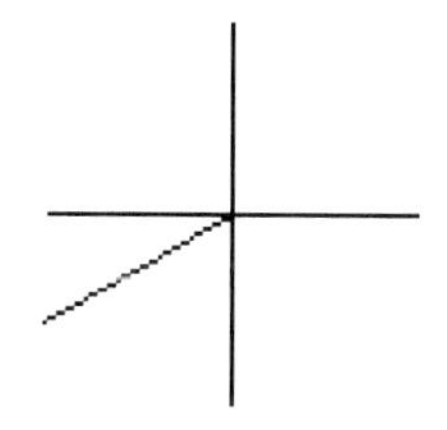

第2步 在命令行中输入“@400<20”，命令行提示如下。

指定下一点或 [放弃 (U)]: @400<20

第3步 连续按两次空格键确认后，结果如下图所示。

2.3 草图设置

在 AutoCAD 中绘制图形时，可以使用系统提供的极轴追踪、对象捕捉和正交等功能，使用户在不知道坐标的情况下也可以精确定位和绘制图形。这些设置都是在草图设置对话框中进行的。

AutoCAD 2021 中调用【草图设置】对话框的方法有以下 2 种。

（1）选择【工具】➢【绘图设置】菜单命令。

（2）在命令行中输入“DSETTINGS/DS/SE/OS”命令。

2.3.1 极轴追踪设置

选择【极轴追踪】选项卡，可以设置极轴追踪的角度，如下图所示。

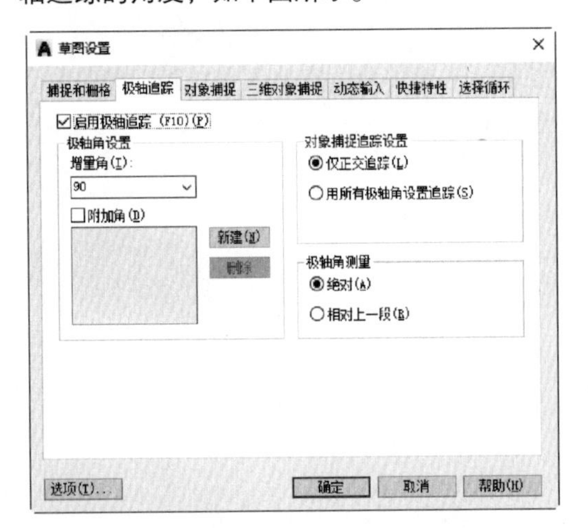

【草图设置】对话框的【极轴追踪】选项卡中，各选项的功能和含义如下。

【启用极轴追踪】：只有勾选该选项的复选框时，下面的设置才起作用。除此之外，下面2种方法也可以控制是否启用极轴追踪。

【增量角】下拉列表：用于设置极轴追踪对齐路径的极轴角度增量，可以直接输入角度值，也可以从中选择 90、45、30 或 22.5 等常用角度。当启用极轴追踪功能后，系统将自动追踪该角度整数倍的方向。

【附加角】复选框：勾选此复选框，然后单击【新建】按钮，可以在左侧列表框中设置增量角之外的附加角度。附加的角度系统只追踪该角度，不追踪该角度的整数倍角度。

【极轴角测量】选项区域：用于选择极轴追踪对齐角度的测量基准，若选中【绝对】单选按钮，将以当前用户坐标系的 *X* 轴正向为基准确定极轴追踪的角度；若选中【相对上一段】单选按钮，将根据上一次绘制线段的方向为基准确定极轴追踪的角度。

提示

按【F10】键可以使极轴追踪在启用和关闭状态之间切换。

极轴追踪和正交模式不能同时启用，当启用极轴追踪后系统将自动关闭正交模式；同理，当启用正交模式后，系统将自动关闭极轴追踪。在绘制水平或竖直直线时常将正交模式打开，在绘制其他直线时常将极轴追踪打开。

2.3.2 重点：对象捕捉设置

在绘图过程中，经常要指定一些已有对象上的点，例如，端点、圆心和两个对象的交点等。

对象捕捉功能可以迅速、准确地捕捉到某些特殊点，从而精确地绘制图形。

选择【对象捕捉】选项卡，如下图所示。

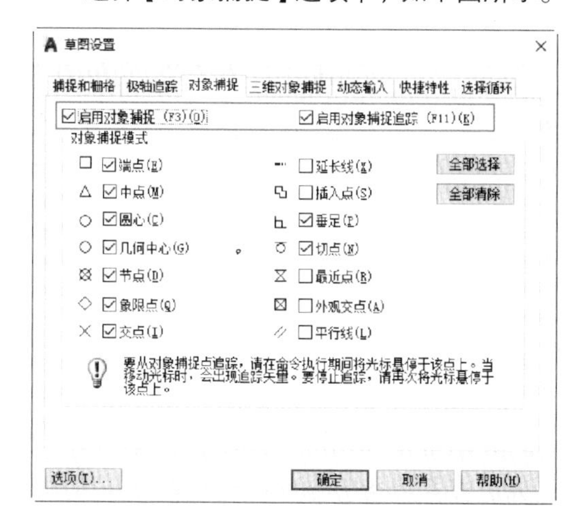

【对象捕捉】选项卡中的各选项含义如下。

【端点】：捕捉圆弧、椭圆弧、直线、多线、多段线线段、样条曲线等的端点。

【中点】：捕捉圆弧、椭圆、椭圆弧、直线、多线、多段线线段、面域、实体、样条曲线或参照线的中点。

【圆心】：捕捉圆心。

【几何中心】：选中该捕捉模式后，在绘图时即可对闭合多边形的中心点进行捕捉。

【节点】：捕捉点对象、标注定义点或标注文字起点。

【象限点】：捕捉圆弧、圆、椭圆或椭圆弧的象限点。

【交点】：捕捉圆弧、圆、椭圆、椭圆弧、直线、多线、多段线、射线、面域、样条曲线或参照线的交点。

【延长线】：当鼠标指针经过对象的端点时，显示临时延长线或圆弧，以便用户在延长线或圆弧上指定点。

【插入点】：捕捉属性、块、图形或文字的插入点。

【垂足】：捕捉圆弧、圆、椭圆、椭圆弧、直线、多线、多段线、射线、面域、实体、样条曲线或参照线的垂足。

【切点】：捕捉圆弧、圆、椭圆、椭圆弧或样条曲线的切点。

【最近点】：捕捉圆弧、圆、椭圆、椭圆弧、直线、多线、点、多段线、射线、样条曲线或参照线的最近点。

【外观交点】：捕捉不在同一平面，但可能看起来在当前视图中相交的两个对象的外观交点。

【平行线】：将直线段、多段线线段、射线或构造线限制为与其他线性对象平行。

提示

1. 只有勾选【启用对象捕捉】和【启用对象捕捉追踪】复选框后，设置的捕捉点才可以被捕捉和追踪。

2. 如果多个对象捕捉都处于活动状态，则使用距离靶框中心最近的选定对象捕捉。如果有多个对象捕捉可用，则可以按【Tab】键在它们之间切换。

2.3.3 三维对象捕捉设置

使用三维对象捕捉功能可以控制三维对象的执行对象捕捉设置，选择【三维对象捕捉】选项卡，如下图所示。

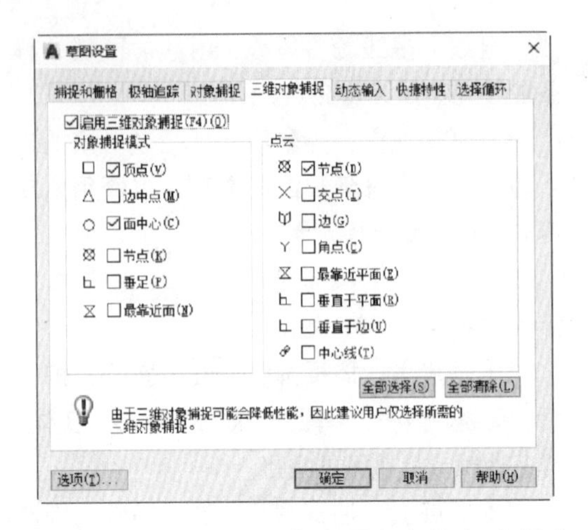

【三维对象捕捉】选项卡中的各选项含义如下。

【顶点】：捕捉三维对象的最近顶点。

【边中点】：捕捉边的中点。

【面中心】：捕捉面的中心。

【节点】：捕捉样条曲线上的节点。

【垂足】：捕捉垂直于面的点。

【最靠近面】：捕捉最靠近三维对象面的点。

【点云】选项区域中各选项的含义如下。

【节点】：无论点云上的点是否包含来自ReCap处理期间的分段数据，都可以捕捉到它。

【交点】：捕捉使用截面平面对象剖切的点云的推断截面的交点，放大可增加交点的精度。

【边】：捕捉两个平面线段之间的边上的点。当检测到边时，AutoCAD沿该边进行追踪，而不会查找新的边，直到用户将鼠标指针从该边移开。如果在检测到边时按住【Ctrl】键，则AutoCAD将沿该边进行追踪，即使将鼠标指针从该边移开也是如此。

【角点】：捕捉检测到的三条平面线段之间的交点（角点）。

【最靠近平面】：捕捉平面线段上最近的点。如果线段亮显处于启用状态，在用户获取点时，将显示平面线段。

【垂直于平面】：捕捉垂直于平面线段的点。如果线段亮显处于启用状态，在用户获取点时，将显示平面线段。

【垂直于边】：捕捉垂直于两条平面线段之间的相交线的点。

【中心线】：捕捉点云中检测到的圆柱段的中心线。

2.3.4 重点：动态输入设置

按【F12】键可以打开或关闭动态输入功能。打开动态输入功能，在输入文字时就能看到光标附近的动态输入提示框。动态输入适用于输入命令、对提示进行响应及输入坐标值。

1. 动态输入的设置

在【草图设置】对话框中选择【动态输入】选项卡，如下图所示。

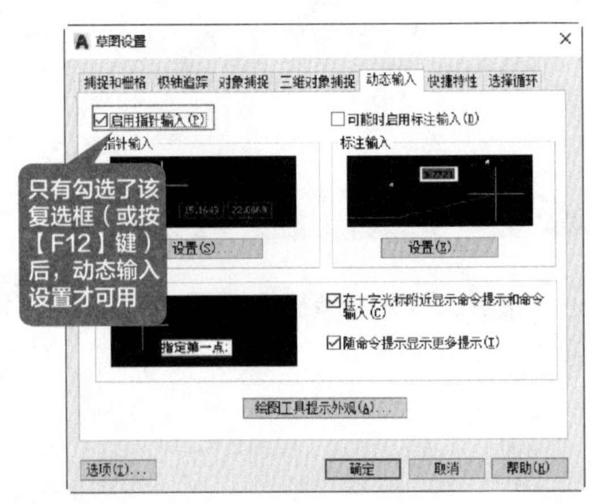

【指针输入设置】：单击【指针输入】选项栏中的【设置】按钮，打开如下图所示的【指针输入设置】对话框，在这里可以设置第二个点或后续的点的默认格式。

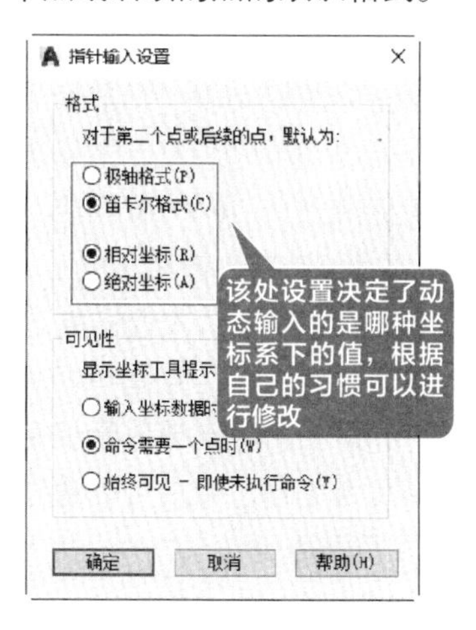

2. 改变动态输入设置

默认的动态输入设置能确保把工具栏提示中的输入解释为相对极轴坐标。但是，有时需要为单个坐标改变此设置。在输入时可以在 X 轴前加上一个符号来改变此设置。

AutoCAD 提供了 3 种方法来改变此设置。

（1）绝对坐标：键入“#”，可以将默认的相对坐标设置改变为输入绝对坐标。例如，输入“#10,10”，那么所指定的就是绝对坐标点（10,10）。

（2）相对坐标：键入“@”，可以将设置的绝对坐标改变为相对坐标，例如，输入“@4,5”。

（3）世界坐标系：如果在创建一个自定义坐标系后，又想输入一个世界坐标系的坐标值，可以在 X 轴坐标值之前加一个“*”。

提示

在【草图设置】对话框的【动态输入】选项卡中勾选【动态提示】选项区域中的【在十字光标附近显示命令提示和命令输入】复选框，可以在鼠标指针附近显示命令提示。

对于【标注输入】，在输入字段中输入值并按【Tab】键后，该字段将显示一个锁定图标，并且鼠标指针会受输入的值的约束。

2.4 系统选项设置

系统选项用于对系统的优化设置，包括文件设置、显示设置、打开和保存设置、打印和发布设置、系统设置、用户系统配置设置、绘图设置、三维建模设置、选择集设置和配置设置。

AutoCAD 2021 中调用【选项】对话框的方法有以下 3 种。

（1）选择【工具】➤【选项】菜单命令。

（2）在命令行中输入“OPTIONS/OP”命令。

（3）选择【应用程序菜单】按钮 ➤【选项】命令。

在命令行中输入“OP”，按空格键弹出【选项】对话框，如下图所示。

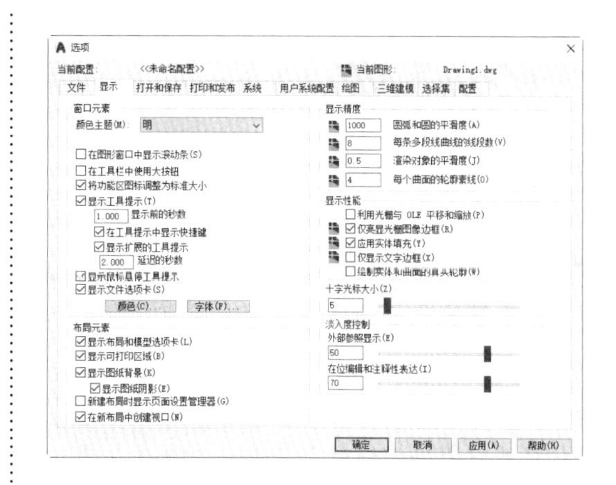

2.4.1 重点：显示设置

显示设置用于设置窗口的明暗、背景颜色、字体样式和颜色及显示的精确度、显示性能及十字光标的大小等。在【选项】对话框中的【显示】选项卡下可以进行显示设置。

1. 窗口元素

窗口元素包括图形窗口显示滚动条、显示图形状态栏、在工具栏中使用大按钮、将功能区图标调整为标准大小、显示提示、显示鼠标悬停工具提示、颜色和字体等选项，如下图所示。

窗口元素
颜色主题(M)： 明
☐在图形窗口中显示滚动条(S)
☐在工具栏中使用大按钮
☑将功能区图标调整为标准大小
☑显示工具提示(T)
1.000 显示前的秒数
☑在工具提示中显示快捷键
☑显示扩展的工具提示
2.000 延迟的秒数
☑显示鼠标悬停工具提示
☑显示文件选项卡(S)
颜色(C)... 字体(F)...

【窗口元素】选项区域中的各项含义如下。

【颜色主题】：用于设置窗口（如状态栏、标题栏、功能区栏和应用程序菜单边框）的明亮程度，在下拉列表中可以设置颜色主题为“明”或“暗”。

【在图形窗口中显示滚动条】：勾选该复选框，将在绘图区域的底部和右侧显示滚动条，如下图所示。

【在工具栏中使用大按钮】：默认情况下的图标是以 16×16 像素显示的，勾选该复选框后将以 32×32 像素显示更大的按钮。

【将功能区图标调整为标准大小】：当图标不符合标准大小时，勾选该复选框，将功能区小图标缩放为 16×16 像素，将功能区大图标缩放为 32×32 像素。

【显示工具提示】：勾选该复选框后将鼠标指针移动到功能区、菜单栏、功能面板和其他用户界面上，将出现提示信息，默认显示前的时间为 1 秒，用户可以通过输入框调整时间，如下图所示。

【在工具提示中显示快捷键】：在工具提示中显示快捷键（Alt+ 按键）或（Ctrl+ 按键）。

【显示扩展的工具提示】：控制扩展工具提示的显示。

【延迟的秒数】：设置显示基本工具提示与显示扩展工具提示之间的延迟时间。

【显示鼠标悬停工具提示】：控制当鼠标指针悬停在对象上时鼠标悬停工具提示的显示，如下图所示。

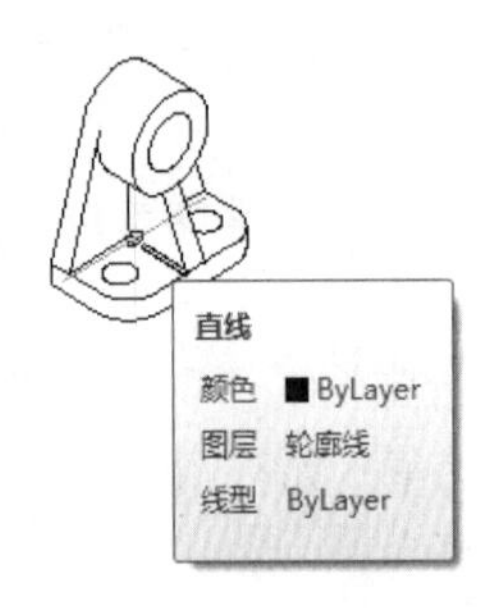

【颜色】：单击该按钮，弹出【图形窗口颜色】对话框，在该对话框中可以设置窗口的背景颜色、光标颜色、栅格颜色等，如下图所示，将二维模型空间的统一背景色设置为白色。

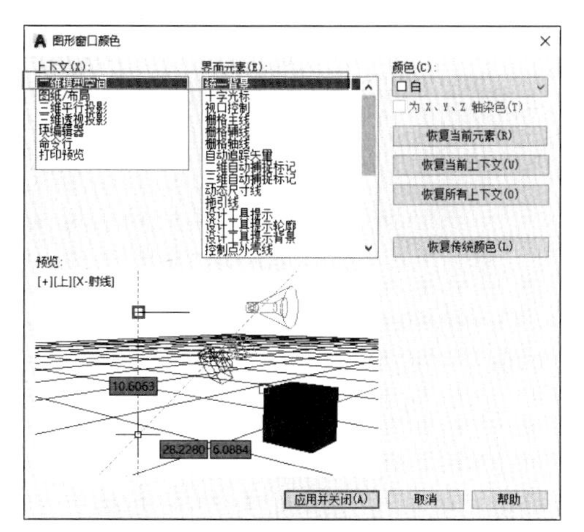

【字体】：单击该按钮，弹出【命令行窗口字体】对话框。通过此对话框指定命令行窗口文字的字体，如下图所示。

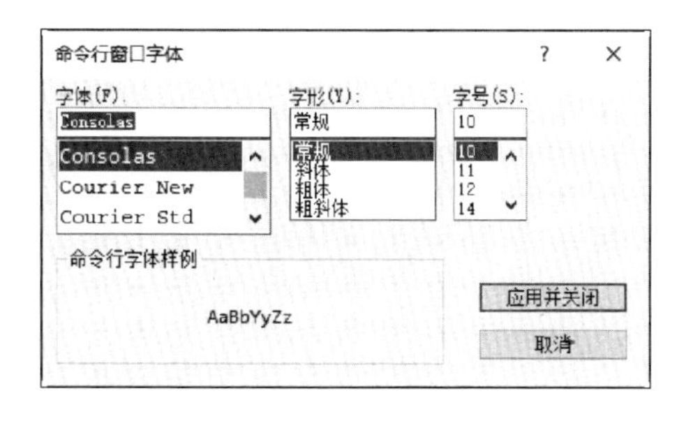

2. 十字光标大小显示

在【十字光标大小】选项区域中可以对十字光标的大小进行设置，如下图所示是十字光标为 5 和 20 的显示对比。

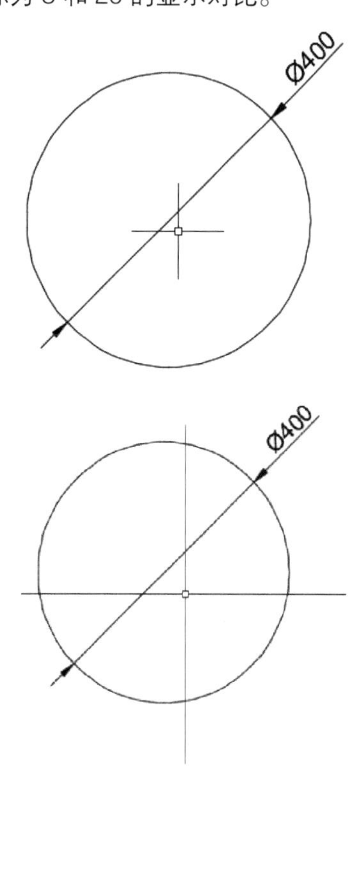

2.4.2 重点：打开和保存设置

选择【打开和保存】选项卡，在这里用户可以设置文件另存为的格式，如下图所示。

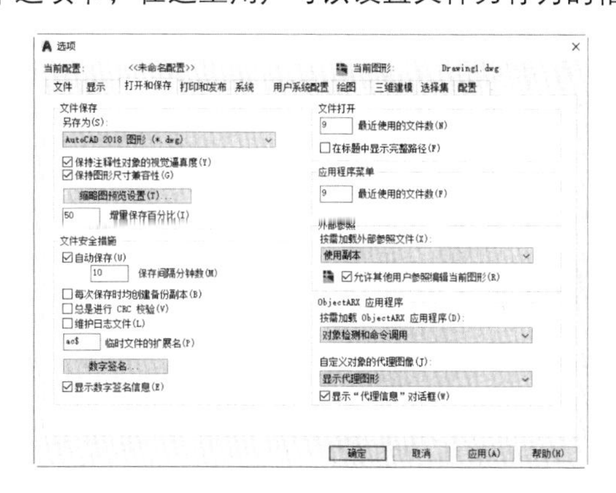

1. 文件保存

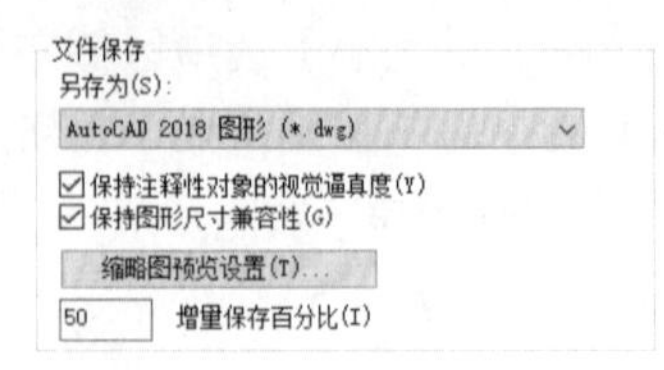

【另存为】：该选项可以设置文件保存的格式和版本。这里的另存为格式一旦设定，将被作为默认保存格式一直沿用下去，直到下次修改为止。

【缩略图预览设置】：单击该按钮，弹出【缩略图预览设置】对话框，此对话框控制保存图形时是否更新缩略图预览。

【增量保存百分比】：设置图形文件中潜在浪费空间的百分比，完全保存将消除浪费的空间。增量保存较快，但会增加图形的大小。如果将【增量保存百分比】设置为 0，则每次保存都是完全保存。要优化性能，可将此值设置为 50。如果硬盘空间不足，可将此值设置为 25。如果将此值设置为 20 或更小，SAVE 和 SAVEAS 命令的执行速度将明显变慢。

2. 文件安全措施

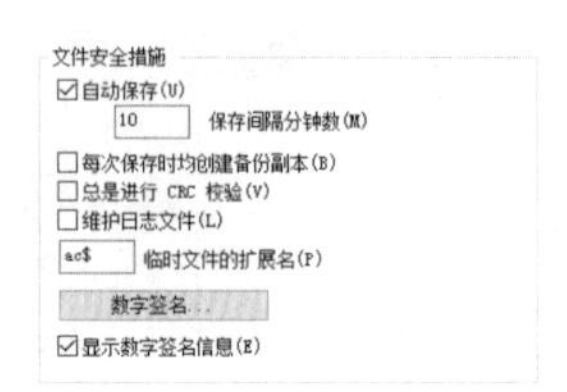

【自动保存】：勾选该复选框可以启用自动保存并设置保存文件的间隔分钟数，这样可以避免因为意外造成数据丢失。

【每次保存时均创建备份副本】：提高增量保存的速度，特别是对于大型图形。当保存的源文件出现错误时，可以通过备份文件来恢复。关于如何打开备份文件，请参见第 1 章高手支招相关内容。

3. 设置临时图形文件保存位置

如果突然断电或死机，文件没有及时保存，可以在【选项】对话框里打开【文件】选项卡，单击【临时图形文件位置】前面的“⊞”，展开得到系统自动保存的临时文件路径，如下图所示。

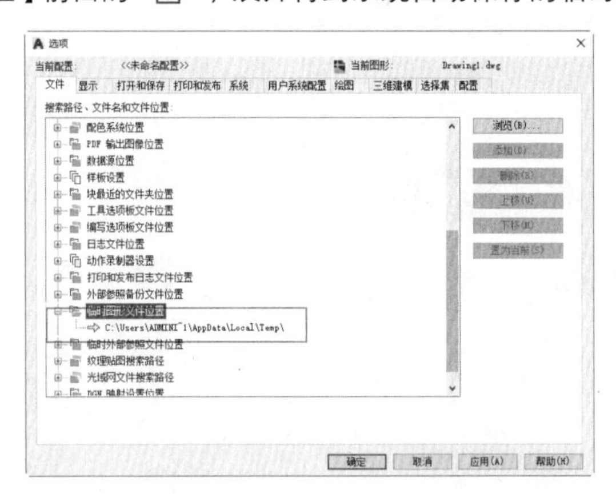

2.4.3 用户系统配置

在用户系统配置选项卡中可以修改是否采用 Windows 标准操作、插入比例、坐标数据输入的优先级、关联标注、块编辑器设置、线宽设置、默认比例列表等相关设置，如下图所示。

1. Windows 标准操作

Windows 标准操作
☑双击进行编辑(O)
☑绘图区域中使用快捷菜单(M)
自定义右键单击(I)...

【双击进行编辑】：勾选该选项后，直接双击图形会弹出相应的图形编辑对话框，可以对图形进行编辑操作，如输入文字。

【绘图区域中使用快捷菜单】：勾选该选项后在绘图区域单击右键，会弹出相应的快捷菜单。如果取消勾选该选项，则下面的【自定义右键单击】按钮将不可用，AutoCAD 默认单击右键为重复上一次命令。

【自定义右键单击】：该按钮可控制在绘图区域中右击是显示快捷菜单还是与按【Enter】键的效果相同，单击【自定义右键单击】按钮，弹出【自定义右键单击】对话框，如下图所示。

自定义右键单击
☐打开计时右键单击(T):
快速单击表示按 ENTER 键
慢速单击显示快捷菜单
慢速单击期限(D): 250 毫秒
默认模式
没有选定对象时，单击鼠标右键表示
○重复上一个命令(R)
◉快捷菜单(S)
编辑模式
选定对象时，单击鼠标右键表示
○重复上一个命令(L)
◉快捷菜单(M)
命令模式
正在执行命令时，单击鼠标右键表示
○确认(E)
○快捷菜单：总是启用(A)
◉快捷菜单：命令选项存在时可用(C)
应用并关闭 取消 帮助(H)

（1）打开计时右键单击

控制右击操作。快速单击与按【Enter】键的效果相同。慢速单击将显示快捷菜单。可以以毫秒为单位来设置慢速单击的持续时间。

（2）默认模式

确定未选中对象且没有命令在运行时，在绘图区域中右击所产生的结果。

【重复上一个命令】：当没有选择任何对象且没有任何命令运行时，在绘图区域中右击与按【Enter】键的效果相同，即重复上一次使用的命令。

【快捷菜单】：启用【默认】快捷菜单。

（3）编辑模式

确定当选中了一个或多个对象且没有命令在运行时，在绘图区域中右击所产生的结果。

【重复上一个命令】：当选择了一个或多个对象且没有任何命令运行时，在绘图区域右击与按【Enter】键的效果相同，即重复上一次使用的命令。

【快捷菜单】：启用【编辑】快捷菜单。

（4）命令模式

确定当命令正在运行时，在绘图区域右击所产生的结果。

【确认】：当某个命令正在运行时，在绘图区域中右击与按【Enter】键的效果相同。

【快捷菜单：总是启用】：启用【命令】快捷菜单。

【快捷菜单：命令选项存在时可用】：仅当在命令提示下命令选项为可用状态时，才启用【命令】快捷菜单。如果没有可用的选项，则右击与按【Enter】键的效果一样。

2. 关联标注

勾选关联标注后，当图形发生变化时，标注尺寸也随着图形的变化而变化。取消关联标注后，再进行标注的尺寸，当图形变化时标注尺寸不再随着图形变化。关联标注选项如下图所示。

关联标注

☑使新标注可关联(D)

> **提示**
>
> 除了通过系统选项板来设置尺寸标注的关联性外，还可以通过系统变量“DIMASO”来控制标注的关联性。

2.4.4 选择集设置

选择集设置主要包含选择集模式的设置和夹点的设置，选择【选择集】选项卡，如下图所示。

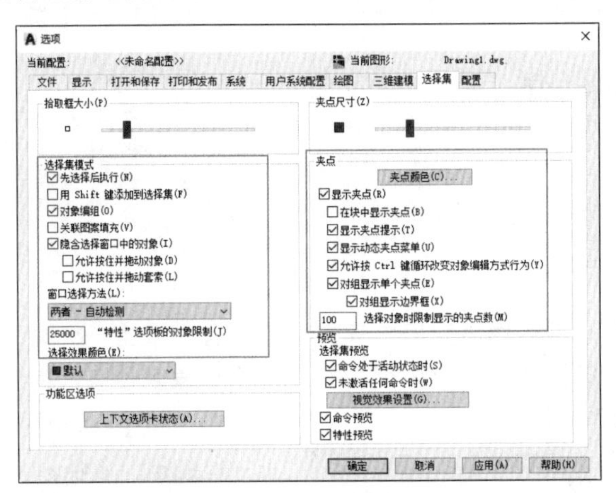

1. 选择集模式

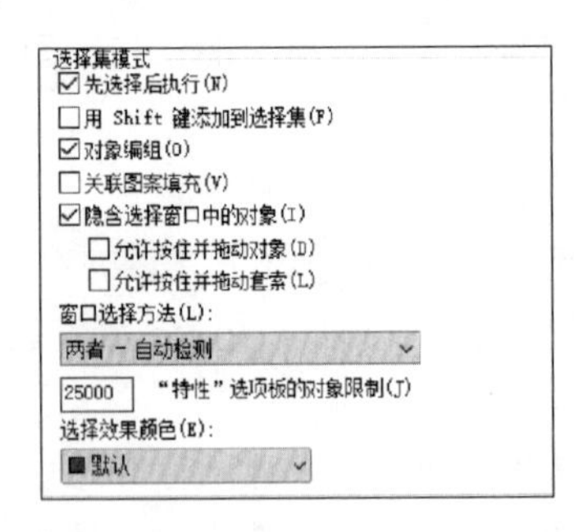

【选择集模式】选项区域中各选项的含义如下。

【先选择后执行】：勾选该选项后，允许先选择对象(这时选择的对象显示有夹点)，然后再调用命令。如果不勾选该选项，则只能先调用命令，然后再选择对象（这时选择的对象没有夹点，一般会以虚线或加亮显示）。

【用 Shift 键添加到选择集】：勾选该选项后只有按住【Shift】键才能进行多项选择。

【对象编组】：该选项是针对编组对象的，勾选该选项后，只要选择编组对象中的任意一个，则整个对象将被选中。利用【GROUP】命令可以创建编组。

【隐含选择窗口中的对象】：在对象外选择了一点时，初始化选择对象中的图形。

【窗口选择方法】：窗口选择方法下拉列表中有三个选项，分别是两次单击、按住并拖动和两者—自动检测，默认选项为“两者—自动检测”。

2. 夹点

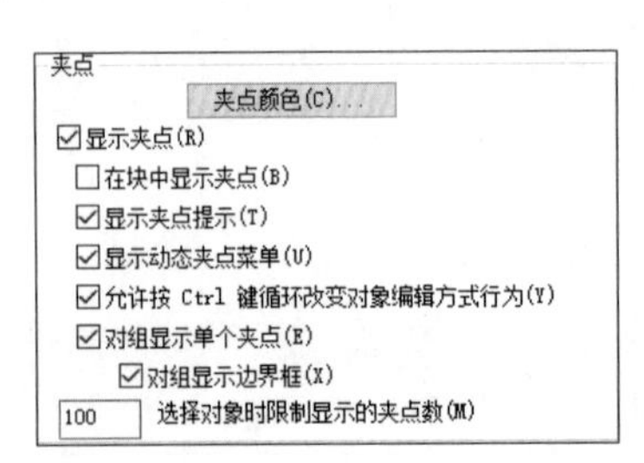

【夹点】选项区域中各选项的含义如下。

【显示夹点】：勾选该选项后在没有任何命令执行时选择对象，将在对象上显示夹点，否则将不显示夹点，如下图所示为勾选和不勾选该选项的效果对比。

【在块中显示夹点】：该选项控制在没有命令执行时选择图块是否显示夹点，勾选该复选框则显示，否则不显示，两者的对比如下图所示。

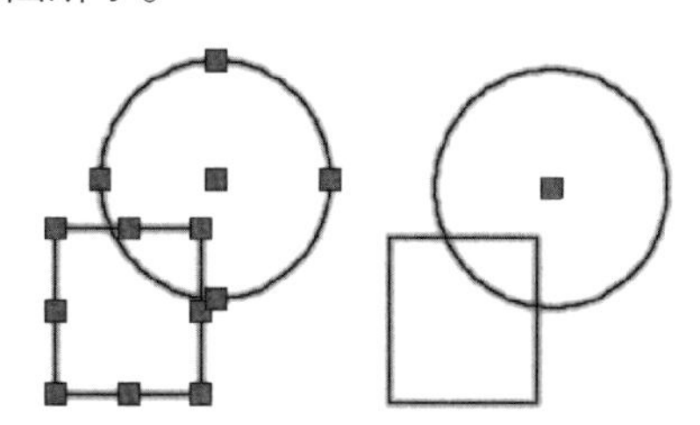

【显示夹点提示】：当鼠标指针悬停在支持夹点提示自定义对象的夹点上时，显示夹点的特定提示。

【显示动态夹点菜单】：控制当鼠标指针悬停在多功能夹点上时动态菜单的显示，如下图所示。

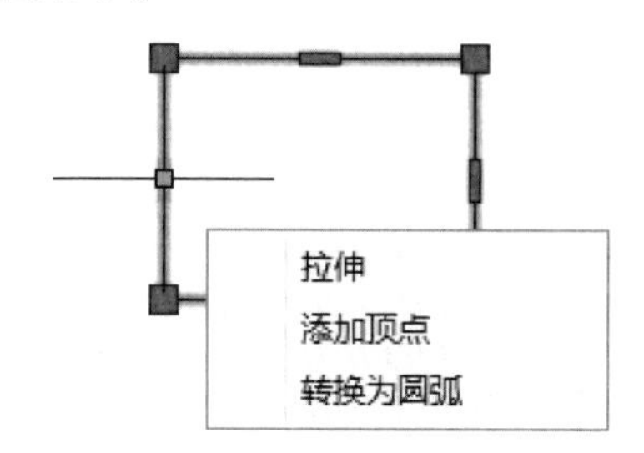

【允许按 Ctrl 键循环改变对象编辑方式行为】：允许多功能夹点按【Ctrl】键循环改变对象的编辑方式。如上图所示，单击选中该夹点，然后按【Ctrl】键，可以在【拉伸】【添加顶点】和【转换为圆弧】选项之间循环选中执行方式。

2.5 打印教学楼立面图

用户在使用 AutoCAD 创建图形后，通常要将其打印到图纸上。打印的图形可以是包含图形的单一视图，也可以是更为复杂的视图排列。根据不同的需要来设置选项，以决定打印的内容和图形在图纸上的布置。

AutoCAD 2021 中调用【打印—模型】对话框的方法通常有以下 6 种。

（1）单击【快速访问工具栏】中的【打印】按钮。

（2）选择【文件】➤【打印】菜单命令。

（3）选择【输出】选项卡 ➤【打印】面板 ➤【打印】按钮。

（4）选择【应用程序菜单】按钮 ➤【打印】➤【打印】。

（5）在命令行中输入“PRINT/PLOT”命令。

（6）按【Ctrl+P】组合键。

2.5.1 选择打印机

打印图形时选择打印机的具体操作步骤如下。

第 1 步 打开随书配套资源中的素材文件“素材 \CH02\ 教学楼立面图 .dwg”，如下图所示。

第2步 按【Ctrl+P】组合键，弹出【打印－模型】对话框，如下图所示。

第3步 在【打印机／绘图仪】区域中的【名称】下拉列表中选择“AutoCAD PDF (General Documentation) .pc3”，如下图所示。

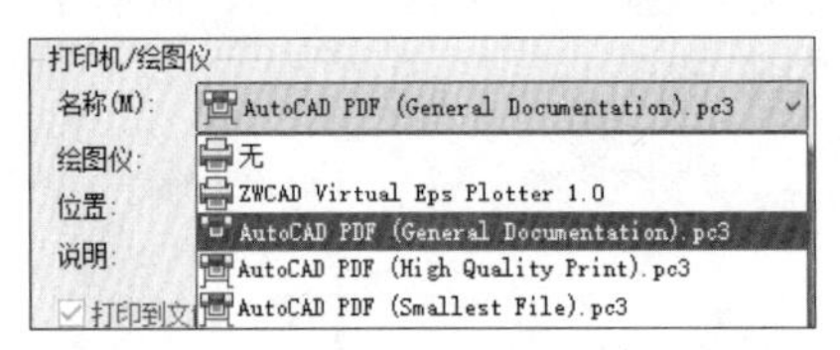

提示

本节任意选择一种 AutoCAD 自带的虚拟打印机来介绍打印时的设置，实际工作中要选择真实已安装的打印机型号，设置方法是相同的。

2.5.2 打印区域

设置打印区域的具体操作步骤如下。

第1步 在【打印区域】选项区域中选择打印范围的类型为【窗口】，如下图所示。

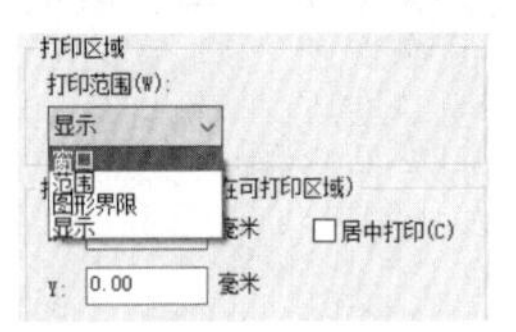

第2步 在绘图区域单击指定打印区域的第一点，如下图所示。

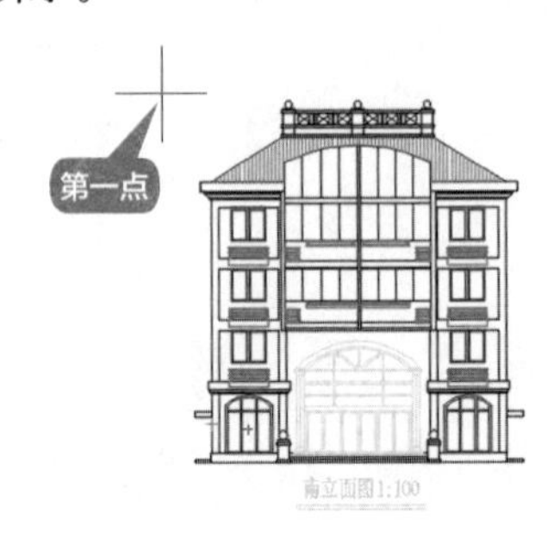

第3步 拖动鼠标并单击指定打印区域的第二点，如下图所示。

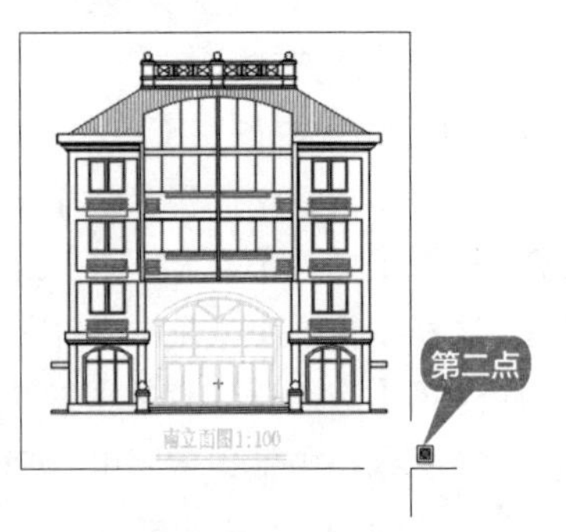

第4步 在【打印偏移】选项区域中勾选【居中打印】复选框，如下图所示。

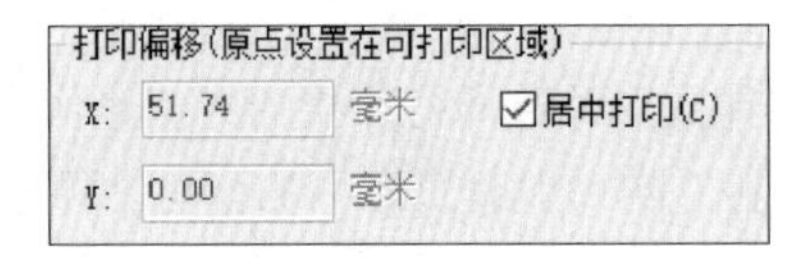

第 5 步 设置完成后如下图所示。

2.5.3 设置图纸尺寸和打印比例

根据自己打印机所使用的纸张大小，选择合适的图纸尺寸，然后再根据需要设置打印比例，如果需要最大限度地显示图纸内容，则勾选【布满图纸】复选框，具体操作步骤如下。

第 1 步 在【图纸尺寸】选项区域中单击下拉按钮，选择自己打印机所使用的纸张尺寸，如下图所示。

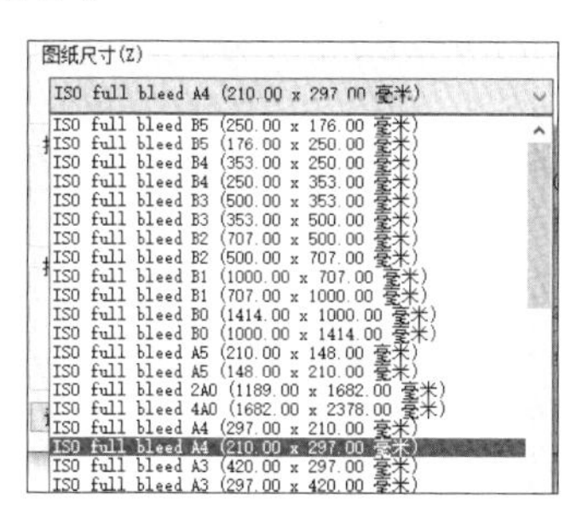

第 2 步 勾选【打印比例】选项区域中的【布满图纸】复选框，如下图所示。

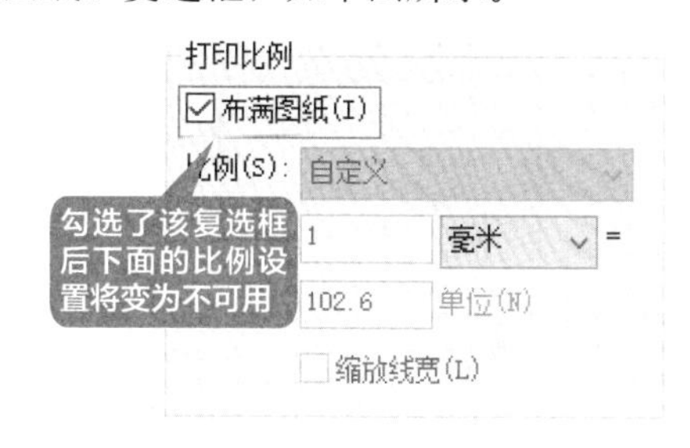

2.5.4 更改图形方向

如果图形的方向与图纸的方向不统一，则不能充分利用图纸，此时可以更改图形方向以适应图纸，其具体操作步骤如下。

第 1 步 单击右下角【更多选项】按钮⊙，展开如下图所示的对话框。

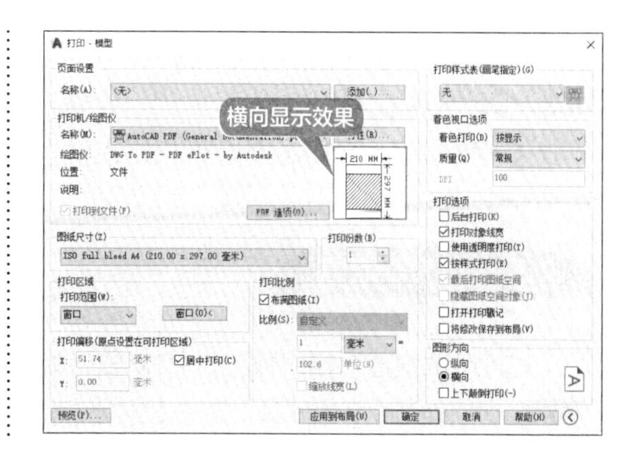

第 2 步 在【图形方向】选项区域选择【纵向】，如下图所示。

第 3 步 改变方向后效果如下图所示。

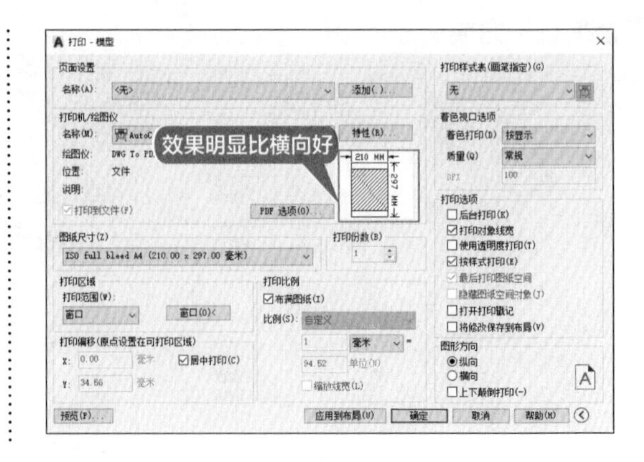

2.5.5 切换打印样式表

根据需要可以设置切换打印样式表，其具体操作步骤如下。

第 1 步 在【打印样式表（画笔指定）】选项区域中选择需要的打印样式，如下图所示。

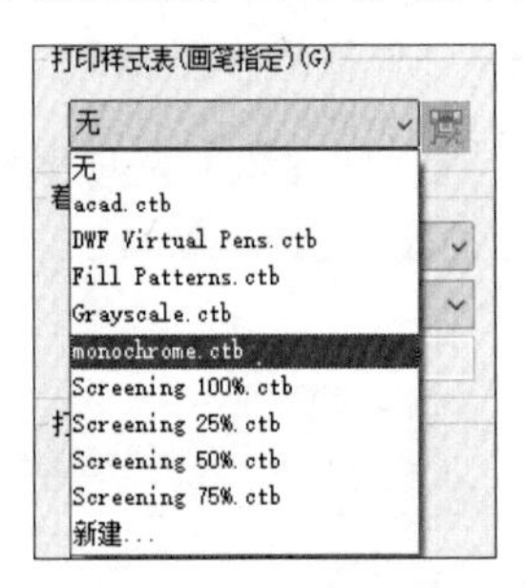

第 2 步 选择打印样式表后弹出对话框，如下图所示，单击【是】按钮，将打印样式表指定给所有布局。

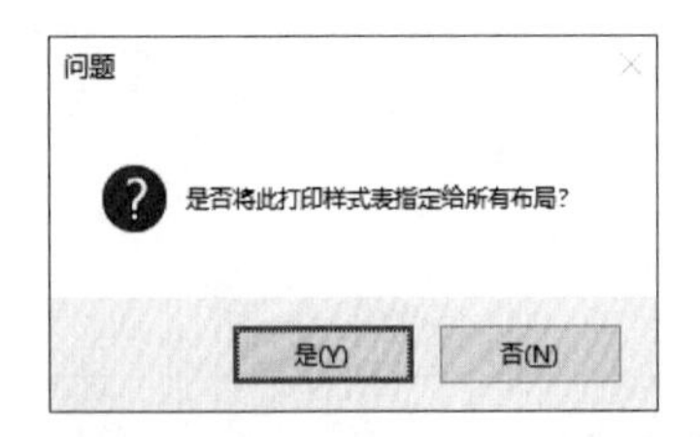

第 3 步 选择打印样式表后，其下拉列表框右侧的【编辑】按钮由原来的不可用状态变为可用状态，单击此按钮，打开【打印样式表编辑器】对话框，在对话框中可以编辑打印样式，如下图所示。

提示

如果是黑白打印机，则选择【monochrome.ctb】，选择之后不需要进行任何改动，因为AutoCAD 默认该打印样式下所有对象颜色均为黑色。

2.5.6 打印预览

在打印之前进行打印预览，可以进行最后的检查，其具体操作步骤如下。

第 1 步 设置完成后单击【预览】按钮，可以预览打印效果，如下图所示。

第 2 步 如果预览没有发现问题，单击【打印】按钮即可打印；如果对打印设置不满意，则单击【关闭预览窗口】按钮回到【打印—模型】对话框重新设置。

提示

按住鼠标滚轮，可以拖动预览图形，上下滚动鼠标滚轮，可以放大 / 缩小预览图形。

举一反三 创建样板文件

用户可以根据绘图习惯进行绘图环境的设置，然后将设置完成的文件保存为“.dwt”文件（样板文件的格式），即可创建样板文件。

第 1 步 新建一个图形文件，在命令行中输入“OP”并按空格键，在弹出的【选项】对话框中选择【显示】选项卡，如下图所示。

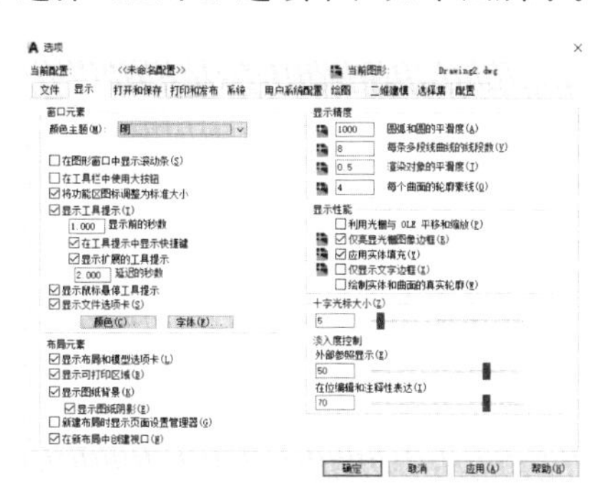

第 2 步 单击【颜色】按钮，在弹出的【图形窗口颜色】对话框中，将二维模型空间的统一背景改为白色，如下图所示。

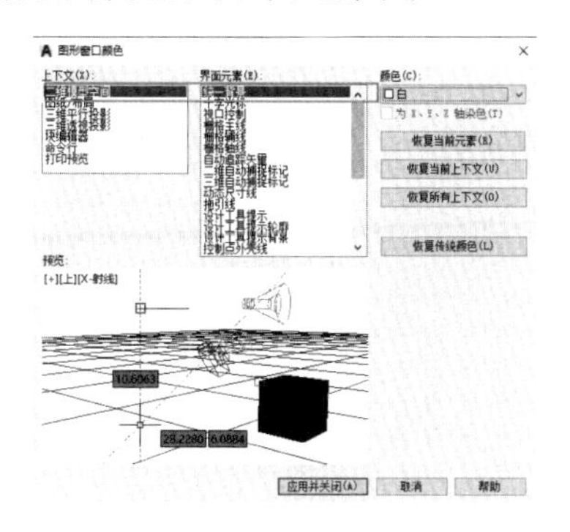

第 3 步 单击【应用并关闭】按钮，回到【选项】对话框，单击【确定】按钮，回到绘图界面后，按【F7】键将栅格关闭，结果如下图所示。

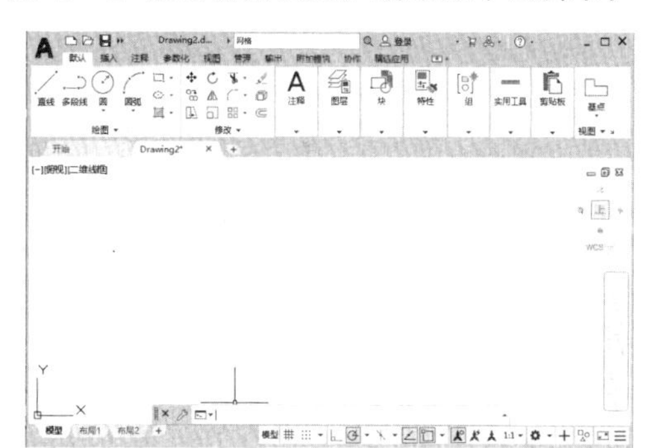

第 4 步 在命令行中输入“SE”并按空格键，在弹出的【草图设置】对话框中选择【对象捕捉】选项卡，并进行如下图所示的设置。

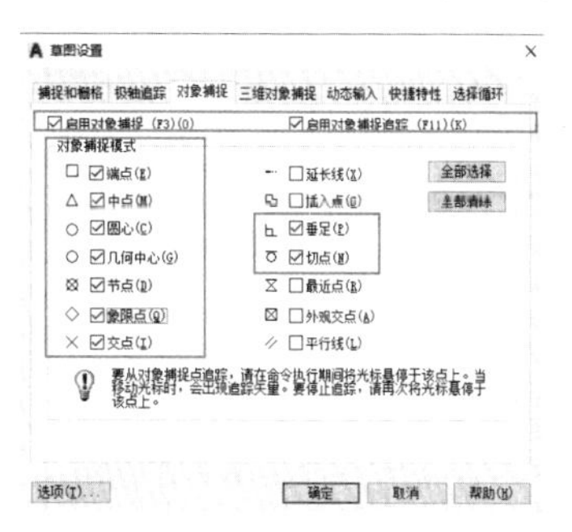

第 5 步 选择【动态输入】选项卡，并进行如下图所示的设置。

第 6 步 单击【确定】按钮，返回到绘图界面后选择【文件】➤【打印】菜单命令，在弹出的【打印 – 模型】对话框中进行如下图所示的设置。

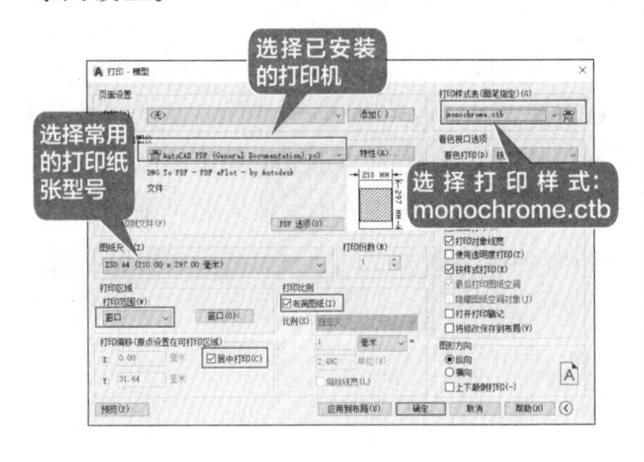

第 7 步 单击【应用到布局】按钮，然后单击【确定】按钮，关闭【打印 – 模型】对话框。按【Ctrl+S】组合键，在弹出的【图形另存为】对话框中选择文件类型为“AutoCAD 图形样板（*.dwt）”，然后输入样板的名字，单击【保存】按钮即可创建一个样板文件，如下图所示。

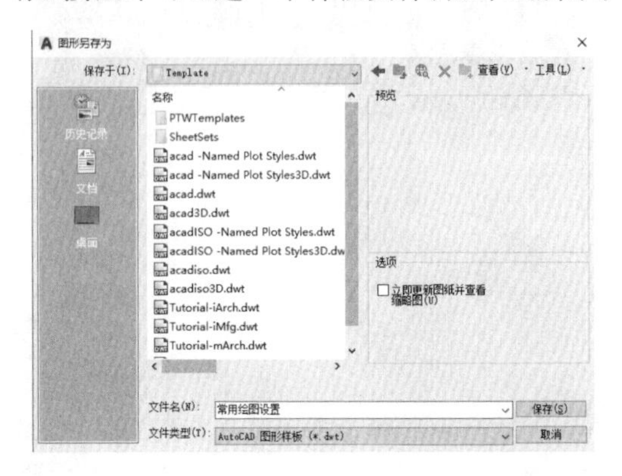

第 8 步 单击【保存】按钮后，在弹出的【样板选项】对话框中设置测量单位，然后单击【确定】按钮，如下图所示。

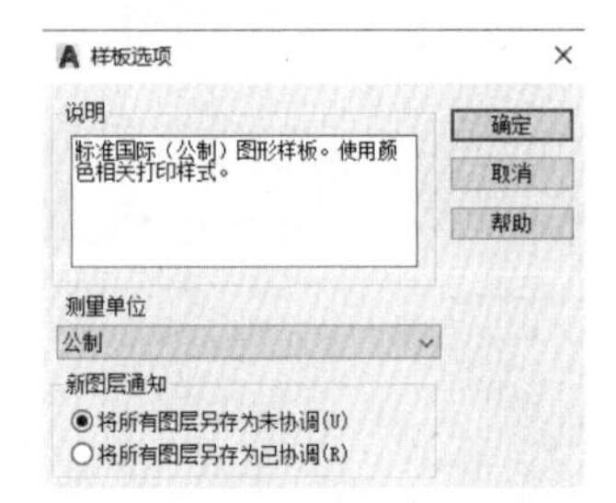

第 9 步 创建完成后，单击【新建】按钮，在弹出的【选择样板】对话框中选择刚创建的样板文件，为样板建立一个新的 CAD 文件，如下图所示。

◇ 利用备份文件恢复丢失文件

如果 AutoCAD 出现意外，可以利用系统自动生成的 *.bak 文件进行相关文件的恢复操作，具体操作步骤如下。

第 1 步 找到随书配套资源中的“素材\CH02\椅子 .bak”文件，双击弹出如下图所示的提示框。

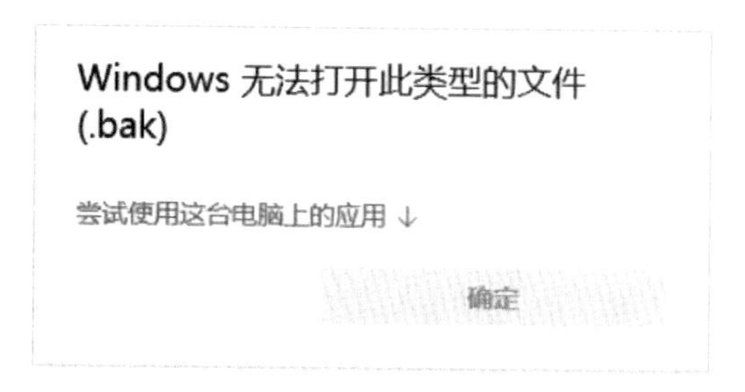

第 2 步 在屏幕空白处单击鼠标，关闭对话框，然后选择“备份文件 .bak”，并单击鼠标右键，在弹出的快捷菜单中选择【重命名】选项，如下图所示。

创建快捷方式(S)
删除(D)
重命名(M)
属性(R)

第 3 步 将备份文件的后缀“.bak”改为“.dwg”，此时弹出【重命名】询问对话框，如下图所示。

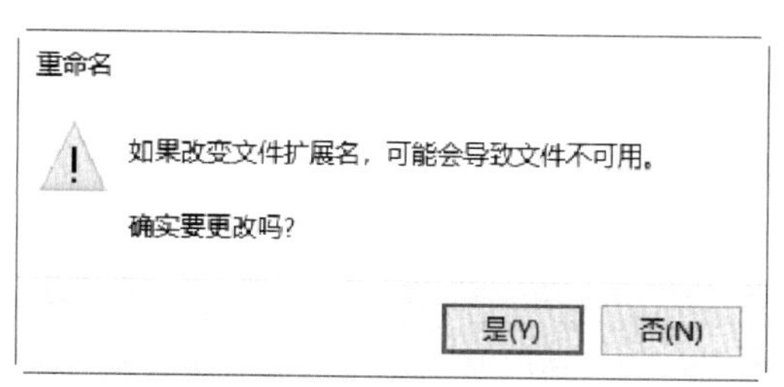

第 4 步 单击【是】按钮，然后双击修改后的文件，即可打开备份文件，如下图所示。

提示

如果在【选项】对话框中将【打开和保存】选项卡下的【每次保存时均创建备份副本】复选框取消，如下图所示，则系统不保存备份文件。

文件安全措施
☑ 自动保存 (U)
10 保存间隔分钟数 (M)
☐ 每次保存时均创建备份副本 (B)
☐ 总是进行 CRC 校验 (V)
☐ 维护日志文件 (L)
ac$ 临时文件的扩展名 (P)
数字签名...
☑ 显示数字签名信息 (E)

◇ 临时捕捉

当需要临时捕捉某点时，可以按住【Shift】键或【Ctrl】键并右击，弹出对象捕捉快捷菜单，如下图所示。从中选择需要的命令，再把鼠标指针移动到要捕捉对象的特征点附近，即可捕捉到相应的点。

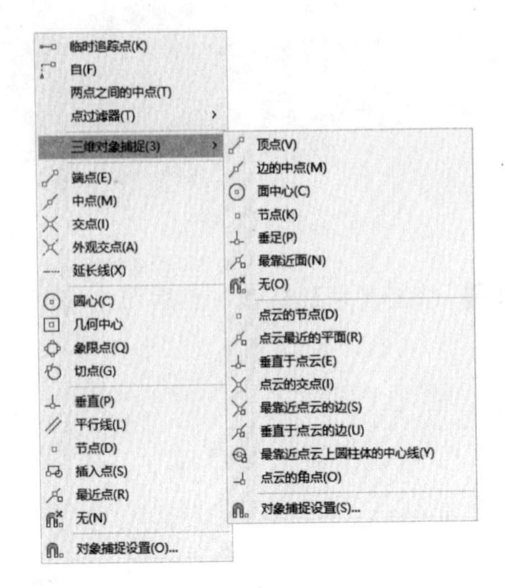

下面对【对象捕捉】的各选项进行具体介绍。

【临时追踪点】：创建对象捕捉所使用的临时点。

【自】：从临时参考点偏移。

【无】：关闭对象捕捉模式。

【对象捕捉设置】：设置自动捕捉模式。

提示

其余对象捕捉点的介绍参见2.3.2和2.3.3节。

第3章 图层

本章导读

图层相当于重叠的透明图纸，每张图纸上面的图形都具备自己的颜色、线宽、线型等特性，将所有图纸上面的图形绘制完成后，可以根据需要对其进行相应的隐藏或显示，将会得到最终的图形需求结果。为了方便对 AutoCAD 对象进行统一管理和修改，用户可以把类型相同或相似的对象指定给同一图层。

思维导图

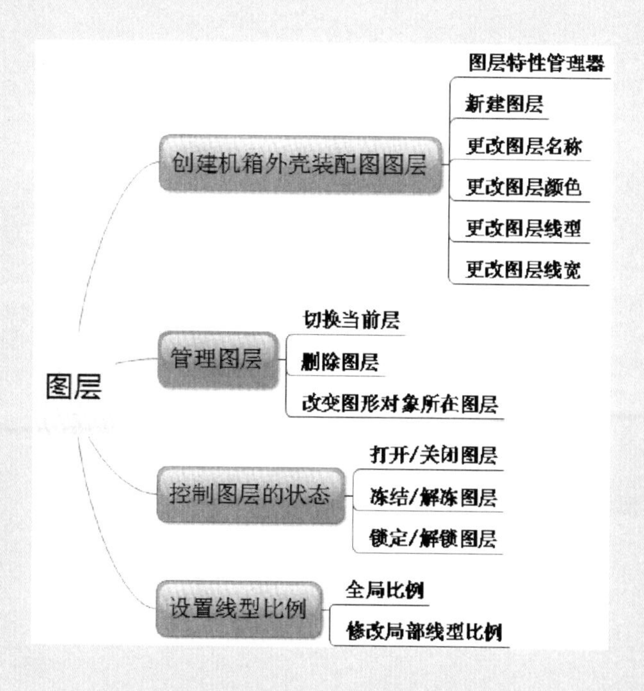

3.1 重点：创建机箱外壳装配图图层

图层可以让图形更加清晰，有层次感，但很多初学者往往只关注绘图命令和编辑命令，而忽视了图层的存在。下面两幅图分别是机箱外壳装配图所有图素在同一个图层和将图素分类放置于几个图层上的效果，差别一目了然，左图线型虚实不分，线宽粗细不辨，颜色单调，右图则不同类型对象的线型、线宽、颜色各异，层次分明。

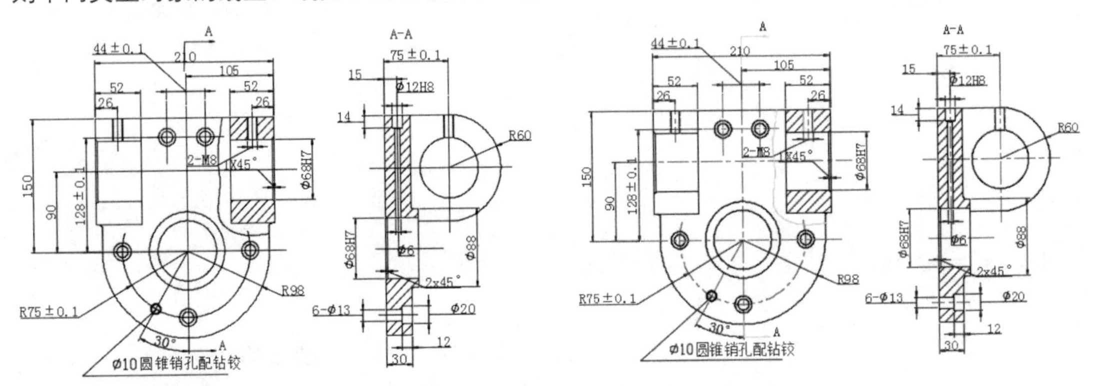

本节以机箱外壳装配图为例，来介绍图层的创建、管理及状态的控制等。

3.1.1 图层特性管理器

在 AutoCAD 中创建图层和修改图层的特性等操作都是在【图层特性管理器】中完成的，本节将对【图层特性管理器】进行介绍。

启动 AutoCAD 2021，打开随书配套资源中的“素材\CH03\机箱外壳装配图 .dwg”文件，如下图所示。

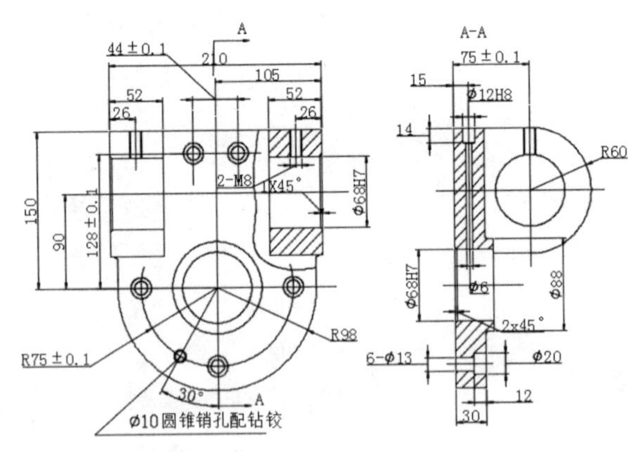

1. 通过选项卡调用图层特性管理器

第 1 步 选择【默认】选项卡 ➢【图层】面板 ➢【图层特性】按钮，如下图所示。

第 2 步 弹出【图层特性管理器】，如下图所示。

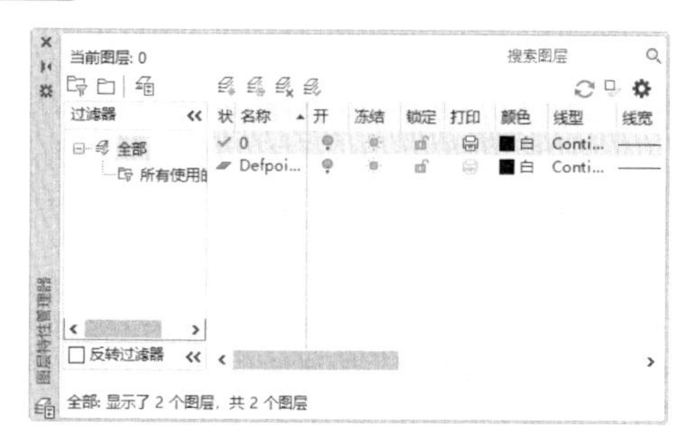

提示

AutoCAD 中的新建图形中均包含一个名称为“0”的图层，该图层无法进行删除或重命名。“0”图层尽量用于放置图块，可以根据需要多创建几个图层，然后在其他的相应图层上面进行图形的绘制。

“Defpoints”是自动创建的第一个标注图形中创建的图层。此图层包含有关尺寸标注，因此不应删除该图层，否则该尺寸标注图形中的数据可能会受到影响。

在“Defpoints”图层上的对象能显示但不能打印。

2. 通过命令输入调用图层特性管理器

（1）在命令行中输入“Layer/La”命令并按空格键。

命令：LAYER ↙

（2）弹出【图层特性管理器】。

3. 通过菜单命令调用图层特性管理器

第 1 步 选择【格式】➤【图层】菜单命令。

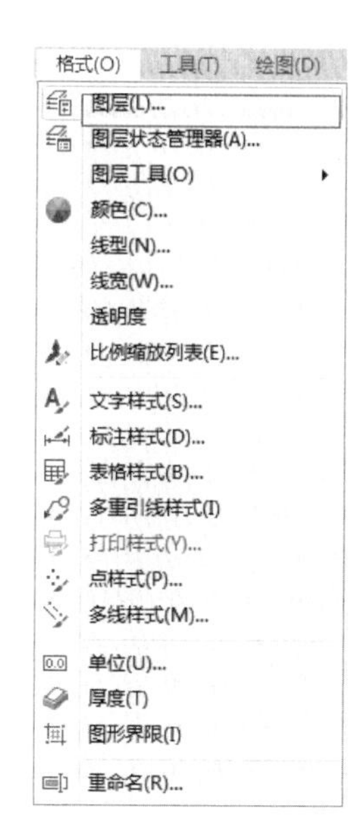

第 2 步 弹出【图层特性管理器】。

【图层特性管理器】中各选项含义如下。

【新建图层】：创建新的图层，新图层将继承图层列表中当前选定图层的特性。

【在所有视口中都被冻结的新图层视口】：创建图层，然后在所有现有布局视口中将其冻结。可以在【模型】选项卡或【布局】选项卡中访问此按钮。

【删除图层】：删除选定的图层，但无法删除以下图层。

- 图层“0”和“Defpoints”。
- 包含对象（包括块定义中的对象）的图层。
- 当前图层。
- 在外部参照中使用的图层。
- 局部已打开的图形中的图层。

【置为当前】：将选定图层设定为当前图层，然后再绘制的图形将是该图层上的对象。

【图层列表】：列出当前所有的图层，单击可以选定图层或修改图层的特性。

【状态】：“✔”表示此图层为当前图层；“▱”表示此图层包含对象；“▱”表示此图层不包含任何对象。

提示

为了提高性能，所有图层均默认指示为包含对象。用户可以在图层设置中启用此功能。单击按钮，弹出【图层设置】对话框，在【对话框设置】选项区域中勾选【指示正在使用的图层】选项，则不包含任何对象的图层将呈“”显示。

对话框设置
☑ 将图层过滤器应用于图层工具栏(Y)
☑ 指示正在使用的图层(U)

【名称】：显示图层或过滤器的名称，按【F2】键输入新名称 。

【开】：打开或关闭选定的图层。当图层打开时，该图层上的对象可见且可以打印；当图层关闭时，该图层上的对象将不可见且不能打印，即使“打印”列中的设置已打开也是如此。

【冻结】：解冻或冻结选定的图层。在复杂图形中，冻结图层可以提高性能并减少重生成时间。冻结图层上的对象不会被显示、打印或重生成。在三维建模的图形中，冻结图层上的对象无法被渲染。

提示

如果希望图层长期保持不可见，可以选择冻结，如果图层经常切换可见性，请使用“开 / 关”设置，以避免重生成图形。

【锁定】：解锁和锁定选定的图层。锁定图层上的对象无法修改，将鼠标指针悬停在锁定图层中的对象上时，对象显示为淡入并显示一个锁状图标。

【打印】：打印和不打印选定的图层。即使关闭图层的打印，仍将显示该图层上的对象。对于已关闭或冻结的图层，即使设置为“打印”，也不打印该图层上的对象。

【颜色】：单击当前颜色按钮■将显示【选择颜色】对话框，可以在其中更改图层的颜色。

【线型】：单击当前线型按钮 Continu... 将显示【选择线型】对话框，可以在其中更改图层的线型。

【线宽】：单击当前线宽按钮 —— 默认 将显示【线宽】对话框，可以在其中更改图层的线宽。

【透明度】：单击当前透明度按钮 0 将显示【图层透明度】对话框，可以在其中更改图层的透明度。透明度的有效值为 0~90，值越大，对象越显得透明。

【新视口冻结】：在新布局视口中解冻或冻结选定图层。例如，若在所有新视口中冻结 DIMENSIONS 图层，将在所有新建的布局视口中限制标注显示，但不会影响现有视口中的 DIMENSIONS 图层。如果以后创建了需要标注的视口，则可以通过更改当前视口设置来替代默认设置。

【说明】：用于描述图层或图层过滤器。

【搜索图层】：在文本框中输入字符，按名称过滤图层列表。也可以通过输入下列通配符来搜索图层。

字符	定义
#（磅字符）	匹配任意数字
@	匹配任意字母字符
.（句点）	匹配任意非字母数字字符
*（星号）	匹配任意字符串，可以在搜索字符串的任意位置使用
?（问号）	匹配任意单个字符，例如，?BC 匹配 ABC、3BC 等
~（波浪号）	匹配不包含自身的任意字符串，例如，~*AB* 匹配所有不包含 AB 的字符串
[ ]	匹配括号中包含的任意一个字符，例如，[AB]C 匹配 AC 和 BC
[~]	匹配括号中未包含的任意字符，例如，[AB]C 匹配 XC，而不匹配 AC 和 BC
[-]	指定单个字符的范围，例如，[A–G]C 匹配 AC、BC 直到 GC，但不匹配 HC
`（反问号）	逐字读取其后的字符，例如，`~AB 匹配 ~AB

3.1.2 新建图层

单击【图层特性管理器】上的【新建图层】按钮，即可创建新的图层，新图层将继承图层列表中当前选定图层的特性。

新建图层的具体操作步骤如下。

第 1 步 在【图层特性管理器】上单击【新建图层】按钮，AutoCAD 自动创建一个名称为“图层 1”的图层，如下图所示。

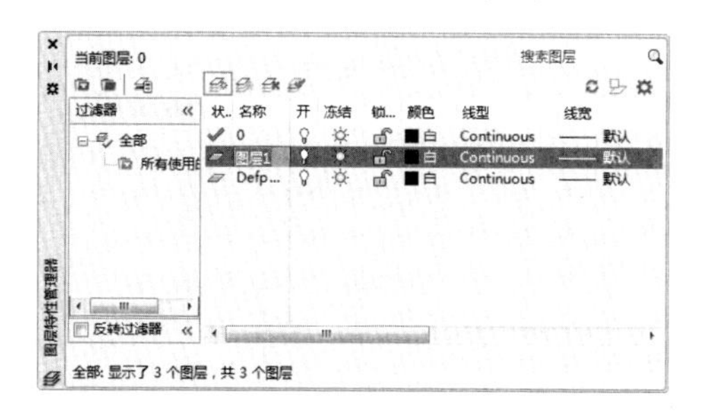

第 2 步 连续单击【新建图层】按钮，继续创建图层，结果如下图所示。

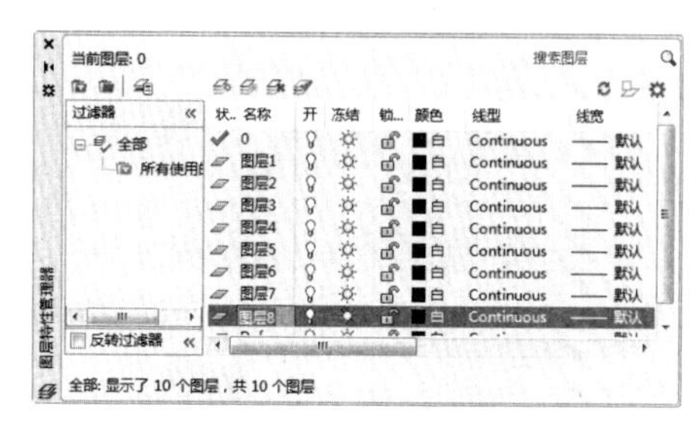

提示

除了单击【新建图层】按钮创建图新层外，选中要作为参考的图层，然后按【Enter】键也可以创建新图层。

3.1.3 更改图层名称

在 AutoCAD 中，创建的新图层默认名称为“图层 1”“图层 2”……单击图层的名称，即可对图层名称进行修改。

更改图层名称的具体操作步骤如下。

第 1 步 选中“图层 1”并单击其名称，使名称处于编辑状态，然后输入新的名称“轮廓线”，如下图所示。

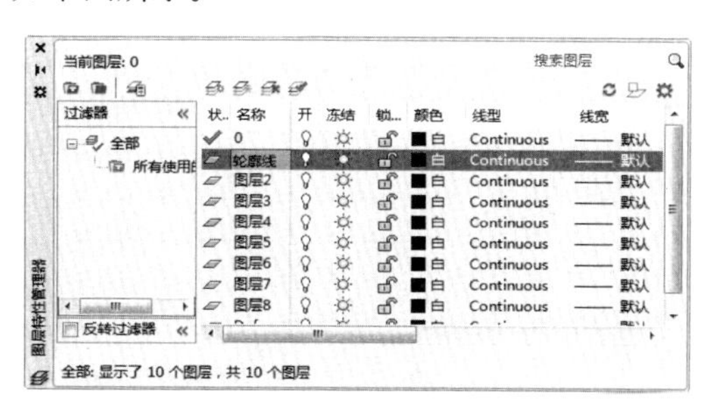

第 2 步 重复第 1 步，继续修改其他图层的名称，结果如下图所示。

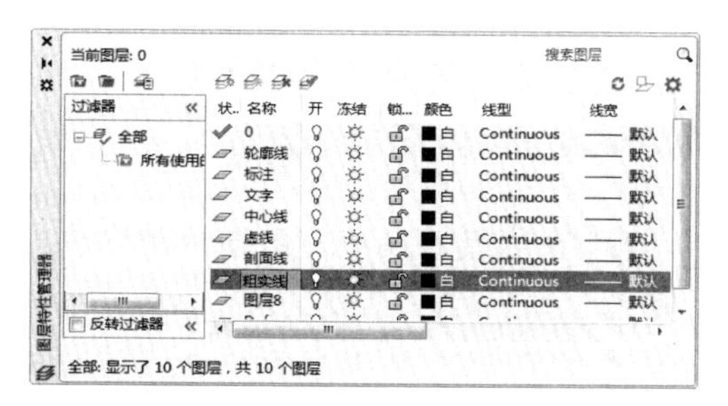

3.1.4 更改图层颜色

AutoCAD 系统中提供了 256 种颜色，通常在设置图层的颜色时，都会采用 7 种标准颜色：

1 红色、2 黄色、3 绿色、4 青色、5 蓝色、6 紫色及 7 白 / 黑色。这 7 种颜色区别较大，又有名称，便于识别和调用。

更改图层颜色的具体操作步骤如下。

第 1 步 选中“标注”层并单击其【颜色】按钮■，弹出【选择颜色】对话框，如下图所示。

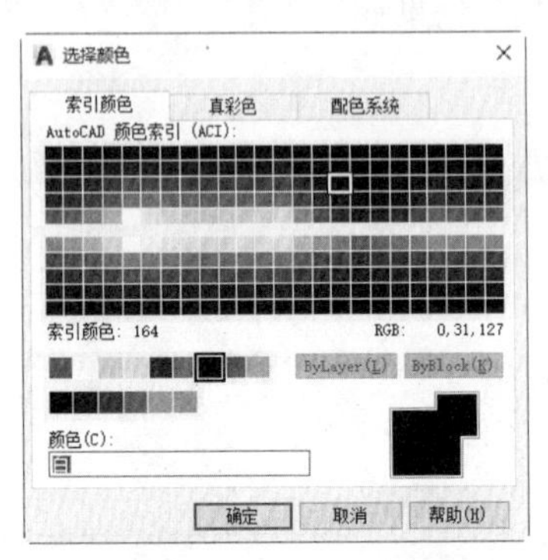

第 2 步 单击选择蓝色，如下图所示。

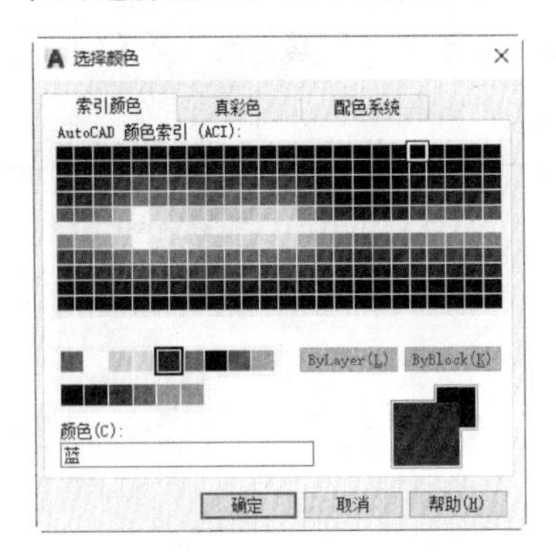

第 3 步 单击【确定】按钮，回到【图层特性管理器】对话框后，“标注”层的颜色变成了蓝色，如下图所示。

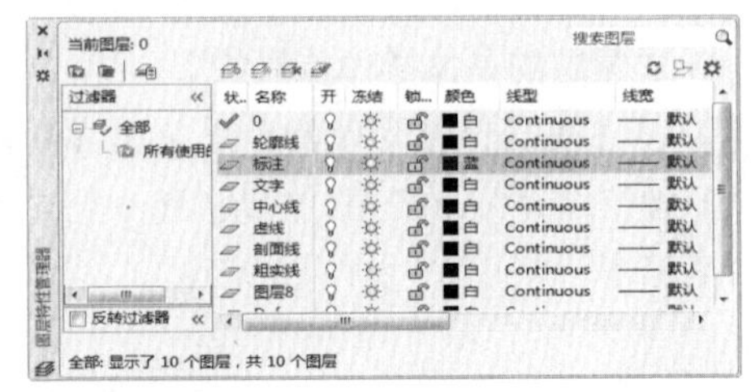

第 4 步 重复第 1~2 步，更改其他图层的颜色，结果如下图所示。

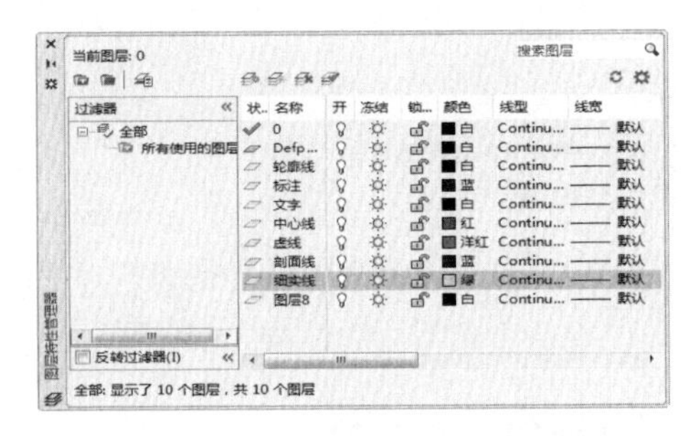

提示

颜色的清晰程度与选择的界面背景色有关，如果背景色为白色，则红色、蓝色、黑色显示比较清晰，这些颜色常用作轮廓线、中心线、标注或剖面线图层的颜色。相反，如果背景色为黑色，则红色、黄色、白色显示比较清晰。

3.1.5 更改图层线型

图层的线型用来表示图层中图形线条的特性，通过设置图层的线型可以区分不同对象所代表的含义和作用，默认的线型为“Continuous（连续）”。AutoCAD 提供了实线、虚线、点划线等 45 种线型，可以满足用户的各种不同要求。

更改图层线型的具体操作步骤如下。

第 1 步 选中“中心线”图层并单击其线型按钮 Continu...，弹出【选择线型】对话框，如下图所示。

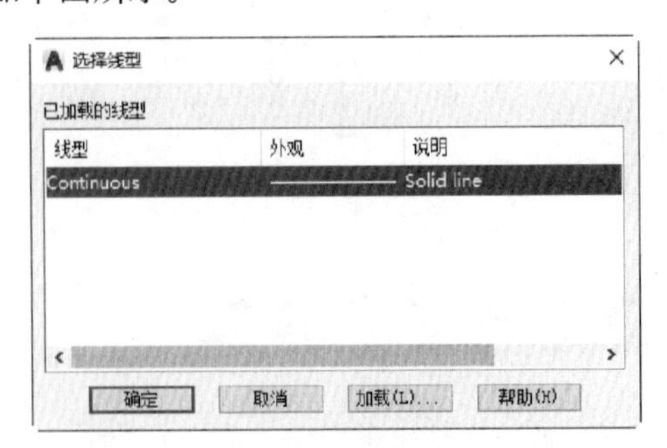

第 2 步 如果【已加载的线型】中有需要的线型，直接选择即可。如果【已加载的线型】中没有需要的线型，单击【加载】按钮，在弹出的【加载或重载线型】对话框中向下拖动滚动条，选择“CENTER”线型，如下图所示。

第 3 步 单击【确定】按钮，返回到【选择线型】对话框，选择“CENTER”线型，如下图所示。

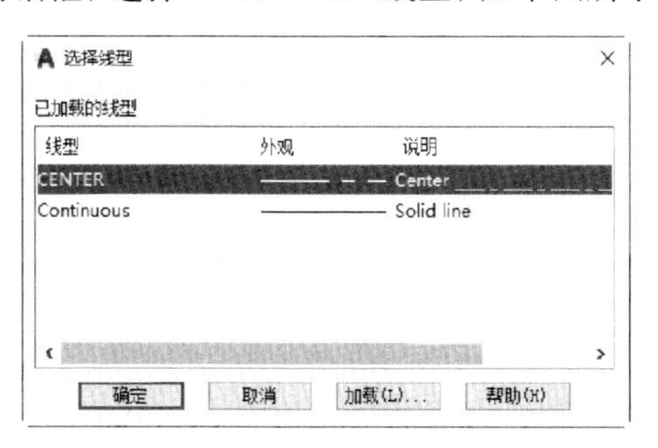

第 4 步 单击【确定】按钮，回到【图层特性管理器】对话框后，“中心线”层的线型变成了“CENTER”，如下图所示。

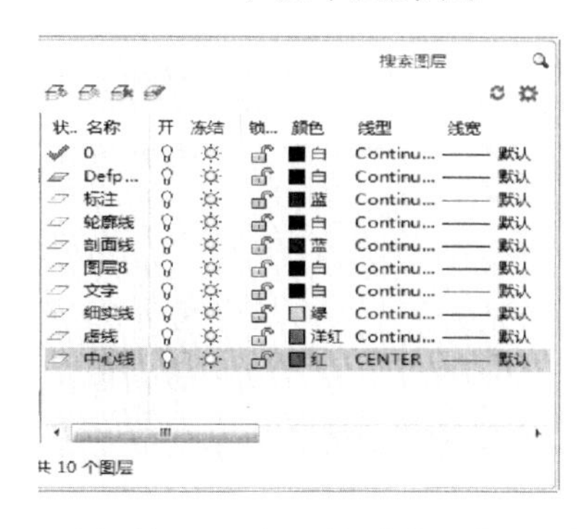

第 5 步 重复第 1~3 步，将“虚线”层的线型改为“ACAD_ISO02W100”，结果如下图所示。

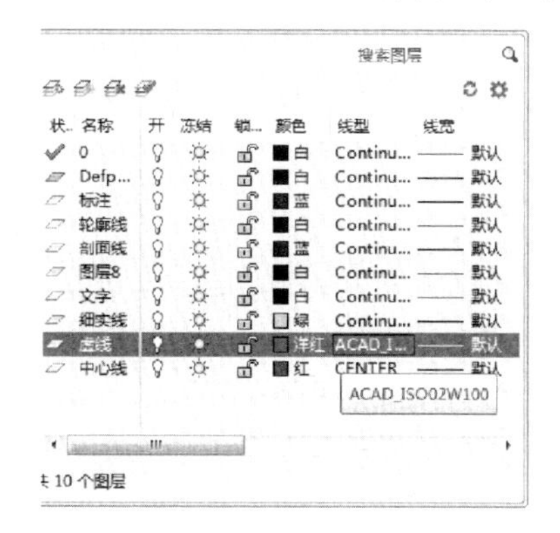

3.1.6 更改图层线宽

线宽是指定给图层对象和某些类型的文字的宽度值。设置线宽，可以用粗线和细线清楚地表现出截面的剖切方式、标高的深度、尺寸线和小标记，以及细节上的不同。

AutoCAD 中有 20 多种线宽可以选择，其中 TrueType 字体、光栅图像、点和实体填充（二维实体）无法显示线宽。

更改图层线宽的具体操作步骤如下。

第 1 步 选中“细实线”图层并单击其线宽按钮——，弹出【线宽】对话框，选择线宽 0.13mm，如下图所示。

第 2 步 单击【确定】按钮，回到【图层特性管理器】对话框后，“细实线”层的线宽变成了 0.13mm，如下图所示。

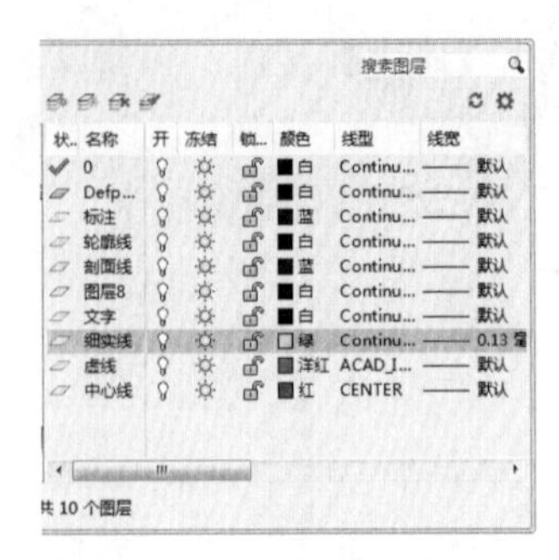

第3步 重复第1步，将剖面线、中心线的线宽也改为0.13mm，结果如下图所示。

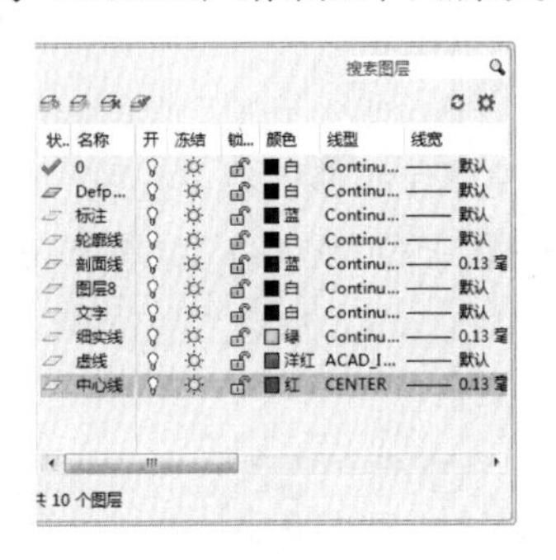

提示

AutoCAD 默认的线宽为 0.01 英寸（即 0.25 mm），当线宽小于 0.25mm 时，在 AutoCAD 中显示不出线宽的差别，但是在打印时是可以明显区分出线宽差别的。

另外，当线宽大于 0.25mm 时，且在状态栏将线宽打开时才可以区分线宽差别。对于简单图形，为了区别粗线和细线，可以采用宽度大于 0.25mm 的线宽，但对于复杂图形，建议不采用大于 0.25mm 的线宽，因为那样将使得图形细节处拥挤在一起，反而显示不清，影响视图。

3.2 管理图层

通过对图层的有效管理，不仅可以提高绘图效率，保证绘图质量，还可以及时地将无用图层删除，节约磁盘空间。

本节将以机箱外壳装配图为例，来介绍切换图层、删除图层及改变图形对象所在图层等。

3.2.1 切换当前层

只有图层处于当前状态时，才可以在该图层上绘图。根据绘图需要，可能会经常切换当前图层。切换当前图层的方法很多，例如，可以利用【图层工具】菜单命令切换；可以利用图层选项卡中的相应选项切换；可以利用【快速访问工具栏】切换；可以利用【图层特性管理器】对话框切换等。

1. 通过图层特性管理器切换当前层

第1步 机箱外壳装配图的图层创建完成后，“0”层处于当前层，如下图所示。

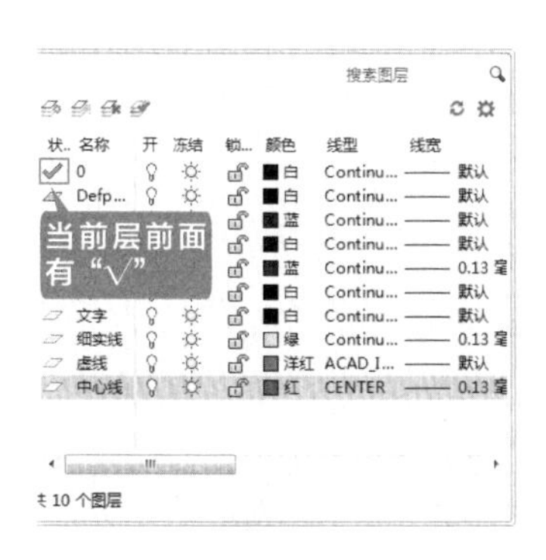

第 2 步 选中“轮廓线”层，然后单击【置为当前】按钮，即可将该层切换为当前层，如下图所示。

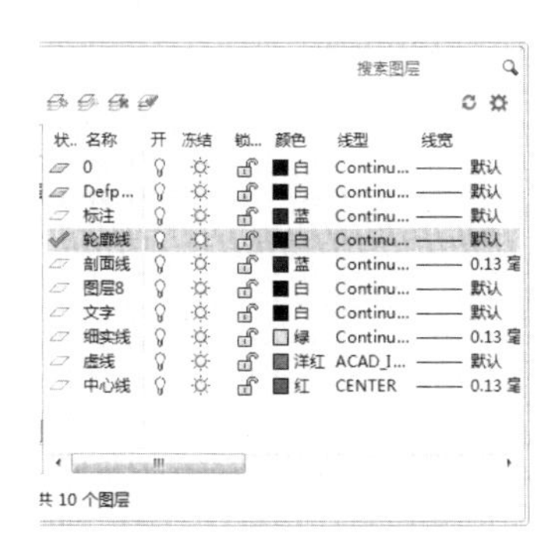

提示

在状态图标前双击，也可以将该层切换为当前层，例如，双击“剖面线”层前的图标，即可将该层切换为当前层。

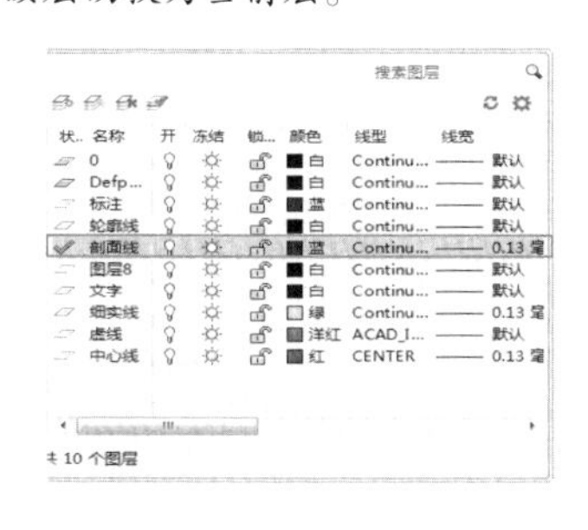

2. 通过图层选项卡切换当前图层

第 1 步 单击【图层特性管理器】面板上的关闭按钮，将【图层特性管理器】关闭。

第 2 步 单击【默认】选项卡 ➤【图层】面板中的图层选项，将其展开，如下图所示。

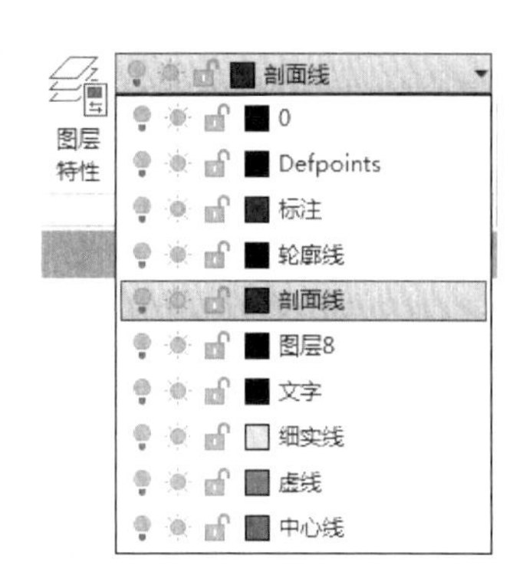

第 3 步 选择“标注”层，即可将该图层置为当前层，如下图所示。

3. 通过快速访问工具栏切换当前层

第 1 步 单击【快速访问工具栏】的图层下拉按钮，选择“文字”层，如下图所示。

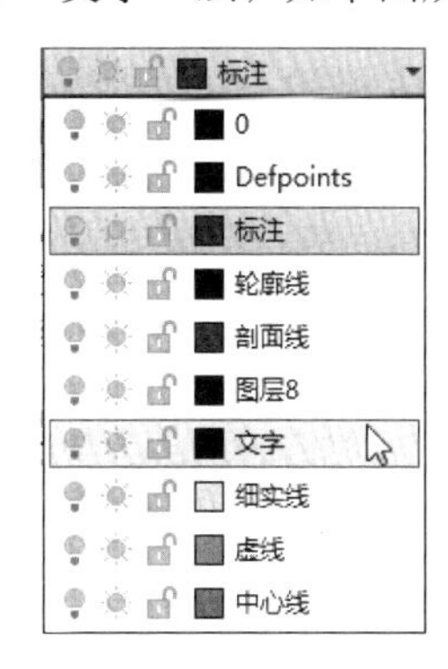

第 2 步 选择“文字”层后，即可将该图层置为当前层，如下图所示。

提示

只有将【图层】添加到【快速访问工具栏】后，才可以通过这种方法切换当前层。关于如何添加【快速访问工具栏】，请参见第 1 章。

4. 通过图层工具菜单命令切换当前层

第 1 步 选择【格式】➤【图层工具】➤【将对象的图层置为当前】菜单命令，如下图所示。

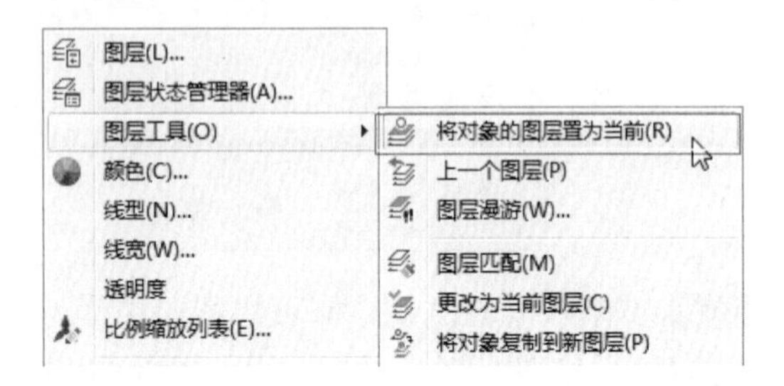

第 2 步 当鼠标指针变成“□”（选择对象状态）时，在机箱外壳装配图上单击选择对象，如下图所示。

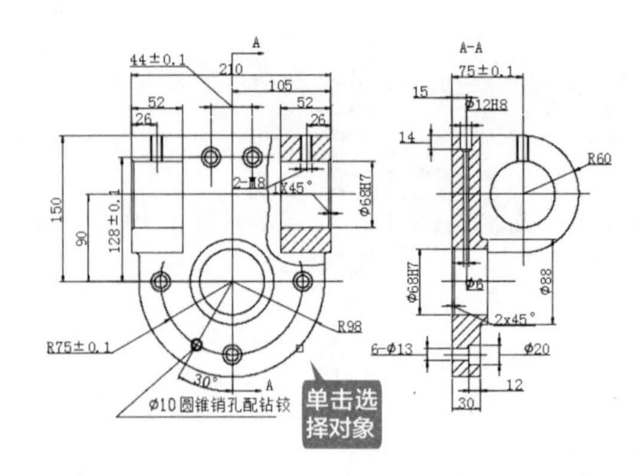

第 3 步 选择后，AutoCAD 自动将对象的图层置为当前层，如下图所示。

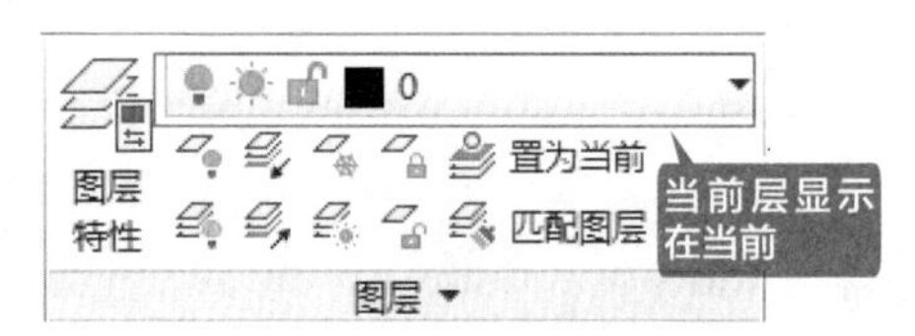

3.2.2 删除图层

当一个图层上没有对象时，为了减小图形的体积，可以将该图层删除。删除图层的常用方法有以下三种：利用【图层特性管理器】删除图层；利用【删除图层对象并清理图层】命令删除图层；利用【图层漫游】删除图层。

1. 通过图层特性管理器删除图层

第 1 步 选择【默认】选项卡➤【图层】面板➤【图层特性】按钮，如下图所示。

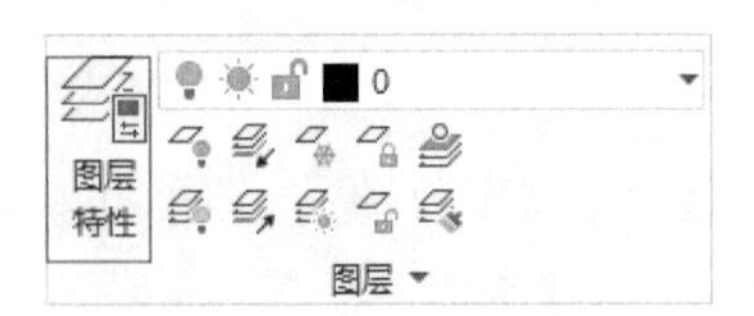

第 2 步 弹出【图层特性管理器】，如下图所示。

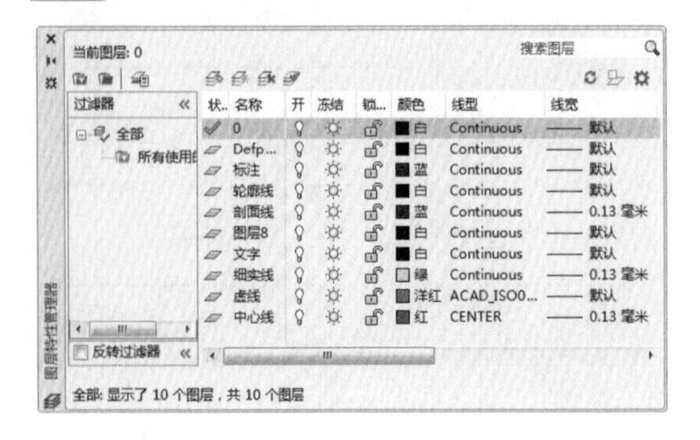

第 3 步 选择“图层 8”图层，然后单击【删除】按钮，即可将该图层删除，删除后效果如下图所示。

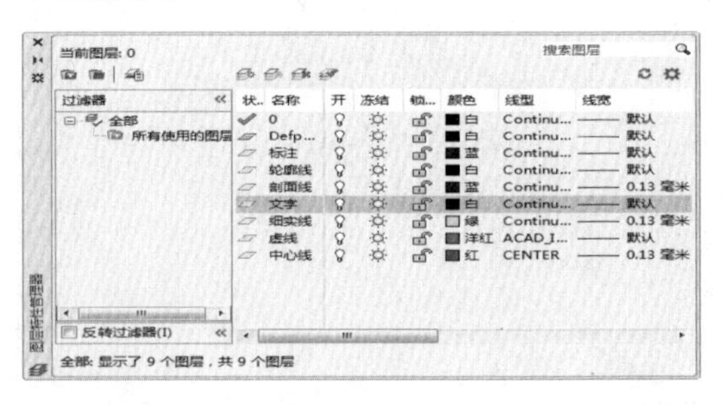

提示

该方法只能删除除“0”层、“Defpoints”层、当前层外的没有对象的图层。

2. 通过删除图层对象并清理图层删除图层

第 1 步 单击【默认】选项卡 ➤【图层】面板的展开按钮，如下图所示。

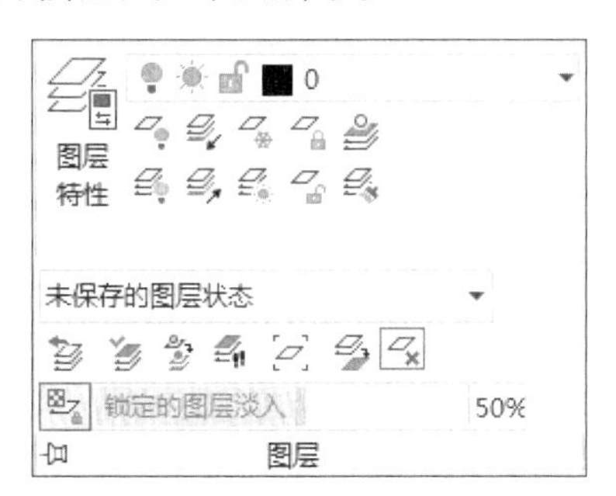

第 2 步 在弹出的展开面板中选择【删除】按钮，命令提示如下。

命令：LAYDEL

选择要删除的图层上的对象或 [名称 (N)]:

第 3 步 在命令行中单击【名称（N）】，弹出如下图所示的【删除图层】对话框。

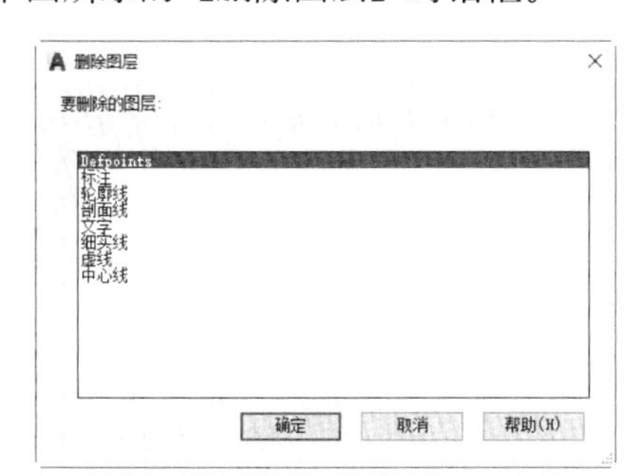

第 4 步 选中“Defpoints”层，单击【确定】按钮，弹出【删除图层】对话框，如下图所示。

删除图层

将要删除在块中参照的图层“Defpoints”。
此图层上的所有对象均将删除，并且参照的块将重新定义。

是否要继续？

是(Y) 否(N)

第 5 步 单击【是】按钮，即可将“Defpoints”图层删除，删除图层后，单击快速访问工具栏的【图层】下拉按钮，可以看到“Defpoints”图层已经被删除，如下图所示。

> **提示**
>
> 该方法可以删除除“0”层和当前层外的所有图层。

3. 通过图层漫游删除图层

第 1 步 单击【默认】选项卡 ➤【图层】面板的展开按钮，在弹出的展开面板中选择【图层漫游】按钮，如下图所示。

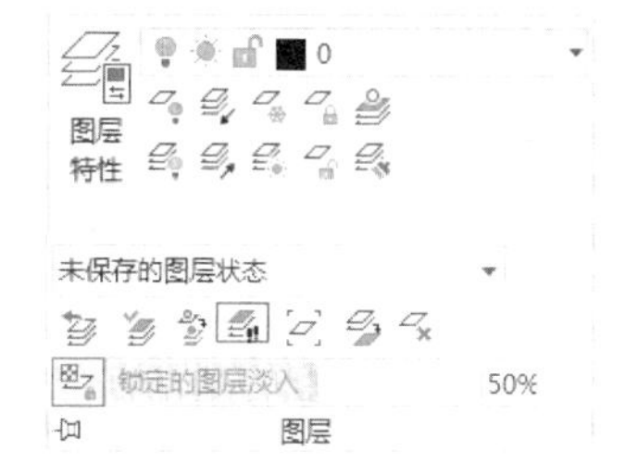

第 2 步 在弹出的【图层漫游】对话框中选择需要删除的图层，单击【清除】按钮即可将该图层删除，如下图所示。

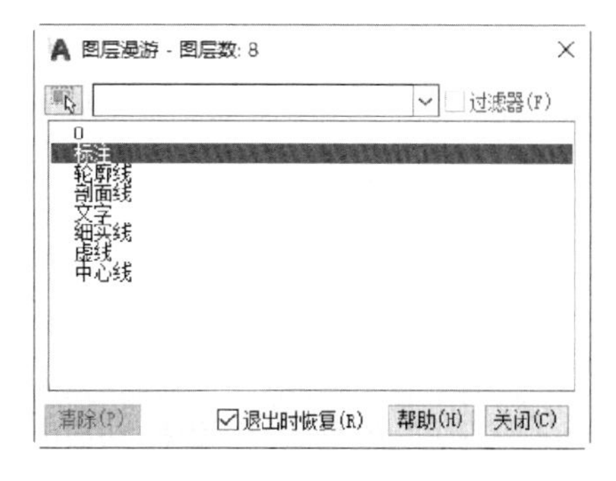

> **提示**
>
> 该方法不可以删除“0”层、当前层和有对象的图层。

3.2.3 改变图形对象所在图层

对于复杂的图形，在绘制的过程中经常切换图层是一件颇为麻烦的事情，很多绘图者为了绘图方便，经常在某个或某几个图层上完成图形的绘制，然后再将图形的对象放置到其相应的图层上。改变图形对象图层的方法通常有以下四种：通过图层下拉列表更改图层；通过图层匹配更改图层；通过【特性匹配】命令更改对象的图层；通过特性选项板更改对象的图层。

1. 通过图层下拉列表更改图层

第1步 选择图形中的某个对象，如选择主视图的竖直中心线，如下图所示。

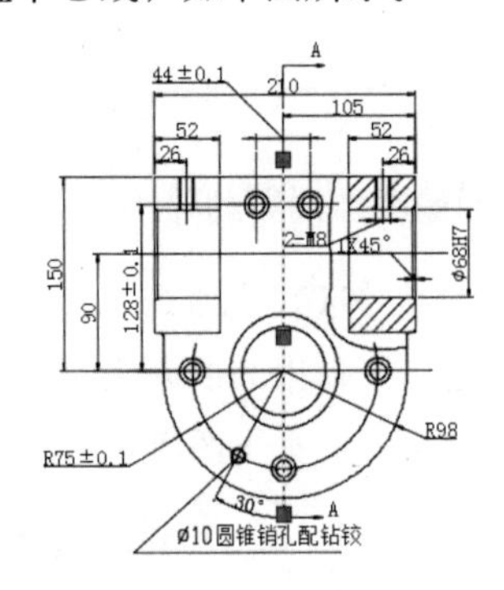

第2步 单击【默认】选项卡 ➤【图层】面板 ➤【图层】下拉按钮，在弹出的下拉列表中选择“中心线”图层，如下图所示。

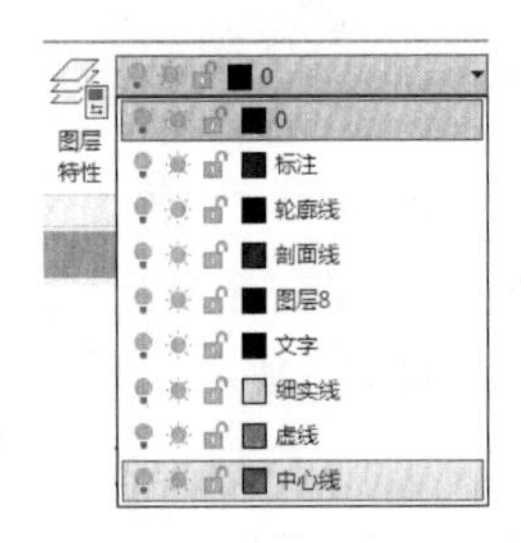

第3步 按【Esc】键退出选择后结果如下图所示。

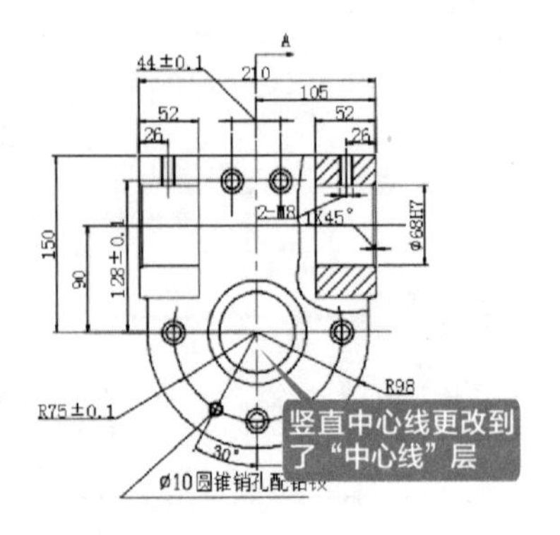

> **提示**
>
> 也可以通过快速访问工具栏的【图层】下拉列表来改变对象所在图层。

2. 通过图层匹配更改图层

第1步 选择【默认】选项卡 ➤【图层】面板的【匹配图层】按钮，如下图所示。

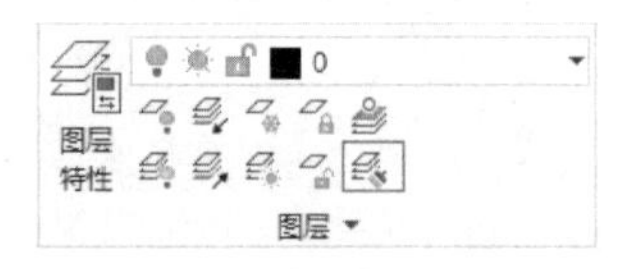

第2步 选择如下图所示的水平直线作为要更改的对象。

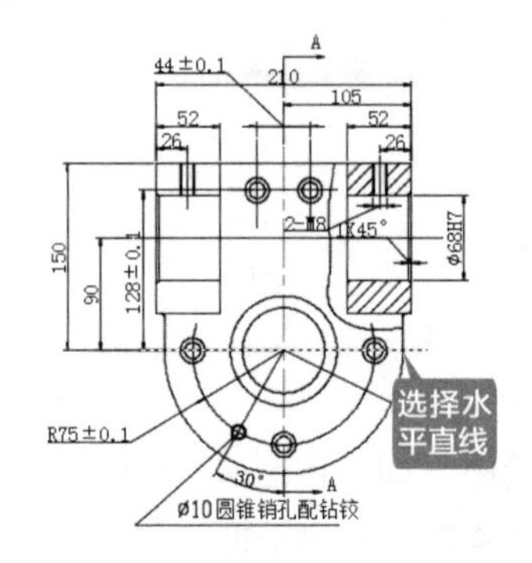

第3步 按空格键（或【Enter】键）结束更改对象的选择，然后选择目标图层上的对象，如下图所示。

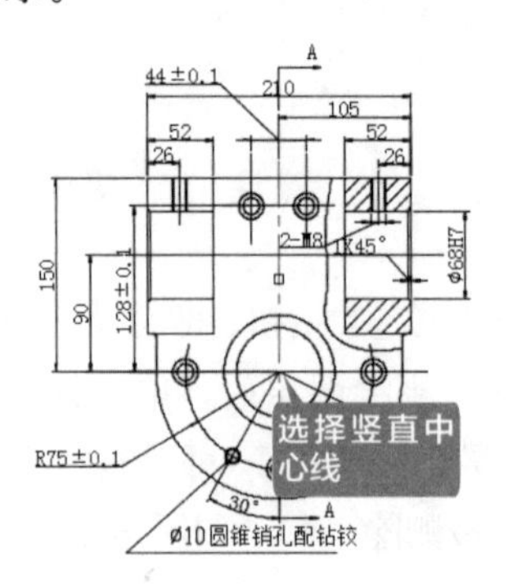

第 4 步 结果如下图所示。

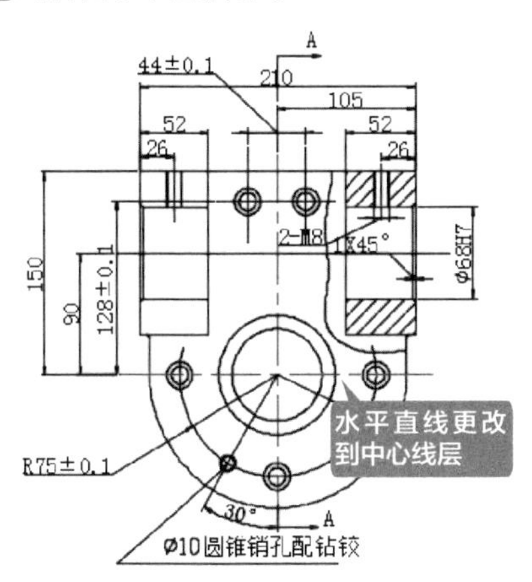

提示

使用该方法更改对象图层时，目标图层上必须有对象。

3. 通过特性匹配更改对象的图层

第 1 步 选择【默认】选项卡➤【特性】面板➤【特性匹配】按钮，如下图所示。

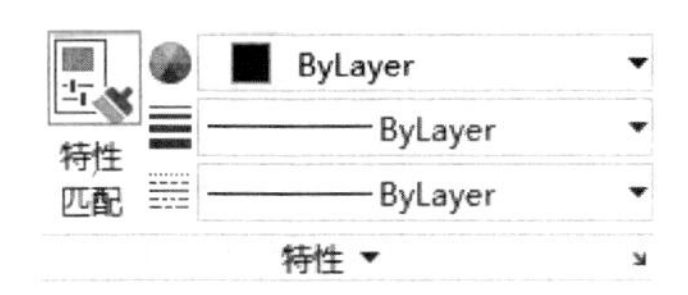

第 2 步 当命令行提示选择源对象时，选择竖直或水平中心线，如下图所示。

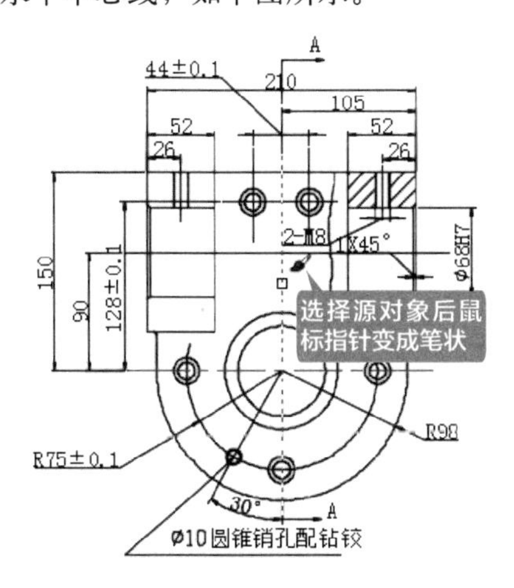

第 3 步 当鼠标指针变成笔状时选择要更改图层的目标对象，如下图所示。

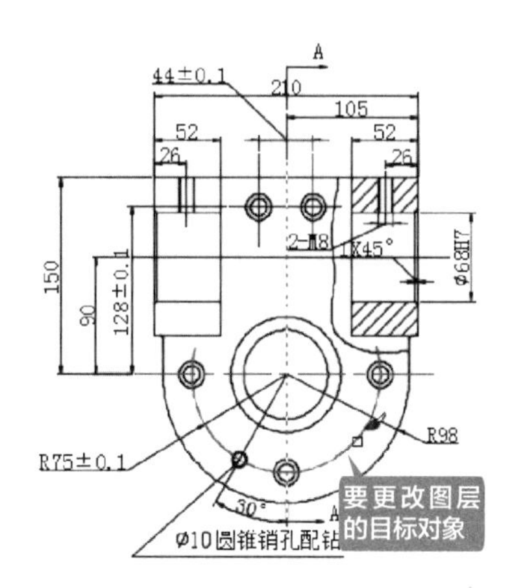

第 4 步 继续选择目标对象，将主视图其他中心线也更改到“中心线”层，然后按空格键（或【Enter】键）退出命令，结果如下图所示。

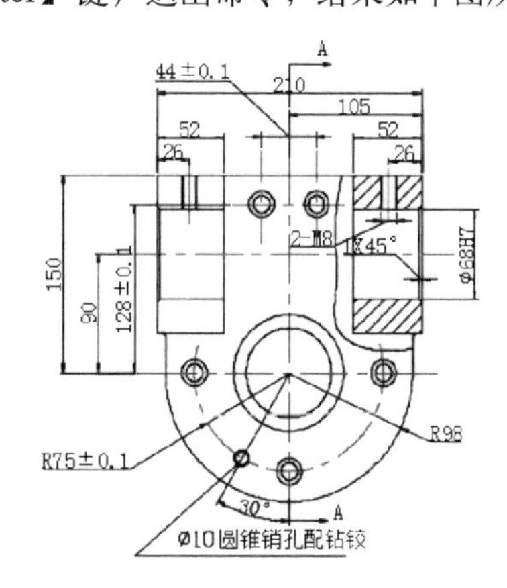

4. 通过特性选项板更改对象的图层

第 1 步 选中左视图的所有中心线，如下图所示。

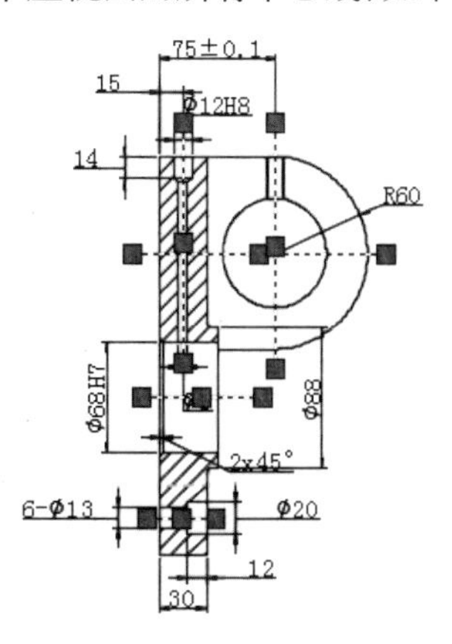

第 2 步 单击【默认】选项卡➤【特性】面板右下角的按钮（或按【Ctrl+1】组合键），调用【特性】选项板，如下图所示。

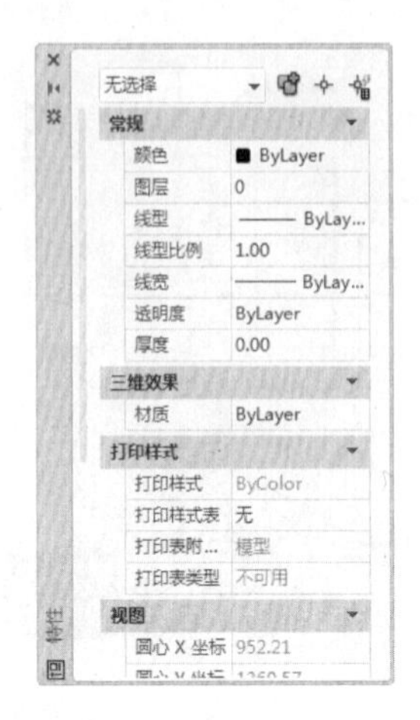

第 3 步 单击图层下拉按钮，在弹出的下拉列表中选择“中心线”层，如下图所示。

第 4 步 按【Esc】键退出选择后结果如下图所示。

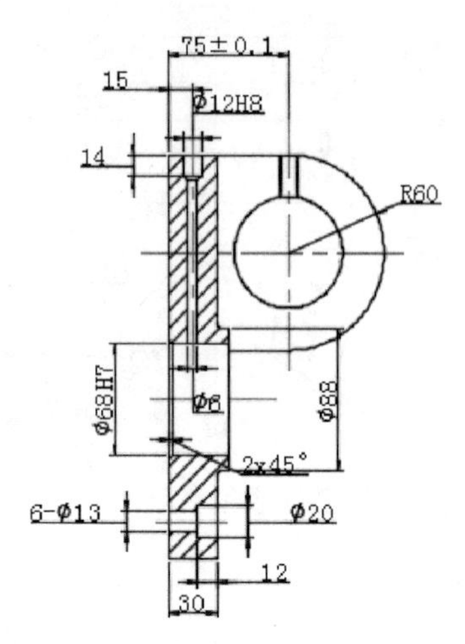

提示

除了上述的几种方法外，还可以通过合并图层将某个图层上的所有对象都合并到另一个图层上，同时删除原图层。关于合并图层的具体应用参见本章“高手支招”。

3.3 重点：控制图层的状态

图层可通过图层状态进行控制，以便于对图形进行管理和编辑，在绘图过程中，常用的图层状态属性有打开 / 关闭、冻结 / 解冻、锁定 / 解锁等，下面将分别对图层状态的设置进行详细介绍。

3.3.1 打开 / 关闭图层

当图层打开时，该图层前面的灯泡图标呈黄色，该图层上的对象可见并且可以打印。当图层关闭时，该图层前面的灯泡图标呈蓝色，该图层上的对象不可见并且不能打印（即使已打开【打印】选项）。

1. 打开 / 关闭图层的方法

打开和关闭图层的方法通常有以下三种：通过图层特性管理器打开 / 关闭图层，通过图层下拉列表打开 / 关闭图层，通过打开 / 关闭图层命令打开 / 关闭图层。

（1）通过【图层特性管理器】关闭图层

第1步 选择【默认】选项卡➤【图层】面板➤【图层特性】按钮，如下图所示。

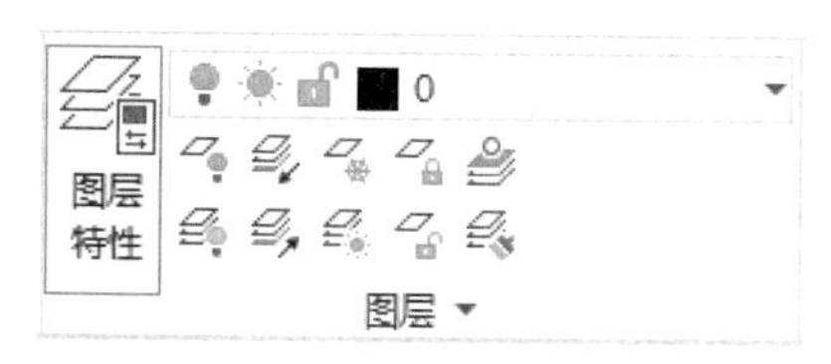

第2步 弹出【图层特性管理器】，如下图所示。

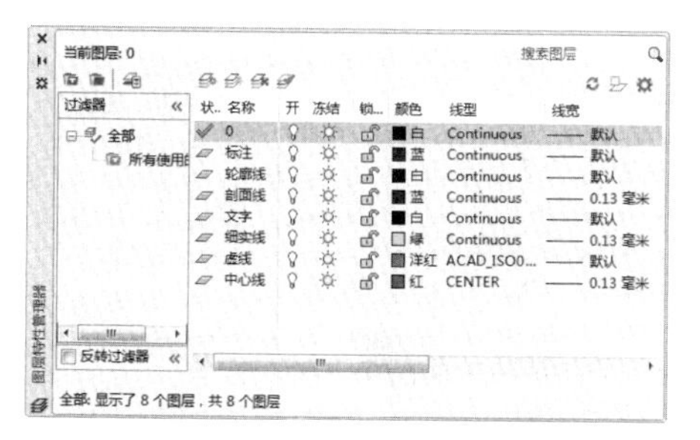

第3步 单击“中心线”层中的灯泡将其关闭，关闭后灯泡变成蓝色，如下图所示。

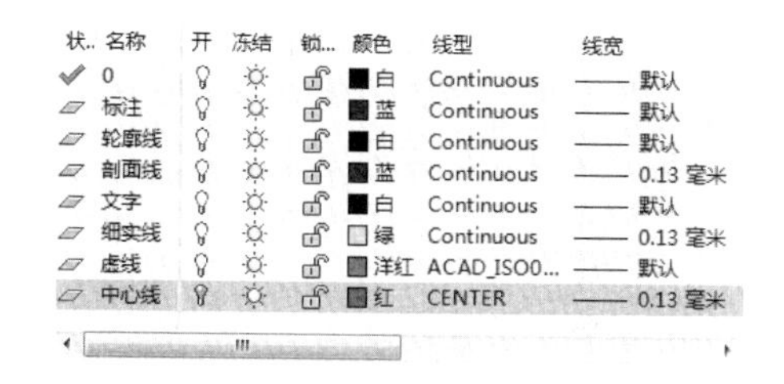

状..	名称	开	冻结	锁...	颜色	线型	线宽
✔	0				白	Continuous	默认
	标注				蓝	Continuous	默认
	轮廓线				白	Continuous	默认
	剖面线				蓝	Continuous	0.13 毫米
	文字				白	Continuous	默认
	细实线				绿	Continuous	0.13 毫米
	虚线				洋红	ACAD_ISO0...	默认
	中心线				红	CENTER	0.13 毫米

第4步 单击【关闭】按钮，“中心线”层被关闭，如下图所示。

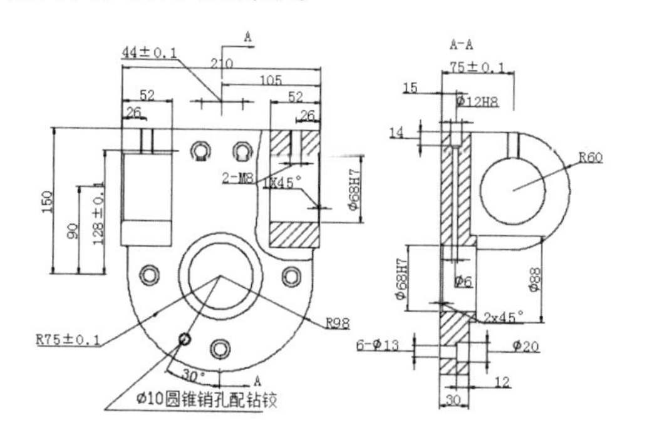

（2）通过【图层】下拉列表关闭图层

第1步 单击【默认】选项卡➤【图层】面板➤【图层】下拉按钮，在弹出的下拉列表中单击“中心线”层前的灯泡，使其变成蓝色，如下图所示。

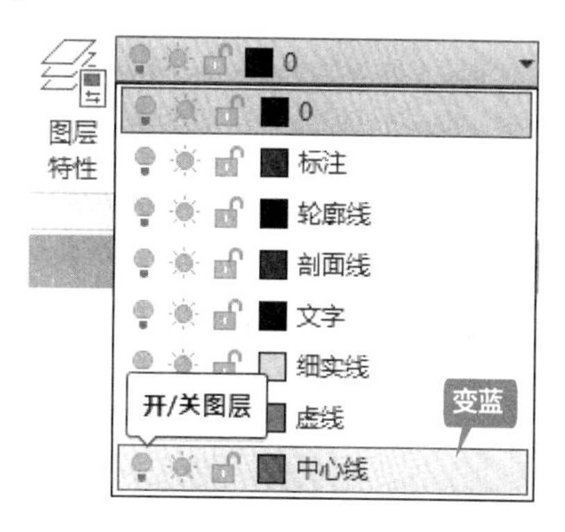

第2步 结果“中心线”层被关闭。

（3）通过【关闭图层】命令关闭图层

第1步 选择【默认】选项卡➤【图层】面板的【关】按钮，如下图所示。

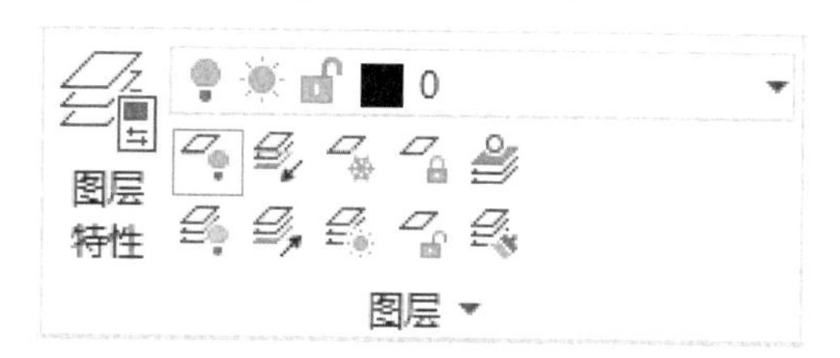

第2步 选择中心线，即可将中心线层关闭。

> **提示**
>
> 第1步和第2步反向操作，即可打开关闭的图层。单击【默认】选项卡➤【图层】面板的【打开所有图层】按钮，即可将所有关闭的图层打开。

2. 打开 / 关闭图层的应用

当图层很多时，为了更准确地修改或查看图形的某一部分，经常将不需要修改或查看的对象所在的图层关闭，例如，本例可以将“中心线”层关闭，然后再选择所有的标注尺寸，将它切换到“标注”层。

第1步 将“中心线”层关闭后选择所有的标

注尺寸，如下图所示。

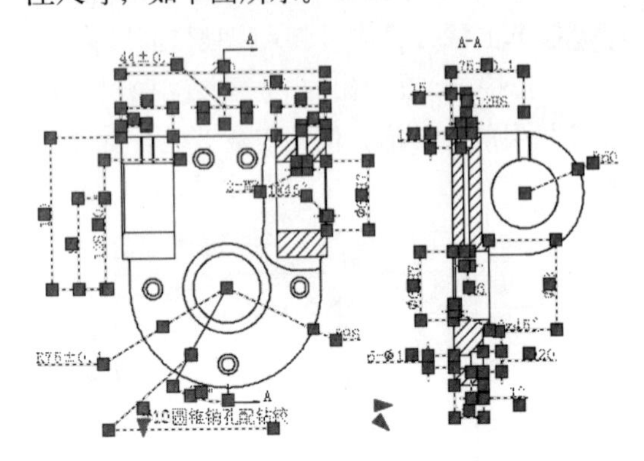

第 2 步 单击【默认】选项卡➢【图层】面板➢【图层】下拉按钮，在弹出的下拉列表中选择“标注”层，如下图所示。

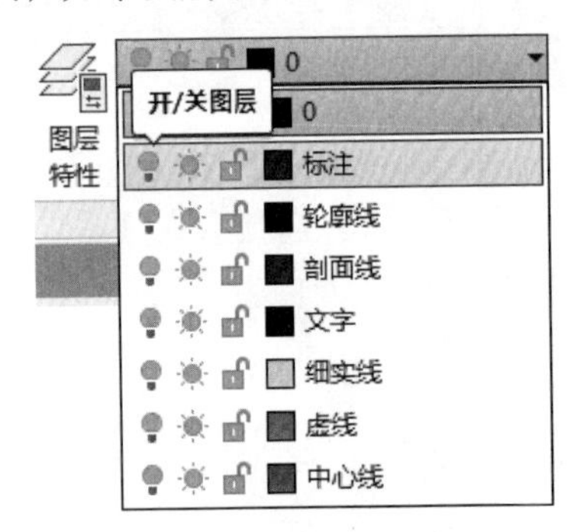

第 3 步 单击“标注”层前的灯泡，关闭“标注”层，结果如下图所示。

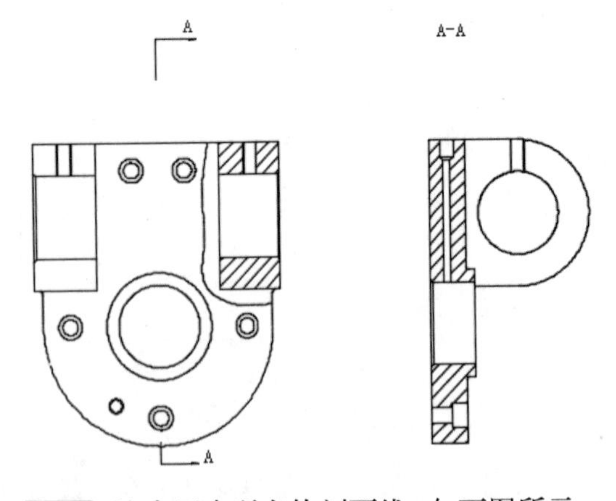

第 4 步 选中图中所有的剖面线，如下图所示。

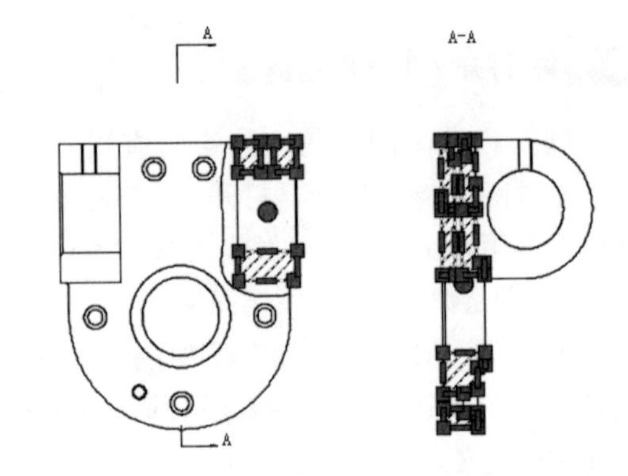

第 5 步 单击【默认】选项卡➢【图层】面板➢【图层】下拉按钮，在弹出的下拉列表中选择“剖面线”层，然后按【Esc】键，结果如下图所示。

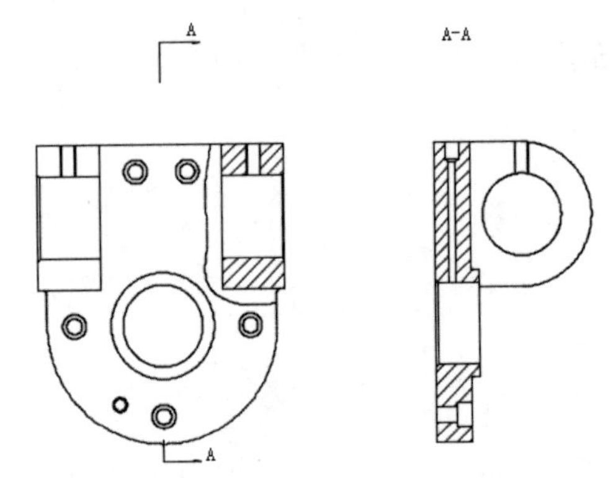

第 6 步 单击【默认】选项卡➢【图层】面板➢【图层】下拉按钮，在弹出的下拉列表中单击“中心线”层和“标注”层前的灯泡，打开“中心线”层和“标注”层，结果如下图所示。

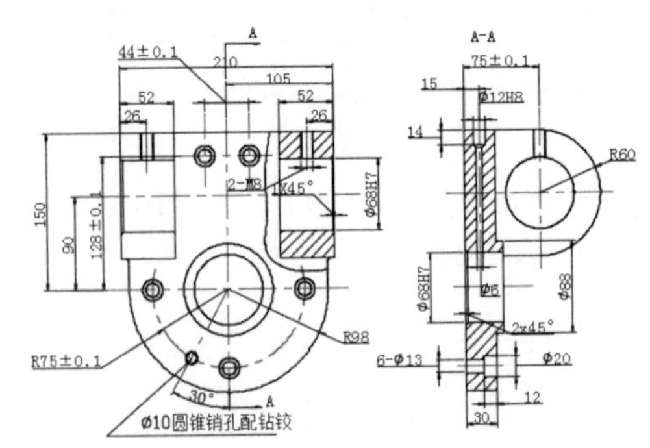

3.3.2 冻结 / 解冻图层

图层冻结时图层中的内容被隐藏，且该图层上的内容不能进行编辑和打印。通过冻结操作

可以冻结图层，来提高 ZOOM、PAN 或其他若干操作的运行速度，提高对象选择性能并减少复杂图形的重生成时间。图层冻结时将以灰色的雪花图标显示，图层解冻时将以明亮的太阳图标显示。

1. 冻结 / 解冻图层的方法

冻结 / 解冻图层的方法与打开 / 关闭的方法相同，通常有以下三种：通过图层特性管理器冻结 / 解冻图层，通过图层下拉列表冻结 / 解冻图层，通过冻结 / 解冻图层命令冻结 / 解冻图层。

（1）通过【图层特性管理器】冻结图层

第1步 单击【默认】选项卡 ➤【图层】面板 ➤【图层特性】按钮，如下图所示。

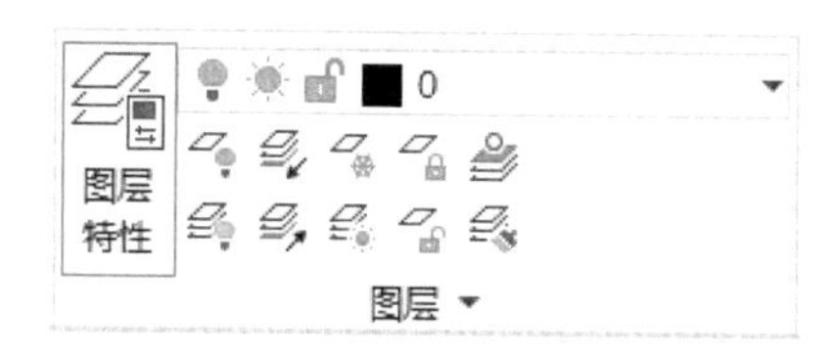

第2步 弹出【图层特性管理器】，如下图所示。

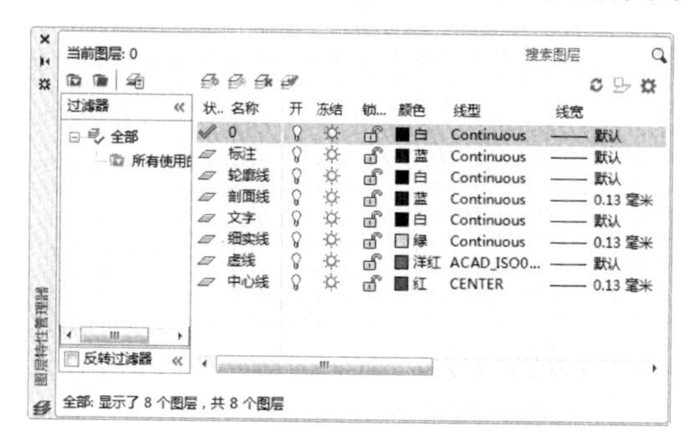

状..	名称	开	冻结	锁...	颜色	线型	线宽
✓	0				白	Continuous	—— 默认
	标注				蓝	Continuous	—— 默认
	轮廓线				白	Continuous	—— 默认
	剖面线				蓝	Continuous	—— 0.13 毫米
	文字				白	Continuous	—— 默认
	细实线				绿	Continuous	—— 0.13 毫米
	虚线				洋红	ACAD_ISO0...	—— 默认
	中心线				红	CENTER	—— 0.13 毫米

第3步 单击“中心线”层中的太阳图标将该层冻结，冻结后太阳图标变成雪花图标，如下图所示。

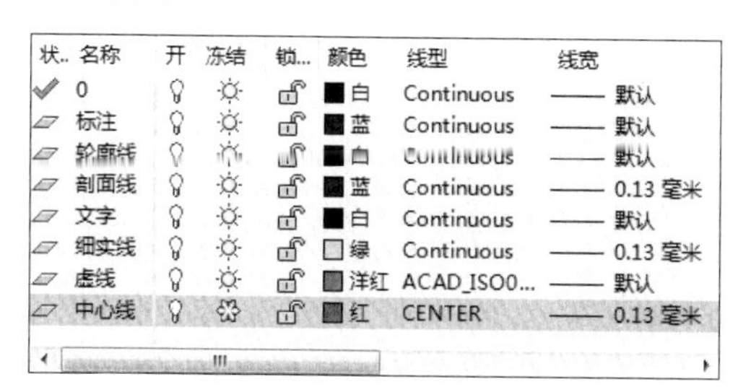

状..	名称	开	冻结	锁...	颜色	线型	线宽
✓	0				白	Continuous	—— 默认
	标注				蓝	Continuous	—— 默认
	轮廓线				白	Continuous	—— 默认
	剖面线				蓝	Continuous	—— 0.13 毫米
	文字				白	Continuous	—— 默认
	细实线				绿	Continuous	—— 0.13 毫米
	虚线				洋红	ACAD_ISO0...	—— 默认
	中心线				红	CENTER	—— 0.13 毫米

第4步 单击【关闭】按钮，中心线被冻结，如下图所示。

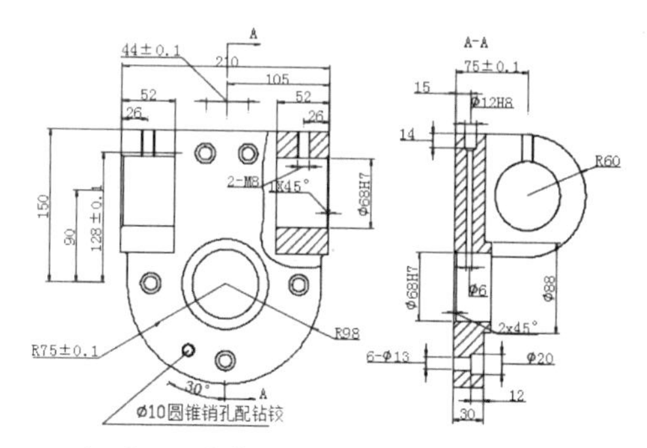

（2）通过【图层】下拉列表冻结图层

第1步 单击【默认】选项卡 ➤【图层】面板 ➤【图层】下拉按钮，如下图所示。

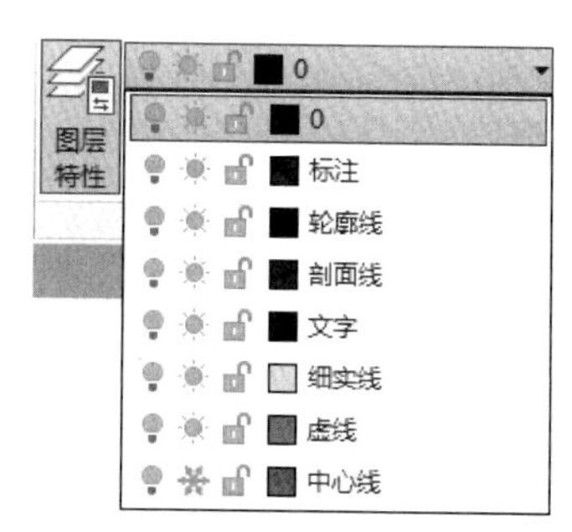

第2步 在弹出的下拉列表中单击“标注”层前的太阳图标，使其变为雪花图标，如下图所示。

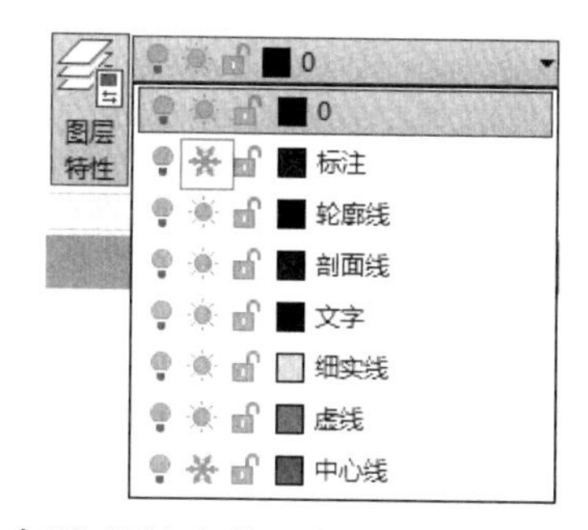

第3步 标注层被冻结，如下图所示。

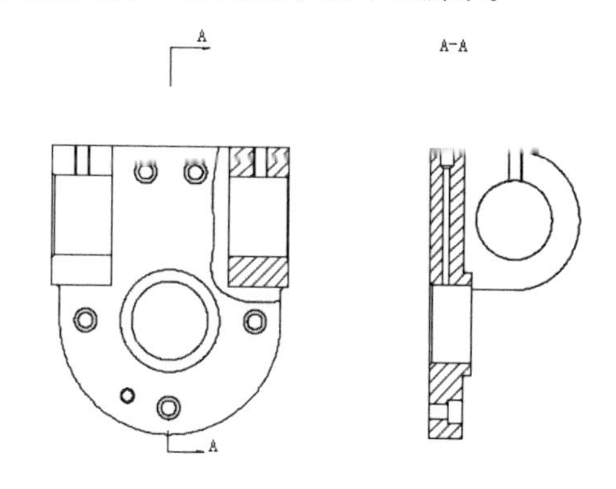

（3）通过【冻结图层】命令冻结图层

第1步 选择【默认】选项卡➤【图层】面板的【冻结】按钮，如下图所示。

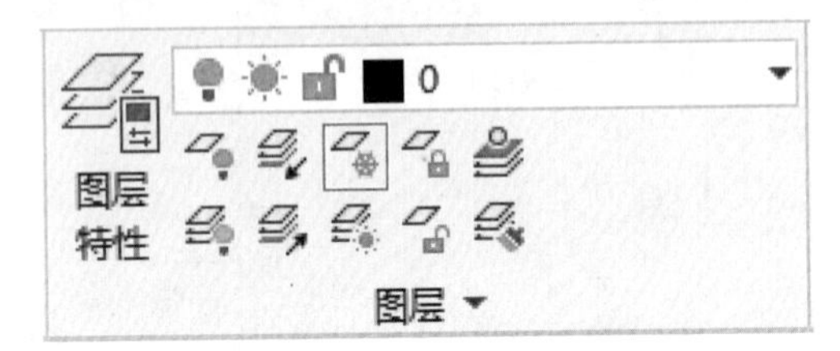

第2步 选择剖面线即可将“剖面线”层冻结，结果如下图所示。

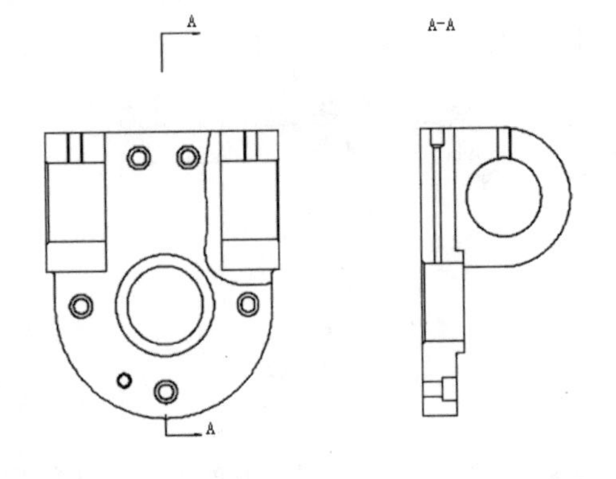

提示

第1步和第2步反向操作，即可解冻冻结的图层。单击【默认】选项卡➤【图层】面板的【解冻所有图层】按钮，即可将所有冻结的图层解冻。

2. 冻结/解冻图层的应用

冻结/解冻和打开/关闭图层的功能差不多，区别在于冻结图层可以减少重生成图形时的计算时间，图层越复杂，越能体现出冻结图层的优越性。解冻一个图层将引起整个图形重生成，而打开一个图层则只是重画这个图层上的对象，因此如果用户需要频繁地改变图层的可见性，应使用关闭，而不应使用冻结。

第1步 将“中心线”层、“标注”层和“剖面线”层冻结后，选择剖断处螺纹孔的底径、剖断线和指引线，如下图所示。

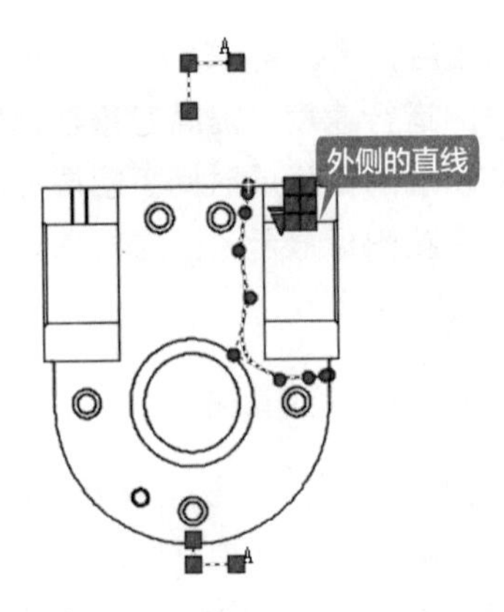

第2步 单击【默认】选项卡➤【图层】面板➤【图层】下拉按钮，在弹出的下拉列表中选择“细实线”层，如下图所示。

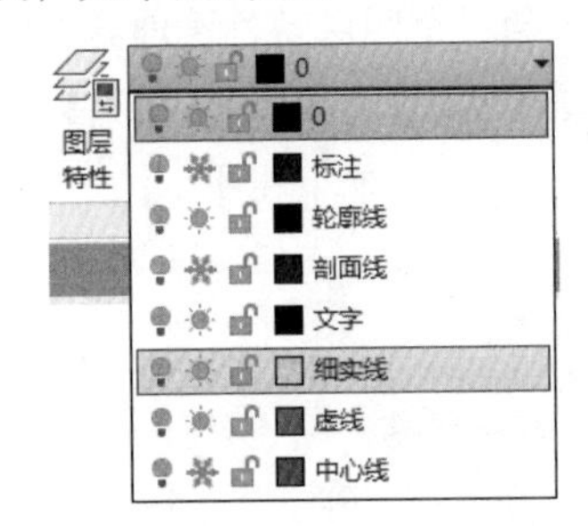

第3步 按【Esc】键退出选择后结果如下图所示。

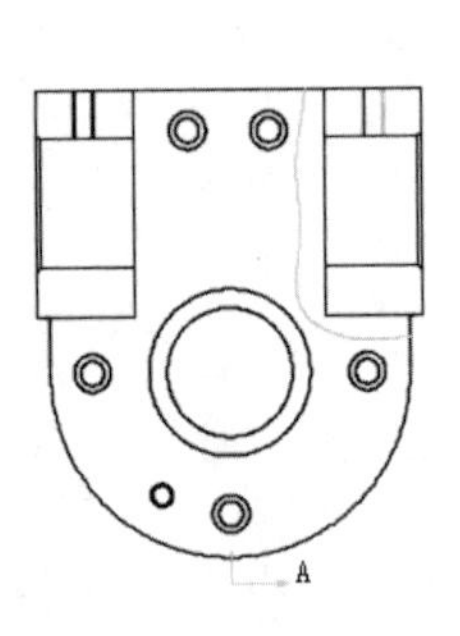

第4步 选择其他螺纹孔的底径，如下图所示。

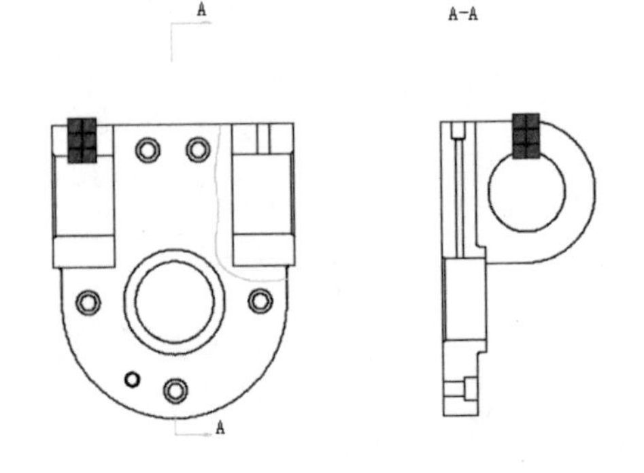

第 5 步 单击【默认】选项卡➤【图层】面板➤【图层】下拉按钮，在弹出的下拉列表中选择“虚线”层，如下图所示。

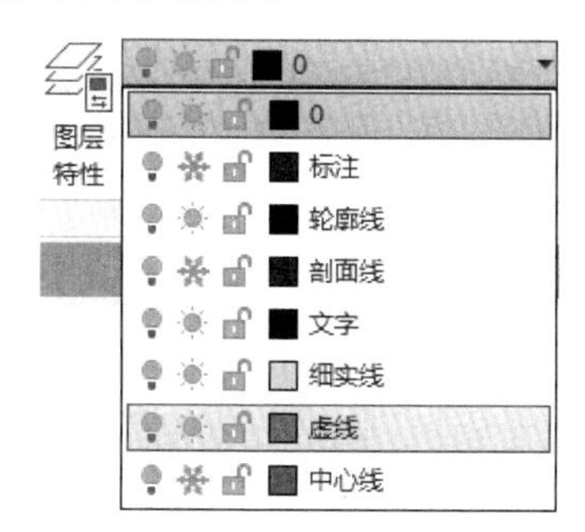

第 6 步 单击【默认】选项卡➤【特性】面板右下角的 ↘ 按钮（或按【Ctrl+1】组合键），在弹出的特性选项板上将线型比例改为 0.03，如下图所示。

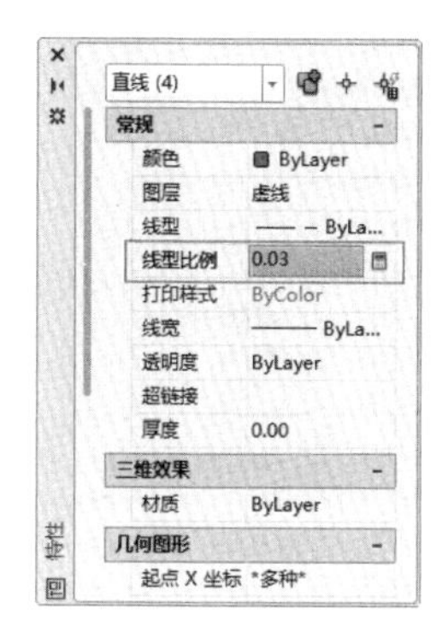

第 7 步 按【Esc】键退出选择后如下图所示。

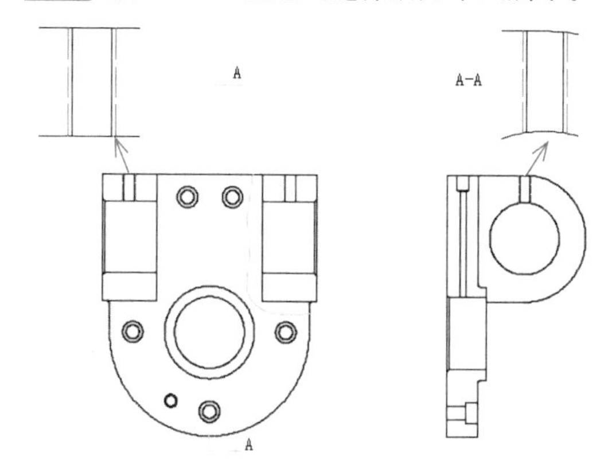

第 8 步 单击【默认】选项卡➤【图层】面板➤【图层】下拉按钮，在弹出的下拉列表中单击“细实线”层和“虚线”层前的太阳图标，使其变为雪花图标，如下图所示。

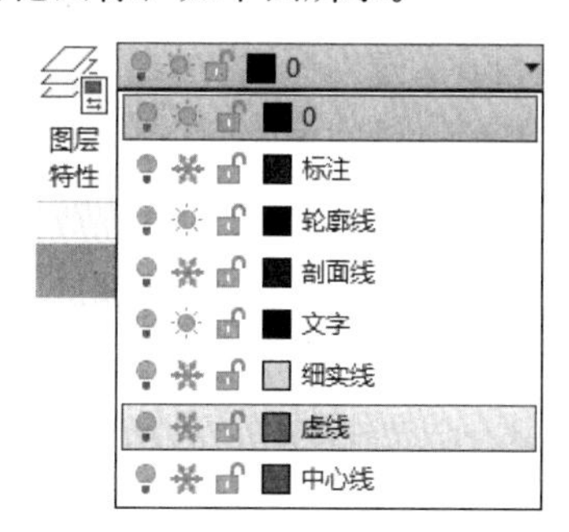

第 9 步 按【Esc】键退出选择，“细实线”层和“虚线”层冻结后结果如下图所示。

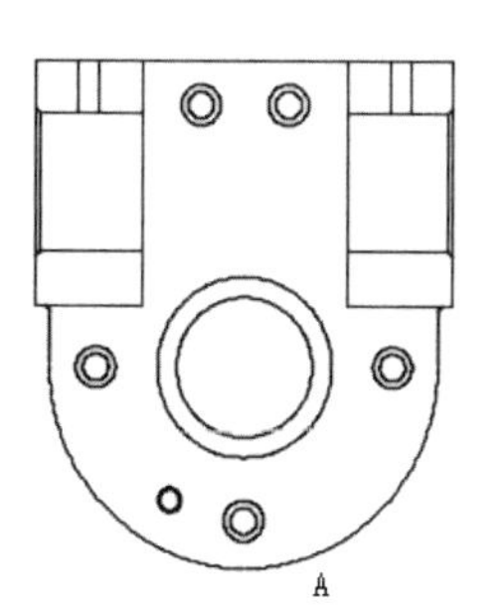

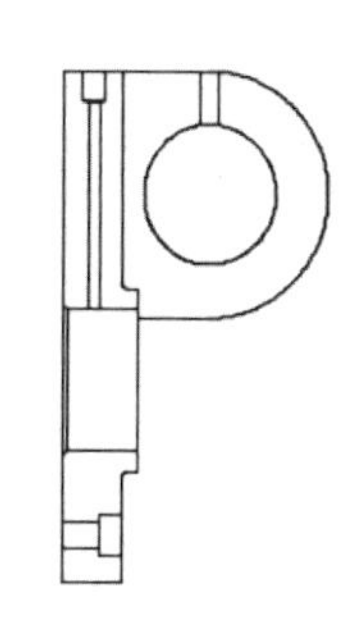

第 10 步 按【Esc】键退出选择后，选择除文字外的所有对象，如下图所示。

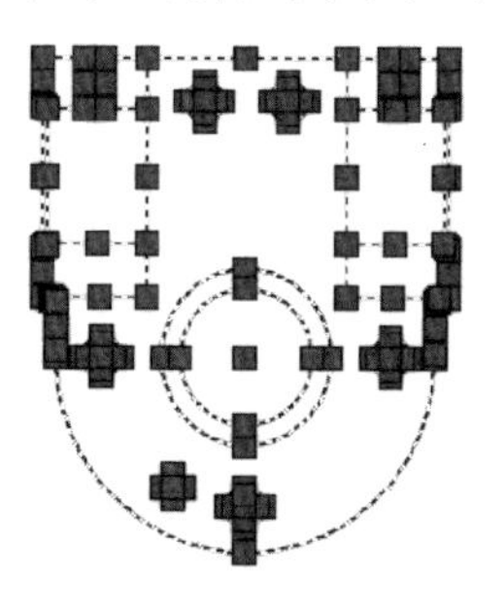

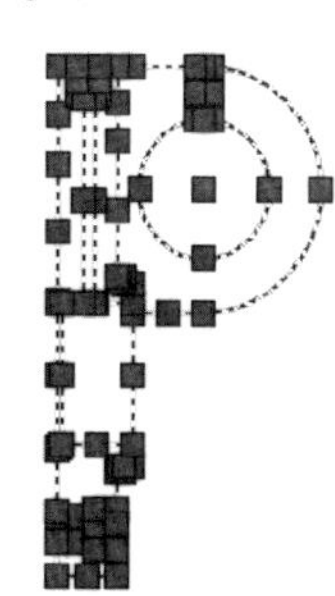

第 11 步 单击【默认】选项卡➤【图层】面板➤【图层】下拉按钮，在弹出的下拉列表中选择“轮廓线”层，如下图所示。

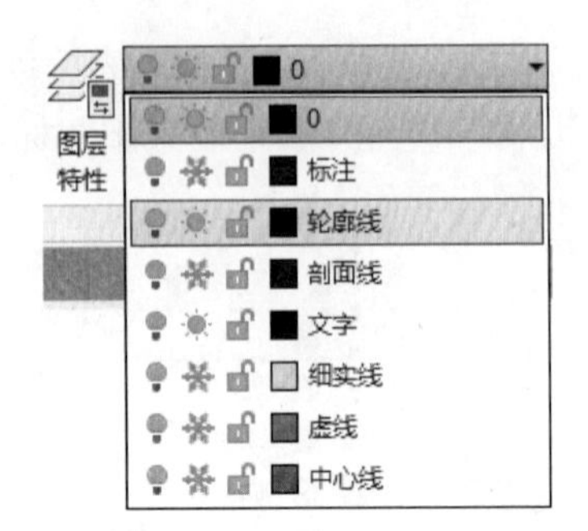

第 12 步 按【Esc】键退出选择，然后单击【默认】选项卡 ➢【图层】面板 ➢【解冻所有图层】按钮，结果如下图所示。

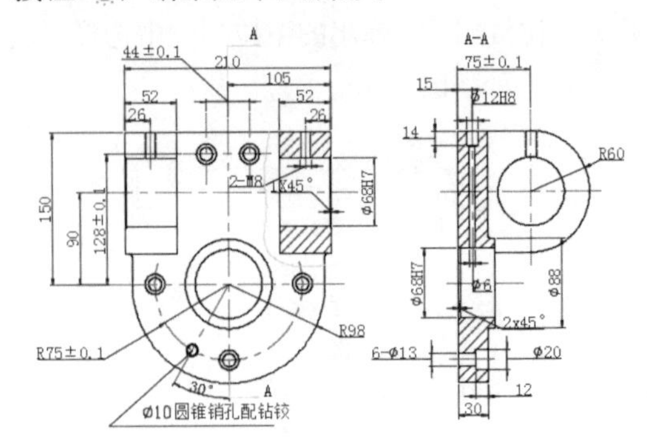

3.3.3 锁定/解锁图层

图层锁定后图层上的内容依然可见，但是不能被编辑。

1. 锁定/解锁图层的方法

锁定/解锁图层的方法通常有以下三种：通过图层特性管理器锁定/解锁图层，通过图层下拉列表锁定/解锁图层，通过锁定/解锁图层命令锁定/解锁图层。

（1）通过【图层特性管理器】锁定图层

第 1 步 单击【默认】选项卡 ➢【图层】面板 ➢【图层特性】按钮，如下图所示。

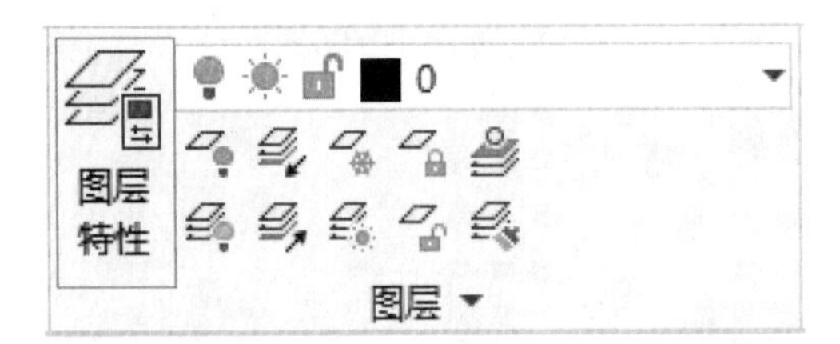

第 2 步 弹出【图层特性管理器】，如下图所示。

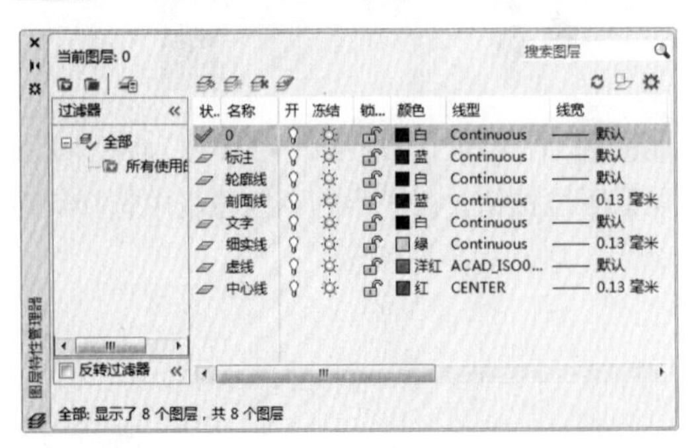

状..	名称	开	冻结	锁...	颜色	线型	线宽
✓	0				白	Continuous	默认
	标注				蓝	Continuous	默认
	轮廓线				白	Continuous	默认
	剖面线				蓝	Continuous	0.13 毫米
	文字				白	Continuous	默认
	细实线				绿	Continuous	0.13 毫米
	虚线				洋红	ACAD_ISO0...	默认
	中心线				红	CENTER	0.13 毫米

第 3 步 单击“中心线”层中的锁图标将该层锁定，如下图所示。

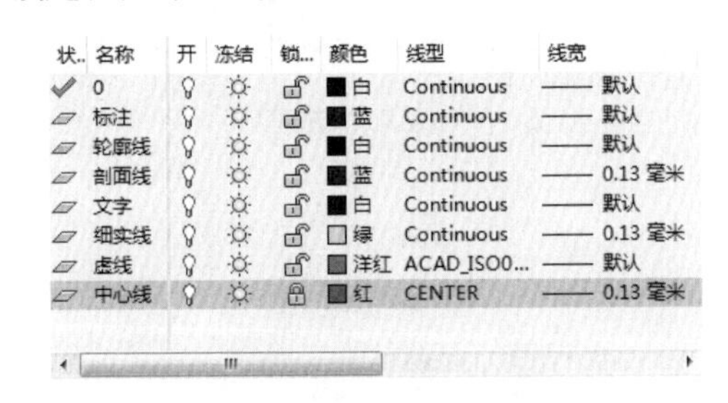

状..	名称	开	冻结	锁...	颜色	线型	线宽
✓	0				白	Continuous	默认
	标注				蓝	Continuous	默认
	轮廓线				白	Continuous	默认
	剖面线				蓝	Continuous	0.13 毫米
	文字				白	Continuous	默认
	细实线				绿	Continuous	0.13 毫米
	虚线				洋红	ACAD_ISO0...	默认
	中心线				红	CENTER	0.13 毫米

第 4 步 单击【关闭】按钮✕，“中心线”层仍可见，但被锁定，将鼠标指针放到中心线上，出现锁图标，如下图所示。

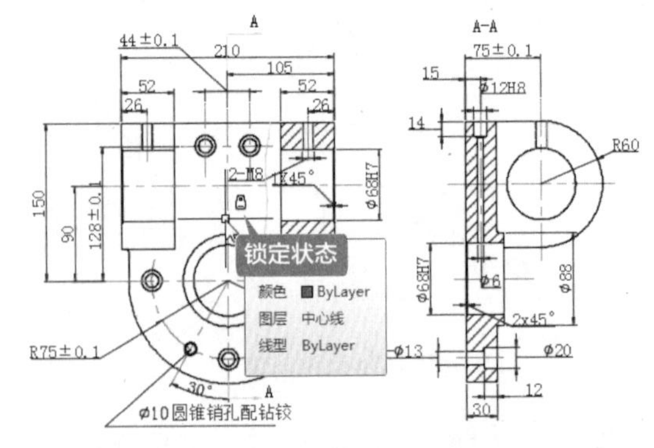

（2）通过【图层】下拉列表锁定图层

第 1 步 单击【默认】选项卡 ➢【图层】面板 ➢【图层】下拉按钮，如下图所示。

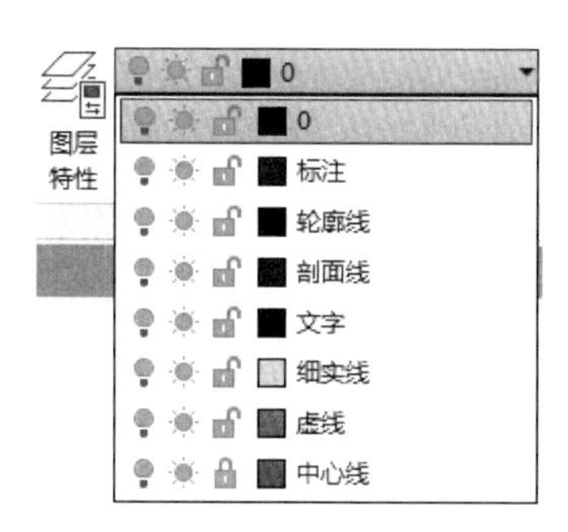

第 2 步 在弹出的下拉列表中单击“标注”层前的锁图标，使“标注”层锁定，如下图所示。

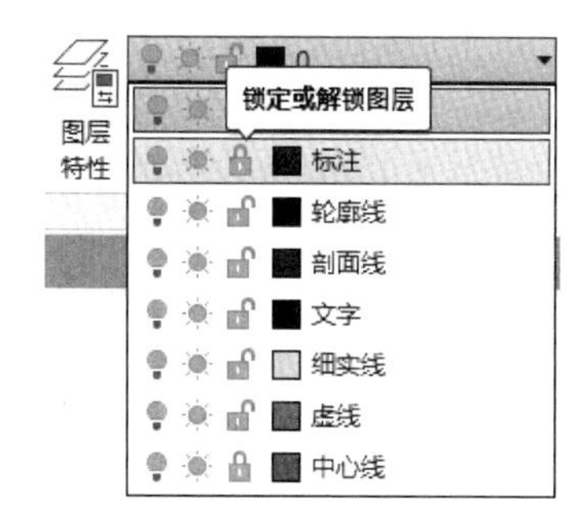

第 3 步 “标注”层被锁定，如下图所示。

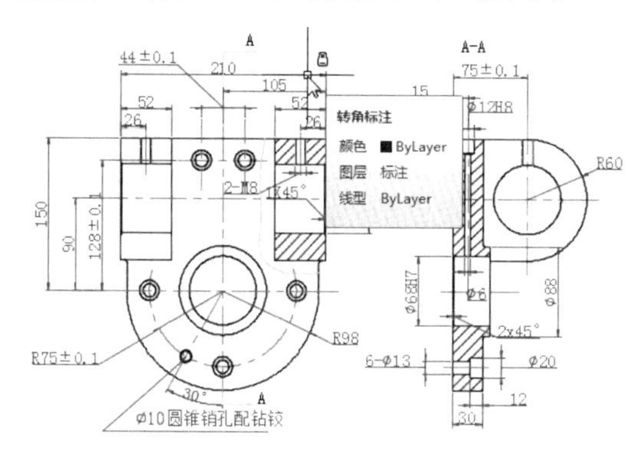

（3）通过【锁定】命令锁定图层

第 1 步 选择【默认】选项卡 ➤【图层】面板的【锁定】按钮，如下图所示。

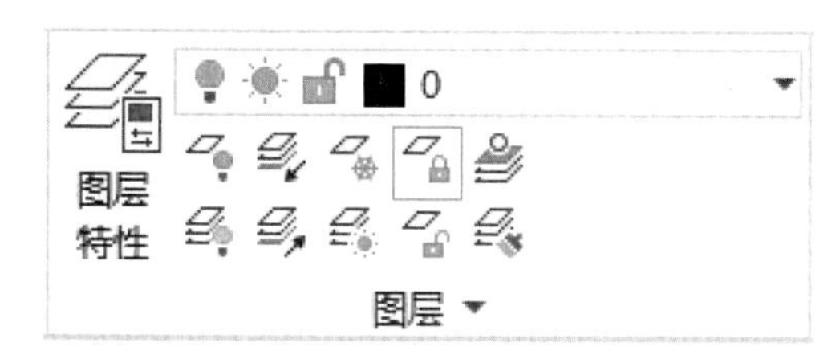

第 2 步 选择轮廓线即可将“轮廓线”层锁定，结果如下图所示。

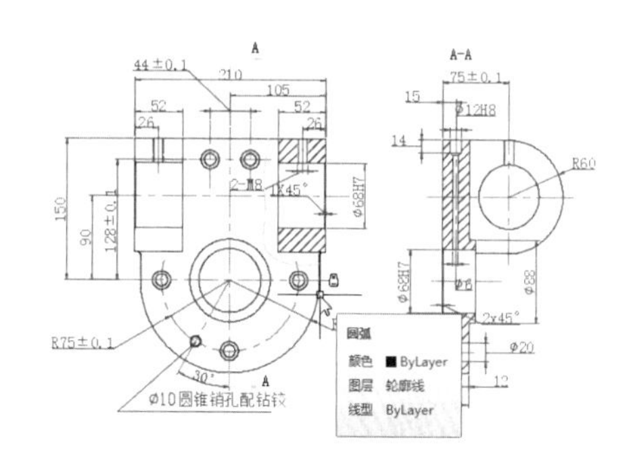

提示

第 1 步和第 2 步反向操作，即可解锁锁定的图层。单击【默认】选项卡 ➤【图层】面板的【解锁】按钮，然后选择需要解锁的图层上的对象，即可将该层解锁。

2. 锁定 / 解锁图层的应用

因为锁定的图层不能被编辑，所以对于复杂图形，可以将不需要编辑的对象所在的图层锁定，这样就可以放心大胆地选择对象了，被锁定的对象虽然能被选中，但却不会被编辑。

第 1 步 将除“0”层和“文字”层外的所有图层都锁定，如下图所示。

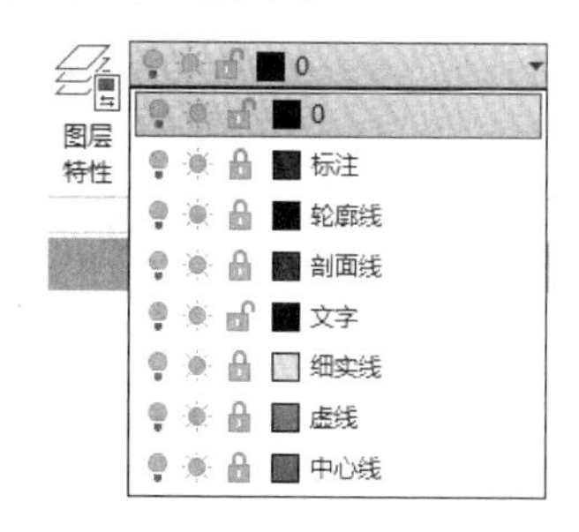

第 2 步 用窗交方式从右至左选择文字对象，如下图所示。

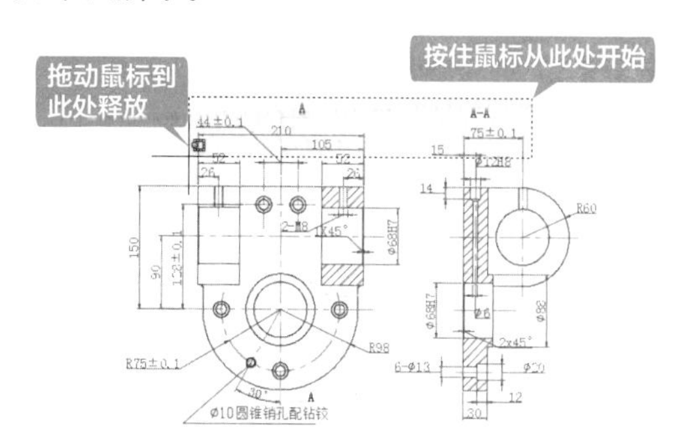

第 3 步 选择完成后如下图所示。

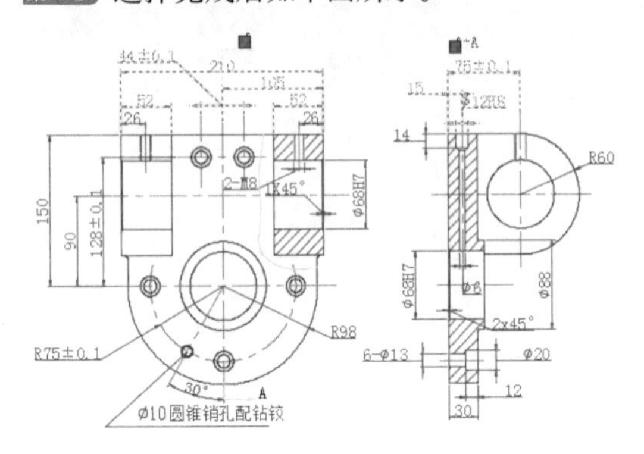

第 4 步 重复第 2 步，选择主视图的另一剖切文字标记，如下图所示。

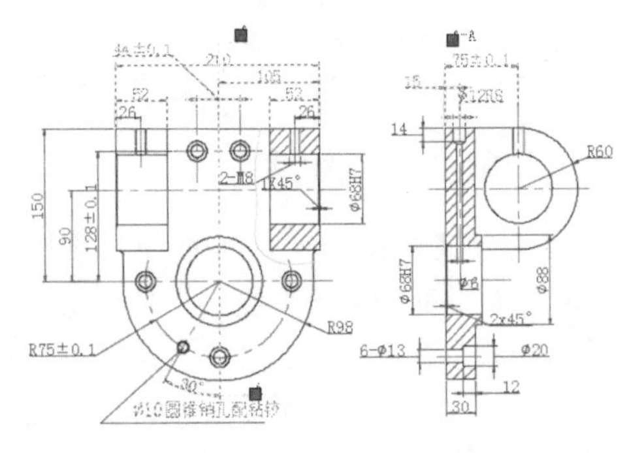

第 5 步 单击【默认】选项卡➤【图层】面板➤【图层】下拉按钮，在弹出的下拉列表中选择“文字”层，如下图所示。

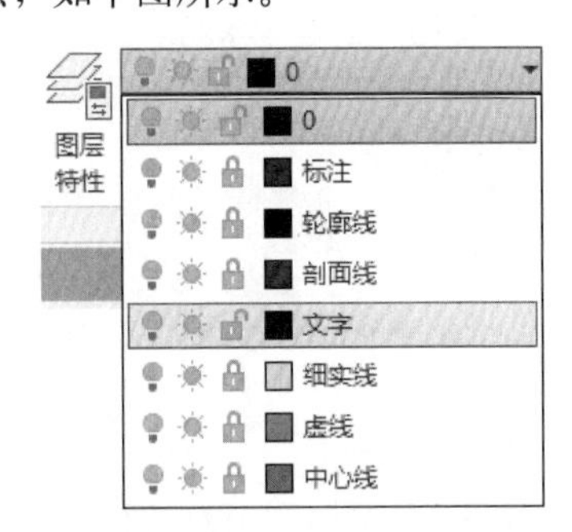

第 6 步 弹出锁定对象无法编辑提示，如下图所示。

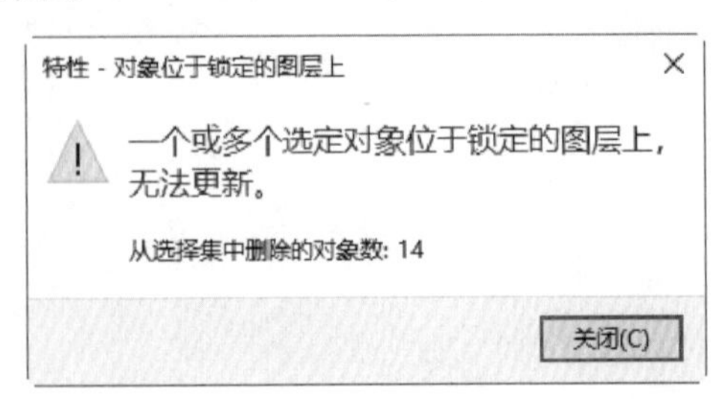

第 7 步 单击【关闭】按钮，将锁定图层的对象从选择集中删除，并将未锁定图层上的对象执行操作（即放置到“文字”层）。按【Esc】键退出选择后，将鼠标指针放置到文字上，在弹出的标签上可以看到文字已经被放置到了“文字”层上，如下图所示。

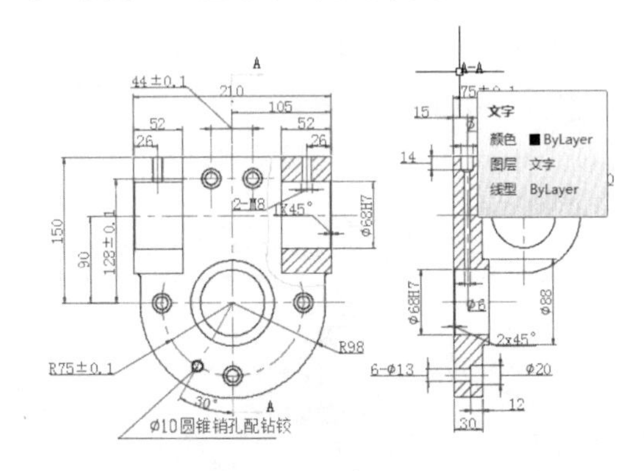

第 8 步 单击【默认】选项卡➤【图层】面板➤【图层】下拉按钮，在弹出的下拉列表中将所有的锁定图层解锁，如下图所示。

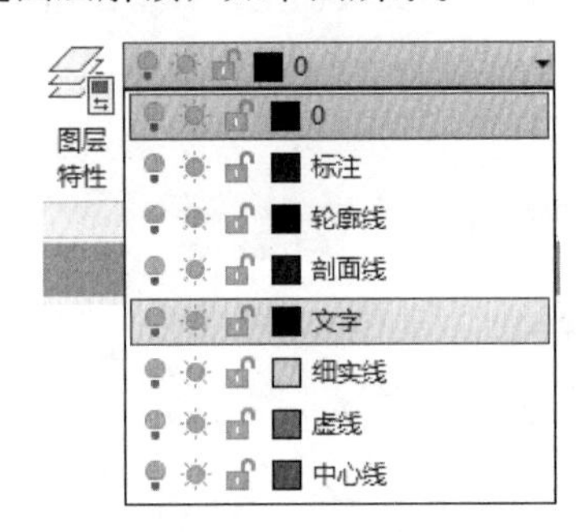

第 9 步 所有图层解锁后如下图所示。

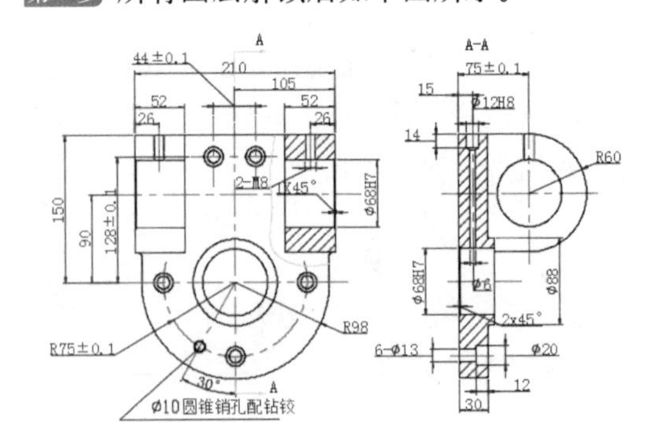

3.4 设置线型比例

线型比例主要用来设置图形中点划线（或虚线）的点和线的显示比例，线型比例设置不当会导致点划线看起来像一条直线。

3.4.1 全局比例

全局比例对整个图形中所有的点划线和虚线的显示比例统一缩放，下面就来介绍如何修改全局比例。

第 1 步 单击【默认】选项卡 ➢【图层】面板 ➢【图层】下拉按钮，将除“虚线”层和“中心线”层外的所有图层都关闭，如下图所示。

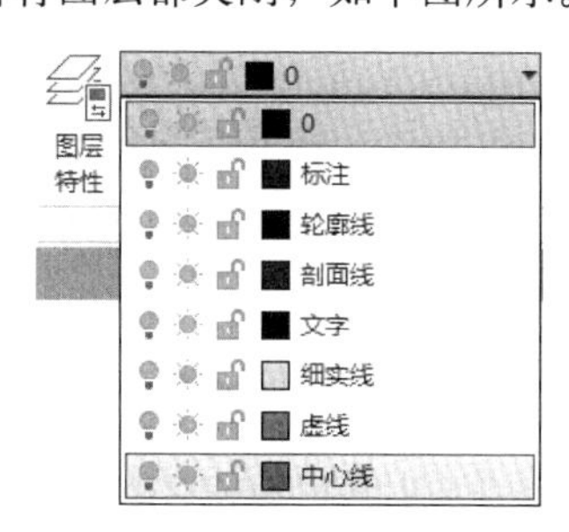

第 2 步 图层关闭后只显示虚线和中心线，如下图所示。

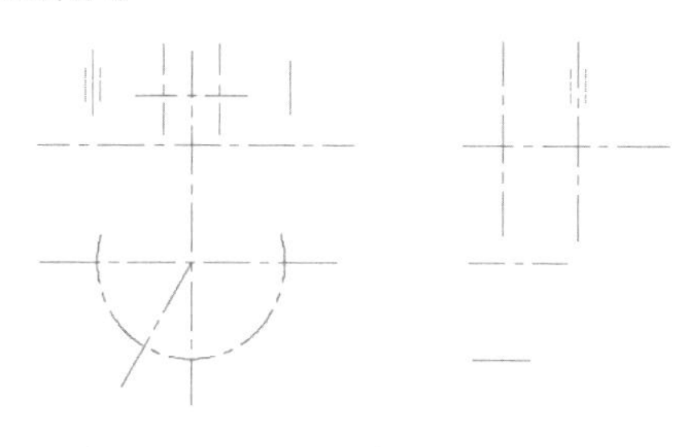

第 3 步 单击【默认】选项卡 ➢【特性】面板 ➢【线型】下拉按钮，如下图所示。

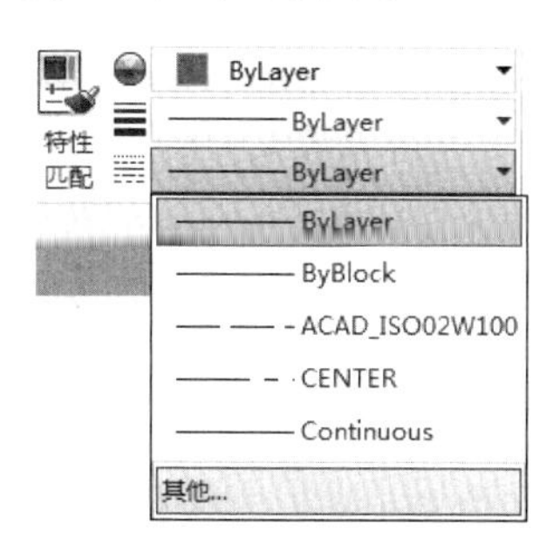

第 4 步 在弹出的下拉列表中选择【其他】，在弹出的【线型管理器】中将全局比例因子改为 20，如下图所示。

提示

【当前对象缩放比例】只对设置完成后再绘制的对象的比例起作用，如果【当前对象缩放比例】不为 0，则之后绘制的点划线或虚线对象的比例为：全局比例因子 × 当前对象缩放比例。

第 5 步 全局比例修改完成后单击【确定】按钮，结果如下图所示。

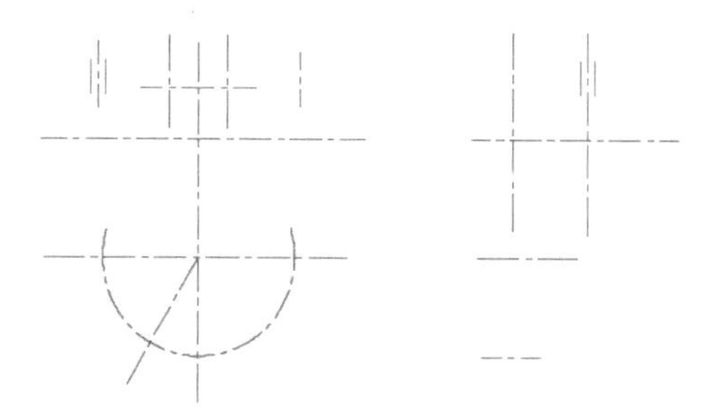

3.4.2 修改局部线型比例

当点划线或虚线的长度大小差不多时，只需要修改全局比例因子即可，但当点划线或虚线对象之间差别较大时，还需要对局部线型比例进行调整，对局部线型比例调整的具体操作如下。

第1步 单击【默认】选项卡 ➢【图层】面板 ➢【图层】下拉按钮，将“中心线”层锁定，如下图所示。

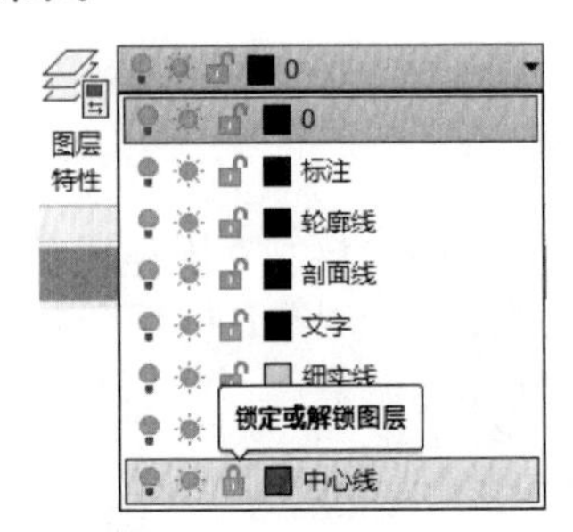

第2步 拖动鼠标选择图中所有的虚线，如下图所示。

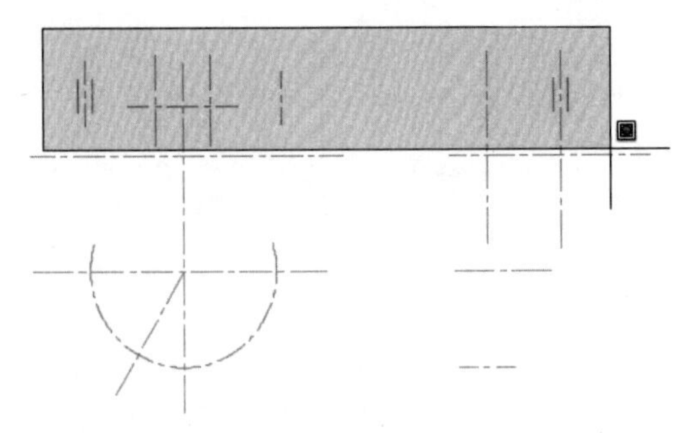

第3步 单击【默认】选项卡 ➢【特性】面板右下角的 ↘ 按钮（或按【Ctrl+1】组合键），调用特性选项板，如下图所示。

第4步 将线型比例改为 0.04，如下图所示。

第5步 系统弹出对话框提示锁定图层上的对象无法更新，并提示从选择集中删除的对象数，如下图所示。

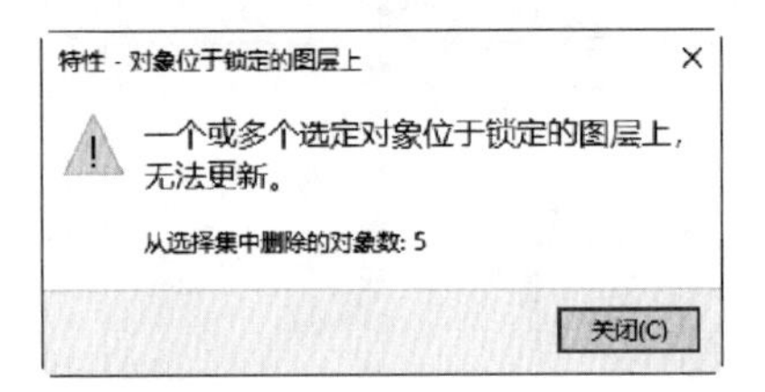

第6步 单击【关闭】按钮，将锁定图层的对象从选择集中删除后结果如下图所示。

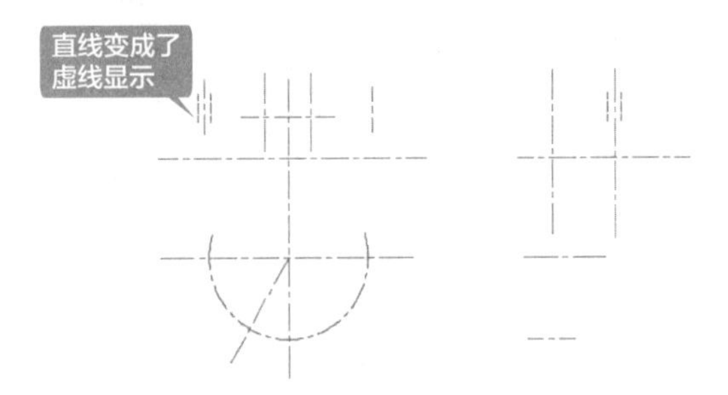

第7步 将所有的图层打开和解锁后结果如下图所示。

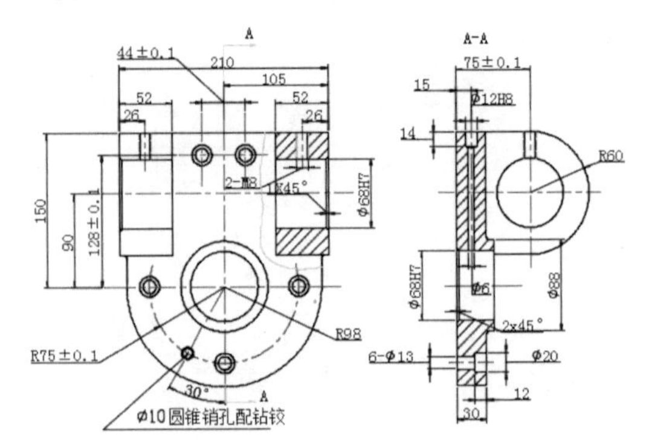

创建室内装潢设计图层

创建“室内装潢设计图层”的方法和创建“机箱外壳装配图图层”的方法类似。具体操作步骤和顺序如表 3-1 所示。

表 3-1　创建室内装潢设计图层

步骤	创建方法	结　果	备　注
1	单击【图层特性管理器】上的【新建图层】按钮，新建 6 个图层	状.. 名称 开 冻结 锁... 颜色 线型 线宽 0 白 Continu... 默认 标注 白 Continu... 默认 门窗 白 Continu... 默认 墙线 白 Continu... 默认 填充 白 Continu... 默认 文字 白 Continu... 默认 轴线 白 Continu... 默认	图层的名称尽量和该层所要绘制的对象相近，这样便于查找或切换图层
2	修改图层的颜色	状.. 名称 开 冻结 锁... 颜色 线型 线宽 0 白 Continu... 默认 标注 蓝 Continu... 默认 门窗 洋红 Continu... 默认 墙线 白 Continu... 默认 填充 蓝 Continu... 默认 文字 白 Continu... 默认 轴线 红 Continu... 默认	应根据绘图背景来设定颜色，这里是在白色背景下设置的颜色，如果是黑色背景，蓝色将显示得非常不清晰，建议将蓝色修改为黄色
3	将轴线的线型改为“CENTER”线型	状.. 名称 开 冻结 锁... 颜色 线型 线宽 0 白 Continu... 默认 标注 蓝 Continu... 默认 门窗 洋红 Continu... 默认 墙线 白 Continu... 默认 填充 蓝 Continu... 默认 文字 白 Continu... 默认 轴线 红 CENTER 默认	
4	修改线宽	状.. 名称 开 冻结 锁... 颜色 线型 线宽 0 白 Continu... 默认 标注 蓝 Continu... 0.13 毫 门窗 洋红 Continu... 默认 墙线 白 Continu... 默认 填充 蓝 Continu... 0.13 毫 文字 白 Continu... 默认 轴线 红 CENTER 0.13 毫	
5	设置完成后双击将要在该层上绘图的图层前的图标，即可将该图层置为当前层，例如，将“轴线”层置为当前层	状.. 名称 开 冻结 锁... 颜色 线型 线宽 0 白 Continu... 默认 标注 蓝 Continu... 0.13 毫 门窗 洋红 Continu... 默认 墙线 白 Continu... 默认 填充 蓝 Continu... 0.13 毫 文字 白 Continu... 默认 轴线 红 CENTER 0.13 毫	

◇ 合并图层

将选定图层合并为一个目标图层，并将原始图层从图形中删除。通过合并图层可以减少图形中的图层数，将所合并图层上的对象移动到目标图层，并从图形中清理原始图层。

AutoCAD 2021 中调用【图层合并】命令的方法有以下 3 种。

（1）选择【格式】➢【图层工具】➢【图层合并】菜单命令。

（2）选择【默认】选项卡➢【图层】面板➢【合并】按钮。

（3）在命令行中输入“LAYMRG”命令。

合并图层的具体操作步骤如下。

第 1 步 打开随书配套资源中的“素材\CH03\合并图层 .dwg”文件，如下图所示。

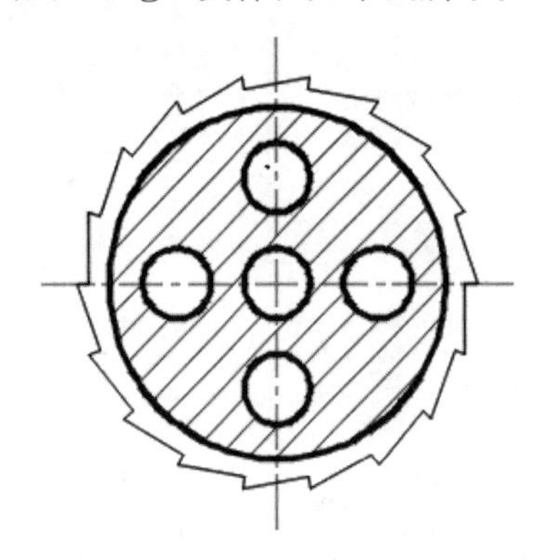

第 2 步 在【图层】下拉列表中可以看到有 5 个图层，如下图所示。

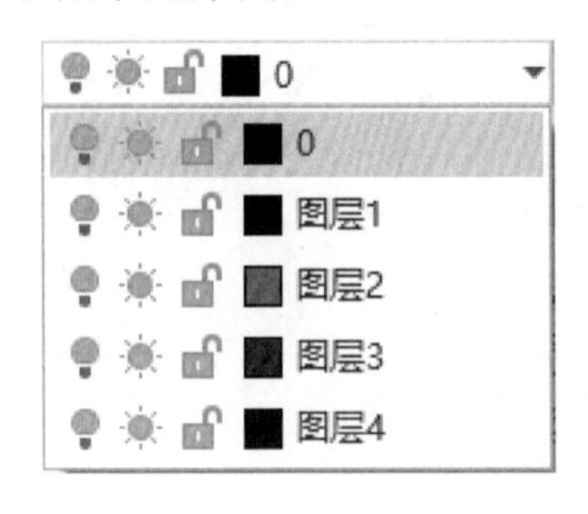

第 3 步 选择【默认】选项卡➢【图层】面板➢【合并】按钮，如下图所示。

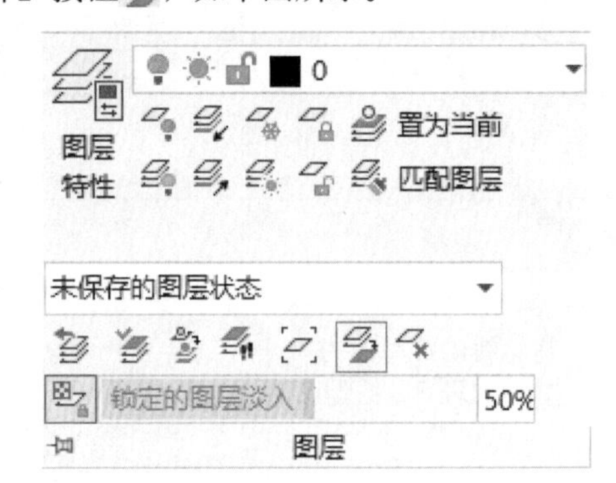

第 4 步 选择要合并的图层上的对象，并按空格键确认，如下图所示。

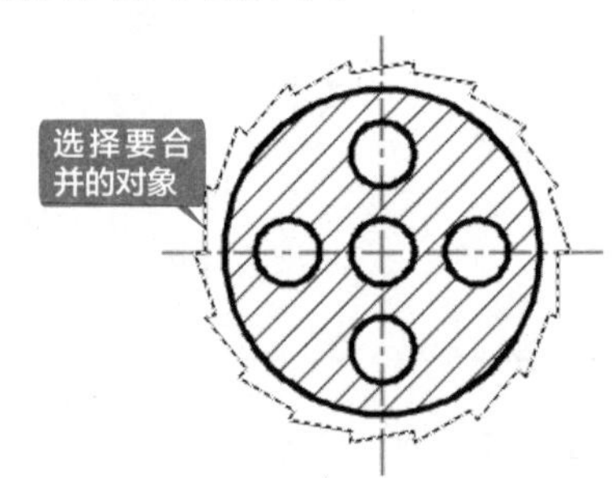

第 5 步 选择目标图层上的对象，并按空格键确认，如下图所示。

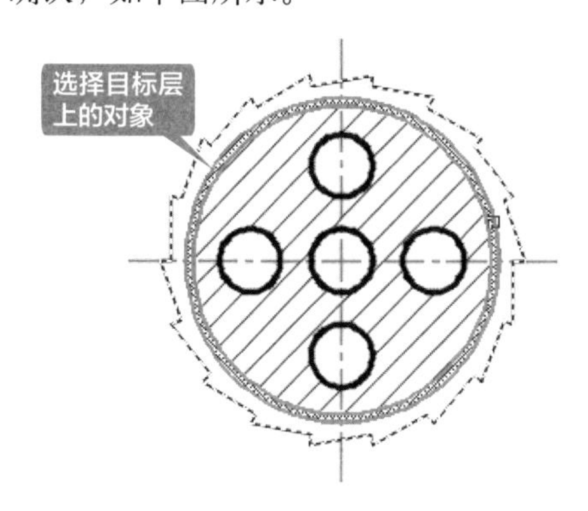

第 6 步 当命令行提示是否继续时，输入“y”。合并后如下图所示。

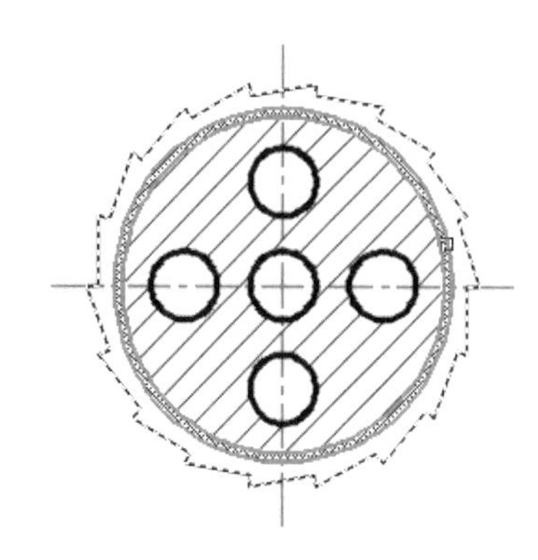

第 7 步 合并后打开【图层】下拉列表，显示为 4 个图层，如下图所示。

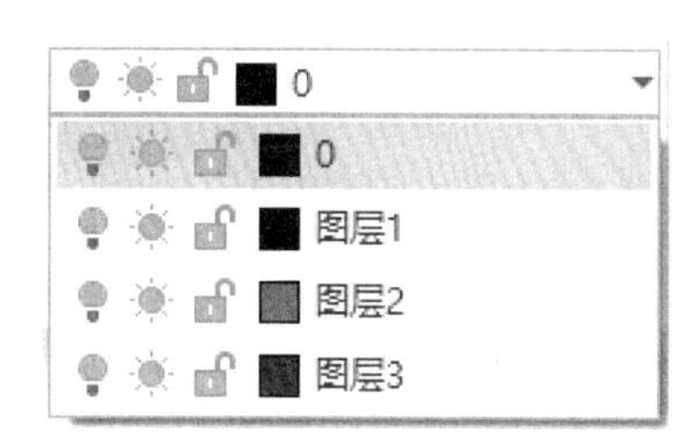

◇ 将对象复制到新图层

将对象复制到新图层，是指将一个或多个对象在指定的图层上创建副本。

AutoCAD 2021 中调用【将对象复制到新图层】命令的方法有以下 3 种。

（1）选择【格式】➤【图层工具】➤【将对象复制到新图层】菜单命令。

（2）选择【默认】选项卡 ➤【图层】面板 ➤【将对象复制到新图层】按钮。

（3）在命令行中输入“COPYTOLAYER”命令。

将对象复制到新图层的具体操作步骤如下。

第 1 步 打开随书配套资源中的“素材\CH03\将对象复制到新图层 .dwg”文件，如下图所示。

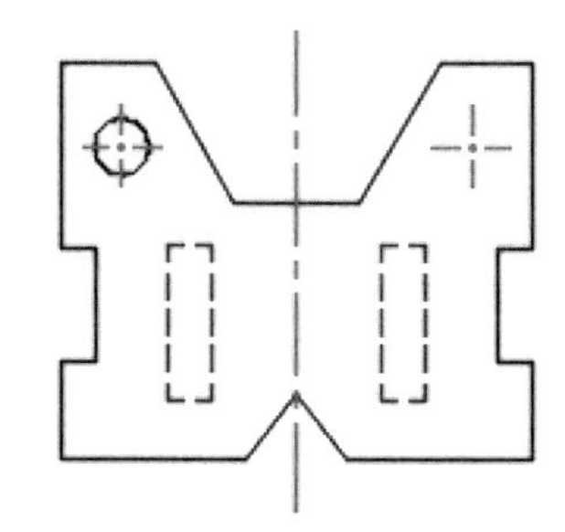

第 2 步 单击【默认】选项卡 ➤【图层】面板 ➤【将对象复制到新图层】按钮，如下图所示。

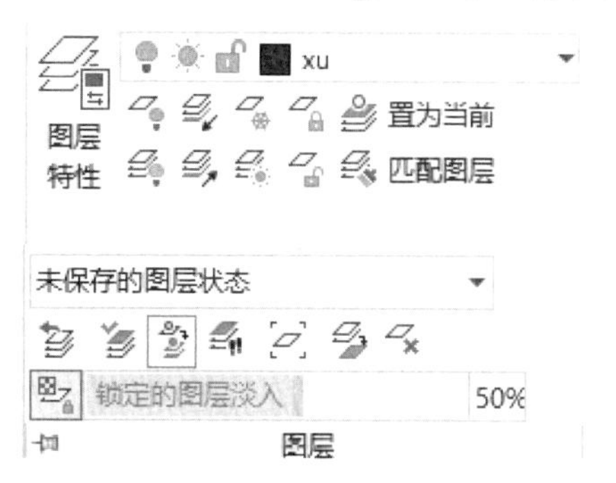

第 3 步 选择要复制的对象，并按空格键确认，如下图所示。

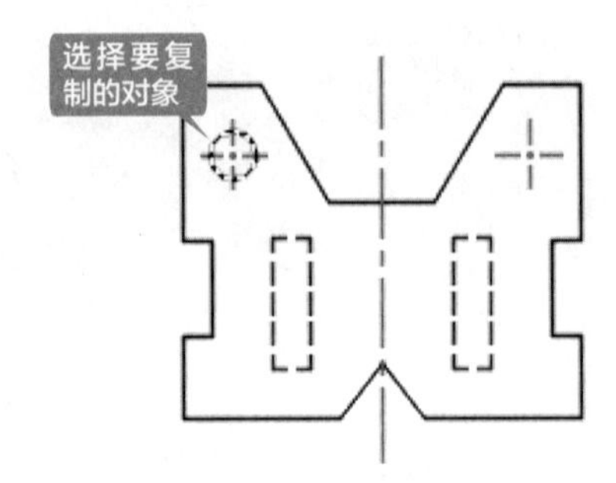

第 4 步 选择目标图层上的对象，如下图所示。

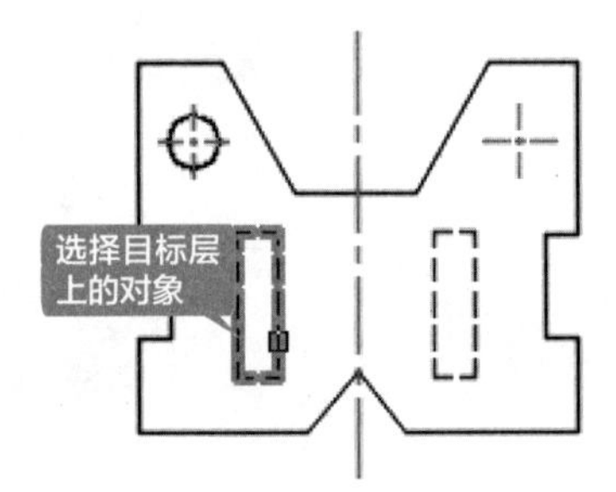

第 5 步 选择圆心为复制的基点，如下图所示。

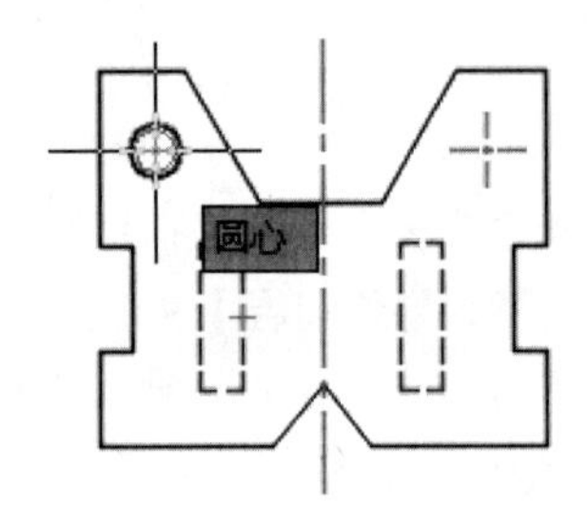

第 6 步 捕捉中点为第二点，如下图所示。

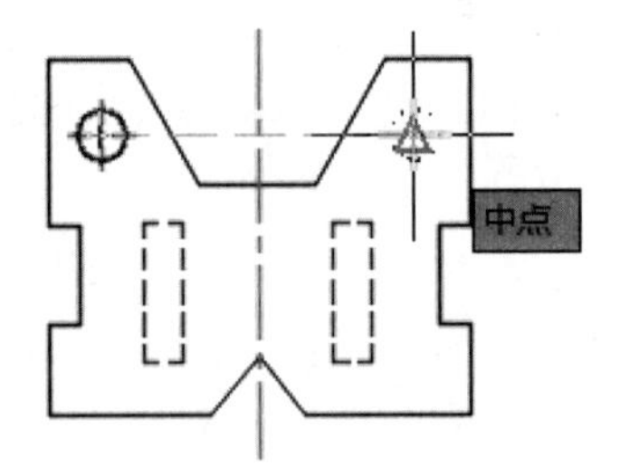

第 7 步 结果如下图所示。

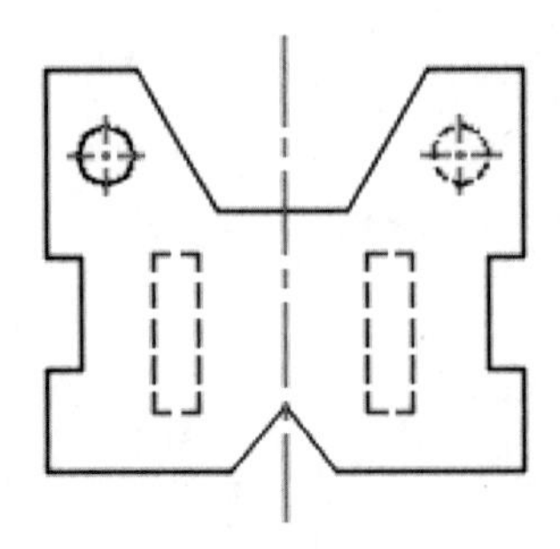

第2篇

二维绘图篇

本篇主要介绍 AutoCAD 的二维绘图操作。通过对本篇内容的学习，读者可以掌握绘制二维图形、编辑二维图形、绘制和编辑复杂对象、尺寸标注及文字与表格等的操作方法。

第 4 章 绘制二维图形

本章导读

二维图形是 AutoCAD 的核心功能，任何复杂的图形，都是由点、线等基本的二维图形组合而成。本章通过对液压系统图绘制过程的详细讲解来介绍二维绘图命令的应用。

思维导图

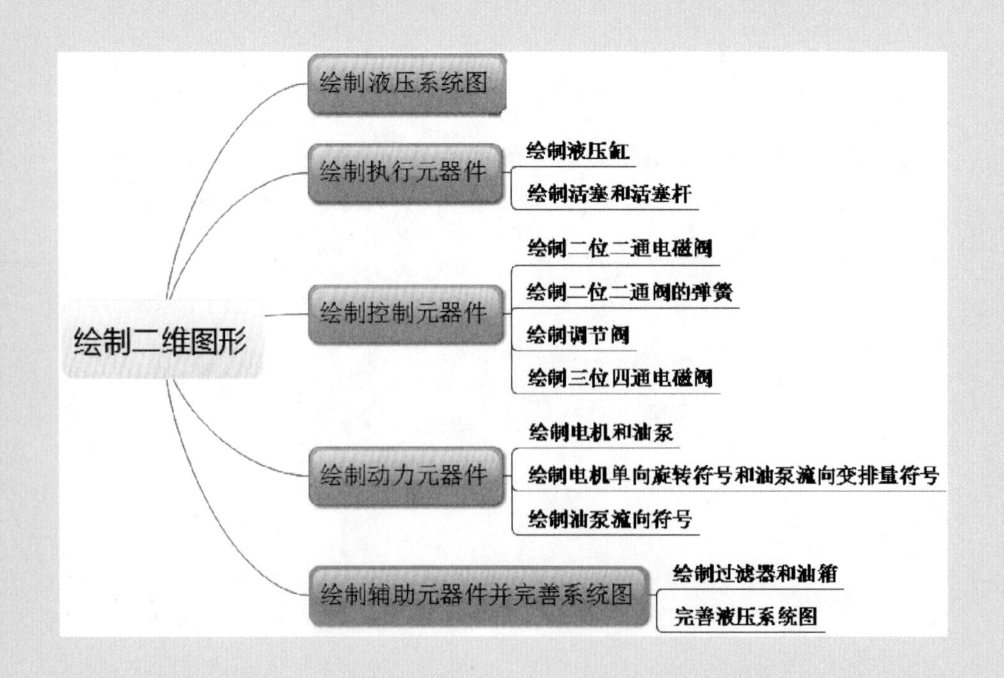

4.1 绘制液压系统图

液压系统图是使用连线把液压元件的图形符号连接起来的一张简图，用来描述液压系统的组成及工作原理。一个完整的液压系统由五个部分组成，即动力元件、执行元件、控制元件、辅助元件和液压油。

动力元件的作用是将原动机的机械能转换成液体的压力能，指液压系统中的油泵，它向整个液压系统提供动力。

执行元件（如液压缸和液压马达）的作用是将液体的压力能转换为机械能，驱动负载做直线往复运动或回转运动。

控制元件（即各种液压阀）在液压系统中控制和调节液体的压力、流量和方向。

辅助元件包括油箱、滤油器、油管及管接头、密封圈、压力表、油位油温计等。

液压油是液压系统中传递能量的工作介质，有各种矿物油、乳化液和合成型液压油等几大类。

本节我们以某机床液压系统图为例，来介绍直线、矩形、圆弧、圆、多段线等二维绘图命令的应用，液压系统图绘制完成后效果如下图所示。

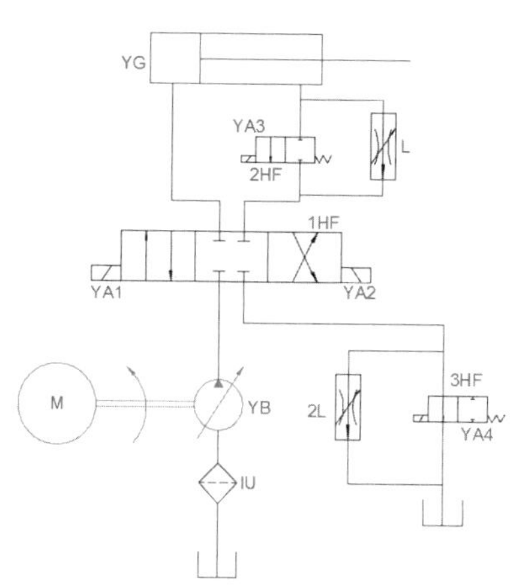

在绘图之前，首先参考 3.1 节创建如下图所示的几个图层，并将“执行元件”图层置为当前层。

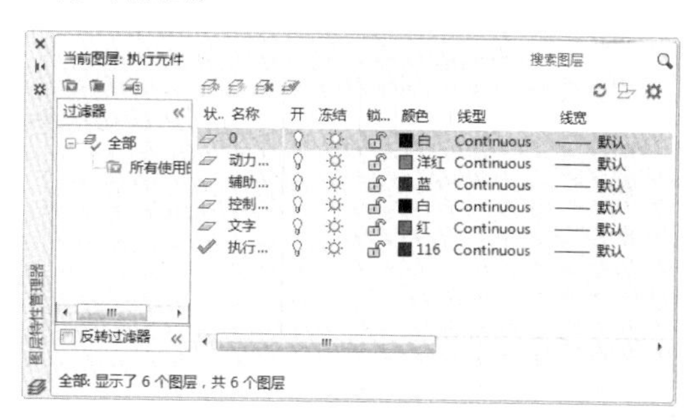

4.2 绘制执行元器件

液压缸是液压系统中的执行元件，液压缸的绘制主要应用到矩形和直线命令。

4.2.1 绘制液压缸

液压缸的外轮廓可以通过矩形命令绘制，也可以通过直线命令绘制，下面对两种方法的绘制步骤进行详细介绍。

1. 通过矩形绘制液压缸外轮廓

第1步 单击【默认】选项卡➤【绘图】面板➤【矩形】按钮□，如下图所示。

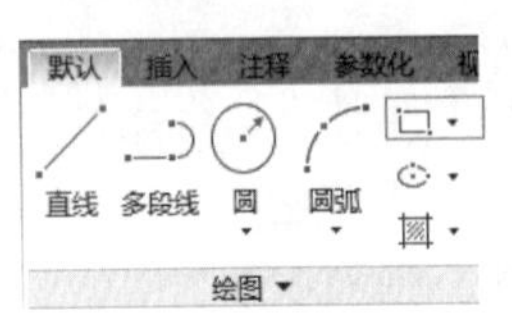

第2步 在绘图窗口任意单击一点作为矩形的第一角点，然后在命令行输入“@35，10”作为矩形的另一个角点，结果如下图所示。

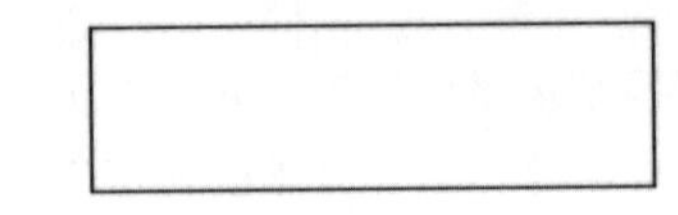

AutoCAD 中矩形的绘制方法有很多种，默认是通过指定矩形的两个角点来绘制，下面我们就来通过矩形的其他绘制方法来完成液压缸外轮廓的绘制，具体操作步骤如表 4-1 所示。

表 4-1 通过矩形的其他绘制方法绘制液压缸外轮廓

绘制方法	绘制步骤	结果图形	相应命令行显示
面积绘制法	1. 指定第一个角点 2. 输入“a”选择面积绘制法 3. 输入绘制矩形的面积值 4. 指定矩形的长或宽	10 35	命令：_RECTANG 指定第一个角点或 [倒角 (C)/ 标高 (E)/ 圆角 (F)/ 厚度 (T)/ 宽度 (W)]: // 单击指定第一角点 指定另一个角点或 [面积 (A)/ 尺寸 (D)/ 旋转 (R)]: a 输入以当前单位计算的矩形面积 <100.0000>:350 计算矩形标注时依据【长度 (L)/ 宽度 (W)】< 长度 >: ↙输入矩形长度 <10.0000>: 35
尺寸绘制法	1. 指定第一个角点 2. 输入“d”选择尺寸绘制法 3. 指定矩形的长度和宽度 4. 拖动鼠标指定矩形的放置位置	10 35	命令：_RECTANG 指定第一个角点或 [倒角 (C)/ 标高 (E)/ 圆角 (F)/ 厚度 (T)/ 宽度 (W)]: // 单击指定第一角点 指定另一个角点或 [面积 (A)/ 尺寸 (D)/ 旋转 (R)]: d 指定矩形的长度 <35.0000>: ↙ 指定矩形的宽度 <10.0000>: ↙ 指定另一个角点或 [面积 (A)/ 尺寸 (D)/ 旋转 (R)]: // 拖动鼠标指定矩形的放置位置

提示

除了通过面板调用【矩形】命令外，还可以通过以下方法调用【矩形】命令。

（1）选择【绘图】→【矩形】菜单命令。

（2）在命令行中输入“RECTANG/REC”命令并按空格键。

2. 通过直线绘制液压缸外轮廓

第 1 步 单击【默认】选项卡➢【绘图】面板➢【直线】按钮╱，如下图所示。

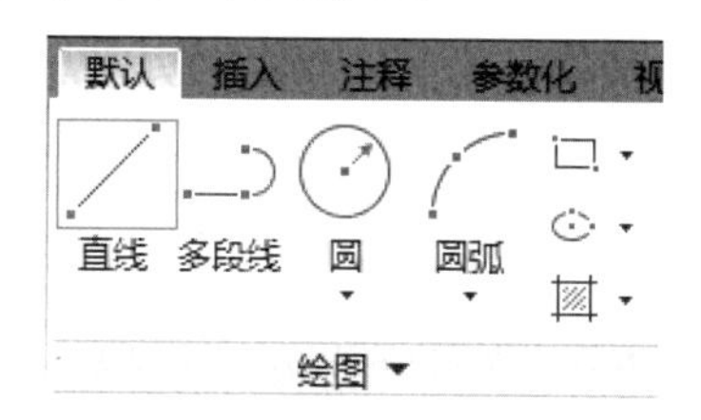

提示

除了通过面板调用【直线】命令外，还可以通过以下方法调用【直线】命令。

（1）选择【绘图】→【直线】菜单命令。

（2）在命令行中输入“LINE/L”命令并按空格键。

第 2 步 在绘图区域任意单击一点作为直线的起点，然后水平向右拖动鼠标，如下图所示。

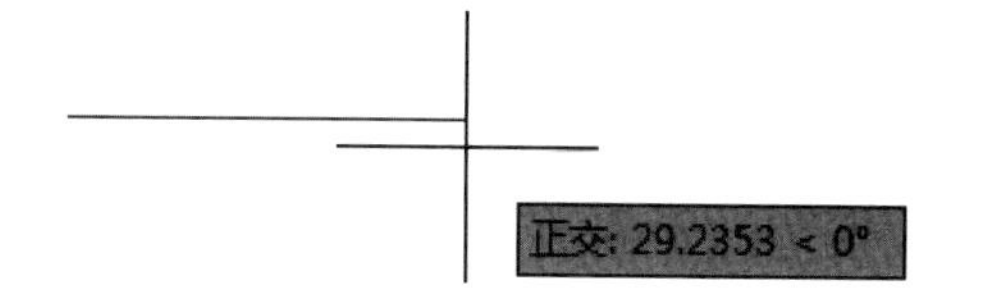

第 3 步 输入直线的长度“35”，然后竖直向上拖动鼠标，如下图所示。

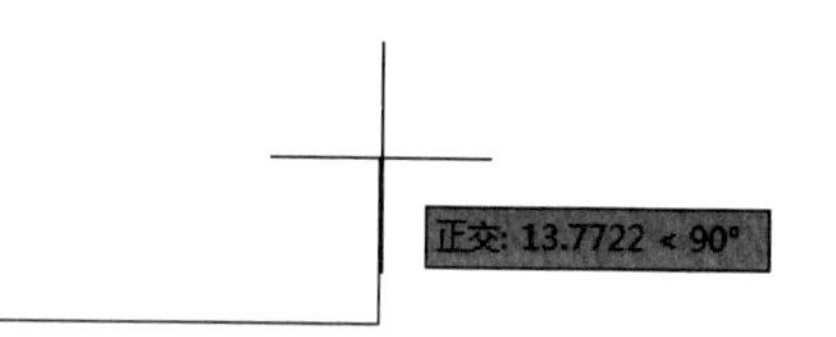

第 4 步 输入直线的长度“10”，然后水平向左拖动鼠标，如下图所示。

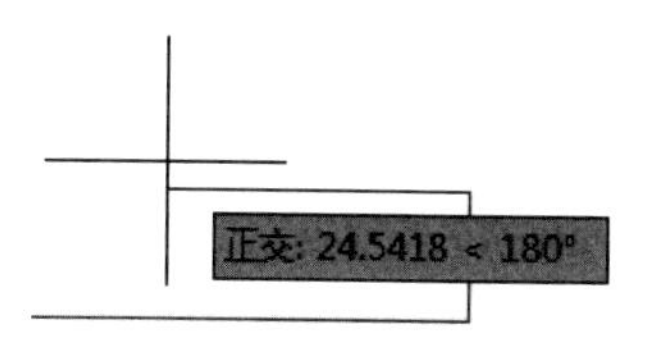

第 5 步 输入直线的长度“35”，然后输入“c”，让所绘制的直线闭合，结果如下图所示。

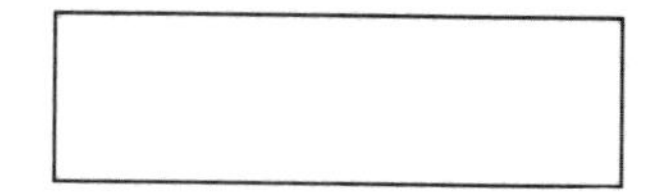

提示

在绘图前按【F8】键，或单击状态栏的∟按钮，将正交模式打开。

AutoCAD 中直线的绘制方法有很多种，除了上面介绍的方法外，还可以通过绝对直角坐标输入、相对直角坐标输入和相对极坐标输入等方法绘制直线，具体操作步骤如表 4-2 所示。

表 4-2 通过直线的其他绘制方法绘制液压缸外轮廓

绘制方法	绘制步骤	结果图形	相应命令行显示
通过输入绝对直角坐标绘制直线	1. 指定第一个点（或输入绝对坐标确定第一个点） 2. 依次输入第二点、第三点……的绝对坐标	(500,510) (535,510) (500,500) (535,500)	命令：_LINE 指定第一个点：500,500 指定下一点或 [放弃 (U)]: 535,500 指定下一点或 [放弃 (U)]: 535,510 指定下一点或 [放弃 (U)]: 500,510 指定下一点或 [闭合 (C)/ 放弃 (U)]: c // 闭合图形

续表

绘制方法	绘制步骤	结果图形	相应命令行显示

通过输入相对直角坐标绘制直线	1. 指定第一个点（或输入绝对坐标确定第一个点）
	2. 依次输入第二点、第三点……的相对前一点的直角坐标
		④ ③
		① ②
			命令：_ LINE
			指定第一个点：
			// 任意点击一点作为第一点
			指定下一点或 [放弃 (U)]: @35,0
			指定下一点或 [放弃 (U)]: @0,10
			指定下一点或 [放弃 (U)]: @-35, 0
			指定下一点或 [闭合 (C)/ 放弃 (U)]: c
			// 闭合图形

通过输入相对极坐标绘制直线	1. 指定第一个点（或输入绝对坐标确定第一个点）
	2. 依次输入第二点、第三点……的相对前一点的极坐标
		④ ③
		① ②
			命令：_ LINE
			指定第一个点：
			// 任意点击一点作为第一点
			指定下一点或 [放弃 (U)]: @35<0
			指定下一点或 [放弃 (U)]: @10<90
			指定下一点或 [放弃 (U)]: @-35<0
			指定下一点或 [闭合 (C)/ 放弃 (U)]: c
			// 闭合图形

4.2.2 绘制活塞和活塞杆

液压系统图中液压缸的活塞和活塞杆都用直线表示，因此液压缸的活塞和活塞杆可以通过直线命令来完成。

第 1 步 在命令行输入“SE”并按空格键，在弹出的【草图设置】对话框中对【对象捕捉】进行如下图所示的设置。

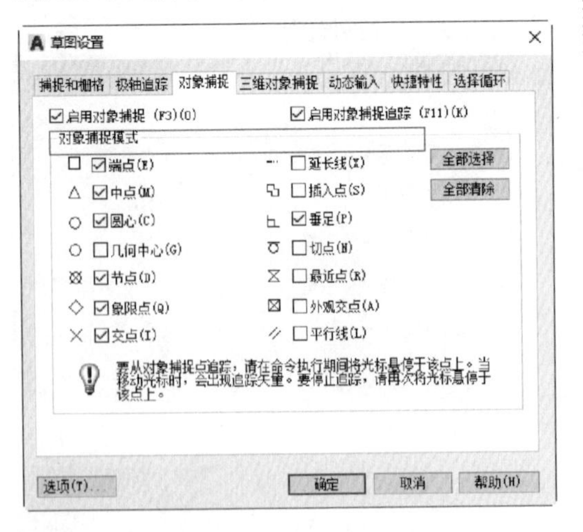

第 2 步 单击【确定】按钮，然后单击【默认】选项卡 ➤【绘图】面板 ➤【直线】按钮，如下图所示。

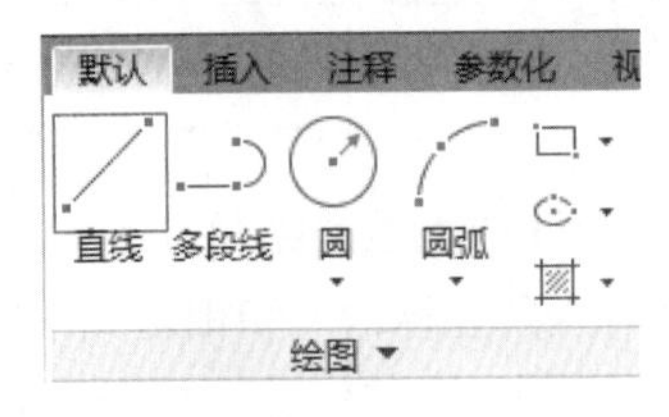

第 3 步 当命令行提示指定第一个点时输入“fro”。

命令：_line
指定第一个点：fro

第 4 步 捕捉如下图所示的端点为基点。

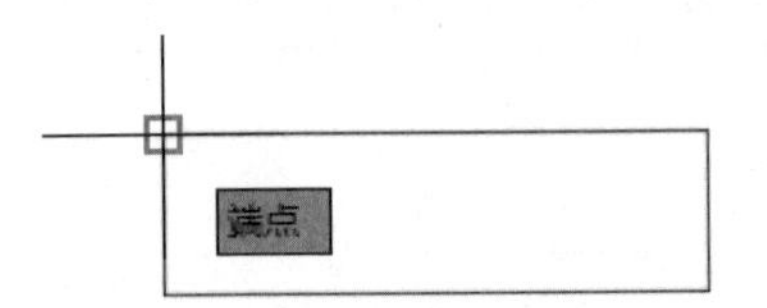

第 5 步 根据命令行提示输入偏移距离和下一点，然后按【Enter】键结束命令。

< 偏移 >: @10,0
指定下一点或 [放弃 (U)]: @0,-10
指定下一点或 [放弃 (U)]: ↙

第 6 步 活塞示意图完成后如下图所示。

第 7 步 按空格键或【Enter】键继续调用【直线】命令，当命令行提示指定直线的第一个点时捕捉上面绘制的活塞的中点，如下图所示。

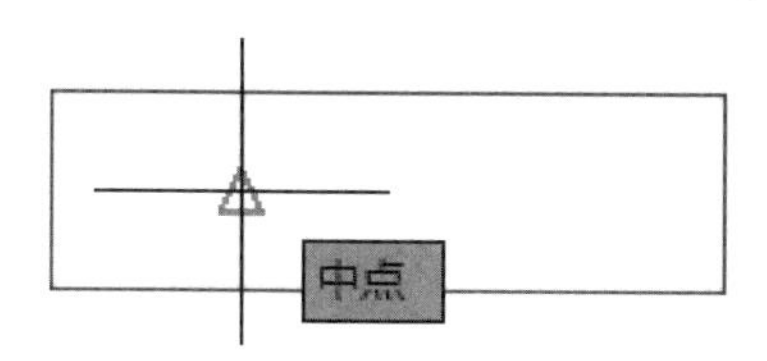

第 8 步 水平向右拖动鼠标，在合适的位置单击，然后按空格键或【Enter】键完成活塞杆的绘制，如下图所示。

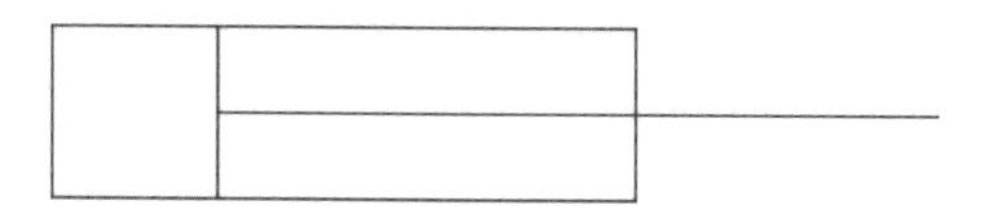

提示

除了通过【草图设置】对话框设置对象捕捉外，还可以直接单击状态栏【对象捕捉】下拉按钮，在弹出的快捷菜单中对对象捕捉进行设置，如下图所示。

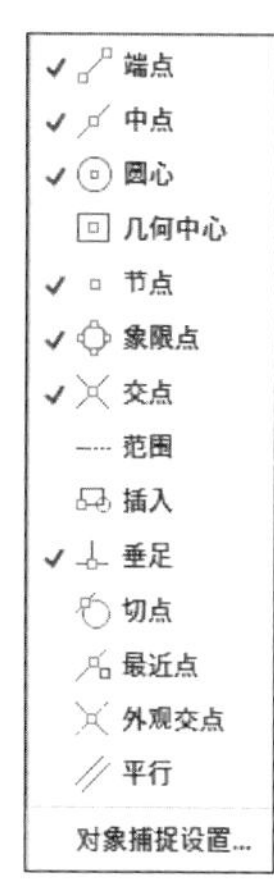

单击【对象捕捉设置】，将弹出【草图设置】对话框。

4.3 绘制控制元器件

控制元件（即各种液压阀）在液压系统中控制和调节液体的压力、流量和方向。本液压系统图主要用到二位二通电磁阀、三位四通电磁阀和调节阀。

4.3.1 绘制二位二通电磁阀

二位二通电磁阀的绘制主要应用到矩形、直线、定数等分和多段线命令，其中二位二通电磁阀的外轮廓既可以用矩形绘制，也可以用直线绘制，如果用矩形绘制，则需要将矩形分解成独立的直线后才可以定数等分。

二位二通电磁阀的绘制步骤如下。

第 1 步 单击【快速访问工具栏】中【图层】下拉按钮，选择“控制元件”层，将其置为当前层，如下图所示。

第 2 步 调用【矩形】命令，在合适的位置绘制一个 12×5 的矩形，如下图所示。

第 3 步 调用【直线】命令，然后捕捉矩形的左下角点为直线的第一点，绘制如下图所示的长度的三条直线。

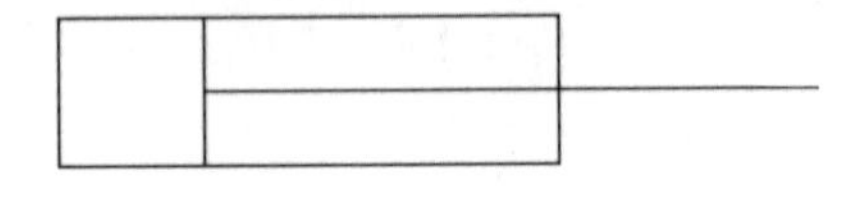

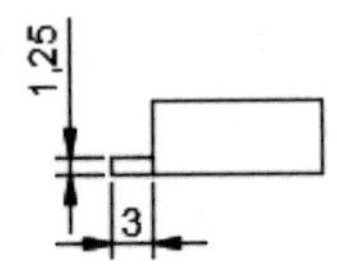

第 4 步 单击【默认】选项卡 ➢【修改】面板 ➢【分解】按钮，如下图所示。

提示

除了通过面板调用【分解】命令外，还可以通过以下方法调用【分解】命令。

（1）选择【修改】→【分解】菜单命令。

（2）在命令行中输入“EXPLODE/X”命令并按空格键。

第 5 步 选择刚绘制的矩形，按空格键将其分解，如下图所示。

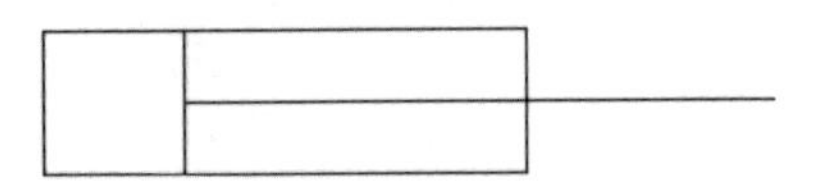

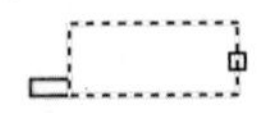

第 6 步 分解后再选择刚绘制的矩形，可以看到原来是一个整体的矩形现在变成了几条单个的直线，如下图所示。

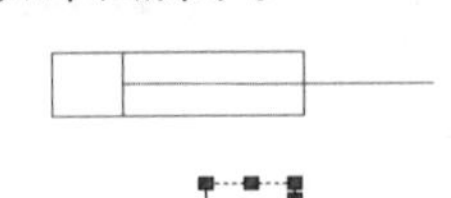

第 7 步 单击【默认】选项卡 ➢【实用工具】面板的展开按钮 ➢【点样式】按钮，如下图所示。

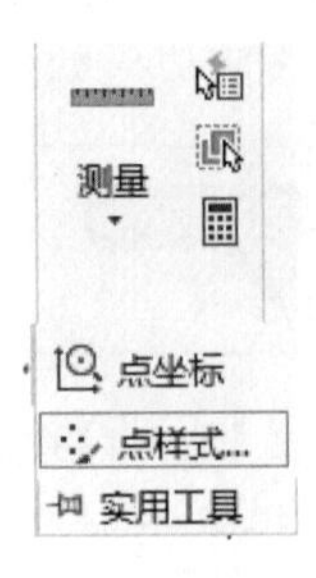

第 8 步 在弹出的【点样式】对话框中选择新的点样式并设置点大小，如下图所示。

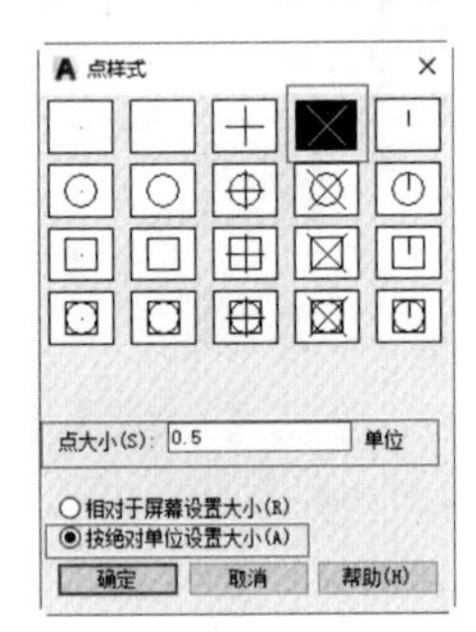

提示

除了通过面板调用【点样式】命令外，还可以通过以下方法调用【点样式】命令。

（1）单击【格式】→【点样式】菜单命令。

（2）在命令行中输入“DDPTYPE”命令并按空格键。

第 9 步 单击【默认】选项卡 ➢【绘图】面板的展开按钮 ➢【定数等分】按钮，如下图所示。

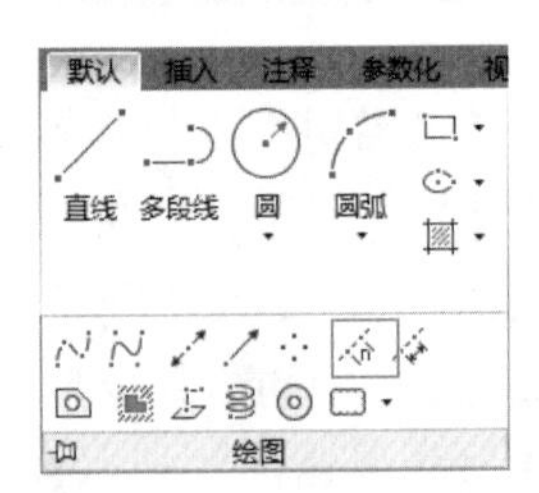

提示

除了通过面板调用【定数等分】点命令外，还可以通过以下方法调用【定数等分】点命令。

（1）选择【绘图】→【点】→【定数等分】菜单命令。

（2）在命令行中输入“DIVIDE/DIV”命令并按空格键确认。

第 10 步 单击选择矩形的上侧边，然后输入等分段数“4”，结果如下图所示。

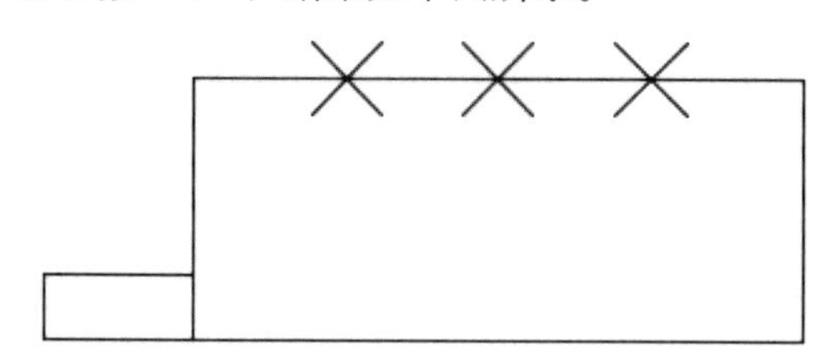

提示

在进行定数等分时，对于开放型对象来说，等分的段数为 N，则等分的点数为 $N-1$；对于闭合型对象来说，等分的段数和点数相等。

第 11 步 重复第 9~10 步，将矩形的底边也进行 4 等分，左侧的水平短直线进行 3 等分，结果如下图所示。

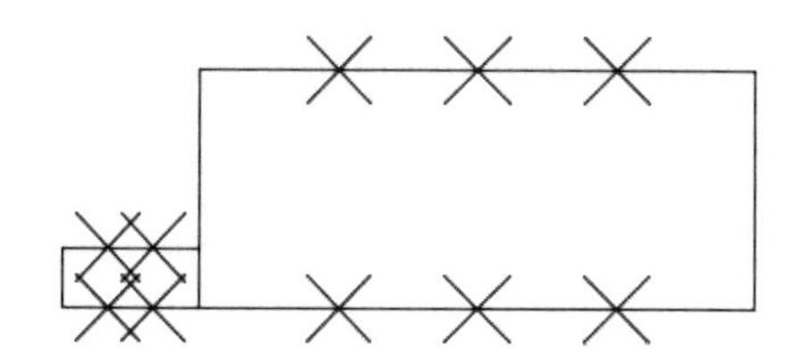

第 12 步 单击【默认】选项卡 ➢【绘图】面板 ➢【直线】按钮，捕捉图中的节点绘制直线，如下图所示。

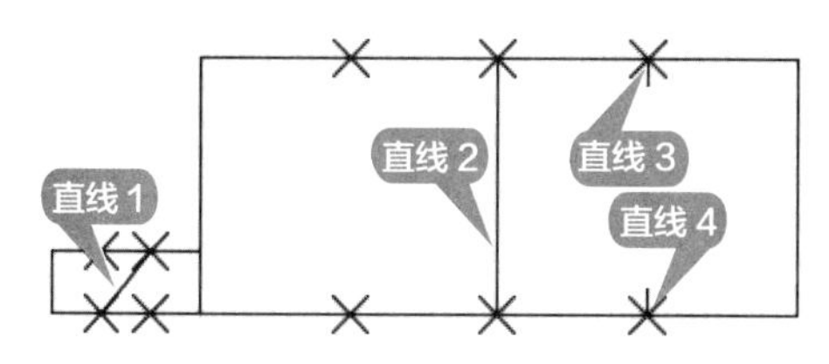

提示

直线 3 和 4 的长度不做具体要求，感觉适当即可。

第 13 步 重复第 12 步，继续绘制直线，绘制直线时先捕捉上步绘制的直线 3 的端点（只捕捉不选中），然后向左拖动鼠标（会出现虚线指引线），在合适的位置单击作为直线的起点，如下图所示。

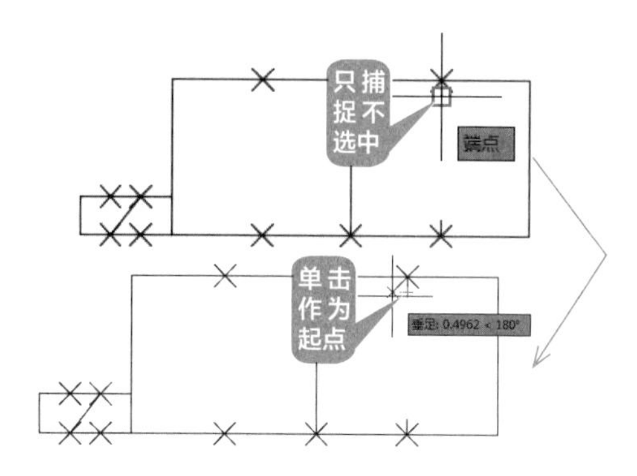

第 14 步 向右拖动鼠标，在合适的位置单击作为直线的终点，然后按空格键结束直线的绘制，如下图所示。

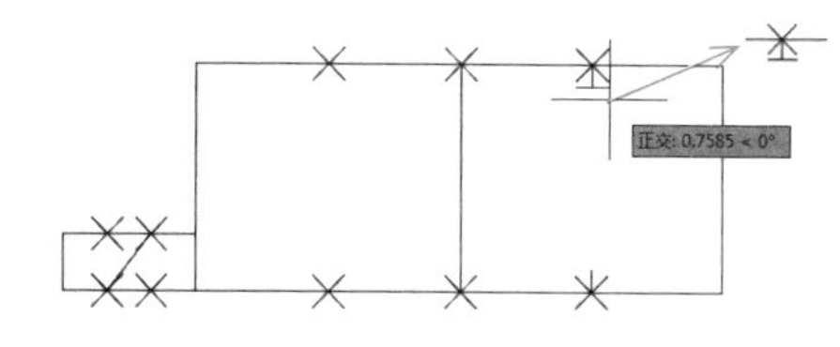

第 15 步 重复第 13~14 步，继续绘制另一端的直线，结果如下图所示。

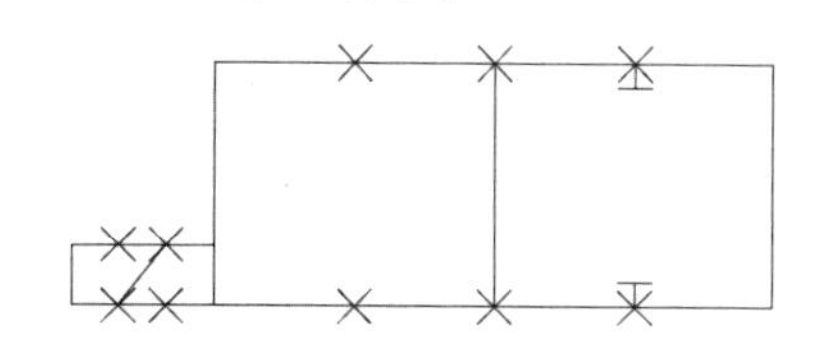

第 16 步 单击【默认】选项卡 ➢【绘图】面板 ➢【多段线】按钮，如下图所示。

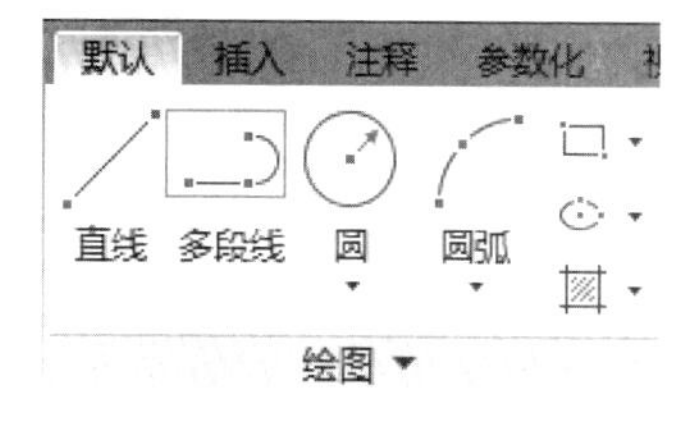

提示

除了通过面板调用【多段线】命令外，还可以通过以下方法调用【多段线】命令。

（1）选择【绘图】→【多段线】菜单命令。

（2）在命令行中输入“PLINE/PL”命令并按空格键确认。

第 17 步 根据命令行提示进行如下操作。

```
命令：_pline
指定起点：        // 捕捉节点 A
```

当前线宽为 0.0000

指定下一点或 [圆弧 (A)/ 半宽 (H)/ 长度 (L)/ 放弃 (U)/ 宽度 (W)]: @0,-4

指定下一点或 [圆弧 (A)/ 闭合 (C)/ 半宽 (H)/ 长度 (L)/ 放弃 (U)/ 宽度 (W)]: w

指定起点宽度 <0.0000>: 0.25

指定端点宽度 <0.2500>: 0

指定下一点或 [圆弧 (A)/ 闭合 (C)/ 半宽 (H)/ 长度 (L)/ 放弃 (U)/ 宽度 (W)]: // 捕捉节点 B

指定下一点或 [圆弧 (A)/ 闭合 (C)/ 半宽 (H)/ 长度 (L)/ 放弃 (U)/ 宽度 (W)]: ↙

第 18 步 多段线绘制完成后结果如下图所示。

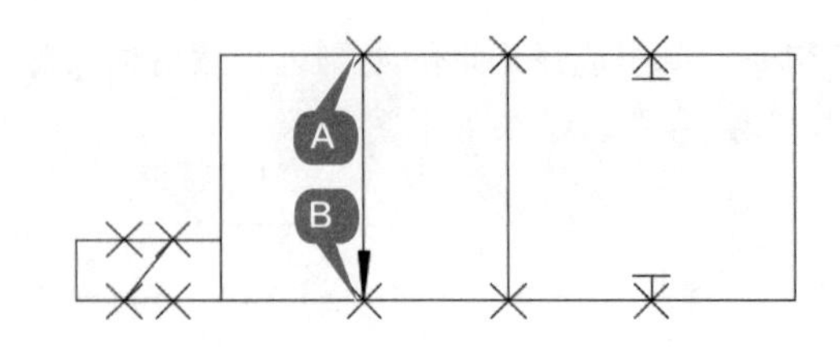

第 19 步 选中图中所有的节点，按【Delete】键将节点删除，如下图所示。

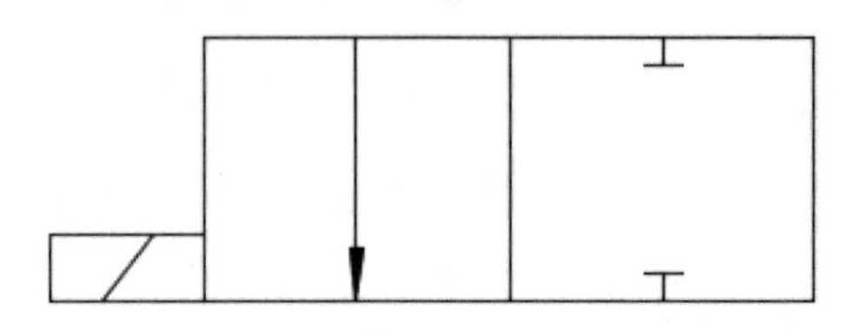

多段线是作为单个对象创建的相互连接的序列直线段，可以创建直线段、圆弧段或两者的组合线段。各种多段线的绘制步骤如表 4-3 所示。

表 4-3 各种多段线的绘制步骤

类型	绘制步骤	图例
等宽且只有直线段的多段线	1. 调用多段线命令 2. 指定多段线的起点 3. 指定第一条线段的下一点 4. 根据需要继续指定线段下一点 5. 按空格键（或【Enter】键）结束，或者输入“c”使多段线闭合	1 2 3 4 5 6
绘制宽度不同的多段线	1. 调用多段线命令 2. 指定多段线的起点 3. 输入“w”（宽度）并输入线段的起点宽度 4. 使用以下方法之一指定线段的端点宽度： （1）要创建等宽的线段，请按【Enter】键 （2）要创建一个宽度渐窄或渐宽的线段，请输入一个不同的宽度 5. 指定线段的下一点 6. 根据需要继续指定线段下一点 7. 按【Enter】键结束，或者输入“c”使多段线闭合	
包含直线段和曲线段的多段线	1. 调用多段线命令 2. 指定多段线的起点 3. 指定第一条线段的下一点 4. 在命令提示下输入“a”（圆弧），切换到圆弧模式 5. 圆弧绘制完成后输入“l”（直线），返回到直线模式 6. 根据需要指定其他线段 7. 按【Enter】键结束，或者输入“c”使多段线闭合	

4.3.2 绘制二位二通阀的弹簧

绘制二位二通阀的弹簧主要用到直线命令，绘制二位二通阀弹簧的具体操作步骤如下。

第 1 步 单击【默认】选项卡 ➢【绘图】面板 ➢【直线】按钮╱，按住【Shift】键单击鼠标右键，在弹出的临时捕捉快捷菜单上选择【自】，如下图所示。

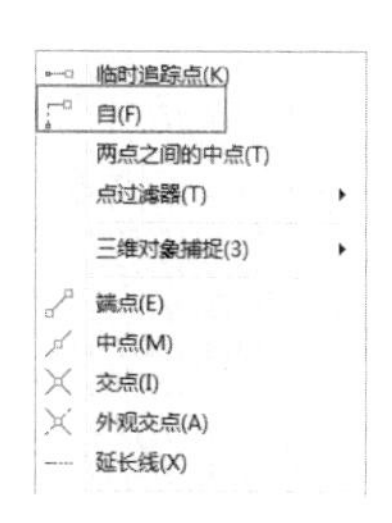

第 2 步 捕捉如下图所示的端点为基点。

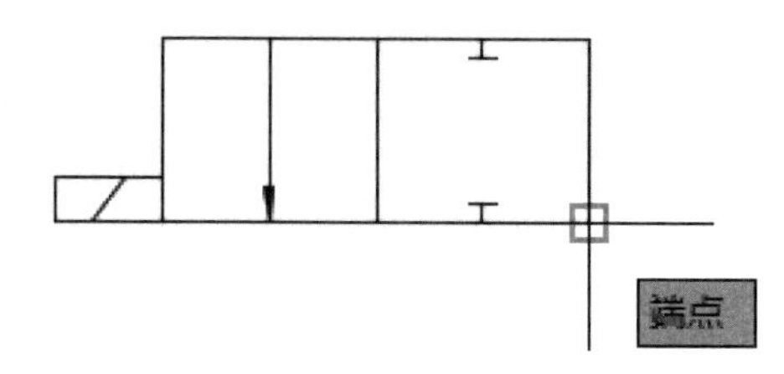

第 3 步 在命令行输入偏移距离“@0,1.5”，当命令行提示指定下一点时输入“<-60”。

< 偏移 >: @0,1.5
指定下一点或 [放弃 (U)]: <-60
角度替代 : 300

第 4 步 捕捉第 2 步捕捉的端点（只捕捉不选中），捕捉后向右拖动鼠标，当鼠标和 -60° 线相交时单击确定直线第二点，如下图所示。

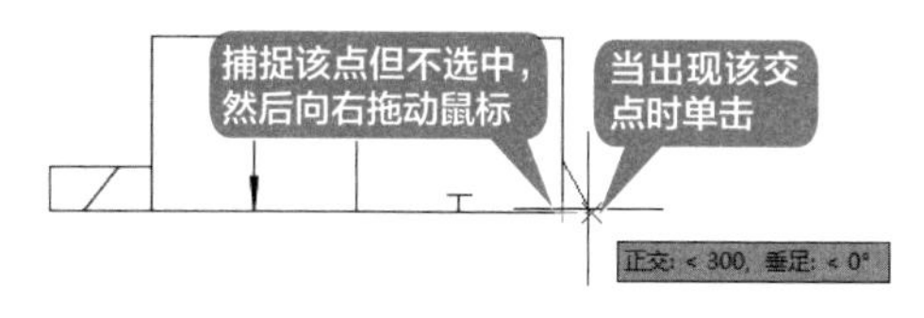

第 5 步 继续输入下一点所在的方向“<60”。

指定下一点或 [放弃 (U)]: <60
角度替代 : 60

第 6 步 重复第 4 步，捕捉直线的起点但不选中，向右拖动鼠标，当鼠标和 <60 线相交时单击作为直线的下一点，如下图所示。

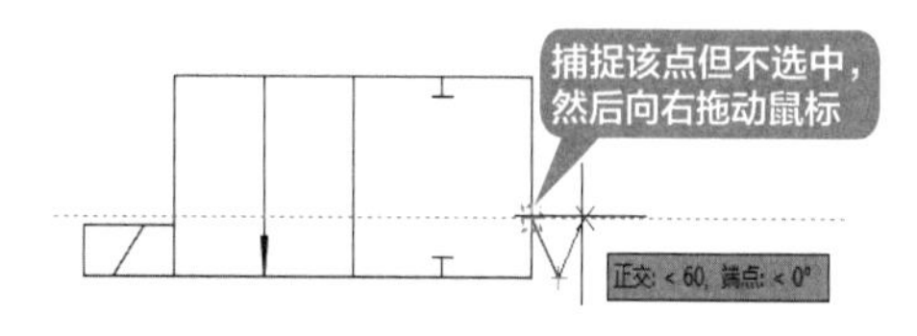

第 7 步 输入下一点所在的方向“<-60”。

指定下一点或 [放弃 (U)]: <-60
角度替代 : 300

第 8 步 捕捉下图中的端点（只捕捉不选中），捕捉后向右拖动鼠标，当鼠标和 -60° 线相交时单击确定直线的下一点，如下图所示。

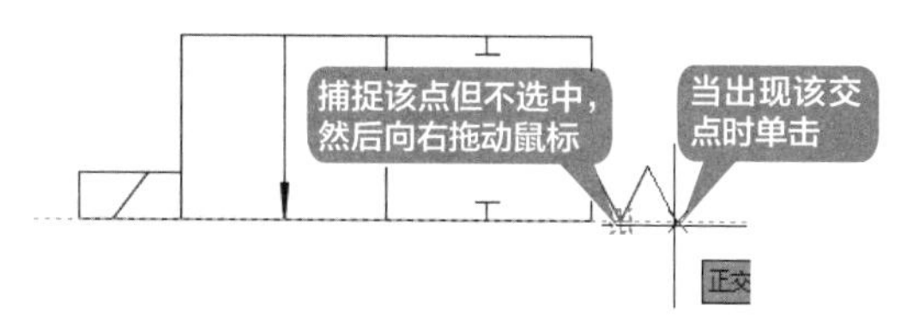

第 9 步 输入下一点所在的方向“<60”。

指定下一点或 [放弃 (U)]: <60
角度替代 : 60

第 10 步 重复第 8 步，捕捉直线的端点但不选中，向右拖动鼠标，当鼠标和 <60 线相交时单击作为直线的下一点，如下图所示。

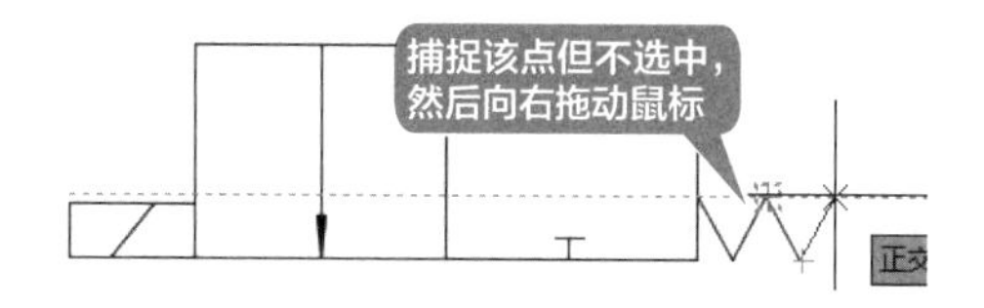

第 11 步 完成最后一点后按空格键或【Enter】键结束直线命令，结果如下图所示。

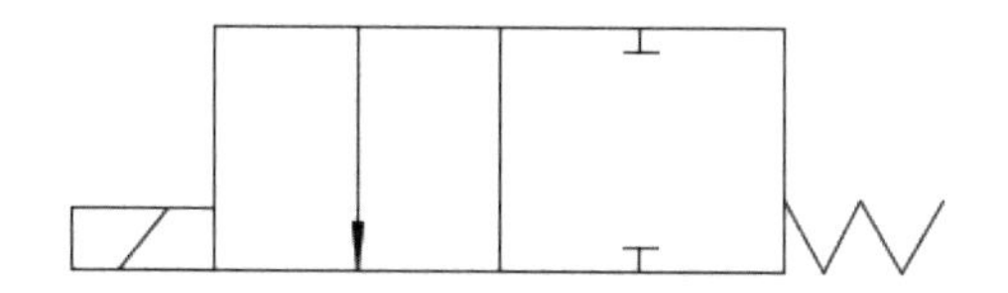

4.3.3 绘制调节阀

调节阀符号主要由外轮廓、阀瓣和阀的方向箭头组成，其中用矩形绘制外轮廓，用圆弧绘制阀瓣，用多段线绘制阀的方向箭头。在用圆弧绘制阀瓣时，圆弧的端点位置没有明确的要求，适当即可。

绘制调节阀的具体操作步骤如下。

第1步 调用【矩形】命令，在合适的位置绘制一个 5×13 的矩形，如下图所示。

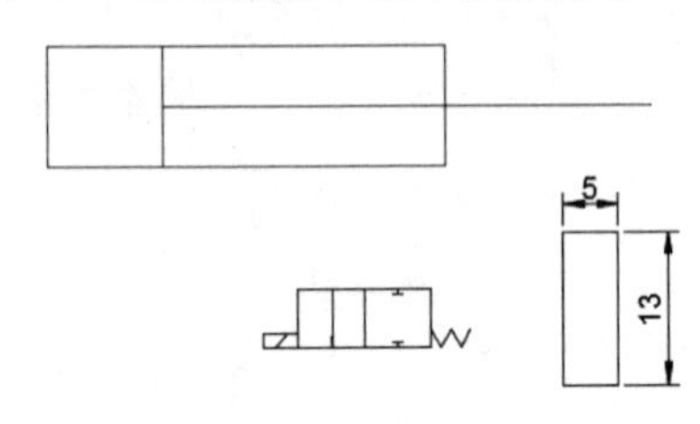

第2步 单击【默认】选项卡➤【绘图】面板➤【圆弧】➤【起点、端点、半径】，如下图所示。

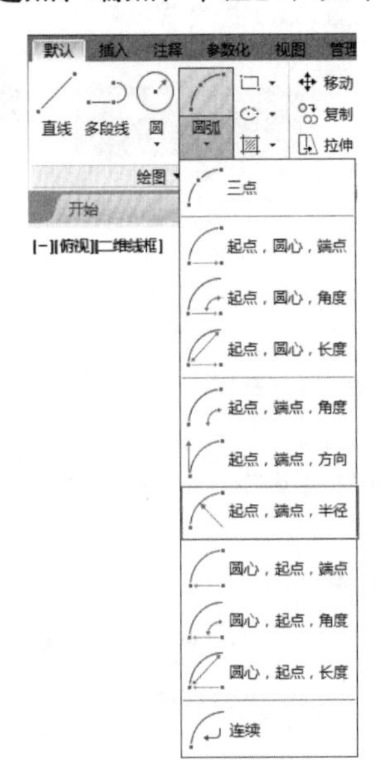

第3步 在矩形内部合适的位置单击一点作为圆弧的起点，如下图所示。

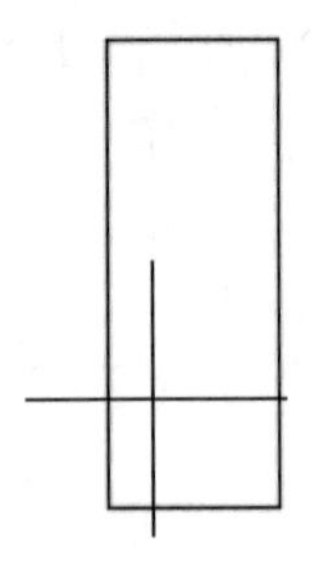

第4步 拖动鼠标在第一点的竖直方向上合适的位置单击作为圆弧的端点，如下图所示。

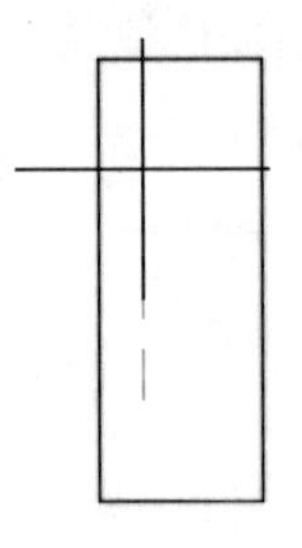

第5步 输入圆弧的半径“9”，结果如下图所示。

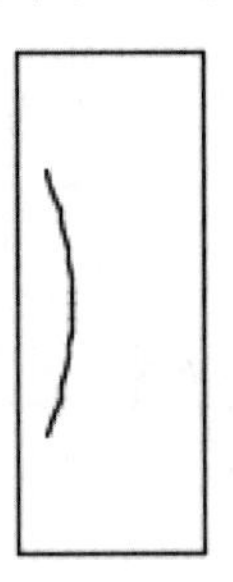

提示

AutoCAD 中默认逆时针为绘制圆弧的正方向，在指定第二点后，输入半径前，如果出现的预览圆弧方向和自己想要的方向不一致，可以按住【Ctrl】键，然后拖动鼠标，将圆弧的方向改变后再输入半径。

第6步 单击【默认】选项卡➤【绘图】面板➤【圆弧】➤【起点、端点、半径】，捕捉图中圆弧的端点（只捕捉不选取），如下图所示。

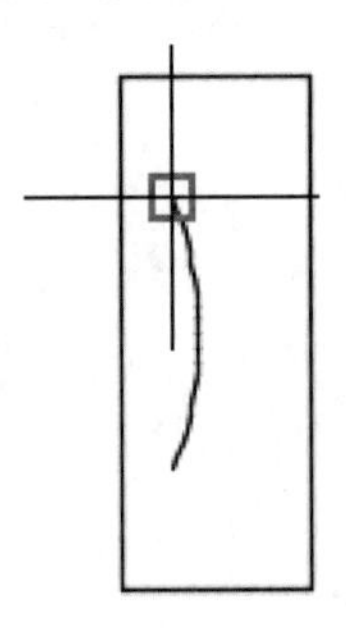

第7步 水平向右拖动鼠标，在合适的位置单击作为起点，如下图所示。

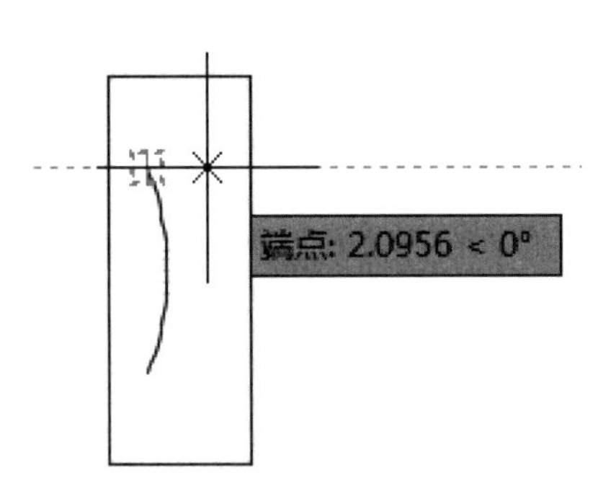

第 8 步 捕捉圆弧的下端点（只捕捉不选取），向右拖动鼠标，在合适的位置单击作为圆弧的端点，如下图所示。

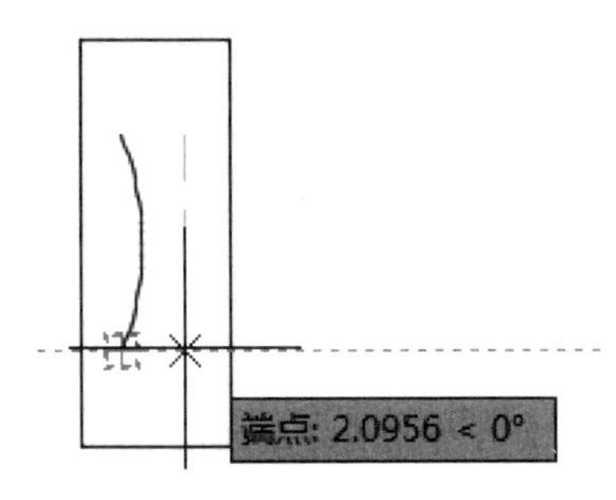

第 9 步 输入圆弧的半径"9"，结果如下图所示。

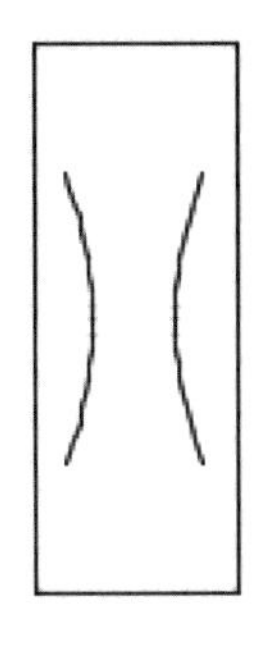

第 10 步 单击【默认】选项卡➤【绘图】面板➤【多段线】按钮，根据命令行提示进行如下操作。

命令 : _pline
指定起点 : fro 基点 : // 捕捉下图中 A 点
< 偏移 >: @0,3
当前线宽为 0.0000
指定下一个点或 [圆弧 (A)/ 半宽 (H)/ 长度 (L)/ 放弃 (U)/ 宽度 (W)]: <55
角度替代 : 55
指定下一个点或 [圆弧 (A)/ 半宽 (H)/ 长度 (L)/ 放弃 (U)/ 宽度 (W)]:
// 在合适的位置单击
指定下一点或 [圆弧 (A)/ 闭合 (C)/ 半宽 (H)/ 长度 (L)/ 放弃 (U)/ 宽度 (W)]: w
指定起点宽度 <0.0000>: 0.25
指定端点宽度 <0.2500>: 0
指定下一点或 [圆弧 (A)/ 闭合 (C)/ 半宽 (H)/ 长度 (L)/ 放弃 (U)/ 宽度 (W)]:
// 在箭头和竖直边相交的地方单击
指定下一点或 [圆弧 (A)/ 闭合 (C)/ 半宽 (H)/ 长度 (L)/ 放弃 (U)/ 宽度 (W)]: ↙

提示

在绘制多段线箭头时，为了避免正交和对象捕捉干扰，可以按【F8】键和【F3】键将正交模式和对象捕捉模式关闭。

第 11 步 绘制完毕后结果如下图所示。

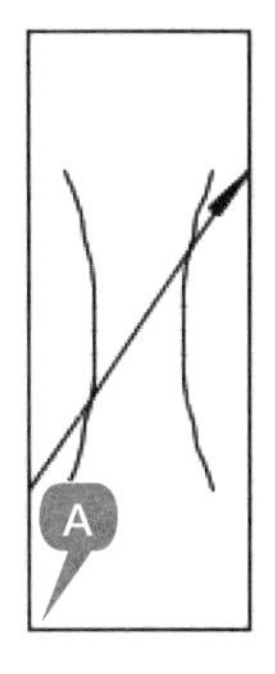

第 12 步 重复第 10 步，继续调用多段线命令绘制调节阀的指向。

命令 : PLINE
指定起点 : // 捕捉矩形上底边的中点
当前线宽为 0.0000
指定下一个点或 [圆弧 (A)/ 半宽 (H)/ 长度 (L)/ 放弃 (U)/ 宽度 (W)]: @0,-10
指定下一点或 [圆弧 (A)/ 闭合 (C)/ 半宽 (H)/ 长度 (L)/ 放弃 (U)/ 宽度 (W)]: w
指定起点宽度 <0.0000>: 0.5
指定端点宽度 <0.5000>: 0
指定下一点或 [圆弧 (A)/ 闭合 (C)/ 半宽 (H)/ 长度 (L)/ 放弃 (U)/ 宽度 (W)]: // 捕捉矩形的下底边
指定下一点或 [圆弧 (A)/ 闭合 (C)/ 半宽 (H)/ 长度 (L)/ 放弃 (U)/ 宽度 (W)]: ↙

提示

在绘制多段线箭头时，为了方便捕捉，可以按【F8】键和【F3】键将正交模式和对象捕捉模式打开。

第13步 绘制完毕后结果如下图所示。

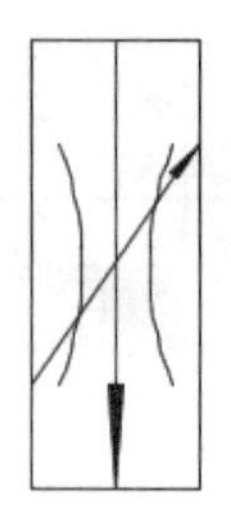

绘制圆弧的默认方法是通过确定三点来绘制圆弧。此外，圆弧还可以通过设置起点、方向、中点、角度和弦长等参数来绘制。圆弧的各种绘制方法如表 4-4 所示。

表 4-4　圆弧的各种绘制方法

绘制方法	绘制步骤	结果图形	相应命令行显示
三点	1. 调用三点画弧命令 2. 指定不在同一条直线上的三个点，即可完成圆弧的绘制		命令：_arc 指定圆弧的起点或 [圆心 (C)]: 指定圆弧的第二个点或 [圆心 (C)/ 端点 (E)]: 指定圆弧的端点：
起点、圆心、端点	1. 调用【起点、圆心、端点】画弧命令 2. 指定圆弧的起点 3. 指定圆弧的圆心 4. 指定圆弧的端点		命令：_arc 指定圆弧的起点或 [圆心 (C)]: 指定圆弧的第二个点或 [圆心 (C)/ 端点 (E)]: _c 指定圆弧的圆心： 指定圆弧的端点或 [角度 (A)/ 弦长 (L)]:
起点、圆心、角度	1. 调用【起点、圆心、角度】画弧命令 2. 指定圆弧的起点 3. 指定圆弧的圆心 4. 指定圆弧所包含的角度 提示：当输入的角度为正值时圆弧沿起点方向逆时针生成，当角度为负值时，圆弧沿起点方向顺时针生成	120度	命令：_arc 指定圆弧的起点或 [圆心 (C)]: 指定圆弧的第二个点或 [圆心 (C)/ 端点 (E)]: _c 指定圆弧的圆心： 指定圆弧的端点或 [角度 (A)/ 弦长 (L)]: _a 指定包含角：120
起点、圆心、长度	1. 调用【起点、圆心、长度】画弧命令 2. 指定圆弧的起点 3. 指定圆弧的圆心 4. 指定圆弧的弦长 提示：弦长为正值时得到的弧为劣弧（小于 180°），弦长为负值时得到的弧为优弧（大于 180°）	30	命令：_arc 指定圆弧的起点或 [圆心 (C)]: 指定圆弧的第二个点或 [圆心 (C)/ 端点 (E)]: _c 指定圆弧的圆心： 指定圆弧的端点或 [角度 (A)/ 弦长 (L)]: _l 指定弦长：30

续表

绘制方法	绘制步骤	结果图形	相应命令行显示
起点、端点、角度	1. 调用【起点、端点、角度】画弧命令 2. 指定圆弧的起点 3. 指定圆弧的端点 4. 指定圆弧的角度 提示：当输入的角度为正值时，起点和端点沿圆弧成逆时针，当角度为负值时，起点和端点沿圆弧成顺时针	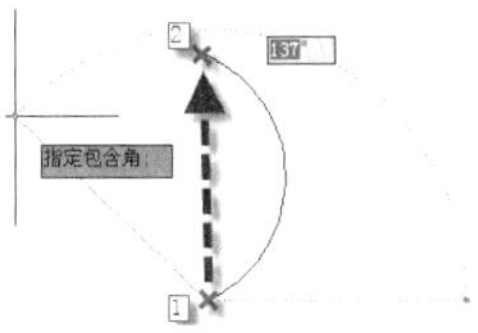	命令：_arc 指定圆弧的起点或 [圆心 (C)]: 指定圆弧的第二个点或 [圆心 (C)/ 端点 (E)]: _e 指定圆弧的端点： 指定圆弧的圆心或 [角度 (A)/ 方向 (D)/ 半径 (R)]: _a 指定包含角：137
起点、端点、方向	1. 调用【起点、端点、方向】画弧命令 2. 指定圆弧的起点 3. 指定圆弧的端点 4. 指定圆弧的起点切向	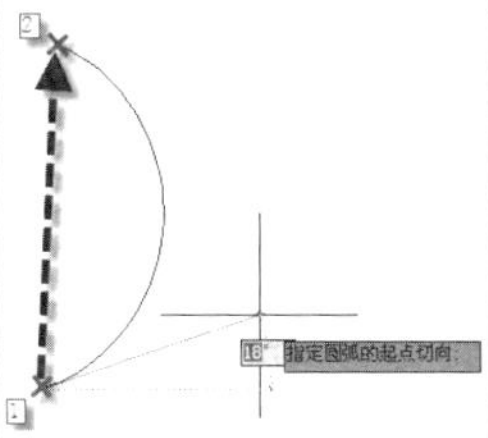	命令：_arc 指定圆弧的起点或 [圆心 (C)]: 指定圆弧的第二个点或 [圆心 (C)/ 端点 (E)]: _e 指定圆弧的端点： 指定圆弧的圆心或 [角度 (A)/ 方向 (D)/ 半径 (R)]: _d 指定圆弧的起点切向：
起点、端点、半径	1. 调用【起点、端点、半径】画弧命令 2. 指定圆弧的起点 3. 指定圆弧的端点 4. 指定圆弧的半径 提示：当输入的半径值为正值时，得到的圆弧是劣弧；当输入的半径值为负值时，输入的弧为优弧	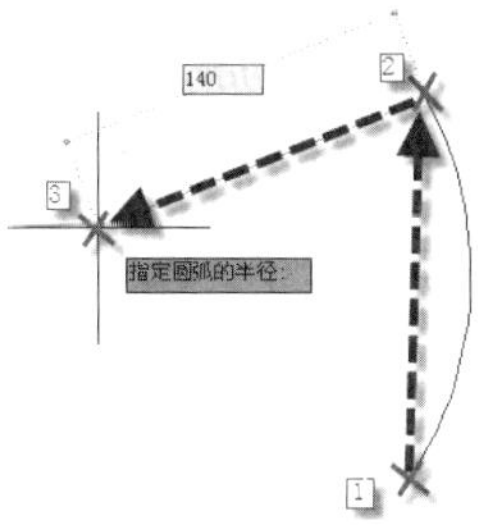	命令：_arc 指定圆弧的起点或 [圆心 (C)]: 指定圆弧的第二个点或 [圆心 (C)/ 端点 (E)]: _e 指定圆弧的端点： 指定圆弧的圆心或 [角度 (A)/ 方向 (D)/ 半径 (R)]: _r 指定圆弧的半径：140
圆心、起点、端点	1. 调用【圆心、起点、端点】画弧命令 2. 指定圆弧的圆心 3. 指定圆弧的起点 4. 指定圆弧的端点	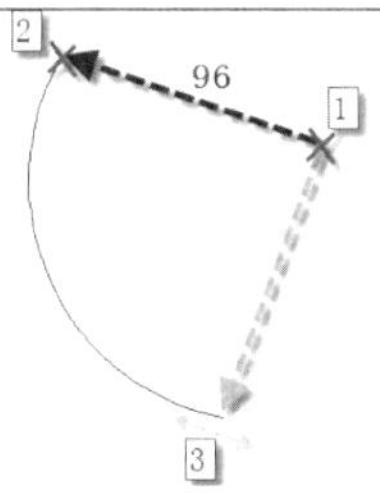	命令：_arc 指定圆弧的起点或 [圆心 (C)]: _c 指定圆弧的圆心： 指定圆弧的起点： 指定圆弧的端点或 [角度 (A)/ 弦长 (L)]:
圆心、起点、角度	1. 调用【圆心、起点、角度】画弧命令 2. 指定圆弧的圆心 3. 指定圆弧的起点 4. 指定圆弧的角度	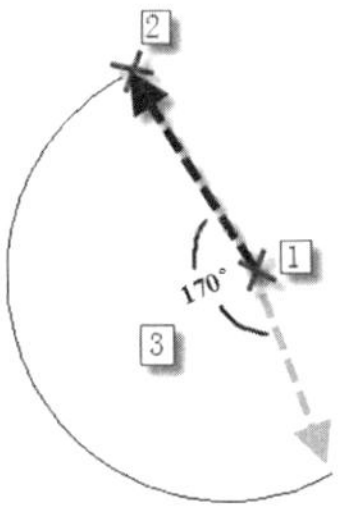	命令：_arc 指定圆弧的起点或 [圆心 (C)]: _c 指定圆弧的圆心： 指定圆弧的起点： 指定圆弧的端点或 [角度 (A)/ 弦长 (L)]: _a 指定包含角：170

续表

绘制方法	绘制步骤	结果图形	相应命令行显示
圆心、起点、长度	1. 调用【圆心、起点、长度】画弧命令 2. 指定圆弧的圆心 3. 指定圆弧的起点 4. 指定圆弧的弦长 提示：弦长为正值时，得到的弧为劣弧（小于 180°），弦长为负值时，得到的弧为优弧（大于 180°）	60 50 80	命令：_arc 指定圆弧的起点或 [圆心 (C)]: _c 指定圆弧的圆心： 指定圆弧的起点： 指定圆弧的端点或 [角度 (A)/ 弦长 (L)]: _l 指定弦长：60

提示

绘制圆弧时，输入的半径值和圆心角有正负之分。对于半径，当输入的半径值为正时，生成的圆弧是劣弧；反之，生成的是优弧。对于圆心角，当角度为正值时，系统沿逆时针方向绘制圆弧，反之，则沿顺时针方向绘制圆弧。

4.3.4 绘制三位四通电磁阀

三位四通电磁阀的绘制和二位二通电磁阀的绘制相似，主要应用到矩形、直线、定数等分点和多段线命令。

三位四通电磁阀的绘制步骤如下。

第 1 步 调用【矩形】命令，在合适的位置绘制一个 45×10 的矩形，如下图所示。

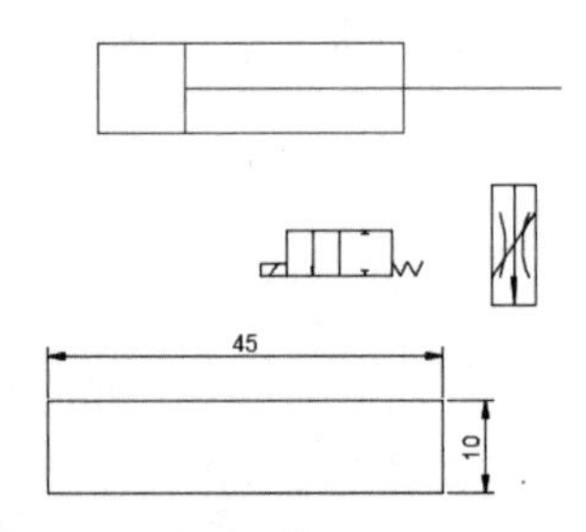

第 2 步 调用【直线】命令，绘制如下图所示长度的几条直线。

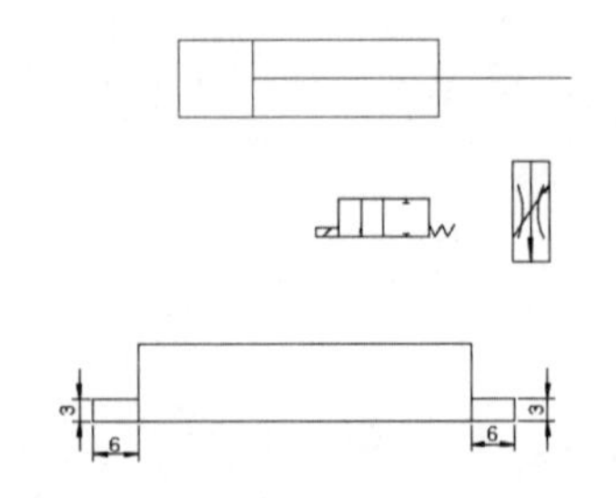

第 3 步 单击【默认】选项卡 ➤【修改】面板 ➤【分解】按钮，选择第 1 步绘制的矩形，然后按空格键将其分解，如下图所示。

第 4 步 矩形分解后，调用【点样式】对话框，在弹出的【点样式】对话框中选择新的点样式并设置点大小，如下图所示。

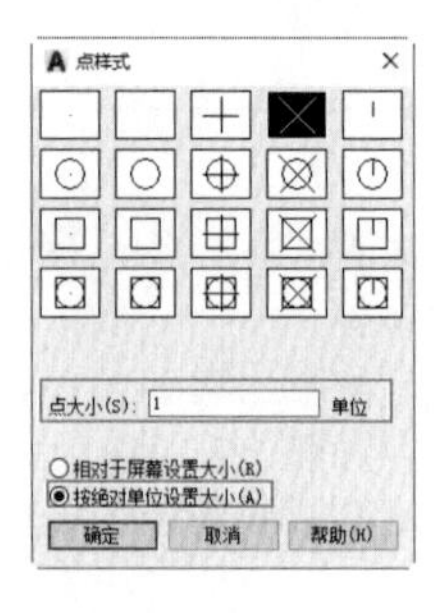

第 5 步 单击【默认】选项卡 ➤【绘图】面板的展开按钮 ➤【定数等分】按钮，选择

矩形的上侧边，然后输入等分段数“9”，结果如下图所示。

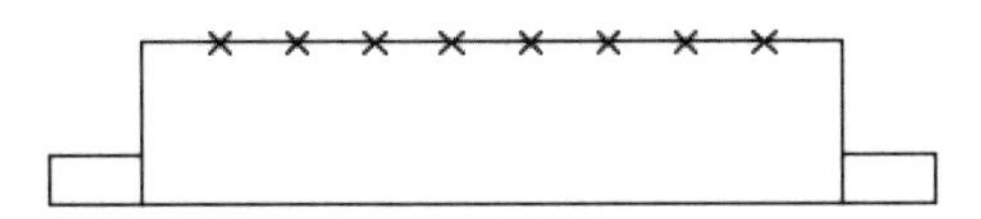

第 6 步 重复第 5 步，将矩形的底边也进行 9 等分，左右两侧的水平短直线进行 3 等分，结果如下图所示。

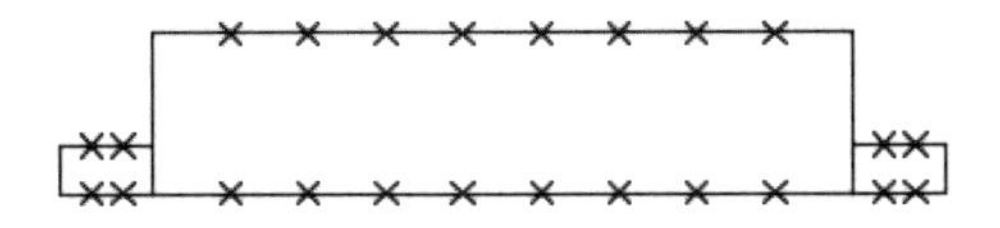

第 7 步 单击【默认】选项卡 ➤【绘图】面板 ➤【直线】按钮 ╱，捕捉如下图所示的节点绘制直线。

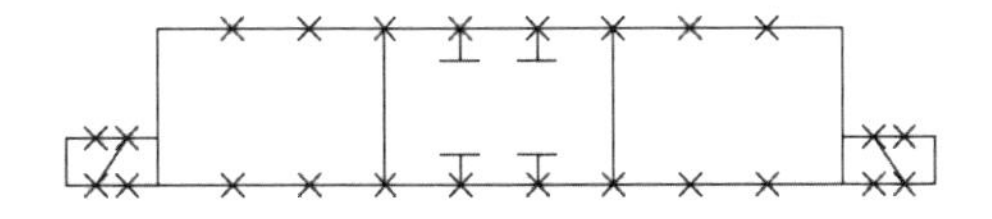

第 8 步 单击【默认】选项卡 ➤【绘图】面板 ➤【多段线】按钮 ⌐⊃，根据命令行提示进行如下操作。

命令：_pline
指定起点：　　　　　　// 捕捉 A 节点
当前线宽为 0.0000
指定下一个点或 [圆弧 (A)/ 半宽 (H)/ 长度 (L)/ 放弃 (U)/ 宽度 (W)]: @0,8
指定下一点或 [圆弧 (A)/ 闭合 (C)/ 半宽 (H)/ 长度 (L)/ 放弃 (U)/ 宽度 (W)]: w
指定起点宽度 <0.0000>: 0.5
指定端点宽度 <0.5000>: 0
指定下一点或 [圆弧 (A)/ 闭合 (C)/ 半宽 (H)/ 长度 (L)/ 放弃 (U)/ 宽度 (W)]:　　　　// 捕捉 B 节点
指定下一点或 [圆弧 (A)/ 闭合 (C)/ 半宽 (H)/ 长度 (L)/ 放弃 (U)/ 宽度 (W)]:　　↙
命令：PLINE
指定起点：　　　　　　// 捕捉 C 节点
当前线宽为 0.0000
指定下一个点或 [圆弧 (A)/ 半宽 (H)/ 长度 (L)/ 放弃 (U)/ 宽度 (W)]: @0,−8
指定下一点或 [圆弧 (A)/ 闭合 (C)/ 半宽 (H)/ 长度 (L)/ 放弃 (U)/ 宽度 (W)]: w
指定起点宽度 <0.0000>: 0.5
指定端点宽度 <0.5000>: 0
指定下一点或 [圆弧 (A)/ 闭合 (C)/ 半宽 (H)/ 长度 (L)/ 放弃 (U)/ 宽度 (W)]:　　　　// 捕捉 D 节点
指定下一点或 [圆弧 (A)/ 闭合 (C)/ 半宽 (H)/ 长度 (L)/ 放弃 (U)/ 宽度 (W)]: ↙

第 9 步 多段线绘制完成后结果如下图所示。

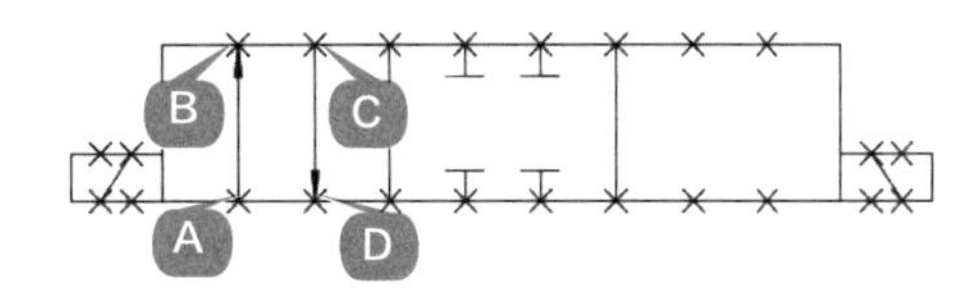

第 10 步 重复第 8 步，继续绘制多段线，捕捉下图中 E 节点为多段线的起点，当命令行提示指定多段线的下一点时，捕捉 F 节点（只捕捉不选中），如下图所示。

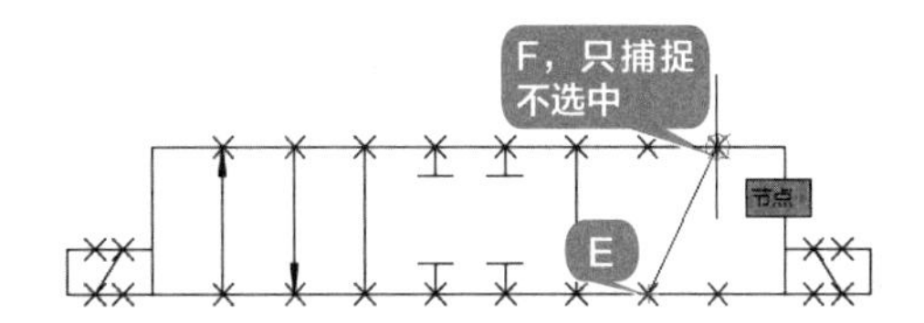

第 11 步 捕捉 F 节点确定多段线方向后，输入多段线长度“9”，如下图所示。

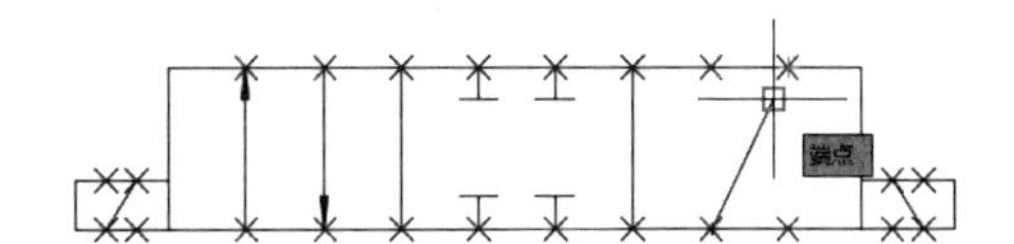

第 12 步 当命令行提示指定下一点时，进行如下操作。

指定下一点或 [圆弧 (A)/ 闭合 (C)/ 半宽 (H)/ 长度 (L)/ 放弃 (U)/ 宽度 (W)]: w
指定起点宽度 <0.0000>: 0.5
指定端点宽度 <0.5000>: 0
指定下一点或 [圆弧 (A)/ 闭合 (C)/ 半宽 (H)/ 长度 (L)/ 放弃 (U)/ 宽度 (W)]:　　　　// 捕捉 F 节点并单击选中
指定下一点或 [圆弧 (A)/ 闭合 (C)/ 半宽 (H)/ 长度 (L)/ 放弃 (U)/ 宽度 (W)]:　　↙

第 13 步 多段线绘制完成后结果如下图所示。

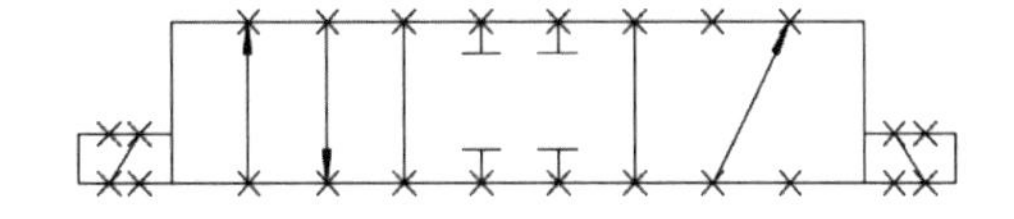

第 14 步 重复第 10~12 步，绘制另一条多段线，如下图所示。

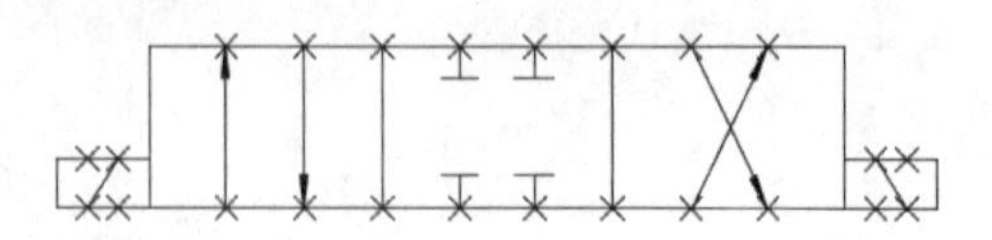

第 15 步 选中所有节点，按【Delete】键删除节点，结果如下图所示。

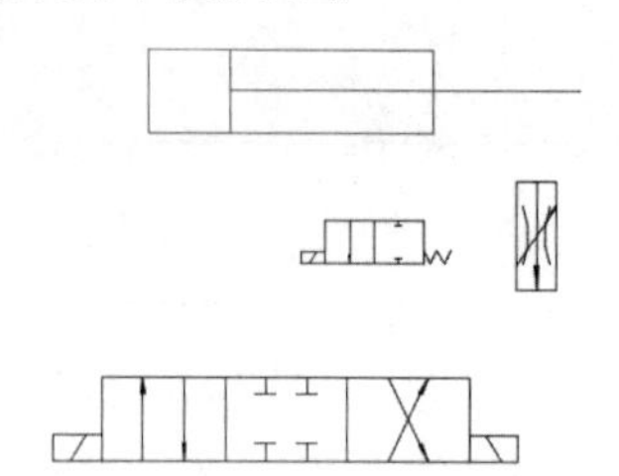

4.4 绘制动力元器件

动力元器件的作用是向整个液压系统提供动力。本液压系统图中的动力元器件是电机和油泵。

4.4.1 绘制电机和油泵

电机和油泵的绘制主要应用到圆、构造线和修剪命令。电机和油泵的绘制步骤如下。

第 1 步 单击【快速访问工具栏】中【图层】下拉按钮，并选择“动力元件”层，将其置为当前层，如下图所示。

第 2 步 单击【默认】选项卡 ➢【绘图】面板 ➢【圆】➢【圆心、半径】按钮，如下图所示。

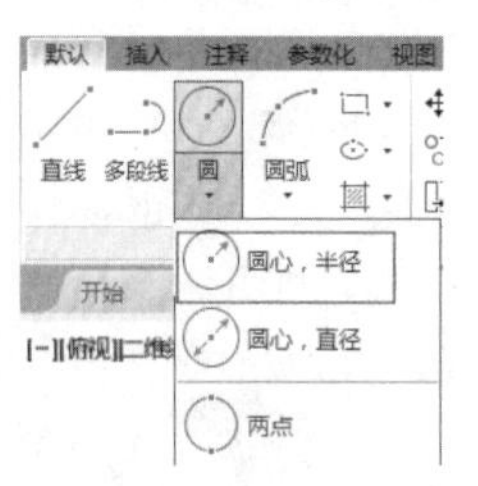

提示

除了通过面板调用圆命令外，还可以通过以下方法调用圆命令。

（1）选择【绘图】→【圆】菜单命令选择圆的某种绘制方法。

（2）在命令行中输入“CIRCLE/C”命令并按空格键。

第 3 步 在合适的位置单击作为圆心，然后输入圆的半径“8”，结果如下图所示。

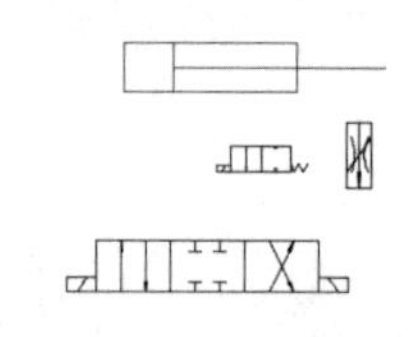

第 4 步 重复第 2 步，当命令行提示指定圆心时，捕捉第 3 步绘制的圆的圆心（只捕捉不选中），如下图所示。

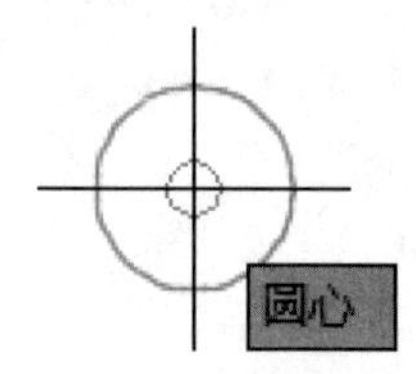

第 5 步 捕捉三位四通电磁阀的阀口端点（只捕捉不选中），如下图所示。

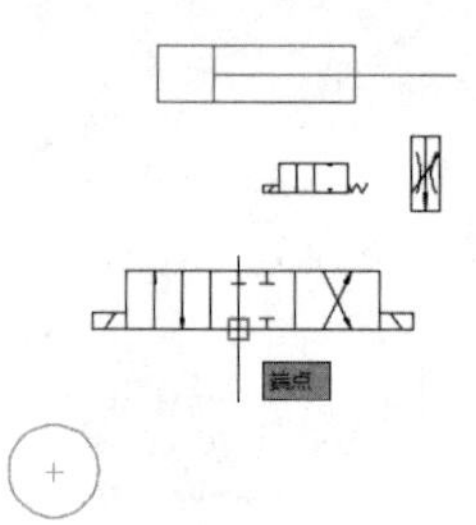

第 6 步 向下拖动鼠标，当通过端点的指引线和通过圆心的指引线相交时单击鼠标，作为圆心，如下图所示。

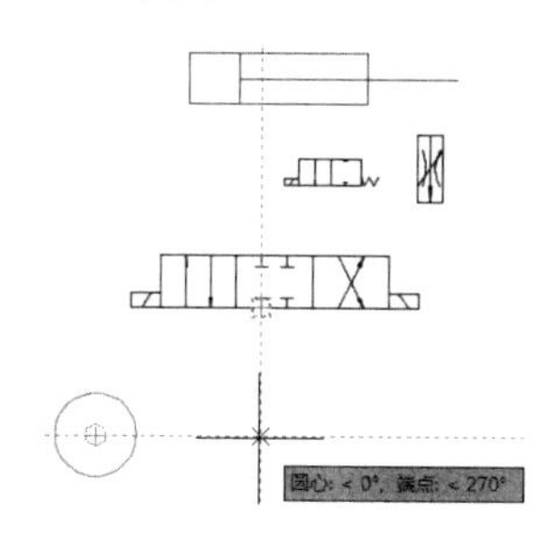

第 7 步 输入圆的半径“5”，结果如下图所示。

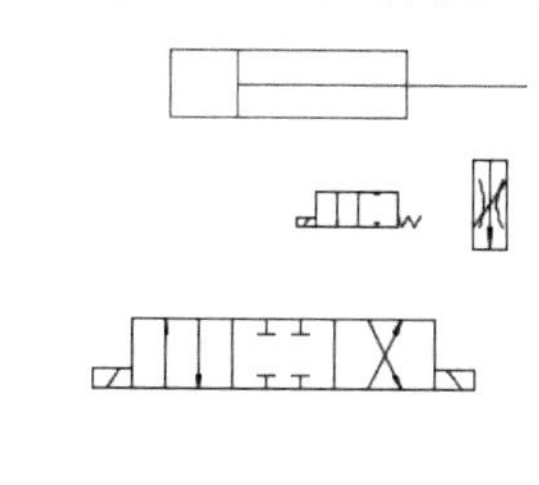

第 8 步 单击【默认】选项卡 ➢【绘图】面板 ➢【构造线】按钮，如下图所示。

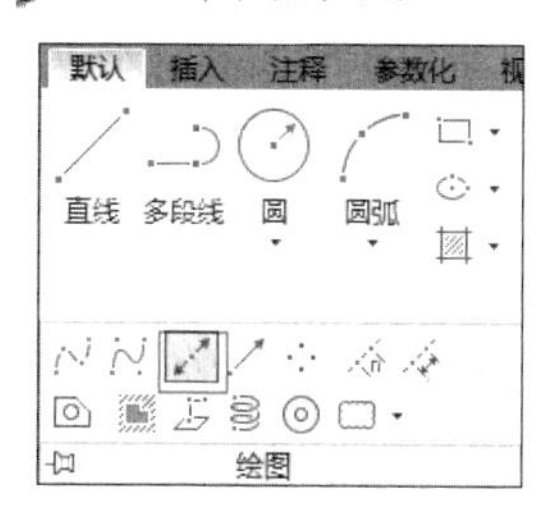

提示

除了通过面板调用【构造线】命令外，还可以通过以下方法调用【构造线】命令。

（1）单击【绘图】→【构造线】菜单命令。

（2）在命令行中输入“XLINE/XL”命令并按空格键。

第 9 步 当提示指定点时在命令行输入“H”，然后在两圆之间合适的位置单击指定水平构造线的位置，如下图所示。

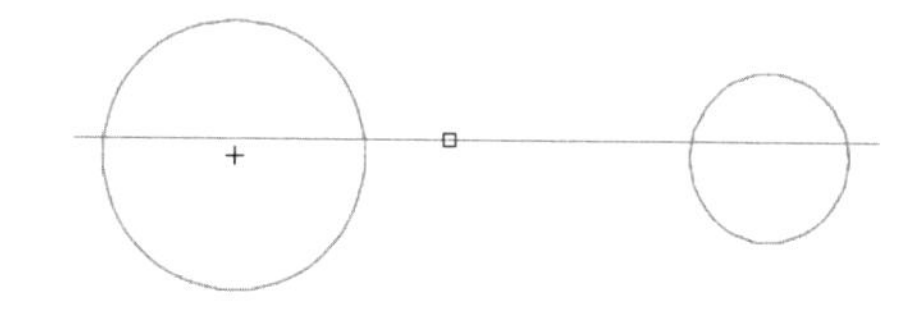

第 10 步 继续在两圆之间合适的位置单击，指定另一条构造线的位置，然后按空格键退出构造线命令，如下图所示。

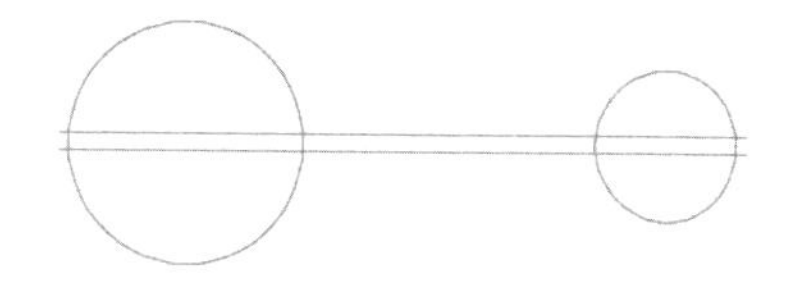

第 11 步 单击【默认】选项卡 ➢【修改】面板 ➢【修剪】按钮，如下图所示。

第 12 步 在需要修剪的构造线上按住鼠标左键并拖动，对其进行修剪，结果如下图所示。

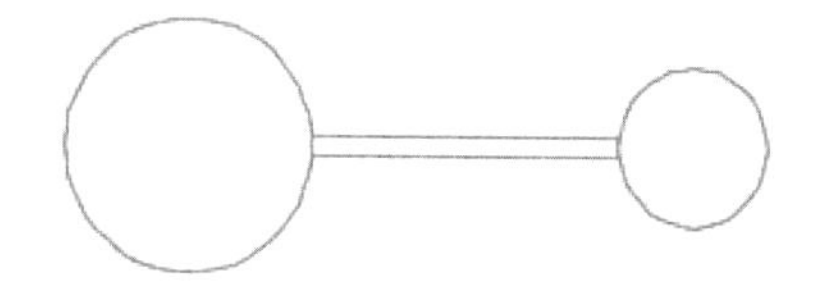

提示

关于【修剪】命令的介绍参见第 5 章。

绘制圆的默认方法是通过确定圆心、半径来进行绘制。此外，圆还可以通过设置直径、两点、三点和切点等参数来绘制。圆的各种绘制方法如表 4-5 所示。

表 4-5　圆的各种绘制方法

绘制方法	绘制步骤	结果图形	相应命令行显示
圆心、半径 / 直径	1. 指定圆心 2. 输入圆的半径 / 直径		命令 : _circle 指定圆的圆心或 [三点 (3P)/ 两点 (2P)/ 切点、切点、半径 (T)]: 指定圆的半径或 [直径 (D)]: 45

两点绘圆	1. 调用两点绘圆命令
	2. 指定直径上的第一点
	3. 指定直径上的第二点或输入直径长度
			命令 : _circle
			指定圆的圆心或 [三点 (3P)/ 两点 (2P)/ 切点、切点、半径 (T)]: _2p
			指定圆直径的第一个端点 :
			// 指定第一点
			指定圆直径的第二个端点 : 80
			// 输入直径长度或指定第二点

三点绘圆	1. 调用三点绘圆命令 2. 指定圆周上第一个点 3. 指定圆周上第二个点 4. 指定圆周上第三个点		命令 : _circle 指定圆的圆心或 [三点 (3P)/ 两点 (2P)/ 切点、切点、半径 (T)]: _3p 指定圆上的第一个点 : 指定圆上的第二个点 : 指定圆上的第三个点 :
相切、相切、半径	1. 调用【相切、相切、半径】绘圆命令 2. 选择与圆相切的两个对象 3. 输入圆的半径		命令 : _circle 指定圆的圆心或 [三点 (3P)/ 两点 (2P)/ 切点、切点、半径 (T)]: _ttr 指定对象与圆的第一个切点 : 指定对象与圆的第二个切点 : 指定圆的半径 <35.0000>: 45
相切、相切、相切	1. 调用【相切、相切、相切】绘圆命令 2. 选择与圆相切的三个对象		命令 : _circle 指定圆的圆心或 [三点 (3P)/ 两点 (2P)/ 切点、切点、半径 (T)]: _3p 指定圆上的第一个点 : _tan 到 指定圆上的第二个点 : _tan 到 指定圆上的第三个点 : _tan 到

构造线是两端无限延伸的直线，可以用来作为创建其他对象时的参考线，在执行一次【构造线】命令时，可以连续绘制多条通过一个公共点的构造线。

调用【构造线】命令后，命令行提示如下。

```
命令 : _xline
指定点或 [ 水平 (H)/ 垂直 (V)/ 角度 (A)/ 二等分 (B)/ 偏移 (O)]:
```

命令行中各选项含义如下。

【水平（H）】：创建一条通过选定点且平行于 X 轴的参照线。

【垂直（V）】：创建一条通过选定点且平行于 Y 轴的参照线。

【角度（A）】：以指定的角度创建一条参照线。

【二等分（B）】：创建一条参照线，此参照线位于由三个点确定的平面中，它经过选定的角顶点，并且将选定的两条线之间的夹角平分。

【偏移（O）】：创建平行于另一个对象的参照线。

构造线的各种绘制方法如表 4-6 所示。

表 4-6　构造线的各种绘制方法

绘制方法	绘制步骤	结果图形	相应命令行显示
水平	1. 指定第一个点 2. 在水平方向单击指定通过点		命令：_ XLINE 指定点或 [水平 (H)/ 垂直 (V)/ 角度 (A)/ 二等分 (B)/ 偏移 (O)]: // 单击指定第一点 指定通过点： // 在水平方向上单击指定通过点 指定通过点：　// 空格键退出命令
垂直	1. 指定第一个点 2. 在竖直方向单击指定通过点		命令：_ XLINE 指定点或 [水平 (H)/ 垂直 (V)/ 角度 (A)/ 二等分 (B)/ 偏移 (O)]: // 单击指定第一点 指定通过点： // 在竖直方向上单击指定通过点 指定通过点：　// 空格键退出命令
角度	1. 输入角度选项 2. 输入构造线的角度 3. 指定构造线通过点	交点	命令 :_ XLINE 指定点或 [水平 (H)/ 垂直 (V)/ 角度 (A)/ 二等分 (B)/ 偏移 (O)]: a 输入构造线的角度 (0) 或 [参照 (R)]: 30 指定通过点：　// 捕捉交点 指定通过点：　// 按空格键退出命令
二等分	1. 输入二等分选项 2. 指定角度的顶点 3. 指定角度的起点 4. 指定角度的端点	起点 58° 29° 顶点 端点	命令：_XLINE 指定点或 [水平 (H)/ 垂直 (V)/ 角度 (A)/ 二等分 (B)/ 偏移 (O)]: b 指定角的顶点：　// 捕捉角度的顶点 指定角的起点：　// 捕捉角度的起点 指定角的端点：　// 捕捉角度的端点 指定角的端点：　// 按空格键退出命令
偏移	1. 输入偏移选项 2. 输入偏移距离 3. 选择偏移对象 4. 指定偏移方向	底边 50	命令 :_XLINE 指定点或 [水平 (H)/ 垂直 (V)/ 角度 (A)/ 二等分 (B)/ 偏移 (O)]: o 指定偏移距离或 [通过 (T)] <0.0000>:50 选择直线对象：　// 选择底边 指定向哪侧偏移：　// 在底边的右侧单击 选择直线对象：　// 按空格键退出命令

4.4.2 绘制电机单向旋转符号和油泵流向变排量符号

本液压系统中的电机是单向旋转电机，因此需要绘制电机的单向旋转符号。本液压系统的油泵是单流向变排量泵，因此也需要绘制变排量符号和流向符号。

第 1 步 单击【默认】选项卡➤【绘图】面板➤【多段线】按钮，在电机和油泵两圆之间的合适位置单击鼠标确定多段线的起点，如下图所示。

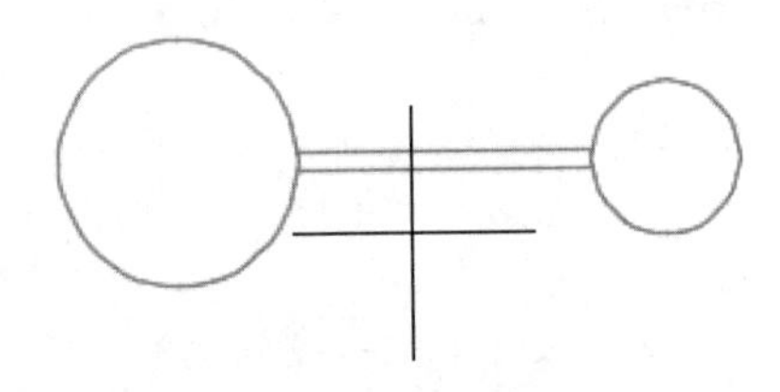

第 2 步 确定起点后在命令行输入“a”，然后输入“r”，绘制半径为 10 的圆弧，命令行提示如下。

> 指定下一个点或 [圆弧 (A)/ 半宽 (H)/ 长度 (L)/ 放弃 (U)/ 宽度 (W)]: a
>
> 指定圆弧的端点 (按住 Ctrl 键以切换方向) 或 [角度 (A)/ 圆心 (CE)/ 方向 (D)/ 半宽 (H)/ 直线 (L)/ 半径 (R)/ 第二个点 (S)/ 放弃 (U)/ 宽度 (W)]: r
>
> 指定圆弧的半径 : 10

第 3 步 沿竖直方向拖动鼠标在合适位置单击确定圆弧端点，如下图所示。

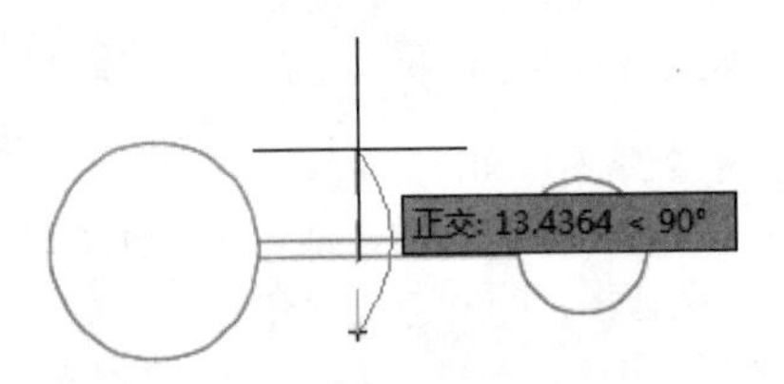

第 4 步 在命令行输入“w”，指定起点和端点的宽度后，再输入“r”并指定下一段圆弧的半径为 5。

> 指定圆弧的端点 (按住 Ctrl 键以切换方向) 或 [角度 (A)/ 圆心 (CE)/ 闭合 (CL)/ 方向 (D)/ 半宽 (H)/ 直线 (L)/ 半径 (R)/ 第二个点 (S)/ 放弃 (U)/ 宽度 (W)]: w
>
> 指定起点宽度 <0.0000>: 0.5
>
> 指定端点宽度 <0.5000>: 0
>
> 指定圆弧的端点 (按住 Ctrl 键以切换方向) 或 [角度 (A)/ 圆心 (CE)/ 闭合 (CL)/ 方向 (D)/ 半宽 (H)/ 直线 (L)/ 半径 (R)/ 第二个点 (S)/ 放弃 (U)/ 宽度 (W)]: r
>
> 指定圆弧的半径 : 5

第 5 步 拖动鼠标确定下一段圆弧（箭头）的端点，然后按空格键或【Enter】键结束多段线的绘制，如下图所示。

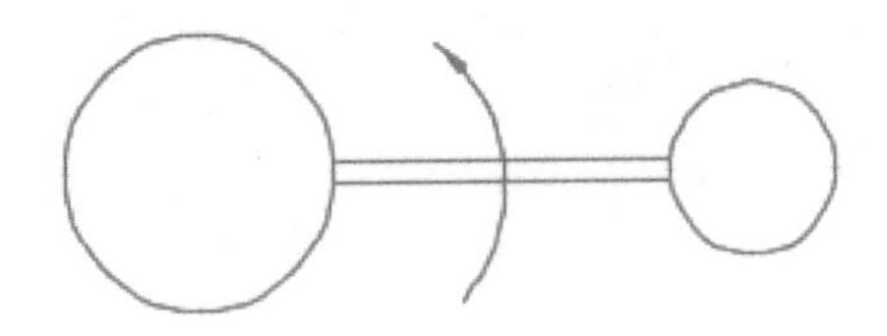

提示

为了避免正交模式干扰箭头的绘制，在绘制圆弧箭头时可以将正交模式关闭。

第 6 步 重复第 1 步或直接按空格键调用【多段线】命令，在油泵左下角合适位置单击确定多段线起点，如下图所示。

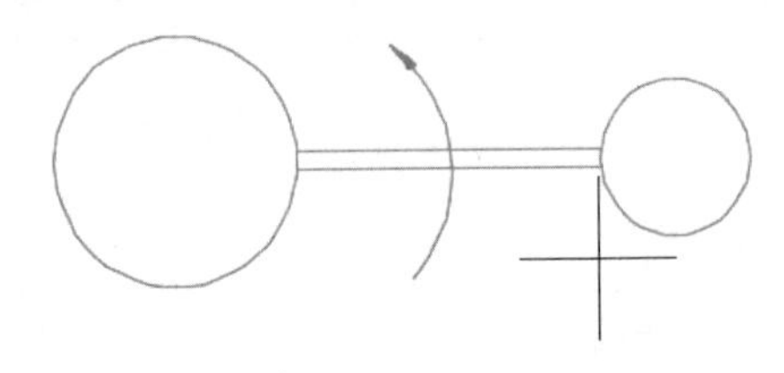

第 7 步 拖动鼠标绘制一条过圆心的多段线，如下图所示。

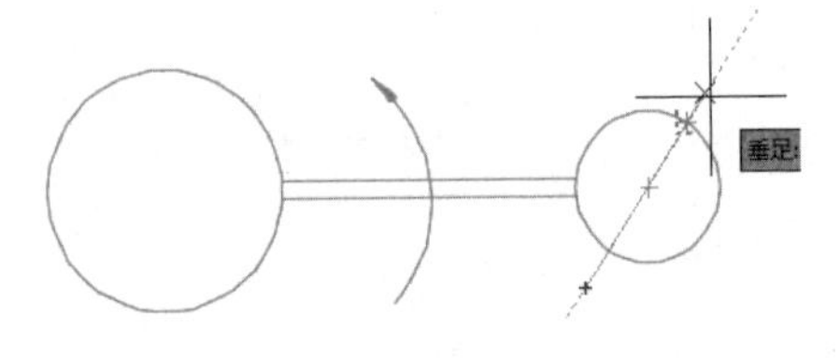

第 8 步 在命令行输入“w”，然后指定起点和端点的宽度。

> 指定下一点或 [圆弧 (A)/ 闭合 (C)/ 半宽 (H)/ 长度 (L)/ 放弃 (U)/ 宽度 (W)]: w

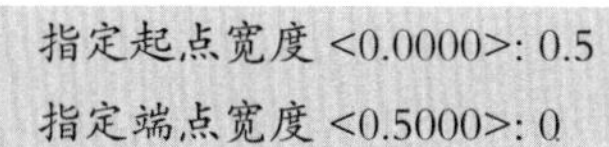

```
指定起点宽度 <0.0000>: 0.5
指定端点宽度 <0.5000>: 0
```

第 9 步 拖动鼠标确定下一段多段线（箭头）的端点，然后按空格键或【Enter】键结束多段线的绘制。

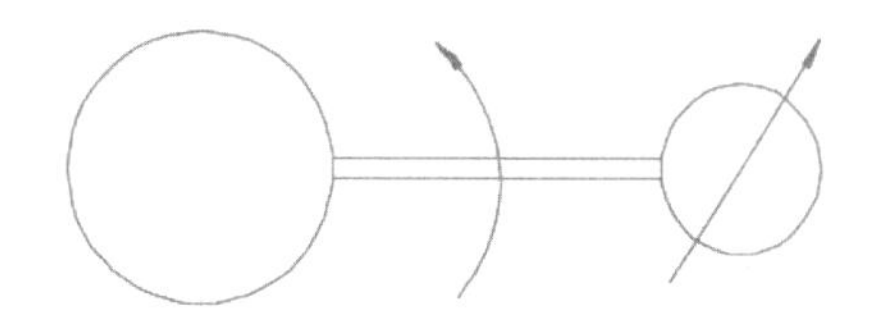

4.4.3 绘制油泵流向符号

绘制油泵流向符号的方法有两种，一种是通过多边形和填充命令进行绘制，另一种是直接通过实体填充命令进行绘制。下面对两种方法分别进行介绍。

1. 多边形 + 填充绘制流向符号

第 1 步 单击【默认】选项卡 ➤【绘图】面板 ➤【多边形】按钮，如下图所示。

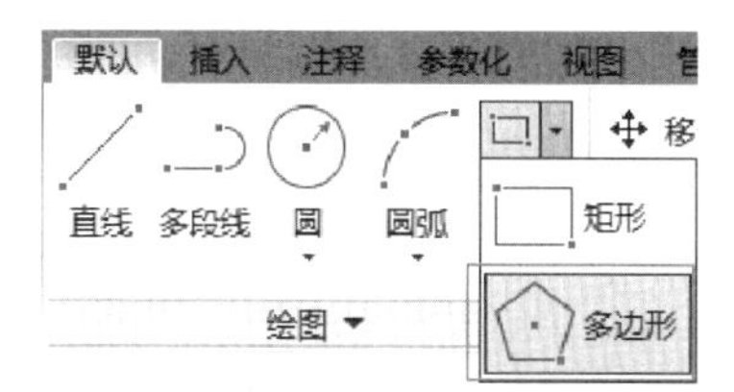

提示

除了通过面板调用【多边形】命令外，还可以通过以下方法调用【多边形】命令。

（1）单击【绘图】→【多边形】菜单命令。

（2）在命令行中输入“POLYGON/POL”命令并按空格键。

第 2 步 在命令行输入“3”确定绘制的多边形的边数，然后输入“e”，通过边长来确定绘制的多边形的大小。

```
命令: _polygon 输入侧面数 <4>: 3
指定正多边形的中心点或 [ 边 (E)]: e
```

第 3 步 当命令行提示指定第一个端点时，捕捉圆的象限点，如下图所示。

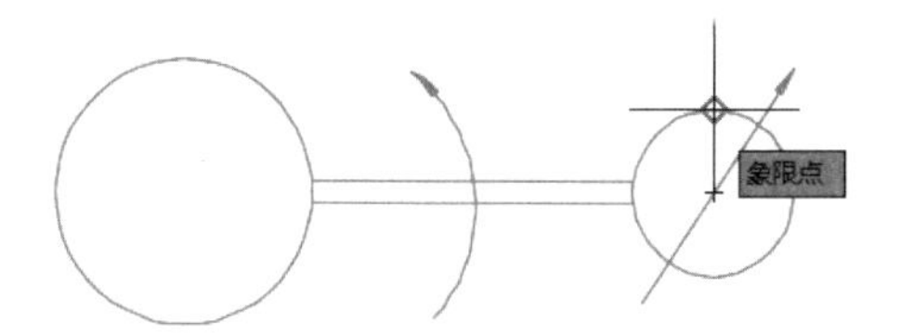

第 4 步 当命令行提示指定第二个端点时，输入“<60”指定第二点与第一点连线的角度。

```
指定边的第二个端点: <60
角度替代: 60
```

第 5 步 拖动鼠标在合适的位置单击，确定第二点的位置，如下图所示。

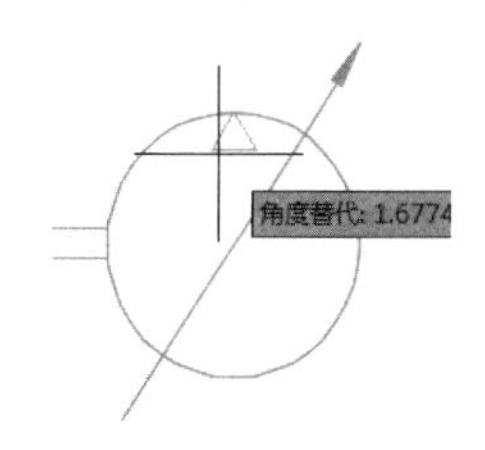

第 6 步 多边形绘制完成后结果如下图所示。

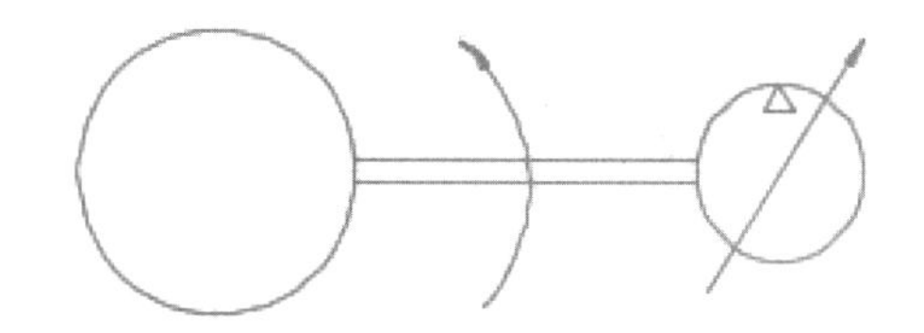

第 7 步 单击【默认】选项卡 ➤【绘图】面板 ➤【图案填充】按钮，如下图所示。

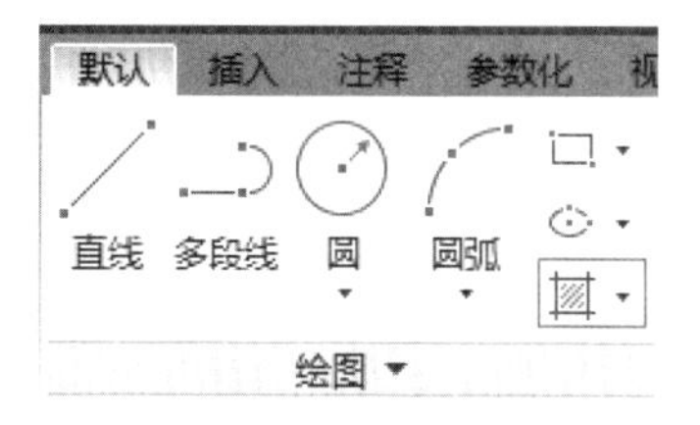

提示

除了通过面板调用【图案填充】命令外，还可以通过以下方法调用【图案填充】命令。

（1）单击【绘图】→【图案填充】菜单命令。

（2）在命令行中输入“HATCH/H”命令并按空格键。

第 8 步 在弹出的【图案填充创建】选项卡的【图案】面板上选择【SOLID】图案，如下图所示。

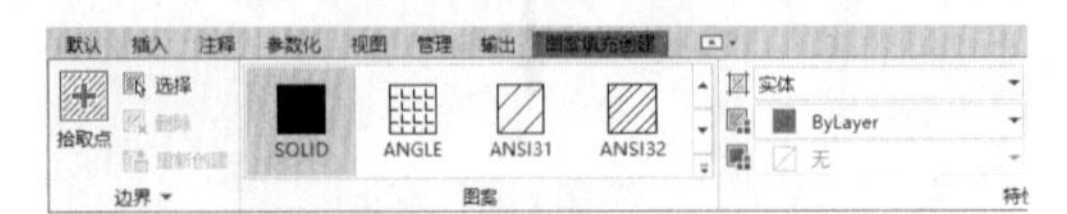

第 9 步 在需要填充的对象内部单击，完成填充后按空格键退出命令，如下图所示。

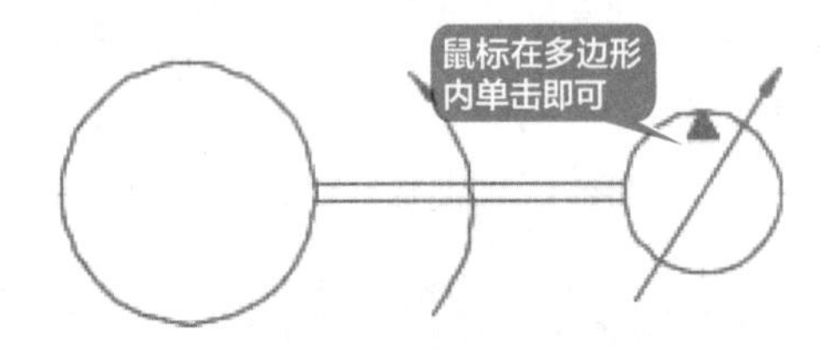

2. 实体填充绘制流向符号

第 1 步 在命令行输入“SO（SOLID）”并按空格键，当命令行提示指定第一点时捕捉圆的象限点，如下图所示。

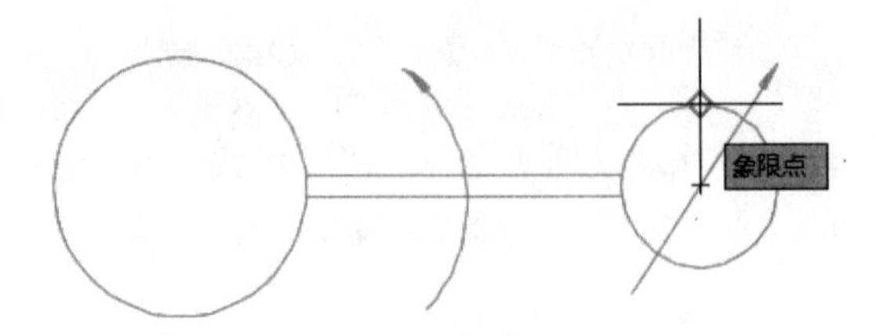

第 2 步 当命令行提示指定第二点、第三点时依次输入第二点和第三点的坐标值。

指定第二点：@1.5<240

指定第三点：@1.5,0

第 3 步 当命令行提示指定第四点时，按空格键，当命令行再次提示指定第三点时，按空格键结束命令，结果如下图所示。

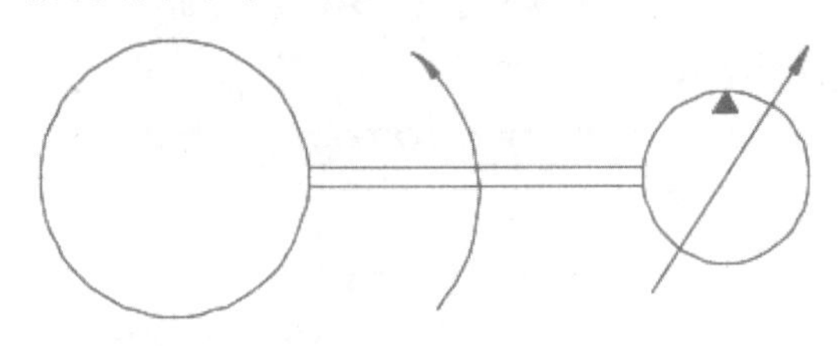

在 AutoCAD 中通过多边形命令可以创建等边闭合多段线，可以通过指定多边形的边数创建，还可以通过指定多边形的内接圆或外切圆创建，可以创建的多边形的边数为 3~1024。通过内接圆或外切圆创建多边形的方法如表 4-7 所示。

表 4-7 通过内接圆或外切圆创建多边形

绘制方法	绘制步骤	结果图形	相应命令行显示

指定内接圆创建多边形	1. 指定多边形的边数
	2. 指定多边形的中心点
	3. 选择内接于圆的创建方法
	4. 指定或输入内接圆的半径值
		2
		1
			命令：_POLYGON 输入侧面数 <3>: 6
			指定正多边形的中心点或 [边 (E)]:
			// 指定多边形的中心点
			输入选项 [内接于圆 (I)/ 外切于圆 (C)] <I>: ↙
			指定圆的半径：
			// 鼠标拖动确定或输入半径值

指定外切圆创建多边形	1. 指定多边形的边数
	2. 指定多边形的中心点
	3. 选择外切于圆的创建方法
	4. 指定或输入外切圆的半径值
		2
		1
			命令：_POLYGON 输入侧面数 <3>: 6
			指定正多边形的中心点或 [边 (E)]:
			// 指定多边形的中心点
			输入选项 [内接于圆 (I)/ 外切于圆 (C)] <I>: C
			指定圆的半径：
			// 鼠标拖动确定或输入半径值

图案填充是使用指定的线条图案来填充指定区域的操作，常常用来表达剖切面和不同类型物体对象的外观纹理。

调用图案填充命令后弹出【图案填充创建】选项卡，如下图所示。

【边界】：调用填充命令后，默认状态为拾取状态（相当于单击了拾取点按钮），单击【选择】按钮，可以通过选择对象来进行填充。

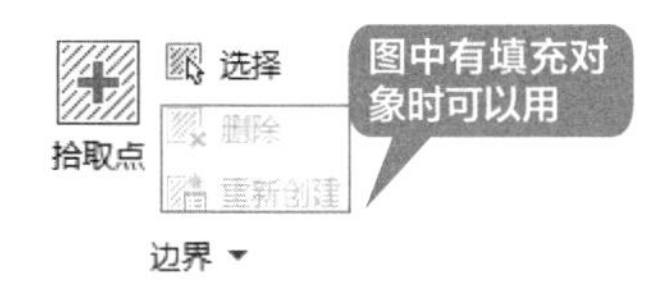

【图案】：控制图案填充的各种填充形状。

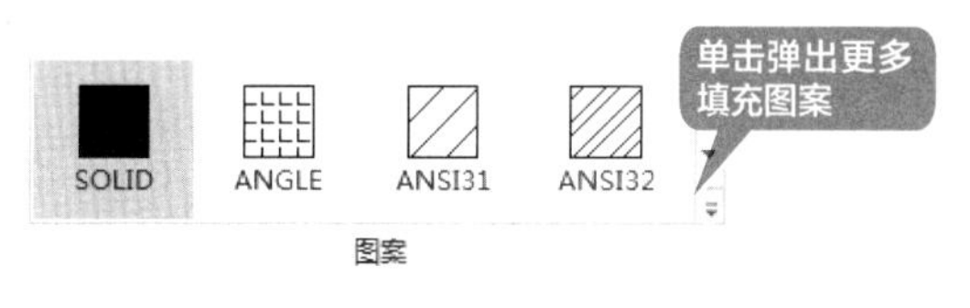

【特性】：控制图案的填充类型、背景色、透明度并选定填充图案的角度和比例。

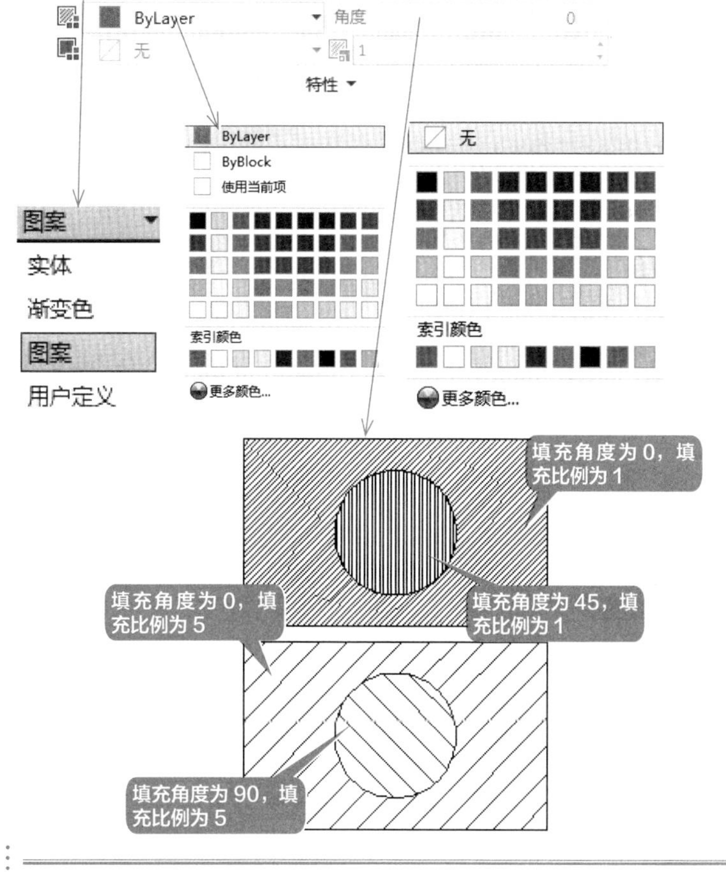

提示

实际填充角度为 X+45，即选项板中是 0°，实际填充效果为 45°。

【原点】：控制填充图案生成的起始位置。

【选项】：控制几个常用的图案填充或填充选项，并可以通过单击【特性匹配】选项，使用选定图案填充对象的特性对指定的边界进行填充。

提示

（1）当【关联】按钮处于选中状态时，图案和边界关联在一起，边界变动图案也跟着变动，但删除图案时边界也一同被删除。

（2）单击选择不同的原点，填充效果也不相同。

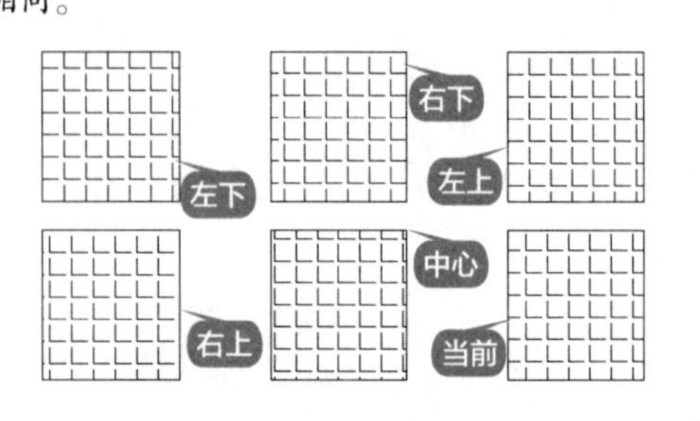

对于习惯用填充对话框形式的用户，可以在【图案填充创建】选项卡中单击【选项】面板后面的↘按钮，弹出【图案填充和渐变色】对话框，如下左图所示。单击【渐变色】选项卡后，对话框如下右图所示。对话框中的选项内容和选项卡相同。

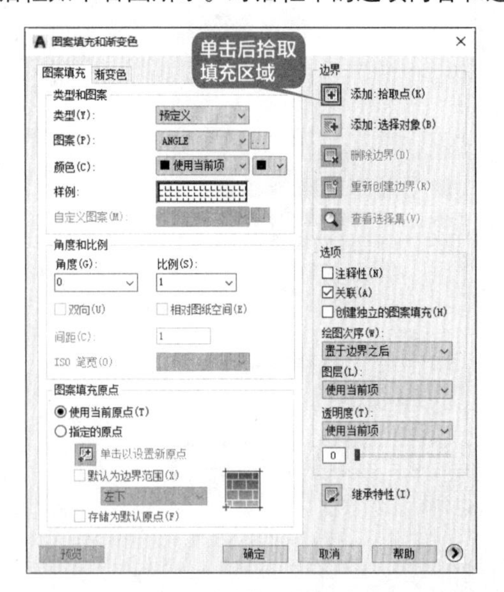

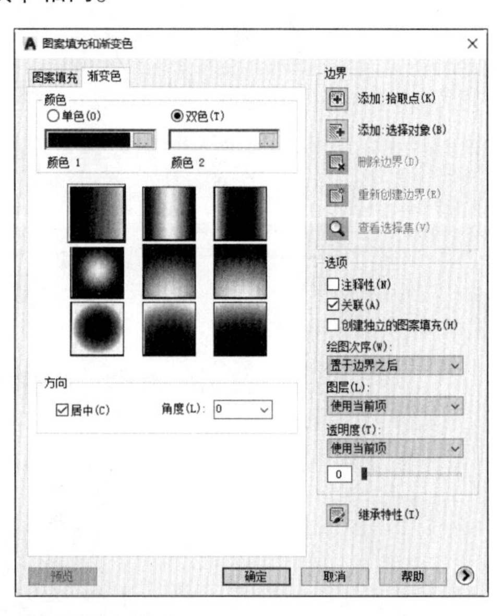

AutoCAD 中的剖面图案有限，很多剖面图案都需要自己制作，将制作好的剖面图案复制到 AutoCAD 安装目录下的“Support”文件夹中，就可以在 AutoCAD 的填充图案中调用了。例如，将本章素材文件中的“木纹面 5”放置到“Support”文件夹的具体操作步骤如下。

第 1 步 打开素材文件夹，复制“木纹面 5”，然后在桌面右击【AutoCAD 2021】图标，在弹出的快捷菜单中选择【属性】命令，如下图所示。

第 2 步 单击【打开文件所在的位置】按钮，弹出【AutoCAD 2021】的安装文件夹，如下图所示。

第 3 步 双击打开【Support】文件夹，将复制的“木纹面 5”粘贴到该文件夹中，如下图所示。

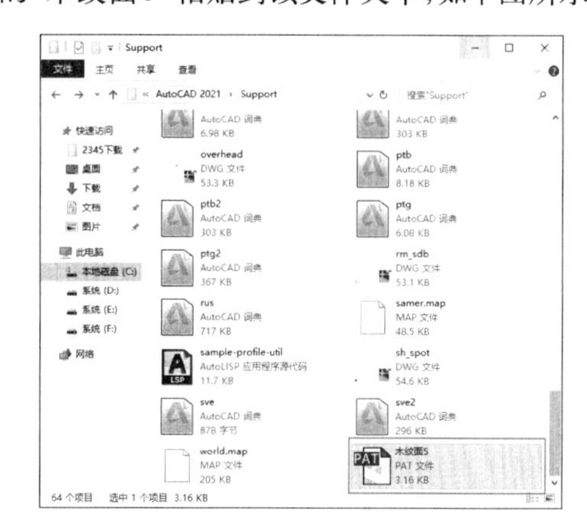

第 4 步 关闭文件夹，在 AutoCAD 中重新进行图案填充，可以看到“木纹面 5”已经存在图案列表中，如下图所示。

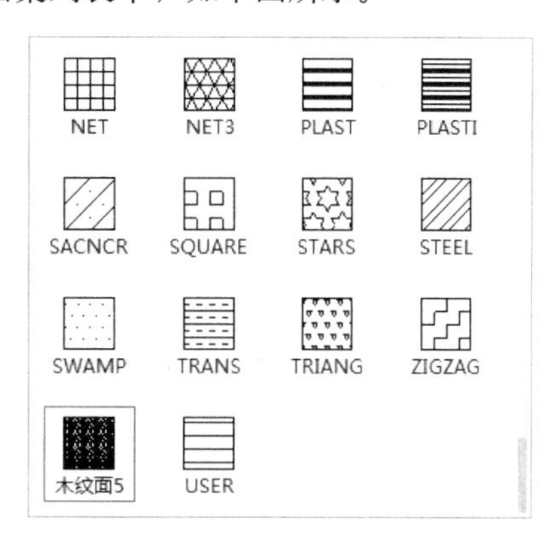

4.5 绘制辅助元器件并完善系统图

4.5.1 绘制过滤器和油箱

过滤器和油箱是液压系统的辅助元件，它们的绘制主要应用到多边形、直线和多段线命令，其中在绘制过滤器时还要用到同一图层上显示不同的线型。

过滤器和油箱的绘制步骤如下。

第 1 步 单击【默认】选项卡 ➢【图层】面板 ➢【图层】下拉按钮，选择“辅助元件”层将其置为当前层，如下图所示。

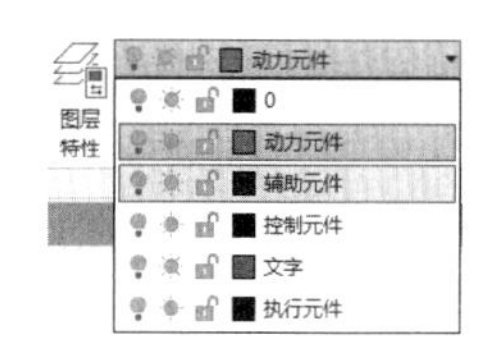

第2步 单击【默认】选项卡➢【绘图】面板➢【多边形】按钮⬠。输入绘制的多边形边数为“4”，当命令行提示指定多边形中心点时，捕捉油泵的圆心（但不选中），向下拖动鼠标，在合适的位置单击作为多边形的中心，如下图所示。

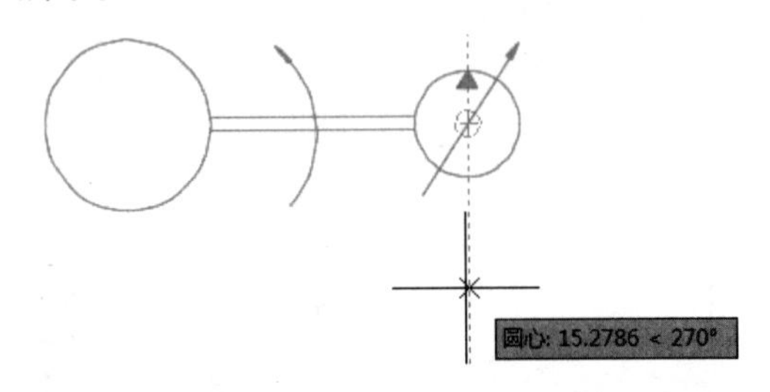

第3步 选择绘制方式为【内接于圆】，然后输入圆的半径“@4,0”。

输入选项 [内接于圆 (I)/ 外切于圆 (C)] <I>: ↙

指定圆的半径 : @4,0

第4步 多边形绘制完成后结果如下图所示。

第5步 单击【默认】选项卡➢【绘图】面板➢【直线】按钮╱，捕捉多边形的两个端点绘制直线，如下图所示。

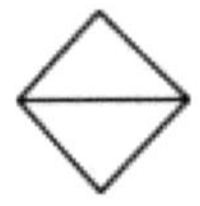

第6步 单击【默认】选项卡➢【特性】面板➢【线型】下拉按钮，单击【其他】选项，如下图所示。

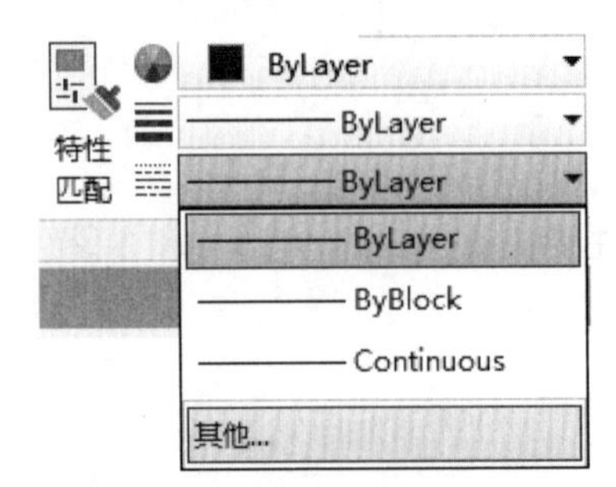

第7步 在弹出的【线型管理器】对话框中单击【加载】按钮，在弹出的【加载或重载线型】对话框中选择“HIDDEN2”，如下图所示。

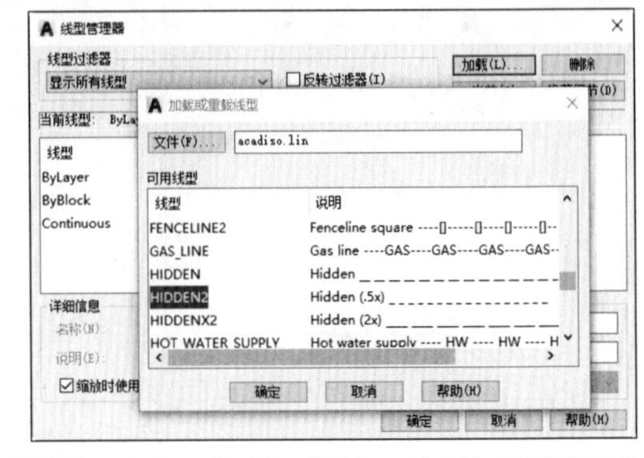

第8步 单击【确定】按钮回到【线型管理器】对话框后，将【全局比例因子】改为“0.5”，如下图所示。

第9步 单击【确定】按钮回到绘图窗口后选择第5步绘制的直线，然后单击【线型】下拉按钮，选择“HIDDEN2”选项。

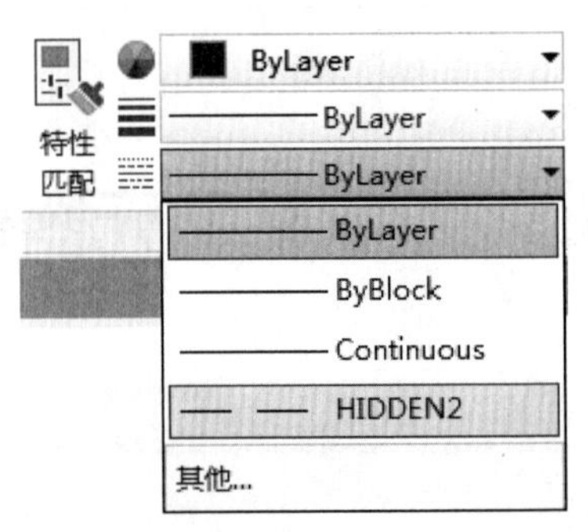

第10步 直线的线型更改后结果如下图所示。

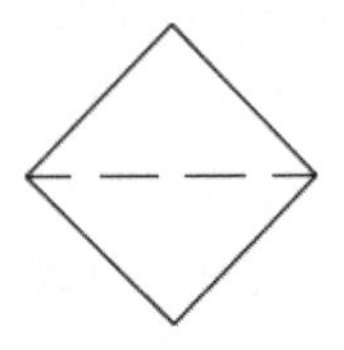

第11步 单击【默认】选项卡➢【绘图】面板➢【多

段线】按钮，捕捉过滤器多边形的端点（只捕捉不选中），向下竖直拖动鼠标，在合适位置单击确定多段线的起点，如下图所示。

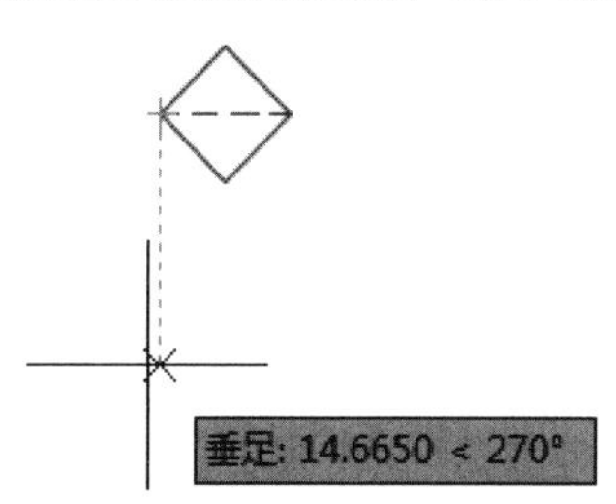

第 12 步 指定多段线的起点后依次输入多段线的下一点的相对坐标。

指定下一个点或 [圆弧 (A)/ 半宽 (H)/ 长度 (L)/ 放弃 (U)/ 宽度 (W)]: @0,-5

指定下一点或 [圆弧 (A)/ 闭合 (C)/ 半宽 (H)/ 长度 (L)/ 放弃 (U)/ 宽度 (W)]: @8,0

指定下一点或 [圆弧 (A)/ 闭合 (C)/ 半宽 (H)/ 长度 (L)/ 放弃 (U)/ 宽度 (W)]: @0,5

指定下一点或 [圆弧 (A)/ 闭合 (C)/ 半宽 (H)/ 长度 (L)/ 放弃 (U)/ 宽度 (W)]: ↙

第 13 步 多段线绘制完成后结果如下图所示。

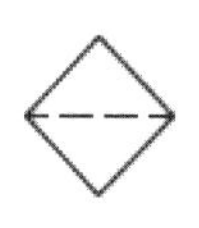

4.5.2 完善液压系统图

完善液压系统图主要是将液压系统图中相同的电磁阀、调节阀和油箱复制到合适的位置，然后通过管路将所有元件连接起来，最后给各元件添加文字说明。

完善液压系统图的具体操作过程如下。

第 1 步 单击【默认】选项卡➤【修改】面板➤【复制】按钮，如下图所示。

提示

关于【复制】命令的介绍参见第 5 章。

第 2 步 选择 4.5.1 节绘制的油箱，将其复制到合适的位置，如下图所示。

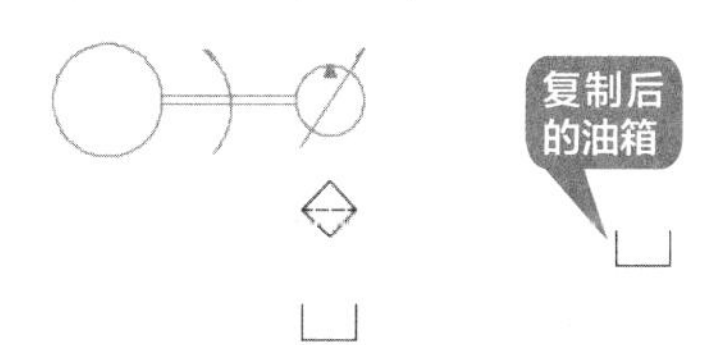

第 3 步 重复第 1 步，选择二位二通电磁阀为复制对象，当命令行提示指定复制的基点时，捕捉如下图所示的端点。

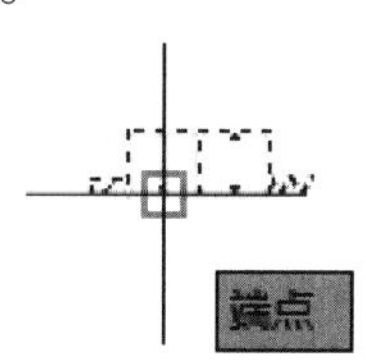

第 4 步 当命令行提示指定复制的第二点时，捕捉复制后的油箱的中点（只捕捉不选中），如下图所示。

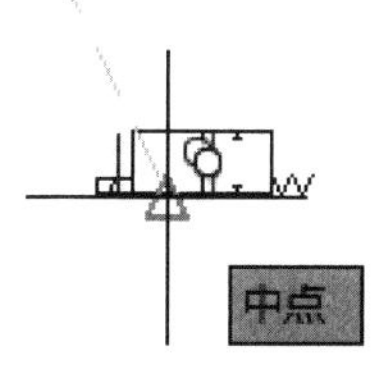

第 5 步 竖直向上拖动鼠标，如下图所示。

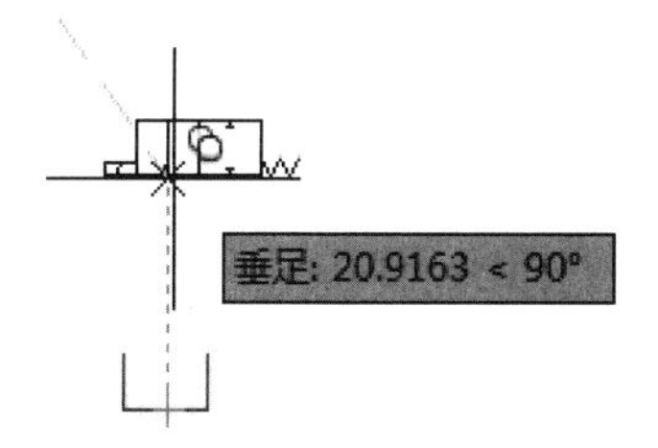

第 6 步 在合适的位置单击鼠标确定复制的第二点，按空格键退出复制命令，结果如下图

所示。

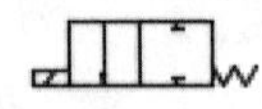

第 7 步 重复复制命令，将调节阀复制到合适的位置，如下图所示。

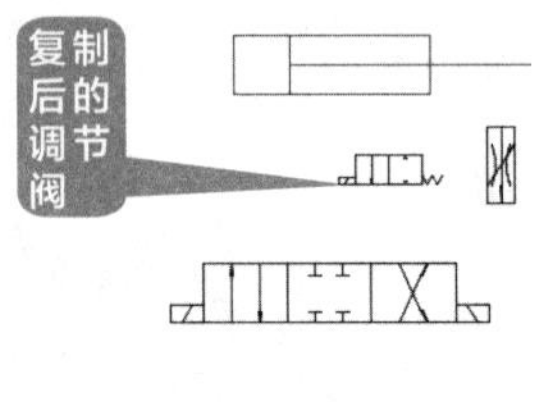

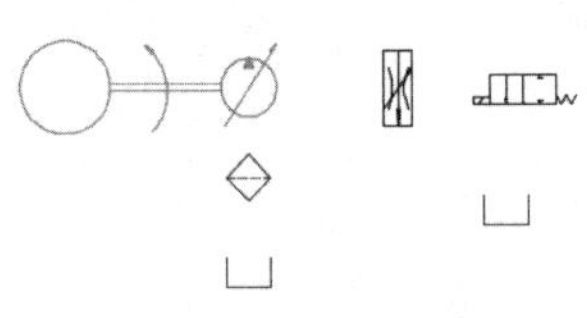

第 8 步 单击【默认】选项卡➤【绘图】面板➤【多段线】按钮，将整个液压系统连接起来，如下图所示。

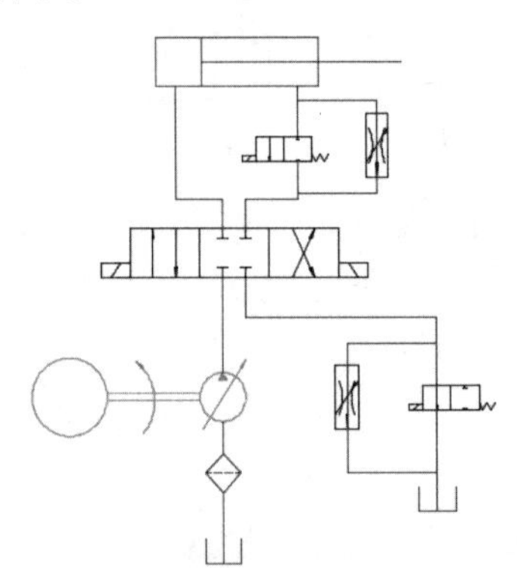

第 9 步 单击【默认】选项卡➤【图层】面板➤【图层】下拉按钮，选择“文字”层将其置为当前层，如下图所示。

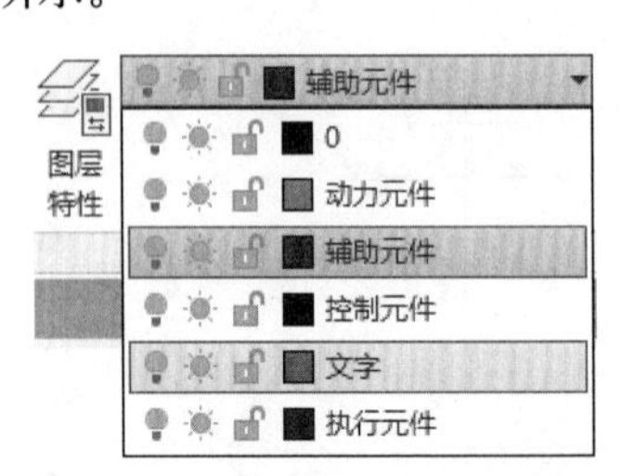

第 10 步 单击【默认】选项卡➤【注释】面板➤【单行文字】按钮A，如下图所示。

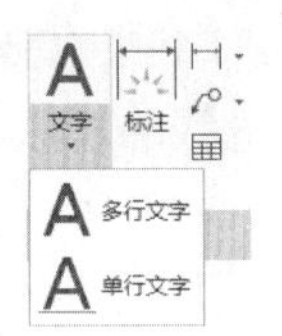

提示

关于【单行文字】的介绍参见第 8 章。

第 11 步 根据命令行提示指定单行文字的起点，对命令行进行设置。

```
命令：TEXT
当前文字样式："Standard" 文字高度：
 2.5000 注释性：否 对正：左
指定文字的起点 或 [对正(J)/样式(S)]:
// 指定文字的起点
指定高度 <2.5000>:        ↙
指定文字的旋转角度 <0>:  ↙
```

第 12 步 输入文字，如下图所示。

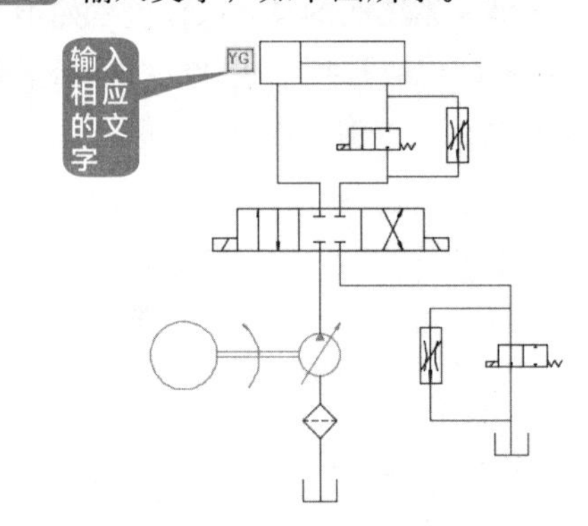

第 13 步 单击鼠标继续对其他元件添加文字注释，最后按【Esc】键退出文字命令，结果如下图所示。

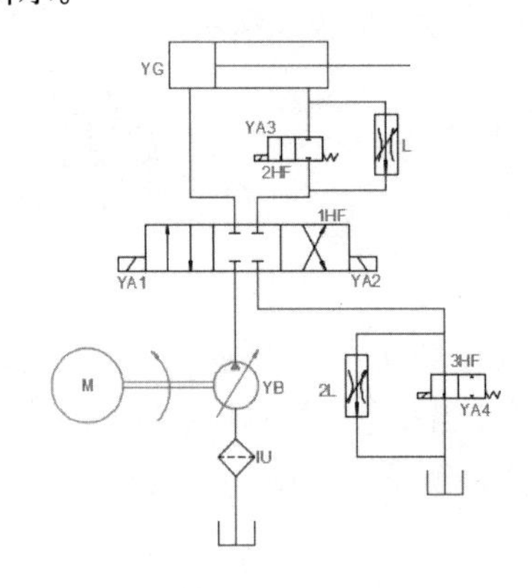

绘制沙发

绘制沙发主要用到多段线、点样式、定数等分、直线、圆弧等绘图命令。除了绘图命令外，还要用到偏移、分解、圆角和修剪等编辑命令，关于这些编辑命令的具体用法请参考第 5 章的相关内容。

绘制沙发的具体操作步骤和顺序如表 4-8 所示。

表 4-8　绘制沙发

步骤	创建方法	结果	备注
1	通过多段线命令绘制一条多段线	600 1300 2910	
2	1. 将绘制的多段线向内侧偏移 100 2. 将偏移后的多段线分解 3. 分解后将两条水平直线向内侧偏移 500	100 500	关于偏移命令参见第 5 章相关内容
3	1. 设置合适的点样式、点的大小及显示形式 2. 定数等分		
4	1. 通过直线命令绘制两条长度为 500 的竖直线，然后用直线将缺口处连接起来 2. 绘制两条半径为 900 的圆弧和一条半径为 3500 的圆弧	R900 R3500 R900 500	这里的圆弧采用【起点、端点、半径】的方式绘制，绘制时，注意逆时针选择起点和端点
5	1. 选择所有的等分点将其删除 2. 通过圆角命令创建两个半径为 250 的圆角	R250	关于圆角命令参见第 5 章相关内容

◇ 如何绘制底边不与水平方向平齐的正多边形

在用输入半径值绘制多边形时，所绘制的多边形底边都与水平方向平齐，这是因为多边形底边自动与事先设定好的捕捉旋转角度对齐，AutoCAD 默认这个角度为 0° 。通过输入半径值绘制底边不与水平方向平齐的多边形有两种方法，一是通过输入相对极坐标绘制，二是通过修改系统变量绘制。下面就绘制一个外切圆半径为 200，底边与水平方向夹角为 30° 的正六边形。

第 1 步 新建一个图形文件，然后在命令行输入"Pol"并按空格键，根据命令行提示进行如下操作。

```
命令 : POLYGON 输入侧面数 <4>: 6
指定正多边形的中心点或 [ 边 (E)]:      // 任意单击一点作为圆心
输入选项 [ 内接于圆 (I)/ 外切于圆 (C)] <I>: c
指定圆的半径 : @200<60
```

第 2 步 正六边形绘制完成后，结果如下图所示。

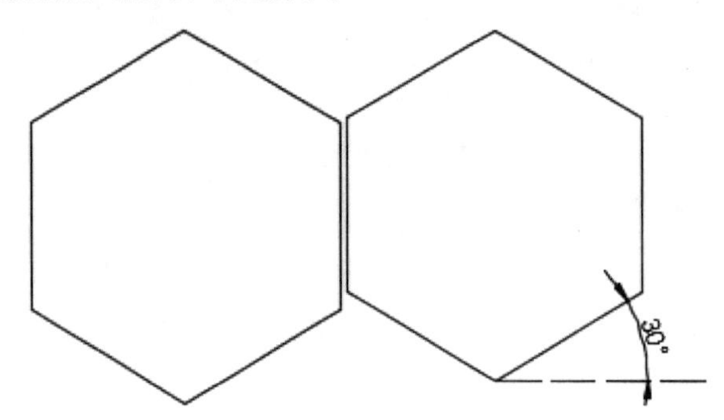

提示

除了输入极坐标的方法外，通过修改系统参数"SNAPANG"也可以完成上述多边形的绘制，操作步骤如下。

（1）在命令行输入"SANPANG"命令并按空格键，将新的系统值设置为 30° 。

```
命令 : SANPANG
输入 SANPANG 的新值 <0>：30
```

（2）在命令行输入"Pol"命令并按空格键，AutoCAD 提示如下。

```
命令 : POLYGON 输入侧面数 <4>: 6
指定正多边形的中心点或 [ 边 (E)]:      // 任意单击一点作为多边形的中心
输入选项 [ 内接于圆 (I)/ 外切于圆 (C)] <I>: c
指定圆的半径 : 200
```

◇ 重点：绘制圆弧的七要素

想要弄清圆弧命令的所有选项似乎不太容易，但是只要能够理解圆弧中所包含的各种要素，就能根据需要使用这些选项了。如下左图是绘制圆弧时可以使用的各种要素。

除了知道绘制圆弧所需要的要素外，还要知道 AutoCAD 提供的绘制圆弧选项的流程示意图，开始执行【ARC】命令时，只有两个选项：指定起点或圆心，可根据已有信息选择后面的选项。如下右图是绘制圆弧时的流程图。

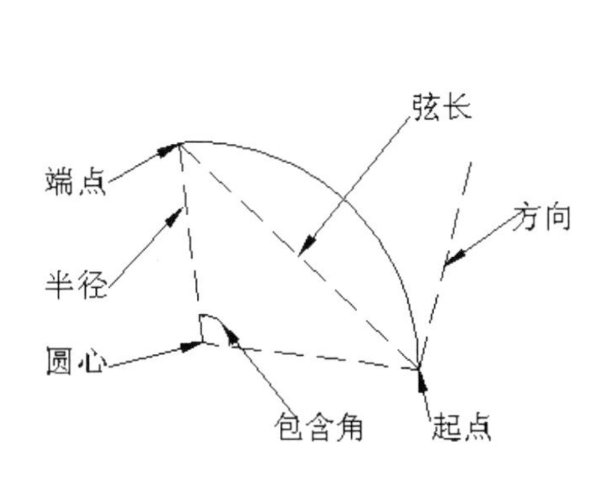

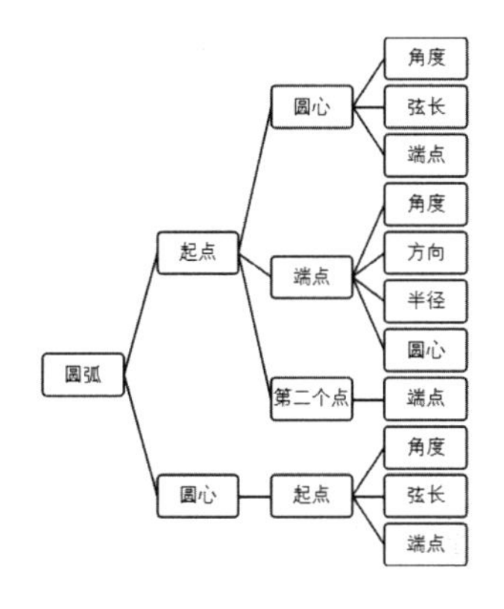

◇ 新功能：创建区域覆盖

创建多边形区域，该区域将用当前背景色覆盖其下面的对象。此区域的覆盖区域与边框进行绑定，用户可以打开或关闭该边框，也可以选择在屏幕上显示边框并在打印时隐藏它。

第 1 步 打开随书资源中的“素材 \CH04\ 区域覆盖 .dwg”文件，如下图所示。

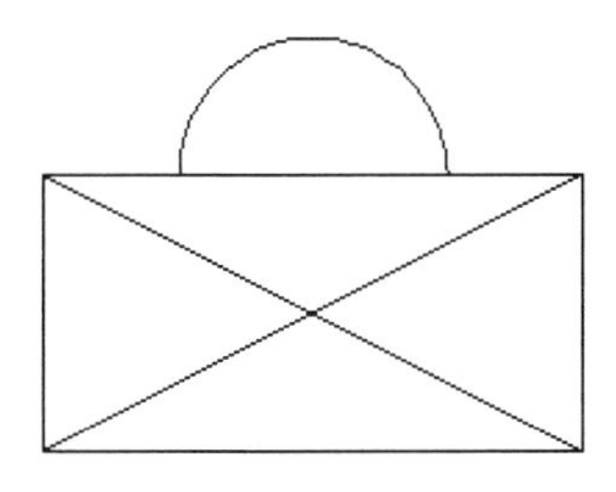

第 2 步 单击【默认】选项卡 ➤【绘图】面板中的【区域覆盖】按钮，如下图所示。

提示

除了通过面板调用【区域覆盖】命令外，还可以通过以下方法调用【区域覆盖】命令。

（1）选择【绘图】→【区域覆盖】菜单命令。

（2）在命令行中输入“WIPEOUT”命令并按空格键。

执行【区域覆盖】命令后，AutoCAD 命令行提示如下。

命令 : _wipeout 指定第一点或 [边框 (F)/ 多段线 (P)] ＜多段线＞:

命令行中各选项含义如下。

第一点：根据一系列点确定区域覆盖对象的多边形边界。

边框：确定是否显示所有区域覆盖对象的边框。可用的边框模式包括打开（显示和打印边框）、关闭（不显示和不打印边框）、显示但不打印（显示但不打印边框）。

多段线：根据选定的多段线确定区域覆盖对象的多边形边界。

第3步 在绘图区域捕捉如下图所示的端点作为区域覆盖的第一点。

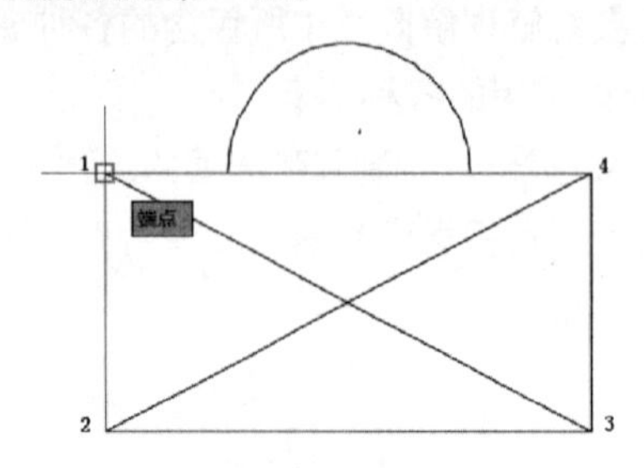

第4步 继续捕捉第2~4点作为区域覆盖的下一点，如下图所示。

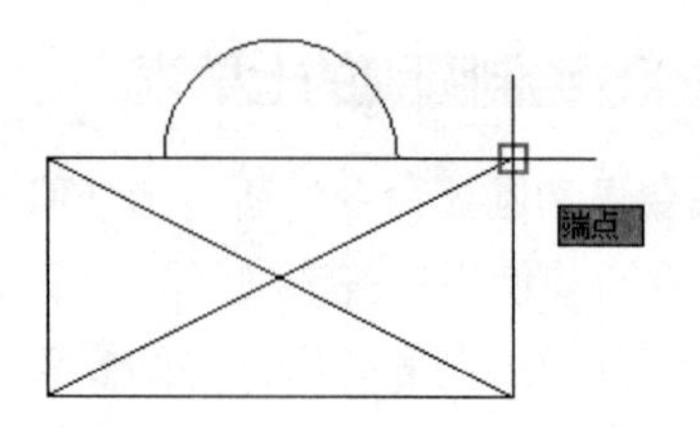

第5步 按【Enter】键结束【区域覆盖】命令，结果如下图所示。

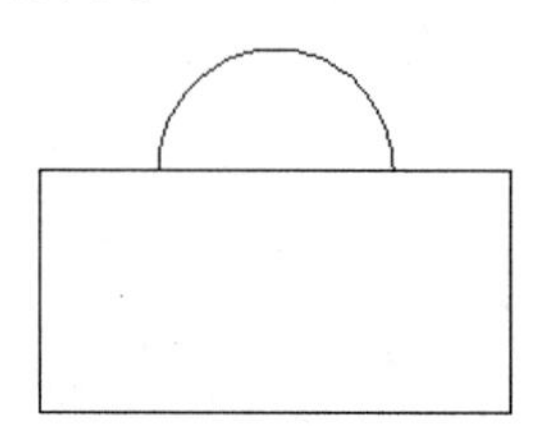

第 5 章
编辑二维图形

本章导读

编辑就是对图形的修改，实际上，编辑过程也是绘图过程的一部分。单纯地使用绘图命令，只能创建一些基本的图形对象。如果要绘制复杂的图形，在很多情况下必须借助图形编辑命令。AutoCAD 2021 提供了强大的图形编辑功能，可以帮助用户合理地构造和组织图形，既保证绘图的精确性，又简化了绘图操作，从而极大地提高了绘图效率。

思维导图

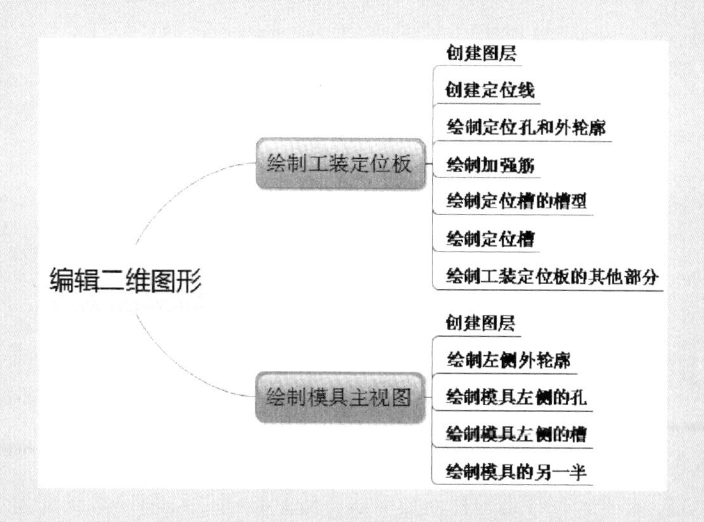

5.1 绘制工装定位板

工装，即工艺装备，是指制造过程中所用的各种工具的总称，包括刀具、夹具、模具、量具、检具、辅具、钳工工具、工位器具等，工装为其通用简称。

本节我们以某工装定位板为例，来介绍圆角、偏移、复制、修剪、镜像、旋转、阵列及倒角等二维编辑命令的应用，工装定位板绘制完成后效果如下图所示。

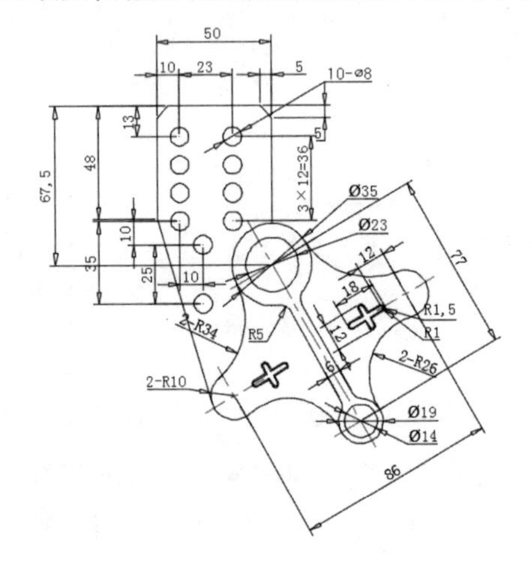

5.1.1 创建图层

在绘图之前，首先参考3.1节创建如下图所示的“中心线”和“轮廓线”两个图层，并将“中心线”图层置为当前层。

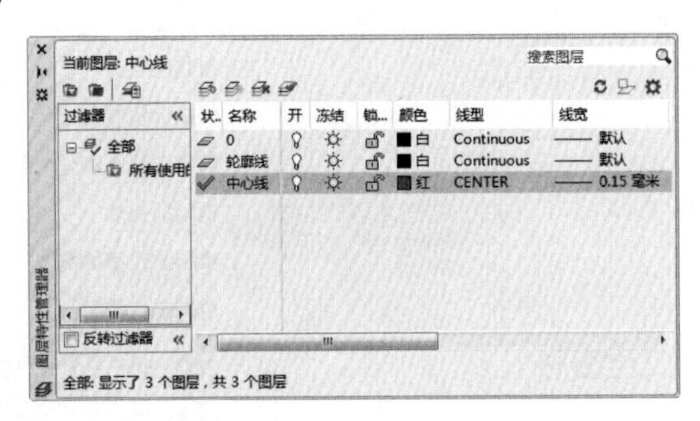

5.1.2 创建定位线

用点划线确定要绘制的图形的位置。

第1步 单击【默认】选项卡 ➤【绘图】面板 ➤【直线】按钮╱绘制一条长度为114的水平直线，如下图所示。

第 2 步 重复第 1 步，继续绘制直线，当命令行提示指定直线的第一点时，按住【Shift】键单击鼠标右键，在弹出的快捷菜单中选择【自】，如下图所示。

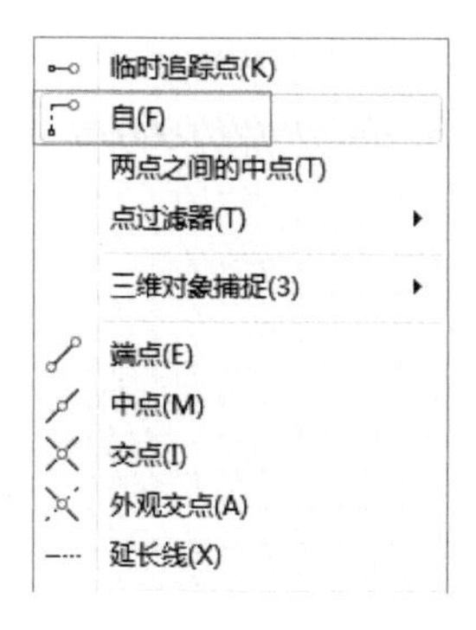

第 3 步 捕捉第 1 步绘制的直线的端点作为基点，如下图所示。

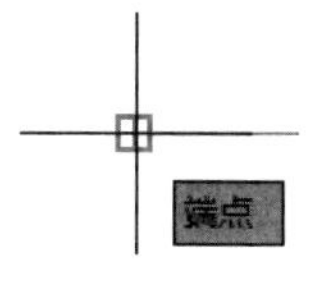

第 4 步 分别输入直线的第一点和第二点。

```
< 偏移 >: @22.5,22.5
指定下一点或 [ 放弃 (U)]: @0,-45
指定下一点或 [ 放弃 (U)]:    ↙
```

第 5 步 竖直中心线绘制完成后如下图所示。

第 6 步 重复第 2~4 步，绘制另一条竖直线。

```
命令 : _LINE
指定第一个点 : fro 基点 :
                    // 捕捉水平直线的 A 点
< 偏移 >: @-14.5,14.5
指定下一点或 [ 放弃 (U)]: @0,-29
指定下一点或 [ 放弃 (U)]:    ↙
命令 : LINE
指定第一个点 : fro 基点 :
                    // 捕捉水平直线的 B 点
< 偏移 >: @40,58
指定下一点或 [ 放弃 (U)]: @0,-30
指定下一点或 [ 放弃 (U)]:    ↙
命令 : LINE
指定第一个点 : fro 基点 :
                    // 捕捉水平直线的 C 点
< 偏移 >: @-15，-15
指定下一点或 [ 放弃 (U)]: @30,0
指定下一点或 [ 放弃 (U)]:    ↙
```

第 7 步 定位线绘制完成后如下图所示。

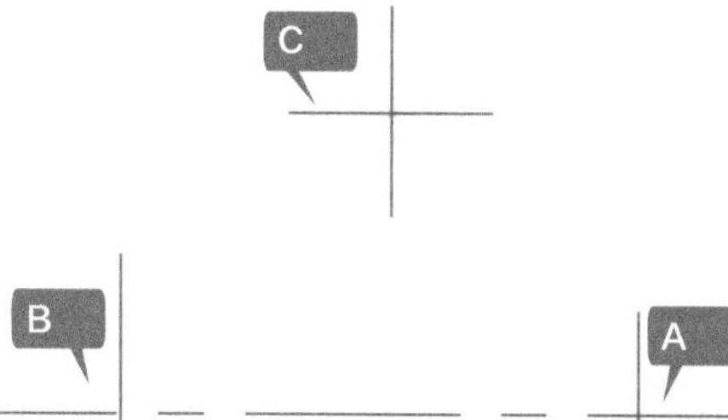

第 8 步 选中最后绘制的两条直线，如下图所示。

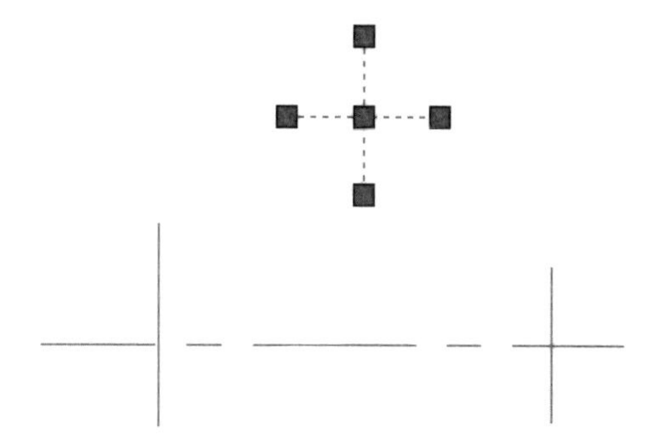

第 9 步 单击【默认】选项卡 ➢【修改】面板 ➢【镜像】按钮，如下图所示。

提示

除了通过面板调用【镜像】命令外，还可以通过以下方法调用【镜像】命令。

（1）选择【修改】➢【镜像】菜单命令。

（2）在命令行中输入“MIRROR/MI”命令并按空格键。

第10步 分别捕捉第1步绘制的水平直线的两个端点作为镜像线上的第一点和第二点，最后选中不删除源对象，结果如下图所示。

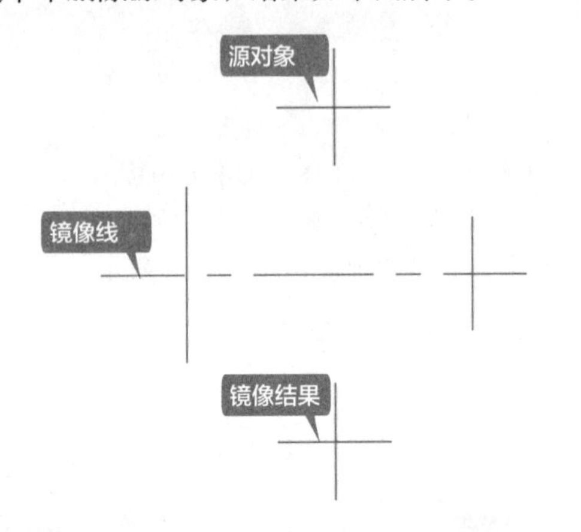

提示

默认情况下，镜像文字对象时，不更改文字的方向。如果需要反转文字，可将MIRRTEXT系统变量设置为1。

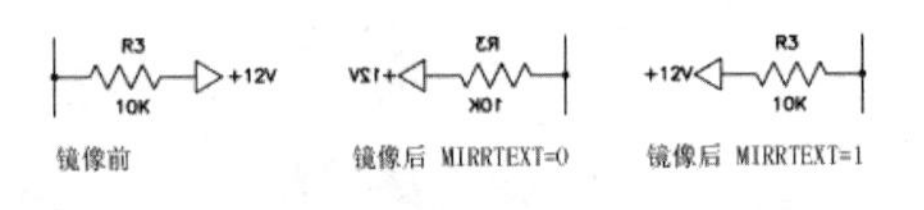

第11步 单击【默认】选项卡➤【特性】面板➤【线型】下拉按钮，选择【其他】选项，在弹出的【线型管理器】中将全局比例因子改为“0.5”，如下图所示。

第12步 线型比例因子修改后显示如下图所示。

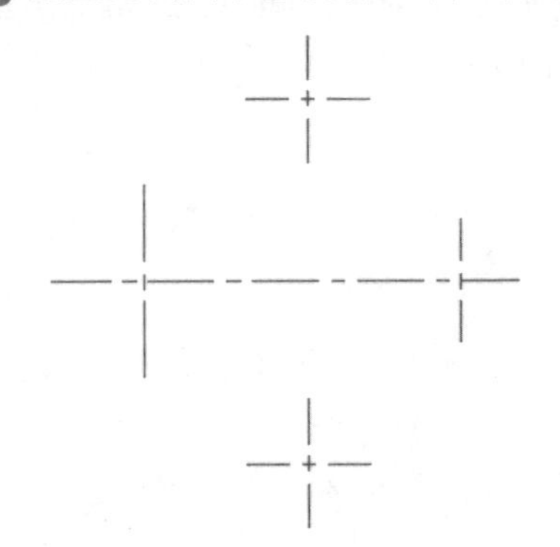

5.1.3 绘制定位孔和外轮廓

定位孔和外轮廓的绘制主要应用到圆、圆角和修剪命令，其中在绘制定位孔时，要多次应用到圆命令，因此，可以通过【MULTIPLE】重复指定圆命令来绘制圆。

绘制定位孔和外轮廓的具体操作步骤如下。

第1步 单击【默认】选项卡➤【图层】面板➤【图层】下拉按钮，并选择“轮廓线”层将其置为当前层，如下图所示。

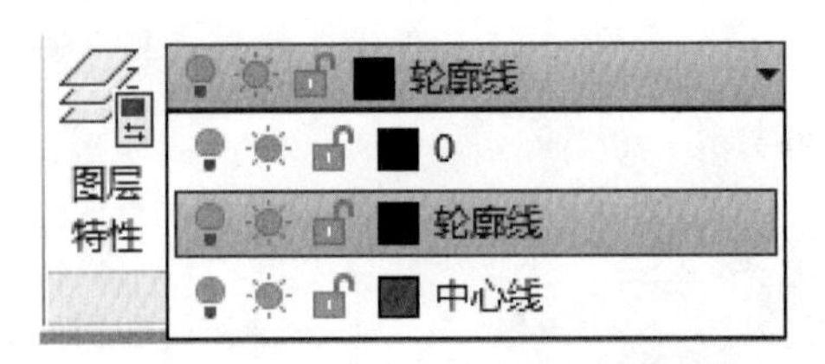

第2步 在命令行输入“MULTIPLE”，然后输入要重复调用的圆命令。

```
命令：MULTIPLE
输入要重复的命令名：c      // 输入圆命令的简写
CIRCLE
```

指定圆的圆心或 [三点 (3P)/ 两点 (2P)/ 切点、切点、半径 (T)]:　　// 捕捉中心线的交点或中点

指定圆的半径或 [直径 (D)]: 11.5

CIRCLE

指定圆的圆心或 [三点 (3P)/ 两点 (2P)/ 切点、切点、半径 (T)]:　　// 捕捉中心线的交点或中点

指定圆的半径或 [直径 (D)] <11.5000>: 17.5CIRCLE

指定圆的圆心或 [三点 (3P)/ 两点 (2P)/ 切点、切点、半径 (T)]:　　// 捕捉中心线的交点或中点

指定圆的半径或 [直径 (D)] <17.5000>: 10CIRCLE

指定圆的圆心或 [三点 (3P)/ 两点 (2P)/ 切点、切点、半径 (T)]:　　// 捕捉中心线的交点或中点

指定圆的半径或 [直径 (D)] <10.0000>: 10

CIRCLE

指定圆的圆心或 [三点 (3P)/ 两点 (2P)/ 切点、切点、半径 (T)]:　　// 捕捉中心线的交点或中点

指定圆的半径或 [直径 (D)] <10.0000>: 7

CIRCLE

指定圆的圆心或 [三点 (3P)/ 两点 (2P)/ 切点、切点、半径 (T)]:　　// 捕捉中心线的交点或中点

指定圆的半径或 [直径 (D)] <7.0000>: 9.5

CIRCLE

指定圆的圆心或 [三点 (3P)/ 两点 (2P)/ 切点、切点、半径 (T)]: *取消*　　// 按 ESC 键取消重复命令

第 3 步 圆绘制完成后如下图所示。

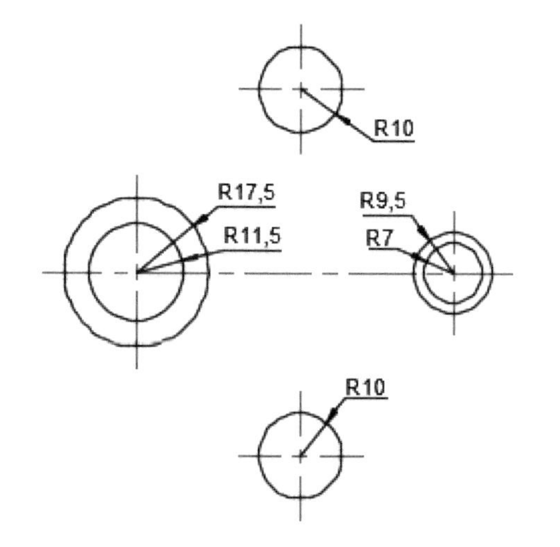

第 4 步 单击【默认】选项卡 ➢【修改】面板 ➢【圆角】按钮 ，如下图所示。

提示

除了通过面板调用【圆角】命令外，还可以通过以下方法调用【圆角】命令。

（1）选择【修改】➢【圆角】菜单命令。

（2）在命令行中输入“FILLET/F”命令并按空格键。

第 5 步 根据命令行提示进行如下设置。

命令 :_FILLET

当前设置 : 模式 = 修剪，半径 = 0.0000

选择第一个对象或 [放弃 (U)/ 多段线 (P)/ 半径 (R)/ 修剪 (T)/ 多个 (M)]: r

指定圆角半径 <0.0000>: 34

选择第一个对象或 [放弃 (U)/ 多段线 (P)/ 半径 (R)/ 修剪 (T)/ 多个 (M)]: m

第 6 步 选择圆角的第一个对象，如下图所示。

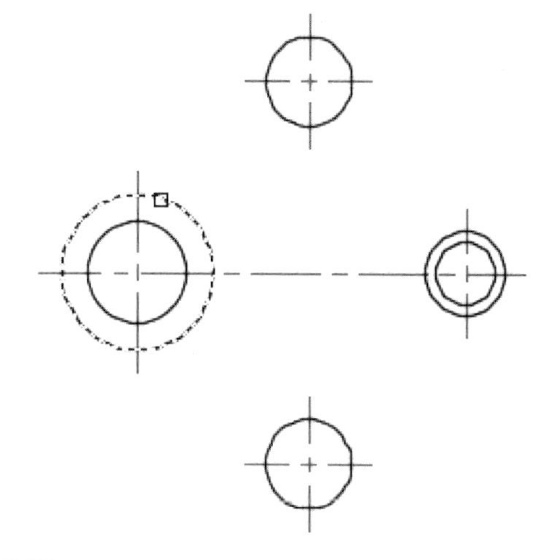

第 7 步 选择圆角的第二个对象，如下图所示。

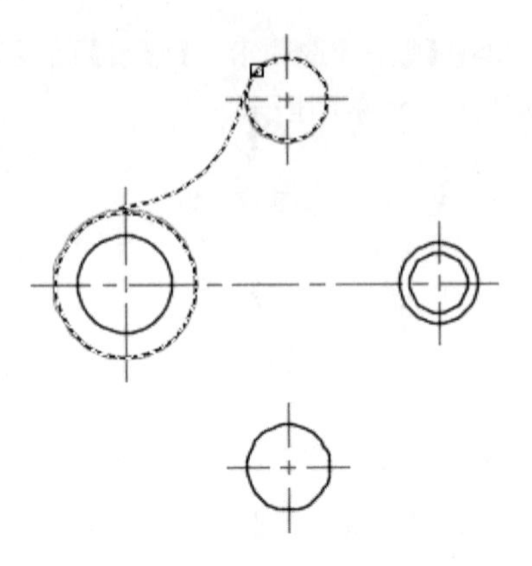

第 8 步 第一个圆角绘制完成后继续选择另外两个圆进行圆角，如下图所示。

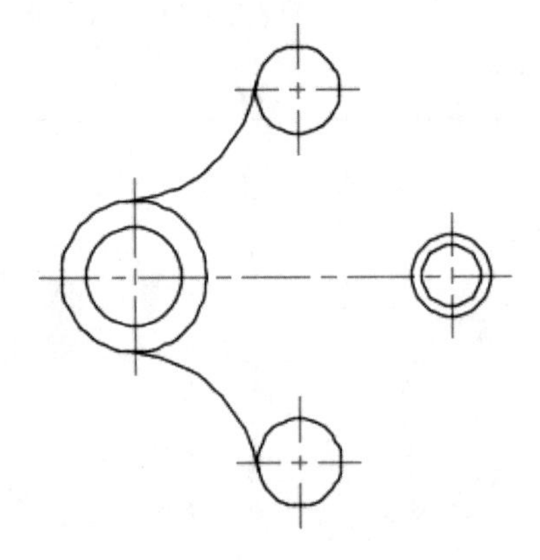

第 9 步 第二个圆角绘制完成后，对下面将要进行的圆角对象的半径重新设置。

选择第一个对象或 [放弃 (U)/ 多段线 (P)/ 半径 (R)/ 修剪 (T)/ 多个 (M)]: r

指定圆角半径 <34.0000>: 26

第 10 步 重新设置半径后，继续选择需要圆角的对象，圆角结束后按空格键退出命令，如下图所示。

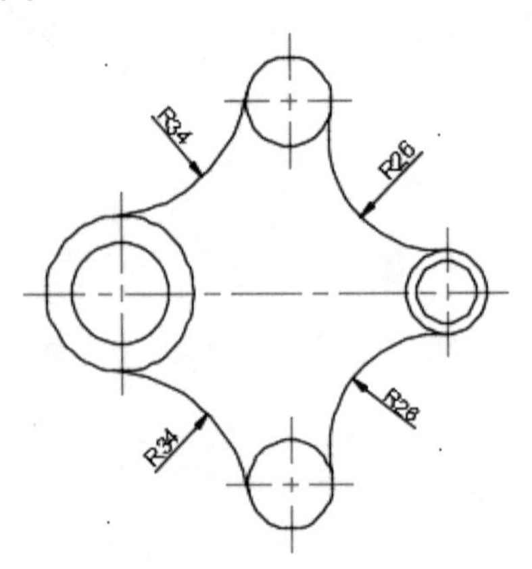

第 11 步 单击【默认】选项卡 ➢【修改】面板 ➢【修剪】按钮，如下图所示。

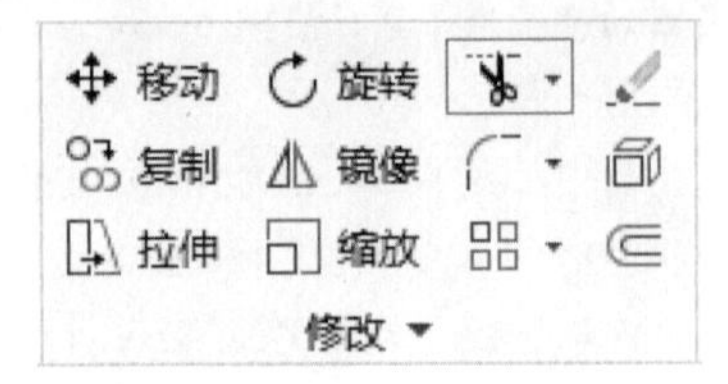

提示

除了通过面板调用【修剪】命令外，还可以通过以下方法调用【修剪】命令。

（1）选择【修改】➢【修剪】菜单命令。

（2）在命令行中输入“TRIM/TR”命令并按空格键。

第 12 步 选择两个半径为 10 的圆需要修剪的部分，结果如下图所示。

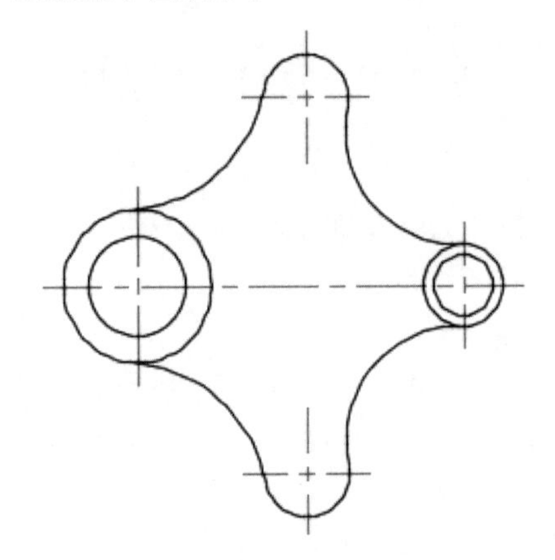

AutoCAD 中【圆角】命令创建的是外圆角，圆角对象可以是两个二维对象，也可以是三维实体的相邻面。【圆角】命令在两个二维对象之间创建相切的圆弧，在三维实体上两个曲面或相邻面之间创建弧形过渡。

【圆角】命令创建圆角对象的各种应用如表 5-1 所示。

表 5-1 各种圆角的绘制步骤

对象分类	创建分类		创建过程	创建结果	备注
二维对象	创建普通圆角	修剪	1. 选择第一个对象 2. 选择第二个对象		创建的弧的方向和长度由选择对象拾取点位置确定。始终选择距离希望绘制圆角端点的位置最近的对象
		不修剪			
	创建锐角		1. 选择第一个对象 2. 选择第二个对象时按住【Shift】键		在按住【Shift】键时，将为当前圆角半径值分配临时的零值
	圆角对象为圆时，圆不用进行修剪；绘制的圆角将与圆平滑地相连		1. 选择第一个对象 2. 选择第二个对象		
	圆角对象为多段线		1. 提示选择第一个对象时输入“P” 2. 选择多段线对象		
三维对象	边		选择边		如果选择汇聚于顶点构成长方体角点的 3 条或 3 条以上的边，则当 3 条边相互之间的 3 个圆角半径都相同时，顶点将混合以形成球体的一部分
	链		选择边		在单边和连续相切边之间更改选择模式，称为链选择。如果用户选择沿三维实体一侧的边，将选中与选定边接触的相切边
	循环		在三维实体或曲面的面上指定边循环		对于任何边，有两种可能的循环。选择循环边后，系统将提示用户接受当前选择，或选择相邻循环

5.1.4 绘制加强筋

加强筋又称为加劲肋，主要作用有两个，一是在有应力集中的地方起到传力作用，二是为了保证梁柱腹板局部稳定设立的区格边界。

本例中加强筋的绘制有两种方法，一种是通过偏移、打断和圆角命令来绘制加强筋；另一种是通过偏移、圆角和修剪命令来绘制加强筋。

1. 偏移、打断、圆角绘制加强筋

第1步 单击【默认】选项卡➤【修改】面板➤【偏移】按钮，如下图所示。

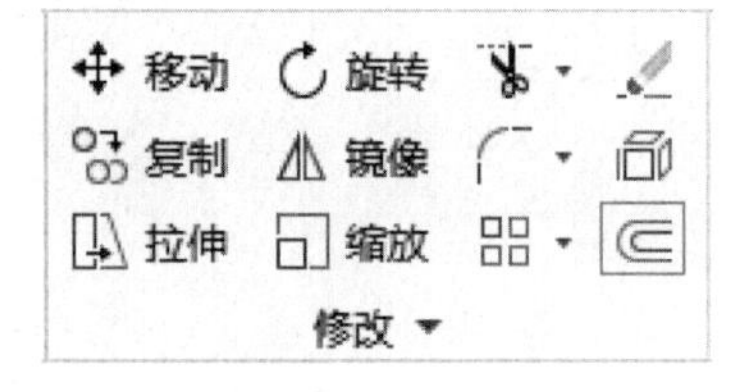

提示

除了通过面板调用【偏移】命令外，还可以通过以下方法调用【偏移】命令。

（1）选择【修改】➤【偏移】菜单命令。

（2）在命令行中输入“OFFSET/O”命令并按空格键。

第2步 在命令行设置将偏移后的对象放置到当前层和偏移距离。

```
命令：_offset
当前设置：删除源 = 否  图层 = 源
OFFSETGAPTYPE=0
指定偏移距离或 [ 通过 (T)/ 删除 (E)/ 图层 (L)] < 通过 >: L
输入偏移对象的图层选项 [ 当前 (C)/ 源 (S)] < 源 >: c
指定偏移距离或 [ 通过 (T)/ 删除 (E)/ 图层 (L)] < 通过 >: 3
```

第3步 设置完成后，选择水平中心线为偏移对象，然后单击指定偏移的方向，如下图所示。

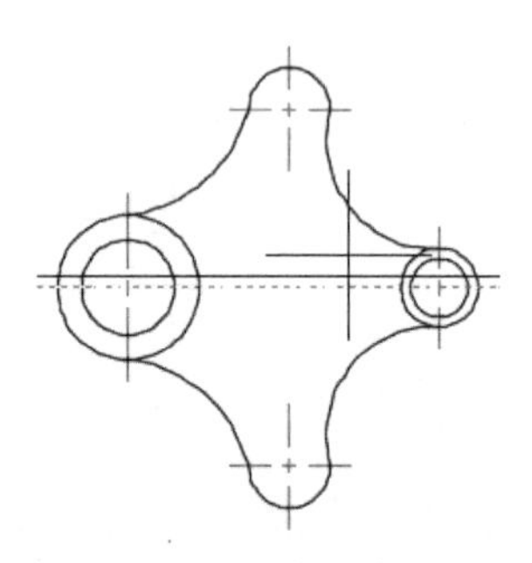

第4步 继续选择中心线为偏移对象，并指定偏移方向，偏移完成后按空格键结束命令，如下图所示。

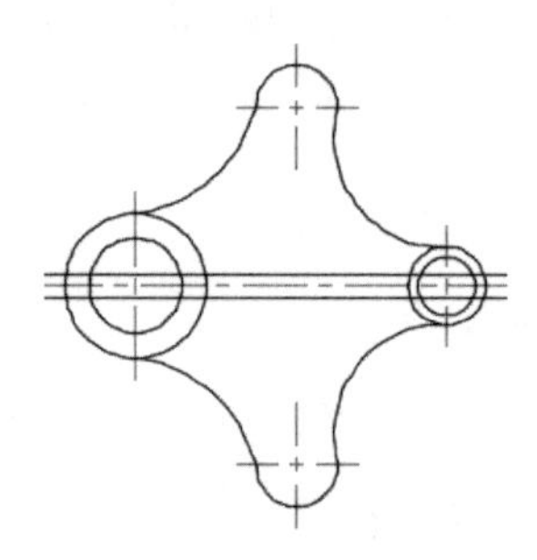

第5步 单击【默认】选项卡➤【修改】面板➤【打断】按钮，如下图所示。

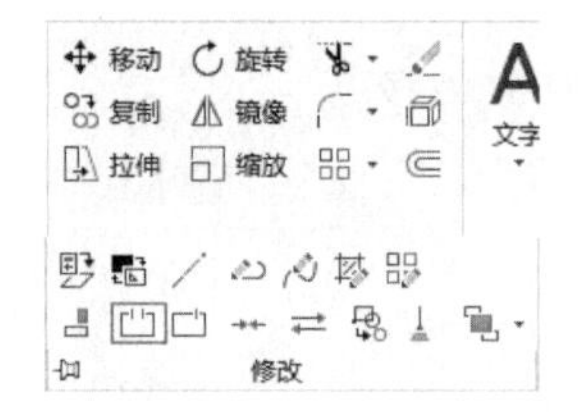

提示

除了通过面板调用【打断】命令外，还可以通过以下方法调用【打断】命令：

（1）选择【修改】➤【打断】菜单命令

（2）在命令行中输入“BREAK/BR”命令并按空格键。

第 6 步 选择大圆为打断对象，当命令行提示指定第二个打断点时，输入“f”重新指定第一个打断点。

```
命令：_break
选择对象：                    // 选择半径为 17.5 的圆
指定第二个打断点 或 [ 第一点 (F)]: f
```

提示

显示的提示取决于选择对象的方式，如果使用定点设备选择对象，AutoCAD 程序将选择对象并将选择点视为第一个打断点。当然，在下一个提示中，用户可以通过输入“f”重新指定第一个打断点。

第 7 步 重新指定第一个打断点，如下图所示。

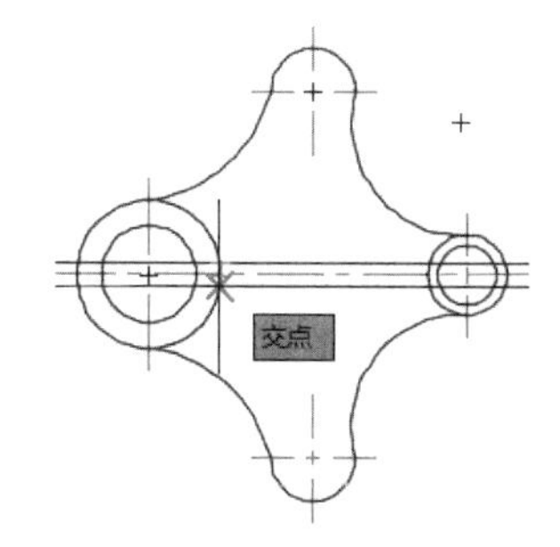

第 8 步 指定第二个打断点，如下图所示。

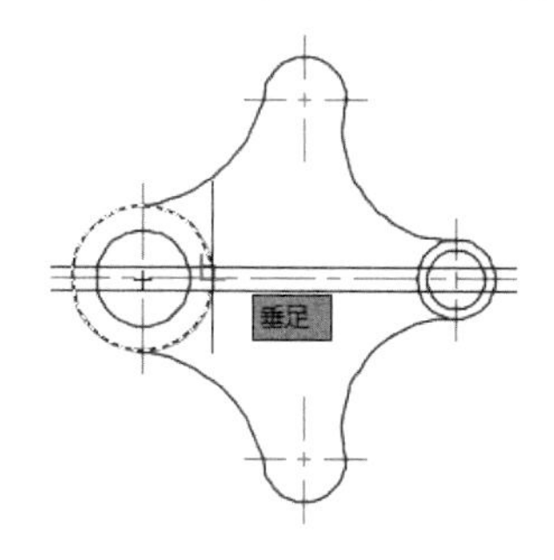

提示

如果第二个点不在对象上，将选择对象上与该点最接近的点。

如果打断对象是圆，要注意两个点的选择顺序，默认打断的是逆时针方向上的那段圆弧。

如果提示指定第二个打断点时输入“@”，则将对象在第一个打断点处一分为二，而不删除任何对象，该操作相当于“打断于点”命令，需要注意的是这种操作不适合闭合对象（如圆）。

第 9 步 打断完成后效果如下图所示。

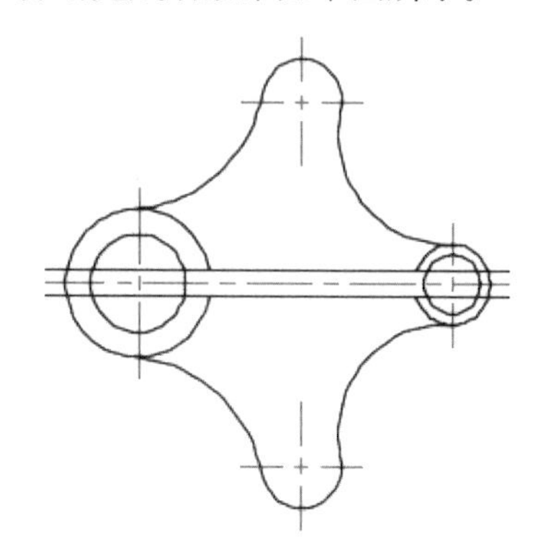

第 10 步 单击【默认】选项卡 ➢【修改】面板 ➢【圆角】按钮，对打断后的圆和直线进行半径为 5 的圆角，如下图所示。

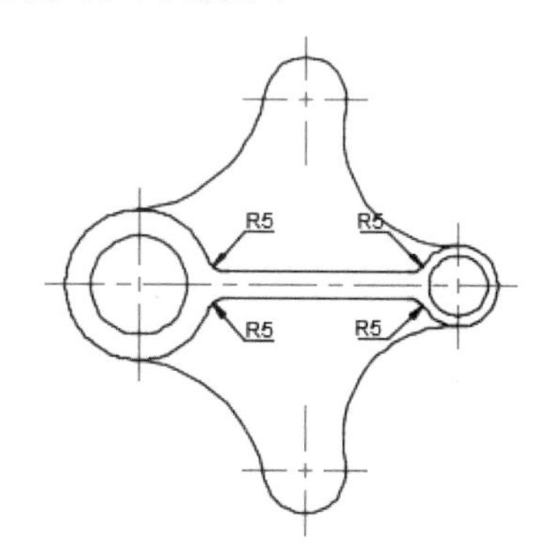

2. 偏移、圆角、修剪绘制加强筋

利用偏移、圆角、修剪命令绘制加强筋，前面偏移步骤相同，这里直接从圆角开始绘图。

第 1 步 单击【默认】选项卡 ➢【修改】面板 ➢【圆角】按钮，对偏移后的直线和圆进行半径为 5 的圆角，如下图所示。

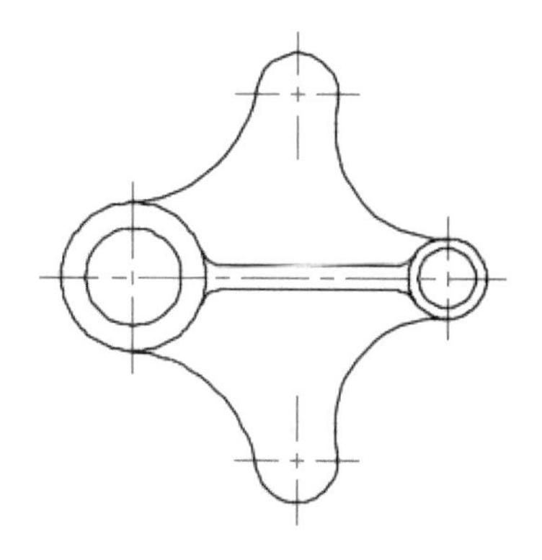

第 2 步 单击【默认】选项卡 ➢【修改】面板 ➢【圆

角】按钮✂，单击圆在几个圆角之间的部分将其修剪掉，然后按空格键或【Enter】键结束修剪命令，如下图所示。

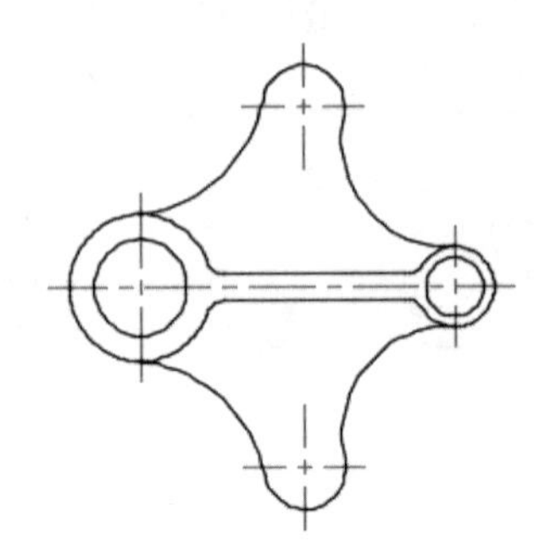

【偏移】命令按照指定的距离创建与选定对象平行或同心的几何对象。偏移的结果与选择的偏移对象和设定偏移距离有关。不同对象或不同偏移距离偏移后的结果如表 5-2 所示。

表 5-2　不同对象或不同偏移距离偏移后的对比

偏移类型	偏移结果	备注
圆或圆弧	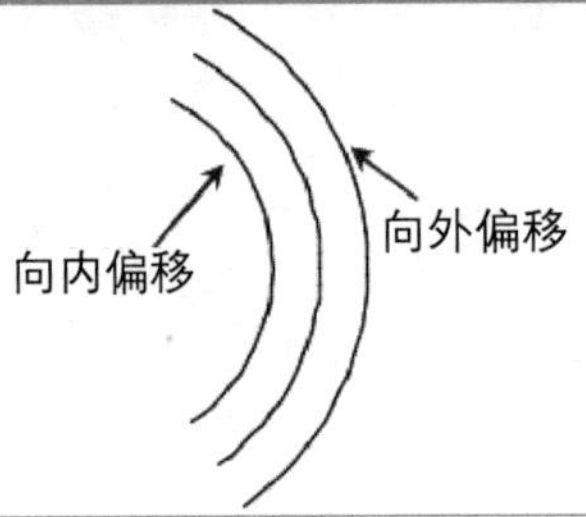 向内偏移 向外偏移	若偏移圆或圆弧，则会创建更大或更小的同心圆或圆弧，变大还是变小取决于指定为向哪一侧偏移
直线	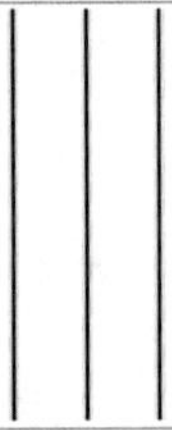	若偏移的是直线，将生成平行于原始对象的直线，这时【偏移】命令相当于复制
样条曲线和多段线	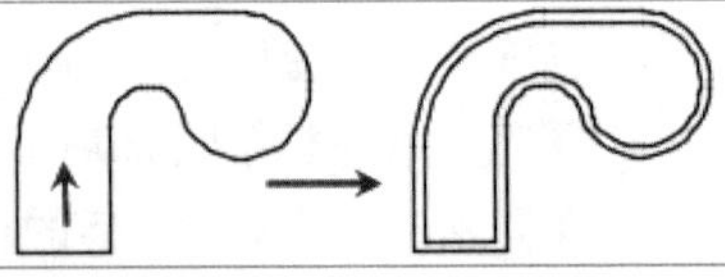	样条曲线和多段线在偏移距离小于可调整距离时的结果
	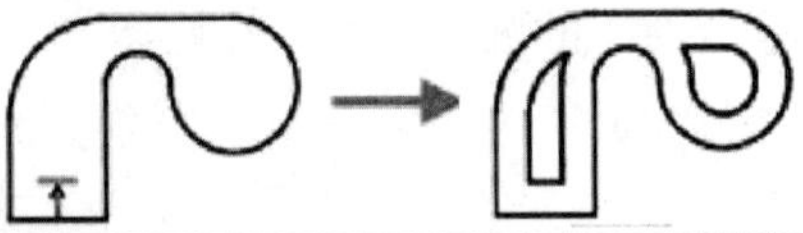	样条曲线和多段线在偏移距离大于可调整距离时将自动进行修剪

5.1.5 绘制定位槽的槽型

绘制定位槽的关键是绘制槽型，绘制槽型有多种方法，可以通过圆、复制、直线、修剪命令绘制，也可以通过矩形、圆角命令绘制，还可以直接通过矩形命令绘制。

1. 通过圆、复制、直线、修剪命令绘制槽型

第 1 步　单击【默认】选项卡 ➤【绘图】面板 ➤【圆】按钮⊙，以中心线的中点为圆心，绘制一

个半径为 1.5 的圆，如下图所示。

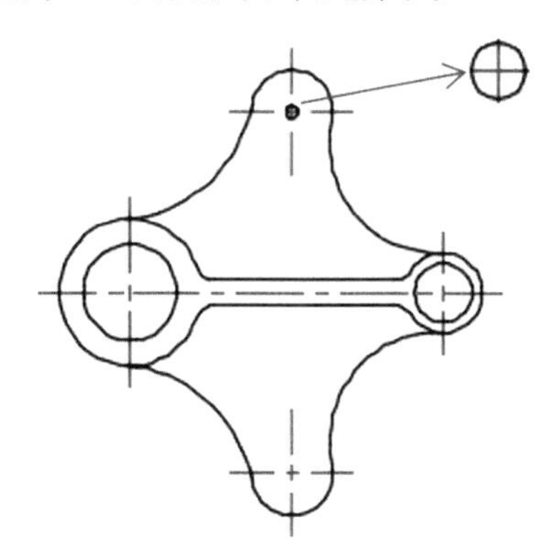

第 2 步 单击【默认】选项卡 ➢【修改】面板 ➢【复制】按钮，如下图所示。

提示

除了通过面板调用【复制】命令外，还可以通过以下方法调用【复制】命令。

（1）选择【修改】➢【复制】菜单命令。

（2）在命令行中输入“COPY/CO/CP”命令并按空格键。

第 3 步 选择第 1 步绘制的圆为复制对象，任意单击一点作为复制的基点，当命令行提示指定复制的第二点时输入“@0，−15”，然后按空格键结束命令，如下图所示。

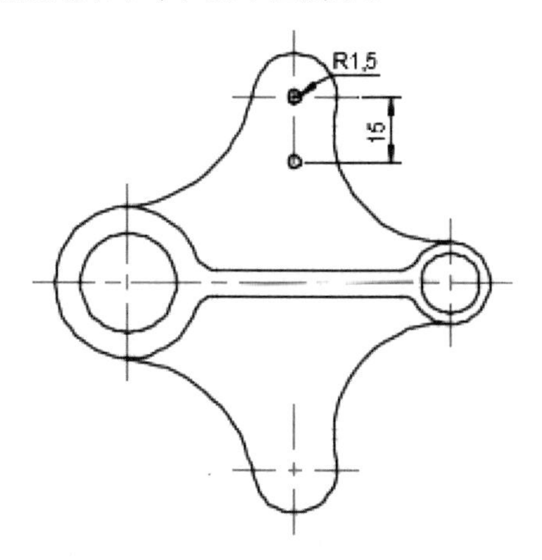

第 4 步 单击【默认】选项卡 ➢【绘图】面板 ➢【直线】按钮，然后按住【Shift】键并单击鼠标右键，在弹出的快捷菜单上选择【切点】选项，如下图所示。

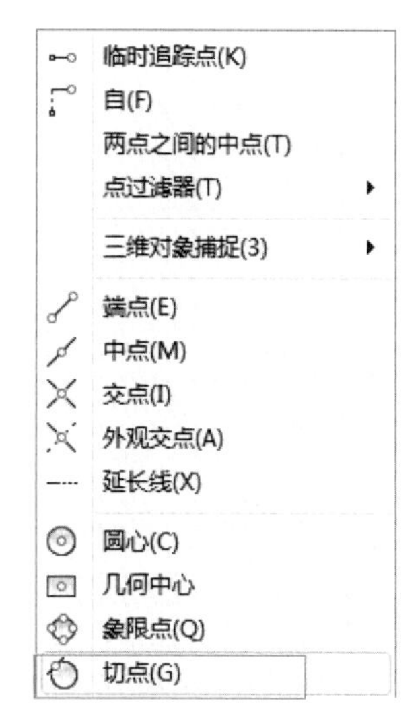

第 5 步 在圆上捕捉切点，如下图所示。

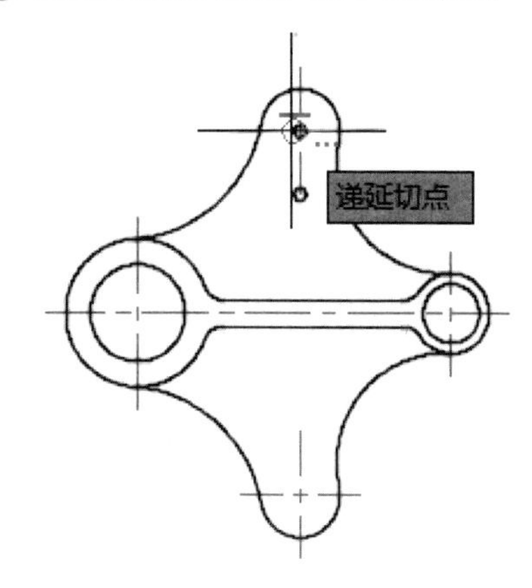

第 6 步 捕捉另一个圆的切点，将它们连接起来，如下图所示。

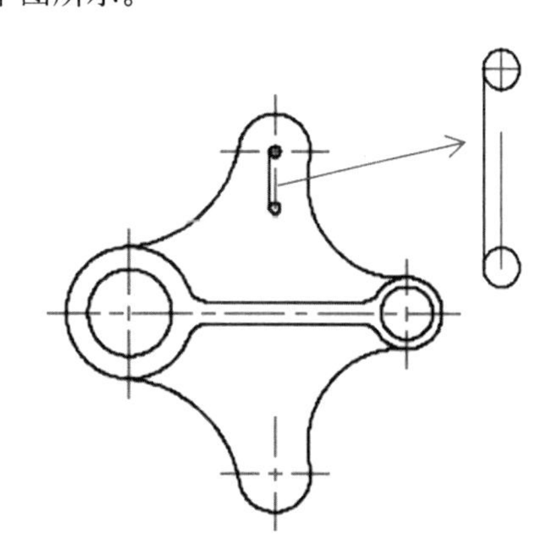

第7步 重复直线命令，绘制另一条与两圆相切的直线，如下图所示。

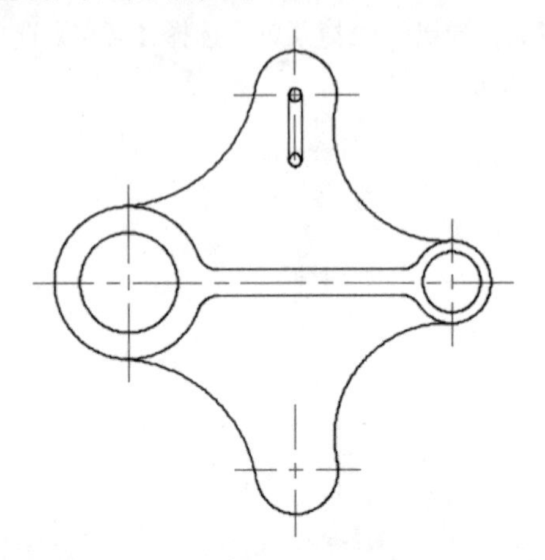

第8步 单击【默认】选项卡 ➢【修改】面板 ➢【修剪】按钮，单击两直线之间的圆，将其修剪掉之后槽型即绘制完成，如下图所示。

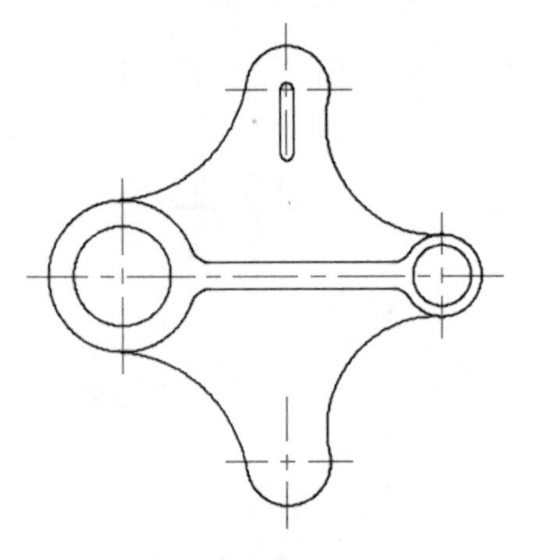

第9步 单击【默认】选项卡 ➢【修改】面板 ➢【移动】按钮，如下图所示。

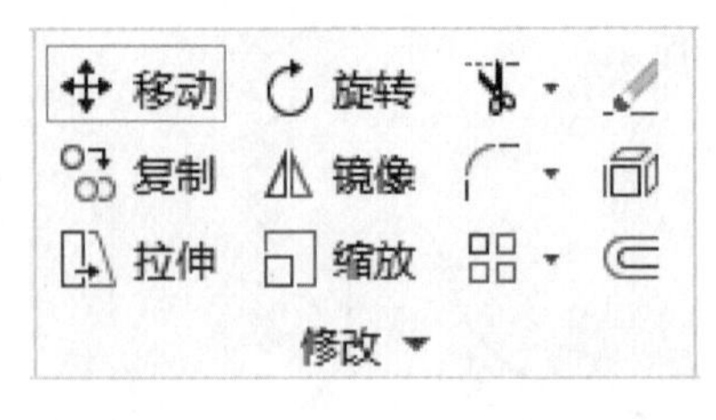

提示

除了通过面板调用【移动】命令外，还可以通过以下方法调用【移动】命令。

（1）选择【修改】➢【移动】菜单命令。

（2）在命令行中输入“MOVE/M”命令并按空格键。

第10步 选择绘制的槽型为移动对象，然后任意单击一点作为移动的基点，如下图所示。

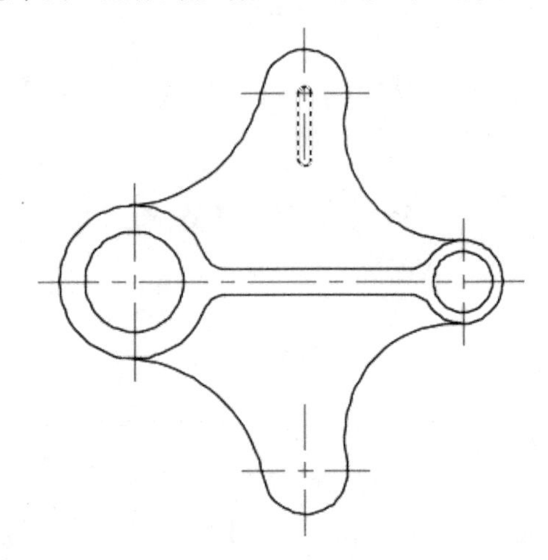

第11步 输入移动的第二点“@0,-12”，结果如下图所示。

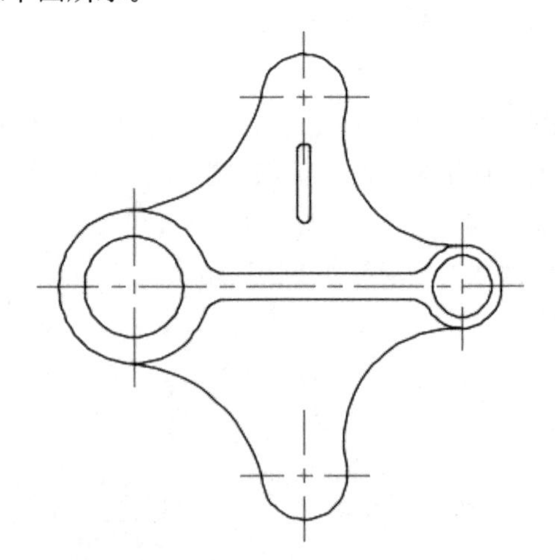

在 AutoCAD 中，指定复制距离的方法有两种，一种是通过两点指定距离，另一种是通过相对坐标指定距离，本例中使用的就是通过相对坐标指定距离。两种指定距离的方法的具体操作步骤如表 5-3 所示。

表 5-3　指定复制距离的方法

绘制方法	绘制步骤	结果图形	相应命令行显示

通过两点指定距离	1. 调用【复制】命令
	2. 选择复制对象
	3. 指定复制基点（右图中的点 1）
	4. 指定复制的第二点（右图中的点 2）
			命令：_copy
			选择对象：找到 16 个
			选择对象：　↙
			当前设置：复制模式 = 多个
			指定基点或 [位移 (D)/ 模式 (O)] < 位移 >:
			// 捕捉点 1
			指定第二个点或 [阵列 (A)] < 使用第一个点作为位移 >:
			// 捕捉第二点
			指定第二个点或 [阵列 (A)/ 退出 (E)/ 放弃 (U)] < 退出 >:　↙

通过相对坐标指定距离	1. 调用【复制】命令 2. 选择复制对象 3. 任意单击一点作为复制的基点 4. 输入距离基点的相对坐标		命令：_copy 选择对象：找到 16 个 选择对象：　↙ 当前设置：复制模式 = 多个 指定基点或 [位移 (D)/ 模式 (O)] < 位移 >: // 任意单击一点作为基点 指定第二个点或 [阵列 (A)] < 使用第一个点作为位移 >: @0，−765 指定第二个点或 [阵列 (A)/ 退出 (E)/ 放弃 (U)] < 退出 >:　↙

提示

【移动】命令指定距离的方法和【复制】命令指定距离的方法相同。

2. 通过矩形、圆角命令绘制槽型

第 1 步　单击【默认】选项卡 ➤【绘图】面板 ➤【矩形】按钮▭，捕捉如下图所示的中点为矩形第一角点。

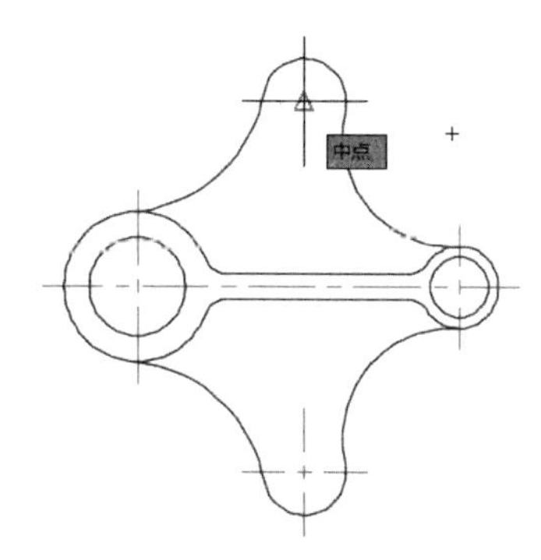

第2步 输入矩形第二角点“@−3,−18”，结果如下图所示。

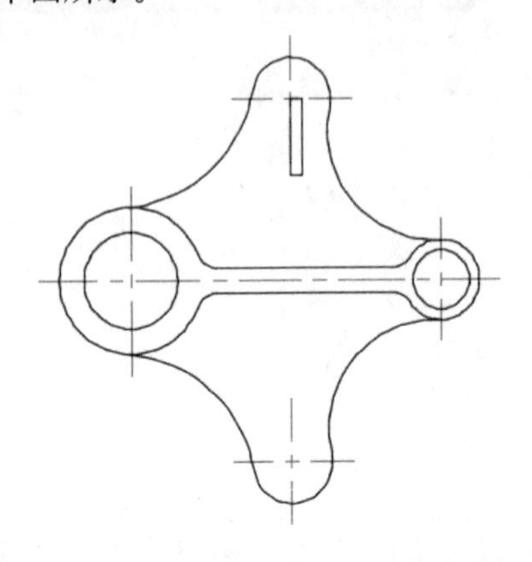

第3步 单击【默认】选项卡➤【修改】面板➤【圆角】按钮⌈，设置圆角的半径为1.5，然后对绘制的矩形进行圆角，结果如下图所示。

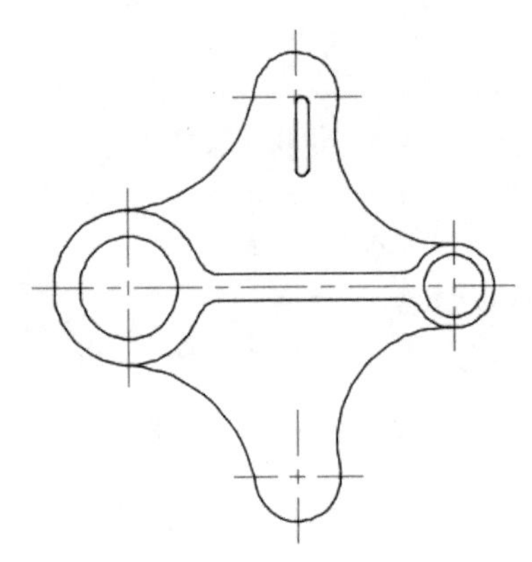

第4步 单击【默认】选项卡➤【修改】面板➤【移动】按钮✥，选择绘制的槽型为移动对象，然后任意单击一点作为移动的基点，如下图所示。

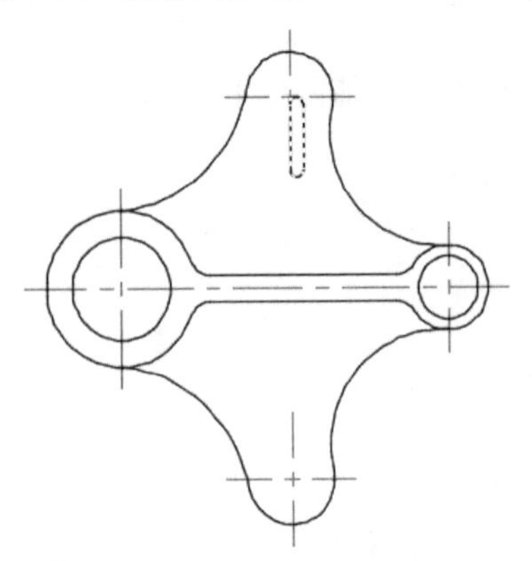

第5步 输入移动的第二点“@−1.5,−10.5”，结果如下图所示。

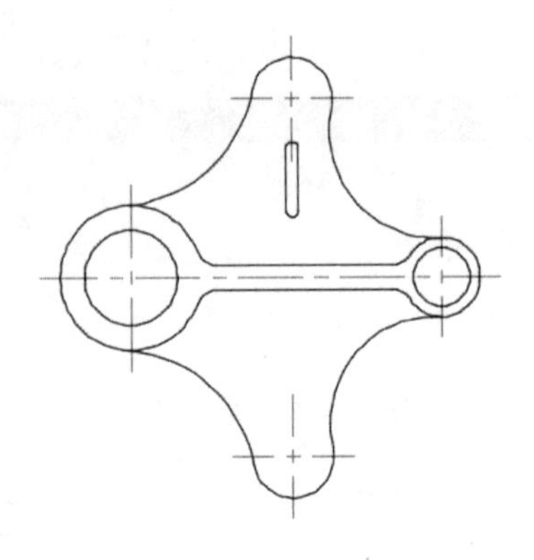

3. 直接通过矩形命令绘制槽型

第1步 单击【默认】选项卡➤【修改】面板➤【矩形】按钮▭，设置绘制矩形的圆角半径。

```
命令：_RECTANG
指定第一个角点或 [倒角(C)/标高(E)/圆角(F)/厚度(T)/宽度(W)]: f
指定矩形的圆角半径 <0.0000>: 1.5
```

第2步 圆角半径设置完成后捕捉如下图所示的中点为矩形的第一角点。

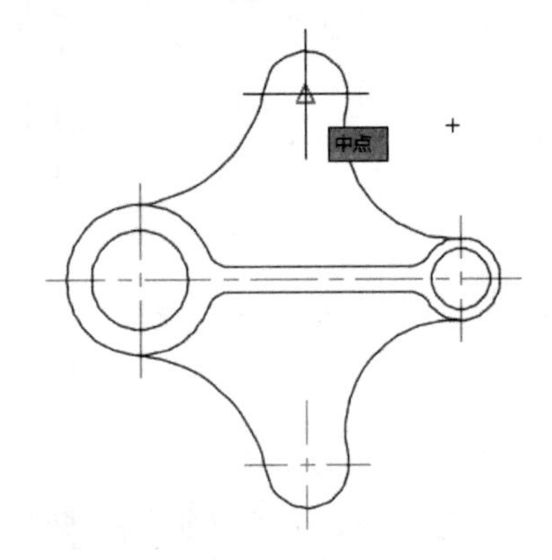

第3步 输入矩形第二角点“@−3,−18”，结果如下图所示。

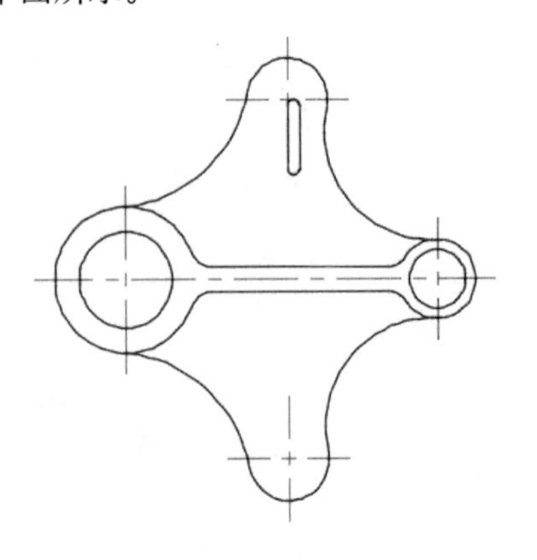

第 4 步 单击【默认】选项卡 ➢【修改】面板 ➢【移动】按钮✥，选择绘制的槽型为移动对象，然后任意单击一点作为移动的基点，如下图所示。

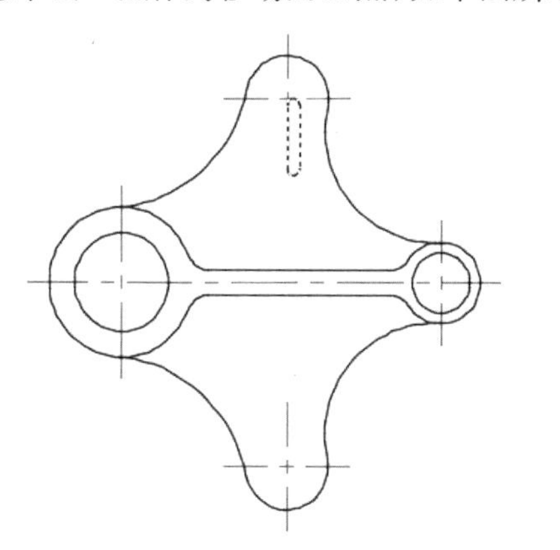

第 5 步 输入移动的第二点“@−1.5,−10.5”，结果如下图所示。

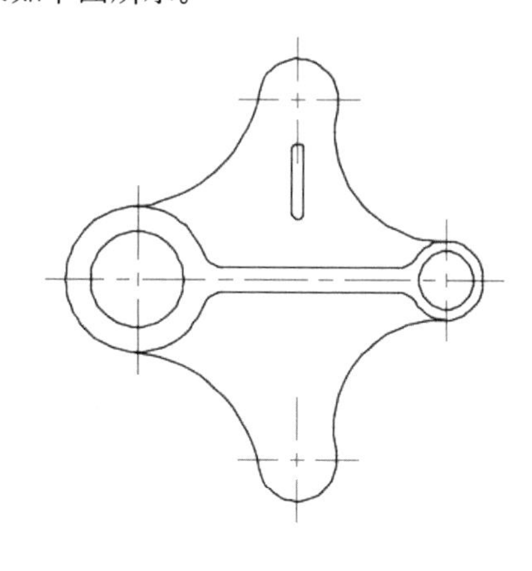

5.1.6 绘制定位槽

定位槽的槽型绘制完成后，通过偏移、旋转、拉伸、修剪、镜像即可得到定位槽。绘制定位槽的具体步骤如下。

第 1 步 单击【默认】选项卡 ➢【修改】面板 ➢【偏移】按钮⊆，设置偏移距离为 0.5，然后选择 5.1.5 节绘制的槽型为偏移对象，将它向内侧偏移，如下图所示。

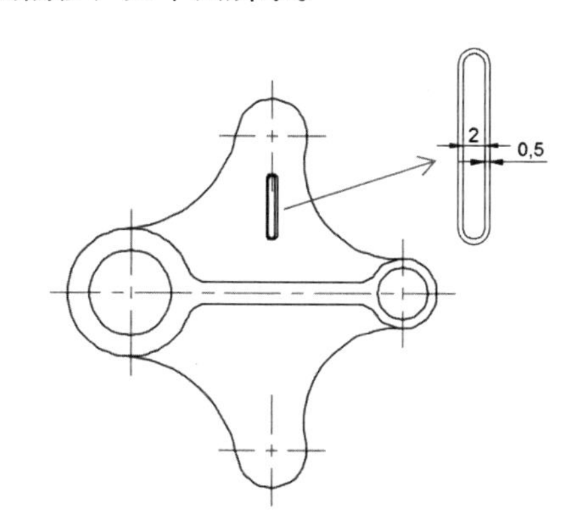

第 2 步 单击【默认】选项卡 ➢【修改】面板 ➢【旋转】按钮↻，如下图所示。

提示

除了通过面板调用【旋转】命令外，还可以通过以下方法调用【旋转】命令。

（1）选择【修改】➢【旋转】菜单命令。

（2）在命令行中输入“ROTATE/RO”命令并按空格键。

第 3 步 选择槽型为旋转对象，然后按住【Shift】键单击鼠标右键，在弹出的快捷菜单中选择【几何中心】选项，如下图所示。

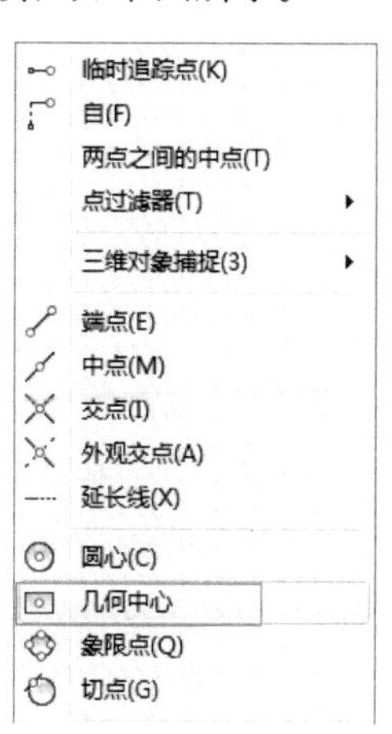

第 4 步 捕捉槽型的几何中心为旋转基点，如下图所示。

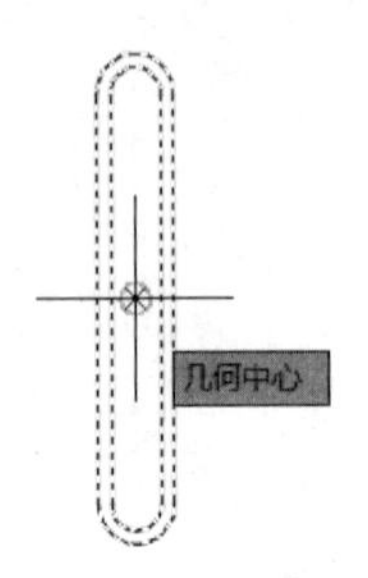

第 5 步 当命令行提示指定旋转角度时输入“C”，然后输入旋转角度“90”。

指定旋转角度，或 [复制 (C)/ 参照 (R)] <0>: C 旋转一组选定对象。

指定旋转角度，或 [复制 (C)/ 参照 (R)] <0>: 90

第 6 步 槽型旋转并复制后结果如下图所示。

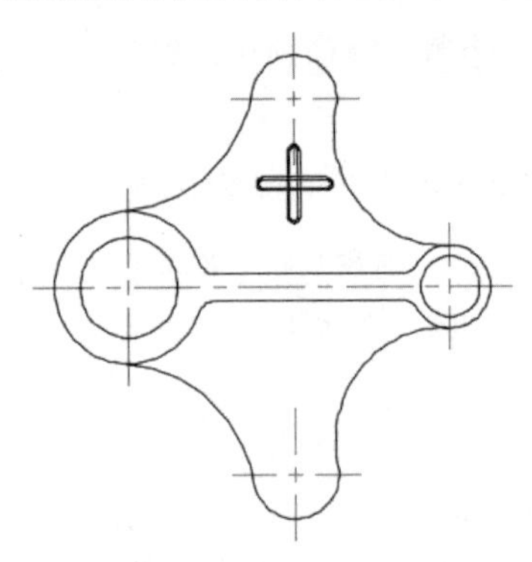

第 7 步 单击【默认】选项卡 ➤【修改】面板 ➤【拉伸】按钮，如下图所示。

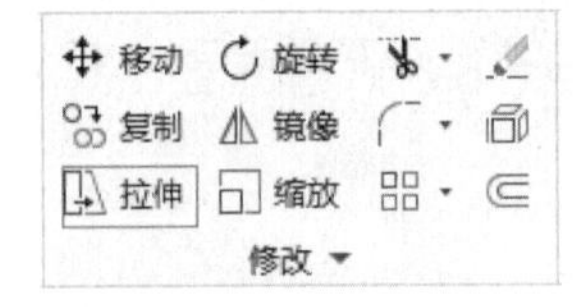

提示

除了通过面板调用【拉伸】命令外，还可以通过以下方法调用【拉伸】命令。

（1）选择【修改】➤【拉伸】菜单命令。

（2）在命令行中输入“STRETCH/S”命令并按空格键。

第 8 步 从右向左拖动鼠标选择拉伸的对象，如下图所示。

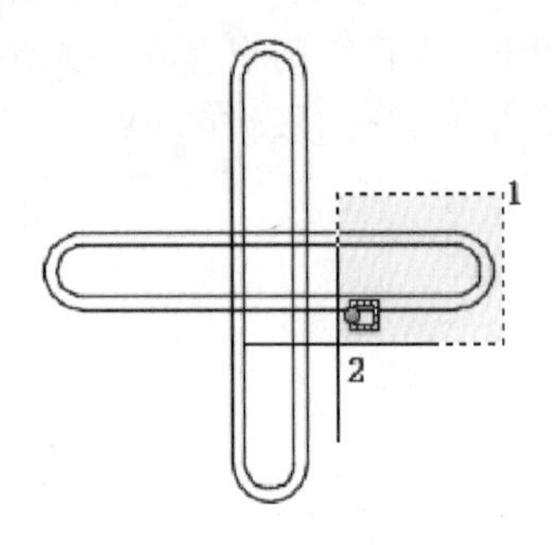

提示

【拉伸】命令在选择对象时必须使用从右向左窗交选择对象，全部选中的对象进行移动操作，部分选中的对象进行拉伸操作，例如，本例中直线被拉伸，而圆弧则被移动。

第 9 步 选择对象后任意单击一点作为拉伸的基点，如下图所示。

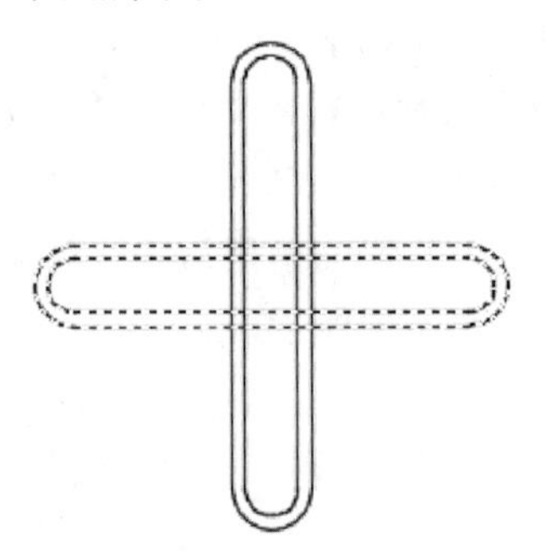

第 10 步 用相对坐标输入拉伸的第二点“@−3，0”，拉伸完成后结果如下图所示。

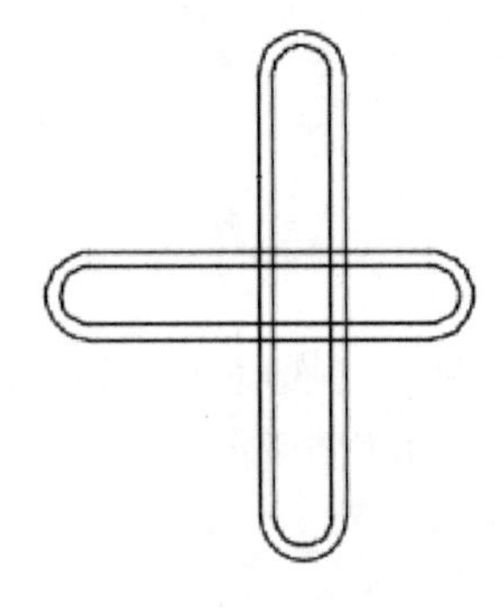

提示

【拉伸】命令指定距离和移动、复制指定距离的方法相同。

第 11 步 重复第 7~10 步，将横向定位槽的另一端向右拉伸 3，结果如下图所示。

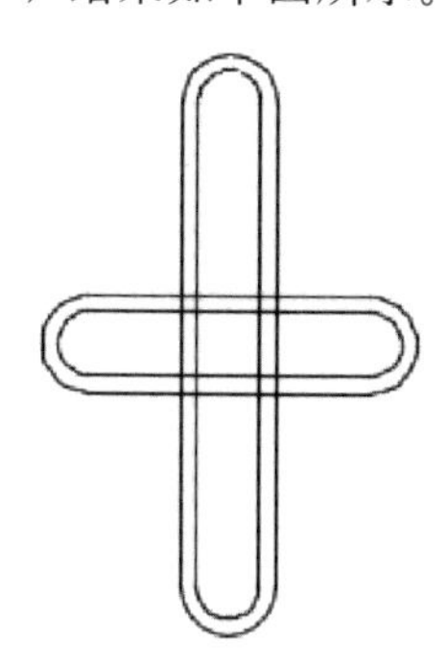

第 12 步 单击【默认】选项卡➤【修改】面板➤【修剪】按钮，对横竖两个槽型进行修剪，将相交的部分修剪掉，结果如下图所示。

提示

按住鼠标左键直接水平和竖直划过要修剪的对象即可。

第 13 步 单击【默认】选项卡➤【修改】面板➤【镜像】按钮，选择修剪后的槽型为镜像对象，如下图所示。

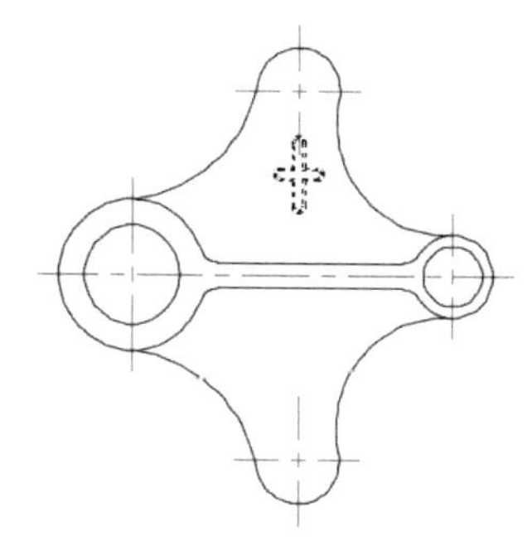

第 14 步 捕捉水平中心线上的两个端点为镜像线上的两点，如下图所示。

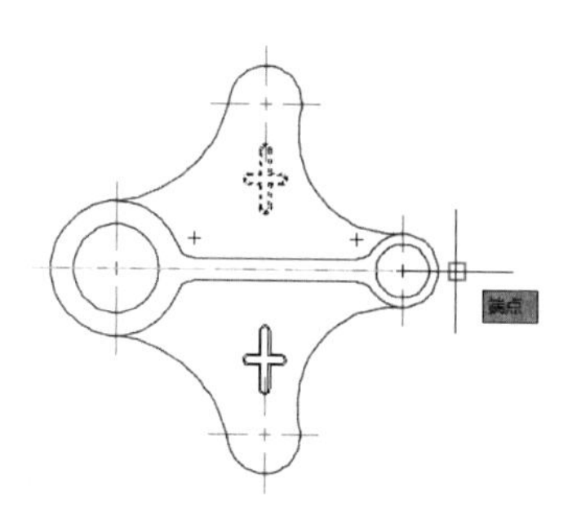

第 15 步 镜像后结果如下图所示。

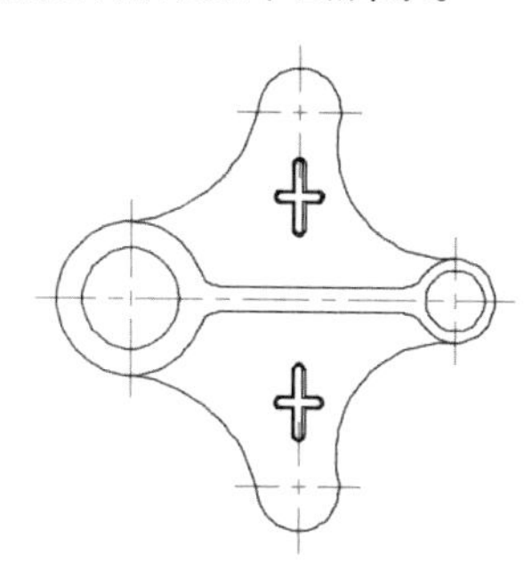

第 16 步 单击【默认】选项卡➤【修改】面板➤【旋转】按钮，选择所有图形为旋转对象，并捕捉如下图所示的圆心为旋转基点。

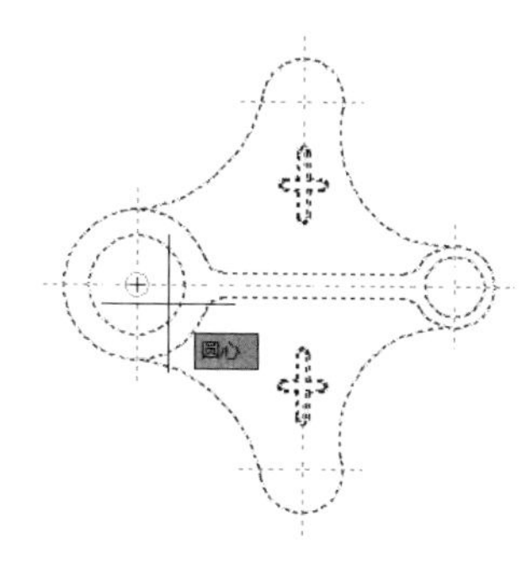

第 17 步 输入旋转的角度“300”，结果如下图所示。

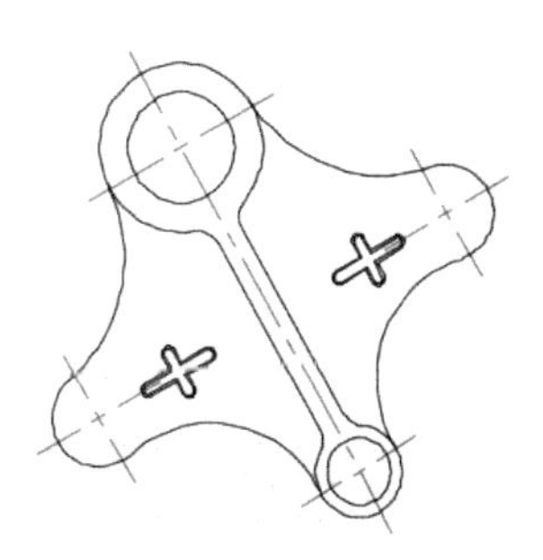

调用【旋转】命令后，选择不同的选项可以进行不同的操作，例如，可以直接输入旋转角度旋转对象，可以旋转的同时复制对象，还

可以将选定的对象从指定参照角度旋转到绝对角度。【旋转】命令各选项的应用如表 5-4 所示。

表 5-4　旋转命令各选项的应用

命令选项	绘制步骤	结果图形	相应命令行显示
输入旋转角度旋转对象	1. 调用【旋转】命令 2. 指定旋转基点 3. 输入旋转角度		命令：_rotate UCS 当前的正角方向：ANGDIR=逆时针 ANGBASE=0 选择对象：找到 7 个 选择对象：↙ 指定基点： // 捕捉圆心 指定旋转角度，或 [复制 (C)/ 参照 (R)] <0>: 270
旋转的同时复制对象	1. 调用【旋转】命令 2. 指定旋转基点 3. 输入 “c” 4. 输入旋转角度		命令：_rotate UCS 当前的正角方向：ANGDIR= 逆时针 ANGBASE=0 选择对象：找到 7 个 选择对象：↙ 指定基点： // 捕捉圆心 指定旋转角度，或 [复制 (C)/ 参照 (R)] <270>: c 旋转一组选定对象。 指定旋转角度，或 [复制 (C)/ 参照 (R)] <0>: 270
起点、圆心、角度	1. 调用【旋转】命令； 2. 指定旋转基点 3. 输入 “r” 4. 指定参照角度 5. 输入新的角度		命令：_rotate UCS 当前的正角方向：ANGDIR= 逆时针 ANGBASE=0 选择对象：指定对角点：找到 7 个 选择对象：↙ 指定基点： // 捕捉圆心 指定旋转角度，或 [复制 (C)/ 参照 (R)] <0>: r 指定参照角 <90>: // 捕捉上步的圆心为参照角的第一点 指定第二点：// 捕捉中点为参照角的第二点 指定新角度或 [点 (P)] <90>:90

5.1.7 绘制工装定位板的其他部分

绘制工装定位板的其他部分主要应用到直线、圆、移动、阵列、复制和倒角命令。

绘制工装定位板的其他部分的步骤如下。

第 1 步 单击【默认】选项卡 ➤【绘图】面板 ➤【直线】按钮╱，根据命令行提示进行如下操作。

```
命令：_line
指定第一个点：                //捕捉圆的象限点
指定下一点或 [放弃 (U)]: @0,50
指定下一点或 [放弃 (U)]: @-50,0
指定下一点或 [闭合 (C)/ 放弃 (U)]: @0,-48
指定下一点或 [闭合 (C)/ 放弃 (U)]: tan 到
//捕捉切点
指定下一点或 [闭合 (C)/ 放弃 (U)]: ↙
```

第 2 步 直线绘制完成后结果如下图所示。

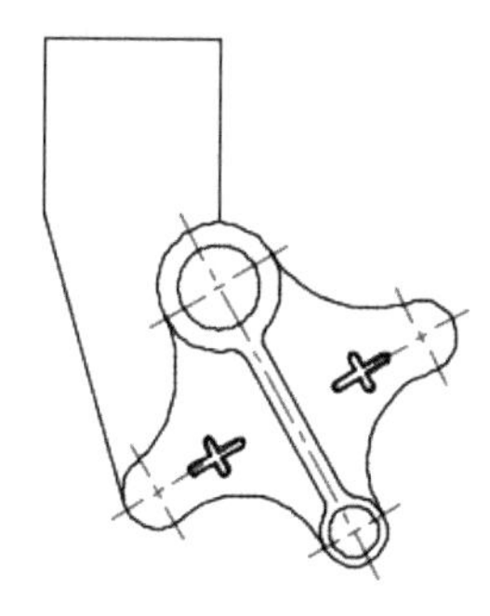

第 3 步 单击【默认】选项卡 ➤【绘图】面板 ➤【圆】按钮，以直线的交点为圆心绘制一个半径为 4 的圆，如下图所示。

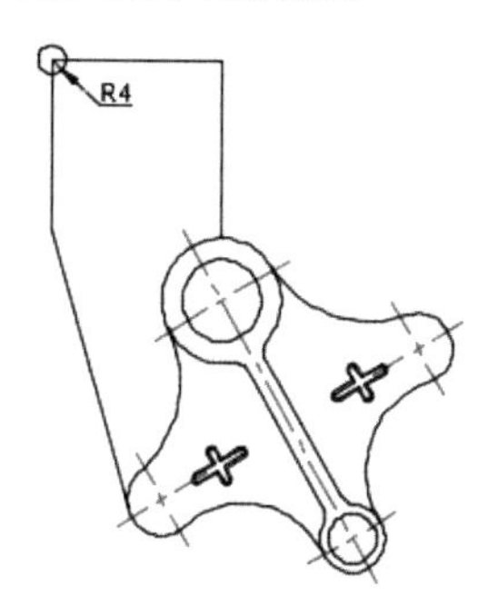

第 4 步 单击【默认】选项卡 ➤【修改】面板 ➤【移动】按钮，选择第 3 步绘制的圆为移动对象，任意单击一点作为移动的基点，然后输入移动的第二点“@10,−13”，如下图所示。

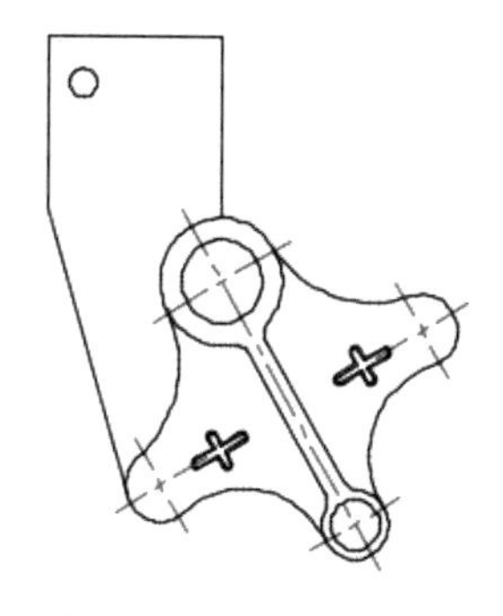

第 5 步 单击【默认】选项卡 ➤【修改】面板 ➤【阵列】➤【矩形阵列】按钮，如下图所示。

提示

除了通过面板调用【阵列】命令外，还可以通过以下方法调用【阵列】命令。

（1）选择【修改】➤【阵列】菜单命令，选择一种阵列。

（2）在命令行中输入“ARRAY/AR”命令并按空格键。

第 6 步 选择移动后的圆为阵列对象，按空格键确认，在弹出的【阵列创建】选项卡中对行和列进行如下图所示的设置。

第 7 步 设置完成后单击【关闭阵列】按钮，结果如下图所示。

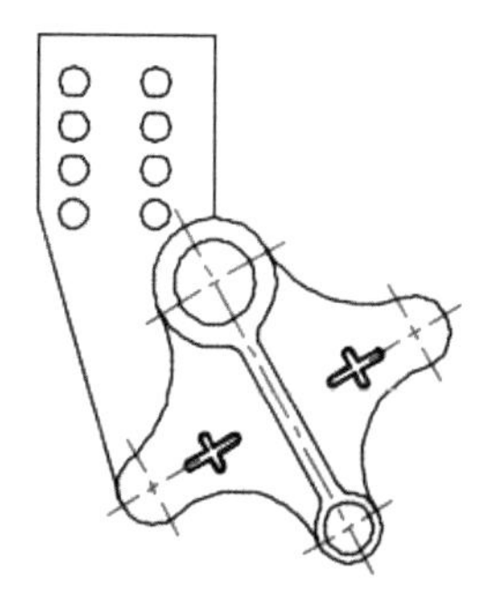

第 8 步 单击【默认】选项卡 ➤【修改】面板 ➤【复制】按钮，选择左下角的圆为复制对象，如下图所示。

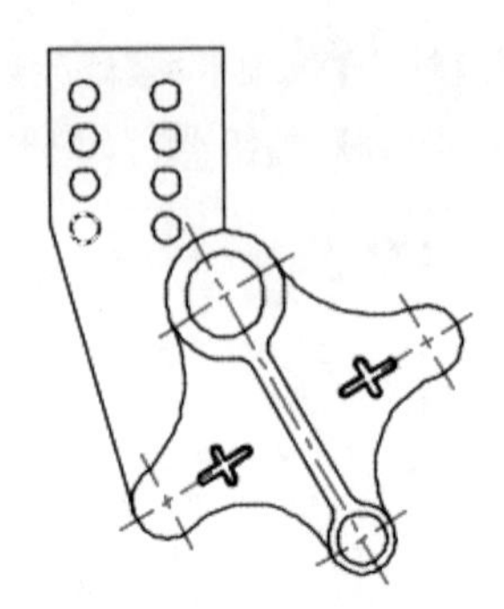

第9步 任意单击一点作为复制的基点，然后分别输入“@10,−10”和“@10,−35”作为两个复制对象的第二点，如下图所示。

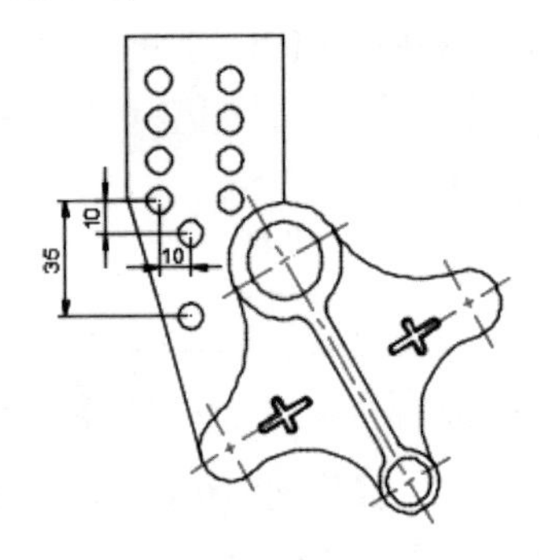

第10步 单击【默认】选项卡➢【修改】面板➢【倒角】按钮，如下图所示。

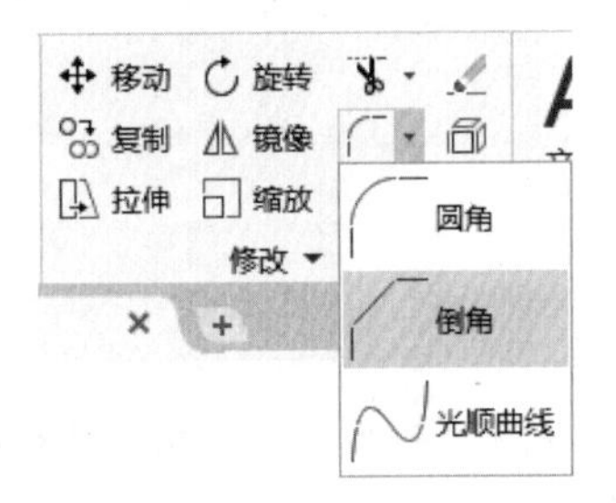

提示

除了通过面板调用【倒角】命令外，还可以通过以下方法调用【倒角】命令。

（1）选择【修改】➢【倒角】菜单命令。

（2）在命令行中输入“CHAMFER/CHA”命令并按空格键。

第11步 根据命令行提示设置倒角的距离。

命令：_chamfer

（“修剪”模式）当前倒角距离 1 = 0.0000，距离 2 = 0.0000

选择第一条直线或 [放弃 (U)/ 多段线 (P)/ 距离 (D)/ 角度 (A)/ 修剪 (T)/ 方式 (E)/ 多个 (M)]: d

指定 第一个 倒角距离 <0.0000>: 5

指定 第二个 倒角距离 <5.0000>: ↙

选择第一条直线或 [放弃 (U)/ 多段线 (P)/ 距离 (D)/ 角度 (A)/ 修剪 (T)/ 方式 (E)/ 多个 (M)]: m

第12步 选择需要倒角的第一条直线，如下图所示。

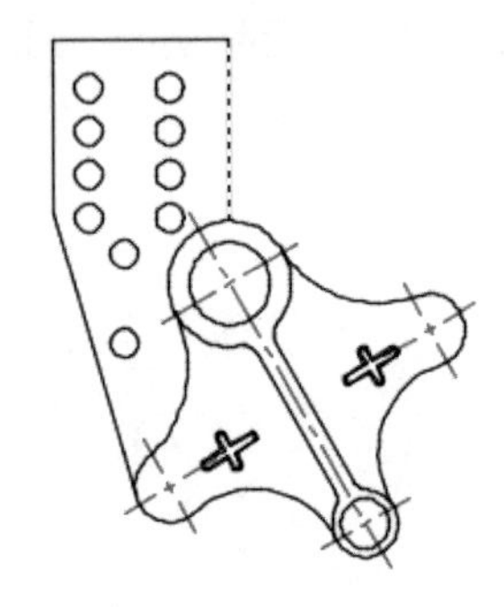

第13步 选择需要倒角的第二条直线，效果如下图所示。

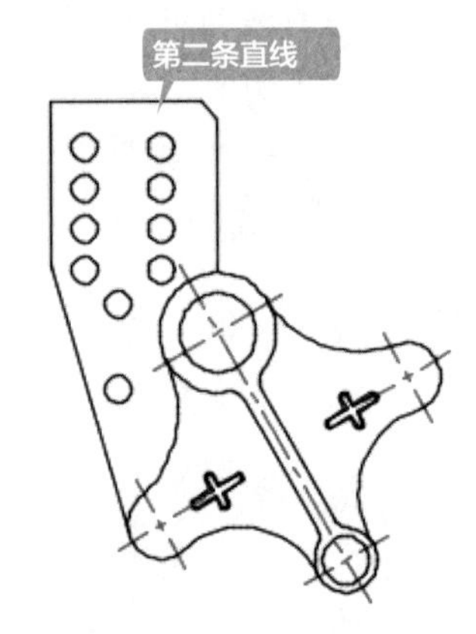

第14步 重复选择需要倒角的两条直线进行倒角，效果如下图所示。

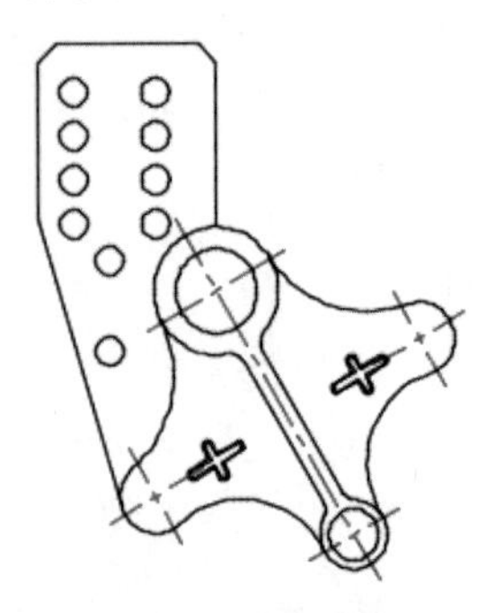

AutoCAD 中阵列的形式有三种，即矩形阵列、路径阵列和极轴（环形）阵列，选择的

阵列类型不同，对应的【阵列创建】选项卡的操作也不相同。各种阵列的应用如表 5-5 所示。

表 5-5　各种阵列的应用

阵列类型	绘制步骤	结果图形	备注
矩形阵列	1. 调用【矩形阵列】命令 2. 选择阵列对象 3. 设置【阵列创建】选项卡	单层 2层	1. 不关联 在弹出的【阵列创建】选项卡上如果设置为不关联，则创建后各对象是单个独立的对象，可以单独编辑 2. 关联 在弹出的【阵列创建】选项卡上如果设置为关联，则创建后各对象是一个整体（可以通过分解命令解除阵列的关联性） 选中任意一个对象，即可弹出【阵列】选项卡，在该选项卡中可以对阵列对象进行如下编辑 （1）更改列数、行数、层数，以及列间距、行间距和层间距 （2）选择【编辑来源】选项，可以对阵列对象进行单个编辑 （3）选择【替换项目】选项，可以对阵列中的某个或某几个对象进行替换 （4）选择【重置矩阵】选项，则重新恢复到最初的阵列结果 3. 层数 如果阵列的层数为多层，可以通过三维视图，如西南等轴测、东南等轴测等视图观察阵列效果
路径阵列	1. 调用【路径阵列】命令 2. 选择阵列对象 3. 选择阵列路径 4. 设置【阵列创建】选项板卡	不对齐 对齐	1. 定距等分 AutoCAD 默认是沿路径定距等分的，定距等分时只能更改等分的距离，阵列的个数按路径自动计算 等分距离可以自行设置 项目数: 2 介于: 846 总计: 846 项目 2. 定数等分 将等分形式切换为【定数等分】后，可以更改等分的个数，阵列的间距按路径自动计算 关联 基点 切线方向 定距等分 对齐项目 Z 方向 定数等分 定距等分 等分格式修改后，项目选项也发生变化，这时可以更改阵列个数，阵列的间距按路径自动计算 项目数: 8 介于: 1543.3085 总计: 1543.3085 项目 3. 对齐项目 指定是否对齐每个项目以与路径方向相切。对齐相对于第一个项目的方向

续表

阵列类型	绘制步骤	结果图形	备注
极轴（环形）阵列	1. 调用【极轴阵列】命令 2. 选择阵列对象 3. 指定阵列中心 4. 设置【阵列创建】选项卡	 不旋转项目 逆时针方向旋转 顺时针方向旋转	1. 旋转项目 控制阵列时是否旋转项目，若不选择【旋转项目】，则阵列对象保持原有方向阵列，不绕阵列中心进行旋转，如左上图所示。左中下两张图为【旋转项目】的效果 2. 方向 阵列方向分为逆时针和顺时针，当阵列填充角度不是 360° 时，阵列方向不同，阵列的结果也不相同

倒角（或斜角）是使用成角的直线连接两个二维对象，或在三维实体的相邻面之间创建成角度的面。倒角除了本节中介绍的通过等距离创建外，还可以通过不等距离创建、通过角度创建及创建三维实体面之间的倒角等。倒角的各种创建方法如表 5-6 所示。

表 5-6　倒角的各种创建方法

对象分类	创建分类		创建过程	创建结果	备注
二维对象	通过距离创建	等距离	1. 调用【倒角】命令 2. 输入“D”并输入两个距离值 3. 选择第一个对象 4. 选择第二个对象	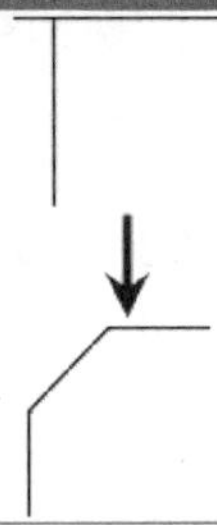	对于等距离创建，两个对象的选择没有先后顺序。对于不等距离创建，两个对象的选择顺序不同，结果也不相同 当距离为 0 时，使两个不相交的对象相交并创建尖角，如下图所示 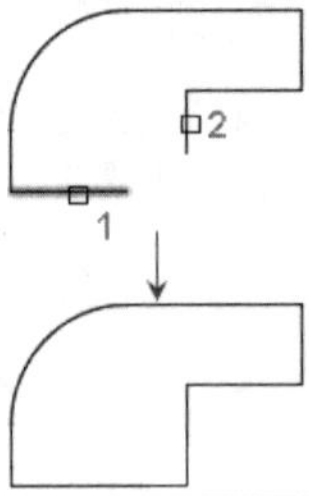
		不等距离		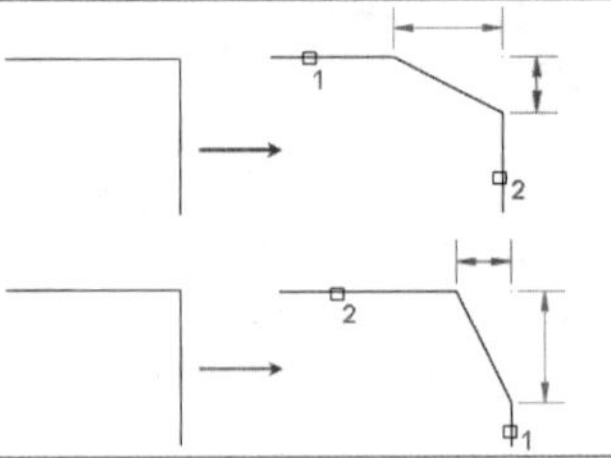	

续表

对象分类	创建分类	创建过程	创建结果	备注
二维对象	通过角度创建	1. 调用【倒角】命令 2. 输入“A”并指定第一条直线的长度和第一条直线的倒角角度 3. 选择第一个对象 4. 选择第二个对象	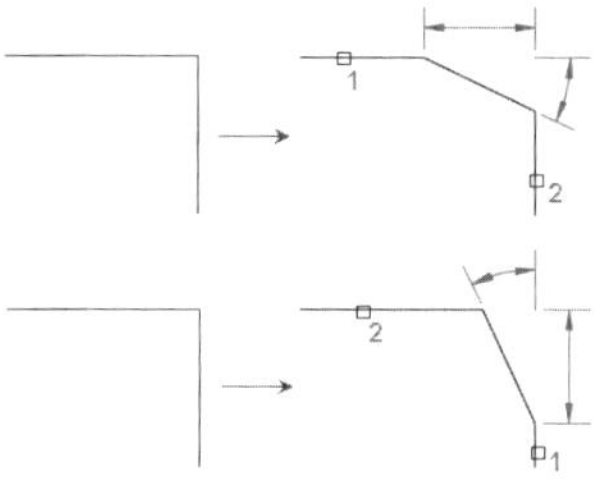	通过角度创建倒角时创建的结果与选择的第一个对象有关 当角度为 0 时，使两个不相交的对象相交并创建尖角，如下图所示 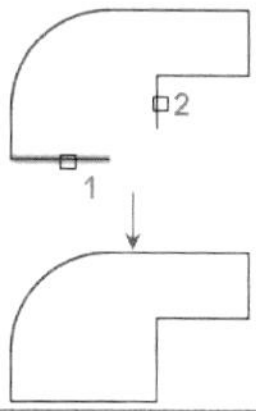
	倒角对象为多段线	1. 调用【倒角】命令 2. 输入“D”或“A” 3. 如果输入“D”，指定两个倒角距离；如果输入“A”，指定第一个倒角距离和角度 4. 输入“P”，然后选择要倒角的多段线	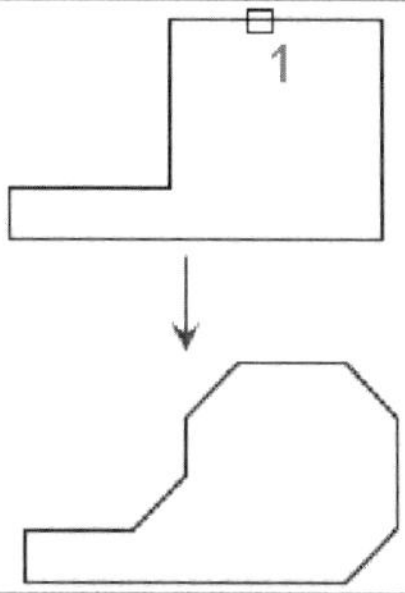	
	不修剪	1. 调用【倒角】命令 2. 输入“D”或“A” 3. 如果输入“D”，指定两个倒角距离；如果输入“A”，指定第一个倒角距离和角度 4. 输入“T”，然后选择不修剪 5. 选择两个要倒角的对象	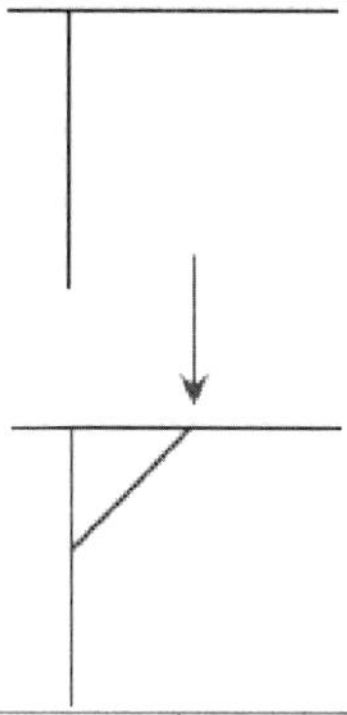	
三维对象	边	1. 调用【倒角】命令 2. 选择边并确定该边所在的面 3. 指定两个倒角距离 4. 选择边	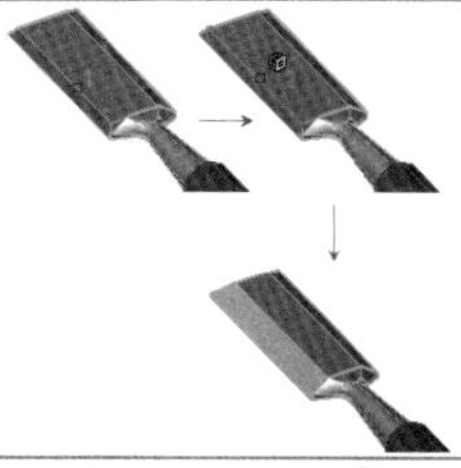	选择边后，如果 AutoCAD 默认的面不是想要的面，可以输入“N”切换到相邻的面 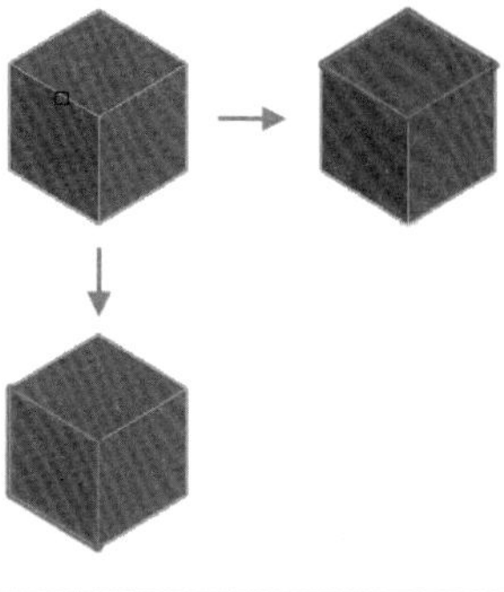
	环	1. 调用【倒角】命令 2. 选择边并确定该边所在的面 3. 指定两个倒角距离 4. 输入“L”，然后选择边	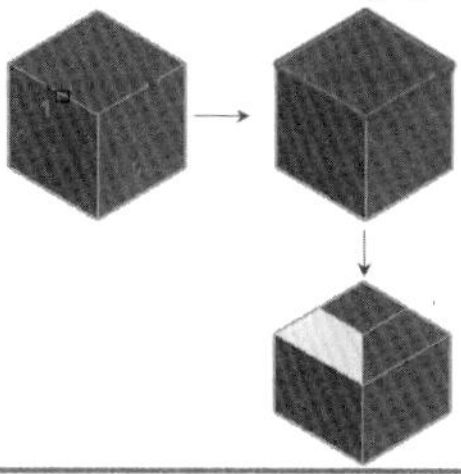	

5.2 绘制模具主视图

本例中的模具主视图是一个左右对称图形，因此，可以先绘制图形的一侧，然后通过镜像得到整个图形。

5.2.1 创建图层

在绘图之前，首先参考 3.1 节创建两个图层，并将“轮廓线”层置为当前层。

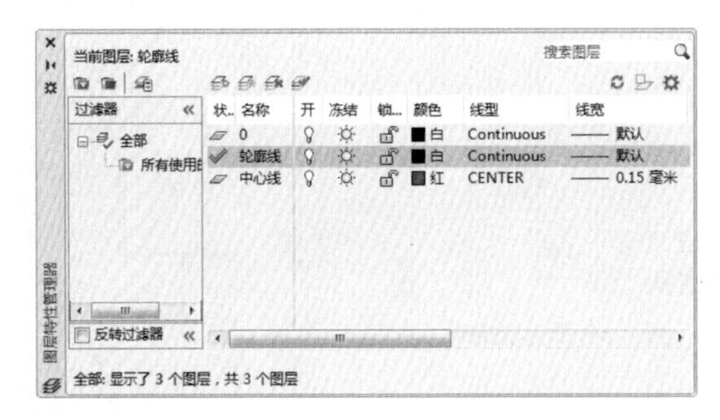

5.2.2 绘制左侧外轮廓

绘制左侧外轮廓主要用到直线、倒角、偏移和夹点编辑命令，前面介绍了通过等距离创建倒角，本节介绍通过角度和不等距离创建倒角。另外，除了前面介绍的拉伸命令，还可以通过夹点编辑来执行拉伸操作。

绘制左侧外轮廓的具体步骤如下。

第1步 单击【默认】选项卡 ➤【绘图】面板 ➤【直线】按钮 ⁄，根据命令行提示进行如下操作。

```
命令 : _line
指定第一个点：    // 任意单击一点作为第一点
指定下一点或 [ 放弃 (U)]: @-67.5,0
指定下一点或 [ 放弃 (U)]: @0,-19
指定下一点或 [ 闭合 (C)/ 放弃 (U)]: @-91,0
指定下一点或 [ 闭合 (C)/ 放弃 (U)]: @0,37.5
指定下一点或 [ 闭合 (C)/ 放弃 (U)]: @23,0
指定下一点或 [ 闭合 (C)/ 放弃 (U)]: @0,169
指定下一点或 [ 闭合 (C)/ 放弃 (U)]: @24,0
指定下一点或 [ 闭合 (C)/ 放弃 (U)]: @0,13
指定下一点或 [ 闭合 (C)/ 放弃 (U)]: @62.5,0
指定下一点或 [ 闭合 (C)/ 放弃 (U)]: @0,-27
指定下一点或 [ 闭合 (C)/ 放弃 (U)]: @49,0
指定下一点或 [ 闭合 (C)/ 放弃 (U)]: c
```

第2步 直线绘制完成后如下图所示。

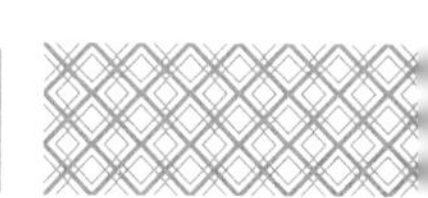

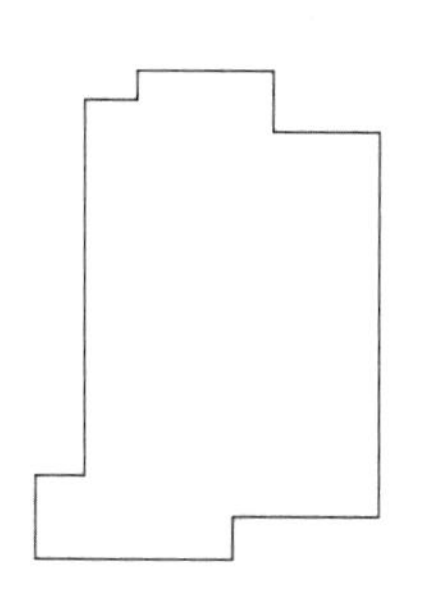

第 3 步 单击【默认】选项卡 ➢【修改】面板 ➢【倒角】按钮，根据命令行提示进行如下设置。

命令 : _chamfer

（“修剪”模式）当前倒角距离 1 = 0.0000，距离 2 = 0.0000

选择第一条直线或 [放弃 (U)/ 多段线 (P)/ 距离 (D)/ 角度 (A)/ 修剪 (T)/ 方式 (E)/ 多个 (M)]: a

指定第一条直线的倒角长度 <10.0000>: 23

指定第一条直线的倒角角度 <15>: 60

第 4 步 当命令行提示选择第一条直线时选择如下图所示的横线。

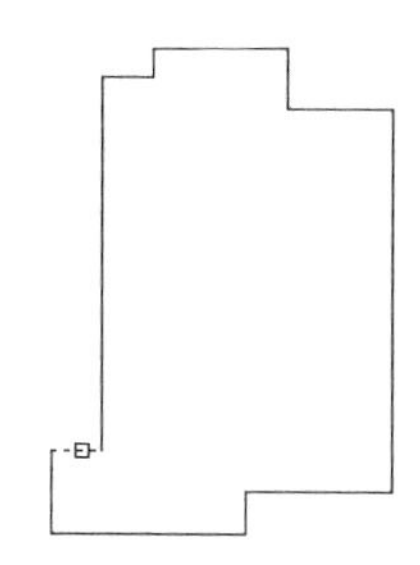

第 5 步 当命令行提示选择第二条直线时选择竖直线，倒角创建完成后如下图所示。

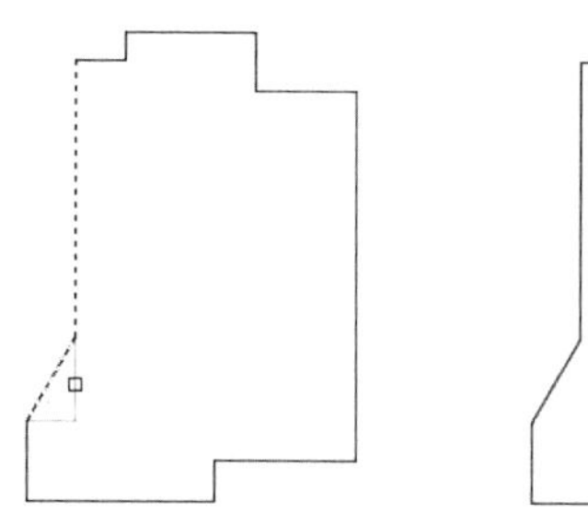

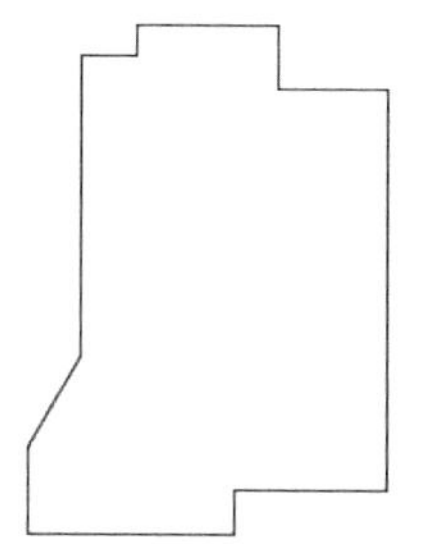

第 6 步 重复第 3 步，调用【倒角】命令，根据命令行提示进行如下设置。

命令 : _chamfer

（“修剪”模式）当前倒角长度 = 23.0000，角度 = 60

选择第一条直线或 [放弃 (U)/ 多段线 (P)/ 距离 (D)/ 角度 (A)/ 修剪 (T)/ 方式 (E)/ 多个 (M)]: d

指定 第一个 倒角距离 <0.0000>: 16

指定 第二个 倒角距离 <16.0000>: 27

第 7 步 当命令行提示选择第一条直线时选择如下图所示的横线。

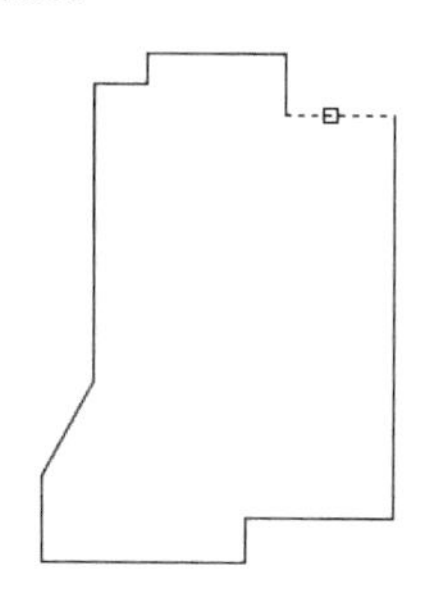

第 8 步 当命令行提示选择第二条直线时选择竖直线，倒角创建完成后如下图所示。

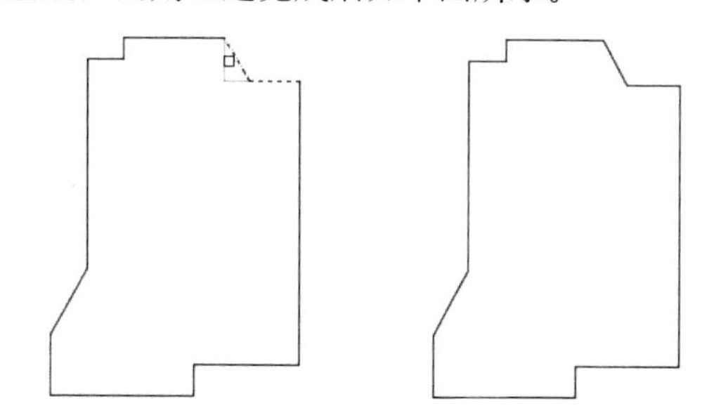

第 9 步 单击【默认】选项卡 ➢【修改】面板 ➢【偏移】按钮，输入偏移距离“16.5”，然后选择最右侧的竖直线，将它向左偏移，如下图所示。

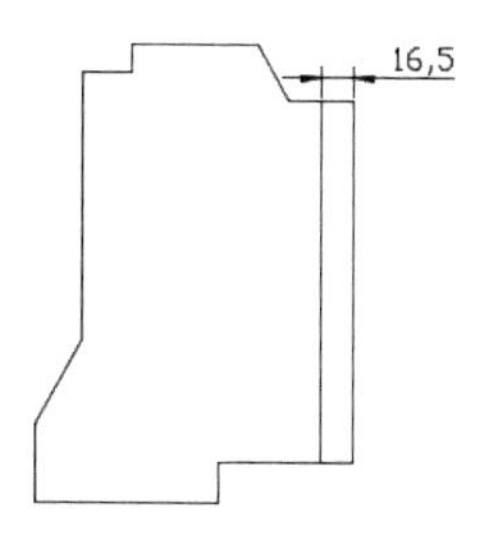

第 10 步 选中最右侧的竖直线，然后单击最上端的夹点，如下图所示。

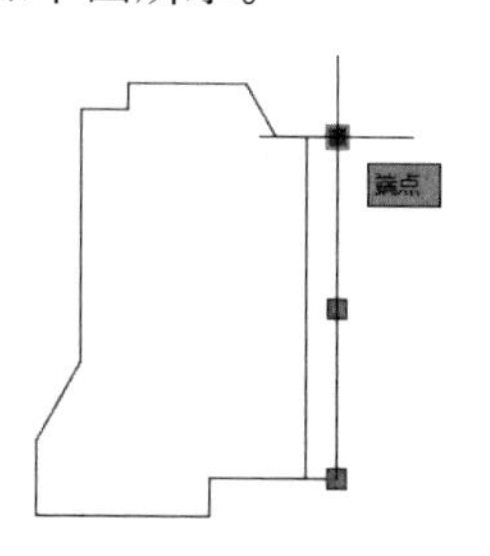

第 11 步 向上拖动鼠标，在合适的位置单击确定直线的长度，如下图所示。

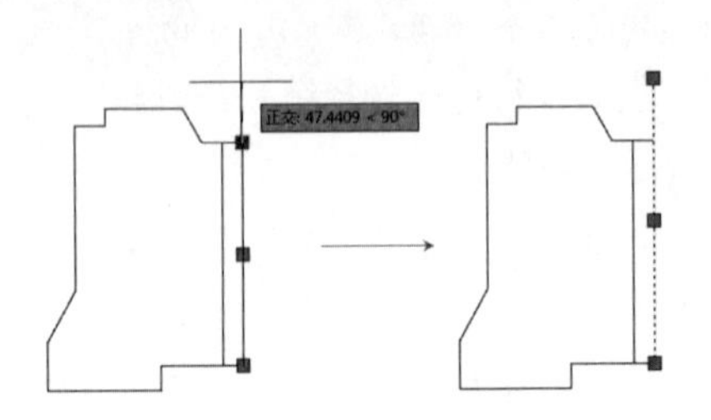

第 12 步 重复第 10~11 步，选中最下端的夹点，然后向下拖动鼠标，在合适的位置单击确定直线的长度，如下图所示。

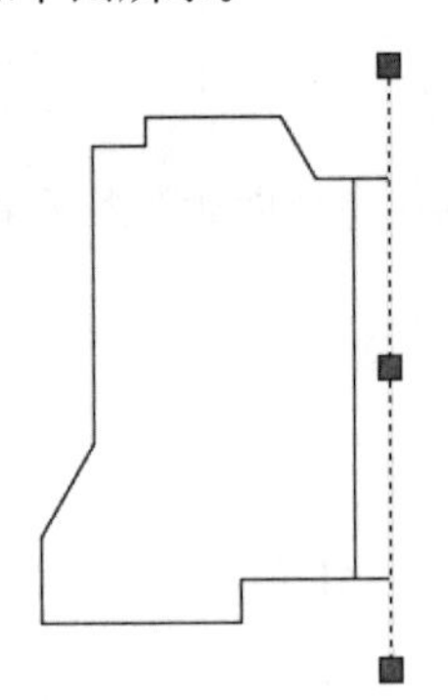

第 13 步 单击【默认】选项卡 >【图层】面板 >【图层】下拉按钮，并选择“中心线”层，将竖直线切换到“中心线”图层上，如下图所示。

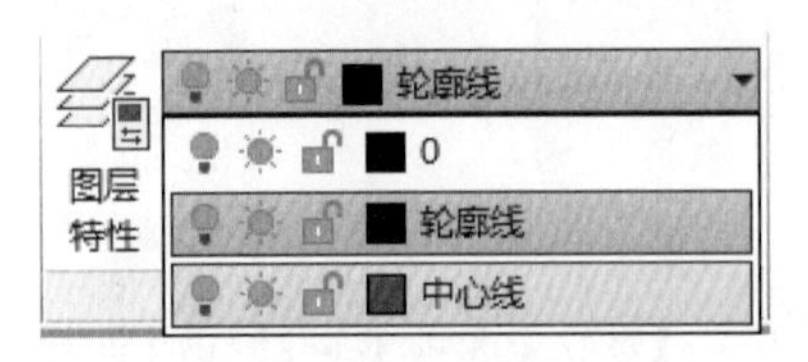

第 14 步 修改完成后按【Esc】键退出选择，结果如下图所示。

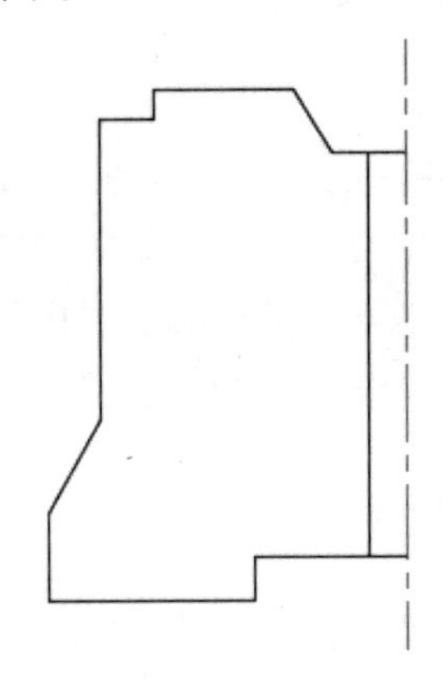

当没有执行任何命令的情况下，选择对象，对象上会出现一些实心小方块，这些小方块被称作夹点，默认显示为蓝色，可以通过夹点执行拉伸、移动、旋转、缩放或镜像操作。

关于通过夹点编辑对象的方法如表 5-7 所示。

表 5-7　夹点编辑的各种操作

命令调用	选择命令	创建过程	创建结果	备注
在没有执行任何命令的情况下选择对象，选中对象上的某个夹点后单击鼠标右键，在弹出的快捷菜单上选择命令（对象不同，夹点能执行的操作也不相同，一般可以执行拉伸、移动、旋转、缩放和镜像，有的还可以执行拉长等命令，如直线、圆弧）	拉伸	1. 选中某个夹点 2. 拖动鼠标在合适的位置单击或输入拉伸长度	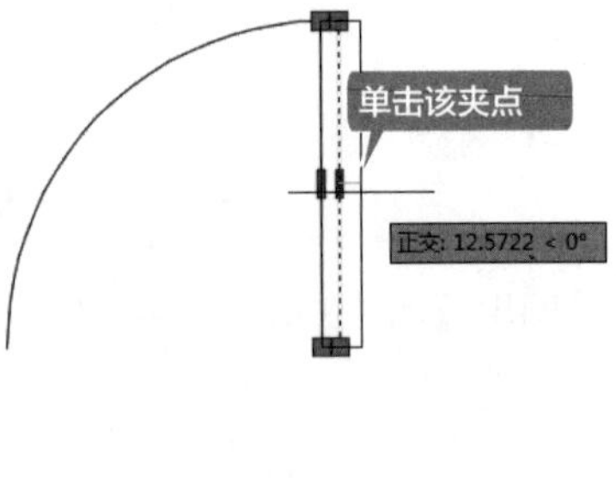 单击该夹点 正交: 12.5722 < 0°	拉伸是夹点编辑的默认操作，不需要通过单击右键选择命令，可以直接进行操作

续表

命令调用	选择命令	创建过程	创建结果	备注
	移动	1. 选中某个夹点 2. 单击鼠标右键，选择【移动】 3. 拖动鼠标或输入相对坐标指定移动距离		
	旋转	1. 选中某个夹点 2. 单击鼠标右键，选择【旋转】 3. 拖动鼠标指定旋转角度或输入旋转角度		
	镜像	1. 选中某个夹点 2. 单击鼠标右键，选择【镜像】 3. 拖动鼠标指定镜像线		镜像后默认删除源对象
	缩放	1. 选中某个夹点 2. 单击鼠标右键，选择【缩放】 3. 输入缩放的比例		

5.2.3 绘制模具左侧的孔

绘制模具左侧的孔主要用到偏移、拉长、圆和镜像命令。

绘制模具左侧的孔的步骤如下。

第 1 步 单击【默认】选项卡 ➤【修改】面板 ➤【偏移】按钮，输入偏移距离“55”，然后选择最右侧的竖直线将它向左偏移，如下图所示。

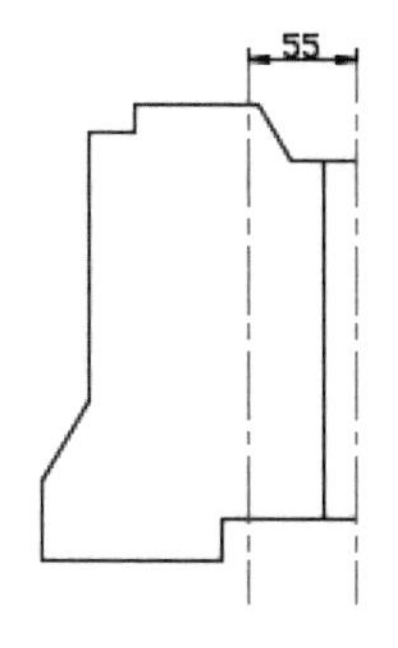

第 2 步 重复第 1 步，将最右侧的竖直线向左侧偏移 42，如下图所示。

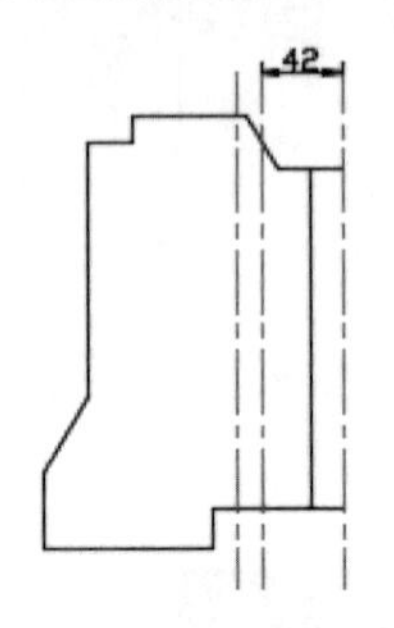

第 3 步 重复第 1 步，将底边水平直线向上分别偏移 87 和 137，如下图所示。

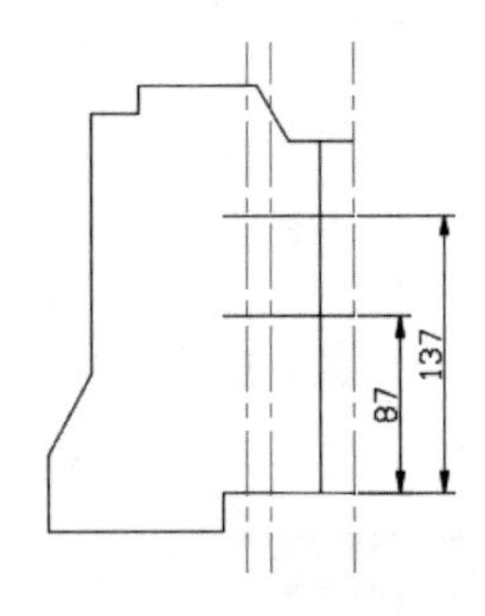

第 4 步 选择第 3 步偏移后的两条直线，将它们切换到“中心线”层，如下图所示。

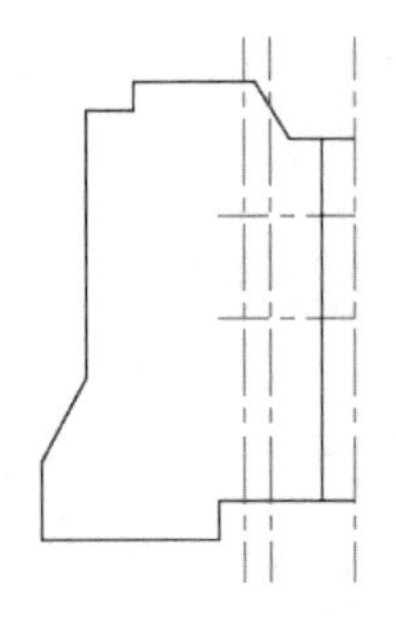

第 5 步 单击【默认】选项卡 ➢【绘图】面板 ➢【圆】➢【圆心、半径】按钮，捕捉中心线的交点为圆心，绘制两个半径分别为 12 和 8 的圆，如下图所示。

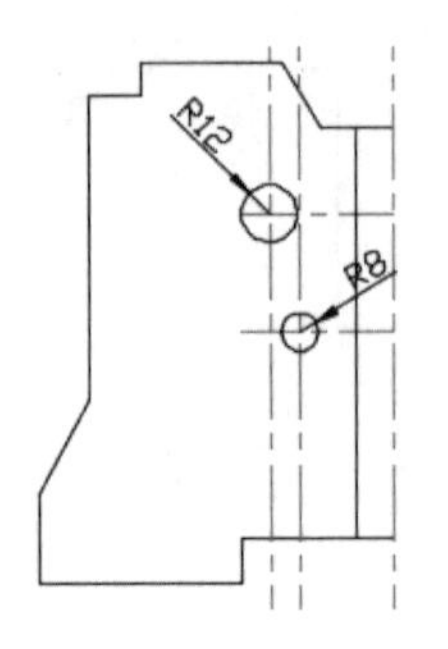

第 6 步 单击【默认】选项卡 ➢【修改】面板 ➢【拉长】按钮，如下图所示。

提示

除了通过面板调用【拉长】命令外，还可以通过以下方法调用【拉长】命令。

（1）选择【修改】➢【拉长】菜单命令。

（2）在命令行中输入“LENGTHEN/LEN”命令并按空格键。

第 7 步 当命令行提示选择测量方式时选择【动态】拉长方式。

命令：_LENGTHEN

选择要测量的对象或 [增量 (DE)/ 百分比 (P)/ 总计 (T)/ 动态 (DY)] < 动态 (DY)>: ↙

第 8 步 当命令行提示选择要修改的对象时，选择如下图所示的中心线。

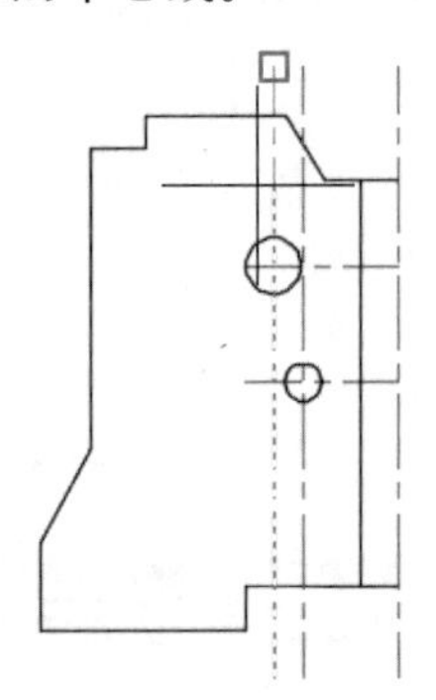

第 9 步 拖动鼠标在合适的位置单击确定新的端点，如下图所示。

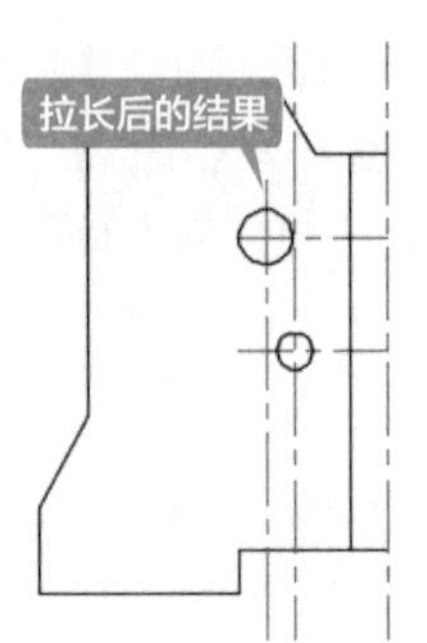

第 10 步 重复第 6~8 步，对其他中心线也进行拉长，结果如下图所示。

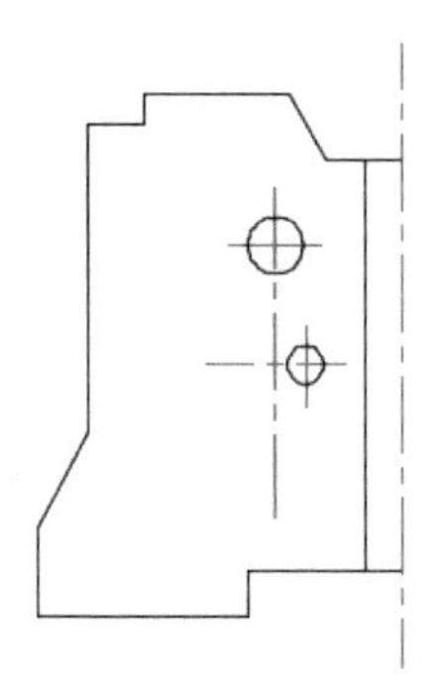

第 11 步 选择如下图所示的中心线。

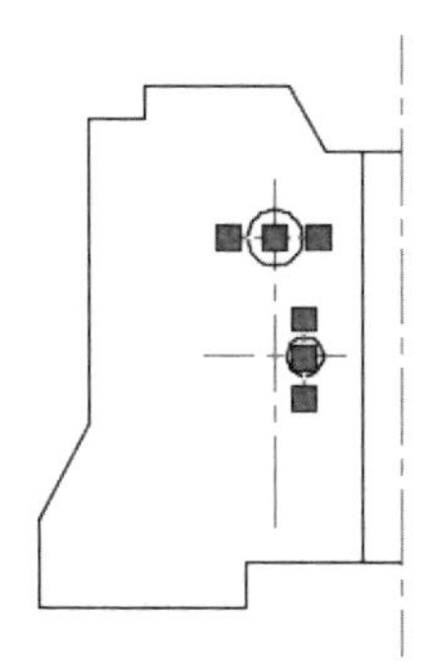

第 12 步 单击【默认】选项卡 ➢【特性】面板右下角的↘按钮，在弹出的【特性】选项板中将线型比例改为 0.5，如下图所示。

第 13 步 按【Esc】键退出选择后如下图所示。

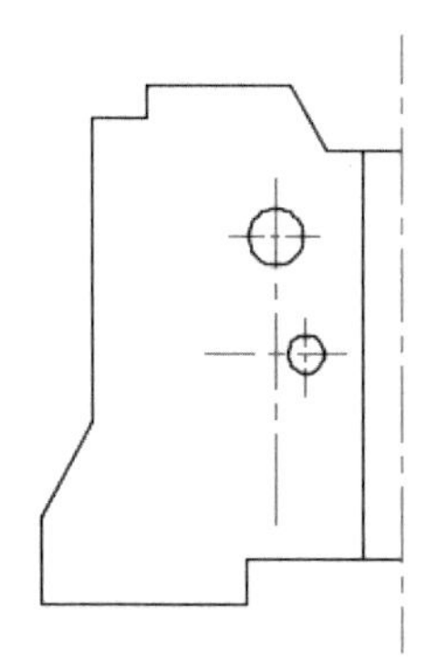

第 14 步 单击【默认】选项卡 ➢【修改】面板 ➢【镜像】按钮⚠，选择如下图所示的圆和中心线为镜像对象，然后捕捉水平中心线的端点为镜像线上的第一点，如下图所示。

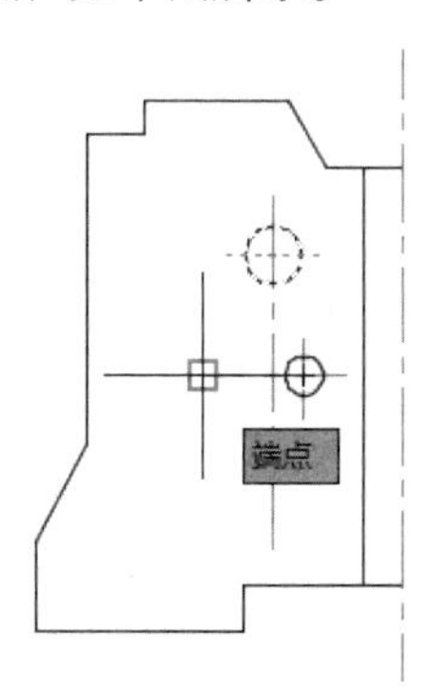

第 15 步 选择水平中心线的另一个端点为镜像线上的第二点，然后选择不删除源对象，如下图所示。

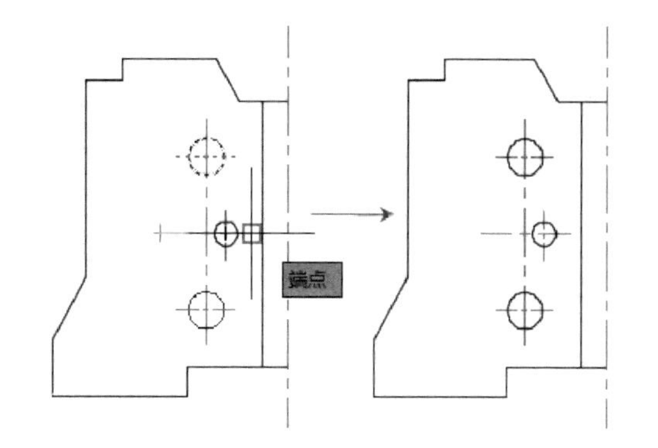

第 16 步 重复第 14~15 步，将半径为 8 的圆和短竖直中心线沿长竖直中心线镜像，结果如下图所示。

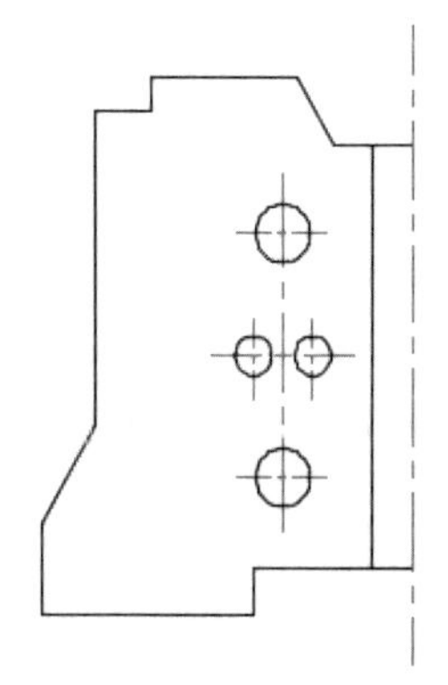

【拉长】命令可以更改对象的长度和圆弧的包含角。调用【拉长】命令后，根据命令行

提示选择不同的选项，可以通过不同的方法对对象的长度进行修改。【拉长】命令更改对象长度的各种方法的具体操作步骤如表5-8所示。

表5-8　拉长命令更改对象长度的各种方法

拉长方法	操作步骤	结果图形	相应命令行显示
增量	1. 选择【拉长】命令 2. 输入“de” 3. 输入增量值 4. 选择要修改的对象	增量值为负值 增量值为正值	命令：_LENGTHEN 选择要测量的对象或 [增量(DE)/百分比(P)/总计(T)/动态(DY)] <动态(DY)>: de 输入长度增量或 [角度(A)] <0.0000>: 100 选择要修改的对象或 [放弃(U)]: 选择要修改的对象或 [放弃(U)]: ↙
百分比	1. 选择【拉长】命令 2. 输入“p” 3. 输入百分数 4. 选择要修改的对象	百分比小于100 百分比大于100	命令：_LENGTHEN 选择要测量的对象或 [增量(DE)/百分比(P)/总计(T)/动态(DY)] <动态(DY)>: p 输入长度百分数 <100.0000>:20 选择要修改的对象或 [放弃(U)]: 选择要修改的对象或 [放弃(U)]: ↙
总计	1. 选择【拉长】命令 2. 输入“t” 3. 输入总长度 4. 选择要修改的对象	总长小于原长 总长大于原长	命令：_LENGTHEN 选择要测量的对象或 [增量(DE)/百分比(P)/总计(T)/动态(DY)] <动态(DY)>:t 指定总长度或 [角度(A)] <1.0000>: 60 选择要修改的对象或 [放弃(U)]: 选择要修改的对象或 [放弃(U)]: ↙
动态	1. 选择【拉长】命令 2. 输入“DY” 3. 选择要修改的对象	缩短 加长	命令：_ LENGTHEN 选择要测量的对象或 [增量(DE)/百分比(P)/总计(T)/动态(DY)] <百分比(P)>: DY 选择要修改的对象或 [放弃(U)]: 指定新端点：

提示

如果修改的对象是圆弧，还可以通过角度选项对其进行修改。

5.2.4 绘制模具左侧的槽

绘制模具左侧的槽主要用到偏移、圆角、打断于点、旋转和延伸命令。

绘制模具左侧的槽的步骤如下。

第1步 单击【默认】选项卡 ➤【修改】面板 ➤【偏移】按钮，输入偏移距离“100”，然后选择最右侧的竖直线将它向左偏移，如下图所示。

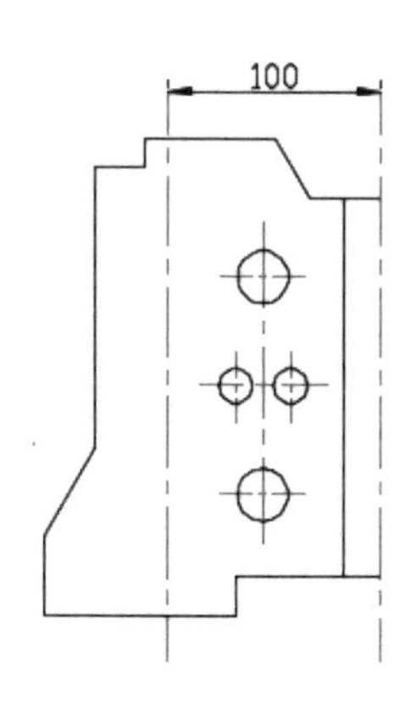

第 2 步 重复【偏移】命令，将右侧的竖直线向左侧分别偏移 72.5 和 94.5，如下图所示。

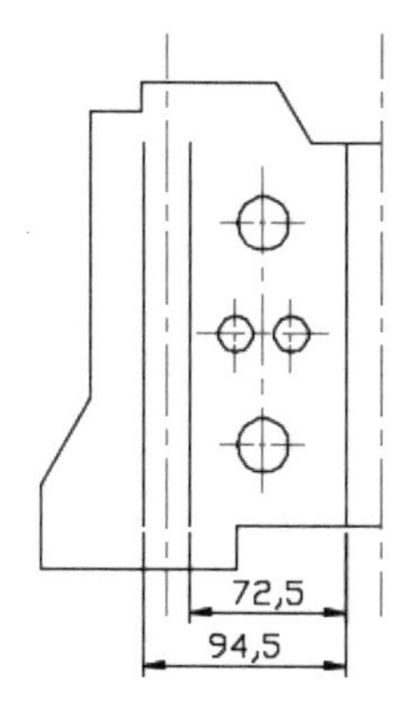

第 3 步 重复【偏移】命令，将顶部和底部两条水平直线向内侧分别偏移 23 和 13，如下图所示。

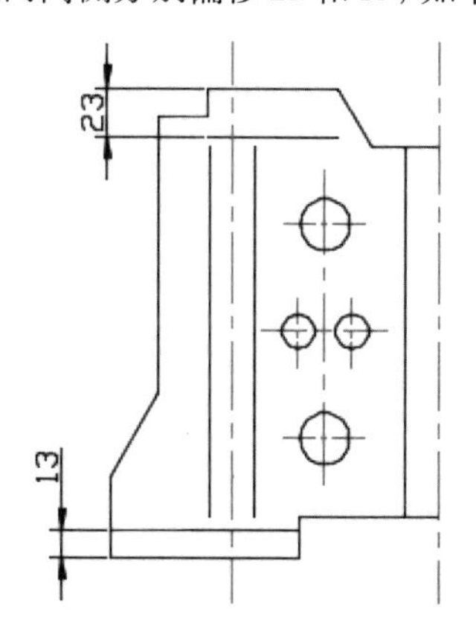

第 4 步 单击【默认】选项卡 ➢【修改】面板 ➢【圆角】按钮⌒，然后进行如下设置。

命令：_FILLET

当前设置：模式 = 修剪，半径 = 0.0000

选择第一个对象或 [放弃 (U)/ 多段线 (P)/ 半径 (R)/ 修剪 (T)/ 多个 (M)]: r 指定圆角半径 <0.0000>: 11

选择第一个对象或 [放弃 (U)/ 多段线 (P)/ 半径 (R)/ 修剪 (T)/ 多个 (M)]: m

第 5 步 选择需要圆角的两条直线，选择时，注意选择直线的位置，如下图所示。

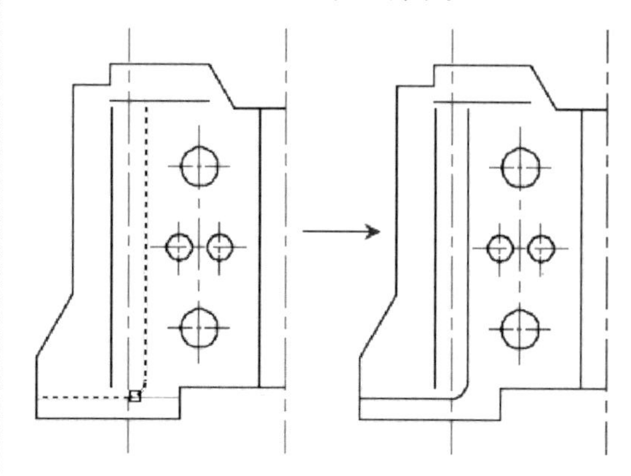

第 6 步 继续选择需要圆角的直线进行圆角，结果如下图所示。

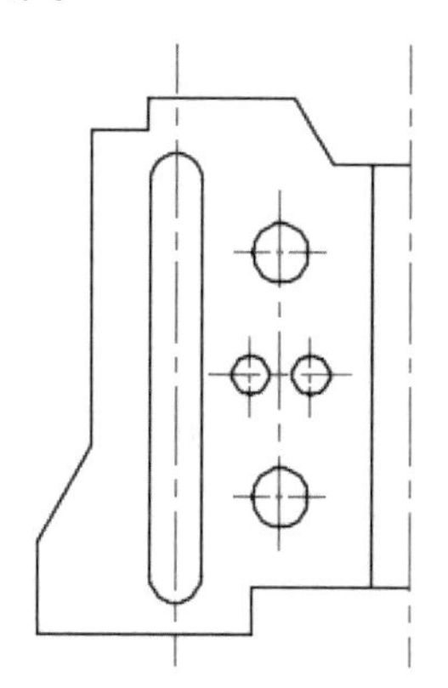

第 7 步 选中最左侧的竖直中心线，通过夹点拉伸对中心线的长度进行调节，如下图所示。

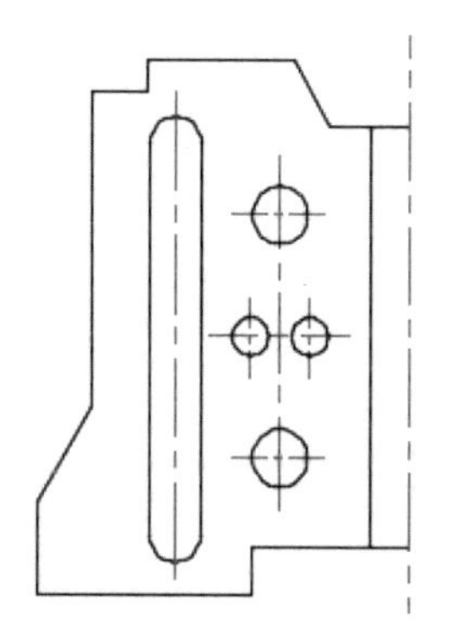

第 8 步 单击【默认】选项卡 ➢【修改】面板 ➢【偏移】按钮⊆，将底边直线向上偏移 67，如下图所示。

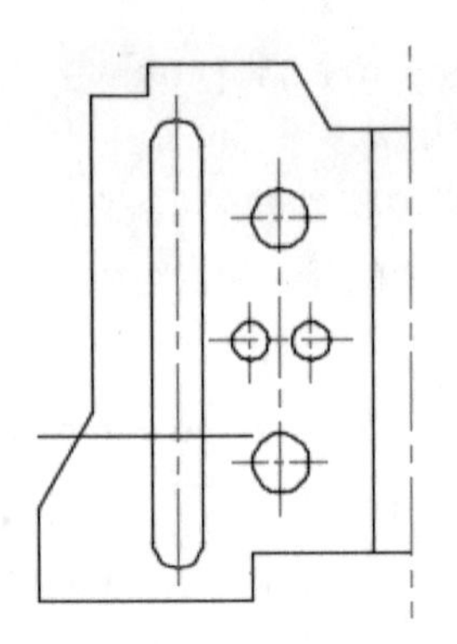

第 9 步 单击【默认】选项卡 ➤【修改】面板 ➤【打断于点】按钮⊏⊐，如下图所示。

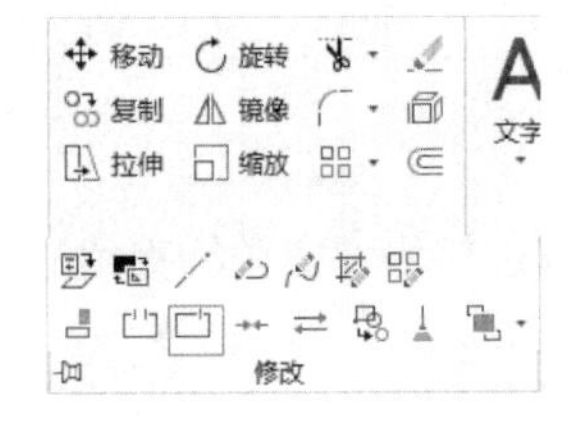

提示

1. 除了通过面板调用【打断于点】命令外，AutoCAD 2021 新增了【BREAKATPOINT】命令，在命令行中输入该命令并按空格键即可。此外，在 AutoCAD 2021 中可以通过按【Enter】键(或空格键)重复功能区上的【打断于点】命令，之前版本不可以这样操作。

2. 【打断】命令在指定第一个打断点后，当命令行提示指定第二个打断点时，输入“@”，效果等同于【打断于点】命令。

第 10 步 选择右侧的直线为打断对象，然后捕捉垂足点为打断点，直线打断后分成两段，如下图所示。

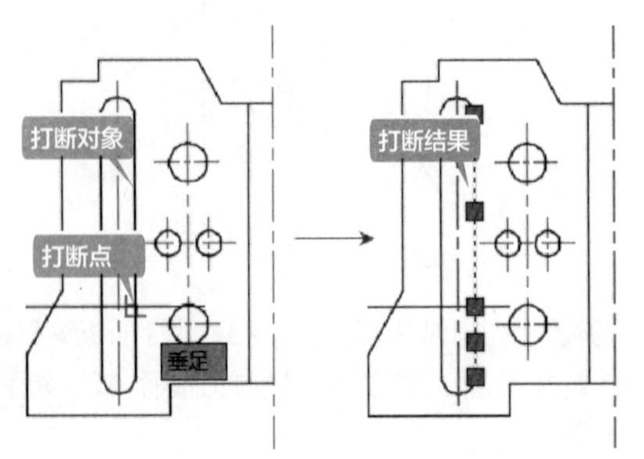

第 11 步 重复第 9~10 步，将槽的中心线和左侧直线也打断，并删除第 8 步偏移的直线，如下图所示。

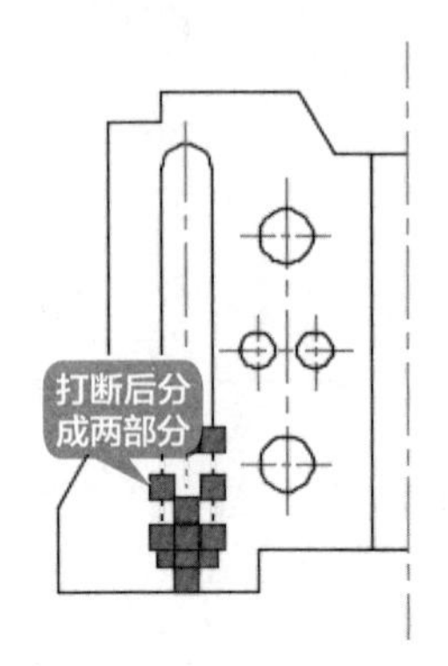

第 12 步 单击【默认】选项卡 ➤【修改】面板 ➤【旋转】按钮，选中上图所选中的对象为旋转对象，然后捕捉中心线的端点为基点，如下图所示。

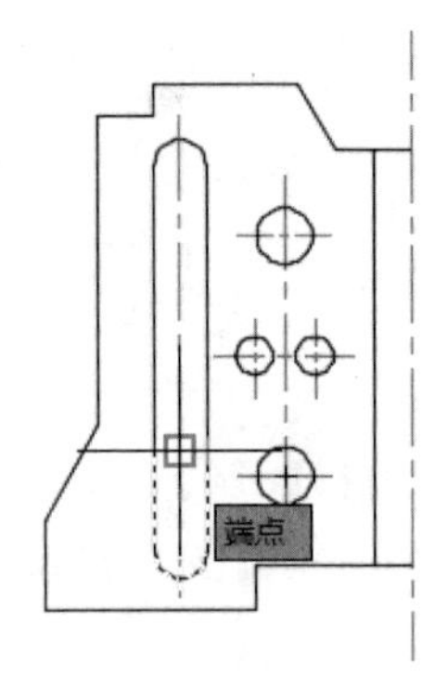

第 13 步 输入旋转角度“−30”，结果如下图所示。

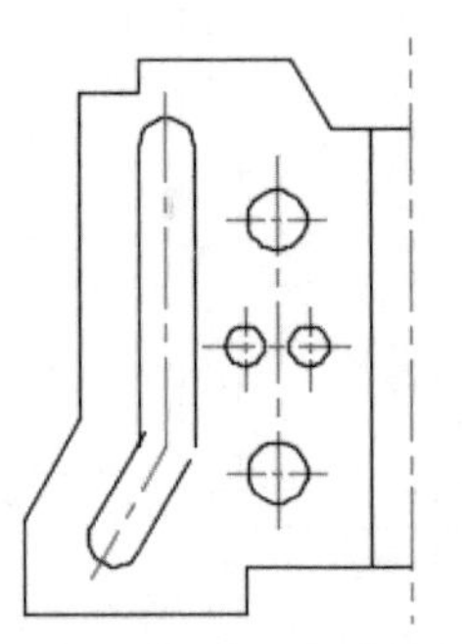

第 14 步 单击【默认】选项卡 ➤【修改】面板 ➤【延伸】按钮→|，如下图所示。

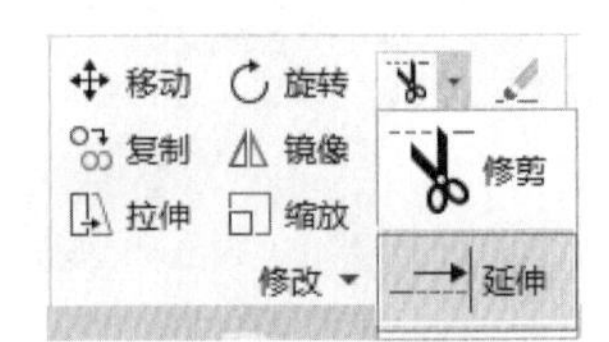

提示

除了通过面板调用【延伸】命令外，还可以通过以下方法调用【延伸】命令。

（1）选择【修改】➤【延伸】菜单命令。

（2）在命令行中输入“EXTEND/EX”命令并按空格键。

第 15 步 根据命令行提示，进行如下操作。

命令：_extend

当前设置：投影 =UCS, 边 = 无，模式 = 快速

选择要延伸的对象，或按住 Shift 键选择要修剪的对象或 [边界边 (B)/ 窗交 (C)/ 模式 (O)/ 投影 (P)]: o

输入延伸模式选项 [快速 (Q)/ 标准 (S)] < 快速 (Q)>: s

选择要延伸的对象，或按住 Shift 键选择要修剪的对象或 [边界边 (B)/ 栏选 (F)/ 窗交 (C)/ 模式 (O)/ 投影 (P)/ 边 (E)/ 放弃 (U)]: e

输入隐含边延伸模式 [延伸 (E)/ 不延伸 (N)] < 不延伸 >: e

选择要延伸的对象，或按住 Shift 键选择要修剪的对象或 [边界边 (B)/ 栏选 (F)/ 窗交 (C)/ 模式 (O)/ 投影 (P)/ 边 (E)/ 放弃 (U)]:

……

// 选择右侧竖直线和倾斜线

选择要延伸的对象，或按住 Shift 键选择要修剪的对象或 [边界边 (B)/ 栏选 (F)/ 窗交 (C)/ 模式 (O)/ 投影 (P)/ 边 (E)/ 放弃 (U)]:

// 按住 Shift 键，选择左侧相交直线超出的部分将其修剪掉

选择要延伸的对象，或按住 Shift 键选择要修剪的对象或 [边界边 (B)/ 栏选 (F)/ 窗交 (C)/ 模式 (O)/ 投影 (P)/ 边 (E)/ 放弃 (U)]: // 按空格键退出命令

结果如下图所示。

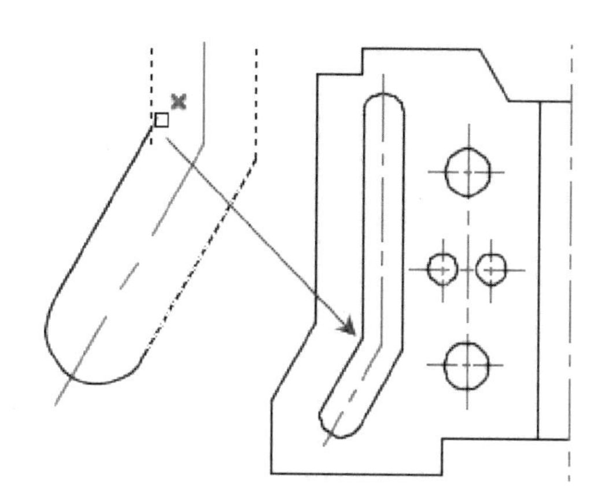

提示

当【延伸】命令提示选择延伸对象时，按住【Shift】键，此时【延伸】命令变成【修剪】命令。同理，当【修剪】命令提示选择修剪对象时，按住【Shift】键，此时【修剪】命令变成【延伸】命令。

修剪和延伸是一对相反的操作，修剪可以通过缩短对象，使修剪对象精确地终止于其他对象定义的边界；延伸则是通过拉长对象，使延伸对象精确地终止于其他对象定义的边界。

修剪与延伸的操作及注意事项如表 5-9 所示。

表 5-9　修剪与延伸的操作及注意事项

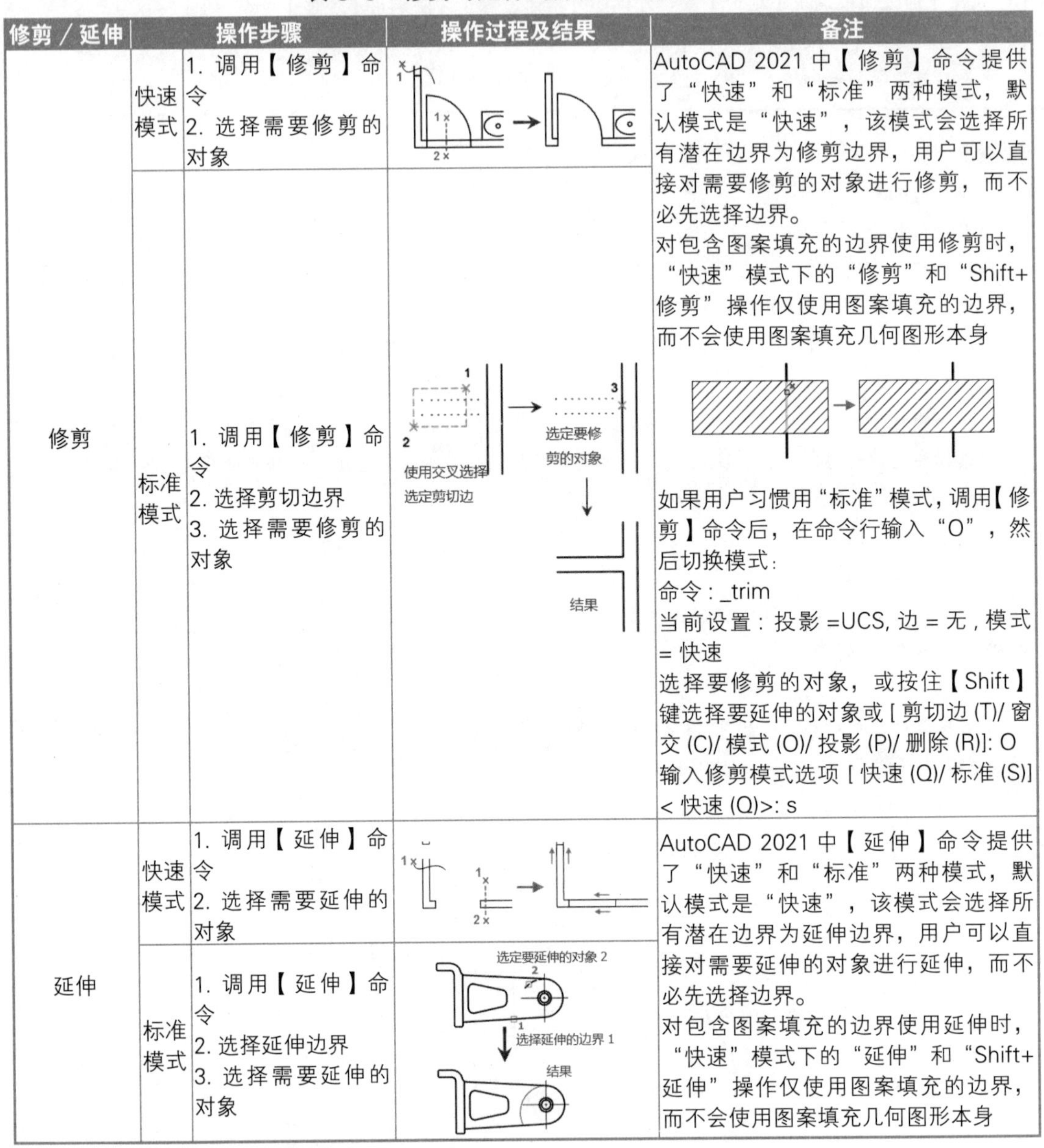

修剪／延伸	操作步骤		操作过程及结果	备注
修剪	快速模式	1. 调用【修剪】命令 2. 选择需要修剪的对象	1× 2×	AutoCAD 2021 中【修剪】命令提供了“快速”和“标准”两种模式，默认模式是“快速”，该模式会选择所有潜在边界为修剪边界，用户可以直接对需要修剪的对象进行修剪，而不必先选择边界。 对包含图案填充的边界使用修剪时，“快速”模式下的“修剪”和“Shift+修剪”操作仅使用图案填充的边界，而不会使用图案填充几何图形本身
	标准模式	1. 调用【修剪】命令 2. 选择剪切边界 3. 选择需要修剪的对象	使用交叉选择选定剪切边 选定要修剪的对象 结果	如果用户习惯用“标准”模式，调用【修剪】命令后，在命令行输入“O”，然后切换模式： 命令：_trim 当前设置：投影 =UCS, 边 = 无，模式 = 快速 选择要修剪的对象，或按住【Shift】键选择要延伸的对象或 [剪切边 (T)/ 窗交 (C)/ 模式 (O)/ 投影 (P)/ 删除 (R)]: O 输入修剪模式选项 [快速 (Q)/ 标准 (S)] < 快速 (Q)>: s
延伸	快速模式	1. 调用【延伸】命令 2. 选择需要延伸的对象	1× 2×	AutoCAD 2021 中【延伸】命令提供了“快速”和“标准”两种模式，默认模式是“快速”，该模式会选择所有潜在边界为延伸边界，用户可以直接对需要延伸的对象进行延伸，而不必先选择边界。
	标准模式	1. 调用【延伸】命令 2. 选择延伸边界 3. 选择需要延伸的对象	选定要延伸的对象 2 选择延伸的边界 1 结果	对包含图案填充的边界使用延伸时，“快速”模式下的“延伸”和“Shift+延伸”操作仅使用图案填充的边界，而不会使用图案填充几何图形本身

5.2.5 绘制模具的另一半

该模具是左右对称结构，绘制完左半部分后，只需要将左半部分沿中心线进行镜像，即可得到右半部分。

模具另一半的绘制步骤如下。

第 1 步 单击【默认】选项卡 >【修改】面板 >【镜像】按钮，选择左半部分为镜像对象，如下图所示。

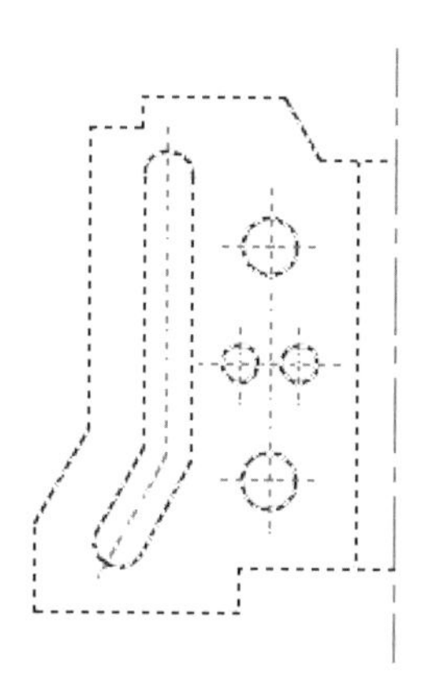

第 2 步 捕捉竖直中心的两个端点为镜像线上的两点，然后选择不删除源对象，镜像后结果如下图所示。

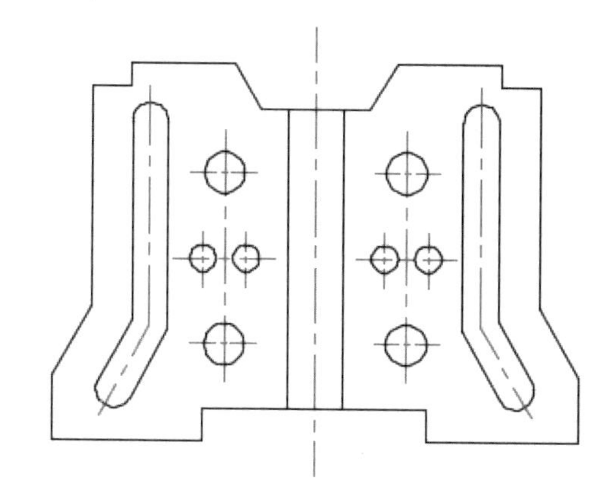

第 3 步 单击【默认】选项卡 ➤【修改】面板 ➤【合并】按钮⁺⁺，如下图所示。

提示

除了通过面板调用【合并】命令外，还可以通过以下方法调用【合并】命令。

（1）选择【修改】➤【合并】菜单命令。

（2）在命令行中输入“JOIN/J”命令并按空格键。

第 4 步 选择如下图所示的四条直线为合并对象。

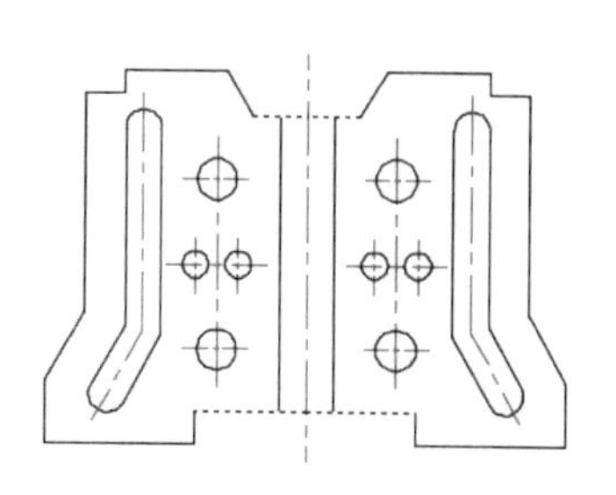

第 5 步 按空格键或【Enter】键将选择的四条直线合并成两条多段线，合并前后对比如下图所示。

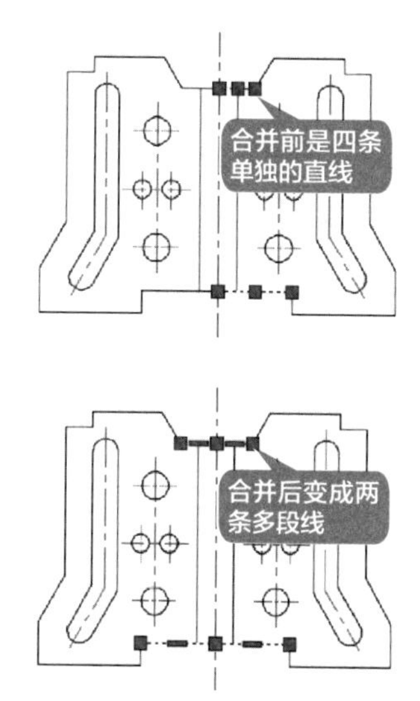

提示

构造线、射线和闭合的对象无法合并。

合并多个对象，而无须指定源对象。规则和生成的对象类型如下。

合并共线可产生直线对象。直线的端点之间可以有间隙。

合并具有相同圆心和半径的共面圆弧可产生圆弧或圆对象。圆弧的端点之间可以有间隙，并以逆时针方向进行加长。如果合并的圆弧形成完整的圆，会产生圆对象。

将样条曲线、椭圆弧或螺旋合并在一起或合并到其他对象可产生样条曲线对象。这些对象可以不共面。

合并共面直线、圆弧、多段线或三维多段线可产生多段线对象。

合并不是弯曲对象的非共面对象可产生三维多段线。

绘制定位压盖

定位压盖是对称结构，因此，在绘图时只需要绘制 1/4 结构，然后通过阵列（或镜像）即可得到整个图形。绘制定位压盖主要用到直线、圆、偏移、修剪、阵列和圆角等命令。

绘制定位压盖的具体操作步骤和顺序如表 5-10 所示。

表 5-10　绘制定位压盖

步骤	创建方法	结　果	备　注
1	1. 创建两个图层："中心线"层和"轮廓线"层 2. 将"中心线"层置为当前层，绘制中心线和辅助线（圆）	45° R70	可以先绘制一条直线，然后以圆心为基点通过阵列命令得到所有直线 注意阵列个数为 4，填充角度为 135°
2	1. 将"轮廓线"层置为当前层，绘制四个半径分别为 20/25/50/60 的圆 2. 通过【偏移】命令将 45° 中心线向两侧各偏移 3.5 3. 通过【修剪】命令对偏移后的直线进行修剪	7 R60/50 /25/20	偏移直线时将偏移结果放置到当前层 调用【修剪】命令后，如果是"快速"模式，则输入"t"，然后选择半径为 25 和 50 的圆为剪切边进行修剪，对本例，剪切边修剪比直接进行修剪更快捷
3	1. 在 45° 直线和辅助圆的交点处绘制两个半径分别为 5 和 10 的同心圆 2. 过半径为 10 的圆和辅助圆的切点绘制两条直线	R10/5	
4	1. 以两条直线为剪切边，对半径为 10 的圆进行修剪 2. 修剪完成后选择直线、圆弧、半径为 5 的圆及两条平行线段进行环形阵列 3. 阵列后对相交直线的锐角处进行半径为 10 的圆角	R10	

◇ 修剪孤岛对象

修剪时由于选择对象的先后顺序不同，经常会留下“孤岛”。对于“孤岛”，很多人会退出修剪命令，然后调用删除命令对其进行删除，其实在 AutoCAD 中不用退出修剪命令，也可以直接将其删除。

第 1 步 打开随书配套资源中的“素材\CH05\修剪孤岛对象”，如下图所示。

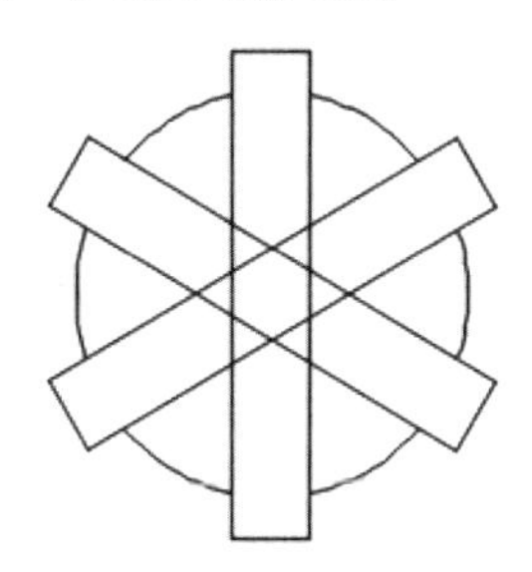

第 2 步 单击【默认】选项卡 ➤【修改】面板 ➤【修剪】按钮，然后按住鼠标左键，拖动鼠标对图形进行修剪，如下图所示。

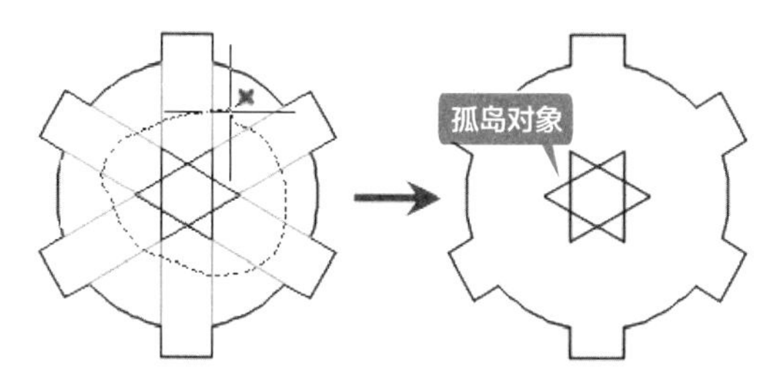

第 3 步 不退出【修剪】命令，输入“r”，然后按住鼠标左键，拖动鼠标选择孤岛对象即可将其删除，如下图所示。

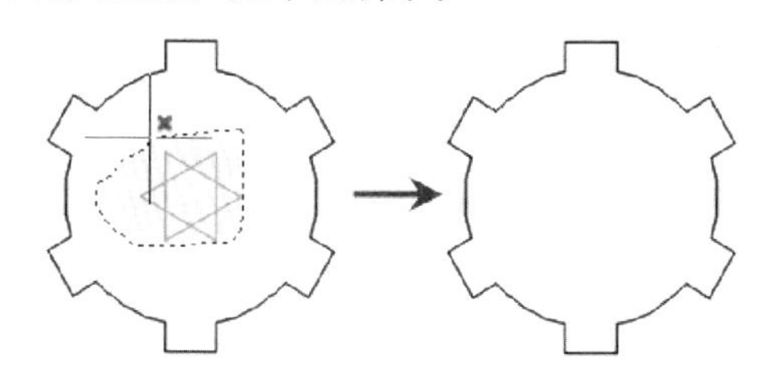

提示

如果孤岛对象比较简单，如一条直线，则可以直接单击将其删除，而不必输入“r”后再进行选择删除。

◇ 重点：为什么无法延伸到选定的边界

延伸后明明是相交的，可就是无法将延伸对象延伸到选定的边界，这可能是选择了延伸边不延伸的原因。

（1）不开启“延伸边”时的操作

第 1 步 打开随书配套资源中的“素材\CH05\延伸到选定的边界”，如下图所示。

第 2 步 单击【默认】选项卡 ➤【修改】面板 ➤【延伸】按钮，然后选择两条直线为延伸边界的边，如下图所示。

第 3 步 单击一条直线将它向另一条直线延伸，命令行提示“路径不与边界相交”。

选择要延伸的对象，或按住 Shift 键选择要修剪的对象，或 [栏选 (F)/ 窗交 (C)/ 投影 (P)/ 边 (E)/ 放弃 (U)]:

路径不与边界相交。

（2）开启“延伸边”时的操作

第1步 单击【默认】选项卡 ➢【修改】面板 ➢【延伸】按钮，将延伸切换为“标准”模式，当命令行提示选择要延伸的对象时，输入“e”，并将模式设置为延伸模式。

命令：_extend

当前设置：投影 =UCS，边 = 无，模式 = 快速

选择要延伸的对象，或按住 Shift 键选择要修剪的对象或 [边界边 (B)/ 窗交 (C)/ 模式 (O)/ 投影 (P)]: o

输入延伸模式选项 [快速 (Q)/ 标准 (S)] < 快速 (Q)>: s

选择要延伸的对象，或按住 Shift 键选择要修剪的对象，或 [栏选 (F)/ 窗交 (C)/ 投影 (P)/ 边 (E)/ 放弃 (U)]: e

输入隐含边延伸模式 [延伸 (E)/ 不延伸 (N)] < 不延伸 >: e

第2步 分别选择两条直线使它们相交，如下图所示。

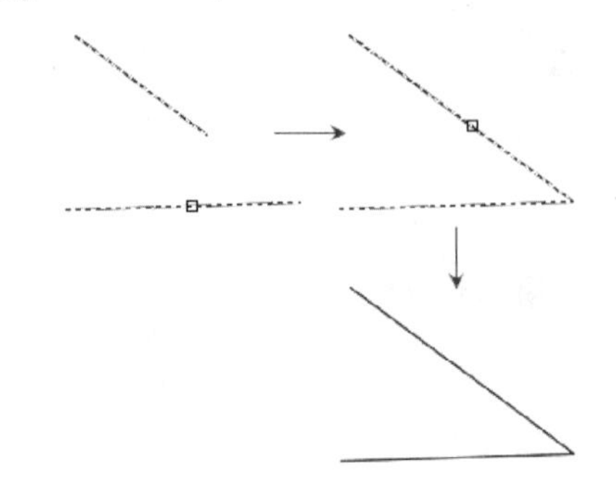

提示

“边（E）”选项只有在“标准”模式下才会显示。

第 6 章 绘制和编辑复杂对象

本章导读

AutoCAD 可以满足用户的多种绘图需求，一种图形可以通过多种绘制方法来绘制，如平行线可以用两条直线来绘制，但是用多线绘制会更为快捷准确。

栅栏在日常生活中随处可见，本节就利用多线、样条曲线、多段线、填充、复制、阵列、修剪等命令来绘制栅栏。

思维导图

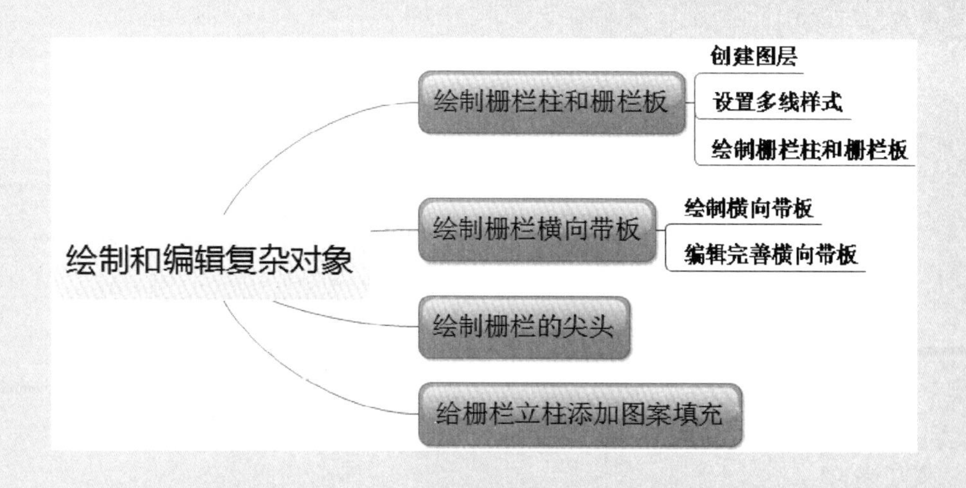

6.1 绘制栅栏柱和栅栏板

本节主要通过多线、复制、矩形阵列、修剪等命令绘制栅栏柱和栅栏板，绘制完成后效果如下图所示。

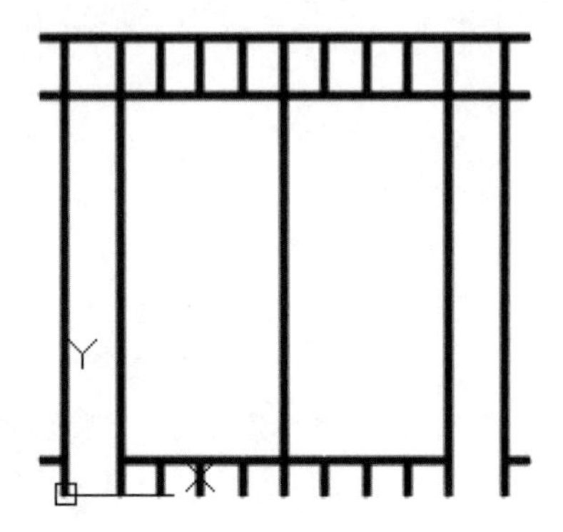

6.1.1 创建图层

在绘图之前，首先参考3.1节创建如下图所示的“栏杆”和“填充”两个图层，并将“栏杆”图层置为当前层。

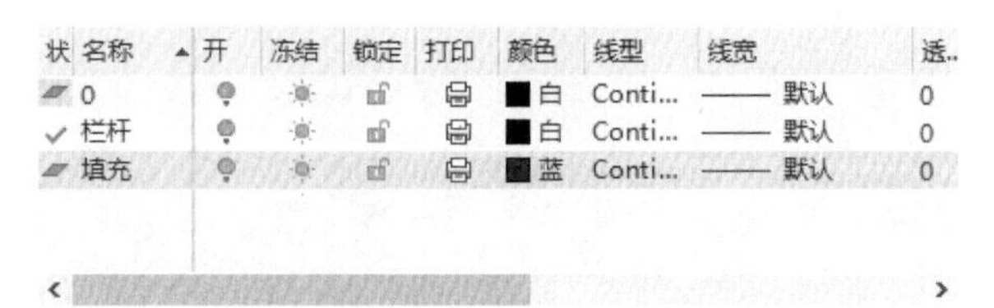

状	名称	开	冻结	锁定	打印	颜色	线型	线宽	透..
	0					白	Conti...	—— 默认	0
✓	栏杆					白	Conti...	—— 默认	0
	填充					蓝	Conti...	—— 默认	0

6.1.2 重点：设置多线样式

多线样式控制元素的数目、每个元素的特性及背景色和每条多线的端点封口。

设置多线样式的具体操作步骤如下。

第1步 单击【格式】>【多线样式】菜单命令，如下图所示。

> **提示**
>
> 除了通过菜单调用【多线样式】命令外，还可以在命令行中输入“MLSTYLE”并按空格键调用【多线样式】命令。

第2步 在弹出的【多线样式】对话框中单击【新建】按钮，如下图所示。

第 3 步 在弹出的【创建新的多线样式】对话框中输入样式名称“栅栏”，如下图所示。

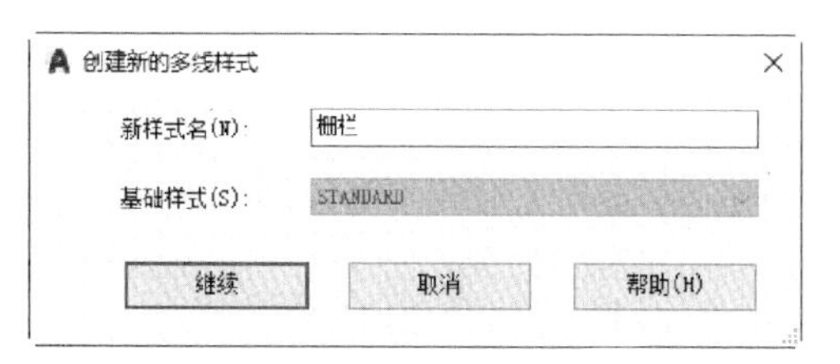

第 4 步 单击【继续】按钮弹出【新建多线样式：栅栏】对话框，在对话框中添加说明，并选择填充颜色，如下图所示。

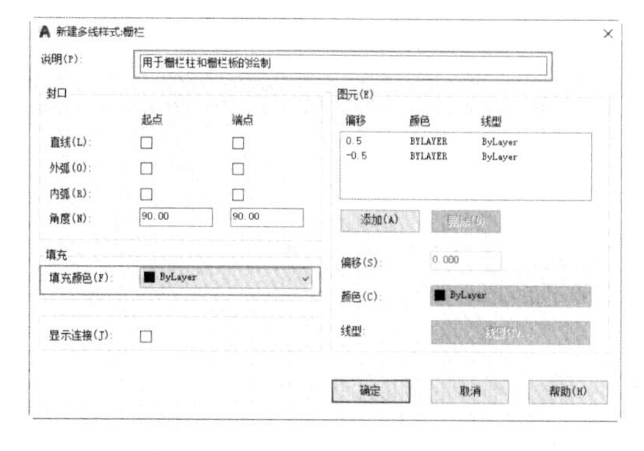

第 5 步 完成后单击【确定】按钮，系统会自动返回【多线样式】对话框，选择“栅栏”多线样式，并单击【置为当前】按钮将“栅栏”多线样式置为当前，然后单击【确定】按钮，如下图所示。

新建多线样式对话框用于创建、修改、保存和加载多线样式。新建多线样式对话框中各选项的含义及对应的结果如表 6-1 所示。

表 6-1 新建多线样式对话框中各选项的含义及对应的结果

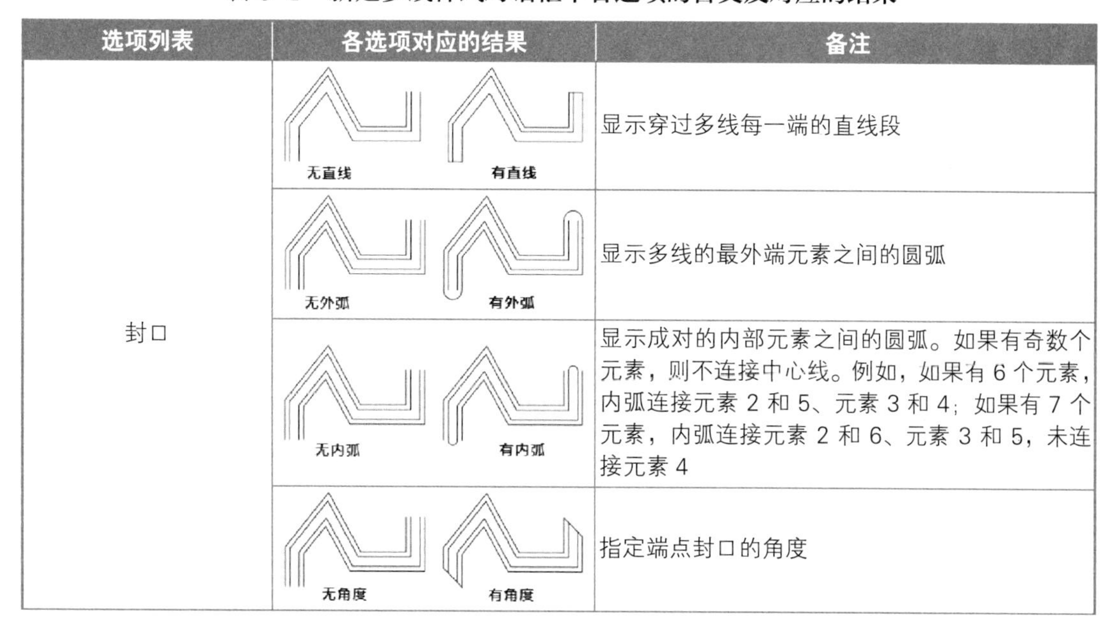

选项列表	各选项对应的结果	备注
封口	无直线 有直线	显示穿过多线每一端的直线段
	无外弧 有外弧	显示多线的最外端元素之间的圆弧
	无内弧 有内弧	显示成对的内部元素之间的圆弧。如果有奇数个元素，则不连接中心线。例如，如果有 6 个元素，内弧连接元素 2 和 5、元素 3 和 4；如果有 7 个元素，内弧连接元素 2 和 6、元素 3 和 5，未连接元素 4
	无角度 有角度	指定端点封口的角度

续表

选项列表		各选项对应的结果	备注
填充		无填充　有填充	控制多线的背景填充。如果选择【选择颜色】，将显示【选择颜色】对话框
显示连接		“显示连接”关闭　“显示连接”打开	控制每条多线线段顶点处连接的显示，接头也称为斜接
图元	偏移、颜色和线型	偏移 颜色 线型 0.5 BYLAYER ByLayer -0.5 BYLAYER ByLayer	显示当前多线样式中的所有元素。样式中的每个元素由其相对于多线的中心、颜色及其线型定义。元素始终按它们的偏移值降序显示
	添加	偏移 颜色 线型 0.5 BYLAYER ByLayer 0 BYLAYER ByLayer -0.5 BYLAYER ByLayer 添加(A) 删除(D)	将新元素添加到多线样式。只有为除 STANDARD 以外的多线样式选择了颜色或线型后，此选项才可用
	偏移	0.1 0.0 -0.1 -0.3 -0.45	为多线样式中的每个元素指定偏移值
	颜色	红色虚线 0.1 0.0 -0.1 -0.3 -0.45	显示并设置多线样式中元素的颜色。如果选择【选择颜色】，将显示【选择颜色】对话框
	线型		显示并设置多线样式中元素的线型。如果选择【线型】，将显示【选择线型特性】对话框，该对话框列出了已加载的线型。要加载新线型，请单击【加载】，将显示【加载或重载线型】对话框

6.1.3 绘制栅栏柱和栅栏板

栅栏柱和栅栏板主要通过多线命令来绘制，绘制栅栏柱和栅栏板的具体操作步骤如下。

第1步 单击【绘图】➤【多线】菜单命令，如下图所示。

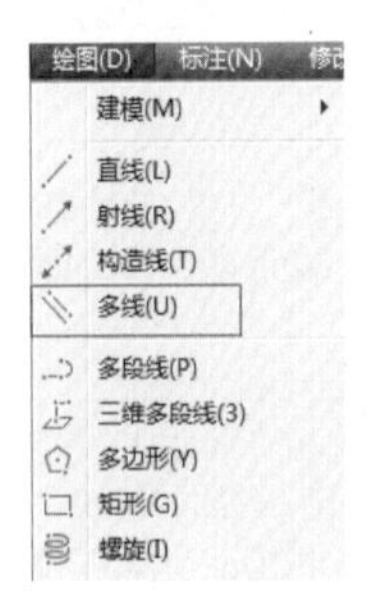

提示

除了通过菜单调用【多线】命令外，还可以在命令行中输入“MLINE/ML”并按空格键调用【多线】命令。

第2步 根据命令行提示对多线的“比例”及“对正”方式进行设置，并绘制多线。

命令：_mline
当前设置：对正 = 上，比例 = 20.00，样式 = 栏杆
指定起点或 [对正 (J)/ 比例 (S)/ 样式 (ST)]: j
输入对正类型 [上 (T)/ 无 (Z)/ 下 (B)] < 上 >: z
当前设置：对正 = 无，比例 = 20.00，样式 = 栏杆
指定起点或 [对正 (J)/ 比例 (S)/ 样式 (ST)]: 0,0
指定下一点：0,2000
指定下一点或 [放弃 (U)]:　// 按空格键结束命令
命令 :MLINE

当前设置：对正 = 无，比例 = 20.00，样式 = 栏杆

指定起点或 [对正 (J)/ 比例 (S)/ 样式 (ST)]: -110,150

指定下一点：@2200,0

指定下一点或 [放弃 (U)]: // 按空格键结束命令

提示

本例中的定义宽度为“0.5-（-0.5）=1”，所以，当设置比例为 20 时，绘制的多线之间的宽度为 20。

结果如下图所示。

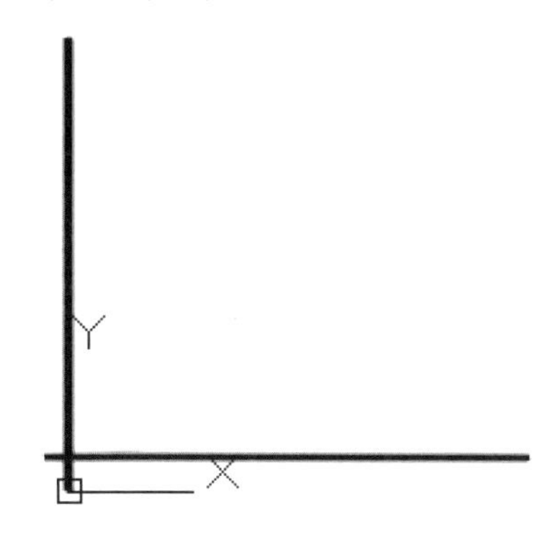

第 3 步 单击【默认】选项卡 ➢【修改】面板 ➢【复制】按钮，将竖直栅栏柱和水平栅栏板分别向右和向上复制，复制距离如下图所示。

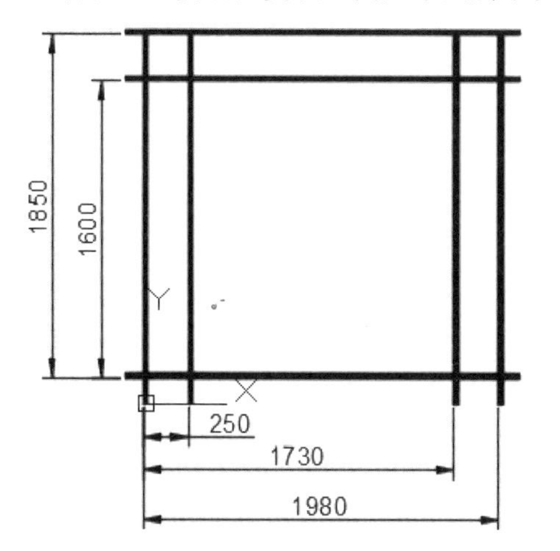

第 4 步 单击【默认】选项卡 ➢【修改】面板 ➢【矩形阵列】按钮，选择多线为阵列对象，参数设置如下图所示。

第 5 步 单击【关闭阵列】按钮，结果如下图所示。

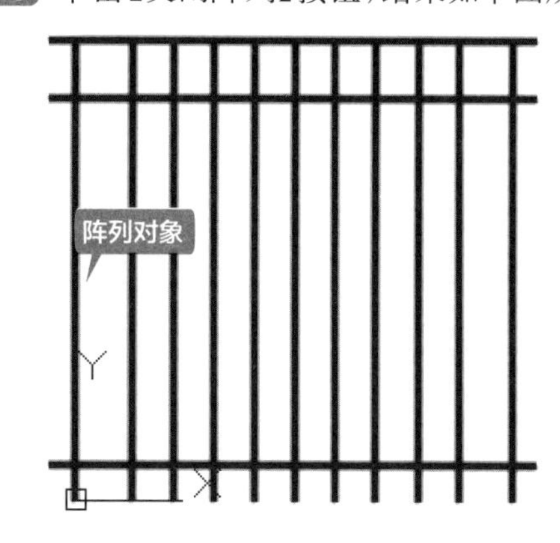

第 6 步 单击【默认】选项卡 ➢【修改】面板 ➢【修剪】按钮，对多线进行修剪，结果如下图所示。

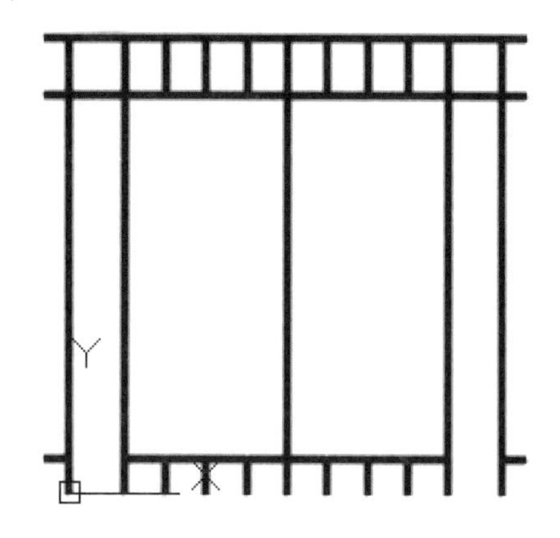

提示

修剪时当命令行提示输入多线连接选项时，选择“闭合”。

输入多线连接选项 [闭合 (C)/ 开放 (O)/ 合并 (M)] < 合并 (M)>: c。

多线的对正方式有上、无、下三种，不同的对正方式绘制出来的多线也不相同。比例控制多线的全局宽度，该比例不影响线型比例。

对正方式和比例的效果如表 6-2 所示。

表 6-2　对正方式和比例

对正方式／比例	图例显示	备注
上对正		当对正方式为“上”时，将在鼠标指针下方绘制多线，因此在指定点处将会出现具有最大正偏移值的直线
无对正		当对正方式为“无”时，将鼠标指针作为原点绘制多线，因此 MLSTYLE 命令中“元素特性”的偏移 0.0 将在指定点处
下对正		当对正方式为“下”时，将在鼠标指针上方绘制多线，因此在指定点处将会出现具有最大负偏移值的直线
比例	比例为 1　比例为 2	该比例基于在多线样式定义中建立的宽度。比例因子为 2，绘制多线时，其宽度是样式定义的宽度的两倍。负比例因子将翻转偏移线的次序：当从左至右绘制多线时，偏移最小的多线绘制在顶部。负比例因子的绝对值也会影响比例。比例因子为 0 将使多线变为单一的直线

6.2 绘制栅栏横向带板

本节主要通过样条曲线、复制、矩形阵列、修剪、多线编辑等命令绘制栅栏横向带板，绘制完成后效果如下图所示。

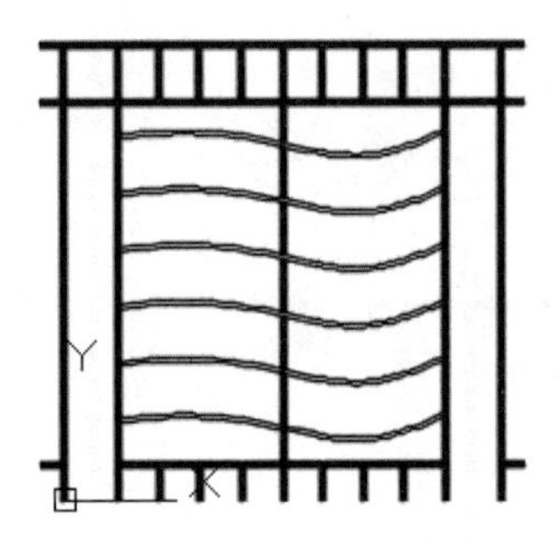

6.2.1 绘制横向带板

绘制横向带板的具体操作步骤如下。

第 1 步　单击【默认】选项卡 ➤【绘图】面板 ➤【样条曲线拟合】按钮，如下图所示。

提示

除了通过面板调用【样条曲线】命令外，还可以通过以下方法调用【样条曲线】命令。

（1）选择【绘图】➤【样条曲线】➤【拟合点】菜单命令。

（2）在命令行中输入“SPLINE/SPL”命令并按空格键。

第 2 步 根据命令行提示进行如下操作。

命令：_SPLINE

当前设置：方式 = 拟合　节点 = 弦

指定第一个点或 [方式 (M)/ 节点 (K)/ 对象 (O)]: 135,325

输入下一个点或 [起点切向 (T)/ 公差 (L)]: 550, 360

输入下一个点或 [端点相切 (T)/ 公差 (L)/ 放弃 (U)]: 980,310

输入下一个点或 [端点相切 (T)/ 公差 (L)/ 放弃 (U)/ 闭合 (C)]: 1340,255

输入下一个点或 [端点相切 (T)/ 公差 (L)/ 放弃 (U)/ 闭合 (C)]: 1865,430

输入下一个点或 [端点相切 (T)/ 公差 (L)/ 放弃 (U)/ 闭合 (C)]: 　　　// 空格键结束命令

绘制完成后如下图所示。

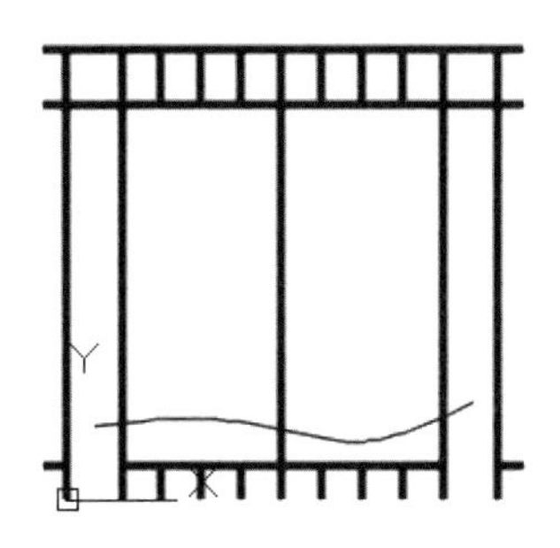

第 3 步 调用【修剪】命令，对刚绘制的样条曲线进行修剪，结果如下图所示。

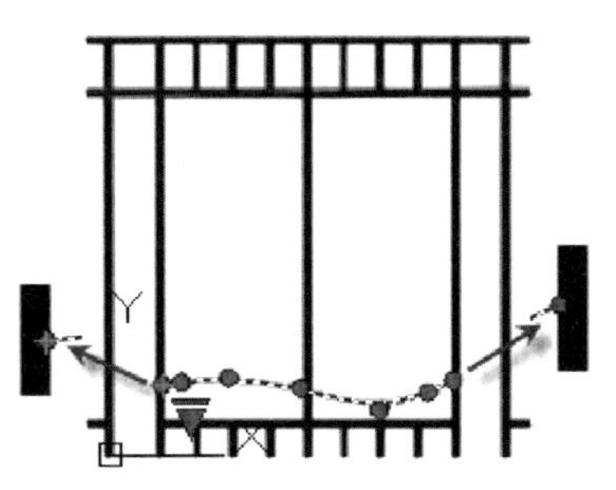

第 4 步 调用【复制】命令，将修剪后的样条曲线向上复制 20，如下图所示。

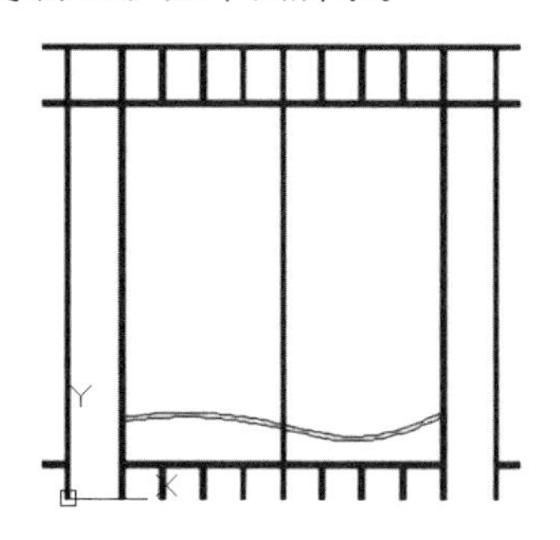

提示

此处不使用【偏移】命令是因为样条曲线有曲率半径，偏移后端点不和多线相交。

第 5 步 调用【矩形阵列】命令，选择两条样条曲线为阵列对象，参数设置如下。

第 6 步 阵列后结果如下图所示。

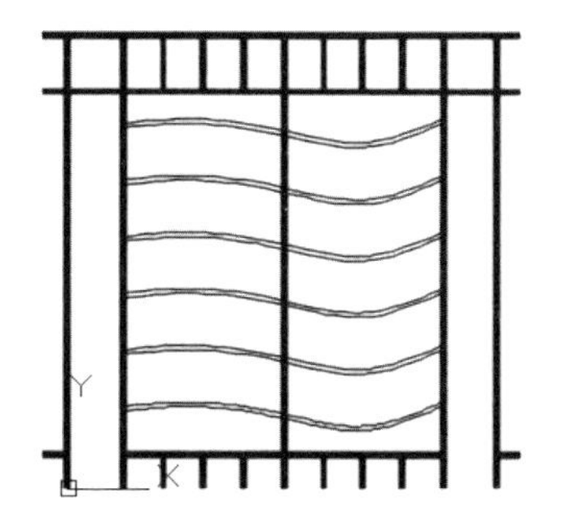

第 7 步 调用【修剪】命令，将样条曲线之间的多线修剪掉，结果如下图所示。

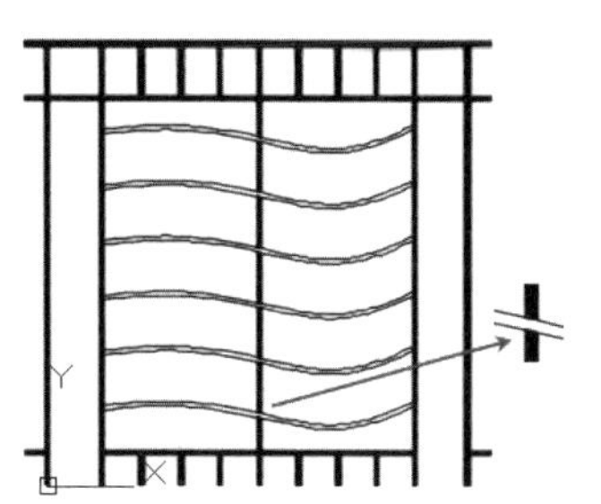

提示

样条曲线是经过或接近影响曲线形状的一系列点的平滑曲线。样条曲线使用拟合点或控制点进行定义。默认情况下，拟合点与样条曲线重合，而控制点定义控制框。控制框提供了一种便捷的方法，用来设置样条曲线的形状。如下左图所示为拟合样条曲线，下右图所示为通过控制点创建的样条曲线。

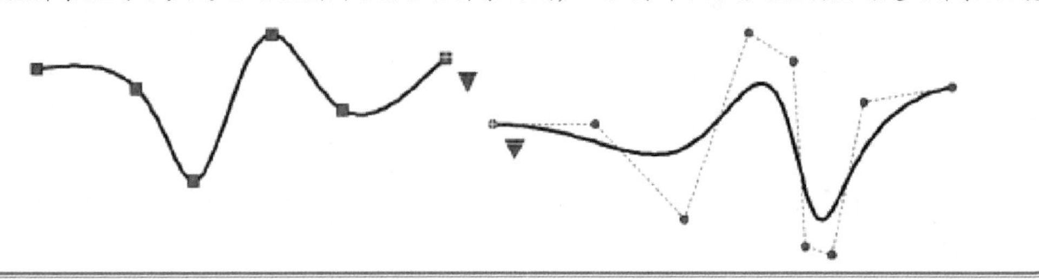

和多段线一样，样条曲线也有专门的编辑工具——SPLINEDIT。调用样条曲线编辑命令的方法通常有以下几种。

（1）单击【默认】选项卡➢【修改】面板中的【编辑样条曲线】按钮。

（2）选择【修改】➢【对象】➢【样条曲线】菜单命令。

（3）在命令行中输入“SPLINEDIT/SPE”命令并按空格键确认。

（4）双击要编辑的样条曲线。

执行样条曲线编辑命令后，命令行提示如下。

输入选项 [闭合 (C)/ 合并 (J)/ 拟合数据 (F)/ 编辑顶点 (E)/ 转换为多段线 (P)/ 反转 (R)/ 放弃 (U)/ 退出 (X)] < 退出 >:

样条曲线编辑命令各选项的含义解释如表 6-3 所示。

表 6-3　样条曲线编辑命令各选项的含义解释

选项	含义	图例	备注
闭合 / 打开	闭合：通过定义与第一个点重合的最后一个点，闭合开放的样条曲线。默认情况下，闭合的样条曲线沿整个曲线保持曲率连续性 打开：通过删除最初创建样条曲线时指定的第一个和最后一个点之间的最终曲线段，可打开闭合的样条曲线	闭合前 闭合后	
合并	将选定的样条曲线与其他样条曲线、直线、多段线和圆弧在重合端点处合并，以形成一个较大的样条曲线	合并前　合并后	

续表

选项	含义	图例	备注
拟合数据	添加：将拟合点添加到样条曲线	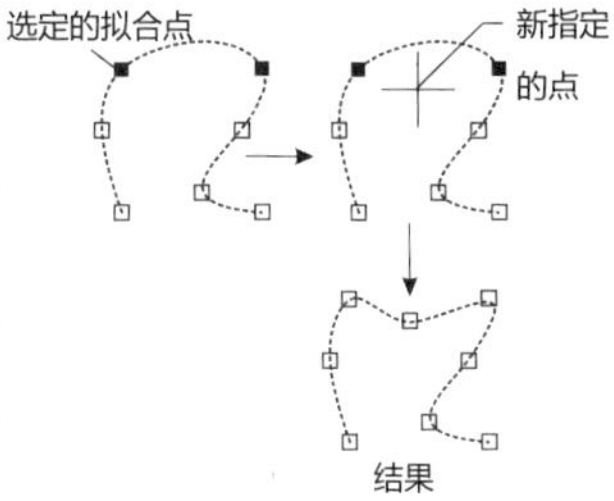 选定的拟合点 新指定的点 结果	选择一个拟合点后，请指定要以下一个拟合点（将自动亮显）方向添加到样条曲线的新拟合点 如果在开放的样条曲线上选择了最后一个拟合点，则新拟合点将添加到样条曲线的端点 如果在开放的样条曲线上选择了第一个拟合点，则可以选择将新拟合点添加到第一个点之前或之后
	扭折：在样条曲线上的指定位置添加节点和拟合点，这将改变在该点的相切或曲率连续		
	移动：将拟合点移动到新位置	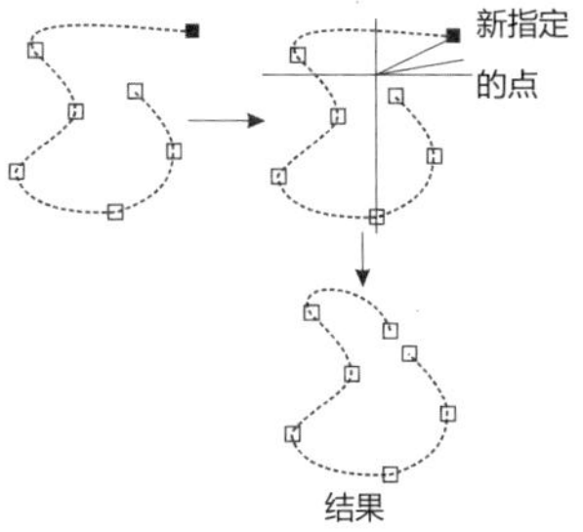 新指定的点 结果	
	清理：使用控制点替换样条曲线的拟合数据		
	相切：更改样条曲线的开始和结束切线。指定点以建立切线方向。可以使用对象捕捉，如垂直或平行		指定切线：在闭合点处指定新的切线方向（适用于闭合的样条曲线） 系统默认值：计算默认端点切线
	公差：使用新的公差值将样条曲线重新拟合至现有的拟合点	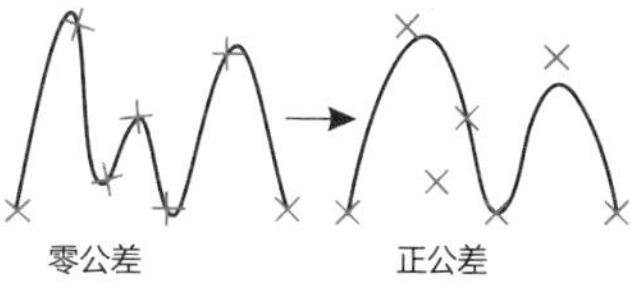 零公差 正公差	
	退出：返回到前一个提示		
编辑顶点	提高阶数：增大样条曲线的多项式阶数（阶数加 1）。这将增加整个样条曲线的控制点的数量。最大值为 26		
	权值：更改指定控制点的权值		新权值：根据指定控制点的新权值重新计算样条曲线。权值越大，样条曲线越接近控制点
转换为多段线	将样条曲线转换为多段线 精度值决定生成的多段线与样条曲线的接近程度。有效值为介于 0 到 99 之间的任意整数		较高的精度值会降低性能
反转	反转样条曲线的方向		

6.2.2 编辑完善横向带板

多线有自己的编辑工具，通过【多线编辑工具】对话框，可以对多线进行十字闭合、T形闭合、十字打开、T形打开、十字合并、T形合并等操作。在进行多线编辑时，注意选择多线的顺序，选择编辑对象的顺序不同，编辑的结果也不相同。

通过多线编辑命令，可以对绘制的横向带板进行编辑完善，具体操作步骤如下。

第1步 选中左侧栅栏，可以看到编辑前如下图所示。

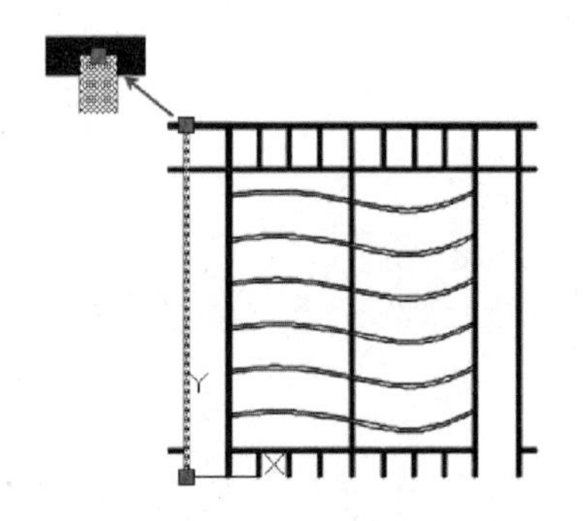

第2步 选择【修改】➢【对象】➢【多线】菜单命令，弹出【多线编辑工具】对话框，如下图所示。

提示

除了通过菜单命令调用【多线编辑工具】对话框外，还可以在命令行中输入“MLEDIT”并按空格键调用【多线编辑工具】对话框。

第3步 单击【T形打开】按钮，先选择左侧竖直栅栏柱，再选择顶部横向带板，结果如下图所示。

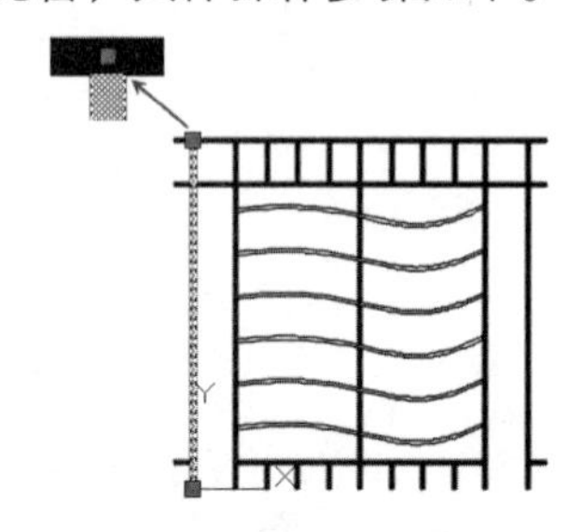

第4步 重复【T形打开】，并单击【十字打开】按钮，对十字相交的栅栏柱和栅栏板进行编辑，结果如下图所示。

多线之间的编辑是通过【多线编辑工具】对话框来进行的，对话框中，第一列用于管理十字交叉，第二列用于管理T形交叉，第三列用于管理角和顶点，第四列用于管理多线的剪切和结合操作。

【多线编辑工具】对话框中各选项含义如下。

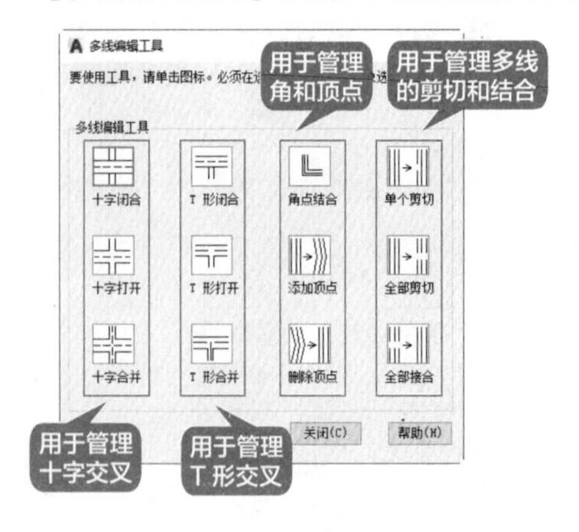

【十字闭合】：在两条多线之间创建闭合的十字交点。

【十字打开】：在两条多线之间创建打开的十字交点。打断将插入第一条多线的所有元素和第二条多线的外部元素。

【十字合并】：在两条多线之间创建合并的十字交点。选择多线的次序并不重要。

【T 形闭合】：在两条多线之间创建闭合的 T 形交点。将第一条多线修剪或延伸到与第二条多线的交点处。

【T 形打开】：在两条多线之间创建打开的 T 形交点。将第一条多线修剪或延伸到与第二条多线的交点处。

【T 形合并】：在两条多线之间创建合并的 T 形交点。将多线修剪或延伸到与另一条多线的交点处。

【角点结合】：在多线之间创建角点结合。将多线修剪或延伸到它们的交点处。

【添加顶点】：在多线上添加一个顶点。

【删除顶点】：从多线上删除一个顶点。

【单个剪切】：在选定多线元素中创建可见打断。

【全部剪切】：创建穿过整条多线的可见打断。

【全部接合】：将已被剪切的多线线段重新接合起来。

【多线编辑工具】对话框各选项操作示例如表 6-4 所示。

表 6-4　多线编辑工具对话框各选项操作示例

编辑方法	示例图形	备注
用于编辑十字交叉（第一列）	十字闭合	该列的选择有先后顺序，先选择的将被修剪掉
	十字打开	
	十字合并	
用于编辑 T 形交叉（第二列）	T 形闭合	该列的选择有先后顺序，先选择的将被修剪掉，与选择位置也有关系，点取的位置将被保留
	T 形打开	
	T 形合并	

续表

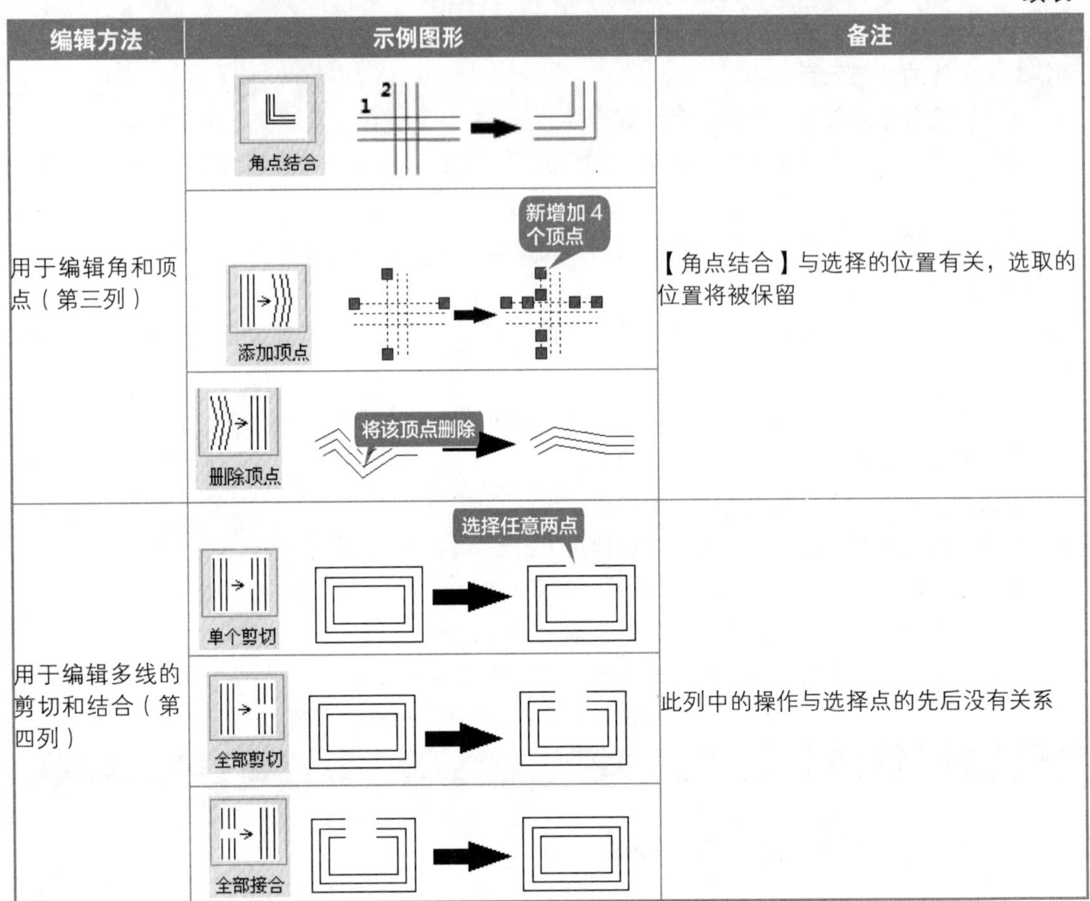

编辑方法	示例图形	备注
用于编辑角和顶点（第三列）	角点结合 1 2	【角点结合】与选择的位置有关，选取的位置将被保留
	添加顶点 新增加 4 个顶点	
	删除顶点 将该顶点删除	
用于编辑多线的剪切和结合（第四列）	单个剪切 选择任意两点	此列中的操作与选择点的先后没有关系
	全部剪切	
	全部接合	

提示

单击某个按钮，可以执行一次相应的操作，双击某个按钮，可以多次执行相应的操作，直至按【Esc】键退出。

6.3 绘制栅栏的尖头

栅栏的尖头主要通过多段线和矩形阵列命令进行绘制，具体操作步骤如下。

第1步 单击【默认】选项卡➤【绘图】面板➤【多段线】按钮，如下图所示。

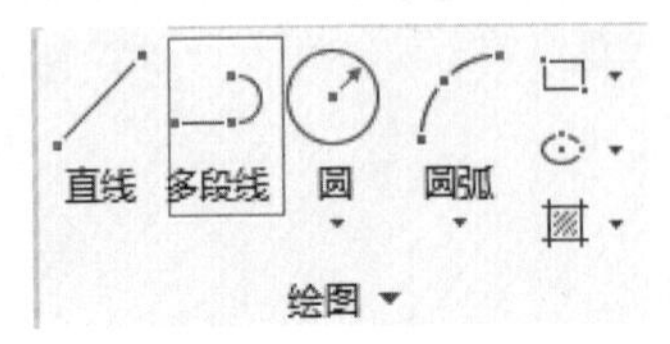

提示

除了通过面板调用【多段线】命令外，还可以通过以下方法调用【多段线】命令。

（1）选择【绘图】➤【多段线】菜单命令。

（2）在命令行中输入“PLINE/PL”命令并按空格键。

第 2 步 根据命令行提示，进行如下操作。

命令 : _pline

指定起点 : −60，2010

当前线宽为 0.0000

指定下一个点或 [圆弧 (A)/ 半宽 (H)/ 长度 (L)/ 放弃 (U)/ 宽度 (W)]: w

指定起点宽度 <0.0000>: 20

指定端点宽度 <20.0000>: 20

指定下一个点或 [圆弧 (A)/ 半宽 (H)/ 长度 (L)/ 放弃 (U)/ 宽度 (W)]: @0,200

指定下一点或 [圆弧 (A)/ 闭合 (C)/ 半宽 (H)/ 长度 (L)/ 放弃 (U)/ 宽度 (W)]: w

指定起点宽度 <20.0000>: 40

指定端点宽度 <40.0000>: 0

指定下一点或 [圆弧 (A)/ 闭合 (C)/ 半宽 (H)/ 长度 (L)/ 放弃 (U)/ 宽度 (W)]: @0,120

指定下一点或 [圆弧 (A)/ 闭合 (C)/ 半宽 (H)/ 长度 (L)/ 放弃 (U)/ 宽度 (W)]:   // 空格键结束命令

第 3 步 多段线绘制完成后如下图所示。

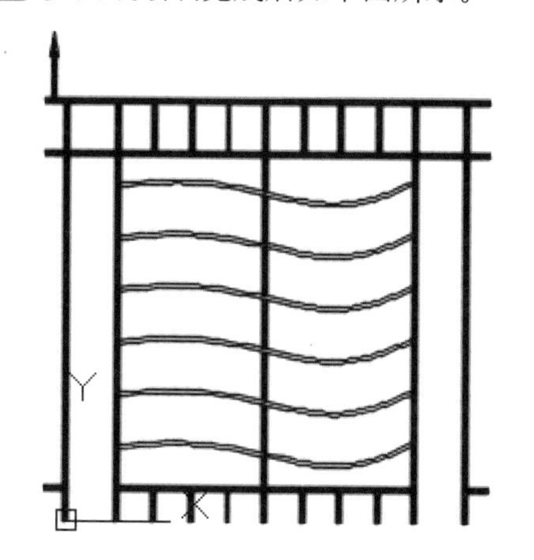

第 4 步 调用【矩形阵列】命令，选择刚绘制的多段线为阵列对象，参数设置，如下图所示。

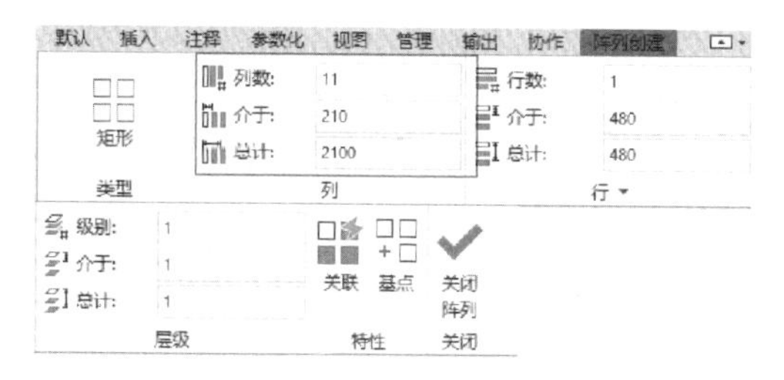

第 5 步 矩形阵列后结果如下图所示。

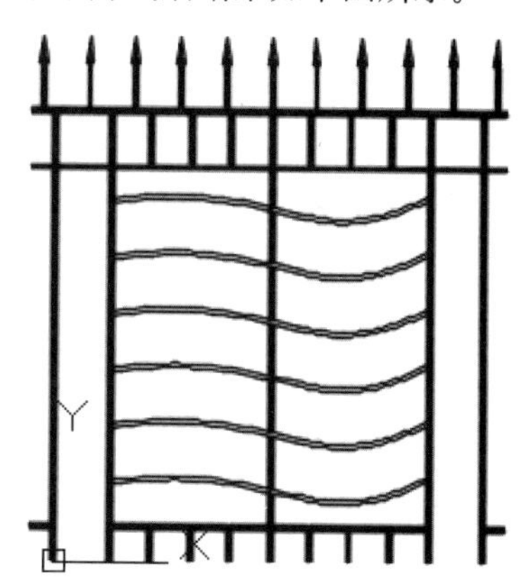

多段线的使用相当复杂，因此专门有一个特殊的命令——PEDIT 来对其进行编辑。

调用多段线编辑命令的方法：单击【默认】选项卡 ➤【修改】面板 ➤【编辑多段线】按钮，如下图所示。

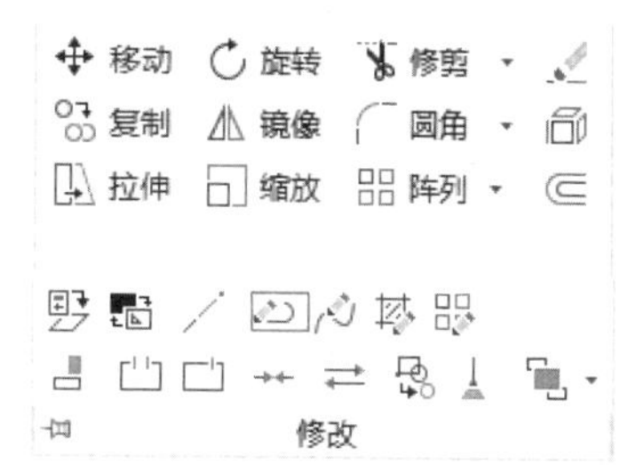

提示

除了通过面板调用多段线编辑命令外，还可以通过以下方法调用多段线编辑命令。

（1）选择【修改】➤【对象】➤【多段线】菜单命令。

（2）在命令行中输入“PEDIT/PE”命令并按空格键。

（3）直接双击多段线。

执行多段线编辑命令后，命令行提示如下。

输入选项 [闭合 (C)/ 合并 (J)/ 宽度 (W)/ 编辑顶点（E）/ 拟合 (F)/ 样条曲线 (S)/ 非曲线化 (D)/ 线型生成 (L)/ 反转 (R)/ 放弃 (U)]:

多段线编辑命令各选项的含义解释如表 6–5 所示。

表 6-5　多段线编辑命令各选项的含义解释

选项	含义	图例	备注
闭合 / 打开	如果多段线是开放的，选择闭合后，多段线将首尾连接 如果多段线是闭合的，选择打开后，将删除闭合线段	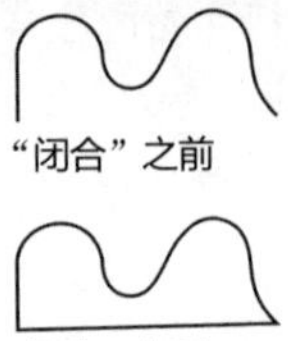 “闭合”之前 “闭合”之后	
合并	对于要合并多段线的对象，除非第一个 PEDIT 提示下选择“多个”选项，否则，它们的端点必须重合。在这种情况下，如果模糊距离设置得足以包括端点，则可以将不相接的多段线合并	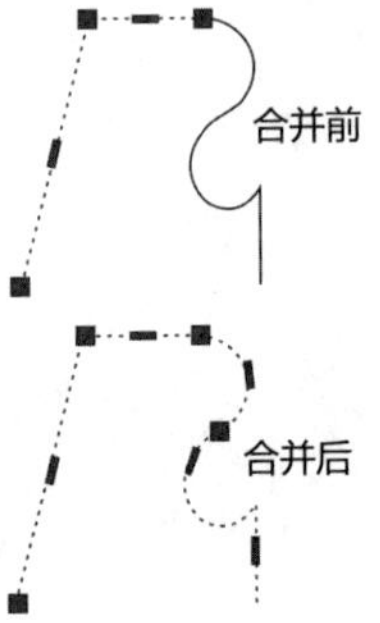 合并前 合并后	合并类型 扩展：通过将线段延伸或剪切至最接近的端点来合并选定的多段线 添加：通过在最接近的端点之间添加直线段来合并选定的多段线 两者：如有可能，通过延伸或剪切来合并选定的多段线。否则，通过在最接近的端点之间添加直线段来合并选定的多段线
宽度	为整个多段线指定新的统一宽度，可以使用【编辑顶点】选项的【宽度】选项来更改线段的起点宽度和端点宽度	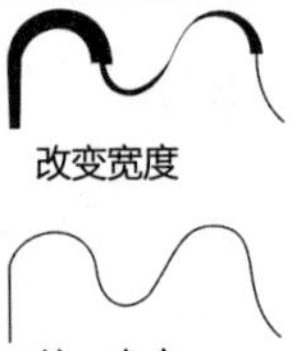 改变宽度 统一宽度	
编辑顶点	插入：在多段线的标记顶点之后添加新的顶点	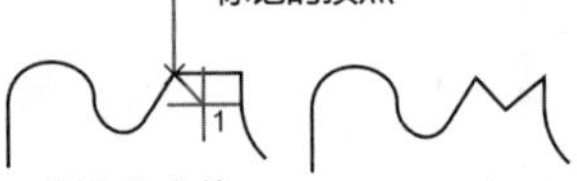 标记的顶点 1 “插入”之前　“插入”之后	下一个：将 X 符号标记移动到下一个顶点。即使多段线闭合，标记也不会从端点绕回到起点 上一个：将 X 符号标记移动到上一个顶点。即使多段线闭合，标记也不会从起点绕回到端点 打断：将 X 符号标记移到任何其他顶点时，保存已标记的顶点位置 如果指定的一个顶点在多段线的端点上，得到的将是一条被截断的多段线。如果指定的两个顶点都在多段线的端点上，或只指定了一个顶点并且也在端点上，则不能使用【打断】选项 退出：退出“编辑顶点”模式
	移动：移动标记的顶点	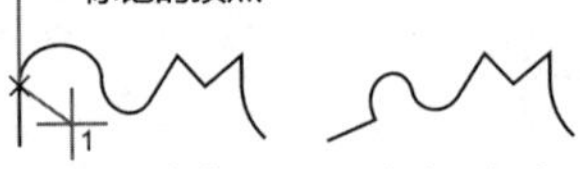 标记的顶点 1 “移动”之前　“移动”之后	
	重生成：重生成多段线	 “重生成”之前　“重生成”之后	
	拉直：将多段线中两点之间的多条直线段或弧线段拉直为一条直线段 操作步骤：先选择第一个标记点，然后选择【执行】选项，再通过【下一个】选项直到选中想要的另一个编辑点为止，最后再选择【执行】选项即可	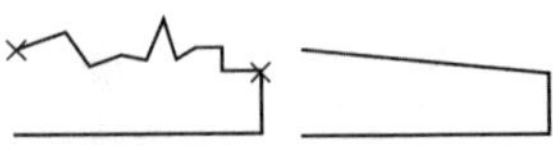 “拉直”之前　“拉直”之后	

续表

选项	含义	图例	备注
编辑顶点	切向：将切线方向附着到标记的顶点以便用于以后的曲线拟合		
	宽度：修改标记顶点之后线段的起点宽度和端点宽度 必须重生成多段线才能显示新的宽度	标记的顶点 修改了的线段宽度	
拟合	创建圆弧拟合多段线（由圆弧连接每个顶点的平滑曲线）。曲线经过多段线的所有顶点并使用任何指定的切线方向	原始 拟合曲线	
样条曲线	使用选定多段线的顶点作为近似样条曲线的曲线控制点或控制框架。该曲线将通过第一个和最后一个控制点，被拉向其他控制点但并不一定通过它们。在框架特定部分指定的控制点越多，曲线上拉曳的倾向就越大	“样条化”之前 “样条化”之后	
非曲线化	删除由拟合曲线或样条曲线插入的多余顶点，拉直多段线的所有线段。保留指定给多段线顶点的切向信息，用于以后的曲线拟合		
线型生成	生成经过多段线顶点的连续图案线型。关闭此选项，将在每个顶点处以点划线开始和结束生成线型。“线型生成”不能用于带变宽线段的多段线	“线型生成”设置为“关” “线型生成”设置为“开”	
反转	反转多段线顶点的顺序		

6.4 给栅栏立柱添加图案填充

给栅栏立柱添加图案填充的具体操作步骤如下。

第 1 步 单击【默认】选项卡 ➢【绘图】面板 ➢【直线】按钮，根据命令行提示绘制一条水平直线，如下图所示。

```
命令：_line
指定第一个点：-110,0
指定下一点或 [放弃 (U)]: @2100,0
指定下一点或 [放弃 (U)]:      // 空格键结束命令
```

结果如下图所示。

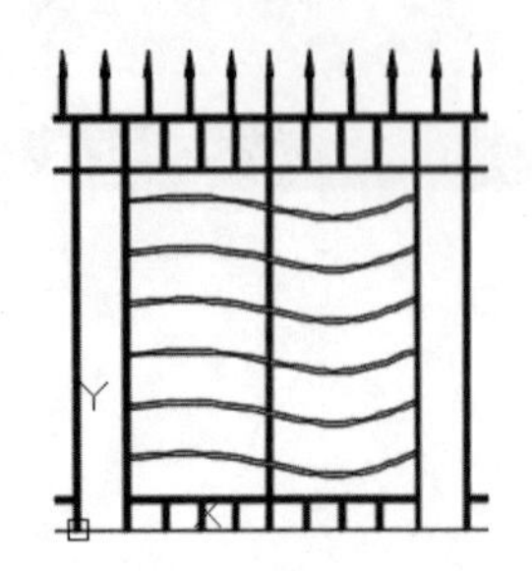

第 2 步　单击【默认】选项卡 ➢【图层】面板中的【图层】下拉列表，然后单击“填充”图层将其置为当前层，如下图所示。

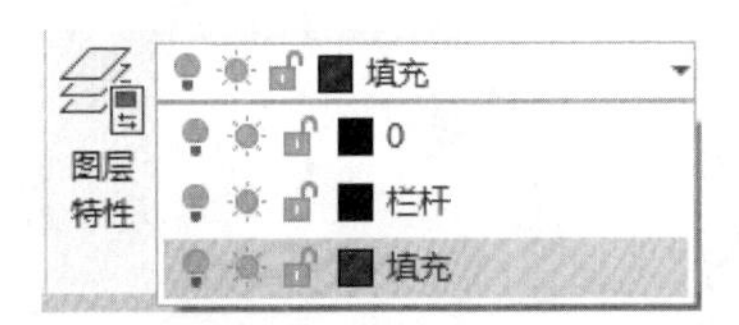

第 3 步　单击【默认】选项卡 ➢【绘图】面板 ➢【图案填充】按钮，弹出【图案填充创建】选项卡，如下图所示。

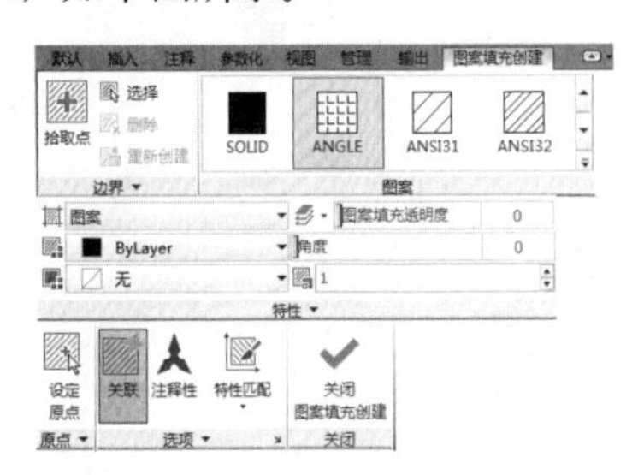

第 4 步　单击图案右侧的下三角按钮，展开图案填充的图案选项，选择“AR-CONC”为填充图案进行填充，如下图所示。

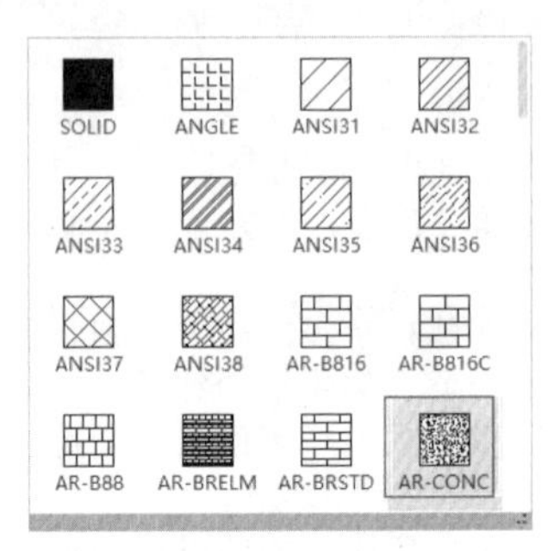

第 5 步　在需要填充的区域单击，然后单击【关闭图案填充创建】按钮，结果如下图所示。

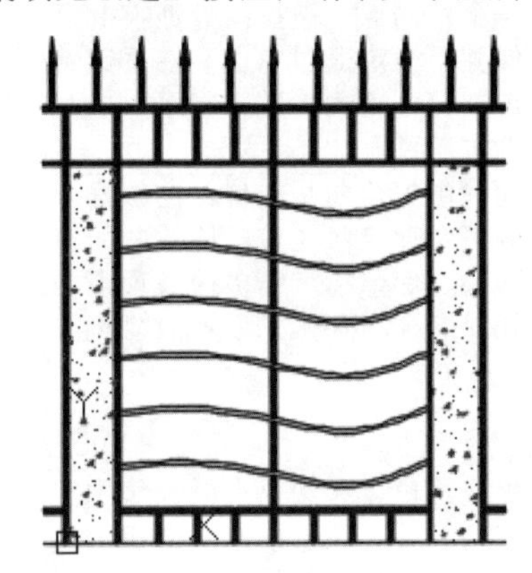

绘制树木图形

本例主要通过多线编辑命令、多段线编辑命令和样条曲线编辑命令对图形进行修改编辑。绘制树木图形的具体操作步骤和顺序如表 6-6 所示。

表 6-6　绘制树木图形

步骤	创建方法	结　　果	备　注
1	打开随书配套资源中的“素材\CH06\树木”		

续表

步骤	创建方法	结　　果	备　注
2	通过多线编辑对话框的【T 形打开】将相交处连接合并		使用【T 形打开】时注意选择的顺序
3	1. 将所有的图形对象分解 2. 通过多段线编辑命令将分解后的对象转换为多段线 3. 将所有互相连接的多段线进行合并，共计 17 条多段线 4. 合并后将多段线转换为样条曲线		2~3 是在一次命令调用下完成的
4	1. 重新将样条曲线转换为多段线 2. 调用多段线编辑命令，将线宽改为 3		

◇ 面域

面域是指用户从对象的闭合平面环创建的二维区域。有效对象包括多段线、直线、圆弧、圆、椭圆弧、椭圆和样条曲线。每个闭合的环将转换为独立的面域，拒绝所有交叉交点和自交曲线。

在 AutoCAD 中调用【面域】命令的方法通常有 3 种。

（1）选择【绘图】➤【面域】命令。

（2）在命令行中输入“REGION/REG”命令并按空格键确认。

（3）单击【默认】选项卡 ➤【绘图】面板中的【面域】按钮。

下面将对面域的创建过程进行详细介绍，其具体操作步骤如下。

第 1 步 打开“素材 \CH06\ 创建面域 .dwg”文件，如下图所示。

第 2 步 在没有创建面域之前选择圆弧，可以看到圆弧是独立存在的，如下图所示。

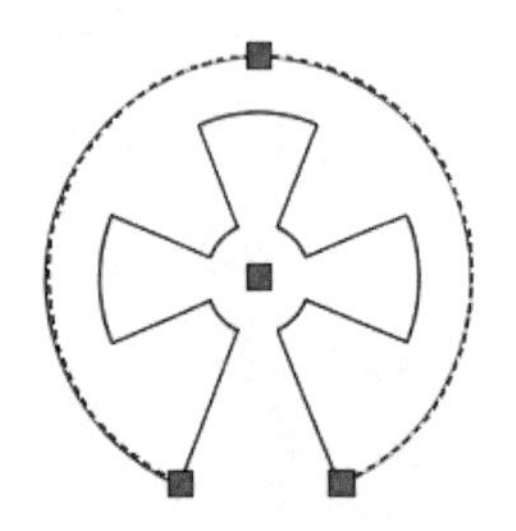

第 3 步 在命令行中输入“REG”命令并按空格键确认，在绘图区域中选择整个图形对象作为组成面域的对象，如下图所示。

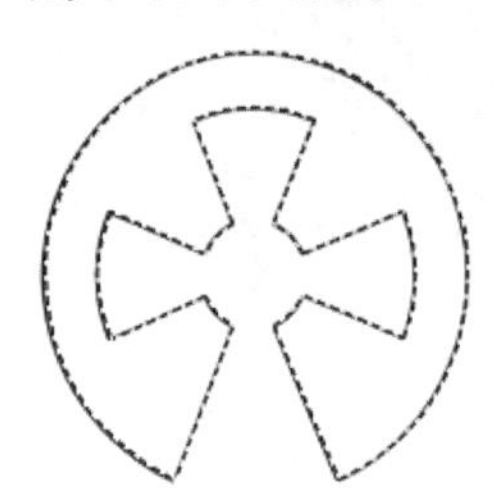

第 4 步 按空格键确认，然后在绘图区域中选择圆弧，结果圆弧和直线成为一个整体，如下图所示。

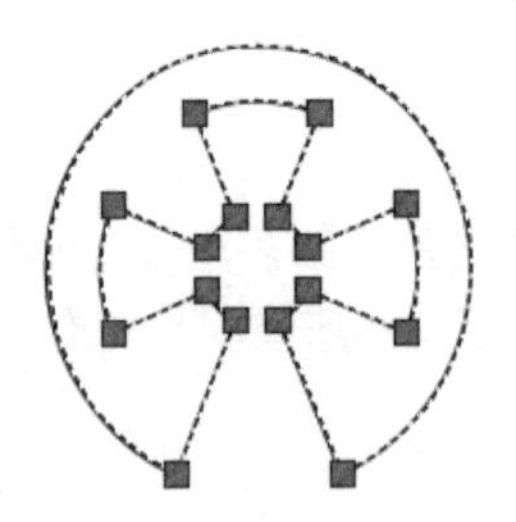

◇ 边界

【边界】命令不仅可以从封闭区域创建面域，还可以创建多段线。

【边界】命令的几种常用调用方法如下。

（1）选择【绘图】➤【边界】命令。

（2）在命令行中输入“BOUNDARY/BO”命令并按空格键确认。

（3）单击【默认】选项卡 ➤【绘图】面板中的【边界】按钮。

下面介绍创建边界的具体操作步骤。

第 1 步 打开“素材 \CH06\ 创建边界 .dwg”文件，如下图所示。

第 2 步 在绘图区域中将鼠标指针移到任意一段圆弧上，如下图所示。

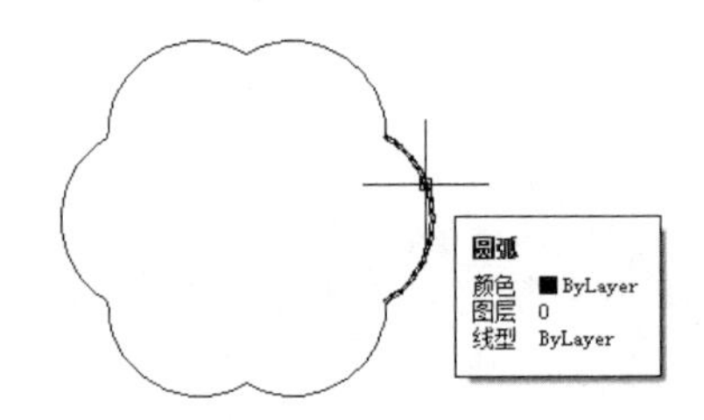

第 3 步 在命令行中输入“BO”命令并按空格键确认，弹出【边界创建】对话框，选择“面域”，如下图所示。

第 4 步 在【边界创建】对话框中单击【拾取点】按钮，然后在绘图窗口中单击拾取内部点，如下图所示。

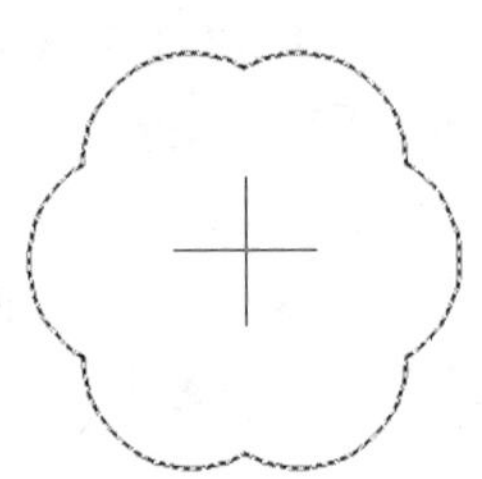

第 5 步 按【Enter】键确认，然后在绘图区域中将鼠标指针移到创建的边界上，结果如下图所示。

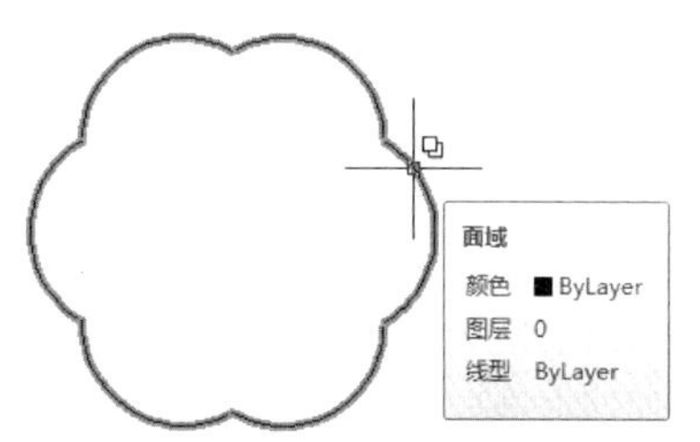

第 6 步 AutoCAD 默认创建边界后保留原来的图形，即创建面域后，原来的圆弧仍然存在。选择创建的边界，在弹出的【选择集】对话框中可以看到提示选择面域还是选择圆弧，如下图所示。

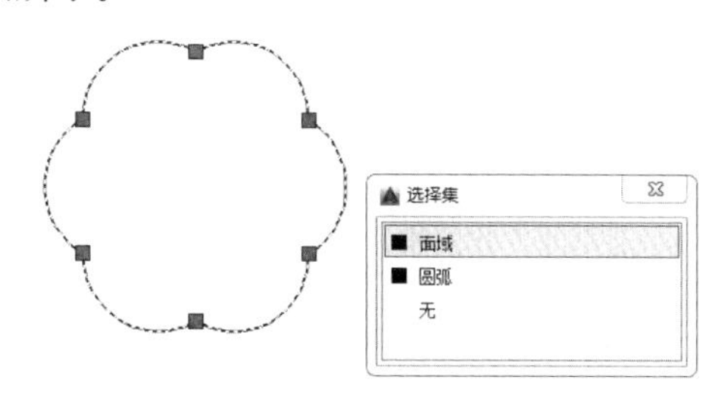

第 7 步 选择“面域”，然后调用【移动】命令，将创建的边界面域移动到合适位置，可以看到原来的图形仍然存在，将鼠标指针放置到原来的图形上，显示为圆弧，如下图所示。

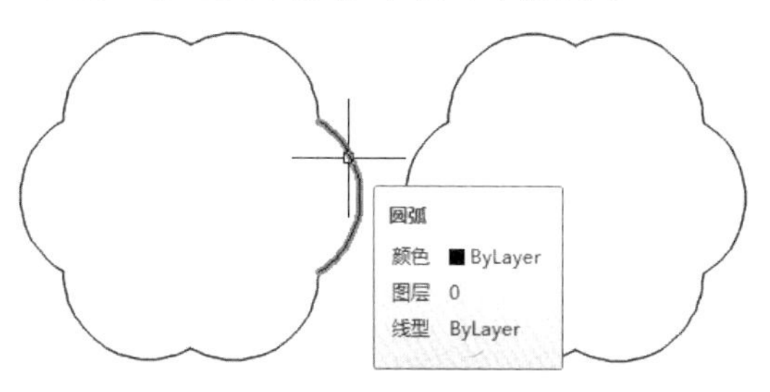

提示

如果第 3 步中对象类型选择为“多段线”，则最后创建的对象是多段线，如下图所示。

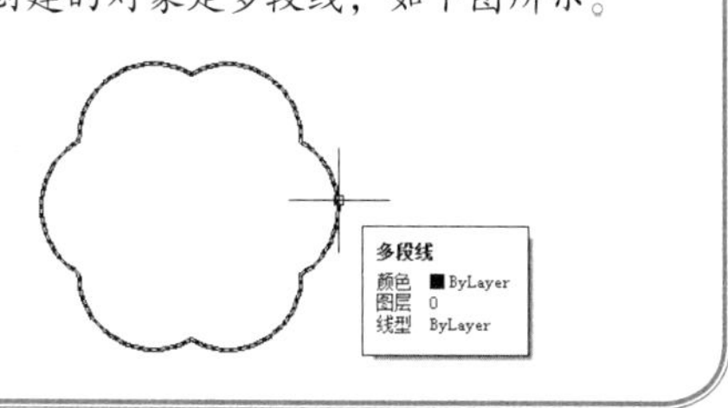

◇ 创建与编辑修订云线

修订云线是由连续圆弧组成的多段线，用来构成云线形状的对象，它们用于提醒用户注意图形的某些部分。

【修订云线】命令的几种常用调用方法如下。

（1）单击【默认】选项卡 ➢【绘图】面板 ➢ 选择一种【修订云线】按钮。

（2）选择【绘图】➢【修订云线】菜单命令。

（3）在命令行中输入“REVCLOUD”命令并按空格键确认。

执行修订云线命令后，AutoCAD 命令行提示如下。

命令：_revcloud

最小弧长：0.5　最大弧长：0.5　样式：普通　类型：矩形

指定第一个角点或 [弧长 (A)/ 对象 (O)/ 矩形 (R)/ 多边形 (P)/ 徒手画 (F)/ 样式 (S)/ 修改 (M)] < 对象 >:

提示

命令行中各选项含义如下。

【弧长】：指定云线中圆弧的长度，最大弧长不能大于最小弧长的三倍。

【对象】：将现有的对象创建为修订云线。

【矩形】：创建矩形修订云线。

【多边形】：创建多边形修订云线。

【徒手画】：通过拖动鼠标创建修订云线，是之前版本创建修订云线的主要方法。

【样式】：指定修订云线的样式，选择手绘样式可以使修订云线看起来像是用画笔绘制的。

【修改】：对已有的修订云线进行修改，通过修改可以将原修订云线删除，创建新的修订云线。

下面将对修订云线的创建和修改过程进行详细介绍，具体操作步骤如下。

第 1 步 打开“素材 \CH06\55KV 自耦减压启

动柜 .dwg”文件，如下图所示。

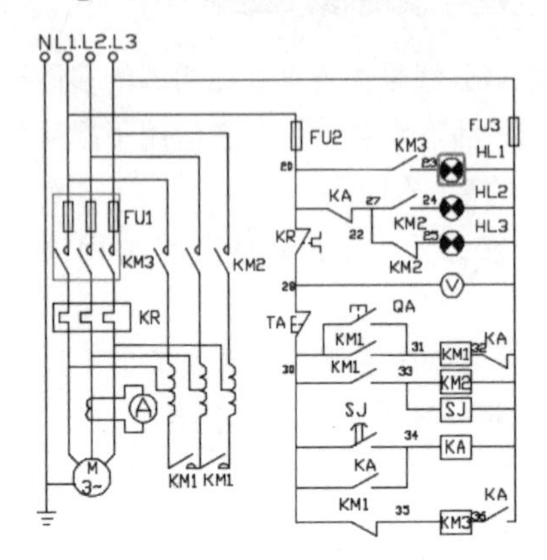

第 2 步 单击【默认】选项卡 ➤【绘图】面板 ➤【多边形修订云线】按钮，如下图所示。

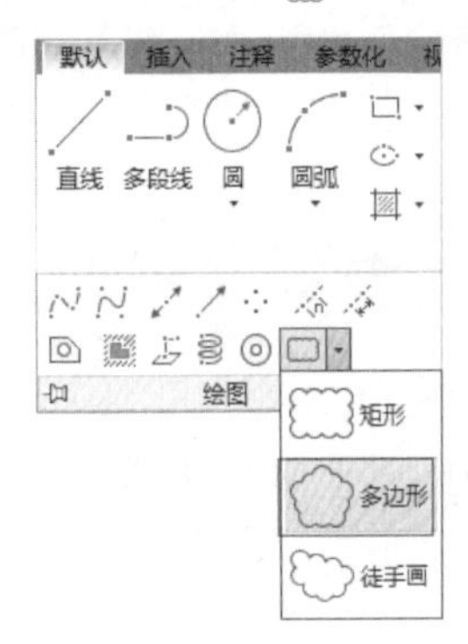

第 3 步 根据命令行提示输入“a”，确定最小和最大弧长，然后再输入“s”，选择“手绘”。

```
命令：_revcloud
最小弧长：0.5  最大弧长：0.5  样式：普通  类型：徒手画
指定第一个点或 [弧长(A)/对象(O)/矩形(R)/多边形(P)/徒手画(F)/样式(S)/修改(M)] <对象>: _P
最小弧长：0.5  最大弧长：0.5  样式：普通  类型：多边形
指定起点或 [弧长(A)/对象(O)/矩形(R)/多边形(P)/徒手画(F)/样式(S)/修改(M)] <对象>:a ↙
指定最小弧长 <0.5>: 2 ↙
指定最大弧长 <2>: ↙
指定起点或 [弧长(A)/对象(O)/矩形(R)/多边形(P)/徒手画(F)/样式(S)/修改(M)] <对象>:s ↙
选择圆弧样式 [普通(N)/手绘(C)] <普通>:c
手绘 ↙
```

第 4 步 在要创建修订云线的位置单击一点作为起点，如下图所示。

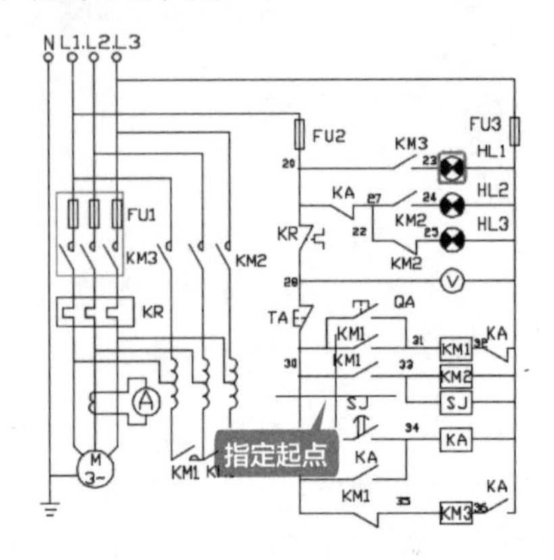

第 5 步 拖动鼠标并在合适的位置单击指定第二点，如下图所示。

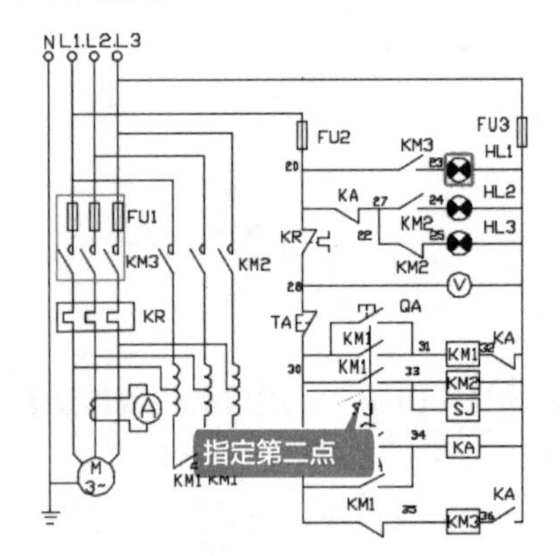

第 6 步 继续指定其他点，最后按【Enter】键结束修订云线的绘制，结果如下图所示。

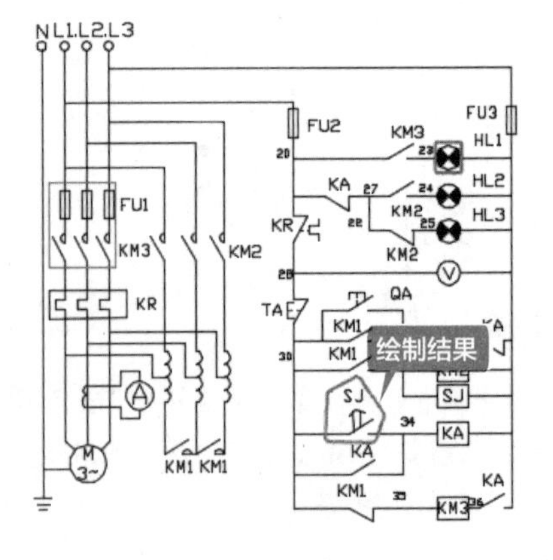

第 7 步 单击【默认】选项卡 ➤【绘图】面板 ➤【徒手画修订云线】按钮，在要创建修订云线的位置单击作为起点，然后拖动鼠标绘制云线，如下图所示。

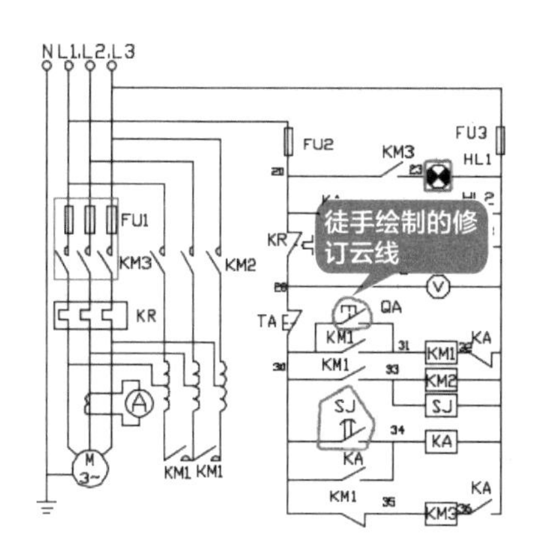

提示

徒手绘制修订云线只需要指定起点，然后拖动鼠标（不需要单击）即可，鼠标划过的轨迹即为创建的云线。

第 8 步 选择【绘图】➤【修订云线】菜单命令，在命令行输入“o”。

命令：_revcloud

最小弧长：2 最大弧长：2 样式：手绘 类型：徒手画

指定第一个点或 [弧长 (A)/ 对象 (O)/ 矩形 (R)/ 多边形 (P)/ 徒手画 (F)/ 样式 (S)/ 修改 (M)] < 对象 >: _F

指定第一个点或 [弧长 (A)/ 对象 (O)/ 矩形 (R)/ 多边形 (P)/ 徒手画 (F)/ 样式 (S)/ 修改 (M)] < 对象 >: o ↙

第 9 步 当命令行提示选择对象时，选择如下图所示的矩形。

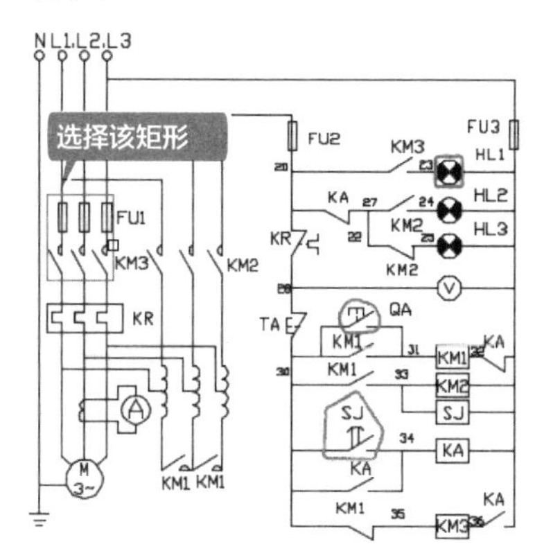

第 10 步 按【Enter】键结束命令后，结果如下图所示。

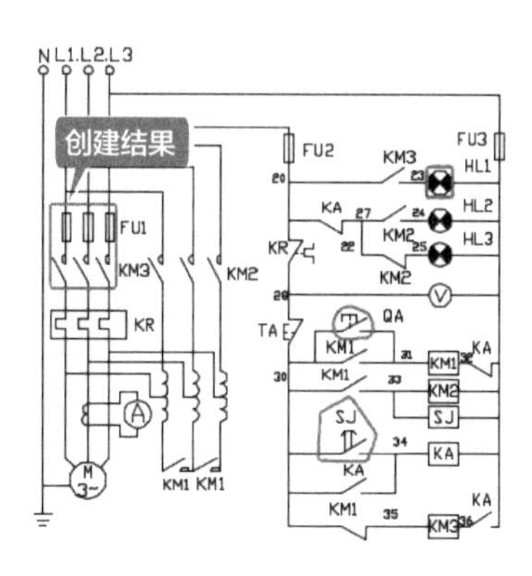

第 11 步 选择【绘图】➤【修订云线】菜单命令，在命令行输入“m”。

命令：_revcloud

最小弧长：2 最大弧长：2 样式：手绘 类型：徒手画

指定第一个点或 [弧长 (A)/ 对象 (O)/ 矩形 (R)/ 多边形 (P)/ 徒手画 (F)/ 样式 (S)/ 修改 (M)] < 对象 >: _F

指定第一个点或 [弧长 (A)/ 对象 (O)/ 矩形 (R)/ 多边形 (P)/ 徒手画 (F)/ 样式 (S)/ 修改 (M)] < 对象 >: m ↙

第 12 步 当命令行提示选择要修改的多段线时，选择如下图所示的修订云线。

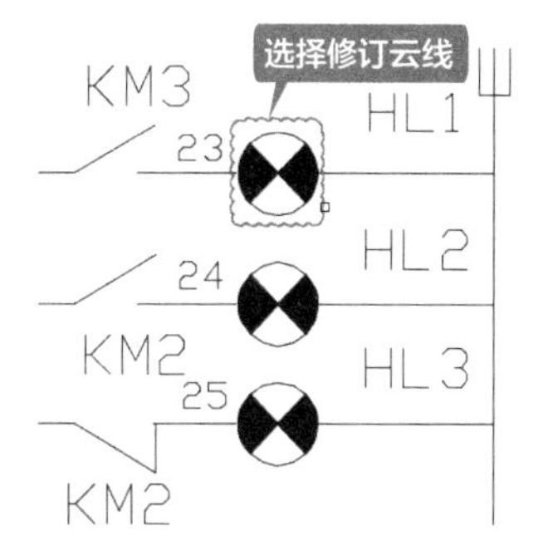

第 13 步 拖动鼠标并单击指定下一点，如下图所示。

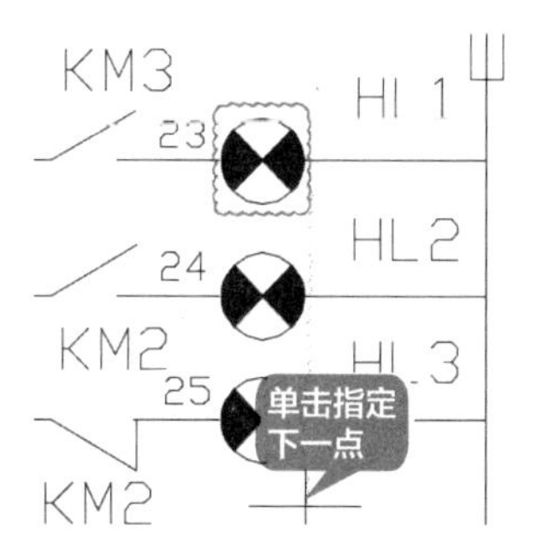

第 14 步 继续指定下一点，如下图所示。

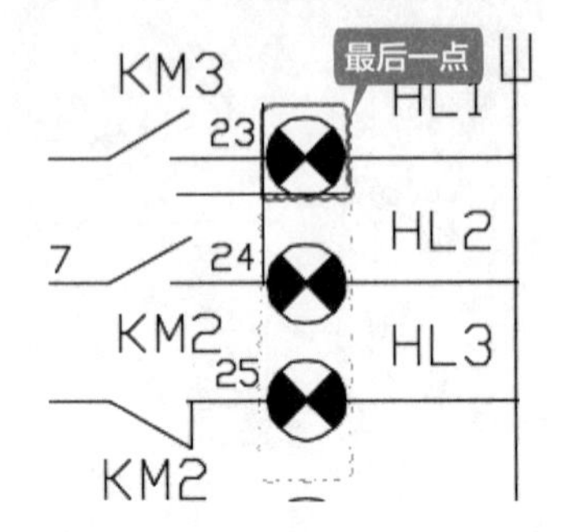

第 15 步 指定最后一点后，AutoCAD 提示拾取要删除的边，选择如下图所示的边。

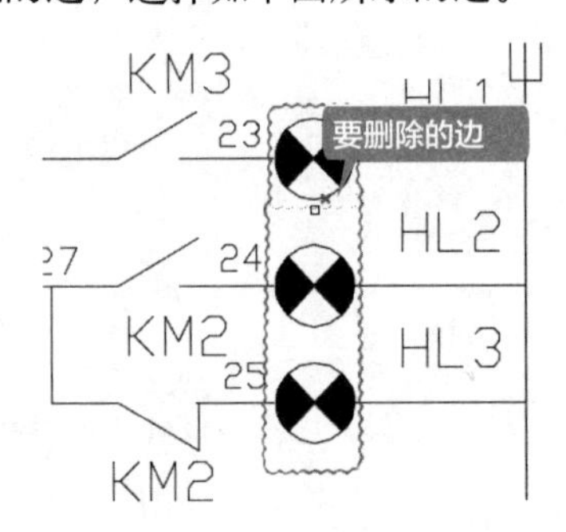

第 16 步 删除边后按【Enter】键结束命令，结果如下图所示。

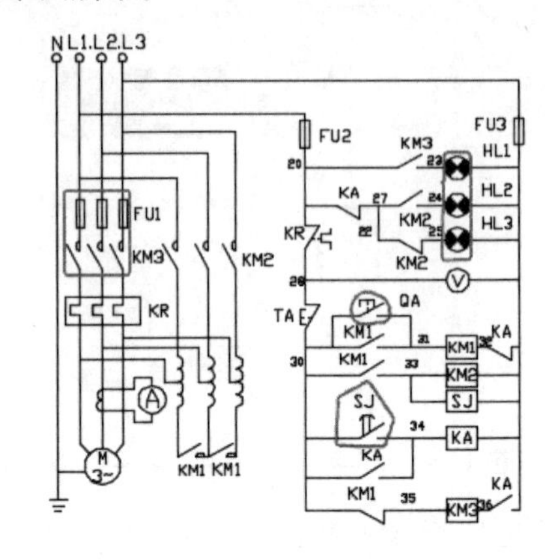

第 7 章 尺寸标注

本章导读

没有尺寸标注的图形称为哑图，在现在的各大行业中已经极少采用了。另外需要注意的是，零件的大小取决于图纸所标注的尺寸，并不以实际绘图尺寸作为依据。因此，图纸中的尺寸标注可以看作是数字化信息的表达。

思维导图

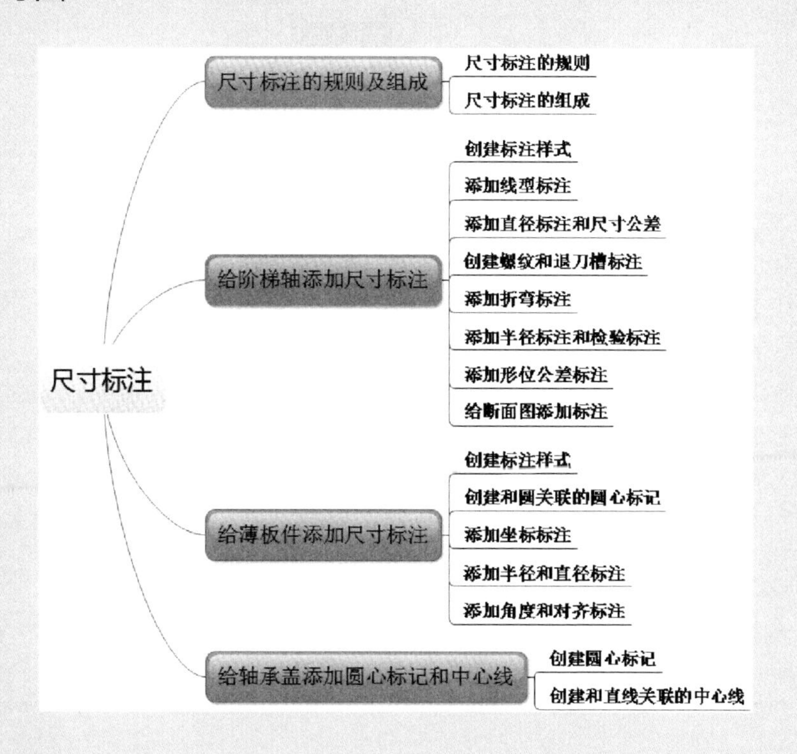

7.1 尺寸标注的规则及组成

绘制图形的根本目的是反映对象的形状，而图形中各个对象的大小和相互位置关系只有通过尺寸标注才能表现出来。AutoCAD 提供了一套完整的尺寸标注命令，用户使用它们足以完成图纸中要求的尺寸标注。

7.1.1 尺寸标注的规则

在 AutoCAD 中，对绘制的图形进行尺寸标注时应当遵循以下规则。

（1）对象的真实大小应以图样上所标注的尺寸数值为依据，与图形的大小及绘图的准确度无关。

（2）图形中的尺寸以毫米（mm）为单位时，不需要标注计量单位的代号或名称。如果采用其他的单位，则必须注明相应计量单位的代号或名称。

（3）图形中所标注的尺寸应为该图形所表示的对象的最后完工尺寸，否则应另加说明。

（4）对象的每一个尺寸一般只标注一次。

7.1.2 尺寸标注的组成

在工程绘图中，一个完整的尺寸标注一般由尺寸线、尺寸界线、尺寸箭头和尺寸文字 4 部分组成，如下图所示。

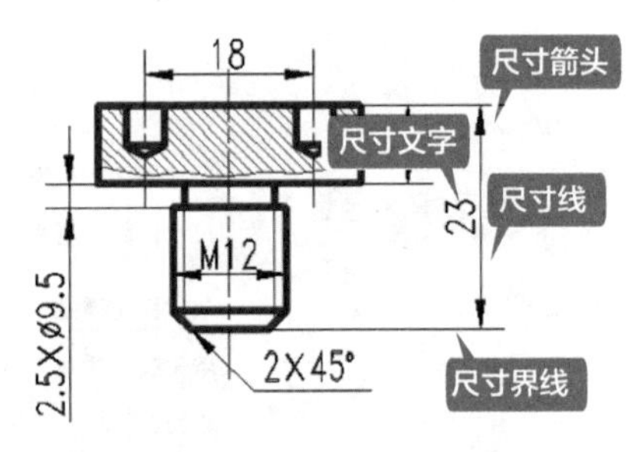

【尺寸界线】：用于指明所要标注的长度或角度的起始位置和结束位置。

【尺寸线】：用于指定尺寸标注的范围。在 AutoCAD 中，尺寸线可以是一条直线（如线性标注和对齐标注），也可以是一段圆弧（如角度标注）。

【尺寸箭头】：尺寸箭头位于尺寸线的两端，用于指定尺寸的界线。系统提供了多种箭头样式，并且允许创建自定义的箭头样式。

【尺寸文字】：尺寸文字是尺寸标注的核心，用于表明标注对象的尺寸、角度或旁注等内容。创建尺寸标注时，既可以使用系统自动计算出的实际测量值，也可以根据需要输入尺寸文字。

提示

通常，机械图的尺寸线末端符号用箭头，而建筑图尺寸线末端则用 45° 短线。另外，机械图尺寸线一般没有超出标记，而建筑图尺寸线的超出标记可以自行设置。

7.2 给阶梯轴添加尺寸标注

阶梯轴是机械设计中常见的零件，本例通过智能标注、线性标注、基线标注、连续标注、直径标注、半径标注、公差标注、形位公差标注等给阶梯轴添加标注，标注完成后最终结果如下图所示。

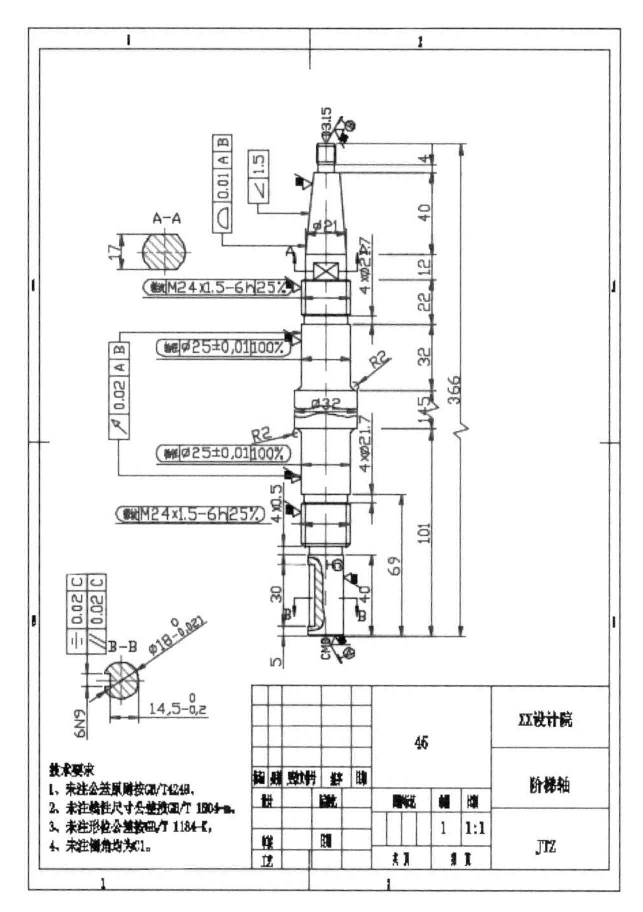

7.2.1 重点：创建标注样式

尺寸标注样式用于控制尺寸标注的外观，如箭头的样式、文字的位置及尺寸界线的长度等，通过设置尺寸标注样式可以确保所绘图纸中的尺寸标注符合行业或项目标准。

尺寸标注样式是通过【标注样式管理器】设置的，调用【标注样式管理器】的方法有以下5种。

（1）选择【格式】➢【标注样式】菜单命令。

（2）选择【标注】➢【标注样式】菜单命令。

（3）在命令行中输入“DIMSTYLE/D”命令并按空格键确认。

（4）单击【默认】选项卡➢【注释】面板中的【标注样式】按钮。

（5）单击【注释】选项卡➢【标注】面板右下角的按钮。

创建阶梯轴标注样式的具体操作步骤如下。

第 1 步 打开随书配套资源中的“素材\CH07\阶梯轴”，如下图所示。

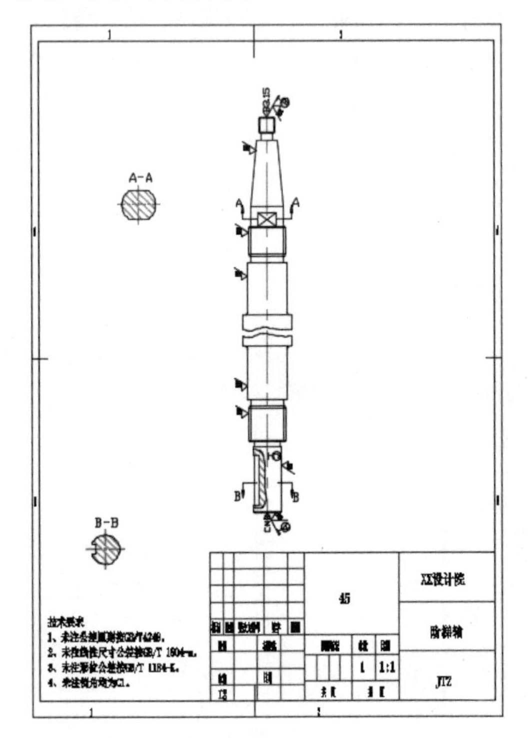

第 2 步 单击【默认】选项卡 ➢【注释】面板中的【标注样式】按钮，如下图所示。

第 3 步 在【标注样式管理器】对话框中单击【新建】按钮，在弹出的【创建新标注样式】对话框中输入新样式名“阶梯轴标注”，此处单击【继续】进入下一个对话框，如下图所示。

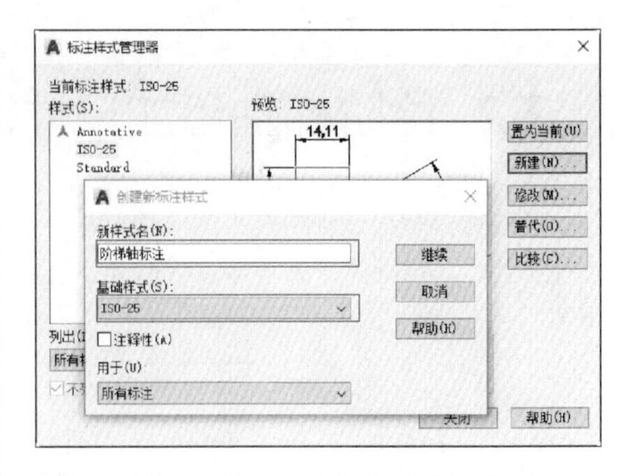

第 4 步 选择【调整】选项卡，将全局比例改为2，如下图所示。

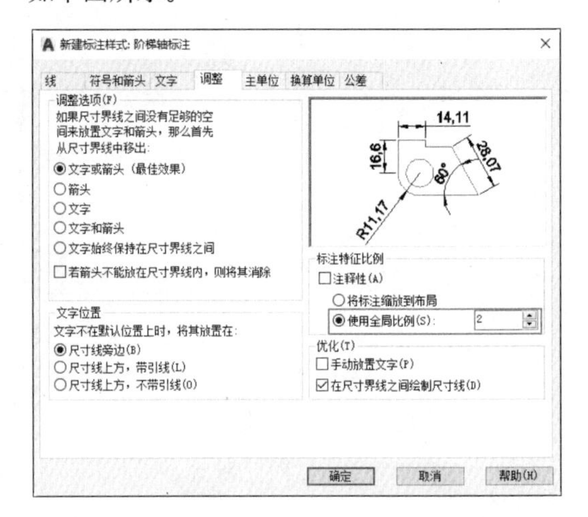

第 5 步 单击【确定】按钮，回到【标注样式管理器】对话框，选择“阶梯轴标注”样式，然后单击【置为当前】按钮，将“阶梯轴标注”样式置为当前后，单击【关闭】按钮，如下图所示。

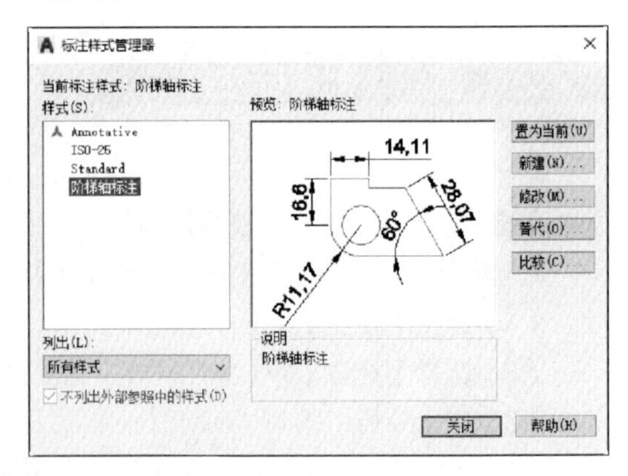

标注样式管理器对话框用于创建、修改标注样式，标注样式包括标注的线、箭头、文字、单位等特征的设置。标注样式管理器对话框各选项的含义如表 7-1 所示。

表 7-1　标注样式管理器对话框各选项的含义

示例	各选项含义
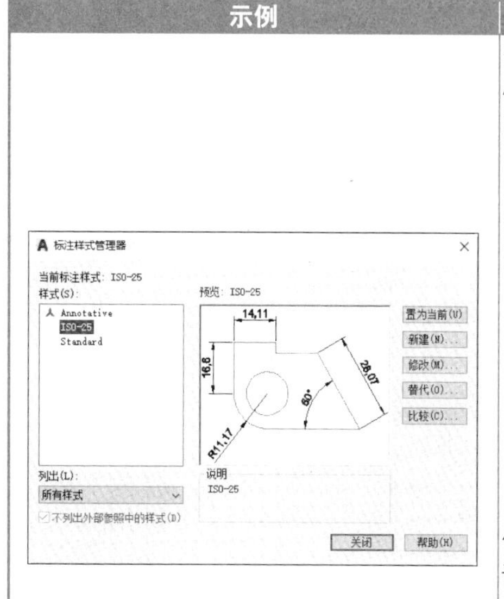	样式：列出了当前所有创建的标注样式，其中，Annotative、ISO-25、Standard 是 AutoCAD 固有的三种标注样式 置为当前：在样式列表中选择一项，然后单击该按钮，将会以选择的样式为当前样式进行标注 新建：单击该按钮，弹出【创建新标注样式】对话框，如下图所示 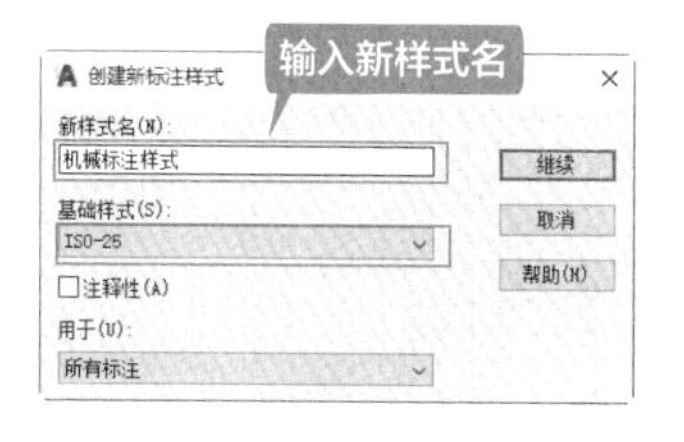 修改：单击该按钮，将弹出【修改标注样式】对话框，该对话框的内容与新建对话框的内容相同，区别在于一个是重新创建一个标注样式，一个是在原有样式的基础上进行修改 替代：单击该按钮，可以设定标注样式的临时替代值。对话框选项与【创建新标注样式】对话框中的选项相同 比较：单击该按钮，将显示【比较标注样式】对话框，从中可以比较两个标注样式或列出一个样式的所有特性
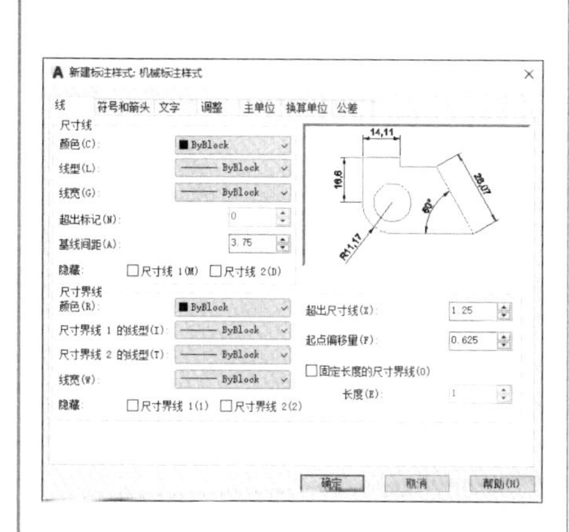	在【线】选项卡中可以设置尺寸线、尺寸界线、符号、箭头、文字外观、调整箭头、标注文字及尺寸界线间的位置等内容 1. 设置尺寸线 在【尺寸线】选项区域中可以设置尺寸线的颜色、线型、线宽、超出标记及基线间距等属性，如下图所示 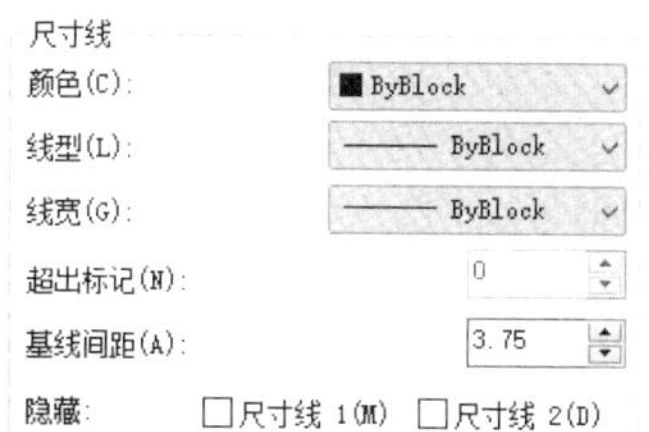 【颜色】：用于设置尺寸线的颜色 【线型】：用于设置尺寸线的线型，下拉列表中列出了各种线型的名称 【线宽】：用于设置尺寸线的线宽，下拉列表中列出了各种线宽的名称和宽度 【超出标记】：只有当尺寸线箭头设置为建筑标记、倾斜、积分和无时该选项才可以用，用于设置尺寸线超出尺寸界线的距离 【基线间距】：设置以基线方式标注尺寸时，相邻两尺寸线之间的距离 【隐藏】：通过勾选【尺寸线 1】或【尺寸线 2】复选框，可以隐藏第一段或第二段尺寸线及其相应的箭头，相对应的系统变量分别为 Dimsd1 和 Dimsd2

续表

示例	各选项含义
	2. 设置尺寸界线 在【尺寸界线】选项区域中可以设置尺寸界线的颜色、线宽、超出尺寸线的长度和起点偏移量、隐藏控制等属性，如下图所示 【颜色】：用于设置尺寸界线的颜色 【尺寸界线 1 的线型（I）】：用于设置第一条尺寸界线的线型（Dimltext1 系统变量） 【尺寸界线 2 的线型（T）】：用于设置第二条尺寸界线的线型（Dimltext2 系统变量） 【线宽】：用于设置尺寸界线的线宽 【超出尺寸线】：用于设置尺寸界线超出尺寸线的距离 【起点偏移量】：用于确定尺寸界线的实际起始点相对于指定尺寸界线起始点的偏移量 【固定长度的尺寸界线】：用于设置尺寸界线的固定长度 【隐藏】：通过勾选【尺寸界线 1】或【尺寸界线 2】复选框，可以隐藏第一段或第二段尺寸界线，相对应的系统变量分别为 Dimse1 和 Dimse2
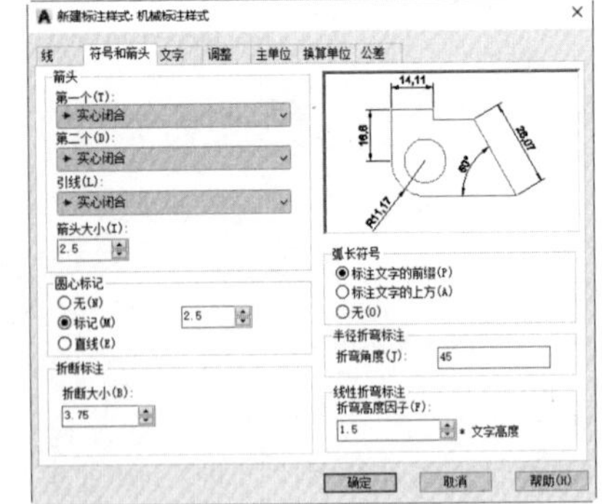	在【符号和箭头】选项卡中可以设置箭头、圆心标记、弧长符号和折弯标注的格式和位置 1. 设置箭头 在【箭头】选项区域中可以设置标注箭头的外观。通常情况下，尺寸线的两个箭头应一致 AutoCAD 提供了多种箭头样式，用户可以从对应的下拉列表中选择箭头，并在【箭头大小】微调框中设置它们的大小（也可以使用变量 Dimasz 设置），也可以使用自定义的箭头 2. 设置符号 在【圆心标记】选项区域中可以设置直径标注和半径标注的圆心标记和中心线的外观。在建筑图形中，一般不创建圆心标记或中心线 在【弧长符号】选项区域可以控制弧长标注中圆弧符号的显示 在【折断标注】选项区域的【折断大小】微调框中可以设置折断标注的大小 【半径折弯标注】控制折弯（Z 字型）半径标注的显示。折弯半径标注通常在半径太大，致使中心点位于图幅外部时使用。【折弯角度】用于连接半径标注的尺寸界线和尺寸线的横向直线的角度，一般为 45° 【线性折弯标注】中【折弯高度因子】的【文字高度】微调框可以设置折弯因子的文字的高度

续表

示例	各选项含义
	在【文字】选项卡中可以设置标注文字的外观、位置和对齐方式 1. 设置文字外观 在【文字外观】选项区域中可以设置文字的样式、颜色、高度和分数高度比例，以及控制是否绘制文字边框 【文字样式】：用于选择标注的文字样式 【文字颜色】和【填充颜色】：分别设置标注文字的颜色和标注文字背景的颜色 【文字高度】：用于设置标注文字的高度。但是如果选择的文字样式已经在【文字样式】对话框中设定了具体高度而不是 0，该选项不可用 【分数高度比例】：用于设置标注文字中的分数相对于其他标注文字的比例，AutoCAD 将该比例值与标注文字高度的乘积作为分数的高度。仅当在【主单位】选项卡中选择“分数”作为“单位格式”时，此选项才可用 【绘制文字边框】：用于设置是否给标注文字加边框 2. 设置文字位置 在【文字位置】选项区域中可以设置文字的垂直、水平位置及距尺寸线的偏移量 【垂直】下拉列表中包含“居中”“上”“外部”“JIS”和“下”5 个选项，用于控制标注文字相对尺寸线的垂直位置。选择某项时，在【文字】选项卡的预览框中可以观察到尺寸标注文字的变化 【水平】下拉列表中包含“居中”“第一条尺寸界线”“第二条尺寸界线”“第一条尺寸界线上方”“第二条尺寸界线上方”5 个选项，用于设置标注文字相对于尺寸线和尺寸界线在水平方向的位置 【观察方向】下拉列表中包含“从左到右”和“从右到左”2 个选项，用于设置标注文字的观察方向 【从尺寸线偏移】是设置尺寸线断开时标注文字周围的距离，若不断开，即为尺寸线与文字之间的距离 3. 设置文字对齐 在【文字对齐】选项区域中可以设置标注文字放置方向 【水平】：标注文字水平放置 【与尺寸线对齐】：标注文字方向与尺寸线方向一致 【ISO 标准】：标注文字按 ISO 标准放置，当标注文字在尺寸界线之内时，它的方向与尺寸线方向一致，而在尺寸界线外时将水平放置
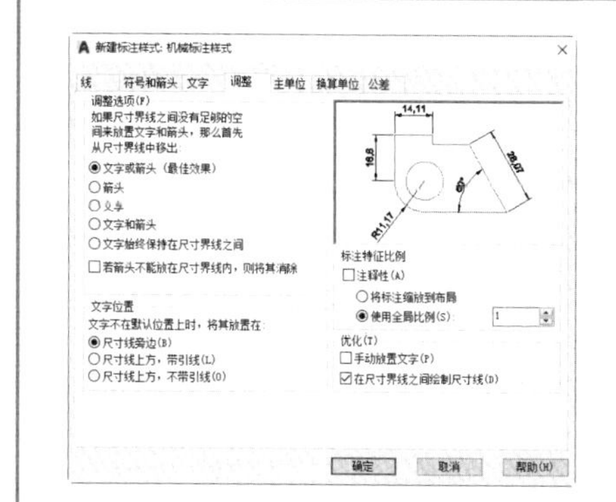	在【调整】选项卡中可以设置标注文字、尺寸线、尺寸箭头的位置 1. 调整选项 在【调整选项】选项区域中可以确定当尺寸界线之间没有足够的空间同时放置标注文字和箭头时，应首先从尺寸界线之间移出的对象 【文字或箭头（最佳效果）】：按最佳布局将文字或箭头移动到尺寸界线外部。当尺寸界线间的距离仅能够容纳文字时，将文字放在尺寸界线内，而箭头放在尺寸界线外；当尺寸界线间的距离仅能够容纳箭头时，将箭头放在尺寸界线内，而文字放在尺寸界线外；当尺寸界线间的距离既不够放文字又不够放箭头时，文字和箭头都放在尺寸界线外

续表

示例	各选项含义
	【箭头】：尽量将箭头放在尺寸界线内；否则，将文字和箭头都放在尺寸界线外 【文字】：尽量将文字放在尺寸界线内，箭头放在尺寸界线外 【文字和箭头】：当尺寸界线间距不足以放下文字和箭头时，文字和箭头都放在尺寸界线外 【文字始终保持在尺寸界线之间】：始终将文字放在尺寸界线之间 【若箭头不能放在尺寸界线内，则将其消除】：若尺寸界线内没有足够的空间，则隐藏箭头 2. 文字位置 在【文字位置】选项区域中用户可以设置标注文字不在默认位置上时，标注文字的位置 【尺寸线旁边】：将标注文字放在尺寸线旁边 【尺寸线上方，带引线】：将标注文字放在尺寸线的上方，并加上引线 【尺寸线上方，不带引线】：将标注文字放在尺寸线的上方，但不加引线 3. 标注特征比例 在【标注特征比例】选项区域中可以设置全局标注比例值或图纸空间比例 【将标注缩放到布局】：可以根据当前模型空间视口与图纸空间之间的缩放关系设置比例 【使用全局比例】：可以为所有标注样式设置一个比例，指定大小、距离或间距，包括文字和箭头大小，该值改变的仅仅是这些特征符号的大小，并不改变标注的测量值 4. 优化 在【优化】选项区域中可以对标注文字和尺寸线进行细微调整 【手动放置文字】：选择该复选框则忽略标注文字的水平设置，在标注时将标注文字放置在用户指定的位置 【在尺寸界线之间绘制尺寸线】：选择该复选框将始终在测量点之间绘制尺寸线，AutoCAD 将箭头放在测量点之处
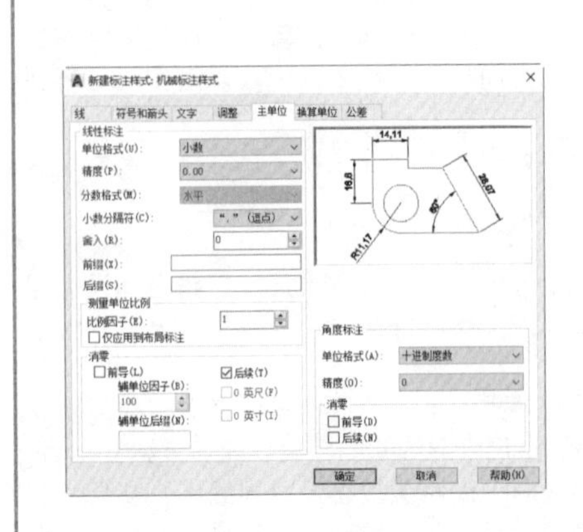	在【主单位】选项卡中可以设置主单位的格式与精度等属性 1. 线性标注 在【线性标注】选项区域中可以设置线性标注的单位格式与精度 【单位格式】：用来设置除角度标注之外的各标注类型的尺寸单位格式，包括“科学”“小数”“工程”“建筑”“分数”及“Windows 桌面”等选项 【精度】：用来设置标注文字中的小数位数 【分数格式】：用来设置分数的格式，包括“水平”“对角”和“非堆叠”3 种方式。当【单位格式】选择“建筑”或“分数”时，此选项才可用 【小数分隔符】：用于设置小数的分隔符，包括“逗点”“句点”和“空格”3 种方式。【舍入】用于设置除角度标注以外的尺寸测量值的舍入值，类似于数学中的四舍五入 【前缀】和【后缀】：用于设置标注文字的前缀和后缀，在相应的文本框中输入文本符即可

续表

示例	各选项含义
	2. 测量单位比例 【比例因子】：设置测量尺寸的缩放比例，AutoCAD 的实际标注值为测量值与该比例的积；勾选【仅应用到布局标注】复选框，可以设置该比例关系是否仅适应于布局。该值不应用到角度标注，也不应用到舍入值或者正负公差值 3. 消零 【消零】选项用于设置是否显示尺寸标注中的“前导”和“后续”0 【前导】：勾选该复选框，标注中前导“0”将不显示，例如，“0.5”将显示为“.5” 【后续】：勾选该复选框，标注中后续“0”将不显示，例如，“5.0”将显示为“5” 4. 角度标注 在【角度标注】选项区域中可以使用【单位格式】下拉列表设置标注角度时的单位；使用【精度】下拉列表设置标注角度的尺寸精度；使用【消零】选项设置是否消除角度尺寸的前导和后续 0 提示：标注特征比例改变的是标注的箭头、起点偏移量、超出尺寸线及标注文字的高度等参数值 测量单位比例改变的是标注的尺寸数值，例如，将测量单位比例改为 2，那么当标注实际长度为 5 的尺寸的时候，显示的数值为 10
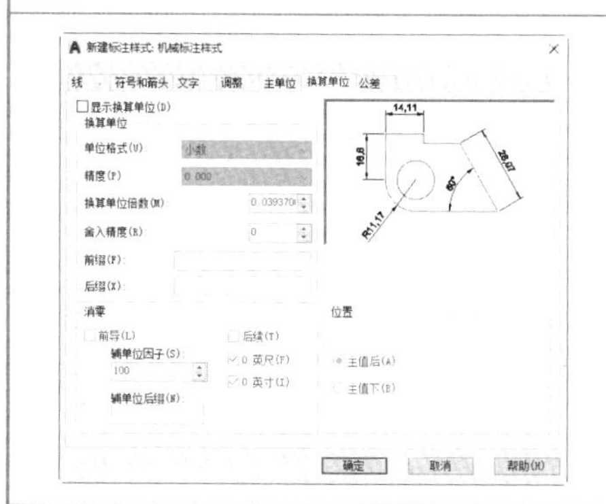	在【换算单位】选项卡中可以设置换算单位的格式 AutoCAD 中，通过换算标注单位，可以转换使用不同测量单位制的标注，通常是将英制标注换算成等效的公制标注，或将公制标注换算成等效的英制标注。在标注文字中，换算标注单位显示在主单位旁边的方括号 [ ] 中 勾选【显示换算单位】复选框时选项卡中对话框的其他选项才可用，用户可以在【换算单位】选项区域中设置换算单位中的各选项，方法与设置主单位的方法相同 在【位置】选项区域中可以设置换算单位的位置，包括“主值后”和“主值下”2 种方式
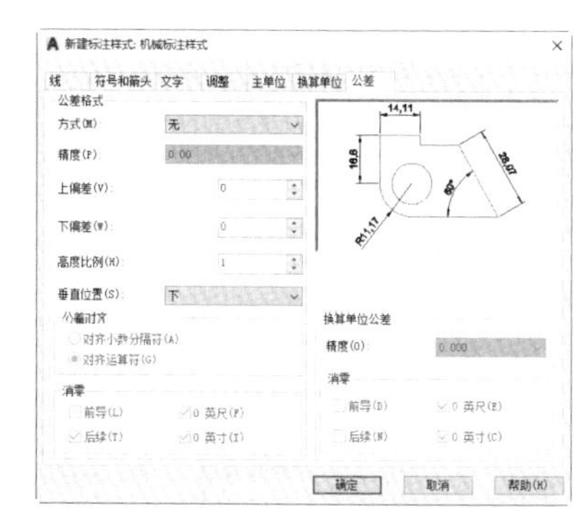	【公差】选项卡用于设置是否标注公差，以及用何种方式进行标注 【方式】：确定以何种方式标注公差，包括“无”“对称”“极限偏差”“极限尺寸”和“基本尺寸”选项 【精度】：用于设置尺寸公差的精度 【上偏差】【下偏差】：用于设置尺寸的上下偏差，相应的系统变量分别为 Dimtp 及 Dimtm 【高度比例】：用于确定公差文字的高度比例因子。确定后，AutoCAD 将该比例因子与尺寸文字高度之积作为公差文字的高度，也可以使用变量 Dimtfac 设置 【垂直位置】下：用于控制公差文字相对于尺寸文字的位置，有“上”“中”“下”3 种方式 【消零】：用于设置是否消除公差值的前导或后续 0

续表

示例	各选项含义
	在【换算单位公差】选项区域中可以设置换算单位的精度和是否消零 提示：公差有两种，即“尺寸公差”和“形位公差”，尺寸公差指的是实际制作中尺寸上允许的误差，“形位公差”指的是形状和位置上的误差 【标注样式管理器】中设置的“公差”是尺寸公差，而且在【标注样式管理器】中一旦设置了公差，那么在接下来的标注过程中，所有的标注值都将附加上这里设置的公差值。因此，实际工作中一般不采用【标注样式管理器】中的公差设置，而是采用【特性】选项板中的公差选项来设置公差 关于“形位公差”的介绍请参见本章后面的相关内容

7.2.2 添加线型标注

线型标注既可以通过智能标注来创建，也可以通过线性标注、基线标注、连续标注来创建。

1. 通过智能标注创建线型标注

智能标注支持的标注类型包括垂直标注、水平标注、对齐标注、旋转的线性标注、角度标注、半径标注、直径标注、折弯半径标注、弧长标注、基线标注和连续标注。

调用智能标注的方法通常有以下 3 种。

（1）单击【默认】选项卡 ➢【注释】面板 ➢【标注】按钮。

（2）单击【注释】选项卡 ➢【标注】面板 ➢【标注】按钮。

（3）在命令行中输入“DIM”命令并按空格键确认。

通过智能标注给阶梯轴添加线型标注的具体操作步骤如下。

第 1 步 单击【默认】选项卡 ➢【图层】面板 ➢【图层】下拉按钮，将影响标注的“0”层、“文字”层和“细实线”层关闭，如下图所示。

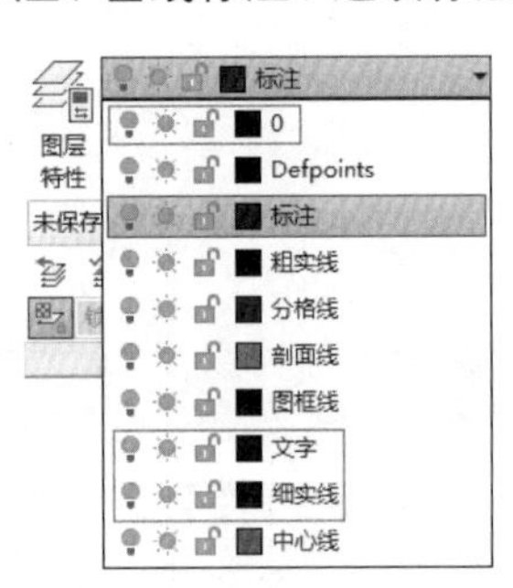

第 2 步 单击【默认】选项卡 ➢【注释】面板 ➢【标注】按钮，然后捕捉如下图所示的轴的端点为尺寸标注的第一点。

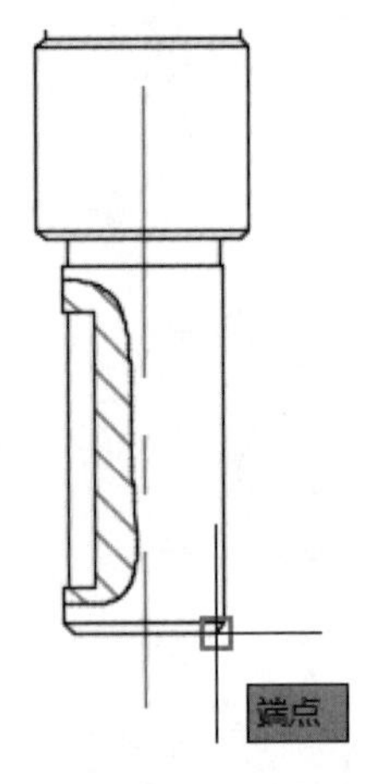

第 3 步 捕捉第一段阶梯轴的另一端的端点为

尺寸标注的第二点，如下图所示。

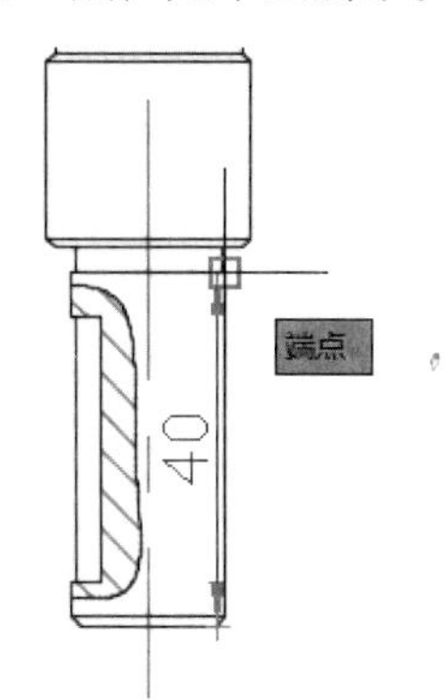

第 4 步 拖动鼠标，在合适的位置单击作为放置标注的位置，如下图所示。

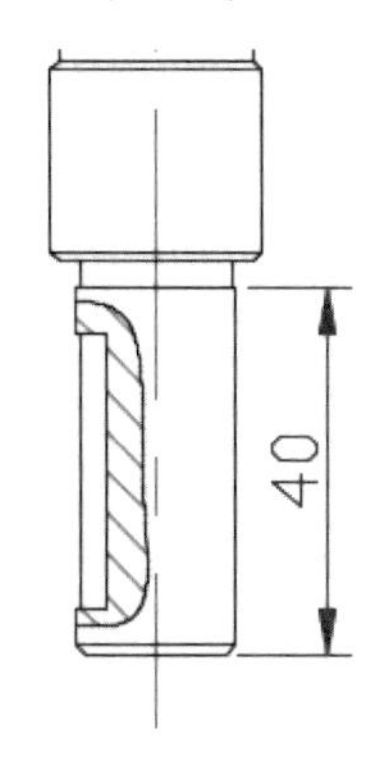

第 5 步 重复标注，如下图所示。

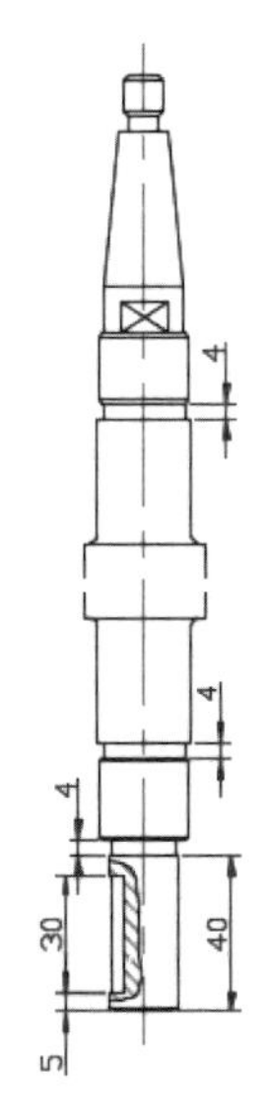

第 6 步 不退出智能标注的情况下，在命令行输入“b”，然后捕捉如下图所示的尺寸界线作为基线标注的第一个尺寸界线。

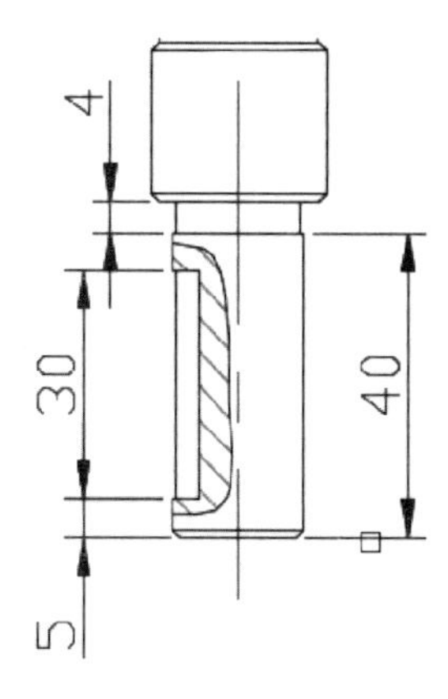

第 7 步 拖动鼠标，捕捉如下图所示的端点作为第一个基线标注的第二个尺寸界线的原点。

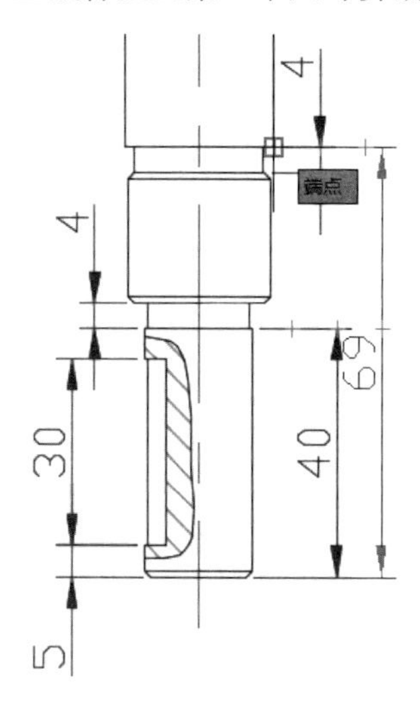

第 8 步 继续捕捉阶梯轴的端点作为第二个基线标注的第二个尺寸界线的原点，如下图所示。

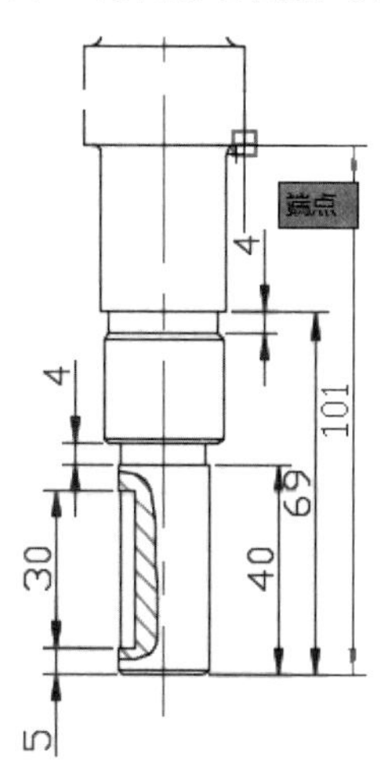

第 9 步 继续捕捉阶梯轴的端点作为第二个基

线标注的第三个尺寸界线的原点，如下图所示。

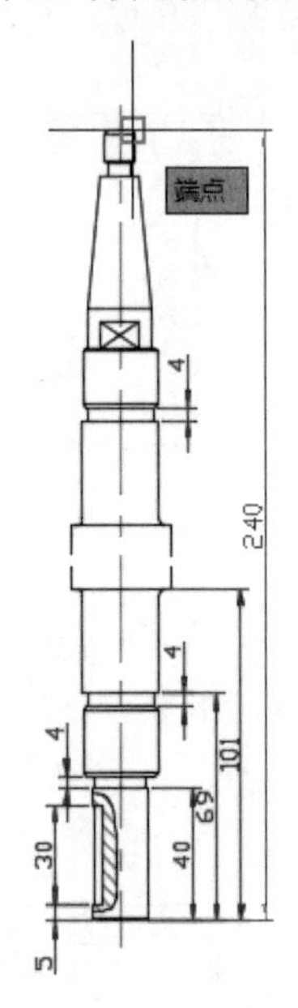

第10步 基线标注完成后（不要退出智能标注），连续按两次空格键，当出现“选择对象或指定第一个尺寸界线原点”提示时输入“c”。

选择对象或指定第一个尺寸界线原点或 [角度 (A)/ 基线 (B)/ 连续 (C)/ 坐标 (O)/ 对齐 (G)/ 分发 (D)/ 图层 (L)/ 放弃 (U)]: c ↙

第11步 选择标注为101的尺寸线的界线为第一个连续标注的第一个尺寸界线，如下图所示。

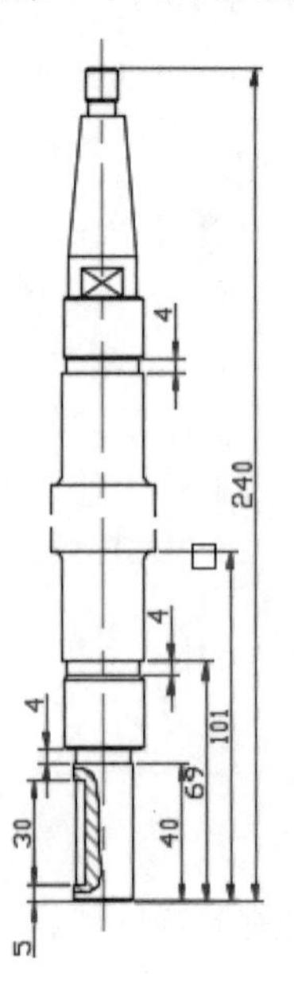

第12步 捕捉如下图所示的端点为第一个连续标注的第二个尺寸界线的原点，如下图所示。

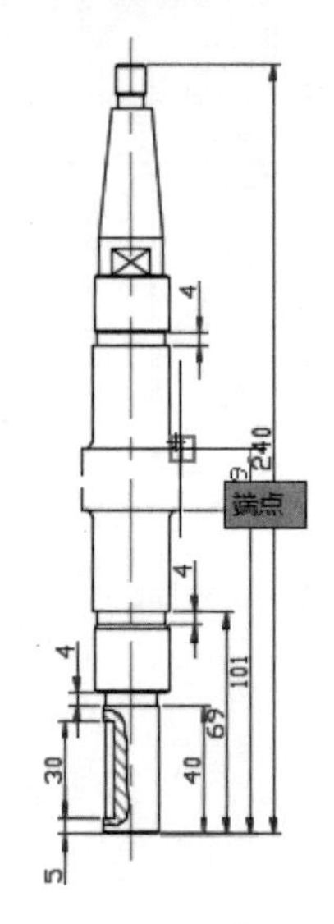

第13步 重复第12步，继续捕捉其他连续标注的尺寸界线的原点，如下图所示。

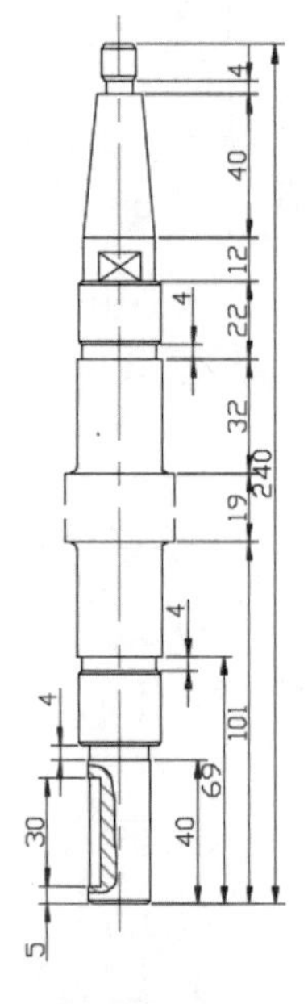

第14步 连续标注完成后（不要退出智能标注），连续按两次空格键，当出现“选择对象或指定第一个尺寸界线原点”提示时输入“d”，然后输入“o”。

选择对象或指定第一个尺寸界线原点或 [角度 (A)/ 基线 (B)/ 连续 (C)/ 坐标 (O)/ 对齐 (G)/ 分发 (D)/ 图层 (L)/ 放弃 (U)]: d ↙

当前设置：偏移 (DIMDLI) = 3.750000
指定用于分发标注的方法 [相等 (E)/ 偏移 (O)] < 相等 >:o ↙

第 15 步 当命令行提示选择基准标注时选择尺寸为 40 的标注，如下图所示。

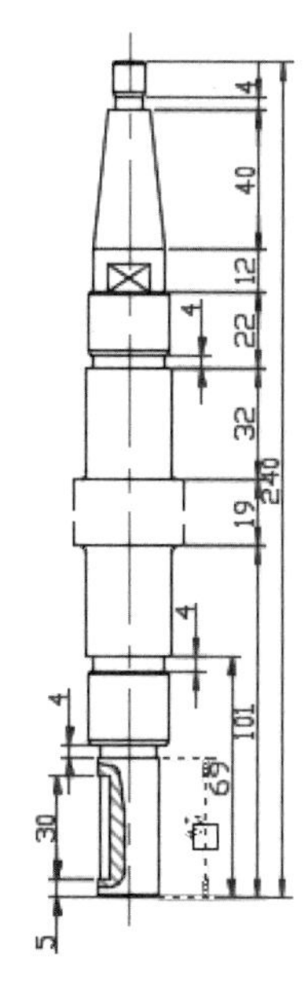

第 16 步 当命令行提示选择要分发的标注时输入“o”，然后输入偏移的距离“7.5”。

选择要分发的标注或 [偏移 (O)]:o ↙
指定偏移距离 <3.750000>:7.5 ↙

第 17 步 指定偏移距离后选择分发对象，如下图所示。

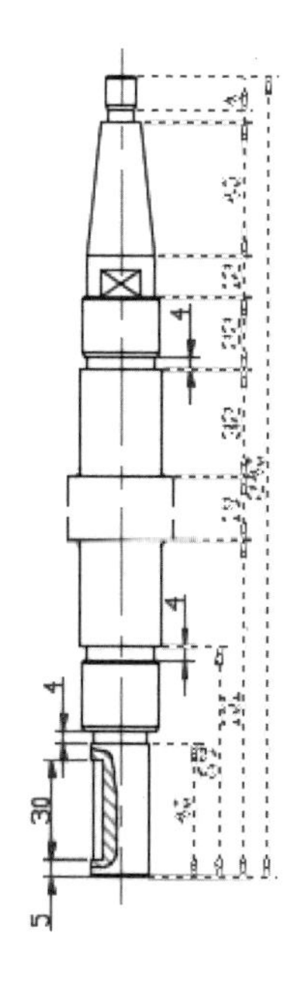

第 18 步 按空格键确认，分发后如下图所示。

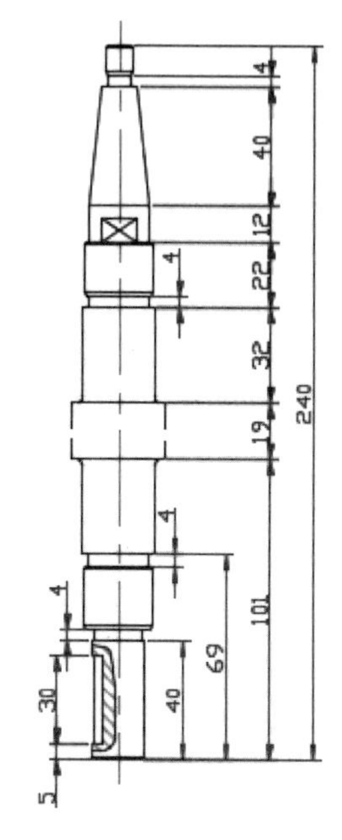

第 19 步 分发标注完成后（不要退出智能标注），连续按两次空格键，当出现“选择对象或指定第一个尺寸界线原点”提示时输入“g”，然后选择尺寸为 40 的标注作为基准，如下图所示。

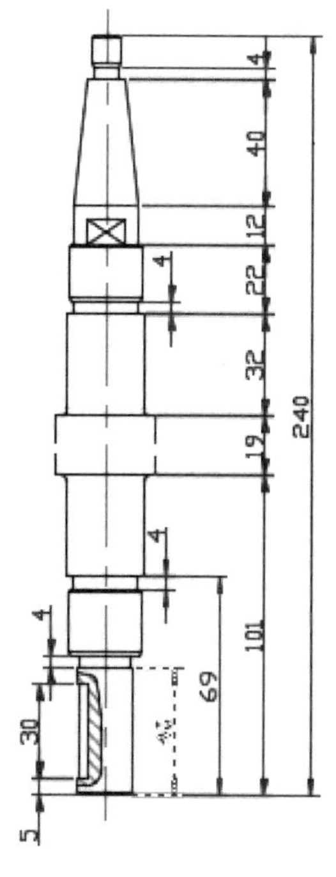

第 20 步 选择两个尺寸为 4 的标注为对齐对象，

如下图所示。

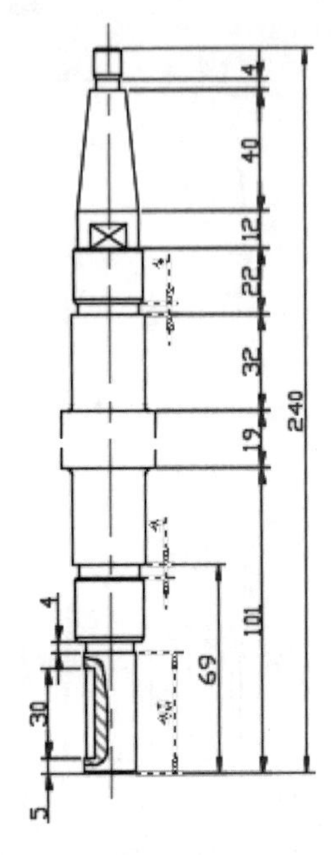

第 21 步　按空格键将两个尺寸为 4 的标注对齐到尺寸为 40 的标注后如下图所示。

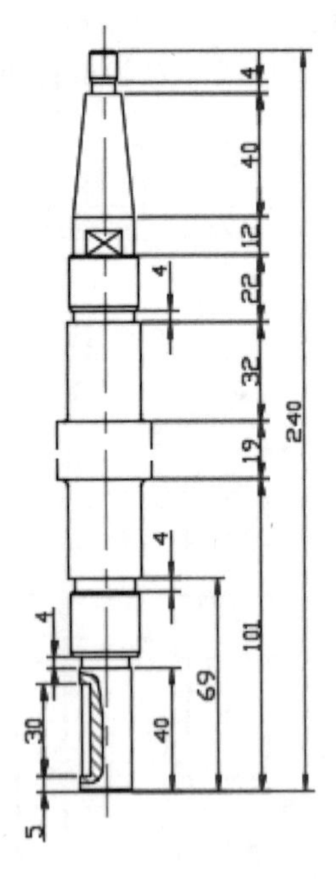

第 22 步　重复第 19~21 步，将最左侧尺寸为 4 的标注与尺寸为 30 的标注对齐。线型标注完成后退出智能标注，结果如下图所示。

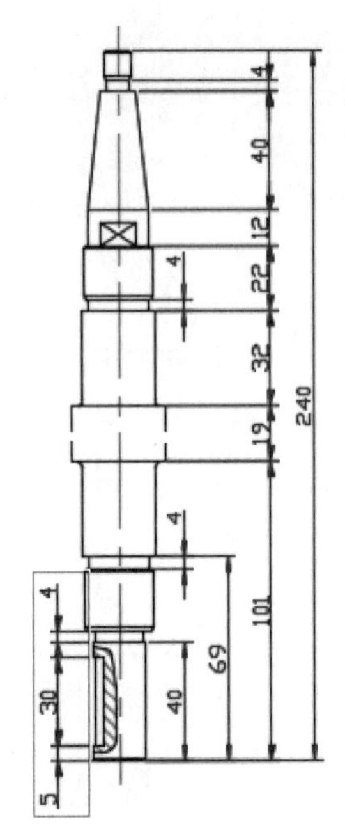

智能标注可以实现在同一命令任务中创建多种类型的标注。调用智能标注命令后，将鼠标指针悬停在标注对象上时，将自动预览要使用的合适标注类型。选择对象、线或点进行标注，然后单击绘图区域中的任意位置绘制标注。

调用智能标注命令后，命令行提示如下。

```
命令：_dim
选择对象或指定第一个尺寸界线原点或 [ 角度 (A)/ 基线 (B)/ 连续 (C)/ 坐标 (O)/ 对齐 (G)/ 分发 (D)/ 图层 (L)/ 放弃 (U)]:
```

命令行各选项的含义如下。

【选择对象】：自动为所选对象选择合适的标注类型，并显示与该标注类型相对应的提示。“圆弧”默认为半径标注；“圆”默认为直径标注；“直线”默认为线性标注。

【第一个尺寸界线原点】：选择两个点时创建线性标注。

【角度】：创建一个角度标注来显示三个点或两条直线之间的角度（同【DIMANGULAR】命令）。

【基线】：从上一个或选定标准的第一条界线创建线性、角度或坐标标注（同【DIMBASELINE】命令）。

【连续】：从选定标注的第二条尺寸界线创建线性、角度或坐标标注（同【DIMCONTINUE】命令）。

【坐标】：创建坐标标注（同【DIMORDINATE】命令），相比坐标标注命令，可以调用一次命令进行多个标注。

【对齐】：将多个平行、同心或同基准标注对齐到选定的基准标注。

【分发】：指定可用于分发一组选定的孤立线性标注或坐标标注的方法，有相等和偏移两个选项。“相等”是均匀分发所有选定的标注，此方法要求至少三条标注线；“偏移”是按指定的偏移距离分发所有选定的标注。

【图层】：为选定的图层指定新标注，以替代当前图层，该选项在创建复杂图形时尤为有用，选定标注图层后即可标注，不需要在标注图层和绘图图层之间来回切换。

【放弃】：反转上一个标注操作。

2. 通过线性标注、基线标注和连续标注创建线型尺寸标注

对于不习惯使用智能标注的用户，仍可以通过线性标注、基线标注和连续标注等命令完成阶梯轴的线型标注。

通过线性标注、基线标注和连续标注创建阶梯轴线型尺寸标注的具体步骤如下。

第 1 步 单击【默认】选项卡➢【注释】面板➢【线性】按钮⟝，如下图所示。

提示

除了通过面板调用【线性】标注命令外，还可以通过以下方法调用【线性】标注命令。

（1）选择【标注】➢【线性】菜单命令。

（2）在命令行中输入“DIMLINEAR/DLI”命令并按空格键。

（3）单击【注释】选项卡➢【标注】面板➢【线性】按钮⟝。

第 2 步 捕捉如下图所示的轴的端点为尺寸标注的第一点。

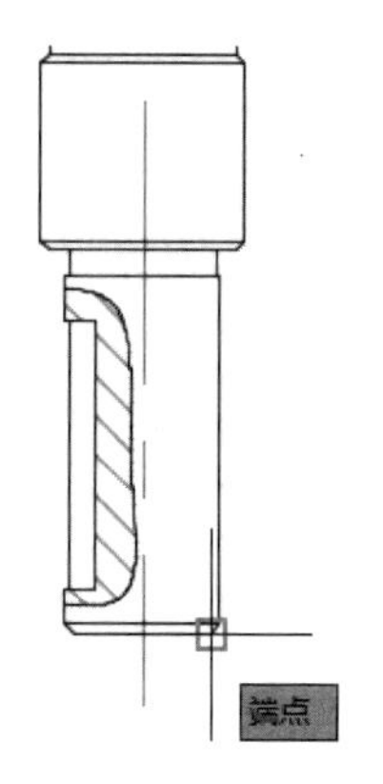

第 3 步 捕捉第一段阶梯轴的另一端的端点为尺寸标注的第二点，如下图所示。

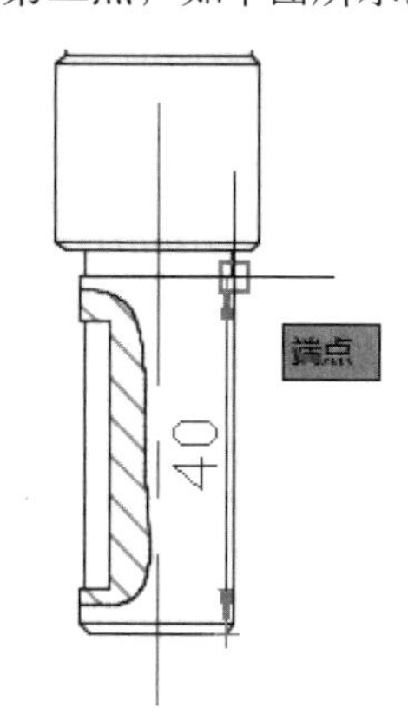

第 4 步 拖动鼠标，在合适的位置单击作为放置标注的位置，如下图所示。

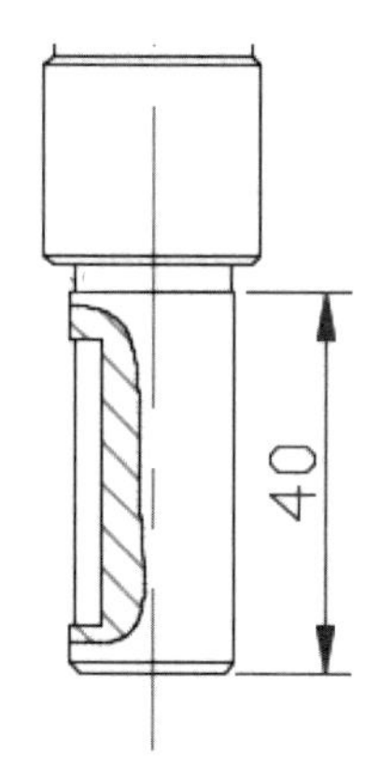

第5步 重复线性标注，如下图所示。

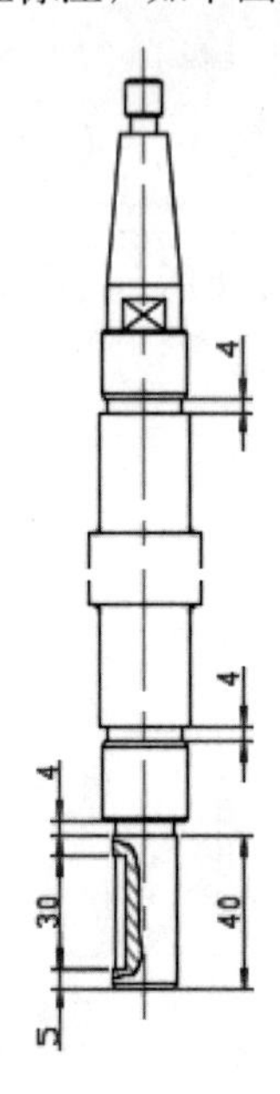

提示

在命令行中输入“MULTIPLE”并按空格键，然后输入“DLI”，可以重复进行线性标注，直到按【Esc】键退出。

第6步 单击【注释】选项卡➤【标注】面板➤【基线】按钮，如下图所示。

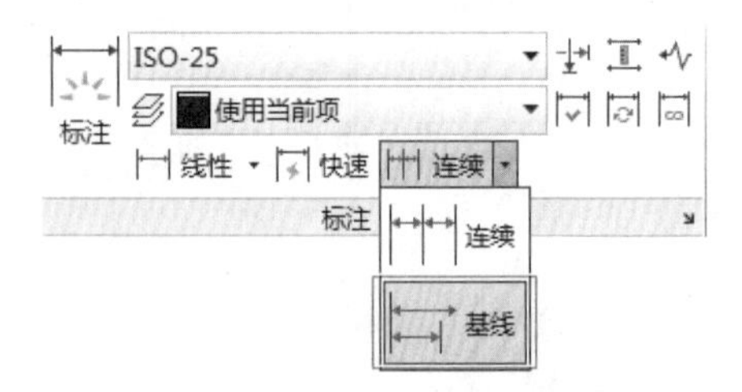

提示

除了通过面板调用【基线】标注命令外，还可以通过以下方法调用【基线】标注命令。

（1）选择【标注】➤【基线】菜单命令。

（2）在命令行中输入“DIMBASELINE/DBA”命令并按空格键。

第7步 输入“S”重新选择基准标注，如下图所示。

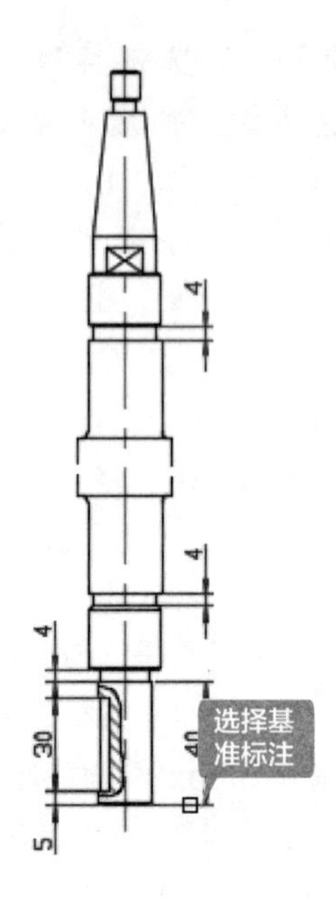

提示

基线标注会默认最后创建的标注为基准，如果最后创建的标注不是需要的基准，则可以输入“S”重新选择基准。

第8步 拖动鼠标，捕捉如下图所示的端点作为第一个基线标注的第二个尺寸界线的原点。

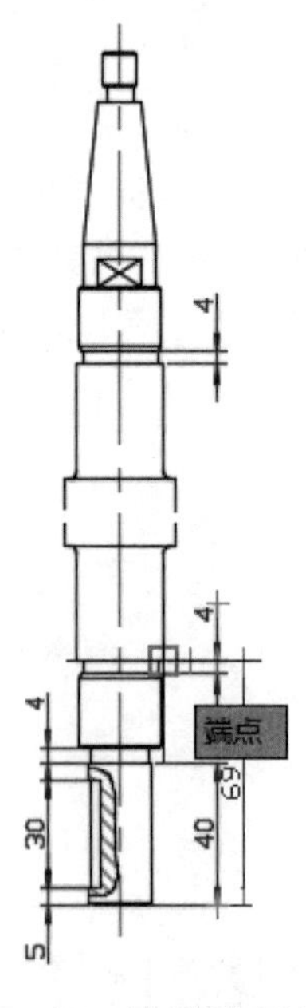

第9步 重复第8步，继续选择基线标注的尺寸界线原点，结果如下图所示。

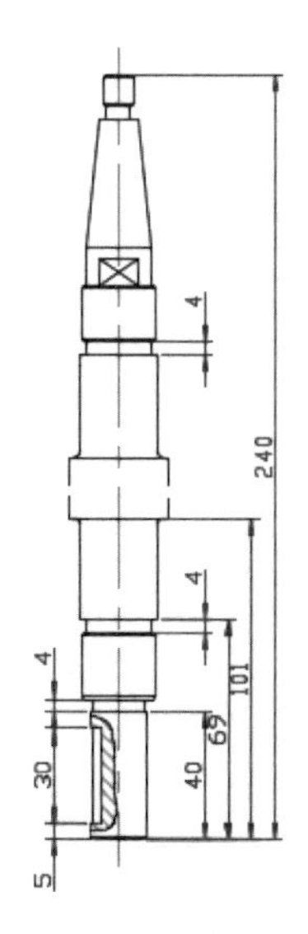

第 10 步 单击【注释】选项卡 ➢【标注】面板 ➢【调整间距】按钮，如下图所示。

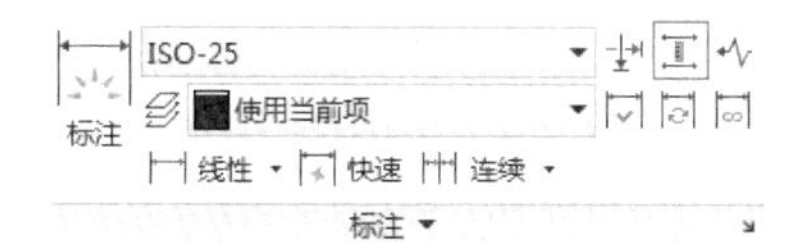

提示

除了通过面板调用【调整间距】标注命令外，还可以通过以下方法调用【调整间距】标注命令。

（1）选择【标注】➢【标注间距】菜单命令。

（2）在命令行中输入“DIMSPACE”命令并按空格键。

第 11 步 选择尺寸为 40 的标注作为基准，如下图所示。

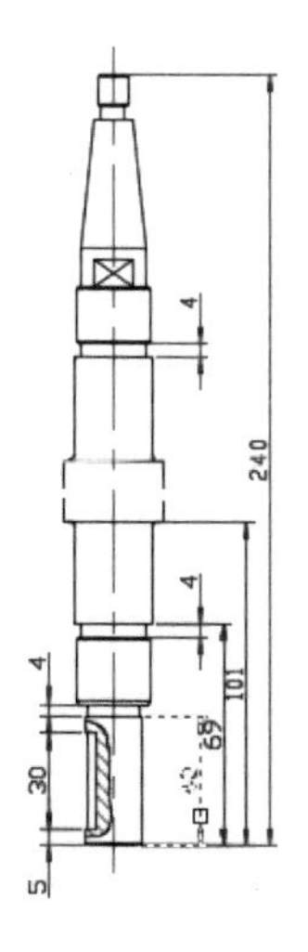

第 12 步 选择尺寸为 69、101 和 240 的标注为调整间距的标注，如下图所示。

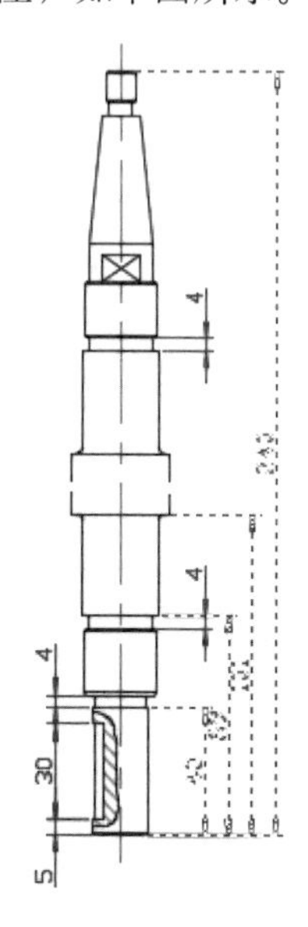

第 13 步 输入间距值“15”，结果如下图所示。

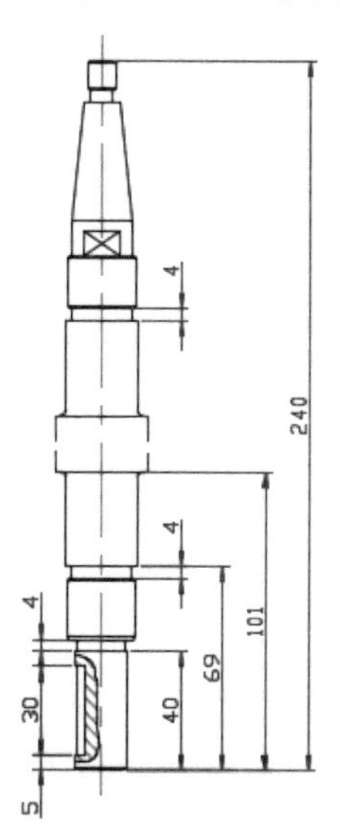

第 14 步 单击【注释】选项卡 ➢【标注】面板 ➢【连续】按钮，如下图所示。

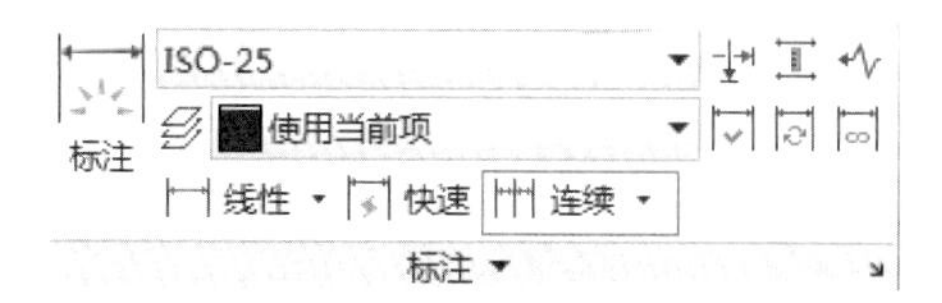

提示

除了通过面板调用【连续】标注命令外，还可以通过以下方法调用【连续】标注命令。

（1）选择【标注】➤【连续】菜单命令。

（2）在命令行中输入“DIMCONTINUE/DCO”命令并按空格键。

第15步 输入“S”重新选择基准标注，如下图所示。

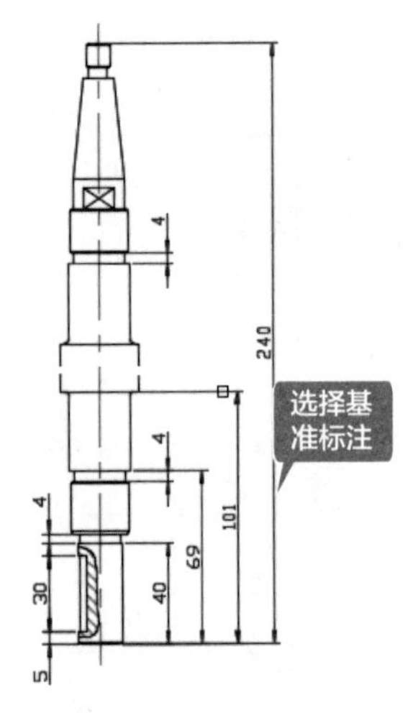

提示

连续标注会默认最后创建的标注为基准，如果最后创建的标注不是需要的基准，则可以输入“S”重新选择基准。

第16步 拖动鼠标，捕捉如下图所示的端点作为第一个连续标注的第二个尺寸界线的原点，如下图所示。

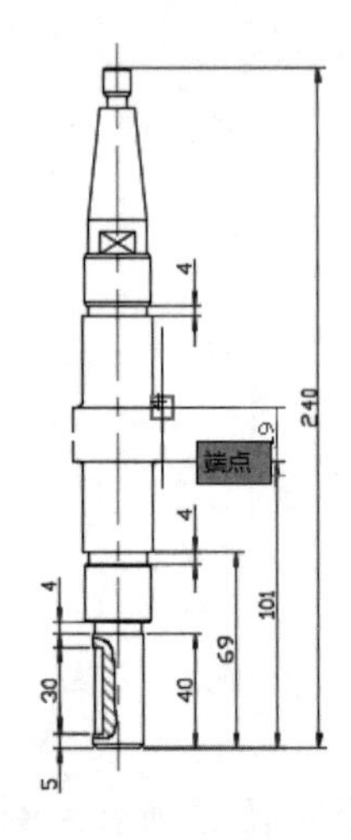

第17步 重复第16步，继续选择连续标注的尺寸界线原点，结果如下图所示。

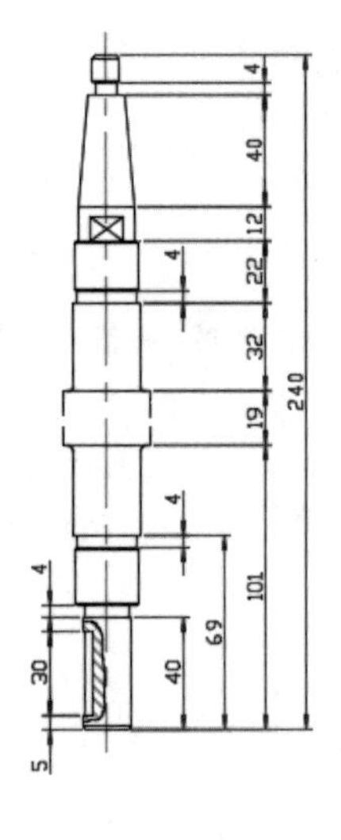

7.2.3 添加直径标注和尺寸公差

对于投影是圆或圆弧的视图，直接用直径或半径标注即可。对于投影不是圆的视图，如果要表达直径，则需要先创建线性标注，然后通过特性选项板或文字编辑添加直径符号来完成直径的表达。

1. 通过特性选项板创建直径标注和尺寸公差

通过特性选项板创建直径标注和尺寸公差的具体操作步骤如下。

第1步 单击【默认】选项卡➤【注释】面板➤【标注】按钮，添加一系列线性标注，如下图所示。

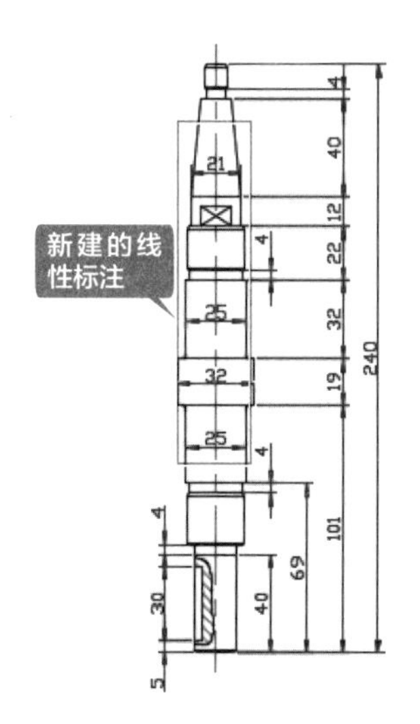

第 2 步 按快捷键【Ctrl+1】，弹出【特性】选项板后选择尺寸为 25 的标注，如下图所示。

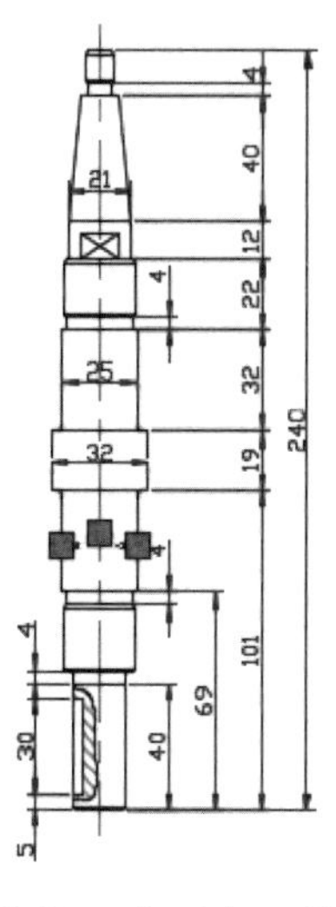

第 3 步 在【主单位】选项卡下的【标注前缀】输入框输入“%%C”，如下图所示。

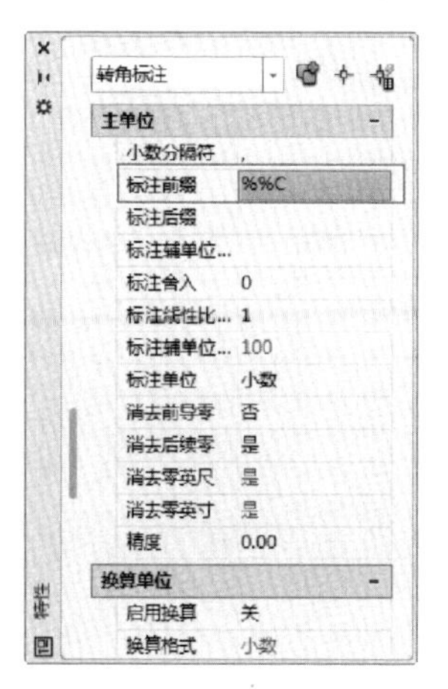

提示

在 AutoCAD 中“%%C”是直径符号的代码。关于常用符号的代码参见表 7-2。

第 4 步 在【公差】选项卡下将【显示公差】设置为“对称”，如下图所示。

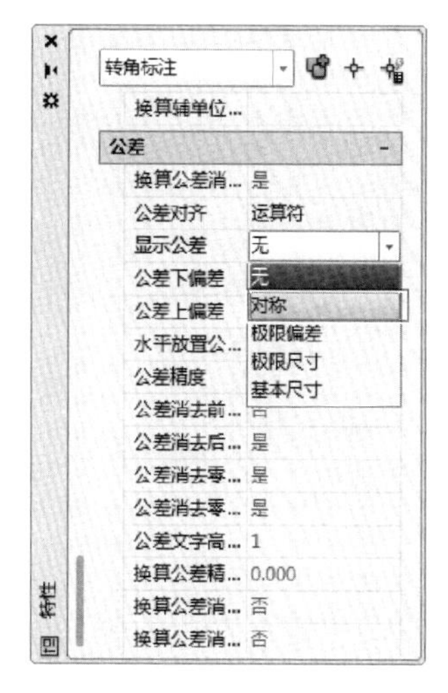

第 5 步 在【公差上偏差】输入框中输入公差值“0.01”，如下图所示。

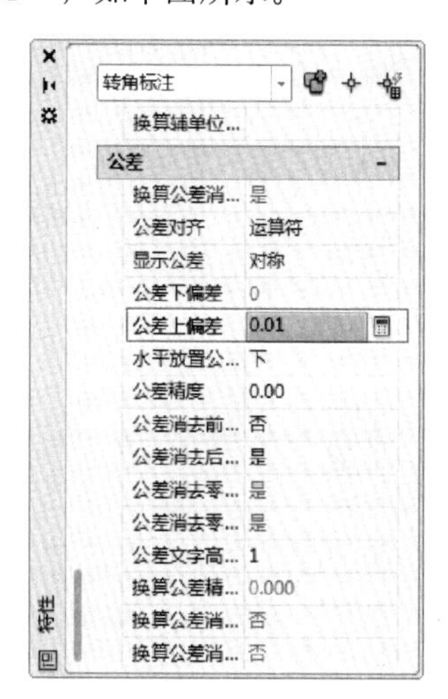

提示

通过【特性】选项板添加公差时，默认上公差为正值，下公差为负值，如果上公差为负值，或下公差为正值，则需要在输入的公差值前加“–”。在【特性】选项板中对于对称公差，只需输入上偏差值即可。

第6步 按【Esc】键退出【特性】选项板后如下图所示。

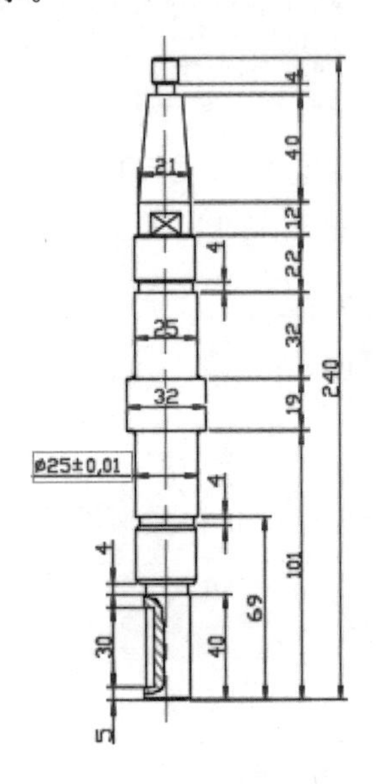

第7步 重复上述步骤，继续添加直径符号和公差，结果如下图所示。

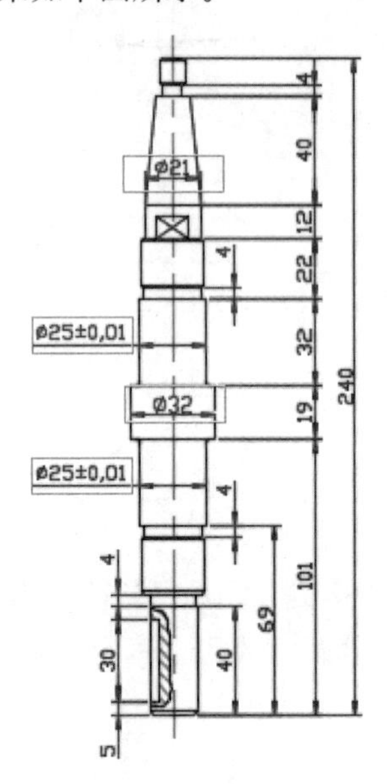

AutoCAD中输入文字时，用户可以在文本框中输入特殊符号，如直径符号“∅”、百分号“%”、正负公差符号“±”等，但是这些特殊符号一般不能由键盘直接输入，为此系统提供了专用的代码，每个代码是由“%%”与一个字符组成，如“%%C”等，常用的特殊符号代码如表7-2所示。

表7-2 AutoCAD常用特殊符号代码

代　码	功　能	输入效果
%%O	打开或关闭文字上划线	文字
%%U	打开或关闭文字下划线	内容
%%C	标注直径（∅）符号	∅320
%%D	标注度（°）符号	30°
%%P	标注正负公差（±）符号	±0.5
%%%	百分号（%）	%
\U+2260	不相等≠	10 ≠ 10.5
\U+2248	几乎等于≈	≈ 32
\U+2220	角度∠	∠ 30
\U+0394	差值Δ	Δ60

提示

在AutoCAD的控制符中，“%%O”和“%%U”分别代表上划线与下划线。在第一次出现此符号时，可打开上划线或下划线；第二次出现此符号时，则关闭上划线或下划线。

2. 通过文字编辑创建直径标注和尺寸公差

在AutoCAD中除了通过【特性】选项板创建直径符号和尺寸公差外，还可以通过文字编辑创建直径符号和尺寸公差。

通过文字编辑创建直径和尺寸公差的具体操作步骤如下。

第 1 步 单击【默认】选项卡➢【注释】面板➢【标注】按钮，添加一系列线性标注，如下图所示。

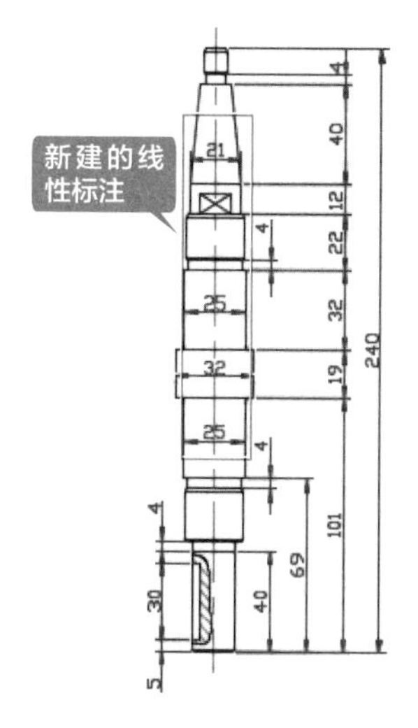

第 2 步 双击尺寸为 25 的标注，如下图所示。

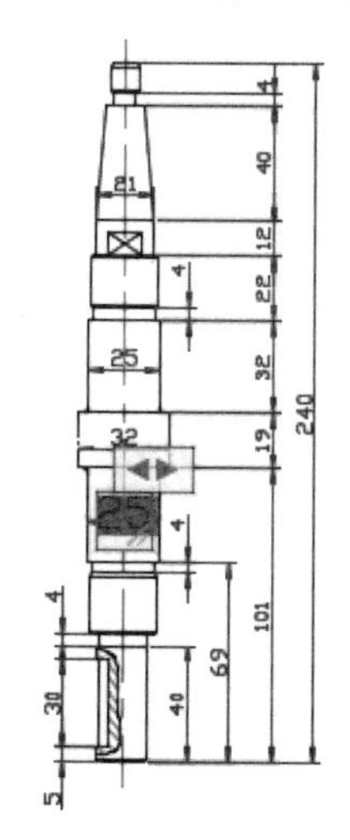

第 3 步 在文字前面输入“%%C”，在文字后面输入“%%P0.01”，如下图所示。

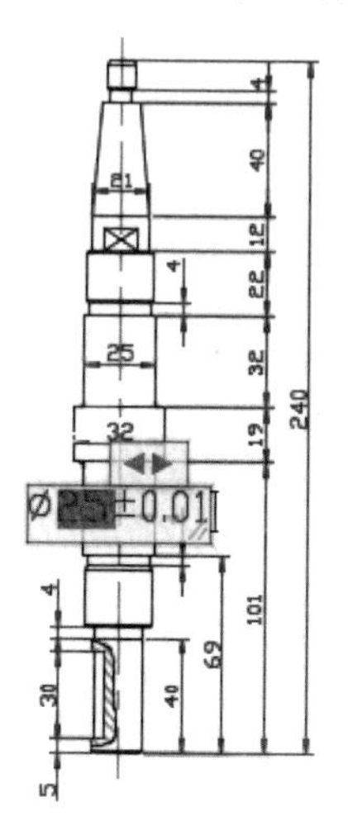

提示

输入代码后系统会自动将代码转为相应的符号。

第 4 步 重复第 2~3 步，继续添加直径符号和公差，结果如下图所示。

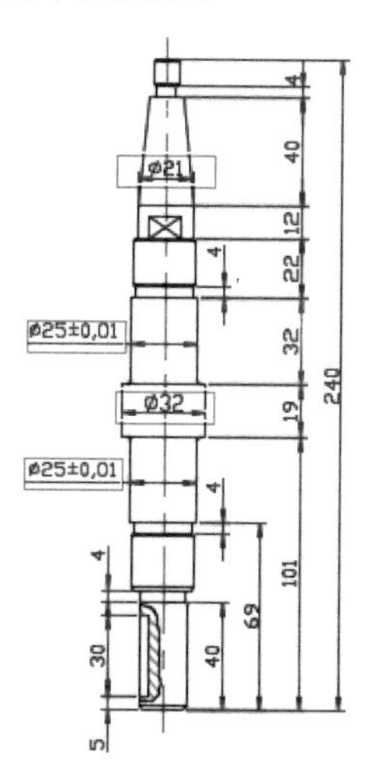

7.2.4 创建螺纹和退刀槽标注

创建螺纹和退刀槽标注与创建直径标注和尺寸公差的方法相似，也可以通过【特性】选项板和文字编辑创建，这里我们采用文字编辑的方法创建螺纹和退刀槽标注。

提示

外螺纹的底径用细实线绘制，因为“细实线”层被关闭了，所以图中只显示了螺纹的大径，而没有显示螺纹的底径。

通过文字编辑创建螺纹和退刀槽标注的具体操作步骤如下。

第1步 单击【默认】选项卡➤【注释】面板➤【标注】按钮，添加两个线性标注，如下图所示。

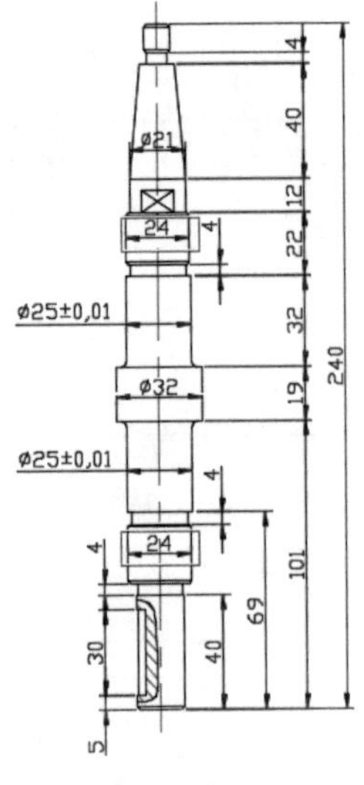

第2步 双击刚标注的尺寸，将文字改为“M24×1.5−6h”，如下图所示。

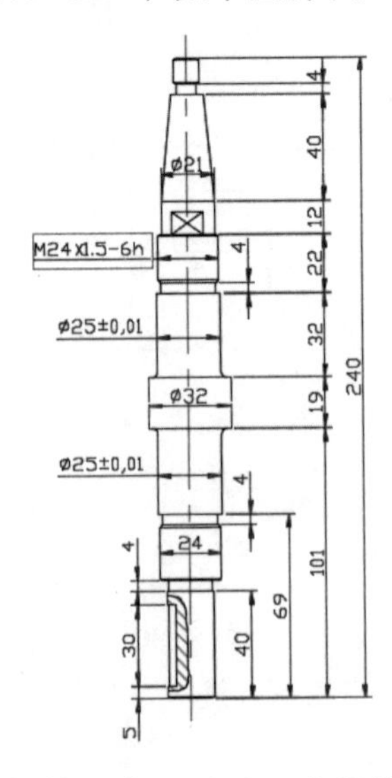

第3步 重复第2步，对另一个线性标注进行修改，如下图所示。

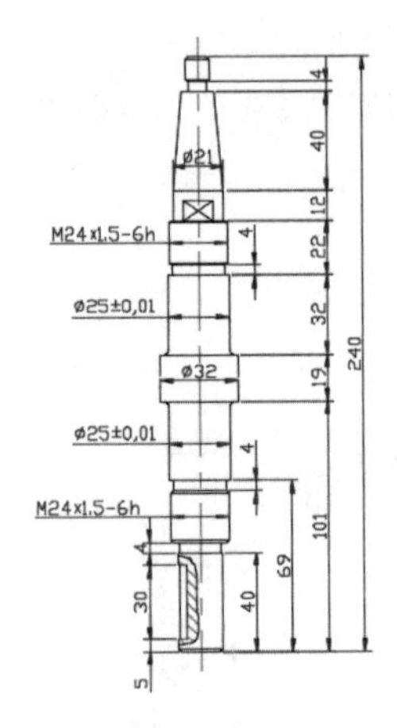

第4步 重复第2步，将第一段轴的退刀槽标注改为“4×0.5”，如下图所示。

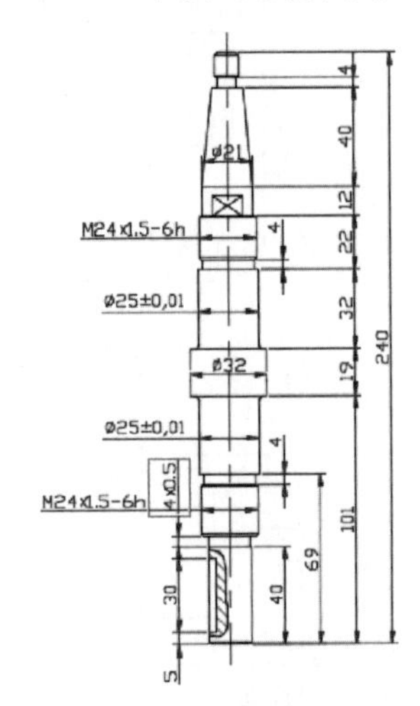

第5步 重复第2步，将另外两处的退刀槽标注改为“4×ϕ21.7”，如下图所示。

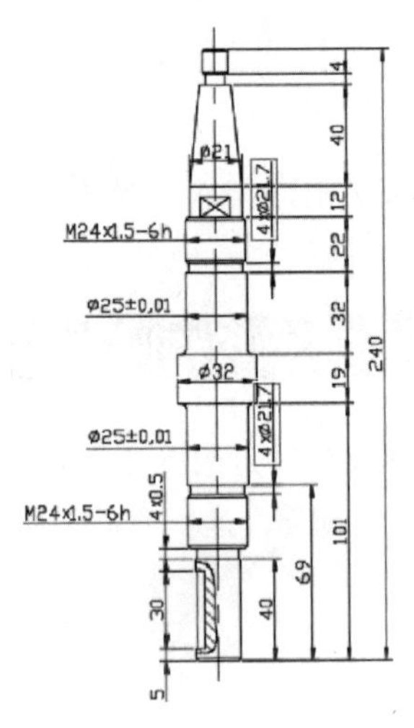

第 6 步 单击【注释】选项卡➤【标注】面板➤【打断】按钮，如下图所示。

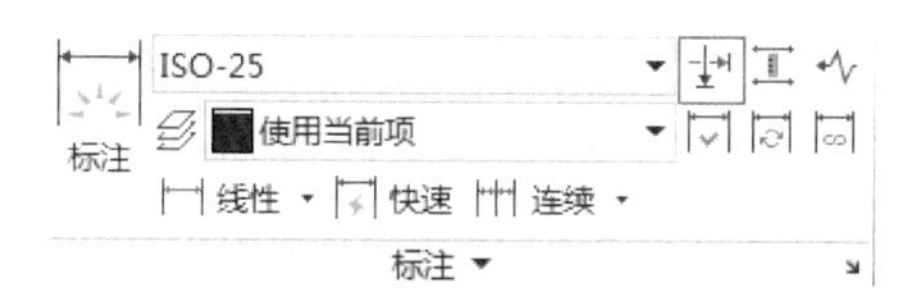

提示

除了通过面板调用【打断】标注命令外，还可以通过以下方法调用【打断】标注命令。

（1）选择【标注】➤【标注打断】菜单命令。

（2）在命令行中输入“DIMBREAK”命令并按空格键。

第 7 步 选择螺纹标注为打断对象，如下图所示。

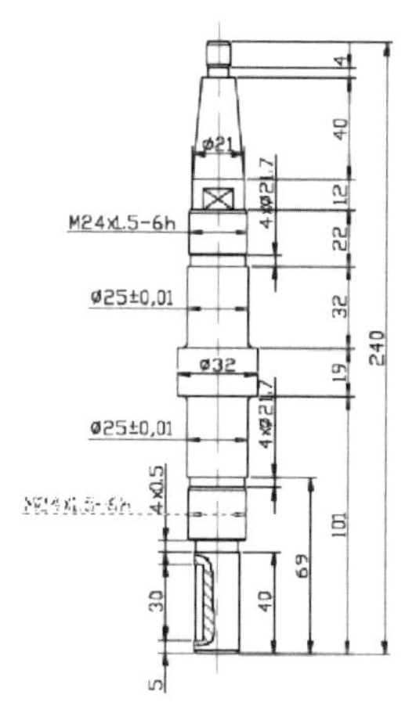

第 8 步 在命令行输入“M”选择手动打断，然后选择打断的第一点，如下图所示。

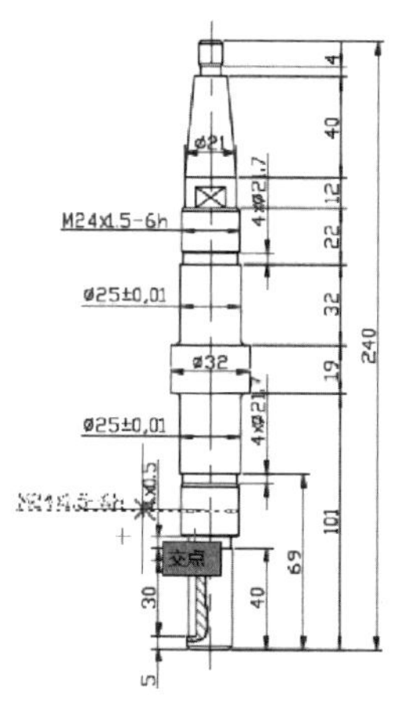

第 9 步 选择打断的第二点，如下图所示。

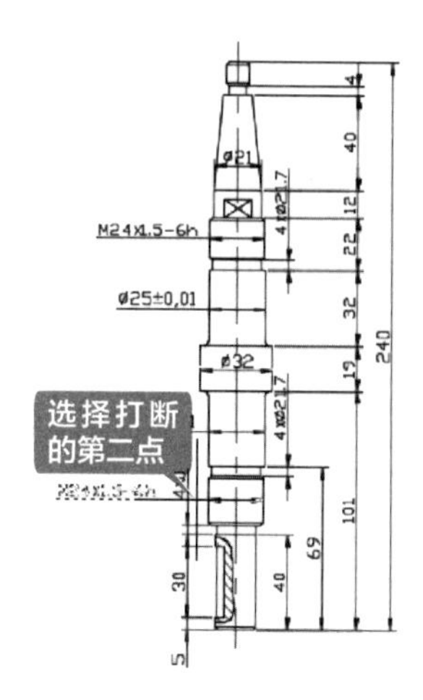

第 10 步 打断后如下图所示。

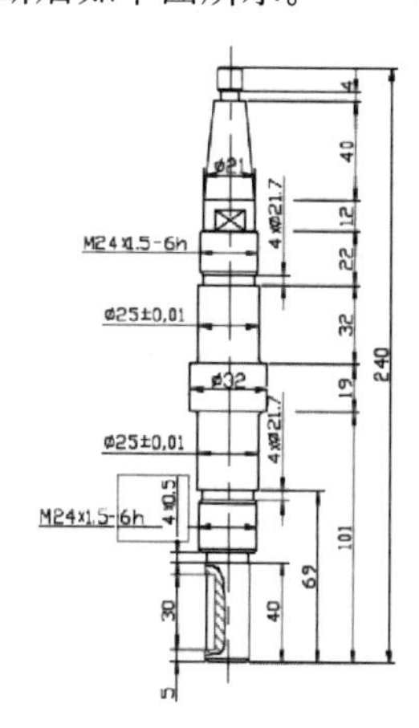

第 11 步 重复第 6~9 步，将与右侧两个退刀槽标注相交的尺寸标注打断，如下图所示。

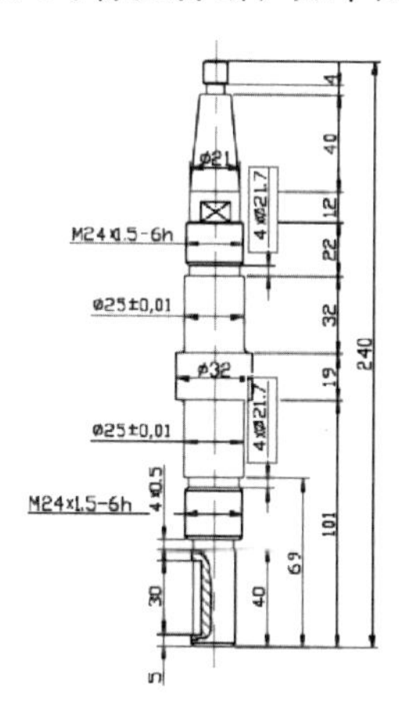

提示

与螺纹标注相交的有多条尺寸标注，因此需要多次打断才能得到图示结果。

7.2.5 添加折弯标注

对于机械零件，如果某一段特别长且结构完全相同，可以将该零件从中间打断，只截取其中一小段即可。对于有打断的长度的标注，AutoCAD 中通常采用折弯标注，相应的标注值应改为实际距离，而不是图形中测量的距离。

添加折弯标注的具体操作步骤如下。

第 1 步 单击【注释】选项卡 ➢【标注】面板 ➢【折弯】按钮，如下图所示。

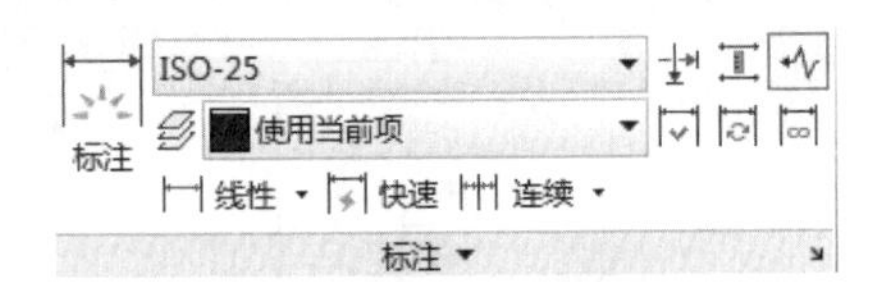

提示

除了通过面板调用【折弯】标注命令外，还可以通过以下方法调用【折弯】标注命令。

（1）选择【标注】➢【折弯线性】菜单命令。

（2）在命令行中输入“DIMJOGLINE/DJL”命令并按空格键。

第 2 步 选择尺寸为 240 的标注作为折弯对象，如下图所示。

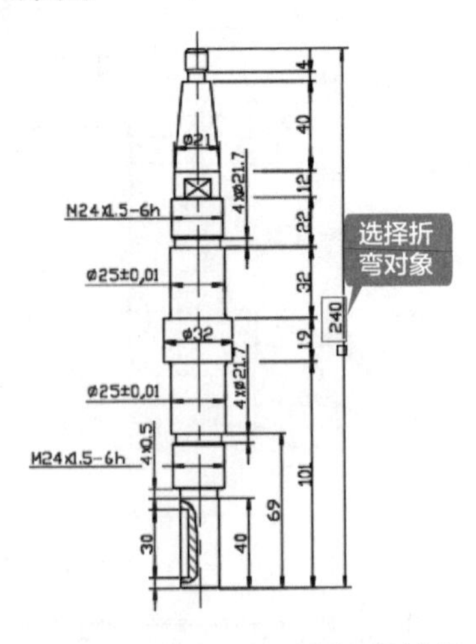

第 3 步 选择合适的位置放置折弯符号，如下图所示。

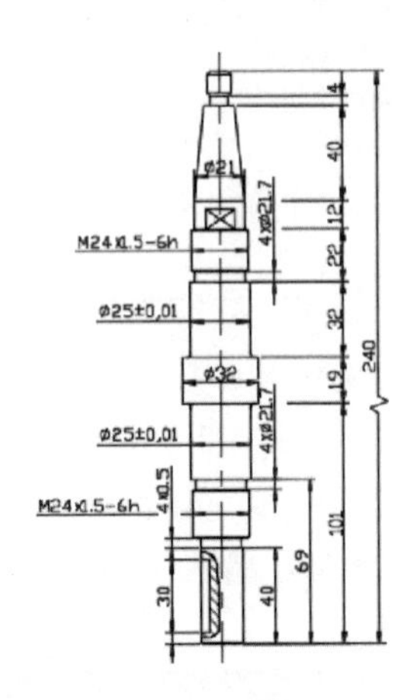

第 4 步 双击尺寸为 240 的标注，将标注值改为“366”，如下图所示。

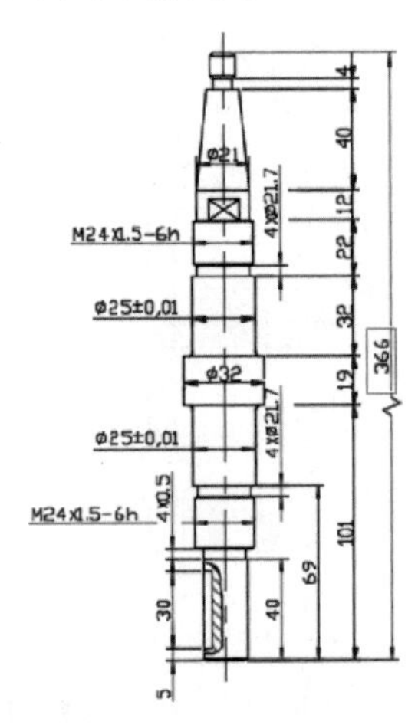

第 5 步 重复第 1~4 步，在尺寸为 19 的标注处添加折弯符号，并将标注值改为“145”，如下图所示。

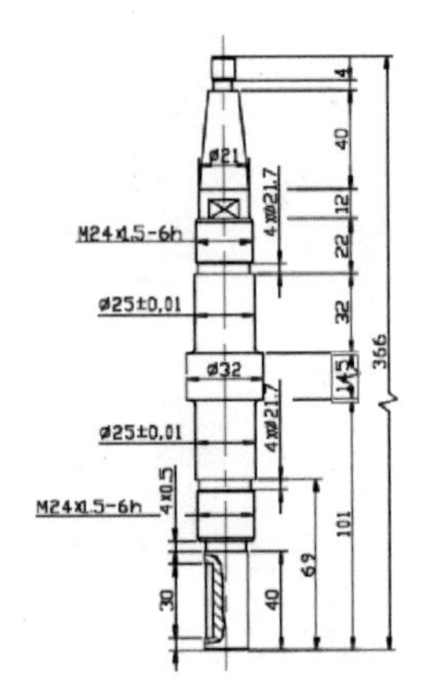

提示

AutoCAD 中有两种折弯，一种是线性折弯，如本例中的折弯，另一种是半径折弯（也叫折弯半径标注），是当所标注的圆弧特别大时采用的一种标注。【折弯半径标注】命令的调用方法有以下几种。

（1）单击【默认】选项卡 ➤【注释】面板 ➤【折弯】按钮。

（2）单击【注释】选项卡 ➤【标注】面板 ➤【折弯】按钮。

（3）选择【标注】➤【折弯】菜单命令。

（4）在命令行中输入“DIMJOGGED/DJO”命令并按空格键。

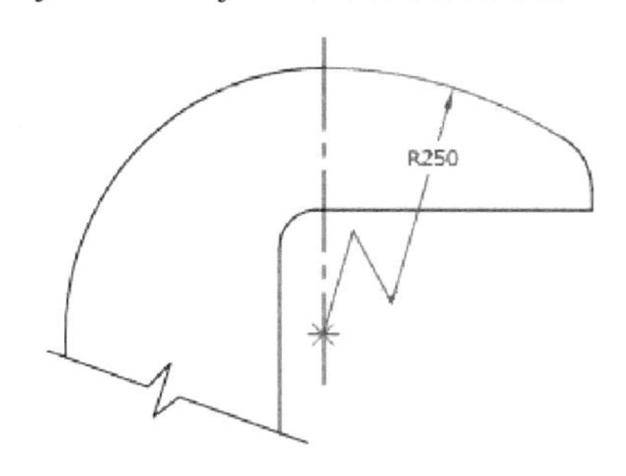

7.2.6 添加半径标注和检验标注

对于圆或圆弧采用半径标注，通过半径标注，在测量的值前加半径符号“R”。检验标注用于指定应检查制造的部件的频率，以确保标注值和部件公差处于指定范围内。

添加半径标注和检验标注的具体操作步骤如下。

第 1 步 单击【默认】选项卡 ➤【注释】面板 ➤【半径】按钮，如下图所示。

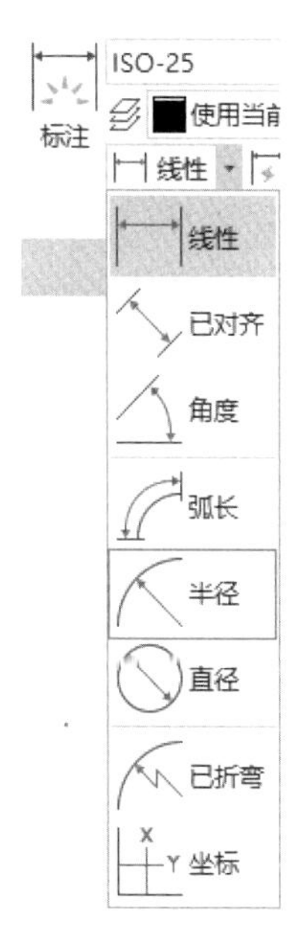

提示

除了通过面板调用【半径】标注命令外，还可以通过以下方法调用【半径】标注命令。

（1）单击【注释】选项卡 ➤【标注】面板 ➤【半径】按钮。

（2）选择【标注】➤【半径】菜单命令。

（3）在命令行中输入“DIMRADIUS/DRA”命令并按空格键。

第 2 步 选择要添加标注的圆弧，如下图所示。

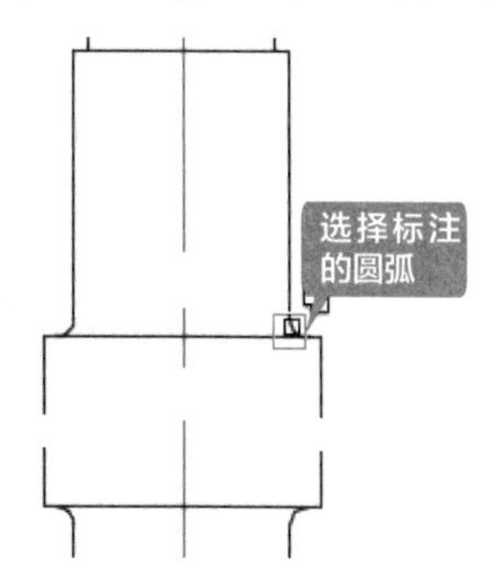

第 3 步　拖动鼠标在合适的位置单击，确定半径标注的放置位置，如下图所示。

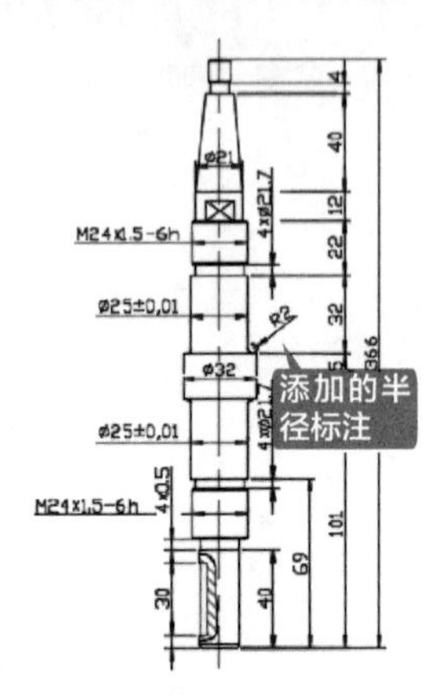

第 4 步　重复第1~2步，给另一处圆弧添加标注，如下图所示。

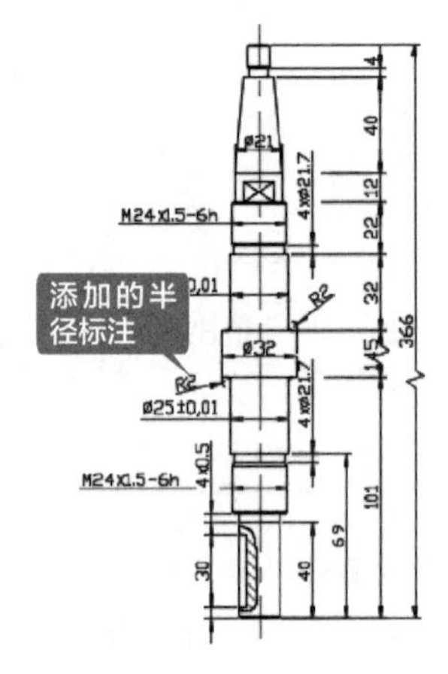

第 5 步　单击【注释】选项卡➢【标注】面板➢【检验】标注按钮，如下图所示。

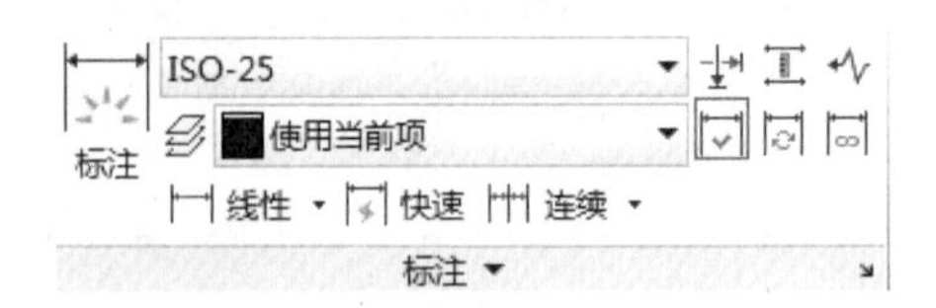

提示

除了通过面板调用【检验】标注命令外，还可以通过以下方法调用【检验】标注命令。

（1）选择【标注】➢【检验】菜单命令。

（2）在命令行中输入“DIMINSPECT”命令并按空格键。

第 6 步　调用【检验】标注命令后弹出【检验标注】对话框，如下图所示。

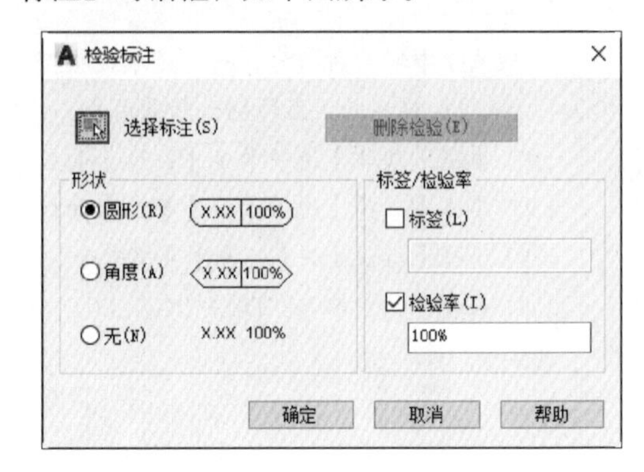

第 7 步　对【检验标注】对话框进行如下图所示的设置。

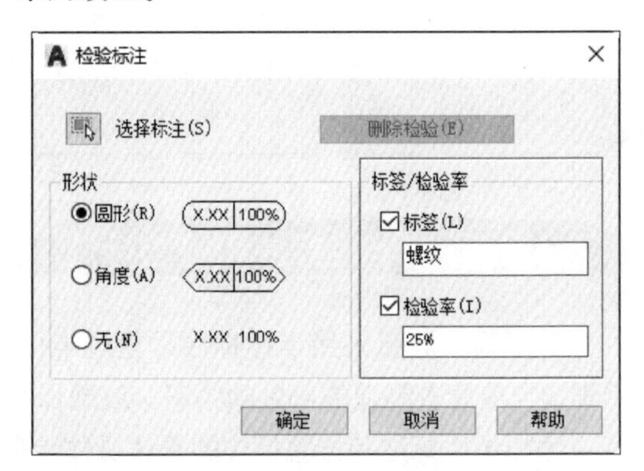

第 8 步　单击【选择标注】按钮，然后选择两个螺纹标注，如下图所示。

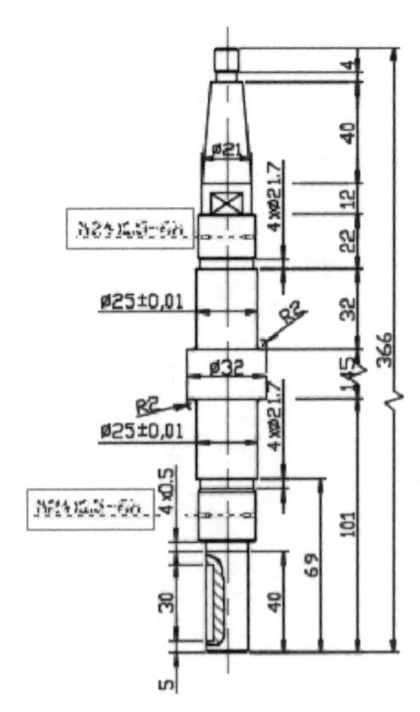

第 9 步　按空格键结束对象选择后回到【检验标注】对话框，单击【确定】按钮完成检验标注，如下图所示。

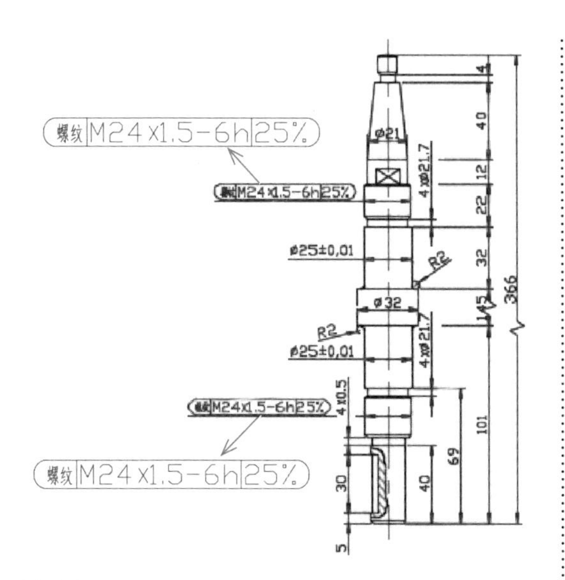

第 10 步 重复第 5~7 步，添加另一处检验标注，如下图所示。

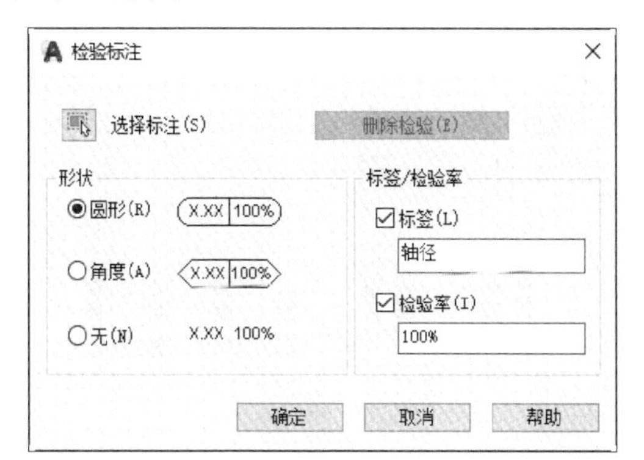

第 11 步 单击【选择标注】按钮，然后选择两个直径标注，如下图所示。

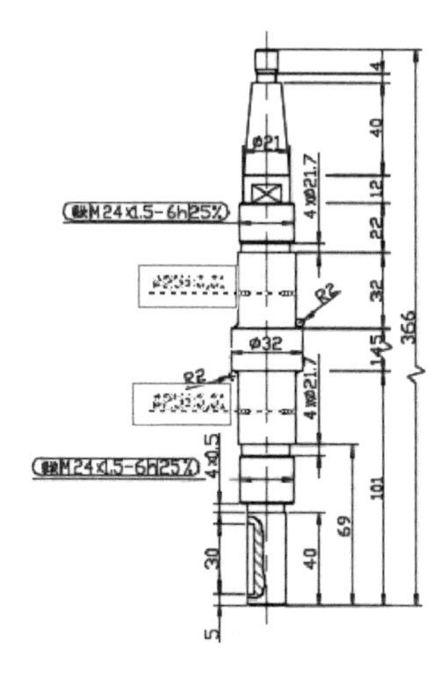

第 12 步 按空格键结束对象选择后回到【检验标注】对话框，单击【确定】按钮完成检验标注，如下图所示。

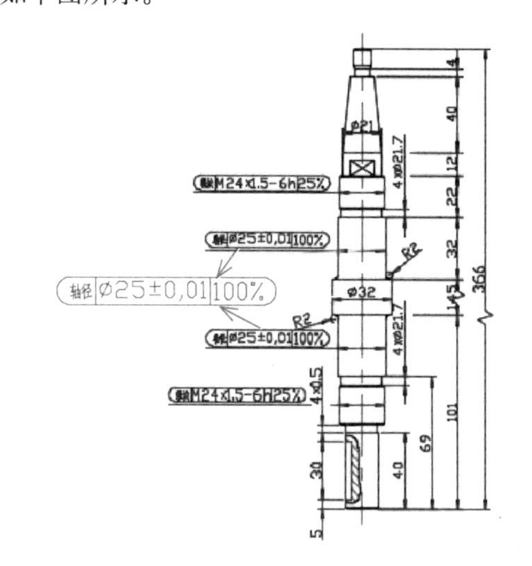

7.2.7 添加形位公差标注

形位公差和尺寸公差不同，形位公差是指零件的形状和位置的误差，尺寸公差是指零件在加工制造时尺寸上的误差。

形位公差创建后，往往需要通过多重引线标注将形位公差指向零件相应的位置，因此，在创建形位公差时，一般也要创建多重引线标注。

1. 创建形位公差

创建形位公差的具体操作步骤如下。

第 1 步 单击【工具】➤【新建 UCS】➤【Z】菜单命令，如下图所示。

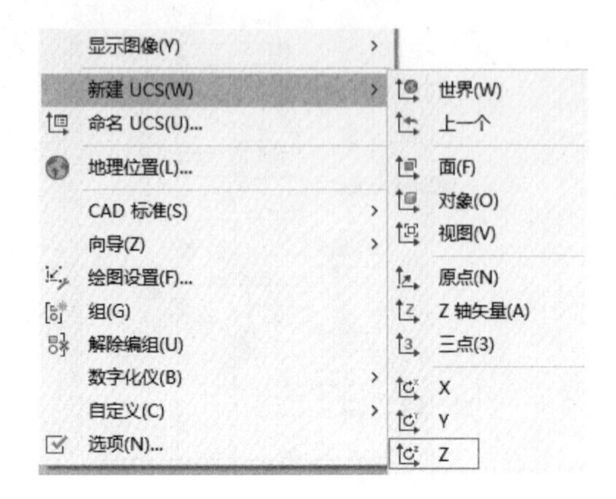

提示

除了通过菜单调用【UCS】命令外，还可以通过以下方法调用【UCS】命令。

（1）单击【可视化】选项卡➤【坐标】面板的相应选项按钮。

（2）在命令行中输入“UCS”命令并按空格键，根据命令行提示进行操作。

第2步 将坐标系绕 Z 轴旋转 90° 后，坐标系显示如下图所示。

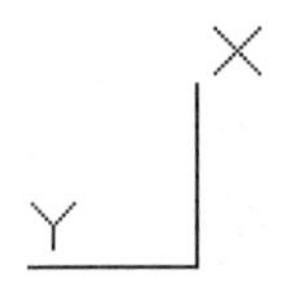

提示

创建的形位公差是沿 X 轴方向放置的，如果坐标系不绕 Z 轴旋转，创建的形位公差是水平的。

第3步 单击【注释】选项卡➤【标注】面板➤【公差】按钮，如下图所示。

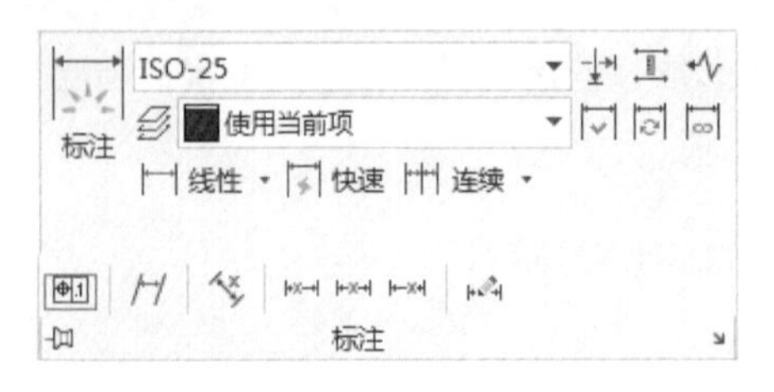

提示

除了通过面板调用【形位公差】标注命令外，还可以通过以下方法调用【形位公差】标注命令。

（1）选择【标注】➤【公差】菜单命令。

（2）在命令行中输入“TOLERANCE/TOL”命令并按空格键。

第4步 在弹出的【形位公差】对话框中单击【符号】下方的■，弹出【特征符号】选择框，如下图所示。

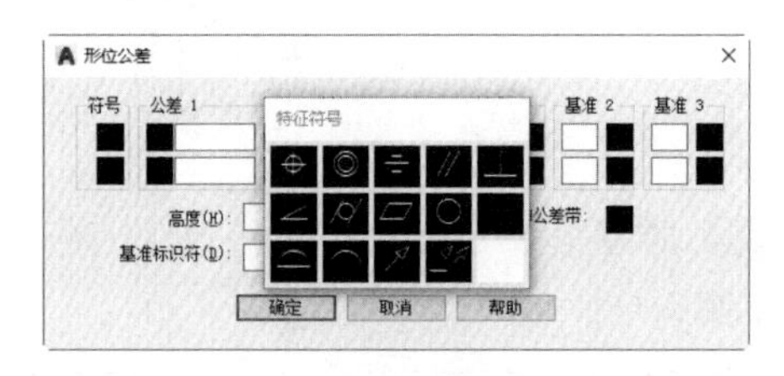

第5步 在【特征符号】选择框上选择“圆跳动”符号，然后在【形位公差】对话框中输入公差值“0.02”，最后输入基准，如下图所示。

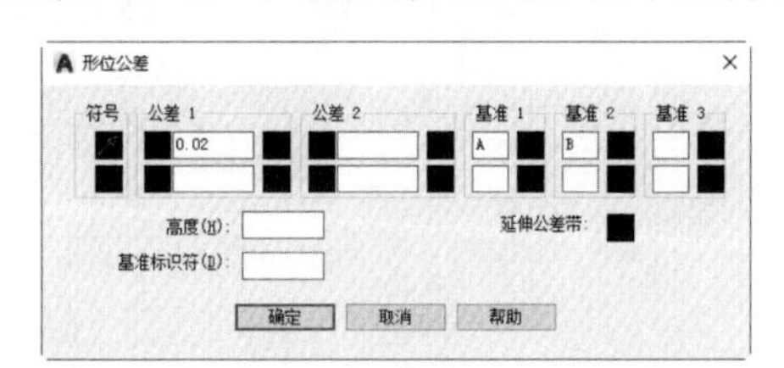

第6步 单击【确定】按钮，将创建的形位公差插入到图中合适的位置，如下图所示。

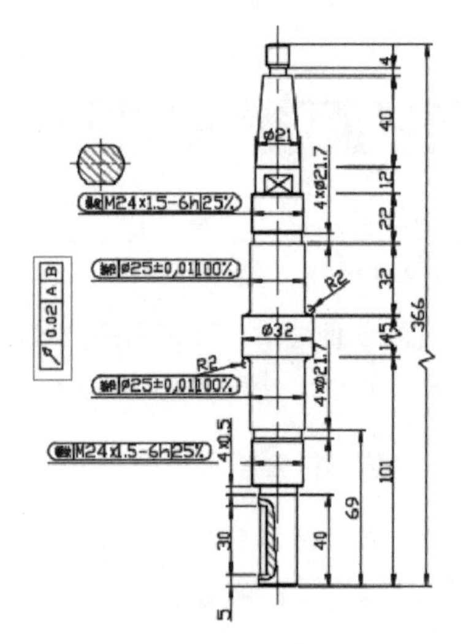

第 7 步 重复第 3~5 步，添加“面轮廓度”和“倾斜度”，如下图所示。

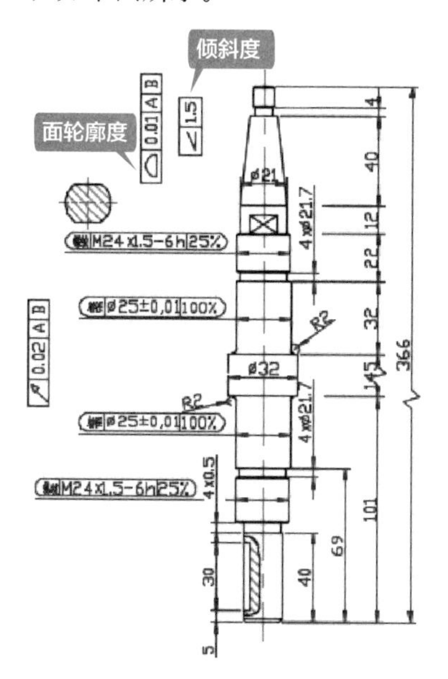

形位公差表示特征的形状、轮廓、方向、位置和跳动的允许偏差。

可以通过特征控制框来添加形位公差，这些框中包含单个标注的所有公差信息。特征控制框至少由两个组件组成。第一个特征控制框包含一个几何特征符号，表示应用公差的几何特征，例如，位置、轮廓、形状、方向或跳动。形状公差控制直线度、平面度、圆度和圆柱度；轮廓控制直线和表面。在图例中，特征就是位置。

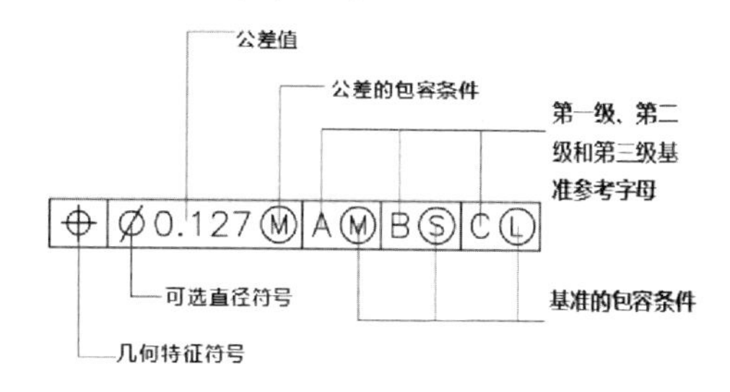

可以使用大多数编辑命令和夹点更改特征控制框，还可以使用对象捕捉对其进行捕捉。

特征控制框各选项的含义和显示示例如表 7-3 所示。

表 7-3　特征控制框各选项的含义和显示示例

<table>
<tr><th>选项</th><th colspan="2">含义</th><th>示例</th></tr>
<tr><td>符号</td><td colspan="2">显示从【特征符号】对话框中选择的几何特征符号。选择一个“符号”框时，显示该对话框</td><td>⌖ | Ø0,08Ⓢ | A</td></tr>
<tr><td rowspan="3">公差 1</td><td rowspan="3">创建特征控制框中的第一个公差值。公差值指明了几何特征相对于精确形状的允许偏差量。可在公差值前插入直径符号，在其后插入包容条件符号</td><td>第一个框：在公差值前面插入直径符号。单击该框插入直径符号</td><td rowspan="3">公差1
⌖ | Ø0,08Ⓢ | A</td></tr>
<tr><td>第二个框：创建公差值。在框中输入值</td></tr>
<tr><td>第三个框：显示【附加符号】对话框，从中选择修饰符号。这些符号可以作为几何特征和大小可改变的特征公差值的修饰符
在【形位公差】对话框中，将符号插入到第一个公差值的“附加符号”框中</td></tr>
</table>

续表

选项	含义		示例
公差 2	在特征控制框中创建第二个公差值。以与第一个公差值相同的方式指定第二个公差值		⊥ ⌀0.08Ⓜ ⌀0.1Ⓜ A
基准 1	在特征控制框中创建第一级基准参照。基准参照由值和修饰符号组成。基准是理论上精确的几何参照，用于建立特征的公差带	第一个框：创建基准参照值 第二个框：显示【附加符号】对话框，从中选择修饰符号。这些符号可以作为基准参照的修饰符 在【形位公差】对话框中，将符号插入到第一级基准参照的“附加符号”框中	基准 1 ⌖ ⌀0.08Ⓜ AⓂ
基准 2	在特征控制框中创建第二级基准参照，方式与创建第一级基准参照相同		⌖ ⌀0.08Ⓜ A B
基准 3	在特征控制框中创建第三级基准参照，方式与创建第一级基准参照相同		⌖ ⌀0.08Ⓜ A B C
高度	创建特征控制框中的投影公差零值。延伸公差带控制固定垂直部分延伸区的高度变化，并以位置公差控制公差精度		⊥ ⌀0.05 A 1.000 高度
延伸公差带	在延伸公差带值的后面插入延伸公差带符号		⊥ ⌀0.05 A 1.000Ⓟ 延伸公差带
基准标识符	创建由参照字母组成的基准标识符。基准是理论上精确的几何参照，用于建立其他特征的位置和公差带。点、直线、平面、圆柱或者其他几何图形都能作为基准		⊥ ⌀0.05 A 1.000Ⓟ A 基准标识符

【特征符号】选择框中各符号的含义如表 7-4 所示。

表 7-4 【特征符号】选择框中各符号的含义

位置公差		形状公差	
符号	含义	符号	含义
⌖	位置符号	⌭	圆柱度符号
◎	同轴（同心）度符号	▱	平面度符号

续表

位置公差		形状公差	
	对称度符号		圆度符号
	平行度符号		直线度符号
	垂直度符号		面轮廓度符号
	倾斜度符号		线轮廓度符号
	圆跳动符号		
	全跳动符号		

2. 创建多重引线

引线对象包含一条引线和一条说明。多重引线对象可以包含多条引线，每条引线可以包含一条或多条线段，因此，一条说明可以指向图形中的多个对象。

创建多重引线之前首先要通过【多重引线样式管理器】设置合适的多重引线样式。

添加多重引线标注的具体操作步骤如下。

第 1 步 单击【默认】选项卡 ➢【注释】面板 ➢【多重引线样式】按钮，如下图所示。

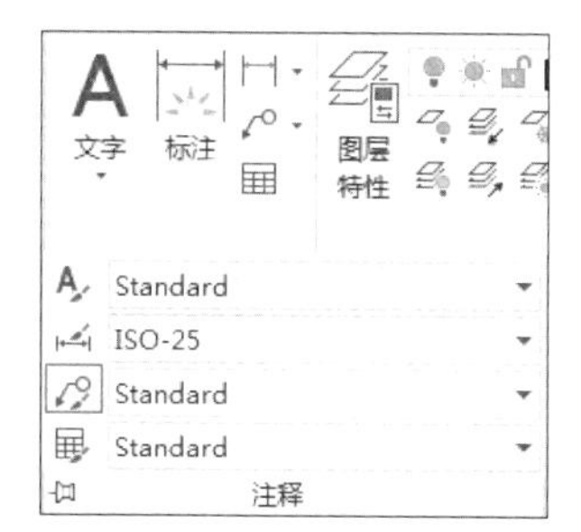

提示

除了通过面板调用【多重引线样式】命令外，还可以通过以下方法调用【多重引线样式】命令。

（1）单击【注释】选项卡 ➢【引线】面板右下角的 ↘ 按钮。

（2）选择【格式】➢【多重引线样式】菜单命令。

（3）在命令行中输入“MLEADERSTYLE/MLS”命令并按空格键。

第 2 步 在弹出的【多重引线样式管理器】上单击【新建】按钮，将新样式名改为“阶梯轴多重引线样式”，如下图所示。

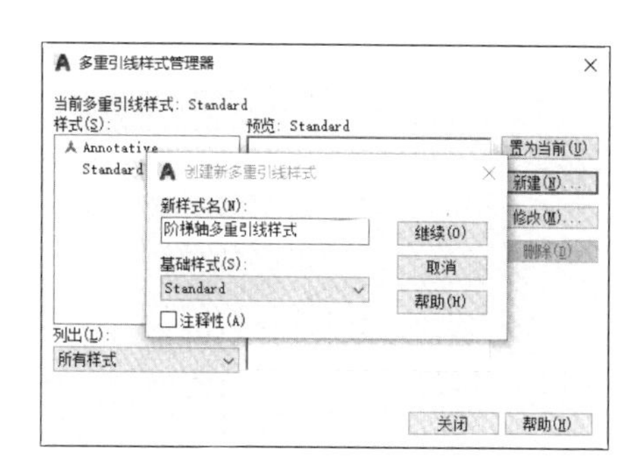

第 3 步 单击【继续】按钮，在弹出的【修改多重引线样式：阶梯轴多重引线样式】对话框中单击【引线结构】选项卡，取消勾选【设置基线距离】复选框，如下图所示。

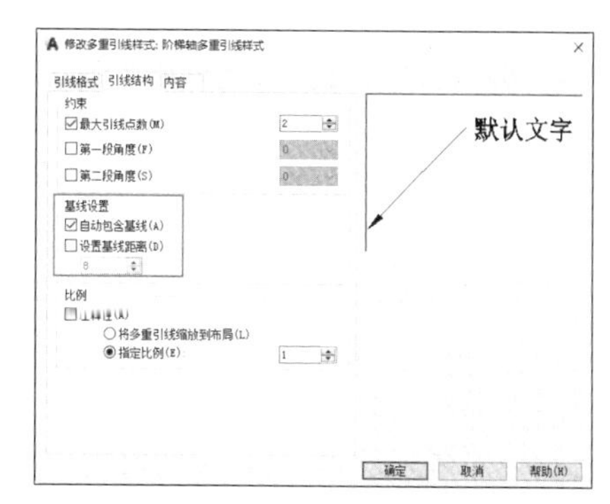

第 4 步 单击【内容】选项卡，将【多重引线类型】设置为“无”，如下图所示。

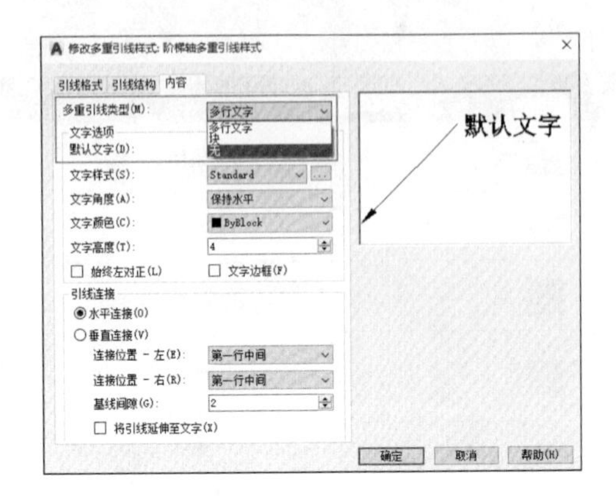

第 5 步 单击【确定】按钮，回到【多重引线样式管理器】对话框后将【阶梯轴多重引线样式】设置为当前样式，如下图所示。

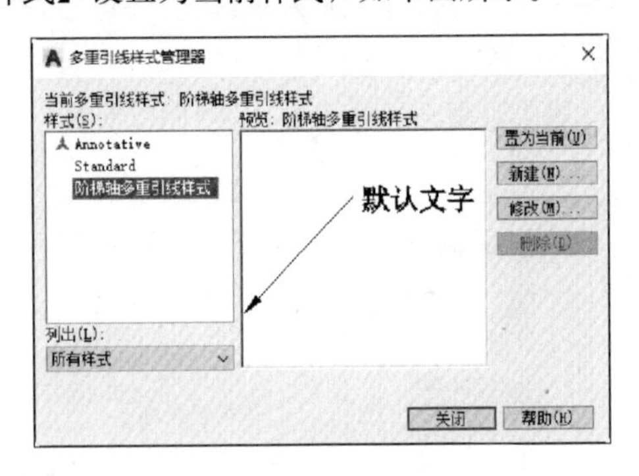

第 6 步 单击【默认】选项卡➢【注释】面板➢【引线】按钮，如下图所示。

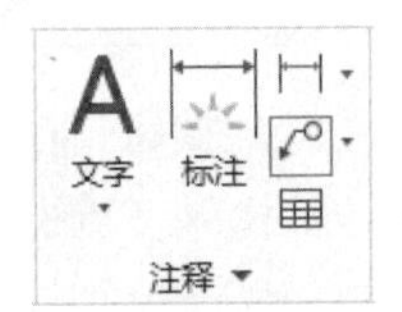

提示

除了通过面板调用【多重引线】命令外，还可以通过以下方法调用【多重引线】命令。

（1）单击【注释】选项卡➢【引线】面板➢【多重引线】按钮。

（2）选择【标注】➢【多重引线】菜单命令。

（3）在命令行中输入“MLEADER/MLD”命令并按空格键。

第 7 步 根据命令行提示指定引线的箭头位置，如下图所示。

第 8 步 拖动鼠标在合适的位置单击作为引线基线的位置，如下图所示。

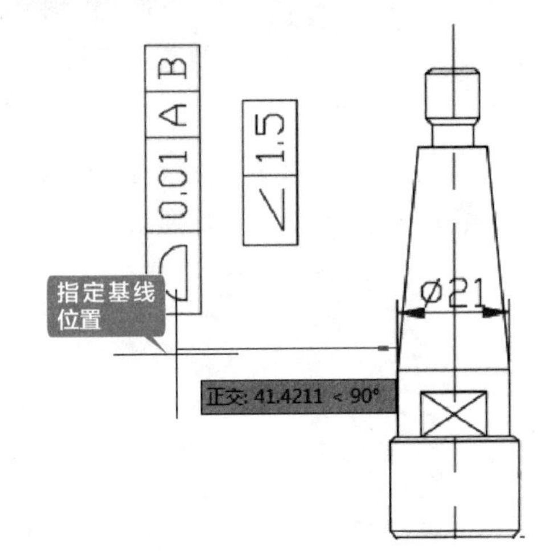

第 9 步 当提示指定基线距离时，拖动鼠标，在基线与形位公差垂直的位置单击，如下图所示。

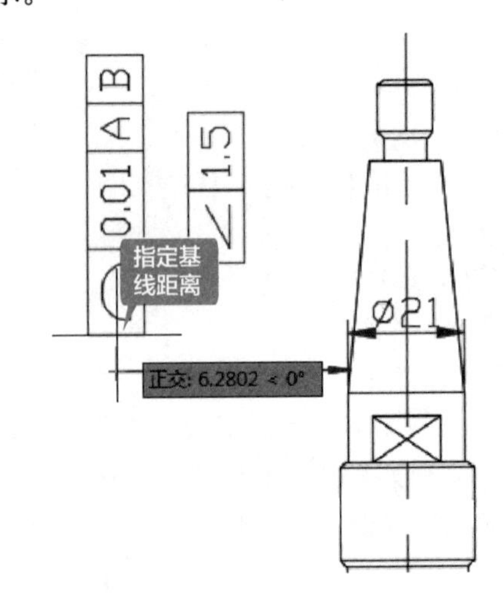

第 10 步 当出现文字输入框时，按【Esc】键退出【多重引线】命令，第一条多重引线完成后如下图所示。

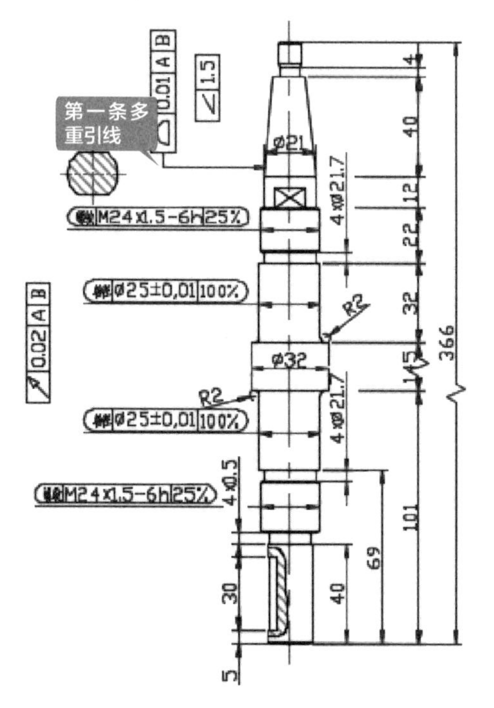

第 11 步 重复第 6~10 步，创建其他两条多重引线，如下图所示。

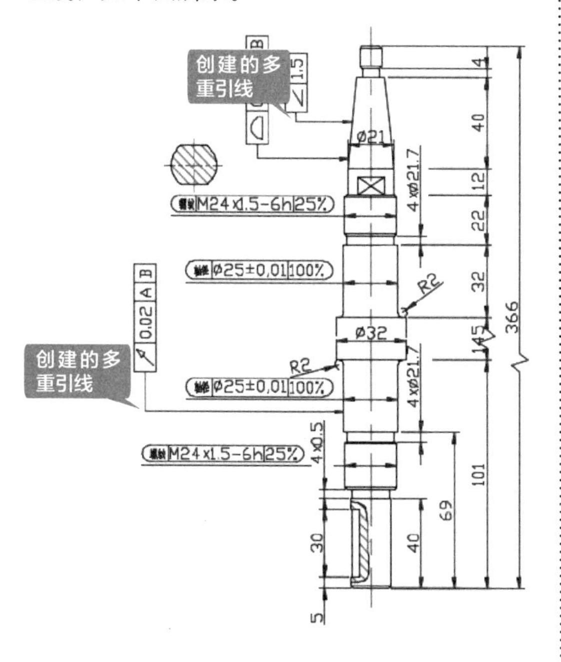

第 12 步 在命令行输入“UCS”并按空格键，将坐标系绕 Z 轴旋转 180°，命令行提示如下。

```
命令: UCS
当前 UCS 名称: *没有名称*
指定 UCS 的原点或 [ 面 (F)/ 命名 (NA)/ 对象 (OB)/ 上一个 (P)/ 视图 (V)/ 世界 (W)/X/Y/Z/Z 轴 (ZA)] < 世界 >: z ↙
指定绕 Z 轴的旋转角度 <90>: 180 ↙
```

第 13 步 将坐标系绕 Z 轴旋转 180° 后，坐标系显示如下图所示。

提示

创建的多重引线基线是沿 X 轴方向放置的。

第 14 步 重复第 6~10 步，创建最后一条多重引线，如下图所示。

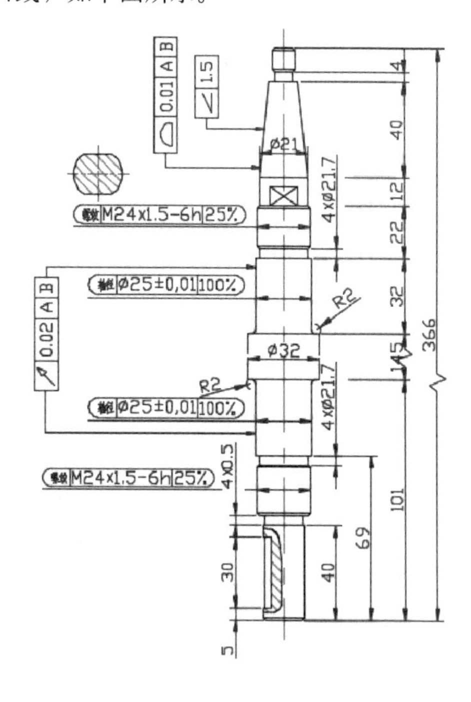

7.2.8 给断面图添加标注

给断面图添加标注的方法与前面给轴添加标注的方法相同，先创建线性标注，然后添加尺寸公差和形位公差。

给断面图添加标注的具体操作步骤如下。

第1步 在命令行输入“UCS”后按【Enter】键，将坐标系重新设置为世界坐标系，命令行提示如下。

> 当前 UCS 名称：*没有名称*
> 指定 UCS 的原点或 [面 (F)/ 命名 (NA)/ 对象 (OB)/ 上一个 (P)/ 视图 (V)/ 世界 (W)/X/Y/Z/Z 轴 (ZA)]
> < 世界 >: ↙

第2步 将坐标系恢复到世界坐标系后如下图所示。

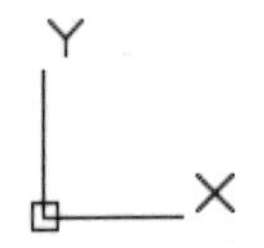

第3步 单击【默认】选项卡➤【注释】面板➤【标注】按钮，给断面图添加线性标注，如下图所示。

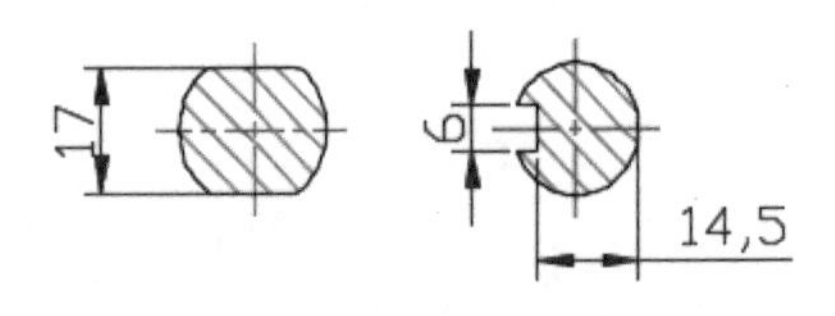

第4步 单击【默认】选项卡➤【注释】面板➤【直径】按钮，如下图所示。

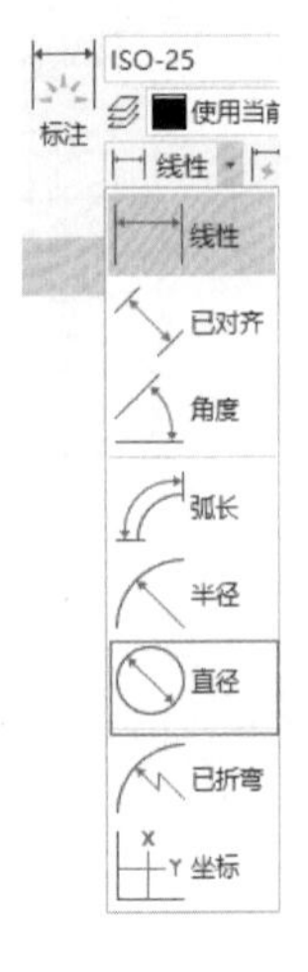

提示

除了通过面板调用【直径】标注命令外，还可以通过以下方法调用【直径】标注命令。

（1）选择【标注】➤【直径】菜单命令。

（2）在命令行中输入“DIMDIAMETER/DDI”命令并按空格键。

（3）单击【注释】选项卡➤【标注】面板➤【直径】按钮。

第5步 选择 B−B 断面图的圆弧为标注对象，拖动鼠标，在合适的位置单击确定放置位置，如下图所示。

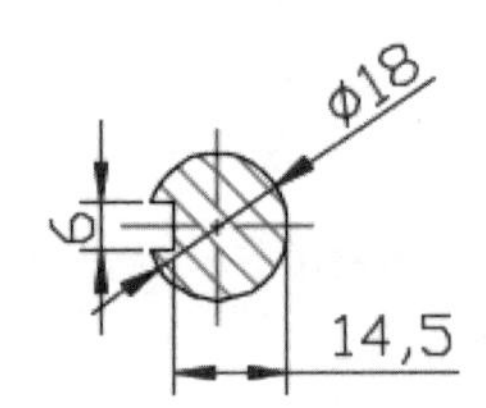

第6步 按【Ctrl+1】组合键调用【特性】选项板，选择尺寸为 14.5 的标注，在【特性】选项板上设置尺寸公差，如下图所示。

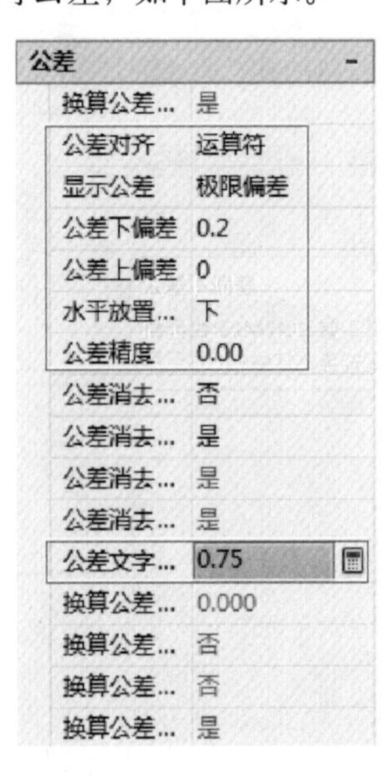

公差	-
换算公差...	是
公差对齐	运算符
显示公差	极限偏差
公差下偏差	0.2
公差上偏差	0
水平放置...	下
公差精度	0.00
公差消去...	否
公差消去...	是
公差消去...	是
公差消去...	是
公差文字...	0.75
换算公差...	0.000
换算公差...	否
换算公差...	否
换算公差...	是

第 7 步 退出选择后结果如下图所示。

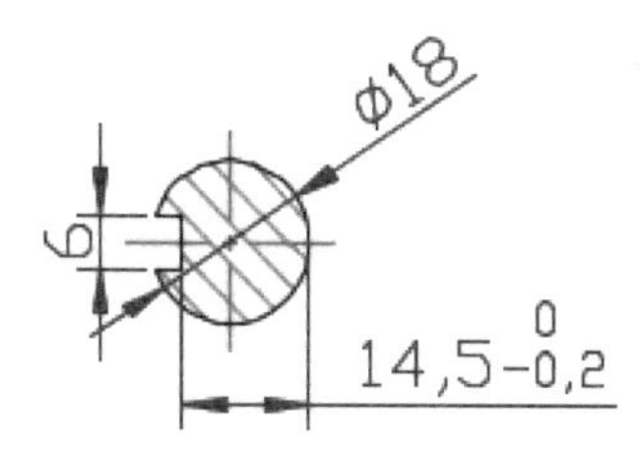

第 8 步 重复第 6 步，给直径标注添加公差，如下图所示。

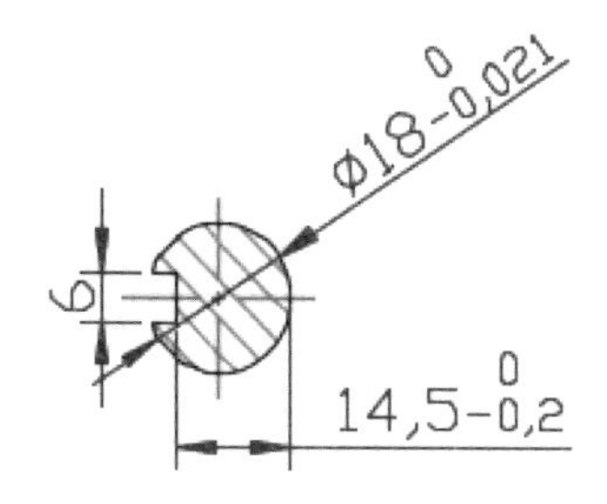

第 9 步 双击尺寸为 6 的标注，将文字改为“6N9”，如下图所示。

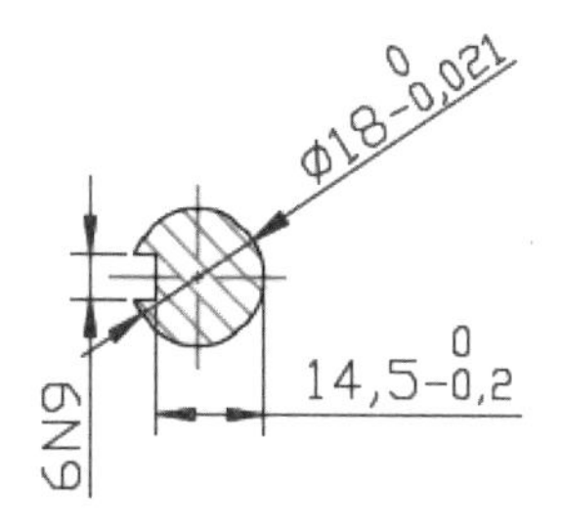

第 10 步 在命令行输入“UCS”并按空格键确认，将坐标系绕 Z 轴旋转 90°。

```
当前 UCS 名称：*世界*
指定 UCS 的原点或 [面 (F)/ 命名 (NA)/ 对象 (OB)/ 上一个 (P)/ 视图 (V)/ 世界 (W)/X/Y/Z/Z 轴 (ZA)] <世界>: z ↙
指定绕 Z 轴的旋转角度 <90>: 90 ↙
```

第 11 步 将坐标系绕 Z 轴旋转 90° 后如下图所示。

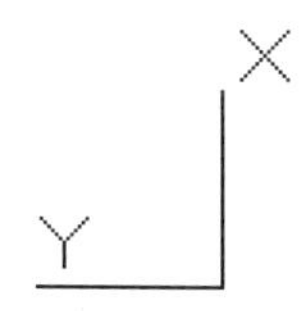

第 12 步 单击【注释】选项卡 ➤【标注】面板 ➤【公差】按钮，在弹出的【形位公差】对话框中进行如下图所示的设置。

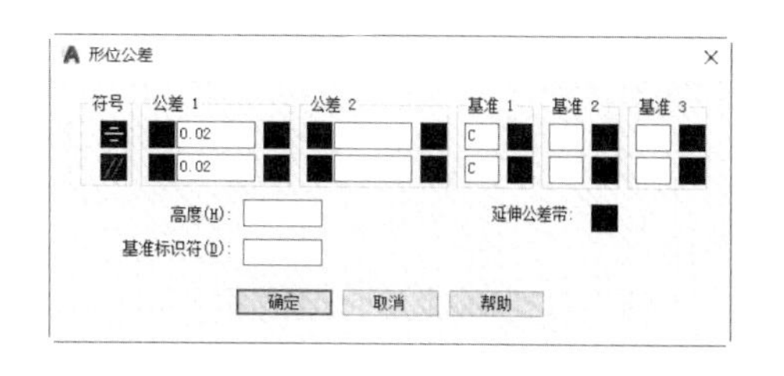

第 13 步 将创建的形位公差放置到“6N9”标注的位置，如下图所示。

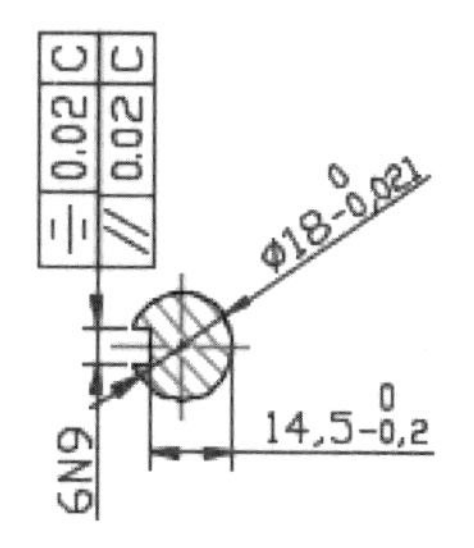

第 14 步 单击【默认】选项卡 ➤【图层】面板 ➤【打开所有图层】按钮，将所有图层打开，如下图所示。

第 15 步 将坐标系重新设置为世界坐标系，最终结果如下图所示。

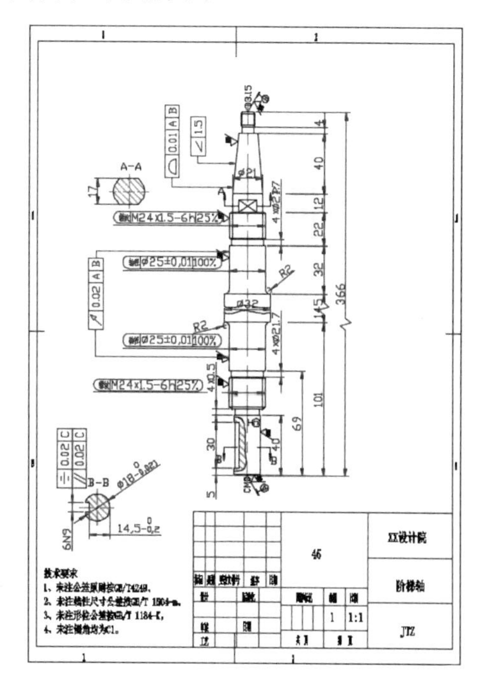

7.3 给薄板件添加尺寸标注

本例通过坐标标注、半径和直径标注、对齐标注、角度标注等给薄板件添加标注，标注完成后最终效果如下图所示。

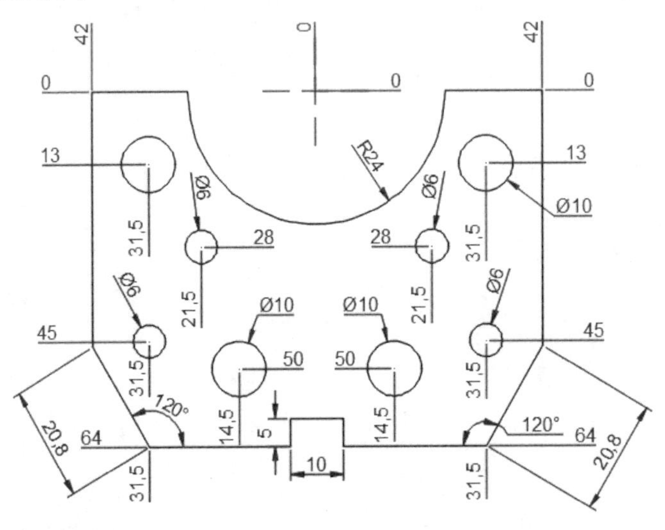

7.3.1 创建标注样式

创建标注前首先通过【标注样式管理器】创建合适的标注样式。

第 1 步 打开随书配套资源中的“素材 \CH07\薄板件”文件，如下图所示。

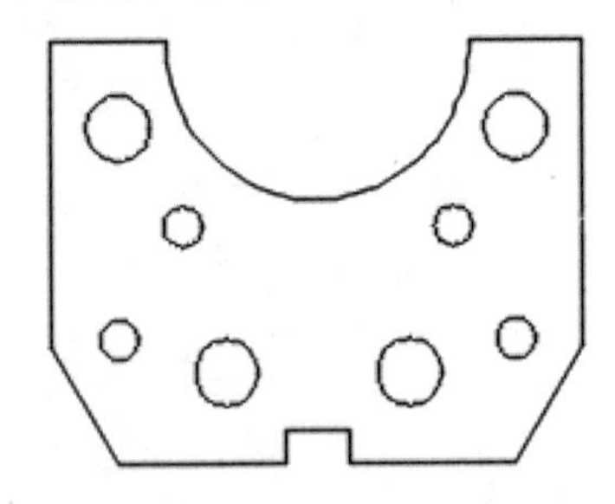

第 2 步 单击【默认】选项卡 ➤【注释】面板中的【标注样式】按钮。在弹出的【标注样式管理器】对话框中单击【新建】按钮，在弹出的【创建新标注样式】对话框中输入新样式名“薄板件标注”，如下图所示。

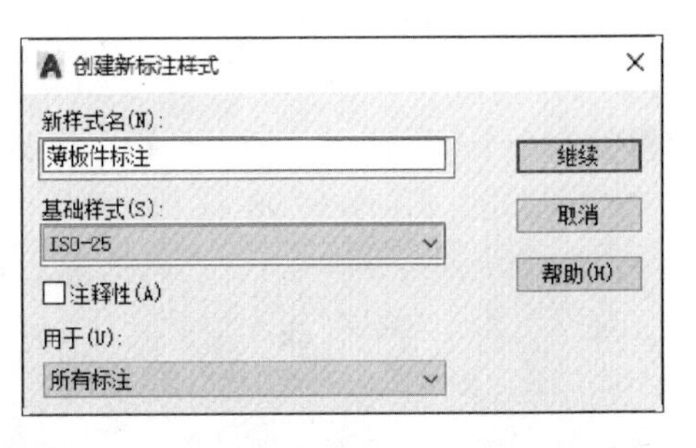

第 3 步 单击【继续】按钮，在弹出的“新建标注样式：薄板件标注”对话框中单击【符号箭头】选项卡，将【圆心标记】选项改为“无”，如下图所示。

第 4 步 单击【文字】选项卡，将【文字对齐】方式改为“ISO 标准”，如下图所示。

文字对齐(A)
○水平
○与尺寸线对齐
◉ISO 标准

第 5 步 单击【主单位】选项卡，在【消零】区域勾选【后续】选项，如下图所示。

第 6 步 单击【确定】按钮，回到【标注样式管理器】界面，选择“薄板件标注”样式，然后单击【置为当前】按钮，将“薄板件标注”样式置为当前后单击【关闭】按钮，如下图所示。

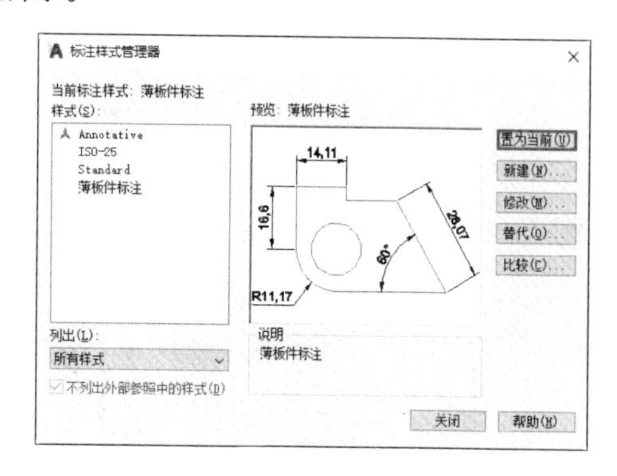

7.3.2 创建和圆关联的圆心标记

AutoCAD 中圆心标记有两种，一种是圆心标记与圆或圆弧相关联，也就是说，创建圆心标记后，当圆或圆弧位置发生改变时，圆心标记也跟着发生变化，本节将对这种圆心标记进行介绍。另一种圆心标记与圆或圆弧是不关联的，将在 7.4.1 节中进行介绍。

添加关联圆心标记的具体操作步骤如下。

第 1 步 单击【注释】选项卡 ➤【中心线】面板中的【圆心标记】按钮，如下图所示。

提示

除了通过面板调用关联【圆心标记】命令外，还可以通过【CENTERMARK】命令来调用关联圆心标记。

第 2 步 选择如下图所示的圆作为标注对象。

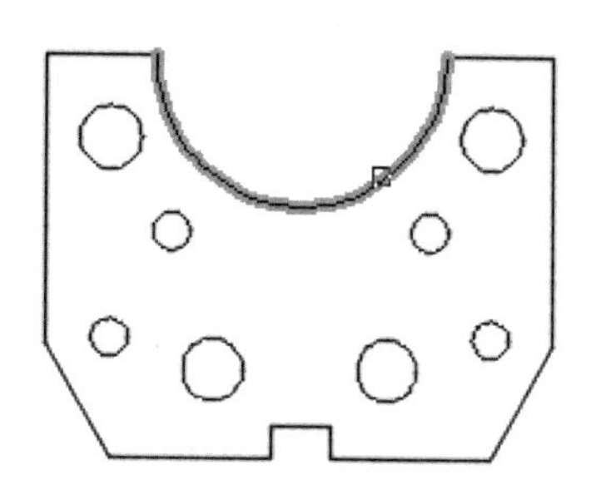

第 3 步 结果如下图所示。

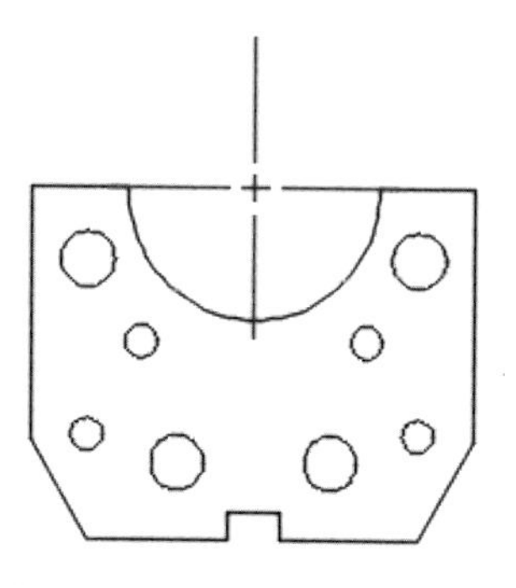

第 4 步 选中圆心标记，单击夹点并拖动鼠标，可以改变圆心标记的大小，如下图所示。

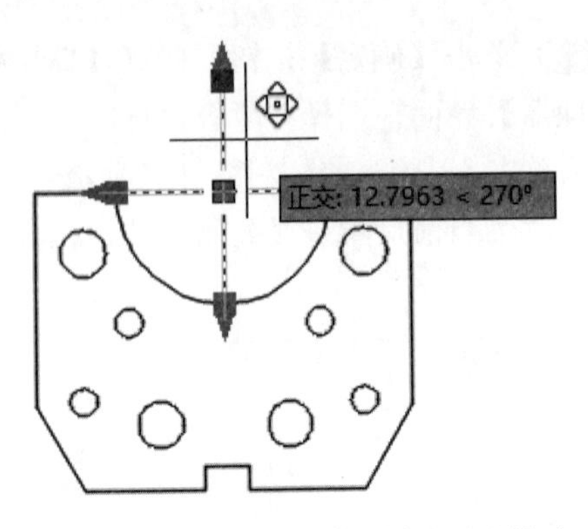

第5步 圆心标记的大小改变后如下图所示。

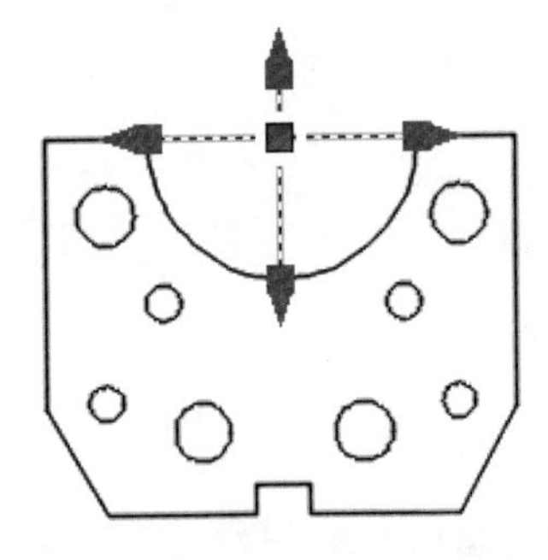

第6步 重复第4步操作，拖动其他夹点，圆心标记的大小改变后如下图所示。

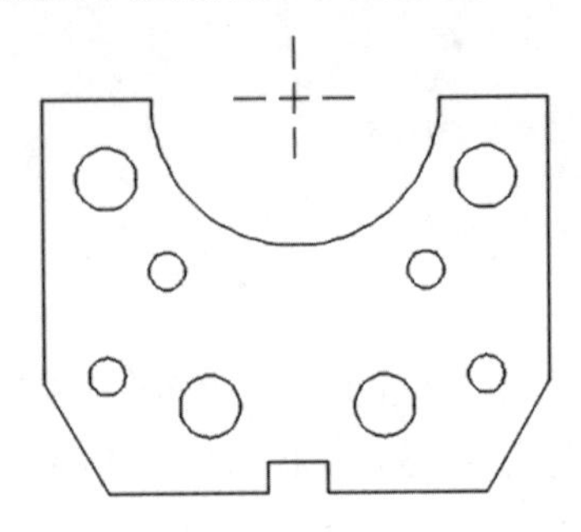

提示

当圆的位置发生改变时，关联圆心标记的位置也跟着改变。

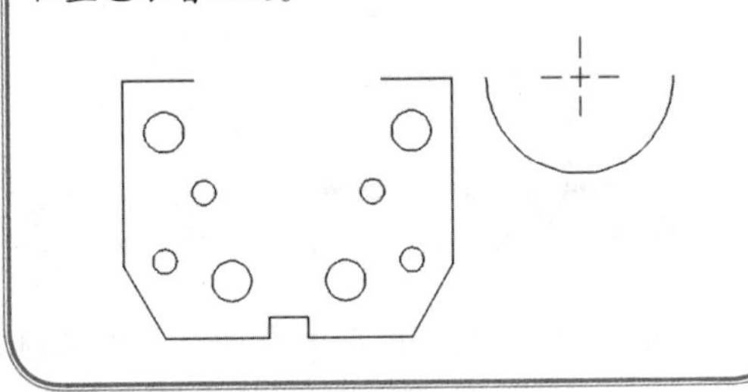

7.3.3 添加坐标标注

坐标标注用于测量从原点（称为基准）到要素（如部件上的一个孔）的水平或垂直距离。这些标注通过保持特征与基准点之间的精确偏移量，来避免误差增大。

给薄板件添加坐标标注的具体操作步骤如下。

第1步 单击选中坐标系，如下图所示。

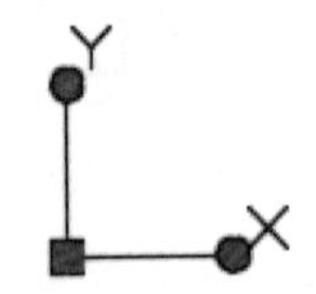

第2步 单击选中坐标系原点，然后拖动坐标系，将坐标系的原点拖动到如下图所示的圆心处。

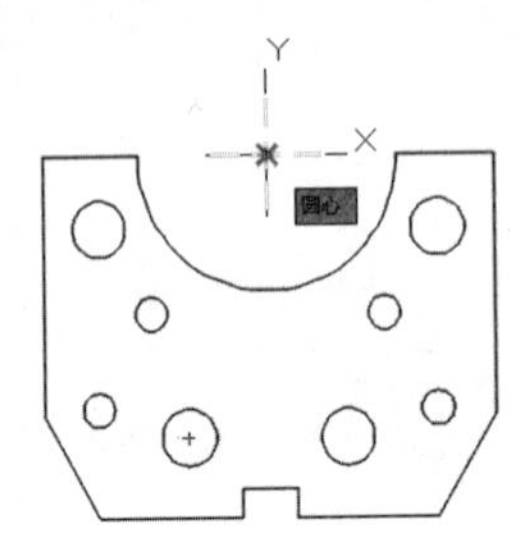

第3步 将坐标系的原点移动到新的位置，如下图所示。

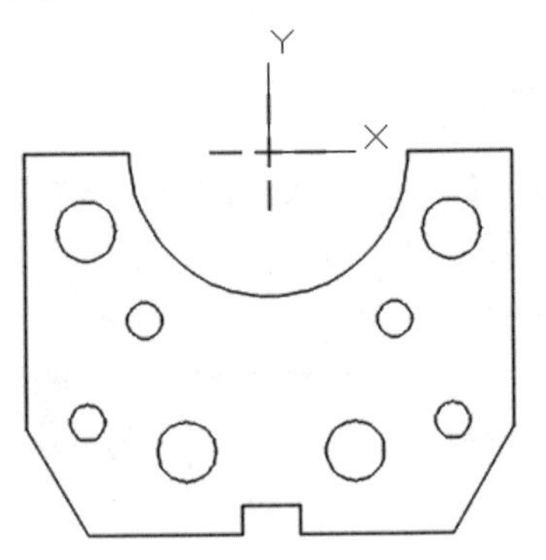

第4步 单击【默认】选项卡➤【注释】面板中的【坐标】按钮，如下图所示。

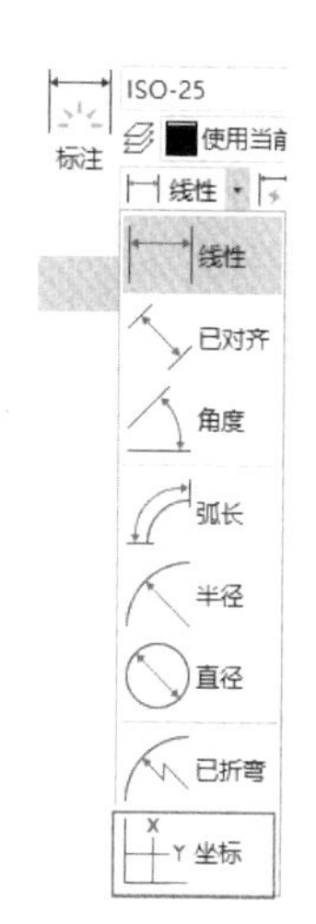

提示

除了通过面板调用【坐标】标注命令外，还可以通过以下方法调用【坐标】标注命令。

（1）选择【标注】➤【坐标】菜单命令。

（2）在命令行中输入“DIMORDINATE/DOR”命令并按空格键。

（3）单击【注释】选项卡➤【标注】面板➤【坐标】按钮。

第 5 步 捕捉如下图所示的端点作为要创建坐标标注的坐标点。

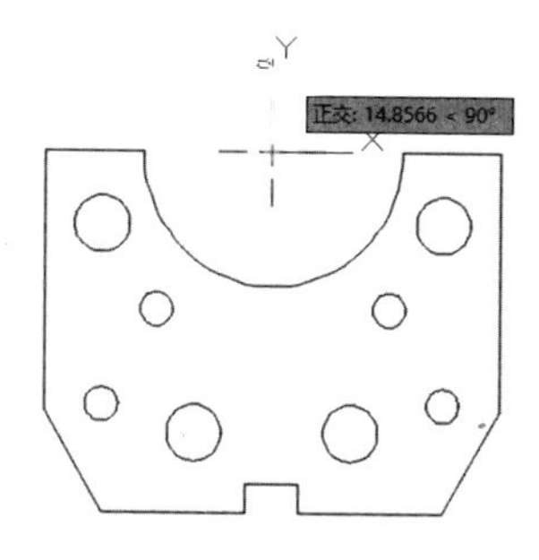

第 6 步 竖直拖动鼠标并单击指定引线端点的位置，如下图所示。

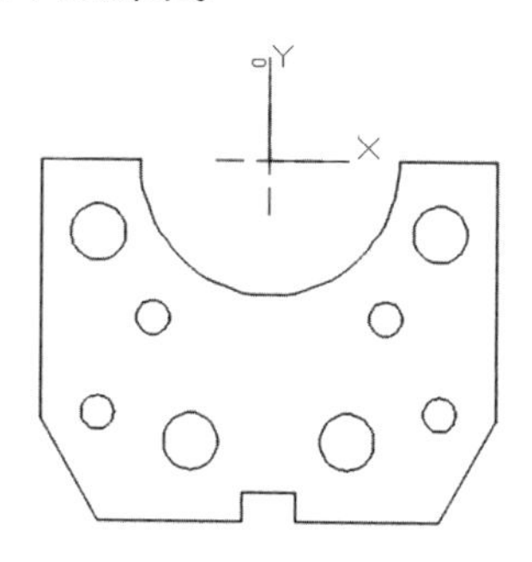

第 7 步 重复【坐标】标注命令，继续添加坐标标注，如下图所示。

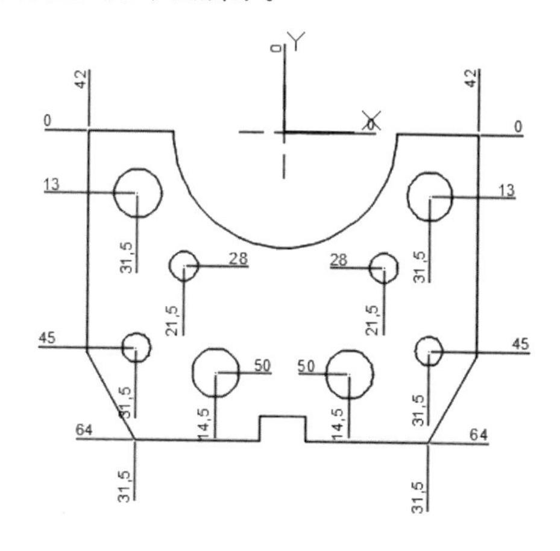

提示

可以先输入“MULTIPLE”命令，然后输入要重复执行的标注命令“DOR”，这样可以连续进行坐标标注，直到按【Esc】键退出命令。

第 8 步 单击【工具】➤【新建 UCS】➤【世界】菜单命令，如下图所示。

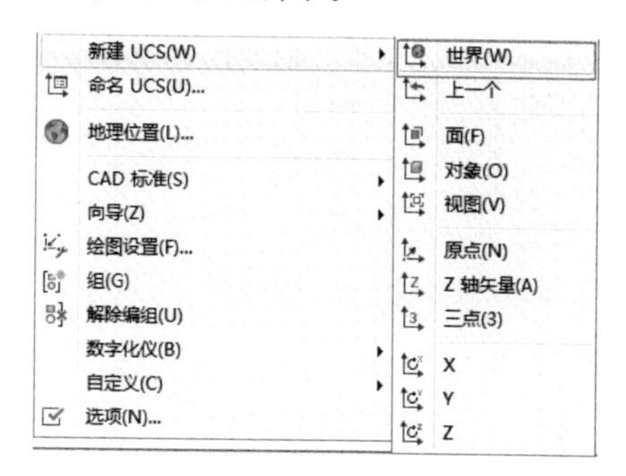

第 9 步 将坐标系切换到世界坐标系后结果如下图所示。

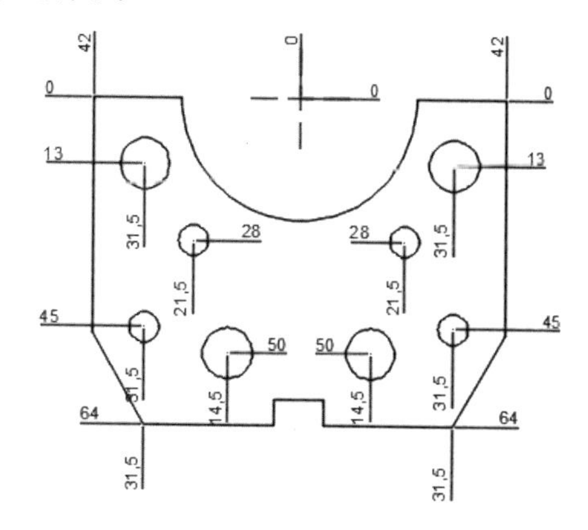

7.3.4 添加半径和直径标注

半径标注和直径标注的对象都是圆或圆弧，一般情况下当圆弧小于 180° 时用半径标注，当圆弧大于 180° 时用直径标注。半径和直径的标注方法相同，都是先指定对象，然后拖动鼠标放置半径或直径的值。

给薄板件添加半径和直径标注的具体操作步骤如下。

第1步 单击【默认】选项卡 ➤【注释】面板中的【半径】按钮，然后选择圆弧，如下图所示。

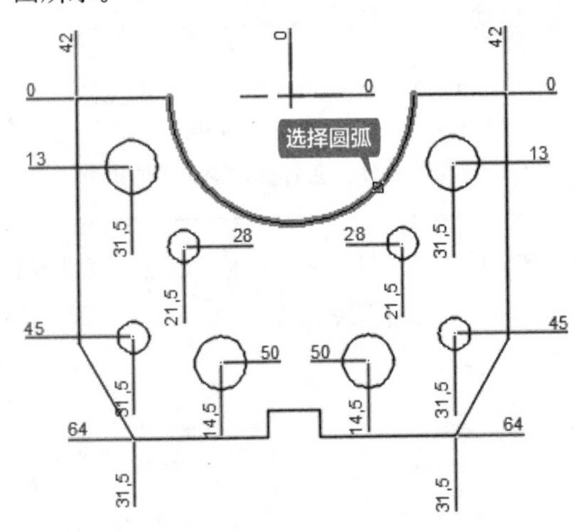

第2步 拖动鼠标指定半径标注的放置位置，如下图所示。

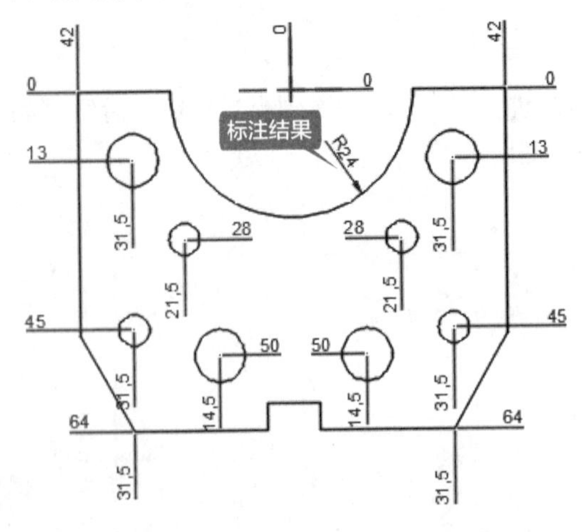

第3步 单击【默认】选项卡 ➤【注释】面板中的【直径】按钮，然后选择大圆，如下图所示。

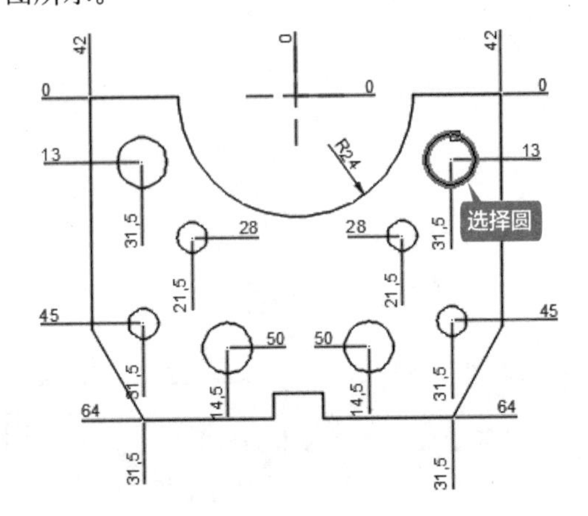

第4步 拖动鼠标指定直径标注的放置位置，如下图所示。

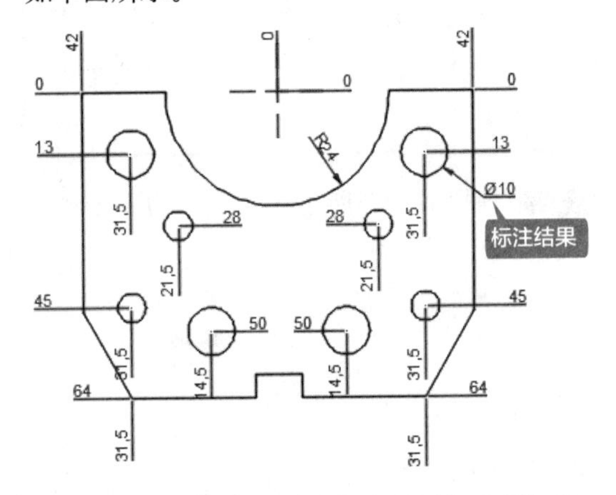

第5步 重复直径标注，给其他圆添加直径标注，如下图所示。

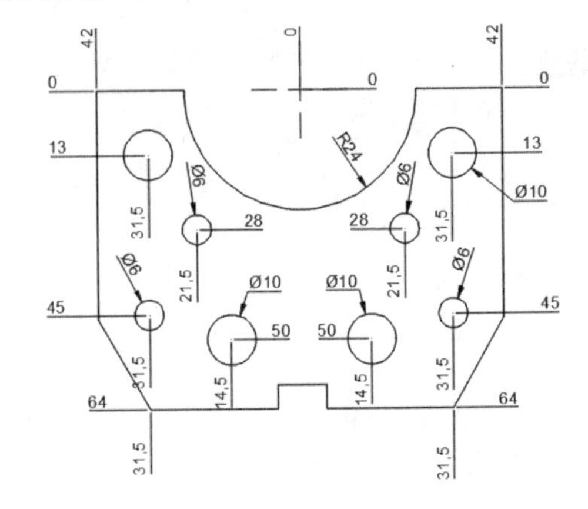

7.3.5 添加角度和对齐标注

角度标注用于测量选定的几何对象或 3 个点之间的角度，测量对象可以是相交的直线的角度或圆弧的角度。对齐标注用于创建与尺寸的原点对齐的线性标注。

给冲压件添加角度和对齐标注的具体操作步骤如下。

第 1 步 单击【默认】选项卡 ➤【注释】面板中的【角度】按钮，如下图所示。

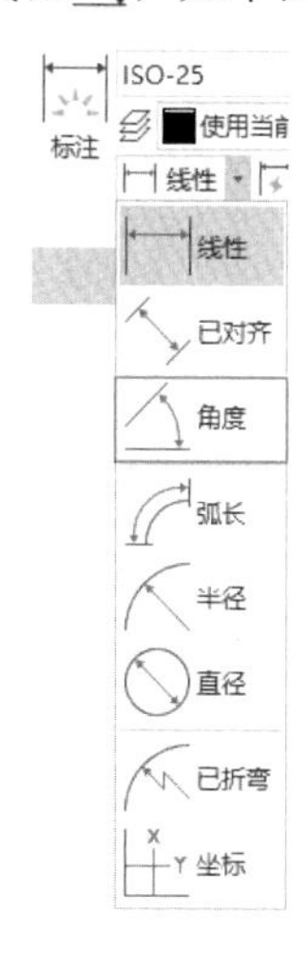

提示

除了通过面板调用【角度】标注命令外，还可以通过以下方法调用【角度】标注命令。

（1）单击【注释】选项卡 ➤【标注】面板 ➤【角度】按钮。

（2）选择【标注】➤【角度】菜单命令。

（3）在命令行中输入“DIMANGULAR/DAN”命令并按空格键。

第 2 步 选择角度标注的第一条直线，如下图所示。

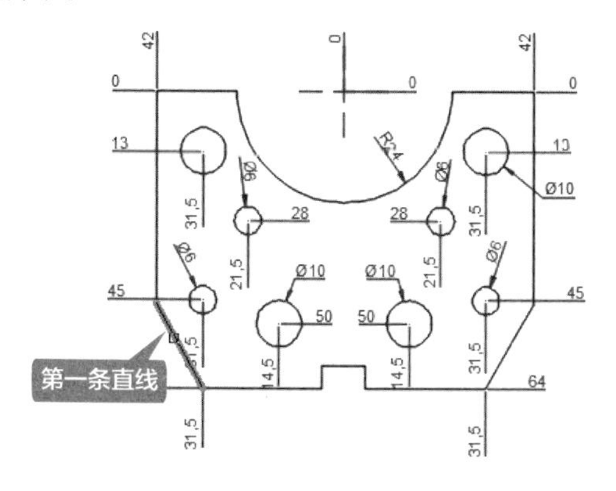

第 3 步 选择角度标注的第二条直线，如下图所示。

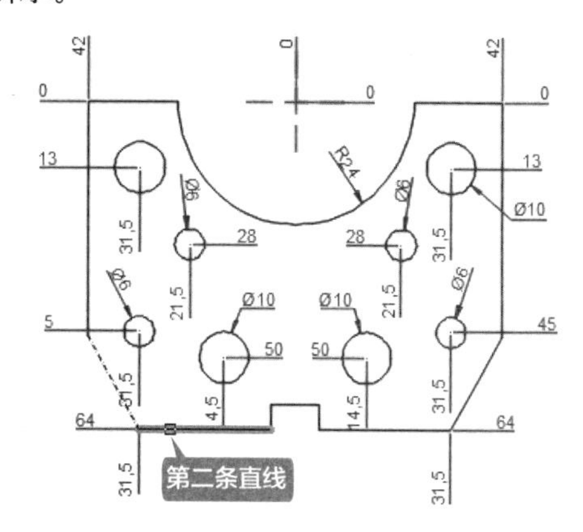

第 4 步 拖动鼠标指定角度标注的放置位置，如下图所示。

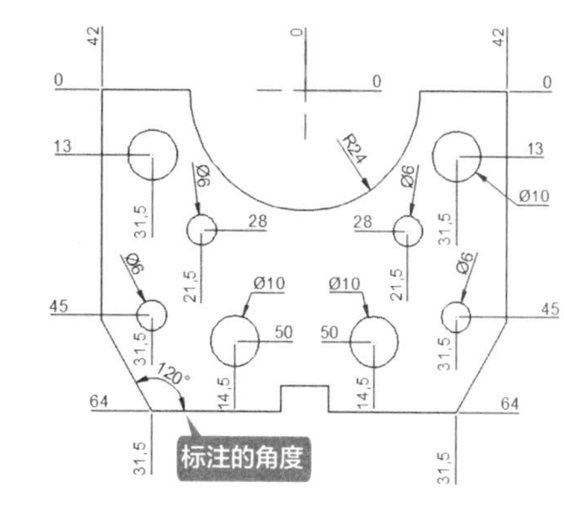

第 5 步 重复角度标注，结果如下图所示。

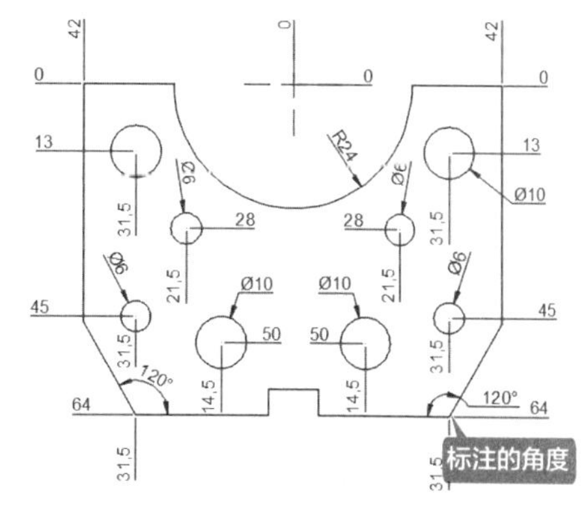

第6步 单击【默认】选项卡【注释】面板，选择标注时显示如下左图所示；单击【注释】选项卡【标注】面板，选择标注时显示如下右图所示。

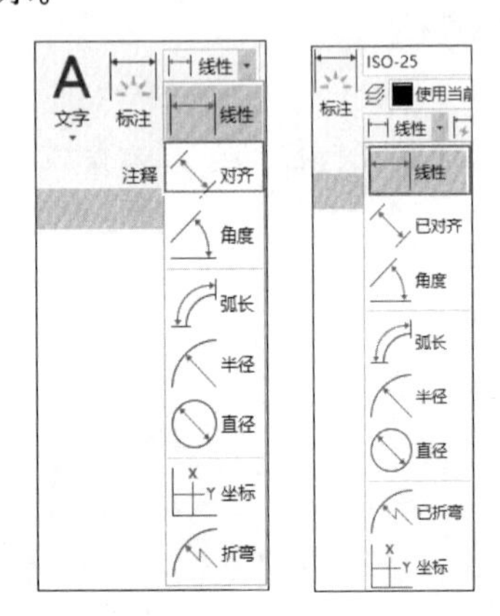

提示

除了通过面板调用【对齐】标注命令外，还可以通过以下方法调用【对齐】标注命令。

（1）单击【注释】选项卡 >【标注】面板 >【对齐】按钮。

（2）选择【标注】>【对齐】菜单命令。

（3）在命令行中输入“DIMALIGNED/DAL”命令并按空格键。

第7步 选择两个尺寸界限原点，如下图所示。

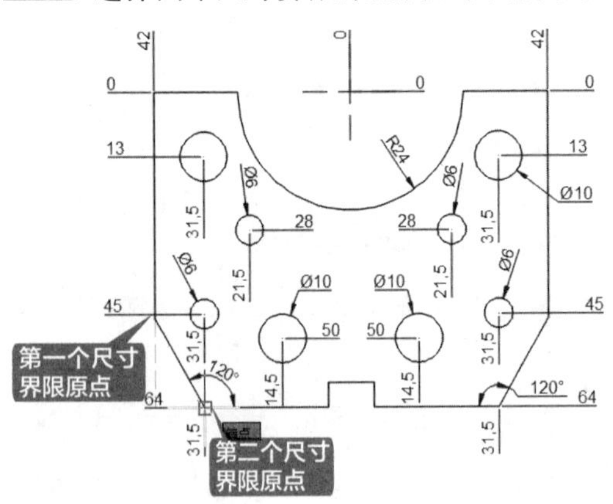

第8步 拖动鼠标指定对齐标注的放置位置，如下图所示。

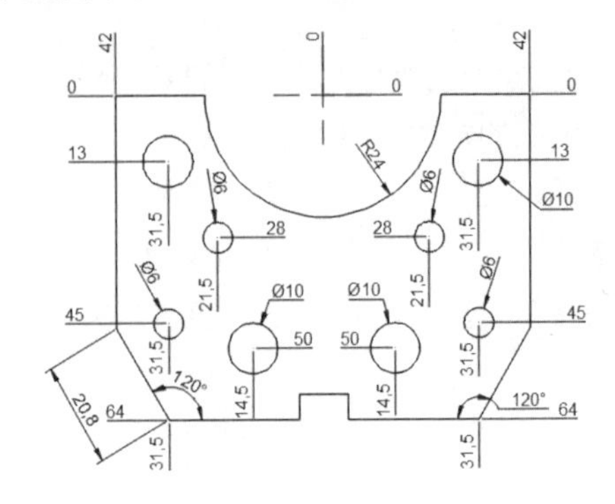

第9步 重复对齐标注，结果如下图所示。

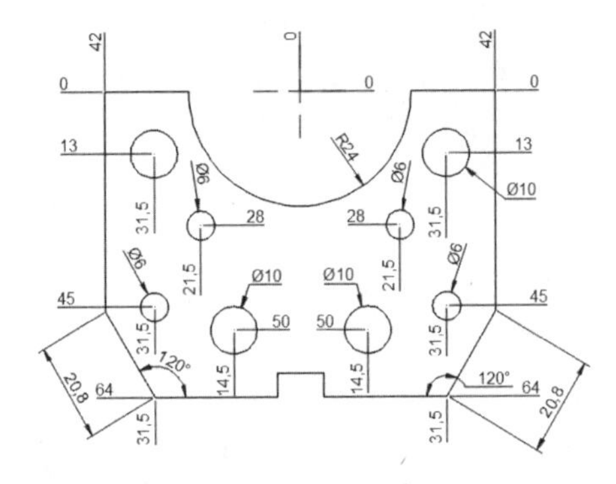

第10步 调用线性标注，完善尺寸标注，结果如下图所示。

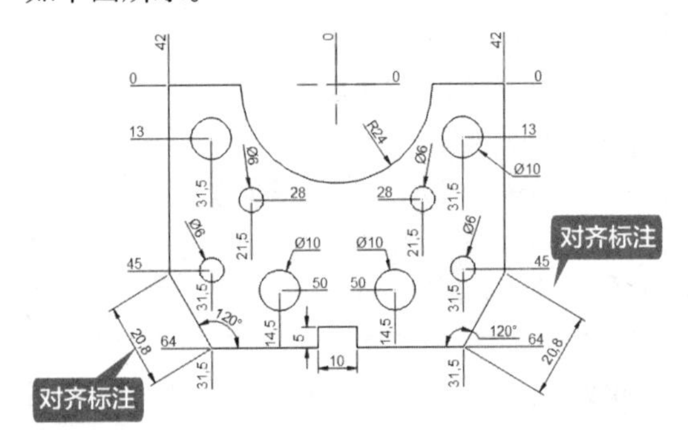

7.4 给轴承盖添加圆心标记和中心线

通过圆心标记可以定位圆心或添加中心线。中心线通常是对称轴的尺寸标注参照，在AutoCAD 中可以直接通过中心线命令创建和对象相关联的中心线。

轴承盖标注完成后最终效果如下图所示。

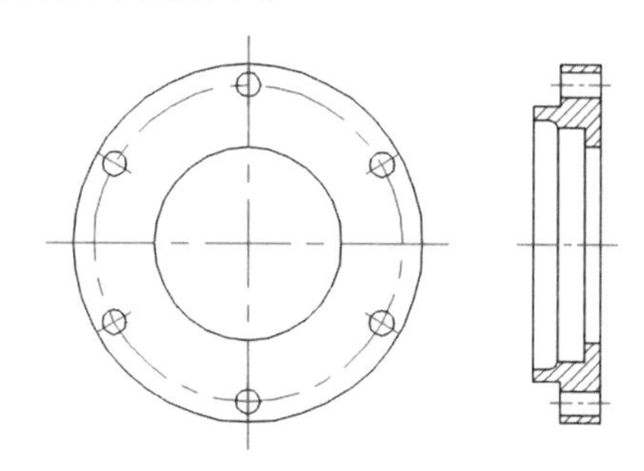

7.4.1 创建圆心标记

7.3.2 节中介绍了关联的圆心标记，本节将介绍不关联的圆心标记。可以通过【标注样式管理器】对话框或 DIMCEN 系统变量对圆心标记进行设置。

第 1 步 打开随书配套资源中的“素材 \CH07\轴承盖”文件，如下图所示。

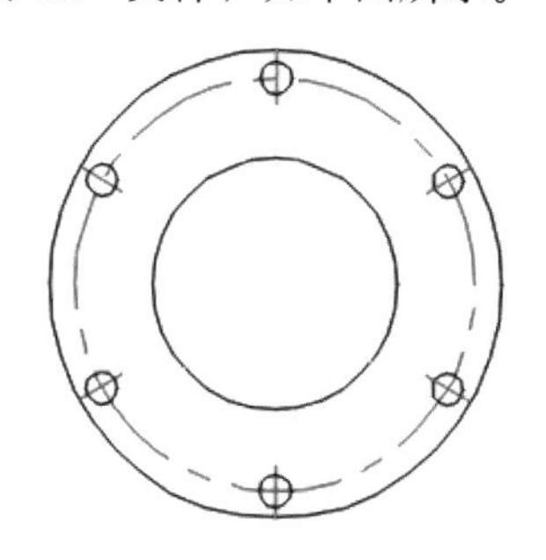

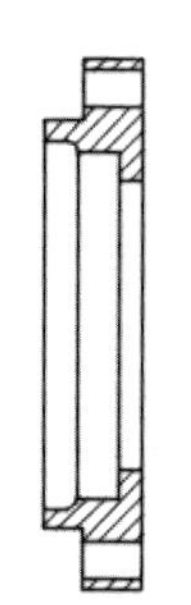

第 2 步 在命令行中输入系统变量“DIMCEN”并按空格键确认，命令行提示如下。

```
命令 : DIMCEN
输入 DIMCEN 的新值 <2.5000>: 50 ↙
```

提示

除了通过命令行更改中心标记的系统变量，还可以通过【标注样式管理器】来修改中心标记的系统变量。

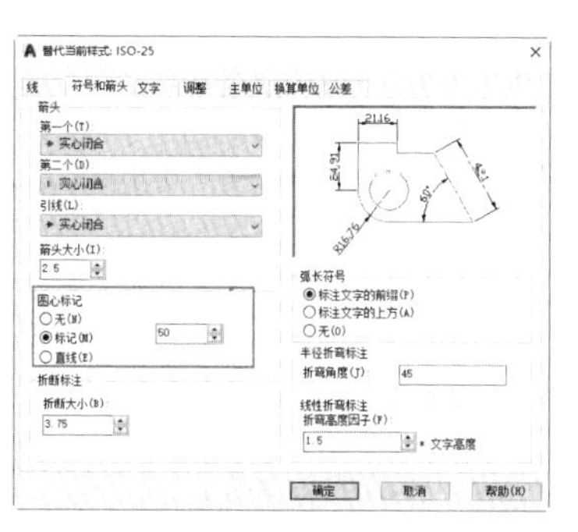

第 3 步 选择【标注】➤【圆心标记】菜单命令，在绘图区域中选择如下图所示的圆形作为标注对象。

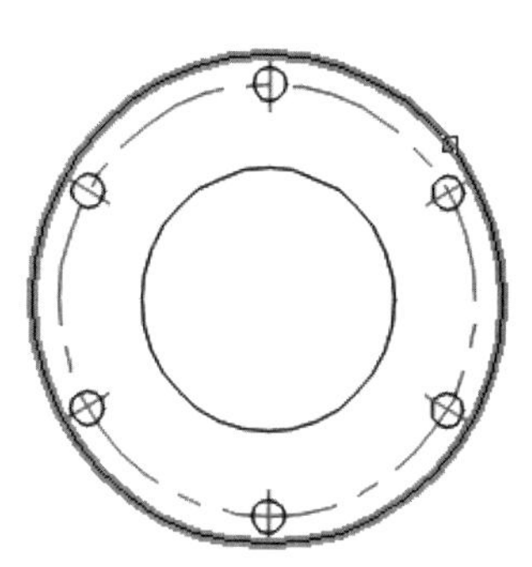

提示

除了通过菜单命令调用圆心标记外，还可以通过【DIMCENTER/DCE】命令来调用圆心标记。

第 4 步 添加圆心标记后如下图所示。

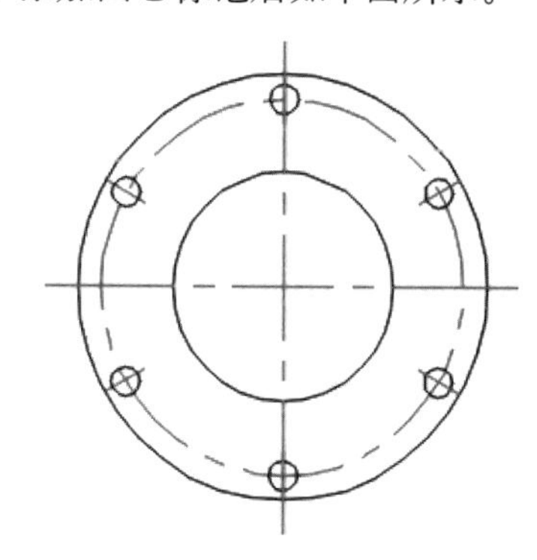

7.4.2 新功能：创建和直线关联的中心线

AutoCAD 不仅有和圆关联的圆心标记命令，还有和直线关联的中心线命令。中心线通常是对称轴的尺寸标注参照。中心线是关联对象，如果移动或修改关联对象，中心线将进行相应的调整。

第 1 步 继续 7.4.1 节的图形进行操作，单击【注释】选项卡 ➢【中心线】面板 ➢【中心线】按钮，如下图所示。

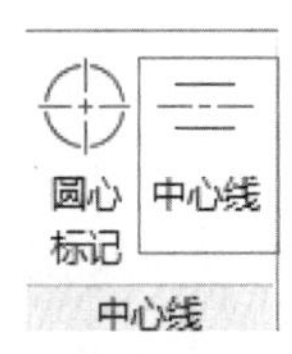

提示

除了通过面板调用【中心线】命令外，还可以通过【CENTERLINE】命令来调用。

第 2 步 选择如下图所示的两条直线。

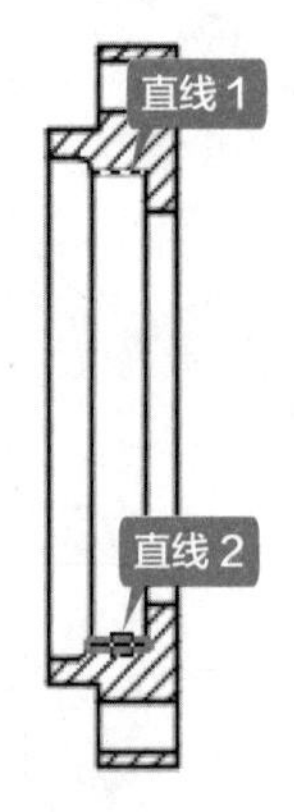

第 3 步 结果如下图所示。

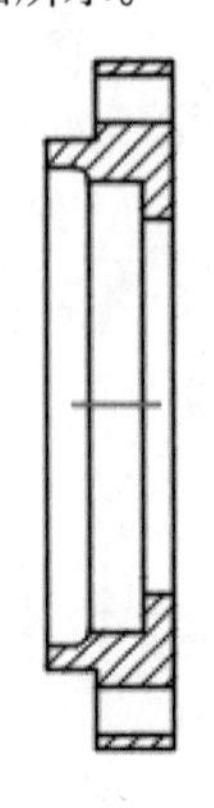

第 4 步 通过夹点调节中心线的长度，结果如下图所示。

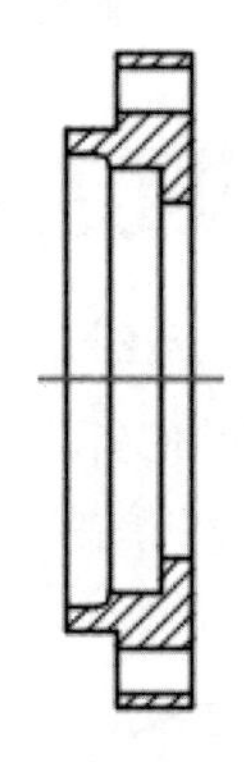

第 5 步 选中刚创建的中心线，然后按【Ctrl+1】组合键，在弹出的【特性】选项板中将线型比例改为 20，如下图所示。

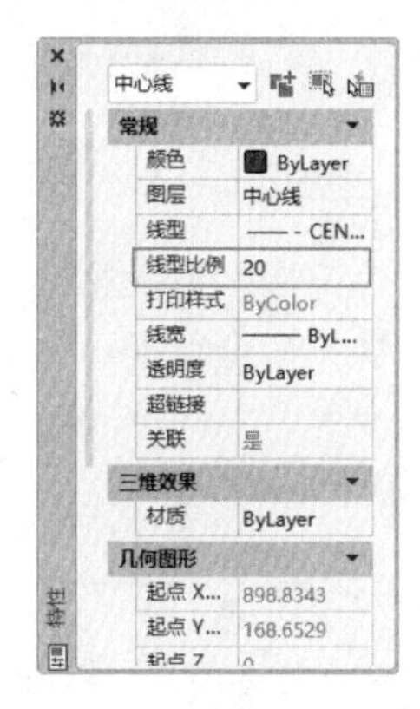

第 6 步 线型比例修改后结果如下图所示。

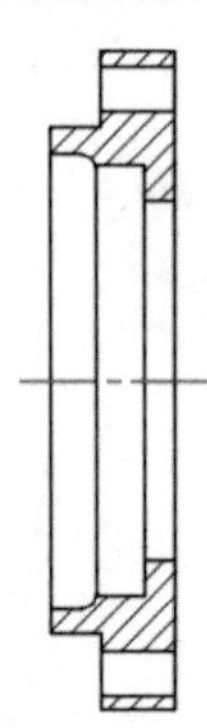

第 7 步 重复第 1~6 步，给两个螺栓孔添加中心线，结果如下图所示。

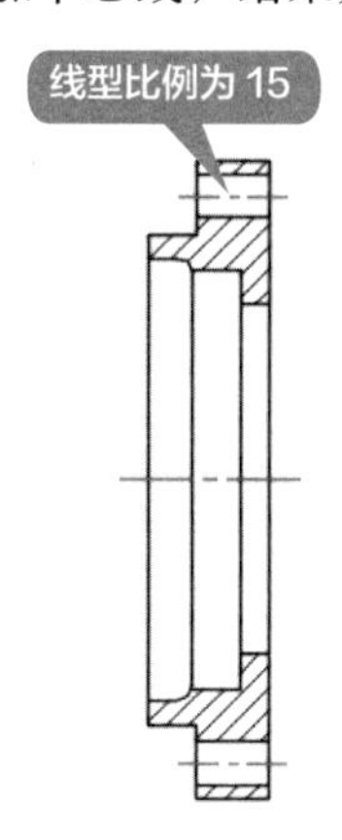

给齿轮轴添加标注

齿轮轴的标注与阶梯轴的标注相似，通过对齿轮轴的标注，可以进一步熟悉标注命令。

给齿轮轴添加标注的具体操作步骤和顺序如表 7-5 所示。

表 7-5　给齿轮轴添加标注

步骤	创建方法	结　　果	备　注
1	通过智能标注创建线性标注、基线标注、连续标注和角度标注	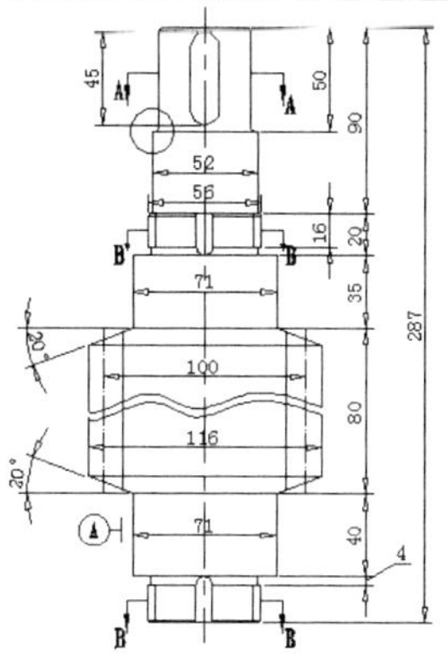	也可以分别通过线性标注、基线标注、连续标注和角度标注命令给齿轮轴添加标注
2	添加多重引线标注	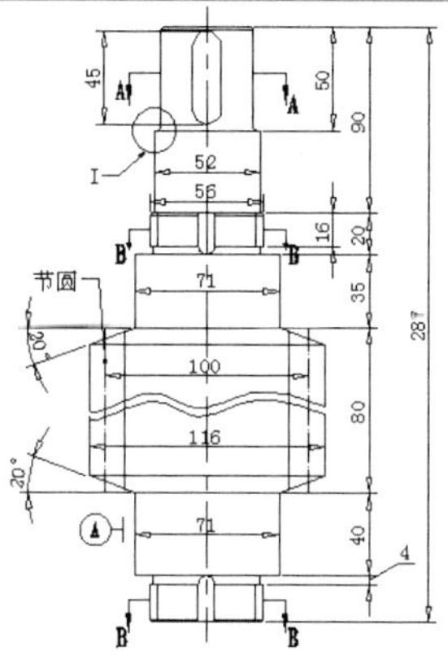	添加多重引线标注时注意多重引线的设置

续表

步骤	创建方法	结　　果	备　注
3	添加形位公差、折弯线性标注，并对非圆视图上直径进行修改		
4	给断面图添加标注		
5	给放大图添加标注		给放大图添加标注时，注意标注的尺寸为实际尺寸，而不是放大后的尺寸

◇ 如何标注大于 180° 的角

前面介绍的角度标注所标注的角都是小于 180° 的，那么如何标注大于 180° 的角呢？下面就通过案例来详细介绍如何标注大于 180° 的角。

第1步 打开随书配套资源中的"素材\CH07\标注大于180° 的角.dwg"文件，如下图所示。

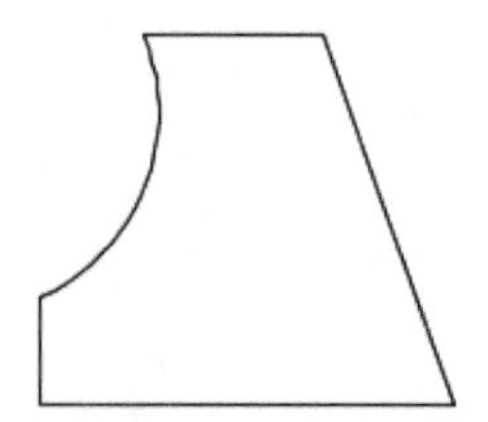

第 2 步 单击【默认】选项卡 ➢【注释】面板中的【角度】按钮，当命令行提示“选择圆弧、圆、直线或 <指定顶点>”时直接按空格键接受“指定顶点”选项。

```
命令：_dimangular
选择圆弧、圆、直线或 <指定顶点>:  ↙
```

第 3 步 捕捉如下图所示的端点为角的顶点。

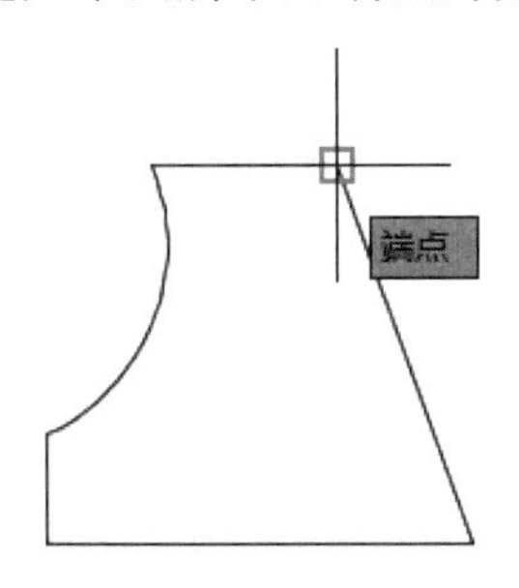

第 4 步 捕捉如下图所示的中点为角的第一个端点。

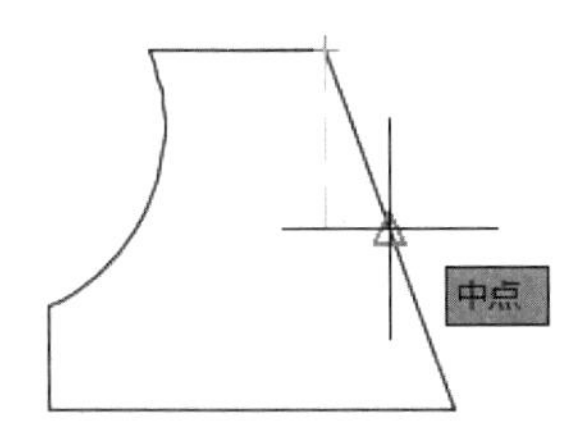

第 5 步 捕捉如下图所示的中点为角的第二个端点。

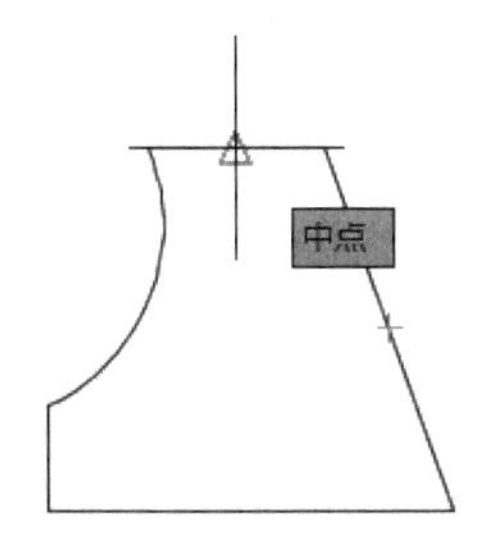

第 6 步 拖动鼠标在合适的位置单击放置角度标注，如图所示。

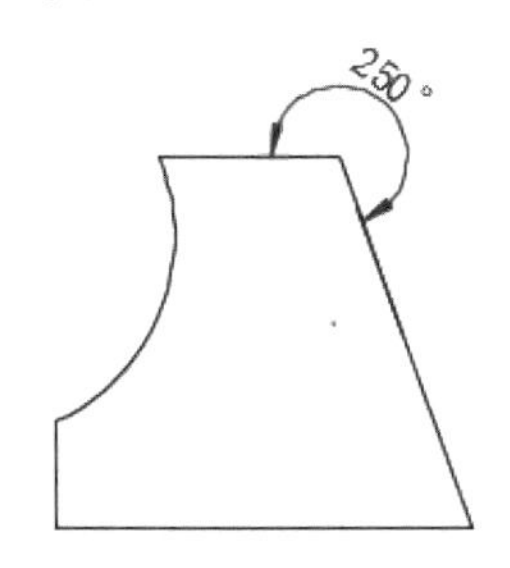

◇ 关于多重引线标注

多重引线对象是一条直线或样条曲线，其中一端带有箭头，另一端带有多行文字对象或块。在某些情况下，有一条短水平线（又称为基线）将文字或块和特征控制框连接到引线上。基线和引线与多行文字对象或块关联，因此当重定位基线时，内容和引线将随之移动。

1. 设置多重引线样式

多重引线样式可以控制引线的外观。用户可以使用默认多重引线样式 STANDARD，也可以创建自己的多重引线样式。多重引线样式可以指定基线、引线、箭头和内容的格式。

设置多重引线的具体操作步骤如下。

第 1 步 选择【格式】➢【多重引线样式】菜单命令，打开【多重引线样式管理器】对话框，如下图所示。

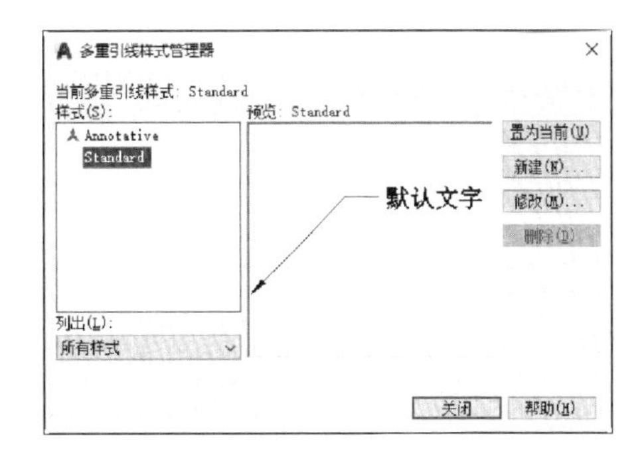

第 2 步 单击【新建】按钮，创建“样式 1”，如下图所示。

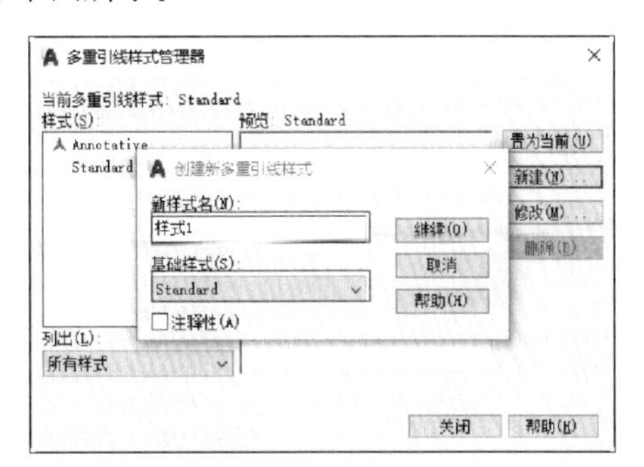

第 3 步 单击【继续】按钮，在弹出的【新建多重引线样式：样式 1】对话框中选择【引

线格式】选项卡，并将【符号】改为“小点”，【大小】设置为25，如下图所示。

第4步 单击【引线结构】选项卡，取消勾选【自动包含基线】选项，如下图所示。

第5步 单击【内容】选项卡，将【文字高度】设置为25，将最后一行加下划线，并将基线间隙设置为0，如下图所示。

第6步 单击【确定】按钮，回到【多重引线样式管理器】窗口后，单击【新建】按钮，以“样式1”为基础创建“样式2”，如下图所示。

第7步 单击【继续】按钮，在弹出的对话框中单击【内容】选项卡，将【多重引线类型】设置为“块”，【源块】设置为“圆”，【比例】设置为5，如下图所示。

第8步 单击【确定】按钮，回到【多重引线样式管理器】对话框后，单击【新建】按钮，以“样式2”为基础创建“样式3”，如下图所示。

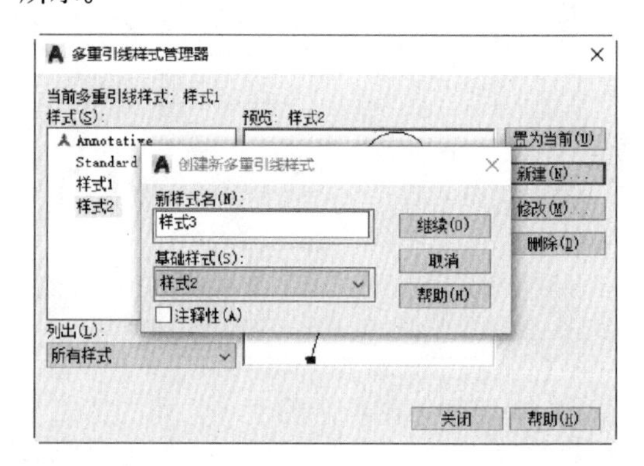

第9步 单击【继续】按钮，在弹出的对话框中单击【引线格式】选项卡，将引线【类型】改为“无”，其他设置不变，如下图所示。单击【确定】按钮关闭对话框。

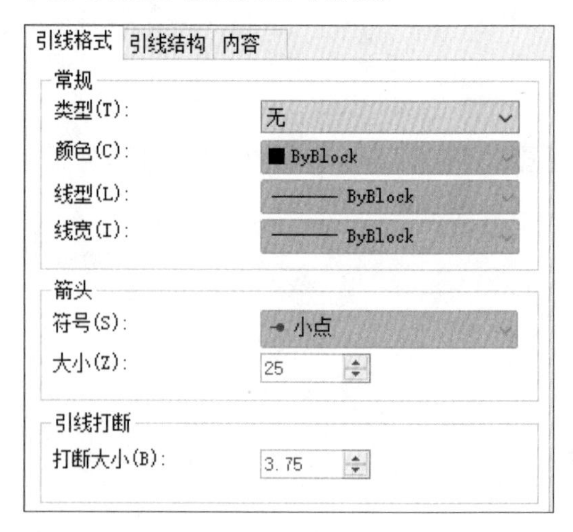

提示

当多重引线类型为“多行文字”时，下面会出现“文字选项”和“引线连接”等，“文字选项”主要控制多重引线文字的外观；“引线连接”主要控制多重引线的引线连接设置，它可以是水平连接，也可以是垂直连接。

当多重引线类型为“块”时，下面会出现“块选项”，主要用于控制多重引线对象中块内容的特性，包括源块、附着、颜色和比例。如下图所示文字内容为选择“块”时的显示效果。只有“多重引线”的文字类型为“块”时才可以对多重引线进行合并操作。

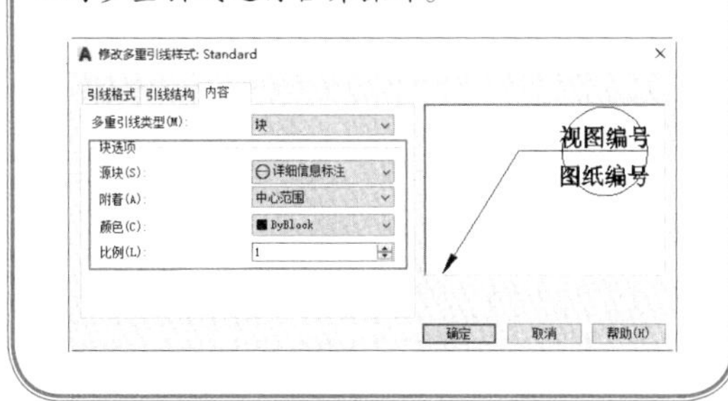

2. 多重引线的应用

多重引线可创建为箭头优先、引线基线优先或内容优先。如果已使用多重引线样式，则可以从该指定样式创建多重引线。

执行【多重引线】命令后，命令行提示如下。

```
指定引线箭头的位置或 [ 引线基线优先 (L)/ 内容优先 (C)/ 选项 (O)] < 选项 >:
```

命令行中各选项含义如下。

【指定引线箭头的位置】：指定多重引线对象箭头的位置。

【引线基线优先】：选择该选项后，将先指定多重引线对象的基线的位置，然后再输入内容，AutoCAD 默认引线基线优先。

【内容优先】：选择该选项后，将先指定与多重引线对象相关联的文字或块的位置，然后再指定基线位置。

【选项】：指定用于放置多重引线对象的选项。

下面将对建筑施工图中所用材料进行多重引线标注，具体操作步骤如下。

第1步 打开随书配套资源中的“素材\CH07\多重引线标注 .dwg”文件，如下图所示。

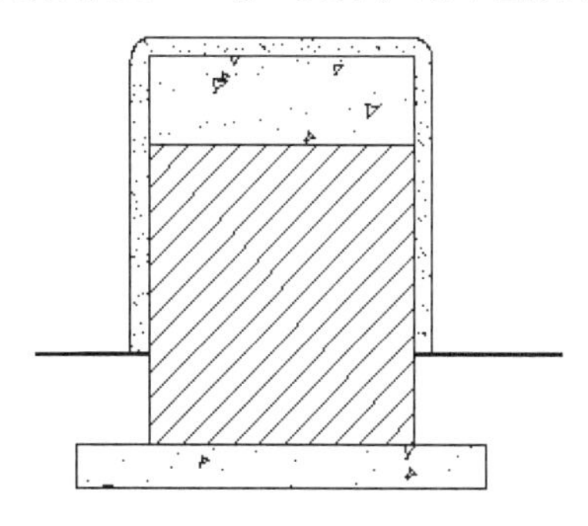

第2步 创建一个和“1. 设置多重引线样式”中“样式 1”相同的多重引线样式并将其置为当前。单击【默认】选项卡➤【注释】面板➤【多重引线】按钮，在需要创建标注的位置单击，指定箭头的位置，如下图所示。

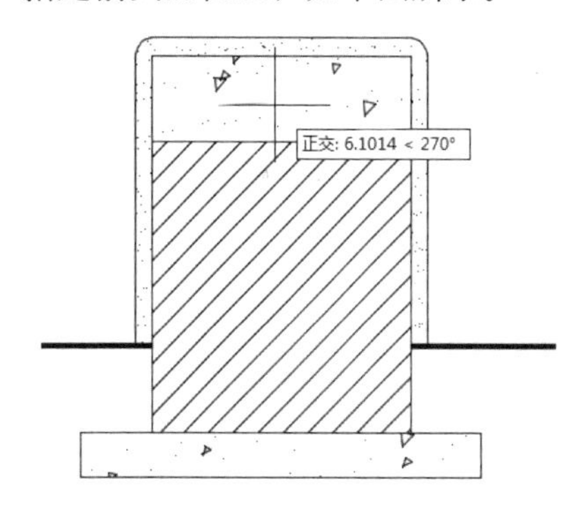

第3步 拖动鼠标，在合适的位置单击，作为引线基线位置，如下图所示。

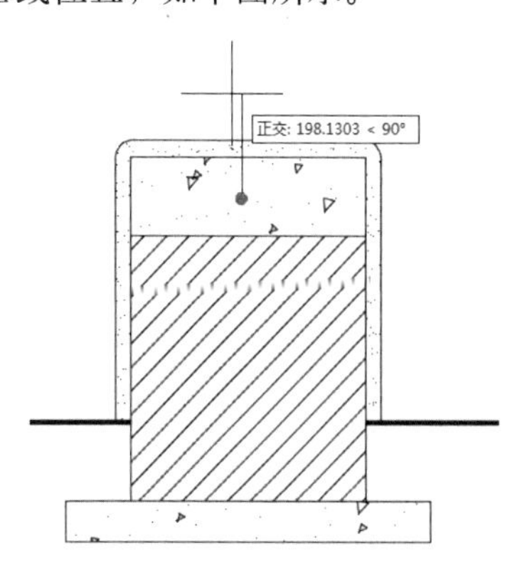

第4步 在弹出的文字输入框中输入相应的文

字，如下图所示。

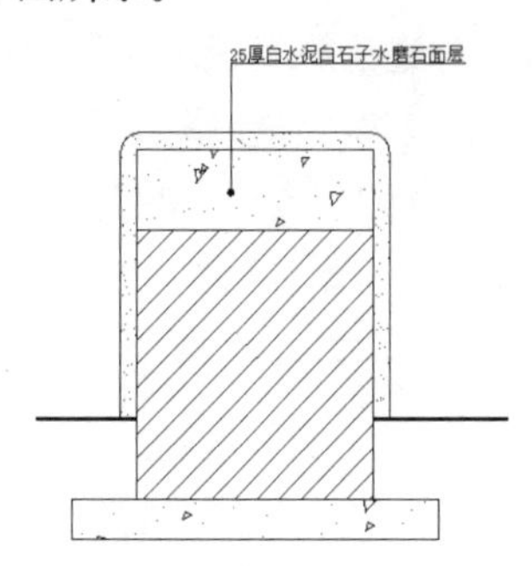

第5步 重复【多重引线】标注命令，选择上面多重引线创建时选择的引线箭头位置，在合适的高度指定引线基线的位置，然后输入文字，结果如下图所示。

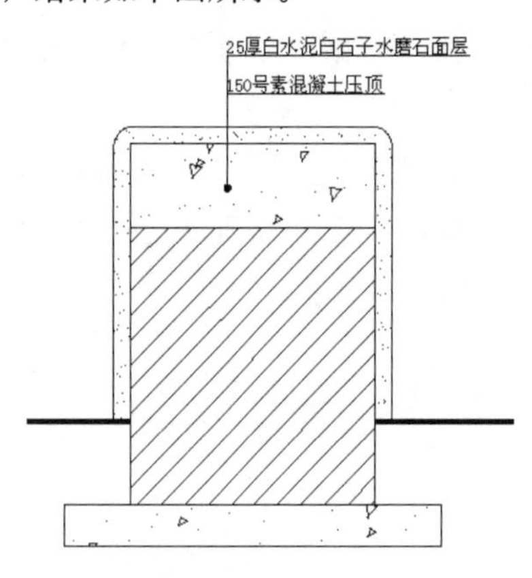

3. 编辑多重引线

多重引线的编辑主要包括对齐多重引线、合并多重引线、添加多重引线和删除多重引线。

调用【对齐引线】标注命令通常有以下几种方法。

（1）在命令行中输入“MLEADERALIGN/MLA”命令并按空格键。

（2）单击【默认】选项卡➢【注释】面板➢【对齐】按钮。

（3）单击【注释】选项卡➢【引线】面板➢【对齐】按钮。

调用【合并引线】标注命令通常有以下几种方法。

（1）在命令行中输入“MLEADERCOLLECT/MLC”命令并按空格键。

（2）单击【默认】选项卡➢【注释】面板➢【合并】按钮。

（3）单击【注释】选项卡➢【引线】面板➢【合并】按钮。

调用【添加引线】标注命令通常有以下几种方法。

（1）在命令行中输入“MLEADEREDIT/MLE”命令并按空格键。

（2）单击【默认】选项卡➢【注释】面板➢【添加引线】按钮。

（3）单击【注释】选项卡➢【引线】面板➢【添加引线】按钮。

调用【删除引线】标注命令通常有以下几种方法。

（1）在命令行中输入“AIMLEADEREDITREMOVE”命令并按空格键。

（2）单击【默认】选项卡➢【注释】面板➢【删除引线】按钮。

（3）单击【注释】选项卡➢【引线】面板➢【删除引线】按钮。

下面将对装配图进行多重引线标注并编辑多重引线，具体操作步骤如下。

第1步 打开随书配套资源中的“素材\CH07\编辑多重引线 .dwg”文件，如下图所示。

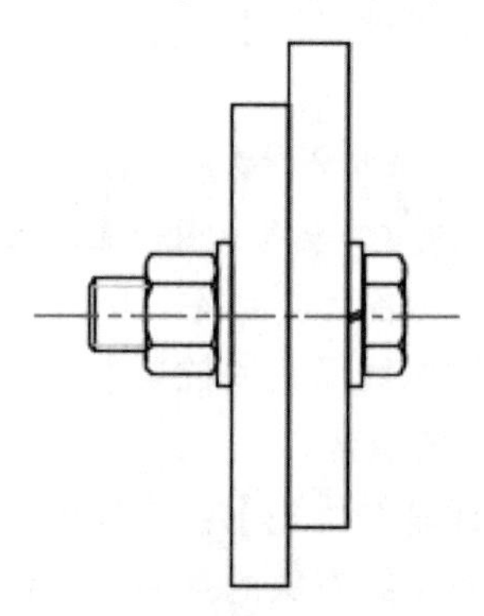

第2步 参照“1. 设置多重引线样式”中的“样式2”创建一个多重引线样式，多重引线样式名称设置为“装配”，单击【引线结构】选项卡，勾选【自动包含基线】并将基线距离设置为12，其他设置不变，如下图所示。

基线设置
☑自动包含基线(A)
☑设置基线距离(D)
12

第3步 单击【注释】选项卡➢【引线】面板➢【多重引线】按钮，在需要创建标注的位置单击，指定箭头的位置，如下图所示。

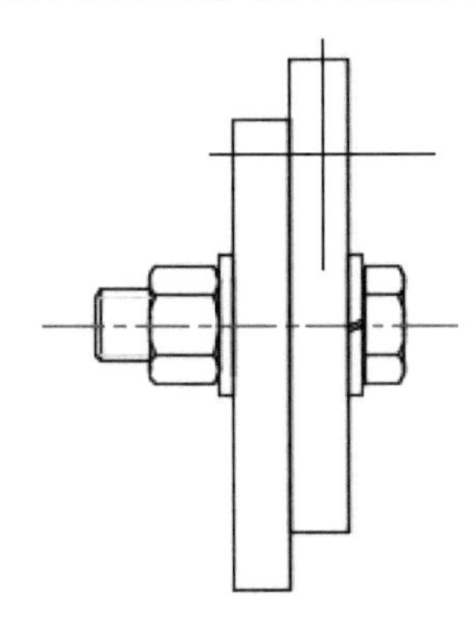

第4步 拖动鼠标，在合适的位置单击，作为引线基线位置，如下图所示。

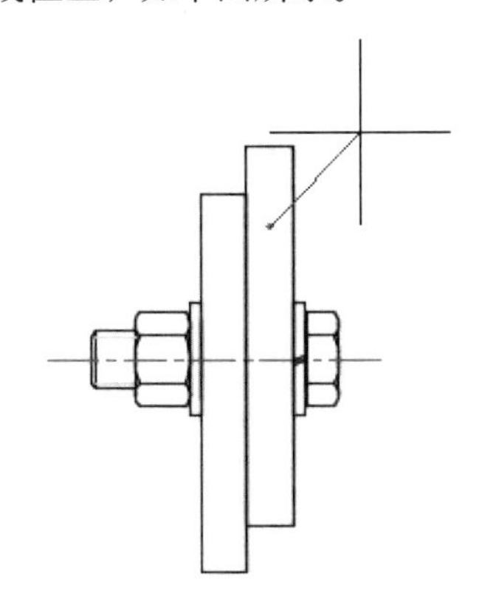

第5步 在弹出的【编辑属性】对话框中输入标记编号“1”，如下图所示。

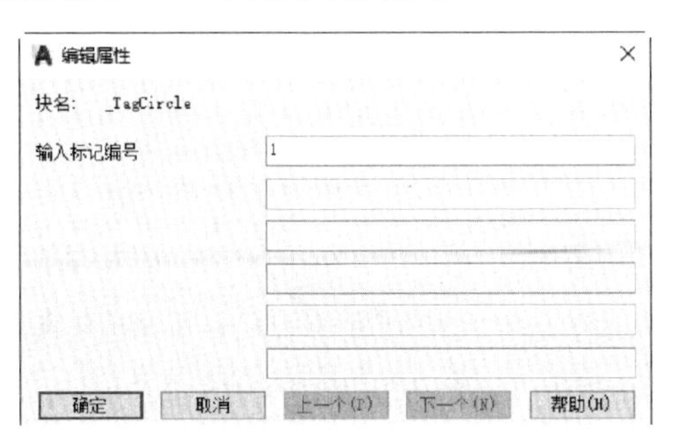

第6步 单击【确定】按钮，结果如下图所示。

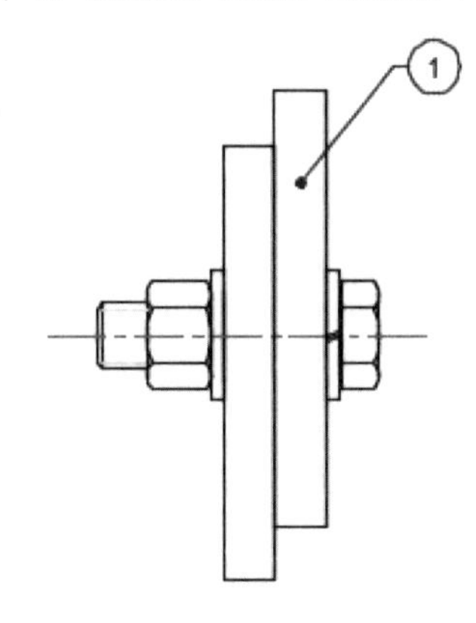

第7步 重复多重引线标注，结果如下图所示。

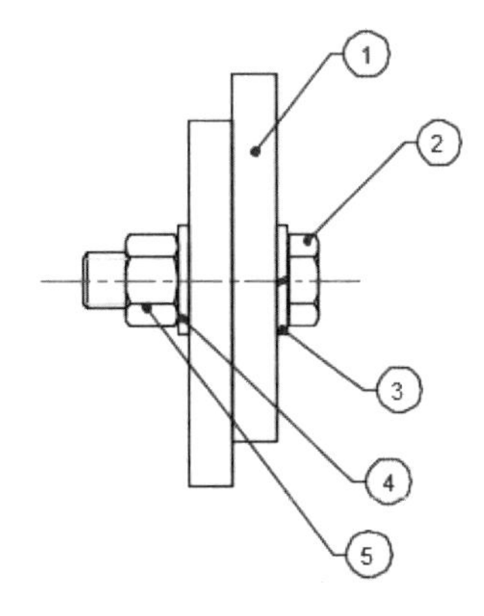

第8步 单击【注释】选项卡➢【引线】面板➢【对齐】按钮，然后选择所有的多重引线，如下图所示。

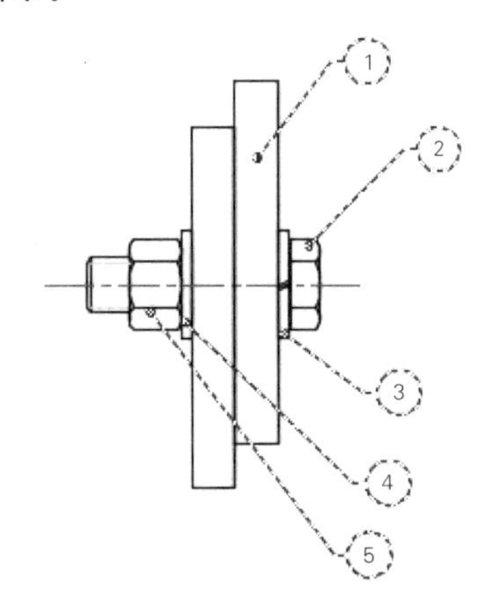

第9步 捕捉多重引线2，将其他多重引线与其对齐，如下图所示。

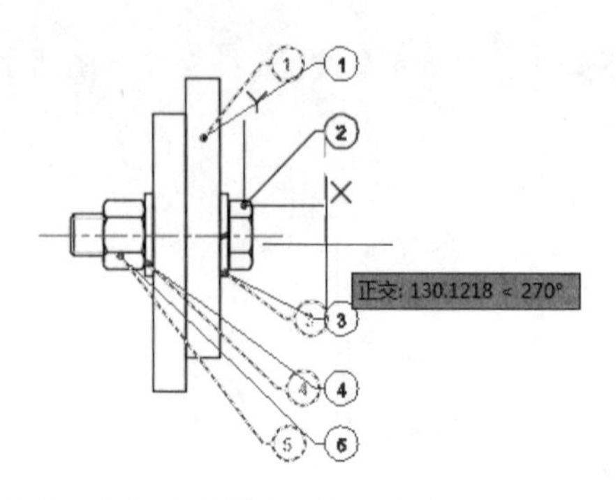

第 10 步 对齐后结果如下图所示。

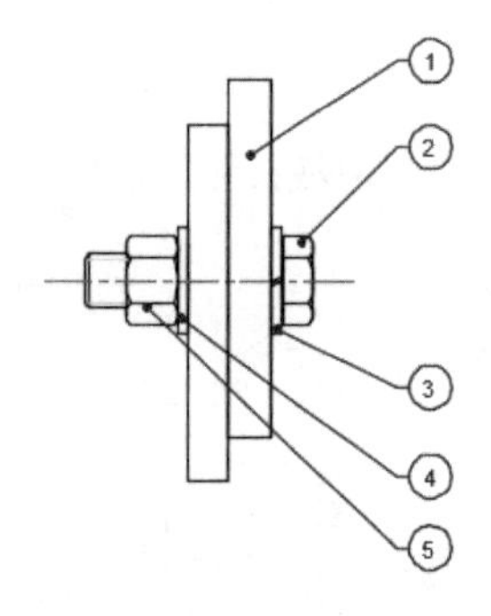

第 11 步 单击【注释】选项卡 ➢【引线】面板 ➢【合并】按钮，然后选择多重引线 2~5，如下图所示。

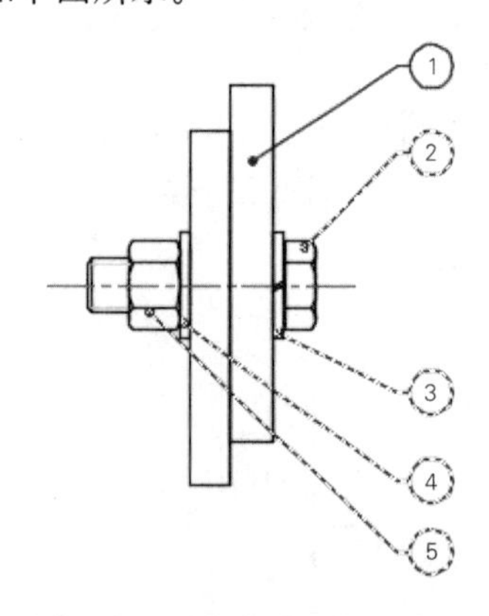

第 12 步 选择后拖动鼠标指定合并后的多重引线的位置，如下图所示。

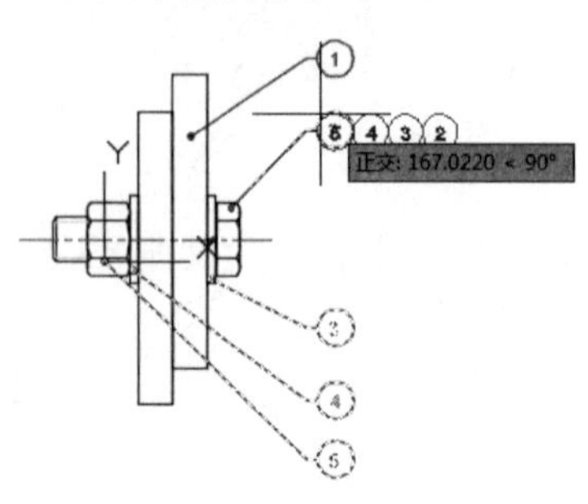

第 13 步 多重引线合并后如下图所示。

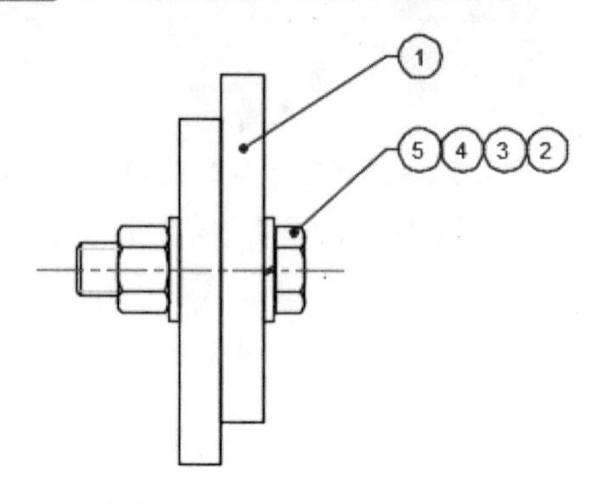

第 14 步 单击【注释】选项卡 ➢【引线】面板 ➢【添加引线】按钮，然后选择多重引线 1 并拖动鼠标指定添加的位置，如下图所示。

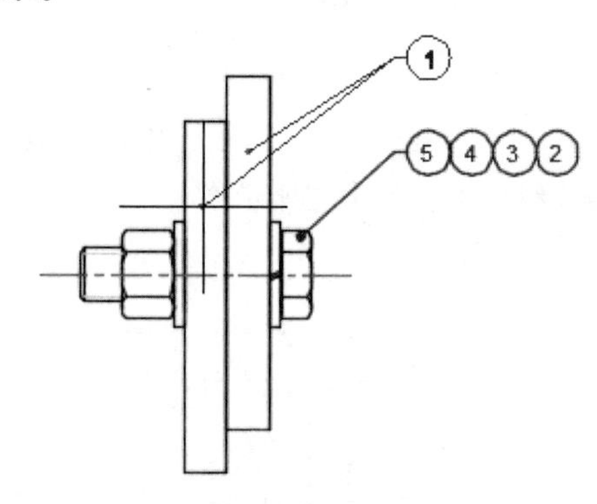

第 15 步 添加完成后结果如下图所示。

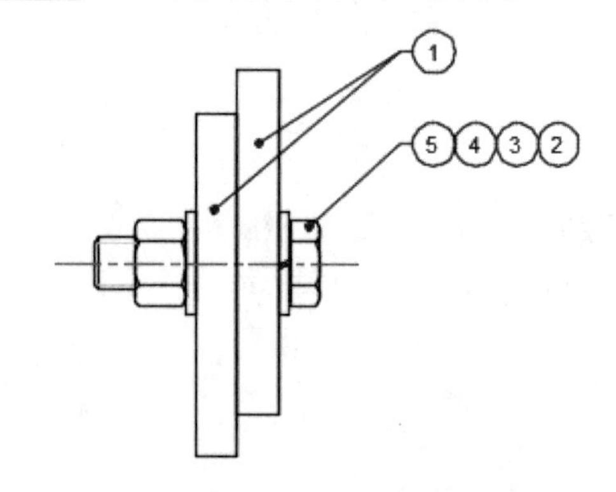

提示

为了便于指定点和引线的位置，在创建多重引线时可以关闭对象捕捉和正交模式。

第 8 章
文字与表格

本章导读

在制图中，文字是不可缺少的组成部分，经常用于书写图纸的技术要求。除了技术要求外，对于装配图，还要创建图纸明细栏对装配图的组成加以说明，而在 AutoCAD 中创建明细栏最常用的方法就是通过表格命令来创建。

思维导图

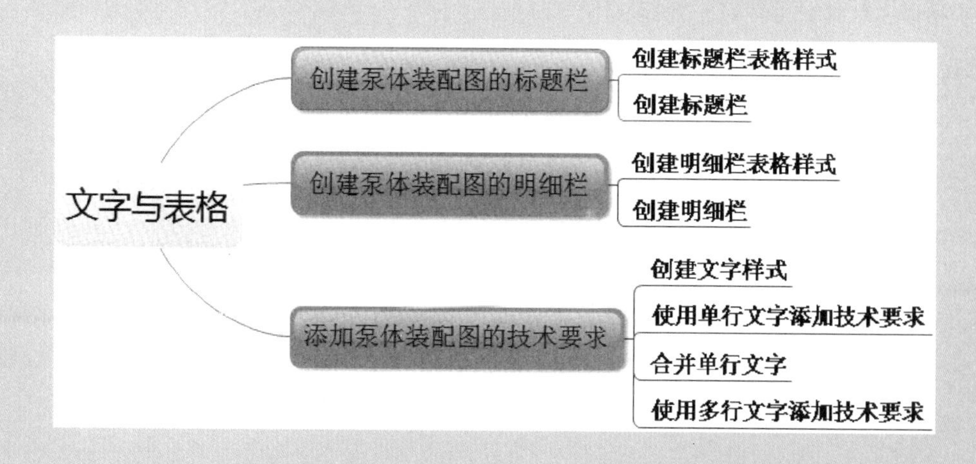

8.1 重点：创建泵体装配图的标题栏

标准标题栏的行和列各自交错，整体绘制起来难度很大，这里将其分为左上、左下和右三部分，分别绘制后组合到一起。

8.1.1 创建标题栏表格样式

在用 AutoCAD 绘制表格之前，首先要创建适合绘制所需表格的表格样式。

创建标题栏表格样式的具体步骤如下。

1. 创建左边标题栏表格样式

第 1 步　打开随书配套资源中的“素材 \CH08\ 齿轮泵装配图”文件，如下图所示。

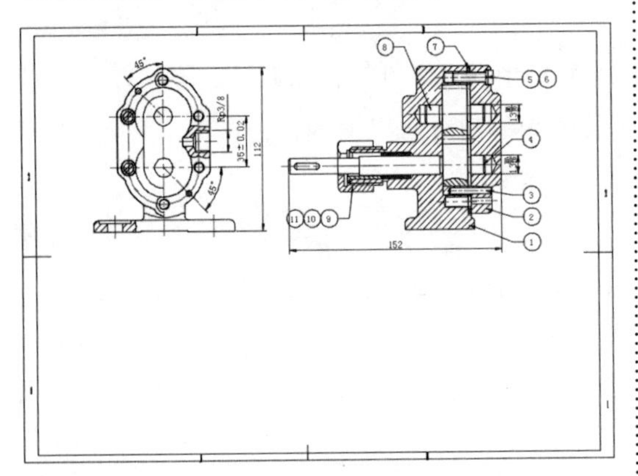

第 2 步　单击【默认】选项卡 ➢【注释】面板 ➢【表格样式】按钮，如下图所示。

> **提示**
>
> 除了通过面板调用【表格样式】命令外，还可以通过以下方法调用【表格样式】命令。
>
> （1）选择【格式】➢【表格样式】菜单命令。
>
> （2）在命令行中输入“TABLESTYLE/TS”命令并按空格键。
>
> （3）单击【注释】选项卡 ➢【表格】面板右下角的箭头。

第 3 步　在弹出的【表格样式】对话框中单击【新建】按钮，在弹出的【创建新的表格样式】对话框中输入新样式名“标题栏样式（左）”，如下图所示。

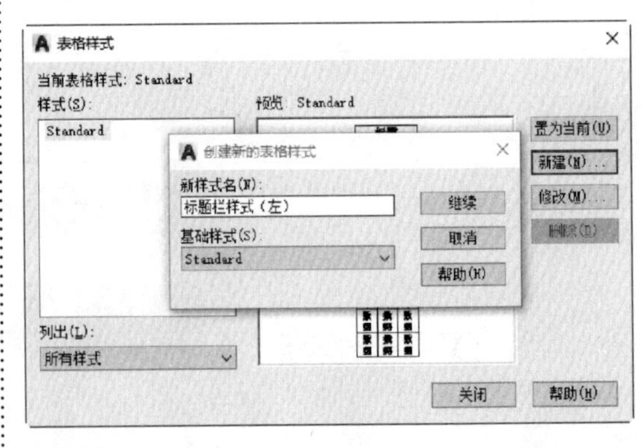

第 4 步　单击【继续】按钮，在弹出的新建表格样式对话框中单击【单元样式】➢【常规】➢【对齐】选项的下拉按钮，选择“正中”，如下图所示。

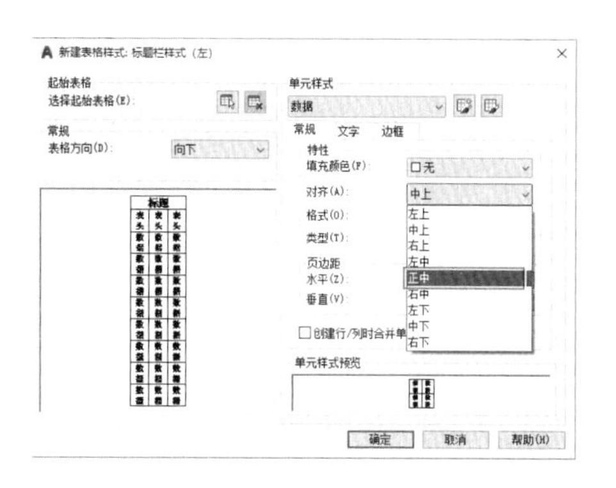

第 5 步 单击【文字】选项卡，将【文字高度】改为“3”，如下图所示。

第 6 步 单击【单元样式】下拉按钮，在弹出的下拉列表中选择“标题”，如下图所示。

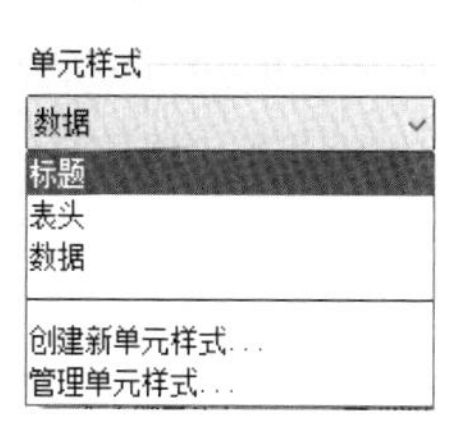

第 7 步 单击【文字】选项卡，将【文字高度】改为“3”，如下图所示。

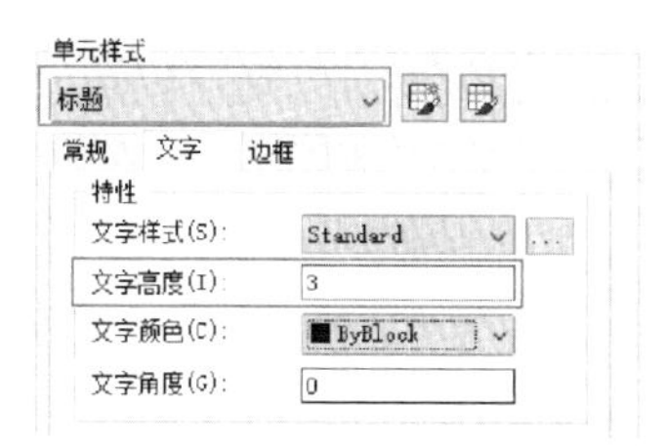

第 8 步 重复第 6~7 步，将“表头”的【文字高度】也改为“3”，如下图所示。

第 9 步 设置完成后单击【确定】按钮，回到【表格样式】对话框后可以看到新建的表格样式已经存在【样式】列表中，如下图所示。

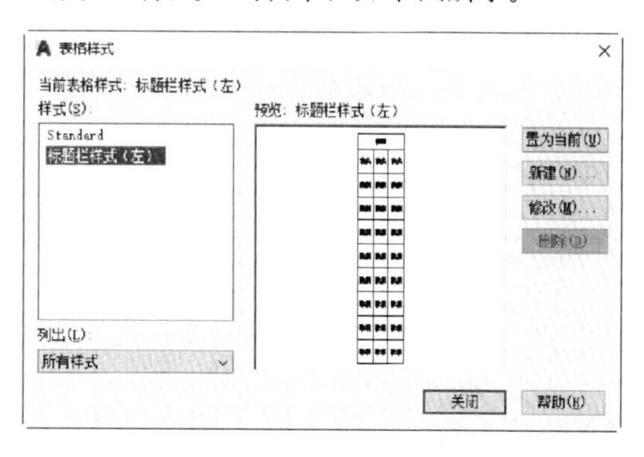

2. 创建右边标题栏表格样式

第 1 步 在【表格样式】对话框中单击【新建】按钮，以“标题栏样式（左）”为基础样式创建“标题栏样式（右）”，如下图所示。

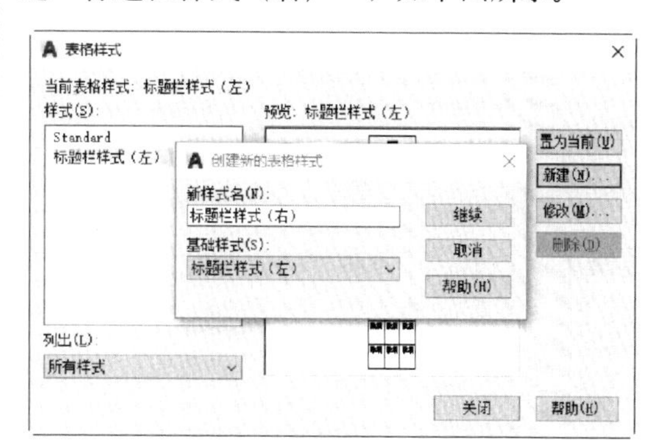

第 2 步 在弹出的新建表格样式对话框中单击【常规】➤【表格方向】选项的下拉按钮，选择“向上”，如下图所示。

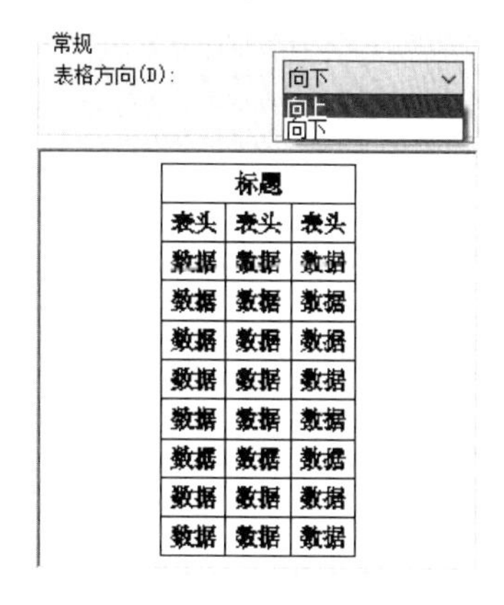

第3步 更改表格方向后数据单元格在上面，表头和标题在下面，如下图所示。

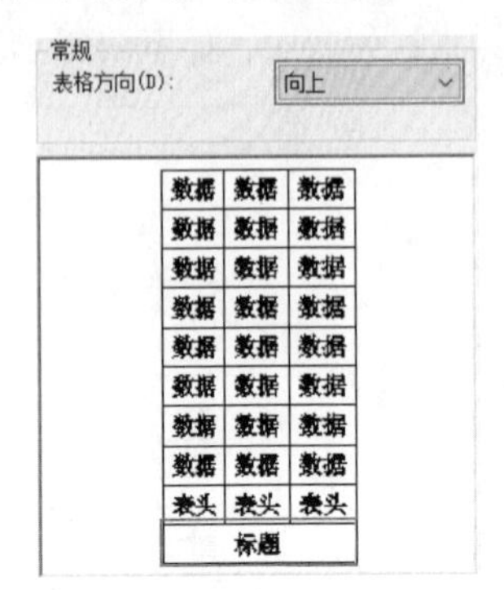

第4步 单击【单元样式】➤【常规】选项卡，将“数据”单元格的水平和垂直边页距都设置为0，如下图所示。

第5步 单击【文字】选项卡，将“数据”单元格的文字高度改为1.5，如下图所示。

第6步 单击单元样式下拉按钮，在弹出的下拉列表中选择“标题”，将标题的文字高度设置为4.5，如下图所示。

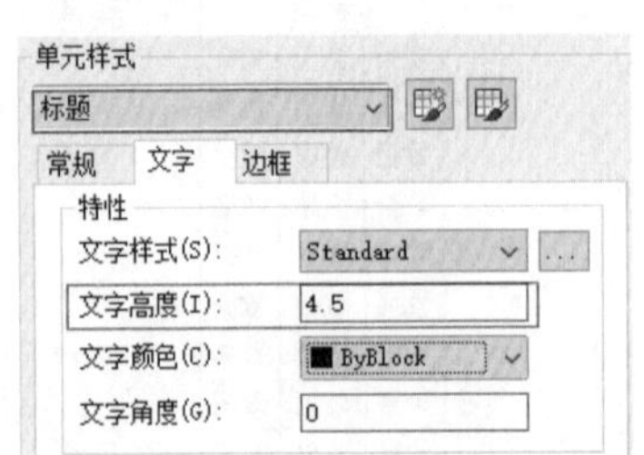

第7步 单击【常规】选项卡，将水平页边距设置为1，垂直页边距设置为1.5，如下图所示。

第8步 重复第7步，将“表头”的水平页边距设置为1，垂直页边距设置为1.5，如下图所示。

第9步 重复第6步，将“表头”的文字高度也改为4.5，如下图所示。

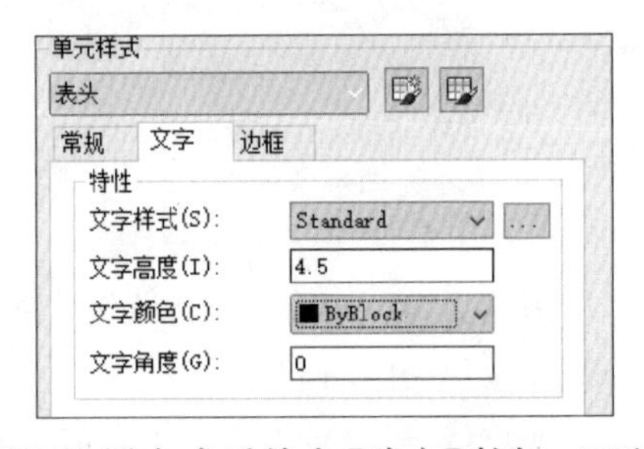

第10步 设置完成后单击【确定】按钮，回到【表格样式】对话框后选择“标题栏样式（左）”，然后单击【置为当前】按钮，将其设置为当前样式，最后单击【关闭】按钮退出【表格样式】对话框，如下图所示。

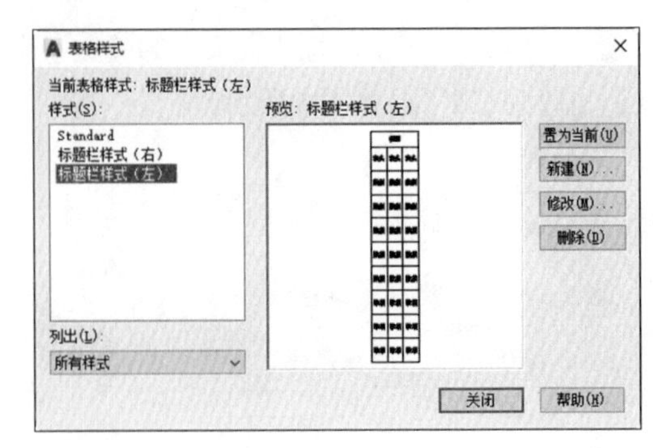

【表格样式】对话框用于创建、修改表格样式，表格样式包括背景色、页边距、边界、文字和其他表格特征的设置。【表格样式】对话框各选项的含义如表 8-1 所示。

表 8-1　【表格样式】对话框各选项的含义

<table>
<tr><th colspan="2">选项</th><th>含义</th><th>示例</th></tr>
<tr><td colspan="2">起始表格</td><td>使用户可以在图形中指定一个表格用作样例来设置此表格样式的格式。选择表格后，可以指定要从该表格复制到表格样式的结构和内容
单击【删除表格】按钮，可以将表格从当前指定的表格样式中删除</td><td></td></tr>
<tr><td colspan="2">常规</td><td>设置表格方向。“向下”将创建由上而下读取的表格。“向上”将创建由下而上读取的表格</td><td> 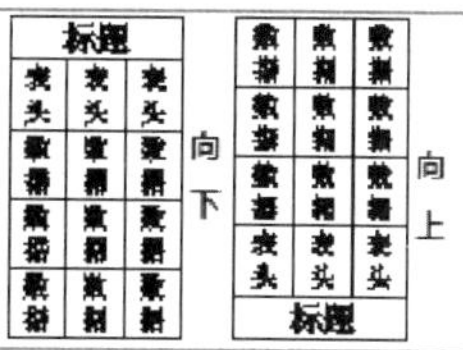</td></tr>
<tr><td rowspan="2">单元样式</td><td>单元样式</td><td>显示表格中的单元样式
：启动【创建新单元样式】对话框 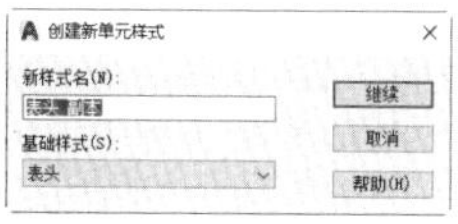
：启动【管理单元样式】对话框 </td><td> 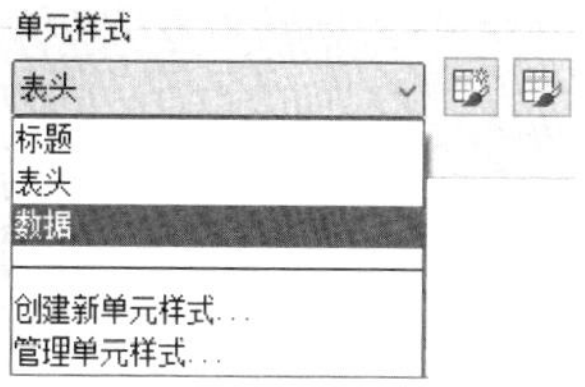</td></tr>
<tr><td>【常规】选项卡</td><td>用于设置数据单元、单元文字和单元边框的外观
填充颜色：指定单元的背景色。可以选择【选择颜色】以显示【选择颜色】对话框。默认为“无”
对齐：设置表格单元中文字的对齐和对正方式。文字相对于单元的顶部边框和底部边框进行居中对齐、上对齐或下对齐。文字相对于单元的左边框和右边框进行居中对正、左对正或右对正
格式：为表格中的“数据”“列标题”或“标题行”设置数据类型和格式。单击该按钮将显示【表格单元格式】对话框，从中可以进一步定义格式选项
类型：将单元样式指定为标签或数据
页边距：控制单元边框和单元内容之间的间距。单元页边距设置应用于表格中的所有单元
水平：设置单元中的文字或块与左右单元边框之间的距离
垂直：设置单元中的文字或块与上下单元边框之间的距离
创建行 / 列时合并单元：将使用当前单元样式创建的所有新行或新列合并为一个单元。可以使用此选项在表格的顶部创建标题行</td><td> 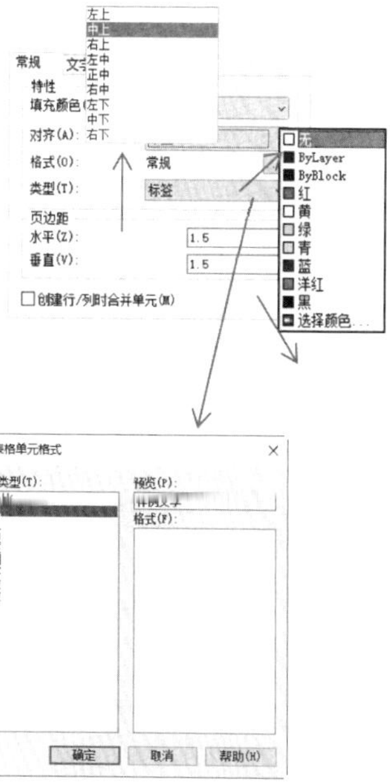</td></tr>
</table>

续表

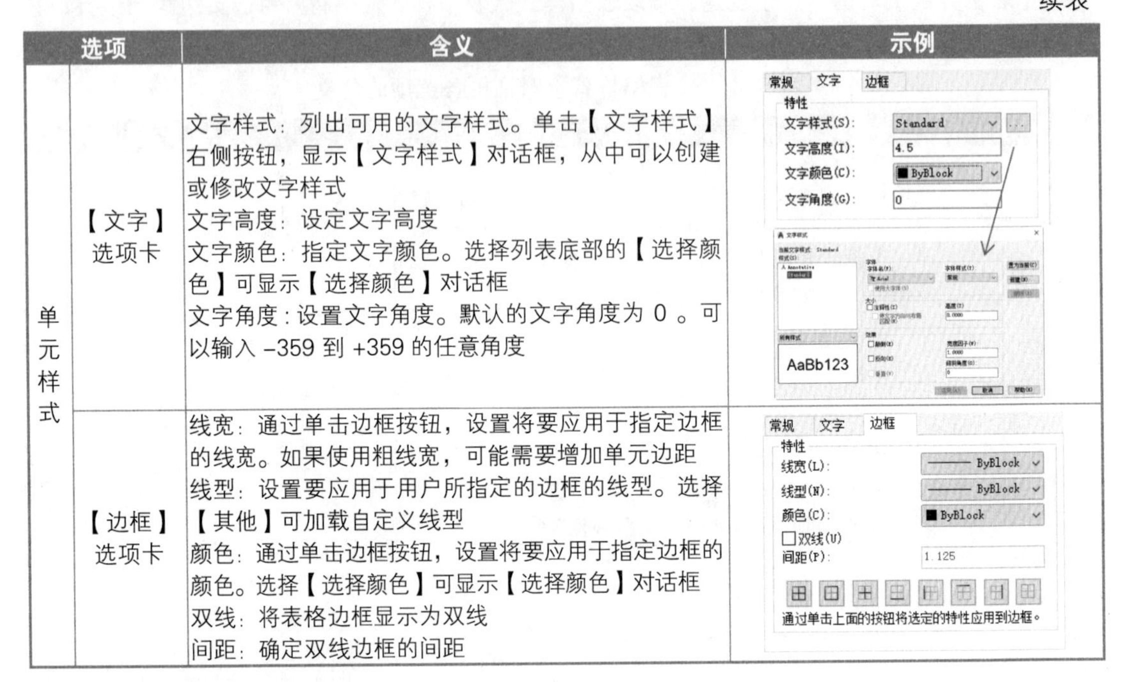

选项		含义	示例
单元样式	【文字】选项卡	文字样式：列出可用的文字样式。单击【文字样式】右侧按钮，显示【文字样式】对话框，从中可以创建或修改文字样式 文字高度：设定文字高度 文字颜色：指定文字颜色。选择列表底部的【选择颜色】可显示【选择颜色】对话框 文字角度：设置文字角度。默认的文字角度为 0 。可以输入 -359 到 +359 的任意角度	
	【边框】选项卡	线宽：通过单击边框按钮，设置将要应用于指定边框的线宽。如果使用粗线宽，可能需要增加单元边距 线型：设置要应用于用户所指定的边框的线型。选择【其他】可加载自定义线型 颜色：通过单击边框按钮，设置将要应用于指定边框的颜色。选择【选择颜色】可显示【选择颜色】对话框 双线：将表格边框显示为双线 间距：确定双线边框的间距	

8.1.2 创建标题栏

完成表格样式设置后，就可以调用【表格】命令来创建表格了。在创建表格之前，先介绍一下表格的列和行与表格样式中设置的页边距、文字高度之间的关系。

最小列宽 =2× 水平页边距 + 文字高度

最小行高 =2× 垂直页边距 +4/3× 文字高度

在插入表格对话框中，当指定的列宽大于最小列宽时，以指定的列宽创建表格，当小于最小列宽时，以最小列宽创建表格。行高必须为最小行高的整数倍。创建完成后可以通过【特性】选项板对列宽和行高进行调整，但不能小于最小列宽和最小行高。

创建标题栏时，将标题栏分为三部分创建，然后进行组合，其中左上标题栏和左下标题栏用“标题栏样式（左）”创建，右半部分标题栏用“标题栏样式（右）”创建。

标题栏创建完成后如下图所示。

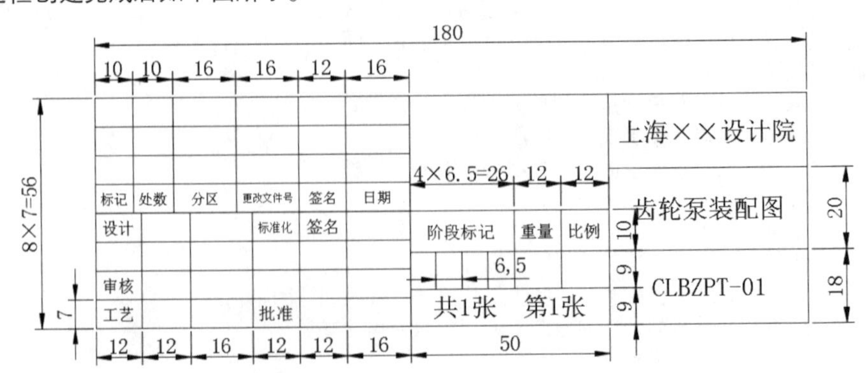

创建标题栏的具体操作步骤如下。

1. 创建左上标题栏

第 1 步 单击【默认】选项卡 ➢【注释】面板 ➢【表格】按钮，如下图所示。

提示

除了通过上面的方法调用【表格】命令外，还可以通过以下方法调用【表格】命令。

（1）单击【注释】选项卡 ➢【表格】面板 ➢【表格】按钮。

（2）选择【绘图】➢【表格】菜单命令。

（3）在命令行中输入“TABLE”命令并按空格键。

第 2 步 在弹出的【插入表格】对话框中，将【列数】设置为 6，【列宽】设置为 16，【数据行数】设置为 2，【行高】设置为 1 行，如下图所示。

第 3 步 将【第一行单元样式】设置为“数据”，【第二行单元样式】也设置为“数据”，如下图所示。

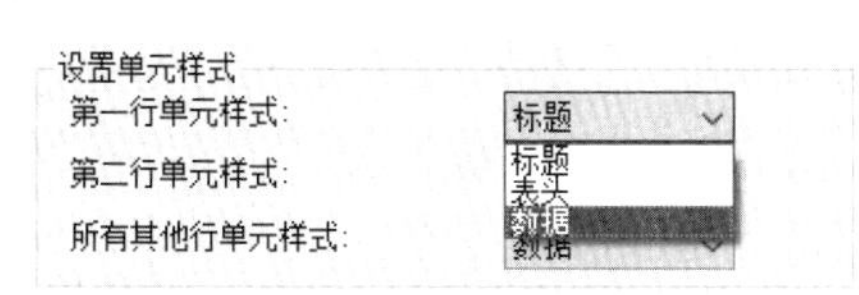

提示

8.1.1 节在创建表格样式时已经将“标题栏样式（左）”设置为了当前样式，所以，默认是以该样式创建表格。

表格的行数 = 数据行数 + 标题 + 表头。

第 4 步 设置完成后可以看到【预览】选项区域的单元格式全部变成了数据单元格，如下图所示。

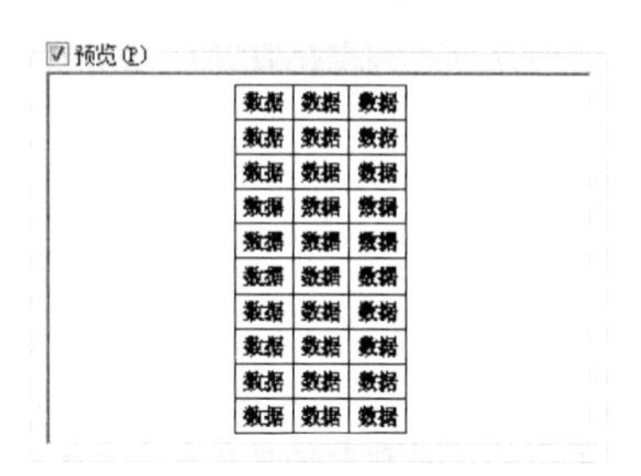

第 5 步 其他设置保持默认，单击【确定】按钮退出【插入表格】对话框，然后在合适的位置单击指定表格插入点，如下图所示。

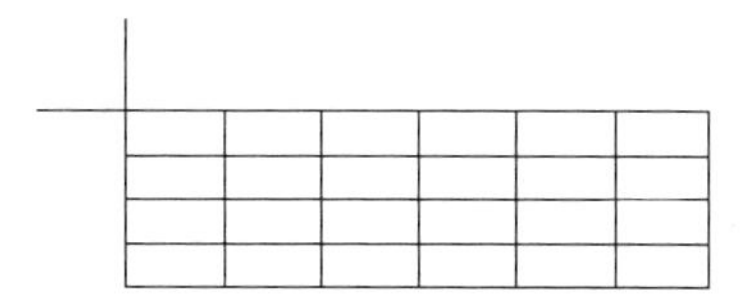

第 6 步 插入表格后按【Esc】键退出文字输入状态，如下图所示。

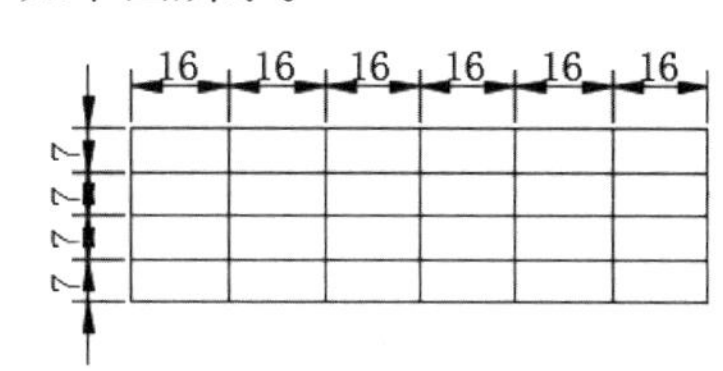

第 7 步 按快捷键【Ctrl+1】，弹出【特性】选项板后，按住鼠标左键并拖动选择前两列表格，如下图所示。

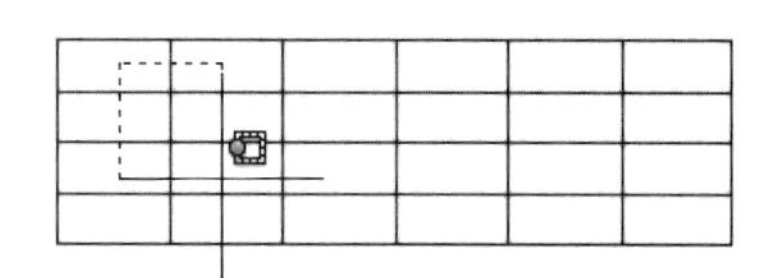

第 8 步 在【特性】选项板上将【单元宽度】改为 10，如下图所示。

第 9 步 前两列的宽度变为 10，如下图所示。

	A	B	C	D	E	F
1						
2						
3						
4						

第 10 步 重复第 7~8 步，选中第 5 列，将【单元宽度】改为 12。按【Esc】键退出选择状态后如下图所示。

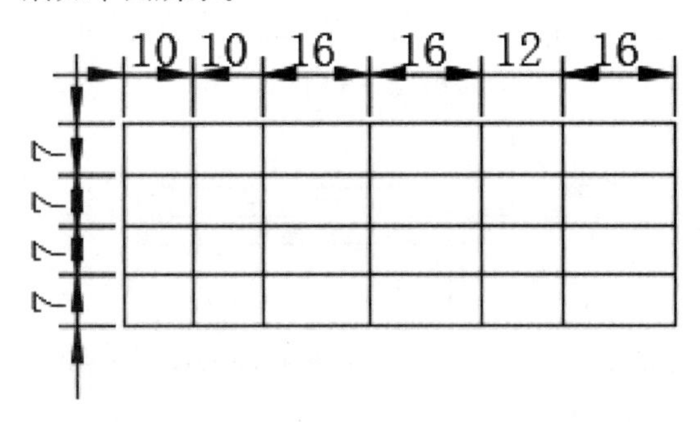

2. 创建左下标题栏

第 1 步 重复“创建左上标题栏”的第 1~4 步，创建完表格后指定插入点，如下图所示。

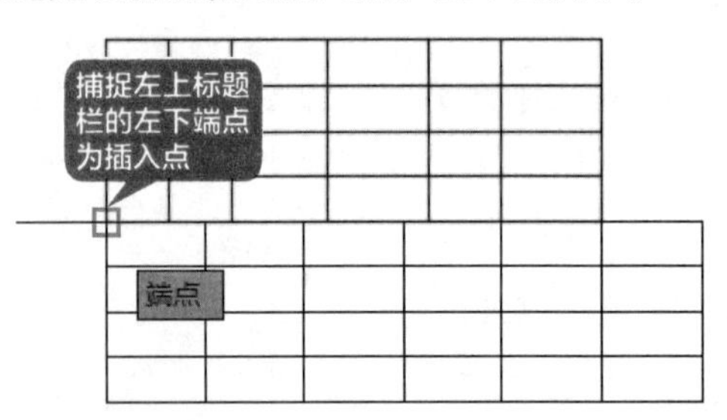

第 2 步 插入后按住鼠标左键并拖动选择前两列表格，如下图所示。

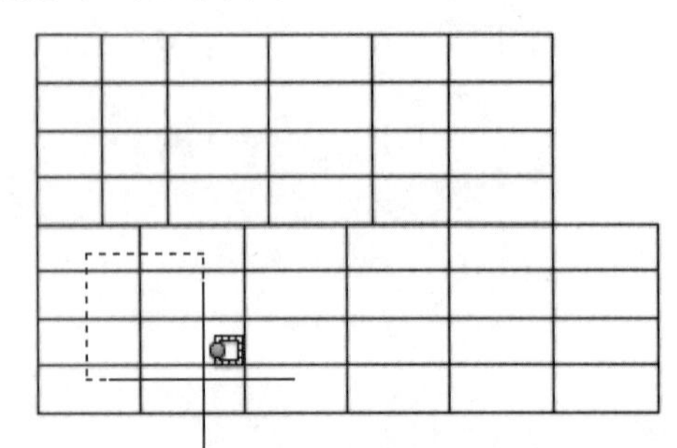

第 3 步 打开【特性】选项板并将【单元宽度】改为 12，如下图所示。

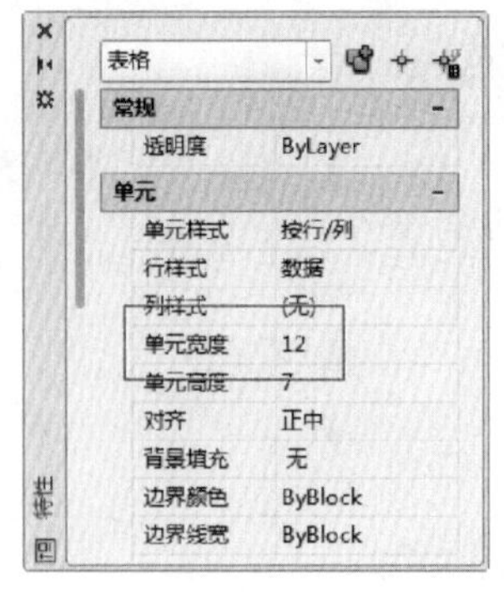

第 4 步 选中第 4~5 列，将【单元宽度】也改为 12，然后按【Esc】键退出选择状态后如下图所示。

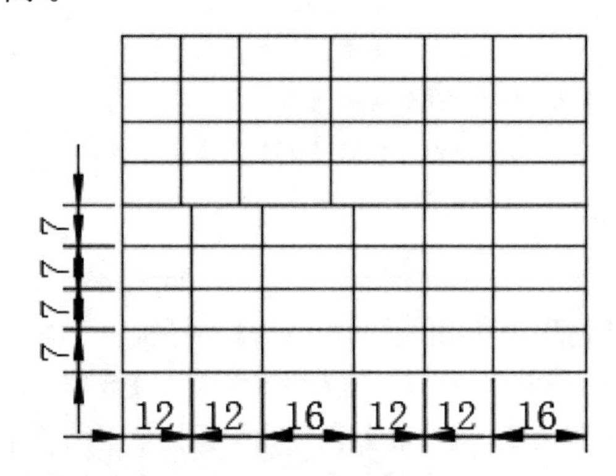

3. 创建右半部分标题栏

第 1 步 单击【默认】选项卡 ➢【注释】面板 ➢【表格】按钮，如下图所示。

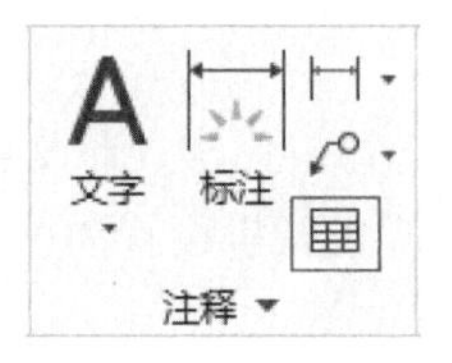

第 2 步 在弹出的【插入表格】对话框中单击左上角【表格样式】下拉列表，选择“标题栏样式（右）”，如下图所示。

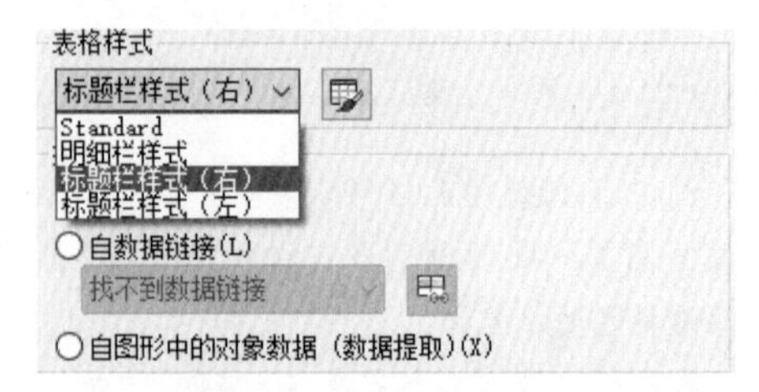

第 3 步 将【列数】设置为 7，【列宽】设置为 6.5，【数据行数】设置为 19，【行高】设置为 1 行，

其他设置不变，如下图所示。

第 4 步 设置完成后【预览】区域的单元格式显示如下图所示。

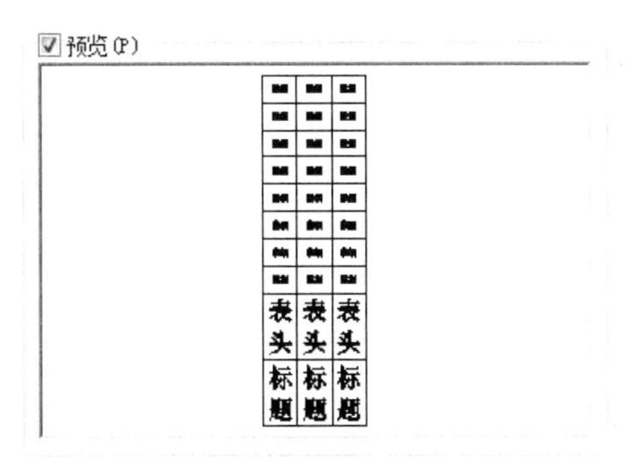

第 5 步 创建表格后指定左下标题栏的右下端点为插入点，如下图所示。

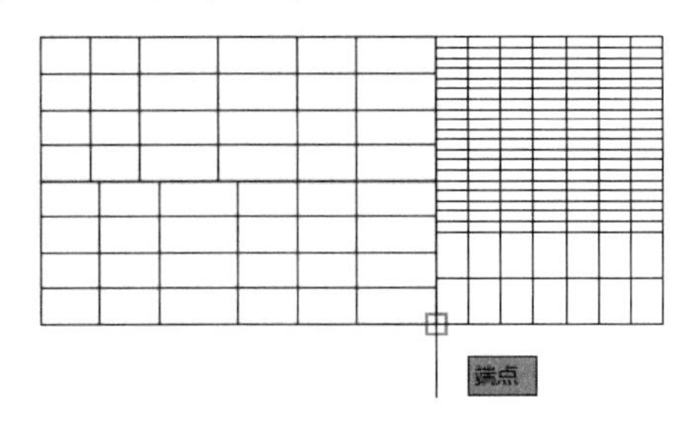

第 6 步 插入表格后按【Esc】键退出文字输入状态，如下图所示。

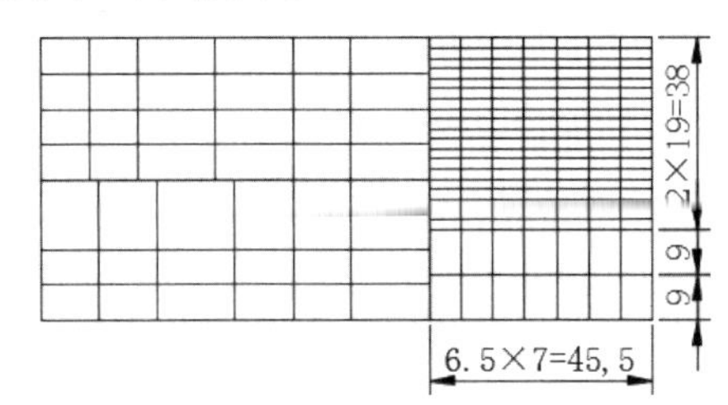

4. 合并右半部分标题栏

第 1 步 按住鼠标左键并拖动选择最右侧列上方前 9 行表格，如下图所示。

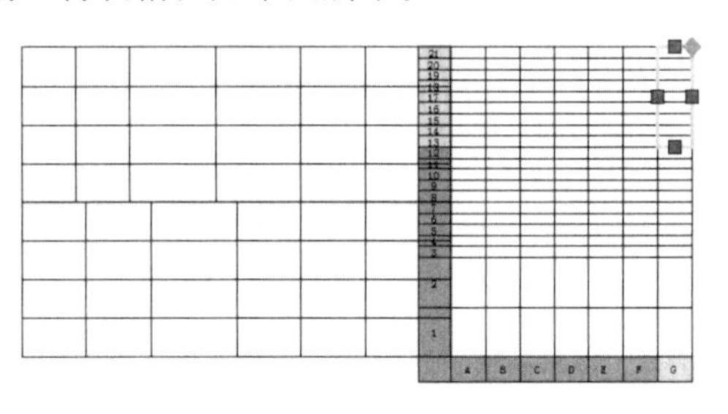

第 2 步 单击【表格单元】选项卡 ➢【合并】面板 ➢【合并全部】按钮，如下图所示。

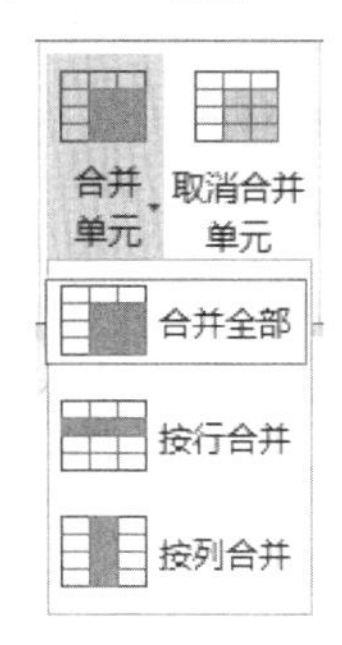

提示

选择表格后会自动弹出【表格单元】选项卡。

第 3 步 合并后如下图所示。

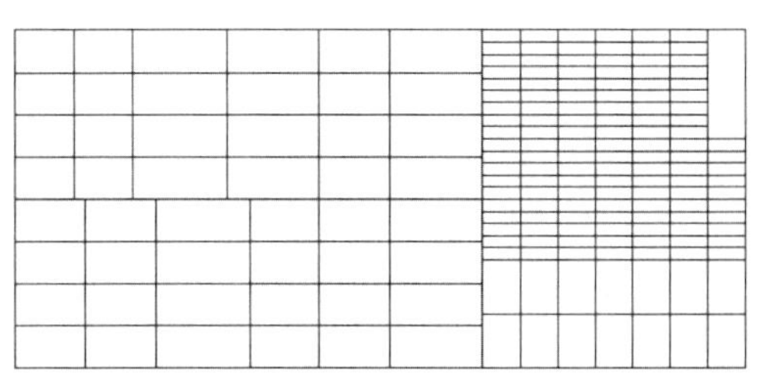

第 4 步 重复第 1~2 步，选中最右侧列的 10~19 行表格，将其合并，如下图所示。

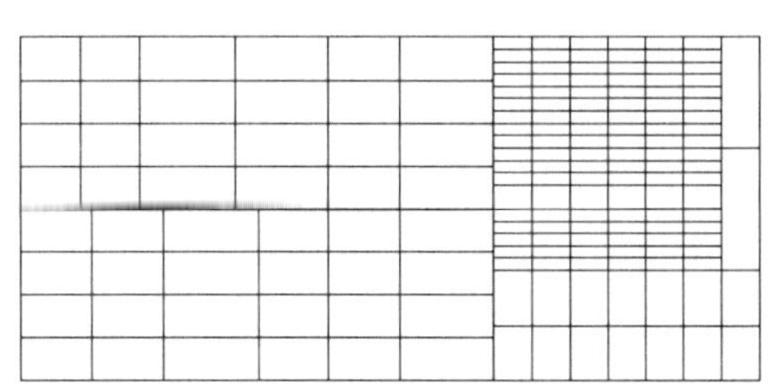

第 5 步 重复第 1~2 步，选中最右侧列的“标题”和“表头”单元格，将其合并，如下图所示。

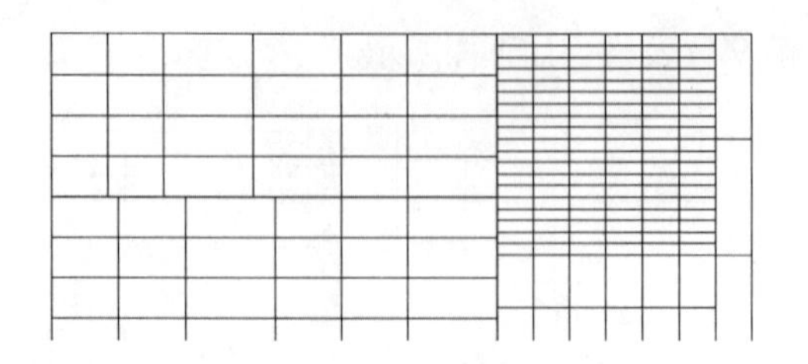

第6步 选择左侧6列上方前14行表格，如下图所示。

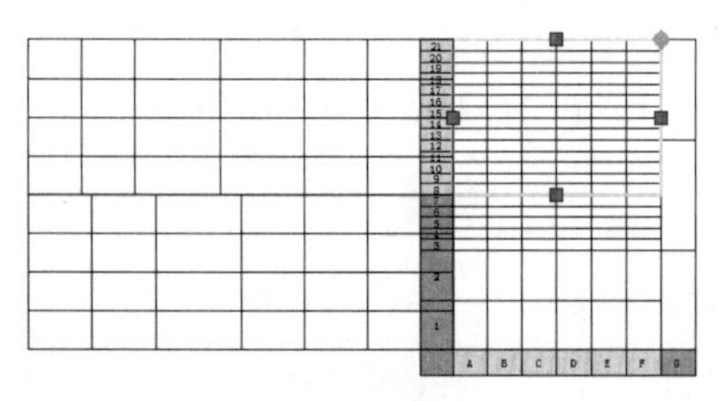

第7步 单击【表格单元】选项卡➤【合并】面板➤【合并全部】按钮，将其合并后如下图所示。

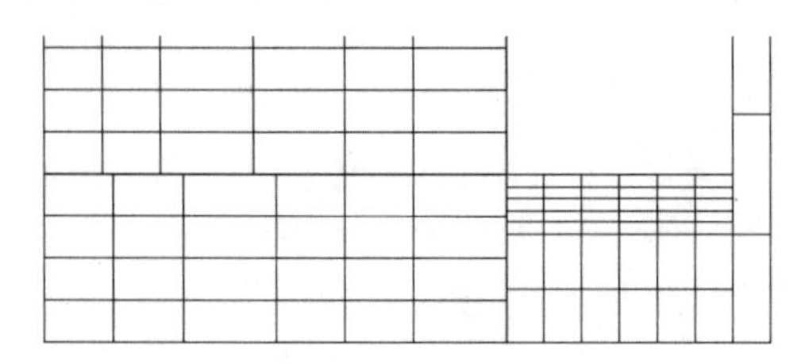

第8步 选择左侧4列3~7行表格，如下图所示。

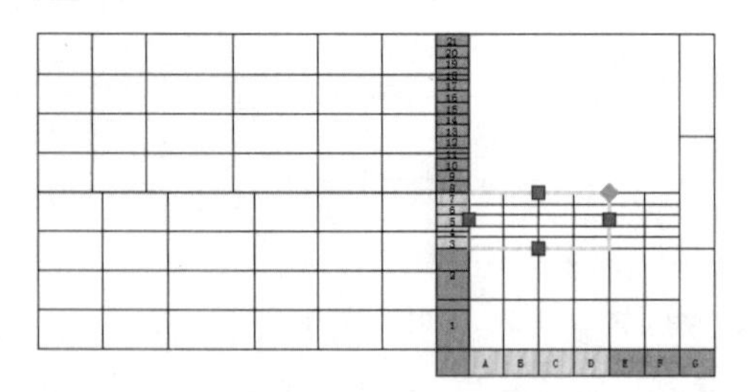

第9步 单击【表格单元】选项卡➤【合并】面板➤【合并全部】按钮，将其合并后如下图所示。

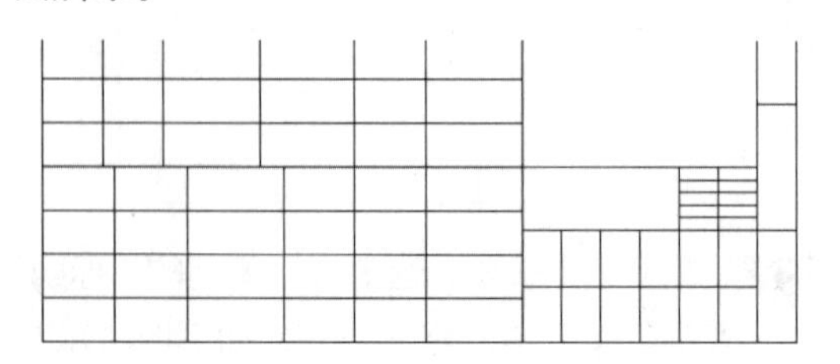

第10步 重复第1~2步，将第5列和第6列剩余的表格分别进行合并，如下图所示。

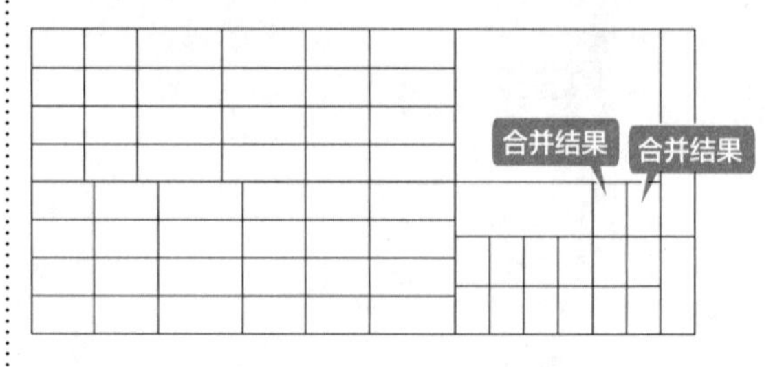

第11步 重复第1~2步，将左侧5列的“标题”单元格合并，如下图所示。

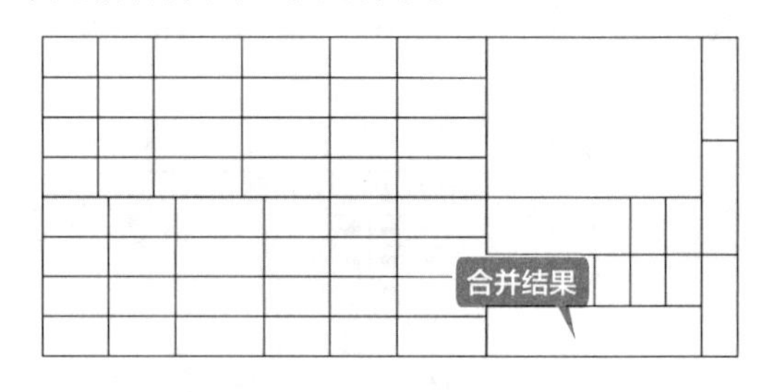

5. 调整标题栏

第1步 按住鼠标左键并拖动选择最右侧列表格，如下图所示。

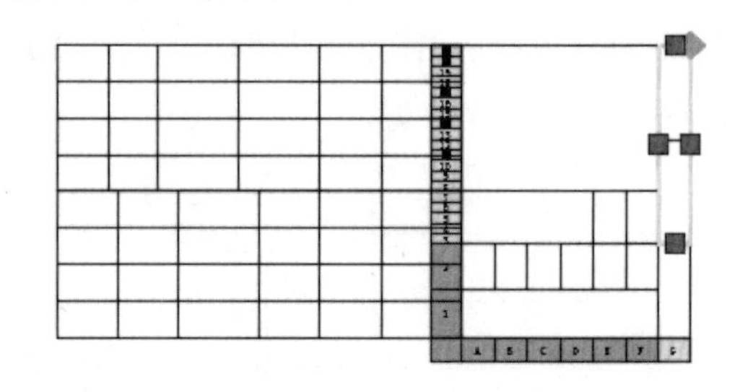

第2步 在【特性】选项板上将【单元宽度】改为50，如下图所示。

第3步 继续选择需要修改宽度的表格，如下图

所示。

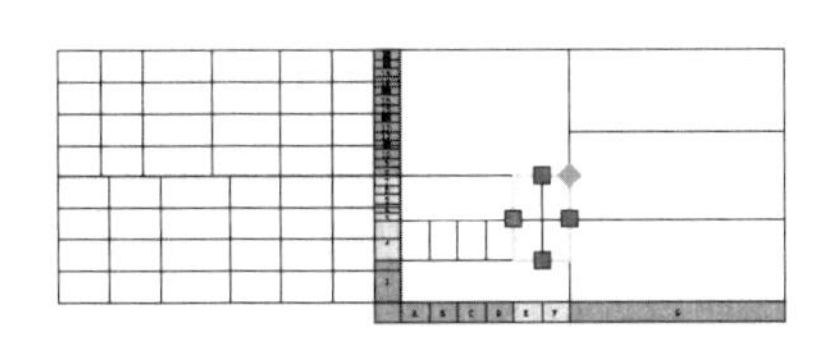

第4步 在【特性】选项板上将【单元宽度】改为12，如下图所示。

第5步 单元格的宽度修改完成后如下图所示。

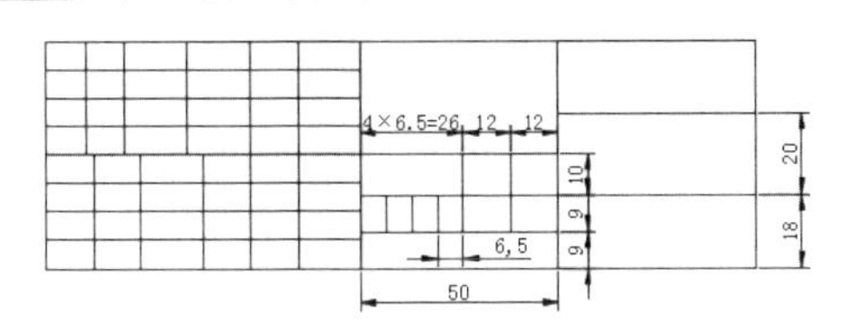

6. 填写标题栏

第1步 双击要填写文字的单元格，然后输入相应的内容，如下图所示。

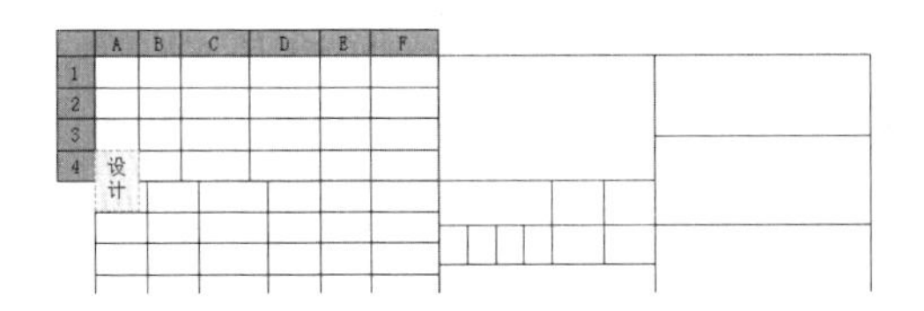

第2步 如果输入的内容较多或字体较大超出表格，可以选中输入的文字，然后在弹出的【文字编辑器】选项卡的【样式】面板上修改文字的大小，如下图所示。

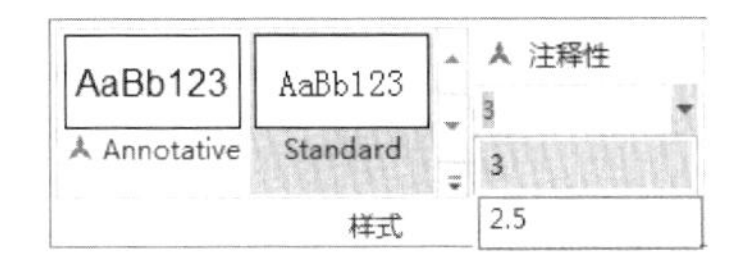

第3步 设置好文字大小后，按【↑】【↓】【←】【→】键到下一个单元格，如下图所示。

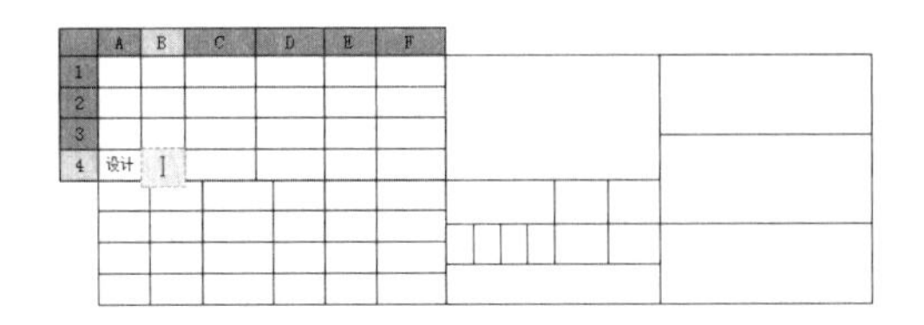

第4步 继续输入文字，并对文字的大小进行调整，使输入的文字适应表格大小，结果如下图所示。

第5步 选中确定不需要修改的单元格，如下图所示。

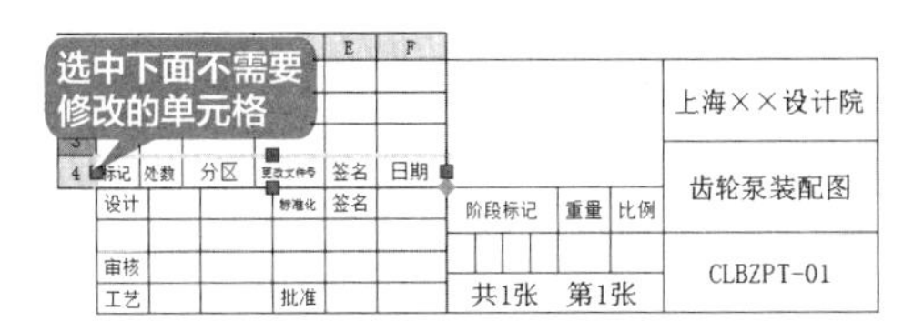

第6步 单击【表格单元】选项卡➢【单元格式】面板➢【单元锁定】下拉按钮，选择【内容和格式已锁定】选项，如下图所示。

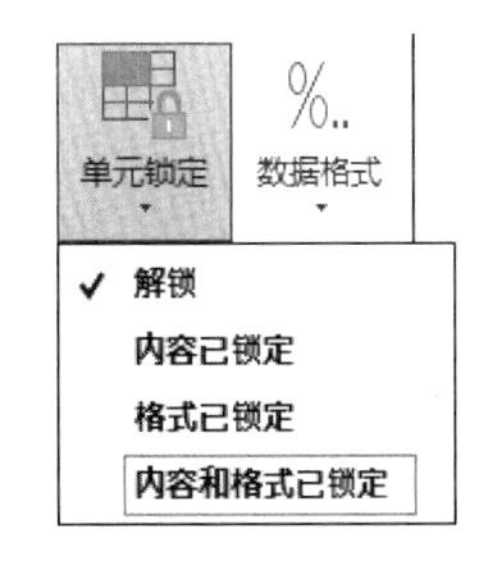

第7步 选中锁定后的单元格，将出现“🔒”图标，只有解锁后，才能重新修改该内容，如下图所示。

第8步 重复第5~6步，将所有不需要修改的单元格锁定，然后单击【默认】选项卡➢【修改】

面板 ➤【移动】按钮✥，选择所有的标题栏为移动对象，并捕捉右下角的端点为基点，如下图所示。

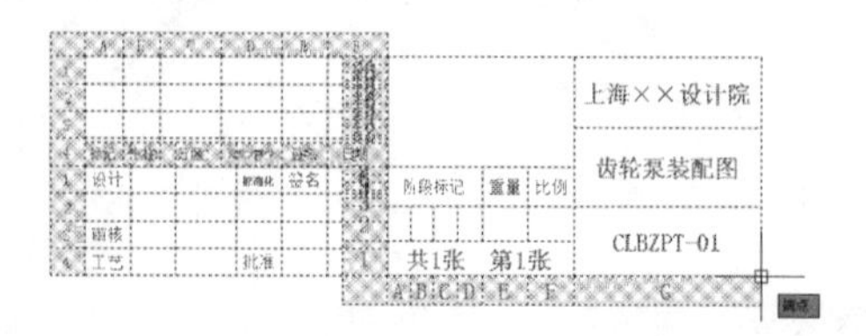

第 9 步 捕捉图框内边框的右下端点为移动的第二点，标题栏移动到位后如下图所示。

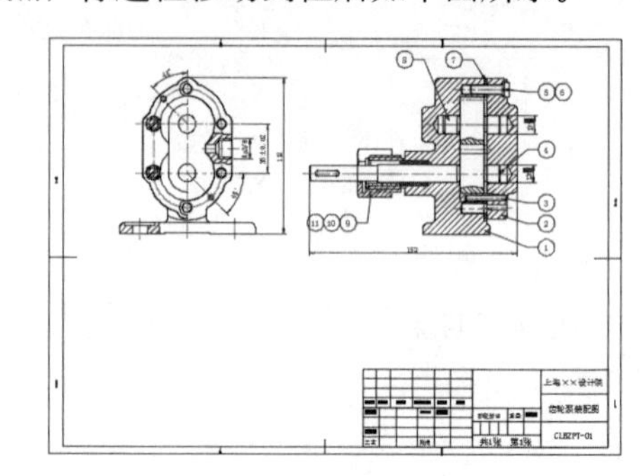

【插入表格】对话框各选项的含义如表 8-2 所示。

表 8-2 【插入表格】对话框各选项的含义

选项	含义	示例
表格样式	在要从中创建表格的当前图形中选择表格样式。单击下拉列表旁边的按钮，可以创建新的表格样式	
插入选项	从空表格开始：创建可以手动填充数据的空表格 自数据链接：通过外部电子表格中的数据创建表格 自图形中的对象数据（数据提取）：启动“数据提取”向导	
预览	控制是否显示预览。如果从空表格开始，则预览将显示表格样式的样例。如果创建表格链接，则预览将显示结果表格。处理大型表格时，取消勾选此选项可以提高性能	
插入方式	指定插入点：指定表格左上角的位置。可以使用定点，也可以在命令提示下输入坐标值。如果表格样式将表格的方向设定为由下而上读取，则插入点位于表格的左下角 指定窗口：指定表格的大小和位置。可以使用定点，也可以在命令提示下输入坐标值。选定此选项时，行数、列数、列宽和行高取决于窗口的大小及行和列设置	
行和列设置	列数：指定列数。选中【指定窗口】选项并指定列宽时，【自动】选项将被选定，且列数由表格的宽度控制。如果已指定包含起始表格的表格样式，则可以选择要添加到此起始表格的其他列的数量 列宽：指定列的宽度。选中【指定窗口】选项并指定列数时，则选定了【自动】选项，且列宽由表格的宽度控制。最小列宽为一个字符 数据行数：指定行数。选中【指定窗口】选项并指定行高时，则选定了【自动】选项，且行数由表格的高度控制。带有标题行和表头行的表格样式最少应有三行。最小行高为一个文字行。如果已指定包含起始表格的表格样式，则可以选择要添加到此起始表格的其他数据行的数量 行高：按照行数指定行高。文字行高基于文字高度和单元边距，这两项均在表格样式中设置。选中【指定窗口】选项并指定行数时，则选定了【自动】选项，且行高由表格的高度控制	

续表

选项	含义	示例
设置单元样式	第一行单元样式：指定表格中第一行的单元样式。默认情况下，使用标题单元样式 第二行单元样式：指定表格中第二行的单元样式。默认情况下，使用表头单元样式 所有其他行单元样式：指定表格中所有其他行的单元样式。默认情况下，使用数据单元样式	设置单元样式 第一行单元样式：标题 第二行单元样式： 所有其他行单元样式：

创建表格后，单击表格上的任意网格线可以选中表格，在单元格内单击则可以选中单元格。

选中表格后可以修改其列宽和行高、更改其外观、合并单元、取消合并单元及创建表格打断。选中单元格后可以更改单元格的高度、宽度及拖动单元格夹点复制数据等。

关于修改表和单元格的操作如表 8-3 所示。

表 8-3　修改表和单元格

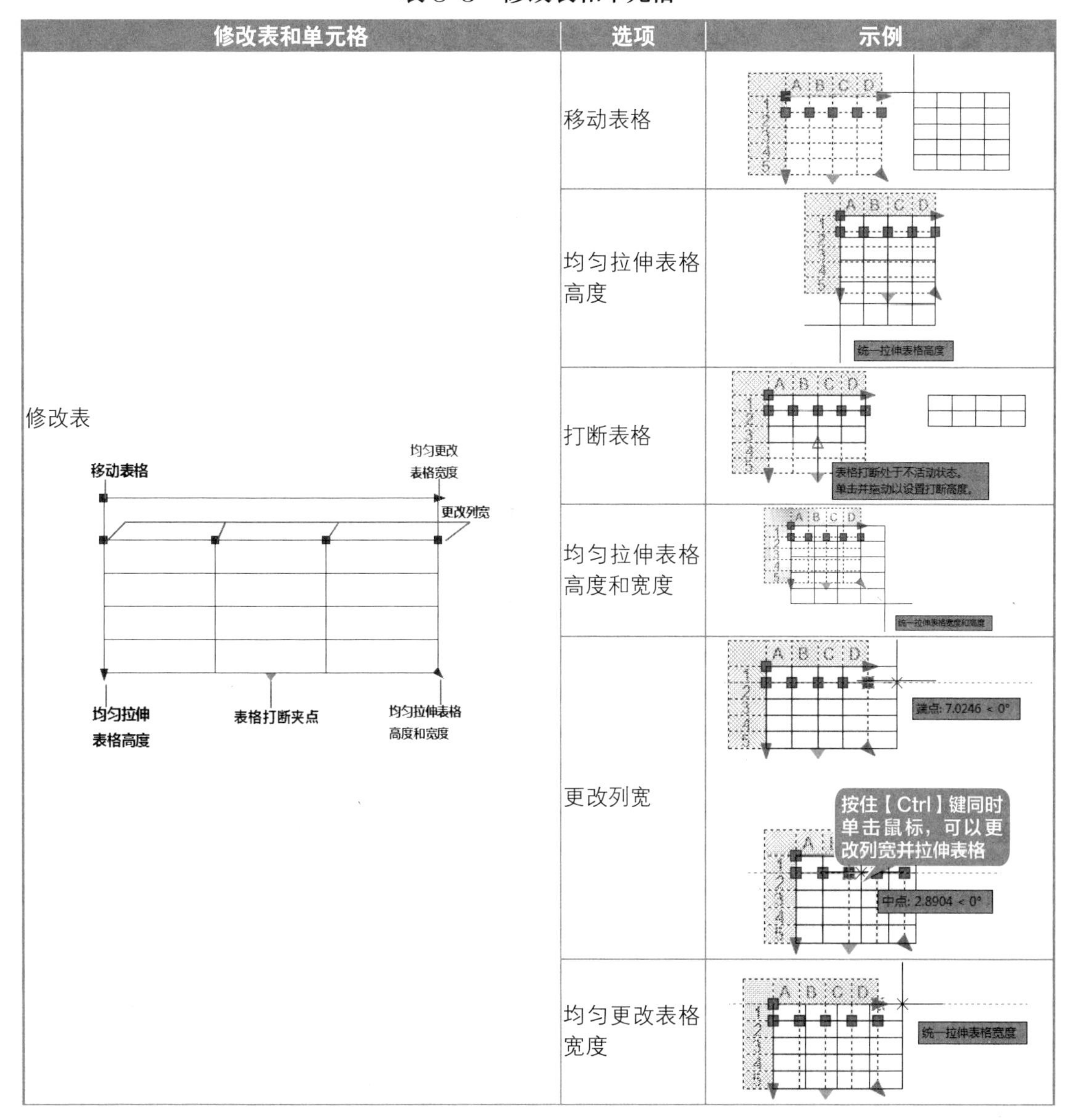

修改表和单元格	选项	示例
修改表	移动表格	
	均匀拉伸表格高度	统一拉伸表格高度
	打断表格	表格打断处于不活动状态。单击并拖动以设置打断高度。
	均匀拉伸表格高度和宽度	
	更改列宽	按住【Ctrl】键同时单击鼠标，可以更改列宽并拉伸表格
	均匀更改表格宽度	统一拉伸表格宽度

续表

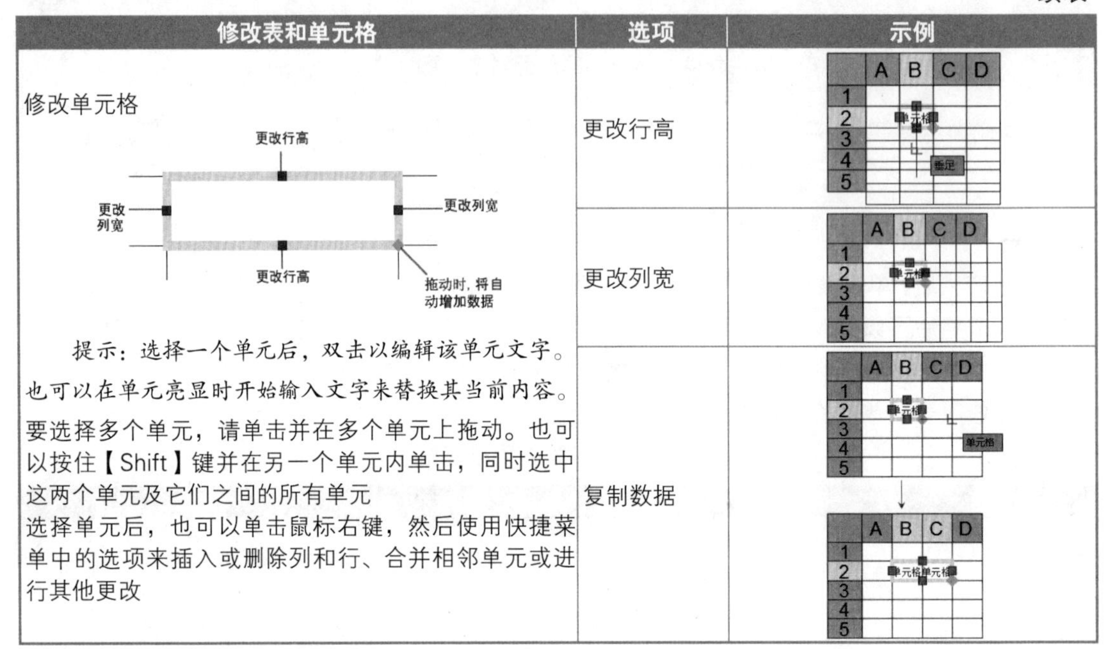

修改表和单元格	选项	示例
修改单元格 更改行高 更改列宽 更改行高 拖动时，将自动增加数据 提示：选择一个单元后，双击以编辑该单元文字。也可以在单元亮显时开始输入文字来替换其当前内容。 要选择多个单元，请单击并在多个单元上拖动。也可以按住【Shift】键并在另一个单元内单击，同时选中这两个单元及它们之间的所有单元 选择单元后，也可以单击鼠标右键，然后使用快捷菜单中的选项来插入或删除列和行、合并相邻单元或进行其他更改	更改行高	
	更改列宽	
	复制数据	

8.2 重点：创建泵体装配图的明细栏

对于装配图来说，除了标题栏外，还要有明细栏，8.1 节介绍了标题栏的绘制，这一节将介绍创建明细栏。

8.2.1 重点：创建明细栏表格样式

创建明细栏表格样式的方法和前面相似，具体操作步骤如下。

第 1 步 单击【默认】选项卡➤【注释】面板➤【表格样式】按钮。

第 2 步 在弹出的【表格样式】对话框中单击【新建】按钮，以 8.1 节创建的“标题栏样式（左）”为基础样式，在对话框中输入新样式名“明细栏样式”，如下图所示。

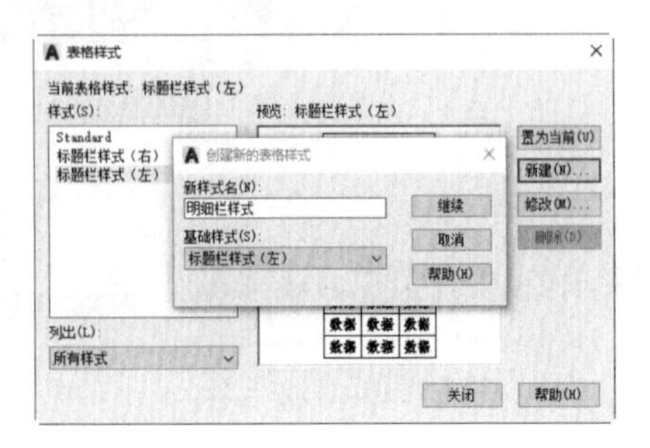

第 3 步 在弹出的新建表格样式对话框中单击【常规】➤【表格方向】选项的下拉按钮，选择“向上”，如下图所示。

第 4 步 单击【单元样式】➤【文字】选项卡，将“数据”单元格的【文字高度】改为 2.5，如下图所示。

第 5 步 单击【单元样式】下拉按钮，在弹出的下拉列表中选择“标题”，然后将“标题”的【文字高度】改为 2.5，如下图所示。

第 6 步 重复第 5 步，将“表头”的【文字高度】也改为 2.5，如下图所示。

第 7 步 设置完成后单击【确定】按钮，回到【表格样式】对话框，选择“明细栏样式”，然后单击【置为当前】按钮，将其设置为当前样式，最后单击【关闭】按钮退出【表格样式】对话框，如下图所示。

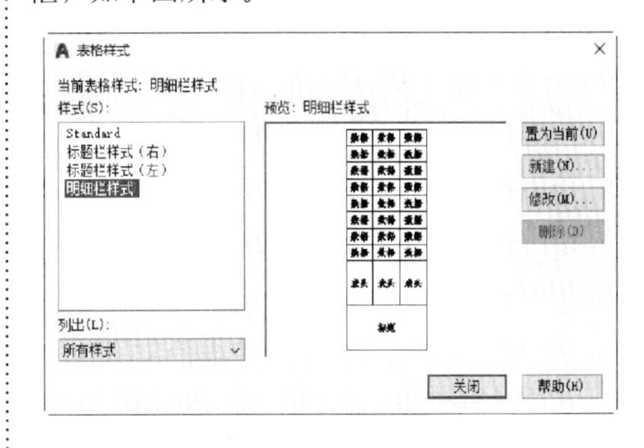

8.2.2 创建明细栏

明细栏样式创建完成后，就可以开始创建明细栏了，创建明细栏的方法和创建标题栏的方法相似。

创建明细栏的具体步骤如下。

1. 创建明细栏表格

第 1 步 单击【默认】选项卡 ➤【注释】面板 ➤【表格】按钮▦。

第 2 步 在弹出的【插入表格】对话框中，将【列数】设置为 5，【列宽】设置为 10，【数据行数】设置为 10，【行高】设置为 1 行，最后将单元样式全部设置为“数据”，如下图所示。

插入方式
◉ 指定插入点(I)
○ 指定窗口(W)
列和行设置
列数(C): 5
列宽(D): 10
数据行数(R): 10
行高(G): 1 行
设置单元样式
第一行单元样式: 数据
第二行单元样式: 数据
所有其他行单元样式: 数据

第 3 步 其他设置保持默认，单击【确定】按钮退出【插入表格】对话框，然后在合适的位置单击指定表格插入点，如下图所示。

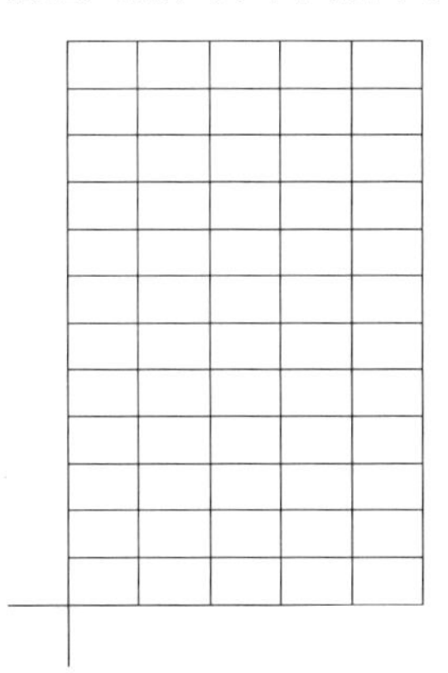

第 4 步 插入表格后按【Esc】键退出文字输入状态，按【Ctrl+1】组合键，弹出【特性】选项板后，按住鼠标左键并拖动选择第 2 列和第 3 列表格，如下图所示。

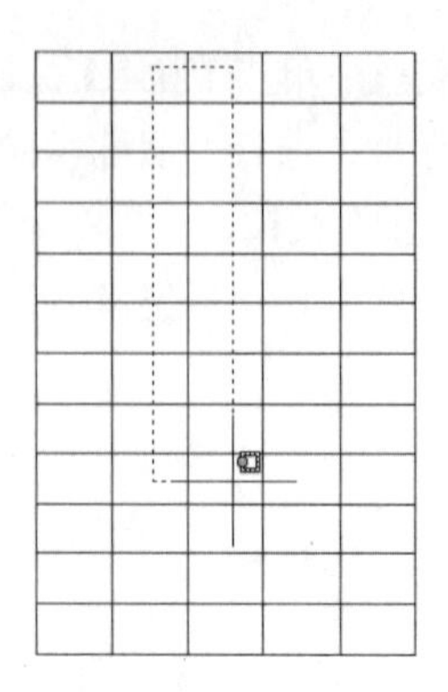

第 5 步 在【特性】选项板上将【单元宽度】改为 25，如下图所示。

第 6 步 结果如下图所示。

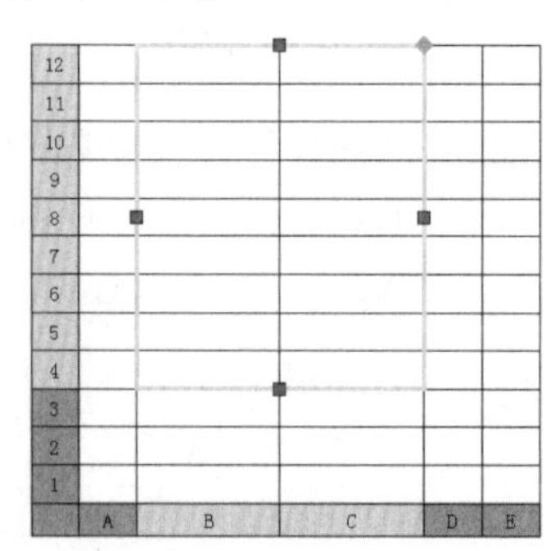

第 7 步 重复第 4~5 步，选中第 5 列，将【单元宽度】改为 20。按【Esc】键退出选择状态后如下图所示。

2. 填写并调整明细栏

第 1 步 双击左下角的单元格，输入相应的内容后按【↑】键，将光标移动到上一单元格并输入序号“1”，如下图所示。

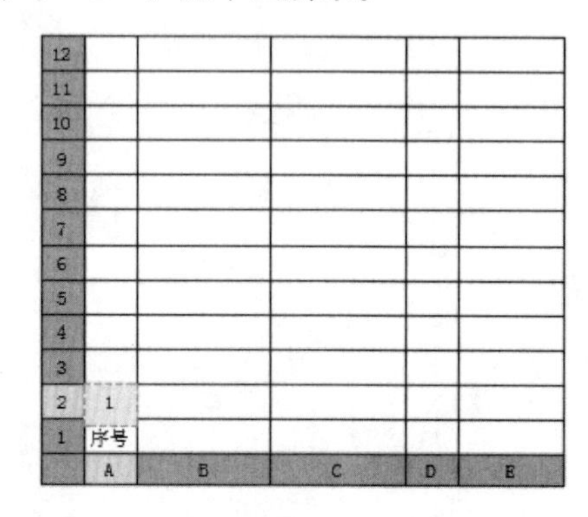

第 2 步 输入完成后在空白处单击鼠标退出输入状态，然后单击序号“1”所在的单元格，选中单元格后按住【Ctrl】键并单击右上角的菱形夹点向上拖动，如下图所示。

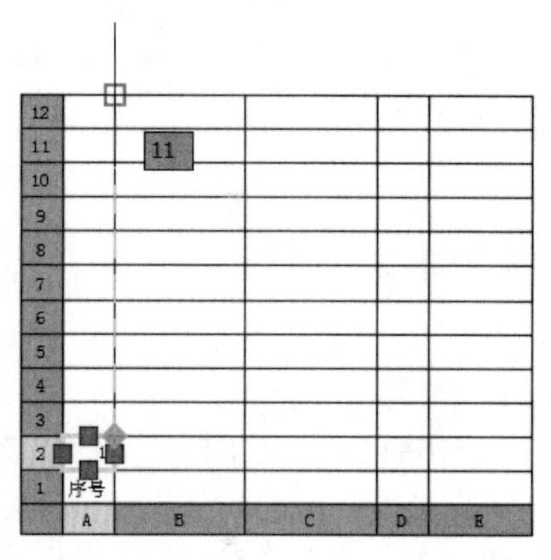

第 3 步 AutoCAD 自动生成序号，如下图所示。

第 4 步 填写表格的其他内容，如下图所示。

11	85.15.10	压紧螺母	1	Q235
10	GC006	填料压盖	1	Q235
9	85.15.06	填料		
8	GS005	输出齿轮轴	1	45+淬火
7	GV004	石棉垫	1	石棉
6	GBT65-2000	螺栓	6	性能4.8级
5	GB/T93-1987	弹簧垫圈	6	
4	GS003	输入齿轮轴	1	45+淬火
3	GB/T119-2000	定位销	2	35
2	GC002	泵盖	1	HT150
1	GP001	泵体	1	HT150
序号	代号	名称	数量	材料

第 5 步 选中序号，如下图所示。

12	11	85.15.10	压紧螺母	1	Q235
11	10	GC006	填料压盖	1	Q235
10	9	85.15.06	填料		
9	8	GS005	输出齿轮轴	1	45+淬火
8	7	GV004	石棉垫	1	石棉
7	6	GBT65-2000	螺栓	6	性能4.8级
6	5	GB/T93-1987	弹簧垫圈	6	
5	4	GS003	输入齿轮轴	1	45+淬火
4	3	GB/T119-2000	定位销	2	35
3	2	GC002	泵盖	1	HT150
2	1	GP001	泵体	1	HT150
1	序号	代号	名称	数量	材料
	A	B	C	D	E

第 6 步 单击【表格单元】选项卡 ➤【单元样式】面板 ➤【对齐】下拉列表 ➤【正中】选项，如下图所示。

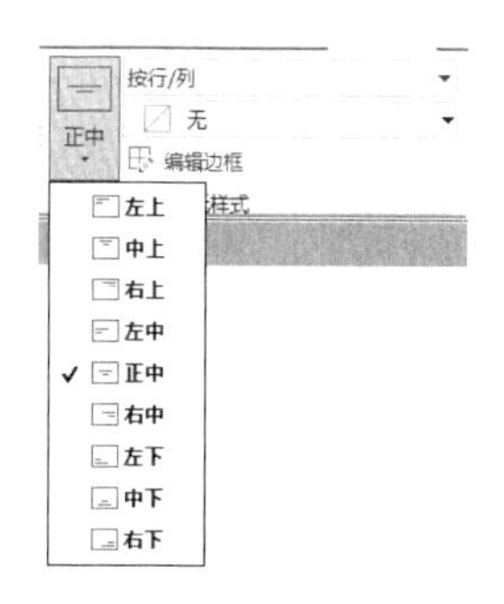

第 7 步 将序号对齐方式改为“正中”后如下图所示。

11	85.15.10	压紧螺母	1	Q235
10	GC006	填料压盖	1	Q235
9	85.15.06	填料		
8	GS005	输出齿轮轴	1	45+淬火
7	GV004	石棉垫	1	石棉
6	GBT65-2000	螺栓	6	性能4.8级
5	GB/T93-1987	弹簧垫圈	6	
4	GS003	输入齿轮轴	1	45+淬火
3	GB/T119-2000	定位销	2	35
2	GC002	泵盖	1	HT150
1	GP001	泵体	1	HT150
序号	代号	名称	数量	材料

第 8 步 将其他未正中对齐的文字也改为“正中”对齐，如下图所示。

11	85.15.10	压紧螺母	1	Q235
10	GC006	填料压盖	1	Q235
9	85.15.06	填料		
8	GS005	输出齿轮轴	1	45+淬火
7	GV004	石棉垫	1	石棉
6	GBT65-2000	螺栓	6	性能4.8级
5	GB/T93-1987	弹簧垫圈	6	
4	GS003	输入齿轮轴	1	45+淬火
3	GB/T119-2000	定位销	2	35
2	GC002	泵盖	1	HT150
1	GP001	泵体	1	HT150
序号	代号	名称	数量	材料

第 9 步 单击【默认】选项卡 ➤【修改】面板 ➤【移动】按钮，选择明细栏为移动对象，并捕捉右下角的端点为基点，如下图所示。

12	11	85.15.10	压紧螺母	1	Q235
11	10	GC006	填料压盖	1	Q235
10	9	85.15.06	填料		
9	8	GS005	输出齿轮轴	1	45+淬火
8	7	GV004	石棉垫	1	石棉
7	6	GBT65-2000	螺栓	6	性能4.8级
6	5	GB/T93-1987	弹簧垫圈	6	
5	4	GS003	输入齿轮轴	1	45+淬火
4	3	GB/T119-2000	定位销	2	35
3	2	GC002	泵盖	1	HT150
2	1	GP001	泵体	1	HT150
1	序号	代号	名称	数量	材料
	A	B	C	D	E

端点

第 10 步 捕捉标题栏的左下端点为移动的第二点，明细栏移动到位后如下图所示。

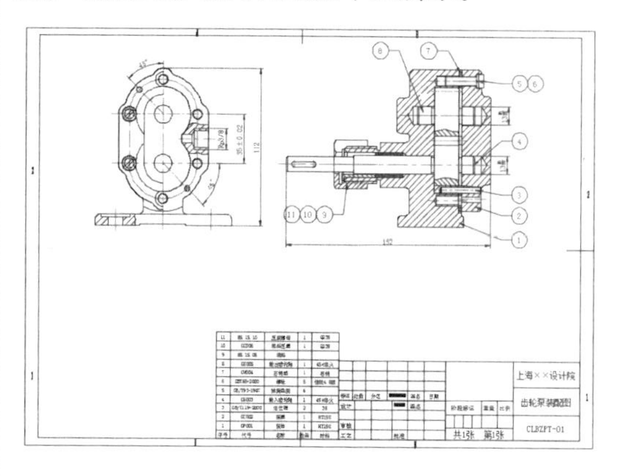

8.3 添加泵体装配图的技术要求

当设计要求在图上难以用图形与符号表达时，则通过“技术要求”的方式进行表达，如热处理要求，材料硬度控制，齿轮、蜗轮等的各项参数与精度要求，渗氮、镀层要求，特别加工要求，试验压力、工作温度，工作压力、设计标准等。

文字的创建方法有两种，即单行文字和多行文字，无论用哪种方法创建文字，在创建文字之前都要先设定合适的文字样式。

8.3.1 重点：创建文字样式

AutoCAD 中默认使用的文字样式为 Standard，通过【文字样式】对话框可以对文字样式进行修改，或者创建适合自己使用的文字样式。

创建技术要求文字样式的具体操作步骤如下。

第 1 步 单击【默认】选项卡 ➢【注释】面板 ➢【文字样式】按钮A，如下图所示。

提示

除了通过面板调用【文字样式】命令外，还可以通过以下方法调用【文字样式】命令。

（1）选择【格式】➢【文字样式】菜单命令。

（2）在命令行中输入“STYLE/ST”命令并按空格键。

（3）单击【注释】选项卡 ➢【文字】面板 ➢ 右下角的箭头 ↘。

第 2 步 在弹出的【文字样式】对话框中单击【新建】按钮，在弹出的【新建文字样式】对话框中输入新样式名“机械样板文字”，如下图所示。

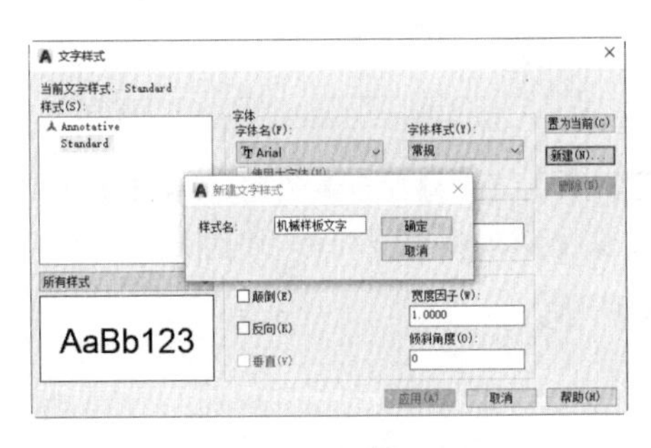

第 3 步 单击【确定】按钮，这时文字样式列表中多了一个“机械样板文字”选项，如下图所示。

第 4 步 选中“机械样板文字”，然后单击字体名下拉列表，选择“仿宋”，如下图所示。

第5步 选中“机械样板文字”选项，然后单击【置为当前】按钮，弹出提示框，如下图所示。

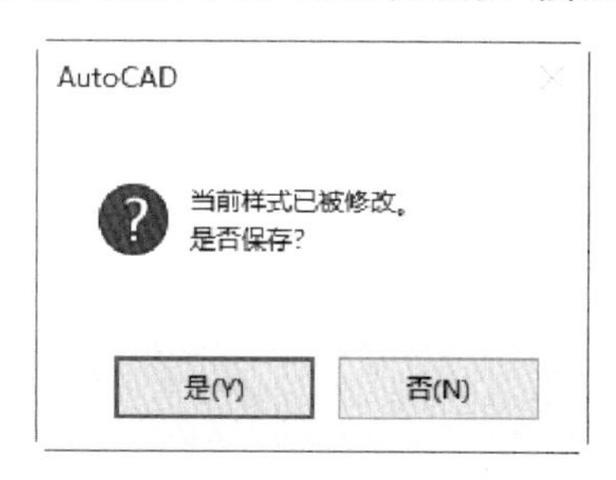

第6步 单击【是】按钮，最后单击【关闭】按钮即可。

【文字样式】对话框用于创建、修改或设置文字样式，关于【文字样式】对话框中各选项的含义如表 8-4 所示。

表 8-4 【文字样式】对话框中各选项的含义

选项	含义	示例	备注
样式	列表显示图形中所有的文字样式	样式(S)：Annotative、Standard、机械样板文字；注释性文字样式	样式名前的图标指示样式为注释性
样式列表过滤器	在下拉列表中指定样式列表中显示所有样式还是正在使用中的样式	所有样式、正在使用的样式	
字体名	AutoCAD 提供了两种字体，即编译的形（.shx）字体和 True Type 字体 从列表中选择字体名后，将读取指定字体的文件	字体 字体名(F)：Tahoma、@华文行楷、@华文中宋、@楷体_GB2312、@隶书、@宋体、@宋体-PUA、@微软雅黑、@新宋体、@幼圆、AcadEref、acaderef.shx、aehalf.shx、AIGDT、Algerian、AmdtSymbols、amdtsymbols.shx、AMGDT、amgdt.shx	如果更改现有文字样式的方向或字体文件，当图形重生成时所有具有该样式的文字对象都将使用新值
字体样式	指定字体样式，如斜体、粗体或常规。勾选“使用大字体”后，该选项变为“大字体”，用于选择大字体文件	字体样式(Y)：常规、斜体、粗体、粗斜体	“大字体”是指亚洲语言的大字体文件，只有在“字体名”中选择了“.shx”字体，才能启用“使用大字体”选项。如果选择了“.shx”字体，并勾选了“使用大字体”复选框，“字体样式”下拉列表将有与之相对应的选项供其使用 字体 SHX 字体(X)：cdm.shx 大字体(B)：bigfont.shx 使用大字体(U)

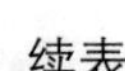
续表

选项	含义	示例	备注
注释性	注释性对象和样式用于控制注释对象在模型空间或布局中显示的尺寸和比例	大小 注释性(I) 使文字方向与布局匹配(M) 高度(T) 0.0000 不勾选“注释性”	
使文字方向与布局匹配	指定图纸空间视口中的文字方向与布局方向匹配。如果未选择“注释性”选项，则该选项不可用	大小 注释性(I) 使文字方向与布局匹配(M) 图纸文字高度(T) 0.0000 勾选“注释性”	
高度	字体高度一旦设定，在输入文字时将不再提示输入文字高度，只能用设定的文字高度，因此如果不是指定用途的文字一般不设置高度	注意：在相同的高度设置下，TrueType 字体显示的高度可能会小于“.shx”字体 如果选择了“注释性”选项，则输入的值将设置图纸空间中的文字高度	
颠倒	颠倒显示字符	AaBb123（颠倒）	
反向	反向显示字符	AaBb123（反向）	
垂直	显示垂直对齐的字符	A a B b（垂直）	只有在选择字体支持双向时“垂直”选项才可用。TrueType 字体的垂直定位不可用
宽度比例因子	设置字符间距。输入小于 1.0 的值将压缩文字；输入大于 1.0 的值则扩大文字	AaBb123 AaBb123 AaBb123 宽度比例因子分别为：1.2、1和0.8的显示效果	
倾斜角度	设置文字的倾斜角度	*AaBb123*	该值范围：-85~ 85

提示

使用 TrueType 字体在屏幕上可能显示为粗体。屏幕显示不影响打印输出，字体将按指定的字符格式打印。

8.3.2 使用单行文字添加技术要求

技术要求既可以用单行文字创建，也可以用多行文字创建。

使用【单行文字】命令可以创建一行或多行文字，在创建多行文字的时候，通过按【Enter】键来结束每一行，其中，每行文字都是独立的对象，可对其进行移动、调整格式或其他修改。

使用单行文字添加技术要求的具体操作步骤如下。

第1步 单击【默认】选项卡 ➢【注释】面板 ➢【文字】下拉按钮 ➢【单行文字】按钮A，如下图所示。

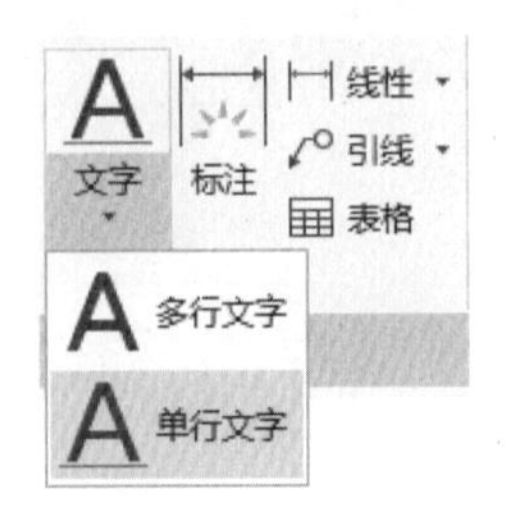

提示

除了通过面板调用【单行文字】命令外，还可以通过以下方法调用【单行文字】命令。

（1）选择【绘图】➢【文字】➢【单行文字】菜单命令。

（2）在命令行中输入“TEXT/DT”命令并按空格键。

（3）单击【注释】选项卡➢【文字】面板➢【文字】下拉按钮➢【单行文字】按钮A。

第 2 步 在绘图区域中单击指定文字的起点，在命令行中指定文字高度及旋转角度，并分别按【Enter】键确认。

```
命令：_TEXT
当前文字样式：“机械样板文字” 文字高度：5.0000 注释性：否 对正：左
指定文字的起点 或 [ 对正 (J)/ 样式 (S)]:
指定高度 <5.0000>: 6
指定文字的旋转角度 <0>: ↙
```

第 3 步 输入文字内容，完成后按【Esc】键退出命令，如下图所示。

技术要求：
1. 两齿轮轴的啮合长度3/4以上，
用手转动齿轮轴应能灵活转动；
2. 未加工面涂漆；
3. 制造与验收条件符合国家标准。

第 4 步 按快捷键【Ctrl+1】，弹出【特性】选项板后，输入技术要求的内容，如下图所示。

技术要求：
1. 两齿轮轴的啮合长度3/4以上，
用手转动齿轮轴应能灵活转动；
2. 未加工面涂漆；
3. 制造与验收条件符合国家标准。

提示

单行文字的每一行都是独立的，可以单独选取。

第 5 步 在【特性】选项板中将文字【高度】改为 4，如下图所示。

第 6 步 文字高度改变后如下图所示。

技术要求：
1. 两齿轮轴的啮合长度3/4以上，
用手转动齿轮轴应能灵活转动；
2. 未加工面涂漆；
3. 制造与验收条件符合国家标准。

提示

【特性】选项板不仅可以更改文字的高度，还可以更改文字的内容、样式、注释性、旋转、宽度因子及倾斜等，如果仅需要更改文字的内容，还可以通过以下方法来实现。

（1）选择【修改】➢【对象】➢【文字】➢【编辑】菜单命令。

（2）在命令行中输入“DDEDIT/ED”命令并按空格键确认。

（3）在绘图区域中双击单行文字对象。

（4）选择文字对象，在绘图区域中单击鼠标右键，在快捷菜单中选择【编辑】命令。

执行【单行文字】命令后，AutoCAD 命令行提示如下。

```
命令：_TEXT
当前文字样式：“机械样板文字” 文字高度：5.0000 注释性：否 对正：左
指定文字的起点 或 [ 对正 (J)/ 样式 (S)]:
```

命令行各选项的含义如表 8-5 所示。

表 8-5　命令行各选项的含义

选项	含义
起点	指定文字对象的起点，在单行文字的文字编辑器中输入文字。仅在当前文字样式不是注释性且没有固定高度时，才显示“指定高度”提示；仅在当前文字样式为注释性时才显示“指定图纸文字高度”提示
样式	指定文字样式，文字样式决定文字字符的外观，创建的文字使用当前文字样式。输入“？”将列出当前文字样式、关联的字体文件、字体高度及其他参数
对正	控制文字的对正，也可在“指定文字的起点”提示下输入这些选项。在命令行中输入文字的对正参数“J”并按【Enter】键确认，命令行提示如下 输入选项 [左 (L)/ 居中 (C)/ 右 (R)/ 对齐 (A)/ 中间 (M)/ 布满 (F)/ 左上 (TL)/ 中上 (TC)/ 右上 (TR)/ 左中 (ML)/ 正中 (MC)/ 右中 (MR)/ 左下 (BL)/ 中下 (BC)/ 右下 (BR)] 【左（L）】：在由用户给出的点指定的基线上左对正文字 【居中（C）】：从基线的水平中心对齐文字，此基线是由用户给出的点指定的（旋转角度是指基线以中点为圆心旋转的角度，它决定了文字基线的方向，可通过指定点来决定该角度。文字基线的绘制方向为从起点到指定点，如果指定的点在圆心的左边，将绘制出倒置的文字） 【右（R）】：在由用户给出的点指定的基线上右对正文字 【对齐（A）】：通过指定基线端点来指定文字的高度和方向（字符的大小根据其高度按比例调整，文字字符串越长，字符越矮） 【中间（M）】：文字在基线的水平中点和指定高度的垂直中点上对齐。中间对齐的文字不保持在基线上 【布满（F）】：指定文字按照由两点定义的方向和一个高度值布满一个区域。只适用于水平方向的文字 【左上（TL）】：以指定为文字顶点的点左对正文字。只适用于水平方向的文字 【中上（TC）】：以指定为文字顶点的点居中对正文字。只适用于水平方向的文字 【右上（TR）】：以指定为文字顶点的点右对正文字。只适用于水平方向的文字 【左中（ML）】：以指定为文字中间点的点左对正文字。只适用于水平方向的文字 【正中（MC）】：以文字的中央水平和垂直居中对正文字。只适用于水平方向的文字（【正中】选项与【中间】选项不同，【正中】选项使用大写字母高度的中点，而【中间】选项使用的中点是所有文字包括下行文字在内的中点） 【右中（MR）】：以指定为文字中间点的点右对正文字。只适用于水平方向的文字 【左下（BL）】：以指定为基线的点左对正文字。只适用于水平方向的文字 【中下（BC）】：以指定为基线的点居中对正文字。只适用于水平方向的文字 【右下（BR）】：以指定为基线的点右对正文字。只适用于水平方向的文字

提示

对齐方式就是输入文字时的基点，也就是说，如果选择了【右中对齐】，那么文字右侧中点就会靠着基点对齐，文字的对齐方式如下左图所示。选择对齐方式后的文字，会出现两个夹点，一个夹点在固定左下方，而另一个夹点就是基点的位置，如下右图所示。

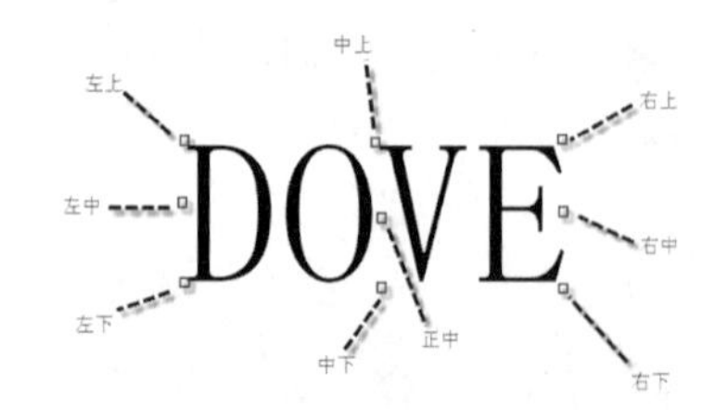

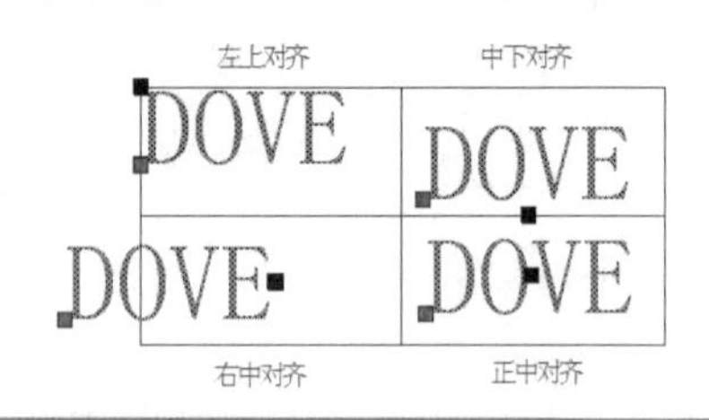

8.3.3 新功能：合并单行文字

合并文字一直是 AutoCAD 的难点，需在命令行输入“TXT2MTXT”来执行合并文字命令。

第 1 步 选择 8.3.2 节输入的技术要求，如下图所示。

技术要求：
1. 两齿轮轴的啮合长度3/4以上，
手转动齿轮轴应能灵活转动；
2. 未加工面涂漆；
3. 制造与验收条件符合国家标准。
文字是多个独立的个体

第 2 步 单击【插入】选项卡 ➢【输入】面板 ➢【合并文字】按钮，如下图所示。

识别 SHX 文字
识别 设置
合并文字
输入

第 3 步 根据命令行提示输入“se”，在弹出的对话框中进行如下图所示的设置。

命令：_TXT2MTXT

选择要合并的文字对象 ...
选择对象或 [设置 (SE)]: se

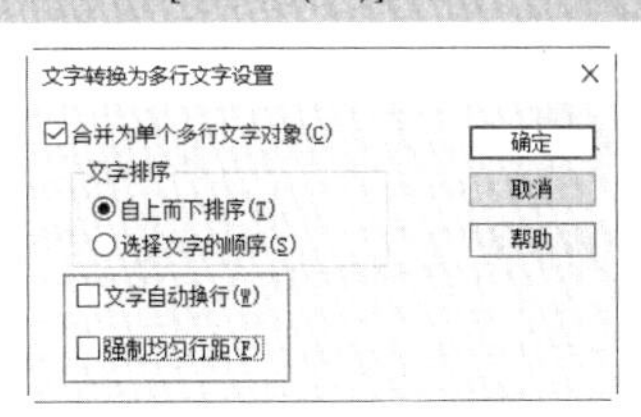

第 4 步 设置完成后单击【确定】按钮，然后选择所有的文字，按【Enter】键，将所选的单行文字合并成单个多行文字，然后在合并后的文字上任意位置单击即可选中所有文字，如下图所示。

技术要求：
1. 两齿轮轴的啮合长度3/4以上，
手转动齿轮轴应能灵活转动；
2. 未加工面涂漆；
3. 制造与验收条件符合国家标准。

8.3.4 使用多行文字添加技术要求

多行文字又称为段落文字，是一种更易于管理的文字对象，可以由两行以上的文字组成，而且无论多少行，文字都是作为一个整体处理。

使用多行文字添加技术要求的具体操作步骤如下。

第 1 步 单击【默认】选项卡 ➢【注释】面板 ➢【文字】下拉按钮 ➢【多行文字】按钮A，如下图所示。

提示

除了通过面板调用【多行文字】命令外，还可以通过以下方法调用【多行文字】命令。

（1）选择【绘图】➢【文字】➢【多行文字】菜单命令。

（2）在命令行中输入“MTEXT/T”命令并按空格键。

（3）单击【注释】选项卡 ➢【文字】面板 ➢【文字】下拉按钮 ➢【多行文字】按钮A。

第 2 步 在绘图区域中单击鼠标指定文本输入框的第一个角点，然后拖动鼠标并单击指定文本输入框的另一个角点，如下图所示。

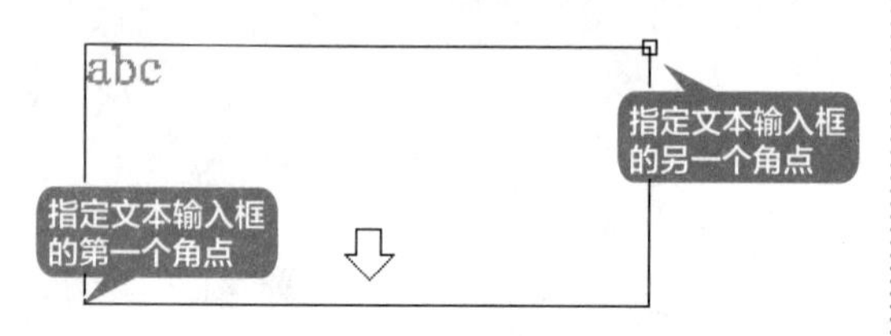

第 3 步 系统弹出【文字编辑器】窗口，如下图所示。

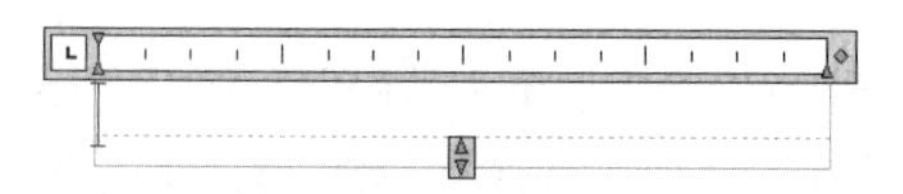

第 4 步 在弹出的【文字编辑器】选项卡的【样式】面板中将文字高度设置为 6，如下图所示。

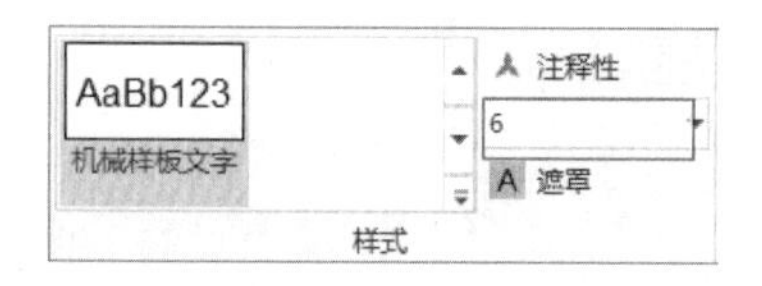

第 5 步 在【文字编辑器】窗口中输入文字内容，如下图所示。

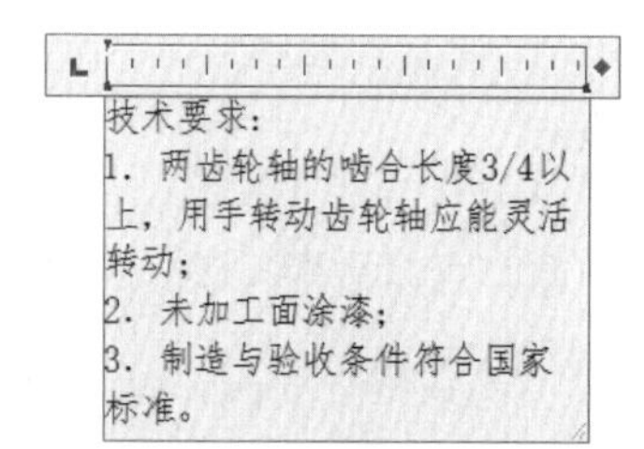

第 6 步 选中技术要求的内容，如下图所示。

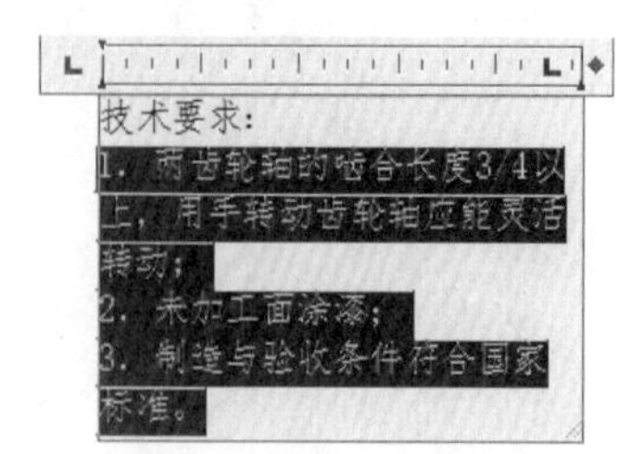

第 7 步 在【文字编辑器】选项卡的【样式】面板中将文字高度设置为 4，如下图所示。

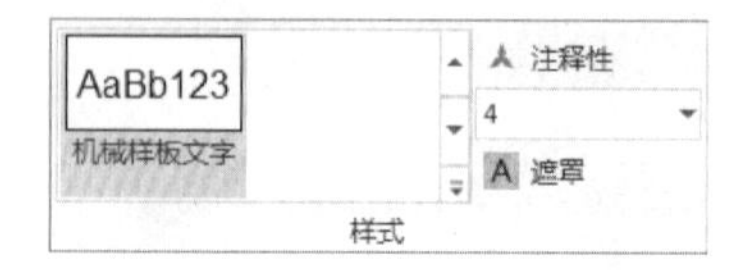

第 8 步 将技术要求内容的文字高度改为 4 后如下图所示。

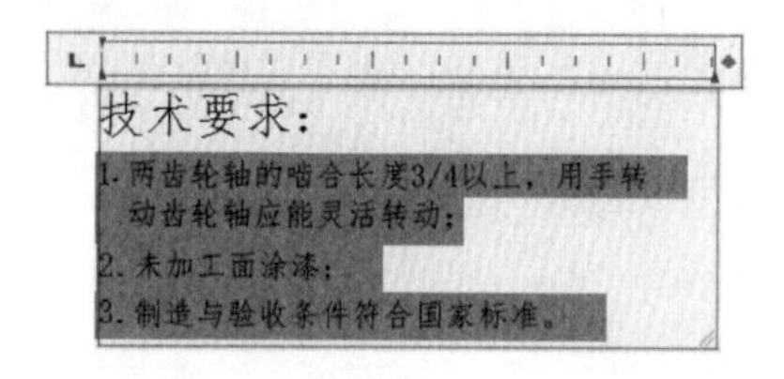

第 9 步 选中“3/4”，然后单击【文字编辑器】选项卡的【格式】面板的堆叠按钮，如下图所示。

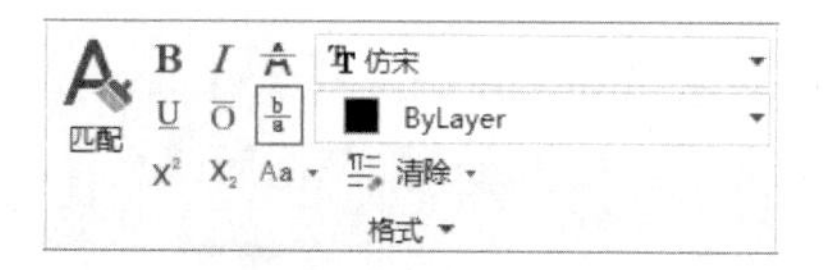

第 10 步 堆叠后如下图所示。

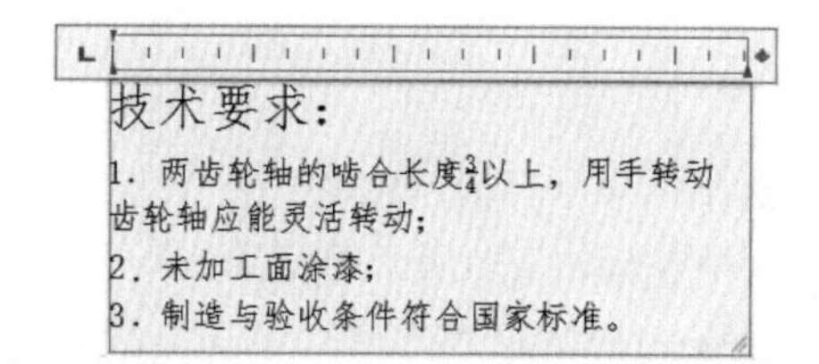

第 11 步 鼠标放到标尺的右端，当鼠标指针变成↔符号时按住鼠标向左拖动，如下图所示。

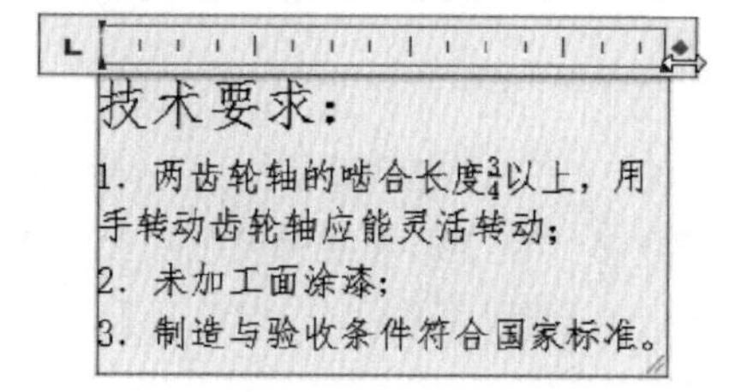

第 12 步 完成后在空白区域单击，退出文字编辑，结果如下图所示。

技术要求：

1. 两齿轮轴的啮合长度$\frac{3}{4}$以上，用手转动齿轮轴应能灵活转动；
2. 未加工面涂漆；
3. 制造与验收条件符合国家标准。

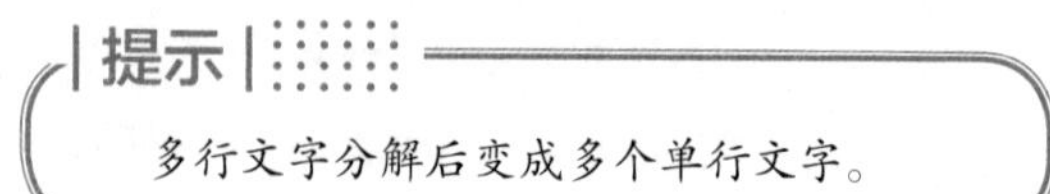

多行文字分解后变成多个单行文字。

调用【多行文字】命令后拖动鼠标到适当的位置后单击，系统弹出一个顶部带有标尺的文字输入窗口（在位文字编辑器）。输入完成后，单击【关闭文字编辑器】按钮，此时文字显示在用户指定的位置，如下图所示。

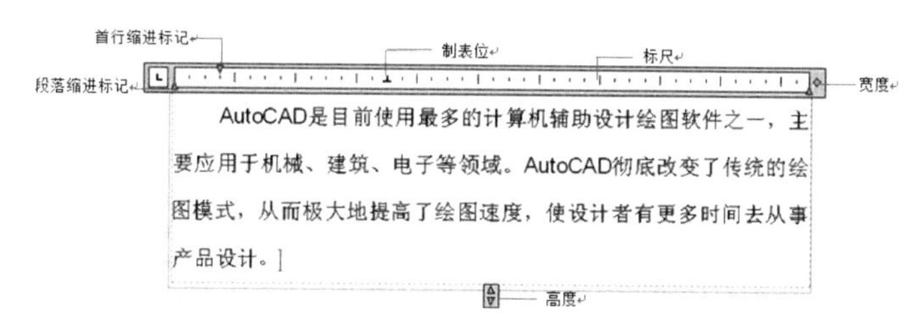

在输入多行文字时，每行文字输入完成后，系统会自动换行；拖动右侧的◆按钮可以调整文字输入窗口的宽度。另外，当文字输入窗口中的文字过多时，系统将自动调整文字输入窗口的高度，从而使输入的多行文字全部显示。在输入多行文字时，【Enter】键的功能是切换到下一段落，只有按【Ctrl+Enter】组合键才可结束输入操作。

在创建多行文字时，除了【在位文字编辑器】，同时还出现了一个【文字编辑器】选项卡，如下图所示，在该选项卡中可以对文字进行编辑操作。

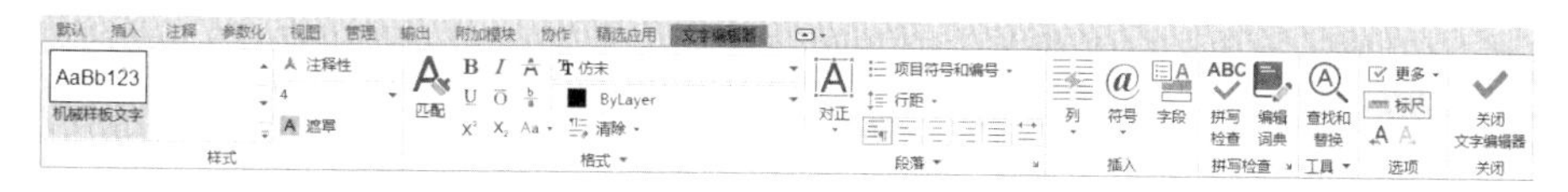

【样式】面板中各选项的含义如下。

【文字样式】：向多行文字对象应用文字样式，默认情况下，“标准”文字样式处于活动状态。

【注释性】：打开或关闭当前多行文字对象的“注释性”。

【文字高度】：使用图形单位设定新文字的字符高度或更改选定文字的高度。如果当前文字样式没有固定高度，则文字高度是 TEXTSIZE 系统变量中存储的值。多行文字对象可以包含不同高度的字符。

【遮罩】A：显示【背景遮罩】对话框（不适用于表格单元）。

【格式】面板中各选项的含义如下。

【匹配】A：将选定文字的格式应用到多行文字对象中的其他字符。再次单击按钮或按【Esc】键退出匹配格式。

【粗体】**B**：打开或关闭新文字或选定文字的粗体格式。此选项仅适用于使用 TrueType 字体的字符。

【斜体】*I*：打开或关闭新文字或选定文字的斜体格式。此选项仅适用于使用 TrueType 字体的字符。

【删除线】A：打开或关闭新文字或选定文字的删除线。

【下划线】U：打开或关闭新文字或选定文字的下划线。

【上划线】O：打开或关闭新文字或选定文字的上划线。

【堆叠】$\frac{b}{a}$：在多行文字对象和多重引线中堆叠分数和公差格式的文字。使用斜线（/）垂直堆叠分数，使用磅字符（#）沿对角方向堆叠分数，或使用插入符号（^）堆叠公差。

【上标】X^2：将选定的文字转为上标或将其切换为关闭状态。

【下标】X₂：将选定的文字转为下标或将其切换为关闭状态。

【大写】ᵃA：将选定文字更改为大写。

【小写】Aa：将选定文字更改为小写。

【清除】：可以删除字符格式、段落格式或删除所有格式。

【字体】（下拉列表）：为新输入的文字指定字体或更改选定文字的字体。TrueType 字体按字体族的名称列出，AutoCAD 编译的形（SHX）字体按字体所在文件的名称列出，自定义字体和第三方字体在编辑器中显示为 Autodesk 提供的代理字体。

【颜色】（下拉列表）：指定新文字的颜色或更改选定文字的颜色。

【倾斜角度】0/：确定文字是向前倾斜还是向后倾斜，倾斜角度表示的是相对于 90° 角方向的偏移角度。输入一个 -85~85 的数值使文字倾斜，倾斜角度的值为正时文字向右倾斜，倾斜角度的值为负时文字向左倾斜。

【追踪】ab：增大或减小选定字符之间的空间，1.0 设置是常规间距。

【宽度因子】：扩展或收缩选定字符，1.0 设置代表此字体中字母的常规宽度。

【段落】面板中各选项的含义如下。

【对正】A：显示对正下拉菜单，有 9 个对齐选项可用，“左上”为默认。

【项目符号和编号】：显示用于创建列表的选项（不适用于表格单元）。缩进列表与第一个选定的段落对齐。

【行距】：显示建议的行距选项或【段落】对话框，在当前段落或选定段落中设置行距（行距是多行段落中文字的上一行底部和下一行顶部之间的距离）。

【默认】、【左对齐】、【居中】、【右对齐】、【对正】、【分散对齐】：设置当前段落或选定段落的左、中或右文字边界的对正和对齐方式，包含在一行的末尾输入的空格，并且这些空格会影响行的对正。

【段落】：单击【段落】面板右下角的按钮，将显示【段落】对话框。

【插入】面板中各选项的含义如下。

【列】：显示下拉菜单，该菜单提供 3 个栏选项：不分栏、静态栏和动态栏。

【符号】@：在光标位置插入符号或不间断空格，也可以手动插入符号。子菜单中列出了常用符号及其控制代码或 Unicode 字符串，选择【其他】将显示【字符映射表】对话框，其中包含了系统中每种可用字体的整个字符集，选中所有要使用的字符后，单击【复制】关闭对话框，在编辑器中单击鼠标右键并单击【粘贴】。不支持在垂直文字中使用符号。

【字段】：显示【字段】对话框，从中可以选择要插入到文字中的字段，关闭该对话框后，字段的当前值将显示在文字中。

【拼写检查】面板中各选项的含义如下。

【拼写检查】：切换键入时拼写检查处于打开还是关闭状态。

【编辑词典】：显示【词典】对话框，从中可添加或删除在拼写检查过程中使用的自定义词典。

【工具】面板中各选项的含义如下。

【查找和替换】：显示【查找和替换】对话框。

【输入文字】：显示【选择文件】对话框（标准文件选择对话框），选择任意 ASCII 或 RTF 格式的文件。输入的文字保留原始字符格式和样式特性，但可以在编辑器中编辑输入的文

字并设置其格式。选择要输入的文本文件后，可以替换选定的文字或全部文字，或在文字边界内将插入的文字附加到选定的文字中。输入文字的文件必须小于 32KB。编辑器自动将文字颜色设定为“BYLAYER”。当插入黑色字符且背景色是黑色时，编辑器自动将其修改为白色或当前颜色。

【全部大写】：将所有新建文字和输入的文字转换为大写，自动大写不影响已有的文字。要更改现有文字的大小写，请选择文字并单击鼠标右键。

【选项】面板中各选项的含义如下。

【更多】☑：显示其他文字选项列表。

【标尺】▭：在编辑器顶部显示标尺，拖动标尺末尾的箭头可更改多行文字对象的宽度。列模式处于活动状态时，还显示高度和列夹点。也可以从标尺中选择制表符，单击【制表符选择】按钮将更改制表符样式，左对齐、居中、右对齐和小数点对齐。进行选择后，可以在标尺或【段落】对话框中调整相应的制表符。

【放弃】A：放弃在【文字编辑器】功能区选项卡中执行的动作，包括对文字内容或文字格式的更改。

【重做】A：重做在【文字编辑器】功能区选项卡中执行的动作，包括对文字内容或文字格式的更改。

【关闭】面板中各选项的含义如下。

【关闭文字编辑器】✔：结束【MTEXT】命令并关闭【文字编辑器】功能区选项卡。

创建元器件表

创建元器件表的具体操作步骤和顺序如表 8-6 所示。

表 8-6　创建元器件表

步骤	创建方法	结　　果	备　注
1	创建元器件表格样式		将标题、表头和数据的对齐方式都设置为“正中”，这里以数据为例
			将标题的文字高度设置为 25，表头和数据的文字高度设置为 15，这里以数据的文字高度为例

续表

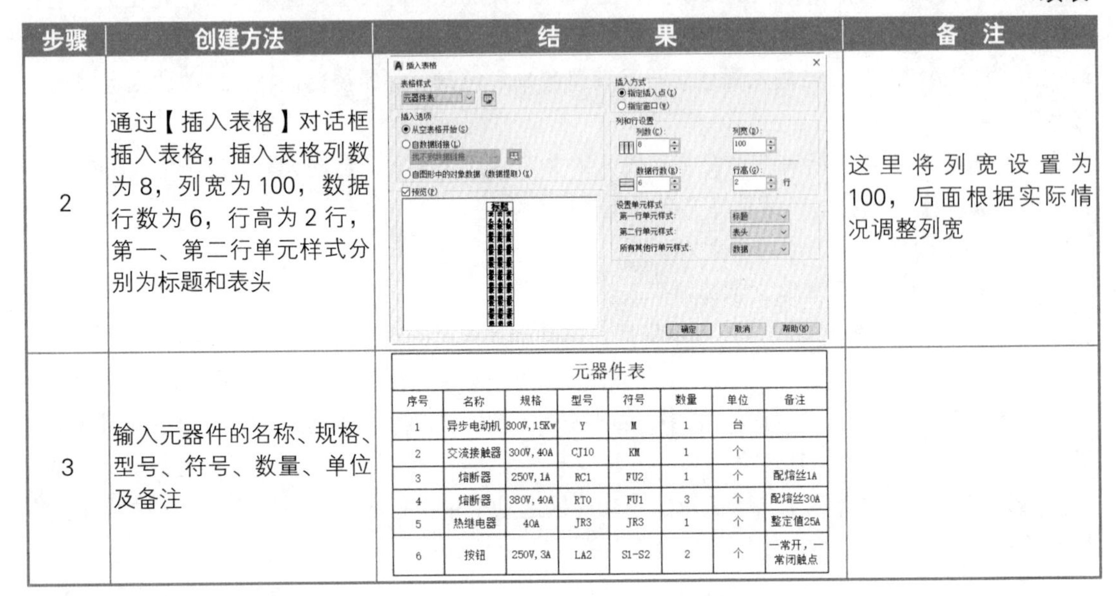

步骤	创建方法	结果	备注
2	通过【插入表格】对话框插入表格，插入表格列数为 8，列宽为 100，数据行数为 6，行高为 2 行，第一、第二行单元样式分别为标题和表头		这里将列宽设置为 100，后面根据实际情况调整列宽
3	输入元器件的名称、规格、型号、符号、数量、单位及备注	元器件表（见下表）	

元器件表

序号	名称	规格	型号	符号	数量	单位	备注
1	异步电动机	300V，15Kw	Y	M	1	台	
2	交流接触器	300V，40A	CJ10	KM	1	个	
3	熔断器	250V，1A	RC1	FU2	1	个	配熔丝1A
4	熔断器	380V，40A	RTO	FU1	3	个	配熔丝30A
5	热继电器	40A	JR3	JR3	1	个	整定值25A
6	按钮	250V，3A	LA2	S1-S2	2	个	一常开，一常闭触点

◇ 重点：AutoCAD 中的文字为什么是“？”

AutoCAD 字体通常可以分为标准字体和大字体，标准字体一般存放在 AutoCAD 安装目录下的 FONT 文件夹里，而大字体则存放在 AutoCAD 安装目录下的 FONTS 文件夹里。假如字体库里没有所需字体，AutoCAD 文件里的文字对象会以乱码或“?”显示，如果需要将乱码文字进行正常显示，则需要进行替换。

下面以实例对文字字体的替换过程进行详细介绍，具体操作步骤如下。

第 1 步 打开随书配套资源中的“素材 \CH08\AutoCAD 字体 .dwg”文件，如下图所示。

第 2 步 选择【格式】➤【文字样式】菜单命令，弹出【文字样式】对话框，如下图所示。

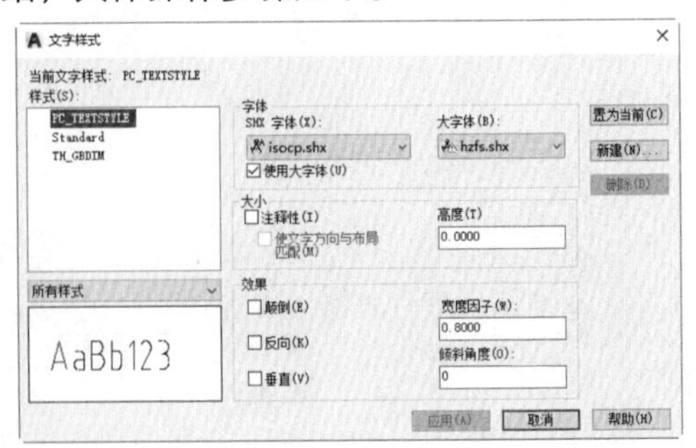

第 3 步 在【样式】区域中选择“PC_TEXTSTYLE”，然后取消勾选【使用大字体】复选框，在【字体】区域中的【字体名】下拉列表中选择“仿宋”，如下图所示。

第 4 步 单击【应用】按钮并关闭【文字样式】对话框，结果如下图所示。

图样标记

提示

如果字体没有显示，选择【视图】➤【重生成】菜单命令，即可显示出新设置的字体。

◇ 新功能：如何识别 PDF 文件中的 SHX 文字

将 PDF 文件导入到 AutoCAD 后，PDF 的 SHX 文字（形文字）通常是以图形形式存在的，通过【PDFSHXTEXT】命令，可以识别 PDF 中的 SHX 文字，并将其转换为文字对象。

第 1 步 新建一个“.dwg”图形文件，然后单击【插入】➤【输入】➤【PDF 输入】，选择随书资源中的“素材\CH08\识别 PDF 中的 SHX 文字 .pdf”文件，如下图所示。

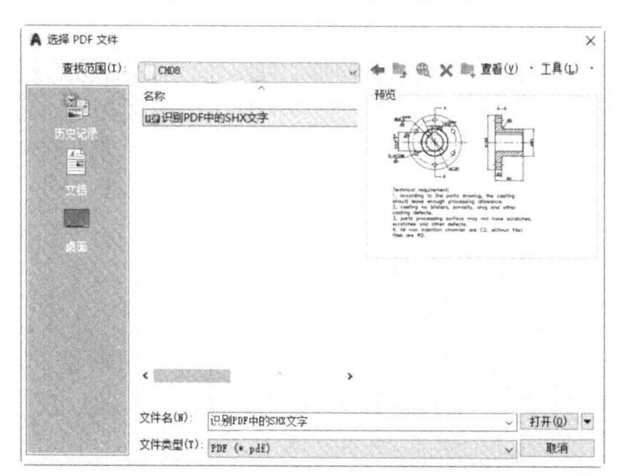

第 2 步 单击【打开】按钮，系统弹出【输入 PDF】设置对话框，如下图所示。

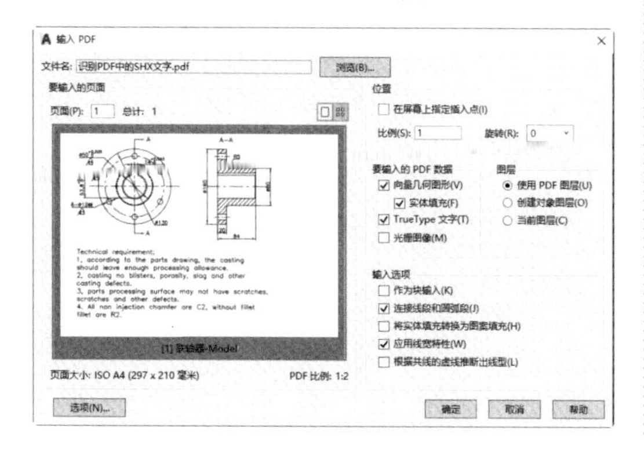

第 3 步 设置完成后，单击【确定】按钮，在 AutoCAD 绘图区指定插入点，将 PDF 文件插入后，选中文字内容，可以看到文字内容显示为几何图形，如下图所示。

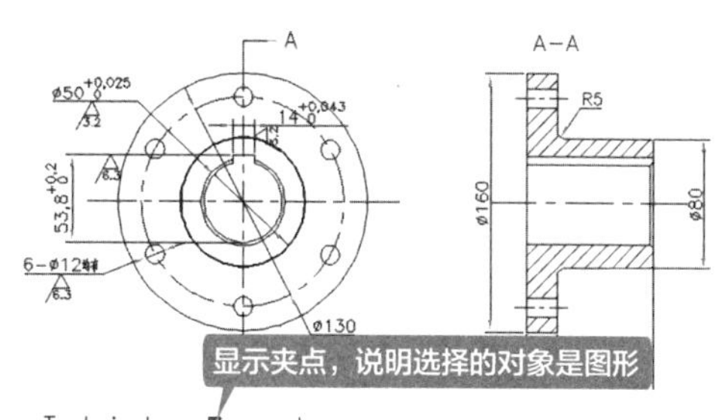

第 4 步 取消选中文字内容，然后单击【插入】➤【输入】➤【识别 SHX 文字】，选择所有文字，文字识别完成后，弹出识别结果，如下图所示。

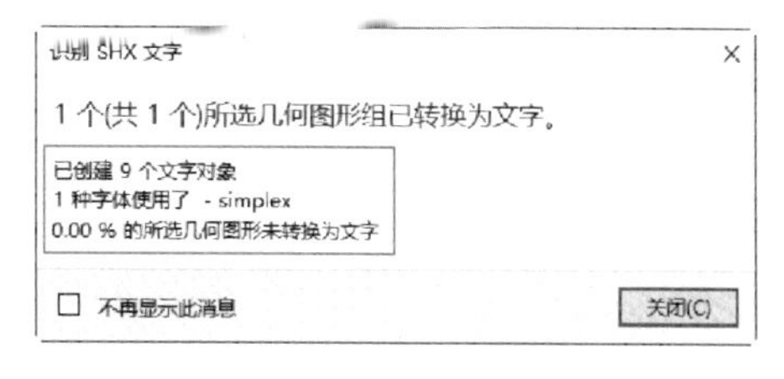

第 5 步 单击【关闭】按钮，再次选中文字内容，

可以看到每行文字作为单行文字被选中，如下图所示。

Technical requirement:
1. according to the parts drawing, the casting
should leave enough processing allowance.
2. casting no blisters, porosity, slag and other
casting defects.
3. parts processing surface may not have scratches,
scratches and other defects.
4. All non injection chamfer are C2, without fillet
fillet are R2.

提示

目前 AutoCAD 只能识别 PDF 中的英文 SHX 文字。

如果找不到相应的 SHX 文字，在第 4 步操作中当提示“选择对象或 [设置 (SE)]”时，输入“SE”，在弹出的【PDF 文字识别设置】对话框中勾选更多要进行比较的 SHX 字体，如下图所示。

勾选了所有SHX字体后，如果仍不能识别，则可以单击【添加】按钮，在弹出的【选择SHX字体文件】对话框中选择 AutoCAD 内存的 SHX 字体，如下图所示。

第
3
篇

高效绘图篇

第 9 章　图块与外部参照

第 10 章　图形文件管理操作

本篇主要介绍 AutoCAD 高效绘图。通过对本篇内容的学习，读者可以掌握图块的创建与插入及图形文件的管理操作。

第 9 章 图块与外部参照

本章导读

图块是一组图形实体的总称，在应用过程中，AutoCAD 图块将作为一个独立的、完整的对象来操作，用户可以根据需要按指定比例和角度将图块插入到指定位置。

外部参照是一种类似于块图形的引用方式，它和块最大的区别在于，块在插入后，其图形数据会存储在当前图形中，而使用外部参照，其数据并不增加在当前图形中，始终存储在原始文件中，当前文件只包含对外部文件的一个引用。因此，不可以在当前图形中编辑外部参照。

思维导图

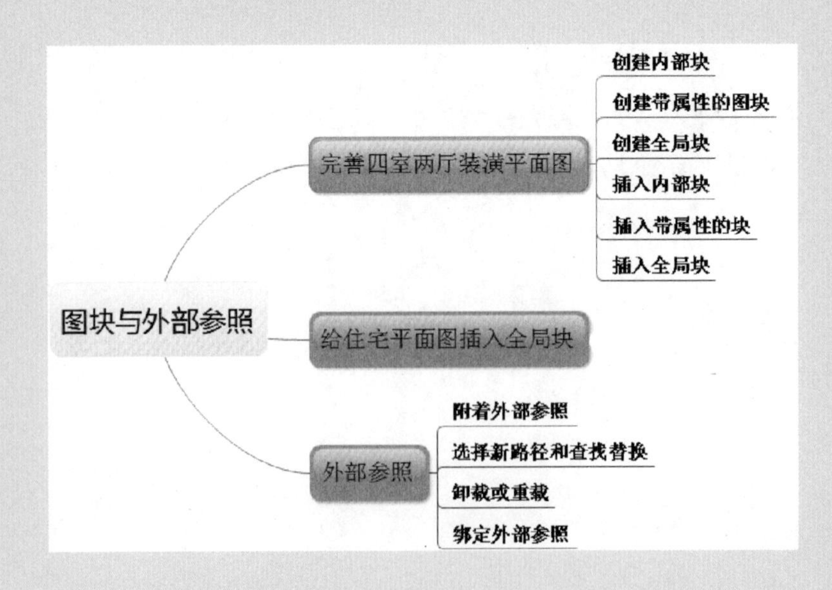

9.1 重点：完善四室两厅装潢平面图

装潢平面图是装潢施工图中的一种，是整个装潢平面的真实写照，用于表现建筑物的平面形状、布局、家具摆放、厨卫设备布置、门窗位置及地面铺设等。

本例是在已有的平面图基础上通过创建和插入图块对图形进行完善，图形完成后最终效果如下图所示。

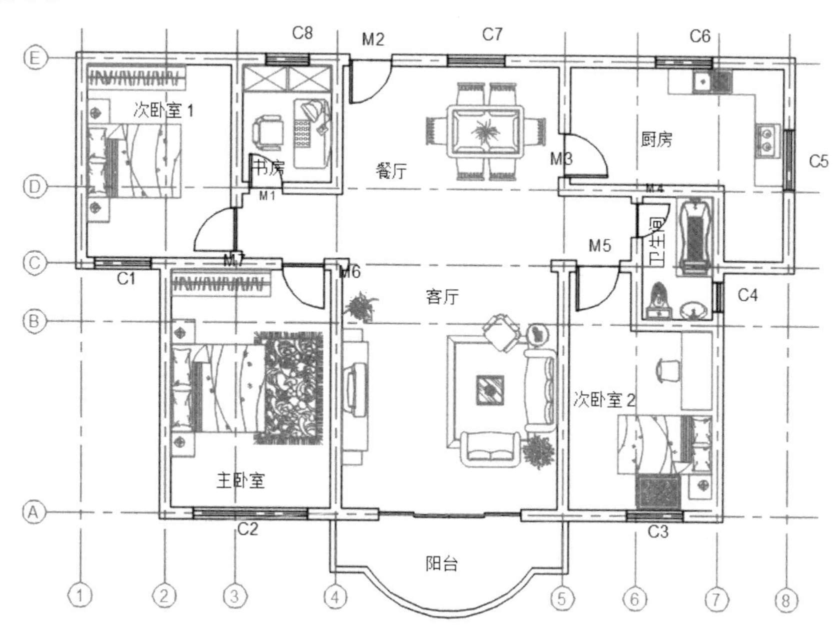

9.1.1 创建内部块

内部块只能在当前图形中使用，不能使用到其他图形中。

第 1 步 打开随书配套资源中的“素材 \CH09\ 四室两厅 .dwg”文件，如下图所示。

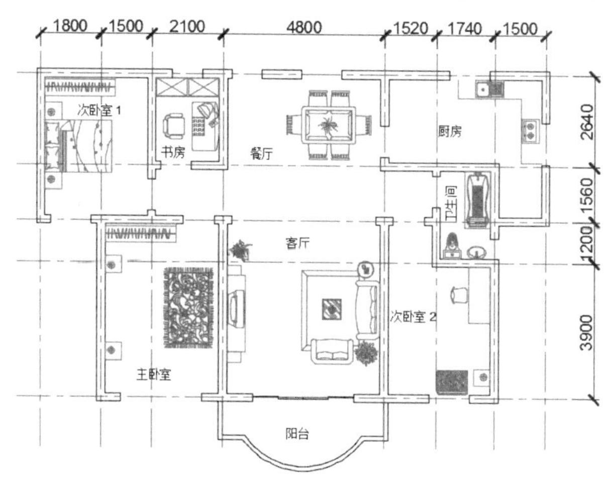

第 2 步 单击【默认】选项卡 ➢【图层】面板 ➢【图层】下拉列表，将“标注”层和“中轴线”层关闭，如下图所示。

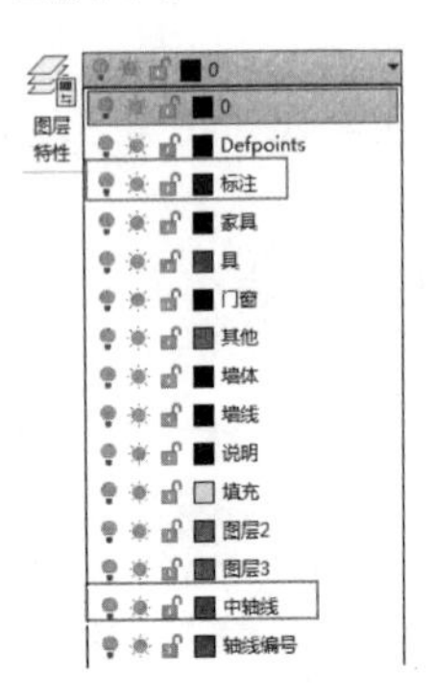

第 3 步 “标注”层和“中轴线”层关闭后如下图所示。

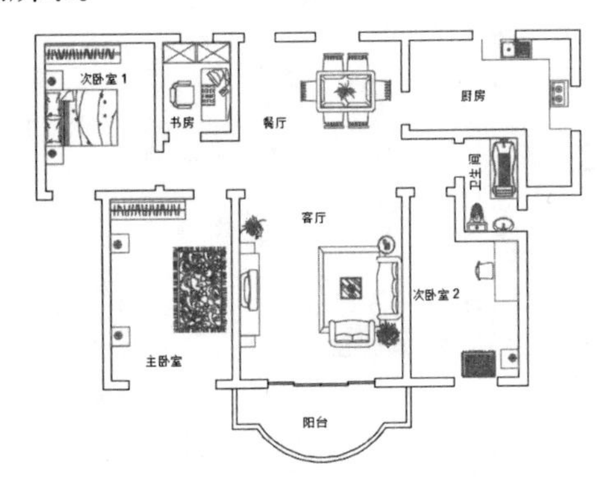

第 4 步 单击【默认】选项卡 ➢【块】面板 ➢【创建】按钮，如下图所示。

提示

除了通过【默认】选项卡调用内部块命令外，还可以通过以下方法调用内部块命令。

(1) 单击【插入】选项卡 ➢【块定义】面板 ➢【创建块】按钮。

(2) 单击【绘图】➢【块】➢【创建】菜单命令。

(3) 在命令行中输入“BLOCK/B”命令并按空格键。

第 5 步 在弹出的【块定义】对话框中选中【转换为块】选项，如下图所示。

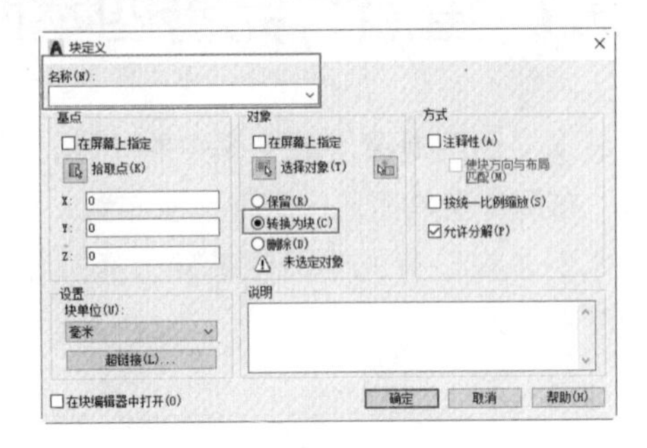

提示

创建块后，原对象有三种结果，即保留、转换为块和删除。

保留：选中该项，图块创建完成后，原图形仍保留原来的属性。

转换为块：选中该项，图块创建完成后，原图形将转换成图块的形式存在。

删除：选中该项，图块创建完成后，原图形将自动删除。

第 6 步 单击【选择对象】按钮，并在绘图区域中选择“单人沙发”作为组成块的对象，如下图所示。

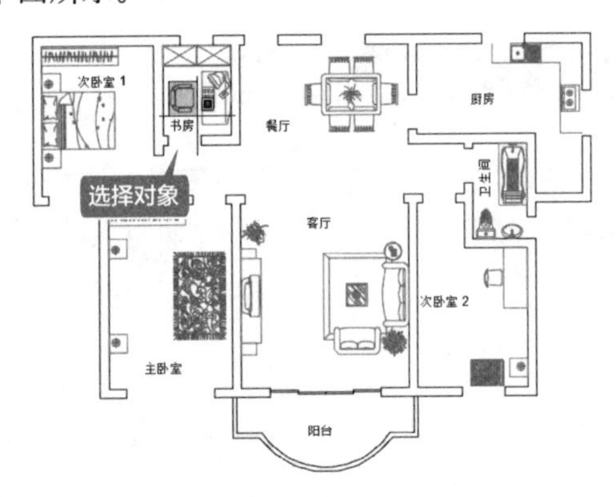

第 7 步 按空格键确认，返回【块定义】对话框，单击【拾取点】按钮，然后捕捉如下图所示的中点为基点。

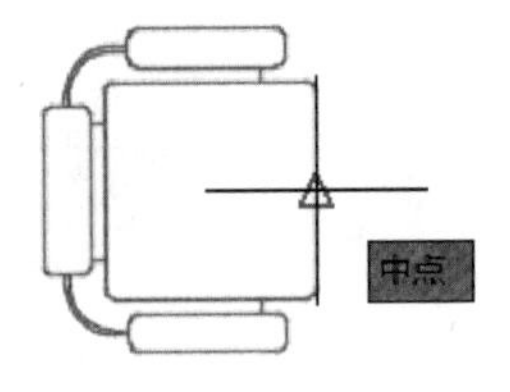

第 8 步 返回【块定义】对话框，为块添加名称“单人沙发”，最后单击【确定】按钮完成块的创建，如下图所示。

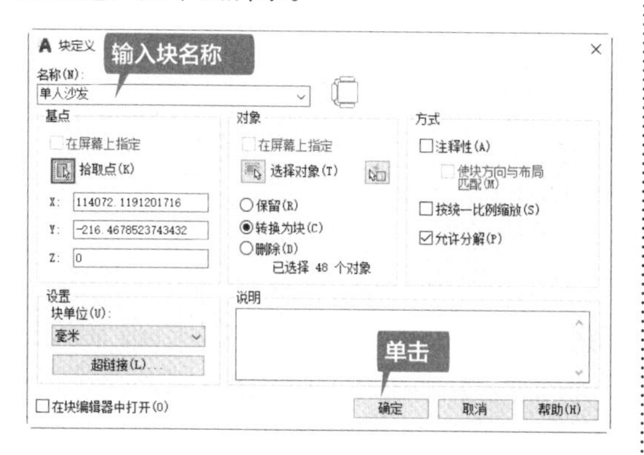

第 9 步 重复创建块命令，单击【选择对象】按钮，在绘图区域中选择“床”作为组成块的对象，如下图所示。

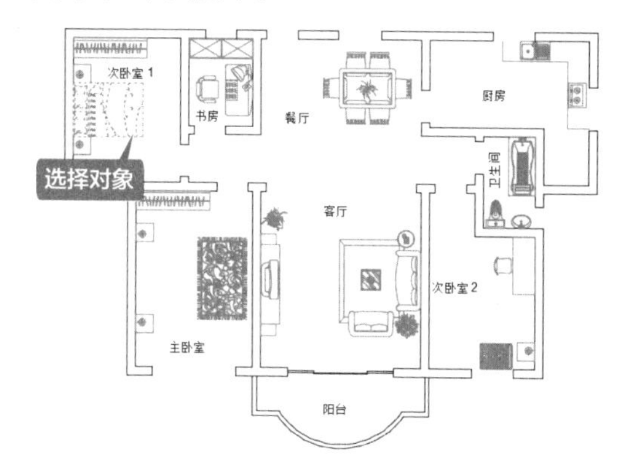

第 10 步 按空格键确认，返回【块定义】对话框，单击【拾取点】按钮，然后捕捉如下图所示的端点为基点。

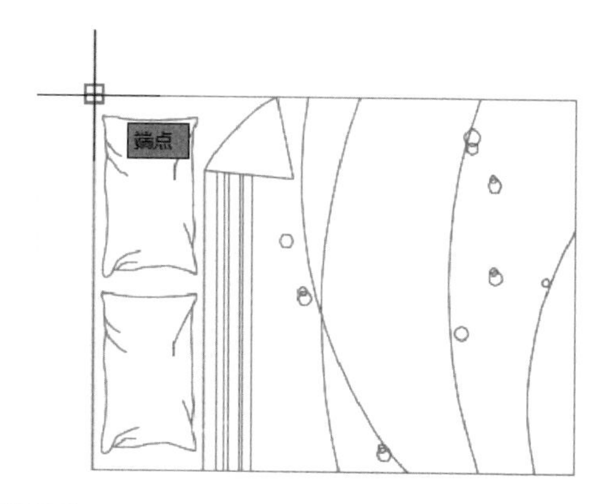

第 11 步 返回【块定义】对话框，为块添加名称“床”，最后单击【确定】按钮完成块的创建，如下图所示。

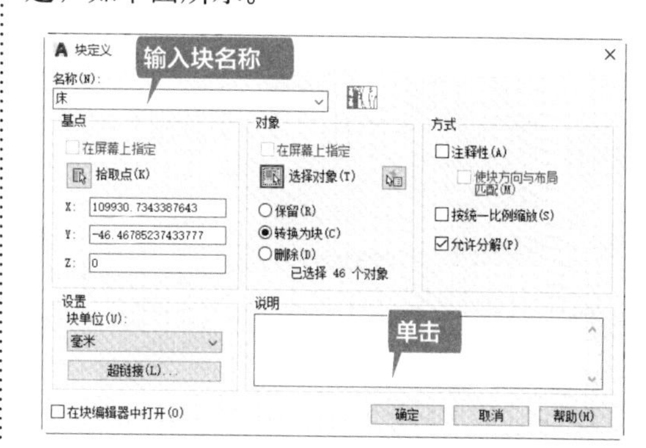

9.1.2 创建带属性的图块

带属性的图块，就是先给图形添加一个属性定义，然后将带属性的图形创建成块。属性特征主要包括标记（标识属性的名称）、插入块时显示的提示、值的信息、文字格式、块中的位置和所有可选模式（不可见、常数、验证、预设、锁定位置和多行）。

1. 创建带属性的“门”图块

第 1 步 单击【默认】选项卡 ➢【图层】面板 ➢【图层】下拉按钮，将“门窗”图层置为当前层，如下图所示。

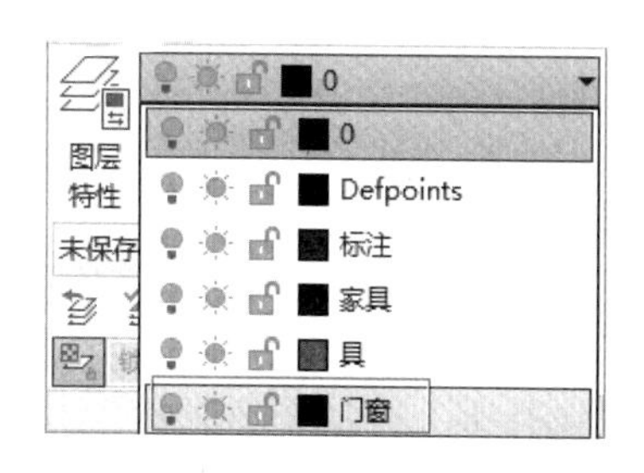

第2步 单击【默认】选项卡 > 【绘图】面板 > 【矩形】按钮，在空白区域任意单击一点作为矩形的第一角点，然后输入“@50,900”作为第二角点，如下图所示。

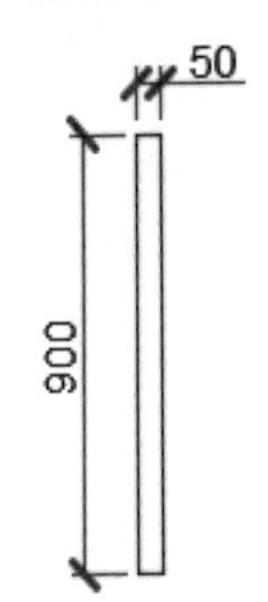

第3步 单击【默认】选项卡 > 【绘图】面板 > 【圆弧】 > 【起点、圆心、角度】按钮，捕捉矩形的左上端点为圆弧的起点，如下图所示。

第4步 捕捉矩形的左下端点为圆弧的圆心，如下图所示。

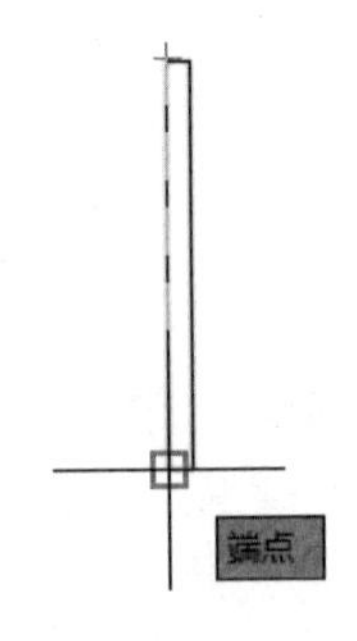

第5步 输入圆弧的角度“-90”，结果如下图所示。

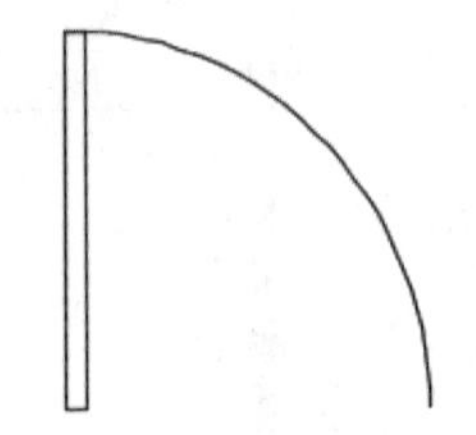

第6步 单击【默认】选项卡 > 【绘图】面板 > 【直线】按钮，连接矩形的右下角点和圆弧的端点，如下图所示。

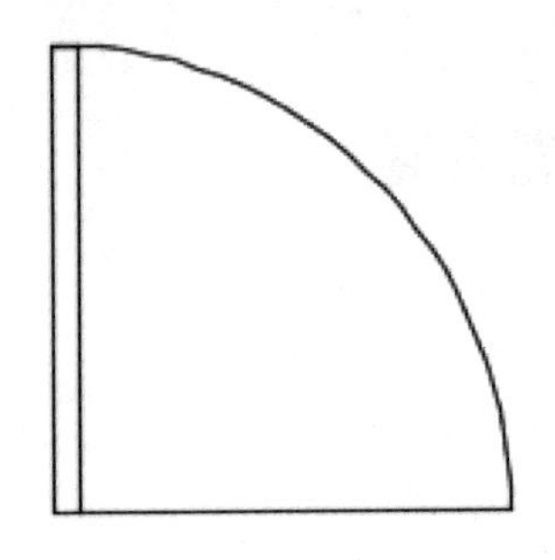

第7步 单击【插入】选项卡 > 【块定义】面板 > 【定义属性】按钮，如下图所示。

提示

除了通过菜单调用【定义属性】命令外，还可以通过以下方法调用【定义属性】命令。

(1) 选择【绘图】 > 【块】 > 【定义属性】菜单命令。

(2) 在命令行中输入“ATTDEF/ATT”命令并按空格键。

第8步 在弹出的【属性定义】对话框的【标记】输入框中输入“M”，然后在【提示】输入框中输入提示内容“请输入门编号”，最后输入文字高度“250”，如下图所示。

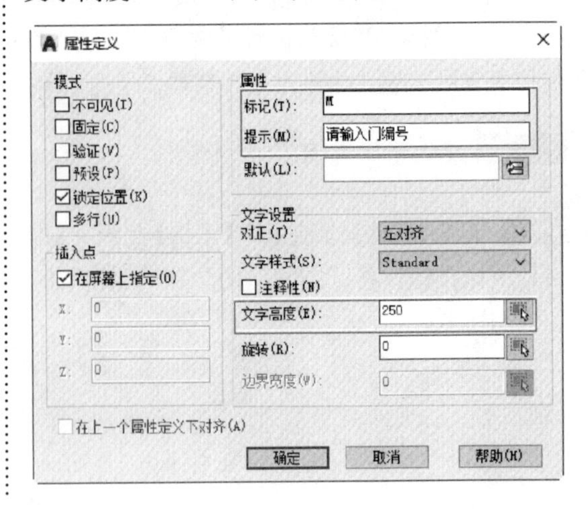

第 9 步 单击【确定】按钮，然后将标记放置到门图形的下面，如下图所示。

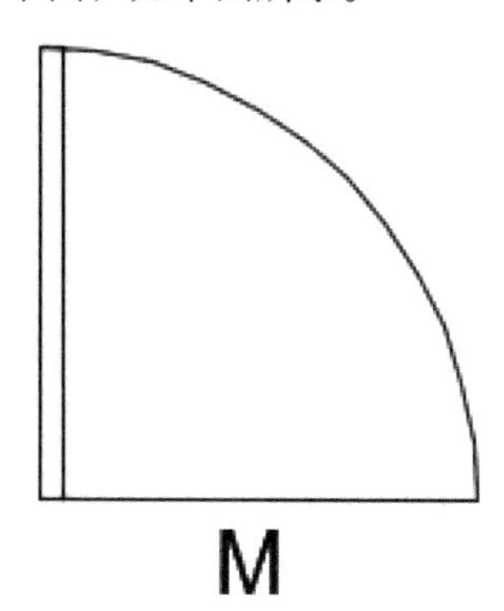

第 10 步 单击【默认】选项卡 ➤【块】面板 ➤【创建】按钮，单击【选择对象】按钮，在绘图区域中选择“门”和“属性”作为组成块的对象，如下图所示。

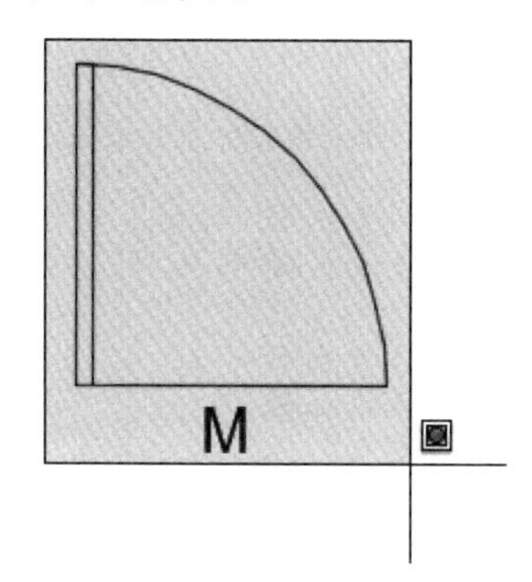

第 11 步 按空格键确认，返回【块定义】对话框，单击【拾取点】按钮，然后捕捉如下图所示的端点为基点。

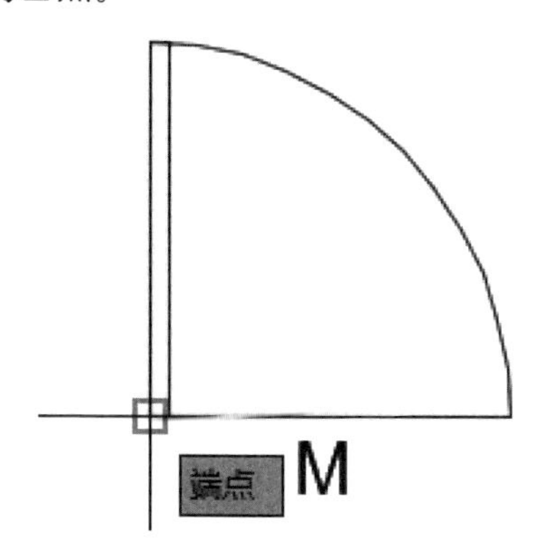

第 12 步 返回【块定义】对话框，为块添加名称“门”，并选中【删除】选项，最后单击【确定】按钮完成块的创建，如下图所示。

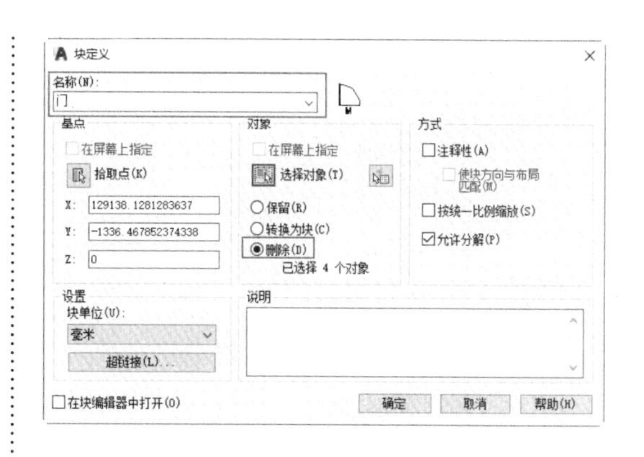

2. 创建带属性的“窗”图块

第 1 步 单击【默认】选项卡 ➤【绘图】面板 ➤【矩形】按钮，在空白区域任意单击一点作为矩形的第一角点，然后输入“@1200,240”作为第二角点，如下图所示。

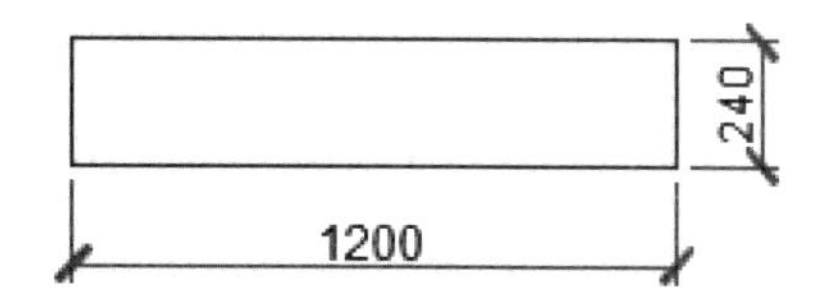

第 2 步 单击【默认】选项卡 ➤【修改】面板 ➤【分解】按钮，选择刚绘制的矩形将其分解，如下图所示。

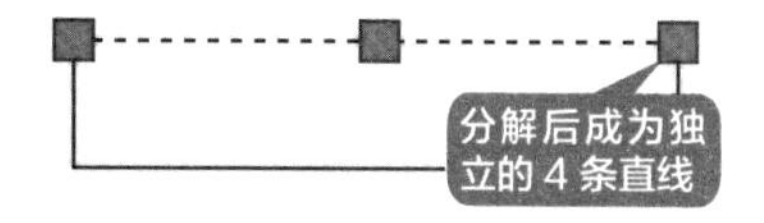

第 3 步 单击【默认】选项卡 ➤【修改】面板 ➤【偏移】按钮，将分解后的上下两条水平直线分别向内侧偏移 80，如下图所示。

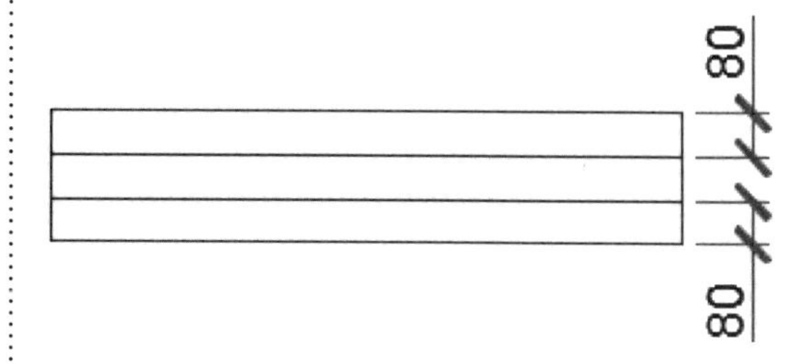

第 4 步 单击【插入】选项卡 ➤【块定义】面板 ➤【定义属性】按钮，在弹出的【属性定义】对话框的【标记】输入框中输入“C”，然后在【提示】输入框中输入提示内容“请输入窗

编号”，最后输入文字高度“250”，如下图所示。

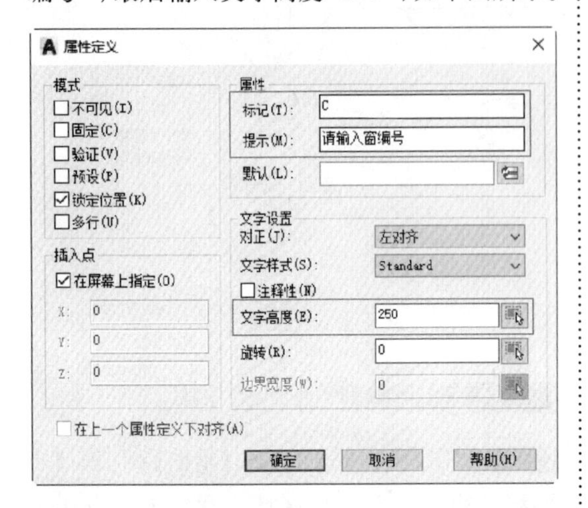

第 5 步 单击【确定】按钮，然后将标记放置到窗图形的下面，如下图所示。

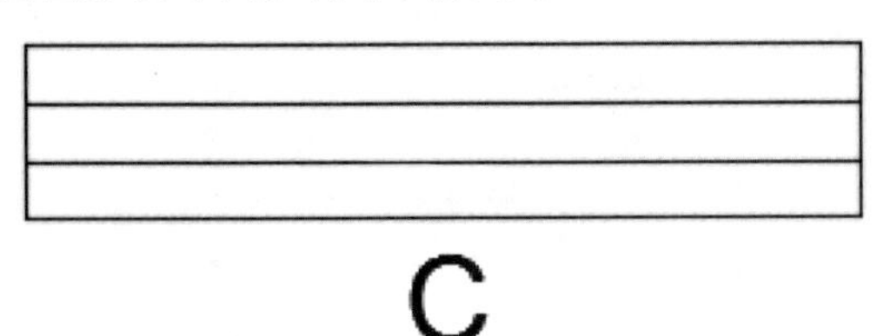

第 6 步 单击【默认】选项卡 ➢【块】面板 ➢【创建】按钮，单击【选择对象】按钮，在绘图区域中选择“窗”和“属性”作为组成块的对象，如下图所示。

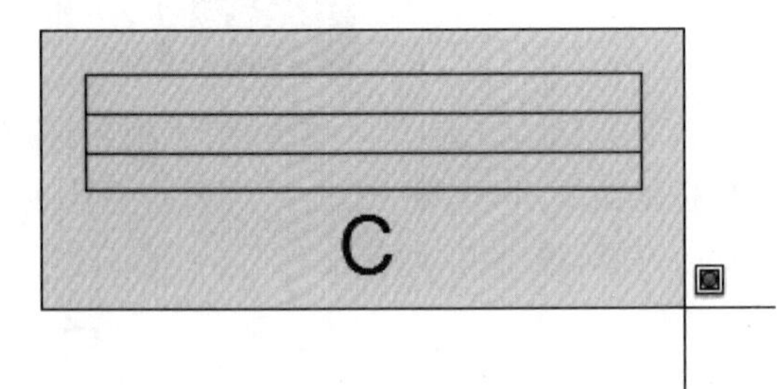

第 7 步 按空格键确认，返回【块定义】对话框，单击【拾取点】按钮，然后捕捉如下图所示的端点为基点。

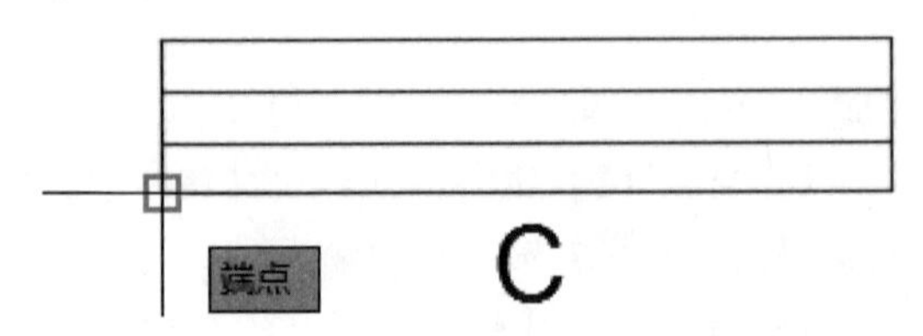

第 8 步 返回【块定义】对话框，为块添加名称“窗”，并选中【删除】选项，最后单击【确定】按钮完成块的创建，如下图所示。

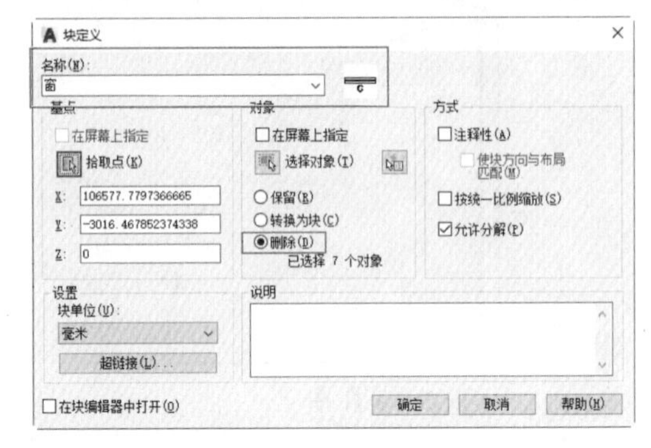

3. 创建带属性的“轴线编号”图块

第 1 步 单击【默认】选项卡 ➢【图层】面板 ➢【图层】下拉按钮，将“轴线编号”层置为当前层，如下图所示。

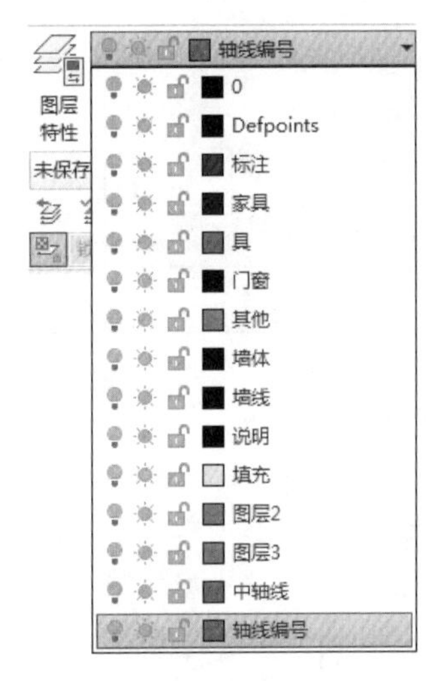

第 2 步 单击【默认】选项卡 ➢【绘图】面板 ➢【圆】➢【圆心、半径】按钮，在绘图区域任意单击一点作为圆心，然后输入半径“250”，如下图所示。

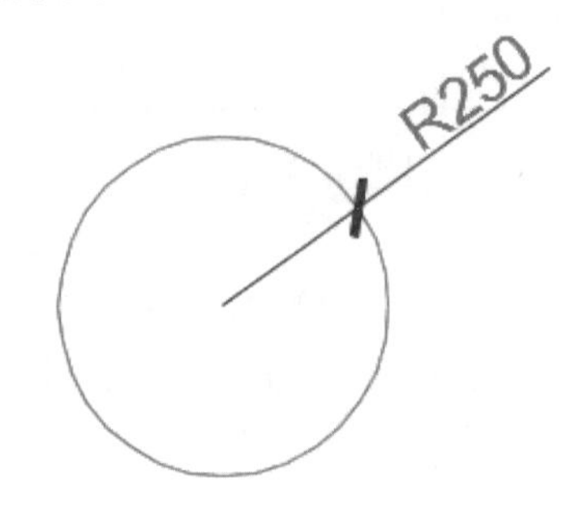

第 3 步 单击【插入】选项卡 ➢【块定义】面板 ➢【定义属性】按钮，在弹出的【属性定义】对话框的【标记】输入框中输入“横”，然后在【提示】输入框中输入提示内容“请输入轴编号”，输入【默认】值“1”，【对正】方式选择为“正中”，最后输入文字高度“250”，如下图所示。

第 4 步 单击【确定】按钮，然后将标记放置到圆心处，如下图所示。

第 5 步 单击【默认】选项卡 ➢【块】面板 ➢【创建】按钮，单击【选择对象】按钮，在绘图区域中选择“圆”和“属性”作为组成块的对象，如下图所示。

第 6 步 按空格键确认，返回【块定义】对话框，单击【拾取点】按钮，然后捕捉如下图所示的象限点为基点。

第 7 步 返回【块定义】对话框，为块添加名称“横向轴编号”，并选中【删除】选项，最后单击【确定】按钮完成块的创建，如下图所示。

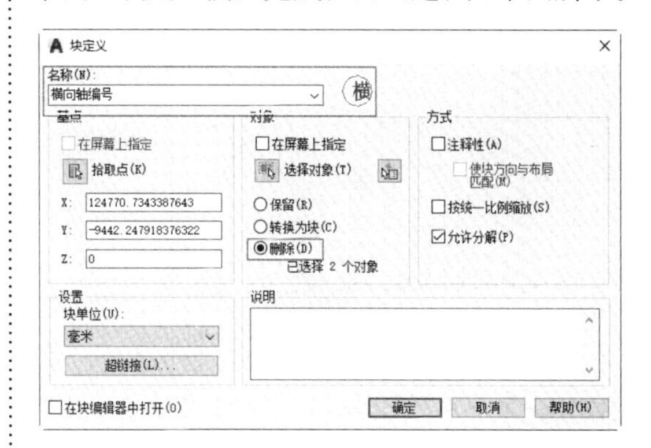

第 8 步 单击【默认】选项卡 ➢【绘图】面板 ➢【圆】➢【圆心、半径】按钮，在绘图区域任意单击一点作为圆心，然后输入半径“250”，如下图所示。

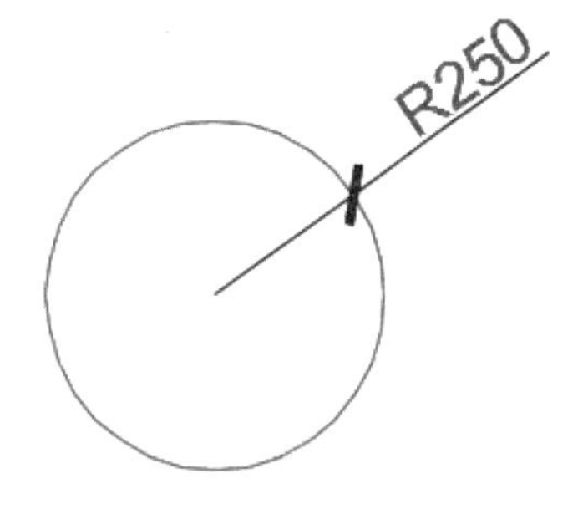

第 9 步 单击【插入】选项卡 ➢【块定义】面板 ➢【定义属性】按钮，在弹出的【属性定义】对话框的【标记】输入框中输入“竖”，然后在【提示】输入框中输入提示内容“请输入轴

编号”，输入【默认】值“A”，【对正】方式选择为“正中”，最后输入文字高度“250”，如下图所示。

第 10 步 单击【确定】按钮，然后将标记放置到圆心处，如下图所示。

第 11 步 单击【默认】选项卡 ➤【块】面板 ➤【创建】按钮，单击【选择对象】按钮，在绘图区域中选择“圆”和“属性”作为组成块的对象，如下图所示。

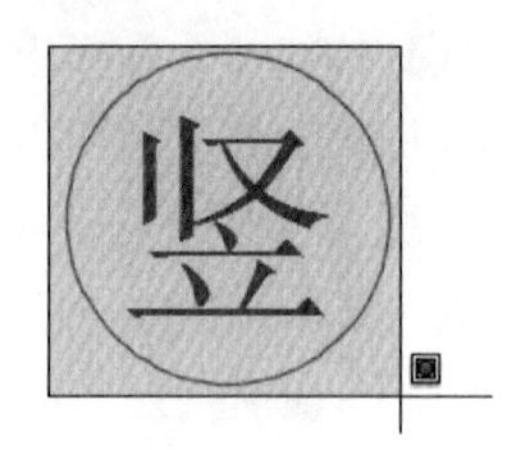

第 12 步 按空格键确认，返回【块定义】对话框，单击【拾取点】按钮，然后捕捉如下图所示的象限点为基点。

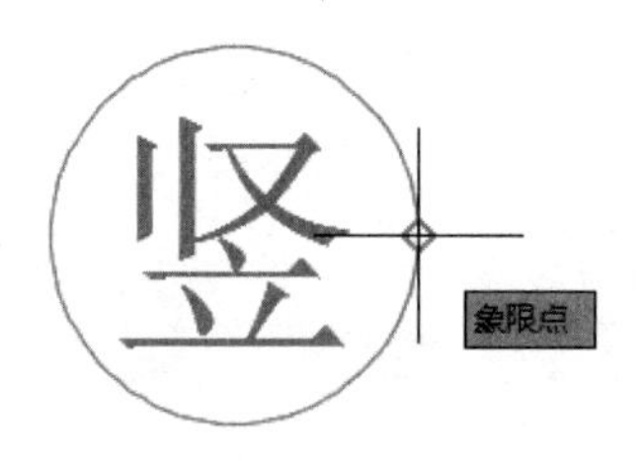

第 13 步 返回【块定义】对话框，为块添加名称“竖向轴编号”，并选中【删除】选项，最后单击【确定】按钮完成块的创建，如下图所示。

9.1.3 创建全局块

全局块也称为写块，是将选定对象保存到指定的图形文件或将块转换为指定的图形文件，全局块不仅能在当前图形中使用，也可以使用到其他图形中。

第 1 步 单击【默认】选项卡 ➤【图层】面板 ➤【图层】下拉按钮，将“其他”图层置为当前层，如下图所示。

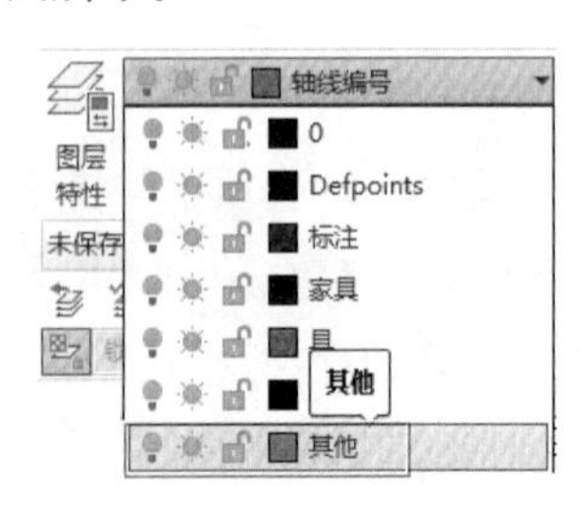

第 2 步 单击【插入】选项卡 ➤【块定义】面板 ➤【写块】按钮，如下图所示。

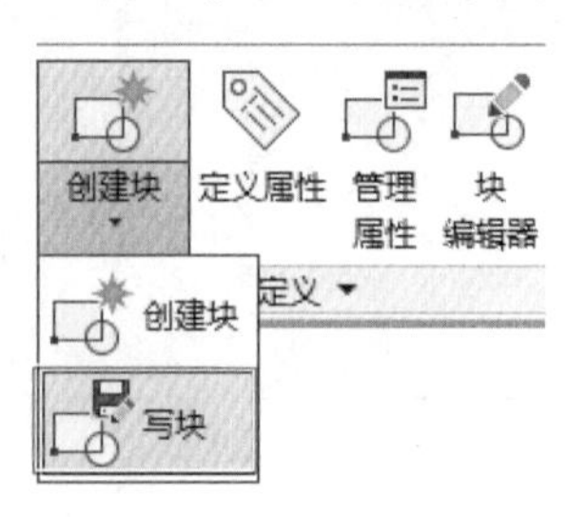

提示

除了通过面板调用【写块】命令外，还可以通过【WBLOCK/W】命令来调用。

第 3 步 弹出【写块】对话框，在【源】选项区域中选中“对象”选项，【对象】选项区域中选中“转换为块”选项，如下图所示。

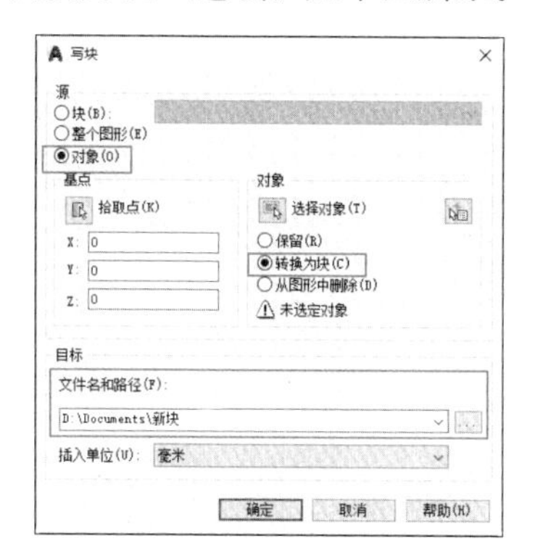

第 4 步 单击【选择对象】按钮，在绘图区域中选择“电视机”，如下图所示。

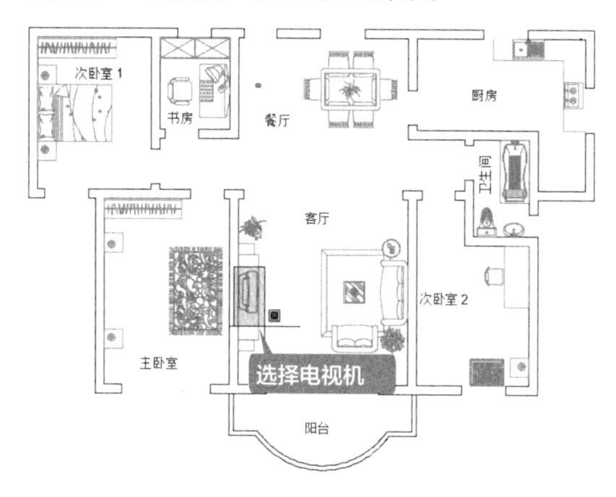

第 5 步 按空格键确认，返回【写块】对话框，单击【拾取点】按钮，然后捕捉如下图所示的中点为基点。

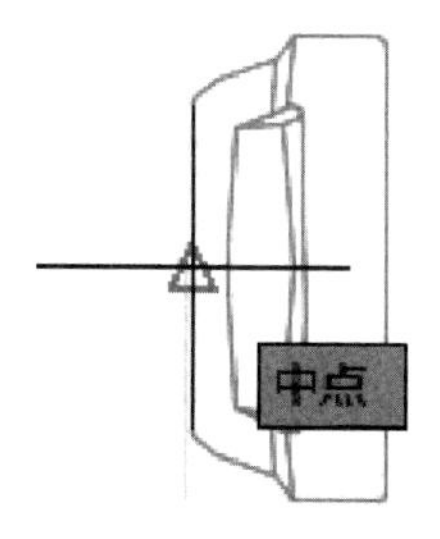

第 6 步 返回【写块】对话框，单击【目标】选项区域中的【文件名和路径】选择按钮，在弹出的对话框中设置文件名及保存路径，如下图所示。

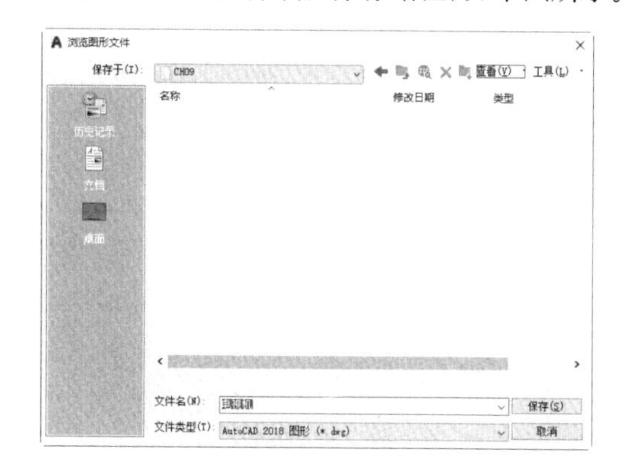

第 7 步 单击【保存】按钮，返回【写块】对话框，单击【确定】按钮即可完成全局块的创建，如下图所示。

第 8 步 重复第 2~4 步，在绘图区域中选择“盆景”为创建写块的对象，如下图所示。

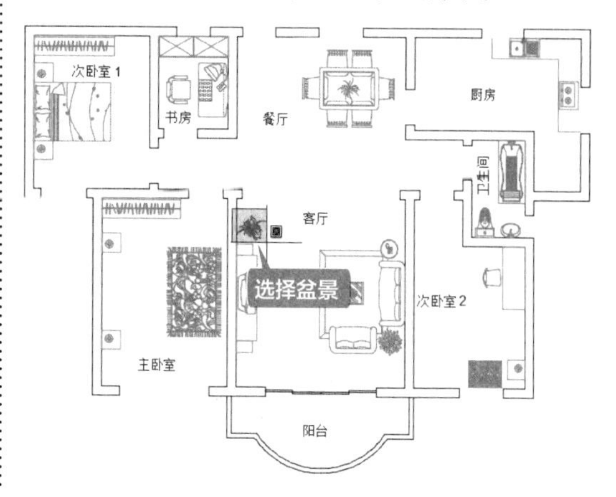

第 9 步 按空格键确认，返回【写块】对话框，单击【拾取点】按钮，然后捕捉如下图所示的圆心为基点。

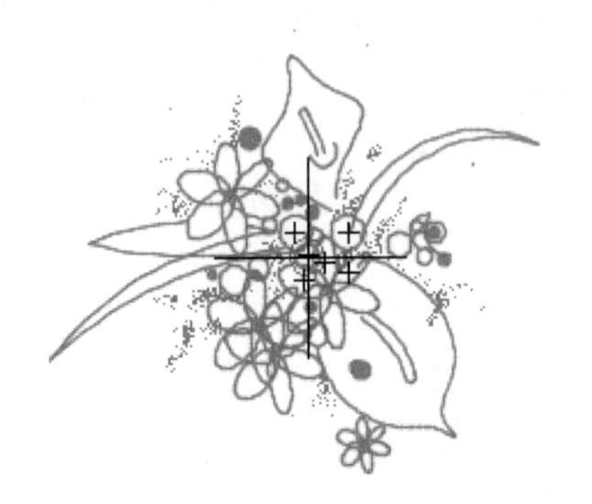

第 10 步 返回【写块】对话框，单击【目标】选项区域中的【文件名和路径】选择按钮，将创建的全局块保存后，返回【写块】对话框，单击【确定】按钮即可完成全局块的创建，如下图所示。

9.1.4 插入内部块

通过块选项板，可以将创建的图块插入到图形中，插入的图块可以进行分解、旋转、镜像、复制等编辑。

第 1 步 单击【默认】选项卡 ➤【图层】面板 ➤【图层】下拉按钮，将“0”层置为当前层，如下图所示。

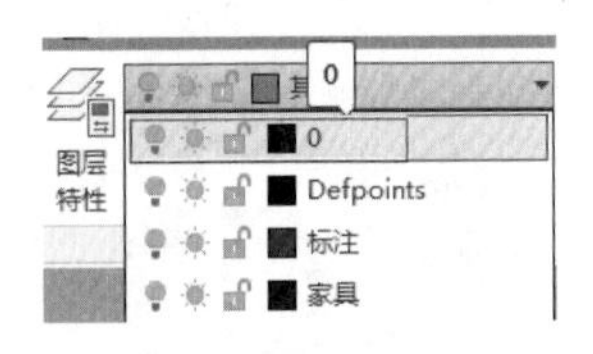

第 2 步 在命令行中输入“I”命令并按空格键，在弹出的【块】选项板 ➤【当前图形】选项卡中选择“单人沙发”，将旋转角度设置为 225，如下图所示。

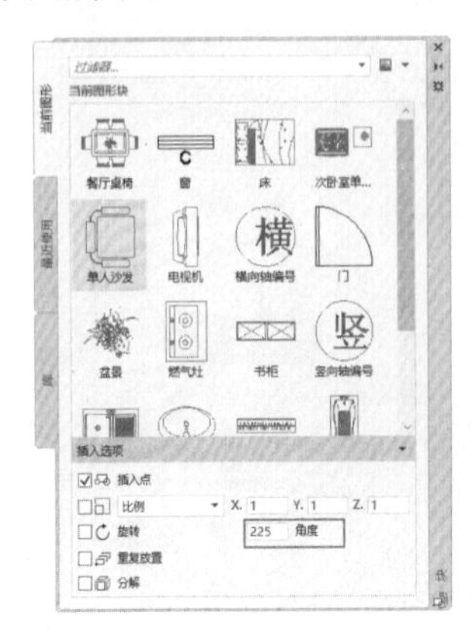

> **提示**
>
> 除了通过输入命令调用【插入】命令外，还可以通过以下方法调用【插入】命令。
>
> （1）单击【默认】选项卡 ➤【块】面板中的【插入】按钮。
>
> （2）单击【插入】选项卡 ➤【块】面板中的【插入】按钮。
>
> （3）选择【插入】➤【块选项板】菜单命令。

第 3 步 在绘图区域中指定插入点，如下图所示。

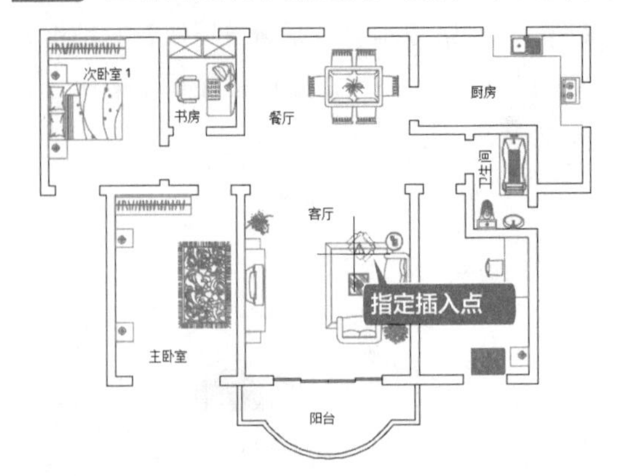

第 4 步 插入后如下图所示。

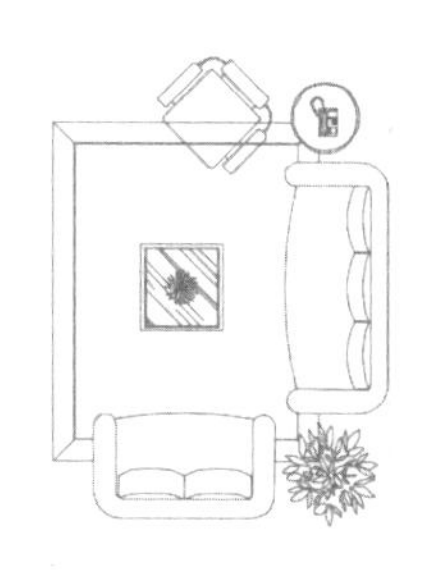

第5步 单击【默认】选项卡➢【修改】面板➢【修剪】按钮✂，把与“单人沙发”图块相交的部分修剪掉，结果如下图所示。

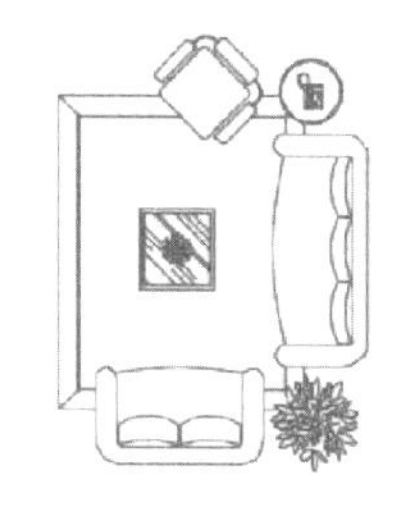

第6步 重复插入命令，选择“床”图块为插入对象，将 Y 方向的比例设置为1.2，如下图所示。

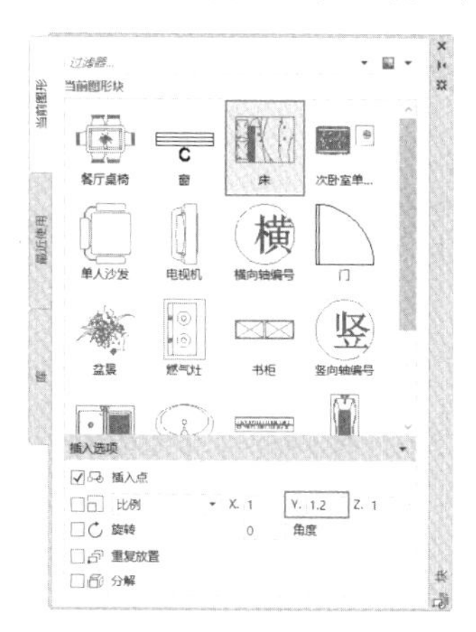

第7步 在绘图区域中指定床头柜的端点为插入点，如下图所示。

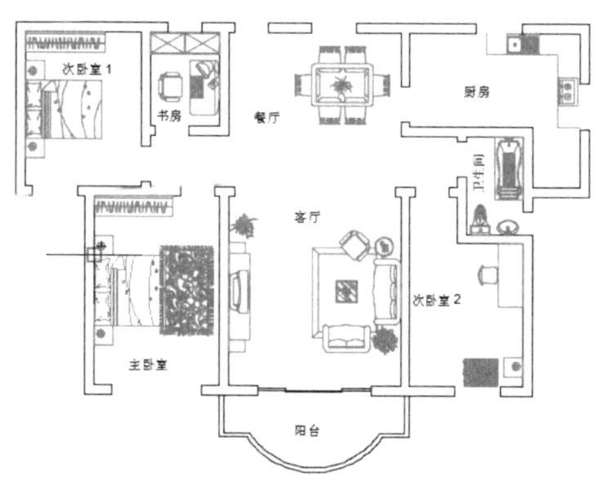

第8步 插入后如下图所示。

第9步 单击【默认】选项卡➢【修改】面板➢【修剪】按钮✂，把与“床”图块相交的地毯修剪掉，并将修剪不掉的部分删除，结果如下图所示。

第10步 重复插入命令，选择“床”图块为插入对象，将 Y 方向的比例设置为0.8，旋转角度设置为180，如下图所示。

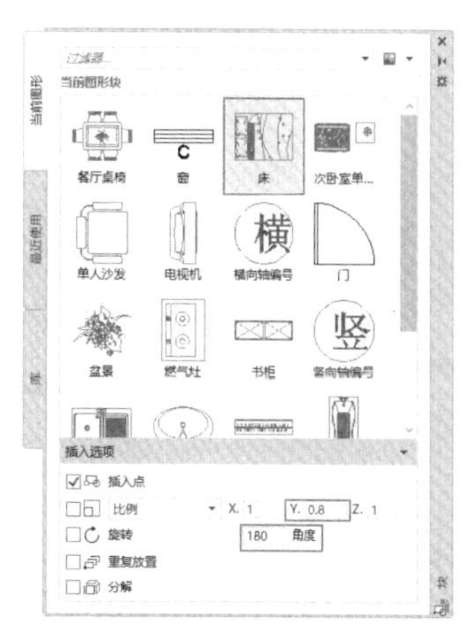

第11步 在绘图区域中指定床头柜的端点为插入点，如下图所示。

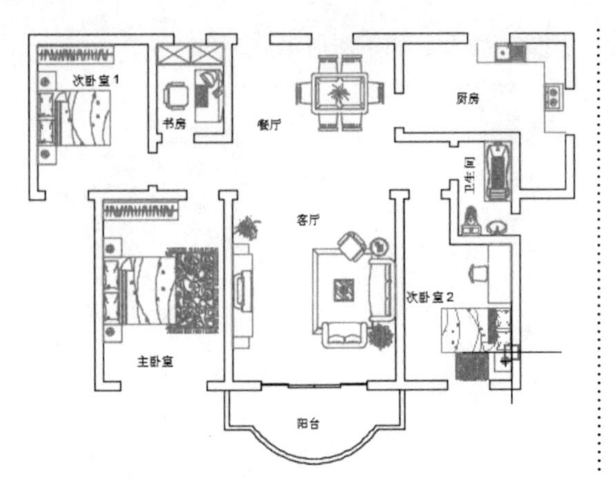

第12步 插入后如下图所示。

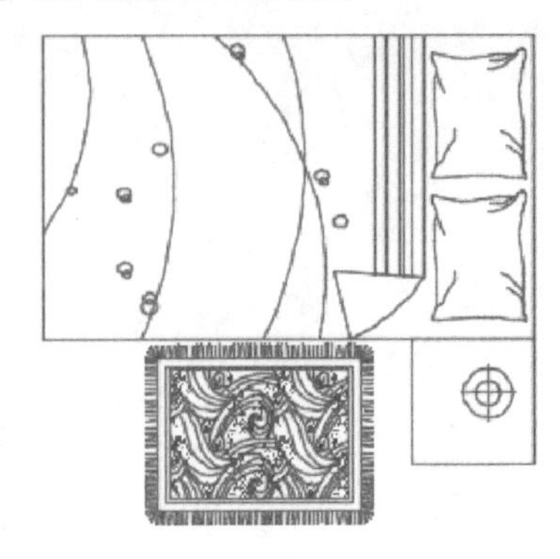

提示

AutoCAD 2021 中块选项板继承了 AutoCAD 2020 中块选项板的总体框架结构，将 AutoCAD 2020 中块选项板的【其他图形】页面更改为【库】页面，如下左图所示。在【库】页面可以直接浏览一个文件夹下面的多张图纸，浏览记录在【库】页面的下拉列表中，如下右图所示。

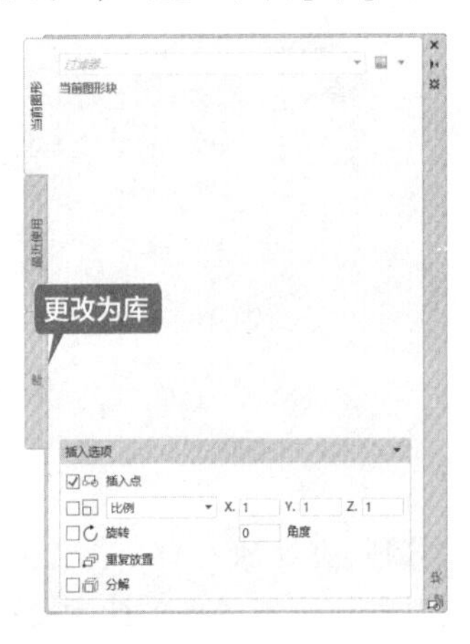

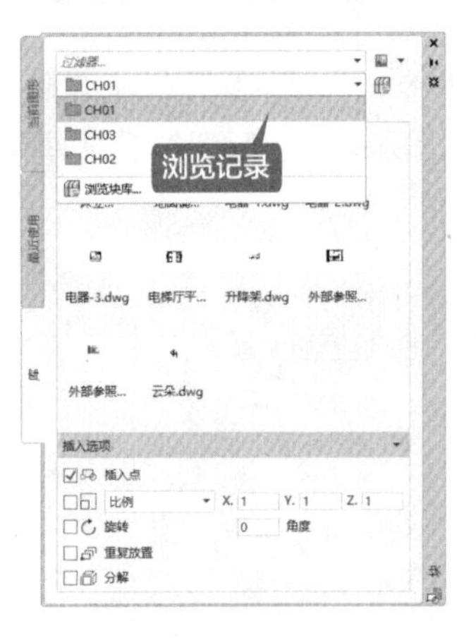

对于浏览到的文件夹中的每张 DWG 图纸，都可以双击进入该图纸图块浏览模式进行图块的查看并插入，如下图所示。如果进入了该图纸图块浏览模式，无法找到所需要的图块，可以单击按钮返回到原来的文件夹图纸浏览模式。

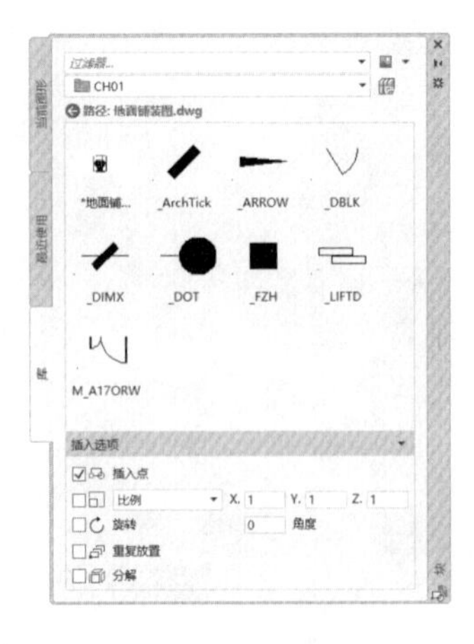

插入的块除了可以用普通修改命令编辑外，还可以通过【块编辑器】对插入的块内部对象进行编辑，而且只要修改一个块，和该块相关的块也会关联着修改，如本例中，将任何一处的“床”图块中的枕头删除一个，其他两个“床”图块中的枕头也将删除一个。通过【块编辑器】编辑图块的操作步骤如下。

第 1 步 单击【默认】选项卡 ➢【块】面板中的【块编辑器】按钮，如下图所示。

提示

除了通过面板调用编辑块命令外，还可以通过以下方法调用编辑块命令。

（1）选择【工具】➢【块编辑器】菜单命令。

（2）在命令行中输入“BEDIT/BE”命令并按空格键确认。

（3）单击【插入】选项卡 ➢【块定义】面板中的【块编辑器】按钮。

（4）双击要编辑的块。

第 2 步 在弹出的【编辑块定义】对话框中选择“床”，如下图所示。

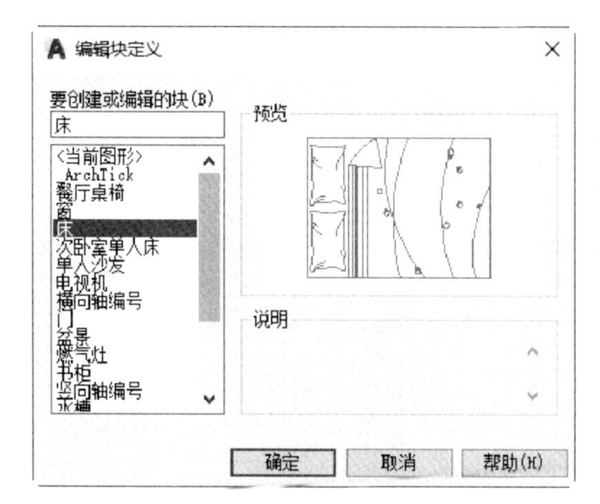

第 3 步 单击【确定】按钮后进入【块编辑器】选项卡，如下图所示。

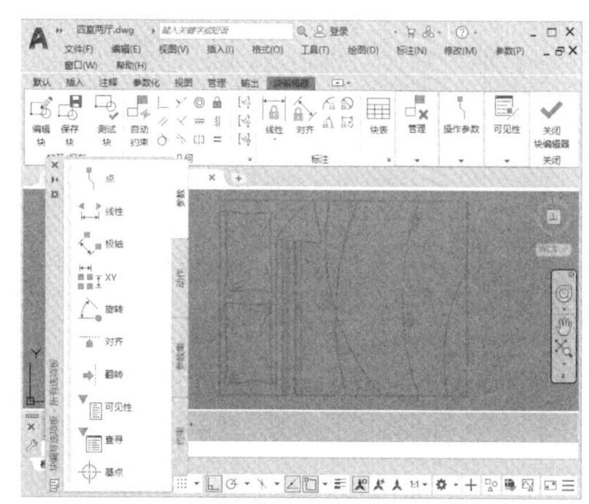

第 4 步 选中下方的“枕头”将其删除，如下图所示。

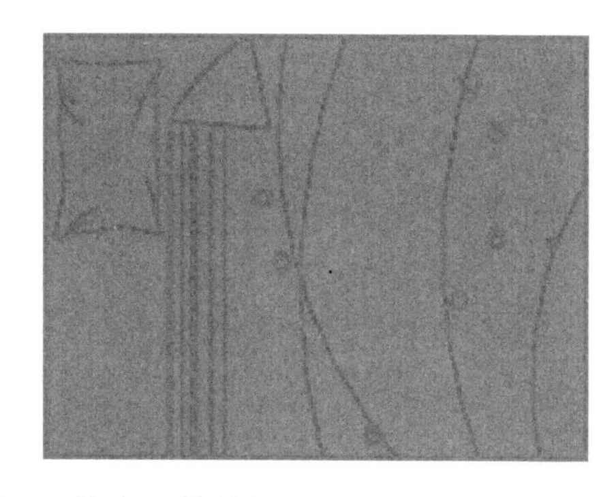

第 5 步 单击【块编辑器】选项卡 ➢【打开 / 保存】面板 ➢【保存块】按钮。保存后单击【关闭块编辑器】按钮，将【块编辑器】关闭，结果如下图所示。

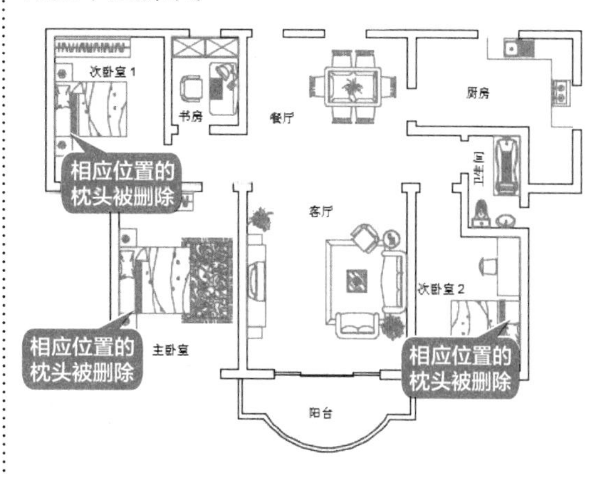

9.1.5 插入带属性的块

插入带属性的块也是通过【插入】对话框插入，不同的是，插入带属性的块后会弹出【属性编辑】对话框，要求输入属性值。

插入带属性的块的具体操作步骤如下。

1. 插入“门”图块

第 1 步 在命令行中输入“I”命令并按空格键，在弹出的【块】选项板 ➢【当前图形】选项卡中选择“门”，并勾选【比例】复选框，如下图所示。

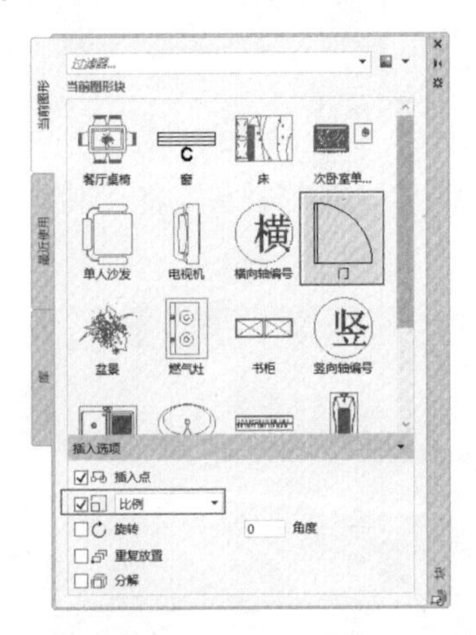

第 2 步 在绘图区域中指定插入点，如下图所示。

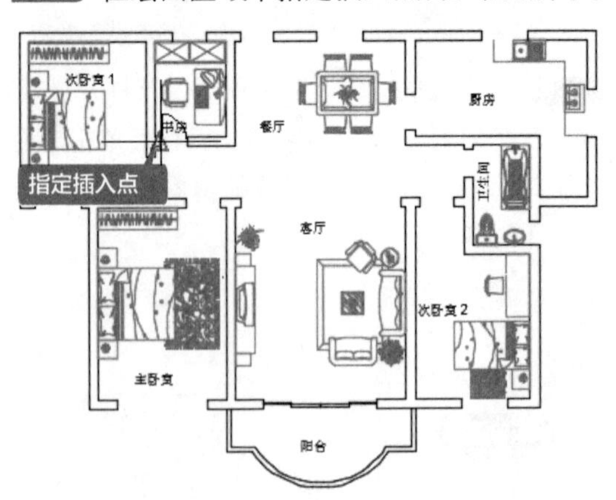

第 3 步 在命令行指定插入比例。

> 输入 X 比例因子，指定对角点，或 [角点 (C)/ xyz(XYZ)] <1>: 7/9
>
> 输入 Y 比例因子或 < 使用 X 比例因子 >: ↙

第 4 步 插入后弹出【编辑属性】对话框，输入门的编号“M1”，如下图所示。

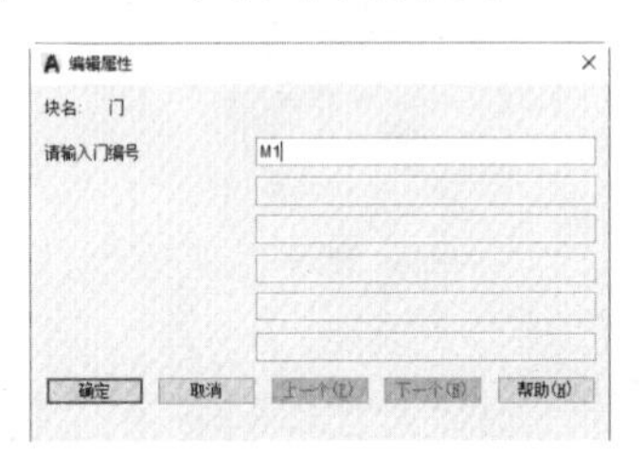

第 5 步 单击【确定】按钮，结果如下图所示。

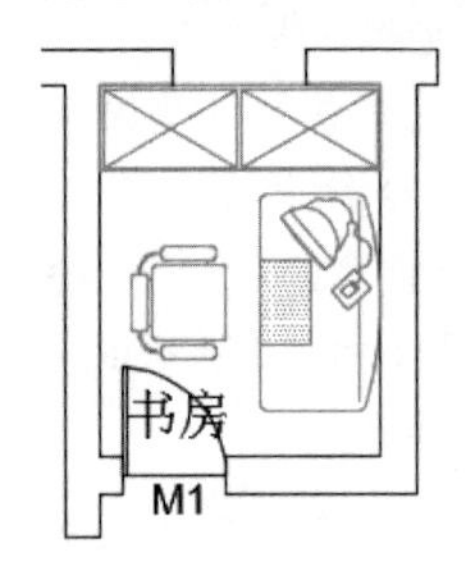

第 6 步 重复插入“门”图块，将 Y 轴方向上的比例改为 -1，如下图所示。

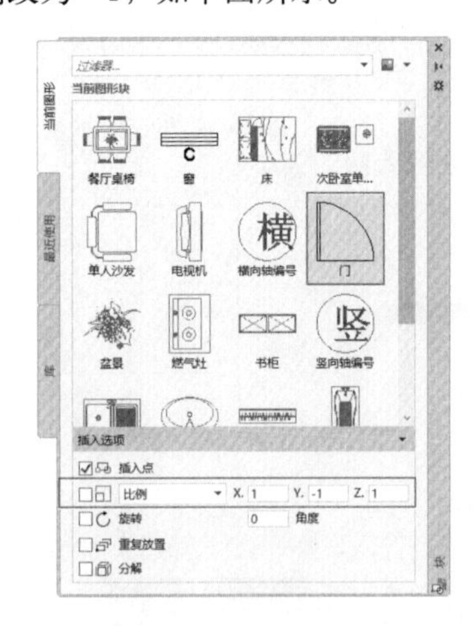

提示

任何轴的负比例因子都将创建块或文件的镜像。指定 X 轴的一个负比例因子时，块围绕 Y 轴作镜像；指定 Y 轴的一个负比例因子时，块围绕 X 轴作镜像。

第 7 步 在绘图区域中指定餐厅墙壁的端点为插入点，如下图所示。

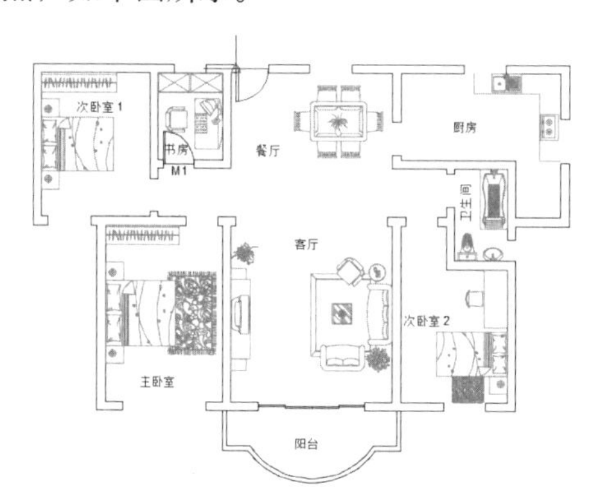

第 8 步 插入后弹出【编辑属性】对话框，输入门的编号“M2”，如下图所示。

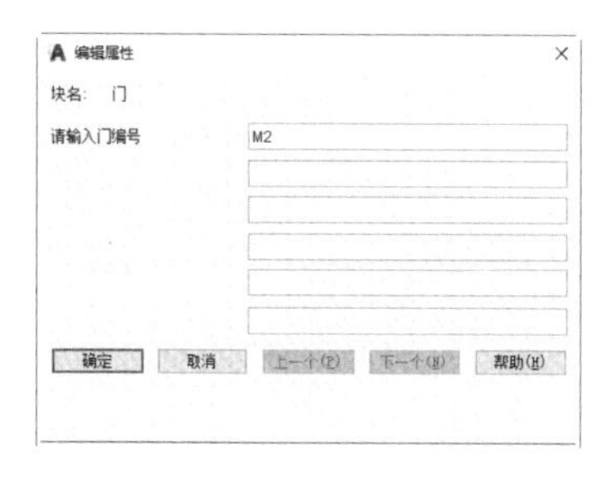

第 9 步 单击【确定】按钮，结果如下图所示。

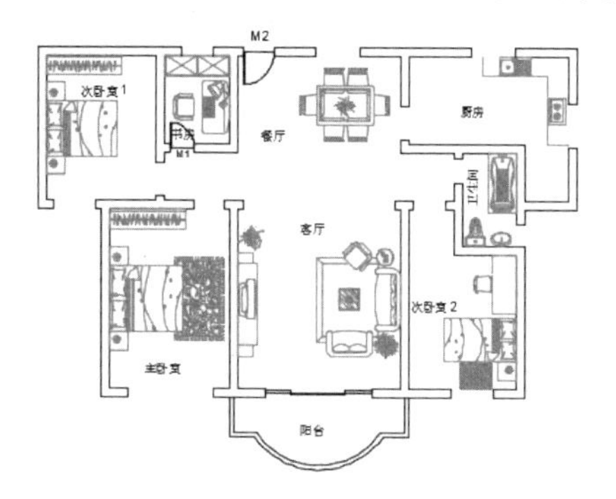

第 10 步 重复插入“门”图块，插入 M3~M7“门”图块，如下图所示。

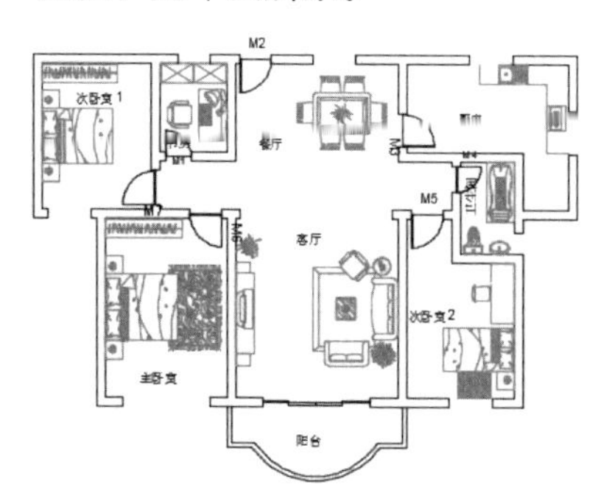

提示

M3~M7“门”图块的插入比例及旋转角度如下。

M3（厨房门）:X=1，Y=−1，90°

M4（卫生间门）:X=−7/9，Y=7/9，180°

M5（次卧室 2 门）:X=1，Y=−1，0°

M6（主卧室门）:X=−1，Y=1，90°

M7（次卧室 1 门）:X=−1，Y=1，0°

第 11 步 双击 M3 的属性值，在弹出的【增强属性编辑器】对话框的【文字选项】选项卡下将文字的旋转角度设置为 0，如下图所示。

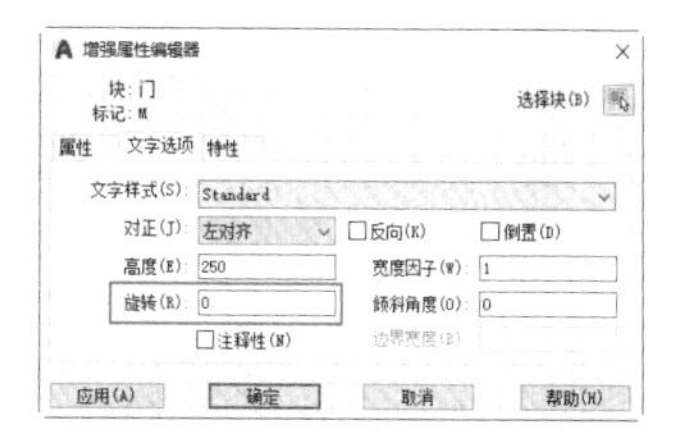

第 12 步 单击【确定】按钮，M3 的方向发生变化，如下图所示。

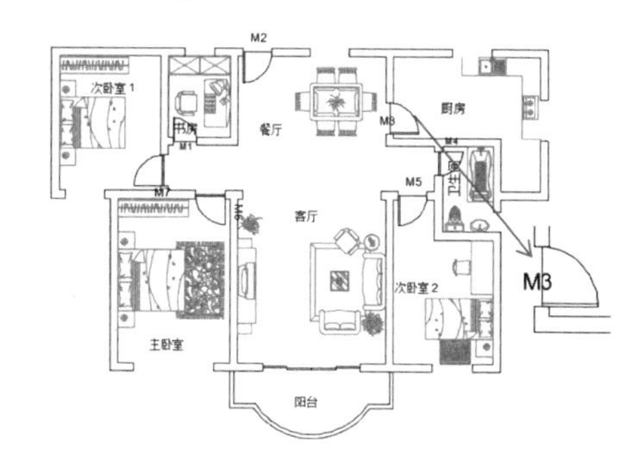

第 13 步 重复第 11 步，将 M6 的旋转角度也改为 0，结果如下图所示。

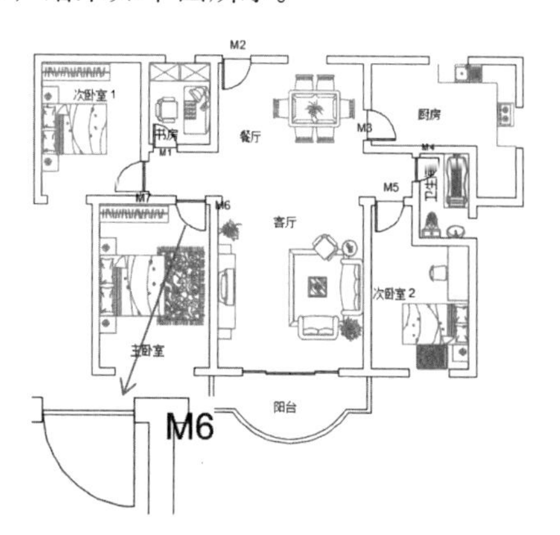

2. 插入“窗”图块

第1步 在命令行中输入“I”命令并按空格键，在弹出的【块】选项板 > 【当前图形】选项卡中选择“窗”，*X*、*Y* 比例都为1，角度为0，如下图所示。

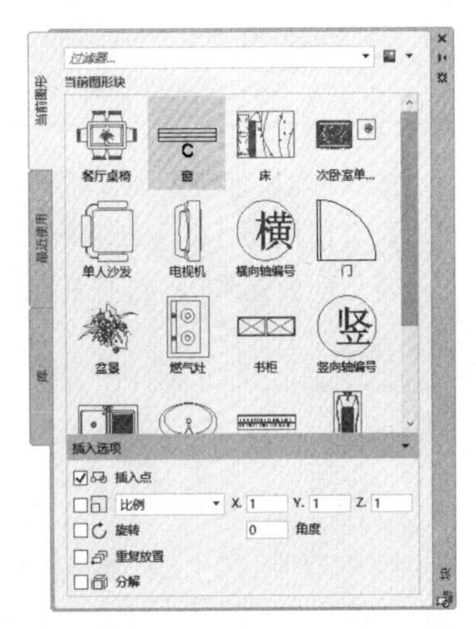

第2步 在绘图区域中指定插入点，如下图所示。

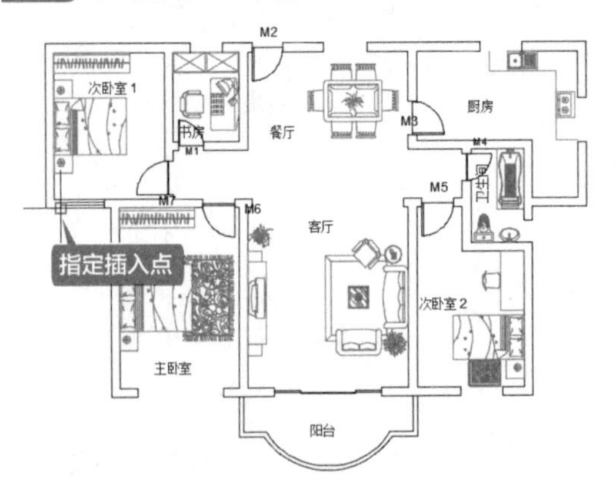

第3步 插入后弹出【编辑属性】对话框，输入窗的编号“C1”，如下图所示。

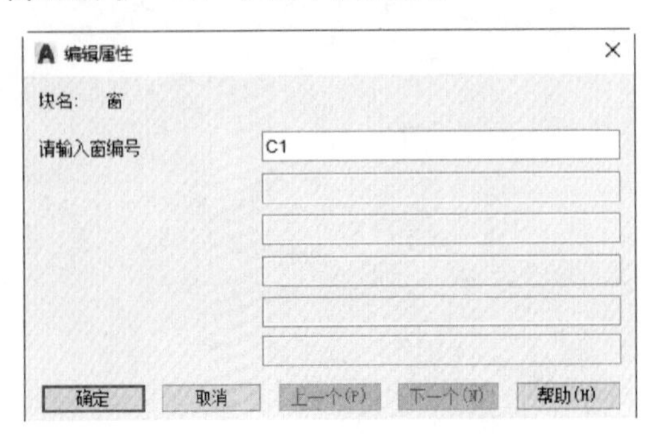

第4步 单击【确定】按钮，结果如下图所示。

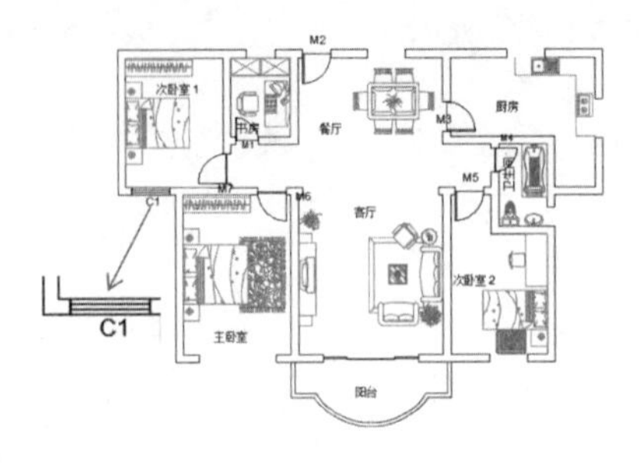

第5步 重复插入“窗”图块，插入C2~C8“窗”图块，如下图所示。

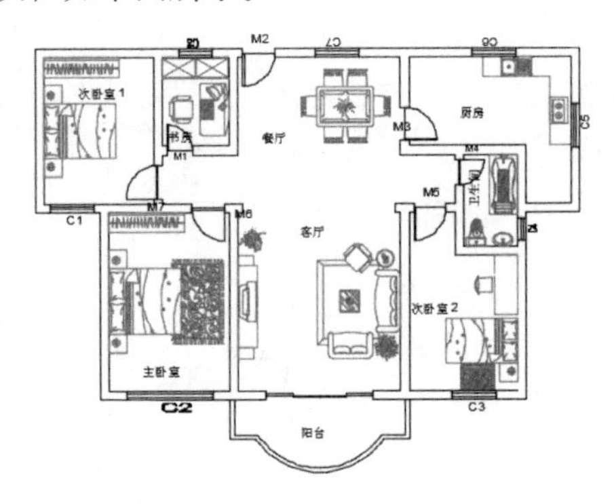

提示

C2~C8“窗”图块的插入比例及旋转角度如下。

C2（主卧窗）:*X*=2，*Y*=1，0°

C3（次卧室2窗）:*X*=1，*Y*=1，0°

C4（卫生间窗）:*X*=0.5，*Y*=1，90°

C5（厨房竖直方向窗）:*X*=1，*Y*=1，90°

C6（厨房水平方向窗）:*X*=1，*Y*=1，180°

C7（餐厅窗）:*X*=1，*Y*=1，180°

C8（书房窗）:*X*=0.75，*Y*=1，180°

第6步 双击C2的属性值，在弹出的【增强属性编辑器】对话框的【文字选项】选项卡下将文字的【宽度因子】设置为1，如下图所示。

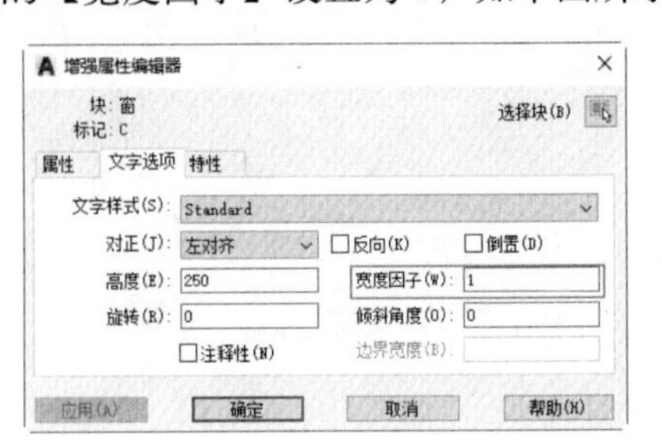

第 7 步 单击【确定】按钮，C2 的字体宽度发生变化，如下图所示。

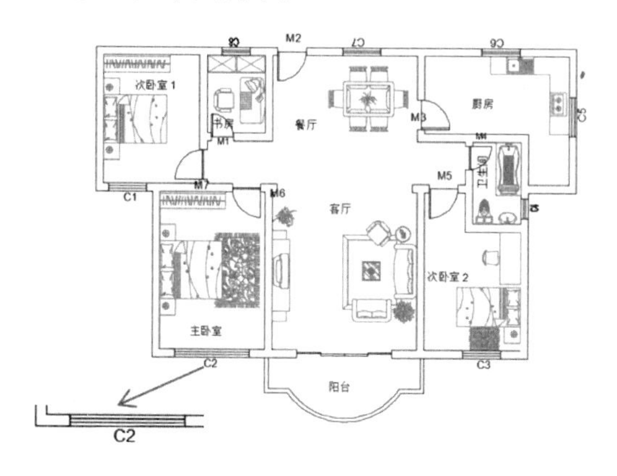

第 8 步 重复第 6 步，将 C4~C8 的旋转角度改为 0，宽度因子设置为 1，结果如下图所示。

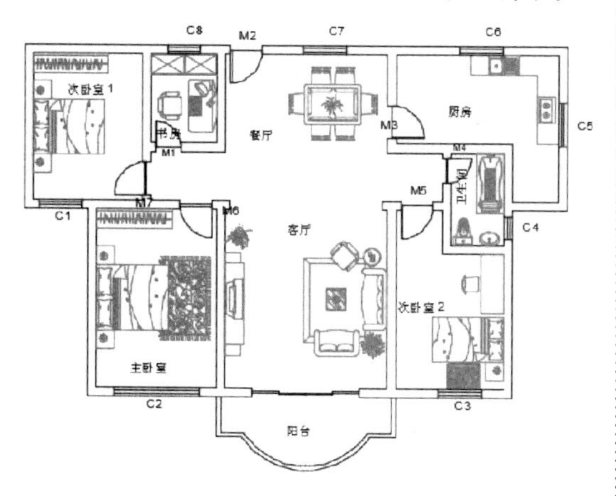

3. 插入“轴编号”图块

第 1 步 单击【默认】选项卡➤【图层】面板➤【图层】下拉列表，将“中轴线”层打开，如下图所示。

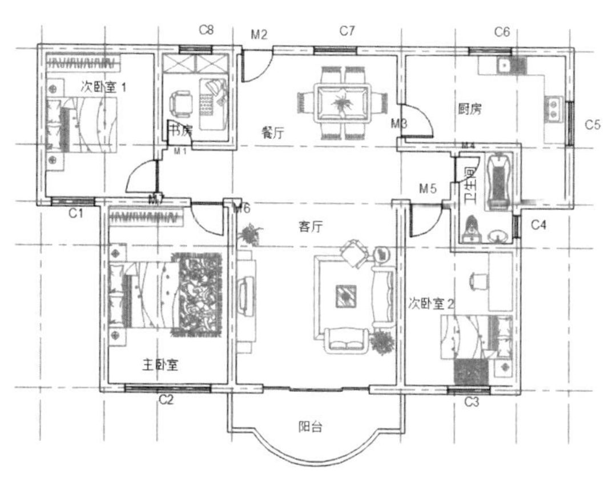

第 2 步 在命令行中输入“I”命令并按空格键，在弹出的【块】选项板➤【当前图形】选项卡中选择“横向轴编号”，*X*、*Y* 比例都为 1，角度为 0，如下图所示。

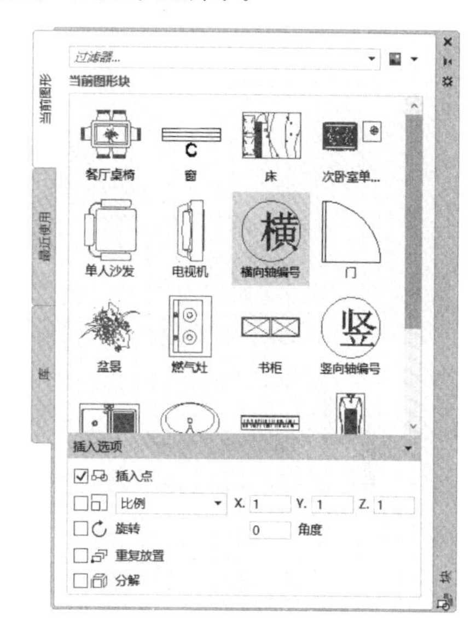

第 3 步 在绘图区域中指定插入点，如下图所示。

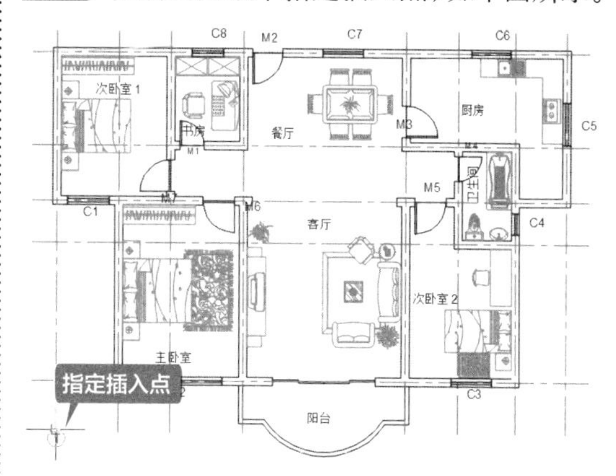

第 4 步 插入后弹出【编辑属性】对话框，输入轴的编号“1”，如下图所示。

编辑属性

块名： 横向轴编号

请输入轴编号 1

确定 取消 上一个(P) 下一个(N) 帮助(H)

第 5 步 单击【确定】按钮，结果如下图所示。

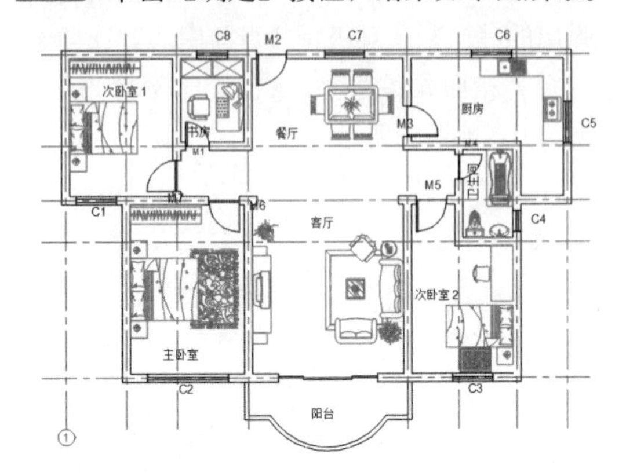

第 6 步 重复插入“横向轴编号”图块，插入 2~8 号轴编号，插入的比例都为 1，旋转角度都为 0，如下图所示。

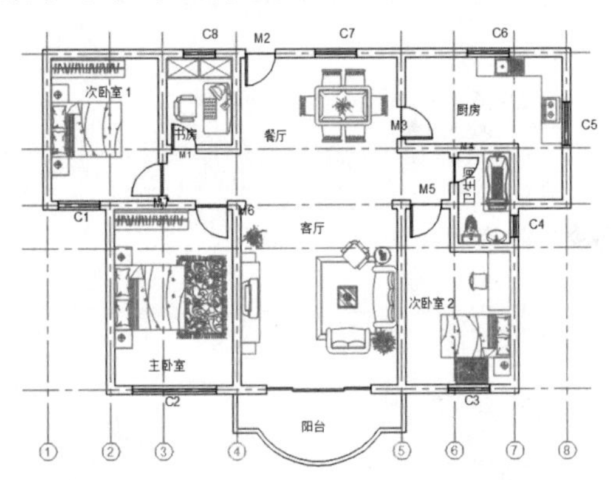

第 7 步 重复插入命令，选择“竖向轴编号”，*X*、*Y* 比例都为 1，角度为 0，如下图所示。

第 8 步 在绘图区域中指定插入点，如下图所示。

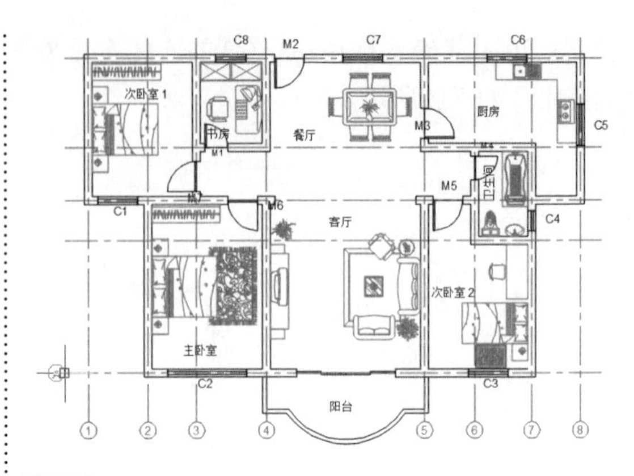

第 9 步 插入后弹出【编辑属性】对话框，输入轴的编号“A”，如下图所示。

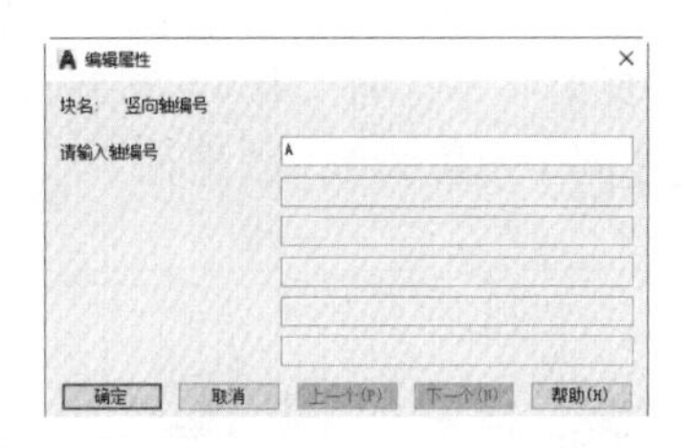

第 10 步 单击【确定】按钮，结果如下图所示。

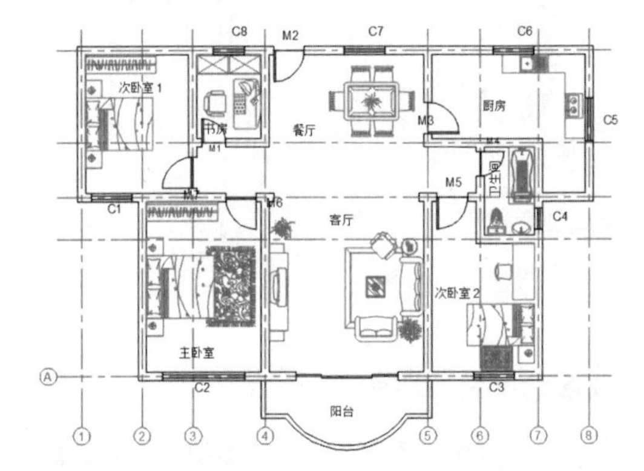

第 11 步 重复插入“竖向轴编号”图块，插入 B~E 号轴编号，插入的比例都为 1，旋转角度都为 0，如下图所示。

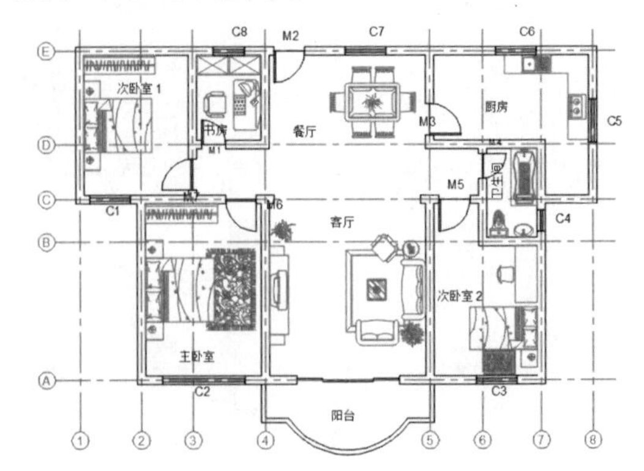

9.1.6 插入全局块

全局块的插入方法和内部块、带属性的块的插入方法相同，都是通过【块】选项板设置合适的比例、角度后插入到图形中。

插入全局块的具体操作步骤如下。

第 1 步 在命令行中输入“I”命令并按空格键，在弹出的【块】选项板 ➢【当前图形】选项卡中选择“盆景”，插入的比例为 1，角度为 0，如下图所示。

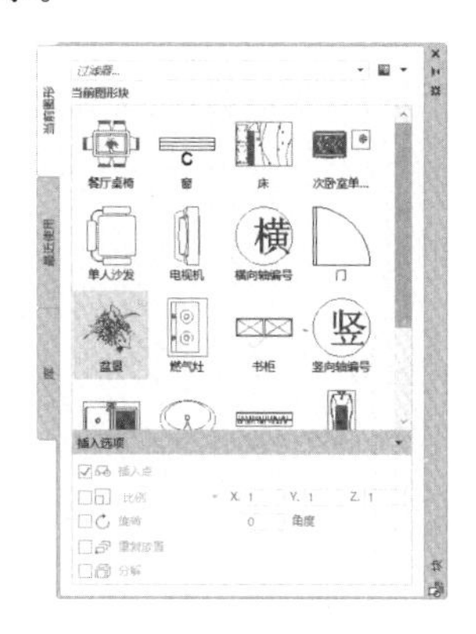

第 2 步 在绘图区域中指定插入点，如下图所示。

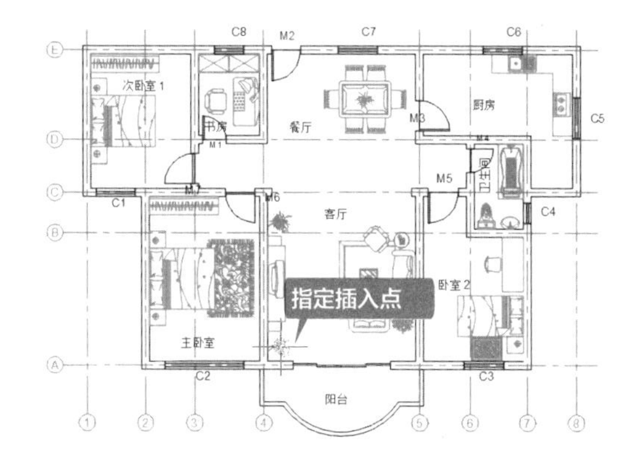

第 3 步 插入后如下图所示。

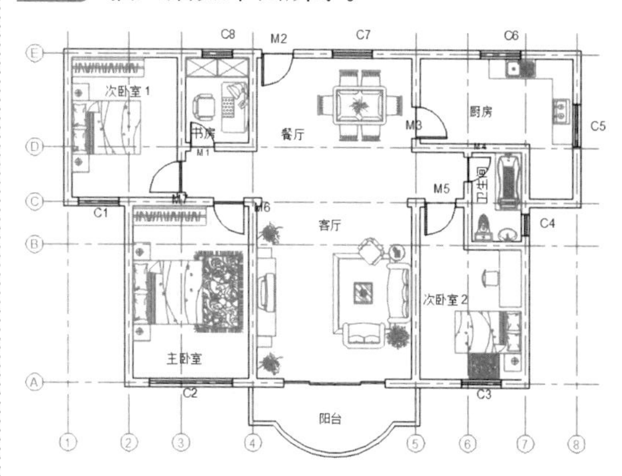

第 4 步 重复第 1~2 步，在阳台上插入“盆景”图块，结果如下图所示。

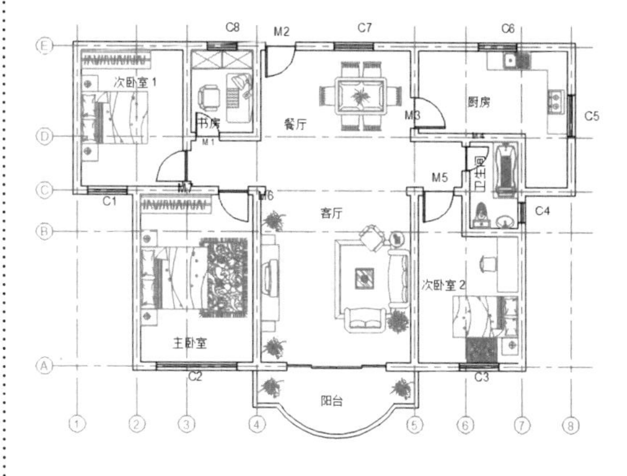

9.2 给住宅平面图插入全局块

全局块除了能插入当前图形文件外，还可以插入到其他图形文件，本例就将 9.1.3 节创建的“电视机”全局块插入到其他平面图中。

第 1 步 打开随书配套资源中的“素材 \CH09\ 住宅平面图 .dwg”文件，如下图所示。

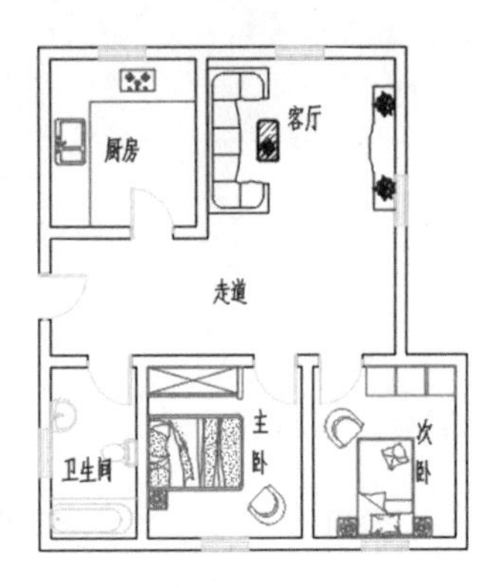

第 2 步 调用插入块命令，在弹出的【块】选项板 ➢【库】选项卡中单击按钮，如下图所示。

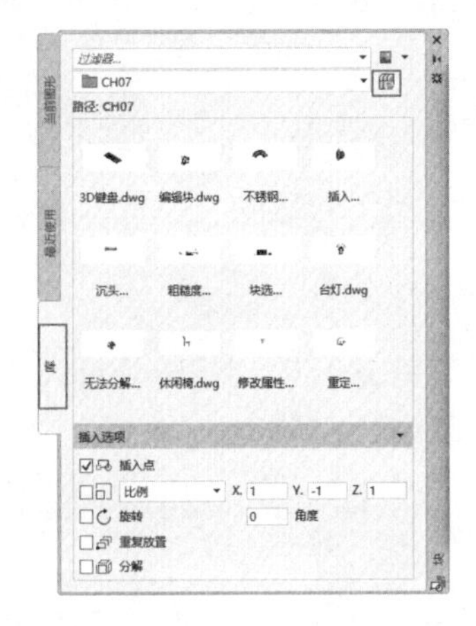

第 3 步 在弹出的【为块库选择文件夹或文件】对话框中选择 9.1.3 节创建的“电视机”图块，如下图所示。

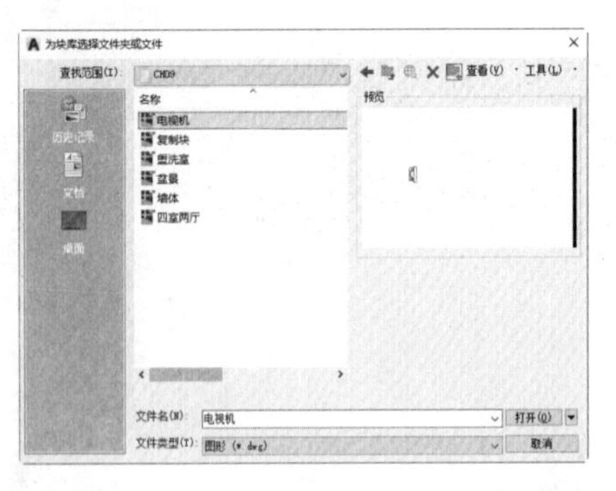

第 4 步 单击【打开】按钮，回到【块】选项板后将 X 轴的比例设置为 −0.8，Y 和 Z 轴的比例为 0.8，其他设置不变，如下图所示。

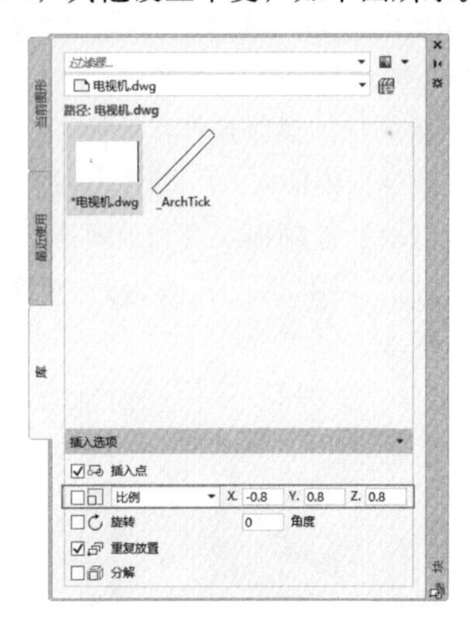

第 5 步 在绘图区域中指定插入点，将“电视机”插入到客厅后如下图所示。

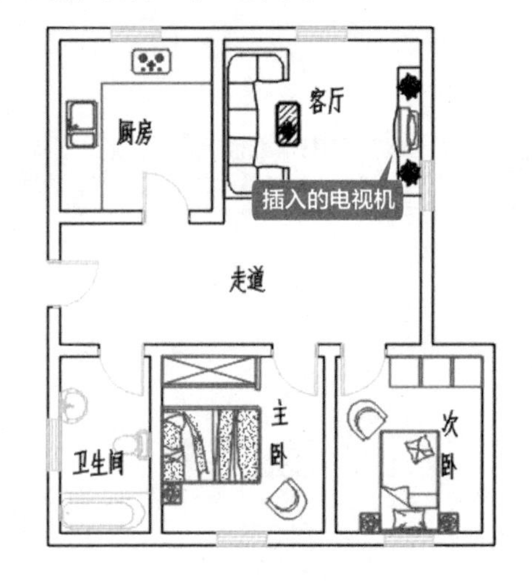

9.3 外部参照

外部参照相对于图块具有节省空间、自动更新、便于区分和处理，以及能进行局部裁剪等优点。

9.3.1 附着外部参照

附着外部参照可以是 DWG、DWF、DGN、PDF 文件及图像或点云等，具体要附着哪种类型的文件，可以在【外部参照】选项板中选择。

下面通过将“浴缸”和“坐便器”附着到盥洗室来介绍附着外部参照的具体操作步骤。

第 1 步 打开随书配套资源中的“素材\CH09\盥洗室 .dwg”文件，如下图所示。

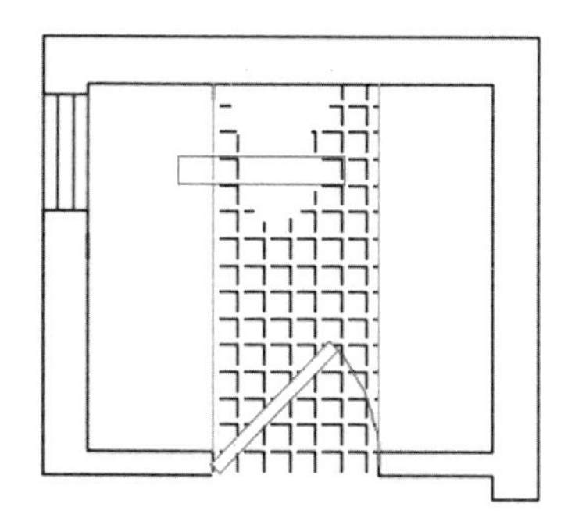

第 2 步 在命令行中输入“ER”命令，并按空格键确认，弹出【外部参照】选项板，如下图所示。

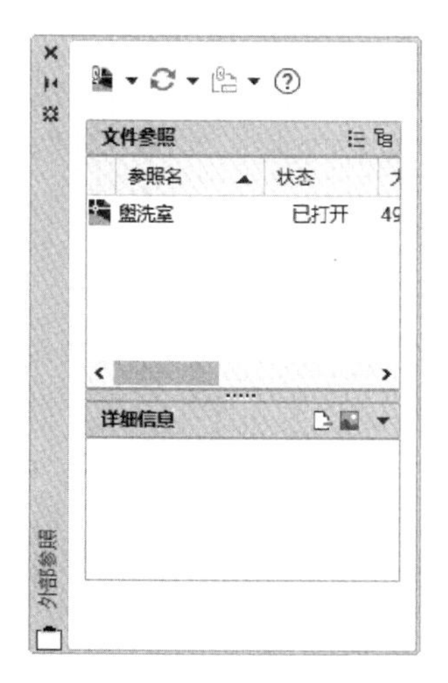

提示

除了通过命令行调用【外部参照】命令外，还可以通过以下方法调用【外部参照】命令。

（1）选择【插入】➤【外部参照】菜单命令。

（2）单击【插入】选项卡➤【参照】面板右下角的 ↘ 按钮。

第 3 步 单击左上角的附着下拉按钮，选择附着的文件类型，这里选择【附着 DWG】选项，如下图所示。

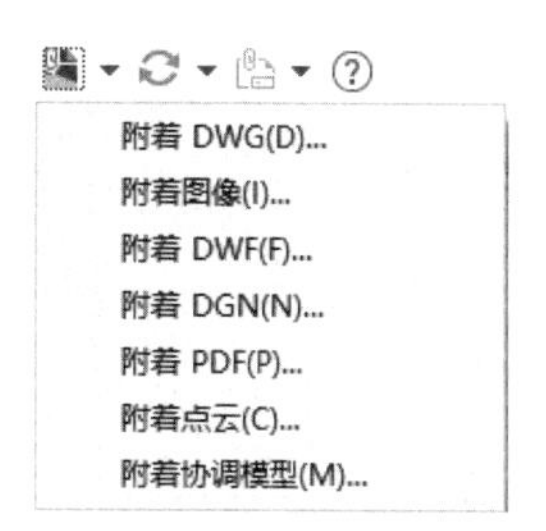

第 4 步 在弹出的【选择参照文件】对话框中选择随书配套资源中的“浴缸”，如下图所示。

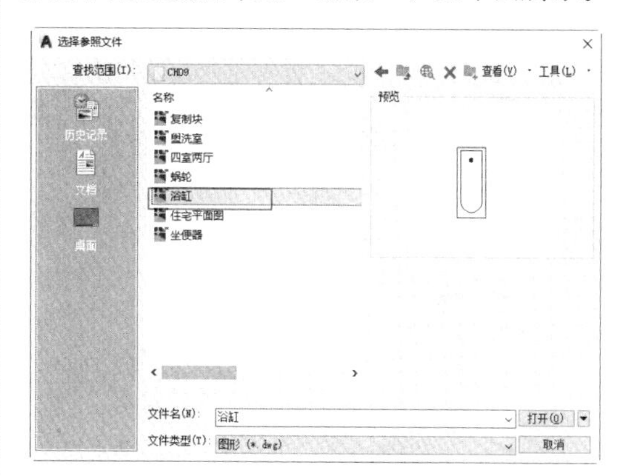

第 5 步 单击【打开】按钮，弹出【附着外部参照】对话框，在该对话框中可以对附着的参照进行设置，如下图所示。

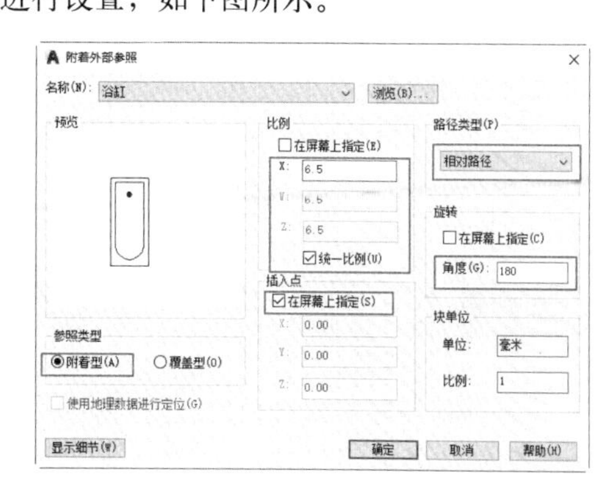

提示

附着型：该选项可确保在其他人参照当前的图形时，外部参照会显示。

覆盖型：如果是在联网环境中共享图形，并且不想通过附着外部参照改变自己的图形，则可以使用该选项。正在绘图时，如果其他人附着您的图形，则覆盖图形不显示。

第6步 单击【确定】按钮，将“浴缸”附着到当前图形后如下图所示。

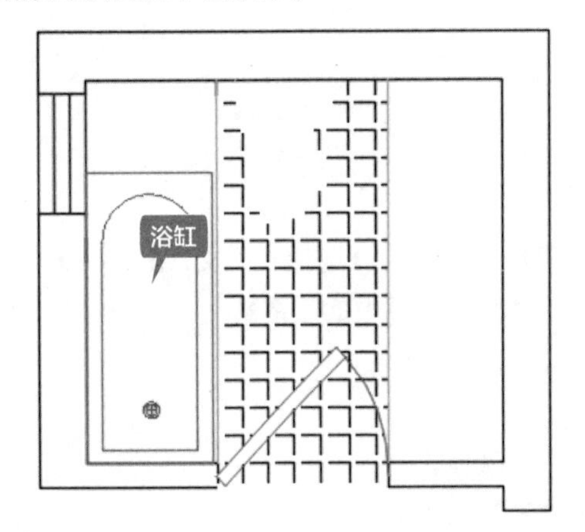

第7步 重复第3~5步，添加“坐便器”外部参照，设置比例为2，【路径类型】设置为“完整路径”，如下图所示。

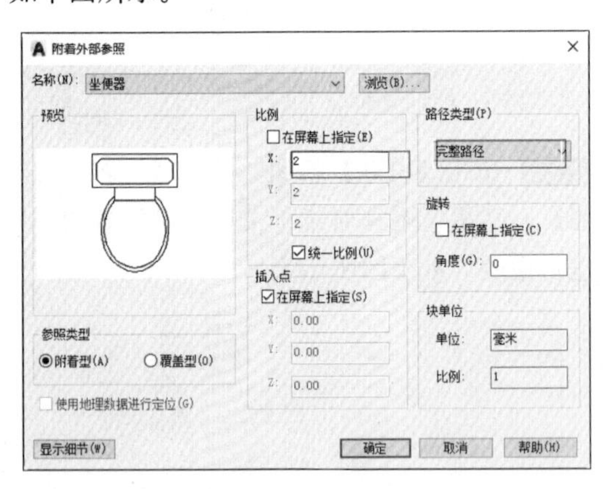

提示

在【外部参照】选项板中可以对两种保存路径进行对比，如下图所示。

参照名	状态	大小	类型	日期	保存路径
盥洗室*	已打开	49.4 KB	当前	2011/12/5 星期...	
浴缸	已加载	97.8 KB	附着	2011/12/5 星期...	.\浴缸.dwg
坐便器	已加载	57.7 KB	附着	2011/12/5 星期...	E:\素材\CH09\坐便器.dwg

第8步 单击【确定】按钮，将“坐便器”附着到当前图形后如下图所示。

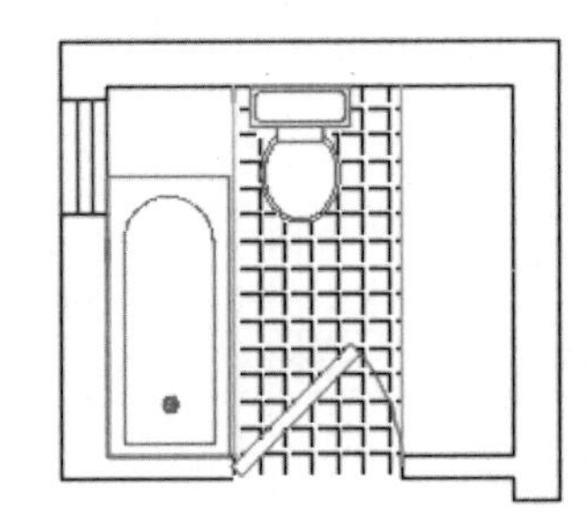

提示

如果【相对路径】不是默认选项，可使用新的系统变量 REFPATHTYPE 进行修改。该系统变量值设为 0 时表示“无路径”，设为 1 时表示“相对路径”，设为 2 时则表示“完整路径”。

即使当前主图形未保存，也可以指定参照文件的保存路径为相对路径，此时如果在【外部参照】选项板中选择参照文件，则【保存路径】列将显示带有“*”前缀的完整路径，指示保存当前主图形时将生效。【详细信息】窗格中的特性也指示参照文件待定相对路径。

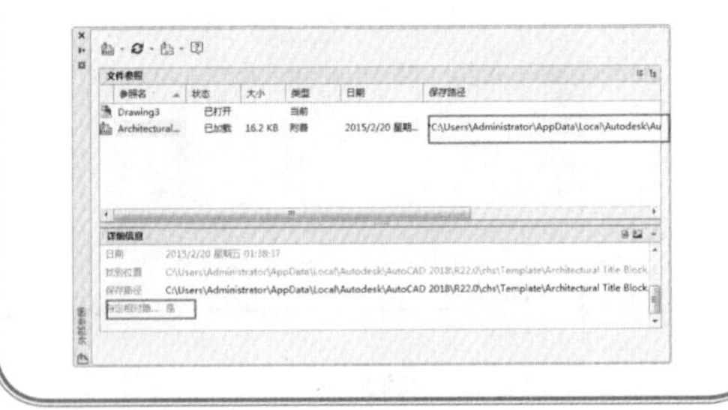

9.3.2 选择新路径和查找替换

【选择新路径】允许用户浏览到缺少的参照文件的新位置（修复一个文件），然后提供可将相同的新位置应用到其他缺少的参照文件（修复所有文件）的选项。

【查找和替换】可从选定的所有参照（多项选择）中找出使用指定路径的所有参照，并将

该路径的所有匹配项替换为指定的新路径。

第 1 步 如果参照文件被移动到其他位置，则打开附着外部参照的文件时，会弹出未找到参照警示，例如，将“坐便器”文件移动到桌面，重新打开附着该文件的“盥洗室”时，系统弹出如下图所示的警示。

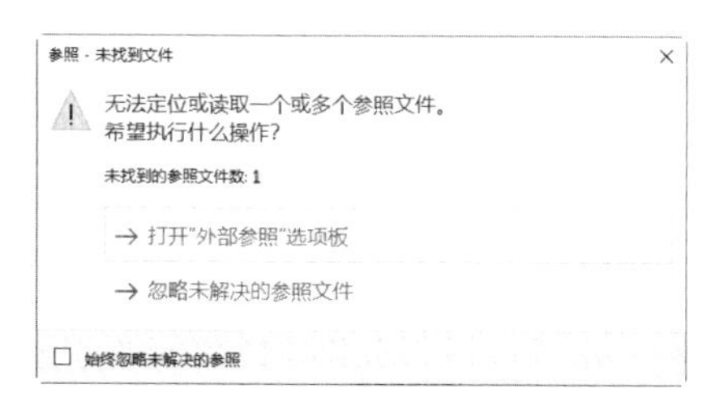

第 2 步 选择【打开“外部参照”选项板】选项，结果如下图所示。

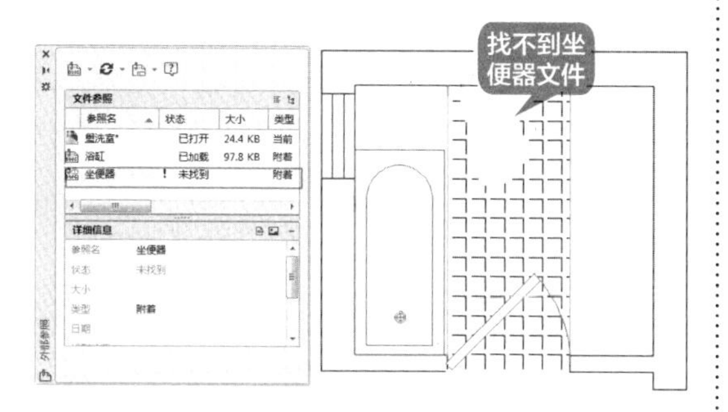

第 3 步 右击【外部参照】选项板中的“坐便器”，在弹出的快捷菜单中选择【选择新路径】，如下图所示。

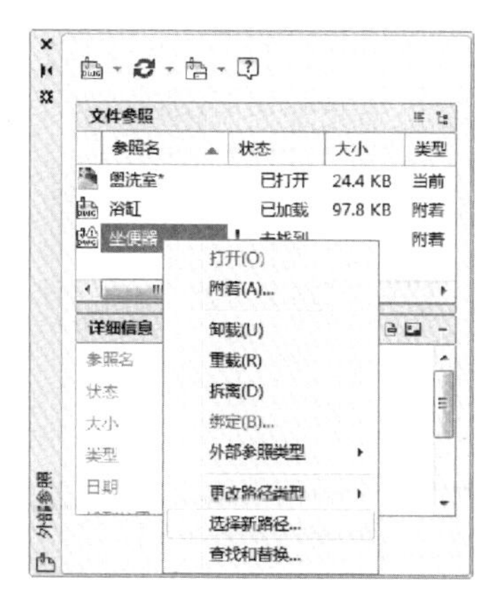

第 4 步 在弹出的【选择新路径】对话框中选择新的文件路径，如下图所示。

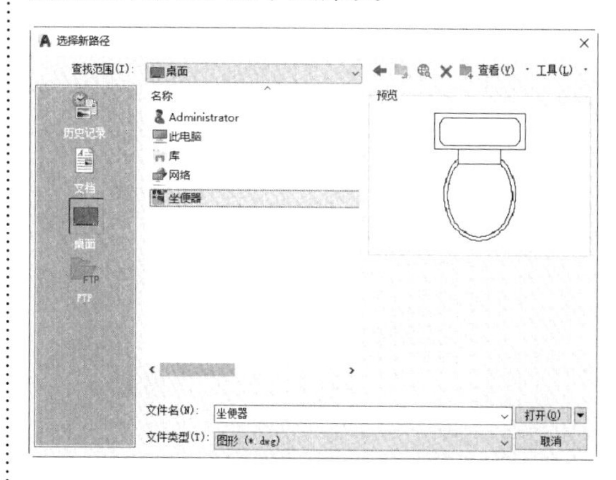

第 5 步 单击【打开】按钮，结果如下图所示。

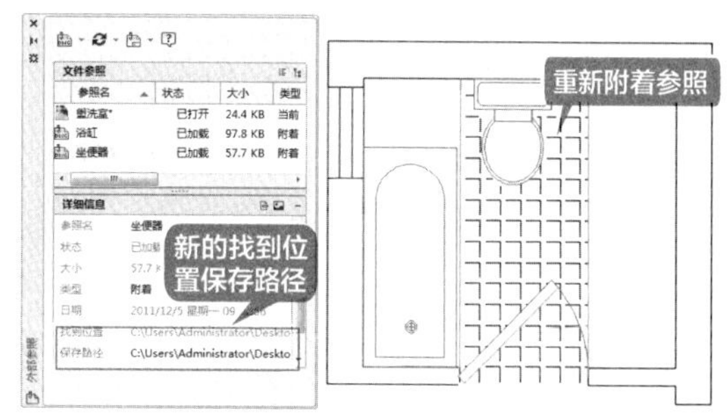

提示

除了【选择新路径】，也可以通过【查找和替换】来重新为外部参照指定新路径。

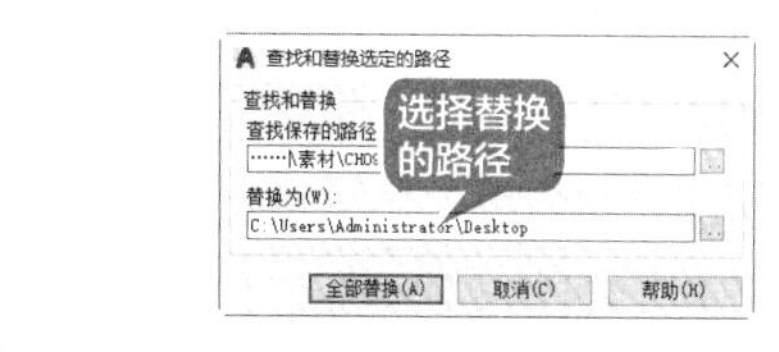

9.3.3 卸载或重载

外部参照卸载后，可以通过重载重新添加外部参照。外部参照虽然被卸载了，但是在【外

部参照】选项板中仍然保留有记录，可以通过【打开】选项来查看该参照图形。

第1步 右击【外部参照】选项板中的“浴缸”，如下图所示。

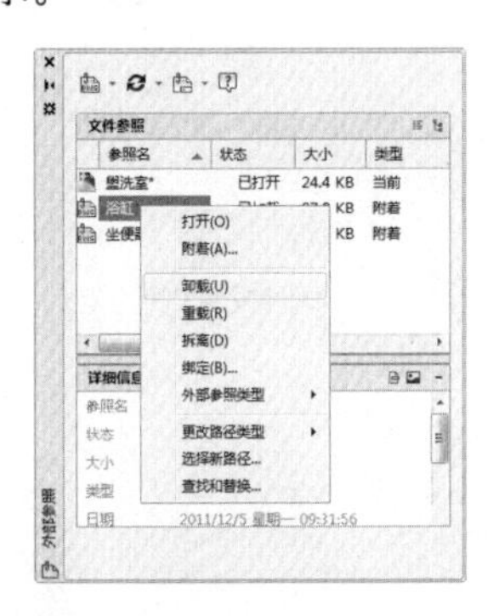

第2步 在弹出的快捷菜单中选择【卸载】，结果如下图所示。

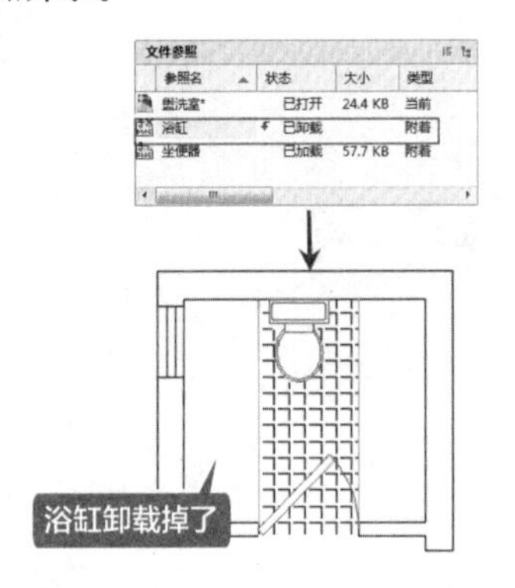

第3步 右击【外部参照】选项板中的“浴缸”，在弹出的快捷菜单中选择【打开】，“浴缸”文件打开后如下图所示。

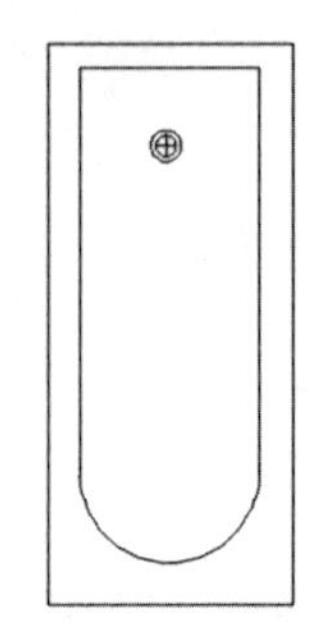

第4步 右击【外部参照】选项板中的“浴缸”，在弹出的快捷菜单中选择【重载】，重载后如下图所示。

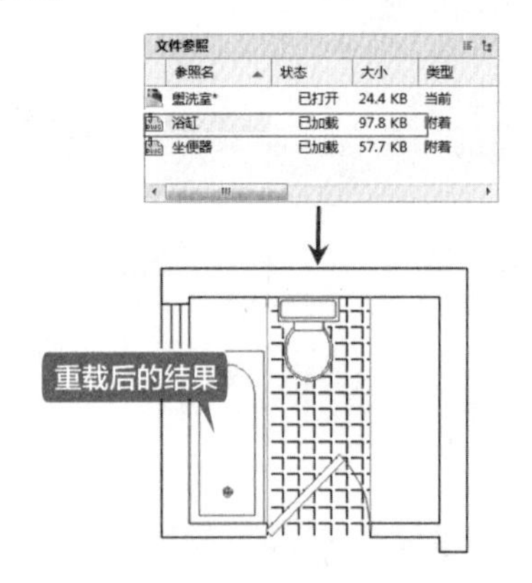

9.3.4 绑定外部参照

将外部参照图形绑定到当前图形后，外部参照图形将以当前图形的“块”的形式存在，并在【外部参照】选项板中消失。绑定外部参照可以很方便地对图形进行分发和传递，而不会出现无法显示参照的错误提示。

第1步 在【外部参照】选项板中选中“浴缸”和“坐便器”并单击鼠标右键，如下图所示。

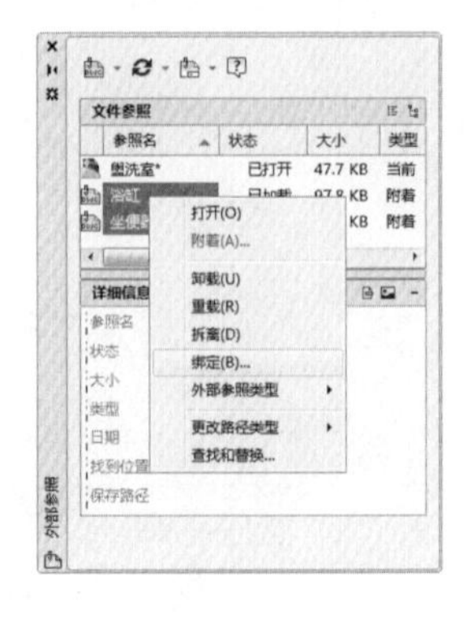

第2步 在弹出的快捷菜单中选择【绑定】命令，弹出【绑定外部参照/DGN 参考底图】对话框，如下图所示。

第3步 选择【绑定】，然后单击【确定】按钮，“浴缸”和“坐便器”参照从【外部参照】选项板中删除（但并不从图形中删除），如下图所示。

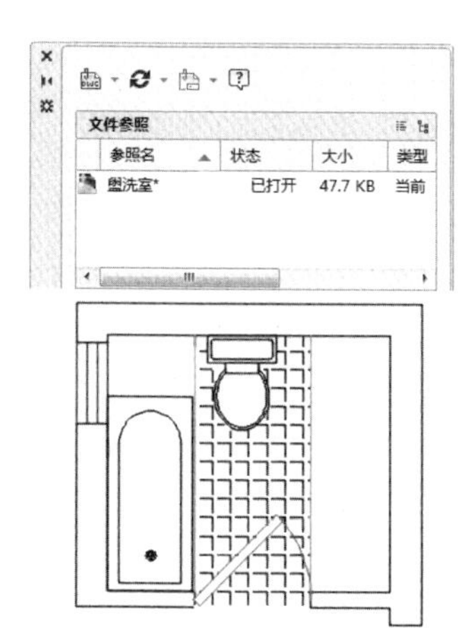

第4步 在命令行输入“I”并按空格键，在弹出的【块】选项板 ➤【当前图形】选项卡中可以看到“浴缸”和“坐便器”已成为当前图形的“块”，如下图所示。

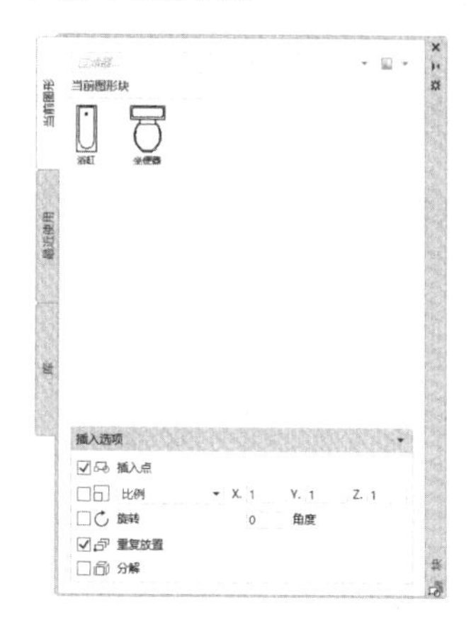

提示

将外部参照与当前图形绑定后，即使删除了外部参照，也可以通过【插入】命令，将其重新插入到图形中，而不会出现无法显示参照的错误提示。

添加基准符号和粗糙度

给蜗轮添加基准符号和粗糙度，首先创建基准符号图块和带属性的粗糙度图块，然后将基准符号图块和带属性的粗糙度图块插入到图形中相应的位置即可。

给蜗轮添加基准符号和粗糙度的具体操作步骤和顺序如表 9-1 所示。

表 9-1　给蜗轮添加基准符号和粗糙度

步骤	创建方法	结　果	备　注
1	创建基准符号图块		圆的直径为 15，字体高度为 10 创建块时指定两直线的交点为插入基点

续表

步骤	创建方法	结果	备注
2	创建带属性的粗糙度图块	粗糙度 60° 30 15	将属性值默认为 3.2，文字高度设定为 7.5 创建块时指定两斜线的交点为插入基点
3	插入基准符号图块	16JS9 Ø55H7 A 59.3	旋转角度为 45°
4	插入粗糙度图块	0.05 A 0.02 A 55 45 1.6 0.02 A ø120 ø110 ø100±0.05 ø95 ø88 75±0.035 16JS9 3.2 Ø55H7 A 59.3	

◇ 利用“复制”创建块

除了上面介绍的创建块的方法外，还可以通过【复制】命令创建块，通过【复制】命令创建的块具有全局块的特点，既可以放置（粘贴）在当前图形中，也可以放置（粘贴）在其他图形中。

提示

这里的“复制”不是 AutoCAD 修改里的【COPY】命令，而是 Windows 中的【Ctrl+C】组合键。

利用【复制】命令创建内部块的具体操作步骤如下。

第1步 打开随书配套资源中的“素材\CH09\复制块.dwg”文件，如下图所示。

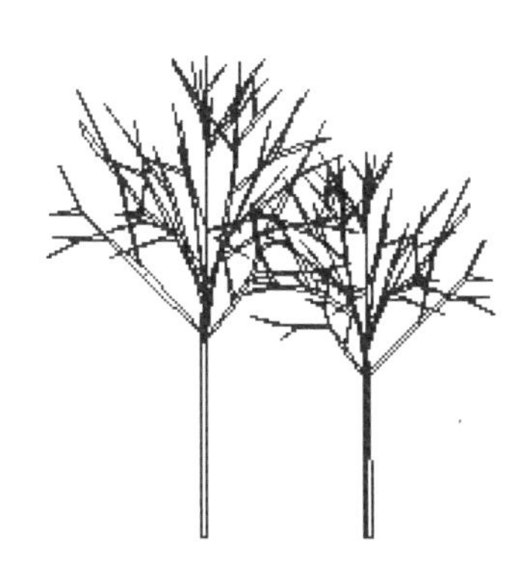

第 2 步 选择如下图所示的图形对象。

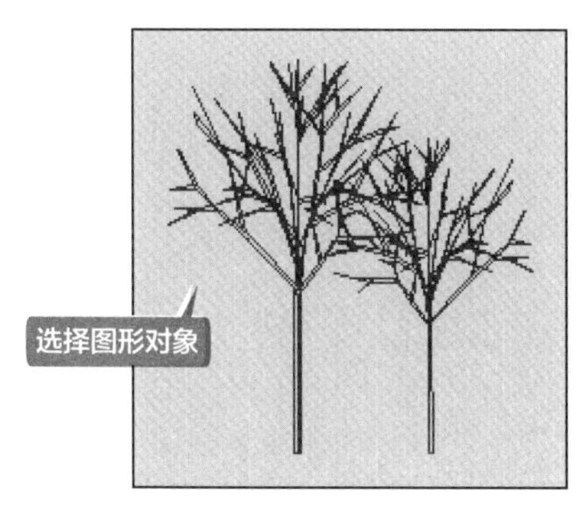

第 3 步 在绘图区域中单击鼠标右键，并在弹出的快捷菜单中选择【剪贴板】➢【复制】命令，如下图所示。

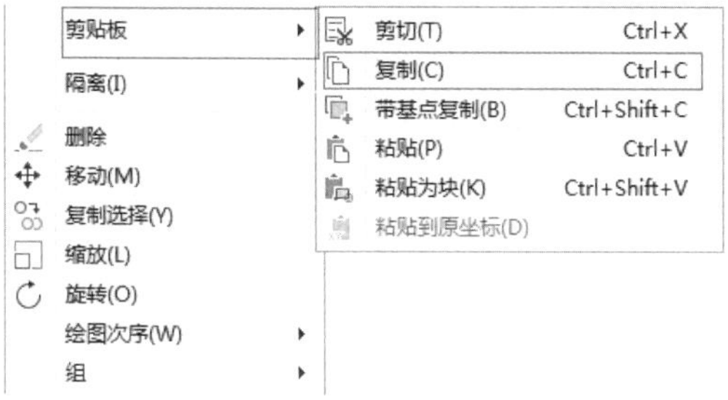

剪贴板 ▸
隔离(I) ▸
删除
移动(M)
复制选择(Y)
缩放(L)
旋转(O)
绘图次序(W) ▸
组 ▸

剪切(T) Ctrl+X
复制(C) Ctrl+C
带基点复制(B) Ctrl+Shift+C
粘贴(P) Ctrl+V
粘贴为块(K) Ctrl+Shift+V
粘贴到原坐标(D)

第 4 步 在绘图区域中单击指定插入点，如下图所示。

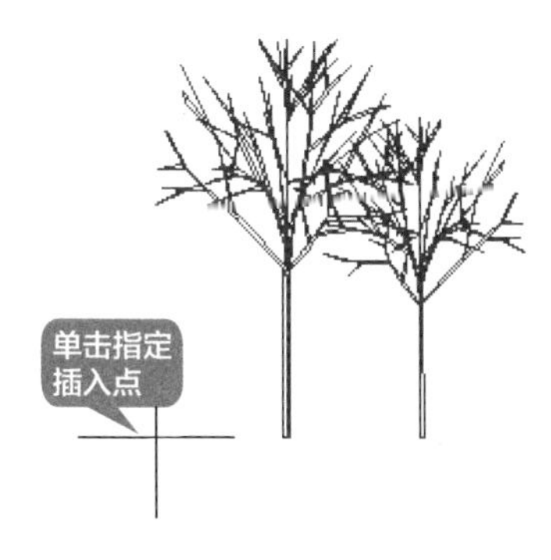

第 5 步 结果如下图所示。

提示

除了单击鼠标右键选择【复制】【粘贴为块】命令外，还可以通过【编辑】菜单选择【复制】和【粘贴为块】命令，如下图所示。

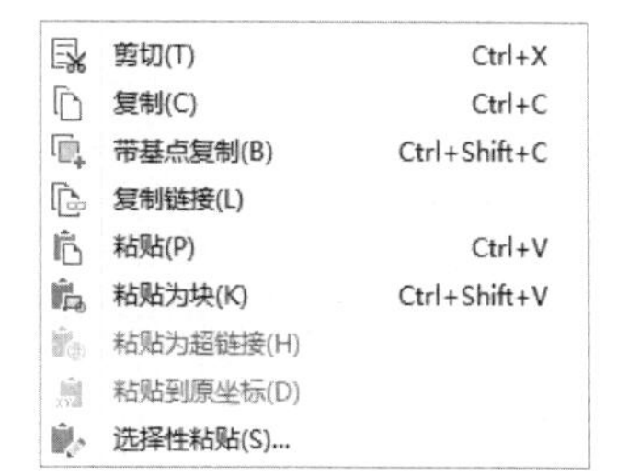

此外，复制时，还可以选择【带基点复制】，这样，在【粘贴为块】时，就可以以复制的基点为粘贴插入点。

◇ 以图块的形式打开无法修复的文件

当文件遭到损坏并且无法修复的时候，可以尝试使用图块的方法打开该文件。

第 1 步 新建一个 AutoCAD 文件，在命令行中输入“I”命令后按空格键，在弹出的【块】选项板 ➢【库】选项卡中单击按钮，在弹出的【选择图形文件】对话框中选择相应的文件，并单击【打开】按钮，系统返回到【块】选项板，如下图所示。

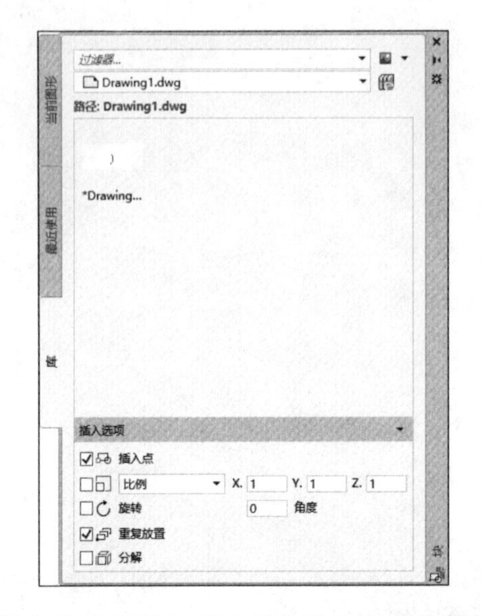

第 2 步 根据需要进行相关设置，将图形插入到当前文件中即可完成操作。

第 10 章 图形文件管理操作

本章导读

AutoCAD 软件中包含许多辅助绘图功能供用户进行调用，其中查询和参数化是应用较广的辅助功能，本章将对相关工具的使用进行详细介绍。

思维导图

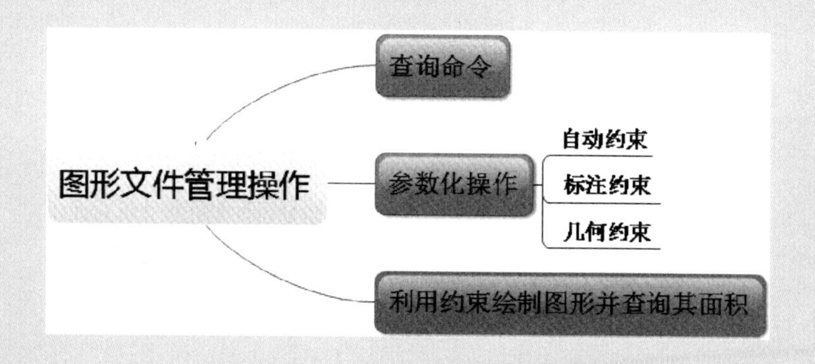

10.1 查询命令

在 AutoCAD 中，【查询】命令包含众多的功能，如查询两点之间的距离、查询面积、查询图纸状态和图纸的绘图时间等。利用各种查询功能，既可以辅助绘制图形，也可以对图形的各种状态进行掌控。

各种查询操作的释义及调用方法如表 10-1 所示。

表 10-1 各种查询操作的释义及调用方法

查询对象	释义	命令调用方法	备注
点坐标	点坐标查询用于显示指定位置的 UCS 坐标值	单击【默认】选项卡➤【实用工具】面板中的【点坐标】按钮 选择【工具】➤【查询】➤【点坐标】命令 在命令行中输入“ID”命令并按空格键确认	ID 列出了指定点的 X 轴、Y 轴和 Z 轴值，并将指定点的坐标存储为最后一点。可以通过在要求输入点的下一个提示中输入“@”来引用最后一点
距离	距离查询用于测量选定对象或点序列的距离	单击【默认】选项卡➤【实用工具】面板中的【距离】按钮 选择【工具】➤【查询】➤【距离】命令 在命令行中输入“DIST/DI”命令并按空格键确认	
半径	半径查询用于测量选定对象的半径和直径	单击【默认】选项卡➤【实用工具】面板中的【半径】按钮 选择【工具】➤【查询】➤【半径】命令	
角度	角度查询主要用于测量与选定的圆弧、圆、多段线线段和线对象关联的角度	单击【默认】选项卡➤【实用工具】面板中的【角度】按钮 选择【工具】➤【查询】➤【角度】命令	
快速查询	快速查询功能主要用于快速查看二维图形中鼠标指针附近的几何图形的测量值	单击【默认】选项卡➤【实用工具】面板中的【快速】按钮	AutoCAD 2021 中快速查询选项新增支持测量由几何对象包围的空间内的面积和周长
对象列表	列表显示命令用来显示任何对象的当前特性，如图层、颜色、样式、相对于当前用户坐标系（UCS）的 X 轴、Y 轴、Z 轴位置，以及对象是位于模型空间还是图纸空间等	单击【默认】选项卡➤【特性】面板中的【列表】按钮 选择【工具】➤【查询】➤【列表】命令 在命令行中输入“LIST/LI”命令并按空格键确认	
图纸绘制时间	查询时间功能主要用于显示图形的日期和时间统计信息	选择【工具】➤【查询】➤【时间】命令 在命令行中输入“TIME”命令并按空格键确认	
图纸状态	查询图纸状态功能主要用于显示图形的统计信息、模式和范围	选择【工具】➤【查询】➤【状态】命令 在命令行中输入“STATUS”命令并按空格键确认	

续表

查询对象	释义	命令调用方法	备注
面积和周长	面积和周长查询用于测量选定对象或定义区域的面积	单击【默认】选项卡➤【实用工具】面板中的【面积】按钮 选择【工具】➤【查询】➤【面积】命令 在命令行中输入“AREA/AA”命令并按空格键确认	
体积	体积查询用于测量选定对象或定义区域的体积	单击【默认】选项卡➤【实用工具】面板中的【体积】按钮 选择【工具】➤【查询】➤【体积】命令	如果测量的对象是一个平面，则在选择好底面之后，还需指定一个高度才能测量出体积
质量特性	查询质量特性用于计算和显示面域或三维实体的质量特性	选择【工具】➤【查询】➤【面域/质量特性】命令 在命令行中输入“MASSPROP”命令并按空格键确认	测量的质量是以密度为“$1g/cm^3$”显示的，所以测量后应根据结果乘以实际的密度，才能得到真正的质量

提示

在命令行中输入“MEASUREGEOM/MEA”命令并按空格键确认，命令行提示如下。

命令：MEASUREGEOM

输入一个选项 [距离 (D)/ 半径 (R)/ 角度 (A)/面积 (AR)/ 体积 (V)/ 快速 (Q)/ 模式 (M)/ 退出 (X)] < 距离 >:

输入相应的选项即可查询相应的对象信息。

下面对查询操作过程进行详细介绍，具体操作步骤如下。

1. 查询点坐标

第 1 步 打开“素材\CH10\对象查询.dwg”文件，如下图所示。

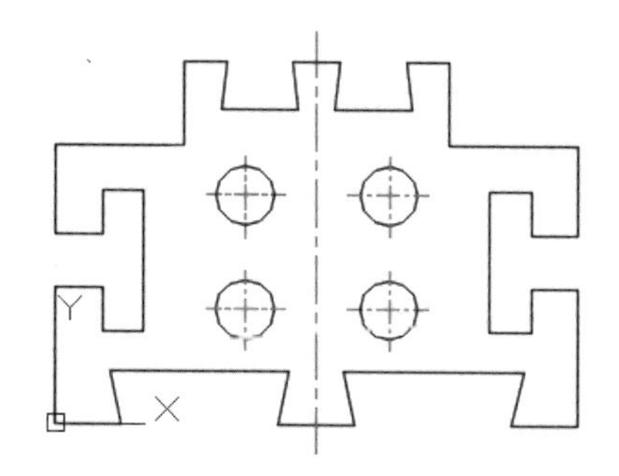

第 2 步 在命令行中输入“ID”命令并按空格键确认，然后捕捉如下图所示的圆心。

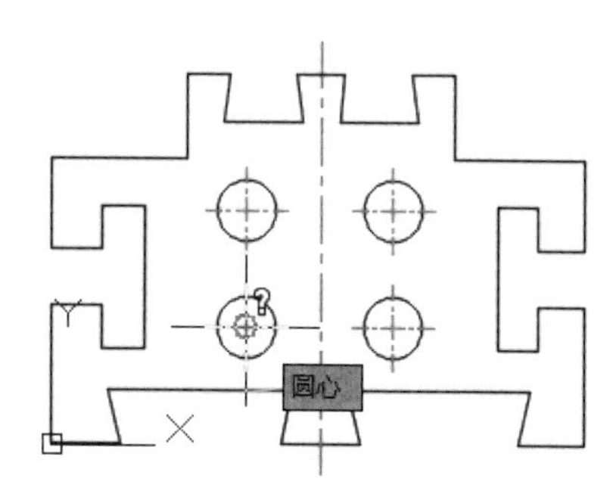

第 3 步 查询结果在命令行中显示如下。

ID 指定点：X = 30.0000 Y = 19.5000 Z = 0.0000

2. 查询距离

第 1 步 在命令行中输入“DI”命令并按空格键确认，然后捕捉如下图所示的圆心为第一点。

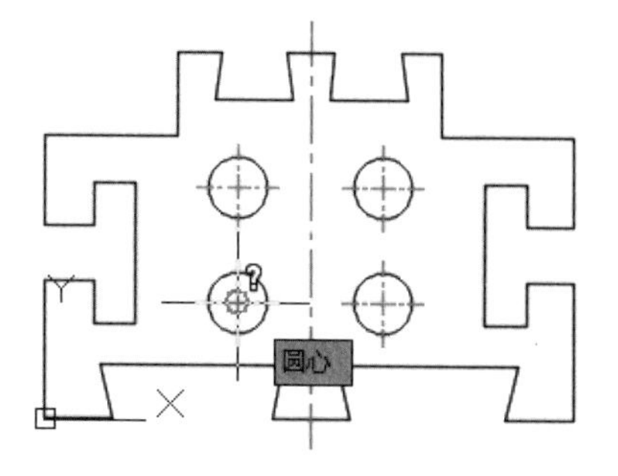

第 2 步 捕捉如下图所示的圆心为第二点。

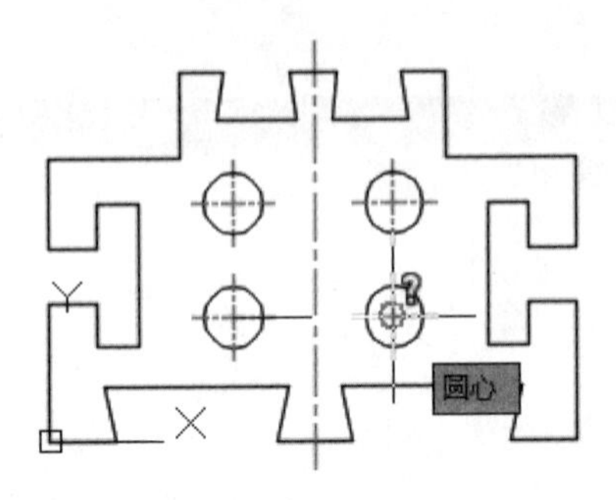

第3步 查询结果在命令行中显示如下。

距离 = 26.0000，XY 平面中的倾角 = 0，与 XY 平面的夹角 = 0

X 增量 = 26.0000，Y 增量 = 0.0000，Z 增量 = 0.0000

3. 查询半径

第1步 单击【默认】选项卡 ➤【实用工具】面板中的【半径】按钮，在绘图窗口中选择如下图所示的圆。

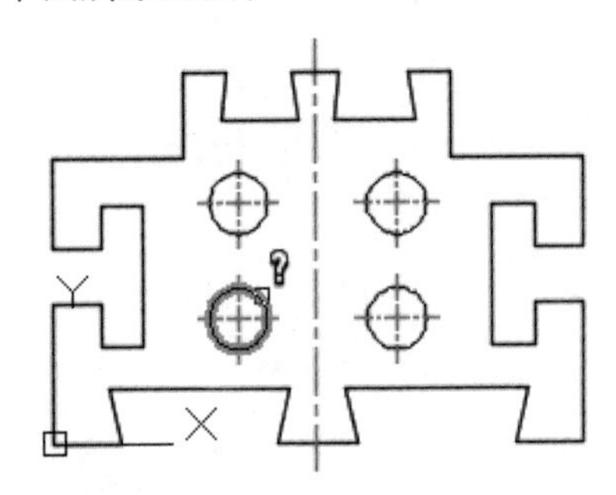

第2步 查询结果在命令行中显示如下。

半径 = 5.0000　直径 = 10.0000

4. 查询角度

第1步 单击【默认】选项卡 ➤【实用工具】面板中的【角度】按钮，选择如下图所示的直线段作为需要查询的起始边。

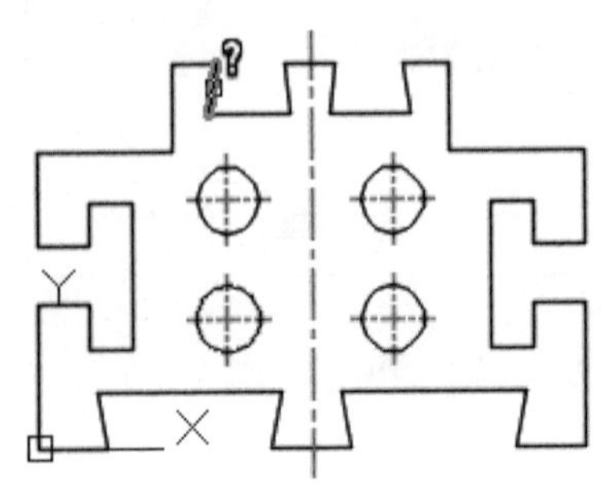

第2步 选择如下图所示的直线段作为需要查询的终止边。

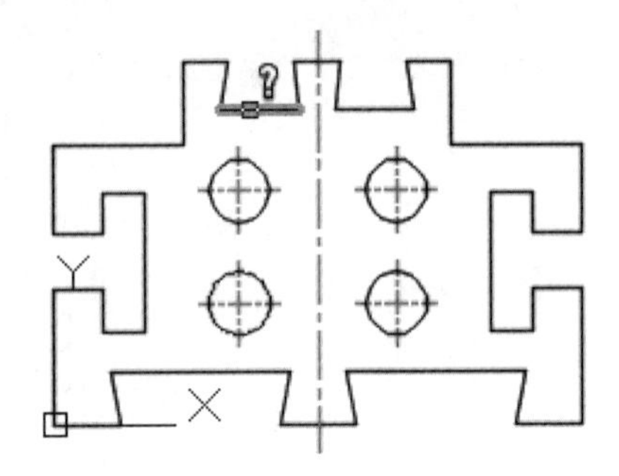

第3步 查询结果在命令行中显示如下。

角度 = 82°

5. 快速查询

第1步 单击【默认】选项卡 ➤【实用工具】面板中的【快速】按钮，将十字光标移至图形对象上面，查询结果如下图所示。

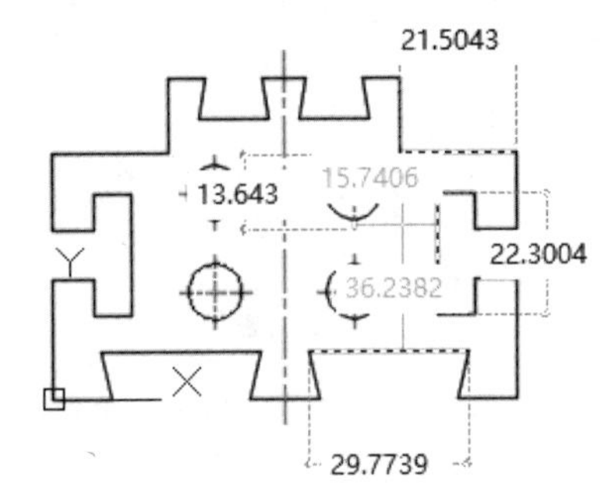

第2步 单击鼠标，还可以显示绿色闭合区域的面积和周长，如下图所示。

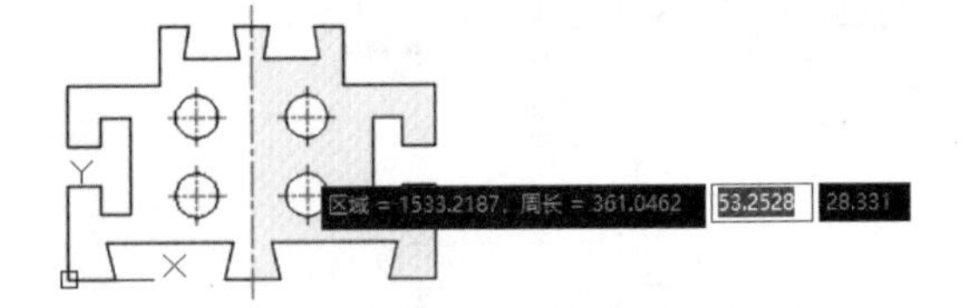

第3步 按住【Shift】键，选择多个区域，将计算累计面积和周长，如下图所示。

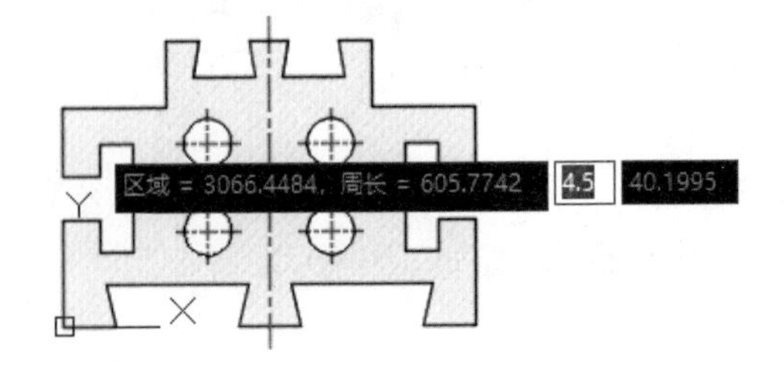

提示

按住【Shift】键并单击也可取消选择多个选择区域中的某个区域。如果是单个区域，要清除该选定区域，只需将鼠标移动一小段距离即可。

6. 对象列表查询

第 1 步 单击【默认】选项卡 ➢【特性】面板中的【列表】按钮，在绘图窗口中选择要查询的对象，如下图所示。

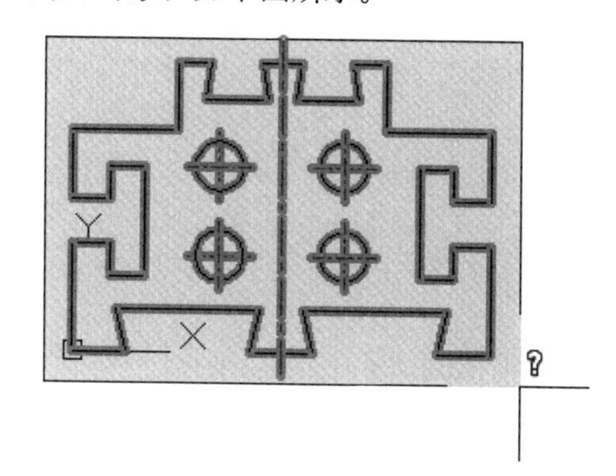

第 2 步 按【Enter】键确认，弹出【AutoCAD 文本窗口】，在该窗口中可显示结果，如下图所示。

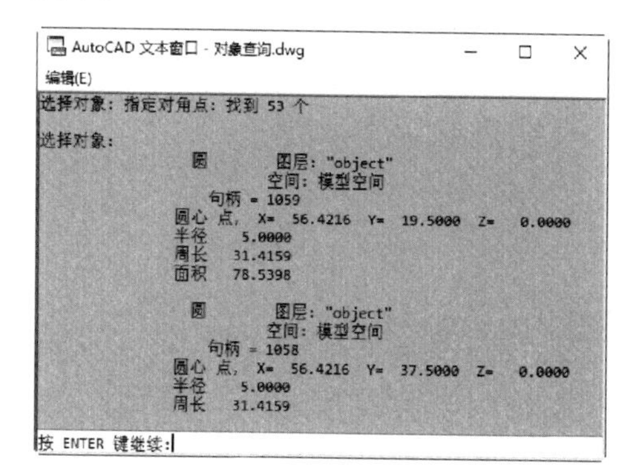

第 3 步 继续按【Enter】键可以查询图形中其他结构的信息。

7. 查询图纸绘制时间

选择【工具】➢【查询】➢【时间】命令，如下图所示。

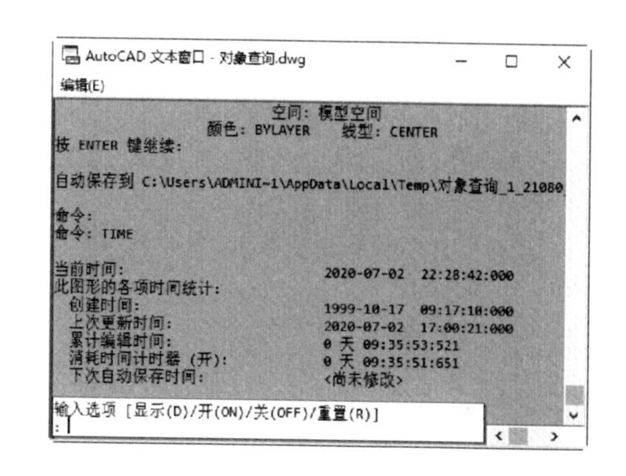

8. 查询图纸状态

第 1 步 选择【工具】➢【查询】➢【状态】命令，如下图所示。

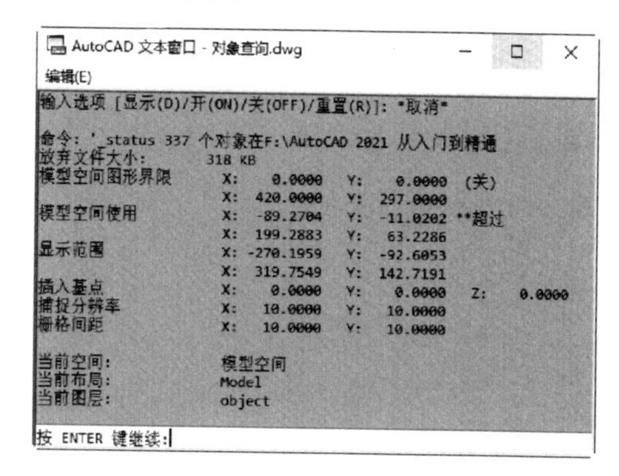

第 2 步 继续按【Enter】键可以查询图形其他状态信息。

9. 查询面积和周长

第 1 步 单击【默认】选项卡 ➢【实用工具】面板中的【面积】按钮，然后依次单击图中各个角点，如下图所示。

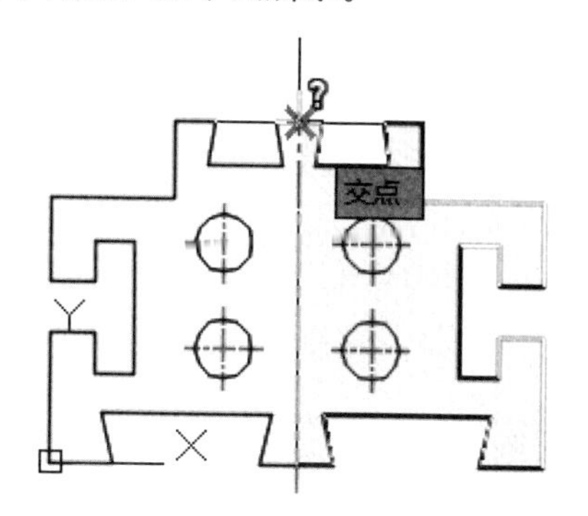

第 2 步 查询结果在命令行中显示如下。

区域 = 1690.2983，周长 = 298.2144

提示

【面积】查询命令无法计算自交对象的面积。

10. 查询体积

第 1 步 单击【默认】选项卡 ➤【绘图】面板中的【面域】按钮，然后选择整个图形，如下图所示。

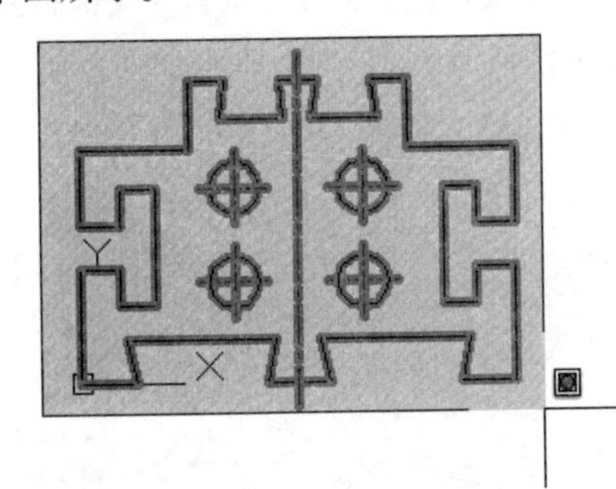

第 2 步 面域创建结果如下。

已提取 5 个环。已创建 5 个面域。

第 3 步 单击【默认】选项卡 ➤【实用工具】面板中的【体积】按钮，当命令行提示指定第一个角点时，输入“o”。

指定第一个角点或 [对象 (O)/ 增加体积 (A)/ 减去体积 (S)/ 退出 (X)] < 对象 (O)>: o

选择对象： // 选择下图所示的面域

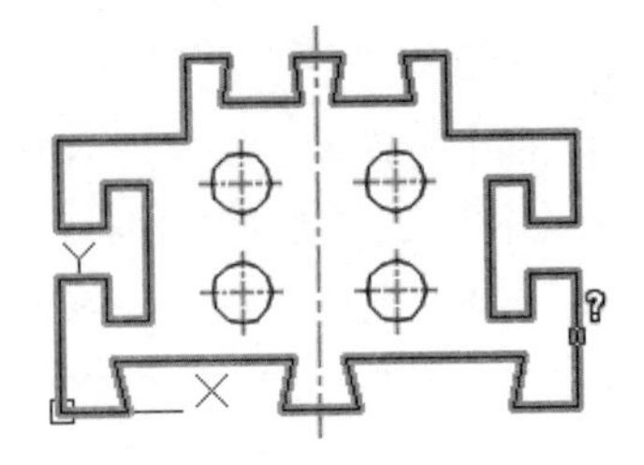

第 4 步 输入高度后得到体积如下。

指定高度 : @0,0,10　　体积 = 33806.0771

11. 查询质量特性

第 1 步 选择【工具】➤【查询】➤【面域 / 质量特性】命令，然后选择面域，如下图所示。

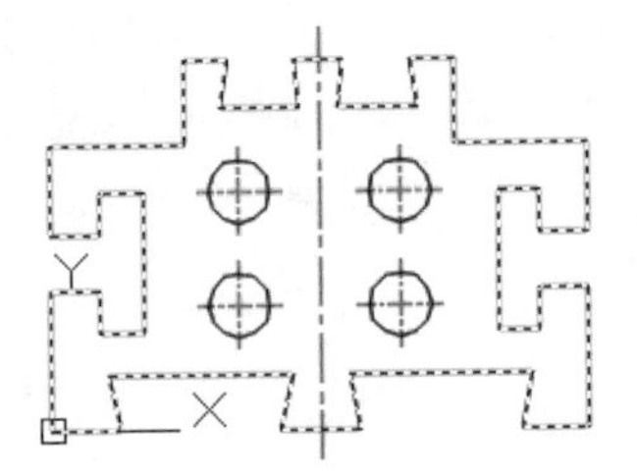

第 2 步 按【Enter】键确认后，弹出查询结果，如下图所示。

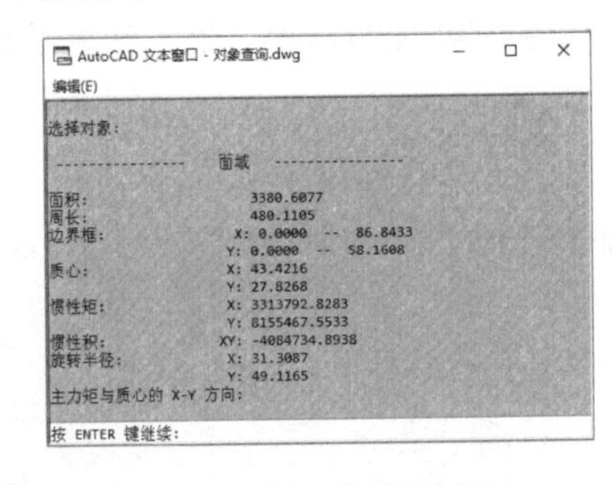

第 3 步 按【Enter】键可继续查询。

10.2 参数化操作

在 AutoCAD 中，参数化绘图功能可以让用户通过基于设计意图的图形对象约束提高绘图效率，该操作可以确保在对象修改后还保持特定的关联及尺寸关系。

10.2.1 自动约束

根据对象相对于彼此的方向将几何约束应用于对象的选择集。

调用【自动约束】命令通常有以下 3 种方法。

（1）单击【参数化】选项卡➢【几何】面板中的【自动约束】按钮 。

（2）选择【参数】➢【自动约束】命令。

（3）在命令行中输入“AUTOCONSTRAIN”命令并按空格键确认。

下面对自动约束的创建过程进行详细介绍，其具体操作步骤如下。

第 1 步 打开“素材 \CH10\ 自动约束 .dwg”文件，如下图所示。

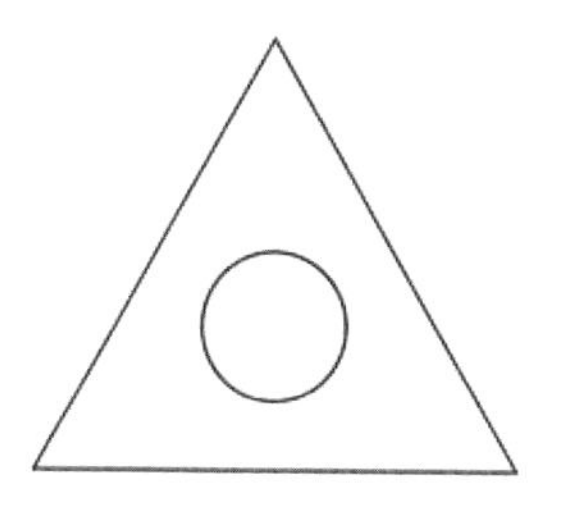

第 2 步 单击【参数化】选项卡➢【几何】面板中的【自动约束】按钮，在绘图区域中选择如下图所示的直线和圆形。

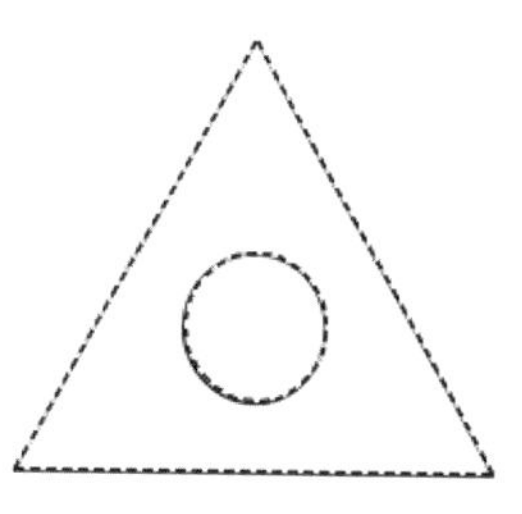

第 3 步 按【Enter】键确认，结果如下图所示。

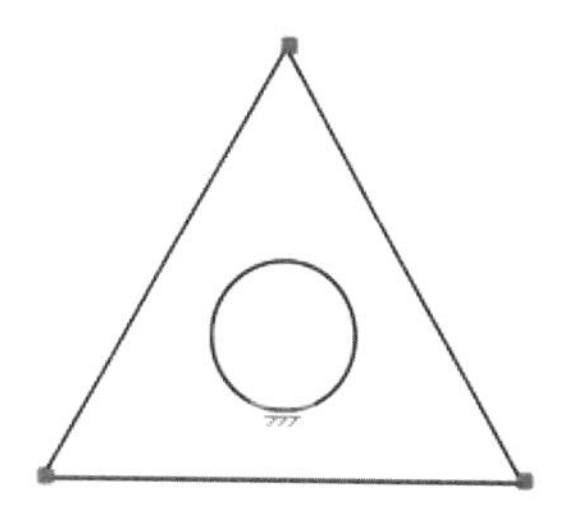

10.2.2 标注约束

标注约束可以确定对象、对象上的点之间的距离或角度，也可以确定对象的大小。标注约束包括名称和值。默认情况下，标注约束是动态的。对常规参数化图形和设计任务来说，它们是非常理想的。动态约束模式具有以下 5 个特征：（1）缩小或放大时大小不变；（2）可以轻松打开或关闭；（3）以固定的标注样式显示；（4）提供有限的夹点功能；（5）打印时不显示。

提示

图形经过标注约束后，修改约束后的标注值就可以更改图形的形状。

单击【参数化】选项卡➢【标注】面板中的【全部显示 / 全部隐藏】按钮 / ，可以全部显示或全部隐藏标注约束。如果图中有多个标注约束，可以通过单击【显示 / 隐藏】按钮 ，根据需要自由选择显示哪些约束，隐藏哪些约束。

1. 线性 / 对齐约束

线性约束包括水平约束和竖直约束，水平约束是约束对象上两个点之间或不同对象上两个点之间 *X* 轴方向的距离；竖直约束是约束对象上两个点之间或不同对象上两个点之间 *Y* 轴方向的距离。

对齐约束是约束对象上两个点之间的距离，或约束不同对象上两个点之间的距离。

调用【线性 / 对齐约束】命令通常有以下 3 种方法。

（1）单击【参数化】选项卡➢【标注】面板中的【水平 / 竖直 / 对齐】按钮 / / 。

（2）选择【参数】➢【标注约束】➢【水平 / 竖直 / 对齐】命令。

（3）在命令行中输入“DIMCONSTRAINT”命令并按空格键确认，然后选择相应的约束。

线性 / 对齐约束的具体操作步骤如下。

第 1 步 打开“素材 \CH10\ 线性和对齐标注约束 .dwg”文件，如下图所示。

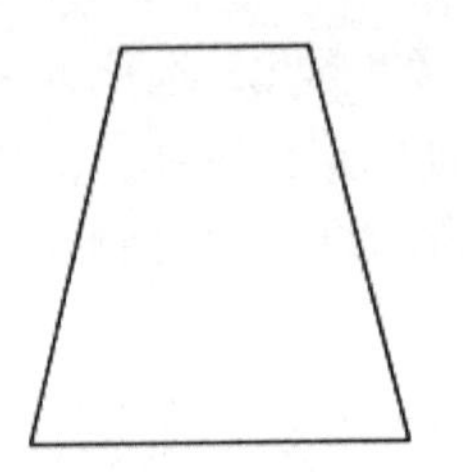

第 2 步 单击【参数化】选项卡 ➢【标注】面板中的【水平】按钮，当命令行提示指定第一个约束点时直接按空格键，接受默认选项【对象】。

```
命令：_DcHorizontal
指定第一个约束点或 [ 对象 (O)] < 对象 >: ↙
```

选择上端水平直线，如下图所示。

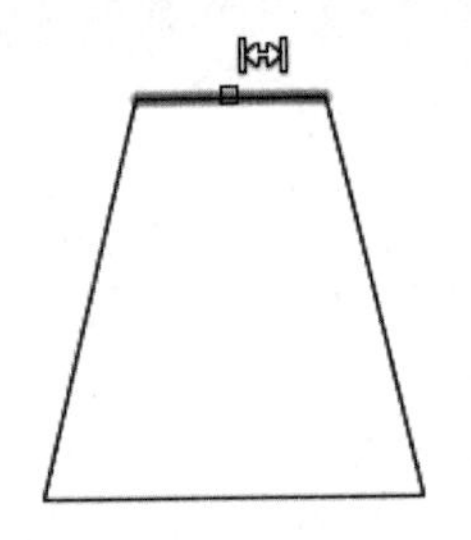

第 3 步 拖曳鼠标指针在合适的位置单击，确定标注的位置，然后在绘图区域空白处单击，接受标注值，如下图所示。

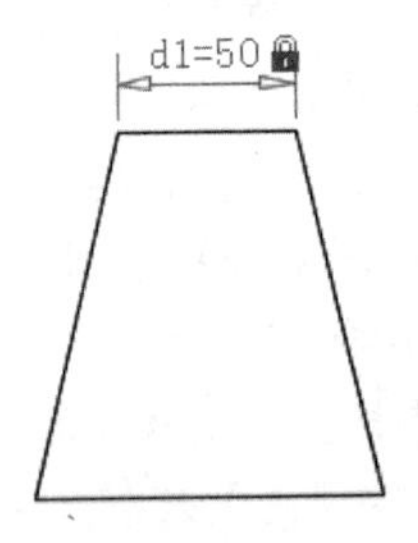

第 4 步 重复第 2~3 步，选择下端水平直线为标注对象，然后拖曳鼠标指针确定标注位置，如下图所示。

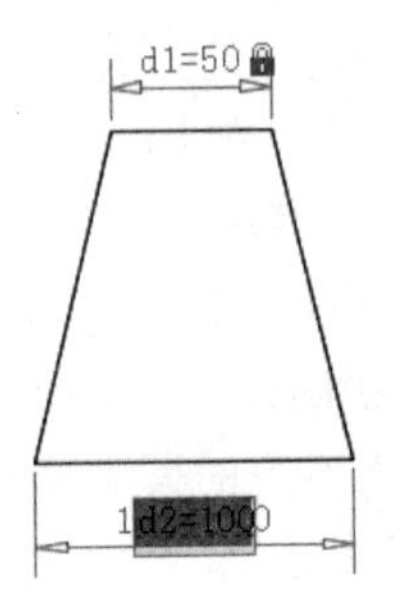

第 5 步 当提示确定标注值时，将原标注值改为“fx:d2=2*d1”，然后在绘图区域空白处单击，结果如下图所示。

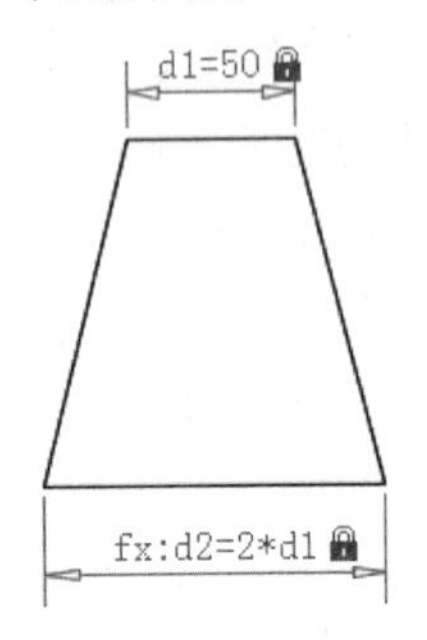

第 6 步 单击【参数化】选项卡 ➢【标注】面板中的【竖直】按钮，然后指定第一个约束点，如下图所示。

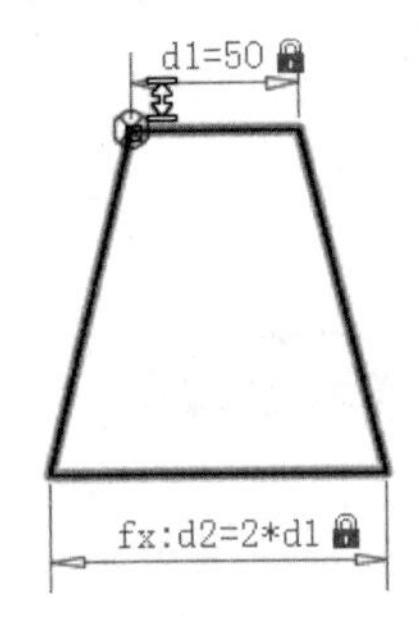

第 7 步 指定第二个约束点，如下图所示。

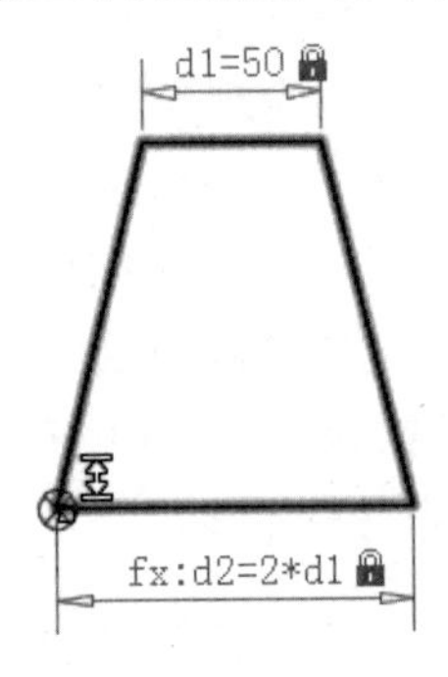

第 8 步 拖曳鼠标指针在合适的位置单击，确定标注的位置，然后将标注值改为“fx:d3=1.2*d1”，结果如下图所示。

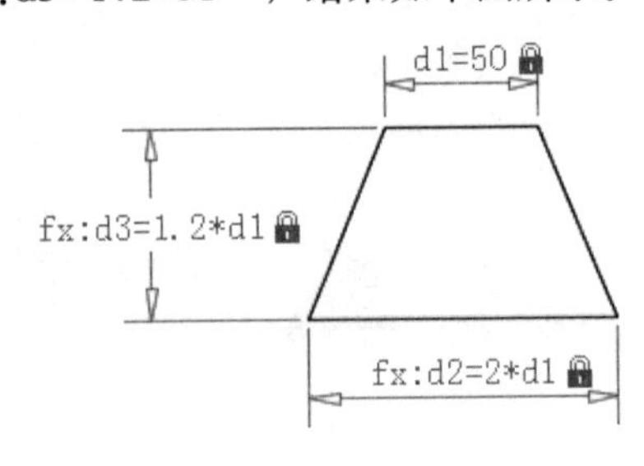

第 9 步 单击【参数化】选项卡 ➤【标注】面板中的【对齐】按钮，当命令行提示指定第一个约束点时直接按空格键，接受默认选项【对象】，然后选择右侧的斜边进行标注，并将标注值改为“fx:d4=1.5*d1”，结果如下图所示。

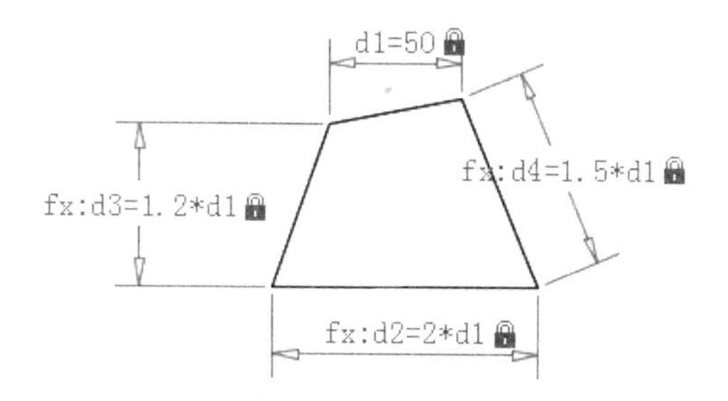

提示

当图形中的某些尺寸有固定的函数关系时，可以通过这种函数关系把这些相关的尺寸都联系在一起。例如，上图所有的尺寸都和 d1 长度联系在一起，当图形发生变化时，只需要修改 d1 的值，整个图形都会发生变化。

2. 半径 / 直径 / 角度约束

半径 / 直径标注约束就是约束圆或圆弧的半径 / 直径值。

角度约束是约束直线段或多段线线段之间的角度、由圆弧或多段线圆弧段扫掠得到的角度，或对象上 3 个点之间的角度。

调用【半径 / 直径 / 角度约束】命令通常有以下 3 种方法。

（1）单击【参数化】选项卡 ➤【标注】面板中的【半径 / 直径 / 角度】按钮 / / 。

（2）选择【参数】➤【标注约束】➤【半径 / 直径 / 角度】命令。

（3）在命令行中输入“DIMCONSTRAINT”命令并按空格键确认，然后选择相应的约束。

半径 / 直径 / 角度约束的具体操作步骤如下。

第 1 步 打开“素材 \CH10\ 半径直径和角度标注约束 .dwg”文件，如下图所示。

第 2 步 单击【参数化】选项卡 ➤【标注】面板中的【半径】按钮，然后选择小圆弧，如下图所示。

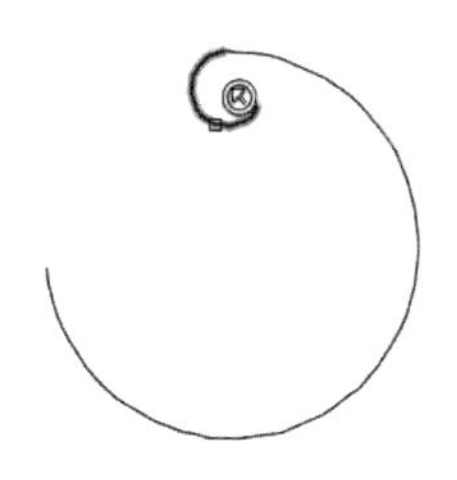

第 3 步 拖曳鼠标指针将标注值放到合适的位置，如下图所示。

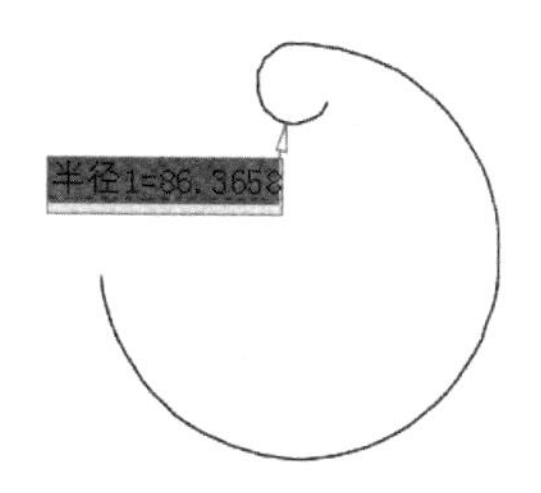

第 4 步 标注值放置好后，将标注半径值改为 170，结果如下图所示。

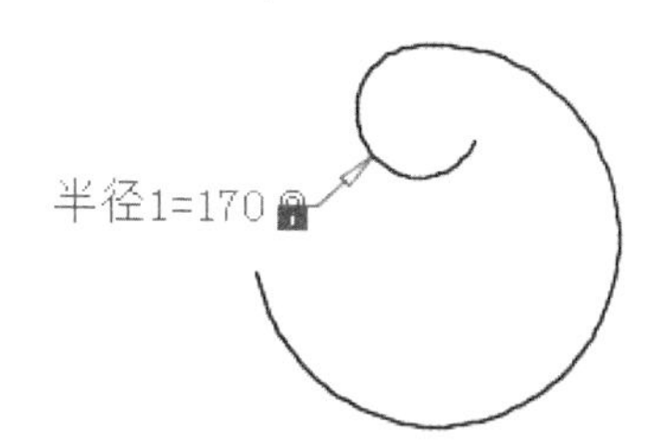

第 5 步 单击【参数化】选项卡 ➤【标注】面板中的【直径】按钮，然后选择大圆弧，拖曳鼠标指针将标注值放到合适的位置，如下图所示。

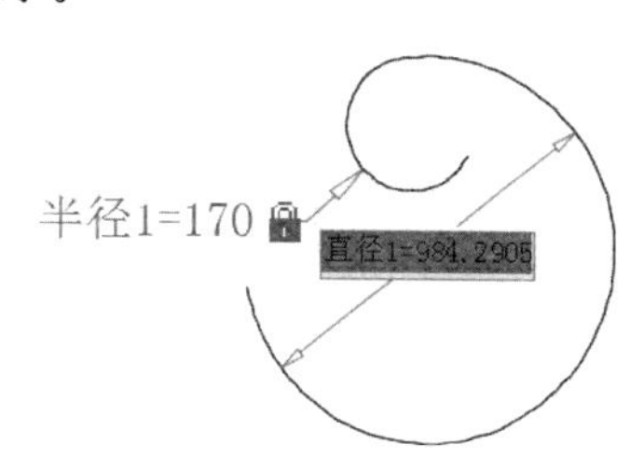

第 6 步 将标注直径值改为 800，结果如下图所示。

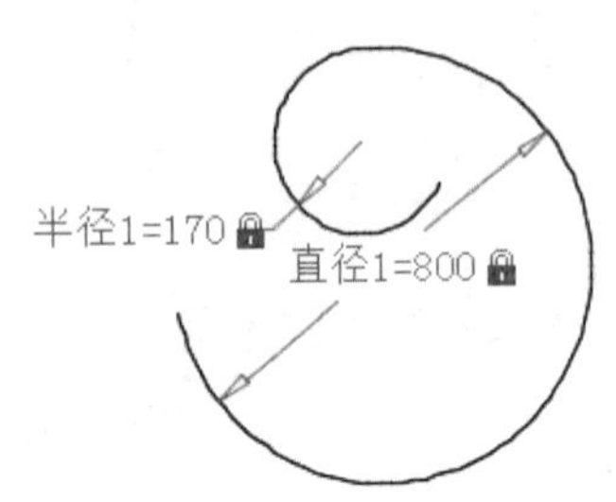

第 7 步 单击【参数化】选项卡 ➢【标注】面板中的【角度】按钮，选择小圆弧，拖曳鼠标指针将标注值放到合适的位置，然后在绘图区域空白处单击接受标注值，结果如下图所示。

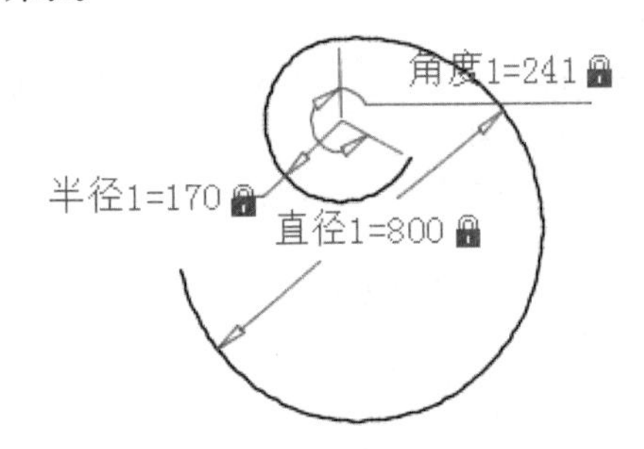

第 8 步 重复第 7 步，标注大圆弧的角度，如下图所示。

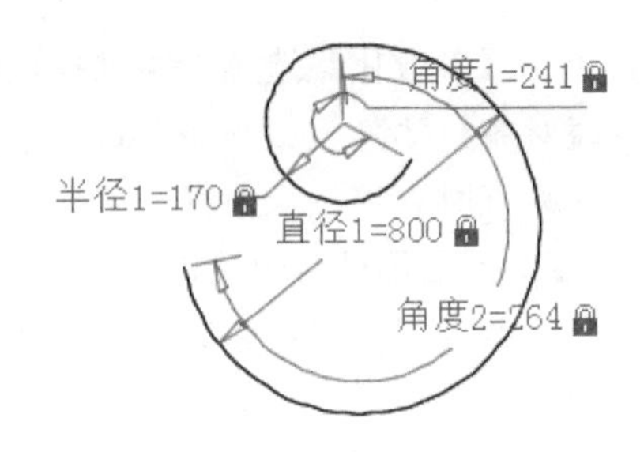

第 9 步 双击角度为 241 的标注，将角度值改为 180，如下图所示。

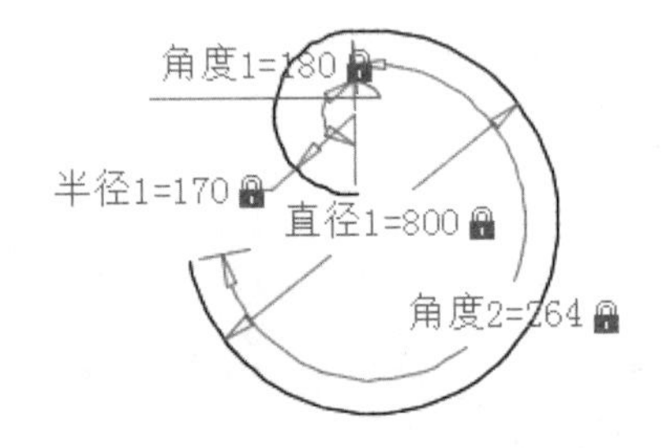

第 10 步 单击【参数化】选项卡 ➢【标注】面板中的【全部隐藏】按钮，结果如下图所示。

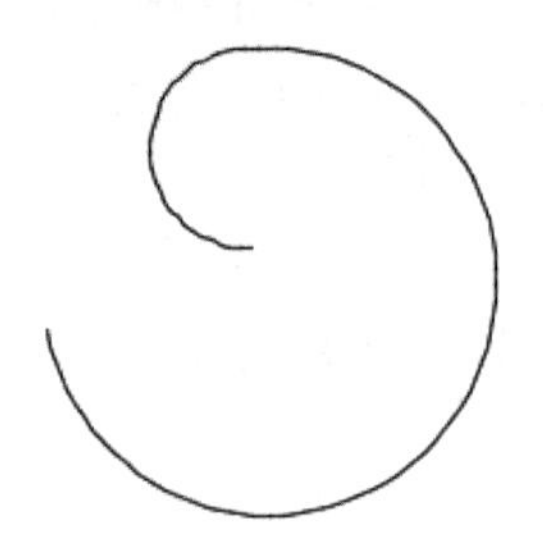

10.2.3 几何约束

几何约束确定了二维几何对象之间或对象上的每个点之间的关系，用户可以指定二维对象或对象上的点之间的几何约束。

提示

几何约束不能修改，但可以删除。在很多情况下，几何约束的效果跟选择对象的顺序有关，通常所选的第二个对象会根据第一个对象进行调整。例如，应用垂直约束时，选择的第二个对象将调整为垂直于第一个对象。

单击【参数化】选项卡 ➢【几何】面板中的【全部显示 / 全部隐藏】按钮 / ，可以全部显示或全部隐藏几何约束。如果图中有多个几何约束，可以通过单击【显示 / 隐藏】按钮，根据需要自由选择显示哪些约束，隐藏哪些约束。

各种几何约束的释义及调用方法如表 10-2 所示。

表 10-2 各种几何约束的释义及调用方法

约束	释义	命令调用方法	备注
水平约束	水平约束是约束一条直线、一对点、多段线线段、文字、椭圆的长轴或短轴，使其与当前坐标系的 X 轴平行	单击【参数化】选项卡➤【几何】面板中的【水平约束】按钮 选择【参数】➤【几何约束】➤【水平】命令	如果选择的是一对点，则第二个选定点将设置为与第一个选定点水平
竖直约束	竖直约束是约束一条直线、一对点、多段线线段、文字、椭圆的长轴或短轴，使其与当前坐标系的 Y 轴平行	单击【参数化】选项卡➤【几何】面板中的【竖直约束】按钮 选择【参数】➤【几何约束】➤【竖直】命令	如果选择的是一对点，则第二个选定点将设置为与第一个选定点垂直
平行约束	平行约束是约束两条直线，使其具有相同的角度，第二个选定对象将根据第一个选定对象进行调整	单击【参数化】选项卡➤【几何】面板中的【平行约束】按钮 选择【参数】➤【几何约束】➤【平行】命令	平行的结果与选择的先后顺序及选择的位置有关，如果两条直线的选择顺序倒置，则结果相反
垂直约束	垂直约束是约束两条直线或多段线线段，使其夹角始终保持为 90°，第二个选定对象将设为与第一个选定对象垂直，约束的两条直线无须相交	单击【参数化】选项卡➤【几何】面板中的【垂直约束】按钮 选择【参数】➤【几何约束】➤【垂直】命令	两条直线中有以下任意一种情况时不能被垂直约束：（1）两条直线同时受水平约束；（2）两条直线同时受竖直约束；（3）两条共线的直线
重合约束	重合约束是约束两个点使其重合，或约束一个点使其位于对象或对象延长部分的任意位置	单击【参数化】选项卡➤【几何】面板中的【重合约束】按钮 选择【参数】➤【几何约束】➤【重合】命令	
对称约束	对称约束是使约束对象上的两条曲线或两个点，以选定直线为对称轴彼此对称	单击【参数化】选项卡➤【几何】面板中的【对称约束】按钮 选择【参数】➤【几何约束】➤【对称】命令	
共线约束	共线约束能使两条直线位于同一无限长的线上。第二条选定直线将设为与第一条选定直线共线	单击【参数化】选项卡➤【几何】面板中的【共线约束】按钮 选择【参数】➤【几何约束】➤【共线】命令	
相等约束	相等约束可使受约束的两条直线或多段线线段具有相同长度，相等约束也可以约束圆弧或圆，使其具有相同的半径值	单击【参数化】选项卡➤【几何】面板中的【相等约束】按钮 选择【参数】➤【几何约束】➤【相等】命令	等长的结果与选择的先后顺序及选择的位置有关，如果两条直线的选择顺序倒置，则结果相反
固定约束	固定约束可以使一个点或一条曲线固定在相对于世界坐标系的特定位置和方向上	单击【参数化】选项卡➤【几何】面板中的【固定约束】按钮 选择【参数】➤【几何约束】➤【固定】命令	
同心约束	同心约束是使选定的圆、圆弧或椭圆具有相同的圆心点。第二个选定对象将设为与第一个选定对象同心	单击【参数化】选项卡➤【几何】面板中的【同心约束】按钮 选择【参数】➤【几何约束】➤【同心】命令	
相切约束	相切约束是约束两条曲线，使其彼此相切或其延长线彼此相切	单击【参数化】选项卡➤【几何】面板中的【相切约束】按钮 选择【参数】➤【几何约束】➤【相切】命令	

续表

约束	释义	命令调用方法	备注
平滑约束	平滑约束是将一条样条曲线与其他样条曲线、直线、圆弧或多段线彼此相连接并保持 G2 连续	单击【参数化】选项卡➢【几何】面板中的【平滑约束】按钮 选择【参数】➢【几何约束】➢【平滑】命令	曲线与曲线在某一点处于相切连续状态，两条曲线在这一点曲率的向量如果相同，则这两条曲线处于 G2 连续

提示

在命令行中输入“GEOMCONSTRAINT”命令并按空格键确认，命令行提示如下。

命令：GEOMCONSTRAINT

输入约束类型 [水平 (H)/ 竖直 (V)/ 垂直 (P)/ 平行 (PA)/ 相切 (T)/ 平滑 (SM)/ 重合 (C)/ 同心 (CON)/ 共线 (COL)/ 对称 (S)/ 相等 (E)/ 固定 (F)] < 重合 >:

输入选项即可进行相应的几何约束。

下面对几何约束操作过程进行详细介绍，具体操作步骤如下。

1. 水平约束

第 1 步 打开“素材 \CH10\ 几何约束 .dwg”文件，如下图所示。

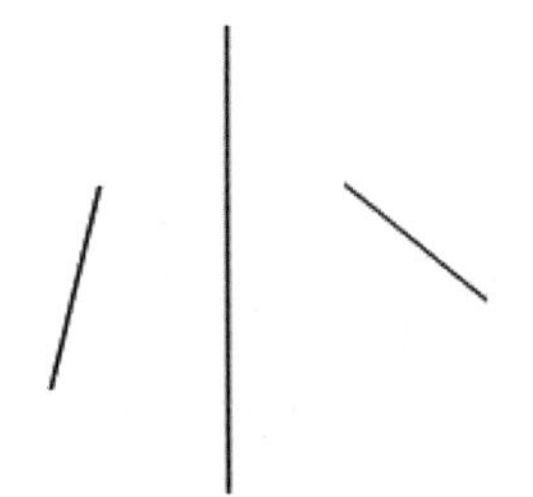

第 2 步 单击【参数化】选项卡➢【几何】面板中的【水平约束】按钮，在绘图区域中选择对象，如下图所示。

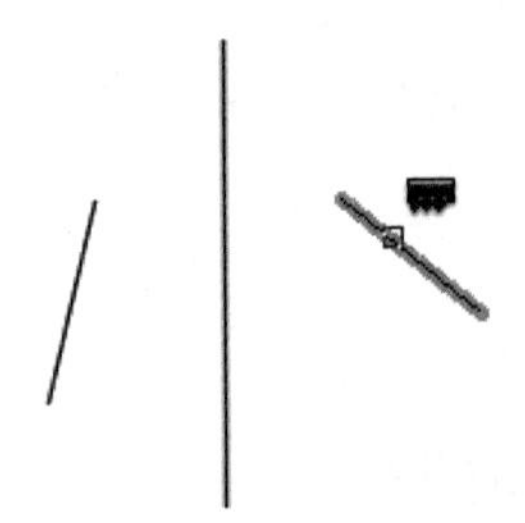

第 3 步 结果如下图所示。

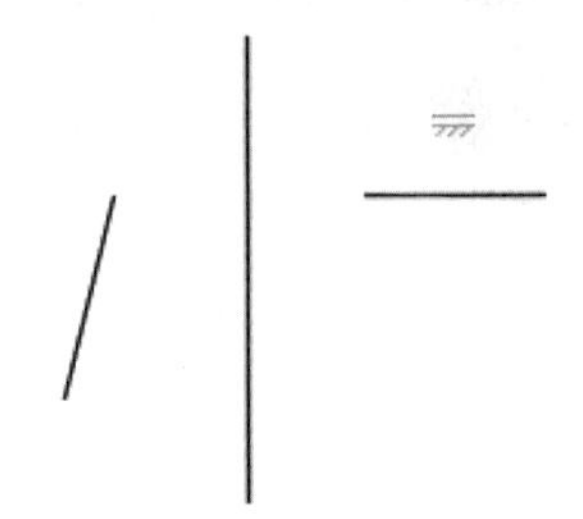

2. 竖直约束

第 1 步 打开“素材 \CH10\ 几何约束 .dwg”文件，单击【参数化】选项卡➢【几何】面板中的【竖直约束】按钮，在绘图区域中选择对象，如下图所示。

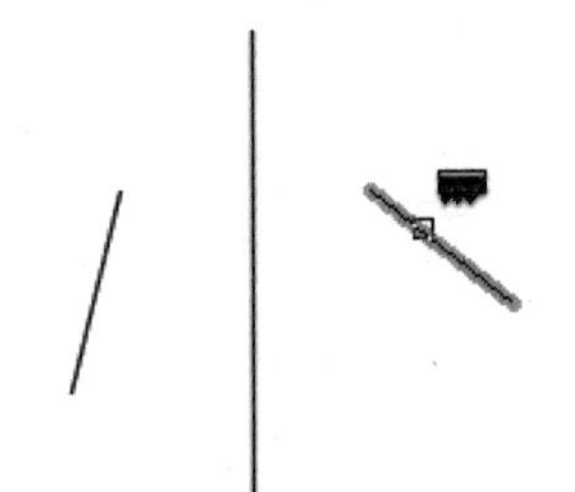

第 2 步 结果如下图所示。

3. 平行约束

第 1 步 打开“素材 \CH10\ 几何约束 .dwg”文件，单击【参数化】选项卡➢【几何】面板中的【平行约束】按钮，在绘图区域中选择对象，如下图所示。

第 2 步 选择第二个对象，如下图所示。

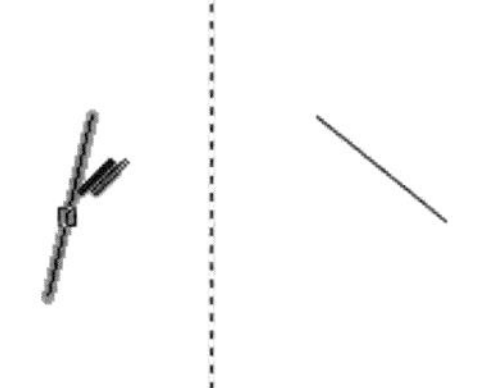

第 3 步 结果如下图所示。

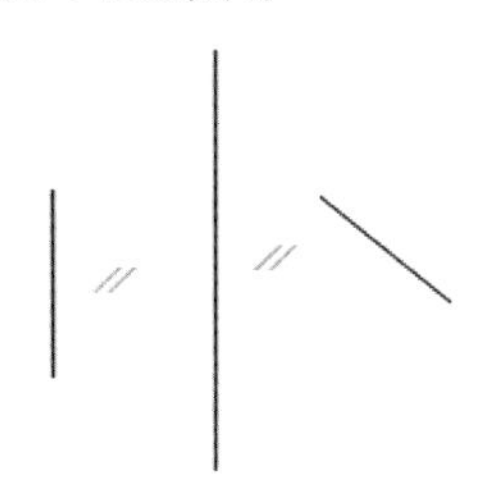

4. 垂直约束

第 1 步 打开“素材 \CH10\ 几何约束 .dwg”文件，单击【参数化】选项卡➢【几何】面板中的【垂直约束】按钮，在绘图区域中选择对象，如下图所示。

第 2 步 选择第二个对象，如下图所示。

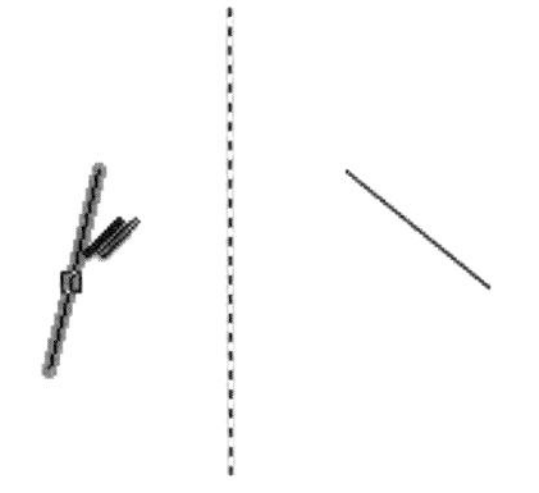

第 3 步 结果如下图所示。

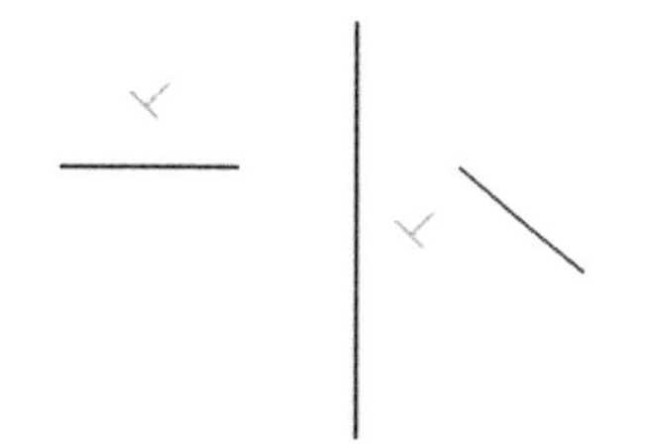

5. 重合约束

第 1 步 打开“素材 \CH10\ 几何约束 .dwg”文件，单击【参数化】选项卡➢【几何】面板中的【重合约束】按钮，在绘图区域中选择第一个点，如下图所示。

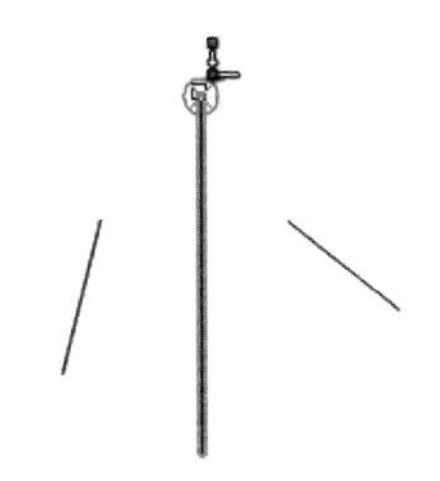

第 2 步 选择第二个点，如下图所示。

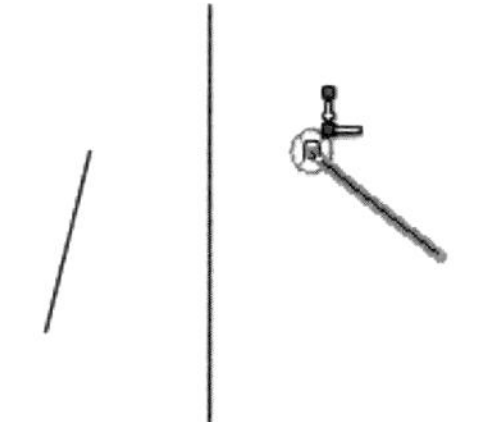

第 3 步 结果如下图所示。

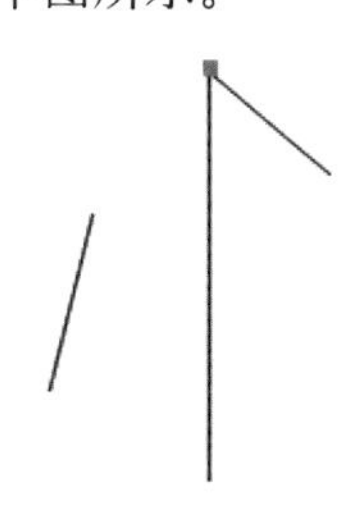

6. 对称约束

第 1 步 打开“素材 \CH10\ 几何约束 .dwg”文件，单击【参数化】选项卡➢【几何】面板中的【对称约束】按钮，在绘图区域中选择第一个对象，如下图所示。

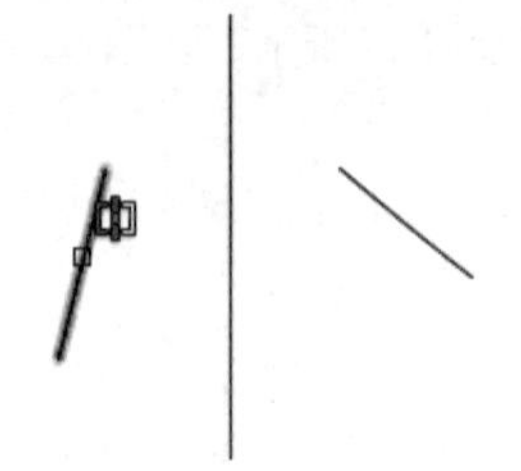

第 2 步 选择第二个对象，如下图所示。

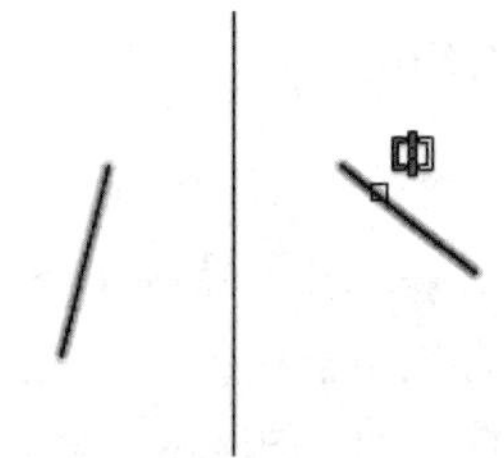

第 3 步 选择对称直线，如下图所示。

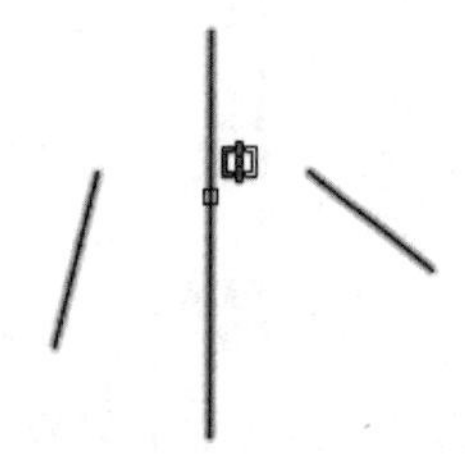

第 4 步 结果如下图所示。

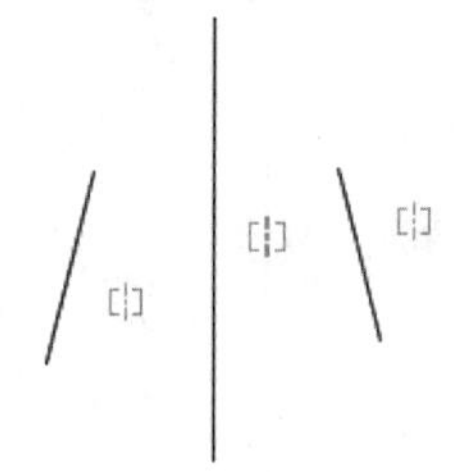

7. 共线约束

第 1 步 打开“素材 \CH10\ 几何约束 .dwg”文件，单击【参数化】选项卡 ➢【几何】面板中的【共线约束】按钮，在绘图区域中选择第一个对象，如下图所示。

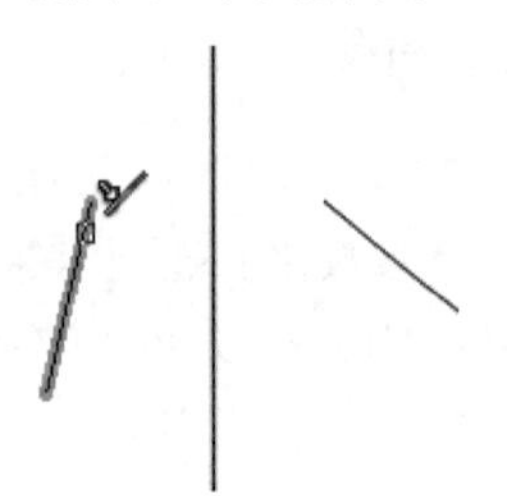

第 2 步 选择第二个对象，如下图所示。

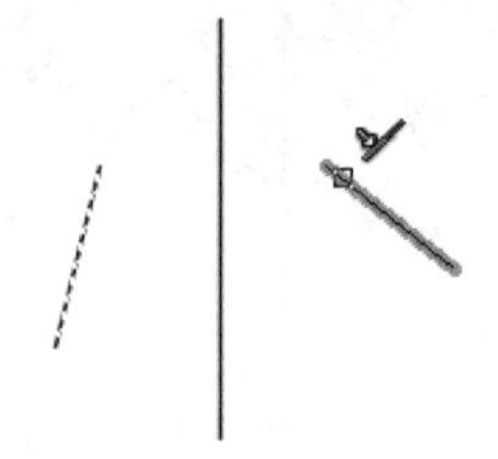

第 3 步 结果如下图所示。

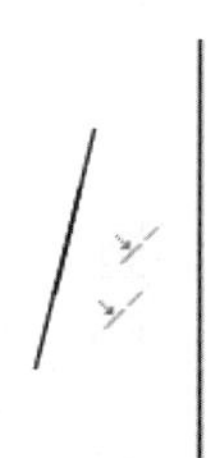

8. 相等约束

第 1 步 打开“素材 \CH10\ 几何约束 .dwg”文件，单击【参数化】选项卡 ➢【几何】面板中的【相等约束】按钮，在绘图区域中选择第一个对象，如下图所示。

第 2 步 选择第二个对象，如下图所示。

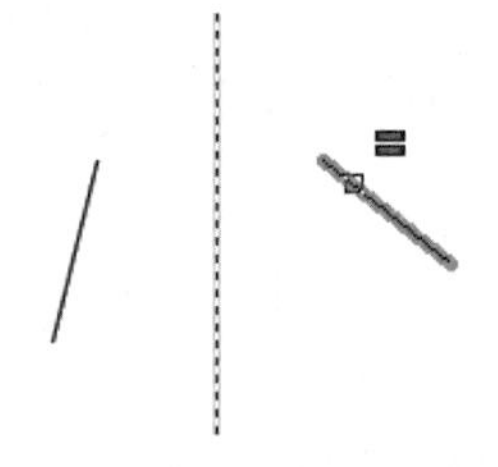

第 3 步 结果如下图所示。

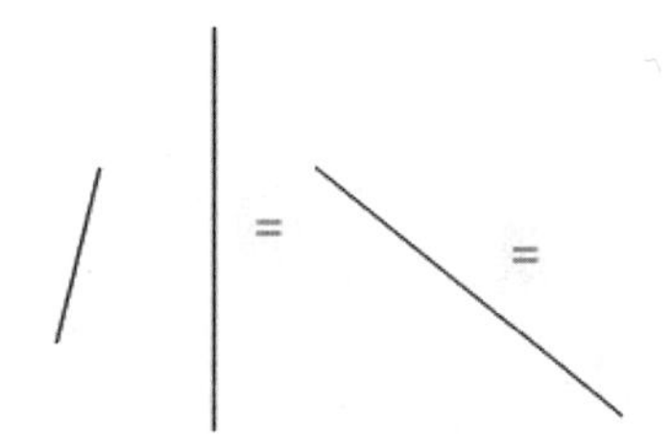

9. 固定约束

第 1 步 打开“素材 \CH10\ 几何约束 .dwg”文件，单击【参数化】选项卡 ➤【几何】面板中的【固定约束】按钮，在绘图区域中选择一个点，如下图所示。

第 2 步 AutoCAD 会对该点形成一个约束，如下图所示。

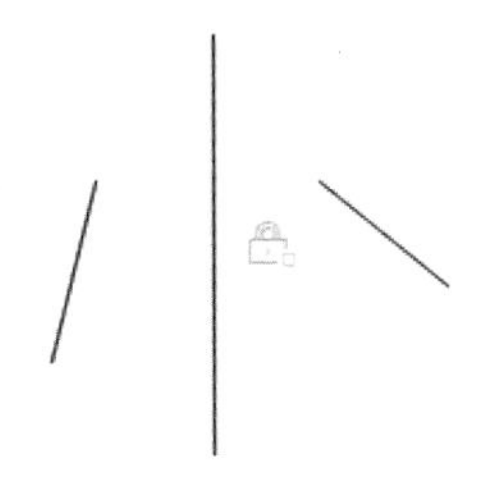

10. 同心约束

第 1 步 打开“素材 \CH10\ 同心相切几何约束 .dwg”文件，如下图所示。

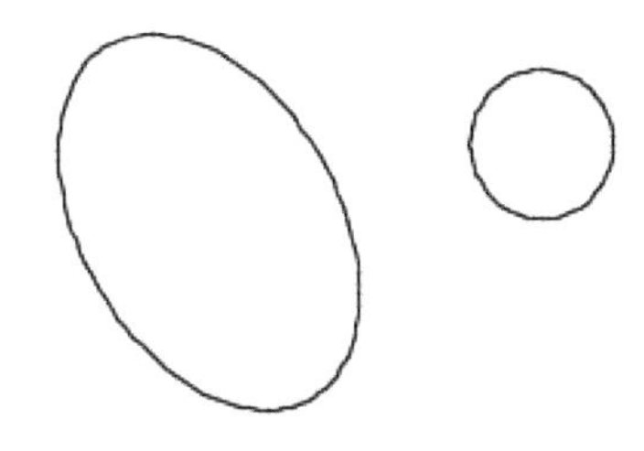

第 2 步 单击【参数化】选项卡 ➤【几何】面板中的【同心约束】按钮，在绘图区域中选择第一个对象，如下图所示。

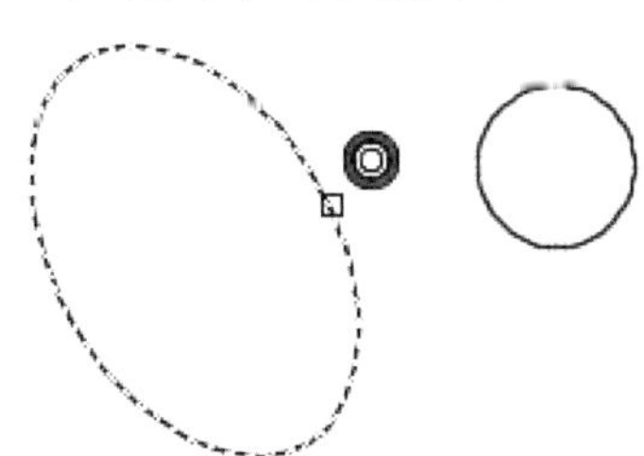

第 3 步 选择第二个对象，如下图所示。

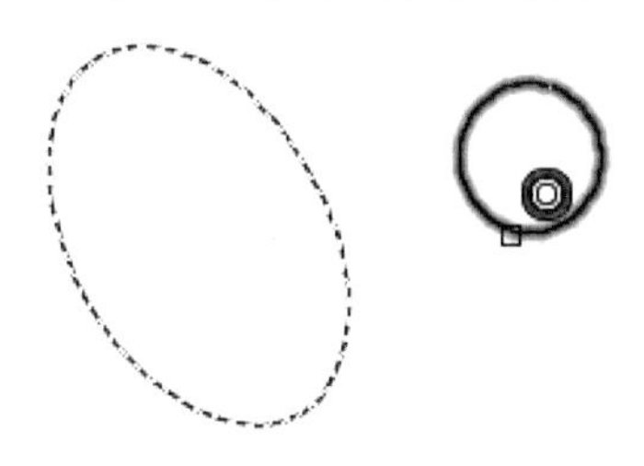

第 4 步 结果如下图所示。

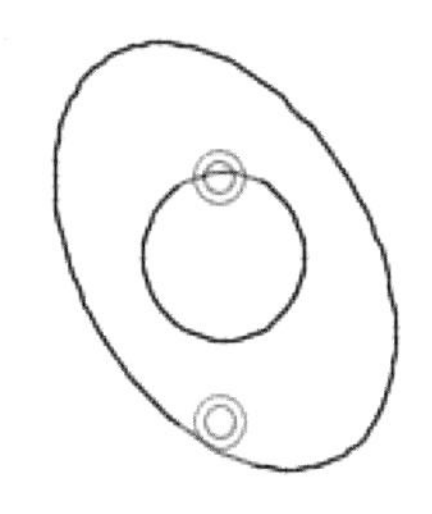

11. 相切约束

第 1 步 打开“素材 \CH10\ 同心相切几何约束 .dwg”文件，单击【参数化】选项卡 ➤【几何】面板中的【相切约束】按钮，在绘图区域中选择第一个对象，如下图所示。

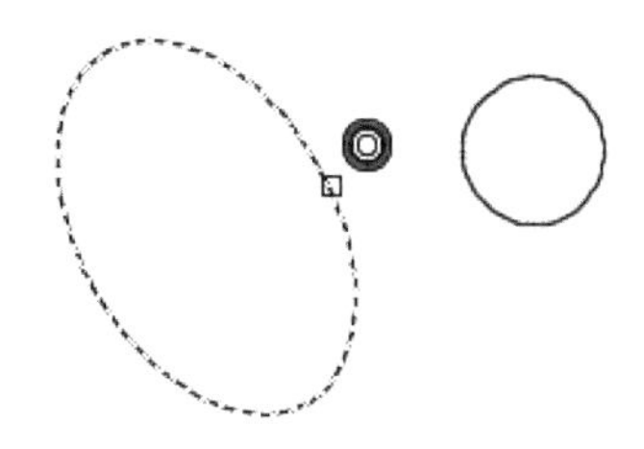

第 2 步 选择第二个对象，如下图所示。

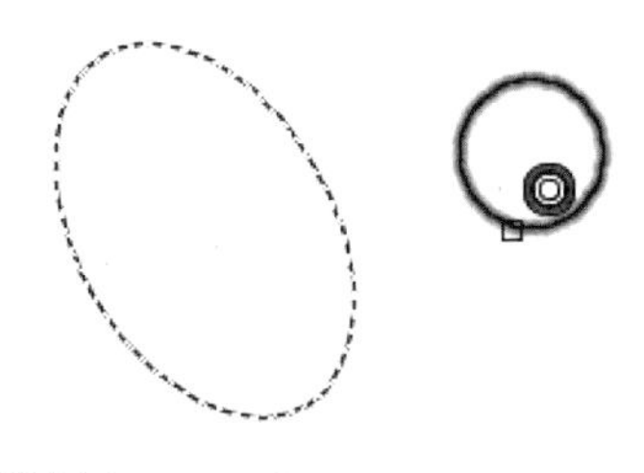

第 3 步 结果如下图所示。

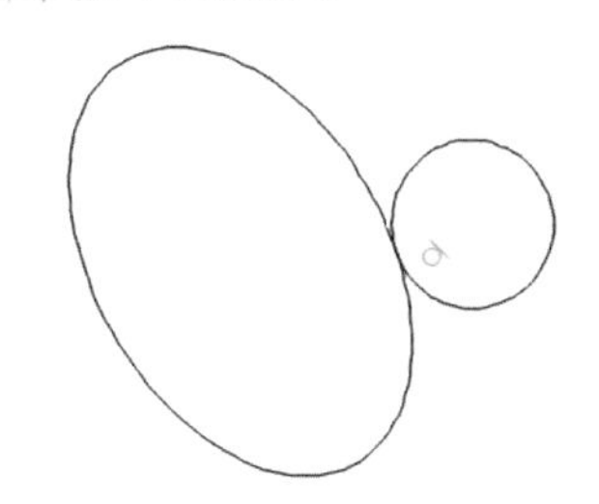

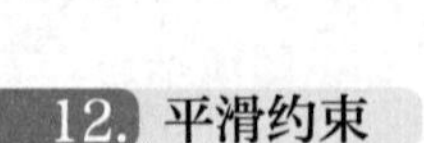

12. 平滑约束

第1步 打开“素材\CH10\平滑几何约束.dwg”文件，如下图所示。

第2步 单击【参数化】选项卡➤【几何】面板中的【平滑约束】按钮，在绘图区域中选择样条曲线，如下图所示。

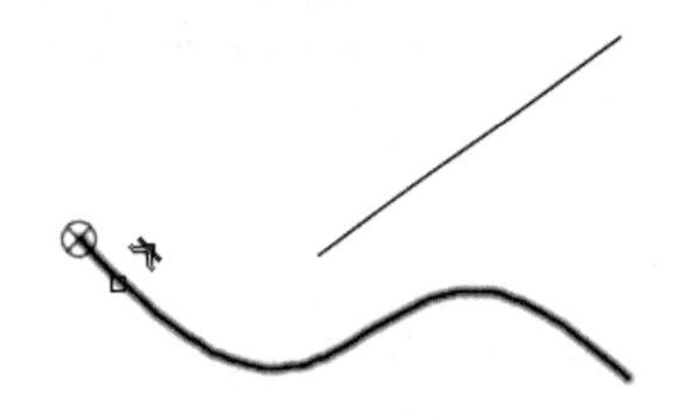

第3步 选择直线对象，如下图所示。

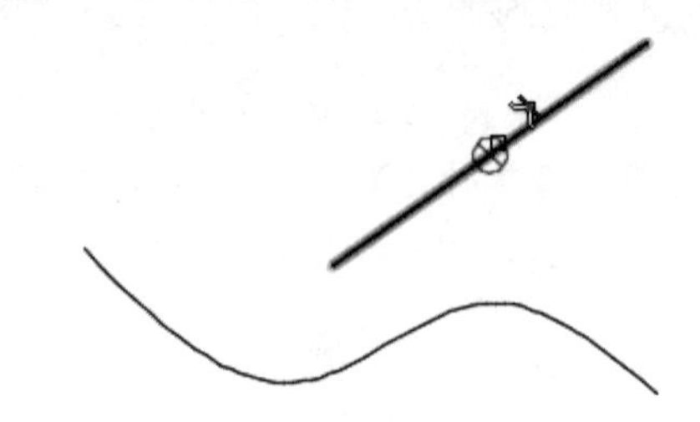

第4步 结果如下图所示。

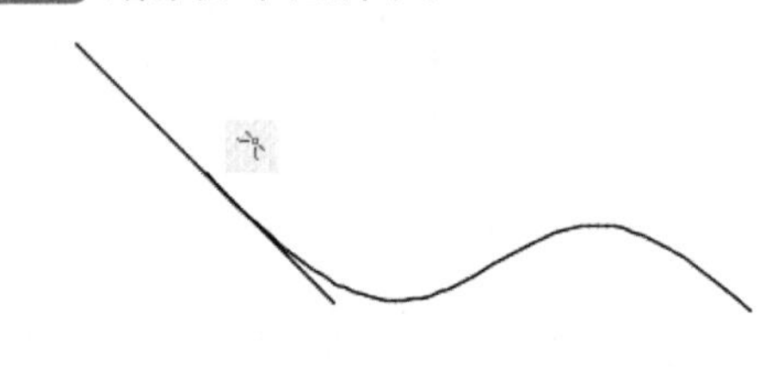

10.3 利用约束绘制图形并查询其面积

通过 10.2 节的介绍，读者对参数化设计有了一个大致的认识，下面通过几何约束、标注约束来绘制图形，并查询阴影部分的面积。

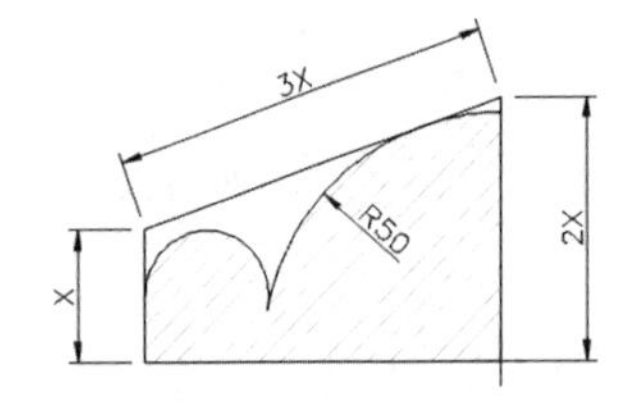

本图的绘制思路是先假设 *X* 为一个定值，如 10，然后通过几何约束和标注约束绘制一个完全相似的图形，再通过等比例缩放得到上图，具体绘制步骤如下。

第1步 新建一个 AutoCAD 文件，然后调用直线命令，绘制如下图所示的图形。

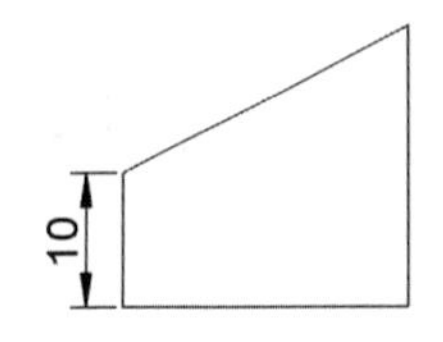

提示

除了左侧竖直直线尺寸为 10 外，其他直线尺寸随意。

第2步 单击【参数化】选项卡➤【标注】面板中的【竖直】按钮，给尺寸 10 的直线添加约束，如下图所示。

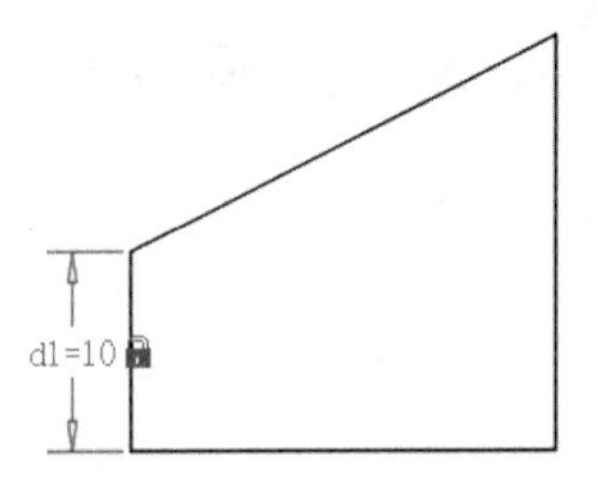

第3步 重复第 2 步，对另一条竖直线进行约束，如下图所示。

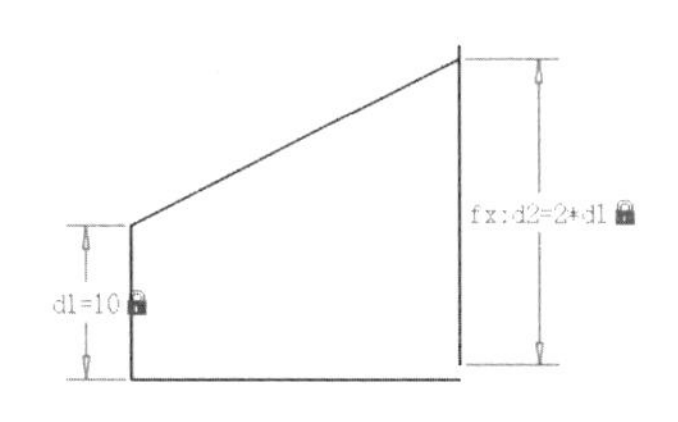

第 4 步 单击【参数化】选项卡 ➤【标注】面板中的【对齐】按钮，给斜线添加约束，如下图所示。

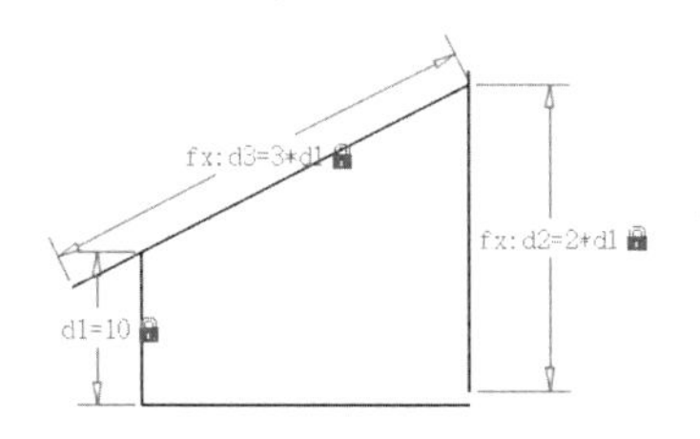

第 5 步 单击【参数化】选项卡 ➤【几何】面板中的【水平约束】按钮，给水平直线添加约束，如下图所示。

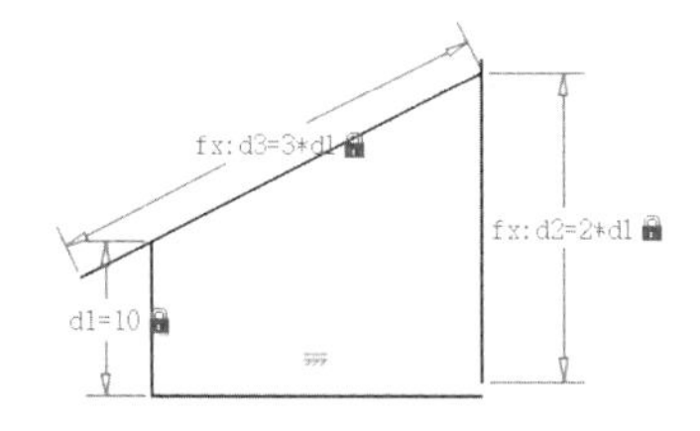

第 6 步 单击【参数化】选项卡 ➤【几何】面板中的【竖直约束】按钮，给两条竖直直线添加约束，如下图所示。

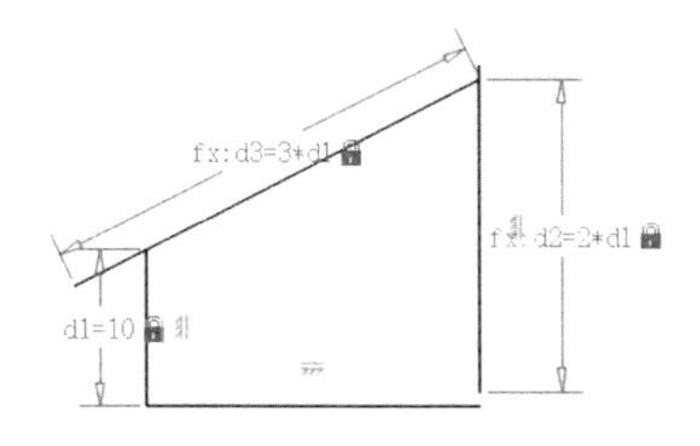

第 7 步 单击【参数化】选项卡 ➤【几何】面板中的【重合约束】按钮，将所有直线的端点首尾重合约束，如下图所示。

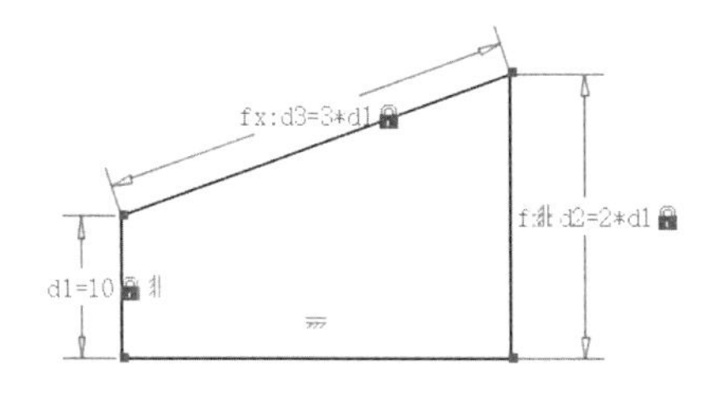

第 8 步 调用圆命令，以水平直线与右侧竖直线的交点为圆心，绘制一个圆，如下图所示。

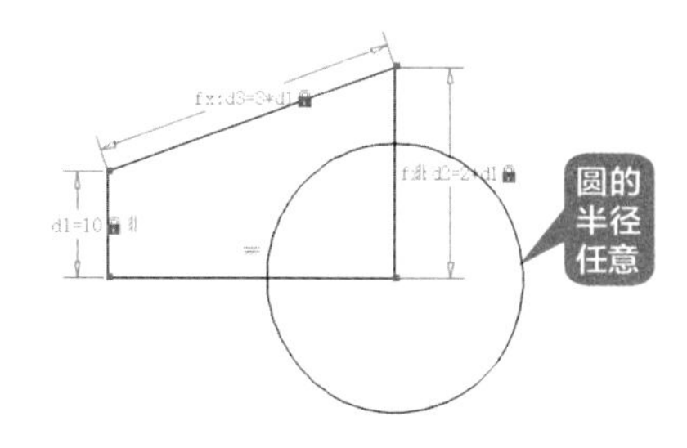

第 9 步 单击【参数化】选项卡 ➤【几何】面板中的【相切约束】按钮，给圆和斜线添加约束，如下图所示。

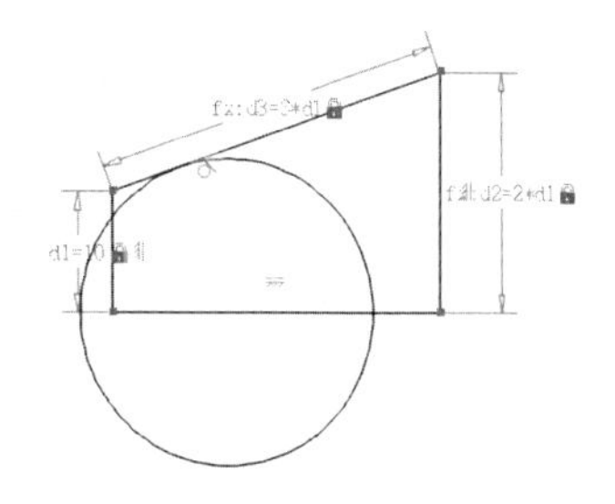

第 10 步 单击【参数化】选项卡 ➤【几何】面板中的【重合约束】按钮，选择圆，让其圆心与右下角点重合，如下图所示。

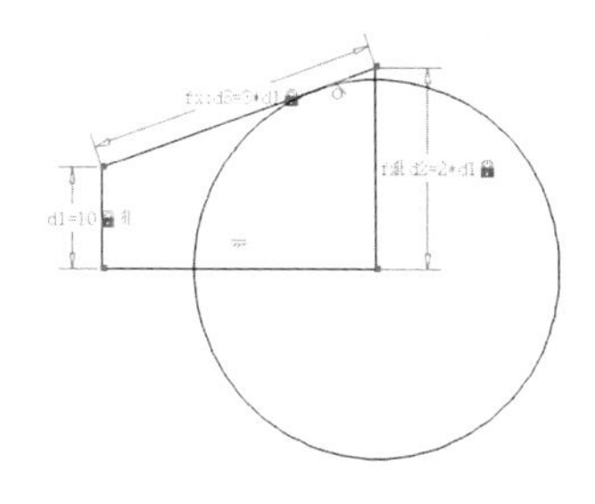

第 11 步 单击【默认】选项卡 ➤【绘图】面板 ➤【相切、相切、相切】绘圆按钮，绘制一个与两条直线和大圆相切的圆，如下图所示。

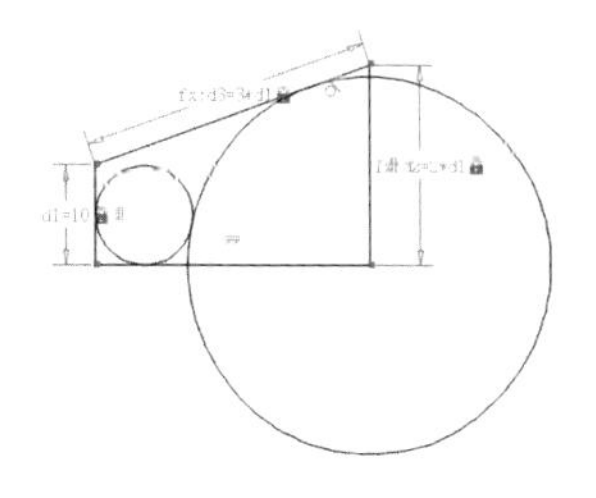

第 12 步 调用修剪命令，对图形进行修剪，结果如下图所示。

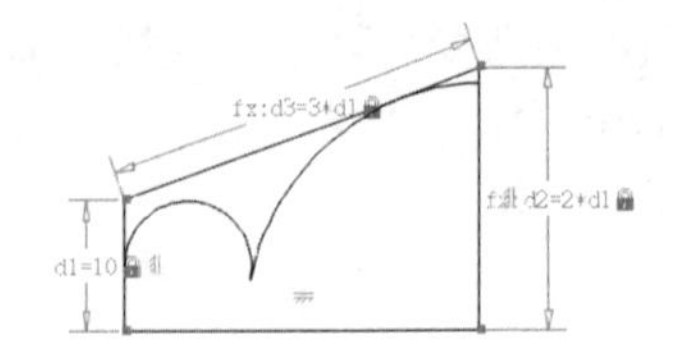

第 13 步 单击【参数化】选项卡 ➤【管理】面板 ➤【删除约束】按钮，选择所有图形，将所有约束删除，结果如下图所示。

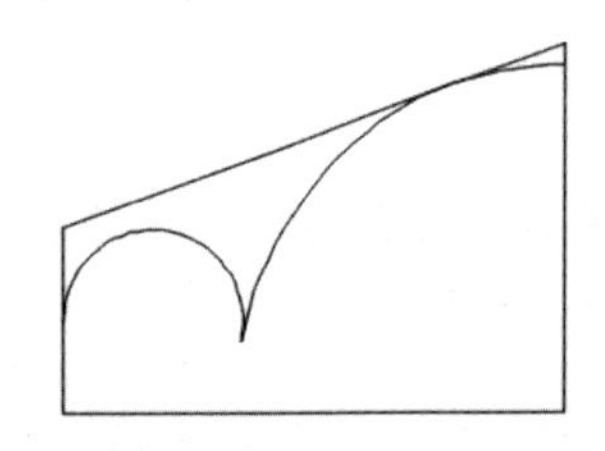

第 14 步 调用缩放命令，根据命令行提示进行如下操作。

```
命令:_SCALE
选择对象:指定对角点:找到 6 个
//选择所有图形
选择对象:    //【Enter】键结束选择
指定基点:      //捕捉图上任意一点作为基点
指定比例因子或 [复制 (C)/ 参照 (R)]: r
指定参照长度 <1.0000>:
//捕捉大圆弧的圆心，即右下角点
指定第二点: //大圆弧上的任意一点
指定新的长度或 [点 (P)] <1.0000>:  50
```

第 15 步 缩放完成后调用半径标注，对大圆弧进行标注，结果如下图所示。

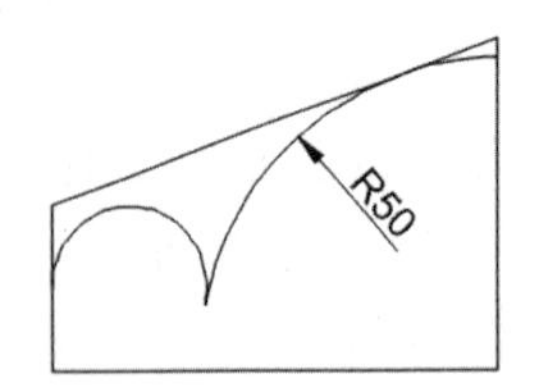

提示

对图形进行标注，验证是否满足结果图形间的尺寸关系。

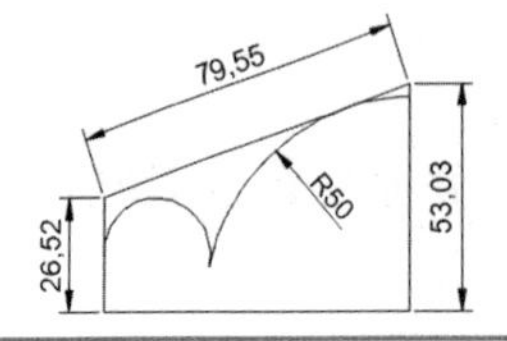

由于标注精度关系，四舍五入后标注的结果和最终要求的关系略有误差。

第 16 步 调用填充命令，对图形进行填充，结果如下图所示。

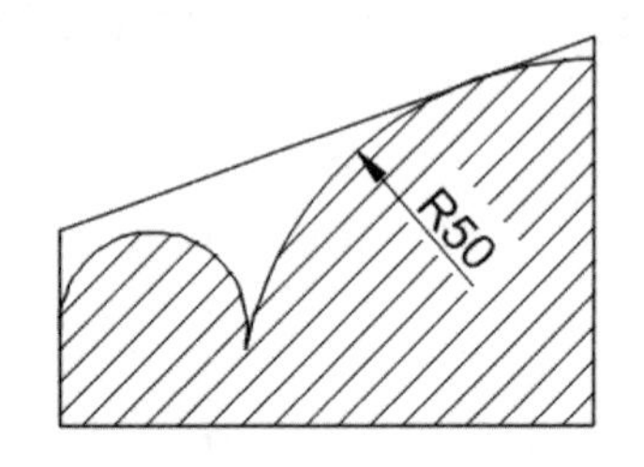

第 17 步 单击【默认】选项卡 ➤【实用工具】面板中的【快速】按钮，将十字光标移至填充图案上面，单击鼠标，显示面积如下图所示。

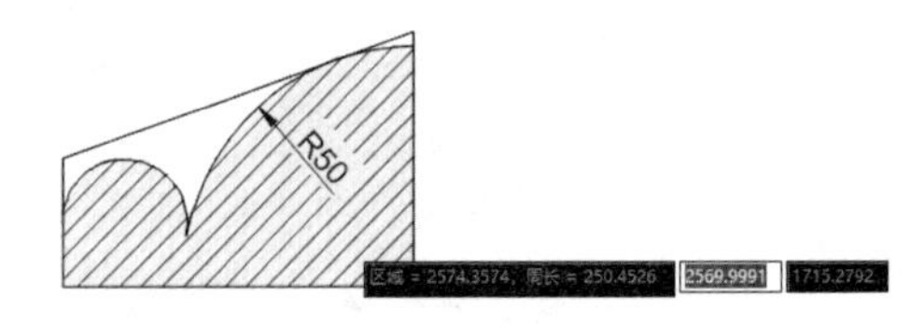

提示

（1）除了【快速】查询外，通过【面积】查询填充图案的面积，也可以得到结果。

（2）调用【特性】选项板，然后选中填充图案，在【特性】选项板中也可以查看面积，如下图所示。

（3）查询不规则图形的面积时，除了将其创建为面域进行查询外，还可以通过图案填充，查询填充面积来得到不规则图形的面积。

查询卧室对象属性

本案例通过查看门窗开洞的大小、房间的使用面积及铺装面积来对本章所介绍的查询命令重新回顾。

查询卧室对象属性的具体操作步骤如表 10-3 所示。

表 10-3　查询卧室对象属性

步骤	创建方法	过程	结果
1	查询门洞和窗洞的宽度	端点	门洞查询结果： 距离 = 900.0000，XY 平面中的倾角 = 0，与 XY 平面的夹角 = 0 X 增量 = 900.0000，Y 增量 = 0.0000，Z 增量 = 0.0000 窗洞查询结果： 距离 = 2400.0000，XY 平面中的倾角 = 0，与 XY 平面的夹角 = 0 X 增量 = 2400.0000，Y 增量 = 0.0000，Z 增量 = 0.0000
2	查询卧室面积和铺装面积	端点	卧室面积和周长： 区域 = 16329600.0000，周长 = 16440.0000 铺装面积和周长： 区域 = 9073120.0559，周长 = 24502.4412
3	列表查询床信息		AutoCAD 文本窗口 - 查询卧室对象属性.dwg 编辑(E) 命令: 命令: LI LIST 选择对象: 找到 1 个 选择对象: 块参照　图层: "WALL" 空间: 模型空间 句柄 = 615 块名: "A$C31961E6D" 于 点, X=8044.1442 Y=3314.1323 Z= 0.0000 X 比例因子: 1.1024 Y 比例因子: 1.1024 旋转角度: 180 Z 比例因子: 1.1024 按统一比例缩放: 否 允许分解: 是 命令:

下面将对尺寸的函数关系及点坐标查询和距离查询时的注意事项进行详细介绍。

◇ 如何利用尺寸的函数关系

当图形中的某些尺寸有固定的函数关系时，可以通过这种函数关系把相关的尺寸都联系在一起。如下图所示，所有的尺寸都和 d1 长度联系在一起，当图形发生变化时，只需修改 d1 的值，整个图形就会发生变化。

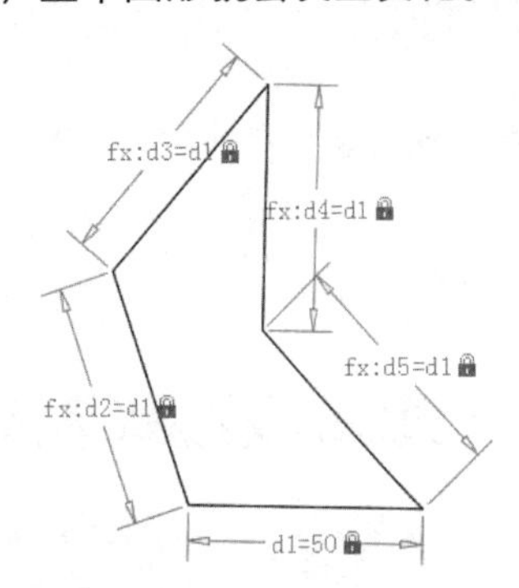

◇ 点坐标查询和距离查询时的注意事项

如果绘制的图形是三维图形，在【选项】对话框的【绘图】选项卡中选中【使用当前标高替换 Z 值】复选框，那么在为点坐标查询和距离查询拾取点时，所获取的值可能是错误的数据。

第 1 步 打开随书资源中的“素材 \CH10\ 点坐标查询和距离查询时的注意事项 .dwg”文件，如下图所示。

第 2 步 在命令行中输入“ID”命令并按空格键调用点坐标查询，然后在绘图区域中捕捉如下图所示的圆心。

第 3 步 命令行显示查询结果如下。

X = −145.5920　　Y = 104.4085　　Z = 155.8846

第 4 步 在命令行中输入“DI”命令并按空格键调用距离查询，然后捕捉第 2 步中捕捉的圆心为第一点，捕捉如下图所示的圆心为第二点。

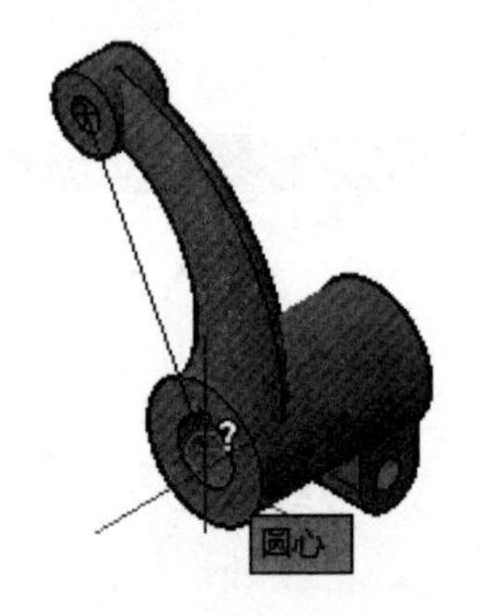

第 5 步 命令行显示查询结果如下。

距离 = 180.0562，XY 平面中的倾角 = 87，与 XY 平面的夹角 = 300

X 增量 = 4.5000，　Y 增量 = 90.0000，　Z 增量 = −155.8846

第 6 步 在命令行中输入“OP”命令并按空格键，在弹出的【选项】对话框中单击【绘图】选项卡，然后在【对象捕捉选项】区域中勾选【使用当前标高替换 Z 值】复选框，如下图所示。

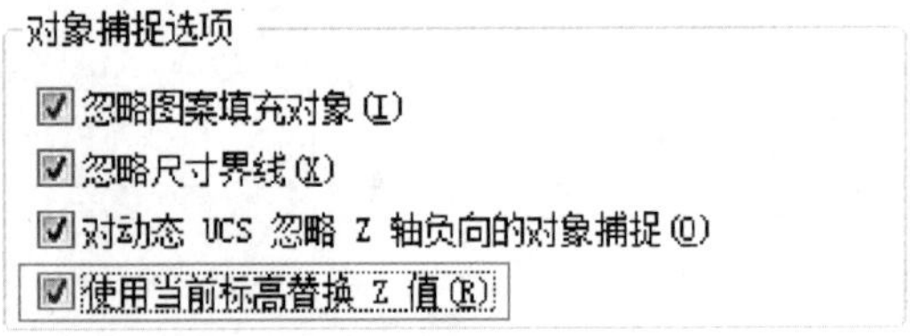

对象捕捉选项

☑ 忽略图案填充对象 (I)
☑ 忽略尺寸界线 (X)
☑ 对动态 UCS 忽略 Z 轴负向的对象捕捉 (O)
☑ 使用当前标高替换 Z 值 (R)

第 7 步 重复第 2 步，查询圆心的坐标，结果显示如下。

X = −145.5920　　Y = 104.4085　　Z = 0.0000

第 8 步 重复第 4 步，查询两圆心之间的距离，结果显示如下。

距离 = 90.1124，XY 平面中的倾角 = 87，与 XY 平面的夹角 = 0

X 增量 = 4.5000，　Y 增量 = 90.0000，　Z 增量 = 0.0000

第4篇

三维绘图篇

本篇主要介绍 AutoCAD 2021 三维绘图。通过对本篇内容的学习，读者可以掌握三维绘图及渲染等操作。

第 11 章
绘制三维图形

本章导读

AutoCAD 不仅可以绘制二维平面图，还可以创建三维实体模型，相对于二维 XY 平面视图，三维视图多了一个维度，不仅有 XY 平面，还有 ZX 平面和 YZ 平面，因此，三维实体模型具有真实直观的特点。创建三维实体模型可以通过已有的二维草图来进行创建，也可以直接通过三维建模功能来完成。

思维导图

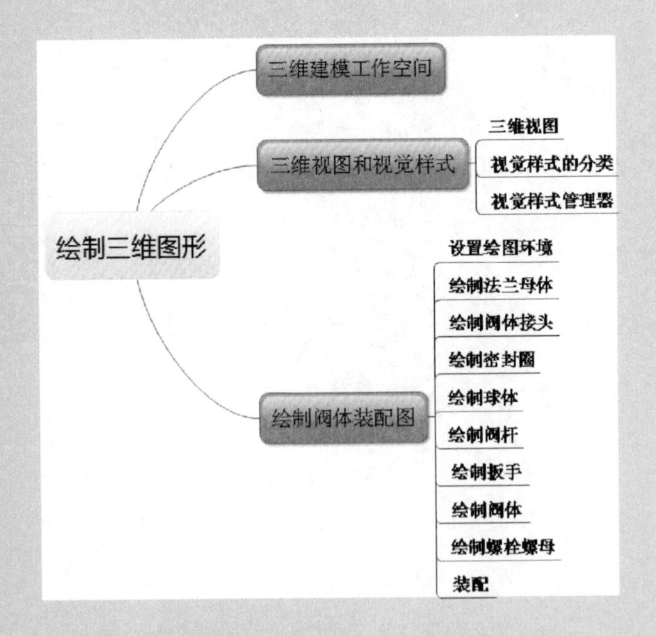

11.1 三维建模工作空间

三维图形是在三维建模空间下完成的，因此在创建三维图形之前，首先应该将绘图空间切换到三维建模模式。

切换到三维建模工作空间的方法，除了本书 1.2.9 节介绍的 3 种方法外，还可以通过命令行切换。

在命令行中输入“WSCURRENT”命令并按空格键，然后输入“三维建模”。

切换到三维建模空间后，可以看到三维建模空间是由快速访问工具栏、菜单栏、选项卡、控制面板、绘图区和状态栏组成的集合，使用户可以在专门的、面向任务的绘图环境中工作，三维建模空间如下图所示。

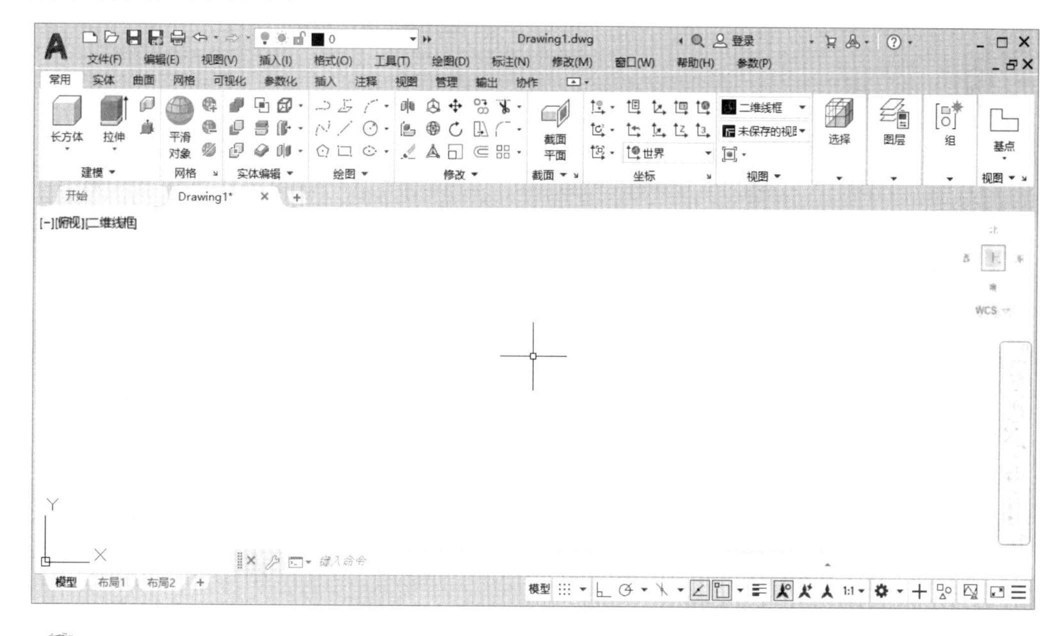

11.2 三维视图和视觉样式

视图是指从不同角度观察三维模型，对于复杂的图形可以通过切换视图样式来从多个角度全面观察图形。

视觉样式用于观察三维实体模型在不同视觉下的效果，在 AutoCAD 2021 中提供了 10 种视觉样式，用户可以切换到不同的视觉样式来观察模型。

11.2.1 三维视图

三维视图可分为标准正交视图和等轴测视图。

标准正交视图：俯视、仰视、前视、左视、右视和后视。

等轴测视图：西南（SW）等轴测、东南（SE）等轴测、东北（NE）等轴测和西北（NW）等轴测。

【三维视图】的切换方法通常有以下 4 种。

（1）单击绘图窗口左上角的【视图】控件，如下图（a）所示。

（2）单击【常用】选项卡 ➢【视图】面板中的【三维导航】下拉按钮，如下图（b）所示。

（3）单击【可视化】选项卡 ➢【命名视图】面板中的下拉按钮，如下图（c）所示。

（4）选择菜单栏中的【视图】➢【三维视图】命令，如下图（d）所示。

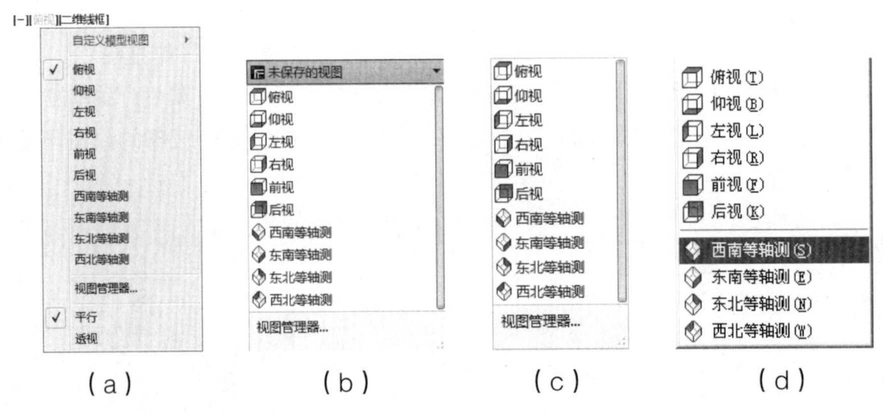

（a）（b）（c）（d）

不同视图下显示的效果也不相同，如同一个实体，在【西南等轴测】视图下效果如下左图所示，而在【东南等轴测】视图下的效果如下右图所示。

11.2.2 视觉样式的分类

视觉样式有二维线框、概念、隐藏、真实、着色、带边缘着色、灰度、勾画、线框和 *X* 射线 10 种类型，默认的视觉样式为二维线框。

【视觉样式】的切换方法通常有以下 4 种。

（1）单击绘图窗口左上角的【视图】控件，如下左图所示。

（2）单击【常用】选项卡 ➢【视图】面板 ➢【视觉样式】下拉按钮，如下中图所示。

（3）单击【可视化】选项卡 ➢【视觉样式】面板 ➢【视觉样式】下拉按钮，如下中图所示。

（4）选择菜单栏中的【视图】➢【视觉样式】命令，如下右图所示。

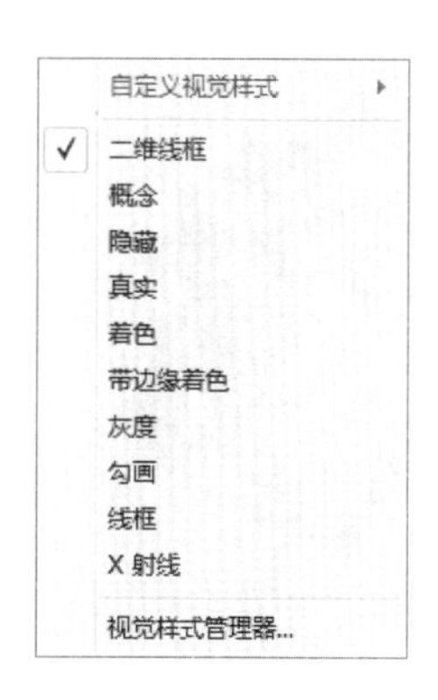

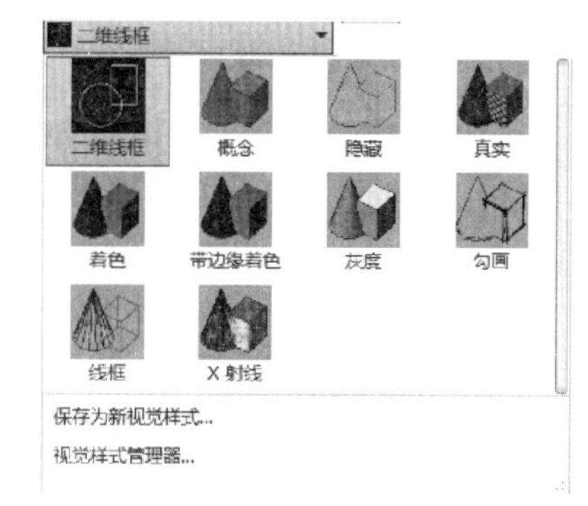

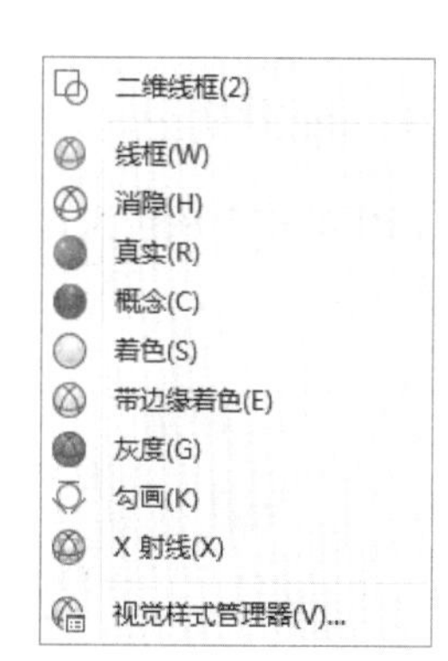

1. 二维线框

二维线框是通过使用直线和曲线表示对象边界的显示方法。光栅图像、OLE 对象、线型和线宽均可见，如下图所示。

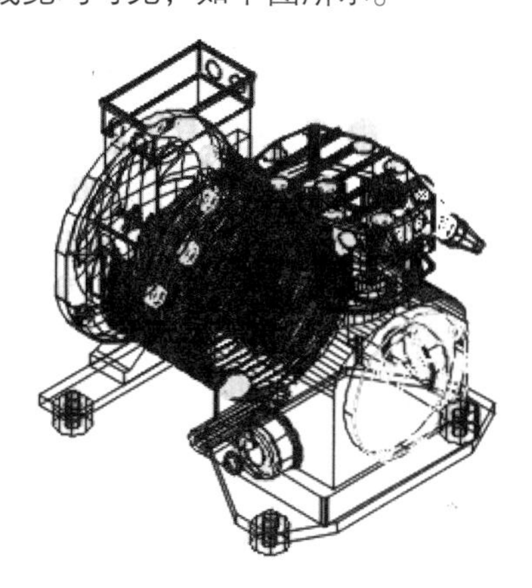

2. 概念

概念是使用平滑着色和古氏面样式显示对象的方法，它是一种冷色和暖色之间的过渡，而不是从深色到浅色的过渡。虽然效果缺乏真实感，但是可以更加方便地查看模型的细节，如下图所示。

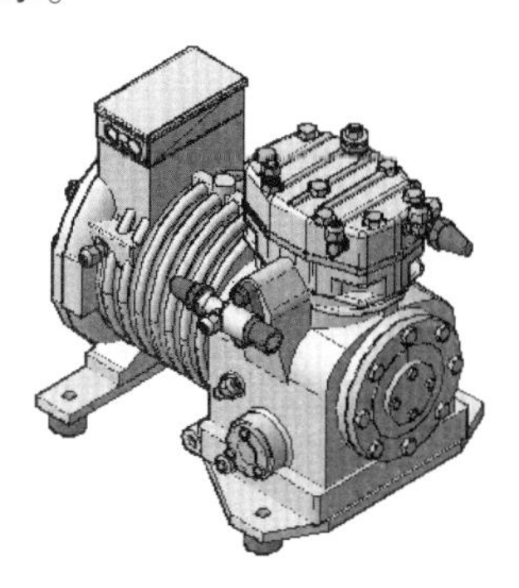

3. 隐藏

隐藏是用三维线框表示对象，并将不可见的线条隐藏起来，如下图所示。

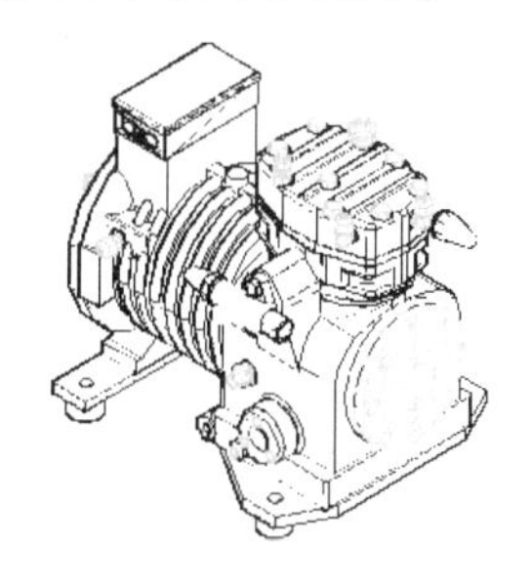

4. 真实

真实是将对象边缘平滑化，显示已附着到对象的材质，如下图所示。

5. 着色

使用平滑着色显示对象，如下图所示。

6. 带边缘着色

使用平滑着色和可见边显示对象，如下图所示。

7. 灰度

使用平滑着色和单色灰度显示对象，如下图所示。

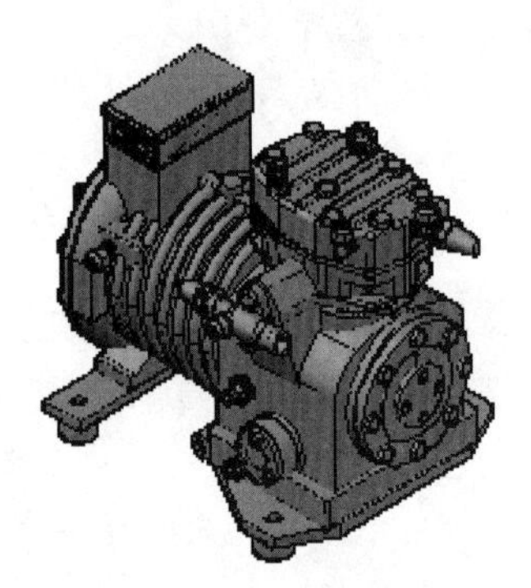

8. 勾画

使用线延伸和抖动边修改器显示手绘效果的对象，如下图所示。

9. 线框

线框是通过使用直线和曲线表示边界，从而显示对象的方法，如下图所示。

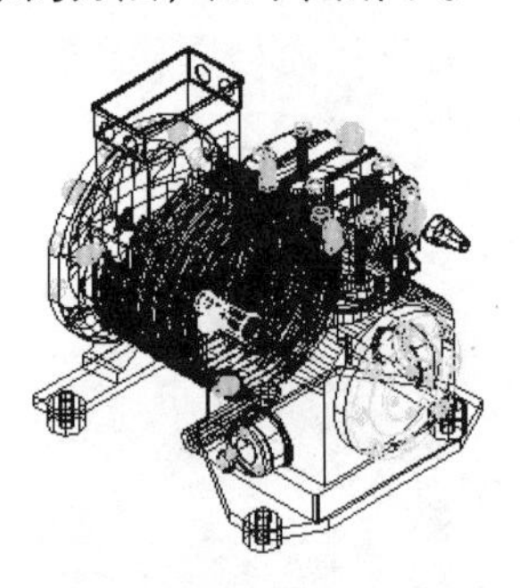

10. X 射线

以局部透明度显示对象，如下图所示。

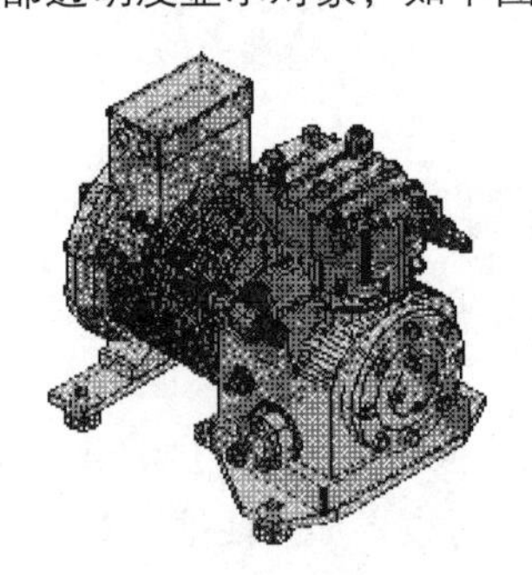

11.2.3 视觉样式管理器

【视觉样式管理器】用于管理视觉样式，对所选视觉样式的面、环境、边等特性进行自定义设置。

【视觉样式管理器】的调用方法和视觉样式的调用相同，在弹出的【视觉样式】下拉列表中选择【视觉样式管理器】选项即可，具体参见本书 11.2.2 节（在 3 幅图的最下边可以看到“视觉样式管理器”字样）内容。

打开【视觉样式管理器】面板，当前的视觉样式用黄色边框显示，其可用的参数设置将显示在样例图像下方的面板中，如下图所示。

1. 工具栏

用户可通过工具栏创建或删除视觉样式，将选定的视觉样式应用于当前视图，或将选定的视觉样式输出到工具选项板，如上图所示。

2. 面设置特性面板

【面设置】特性面板用于控制三维模型的面在视图中的外观，如下图所示。

面设置	
面样式	古氏
光源质量	平滑
颜色	普通
单色	□ 255, 255, 255
不透明度	-60
材质显示	关

其中各选项的含义如下。

【面样式】：用于定义面上的着色。其中，【真实】样式即非常接近于面在现实中的表现方式；【古氏】样式是使用冷色和暖色，而不是暗色和亮色来增强面的显示效果。

【光源质量】：用于设置三维实体的面插入颜色的方式。

【颜色】：用于控制面上的颜色的显示方式，包括【普通】【单色】【明】和【降饱和度】4 种显示方式。

【单色】：用于设置面的颜色。

【不透明度】：可以控制面在视图中的不透明度。

【材质显示】：用于控制是否显示材质和纹理。

3. 光源和环境设置

【亮显强度】可以控制亮显在无材质的面上的大小。

【环境设置】用于控制阴影和背景的显示方式，如下图所示。

光源	
亮显强度	-30
阴影显示	关
环境设置	
背景	开

4. 边设置特性面板

【边设置】特性面板用于控制边的显示方式，如下图所示。

边设置	
显示	镶嵌面边
颜色	■ 白
被阻挡边	
显示	否
颜色	随图元
线型	实线
相交边	
显示	否
颜色	■ 白
线型	实线
轮廓边	
显示	是
宽度	3

11.3 绘制阀体装配图

阀体是机械设计中常见的零部件，本节通过【圆柱体】【长方体】【圆角边】【球体】【三维多段线】命令，以及三维阵列、布尔运算、三维边编辑等命令来绘制阀体装配图的三维图，绘制完成后最终结果如下图所示。

11.3.1 设置绘图环境

在绘图之前，首先将绘图环境切换为【三维建模】工作空间，然后对对象捕捉进行设置，并创建相应的图层。

设置绘图环境的具体操作步骤如下。

第 1 步 启动 AutoCAD 2021，新建一个 DWG 文件，然后单击状态栏中的图标，在弹出的快捷菜单中选择【三维建模】选项，如下图所示。

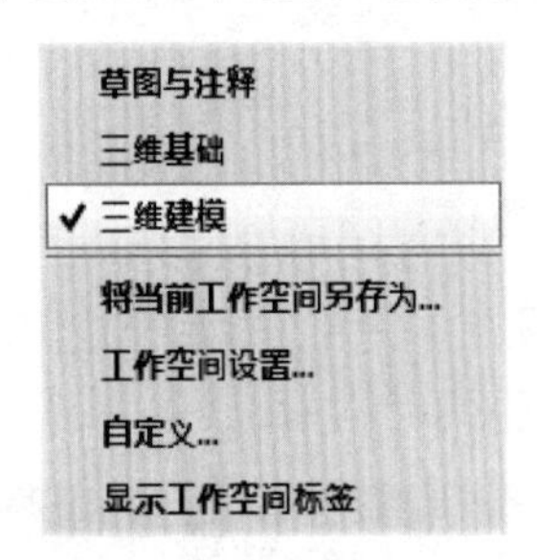

第 2 步 单击绘图窗口左上角的【视图】控件，在弹出的快捷菜单中选择【东南等轴测】选项，如下图所示。

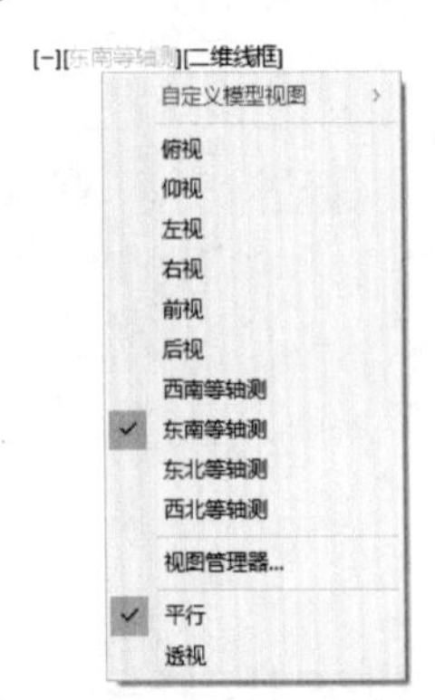

第 3 步 单击绘图窗口左上角的【视觉样式】控件，在弹出的快捷菜单中选择【二维线框】选项，如下图所示。

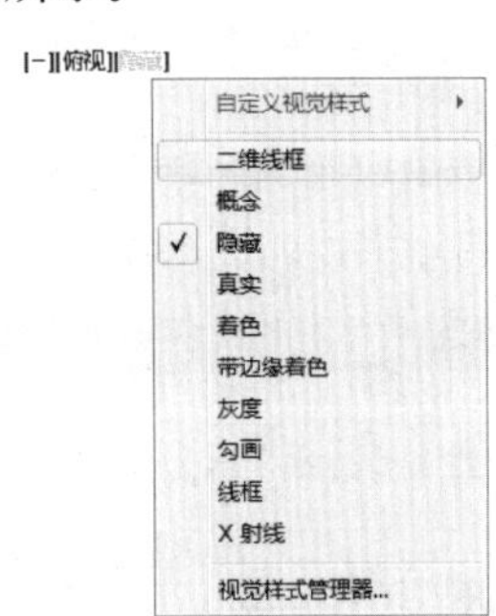

第 4 步 选择【工具】➤【绘图设置】命令，在弹出的【草图设置】对话框中选择【对象捕捉】选项卡，并对对象捕捉进行如下图所示的设置。

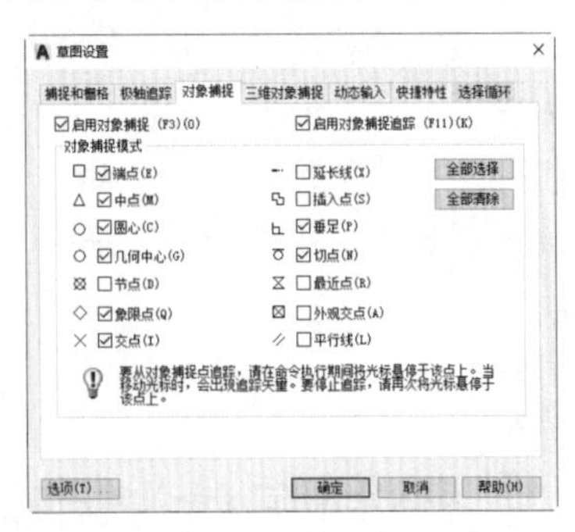

第 5 步 选择【格式】➤【图层】命令，在弹出的【图层特性管理器】中设置如下图所示的几个图层，并将"法兰母体"图层置为当前层。

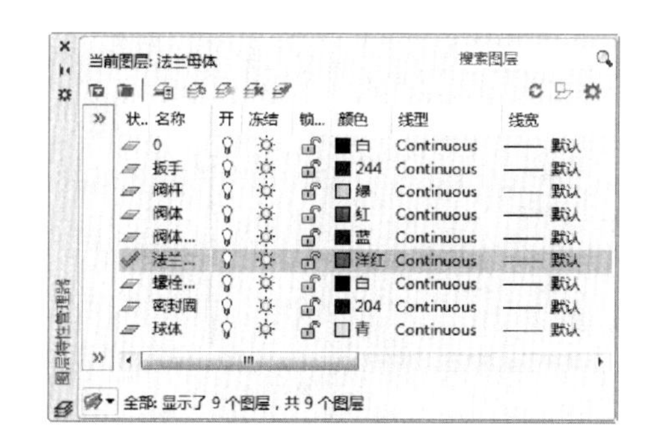

11.3.2 绘制法兰母体

绘制法兰母体主要使用【圆柱体】【阵列】和【差集】命令。

绘制法兰母体的具体操作步骤如下。

第 1 步 单击【常用】选项卡 ➤【建模】面板 ➤【圆柱体】按钮，如下图所示。

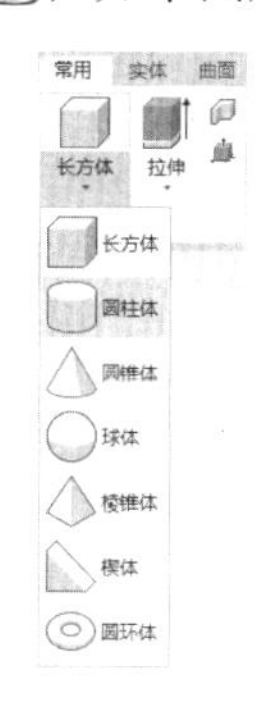

提示

除了通过面板调用【圆柱体】命令外，还可以通过以下方法调用【圆柱体】命令。

（1）选择【绘图】➤【建模】➤【圆柱体】命令。

（2）在命令行中输入“CYLINDER/CYL”命令并按空格键确认。

第 2 步 选择坐标原点为圆柱体的底面圆心，然后输入圆柱体的底面半径“25”、高度“14”，结果如下图所示。

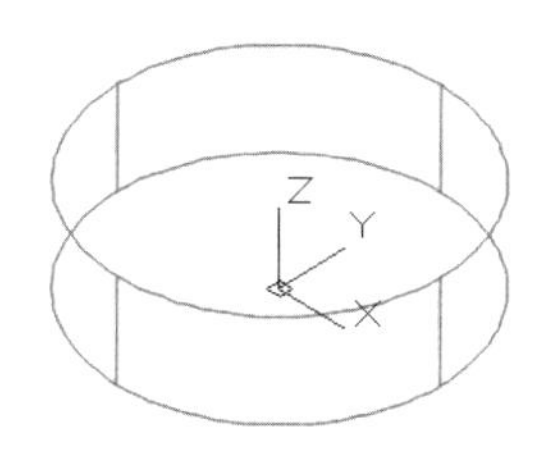

第 3 步 重复第 1~2 步，以原点为底面圆心，绘制一个半径为 57.5、高度为 14 的圆柱体，如下图所示。

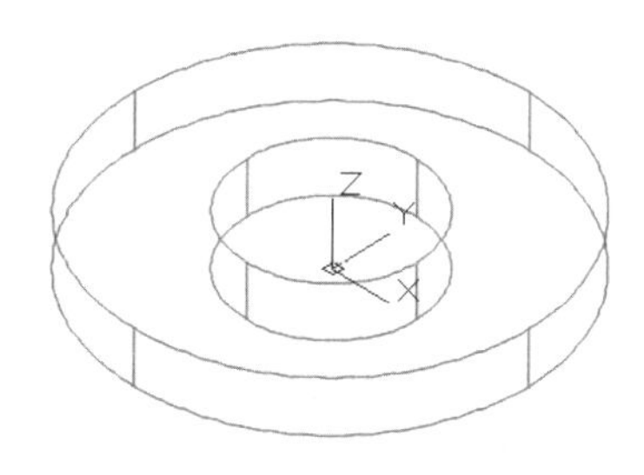

第 4 步 在命令行中输入“ISOLINES”命令并将参数值设置为 20。

```
命令 : ISOLINES
输入 ISOLINES 的新值 <4>: 20 ↙
```

第 5 步 选择【视图】➤【重生成】命令，重生成后如下图所示。

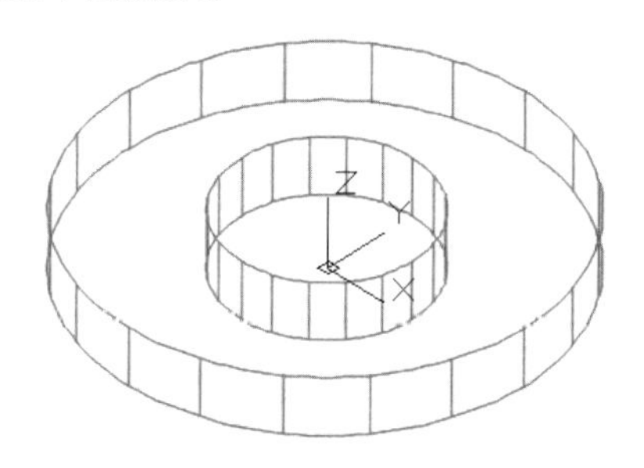

提示

【ISOLINES】命令用于控制在三维实体的曲面上的等高线数量，默认值为 4。

第 6 步 重复【圆柱体】命令，以坐标（42.5,0,0）为底面圆心，绘制一个半径为 6、高度为 14 的圆柱体，如下图所示。

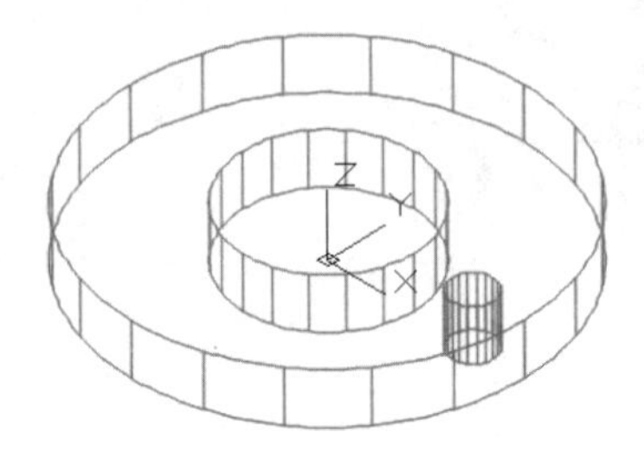

第 7 步 单击【常用】选项卡 ➤【修改】面板 ➤【环形阵列】按钮，如下图所示。

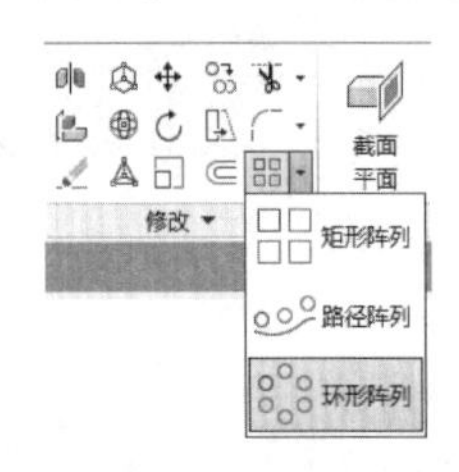

第 8 步 选择第 6 步创建的小圆柱体为阵列对象，当命令行提示指定阵列中心点时输入“a”。

```
选择对象：
类型 = 极轴  关联 = 是
指定阵列的中心点或 [ 基点 (B)/ 旋转轴 (A)]: a
```

第 9 步 捕捉大圆柱体的底面圆心为旋转轴上的第一点，如下图所示。

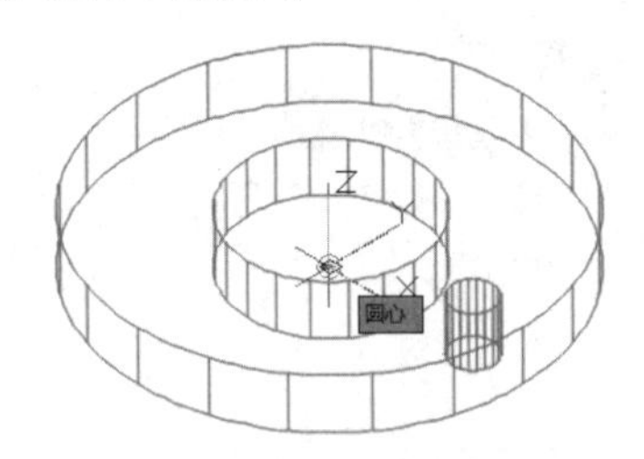

第 10 步 捕捉大圆柱体的另一底面圆心为旋转轴上的第二点，如下图所示。

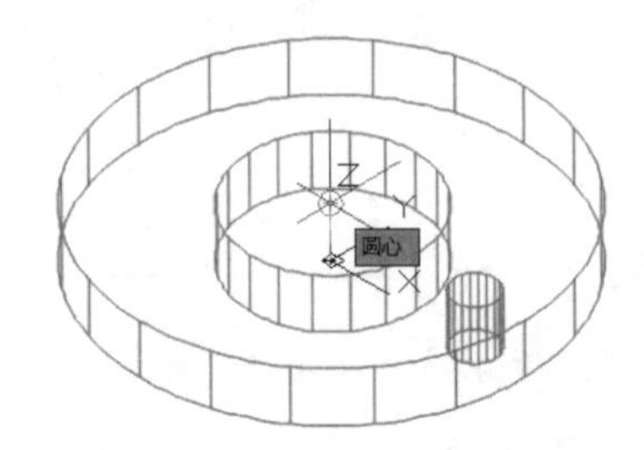

第 11 步 在弹出的【阵列创建】选项卡中将阵列【项目数】设置为 4，并设置【填充】为 360，项目之间不关联，其他设置不变，如下图所示。

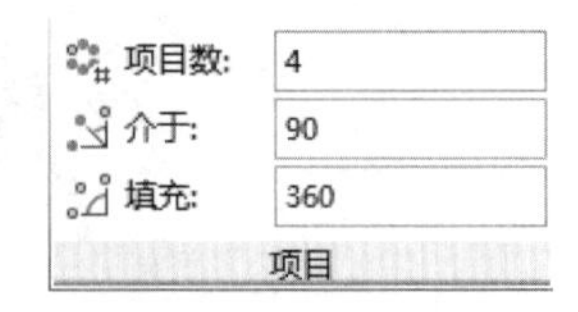

第 12 步 单击【关闭阵列】按钮后，结果如下图所示。

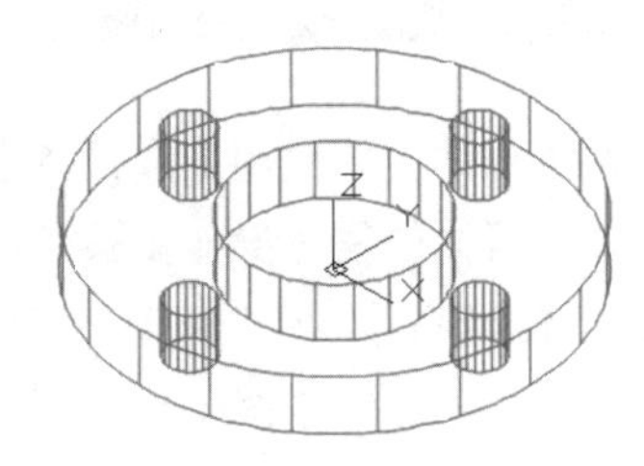

第 13 步 单击【常用】选项卡 ➤【实体编辑】面板 ➤【实体，差集】按钮，如下图所示。

提示

除了通过面板调用【差集】命令外，还可以通过以下方法调用【差集】命令。

（1）选择【修改】➤【实体编辑】➤【差集】命令。

（2）在命令行中输入“SUBTRACT/SU”命令并按空格键确认。

第 14 步 当命令行提示选择要从中减去的实体、曲面或面域对象时，选择大圆柱体，如下图所示。

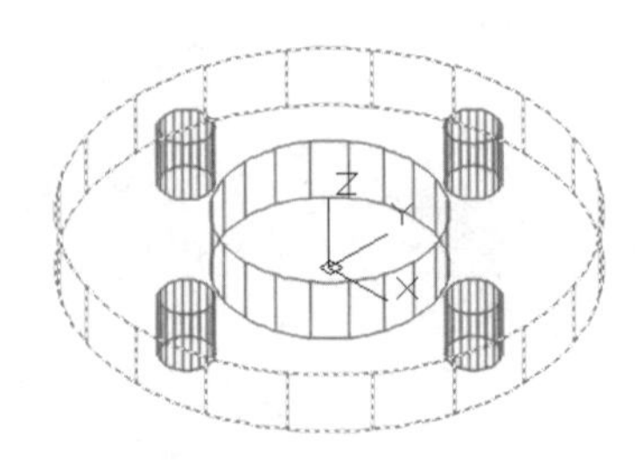

第 15 步 当命令行提示选择减去的实体、曲面和面域时，选择其他 5 个小圆柱体，如下图所示。

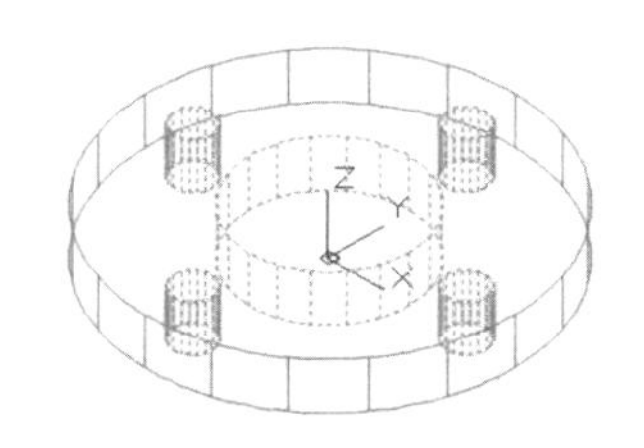

第 16 步 差集后选择【视图】➢【消隐】命令，结果如下图所示。

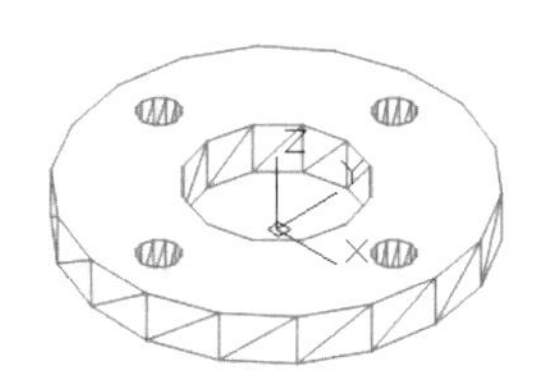

提示

除了通过菜单调用【消隐】命令外，还可以输入“HIDE/HI”命令调用。

滚动鼠标滚轮改变图形大小或重生成图形，可以取消隐藏效果。

在 AutoCAD 中，利用布尔运算可以对多个面域和三维实体进行并集、差集和交集运算。通过使用布尔运算可以创建单独的复合实体，关于布尔运算的 3 种运算创建复合对象的方法如表 11-1 所示。

表 11-1　布尔运算的 3 种运算创建复合对象的方法

运算方式	命令调用方式	创建过程及结果	备注
并集	（1）选择【修改】➢【实体编辑】➢【并集】命令 （2）在命令行中输入“UNION/UNI”命令并按空格键确认 （3）单击【常用】选项卡➢【实体编辑】面板➢【实体，并集】按钮		并集是将两个或多个三维实体、曲面或二维面域合并为一个复合三维实体、曲面或面域
差集	（1）选择【修改】➢【实体编辑】➢【差集】命令 （2）在命令行中输入“SUBTRACT/SU”命令并按空格键确认 （3）单击【常用】选项卡➢【实体编辑】面板➢【实体，差集】按钮		差集是通过从一个对象减去一个重叠面域或三维实体来创建为新对象
交集	（1）选择【修改】➢【实体编辑】➢【交集】命令 （2）在命令行中输入“INTERSECT/IN”命令并按空格键确认 （3）单击【常用】选项卡➢【实体编辑】面板➢【实体，交集】按钮		交集是通过重叠实体、曲面或面域创建三维实体、曲面或二维面域

提示

布尔运算命令不能对网格对象使用，如果选择了网格对象，系统将提示用户将该对象转换为三维实体或曲面。

11.3.3 绘制阀体接头

绘制阀体接头主要用到【长方体】【圆角边】和【圆柱体】命令，以及阵列命令、布尔运算和三维边编辑命令等，绘制阀体接头的具体操作步骤如下。

1. 绘制接头的底座

第1步 单击【常用】选项卡➤【修改】面板➤【三维移动】按钮，如下图所示。

提示

除了通过面板调用【三维移动】命令外，还可以通过以下方法调用【三维移动】命令。

（1）选择【修改】➤【三维操作】➤【三维移动】命令。

（2）在命令行中输入“3DMOVE/3M”命令并按空格键确认。

第2步 将法兰母体移动到合适的位置后，单击【常用】选项卡➤【图层】面板➤【图层】下拉按钮，在弹出的下拉列表中将“阀体接头”图层置为当前层，如下图所示。

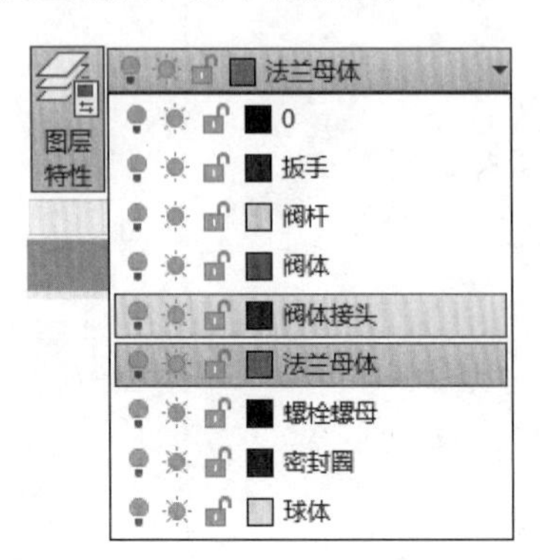

提示

也可以使用二维移动命令（MOVE）来完成移动。

第3步 单击【常用】选项卡➤【建模】面板➤【长方体】按钮，如下图所示。

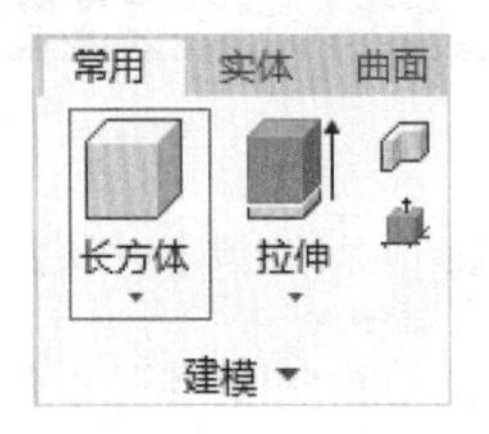

提示

除了通过面板调用【长方体】命令外，还可以通过以下方法调用【长方体】命令。

（1）选择【绘图】➤【建模】➤【长方体】命令。

（2）在命令行中输入“BOX”命令并按空格键确认。

第4步 在命令行中输入长方体的两个角点坐标（40,40,0）和（−40，−40,10），结果如下图所示。

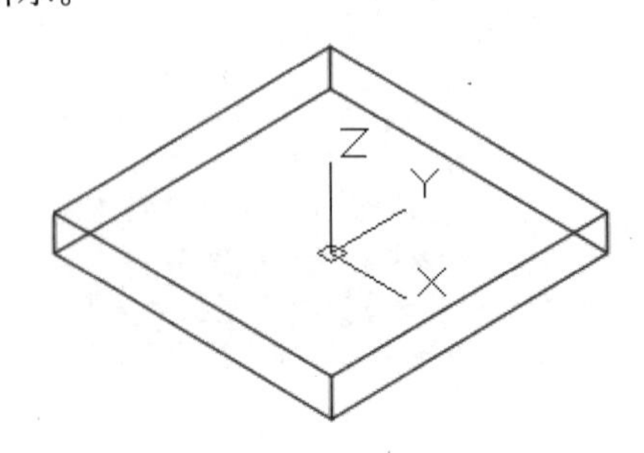

第5步 单击【实体】选项卡➤【实体编辑】面板➤【圆角边】按钮，如下图所示。

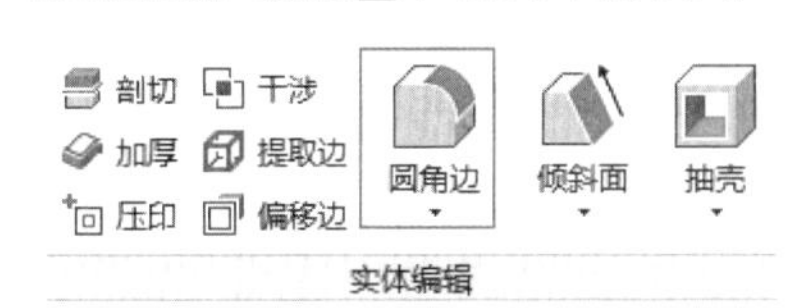

提示

除了通过面板调用【圆角边】命令外，还可以通过以下方法调用【圆角边】命令。

（1）选择【修改】➤【实体编辑】➤【圆角边】命令。

（2）在命令行中输入“FILLETEDGE”命令并按空格键确认。

第6步 选择长方体的4条棱边为圆角边对象，如下图所示。

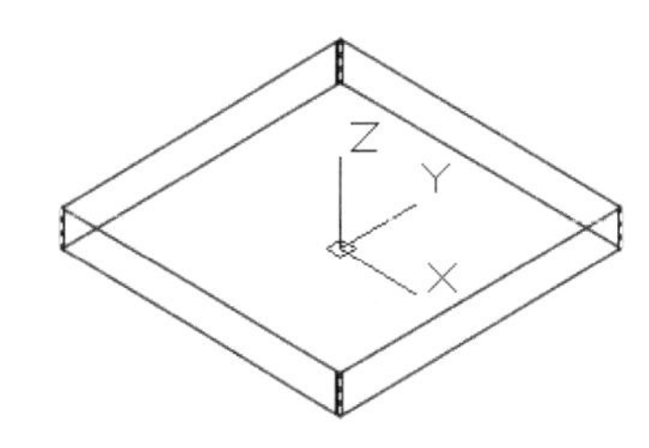

第7步 在命令行中输入“R”，并指定新的圆角半径为5，结果如下图所示。

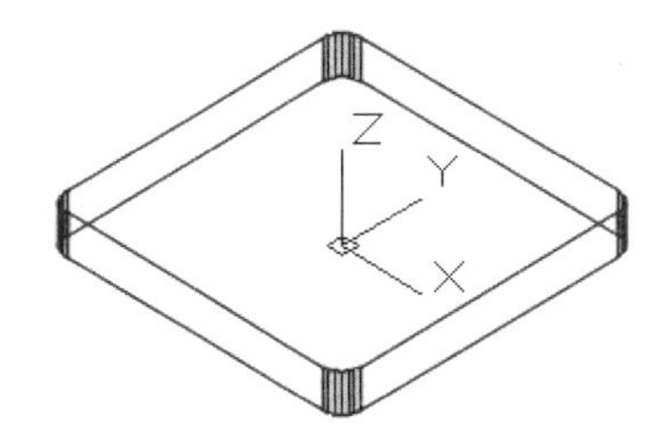

第8步 调用【圆柱体】命令，以坐标（30,30,0）为底面圆心，绘制一个半径为6、高度为10的圆柱体，如下图所示。

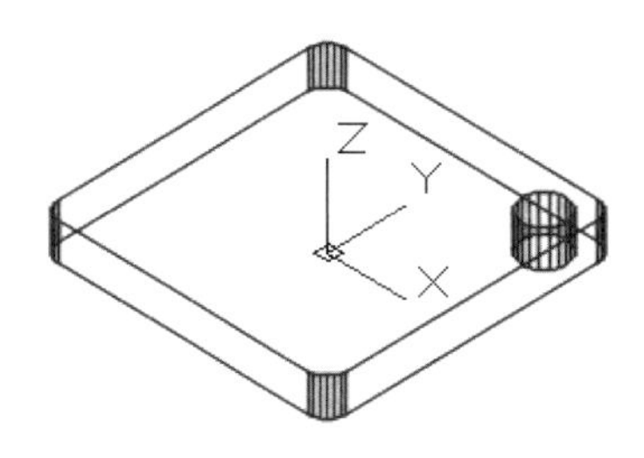

第9步 调用【环形阵列】命令，选择第8步创建的圆柱体为阵列对象，指定坐标原点为阵列的中心，并设置阵列个数为4，填充角度为360°，阵列项目之间不关联，阵列后如下图所示。

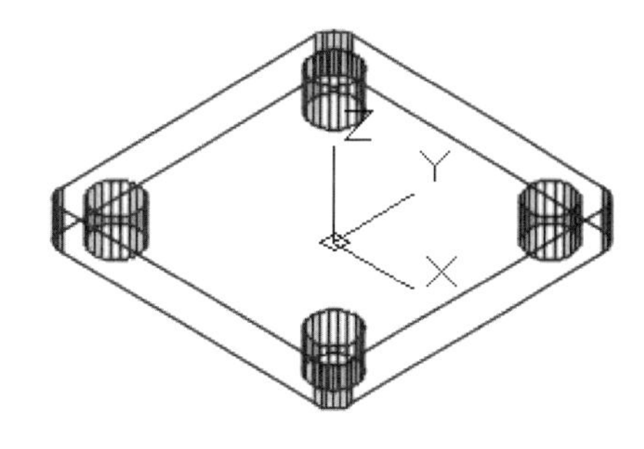

第10步 调用【差集】命令，将4个小圆柱体从长方体中减去，消隐后如下图所示。

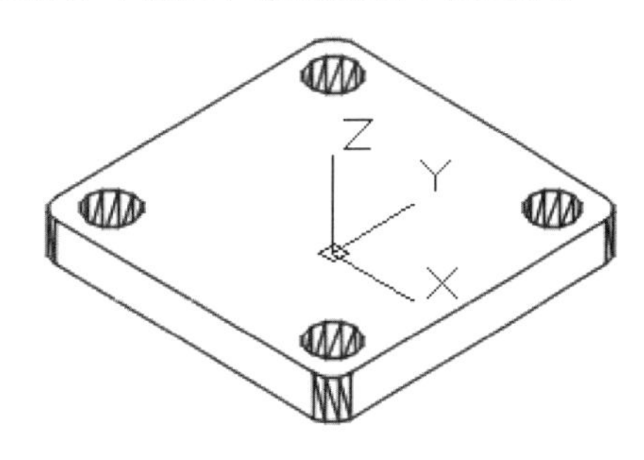

三维圆角边是从AutoCAD 2012开始新增的功能，在这之前，对三维图形圆角一般都用二维圆角命令（FILLET）来实现。下面以本例创建的长方体为例，来介绍通过二维圆角命令对三维实体进行圆角的操作，其具体操作如下。

第1步 在命令行中输入“F”并按空格键调用【圆角】命令，根据命令行提示选择一条边为第一个圆角对象，如下图所示。

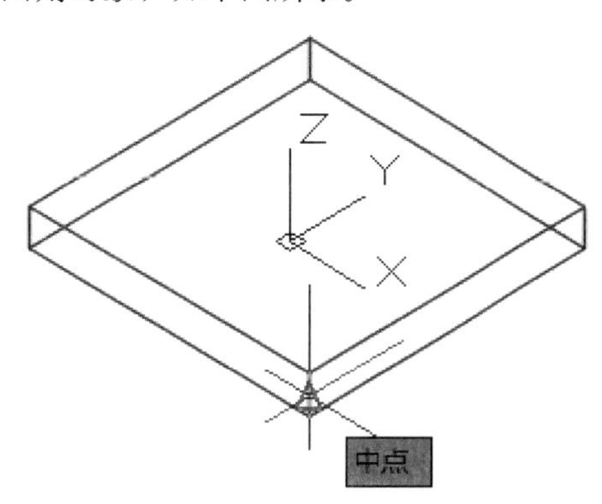

第 2 步 根据命令行提示输入圆角半径“5”，然后依次选择其他 3 条边，如下图所示。

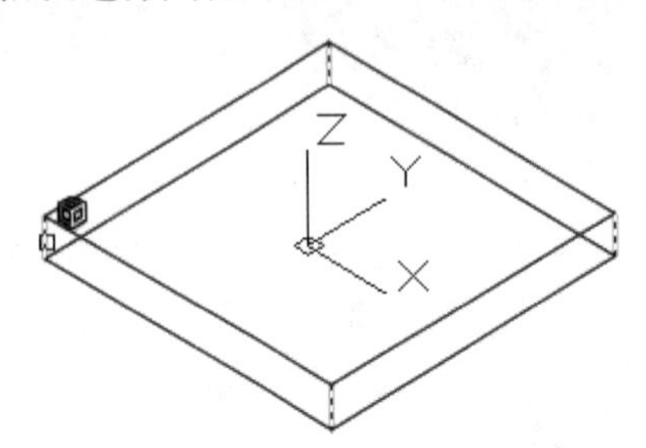

第 3 步 选择完成后按空格键确认，圆角后结果如下图所示。

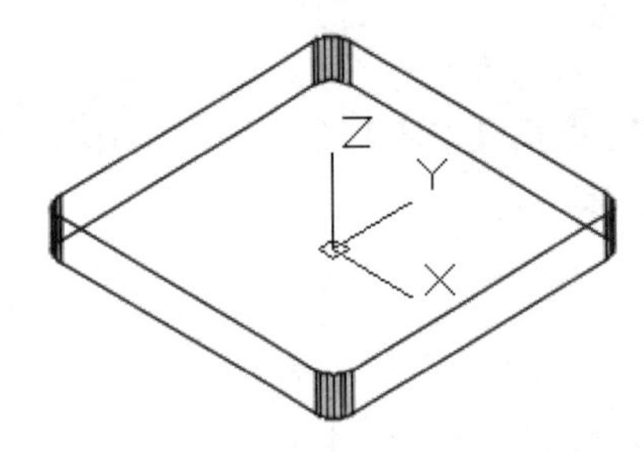

2. 绘制接头螺杆

第 1 步 调用【圆柱体】命令，以坐标（0,0,10）为底面圆心，绘制一个半径为 20、高度为 25 的圆柱体，如下图所示。

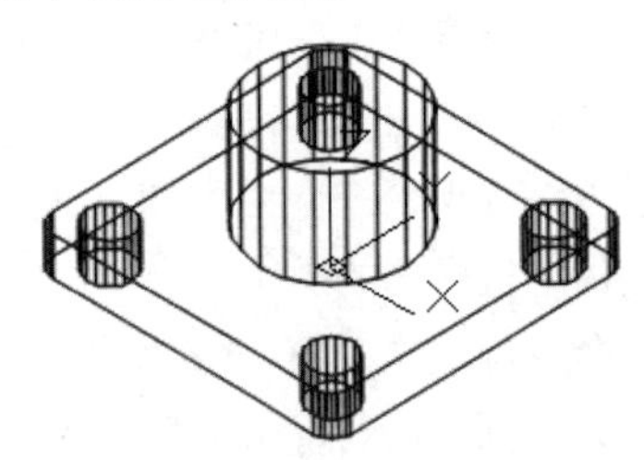

第 2 步 调用【并集】命令将圆柱体和底座合并在一起，消隐后如下图所示。

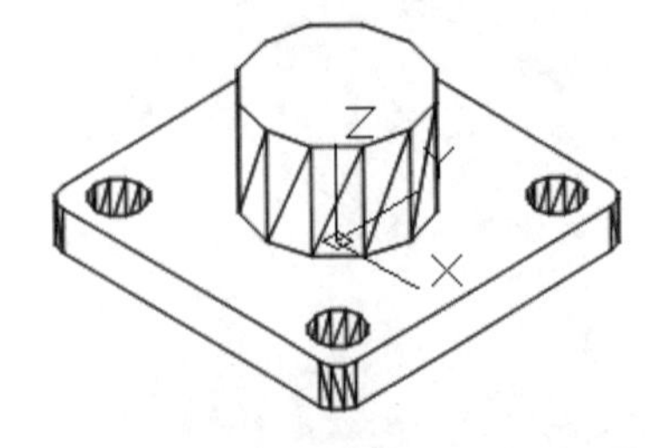

第 3 步 单击【常用】选项卡 ➢【实体编辑】面板 ➢【复制边】按钮，如下图所示。

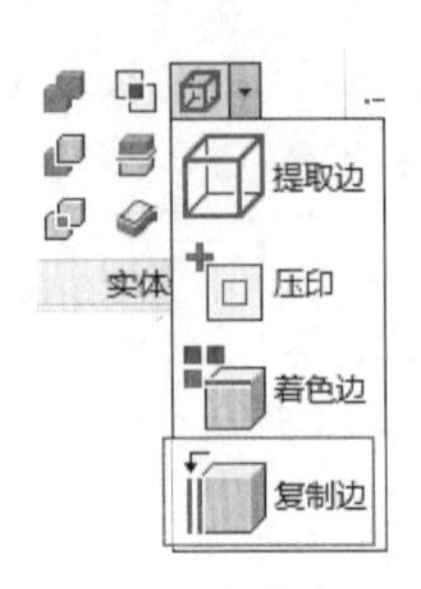

提示

除了通过面板调用【复制边】命令外，还可以通过以下方法调用【复制边】命令。

（1）选择【修改】➢【实体编辑】➢【复制边】命令。

（2）在命令行中输入“SOLIDEDIT”命令，然后输入“E”，根据命令行提示输入“C”。

第 4 步 选择如下图所示的圆柱体的底边为复制对象。

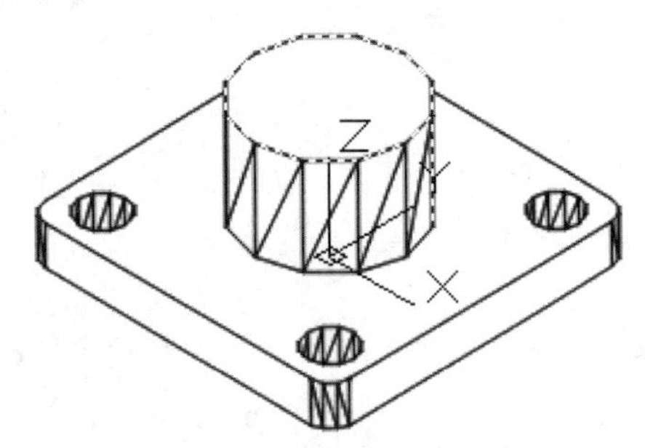

第 5 步 任意单击一点作为复制的基点，然后输入复制的第二点（@0,0, −39），如下图所示。

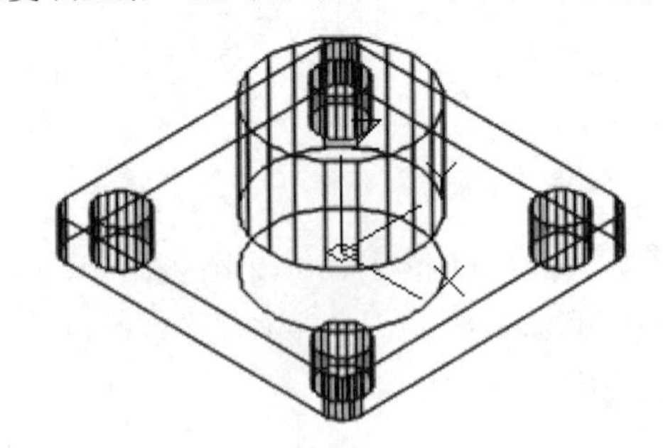

第 6 步 在命令行中输入“O”并按空格键调用【偏移】命令，将复制的边向外分别偏移 3 和 5，如下图所示。

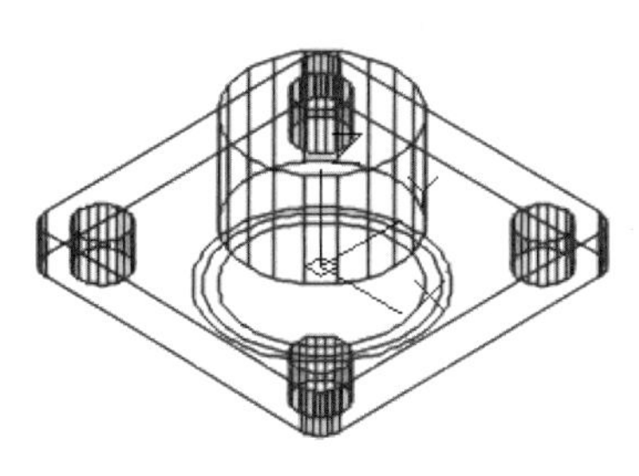

第 7 步 在命令行中输入“M”并按空格键调用【移动】命令，选择偏移后的大圆为移动对象，如下图所示。

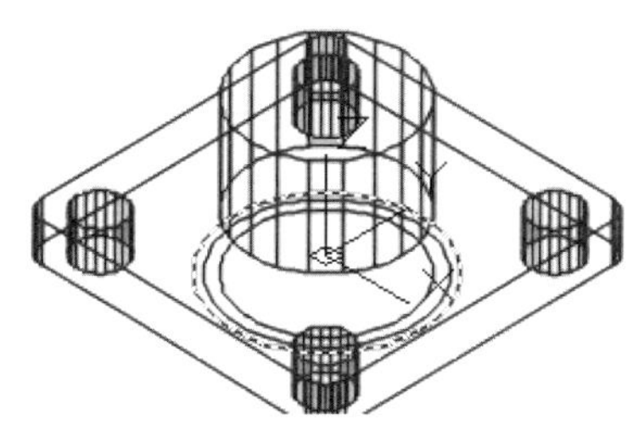

第 8 步 任意单击一点作为移动的基点，然后输入移动的第二点（@0,0，39），如下图所示。

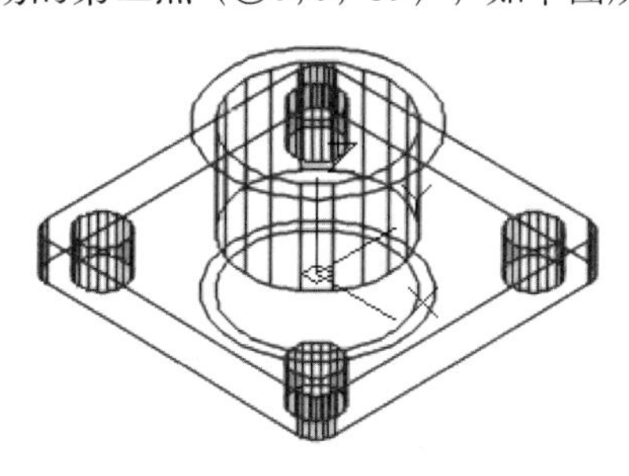

第 9 步 单击【常用】选项卡 ➢【建模】面板中的【拉伸】按钮，如下图所示。

提示

除了通过面板调用【拉伸】命令外，还可以通过以下方法调用【拉伸】命令。

（1）选择【绘图】➢【建模】➢【拉伸】命令。

（2）在命令行中输入“EXTRUD/EXT”命令并按空格键确认。

第 10 步 选择如下图所示的圆为拉伸对象。

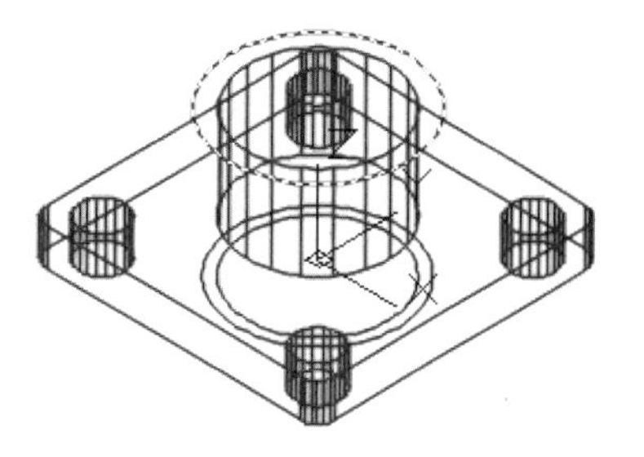

第 11 步 输入拉伸高度“14”，结果如下图所示。

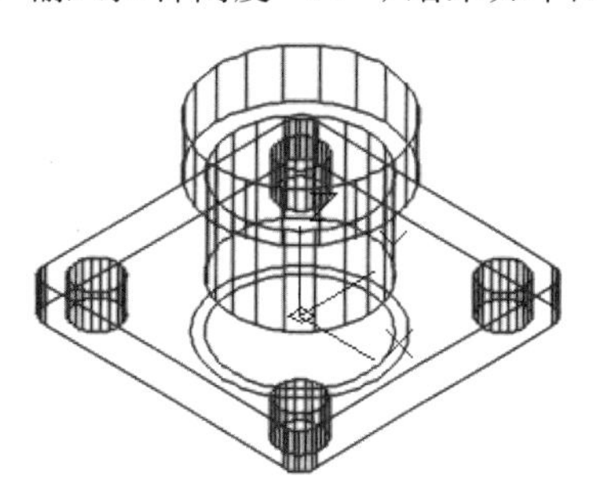

第 12 步 重复【拉伸】命令，选择最底端的两个圆为拉伸对象，拉伸高度设置为 4，如下图所示。

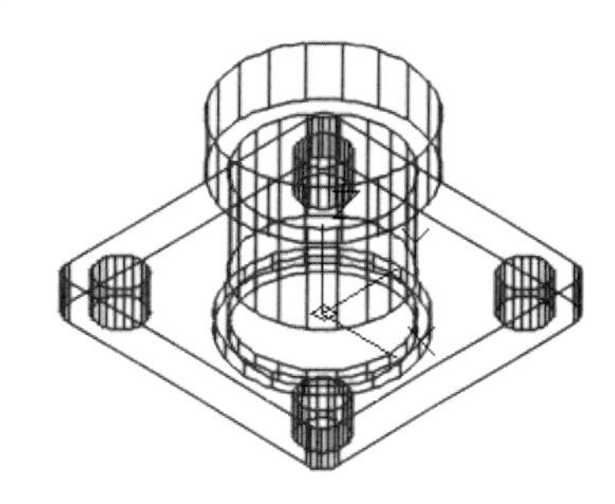

第 13 步 调用【并集】命令，选择如下图所示的图形为并集对象。

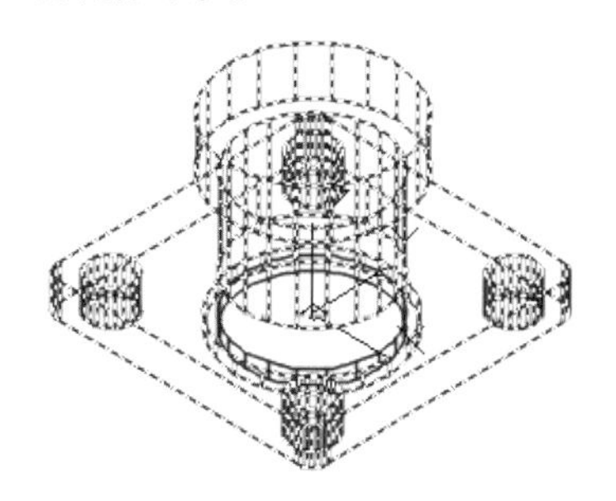

第 14 步 将上面选择的对象并集后，调用【差集】命令，选择并集后的对象为“要从中减去的实体、曲面或面域对象”，然后选择小圆柱体为减去对象，如下图所示。

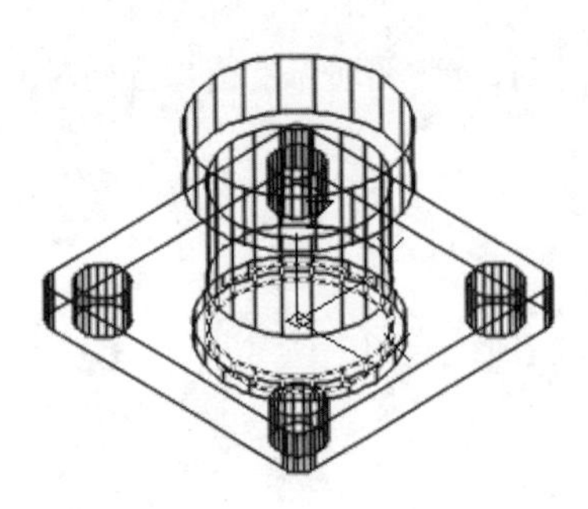

第15步 单击【实体】选项卡➢【修改】面板➢【三维旋转】按钮，如下图所示。

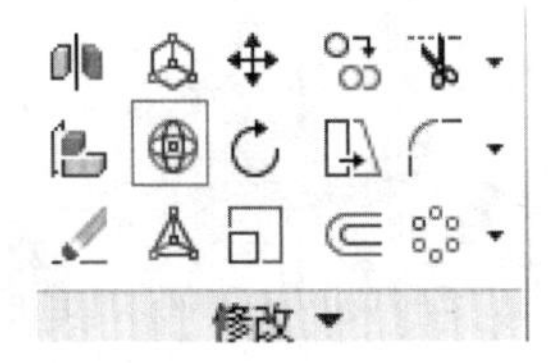

提示

除了通过面板调用【三维旋转】命令外，还可以通过以下方法调用【三维旋转】命令。

（1）选择【修改】➢【三维操作】➢【三维旋转】命令。

（2）在命令行中输入“3DROTATE/3R”命令并按空格键确认。

第16步 选择如下图所示的对象为旋转对象，捕捉坐标原点为基点，然后捕捉 X 轴为旋转轴。

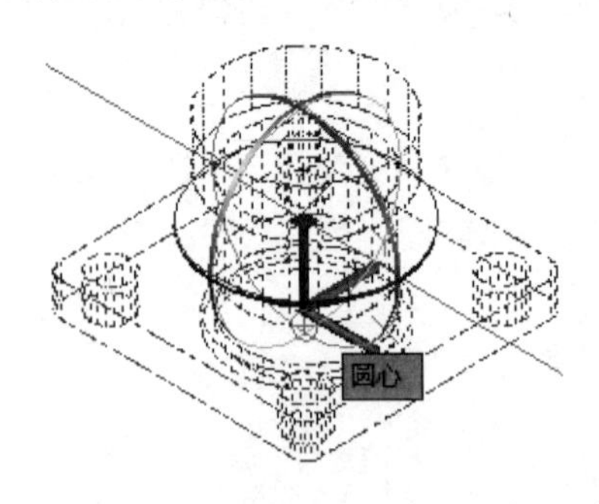

提示

AutoCAD默认红色为 X 轴，绿色为 Y 轴，蓝色为 Z 轴，将鼠标指针在3个轴附近移动，会出现相应颜色的轴线，选中该轴线即可。

第17步 将所选的对象绕 X 轴旋转90°，消隐后结果如下图所示。

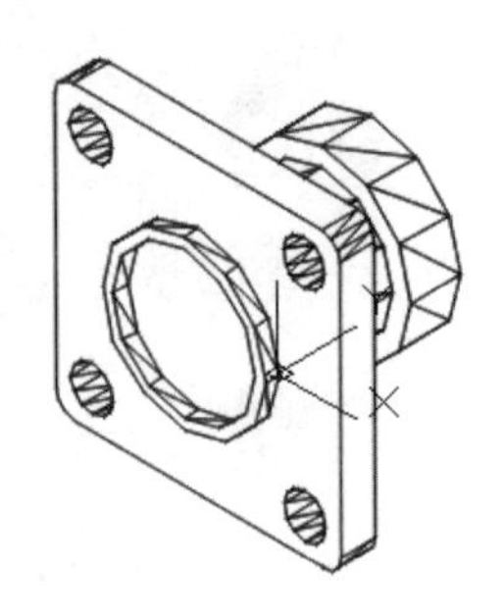

第18步 重复【三维旋转】命令，重新将图形对象绕 X 轴旋转 −90°，如下图所示。

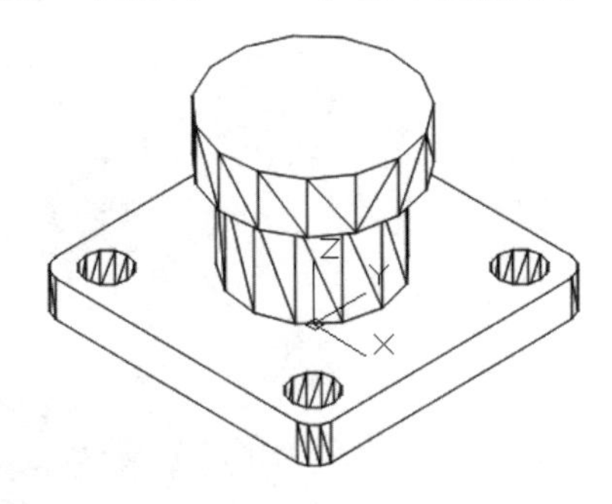

第19步 调用【圆柱体】命令，以坐标(0,0,−30)为底面圆心，绘制一个半径为18、高度为100的圆柱体，如下图所示。

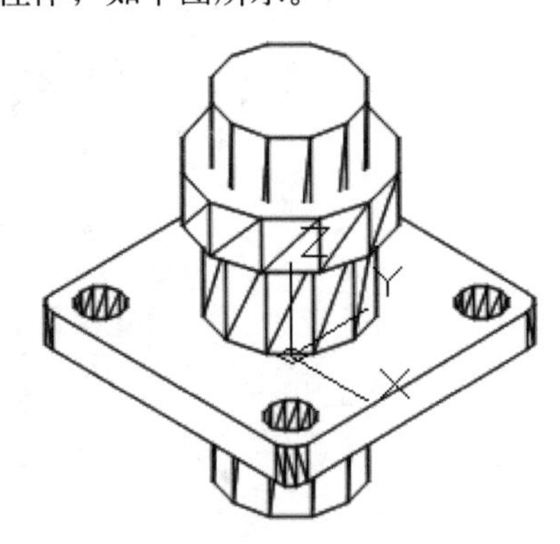

第20步 调用【差集】命令，将第19步创建的圆柱体从整个图形中减去，然后将图形移到其他合适的地方，消隐后结果如下图所示。

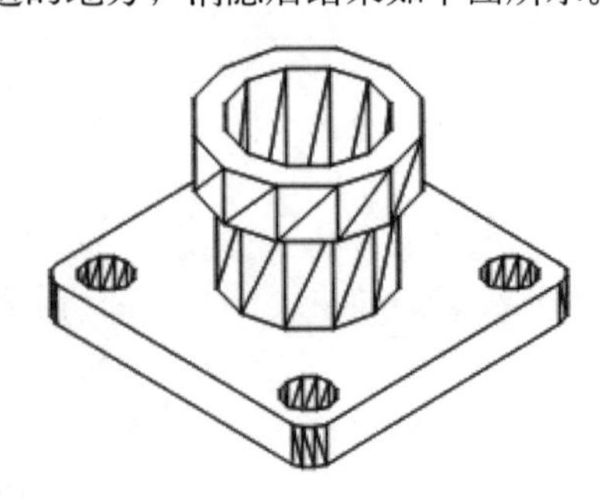

【SOLIDEDIT】命令可以拉伸、移动、旋转、偏移、倾斜、复制、删除面、为面指定颜色及添加材质，也可以复制边及为其指定颜色，还可以对整个三维实体对象（体）进行压印、分割、抽壳、清除，以及检查其有效性。【SOLIDEDIT】命令编辑面和边的各种操作如表 11-2 所示。

表 11-2 【SOLIDEDIT】命令编辑面和边的各种操作

边／面／体	命令选项	创建过程及结果	备注
边	【复制】：将三维实体上的选定边复制为二维圆弧、圆、椭圆、直线或样条曲线		复制后保留边的角度，并使用户可以执行修改、延伸操作，以及基于提取的边创建新几何图形
	【着色】：更改三维实体对象上各条边的颜色		
面	【拉伸】：在 X 轴、Y 轴或 Z 轴方向上延伸三维实体面。可以通过移动面来更改对象的形状		拉伸时如果输入正值，则沿面的方向拉伸；如果输入负值，则沿面的反方向拉伸 指定 -90° ~ 90° 的角度，正角度将往里倾斜选定的面，负角度将往外倾斜面
	【移动】：沿指定的高度或距离移动选定的三维实体对象的面。一次可以选择多个面		
	【旋转】：绕指定的轴旋转一个或多个面或者实体的某些部分		
	【偏移】：按指定的距离或通过指定的点，将面均匀地偏移。正值会增大实体的大小或体积，负值会减小实体的大小或体积		偏移的实体对象内孔的大小随实体体积的增加而减小
	【倾斜】：以指定的角度倾斜三维实体上的面。倾斜角的旋转方向由选择基点和第二点（沿选定矢量）的顺序决定		正角度将向里倾斜面，负角度将向外倾斜面。默认角度为 0°

续表

边/面/体	命令选项	创建过程及结果	备注
面	【删除】：删除面，包括圆角和倒角。使用此选项可删除圆角和倒角边，并在稍后进行修改。如果更改生成无效的三维实体，将不删除面		
	【复制】：将面复制为面域或体		
体	【压印】：在选定的对象上压印一个对象。为了使压印操作成功，被压印的对象必须与选定对象的一个或多个面相交		【压印】命令仅限于对以下对象执行：圆弧、圆、直线、二维和三维多段线、椭圆、样条曲线、面域、体和三维实体
	【分割】：用不相连的体（有时称为块）将一个三维实体对象分割为几个独立的三维实体对象		【并集】或【差集】命令的操作可导致生成一个由多个连续体组成的三维实体。【分割】命令可以将这些体分割为独立的三维实体
	【抽壳】：用指定的厚度创建一个空的薄层		一个三维实体只能有一个壳
	【清除】：删除所有多余的边、顶点，以及不使用的几何图形。不删除压印的边		

提示

【SOLIDEDIT】命令不能对网格对象使用，如果选择了闭合网格对象，系统将提示用户将其转换为三维实体。

AutoCAD 中除了直接通过三维命令创建三维对象外，还可以通过拉伸、放样、旋转、扫掠将二维对象生成三维模型。关于用拉伸、放样、旋转、扫掠将二维对象生成三维模型的操作如表 11-3 所示。

表 11-3　二维对象生成三维模型

建模命令	操作过程	生成结果	命令调用方法
拉伸	（1）调用【拉伸】命令 （2）选择拉伸对象 （3）指定拉伸高度，也可以指定倾斜角度或通过路径创建		（1）单击【常用】选项卡➢【建模】面板➢【拉伸】按钮 （2）选择【绘图】➢【建模】➢【拉伸】命令 （3）在命令行中输入"EXTRUD/EXT"命令并按空格键确认
放样	（1）调用【放样】命令 （2）选择放样的横截面（至少两个）。也可以通过导向和指定路径创建放样		（1）单击【常用】选项卡➢【建模】面板➢【放样】按钮 （2）选择【绘图】➢【建模】➢【放样】命令 （3）在命令行中输入"LOFT"命令并按空格键确认
旋转	（1）调用【旋转】命令 （2）选择旋转对象 （3）选择旋转轴 （4）指定旋转角度		（1）单击【常用】选项卡➢【建模】面板➢【旋转】按钮 （2）选择【绘图】➢【建模】➢【旋转】命令 （3）在命令行中输入"REVOLVE/REV"命令并按空格键确认
扫掠	（1）调用【扫掠】命令 （2）选择扫掠对象 （3）指定扫掠路径		（1）单击【常用】选项卡➢【建模】面板➢【扫掠】按钮 （2）选择【绘图】➢【建模】➢【扫掠】命令 （3）在命令行中输入"SWEEP"命令并按空格键确认

提示

由二维对象生成三维模型时，选择的对象如果是封闭的单个对象或面域，则生成三维对象为实体；如果选择的是不封闭的对象或虽然封闭但为多个独立的对象时，则生成的三维对象为线框。

11.3.4 绘制密封圈

绘制密封圈和密封环主要用到【圆】【面域】【差集】【拉伸】【球体】【三维多段线】【旋转】等命令，绘制密封圈有以下 3 种方法。

1. 绘制密封圈 1

第1步　单击【常用】选项卡➢【图层】面板➢【图层】下拉按钮，在弹出的下拉列表中将"密封圈"图层置为当前层，如下图所示。

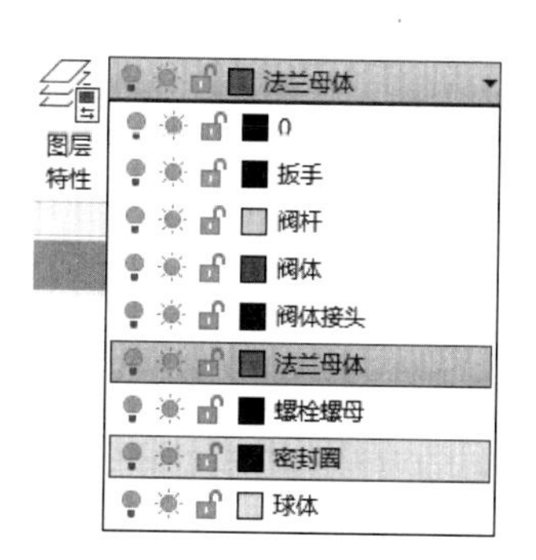

第2步 在命令行中输入“C”并按空格键调用【圆】命令，以坐标系原点为圆心，绘制两个半径分别为12.5和20的圆，如下图所示。

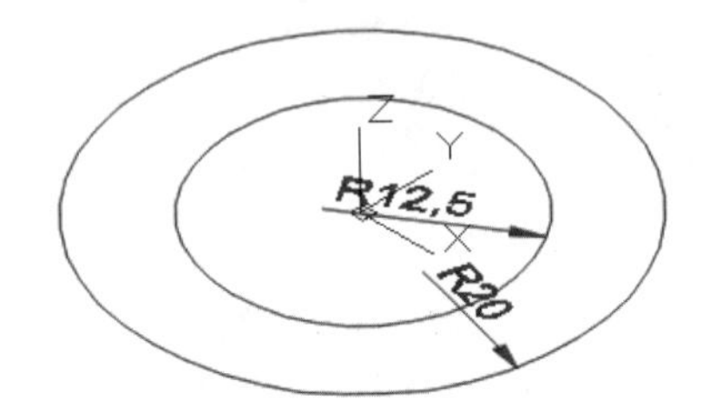

第3步 单击【常用】选项卡➢【绘图】面板➢【面域】按钮，如下图所示。

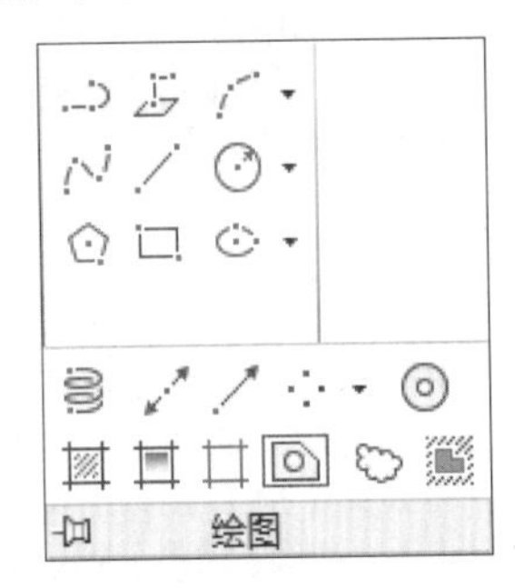

第4步 选择两个圆，将它们创建成面域。

```
    命令：_region
    选择对象：找到 2 个              // 选择两个圆
选择对象：          ↙
    已提取 2 个环。
    已创建 2 个面域。
```

第5步 调用【差集】命令，然后选择大圆为“要从中减去实体、曲面或面域的对象”，小圆为减去的对象。差集后两个圆合并成一个整体，如下图所示。

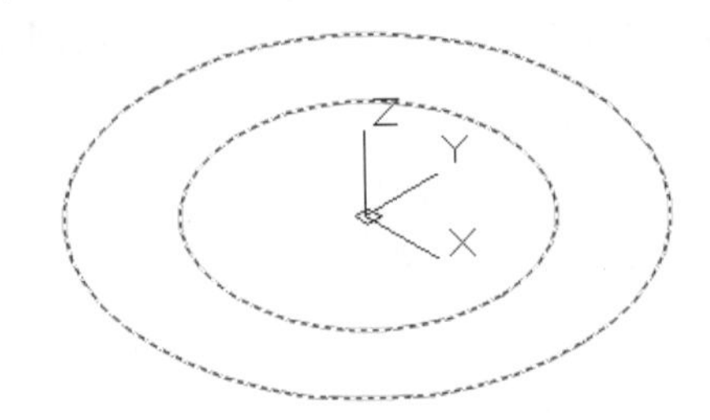

提示

只有将两个圆创建成面域后才可以进行差集运算。

第6步 单击【常用】选项卡➢【建模】面板➢【拉伸】按钮，选择差集后的对象为拉伸对象并输入拉伸高度“8”，如下图所示。

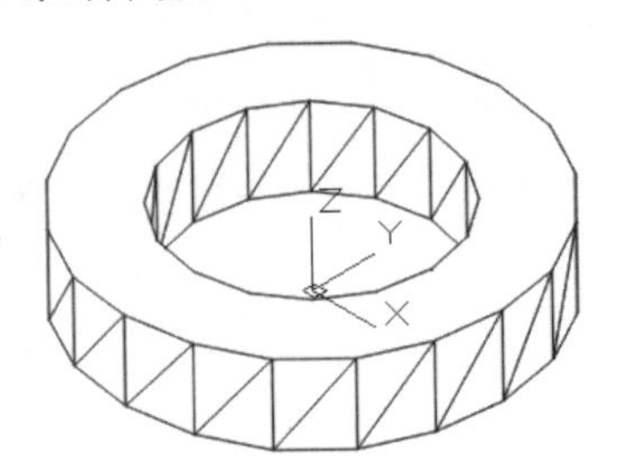

第7步 单击【常用】选项卡➢【建模】面板➢【球体】按钮，如下图所示。

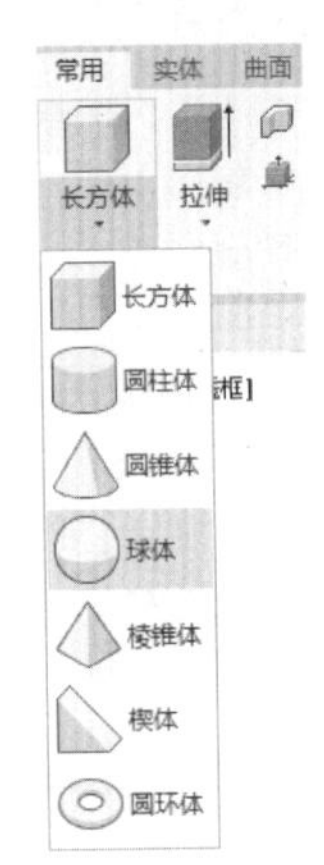

提示

除了通过面板调用【球体】命令外，还可以通过以下方法调用【球体】命令。

（1）选择【绘图】➢【建模】➢【球体】命令。

（2）在命令行中输入“SPHERE”命令并按空格键确认。

第8步 输入圆心坐标（0,0,20），然后输入球体半径“20”，结果如下图所示。

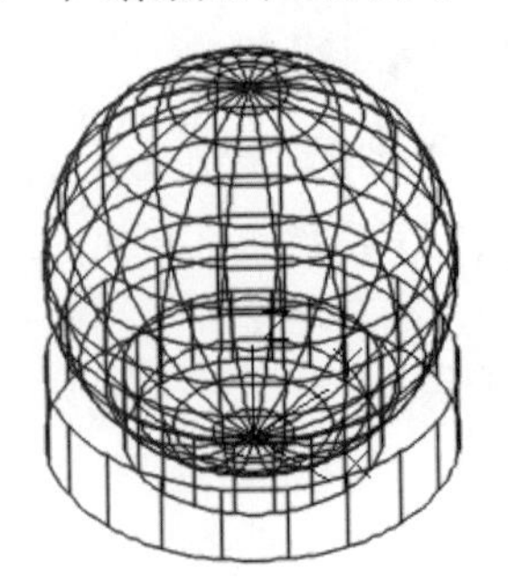

第9步 单击【常用】选项卡➤【修改】面板➤【三维镜像】按钮，如下图所示。

提示

除了通过面板调用【三维镜像】命令外，还可以通过以下方法调用【三维镜像】命令。

（1）选择【修改】➤【三维操作】➤【三维镜像】命令。

（2）在命令行中输入“3DMIRROR”命令并按空格键确认。

第10步 选择球体为镜像对象，然后选择通过3点创建镜像平面。

```
命令：_3dmirror
选择对象：找到 1 个        // 选择球体
选择对象：
指定镜像平面（三点）的第一个点或
[对象(O)/最近的(L)/Z 轴(Z)/视图(V)/XY 平面(XY)/YZ 平面(YZ)/ZX 平面(ZX)/三点(3)] <三点>: ↙
在镜像平面上指定第一点：0,0,4
在镜像平面上指定第二点：1,0,4
在镜像平面上指定第三点：0,1,4
是否删除源对象？[是(Y)/否(N)] <否>:
```

第11步 球体沿指定的平面镜像后如下图所示。

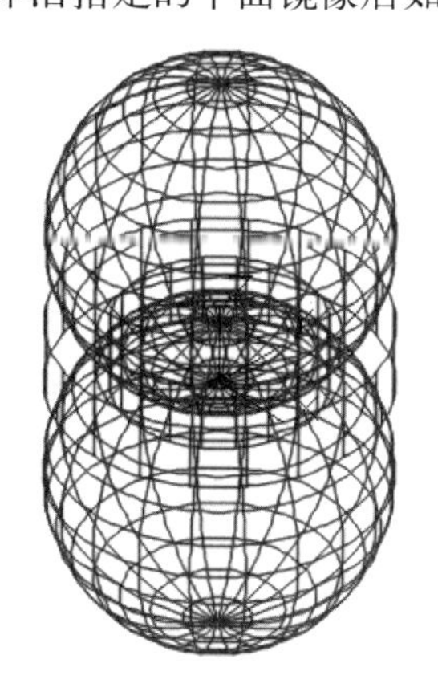

第12步 调用【差集】命令，将两个球体从环体中减去，将创建好的密封圈移到合适的位置，消隐后结果如下图所示。

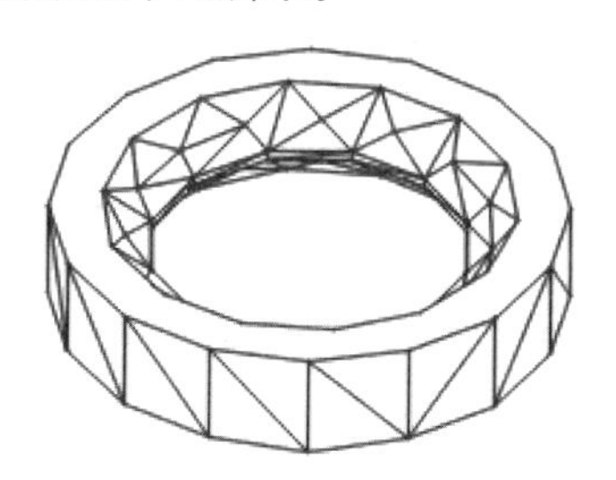

2. 绘制密封圈2

第1步 调用【圆柱体】命令，以原点为圆心，绘制一个底面半径为12、高为4的圆柱体，如下图所示。

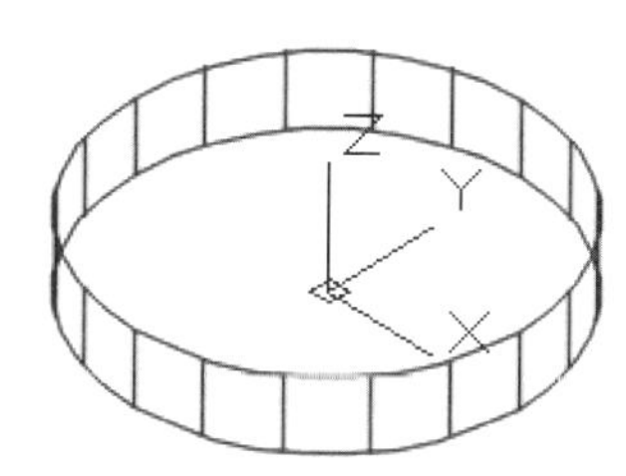

第2步 重复【圆柱体】命令，以原点为圆心，绘制一个底面半径为14、高为4的圆柱体，如下图所示。

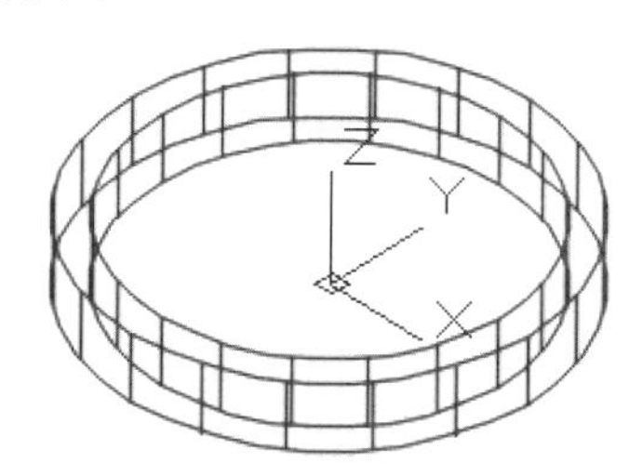

第3步 调用【差集】命令，将小圆柱体从大圆柱体中减去，然后将绘制的密封圈移动到合适的位置，消隐后结果如下图所示。

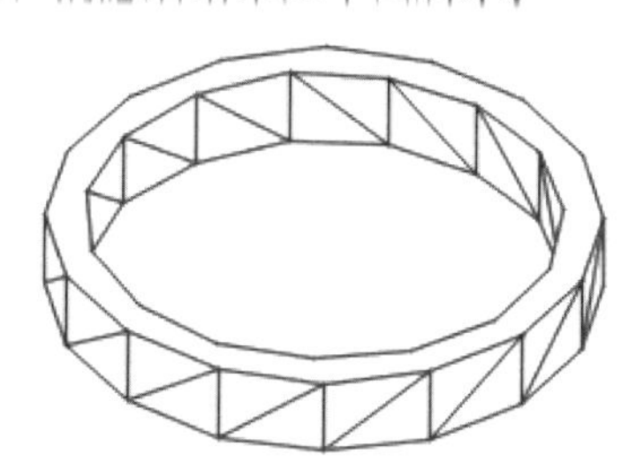

3. 绘制密封圈3

第1步 单击【常用】选项卡➢【绘图】面板➢【三维多段线】按钮，如下图所示。

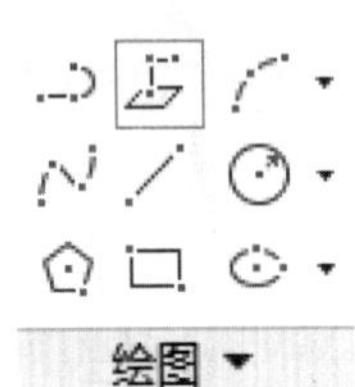

提示

除了通过面板调用【三维多段线】命令外，还可以通过以下方法调用【三维多段线】命令。

（1）选择【绘图】➢【三维多段线】命令。

（2）在命令行中输入“3DPOLY/3P”命令并按空格键确认。

第2步 根据命令行提示输入三维多段线的各点坐标。

```
命令：3DPOLY
指定多段线的起点：14,0,0
指定直线的端点或 [放弃(U)]: 16,0,0
指定直线的端点或 [放弃(U)]: 16,0,8
指定直线的端点或 [闭合(C)/放弃(U)]: 12,0,8
指定直线的端点或 [闭合(C)/放弃(U)]: 12,0,4
指定直线的端点或 [闭合(C)/放弃(U)]: c
```

第3步 三维多段线绘制完成后如下图所示。

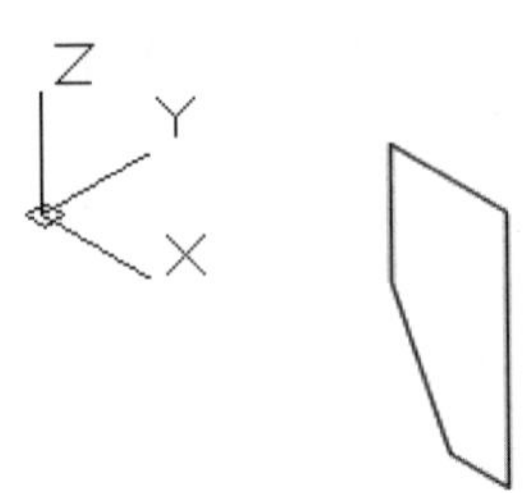

第4步 单击【常用】选项卡➢【建模】面板中的【旋转】按钮，然后选择三维多段线为旋转对象，选择 Z 轴为旋转轴，旋转角度设置为 360°，结果如下图所示。

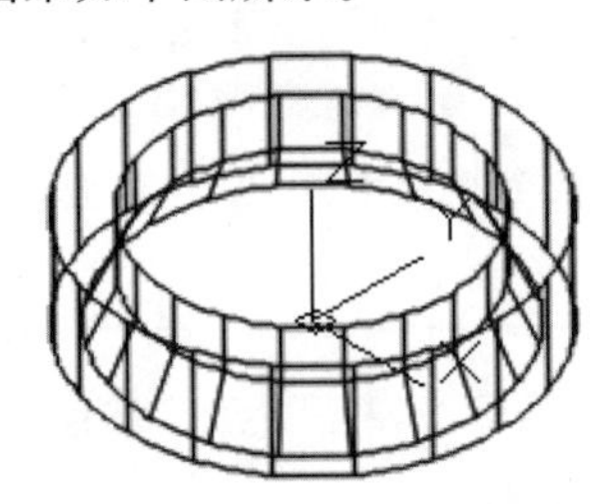

第5步 将创建的密封圈移动到合适的位置，消隐后结果如下图所示。

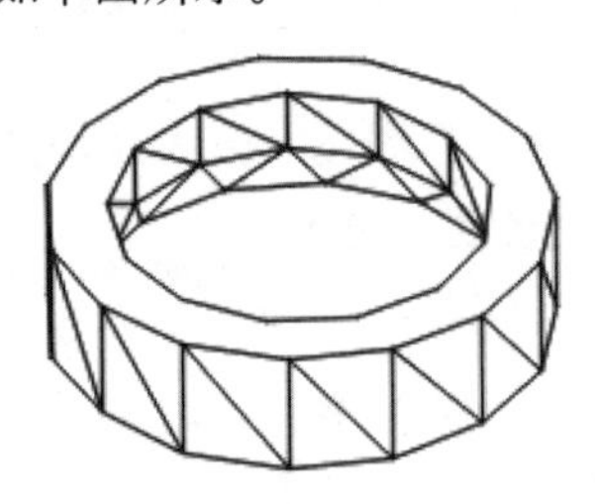

11.3.5 绘制球体

球体的绘制过程主要使用【球体】【圆柱体】【长方体】【差集】命令及坐标旋转命令。绘制球体的具体操作步骤如下。

第1步 单击【常用】选项卡➢【图层】面板➢【图层】下拉按钮，在弹出的下拉列表中将“球体”图层置为当前层，如下图所示。

第 2 步 调用【球体】命令，以原点为球心，绘制一个半径为 20 的球体，如下图所示。

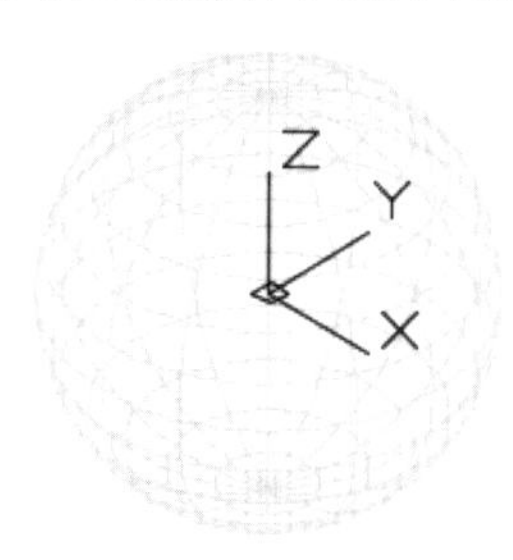

第 3 步 在命令行输入“UCS”，将坐标系绕 X 轴旋转 90°，命令行提示如下。

命令：UCS ↙

当前 UCS 名称：*世界*

指定 UCS 的原点或 [面 (F)/ 命名 (NA)/ 对象 (OB)/ 上一个 (P)/ 视图 (V)/ 世界 (W)/X/Y/Z/Z 轴 (ZA)] < 世界 >: x ↙

指定绕 X 轴的旋转角度 <90>: ↙

第 4 步 调用【圆柱体】命令，绘制一个底面圆心为 (0,0,−20)，半径为 14、高为 40 的圆柱体，如下图所示。

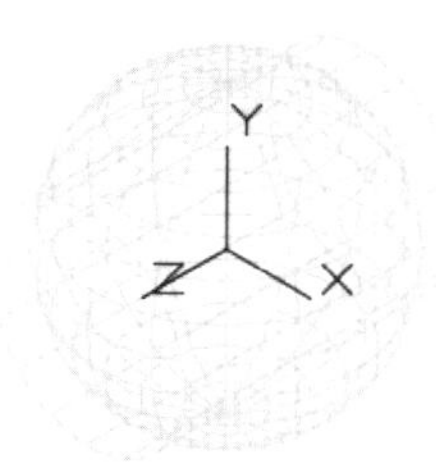

第 5 步 在命令行输入“UCS”，当命令行提示指定 UCS 的原点时，按【Enter】键，重新回到世界坐标系，命令行提示如下。

命令：UCS

当前 UCS 名称：*没有名称*

指定 UCS 的原点或 [面 (F)/ 命名 (NA)/ 对象 (OB)/ 上一个 (P)/ 视图 (V)/ 世界 (W)/X/Y/Z/Z 轴 (ZA)] < 世界 >: ↙

第 6 步 调用【长方体】命令，分别以 (−15,−5,15) 和 (15,5,20) 为角点绘制一个长方体，如下图所示。

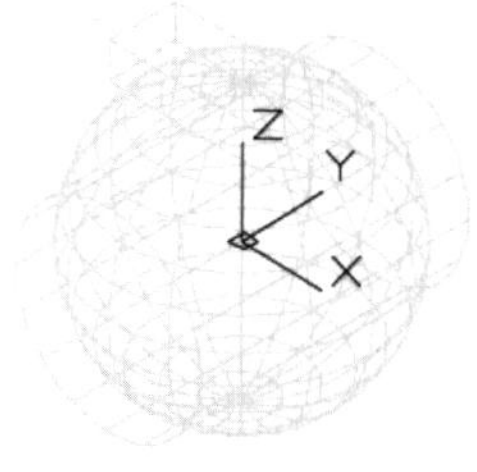

第 7 步 调用【差集】命令，将圆柱体和长方体从球体中减去，消隐后结果如下图所示。

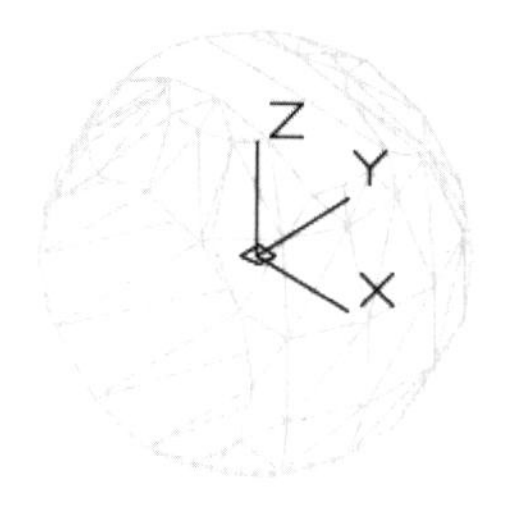

11.3.6 绘制阀杆

阀杆的绘制过程主要用到【圆柱体】【长方体】【三维镜像】【差集】【三维多段线】及【三维旋转】命令。

绘制阀杆的具体操作步骤如下。

第 1 步 单击【常用】选项卡 ➤【图层】面板 ➤【图层】下拉按钮，在弹出的下拉列表中将“阀杆”图层置为当前层，如下图所示。

第2步 调用【圆柱体】命令，以原点为底面圆心，绘制一个底面半径为12、高为50的圆柱体，如下图所示。

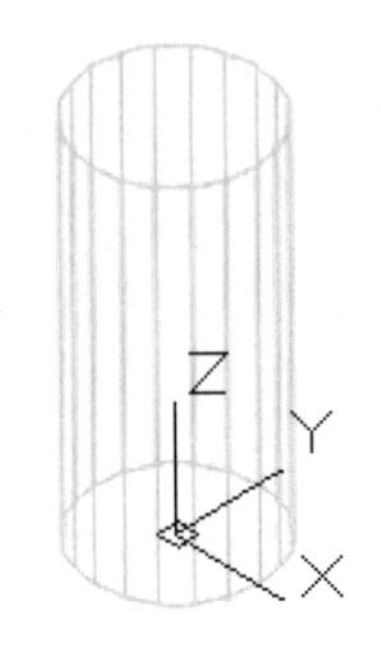

第3步 调用【长方体】命令，以坐标（−20，−5,0）和（20,−15,6）为两个角点绘制长方体，如下图所示。

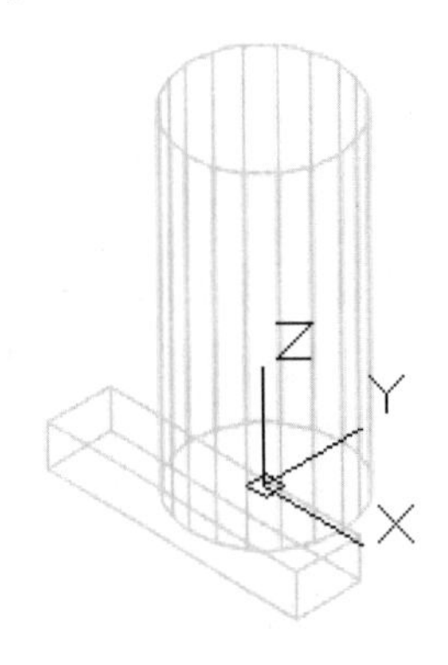

第4步 调用【三维镜像】命令，选择长方体为镜像对象，如下图所示。

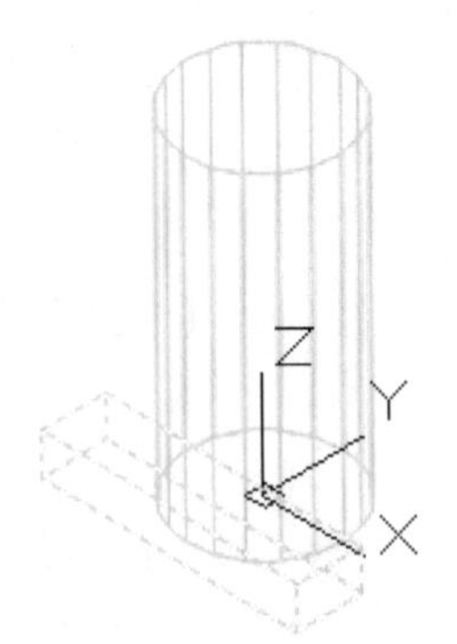

第5步 根据命令行提示进行如下操作。

指定镜像平面（三点）的第一个点或
[对象(O)/最近的(L)/Z轴(Z)/视图(V)/XY平面(XY)/YZ平面(YZ)/ZX平面(ZX)/三点(3)] <三点>: zx
指定ZX平面上的点 <0,0,0>: ↙
是否删除源对象？[是(Y)/否(N)] <否>: ↙

第6步 镜像完成后结果如下图所示。

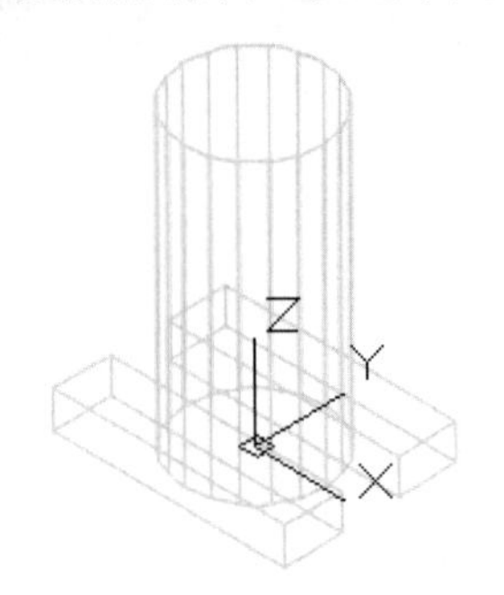

第7步 调用【差集】命令，将两个长方体从圆柱体中减去，消隐后结果如下图所示。

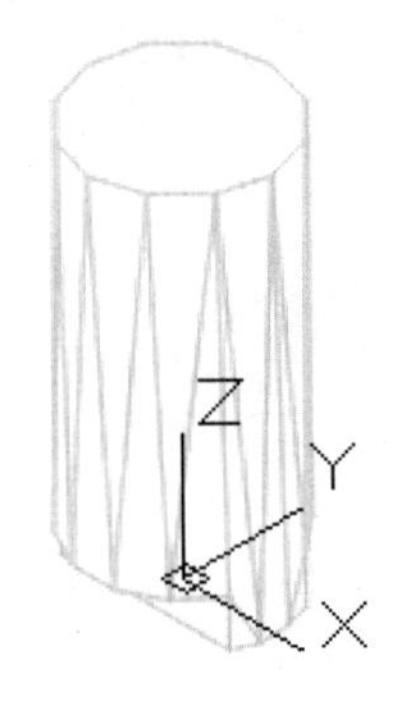

第8步 单击【常用】选项卡 ➤【绘图】面板 ➤【三维多段线】按钮，根据命令行提示输入三维多段线的各点坐标。

命令：3DPOLY
指定多段线的起点：12,0,12
指定直线的端点或 [放弃(U)]: 14,0,12
指定直线的端点或 [放弃(U)]: 14,0,16
指定直线的端点或 [闭合(C)/放弃(U)]: 12,0,20
指定直线的端点或 [闭合(C)/放弃(U)]: c

第9步 三维多段线完成后如下图所示。

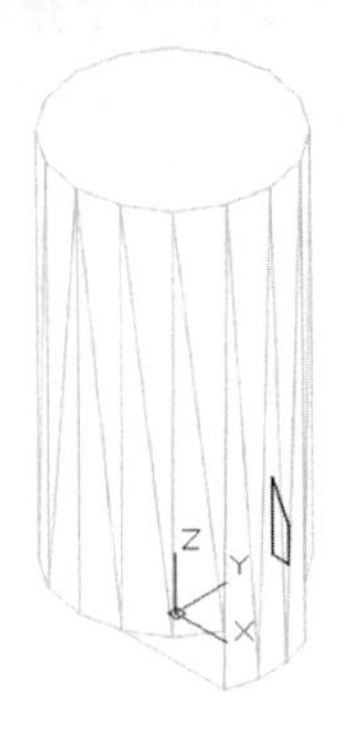

第 10 步 单击【常用】选项卡 ➤【建模】面板 ➤【旋转】按钮，然后选择创建的三维多段线为旋转对象，以 Z 轴为旋转轴，旋转角度为 360°，如下图所示。

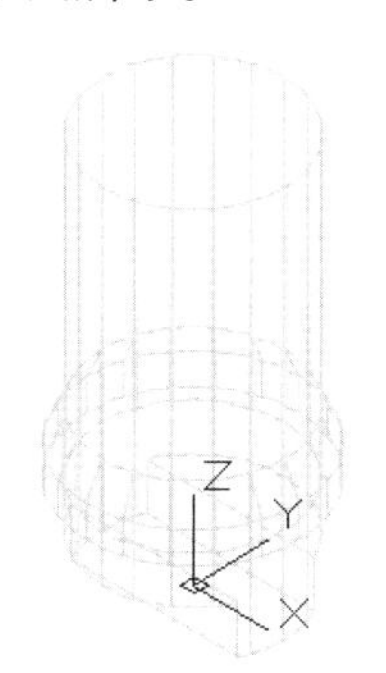

第 11 步 单击【常用】选项卡 ➤【实体编辑】面板 ➤【并集】按钮，将三维多段体和圆柱体合并在一起，然后将合并后的对象移动到合适的位置，消隐后结果如下图所示。

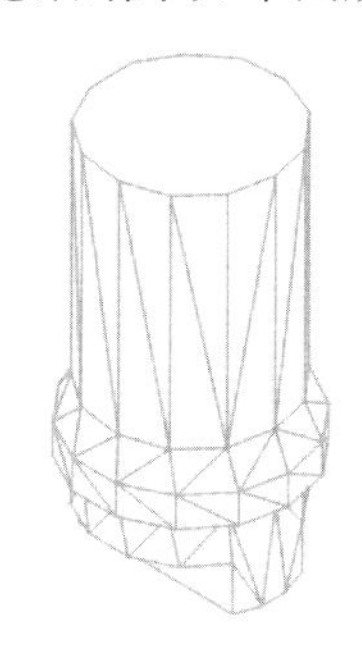

11.3.7 绘制扳手

扳手既可以通过【球体】【剖切】【长方体】【圆柱体】等命令绘制，也可以通过【多段线】【旋转】【长方体】【圆柱体】等命令绘制。

绘制扳手有以下 2 种方法。

1. 绘制扳手 1

第 1 步 单击【常用】选项卡 ➤【图层】面板 ➤【图层】下拉按钮，在弹出的下拉列表中将“扳手”图层置为当前层，如下图所示。

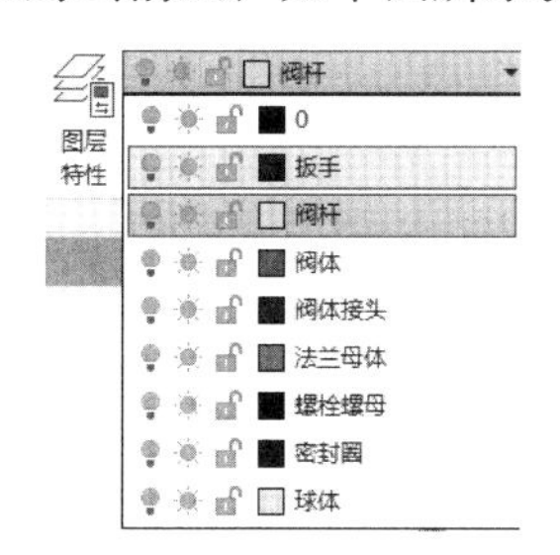

第 2 步 单击【常用】选项卡 ➤【建模】面板 ➤【球体】按钮，以坐标（0,0,5）为球心，绘制一个半径为 14 的球体，如下图所示。

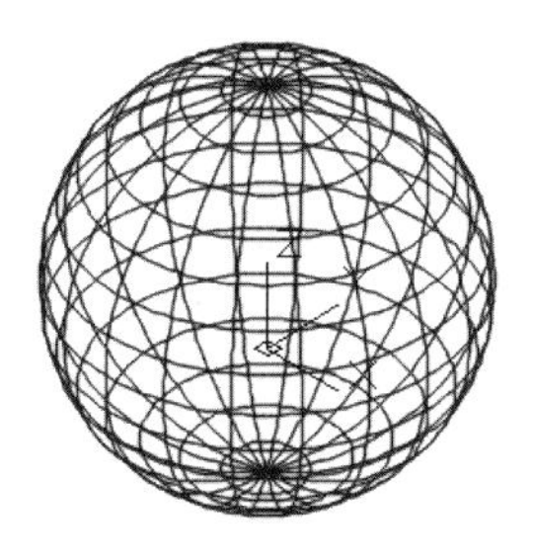

第 3 步 单击【常用】选项卡 ➤【实体编辑】面板 ➤【剖切】按钮，如下图所示。

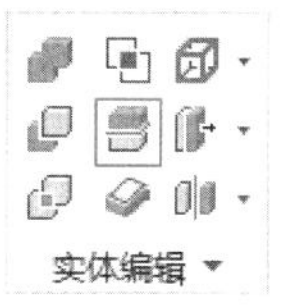

提示

除了通过面板调用【剖切】命令外，还可以通过以下方法调用【剖切】命令。

（1）选择【修改】➤【三维操作】➤【剖切】命令。

（2）在命令行中输入“SLICE/SL”命令并按空格键确认。

第 4 步 根据命令行提示进行如下操作。

```
命令：_slice
选择要剖切的对象：找到 1 个    // 选择球体
选择要剖切的对象：    ↙
指定切面的起点或 [ 平面对象 (O)/ 曲面 (S)/z 轴 (Z)/ 视 图 (V)/xy(XY)/yz(YZ)/zx(ZX)/ 三 点 (3)] < 三点 >: xy
```

指定 XY 平面上的点 <0,0,0>: ↙

在所需的侧面上指定点或 [保留两个侧面 (B)] < 保留两个侧面 >: // 在上半球体处单击

第 5 步 剖切后结果如下图所示。

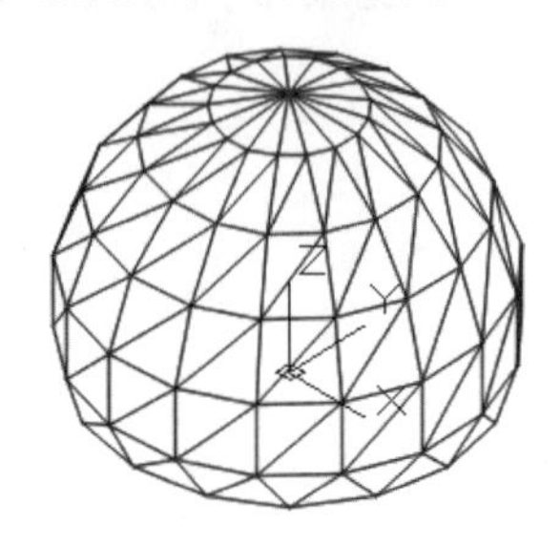

第 6 步 重复【剖切】命令，根据命令行提示进行如下操作。

命令 : _slice

选择要剖切的对象 : 找到 1 个 // 选择半球体

选择要剖切的对象 : ↙

指定切面的起点或 [平面对象 (O)/ 曲面 (S)/z 轴 (Z)/ 视图 (V)/xy(XY)/yz(YZ)/zx(ZX)/ 三点 (3)] < 三点 >: xy

指定 XY 平面上的点 <0,0,0>: 0,0,10

在所需的侧面上指定点或 [保留两个侧面 (B)]< 保留两个侧面 >: // 在半球体的下方单击

第 7 步 剖切后结果如下图所示。

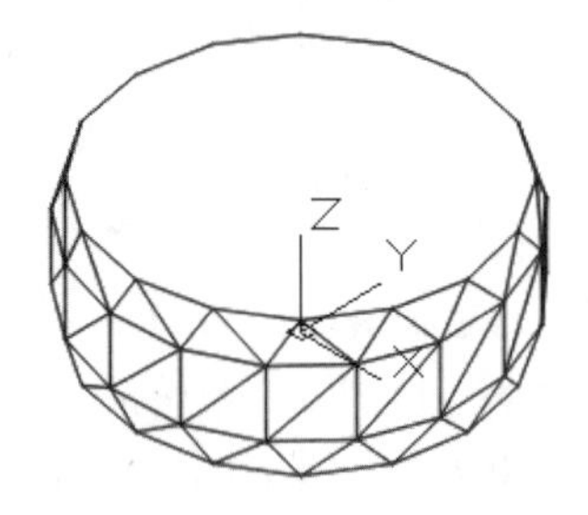

第 8 步 单击【常用】选项卡 ➢【建模】面板 ➢【长方体】按钮，以坐标 (−9,−9,0) 和 (9,9,10) 为两个角点绘制长方体，如下图所示。

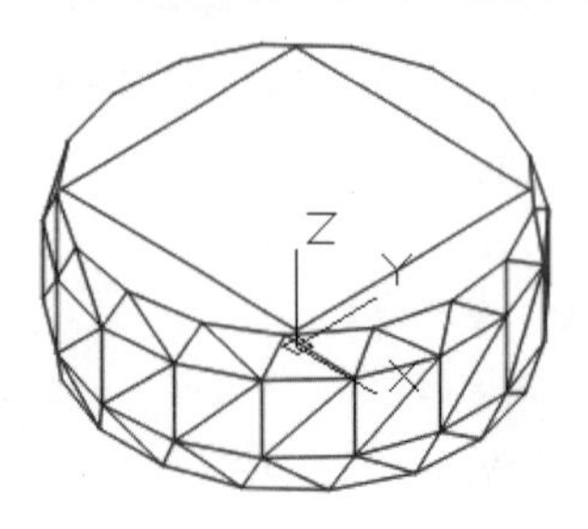

第 9 步 单击【常用】选项卡 ➢【实体编辑】面板 ➢【实体，差集】按钮，将长方体从图形中减去，消隐后如下图所示。

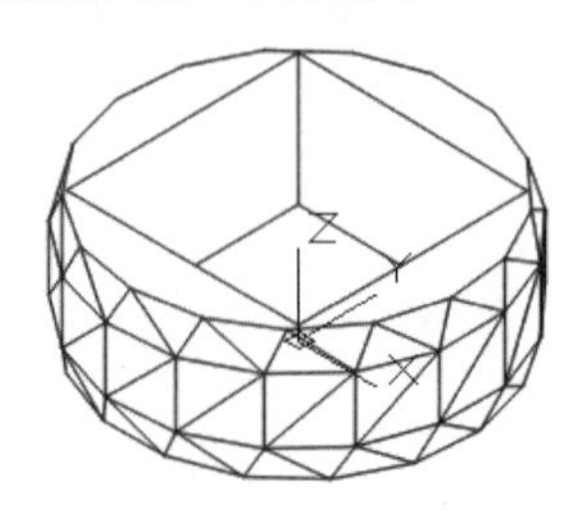

第 10 步 在命令行中输入“UCS”并按空格键，将坐标系绕 Y 轴旋转 −90°。

命令 : UCS ↙

当前 UCS 名称 : *世界*

指定 UCS 的原点或 [面 (F)/ 命名 (NA)/ 对象 (OB)/ 上一个 (P)/ 视图 (V)/ 世界 (W)/X/Y/Z/Z 轴 (ZA)] < 世界 >:Y

指定绕 X 轴的旋转角度 <90>: −90

第 11 步 坐标系旋转后如下图所示。

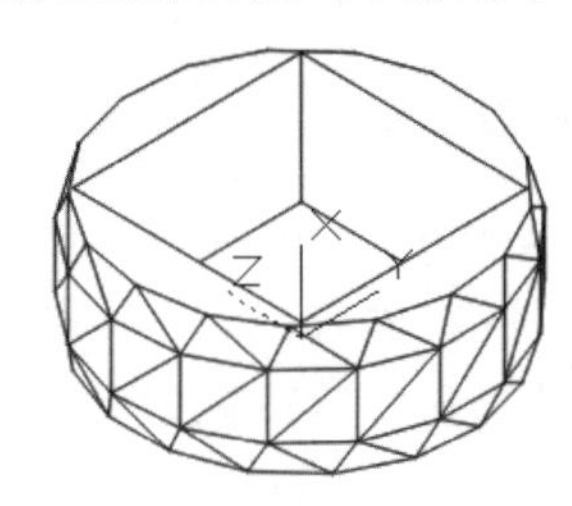

第 12 步 单击【常用】选项卡 ➢【建模】面板 ➢【圆柱体】按钮，以坐标（5,0,10）为底面圆心，绘制一个底面半径为 4、高度为 150 的圆柱体，如下图所示。

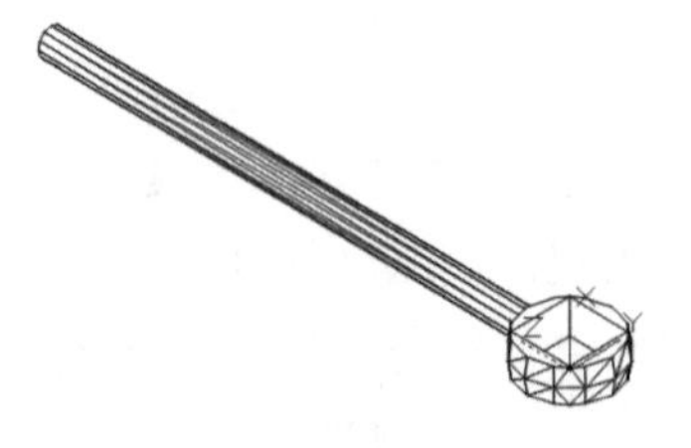

第 13 步 单击【实体】选项卡 ➢【修改】面板 ➢【三维旋转】按钮，根据命令行提示进行如下操作。

命令 : _3DROTATE

UCS 当前的正角方向 : ANGDIR= 逆时针 ANGBASE=0

```
选择对象：找到 1 个     // 选择圆柱体
选择对象：               ↙
指定基点：5,0,10
拾取旋转轴：              // 捕捉 Y 轴
指定角的起点或键入角度：-15
```

第 14 步 旋转后结果如下图所示。

第 15 步 单击【常用】选项卡 ➤【实体编辑】面板 ➤【实体，并集】按钮，将圆柱体和鼓形图形合并，然后将图形移动到合适的位置，消隐后结果如下图所示。

2. 绘制扳手 2

用第二种方法创建扳手时，只是创建圆鼓形对象的方法与第一种方法不同，圆鼓形之后的特征创建方法相同。用第二种方法绘制时，继续使用第一种方法旋转后的坐标系。

第 1 步 单击绘图窗口左上角的【视图】控件，在弹出的快捷菜单中选择【右视】选项，如下图所示。

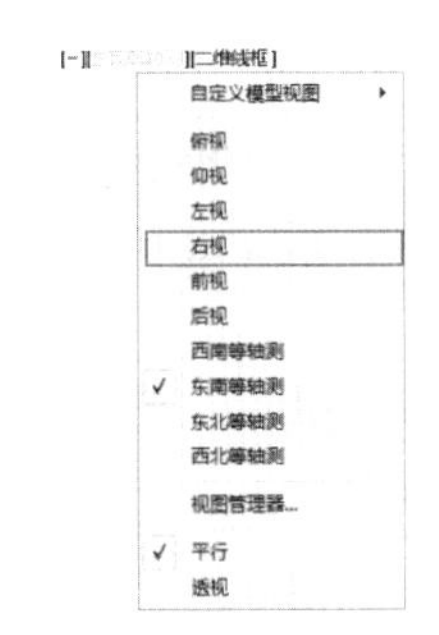

第 2 步 切换到右视图后坐标系如下图所示。

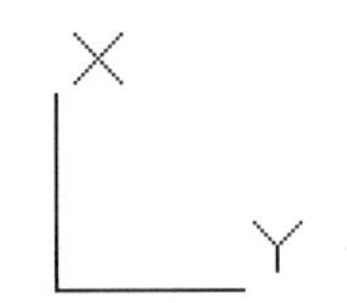

第 3 步 单击【常用】选项卡 ➤【绘图】面板 ➤【圆心、半径】按钮，以坐标（5,0）为圆心，绘制一个半径为 14 的圆，如下图所示。

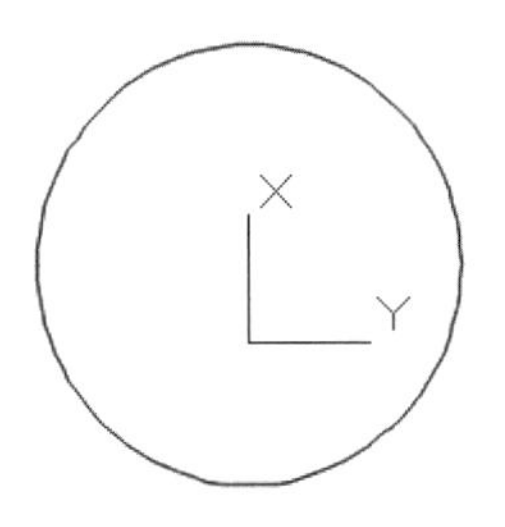

第 4 步 单击【常用】选项卡 ➤【绘图】面板 ➤【直线】按钮，根据命令行提示绘制 3 条直线。

```
命令：_line
指定第一个点：0,20
指定下一点或 [ 放弃 (U)]: 0,0
指定下一点或 [ 放弃 (U)]: 10,0
指定下一点或 [ 放弃 (U)]: @0,20
指定下一点或 [ 放弃 (U)]:        ↙
```

第 5 步 直线绘制完成后如下图所示。

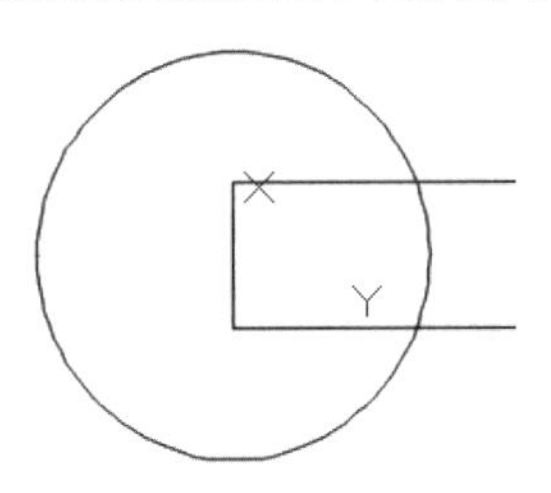

第 6 步 单击【常用】选项卡 ➤【修改】面板 ➤【修剪】按钮，将不需要的直线和圆弧修剪掉，如下图所示。

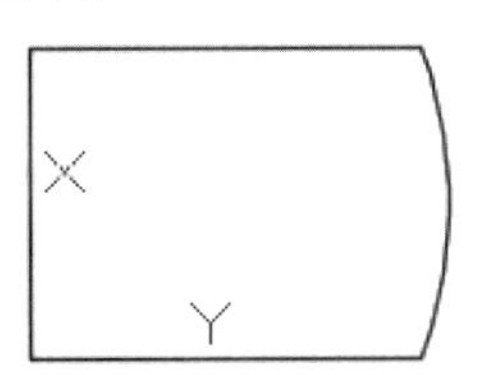

第 7 步 单击【常用】选项卡 ➤【绘图】面板 ➤【面域】按钮，将第 6 步修剪后的图形创建成面域，如下图所示。

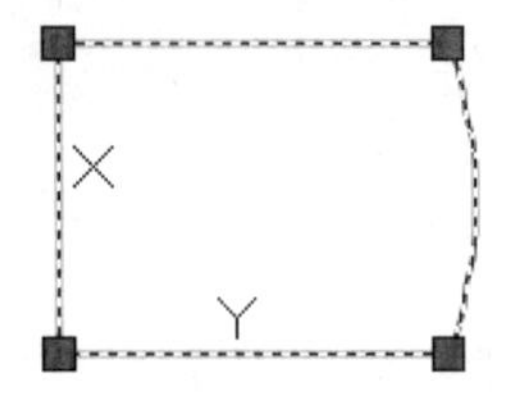

第 8 步 单击绘图窗口左上角的【视图】控件，在弹出的快捷菜单中选择【东南等轴测】选项，如下图所示。

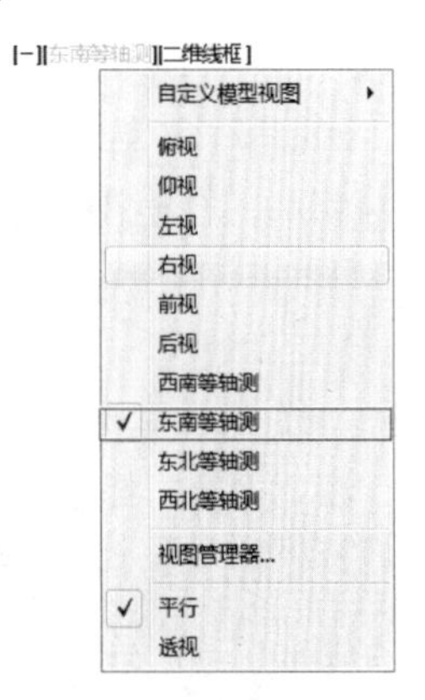

第 9 步 单击【常用】选项卡 ➢【建模】面板 ➢【旋转】按钮，选择创建的面域为旋转对象，以 X 轴为旋转轴，旋转角度为 360°，消隐后结果如下图所示。

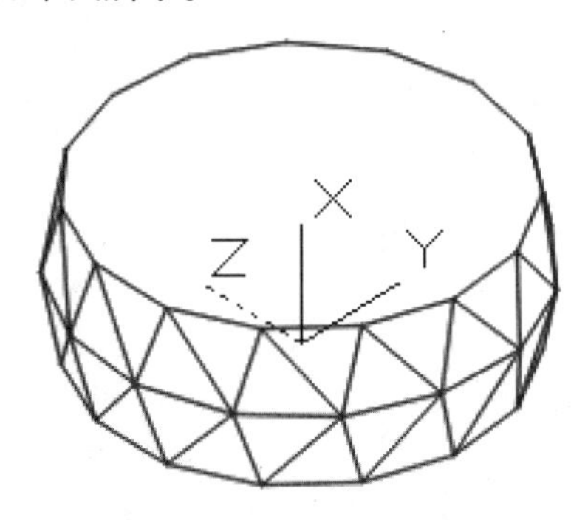

11.3.8 绘制阀体

阀体是阀体装配图的主要部件之一，它的绘制主要使用【长方体】【多段线】【拉伸】【圆角边】【并集】【圆柱体】【阵列】【差集】【抽壳】等命令。

绘制阀体的具体操作步骤如下。

第 1 步 单击【常用】选项卡 ➢【图层】面板 ➢【图层】下拉按钮，在弹出的下拉列表中将“阀体”图层置为当前层，如下图所示。

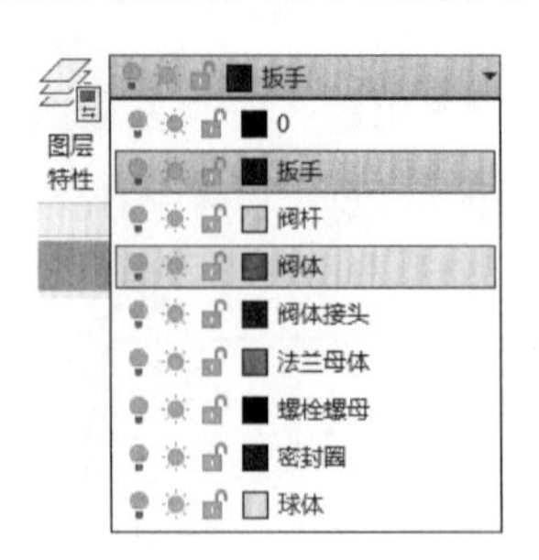

第 2 步 在命令行中输入“UCS”并按【Enter】键，将坐标系重新设置为世界坐标系，命令行提示如下。

```
当前 UCS 名称：*没有名称*
指定 UCS 的原点或 [面 (F)/ 命名 (NA)/ 对象 (OB)/ 上一个 (P)/ 视图 (V)/ 世界 (W)/X/Y/Z/Z 轴 (ZA)] <世界>: ↙
```

第 3 步 单击【常用】选项卡 ➢【建模】面板 ➢【长方体】按钮，以坐标（−20,−40,−40）和（−10,40,40）为两个角点绘制长方体，如下图所示。

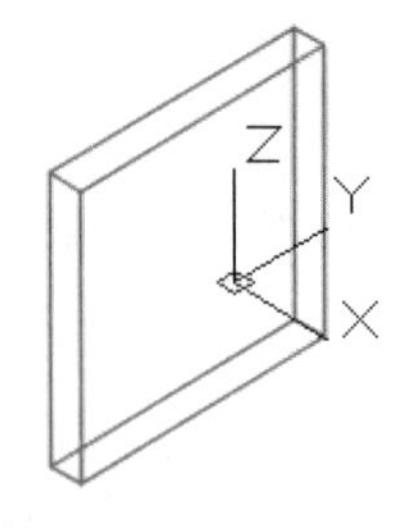

第 4 步 重复【长方体】命令，以坐标（−20,−28,−28）和（30,28,28）为两个角点绘制长方体，如下图所示。

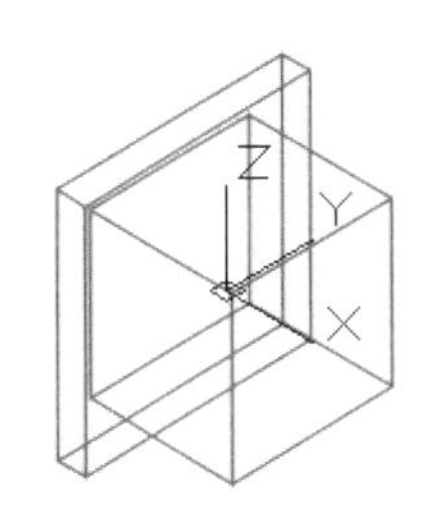

第 5 步 单击【常用】选项卡 ➤【绘图】面板 ➤【多段线】按钮，根据命令行提示进行如下操作。

命令：_pline
指定起点：fro 基点：　　// 捕捉中点
< 偏移 >: @0,-20
当前线宽为 0.0000
指定下一个点或 [圆弧 (A)/ 半宽 (H)/ 长度 (L)/ 放弃 (U)/ 宽度 (W)]: @20,0
指定下一点或 [圆弧 (A)/ 闭合 (C)/ 半宽 (H)/ 长度 (L)/ 放弃 (U)/ 宽度 (W)]: a
指定圆弧的端点 (按住 Ctrl 键以切换方向) 或
[角度 (A)/ 圆心 (CE)/ 闭合 (CL)/ 方向 (D)/ 半宽 (H)/ 直线 (L)/ 半径 (R)/ 第二个点 (S)/ 放弃 (U)/ 宽度 (W)]: ce
指定圆弧的圆心：@0,20
指定圆弧的端点 (按住 Ctrl 键以切换方向) 或 [角度 (A)/ 长度 (L)]: a
指定夹角 (按住 Ctrl 键以切换方向): 180
指定圆弧的端点 (按住 Ctrl 键以切换方向) 或
[角度 (A)/ 圆心 (CE)/ 闭合 (CL)/ 方向 (D)/ 半宽 (H)/ 直线 (L)/ 半径 (R)/ 第二个点 (S)/ 放弃 (U)/ 宽度 (W)]: l
指定下一点或 [圆弧 (A)/ 闭合 (C)/ 半宽 (H)/ 长度 (L)/ 放弃 (U)/ 宽度 (W)]: @-20,0
指定下一点或 [圆弧 (A)/ 闭合 (C)/ 半宽 (H)/ 长度 (L)/ 放弃 (U)/ 宽度 (W)]: c

第 6 步 多段线绘制完成后如下图所示。

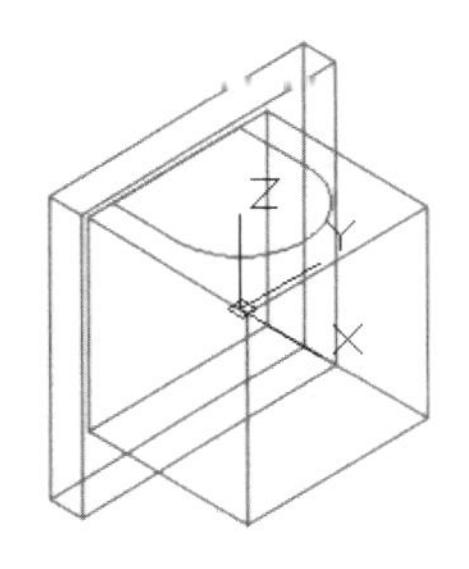

第 7 步 单击【常用】选项卡 ➤【建模】面板 ➤【拉伸】按钮，选择第 6 步绘制的多段线为拉伸对象，拉伸高度为 27，如下图所示。

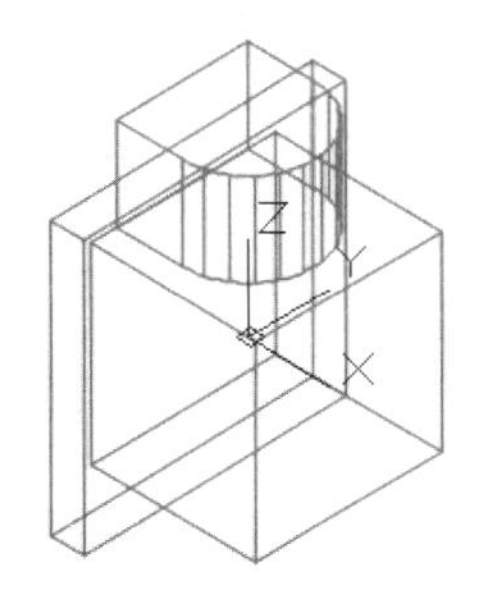

第 8 步 单击【实体】选项卡 ➤【实体编辑】面板 ➤【圆角边】按钮，选择长方体的 4 条棱边为圆角边对象，如下图所示。

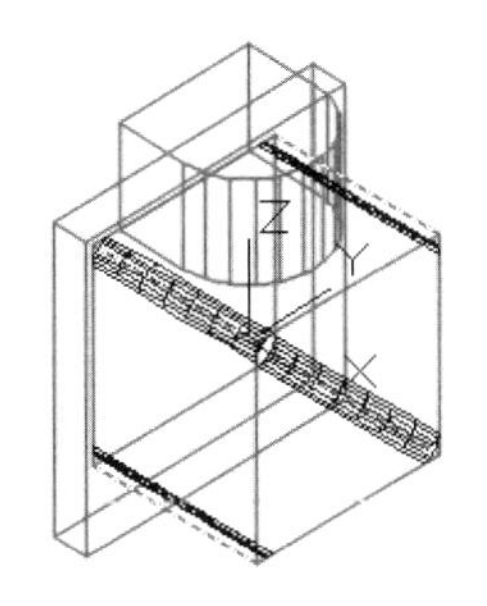

第 9 步 在命令行中输入“R”，并指定新的圆角半径为 5，结果如下图所示。

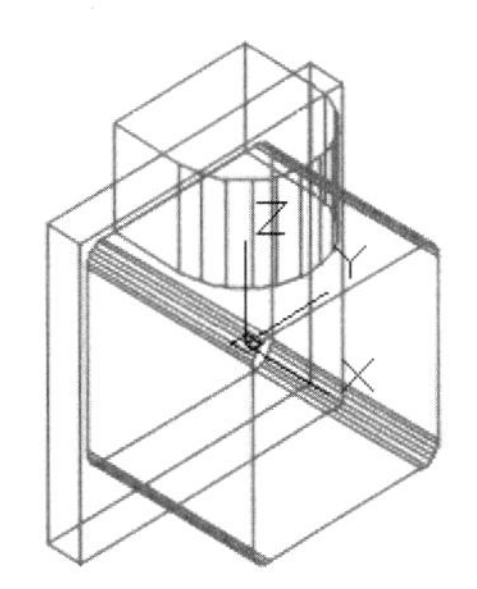

第 10 步 重复第 8~9 步，对另一个长方体的 4 条棱边进行 R 为 5 的圆角，如下图所示。

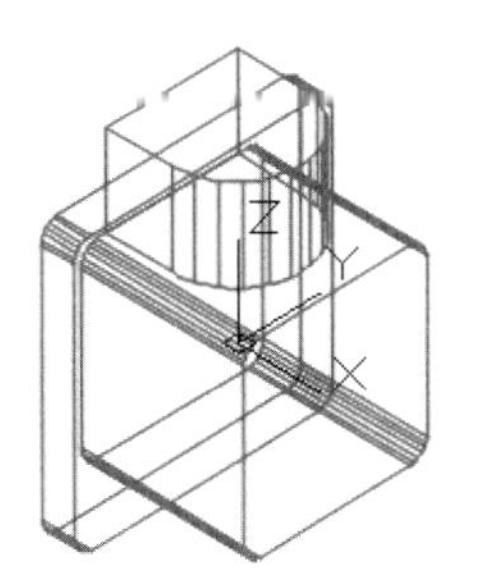

第 11 步 单击【常用】选项卡 ➤【实体编辑】面板 ➤【实体，并集】按钮，将长方体和多段体合并，消隐后结果如下图所示。

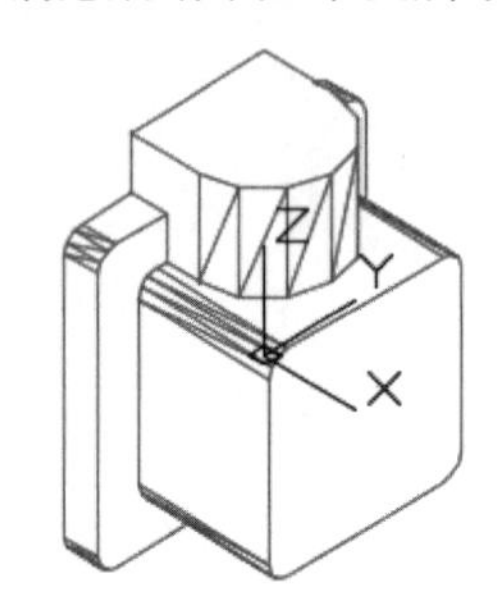

第 12 步 在命令行中输入“UCS”并按空格键确认，将坐标系绕 Y 轴旋转 −90°。

```
命令：UCS ↙
当前 UCS 名称：*世界*
指定 UCS 的原点或 [面 (F)/ 命名 (NA)/ 对象 (OB)/ 上一个 (P)/ 视图 (V)/ 世界 (W)/X/Y/Z/Z 轴 (ZA)] < 世界 >:Y
指定绕 X 轴的旋转角度 <90>: -90
```

第 13 步 坐标系旋转后结果如下图所示。

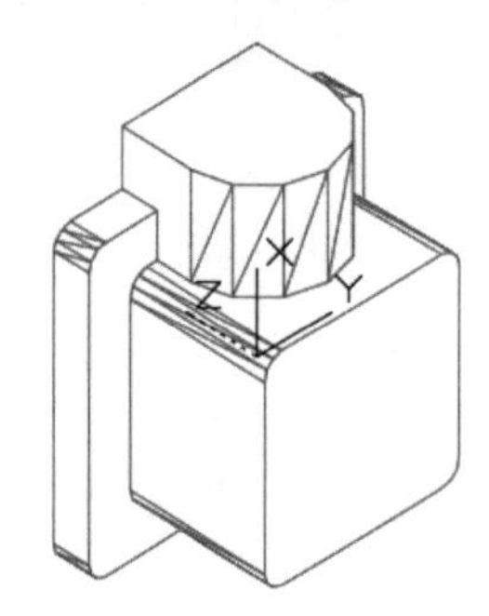

第 14 步 单击绘图窗口左上角的【视图】控件，在弹出的快捷菜单中选择【右视】选项，如下图所示。

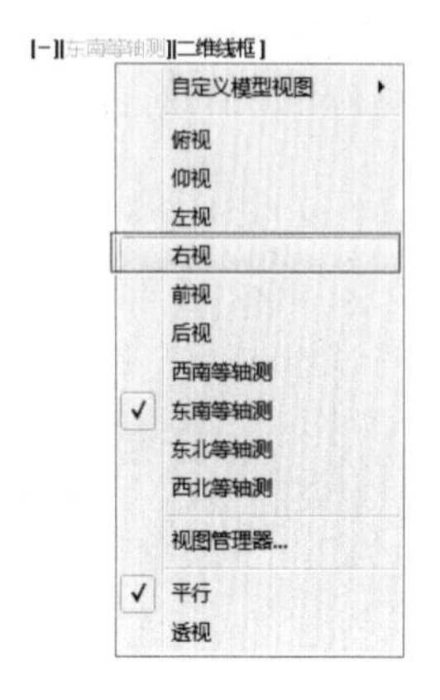

第 15 步 切换到右视图后如下图所示。

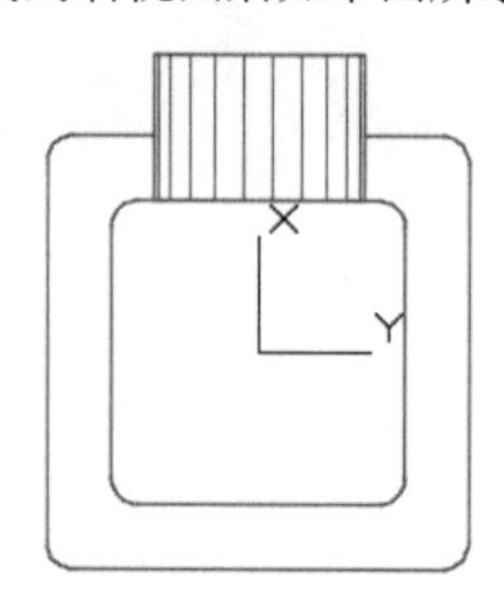

第 16 步 单击【实体】选项卡 ➤【绘图】面板 ➤【圆心、半径】按钮，以坐标（32,32）为圆心，绘制一个半径为 4 的圆，如下图所示。

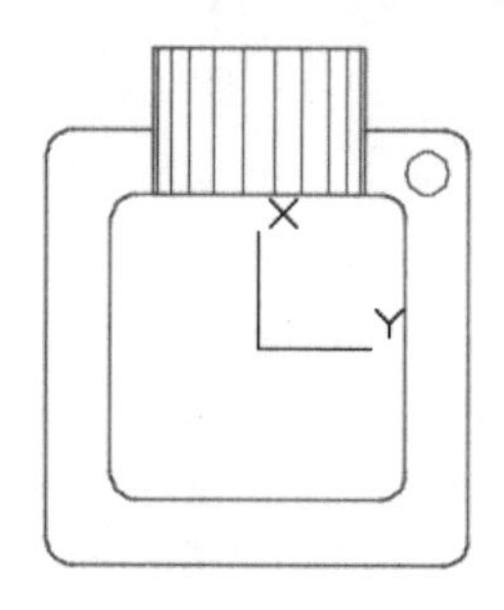

第 17 步 单击【实体】选项卡 ➤【修改】面板 ➤【矩形阵列】按钮，选择圆为阵列对象，将阵列行数和列数都设置为 2，间距都设置为 −64，并将【特性】选项板的“关联”关闭，如下图所示。

列数:	2	行数:	2
介于:	-64	介于:	-64
总计:	-64	总计:	-64
列		行 ▾	

第 18 步 单击【关闭阵列】按钮，结果如下图所示。

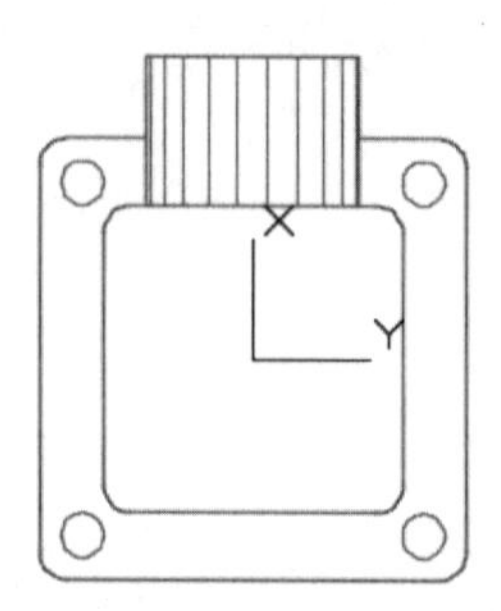

第 19 步 单击绘图窗口左上角的【视图】控件，在弹出的快捷菜单中选择【东南等轴测】选项，如下图所示。

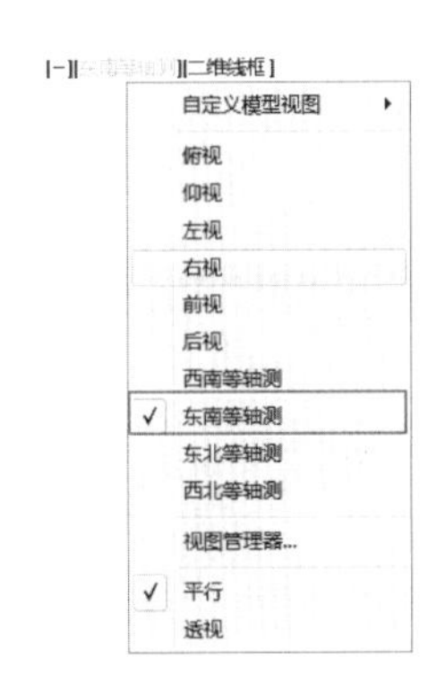

第20步 单击【常用】选项卡➢【建模】面板➢【拉伸】按钮，选择4个圆为拉伸对象，将它们沿Z轴方向拉伸40，如下图所示。

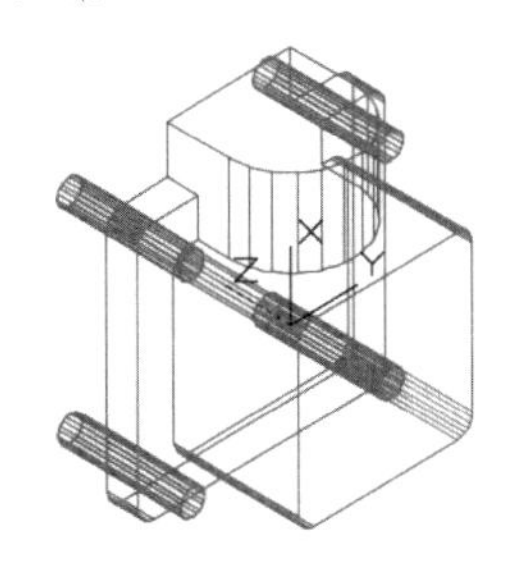

第21步 单击【常用】选项卡➢【实体编辑】面板➢【实体，差集】按钮，将拉伸后的4个圆柱体从图形中减去，消隐后如下图所示。

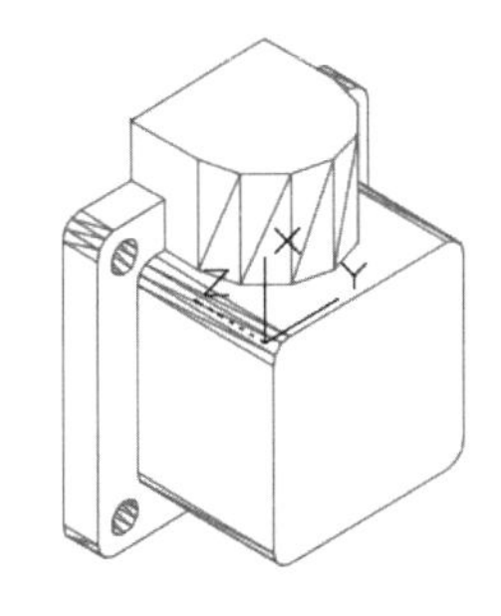

第22步 单击【常用】选项卡➢【建模】面板➢【圆柱体】按钮，以坐标（0,0,−30）为底面圆心，绘制一个底面半径为20、高度为20的圆柱体，如下图所示。

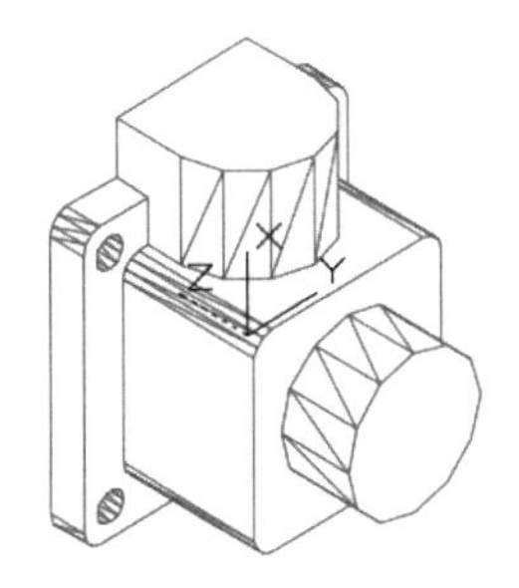

第23步 重复【圆柱体】命令，以坐标（0,0,−50）为底面圆心，绘制一个底面半径为25、高度为14的圆柱体，如下图所示。

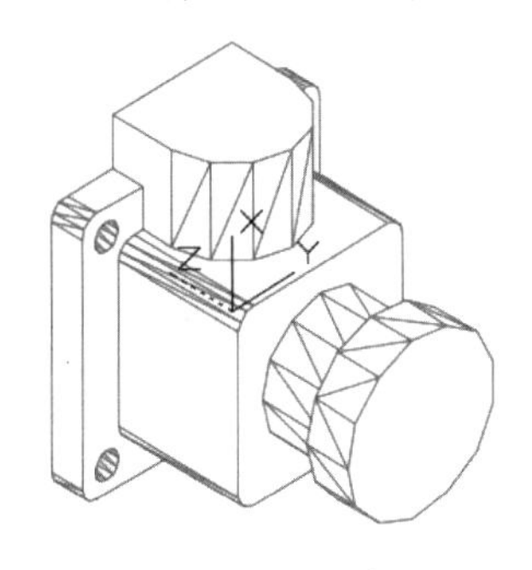

第24步 单击【常用】选项卡➢【实体编辑】面板➢【抽壳】按钮，如下图所示。

提示

除了通过面板调用【抽壳】命令外，还可以通过以下方法调用【抽壳】命令。

（1）选择【修改】➢【实体编辑】➢【抽壳】命令。

（2）单击【实体】选项卡➢【实体编辑】面板➢【抽壳】按钮。

（3）在命令行中输入“SOLIDEDIT”命令，然后输入“B”，根据命令行提示输入“S”。

第25步 选择最后绘制的圆柱体为抽壳对象，并选择最前面的底面为删除对象，如下图所示。

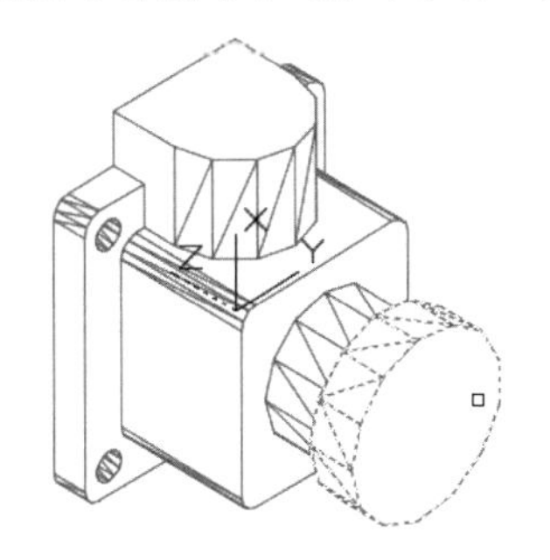

第 26 步 设置抽壳的偏移距离为 5，结果如下图所示。

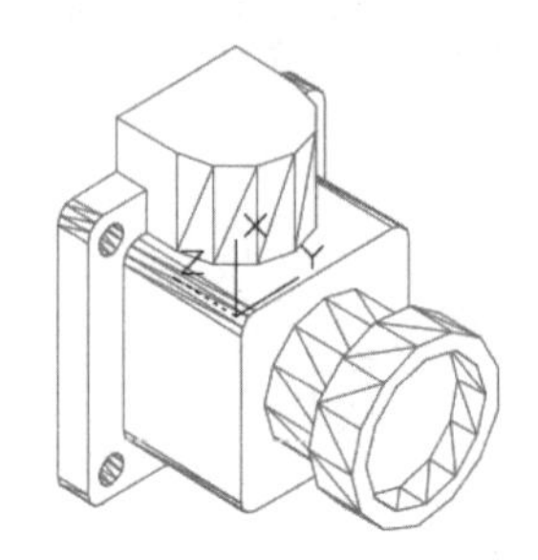

第 27 步 单击【常用】选项卡 ➢【实体编辑】面板 ➢【实体，并集】按钮，将抽壳后的图形合并。然后调用【圆柱体】命令，以坐标（0,0,−60）为底面圆心，绘制一个底面半径为 15、高度为 100 的圆柱体，如下图所示。

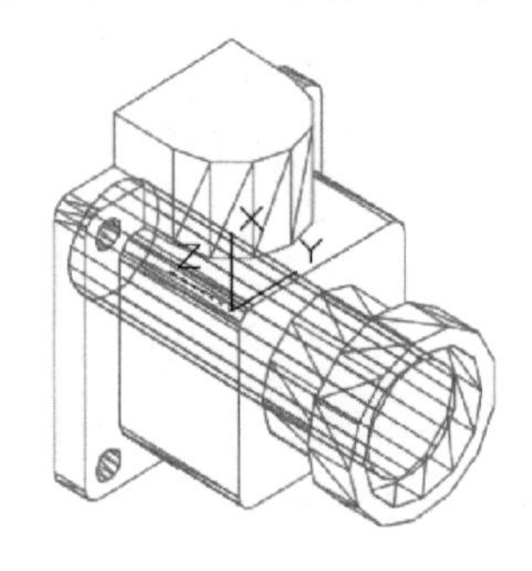

第 28 步 在命令行输入“UCS”并按【Enter】键，将坐标系重新设置为世界坐标系，命令行提示如下。

```
当前 UCS 名称：*没有名称*
指定 UCS 的原点或 [面 (F)/ 命名 (NA)/ 对象 (OB)/ 上一个 (P)/ 视图 (V)/ 世界 (W)/X/Y/Z/Z 轴 (ZA)] <世界>: ↙
```

第 29 步 单击【常用】选项卡 ➢【建模】面板 ➢【圆柱体】按钮，捕捉如下图所示的圆心作为底面圆心。

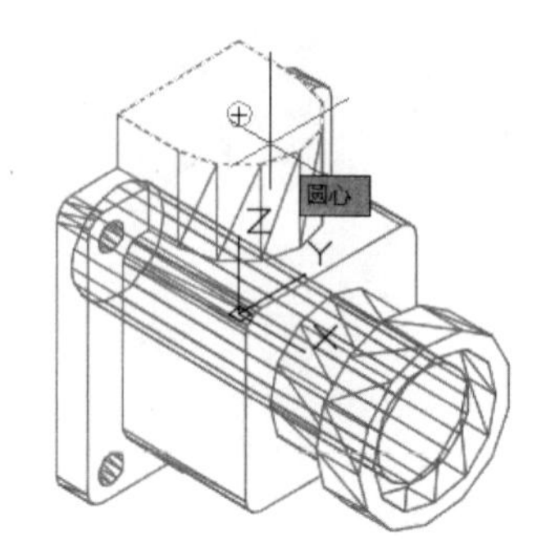

第 30 步 输入底面半径“12”和拉伸高度“27”，结果如下图所示。

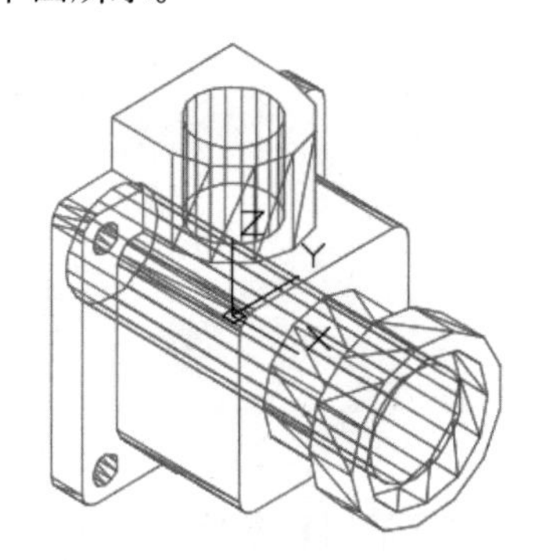

第 31 步 单击【常用】选项卡 ➢【实体编辑】面板 ➢【实体，差集】按钮，将最后绘制的两个圆柱体从图形中减去，然后将图形移动到合适的位置，消隐后结果如下图所示。

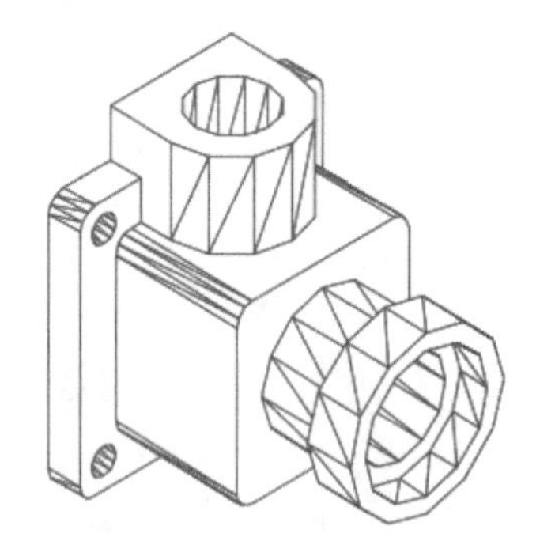

11.3.9 绘制螺栓螺母

螺栓螺母主要是将阀体各零件连接起来，螺栓的头部和螺母既可以用棱锥体绘制，也可以通过正六边形拉伸成型。这里绘制螺栓的头部时采用棱锥体绘制，螺母采用正六边形拉伸成型绘制。

绘制螺栓螺母的具体操作步骤如下。

第1步 单击【常用】选项卡➤【图层】面板➤【图层】下拉按钮，在弹出的下拉列表中将“螺栓螺母”图层置为当前层，如下图所示。

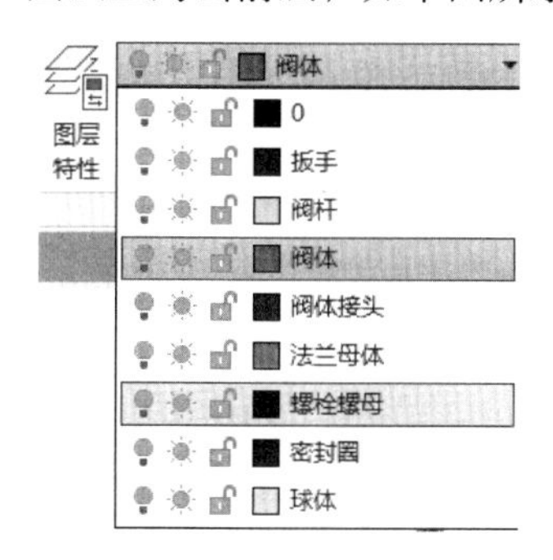

第2步 单击【常用】选项卡➤【建模】面板➤【棱锥体】按钮，如下图所示。

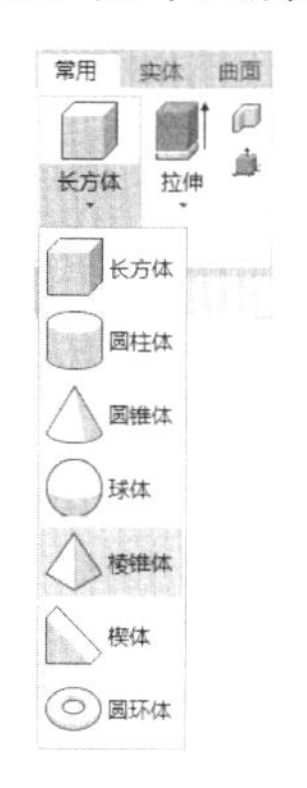

提示

除了通过面板调用【棱锥体】命令外，还可以通过以下方法调用【棱锥体】命令。

（1）选择【绘图】➤【建模】➤【棱锥体】命令。

（2）单击【实体】选项卡➤【图元】面板➤【棱锥体】按钮。

（3）在命令行中输入“PYRAMID/PYR”命令并按空格键。

第3步 根据命令行提示进行如下操作。

命令：_PYRAMID

4 个侧面 外切

指定底面的中心点或 [边 (E)/ 侧面 (S)]: s

输入侧面数 <4>: 6

指定底面的中心点或 [边 (E)/ 侧面 (S)]: 0,0,0

指定底面半径或 [内接 (I)] <12.0000>: 9

指定高度或 [两点 (2P)/ 轴端点 (A)/ 顶面半径 (T)] <-27.0000>: t

指定顶面半径 <0.0000>: 9

指定高度或 [两点 (2P)/ 轴端点 (A)] <-27.0000>: 7.5

第4步 棱锥体绘制完成后如下图所示。

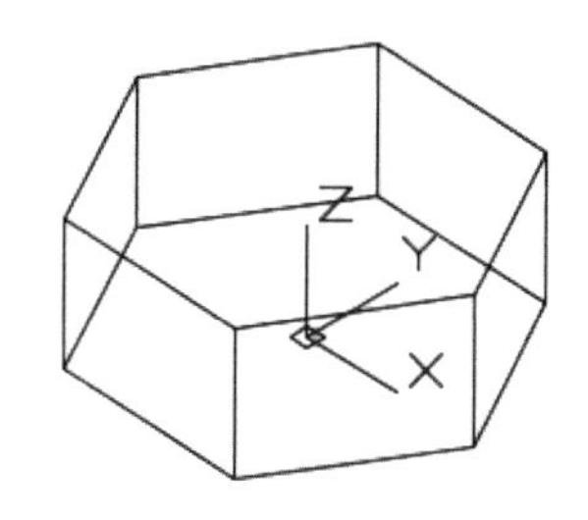

第5步 单击【常用】选项卡➤【建模】面板➤【圆柱体】按钮，以坐标（0,0,7.5）为底面圆心，绘制一个半径为6、高为25的圆柱体，如下图所示。

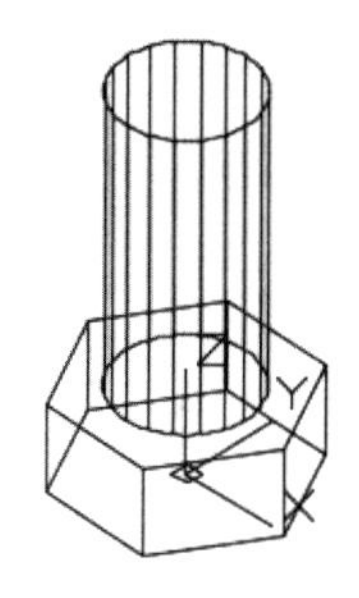

第6步 单击【实体】选项卡➤【实体编辑】面板➤【倒角边】按钮，如下图所示。

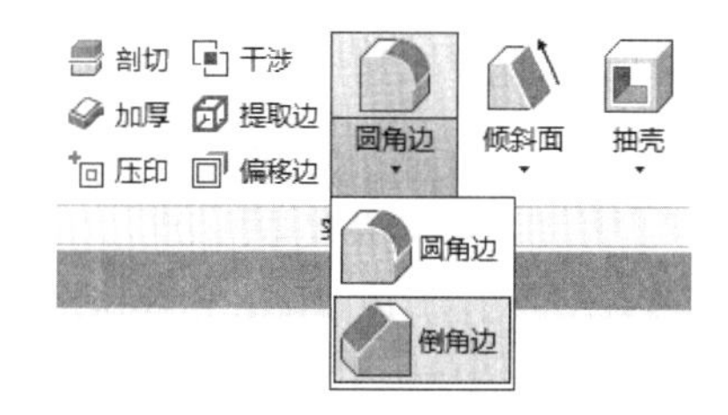

提示

除了通过面板调用【倒角边】命令外，还可以通过以下方法调用【倒角边】命令。

（1）选择【修改】➤【实体编辑】➤【倒角边】命令。

（2）在命令行中输入“CHAMFEREDGE”命令并按空格键。

第7步 将两个倒角距离都设置为1，然后选择如下图所示的边为倒角对象。

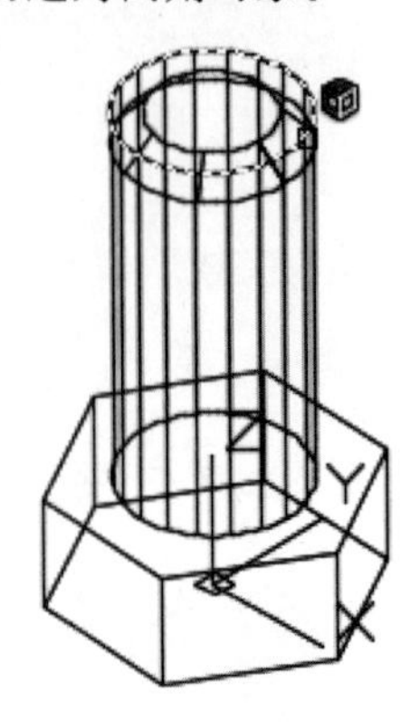

第8步 倒角结果如下图所示。

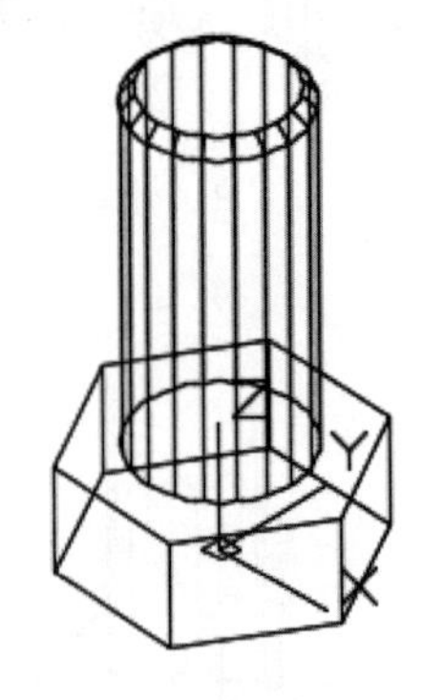

第9步 单击【常用】选项卡➢【实体编辑】面板➢【实体，并集】按钮，将棱锥体和圆柱体合并在一起，然后将合并后的对象移动到合适的位置，消隐后结果如下图所示。

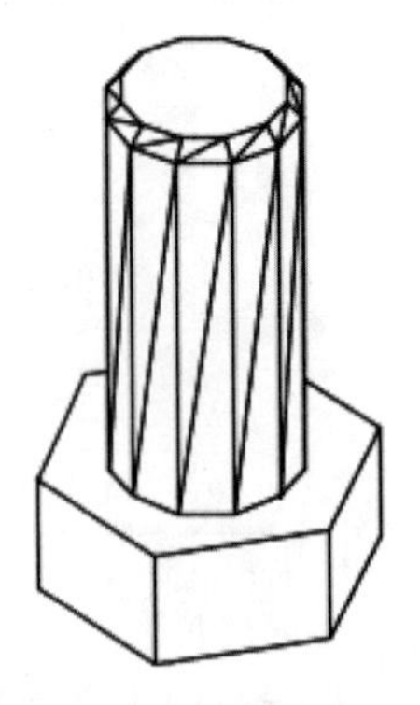

第10步 根据命令行提示进行如下操作。

```
命令 : _polygon 输入侧面数 <4>: 6
指定正多边形的中心点或 [ 边 (E)]: 0,0
输入选项 [ 内接于圆 (I)/ 外切于圆 (C)] <I>: c
指定圆的半径 : 9
```

第11步 多边形绘制完成后如下图所示。

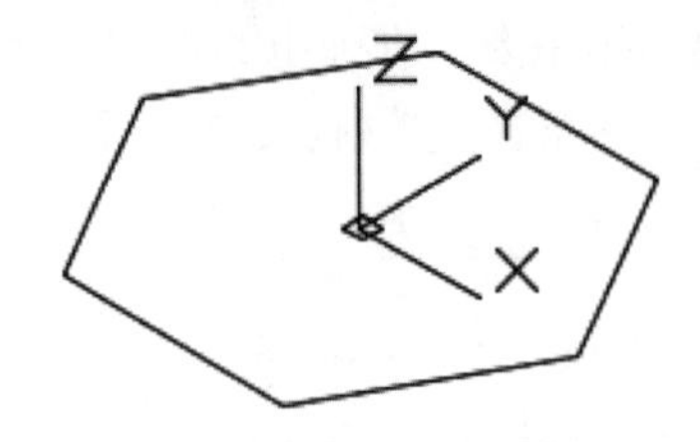

第12步 单击【常用】选项卡➢【建模】面板➢【拉伸】按钮，选择正六边形，将它沿 Z 轴方向拉伸，高为10，如下图所示。

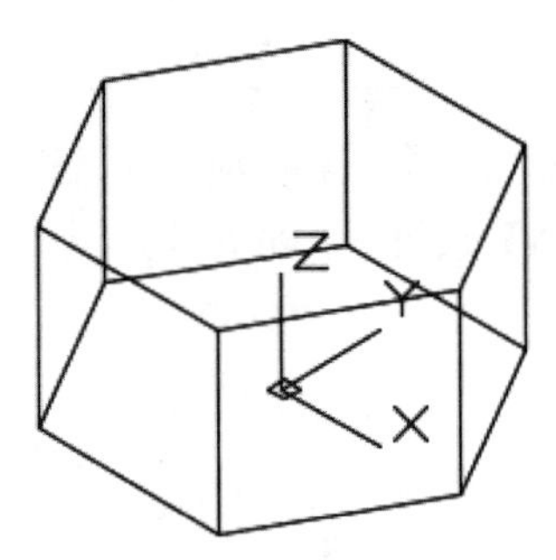

第13步 单击【常用】选项卡➢【建模】面板➢【圆柱体】按钮，以坐标（0,0,0）为底面圆心，绘制一个半径为6、高为10的圆柱体，如下图所示。

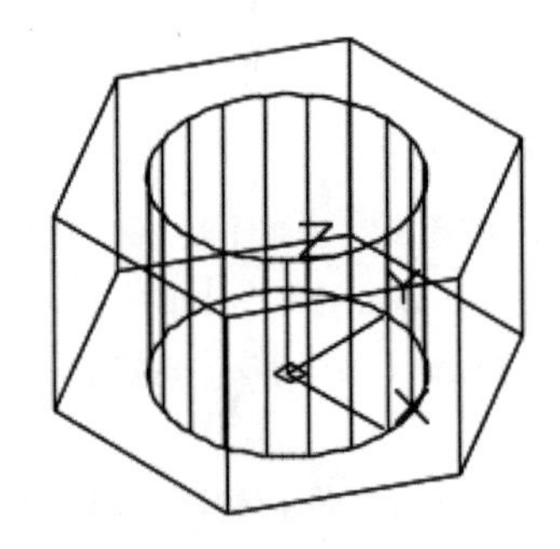

第14步 单击【常用】选项卡➢【实体编辑】面板➢【实体，差集】按钮，将圆柱体从棱柱体中减去，消隐后结果如下图所示。

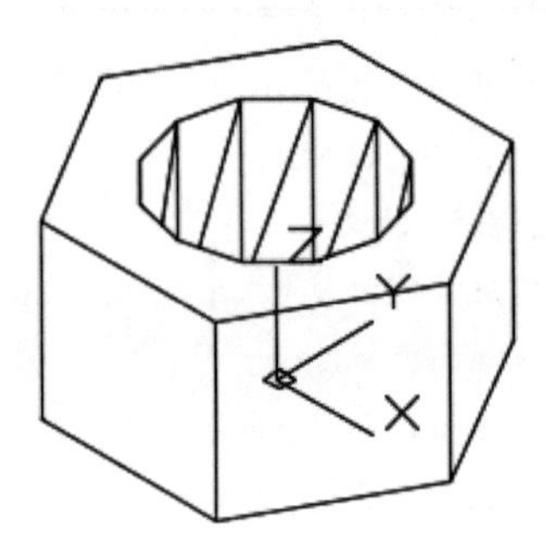

11.3.10 装配

所有零件绘制完毕后，通过【移动】【旋转】【三维对齐】命令将零件装配起来。

装配的具体操作步骤如下。

第 1 步 单击【常用】选项卡 ➤【修改】面板 ➤【三维旋转】按钮，选择法兰母体为旋转对象，将它绕 Y 轴旋转 90°，如下图所示。

第 2 步 重复【三维旋转】命令，将阀体接头、11.3.4 节绘制的密封圈 3，以及螺栓螺母也绕 Y 轴旋转 90°，如下图所示。

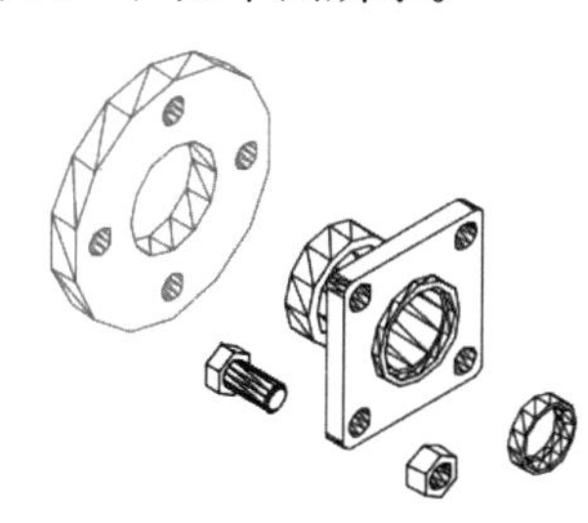

第 3 步 单击【常用】选项卡 ➤【修改】面板 ➤【移动】按钮，将各零件移动到安装位置，如下图所示。

> **提示**
>
> 该步操作主要是为了让读者观察各零件之间的安装关系，上图中各零件的位置不一定在同一平面上，要将各零件真正装配在一起，还需要用【三维对齐】命令来实现。

第 4 步 单击【常用】选项卡 ➤【修改】面板 ➤【三维对齐】按钮，如下图所示。

> **提示**
>
> 除了通过面板调用【三维对齐】命令外，还可以通过以下方法调用【三维对齐】命令。
>
> （1）选择【修改】➤【三维操作】➤【三维对齐】命令。
>
> （2）在命令行中输入“3DALIGN/3AL”命令并按空格键。

第 5 步 选择阀杆为对齐对象，如下图所示。

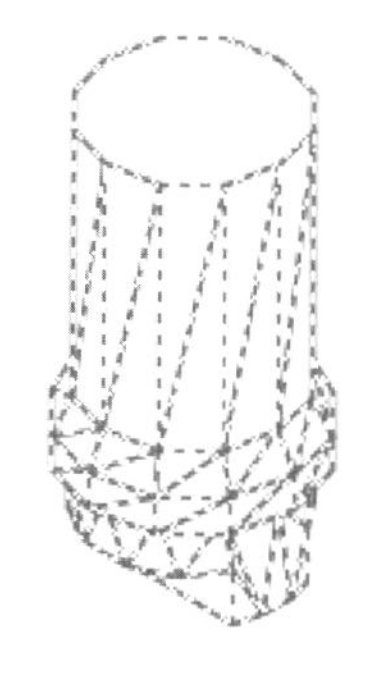

第 6 步 捕捉如下图所示的端点为基点。

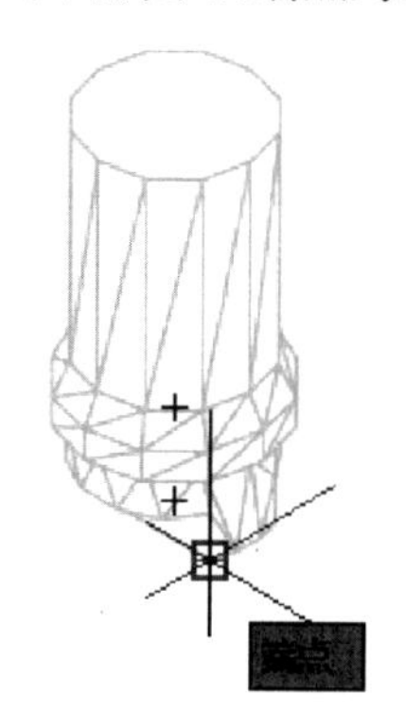

第7步 捕捉如下图所示的端点为第二点。

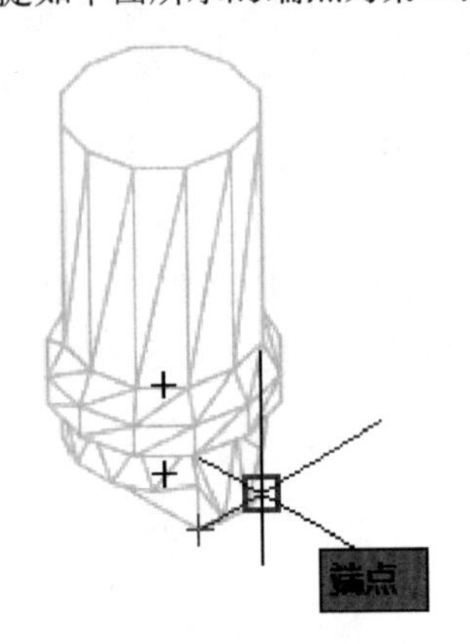

提示

捕捉第二点后，当命令行提示指定第三点时，按【Enter】键结束源对象点的捕捉，开始捕捉第一目标点。

第8步 捕捉如下图所示的端点为第一目标点。

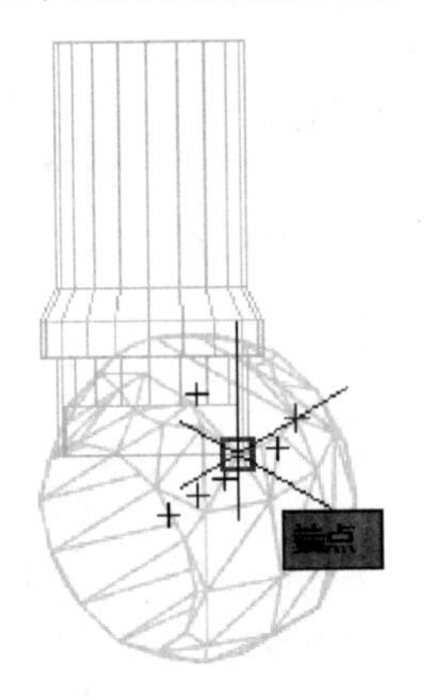

第9步 捕捉如下图所示的端点为第二目标点。

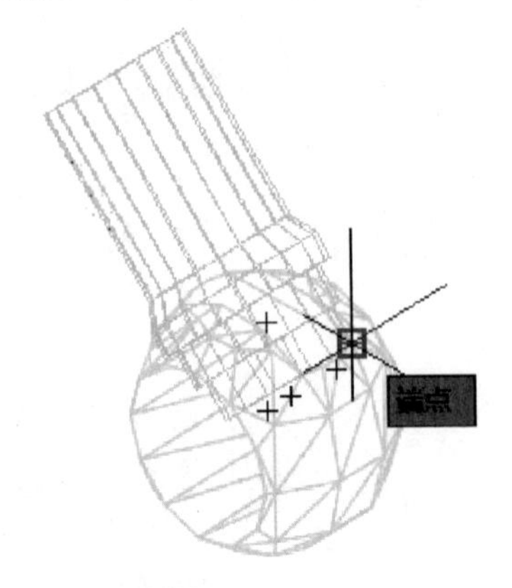

第10步 对齐后结果如下图所示。

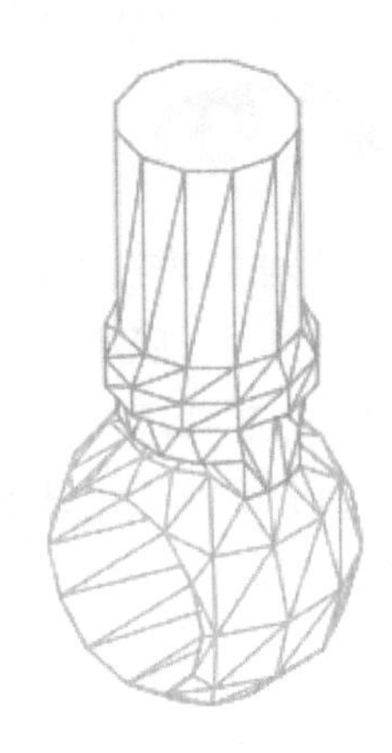

第11步 重复【三维对齐】【移动】【三维旋转】命令，将所有零件组合在一起，如下图所示。

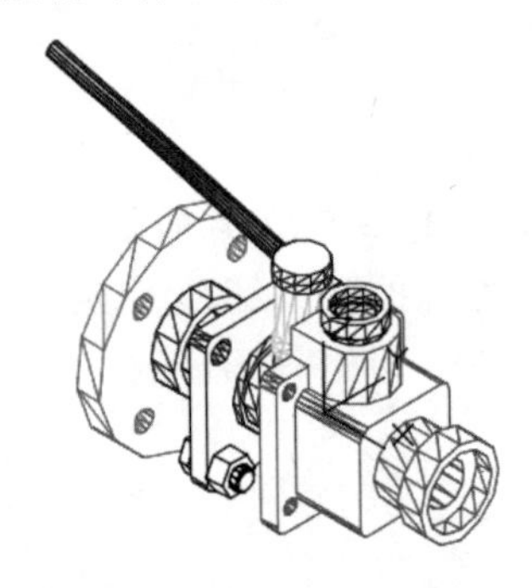

第12步 单击【实体】选项卡➤【修改】面板➤【矩形阵列】按钮，选择螺栓和螺母为阵列对象，将阵列的列数设置为1，行数和级别都设置为2，行和层的间距都设置为64，并将【特性】选项板的“关联”关闭，如下图所示。

行数:	2	级别:	2
介于:	64	介于:	64
总计:	64	总计:	64
行 ▾		层级	

第13步 单击【关闭阵列】按钮，结果如下图所示。

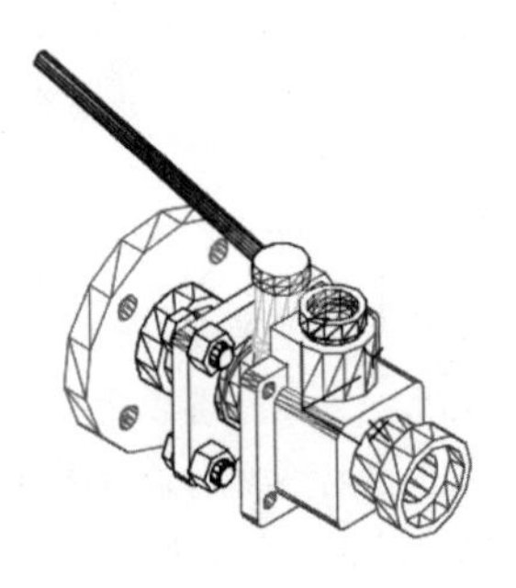

第14步 单击绘图窗口左上角的【视图】控件，

在弹出的快捷菜单中选择【右视】选项，如下图所示。

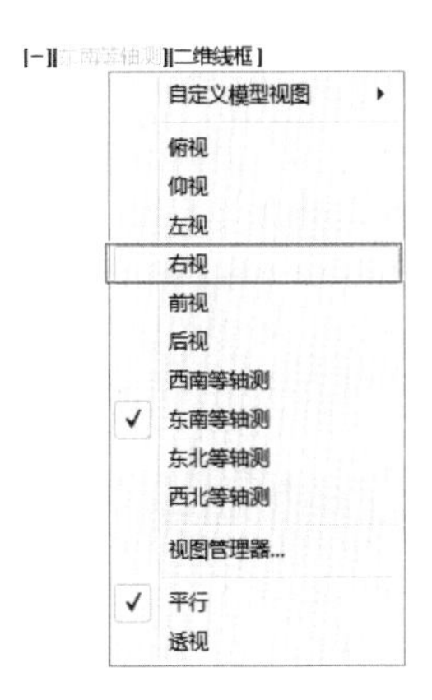

第 15 步 切换到右视图后如下图所示。

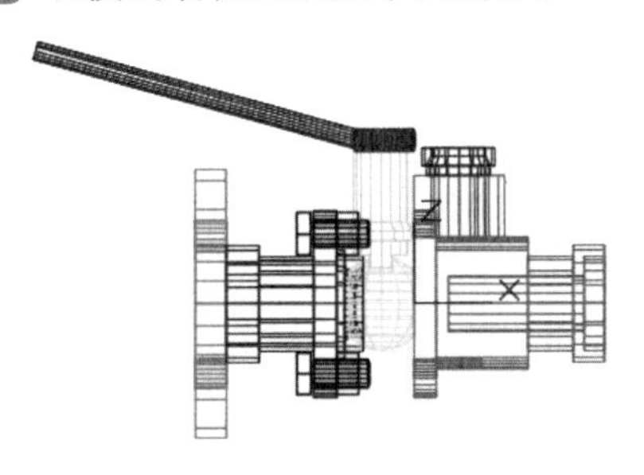

第 16 步 单击【常用】选项卡 ➢【修改】面板 ➢【复制】按钮，选择法兰母体为复制对象，并捕捉如下图所示的圆心为复制的基点。

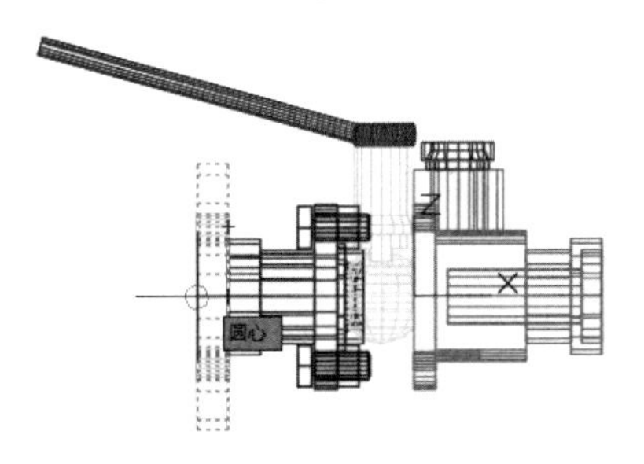

第 17 步 捕捉如下图所示的圆心为复制的第二点。

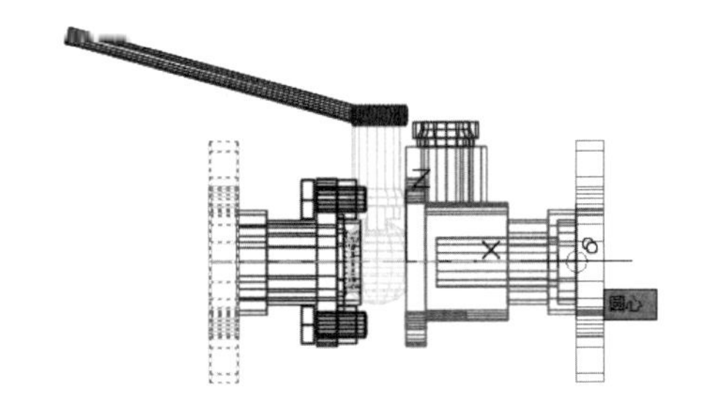

第 18 步 单击绘图窗口左上角的【视图】控件，在弹出的快捷菜单中选择【东南等轴测】选项，如下图所示。

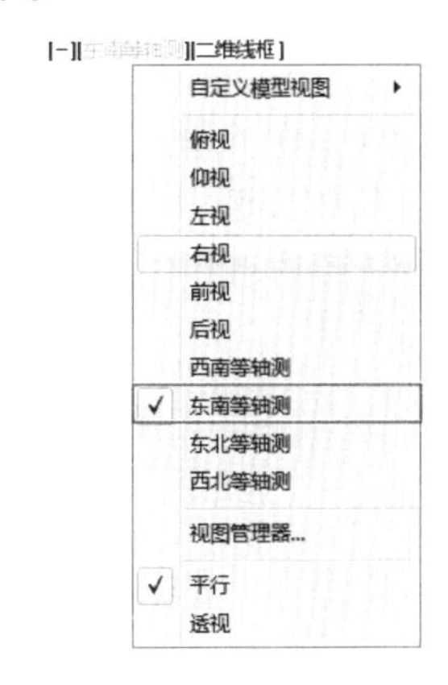

第 19 步 单击绘图窗口左上角的【视觉样式】控件，在弹出的快捷菜单中选择【真实】选项，如下图所示。

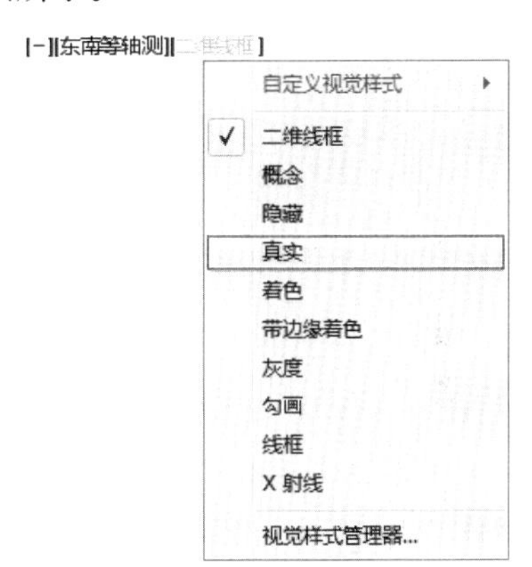

第 20 步 切换视觉样式后结果如下图所示。

绘制升旗台三维图

升旗台是一个复杂的整体，绘制的过程中主要应用到长方体、圆柱体、球体、阵列、三维多段线、楔体、拉伸及布尔运算等命令。

绘制升旗台三维图的具体操作步骤如表 11-4 所示。

表 11-4　绘制升旗台三维图

步骤	创建方法	绘制步骤及结果	备注
1	绘制升旗台的底座	（1）绘制 4 个长方体，长方体的角点坐标分别为：“（−25,−25,0），（@50,50,10）”“（−23.5,−20.5,10），（@3,12,8）”“（−20.5,−23.5,10），（@12,3,8）”“（−23.5,−23.5,10），（@3,3,15）”	视图为【西南等轴测】，将“ISOLINES”设置为 16
		（2）绘制围栏上的球体：以坐标（−22,−22,26.5）为球心，绘制一个半径为 1.5 的球体	
		（3）通过【复制】命令，将球体和石柱复制到相应的位置 并集	复制后将除去底座外的图形并集
		（4）通过【环形阵列】命令对并集后的实体进行阵列	

续表

步骤	创建方法	绘制步骤及结果	备注
2	绘制升旗台的楼梯	（1）通过【多段线】命令绘制楼梯的横截面。多段线的起点坐标为（0,−25,−4），然后根据提示分别输入点 (@−10,0)、（@0,−3）、（@2,0）、(@0,−3)、(@2,0)、(@0,−3)、(@2,0)、(@0,−3)、(@2,0)、(@0,−3)、(@2,0)，最后输入“C”，结果如下图所示 横截面	绘制横截面前，在命令行中输入“UCS”，将坐标系绕 *Y* 轴旋转 90°
		（2）通过【拉伸】命令，将绘制的横截面拉伸 8	
		（3）通过【楔体】命令，以坐标（25,−4,0）、（@15,−1.5,10）为角点绘制一个楔体。然后以坐标（25,0）、（@40,0）为镜像线的第一点、第二点将楔体镜像到另一侧	绘制楔体前，在命令行中输入“UCS”，直接按【Enter】键，先返回世界坐标系，然后将坐标系绕 *Z* 轴旋转 −90
		（4）将拉伸后的横截面和楔体进行并集，然后通过【环形阵列】命令进行阵列，结果如下图所示	
3	绘制升旗台的旗杆	（1）通过【圆锥体】命令，以坐标（0,0,10）为底面圆心，绘制一个底面半径为 5，顶面半径为 3.3，高度为 10 的圆台体	绘图前，在命令行中输入“UCS”，将坐标系切换到世界坐标系

续表

步骤	创建方法	绘制步骤及结果	备注
3	绘制升旗台的旗杆	(2)通过【圆柱体】命令，以坐标(0,0,20)为底面圆心，绘制一个底面半径为1，高度为100的旗杆 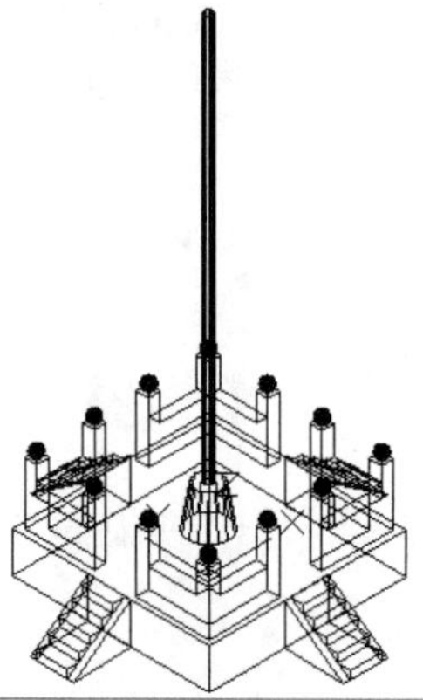	
		(3)通过【球体】命令，以坐标(0,0,120.5)为球心，绘制一个半径为1.5的球体 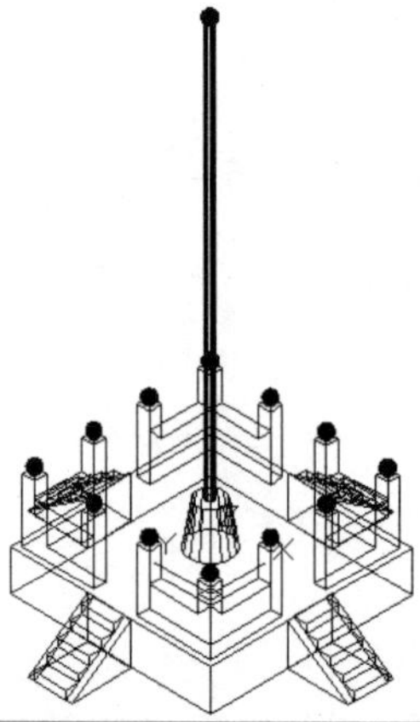	
		(4)通过【圆环体】命令，分别以坐标(1.6,0,70)、(1.6,0,100)、(1.6,0,40)为中心，绘制半径为0.5，圆管半径为0.1的圆环体 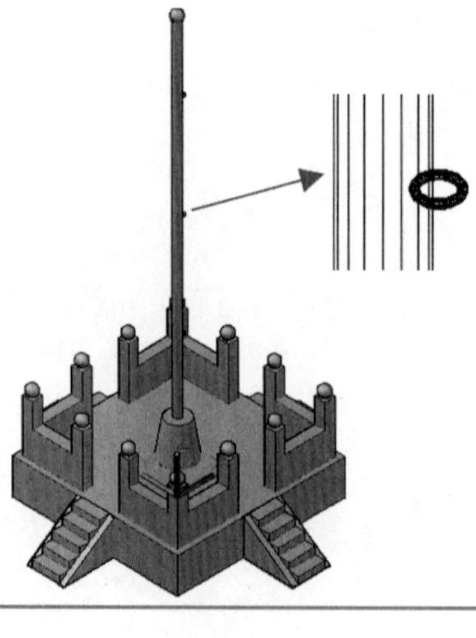	绘制完成后将所有实体合并在一起，并将视觉样式切换为【灰度】

◇ 为什么坐标系会自动变动

在三维绘图中各种视图之间切换时，经常会出现坐标系变动的情况，如下左图所示是在【西南等轴测】下的视图，当把视图切换到【前视】视图，再切换回【西南等轴测】时，发现坐标系发生了变化，如下右图所示。

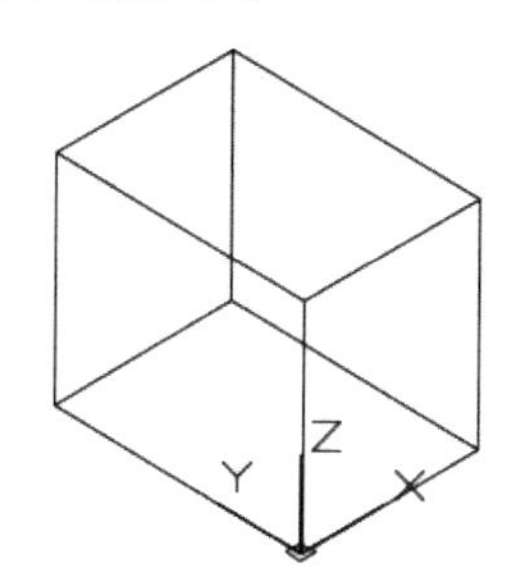

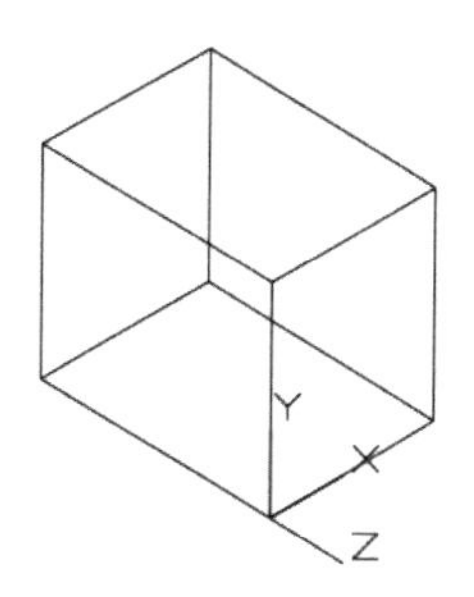

出现这种情况是因为【恢复正交】设置的问题，当设置为【是】时，就会出现坐标变动；当设置为【否】时，则可避免坐标变动。

单击绘图窗口左上角的【视图】控件，然后选择【视图管理器】选项，在弹出的【视图管理器】对话框中将【预设视图】下的任意一个视图的【恢复正交 UCS】更改为【否】即可，如下图所示。

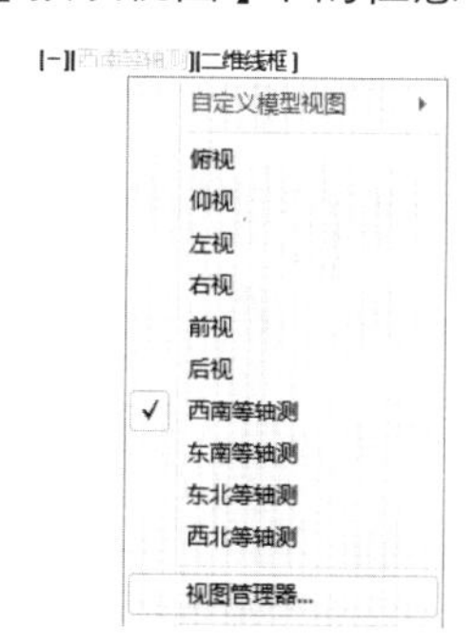

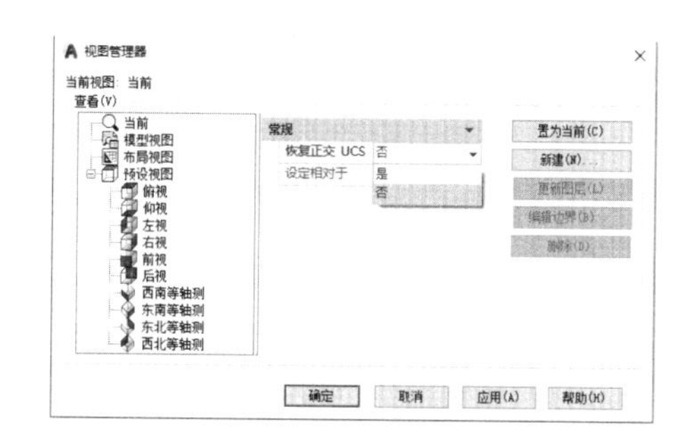

◇ 给三维图形添加尺寸标注

在 AutoCAD 中没有直接对三维实体添加标注的命令，因此将通过改变坐标系的方法来对三维实体进行尺寸标注。

第 1 步 打开“素材 \CH11\ 标注三维图形 .dwg”文件，如下图所示。

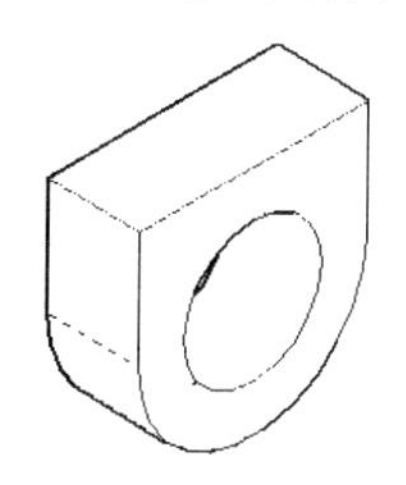

第2步 在命令行中输入“UCS”，拖曳鼠标将坐标系转换到圆心的位置，如下图所示。

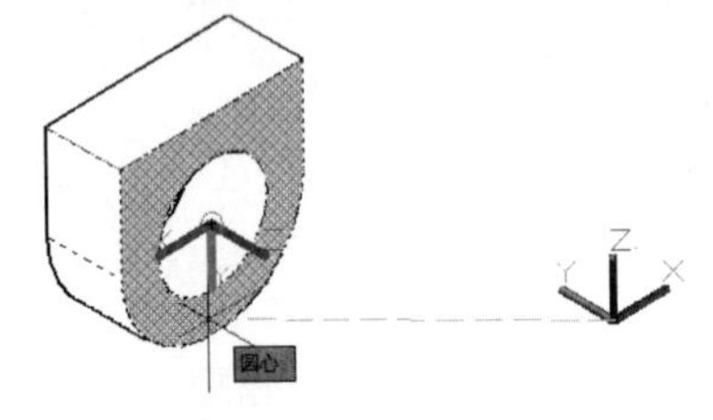

第3步 拖曳鼠标指引 X 轴方向，如下图所示。

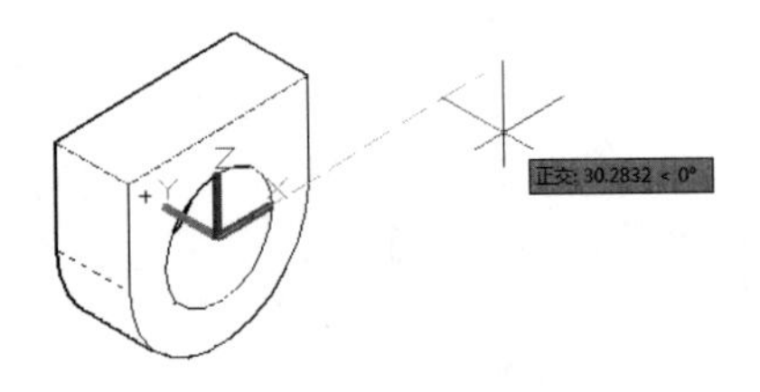

第4步 拖曳鼠标指引 Y 轴方向，如下图所示。

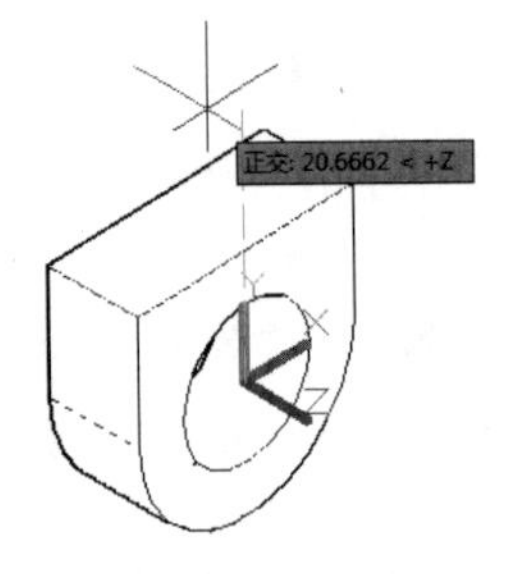

第5步 让 XY 平面与实体的前侧面平齐后如下图所示。

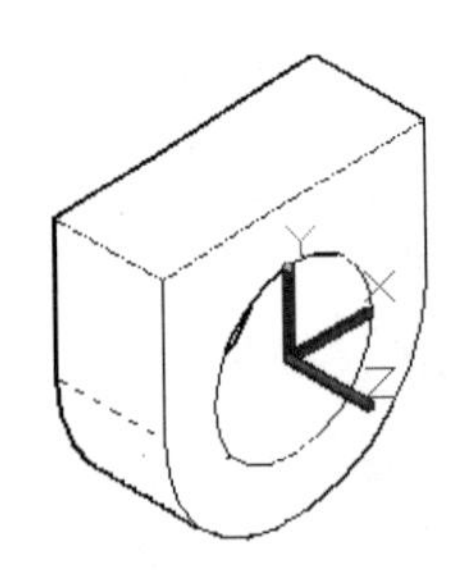

提示

移动 UCS 坐标系前，首先应将对象捕捉和正交模式打开。

第6步 调用直径标注命令，然后选择前侧面的圆为标注对象，拖曳鼠标在合适的位置放置尺寸线，结果如下图所示。

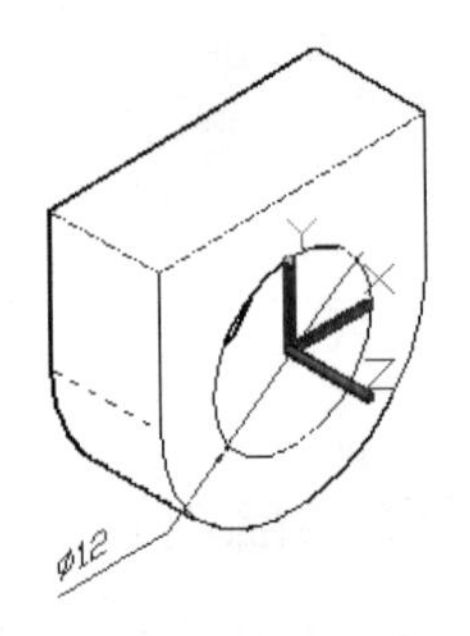

第7步 调用半径标注命令，然后选择前侧面的大圆弧为标注对象，拖曳鼠标在合适的位置放置尺寸线，结果如下图所示。

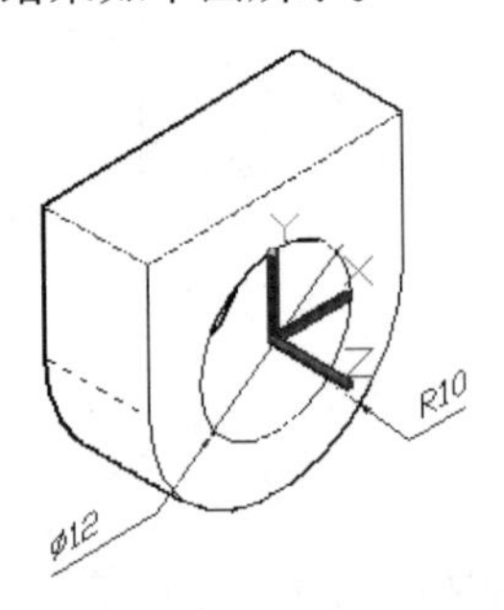

第8步 重复第 2~4 步，将 XY 平面切换到与顶面平齐的位置，然后调用线性标注命令，给顶面进行尺寸标注，结果如下图所示。

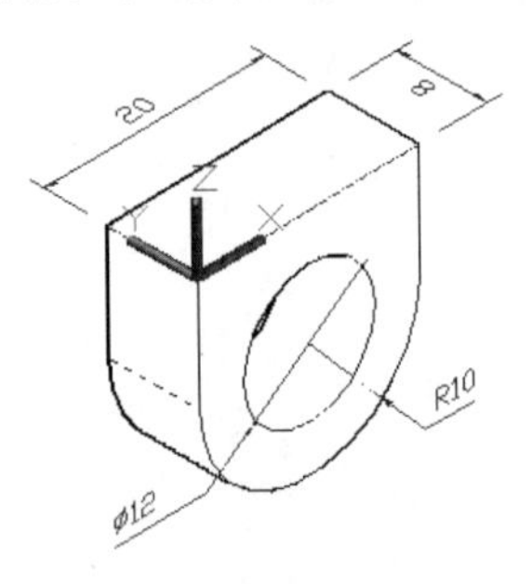

第9步 重复第 2~4 步，将 XY 平面切换到与竖直面平齐的位置，然后调用线性标注命令进行尺寸标注，结果如下图所示。

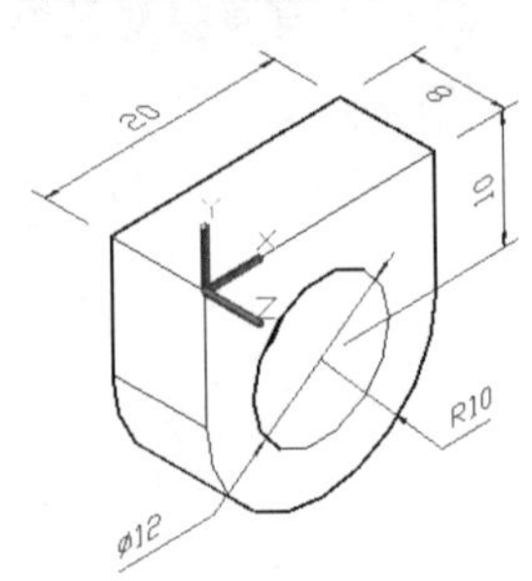

第 12 章
渲染

本章导读

AutoCAD 提供了强大的三维图形效果显示功能，可以帮助用户将三维图形消隐、着色和渲染，从而生成具有真实感的物体。使用 AutoCAD 提供的渲染命令可以渲染场景中的三维模型，并且在渲染前可以为其赋予材质、设置灯光、添加场景和背景等。另外，还可以将渲染结果保存为位图格式，以便在 Photoshop 或者 ACDSee 等软件中编辑或查看。

思维导图

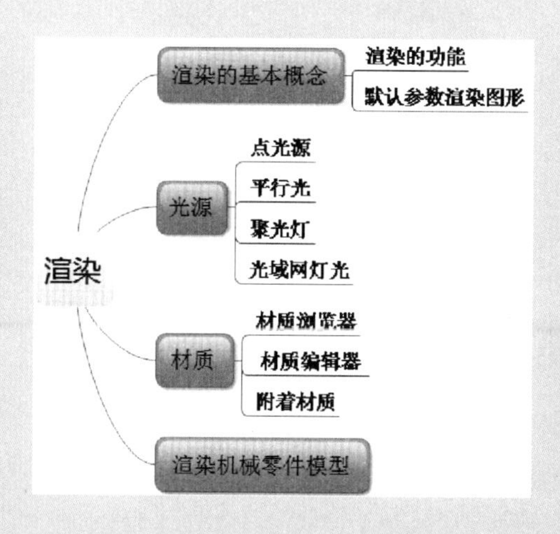

12.1 渲染的基本概念

在 AutoCAD 中，三维模型对象可以对事物进行整体上的有效表达，使其更加直观，结构更加清晰，但是在视觉效果上却与真实物体存在着很大差距。AutoCAD 中的渲染功能有效地弥补了这一缺陷，使三维模型对象表现得更加完美，更加真实。

12.1.1 渲染的功能

AutoCAD 的渲染模块基于一个名为“Acrender.arx”的文件，该文件在使用【渲染】命令时自动加载。AutoCAD 的渲染模块具有以下功能。

（1）支持 4 种类型的光源：聚光源、点光源、平行光源和光域网灯光，另外还可以支持色彩并能产生阴影效果。

（2）支持透明和反射材质。

（3）可以在曲面上加上位图图像来帮助创建具有真实感的渲染。

（4）可以加上人物、树木和其他类型的位图图像进行渲染。

（5）可以完全控制渲染的背景。

（6）可以对远距离对象进行明暗处理来增强距离感。

渲染相对于其他视觉样式有更直观的表达，下面的 3 张图分别是某模型的线框图、消隐处理的图像及渲染处理后的图像。

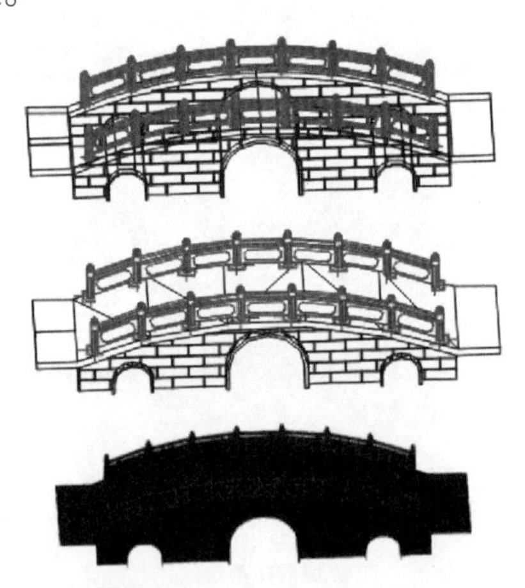

12.1.2 默认参数渲染图形

调用【渲染】命令通常有以下两种方法。

（1）在命令行中输入“RENDER/RR”命令并按空格键。

（2）单击【可视化】选项卡 ➤【渲染】面板 ➤【渲染】按钮。

下面将使用系统默认参数对书桌模型进行渲染，具体操作步骤如下。

第 1 步 打开“素材 \CH12\ 书桌 .dwg”文件，如下图所示。

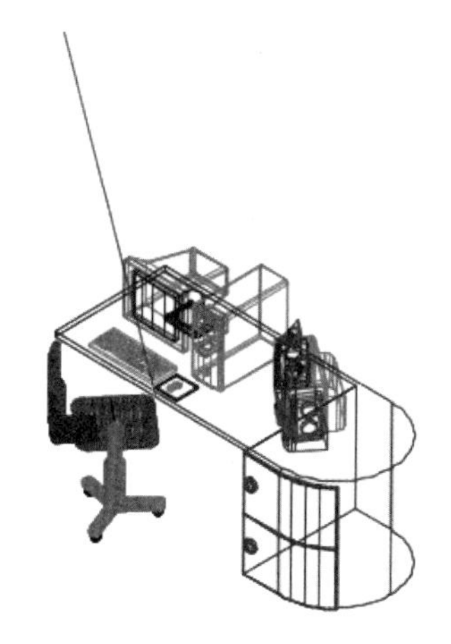

第 2 步 在命令行中输入“RR”命令并按空格键确认，结果如下图所示。

12.2 重点：光源

AutoCAD 支持 4 种类型的光源：聚光源、点光源、平行光源和光域网灯光。

12.2.1 点光源

法线点光源不以某个对象为目标，而是照亮它周围的所有对象，使用类似点光源来获得基本照明效果。

目标点光源具有其他目标特性，因此它可以定向到对象，也可以通过将点光源的目标特性从【否】更改为【是】，从点光源创建目标点光源。

在标准光源工作流中可以手动设定点光源，使其强度随距离线性衰减（根据距离的平方成反比）或不衰减。默认情况下，衰减设定为【无】。

用户可以根据需要新建适合自己使用的点光源。

调用【新建点光源】命令通常有以下 3 种方法。

（1）单击【可视化】选项卡 ➢【光源】面板 ➢【创建光源】下拉列表 ➢【点】按钮。

（2）选择【视图】➢【渲染】➢【光源】➢【新建点光源】命令。

（3）在命令行中输入“POINTLIGHT”命令并按空格键确认。

创建点光源的具体操作步骤如下。

第 1 步 打开“素材 \CH12\ 书桌 .dwg”文件。单击【可视化】选项卡 ➢【光源】面板 ➢【创建光源】下拉列表 ➢【点】按钮，如下图所示。

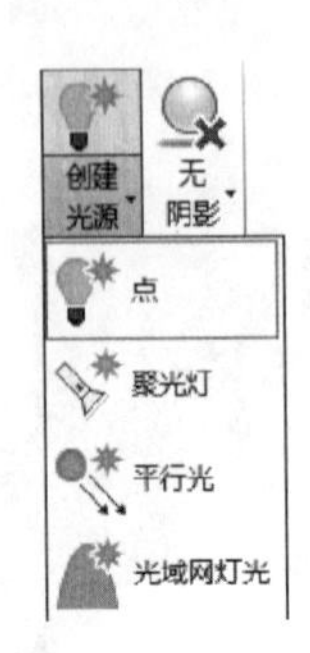

第 2 步 系统弹出【光源－视口光源模式】对话框，如下图所示。

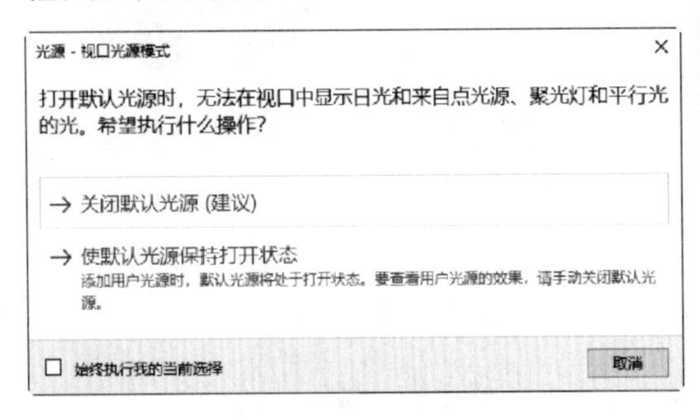

第 3 步 选择【关闭默认光源（建议）】选项，然后在命令行提示下指定新建点光源的位置及阴影设置，命令行提示如下。

命令：_POINTLIGHT

指定源位置 <0,0,0>:　　// 捕捉直线的端点

输入要更改的选项 [名称 (N)/ 强度因子 (I)/ 状态 (S)/ 光度 (P)/ 阴影 (W)/ 衰减 (A)/ 过滤颜色 (C)/ 退出 (X)] < 退出 >: w

输入 [关 (O)/ 锐化 (S)/ 已映射柔和 (F)/ 已采样柔和 (A)] < 锐化 >: f

输入贴图尺寸 [64/128/256/512/1024/2048/4096] <256>:　　↙

输入柔和度 (1−10) <1>: 5

输入要更改的选项 [名称 (N)/ 强度因子 (I)/ 状态 (S)/ 光度 (P)/ 阴影 (W)/ 衰减 (A)/ 过滤颜色 (C)/ 退出 (X)] < 退出 >:　　↙

第 4 步 结果如下图所示。

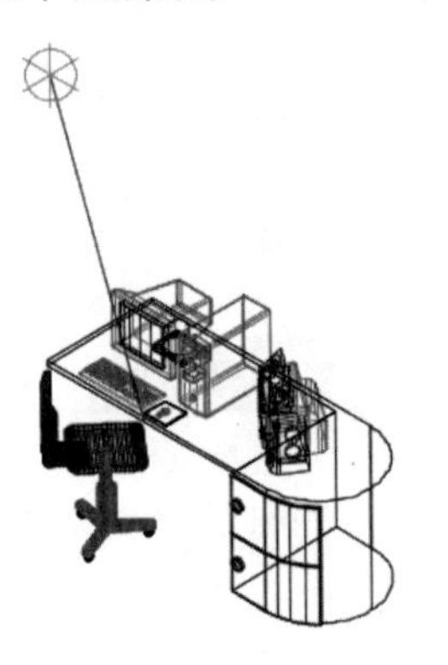

12.2.2 平行光

调用【新建平行光】命令通常有以下 3 种方法。

（1）单击【可视化】选项卡 ➤【光源】面板 ➤【创建光源】下拉列表 ➤【平行光】按钮。

（2）选择【视图】➤【渲染】➤【光源】➤【新建平行光】命令。

（3）在命令行中输入“DISTANTLIGHT”命令并按空格键确认。

创建平行光的具体操作步骤如下。

第 1 步 打开“素材 \CH12\ 书桌 .dwg”文件。选择【视图】➤【渲染】➤【光源】➤【新建平行光】命令，如下图所示。

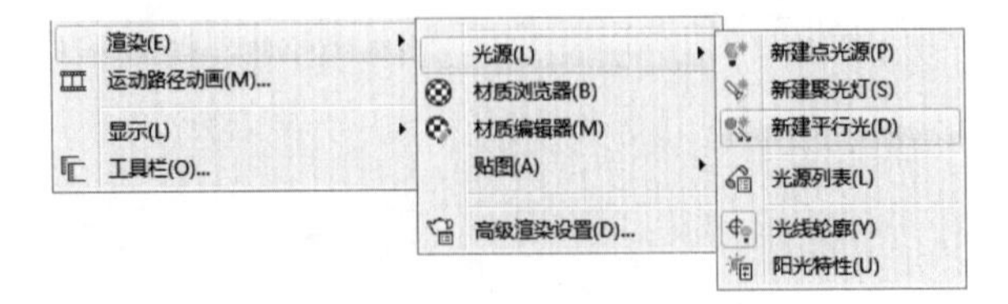

第 2 步 在绘图区域中捕捉如下图所示的端点以指定光源来向。

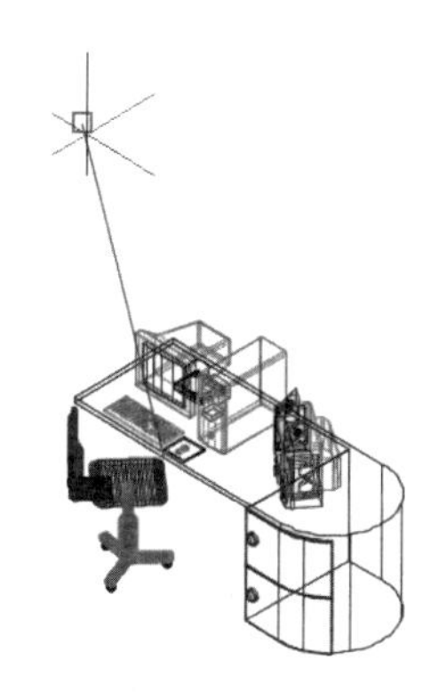

第 3 步 在绘图区域中拖曳鼠标指针并捕捉如下图所示的端点以指定光源去向。

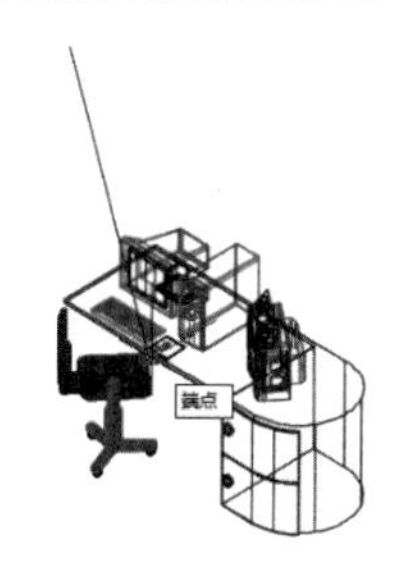

12.2.3 聚光灯

聚光灯（如闪光灯、剧场中的跟踪聚光灯或前灯）分布投射一个聚焦光束。聚光灯发射定向锥形光，可以控制光源的方向和圆锥体的尺寸。和点光源一样，聚光灯也可以手动设定为强度随距离衰减，但是聚光灯的强度始终还是根据相对于聚光灯的目标矢量的角度衰减，此衰减由聚光灯的聚光角度和照射角度控制。可以用聚光灯亮显模型中的特定特征和区域。

调用【新建聚光灯】命令通常有以下 3 种方法。

（1）单击【可视化】选项卡 ➢【光源】面板 ➢【创建光源】下拉列表 ➢【聚光灯】按钮。

（2）选择【视图】➢【渲染】➢【光源】➢【新建聚光灯】命令。

（3）在命令行中输入“SPOTLIGHT”命令并按空格键确认。

创建聚光灯的具体操作步骤如下。

第 1 步 打开“素材\CH12\书桌 .dwg”文件。单击【可视化】选项卡 ➢【光源】面板 ➢【创建光源】下拉列表 ➢【聚光灯】按钮，如下图所示。

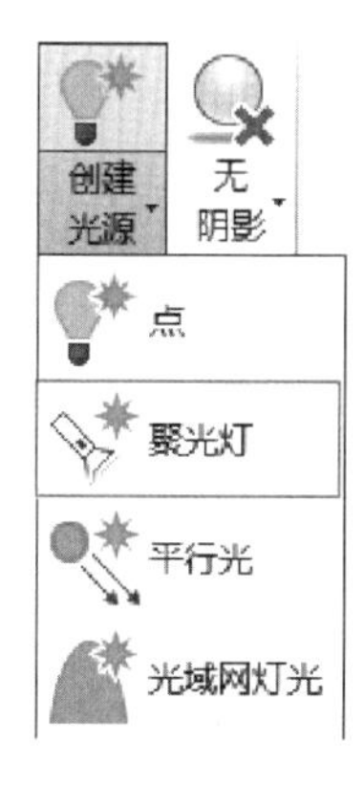

第 2 步 当提示指定源位置时，捕捉直线的端点，如下图所示。

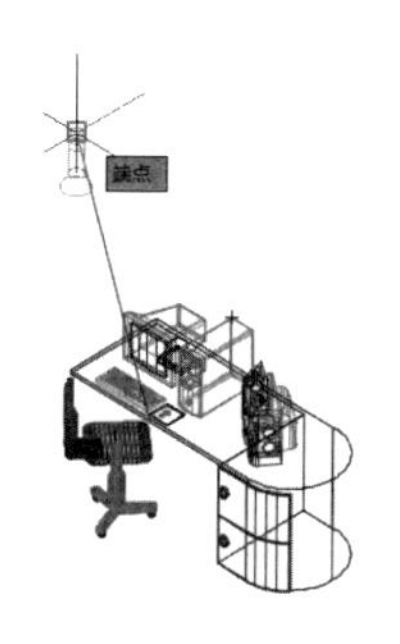

第 3 步 当提示指定目标位置时，捕捉直线的中点，如下图所示。

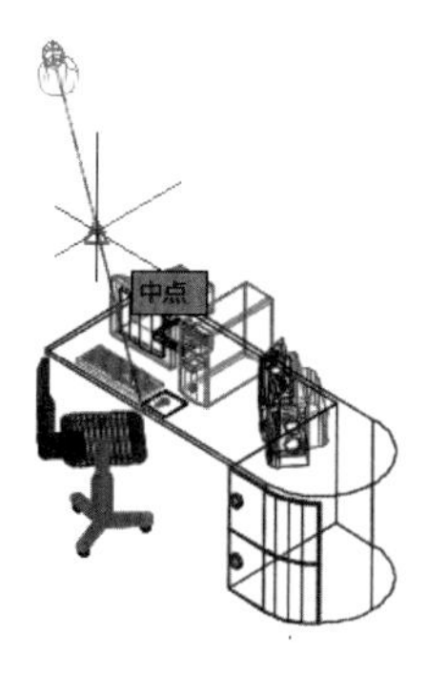

第 4 步 在命令行中输入“i”，并设置强度为 0.15，命令行提示如下。

> 输入要更改的选项 [名称 (N)/ 强度因子 (I)/ 状态 (S)/ 光度 (P)/ 聚光角 (H)/ 照射角 (F)/ 阴影 (W)/ 衰减 (A)/ 过滤颜色 (C)/ 退出 (X)] < 退出 >: i ↙
>
> 输入强度 (0.00 – 最大浮点数) <1>: 0.15 ↙
>
> 输入要更改的选项 [名称 (N)/ 强度因子 (I)/ 状态 (S)/ 光度 (P)/ 聚光角 (H)/ 照射角 (F)/ 阴影 (W)/ 衰减 (A)/ 过滤颜色 (C)/ 退出 (X)] < 退出 >: ↙

第 5 步 聚光灯设置完成后，结果如下图所示。

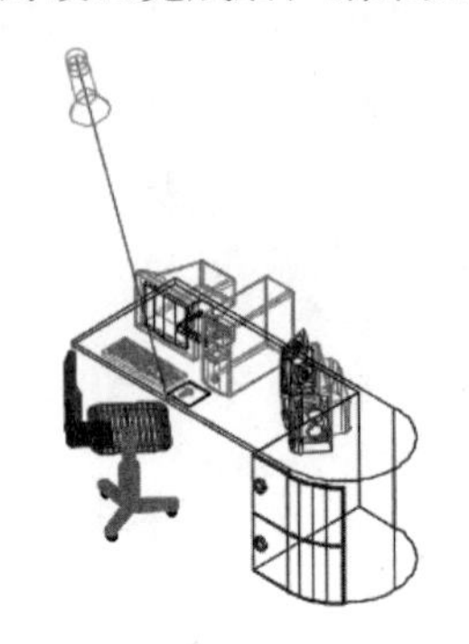

12.2.4 光域网灯光

光域网灯光（光域）是光源的光强度分布的三维表示。光域网灯光可用于表示各向异性（非统一）光分布，此分布来源于现实中的光源制造商提供的数据，与聚光灯和点光源相比，光域网灯光提供了更加精确的渲染光源表示。

调用【光域网灯光】命令通常有以下两种方法。

（1）单击【可视化】选项卡 ➢【光源】面板 ➢【创建光源】下拉列表 ➢【光域网灯光】按钮。

（2）在命令行中输入“WEBLIGHT”命令并按空格键确认。

下面将详细介绍新建光域网灯光的具体操作步骤。

第 1 步 打开“素材 \CH12\ 书桌 .dwg”文件。单击【可视化】选项卡 ➢【光源】面板 ➢【创建光源】下拉列表 ➢【光域网灯光】按钮，如下图所示。

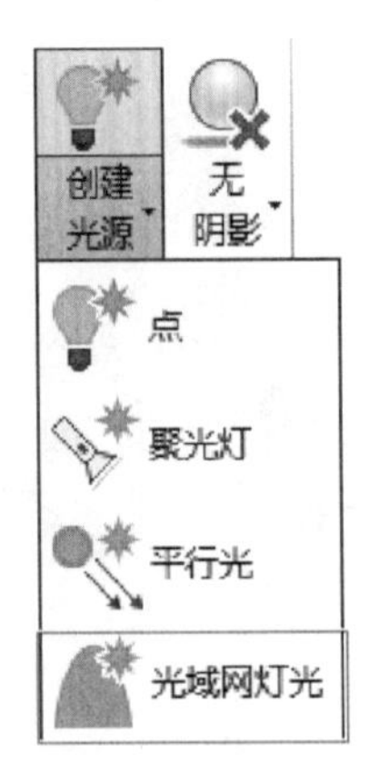

第 2 步 当提示指定源位置时，捕捉直线的端点，如下图所示。

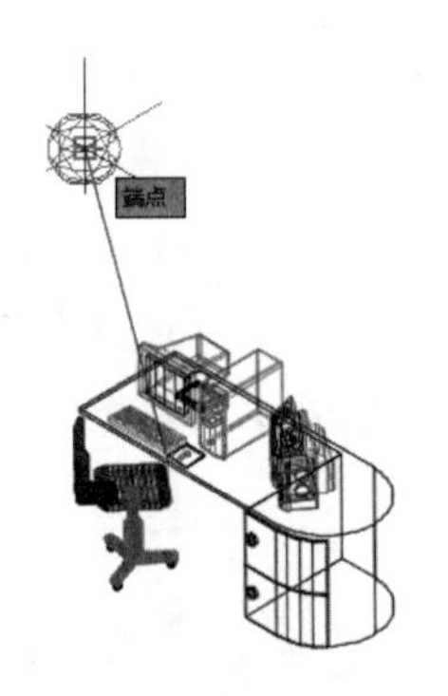

第 3 步 当提示指定目标位置时，捕捉直线的中点，如下图所示。

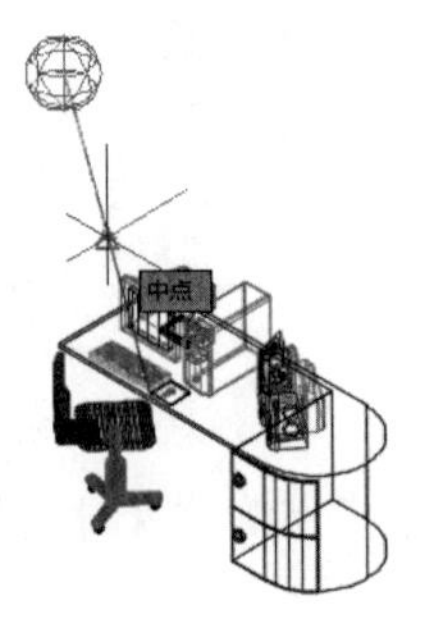

第 4 步 在命令行中输入“i”，并设置强度为0.3。

输入要更改的选项 [名称 (N)/ 强度因子 (I)/ 状态 (S)/ 光度 (P)/ 光域网 (B)/ 阴影 (W)/ 过滤颜色 (C)/ 退出 (X)] < 退出 >: i

输入强度 (0.00 – 最大浮点数) <1>: 0.3

输入要更改的选项 [名称 (N)/ 强度因子 (I)/ 状态 (S)/ 光度 (P)/ 光域网 (B)/ 阴影 (W)/ 过滤颜色 (C)/ 退出 (X)] < 退出 >: ↙

第 5 步 光域网灯光设置完成后结果如下图所示。

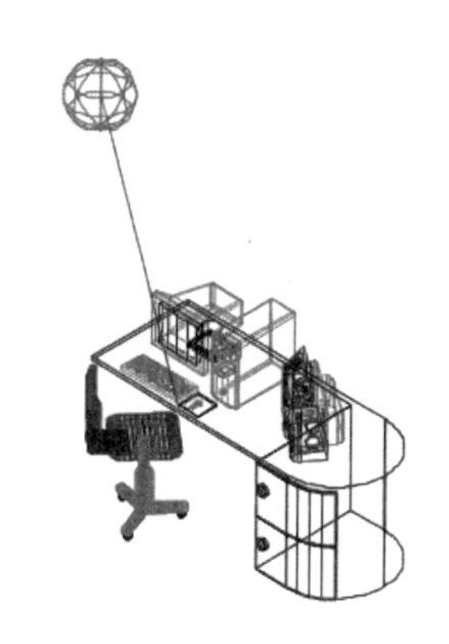

12.3 重点：材质

材质能够详细描述对象如何反射或透射灯光，可使场景更有真实感。

12.3.1 材质浏览器

用户可以使用【材质浏览器】导航和管理材质。

调用【材质浏览器】面板通常有以下 3 种方法。

（1）单击【可视化】选项卡 ➢【材质】面板 ➢【材质浏览器】按钮。

（2）在命令行中输入“MATBROWSEROPEN/MAT”命令并按空格键确认。

（3）选择【视图】➢【渲染】➢【材质浏览器】命令。

下面将对【材质浏览器】面板的相关功能进行详细介绍。

选择【视图】➢【渲染】➢【材质浏览器】命令，系统弹出【材质浏览器】面板，如下图所示。

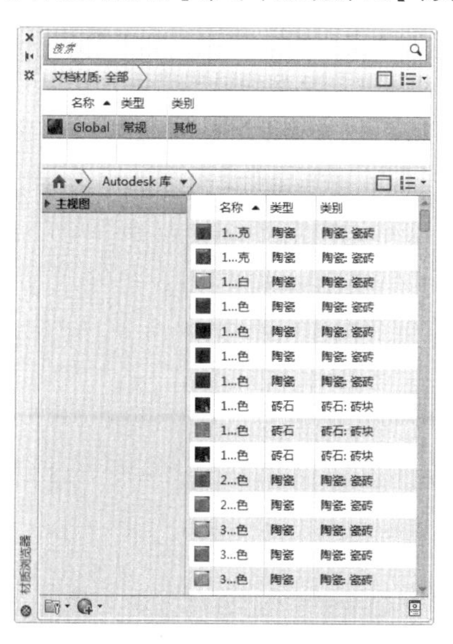

【创建材质】：在图形中创建新材质，单击该下拉按钮，弹出如下图所示的材质列表。

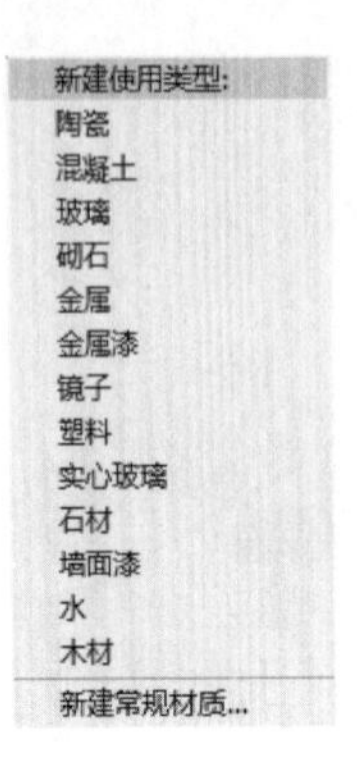

【文档材质：全部】：描述图形中所有应用材质，单击下拉按钮后如下图所示。

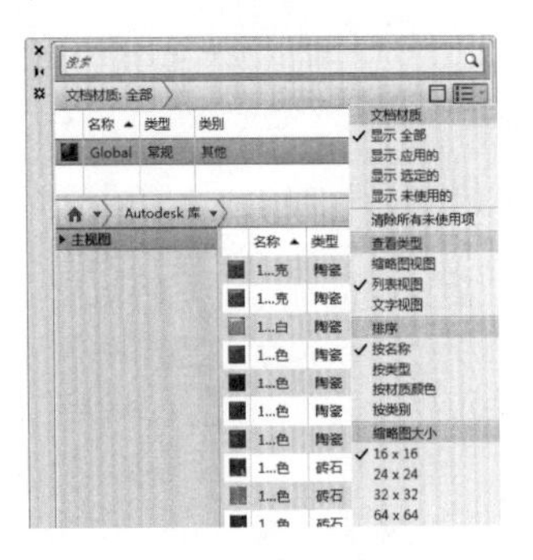

【Autodesk 库】：包含了 Autodesk 提供的所有材质，如下图所示。

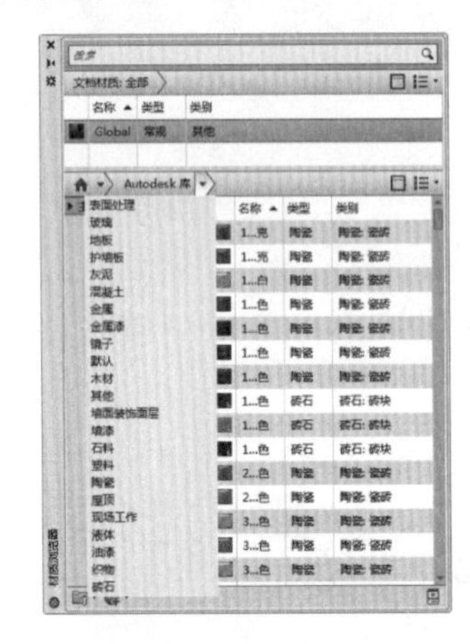

【管理】：单击下拉按钮，如下图所示。

12.3.2 材质编辑器

编辑在【材质浏览器】中选定的材质。

调用【材质编辑器】面板通常有以下 3 种方法。

（1）单击【可视化】选项卡 ➢【材质】面板右下角的按钮。

（2）选择【视图】➢【渲染】➢【材质编辑器】命令。

（3）在命令行中输入“MATEDITOROPEN”命令并按空格键确认。

下面将对【材质编辑器】面板的相关功能进行详细介绍。

选择【视图】➢【渲染】➢【材质编辑器】命令，系统弹出【材质编辑器】面板，选择【外观】选项卡，如下左图所示；选择【信息】选项卡，如下右图所示。

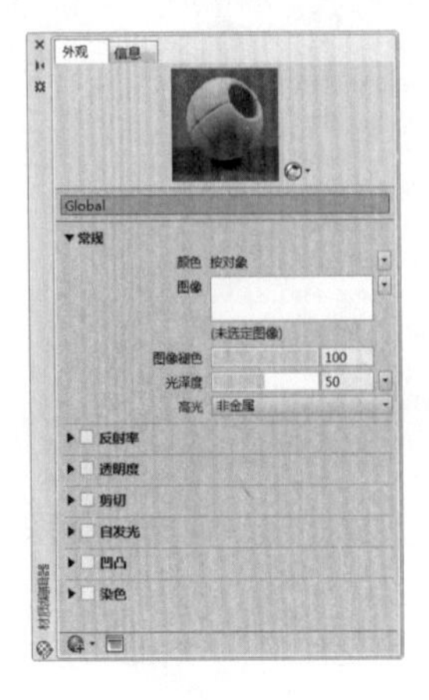

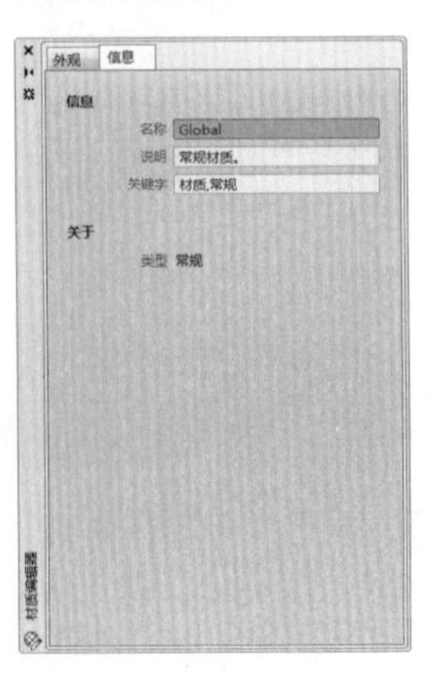

【材质预览】：预览选定的材质。

【选项】下拉菜单：提供用于更改缩略图预览的形状和渲染质量的选项。

【名称】：指定材质的名称。

【打开 / 关闭材质浏览器】按钮：打开或关闭材质浏览器。

【创建材质】按钮：创建或复制材质。

【信息】：指定材质的常规说明。

【关于】：显示材质的类型、版本和位置。

12.3.3 附着材质

下面将利用【材质浏览器】面板为三维模型附着材质，具体操作步骤如下。

第 1 步 打开“素材\CH12\书桌模型 .dwg”文件，然后单击【可视化】选项卡 ➢【材质】面板 ➢【材质浏览器】按钮，系统将弹出【材质浏览器】面板，如下图所示。

第 2 步 在【Autodesk 库】中“漆木”材质上右击，在弹出的快捷菜单中选择【添加到】➢【文档材质】选项，如下图所示。

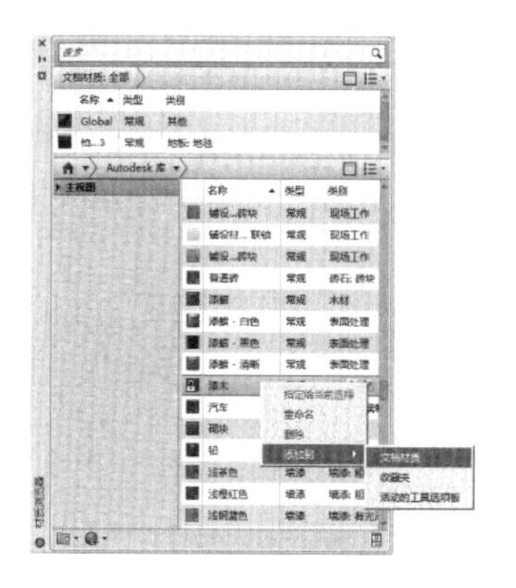

第 3 步 在【文档材质：全部】选项区域中单击“漆木”材质的编辑按钮，如下图所示。

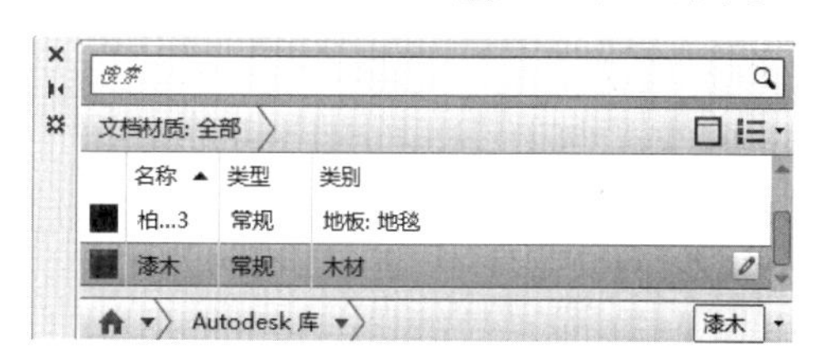

第 4 步 系统弹出【材质编辑器】面板，如下图所示。

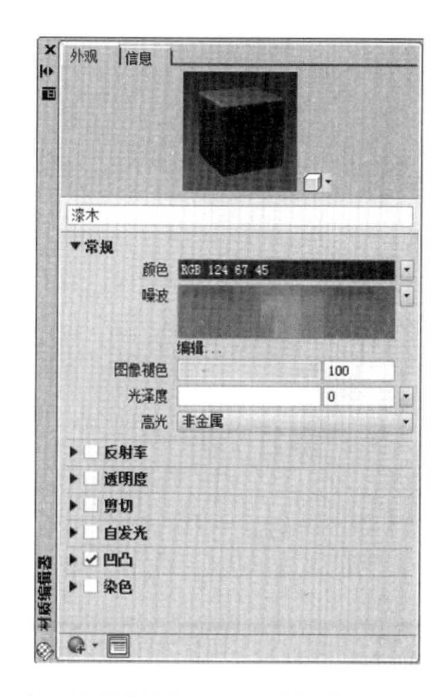

第 5 步 在【材质编辑器】面板中取消选中【凹凸】复选框，并在【常规】栏中对【图像褪色】及【光泽度】的参数进行调整，如下图所示。

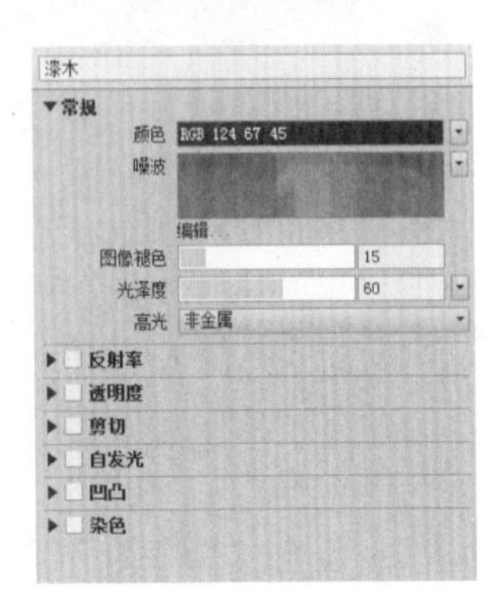

第 6 步 在【文档材质：全部】选项区域中右击“漆木”，在弹出的快捷菜单中选择【选择要应用到的对象】选项，如下图所示。

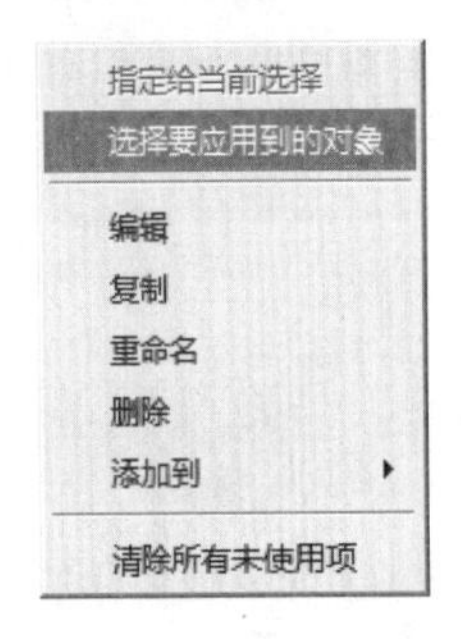

第 7 步 在绘图区域中选择书桌模型，如下图所示。

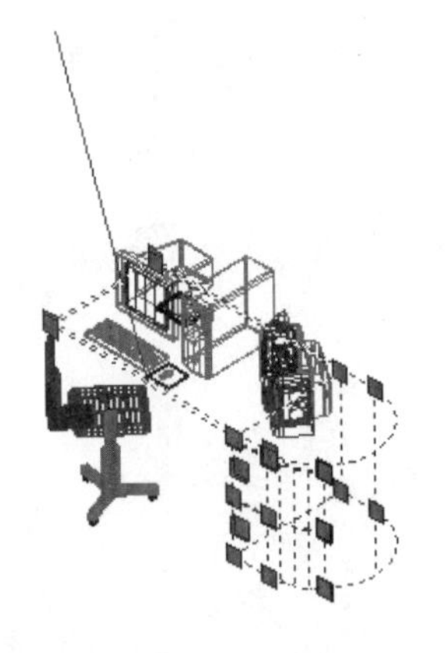

第 8 步 将【材质浏览器】面板关闭，单击【可视化】选项卡 ➤【渲染】面板 ➤【渲染预设】下拉按钮，在弹出的下拉列表中选择【高】选项，如下图所示。

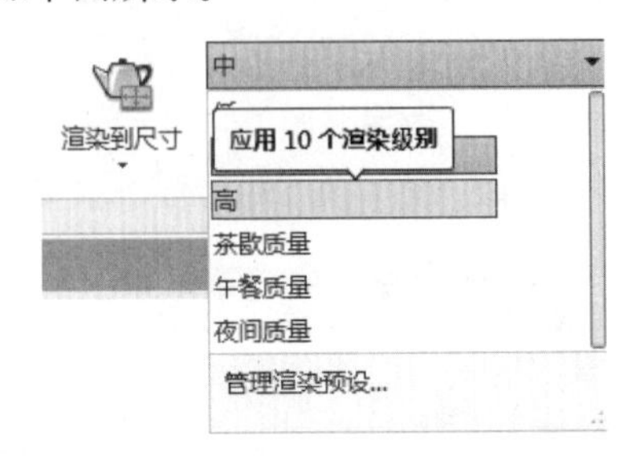

第 9 步 单击【可视化】选项卡 ➤【渲染】面板 ➤【渲染位置】下拉按钮，在弹出的下拉列表中选择【视口】选项，如下图所示。

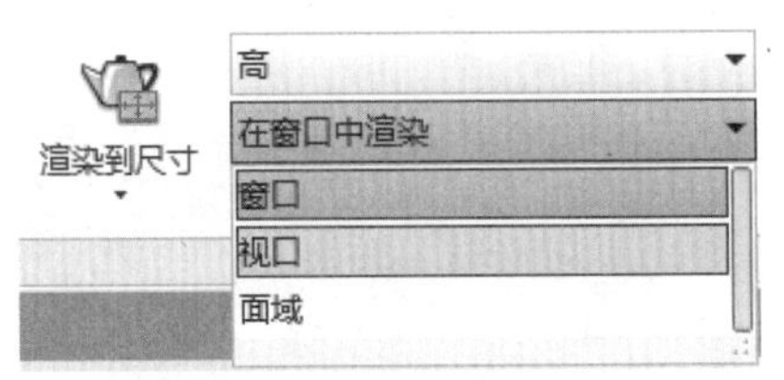

第 10 步 单击【可视化】选项卡 ➤【渲染】面板 ➤【渲染】按钮，结果如下图所示。

12.4 渲染机械零件模型

本节将为机械零件三维模型附着材质及添加灯光后进行渲染，具体操作步骤如下。

1. 添加材质

第 1 步 打开“原始图形 \CH12\ 机械零件模型 .dwg”文件，如下图所示。

第 2 步 选择【视图】➢【渲染】➢【材质浏览器】命令，系统弹出【材质浏览器】面板，如下图所示。

第 3 步 在【Autodesk 库】➢【金属漆】中选择“缎光 - 褐色”选项，如下图所示。

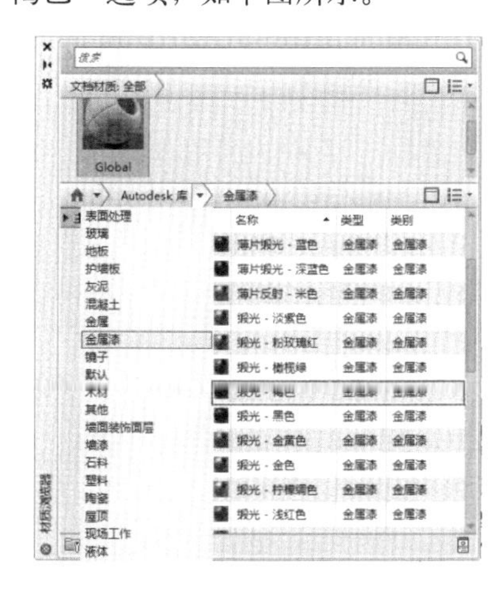

第 4 步 在【文档材质: 全部】选项区域中双击“缎光 - 褐色”选项，系统自动打开【材质编辑器】面板，如下图所示。

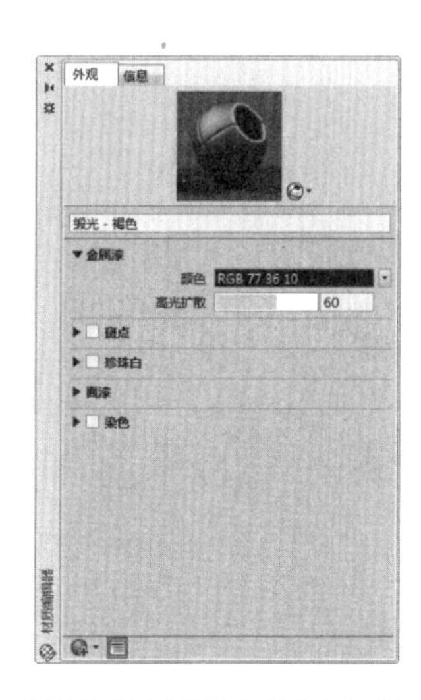

第 5 步 在【材质编辑器】面板中勾选【珍珠白】复选框，并将其值设置为 5，如下图所示。

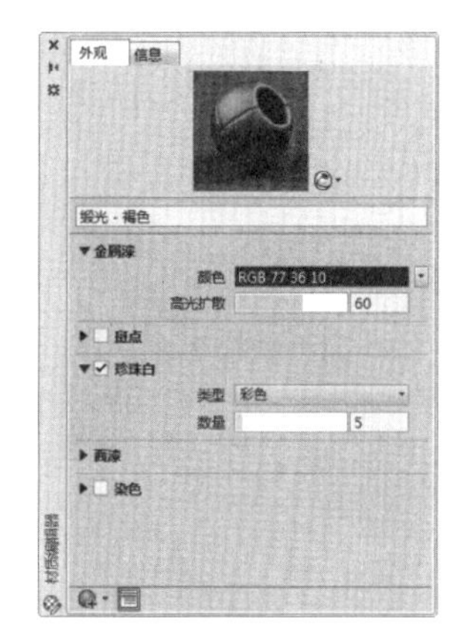

第 6 步 将【材质编辑器】面板关闭后，【材质浏览器】面板显示如下图所示。

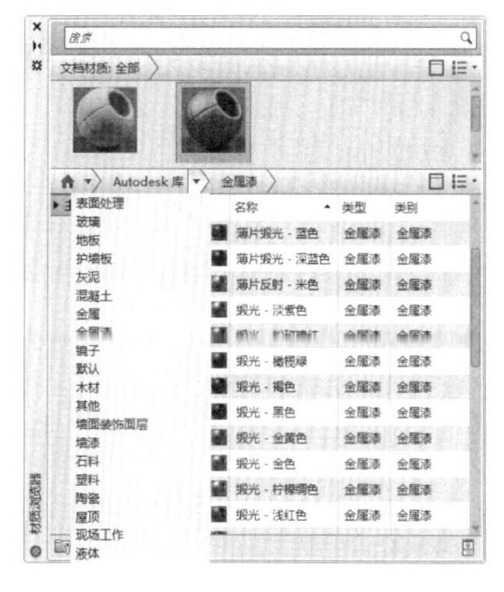

第 7 步 在【材质浏览器】面板 ➢【文档材质：全部】中选择刚创建的材质，如下图所示。

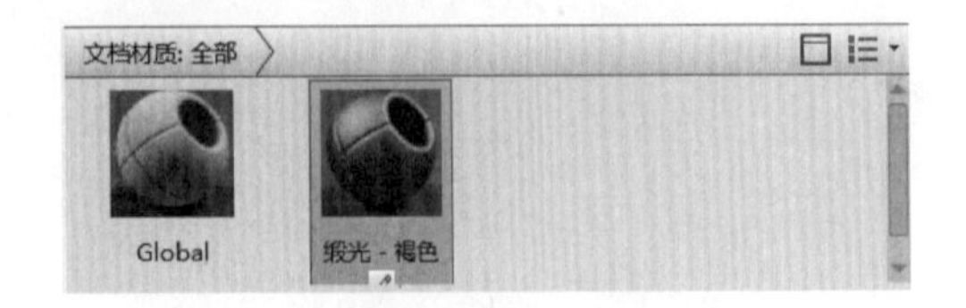

第 8 步 对选择的材质进行拖曳，将其移至绘图区域中的模型物体上面，如下图所示。

第 9 步 重复第 7~8 步，将绘图区域中的模型全部进行材质的附着，然后将【材质浏览器】面板关闭，结果如下图所示。

2. 为机械零件模型添加灯光

第 1 步 选择【视图】➤【渲染】➤【光源】➤【新建点光源】命令，系统弹出【光源 – 视口光源模式】对话框，如下图所示。

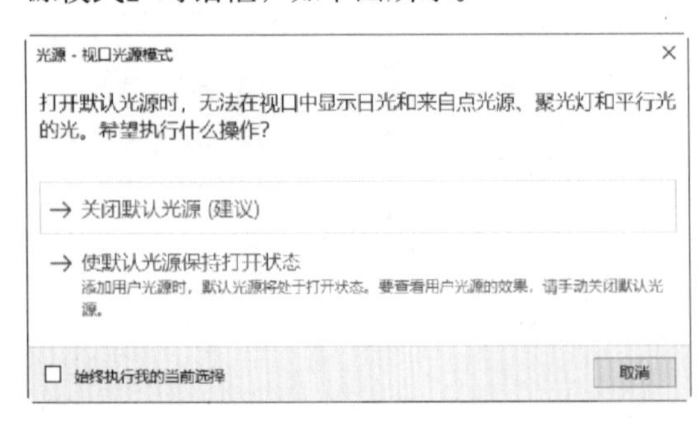

第 2 步 选择【关闭默认光源（建议）】选项，系统自动进入创建点光源状态，在绘图区域中单击如下图所示的位置作为点光源位置。

第 3 步 在命令行中自动弹出相应的点光源选项，对其进行如下设置。

```
输入要更改的选项 [ 名称 (N)/ 强度因子 (I)/ 状态 (S)/ 光度 (P)/ 阴影 (W)/ 衰减 (A)/ 过滤颜色 (C)/ 退出 (X)] < 退出 >: i
输入强度 (0.00 – 最大浮点数 ) <1>: 0.2
输入要更改的选项 [ 名称 (N)/ 强度因子 (I)/ 状态 (S)/ 光度 (P)/ 阴影 (W)/ 衰减 (A)/ 过滤颜色 (C)/ 退出 (X)] < 退出 >:
```

第 4 步 绘图区域显示结果如下图所示。

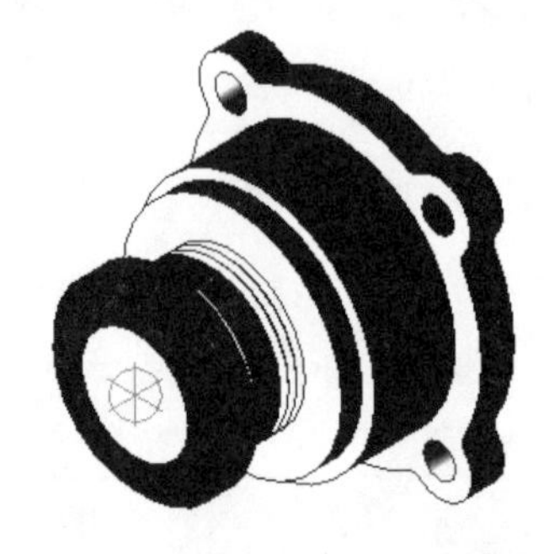

第 5 步 选择【修改】➤【三维操作】➤【三维移动】命令，对刚创建的点光源进行移动，命令行提示如下。

```
命令 : _3dmove
选择对象 : 选择刚才创建的点光源
选择对象 :
指定基点或 [ 位移 (D)] < 位移 >: 在绘图窗口中任意单击一点
指定第二个点或 < 使用第一个点作为位移 >: @-70,360
```

第 6 步 绘图区域显示结果如下图所示。

第 7 步 参考第 1~4 步的操作，创建另外一个点光源，参数不变，绘图区域显示结果如下图所示。

第 8 步 选择【修改】➢【三维操作】➢【三维移动】命令，对创建的第二个点光源进行移动，命令行提示如下。

命令：_3dmove
选择对象：选择创建的第二个点光源
选择对象：
指定基点或 [位移 (D)] < 位移 >: 在绘图窗口中任意单击一点
指定第二个点或 < 使用第一个点作为位移 >: @72,-280,200

第 9 步 绘图区域显示结果如下图所示。

3. 对机械零件模型进行渲染

第 1 步 单击【可视化】选项卡 ➢【渲染】面板 ➢【渲染】按钮，如下图所示。

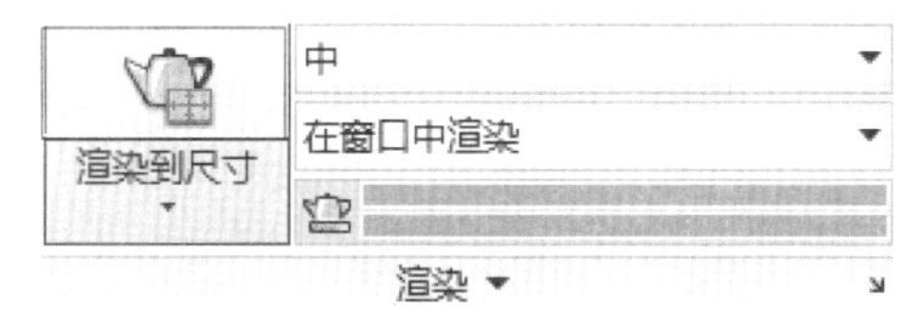

第 2 步 系统自动对模型进行渲染，结果如下图所示。

渲染雨伞

渲染雨伞的具体操作步骤如表 12-1 所示。

表 12-1　渲染雨伞的具体操作步骤

步骤	创建方法	结　　果	备　注
1	设置材质	文档材质：全部 名称 类型 类别 P…色 常规 塑料 带…色 常规 织物：皮革	将伞柄材质设置为塑料（PVC- 白色），伞面材质设置为织物（带卵石花纹的紫红色）
2	添加平行光光源 1		
3	添加平行光光源 2		
4	渲染		

◇ 设置渲染的背景色

在 AutoCAD 中默认以黑色作为背景对模型进行渲染，用户可以根据实际需求对其进行更改，具体操作步骤如下。

第 1 步　打开“素材 \CH12\ 设置渲染的背景颜色 .dwg”文件，如下图所示。

第 2 步 单击【可视化】选项卡 ➤【渲染】面板 ➤【渲染】按钮，系统自动对当前绘图区域中的模型进行渲染，结果如下图所示。

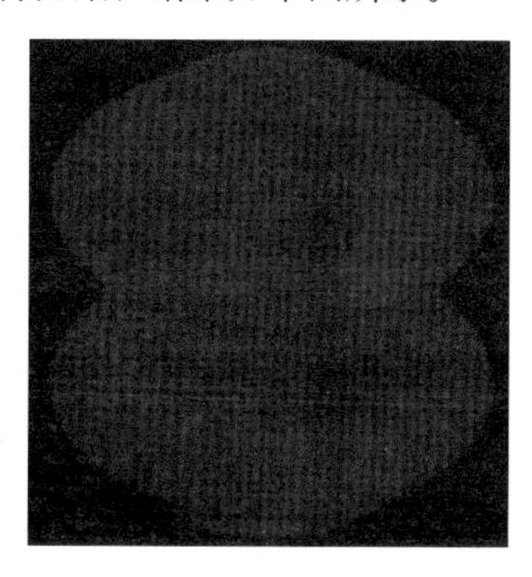

第 3 步 将渲染窗口关闭，在命令行中输入“BACKGROUND”命令并按空格键确认，弹出【背景】对话框，【类型】选择纯色，如下图所示。

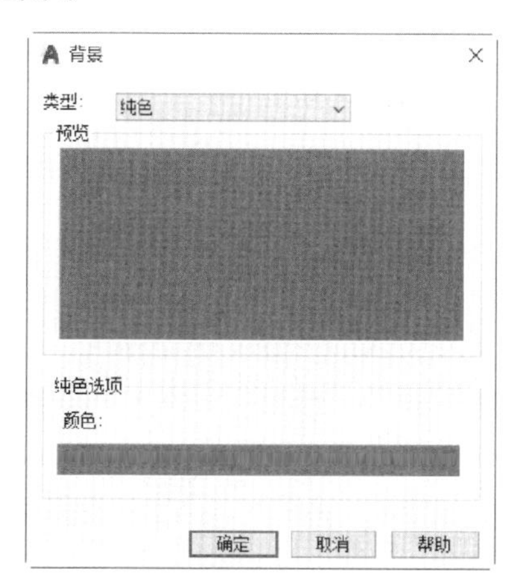

第 4 步 单击【纯色选项】选项区域中的【颜色】按钮，弹出【选择颜色】对话框，如下图所示。

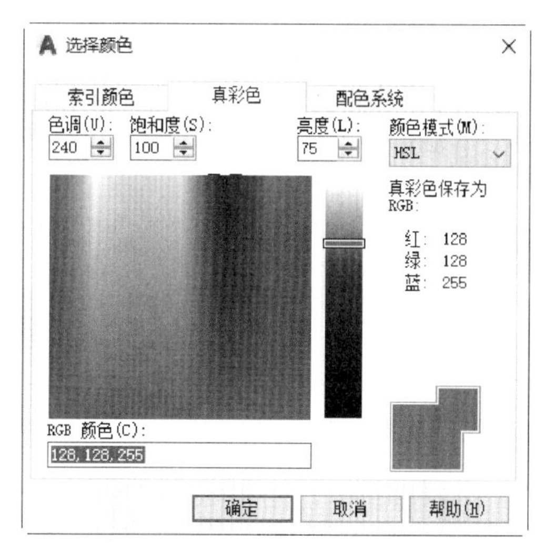

第 5 步 将颜色设置为白色，如下图所示。

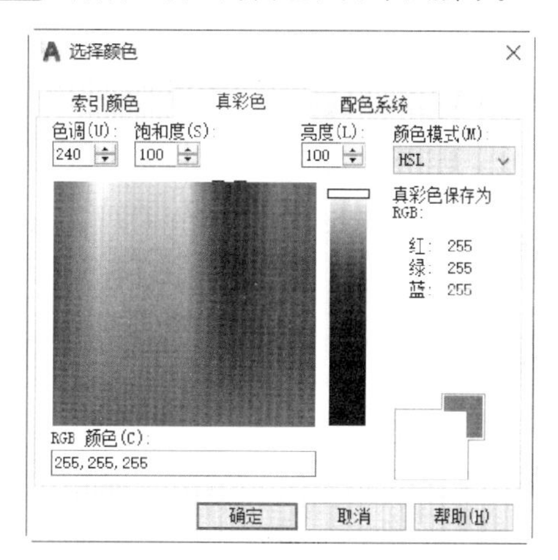

第 6 步 在【选择颜色】对话框中单击【确定】按钮，返回【背景】对话框，如下图所示。

第7步 在【背景】对话框中单击【确定】按钮，然后在命令行中输入“RR”并按空格键确认，结果如下图所示。

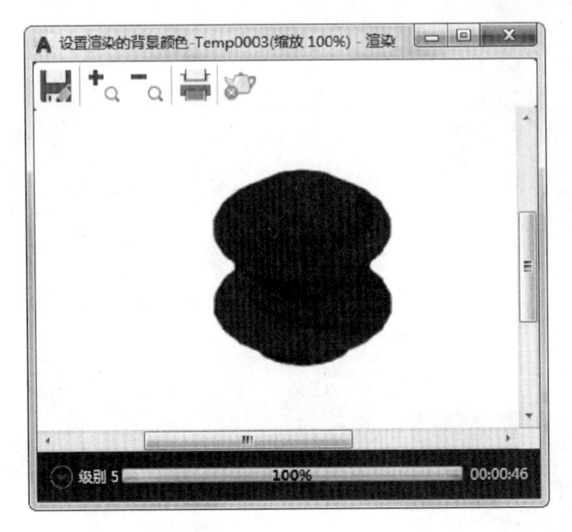

◇ 渲染时计算机“假死”的解决方法

某些情况下计算机在进行渲染时，会出现类似于死机的现象，画面卡住不动，系统提示“无响应”等，这是由于渲染非常消耗计算机资源，如果计算机配置过低，需要渲染的文件较大，就可能出现这种情况。此时，在不降低渲染效果的前提下通常会采取两种方法进行处理，第一种方法是耐心等待渲染完成，不要急于其他的操作，操作越多，计算机越会反应不过来；第二种方法是保存好当前文件的所有重要数据，退出软件，对计算机进行垃圾清理，同时也可以关闭某些暂时用不到的软件，减轻计算机的工作压力，然后重新进行渲染。除了这两种方法外，也可以提高计算机配置。

第5篇

行业应用篇

本篇主要介绍摇杆绘制及一室一厅装潢平面图的设计和绘制方法。通过对本篇内容的学习，读者可以综合掌握AutoCAD的绘图技巧。

第13章 摇杆绘制

本章导读

摇杆属于叉架类零件，多为铸造或锻造制成毛坯，再经机械加工而成，一般分为支撑部分、工作部分和联接安装部分。

思维导图

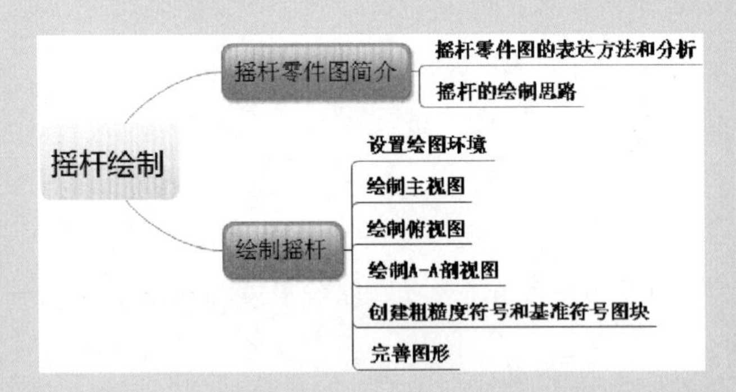

13.1 摇杆零件图简介

摇杆有很多种类，但结构基本相同，其上常有凸台、凹坑、销孔、筋板及倾斜结构等，下面将分别对摇杆零件图的表达方法和分析及绘图思路进行介绍。

13.1.1 摇杆零件图的表达方法和分析

摇杆零件图一般选取 1 个水平放置的主视图，1~2 个基本视图，再加上局部视图表达零件上的凹坑、凸台或筋板断面图。

1. 选择主视图

主视图主要考虑外形特征和工作位置，重点表达外形。主视图按形状特征原则选择，且一般水平放置，例如，本例的主视图如下图所示。

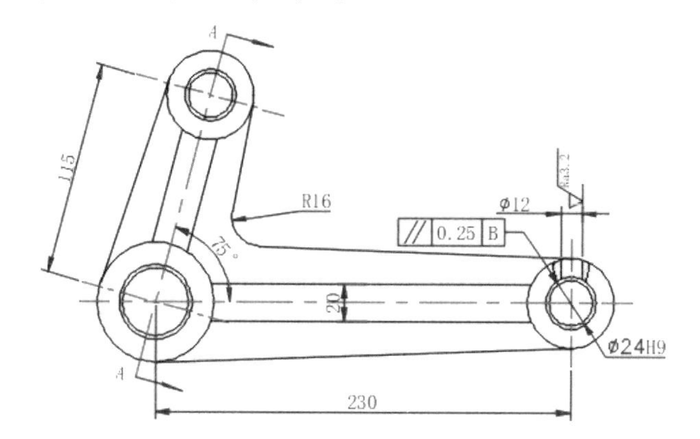

2. 1~2 个基本视图

一般情况下，仅主视图不能把零件的结构表达清楚，还需 1~2 个基本视图才能将主要结构表达清楚，例如，本例左视图采用斜剖视反映两个孔，如下图所示。

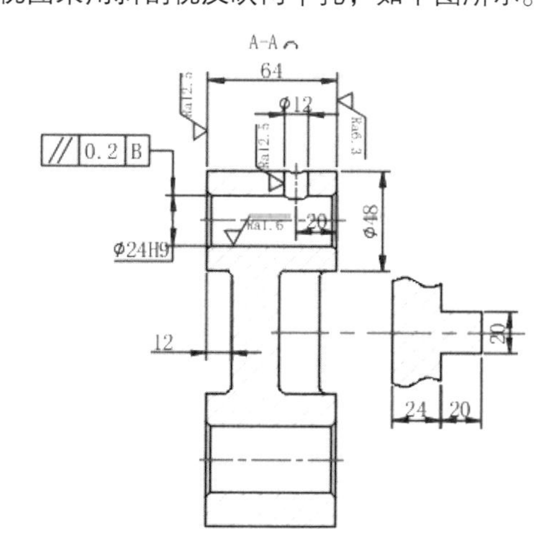

俯视图采用剖视表达孔，用重合断面图表达水平位置筋板断面形状，如下图所示。

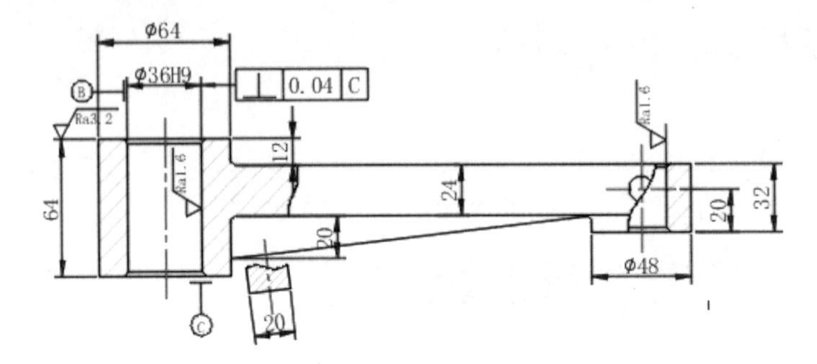

3. 局部结构表达

零件上的凹坑、凸台等常用局部视图、局部剖视图表达，筋板、杆体则常用断面图表示其断面形状，用斜视图表示零件上的倾斜结构，例如，本例通过移出断面图来表示竖向筋板形状，如下图所示。

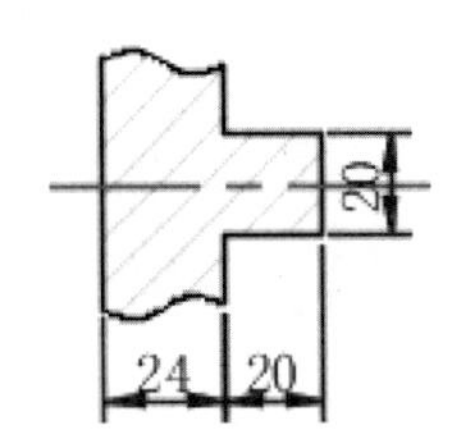

13.1.2 摇杆的绘制思路

绘制摇杆零件图的思路是先设置绘图环境，然后绘制摇杆主视图、剖视图和局部视图并添加注释。摇杆的绘制思路如表 13-1 所示。

表 13-1　摇杆的绘制思路

序号	绘图方法	结果	备注
1	设置绘图环境，如图层、文字样式、标注样式、多重引线样式、草图设置等		
2	综合利用圆、直线、旋转、拉长、偏移、复制、镜像、圆角、修剪、样条曲线、图案填充等命令绘制摇杆主视图		用局部剖视图表达孔的形状

续表

序号	绘图方法	结果	备注
3	综合利用射线、直线、几何约束、样条曲线、偏移、修剪、图案填充等命令绘制摇杆俯视图		1. 射线的调用及绘制方法 2. 通过中心线命令创建的中心线的特性 3. 注意约束的应用 4. 局部剖视图对孔的表达
4	综合利用构造线、直线、几何约束、圆弧、样条曲线、偏移、修剪、图案填充等命令绘制摇杆的 A—A 剖视图		1. 斜剖视图的表达方法 2. 圆柱体上孔的剖视表达 3. 断面图的表达

13.2 绘制摇杆

摇杆主要使用主视图、剖视图和局部视图来进行表达，下面将对摇杆的绘制进行介绍。

13.2.1 设置绘图环境

在绘制图形之前，首先要设置绘图环境，如图层、文字样式、标注样式、多重引线样式、草图设置等。

1. 设置图层

第 1 步 新建一个 DWG 文件，选择【格式】➤【图层】菜单命令，系统弹出【图层特性管理器】，如下图所示。

第 2 步 依次创建如下图所示的图层。

2. 设置文字样式

第 1 步 选择【格式】➤【文字样式】菜单命令，弹出【文字样式】对话框，新建一个名称为“机械样式”的文字样式，如下图所示。

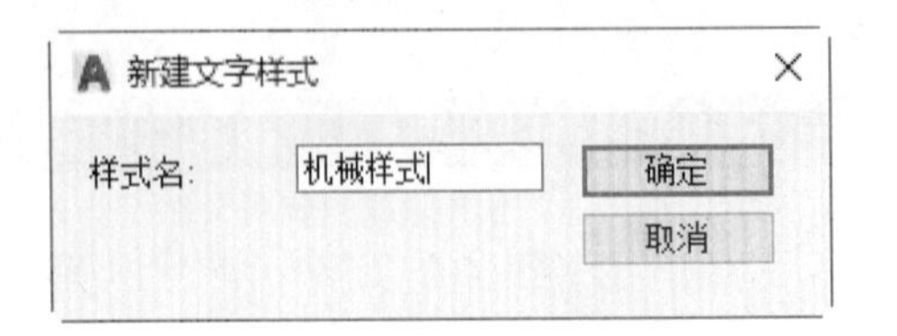

第 2 步 将“机械样式”的字体设置为“仿宋”，单击【应用】按钮，并将其置为当前，如下图所示。

第 3 步 单击【新建】按钮，创建一个名称为“图块文字”的文字样式，如下图所示。

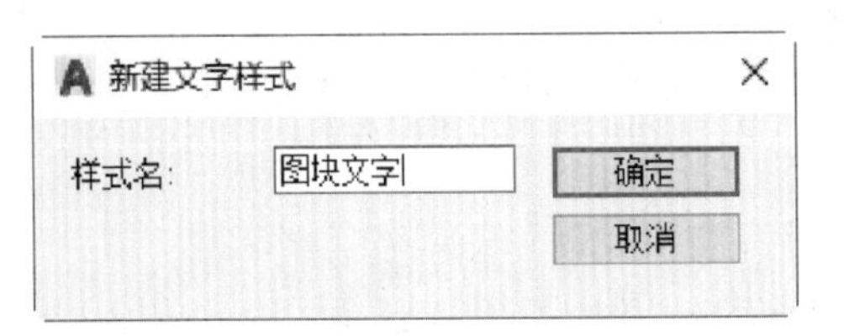

第 4 步 勾选【注释性】和【使文字方向与布局匹配】复选框，其他设置不变，然后单击【应用】按钮，如下图所示。

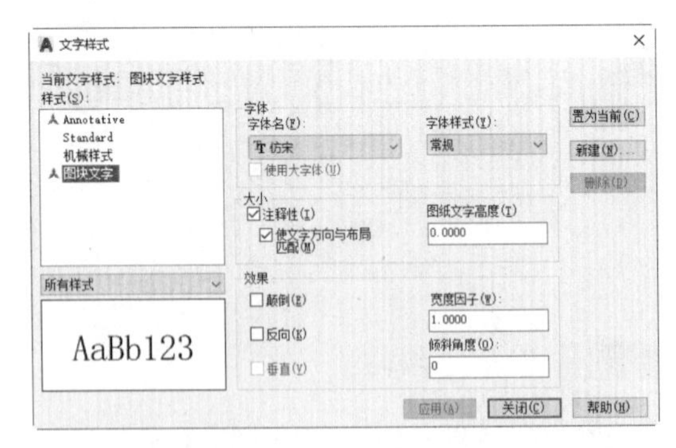

提示

当勾选了【使文字方向与布局匹配】复选框后，插入图块时，文字不会因为插入的角度变化而变化。

3. 设置标注样式

第 1 步 选择【格式】➤【标注样式】菜单命令，弹出【标注样式管理器】，新建一个名称为“机械标注样式”的标注样式，如下图所示。

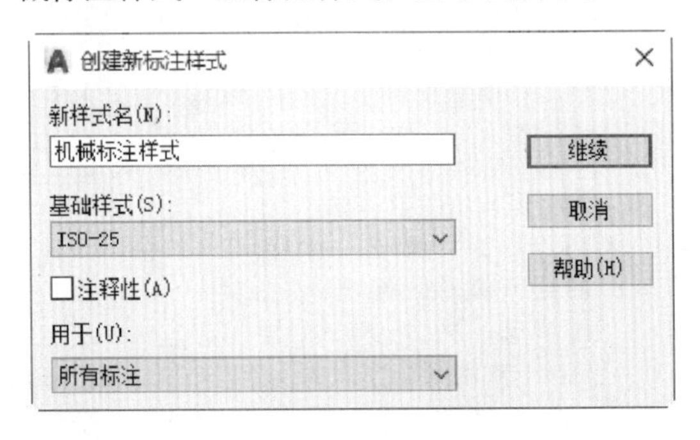

第 2 步 单击【继续】按钮，弹出【新建标注样式：机械标注样式】对话框，选择【文字】选项卡，进行如下图所示的参数设置。

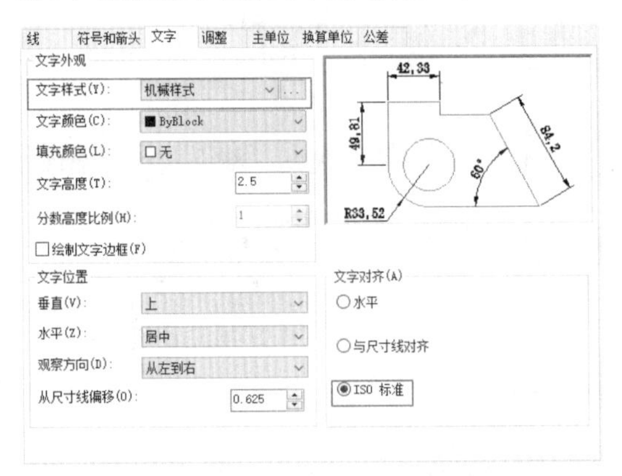

第 3 步 选择【调整】选项卡，将【使用全局比例】设置为 3，其他设置不变，如下图所示。

4. 草图设置

选择【工具】➤【绘图设置】菜单命令，弹出【草图设置】对话框，选择【对象捕捉】选项卡，进行相关参数设置，如下图所示。

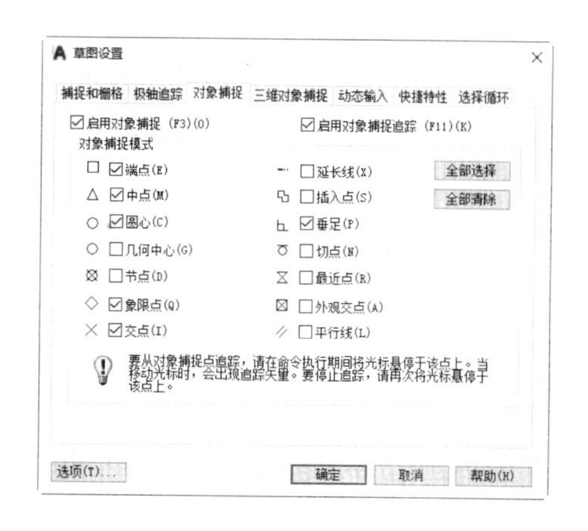

13.2.2 绘制主视图

下面将综合利用圆、直线、旋转、拉长、偏移、复制、镜像、圆角、修剪、样条曲线、图案填充等命令绘制摇杆主视图，具体操作步骤如下。

第 1 步 将“外轮廓”层置为当前，单击【默认】选项卡➤【绘图】面板➤【圆心、半径】按钮，以坐标原点为圆心，绘制两个半径分别为 32 和 18 的同心圆（AutoCAD 默认输入的是半径，而工程图形表达大于 180°的圆弧时，一般要求用直径表示），如下图所示。

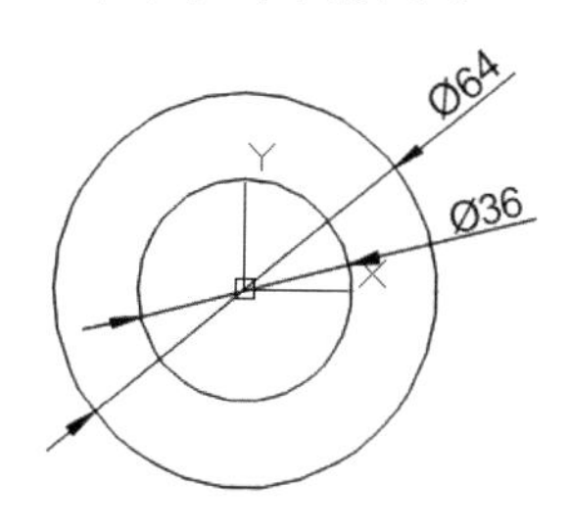

第 2 步 重复【圆心、半径】命令，绘制两个半径分别为 24 和 12 的同心圆，圆心坐标为（230,0），如下图所示。

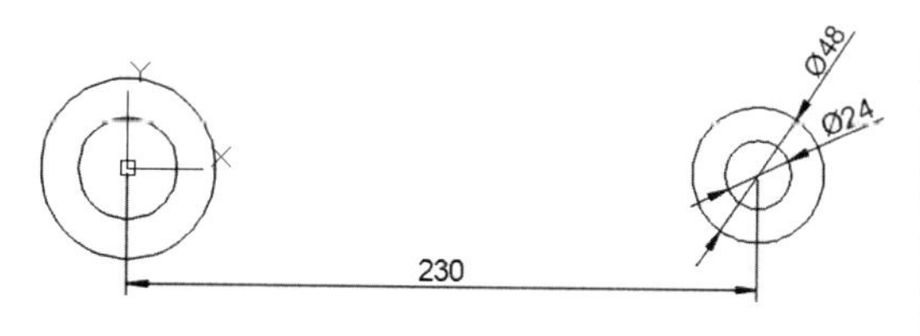

第 3 步 将“中心线”层置为当前，单击【默认】选项卡➤【绘图】面板➤【直线】按钮，根据命令行提示进行如下操作。

```
命令 : _line
指定第一个点 :-42,0
指定下一点或 [ 放弃 (U)]: @306,0
指定下一点或 [ 退出 (E)/ 放弃 (U)]:
// 按空格键结束直线命令
命令 : _line
指定第一个点 :230,34
指定下一点或 [ 放弃 (U)]: @0,-68
指定下一点或 [ 退出 (E)/ 放弃 (U)]:
// 按空格键结束直线命令
```

结果如下图所示。

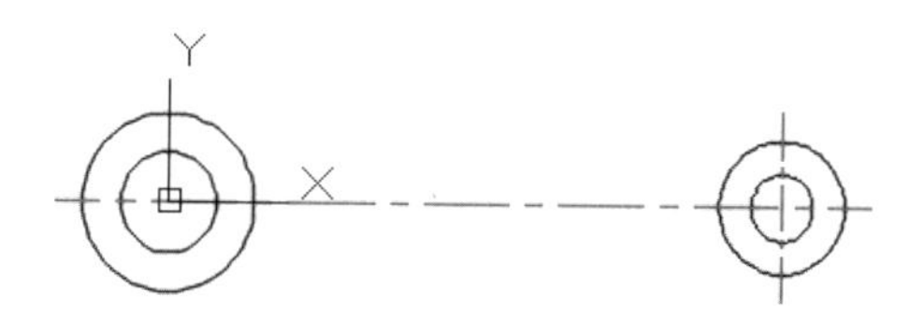

第 4 步 单击【默认】选项卡➤【修改】面板➤【旋转】按钮，根据命令行提示进行如下操作。

```
命令 : _rotate
UCS 当前的正角方向 : ANGDIR= 逆时针 ANGBASE=0
选择对象 : 找到 1 个      // 旋转中心线
选择对象 :              // 按【Enter】键结束旋转
指定基点 :              // 捕捉原点为基点
指定旋转角度，或 [ 复制 (C)/ 参照 (R)] <0>: c
旋转一组选定对象。
指定旋转角度，或 [ 复制 (C)/ 参照 (R)] <0>: 75
```

结果如下图所示。

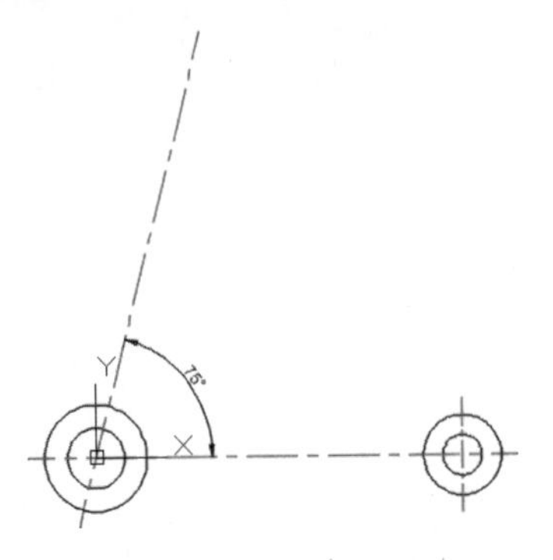

第5步 重复【旋转】命令，将水平中心线以复制的形式旋转 345°，结果如下图所示。

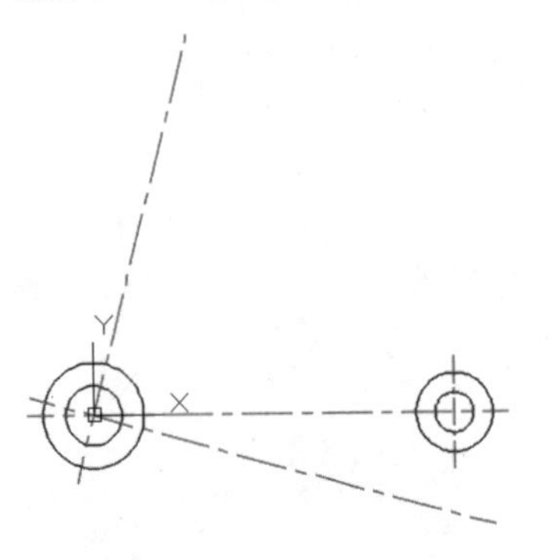

第6步 单击【默认】选项卡 ➤【修改】面板 ➤【拉长】按钮，将 75° 中心线缩短为 191，命令行提示如下。

```
命令 : _lengthen
选择要测量的对象或 [ 增量 (DE)/ 百分比 (P)/ 总计 (T)/ 动态 (DY)] < 总计 (T)>: t
指定总长度或 [ 角度 (A)] <1.0000>: 191
选择要修改的对象或 [ 放弃 (U)]:
    // 单击 75° 中心线
选择要修改的对象或 [ 放弃 (U)]:
 // 按空格键结束命令
```

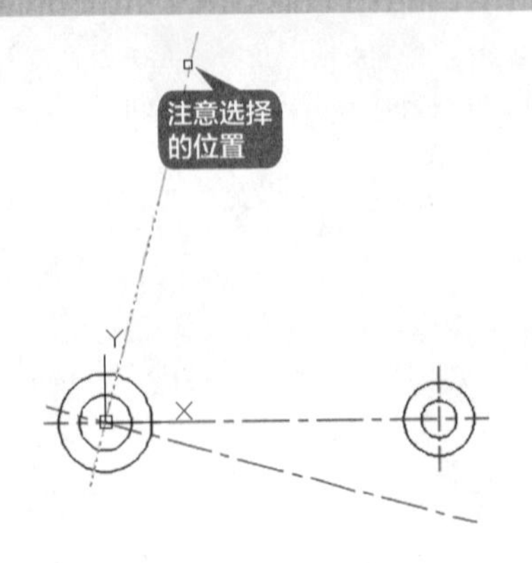

结果如下图所示。

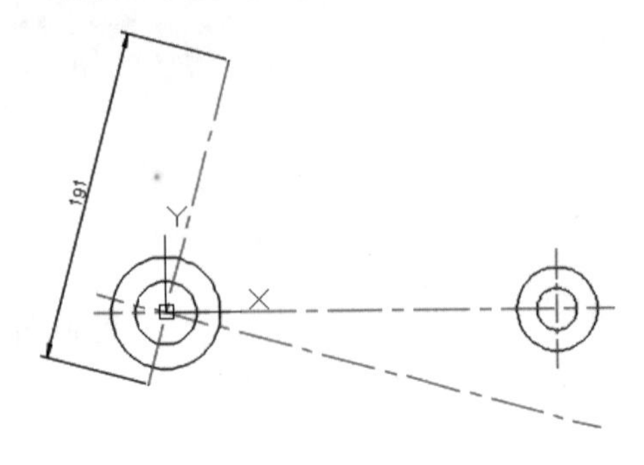

第7步 重复第 6 步，将 345° 中心线缩短为 84，如下图所示。

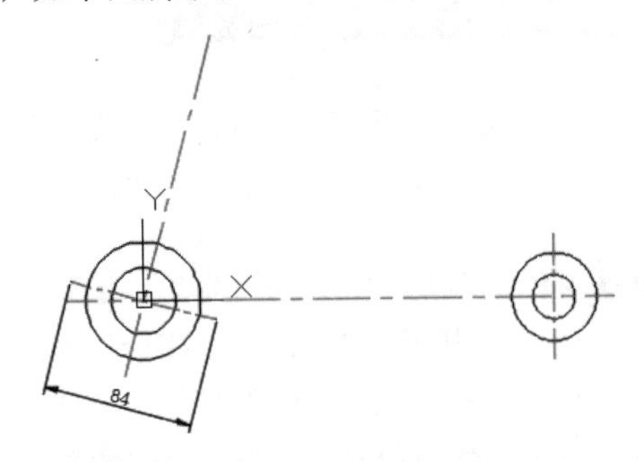

第8步 单击【默认】选项卡 ➤【修改】面板 ➤【偏移】按钮，将 345° 中心线向上偏移 115，结果如下图所示。

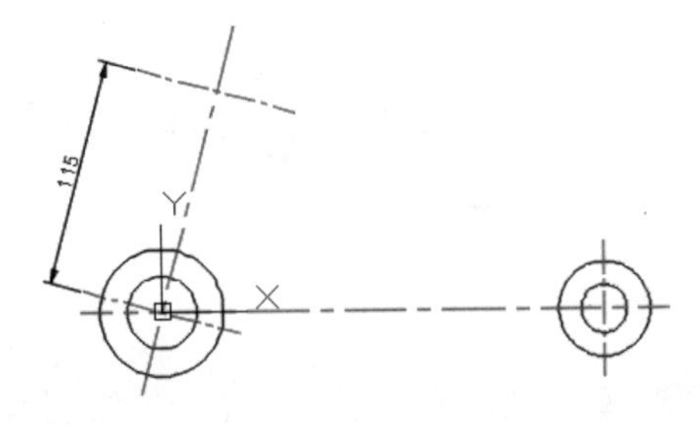

第9步 单击【默认】选项卡 ➤【修改】面板 ➤【复制】按钮，将半径为 24 和 12 的同心圆复制到两条中心线的交点处，如下图所示。

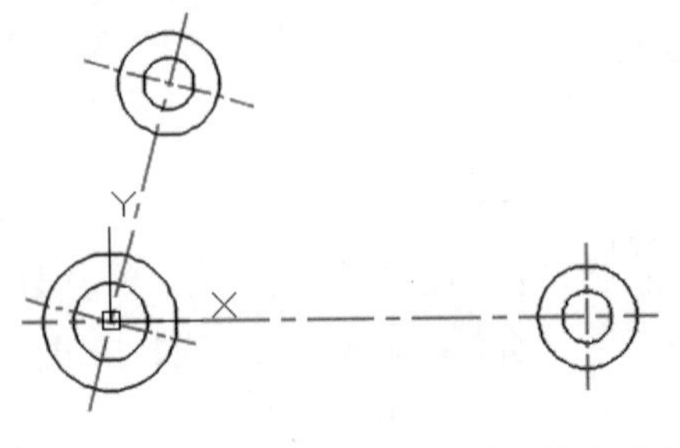

第10步 将“轮廓线”层置为当前，单击【默认】

选项卡➢【绘图】面板➢【直线】按钮╱，然后按住【Shift】键并单击鼠标右键，在弹出的快捷菜单中选择【切点】命令，如下图所示。

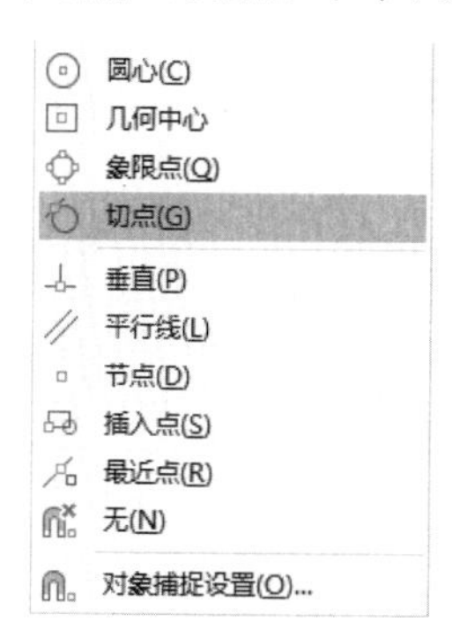

第 11 步 选择如下图所示的切点。

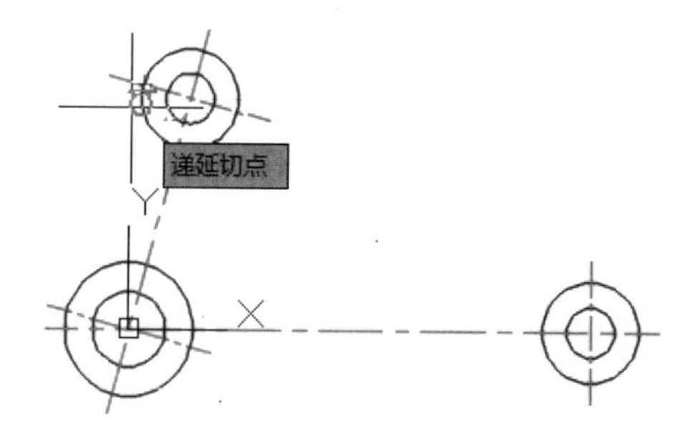

第 12 步 指定如下图所示的切点为直线的另一端点。

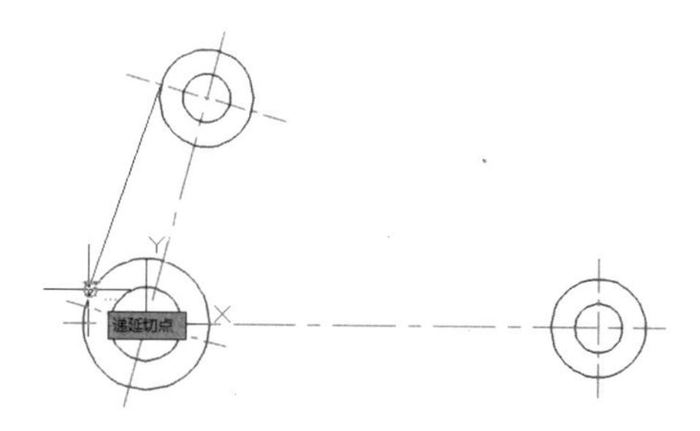

第 13 步 结果如下图所示。

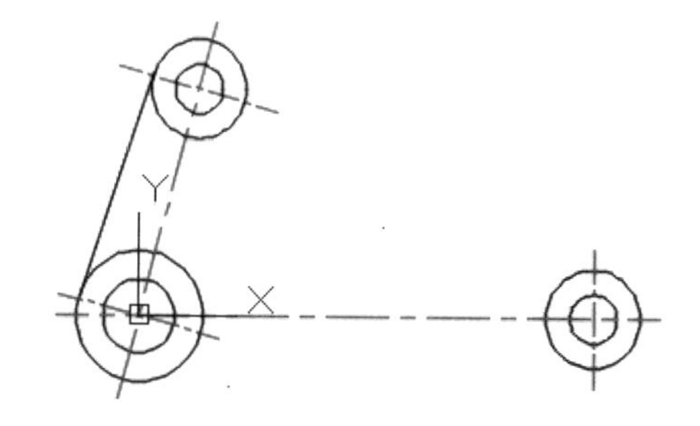

第 14 步 重复第 10~12 步，绘制另一条与两圆相切的直线，结果如下图所示。

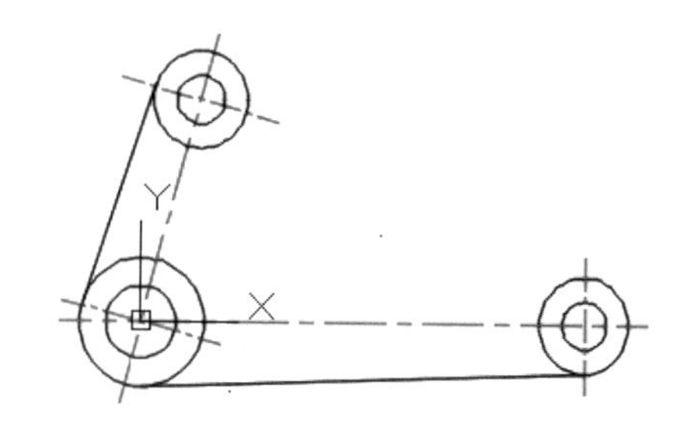

第 15 步 单击【默认】选项卡➢【修改】面板➢【镜像】按钮⚠，选择第 14 步绘制的直线为镜像对象，然后捕捉水平中心线的两个端点为镜像线上两点，镜像后结果如下图所示。

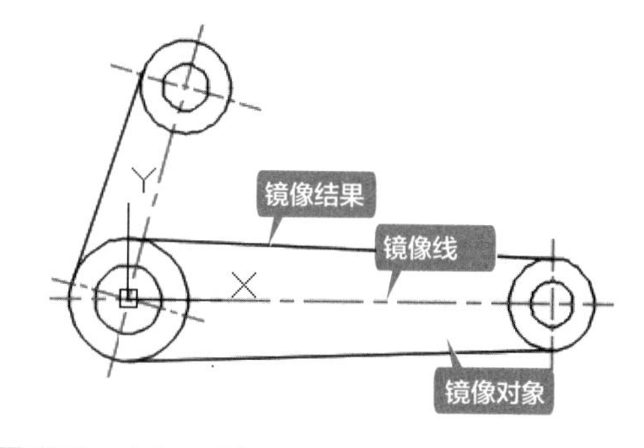

第 16 步 重复【镜像】命令，将第 10~12 步绘制的直线以 75° 中心线为镜像线进行镜像，结果如下图所示。

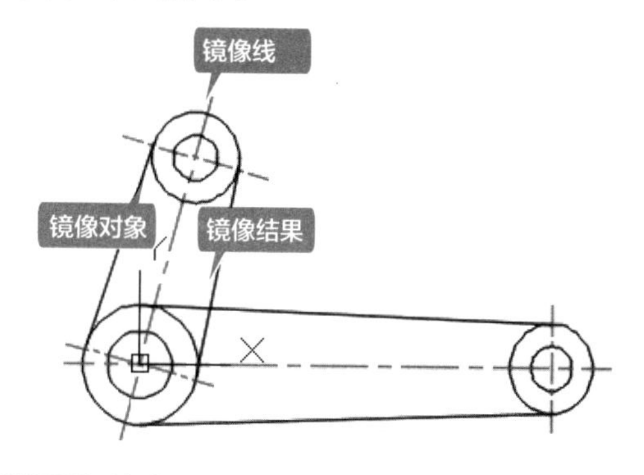

第 17 步 单击【默认】选项卡➢【修改】面板➢【圆角】按钮⌜，对镜像后的两条相交直线进行圆角，圆角半径为 16，结果如下图所示。

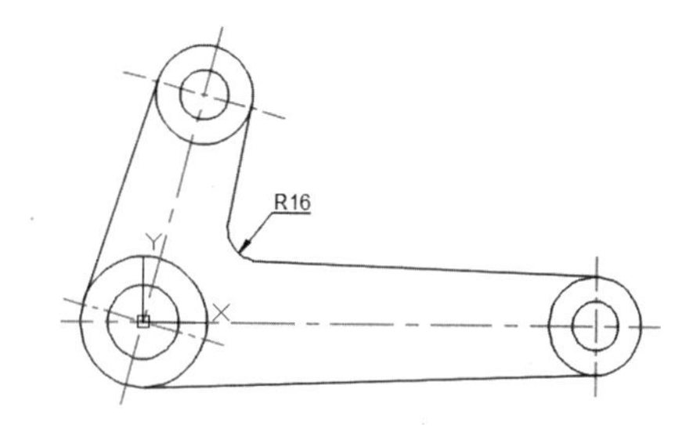

第 18 步 单击【默认】选项卡 ➢【修改】面板 ➢【偏移】按钮，根据命令行提示进行如下操作。

命令 : _offset
当前设置 : 删除源 = 否 图层 = 源 OFFSETGAPTYPE=0
指定偏移距离或 [通过 (T)/ 删除 (E)/ 图层 (L)] < 通过 >: L
输入偏移对象的图层选项 [当前 (C)/ 源 (S)] < 源 >: c
指定偏移距离或 [通过 (T)/ 删除 (E)/ 图层 (L)] < 通过 >: 10

然后选择水平中心线和 75° 中心线分别向两侧偏移，结果如下图所示。

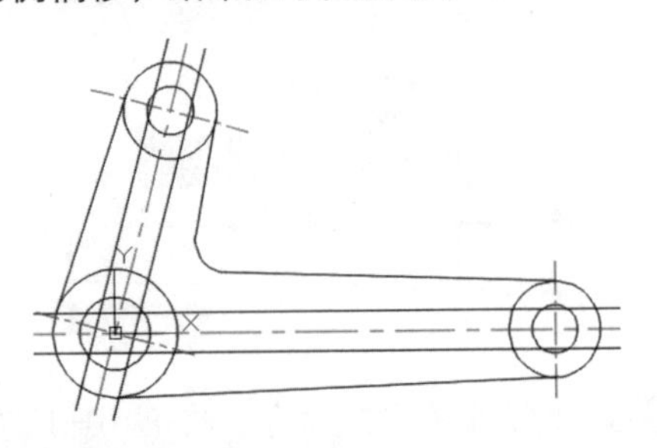

第 19 步 单击【默认】选项卡 ➢【修改】面板 ➢【修剪】按钮，根据命令行提示，进行如下操作。

命令 : _trim
当前设置 : 投影 =UCS, 边 = 无 , 模式 = 快速
选择要修剪的对象，或按住 Shift 键选择要延伸的对象或
[剪切边 (T)/ 窗交 (C)/ 模式 (O)/ 投影 (P)/ 删除 (R)]: t
选择剪切边 ...
选择对象或 < 全部选择 >: 找到 1 个
选择对象 : 找到 1 个，总计 2 个
选择对象 : 找到 1 个，总计 3 个
// 选择下图所示的 3 个圆为剪切边
选择对象 : // 按空格键结束剪切边选择

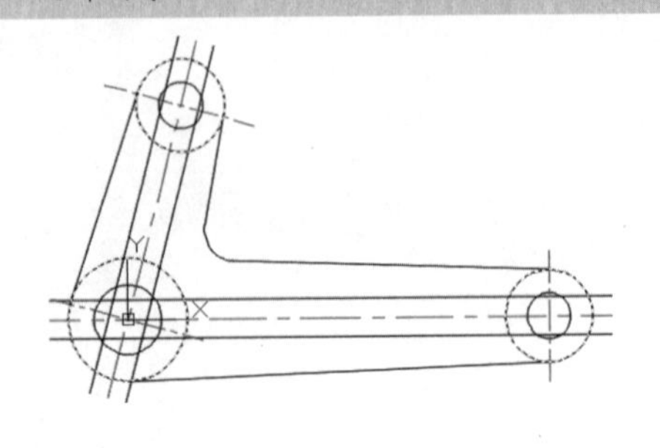

第 20 步 对第 18 步偏移后的直线进行修剪，结果如下图所示。

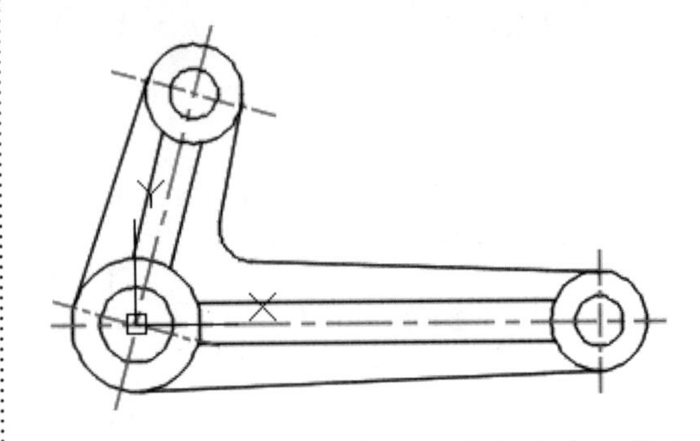

第 21 步 重复【偏移】命令，将竖直中心线向两侧偏移 6，结果如下图所示。

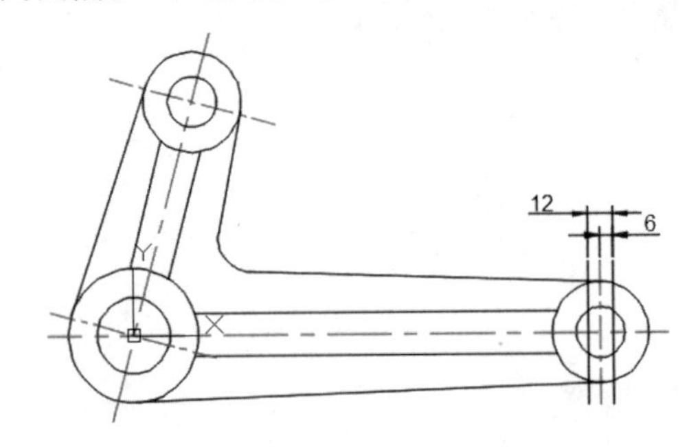

第 22 步 重复【修剪】命令，对偏移后的直线进行修剪，结果如下图所示。

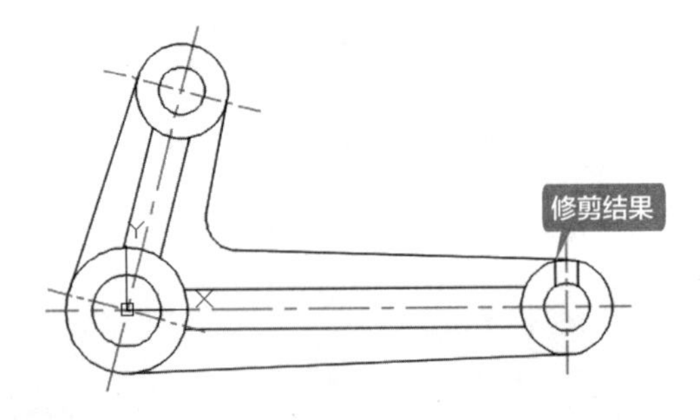

第 23 步 单击【默认】选项卡 ➢【绘图】面板 ➢【样条曲线拟合】按钮，绘制两条样条曲线作为局部剖视图的边界线，结果如下图所示。

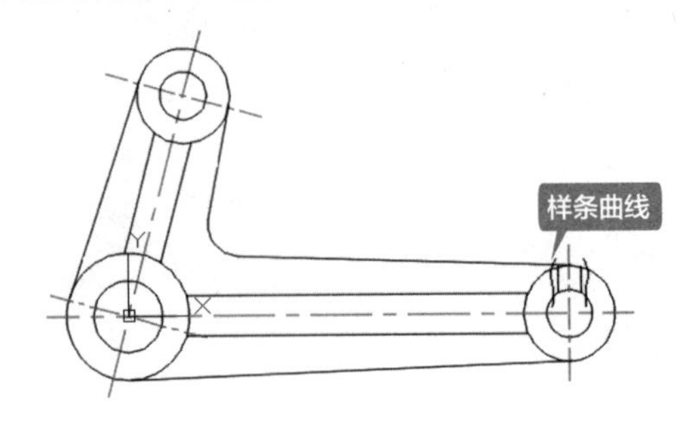

第 24 步 调用【偏移】命令，偏移距离设置为 2，绘制倒角圆，结果如下图所示。

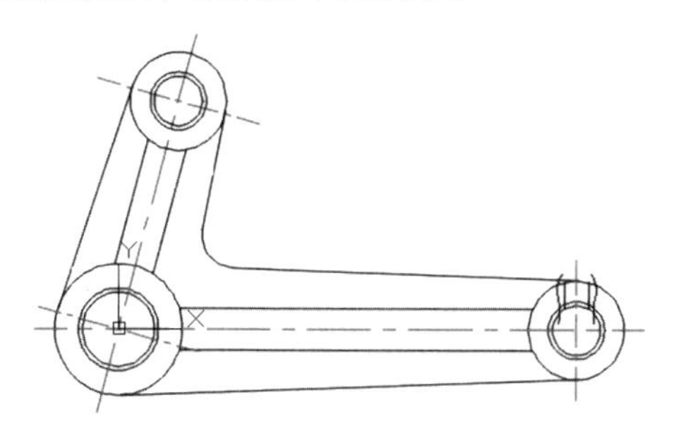

第 25 步 调用【修剪】命令，对样条曲线和直线进行修剪，结果如下图所示。

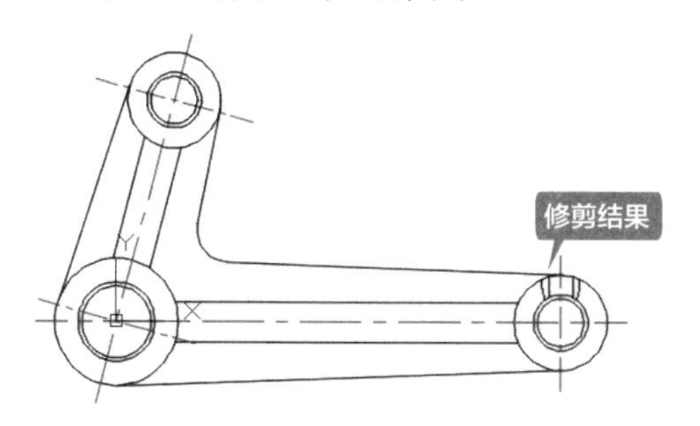

第 26 步 单击【默认】选项卡 ➤【绘图】面板 ➤【图案填充】按钮，在弹出的【创建图案填充】选项卡上选择填充图案“ANSI31”，单击【特性】面板的下拉按钮，然后选择“剖面线”图层，如下图所示。

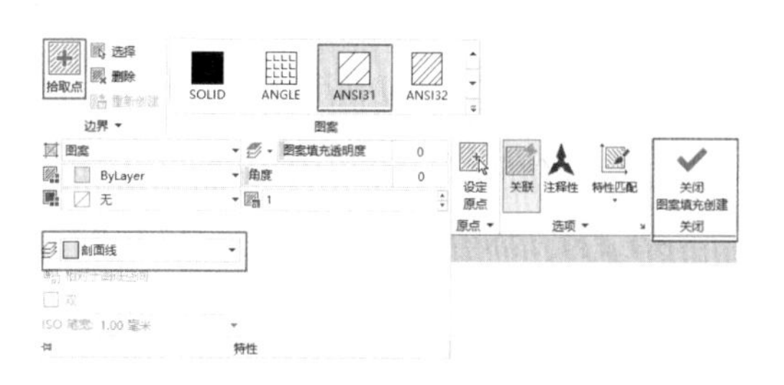

第 27 步 单击【创建图案填充】选项卡中【拾取点】按钮，然后选择需要填充的区域，最后单击【关闭图案填充创建】按钮，结果如下图所示。

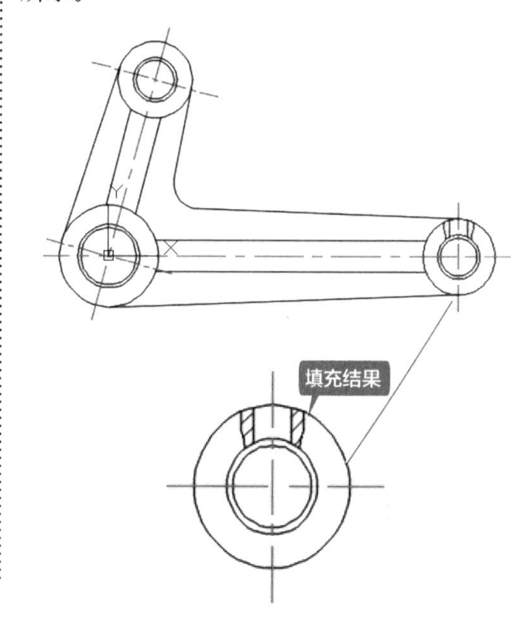

13.2.3 绘制俯视图

下面将综合运用射线、直线、几何约束、样条曲线、偏移、修剪、图案填充等命令绘制摇杆俯视图，具体操作步骤如下。

第 1 步 单击【默认】选项卡 ➤【绘图】面板 ➤【射线】按钮，如下图所示。

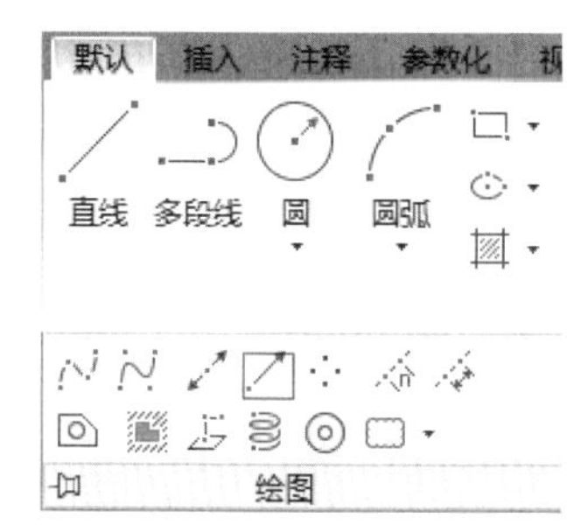

提示

除了通过面板调用【射线】命令外，还可以通过以下方法调用【射线】命令。

（1）选择【绘图】➤【射线】菜单命令。

（2）在命令行中输入“RAY”并按空格键。

第 2 步 捕捉如下图所示的交点为射线的起点。

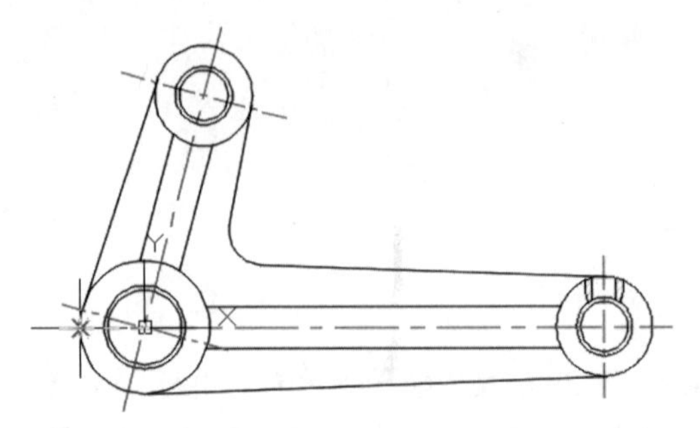

第 3 步 向下拖动鼠标，并在合适的位置单击，结果如下图所示。

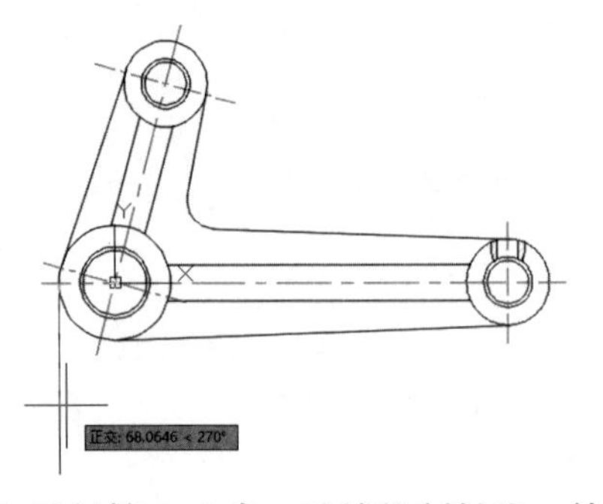

第 4 步 重复第 1~3 步，继续绘制射线，结果如下图所示。

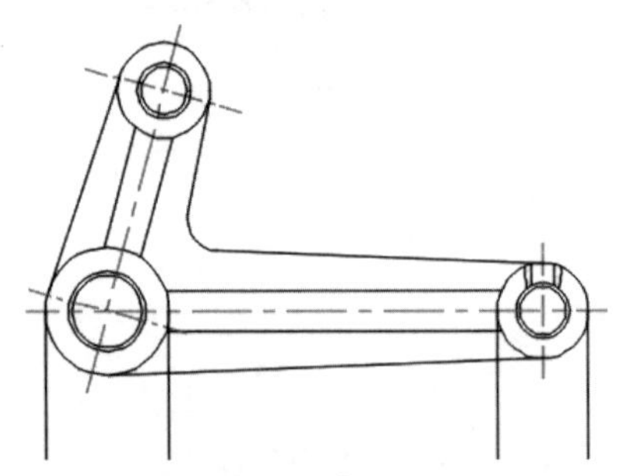

第 5 步 单击【默认】选项卡 ➢【绘图】面板 ➢【直线】按钮 ，绘制一条水平直线，如下图所示。

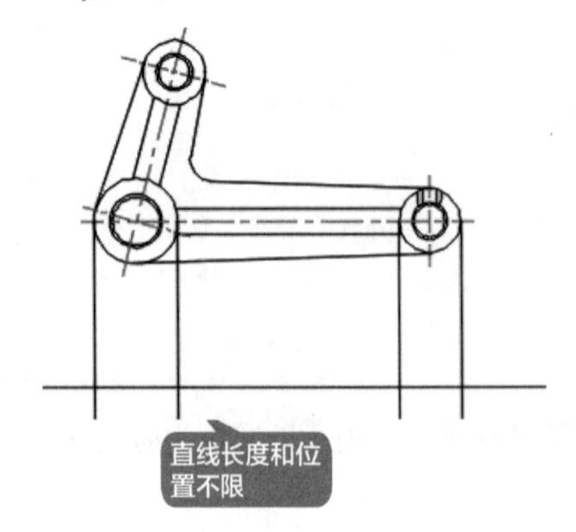

第 6 步 单击【默认】选项卡 ➢【修改】面板 ➢【偏移】按钮 ，将第 5 步绘制的直线依次向下偏移 12、36、44 和 64，结果如下图所示。

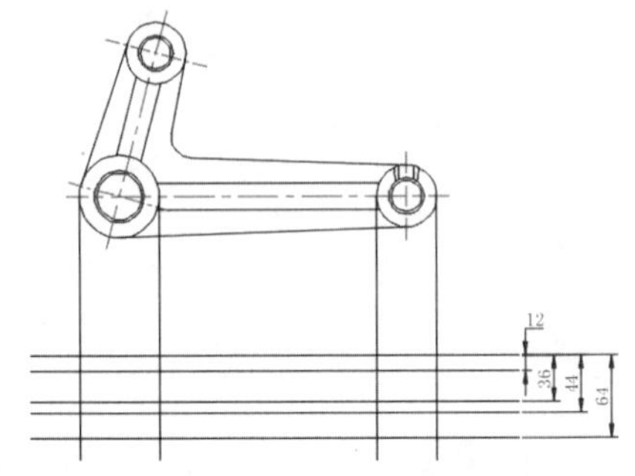

第 7 步 单击【默认】选项卡 ➢【修改】面板 ➢【修剪】按钮 ，对图形进行修剪，结果如下图所示。

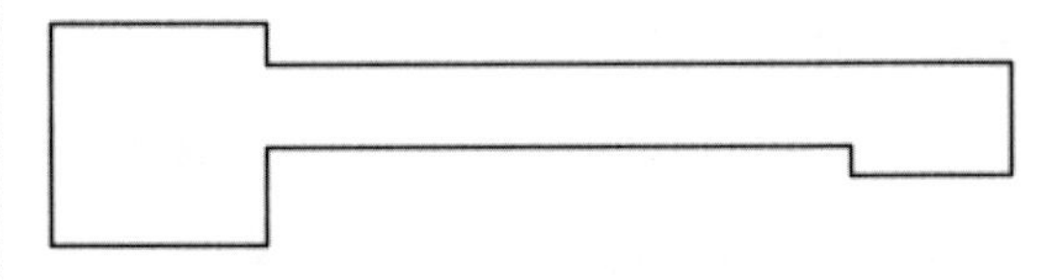

提示

当修剪的对象比较多时，如果怕一次修剪出错，可以分几次进行修剪。

第 8 步 调用【射线】命令，绘制中心孔在俯视图上的投影，结果如下图所示。

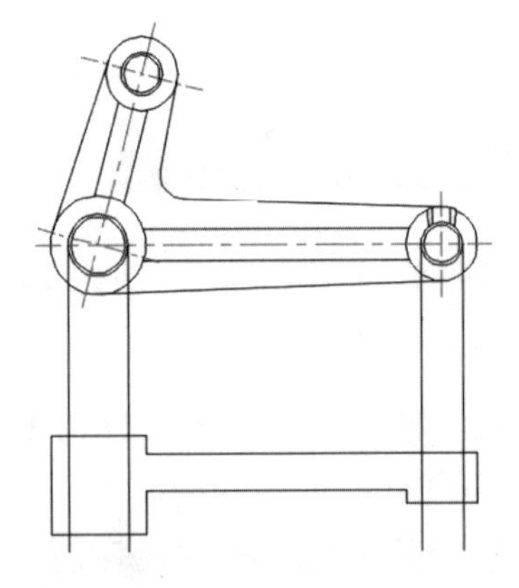

第 9 步 调用【修剪】命令，对图形进行修剪，结果如下图所示。

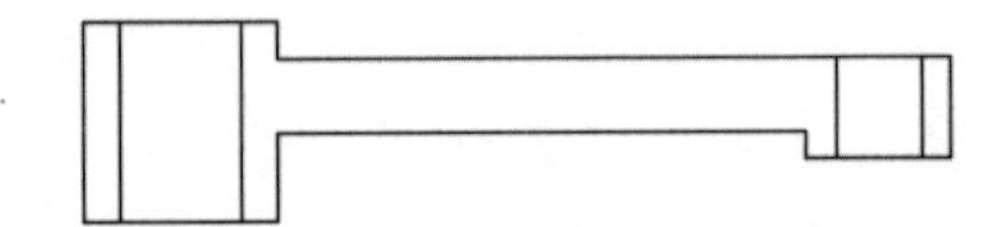

第 10 步 调用【偏移】命令，将偏移距离设置为 2，

绘制倒角，如下图所示。

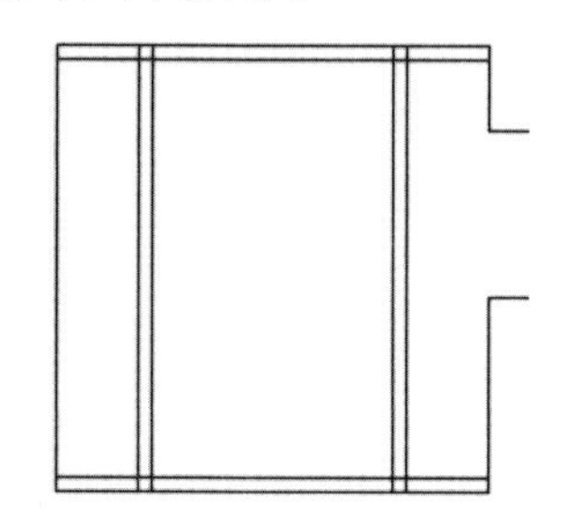

第 11 步 调用【直线】命令，将倒角处连接起来，结果如下图所示。

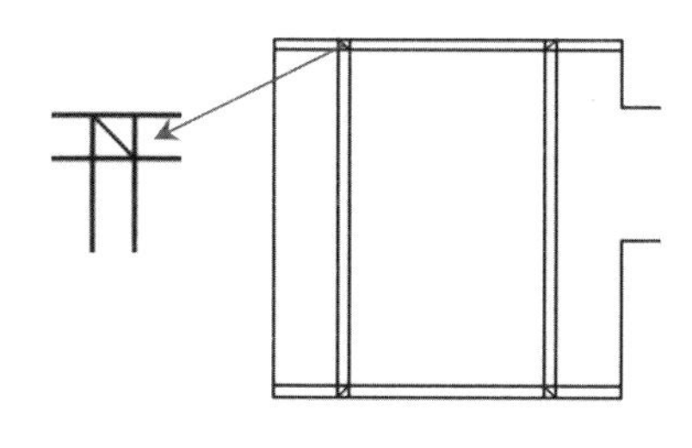

第 12 步 调用【修剪】命令，对图形进行修剪，如下图所示。

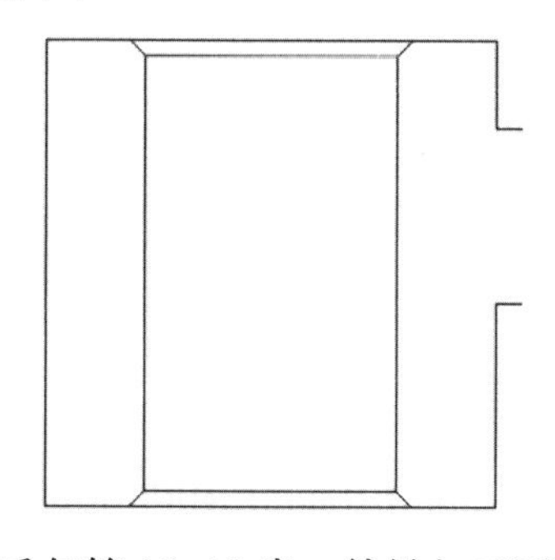

第 13 步 重复第 10~12 步，结果如下图所示。

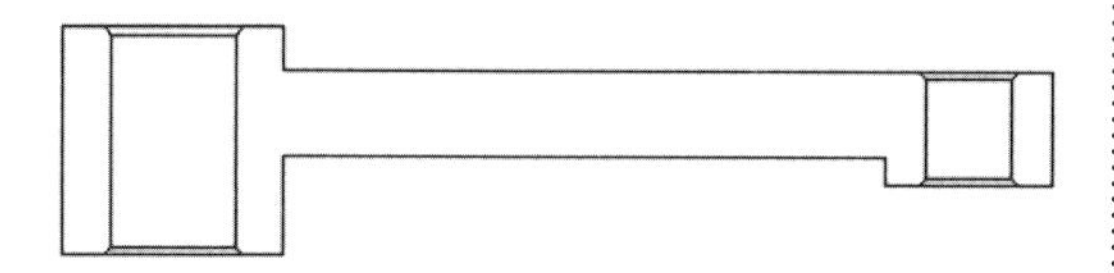

第 14 步 单击【注释】选项卡 ➢【中心线】面板 ➢【中心线】按钮，选择中心孔的两条边线，结果如下图所示。

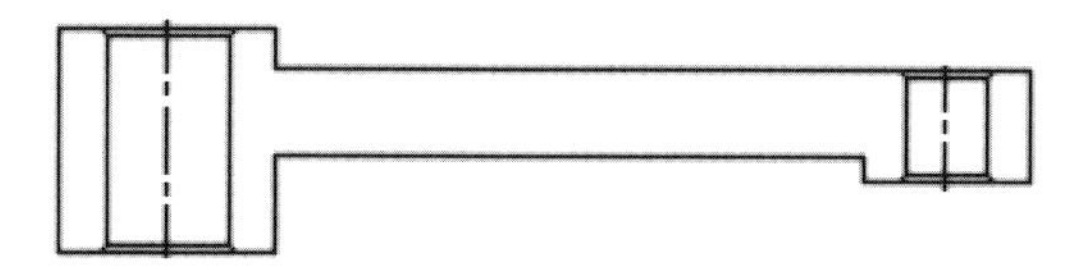

第 15 步 选中创建的两条中心线，利用夹点编辑，将其拉伸到合适的长度。选中两条中心线，然后单击【默认】选项卡 ➢【图层】面板 ➢【图层】下拉按钮，选择“中心线”层，结果如下图所示。

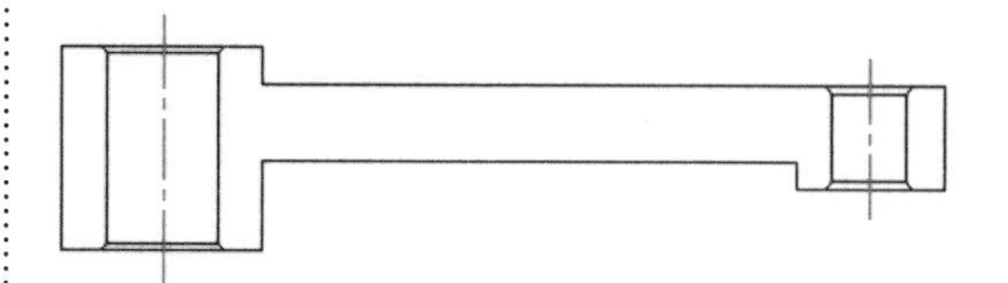

提示

通过【中心线】命令创建的中心线是“块”，不能直接进行拉长、偏移、修剪、圆角等命令，如果要进行这些编辑，首先应将“中心线”图块进行分解。

第 16 步 调用【偏移】命令，将水平直线向上偏移 20，结果如下图所示。

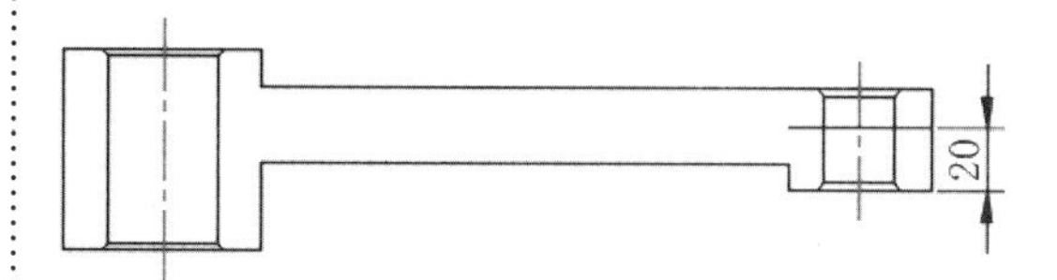

第 17 步 将偏移后的直线放置到“中心线”层，并通过夹点编辑对其长度进行编辑，结果如下图所示。

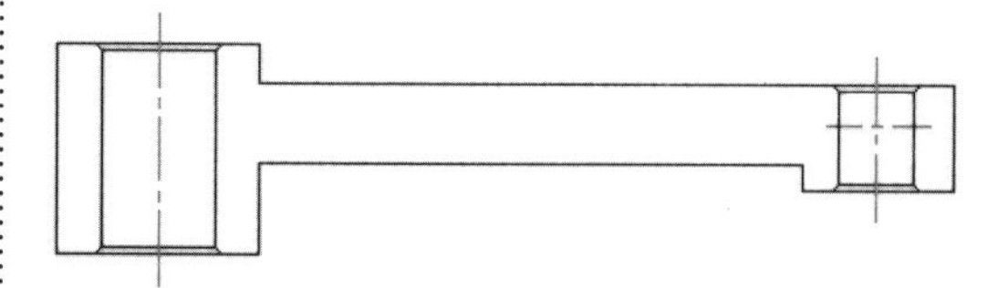

第 18 步 调用【圆心、半径】绘图命令，绘制一个半径为 6 的圆孔，如下图所示。

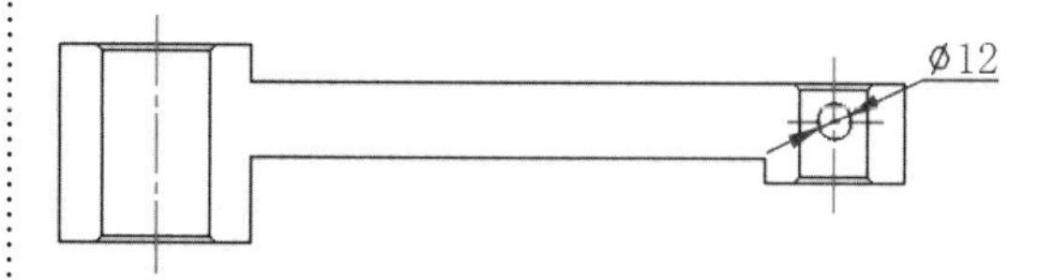

第 19 步 单击【默认】选项卡 ➢【绘图】面板 ➢【样条曲线拟合】按钮，绘制两条样条曲线作为局部剖的边界线，如下图所示。

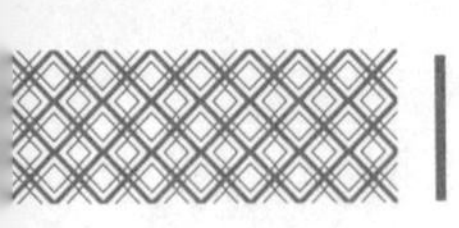

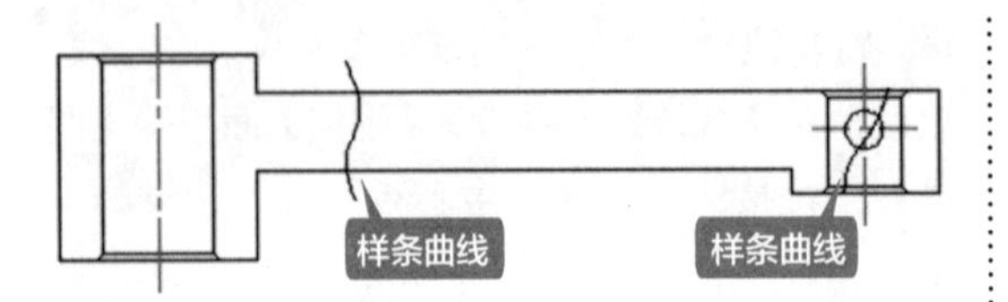

第20步 调用【修剪】命令，对局部剖的边界进行修剪，结果如下图所示。

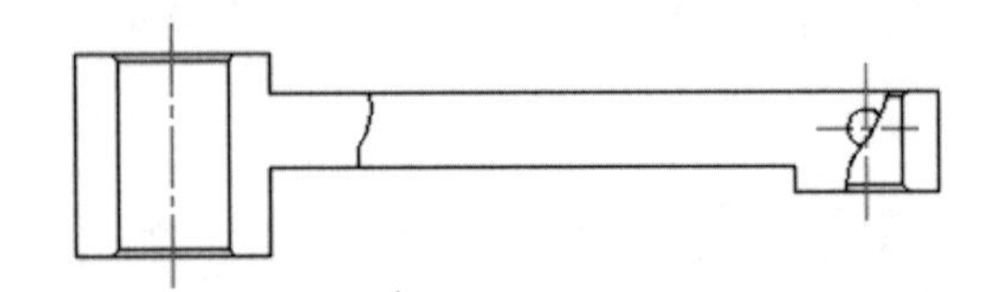

第21步 单击【默认】选项卡➢【修改】面板➢【延伸】按钮，将板厚轮廓线延伸到局部剖边界线，结果如下图所示。

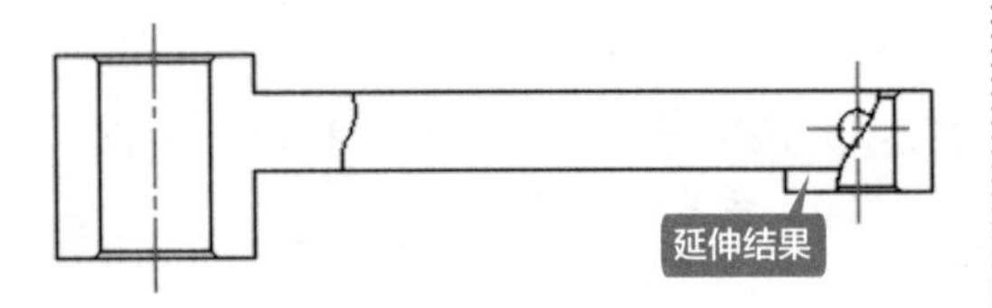

第22步 调用【偏移】命令，将如下图所示的直线向下偏移20。

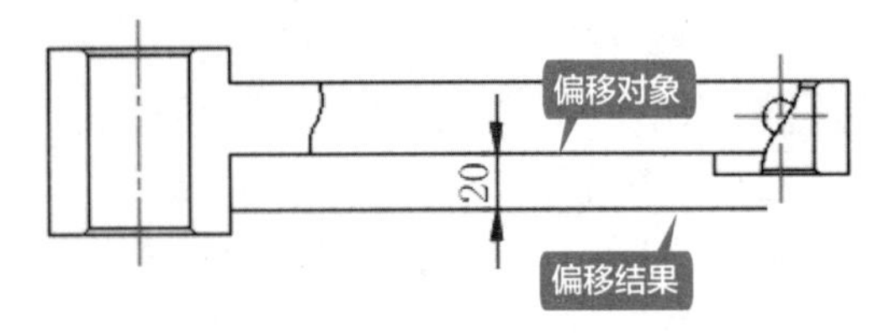

第23步 调用【直线】命令，绘制斜肋板在俯视图投影的边界，结果如下图所示。

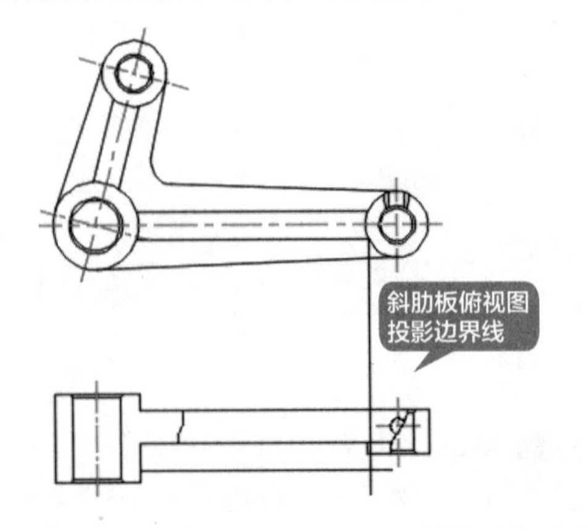

第24步 重复【直线】命令，绘制斜肋板在俯视图的投影，结果如下图所示。

第25步 将辅助线删除，并对图形修正后，结果如下图所示。

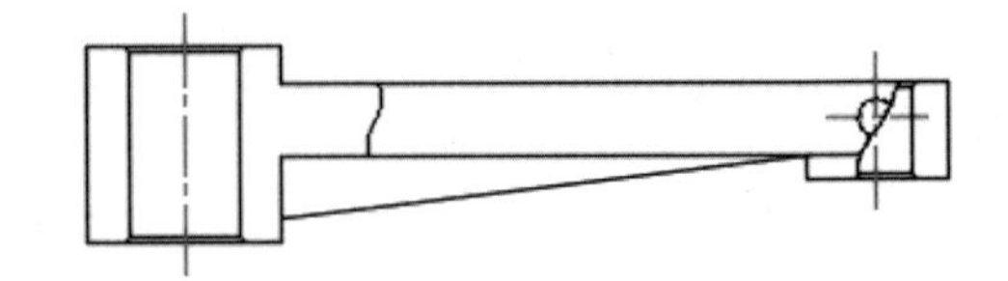

第26步 调用【圆角】命令，绘制半径为3的铸造圆角，结果如下图所示。

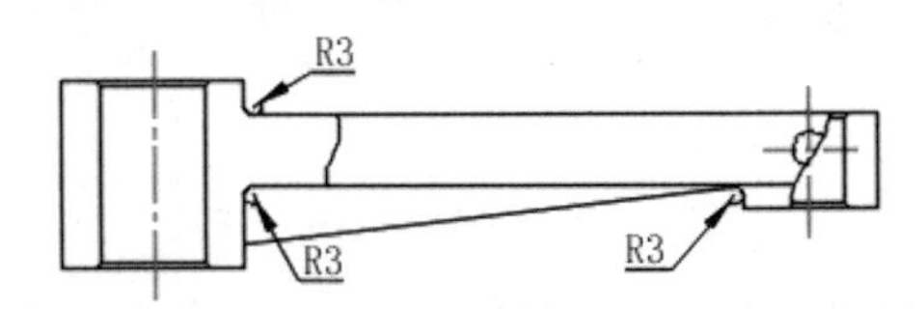

第27步 单击【默认】选项卡➢【绘图】面板➢【图案填充】按钮，对图形进行图案填充，结果如下图所示。

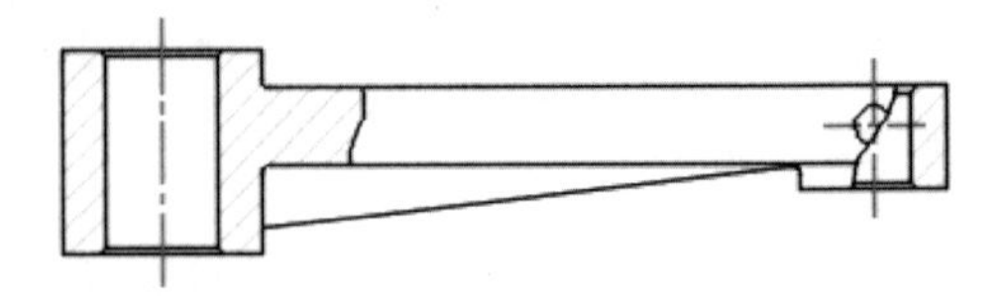

第28步 调用【直线】命令，在合适的位置任意绘制两条直线，如下图所示。

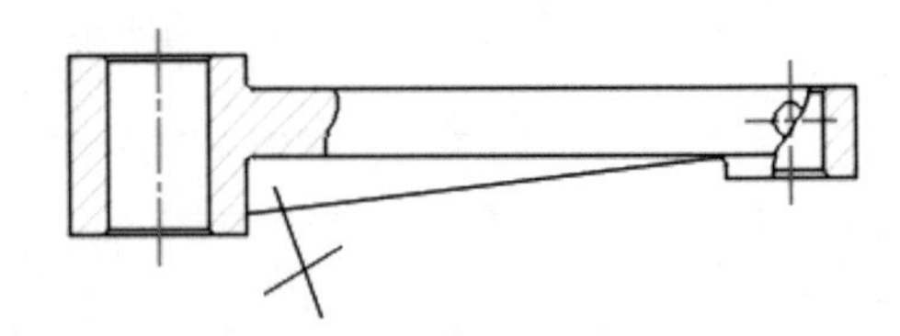

第29步 单击【参数】选项卡➢【几何】面板➢【垂直】按钮，然后选择第一个对象，如下图所示。

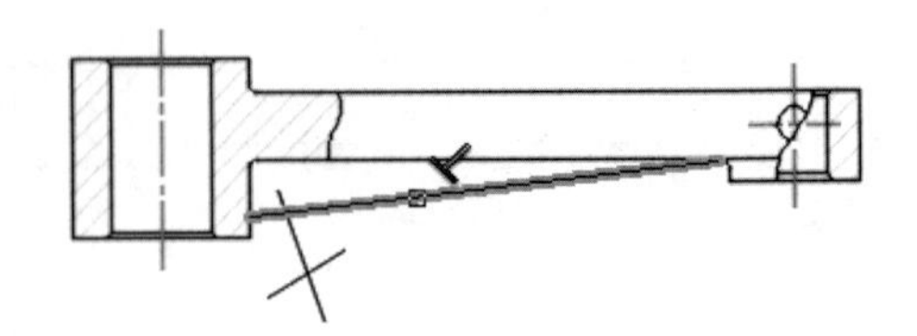

第 30 步 选择如下图所示的直线为第二个对象。

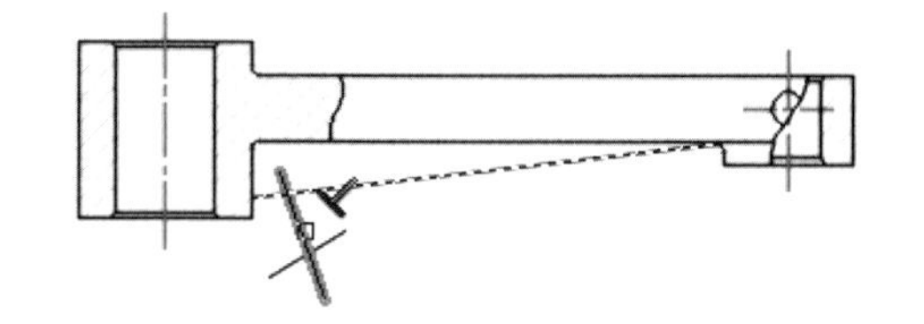

第 31 步 结果如下图所示。

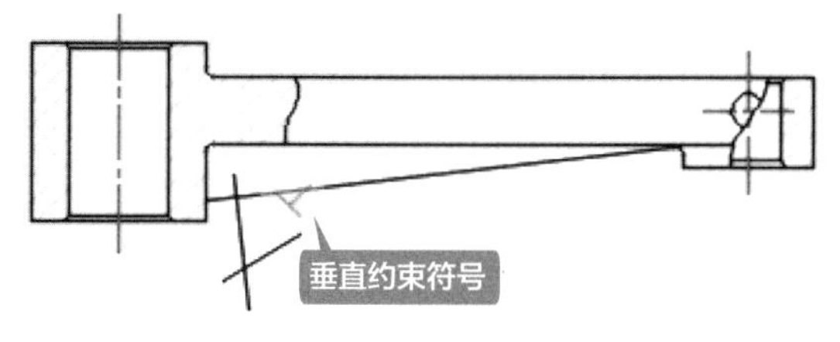

第 32 步 单击【参数】选项卡➢【几何】面板➢【平行】按钮，然后选择第一个对象，如下图所示。

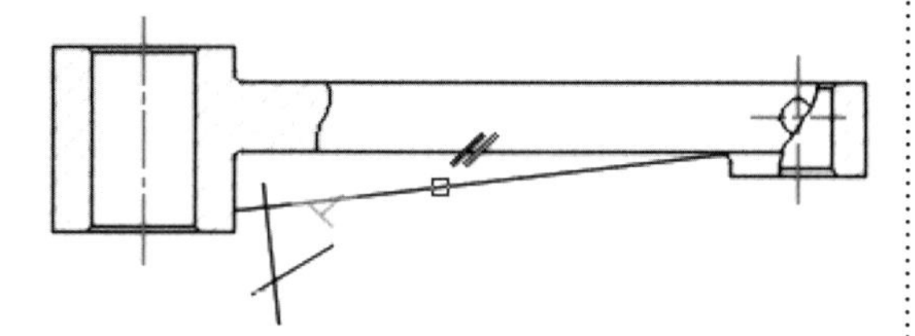

第 33 步 选择如下图所示的直线为第二个对象。

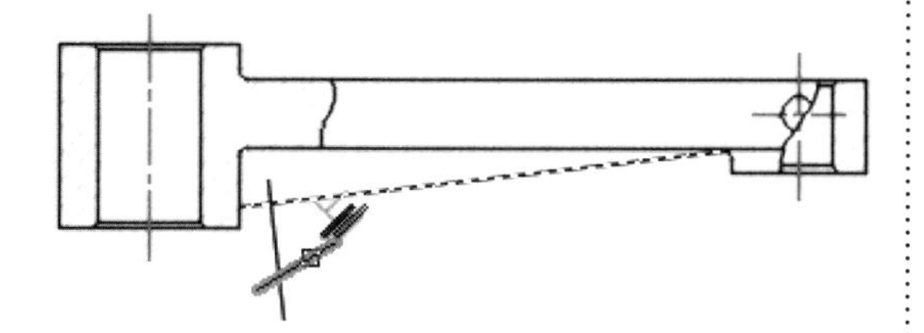

第 34 步 结果如下图所示。

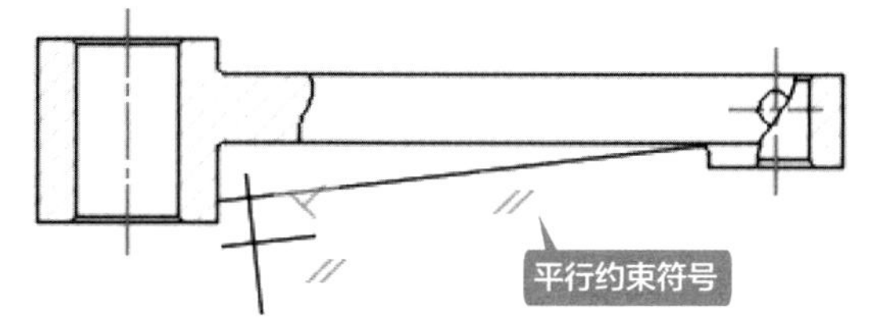

第 35 步 单击【参数】选项卡➢【几何】面板➢【全部隐藏】按钮，然后调用【偏移】命令，将如下图所示的直线分别向两侧偏移 10。

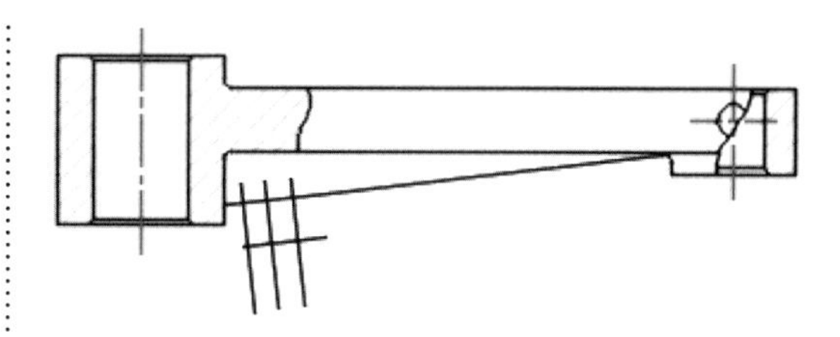

第 36 步 调用【样条曲线】命令，绘制一条样条曲线作为断面图的边界线，如下图所示。

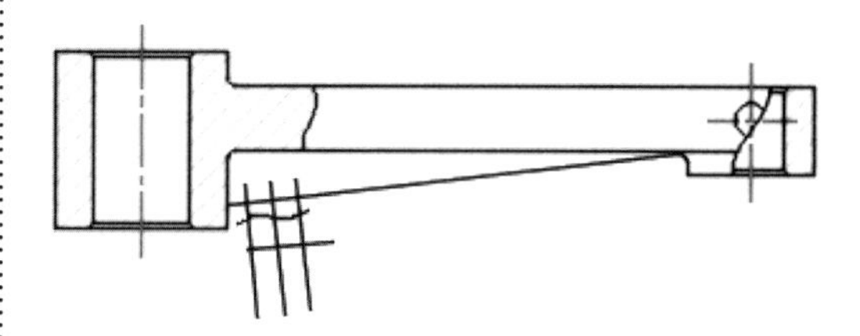

第 37 步 调用【修剪】命令，对断面图进行修剪，结果如下图所示。

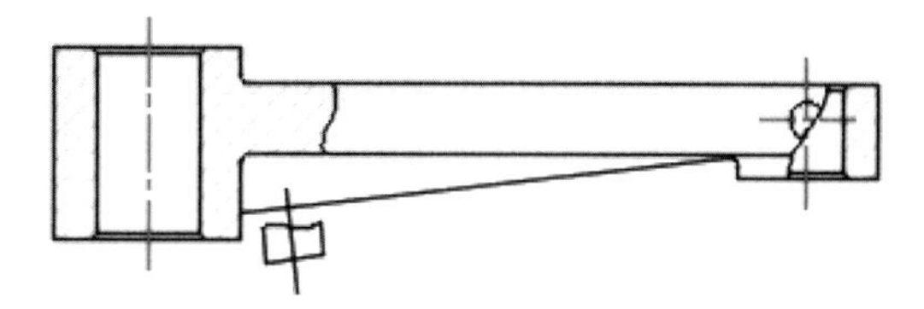

第 38 步 选中断面图的中心线，将其放置到“中心线”层，结果如下图所示。

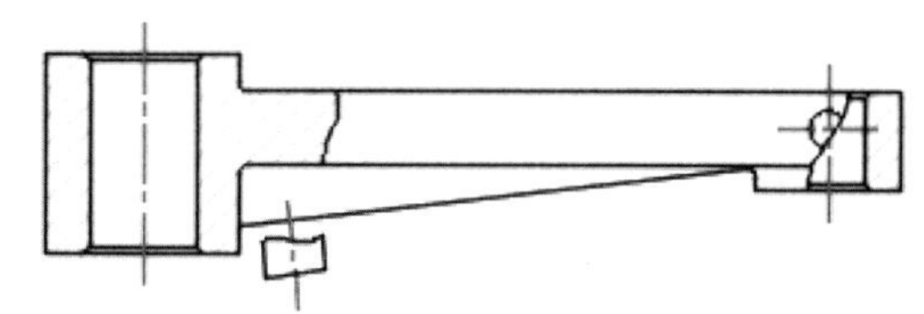

提示

选中中心线，然后按【Ctrl+1】组合键，在弹出的【特性】选项板上可以对中心线的线型比例进行修改。

第 39 步 单击【默认】选项卡➢【绘图】面板➢【图案填充】按钮，对图形进行图案填充，结果如下图所示。

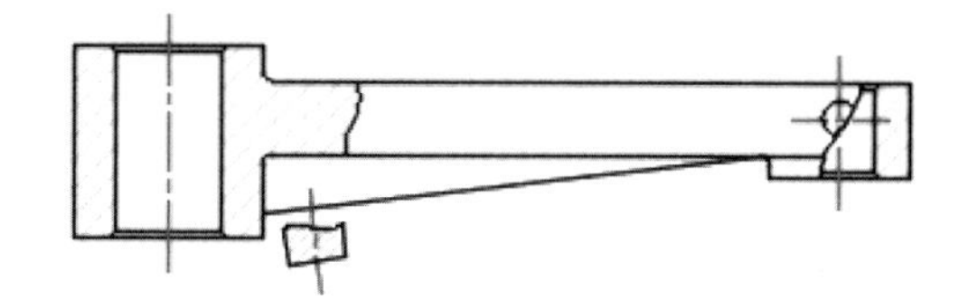

13.2.4 绘制 A—A 剖视图

下面将综合运用构造线、直线、几何约束、圆弧、样条曲线、偏移、修剪、图案填充等命令绘制摇杆的 A—A 剖视图，具体操作步骤如下。

第 1 步 单击【默认】选项卡 ➢【绘图】面板 ➢【构造线】按钮，根据命令行提示进行如下操作。

```
命令：_xline
指定点或 [ 水平 (H)/ 垂直 (V)/ 角度 (A)/ 二等分 (B)/ 偏移 (O)]: a
输入构造线的角度 (0) 或 [ 参照 (R)]:  345
指定通过点：    // 单击 A 点
……       // 依次单击 B~H 点
```

结果如下图所示。

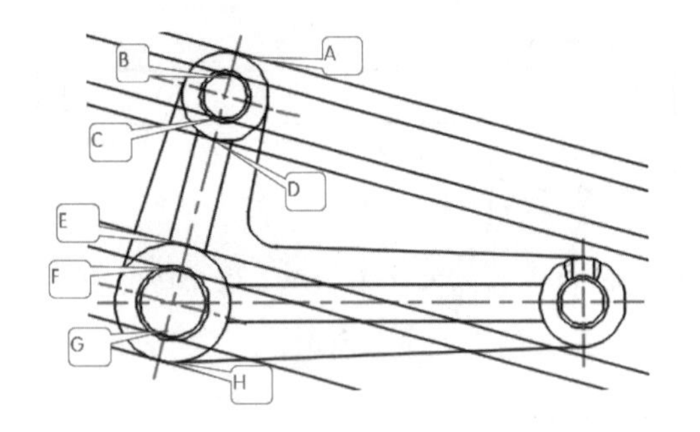

第 2 步 调用【直线】命令，在合适的位置任意绘制一条直线，结果如下图所示。

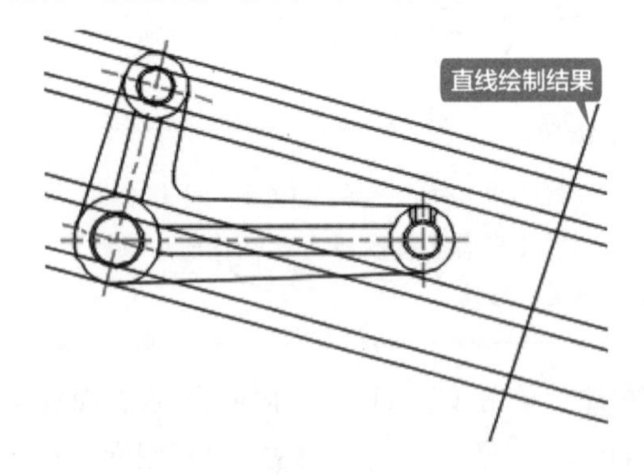

第 3 步 单击【参数】选项卡 ➢【几何】面板 ➢【垂直】按钮，选择任一构造线为第一个对象，然后选择第 2 步绘制的直线为第二个对象，结果如下图所示。

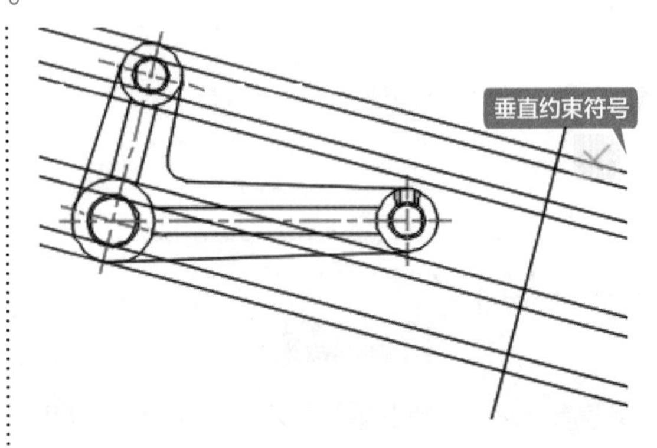

第 4 步 单击【参数】选项卡 ➢【几何】面板 ➢【全部隐藏】按钮，然后调用【偏移】命令，将直线向右侧偏移 64，结果如下图所示。

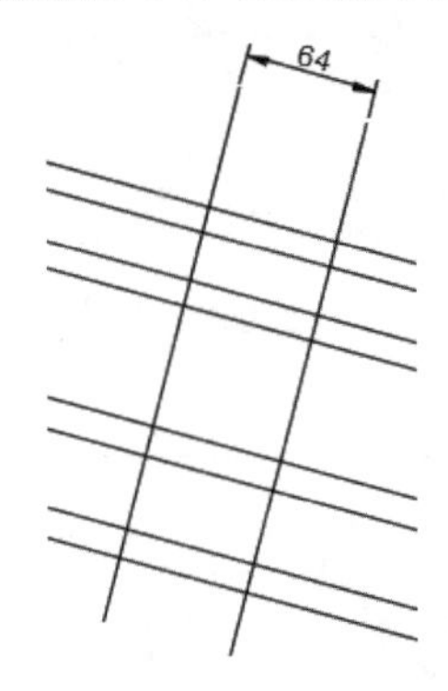

第 5 步 调用【修剪】命令，对图形进行修剪，结果如下图所示。

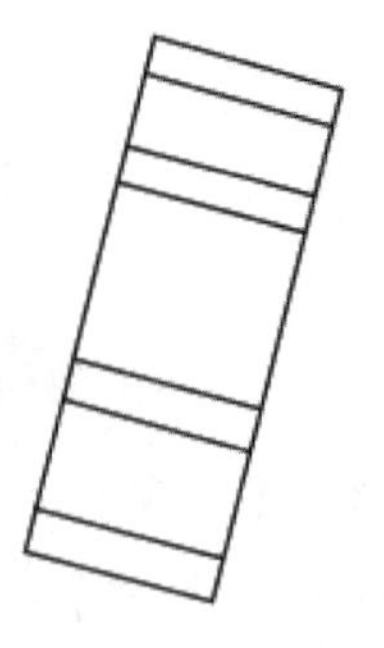

第 6 步 调用【偏移】命令，将左侧斜线向右侧分别偏移 12、36、56，结果如下图所示。

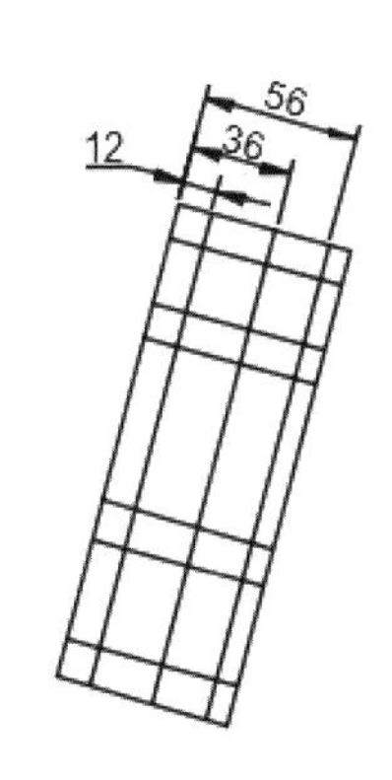

第7步 调用【修剪】命令，根据命令行提示选择剪切边。

命令：TRIM

当前设置：投影=UCS，边=无，模式=快速

选择要修剪的对象，或按住Shift键选择要延伸的对象或

[剪切边(T)/窗交(C)/模式(O)/投影(P)/删除(R)]: t

当前设置：投影=UCS，边=无，模式=快速

选择剪切边...

选择对象或<全部选择>：找到1个

…… //依次选择下图所示的剪切边

选择对象： //按空格键结束剪切边选择

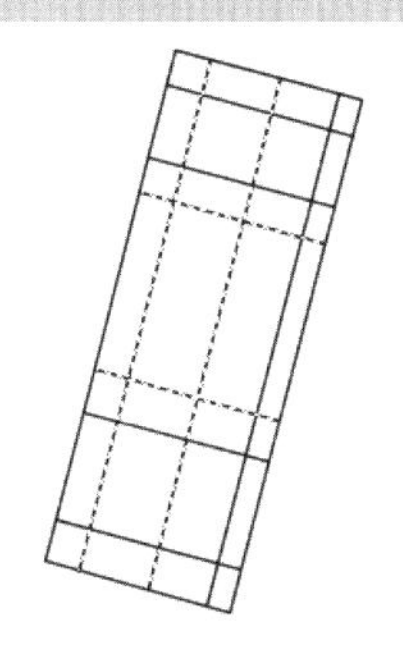

第8步 对图形进行修剪，结果如下图所示。

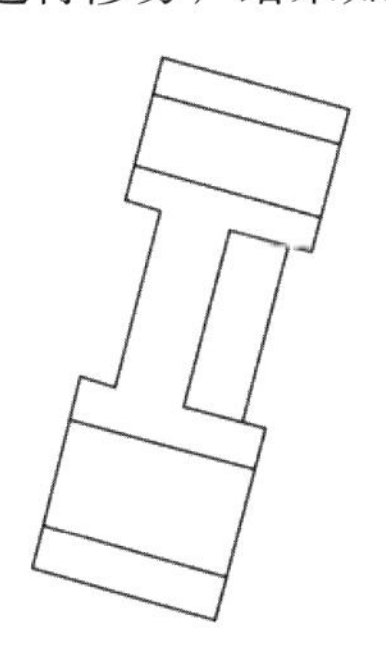

第9步 调用【偏移】命令，将主视图倾斜中心线向右侧偏移6，结果如下图所示。

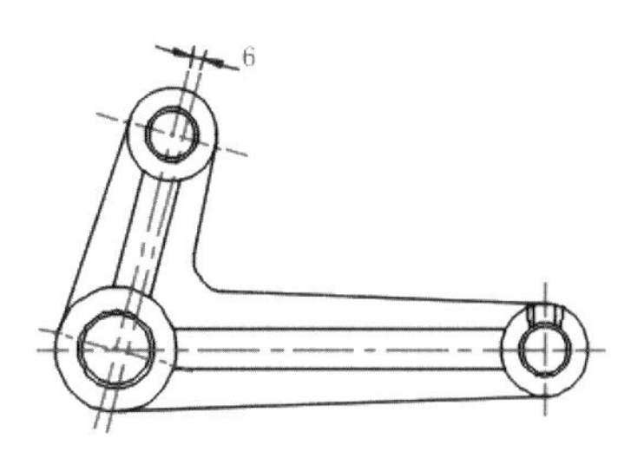

第10步 调用【构造线】命令，过如下图所示的A、B两点，绘制两条倾斜角度为345°的构造线，结果如下图所示。

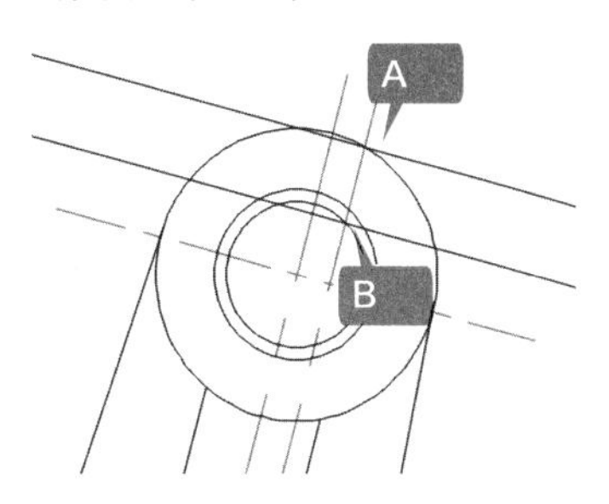

第11步 调用【偏移】命令，将A-A剖视图最右侧直线分别向左偏移14、20、26，结果如下图所示。

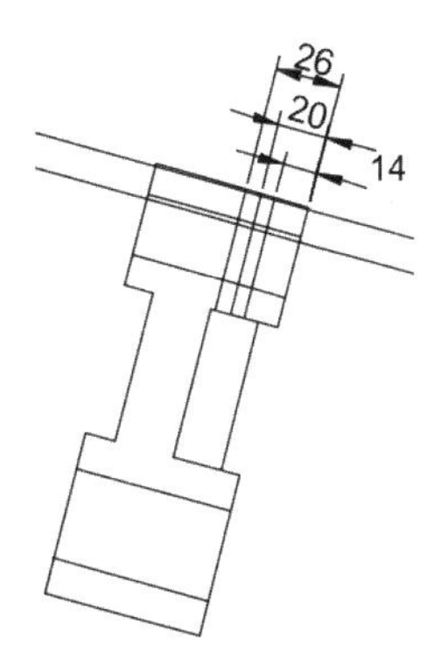

第12步 单击【默认】选项卡➤【绘图】面板➤【圆弧】➤【三点】按钮，绘制圆弧如下图所示。

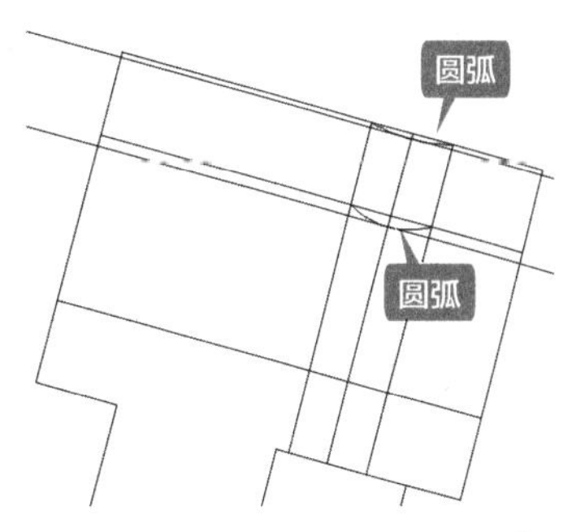

第13步 选中两条构造线和偏移距离为20的直

线，然后按【Delete】键删除，如下图所示。

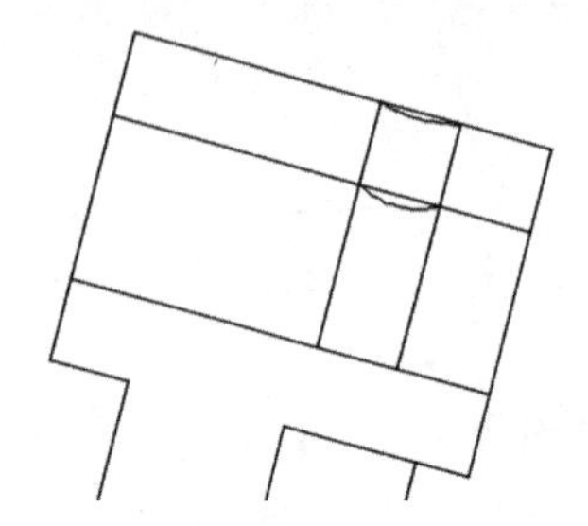

第 14 步 调用【修剪】命令，对鱼眼孔进行修剪，如下图所示。

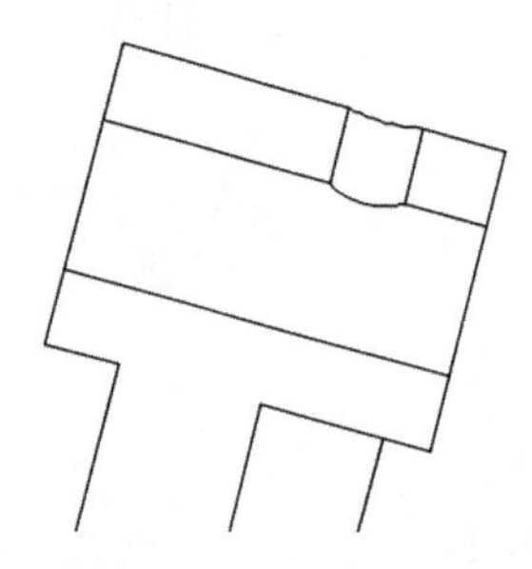

第 15 步 单击【注释】选项卡 ➤【中心线】面板 ➤【中心线】按钮，选择鱼眼孔的两条边线，结果如下图所示。

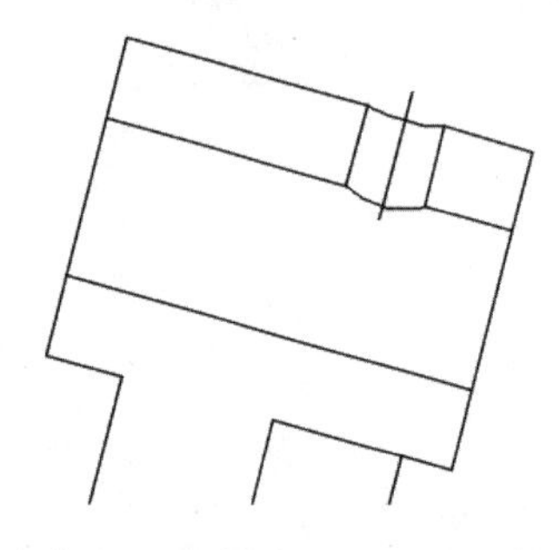

第 16 步 选中鱼眼孔的中心线，然后按【Ctrl+1】组合键，在弹出的【特性】选项板上将【线型比例】改为 0.5，如下图所示。

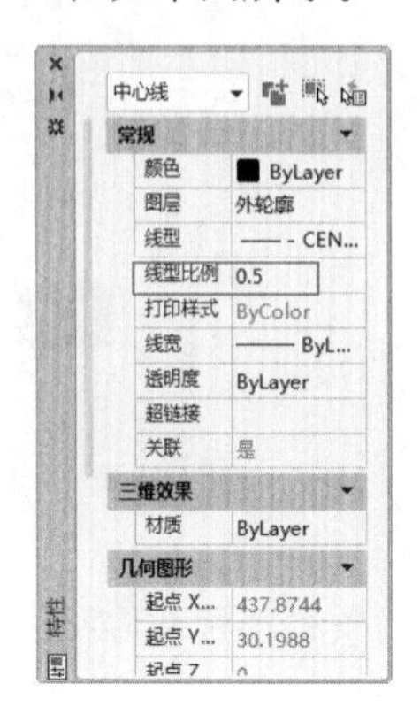

第 17 步 修改后结果如下图所示。

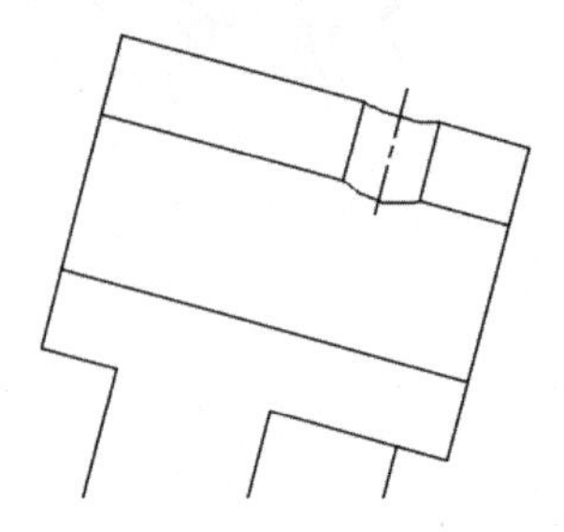

第 18 步 重复【中心线】命令，继续创建中心线，如下图所示。

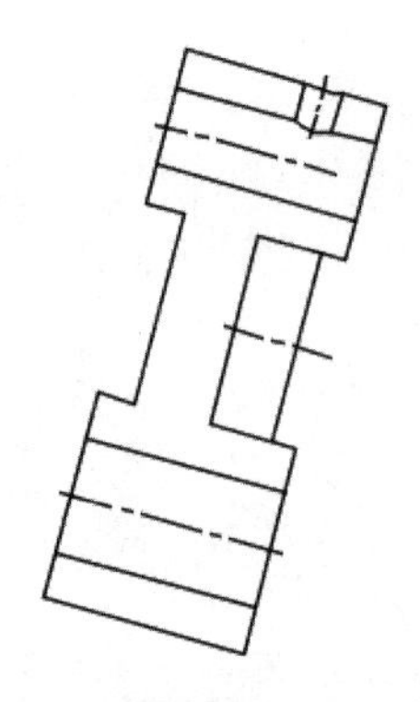

第 19 步 选中如下图所示的中心线，然后通过夹点拉伸拉长中心线的长度，如下图所示。

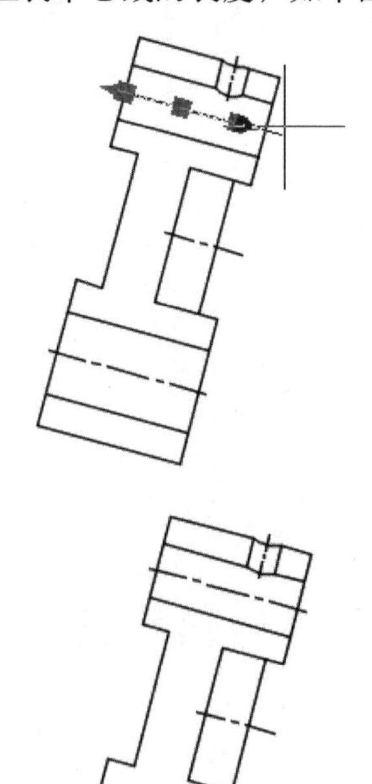

第 20 步 重复第 19 步，将中间的中心线也进行

拉伸，结果如下图所示。

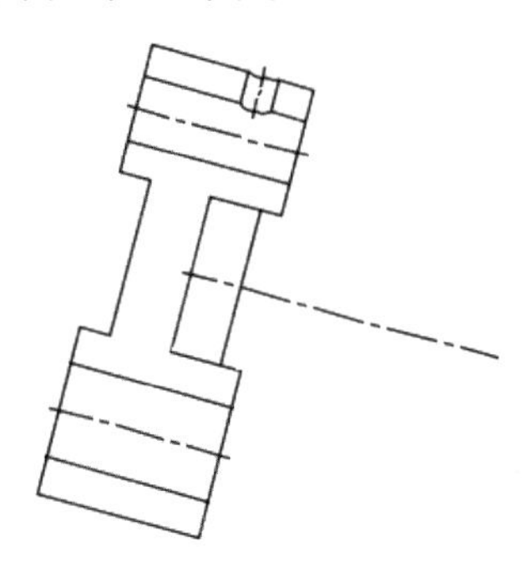

第21步 选中四条中心线，放置到“中心线”层，结果如下图所示。

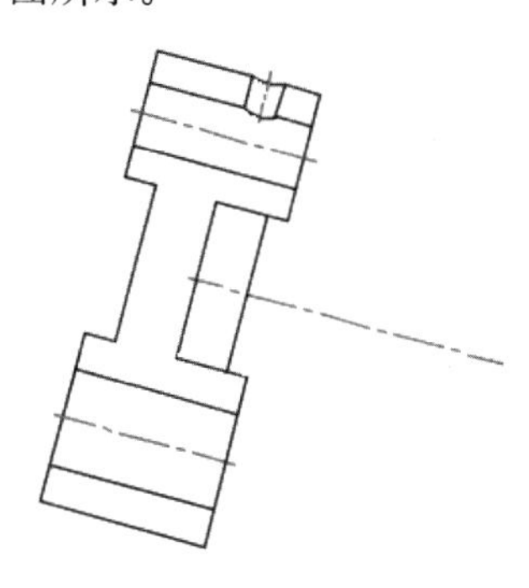

第22步 调用【偏移】命令，设置偏移距离为2，对如下图所示的直线进行偏移。

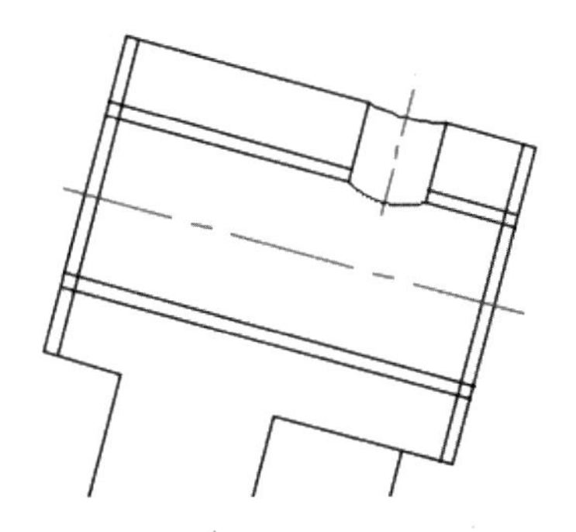

第23步 调用【直线】命令，绘制倒角圆的投影线，结果如下图所示。

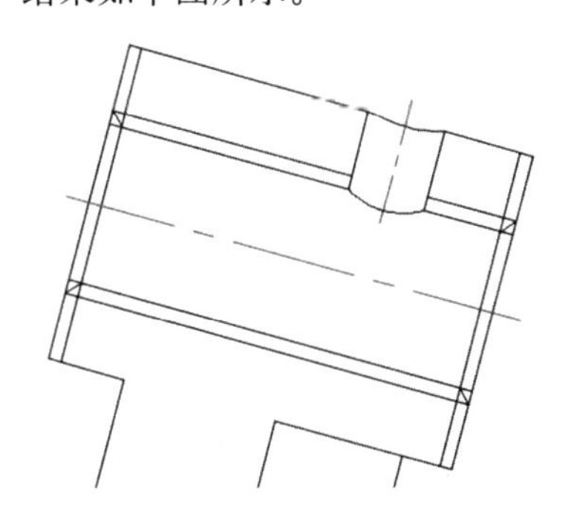

第24步 调用【修剪】命令，对倒角圆投影进行修剪，结果如下图所示。

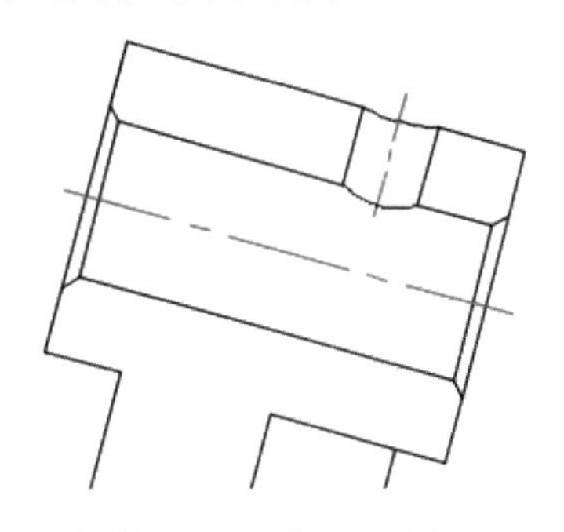

第25步 重复第22~24步，绘制图形下半部分的倒角圆投影，结果如下图所示。

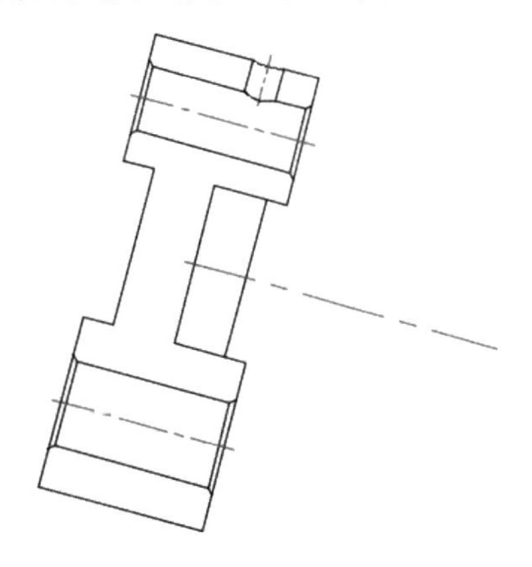

第26步 调用【偏移】命令，命令行提示如下。

```
命令：_OFFSET
当前设置：删除源=否  图层=源  OFFSETGAPTYPE=0
指定偏移距离或[通过(T)/删除(E)/图层(L)] <通过>:
                    //按空格键接受默认值
选择要偏移的对象，或[退出(E)/放弃(U)] <退出>:
//选择筋板的外轮廓线为偏移对象
指定通过点或[退出(E)/多个(M)/放弃(U)] <退出>:
                //在合适的位置单击
选择要偏移的对象，或[退出(E)/放弃(U)] <退出>:
                  //按空格键结束偏移命令
```

结果如下图所示。

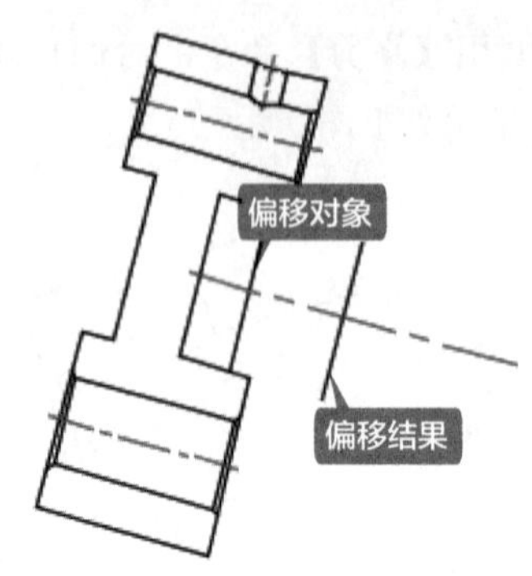

第27步 重复【偏移】命令，将第26步偏移后的直线向右侧再分别偏移24和44，结果如下图所示。

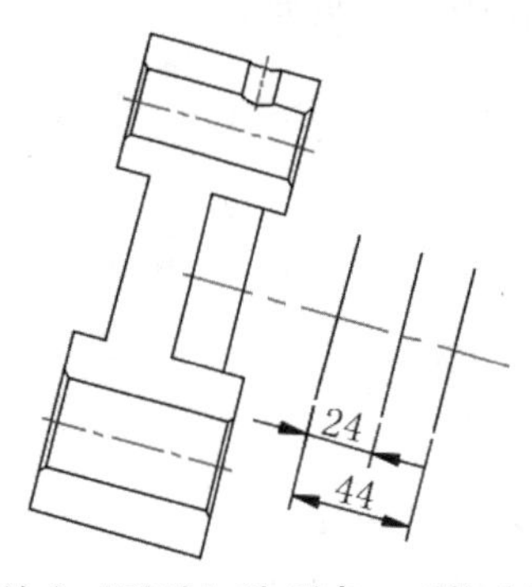

第28步 单击【默认】选项卡➤【修改】面板➤【分解】按钮，将中心线进行分解，分解前后对比如下图所示。

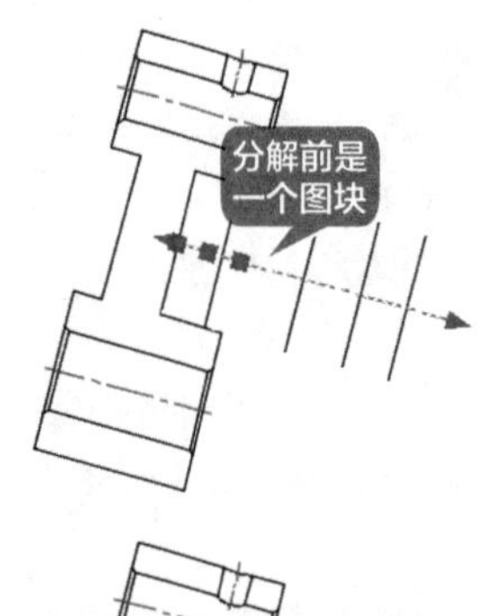

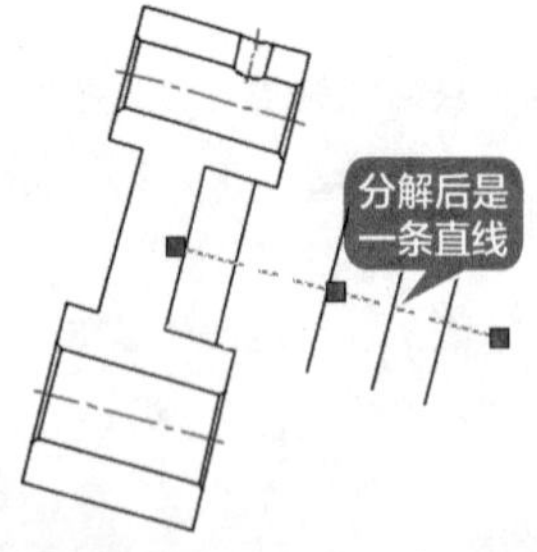

第29步 重复【偏移】命令，将分解后的中心线分别向两侧各偏移10，并将偏移后的结果放置到当前图层上，结果如下图所示。

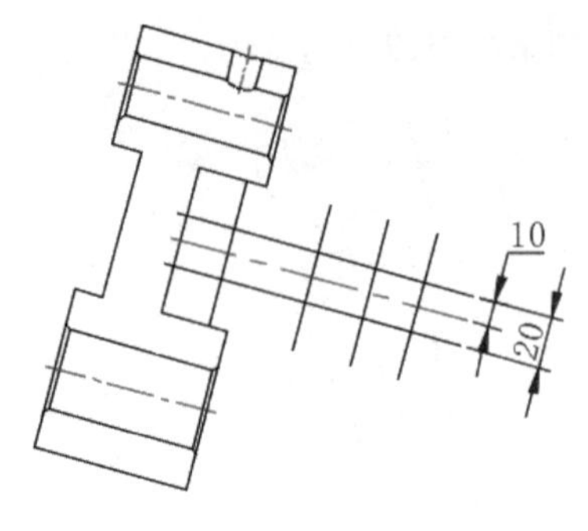

第30步 调用【样条曲线】命令，绘制两条样条曲线作为断面图的边界线，结果如下图所示。

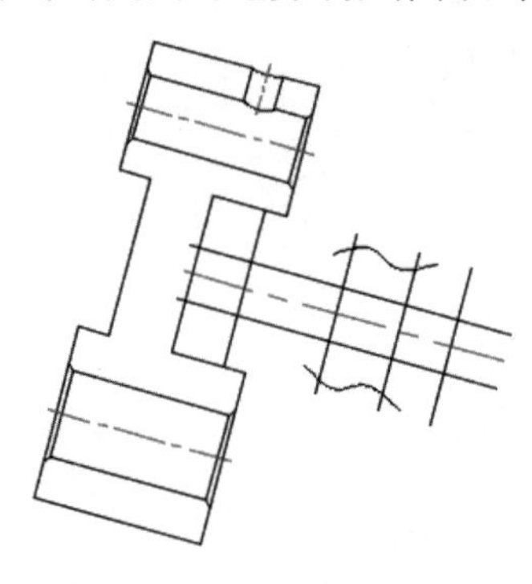

第31步 调用【修剪】命令，对图形进行修剪，结果如下图所示。

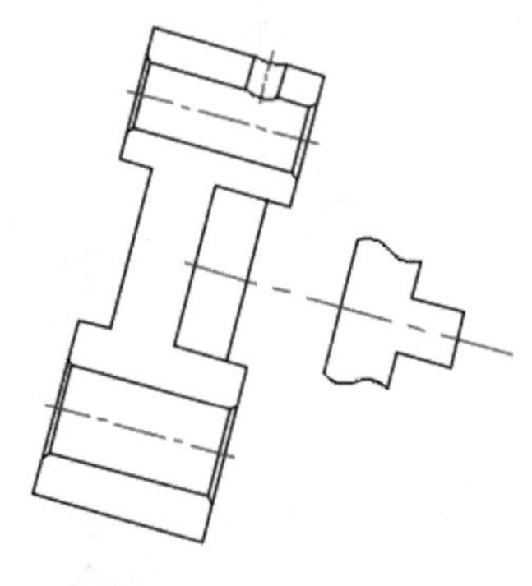

第32步 单击【默认】选项卡➤【修改】面板➤【旋转】按钮，将A-A剖视图旋转15°，结果如下图所示。

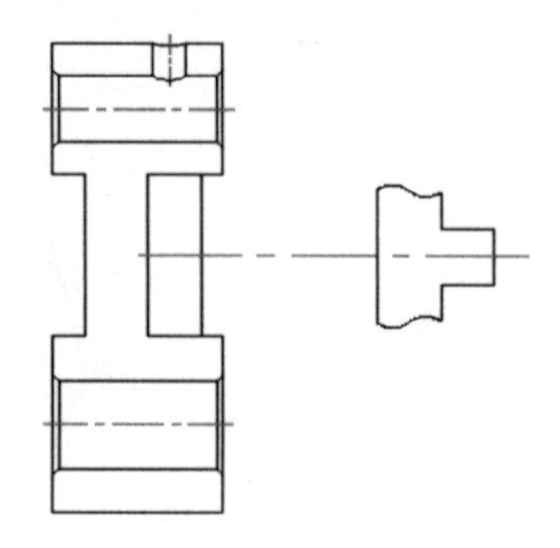

第 33 步 调用【圆角】命令，绘制半径为 3 的铸造圆角，结果如下图所示。

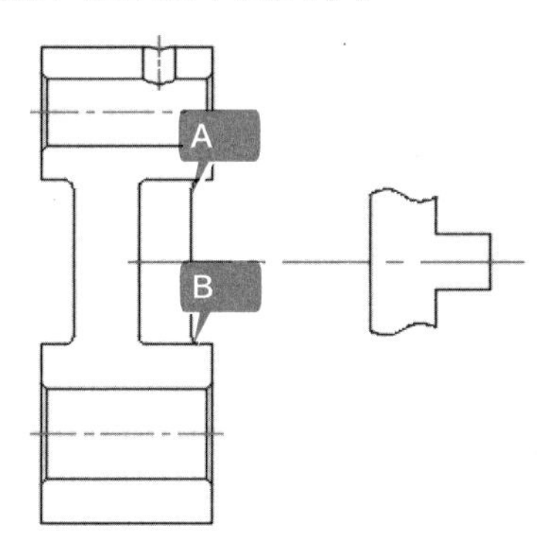

第 34 步 调用【图案填充】命令，分别对 A-A 剖视图和断面图进行图案填充，结果如下图所示。

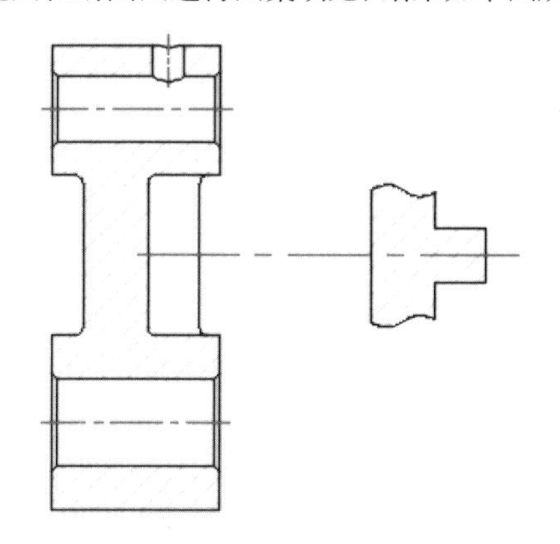

提示

在创建 A、B 两处圆角时，先将创建圆角命令设置为创建圆角后不修剪，然后再通过修剪命令对创建圆角后的 A、B 两处进行修剪。

13.2.5 创建粗糙度符号和基准符号图块

粗糙度符号有多种，可以先创建一个粗糙度符号，然后在其基础上创建其他粗糙度符号，最后将它们做成图块，以便后面插入使用，创建粗糙度符号和基准符号图块的具体操作步骤如下。

1. 创建粗糙度符号 1

第 1 步 将“标注”层设置为当前层，然后调用【矩形】命令，绘制一个 14 × 32 的矩形，结果如下图所示。

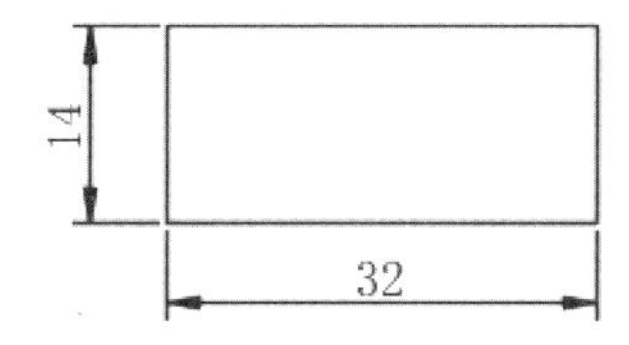

第 2 步 调用【分解】命令，将第 1 步绘制的矩形分解，然后调用【偏移】命令，将上端水平直线向下偏移 7，结果如下图所示。

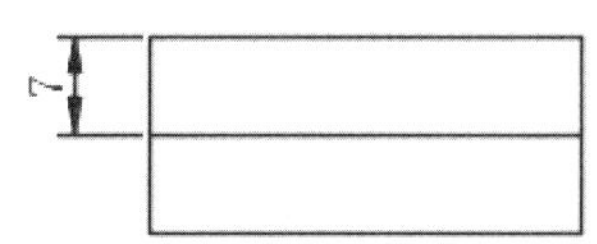

第 3 步 调用【直线】命令，根据命令行提示进行如下操作。

```
命令 : _line
指定第一个点 :  // 捕捉 A 点
指定下一点或 [ 放弃 (U)]: <-60
角度替代 : 300
指定下一点或 [ 放弃 (U)]:     // 单击 B 点
指定下一点或 [ 放弃 (U)]:  // 按空格键结束
命令
```

结果如下图所示。

第 4 步 重复【直线】命令，绘制一条与水平直线成 60° 夹角的直线，如下图所示。

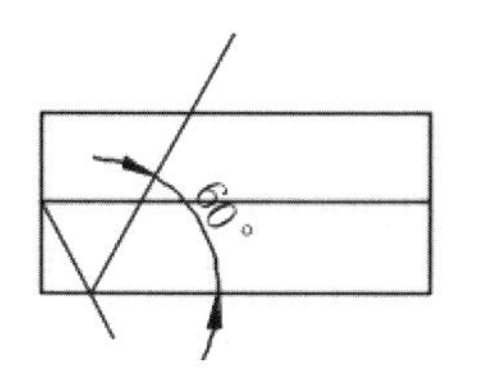

第5步 调用【修剪】命令，对图形进行修剪，结果如下图所示。

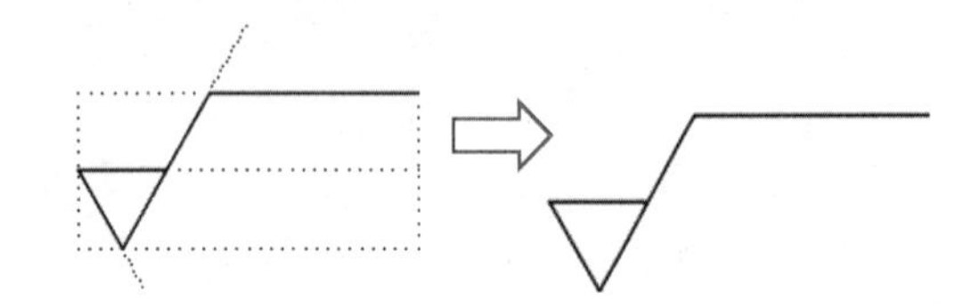

第6步 单击【默认】选项卡 ➢【块】面板 ➢【定义属性】按钮，在弹出的【属性定义】对话框中进行如下图所示的设置。

第7步 单击【确定】按钮，将创建的属性放置到合适的位置，结果如下图所示。

第8步 单击【默认】选项卡 ➢【块】面板 ➢【创建】按钮，在弹出的【块定义】对话框中进行如下图所示的设置，设置完成后单击【确定】按钮即可。

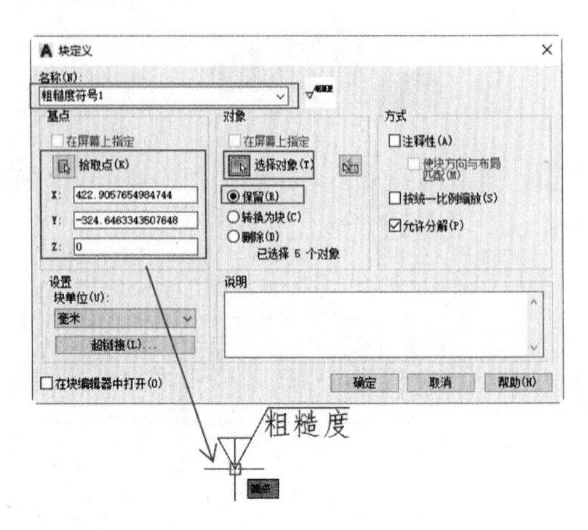

2. 创建粗糙度符号 2

第1步 单击【默认】选项卡 ➢【绘图】面板 ➢【圆】➢【相切、相切、相切】按钮，绘制一个与三条边相切的圆，如下图所示。

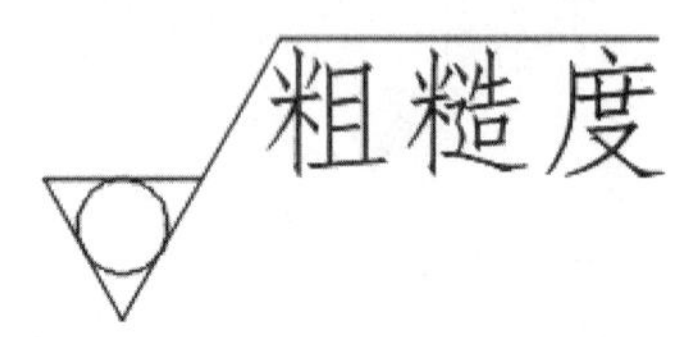

第2步 对粗糙度 2 进行修改，删除多余的注释说明，如下图所示。

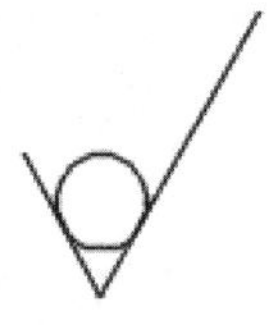

第3步 调用创建块命令，在弹出的【块定义】对话框中进行如下图所示的设置，设置完成后单击【确定】按钮即可。

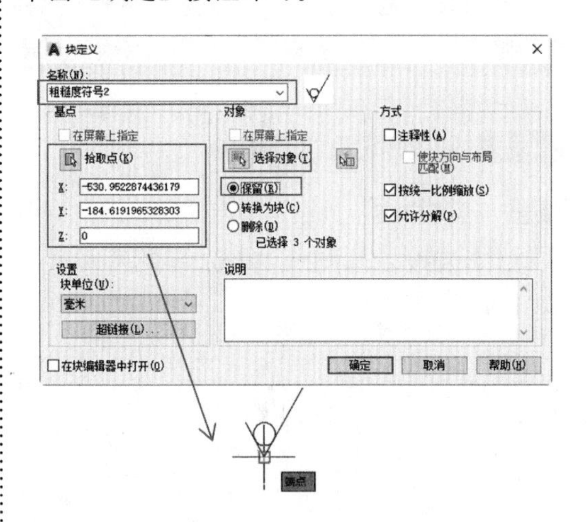

3. 创建粗糙度符号 3

第1步 调用删除命令，对“2. 创建粗糙度符号2”保留的粗糙度符号进行修改，如下图所示。

第2步 调用创建块命令，在弹出的【块定义】

对话框中进行如下图所示的设置，设置完成后单击【确定】按钮即可。

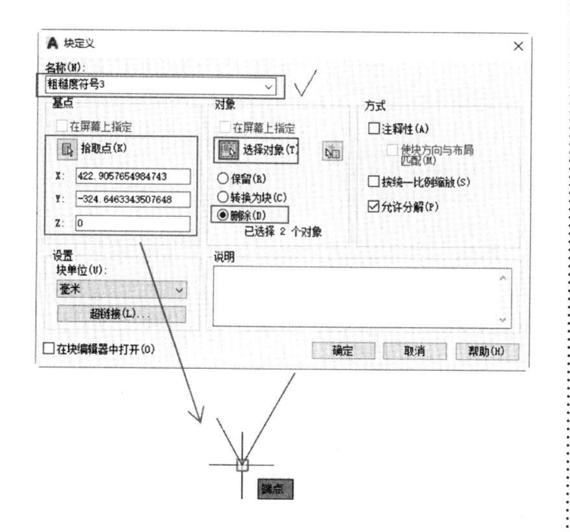

4. 创建基准符号

第 1 步 调用【圆心、半径】绘制圆命令，在合适的位置绘制一个半径为 5 的圆，如下图所示。

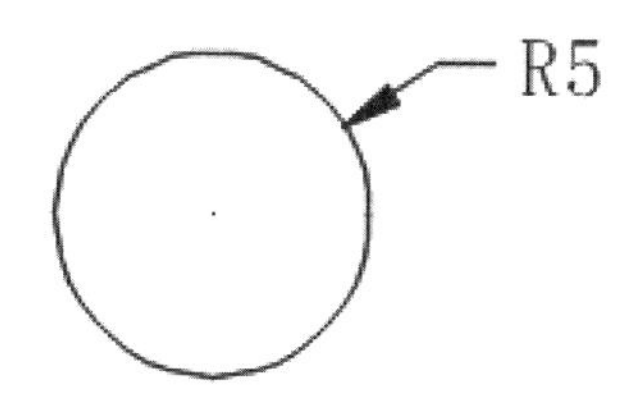

第 2 步 调用【直线】命令，过圆心绘制两条长度分别为 10、15 的直线，如下图所示。

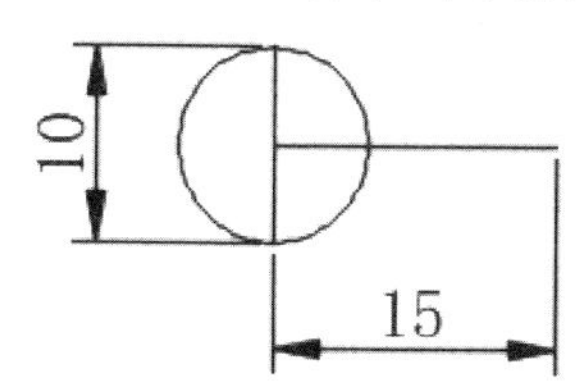

第 3 步 单击【默认】选项卡 >【修改】面板 >【移动】按钮，将两条直线向左侧移动 20，如下图所示。

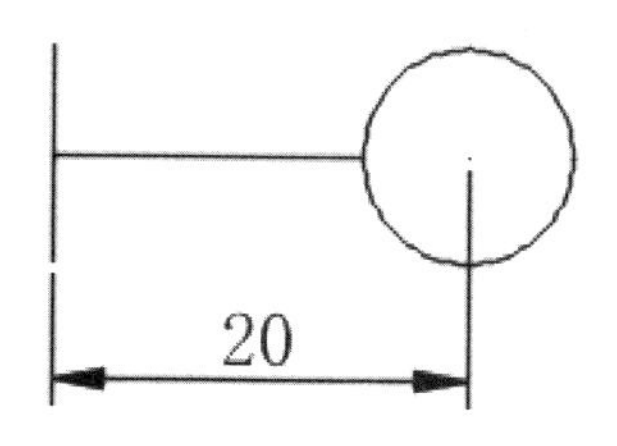

第 4 步 调用【定义属性】命令，在弹出的【属性定义】对话框中进行如下图所示的设置。

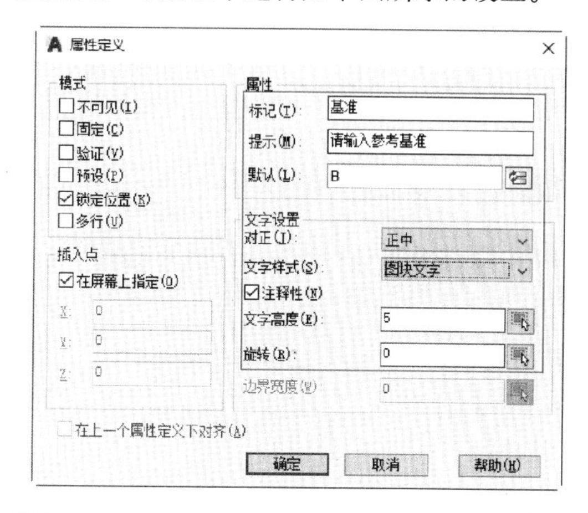

第 5 步 单击【确定】按钮，将创建的属性放置到合适的位置，如下图所示。

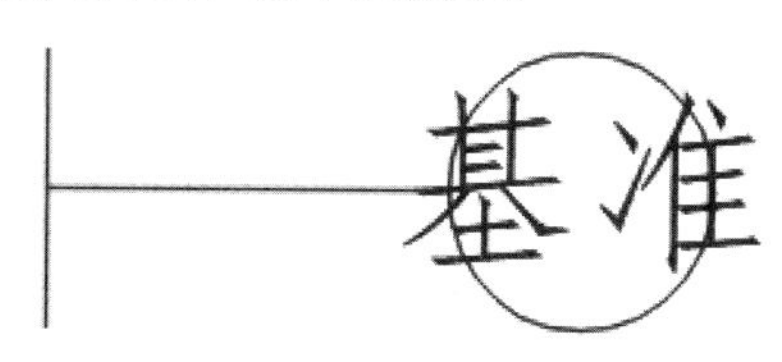

第 6 步 调用创建块命令，在弹出的【块定义】对话框中进行如下图所示的设置，设置完成后单击【确定】按钮即可。

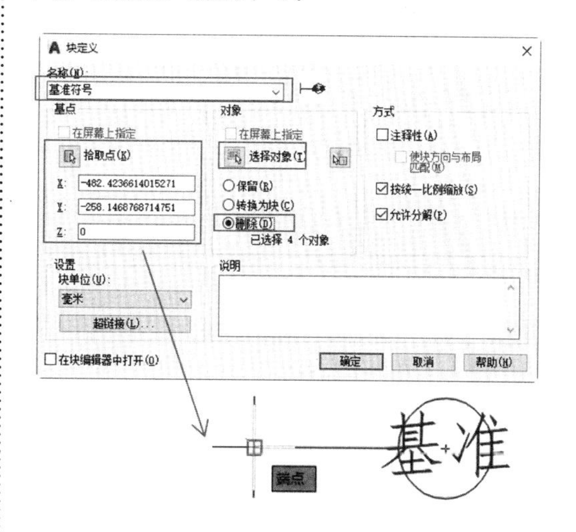

13.2.6 完善图形

一幅完整的图形除了基本形状外，还要有标注、剖切符号、技术要求，以及粗糙度和图框等，下面就通过尺寸标注、文字及插入图块等命令来对图形进行完善。

1. 添加尺寸和形位公差

第1步 将“标注”层设置为当前层，选择标注命令为各视图添加标注，如下图所示。

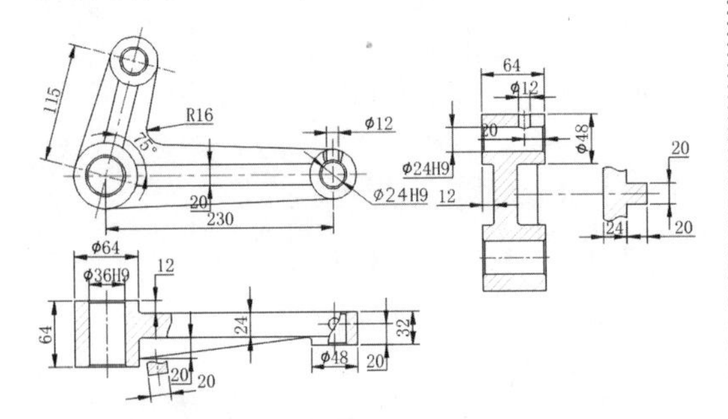

第2步 单击【插入】➢【块选项板】菜单命令，在弹出的【块】选项板中右击“基准符号”，然后选择【插入】命令，如下图所示。

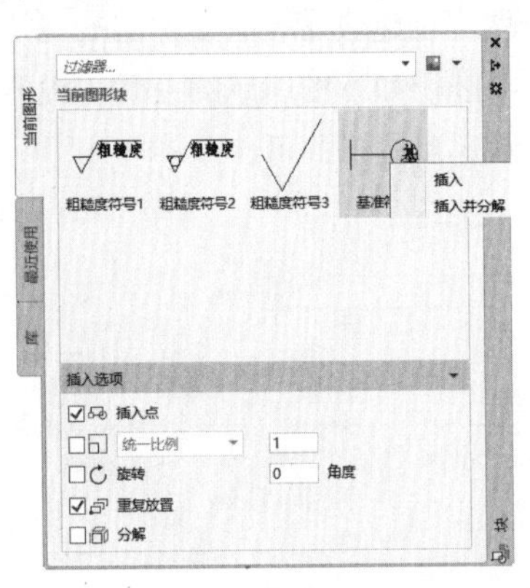

第3步 在图中指定插入位置，然后在弹出的【编辑属性】对话框中输入基准符号“B”，单击【确定】按钮后，即可将定位基准B插入到相应的位置，如下图所示。

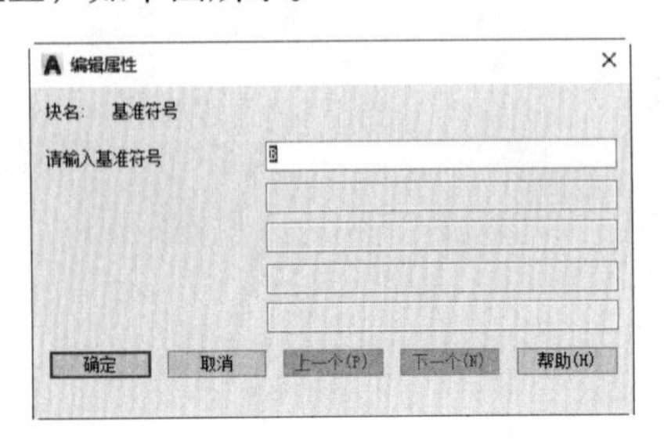

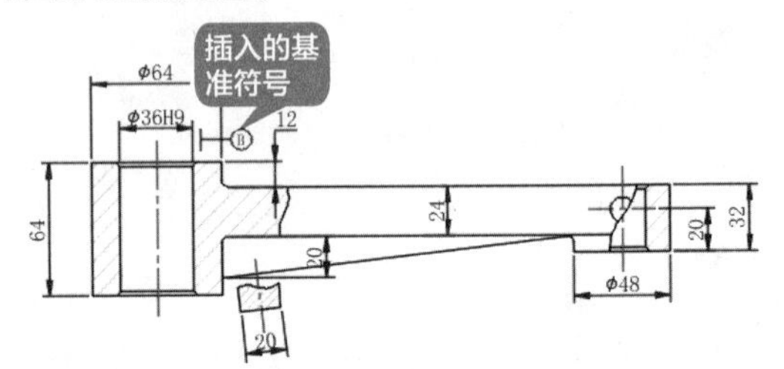

第4步 插入一个基准后，命令行会提示继续插入基准，根据命令行提示输入“r”，然后设置旋转角度为270，指定插入点后，在弹出的【编辑属性】对话框中输入基准符号“C”，单击【确定】按钮，即可将定位基准C插入到相应的位置，结果如下图所示。

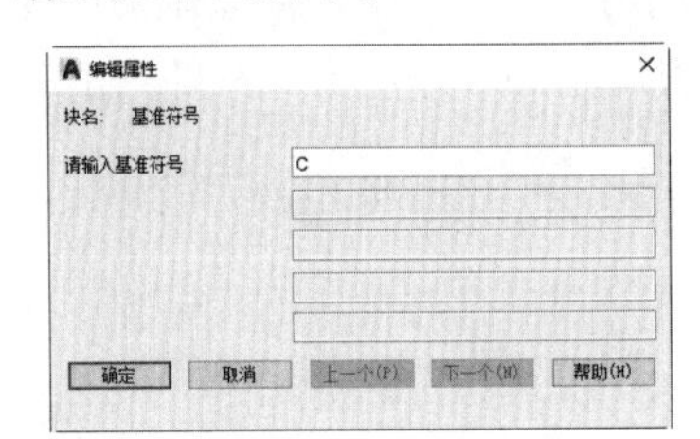

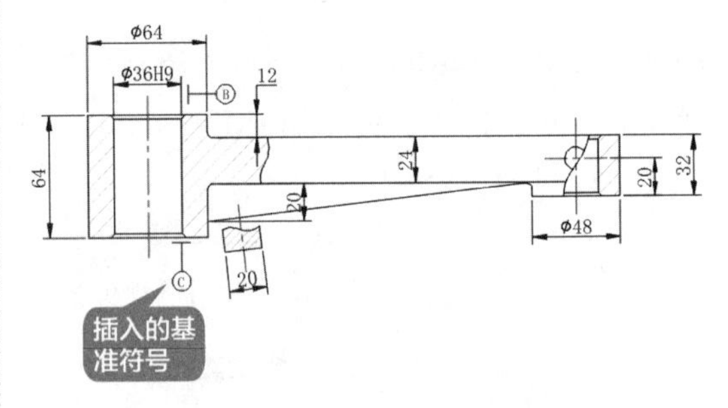

第5步 插入基准C后，按【Esc】键退出图块插入命令。单击【注释】选项卡➢【标注】面板➢【公差】按钮，单击【符号】，选择“垂直度”符号，然后输入如下图所示的公差和基准。

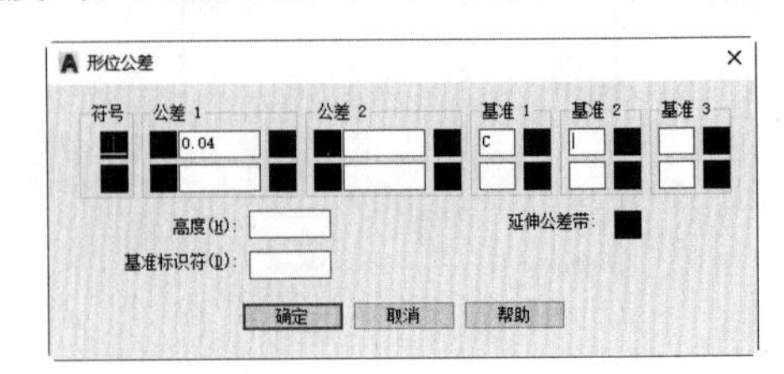

第6步 单击【确定】按钮，然后将垂直度形位公差插入到图形中相应的位置，如下图所示。

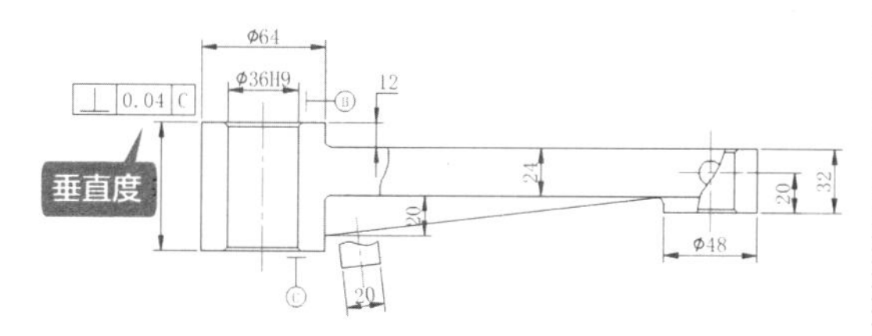

第7步 单击【默认】选项卡➤【绘图】面板➤【多段线】按钮，根据命令行提示，进行如下操作。

```
命令：_pline
指定起点：  // 捕捉形位公差框右侧中点
当前线宽为 0.0000
指定下一个点或 [圆弧 (A)/ 半宽 (H)/ 长度 (L)/ 放弃 (U)/ 宽度 (W)]:  // 在合适的长度位置单击
指定下一点或 [圆弧 (A)/ 闭合 (C)/ 半宽 (H)/ 长度 (L)/ 放弃 (U)/ 宽度 (W)]: w
指定起点宽度 <0.0000>: 1.5
指定端点宽度 <1.5000>: 0
指定下一点或 [圆弧 (A)/ 闭合 (C)/ 半宽 (H)/ 长度 (L)/ 放弃 (U)/ 宽度 (W)]:
// 捕捉与尺寸线垂直相交的位置
指定下一点或 [圆弧 (A)/ 闭合 (C)/ 半宽 (H)/ 长度 (L)/ 放弃 (U)/ 宽度 (W)]:  // 空格键结束命令
```

结果如下图所示。

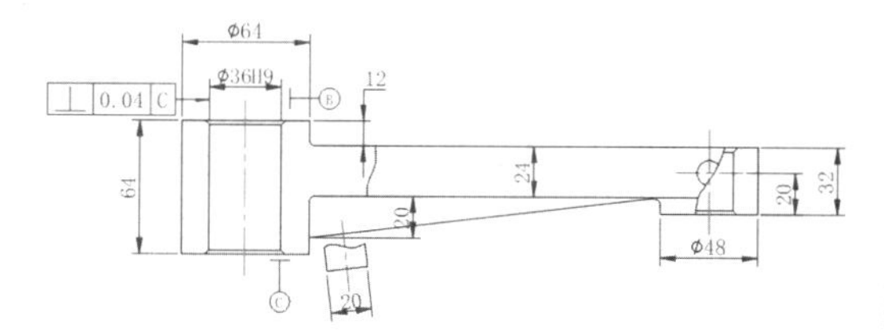

第8步 重复第5~7步，给主视图添加平行度形位公差，结果如下图所示。

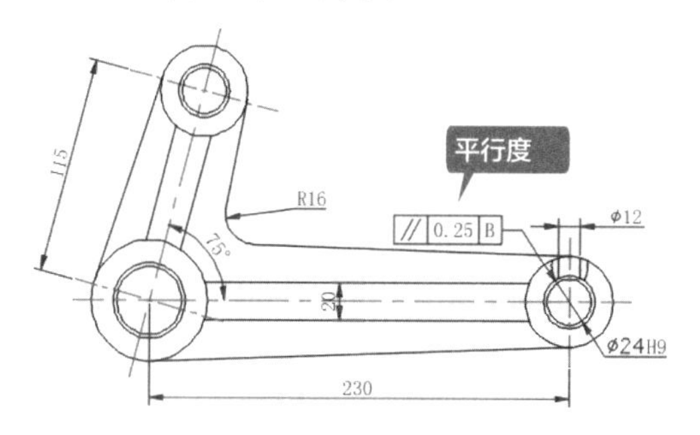

第9步 重复第5~7步，给A−A剖视图添加平行度形位公差，结果如下图所示。

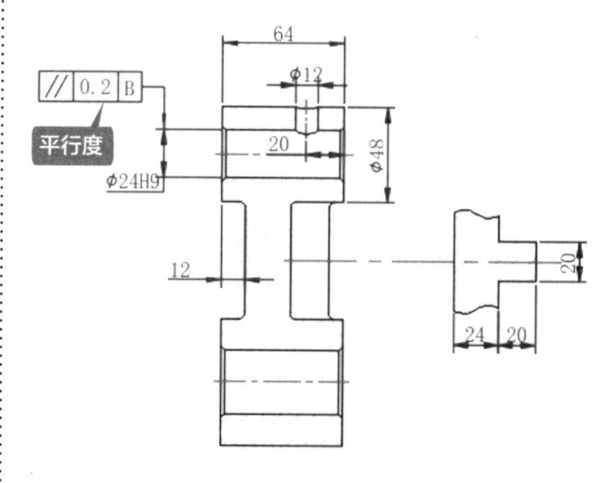

2. 添加粗糙度和剖切符号

第1步 调用【块选项板】命令，在弹出的【块】选项板中右击"粗糙度符号1"，然后选择【插入】命令，根据命令行提示进行如下操作。

```
指定插入点或 [基点 (B)/ 比例 (S)/ 旋转 (R)]: r
指定旋转角度 <0>: 90
指定插入点或 [基点 (B)/ 比例 (S)/ 旋转 (R)]:
// 捕捉下图所示的中点
```

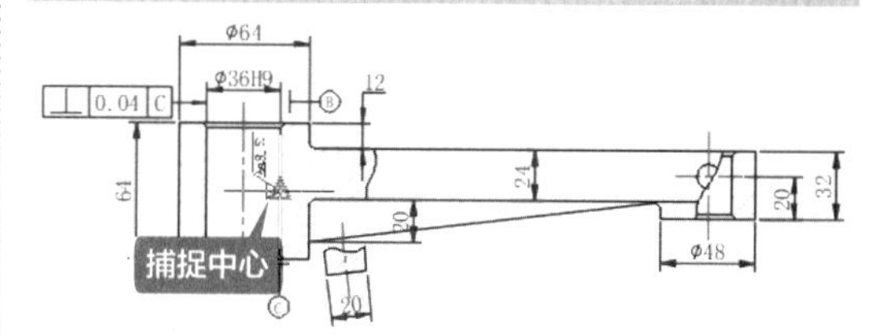

第2步 在弹出的【编辑属性】对话框中输入粗糙度的值"Ra1.6"，如下图所示。

编辑属性

块名： 粗糙度符号1

请输入粗糙度值 Ra1.6

确定 取消 上一个(P) 下一个(N) 帮助(H)

第3步 结果如下图所示。

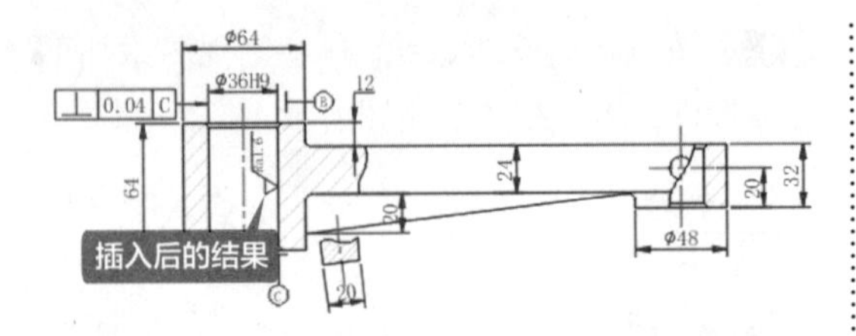

第 4 步 根据插入的位置，调整粗糙度符号的角度，继续插入粗糙度，结果如下图所示。

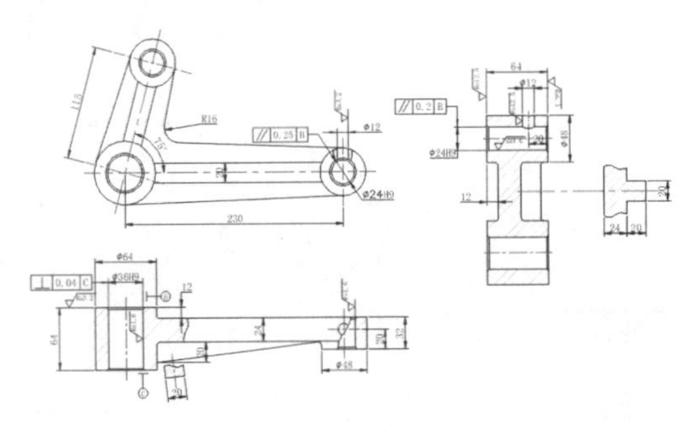

提示

所有粗糙度的插入都是在一次命令下完成的。如果粗糙度和标注的尺寸有干涉，可以对标注的尺寸进行调整。

第 5 步 调用【多段线】命令，根据命令行提示，进行如下操作。

```
命令：_pline
    指定起点： // 捕捉中心线的端点
    当前线宽为 0.0000
    指定下一个点或 [圆弧 (A)/ 半宽 (H)/ 长度 (L)/ 放弃 (U)/ 宽度 (W)]： // 拖动鼠标，在合适的位置单击
    指定下一点或 [圆弧 (A)/ 闭合 (C)/ 半宽 (H)/ 长度 (L)/ 放弃 (U)/ 宽度 (W)]: w
    指定起点宽度 <0.0000>: 1.5
    指定端点宽度 <1.5000>: 0
    指定下一点或 [圆弧 (A)/ 闭合 (C)/ 半宽 (H)/ 长度 (L)/ 放弃 (U)/ 宽度 (W)]:
    // 在合适的位置单击，指定箭头的长度
    指定下一点或 [圆弧 (A)/ 闭合 (C)/ 半宽 (H)/ 长度 (L)/ 放弃 (U)/ 宽度 (W)]： // 空格键结束命令
```

结果如下图所示。

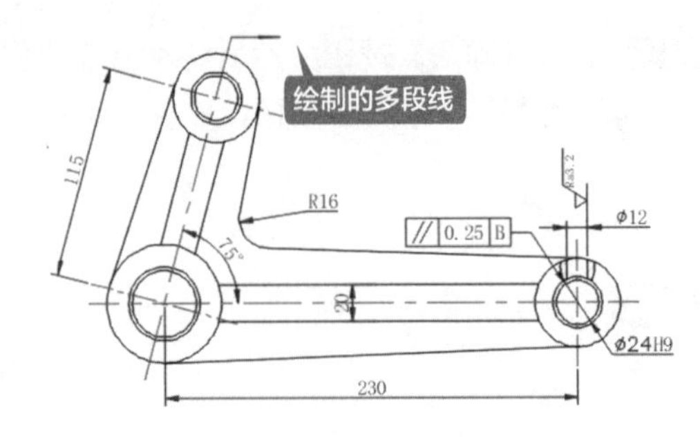

第 6 步 调用【旋转】命令，将第 5 步绘制的多段线绕中心线端点旋转 345°，如下图所示。

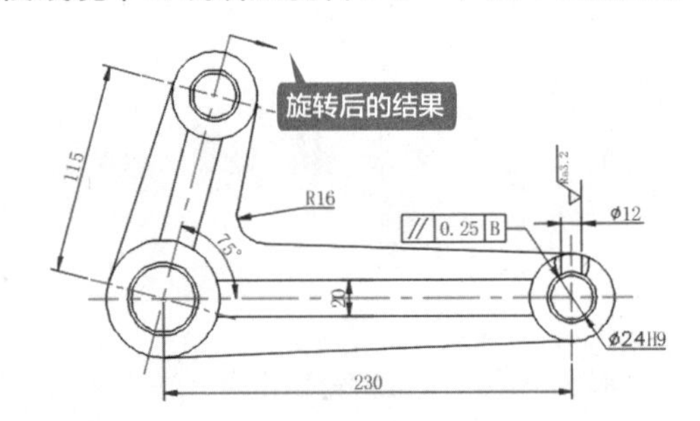

第 7 步 调用【复制】命令，将旋转后的多段线复制到中心线的另一端，如下图所示。

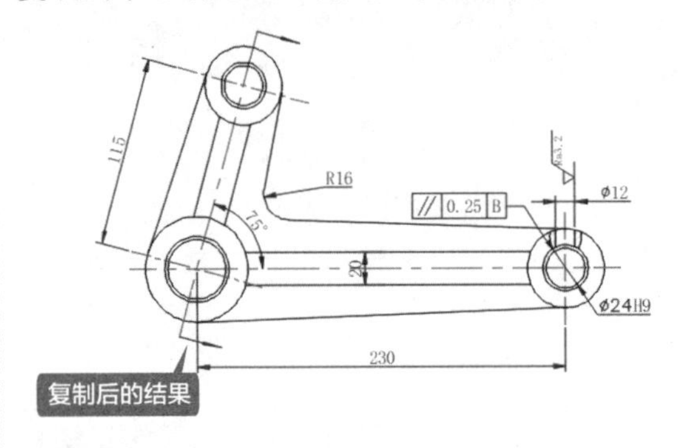

第 8 步 单击【默认】选项卡 ➤【注释】面板 ➤【单行文字】按钮 A，将文字的高度设置为 7，旋转角度设置为 345，输入文字后结果如下图所示。

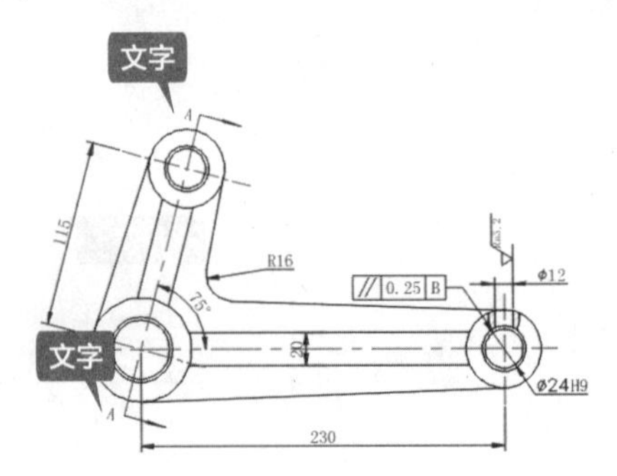

第9步 重复文字命令，给 A-A 剖视图添加剖视标记，如下图所示。

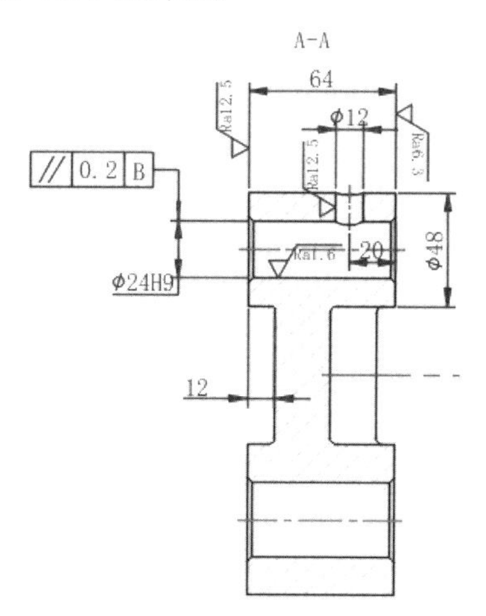

第10步 调用【多段线】命令，绘制剖视图的旋转标记，根据命令行提示，进行如下操作。

命令：_pline
指定起点： //在合适的位置单击作为起点
当前线宽为 0.0000
指定下一个点或 [圆弧 (A)/ 半宽 (H)/ 长度 (L)/ 放弃 (U)/ 宽度 (W)]: a
指定圆弧的端点（按住 Ctrl 键以切换方向）或 [角度 (A)/……/ 宽度 (W)]: ce
指定圆弧的圆心：@-3,0
指定圆弧的端点（按住 Ctrl 键以切换方向）或 [角度 (A)/ 长度 (L)]: a
指定夹角（按住 Ctrl 键以切换方向）: 150
指定圆弧的端点（按住 Ctrl 键以切换方向）或 [角度 (A)/ ……/ 第二个点 (S)/ 放弃 (U)/ 宽度 (W)]: w
指定起点宽度 <0.0000>: 0.5
指定端点宽度 <0.5000>: 0
指定圆弧的端点（按住 Ctrl 键以切换方向）或 [角度 (A)/ ……/ 第二个点 (S)/ 放弃 (U)/ 宽度 (W)]: ce
指定圆弧的圆心： //捕捉圆心
指定圆弧的端点（按住 Ctrl 键以切换方向）或 [角度 (A)/ 长度 (L)]: @-3,0
指定圆弧的端点（按住 Ctrl 键以切换方向）或 [角度 (A)/ ……)/ 第二个点 (S)/ 放弃 (U)/ 宽度 (W)]:
//空格键结束命令

结果如下图所示。

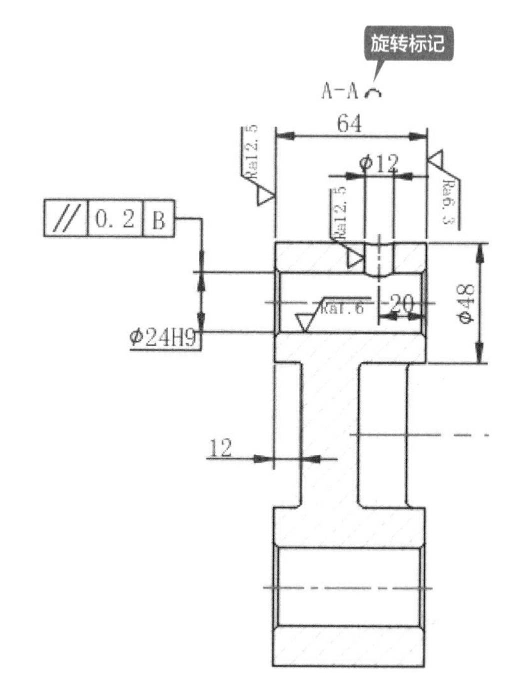

3. 添加技术要求和插入图框

第1步 将“文字”层设置为当前层，单击【默认】选项卡 ➤【注释】面板 ➤【多行文字】按钮A，输入技术要求，如下图所示。

技术要求：
1、退火处理；
2、未注铸造圆角均为R3；
3、未注倒角为C2。

第2步 调用【块选项板】命令，在弹出的【块】选项板中，将“粗糙度符号 2”和 “粗糙度符号 3” 分别拖入到技术要求下方，如下图所示。

技术要求：
1、退火处理；
2、未注铸造圆角均为R3；
3、未注倒角为C2。

第3步 调用【块选项板】命令，在弹出的【块】选项板上单击【库】选项卡，然后单击 按钮，在弹出的【为块库选择文件夹或文件】对话框中选择附件“图框”，如下图所示。

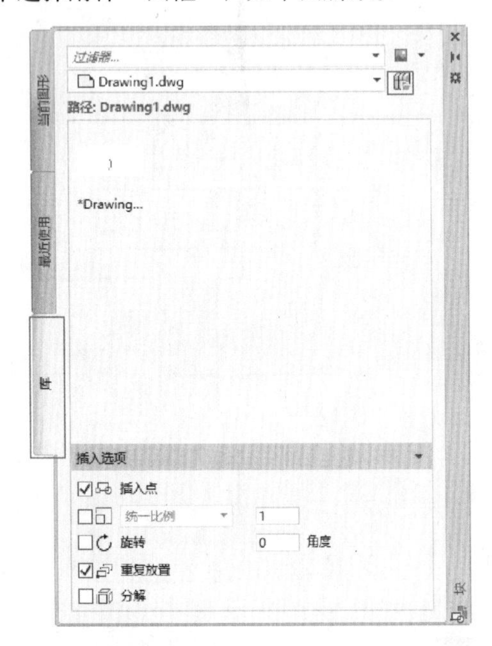

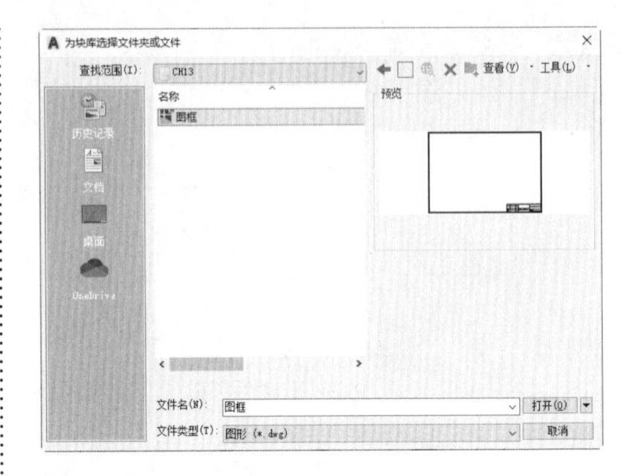

第4步 插入图框后结果如下图所示。

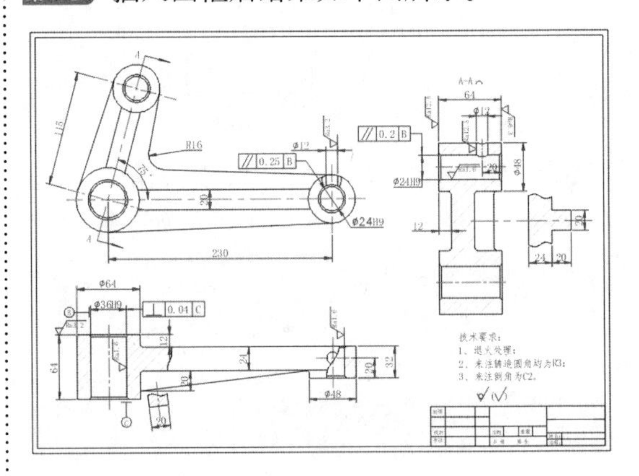

第5步 调用【单行文字】命令，输入图形名称、图号及材料等，最终结果如下图所示。

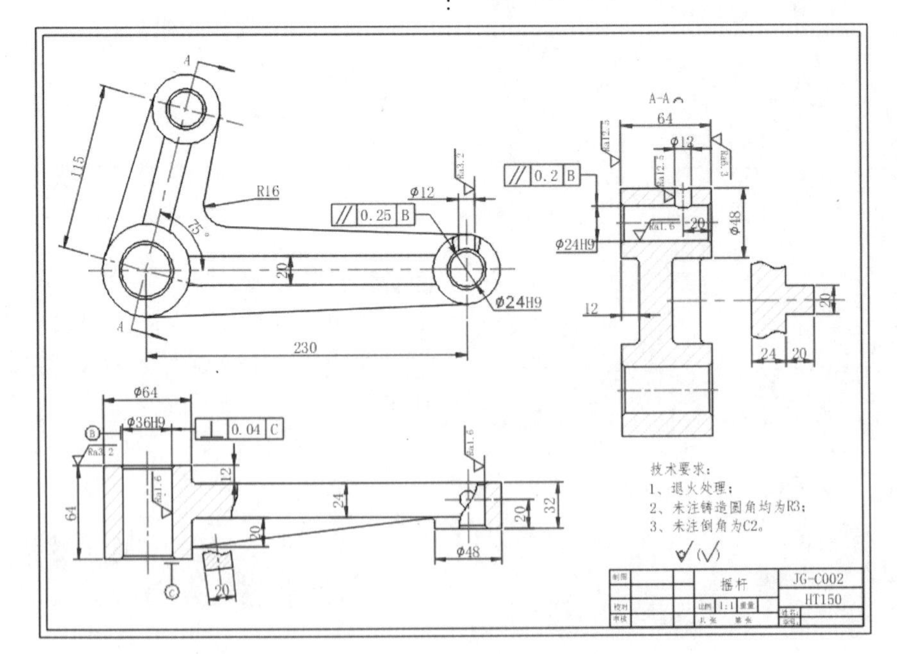

第 14 章 一室一厅装潢平面图

本章导读

装潢平面图是室内设计的重要组成部分，完整的室内建筑施工图一般都是从平面图开始的。

思维导图

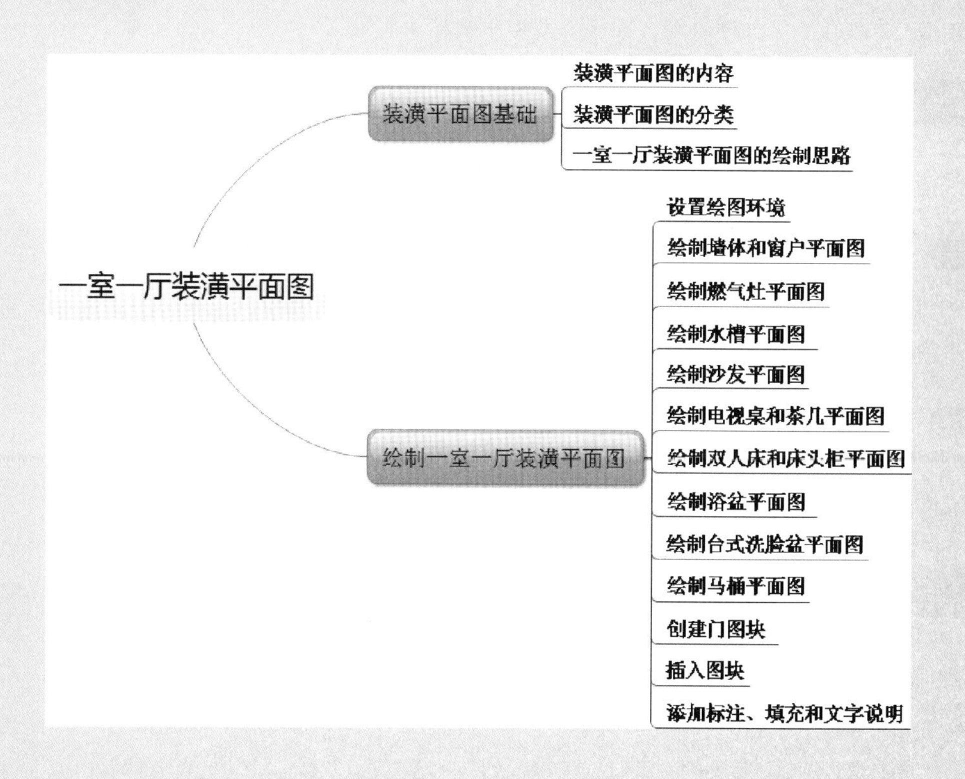

14.1 装潢平面图基础

装潢平面图是建筑施工图中的一种，是整个室内建筑平面的真实写照，用于表现室内建筑物的平面形状、布局、墙体、柱子、楼梯及门窗的位置等。

14.1.1 装潢平面图的内容

一般情况下，绘制装潢平面图时，需要对不同的楼层绘制不同的平面图，并在图的正下方标注相应的楼层，如“顶层平面图”“首层平面图”等。

如果各楼层的房间、布局完全相同或基本相同（如学校、宾馆等），则可以用一张平面图来表示，如“标准层平面图”“二到六层平面图”。对于局部不同的地方则需要单独进行绘制。

一般情况下，装潢平面图主要包括以下内容。

（1）建筑物的朝向、内部布局、形状、入口、楼梯、窗户等。一般情况下，平面图需要标注房间的名称和编号。

（2）平面图中要标明门窗、过梁编号及门的开启方向等。门窗除了图例外，还应通过编号加以区分，如 M 表示门，C 表示窗户，编号一般为 M1、M2 和 C1、C2 等。同一个编号的门窗尺寸、材料和样式应相同。

（3）要标明室内的装修做法，包括室内地面、墙面和顶棚等处的材料和做法等。

（4）首层平面图应标注指北针，来表明建筑物的朝向。

装潢平面图一般采用 3 种比例来绘制，分别为 1:50，1:100，1:200，其中，1:100 的比例使用较多。本实例为了方便讲解，采用的绘图比例是 1:1。

14.1.2 装潢平面图的分类

装潢平面图可以根据不同的分类方法来进行划分，主要有以下 2 种。

1. 根据不同的设计阶段

根据不同的设计阶段，装潢平面图可以分为方案平面图、初设平面图，以及施工平面图。不同阶段图纸表达的深度也不同。

2. 根据剖切位置

除了根据设计阶段划分外，还可以根据剖切位置来划分，装潢平面图可以分为底层平面图、标准层平面图、× 层平面图等。

14.1.3 一室一厅装潢平面图的绘制思路

绘制装潢平面图的思路是先设置绘图环境，然后绘制墙体和窗户、厨卫设施和室内家具，创建和插入图块，最后添加注释说明。具体绘制思路如表 14-1 所示。

表 14-1　一室一厅装潢平面图的绘制思路

序号	绘图方法	结果	备注
1	设置绘图环境，如图层、文字样式、标注样式、草图设置、多线样式等		
2	通过多线命令和编辑多线命令绘制墙体、窗户		使用多线命令绘制墙体时注意设置多线的比例和对齐方式，使用编辑多线命令时注意选择两条多线的顺序
3	综合运用绘图命令和编辑命令绘制家具		
4	创建和插入图块		创建门图块时注意使用图块文字，插入门图块时注意插入的比例和角度
5	添加标注、填充和文字说明		先标注和创建文字，这样填充时，填充区域会避开文字和标注 进行填充时，可以先添加辅助线，将要填充的区域封闭，填充完毕后再将辅助线删除

14.2 绘制一室一厅装潢平面图

住宅平面图的绘制思路是从外向内绘制，即先绘制墙体和门窗，然后绘制内部的家具和厨卫设施，最后通过插入图块和文字说明等来完成整个图形的绘制。

14.2.1 设置绘图环境

在绘制图形之前，首先要设置绘图环境，如图层、文字样式、标注样式、多重引线样式、草图设置等。

1. 设置图层

第 1 步 新建一个DWG文件，选择【格式】➤【图层】菜单命令，系统弹出【图层特性管理器】，如下图所示。

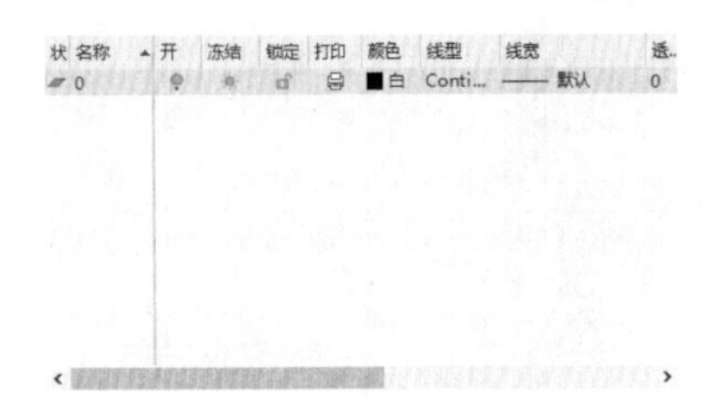

第 2 步 依次创建如下图所示的图层。

2. 设置文字样式

第 1 步 选择【格式】➤【文字样式】菜单命令，弹出【文字样式】对话框，单击【新建】按钮，新建一个名称为“住宅平面文字”的文字样式，如下图所示。

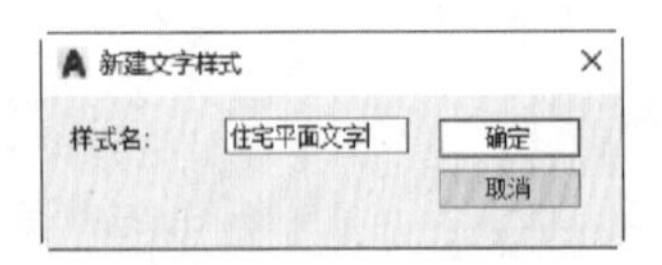

第 2 步 将“住宅平面文字”的字体设置为“黑体”，单击【应用】按钮，并将其【置为当前】，如下图所示。

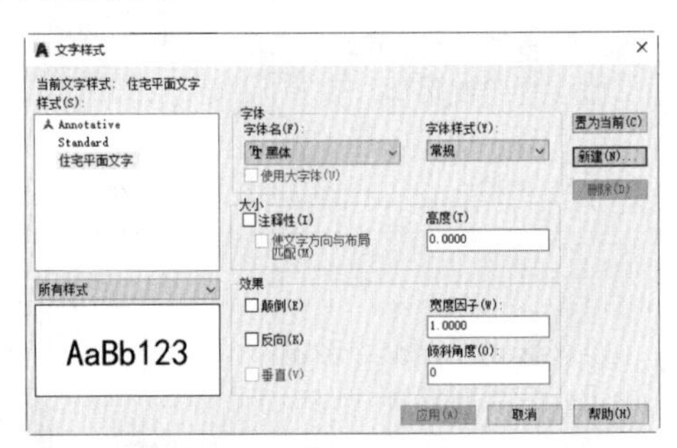

第 3 步 单击【新建】按钮，新建一个名称为“图块文字”的文字样式，如下图所示。

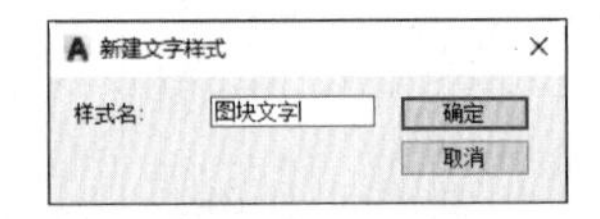

第 4 步 勾选【注释性】和【使文字方向与布局匹配】复选框，其他设置不变，然后单击【应用】按钮，如下图所示。

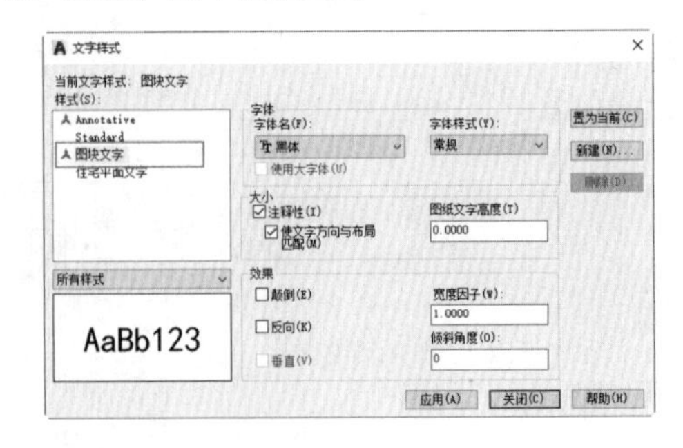

3. 设置标注样式

第 1 步 选择【格式】➤【标注样式】菜单命令，弹出【标注样式管理器】对话框，单击【新建】

按钮，新建一个名称为“建筑标注样式”的标注样式，如下图所示。

第 2 步 单击【继续】按钮，弹出【新建标注样式：建筑标注样式】对话框，选择【符号和箭头】选项卡，进行如下图所示的参数设置。

第 3 步 选择【调整】选项卡，将【标注特征比例】选项区域的【使用全局比例】设置为 75，其他设置不变，如下图所示。

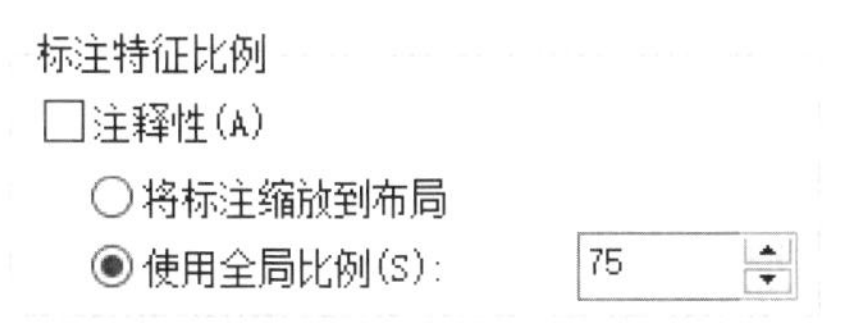

4. 草图设置

选择【工具】➤【绘图设置】菜单命令，弹出【草图设置】对话框，选择【对象捕捉】选项卡，进行如下图所示的相关参数设置。

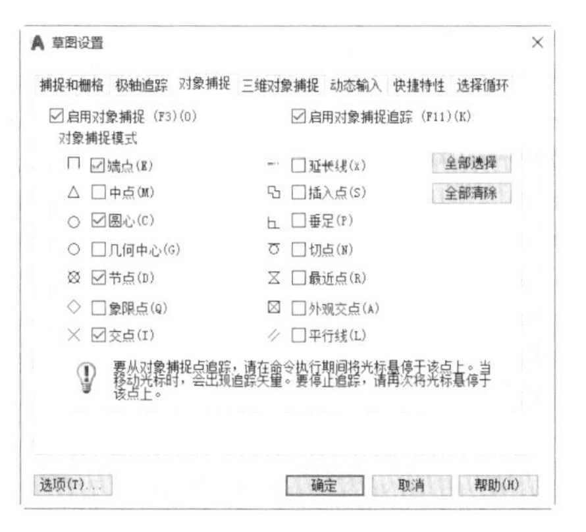

5. 设置多线样式

第 1 步 选择【格式】➤【多线样式】菜单命令，弹出【多线样式】对话框，如下图所示。

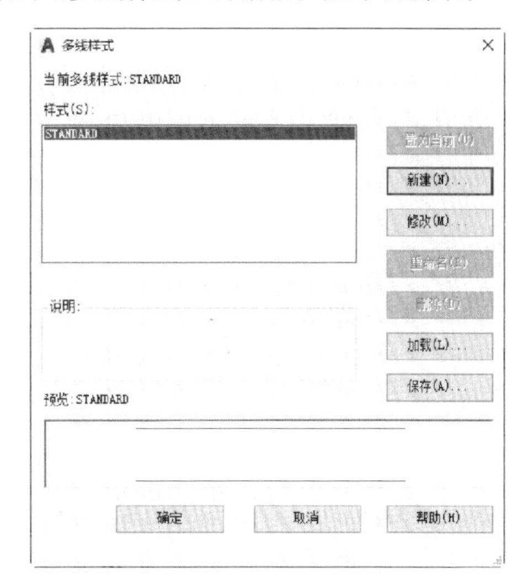

第 2 步 单击【新建】按钮，新建一个名称为“墙体”的多线样式，如下图所示。

第 3 步 单击【继续】按钮，在弹出的【新建多线样式：墙体】对话框中进行如下图所示的设置。

第 4 步 重复第 2~3 步，新建一个“窗户”多线样式，如下图所示。

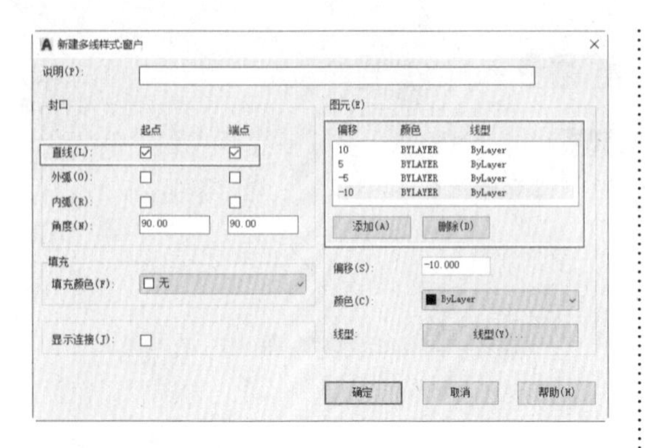

第5步 返回到【多线样式】对话框中，将“墙体”样式置为当前，然后单击【确定】按钮，如下图所示。

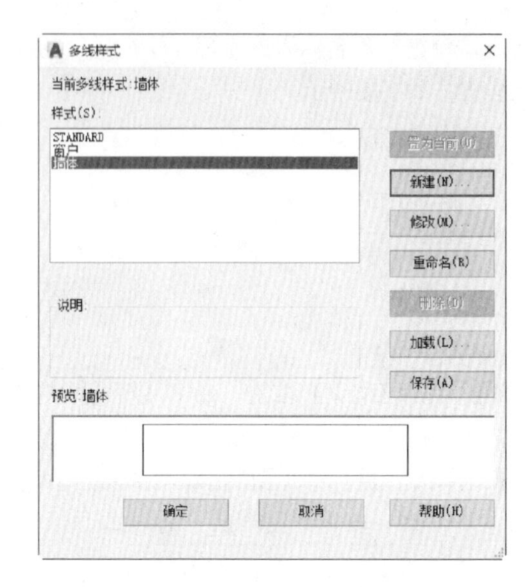

14.2.2 绘制墙体和窗户平面图

绘制墙体、窗户的过程中主要应用到创建多线、使用多线绘图和编辑多线等命令，具体操作步骤如下。

第1步 将“墙线”层置为当前，然后在命令行中输入“ml（多线）”并按空格键，命令行提示如下。

```
命令：MLINE   当前设置：对正 = 上，比例 = 20.00，样式 = 墙体
指定起点或 [ 对正 (J)/ 比例 (S)/ 样式 (ST)]：0,0
指定下一点：-2500,0
指定下一点或 [ 放弃 (U)]：@0,3700
指定下一点或 [ 闭合 (C)/ 放弃 (U)]：@2100,0
指定下一点或 [ 闭合 (C)/ 放弃 (U)]：
// 按 Enter 键或空格键结束命令
命令：MLINE   当前设置：对正 = 上，比例 = 20.00，样式 = 墙体
指定起点或 [ 对正 (J)/ 比例 (S)/ 样式 (ST)]：800,200
指定下一点：@6300,0
指定下一点或 [ 放弃 (U)]：@0,200
指定下一点或 [ 闭合 (C)/ 放弃 (U)]：
// 按 Enter 键或空格键结束命令
命令：MLINE   当前设置：对正 = 上，比例 = 20.00，样式 = 墙体
指定起点或 [ 对正 (J)/ 比例 (S)/ 样式 (ST)]：7100,1400
指定下一点：@0,3700
指定下一点或 [ 放弃 (U)]：@-900,0
指定下一点或 [ 闭合 (C)/ 放弃 (U)]：
// 按 Enter 键或空格键结束命令
命令：MLINE   当前设置：对正 = 上，比例 = 20.00，样式 = 墙体
指定起点或 [ 对正 (J)/ 比例 (S)/ 样式 (ST)]：7100,1800
```

```
指定下一点：@-2240,0
指定下一点或 [ 放弃 (U)]: @0,-720
指定下一点或 [ 闭合 (C)/ 放弃 (U)]:
// 按 Enter 键或空格键结束命令
命令 :MLINE    当前设置 : 对正 = 上，比例 = 20.00，样式 = 墙体
指定起点或 [ 对正 (J)/ 比例 (S)/ 样式 (ST)]: 4660,1200
指定下一点：@-80,0
指定下一点或 [ 放弃 (U)]:
// 按 Enter 键或空格键结束命令
命令：MLINE    当前设置 : 对正 = 上，比例 = 20.00，样式 = 墙体
指定起点或 [ 对正 (J)/ 比例 (S)/ 样式 (ST)]: 4600,5100
指定下一点：@-1850,0
指定下一点或 [ 放弃 (U)]:
// 按 Enter 键或空格键结束命令
命令： MLINE    当前设置 : 对正 = 上，比例 = 20.00，样式 = 墙体
指定起点或 [ 对正 (J)/ 比例 (S)/ 样式 (ST)]: 3700,5100
指定下一点：@0,-3900
指定下一点或 [ 放弃 (U)]:
// 按 Enter 键或空格键结束命令
命令： MLINE    当前设置 : 对正 = 上，比例 = 20.00，样式 = 墙体
指定起点或 [ 对正 (J)/ 比例 (S)/ 样式 (ST)]: 550,5100
指定下一点：@-750,0
指定下一点或 [ 放弃 (U)]: @0,-4020
指定下一点或 [ 闭合 (C)/ 放弃 (U)]:
// 按 Enter 键或空格键结束命令
命令：MLINE  当前设置 : 对正 = 上，比例 = 20.00，样式 = 墙体
指定起点或 [ 对正 (J)/ 比例 (S)/ 样式 (ST)]:
-2300,2300
指定下一点：@1020,0
指定下一点或 [ 放弃 (U)]:
// 按 Enter 键或空格键结束命令
命令：MLINE    当前设置 : 对正 = 上，比例 = 20.00，样式 = 墙体
指定起点或 [ 对正 (J)/ 比例 (S)/ 样式 (ST)]: -400,2100
指定下一点：@-80,0
指定下一点或 [ 闭合 (C)/ 放弃 (U)]:
// 按 Enter 键或空格键结束命令
命令 :MLINE    当前设置 : 对正 = 上，比例 = 20.00，样式 = 墙体
指定起点或 [ 对正 (J)/ 比例 (S)/ 样式 (ST)]: -400, 200
指定下一点：@0,80
指定下一点或 [ 放弃 (U)]:
```

// 按 Enter 键或空格键结束命令

命令：MLINE　　当前设置：对正 = 上，比例 = 20.00，样式 = 墙体

指定起点或 [对正 (J)/ 比例 (S)/ 样式 (ST)]：4660,200

指定下一点：@0,80

指定下一点或 [放弃 (U)]：

// 按 Enter 键或空格键结束命令

命令：MLINE　　当前设置：对正 = 上，比例 = 20.00，样式 = 墙体

指定起点或 [对正 (J)/ 比例 (S)/ 样式 (ST)]：3700,1400

指定下一点：@80, 0

指定下一点或 [放弃 (U)]：

// 按 Enter 键或空格键结束命令

结果如下图所示。

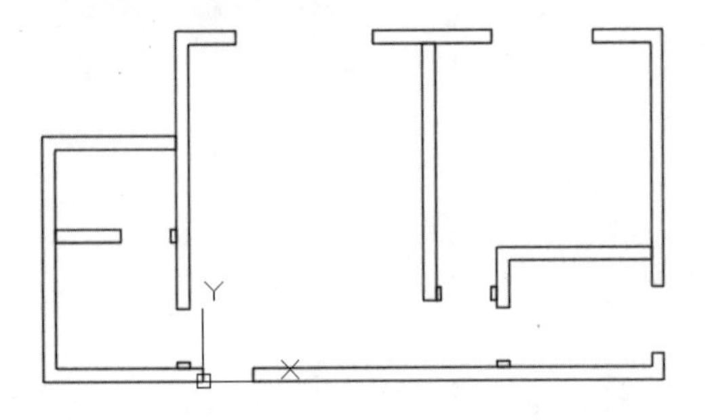

第 2 步 双击刚绘制的多线，弹出【多线编辑工具】对话框，选择【T 形打开】选项，如下图所示。

第 3 步 在绘图窗口中选择要打开的两条多线，选择多线的时候注意先后顺序（先选的将被打开），结果如下图所示。

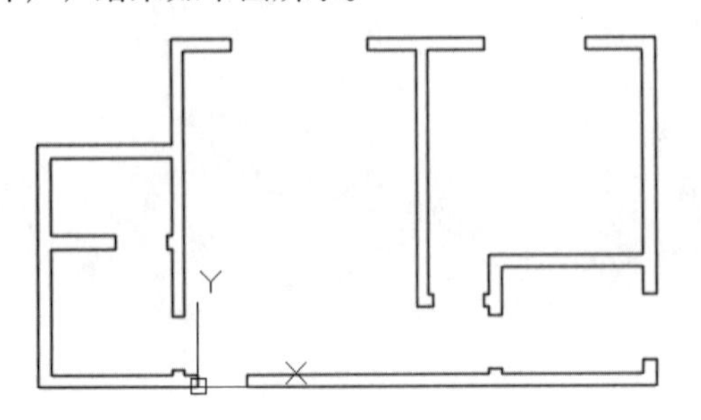

第 4 步 将“门窗”层设置为当前层，然后在命令行中输入“ml”并按空格键，命令行提示如下。

命令：MLINE　　当前设置：对正 = 上，比例 = 20.00，样式 = 墙体

指定起点或 [对正 (J)/ 比例 (S)/ 样式 (ST)]：st

输入多线样式名或 [?]：窗户

当前设置：对正 = 上，比例 = 20.00，样式 = 窗户

指定起点或 [对正 (J)/ 比例 (S)/ 样式 (ST)]：s

输入多线比例 <20.00>：10

当前设置：对正 = 上，比例 = 10.00，样式 = 窗户

指定起点或 [对正 (J)/ 比例 (S)/ 样式 (ST)]：

// 捕捉 A 点

指定下一点：　　　　// 捕捉 B 点

指定下一点或 [放弃 (U)]：

// 按 Enter 键或空格键结束命令

命令：MLINE　　当前设置：对正 = 上，比例 = 10.00，样式 = 窗户

指定起点或 [对正 (J)/ 比例 (S)/ 样式 (ST)]：

// 捕捉 C 点

指定下一点：　　　　// 捕捉 D 点

指定下一点或 [放弃 (U)]：

// 按 Enter 键或空格键结束命令

命令：MLINE　　当前设置：对正 = 上，比例 = 10.00，样式 = 窗户

指定起点或 [对正 (J)/ 比例 (S)/ 样式 (ST)]：

// 捕捉 E 点

指定下一点：　　　　// 捕捉 F 点

```
指定下一点或 [ 放弃 (U)]:
// 按 Enter 键或空格键结束命令
```

结果如下图所示。

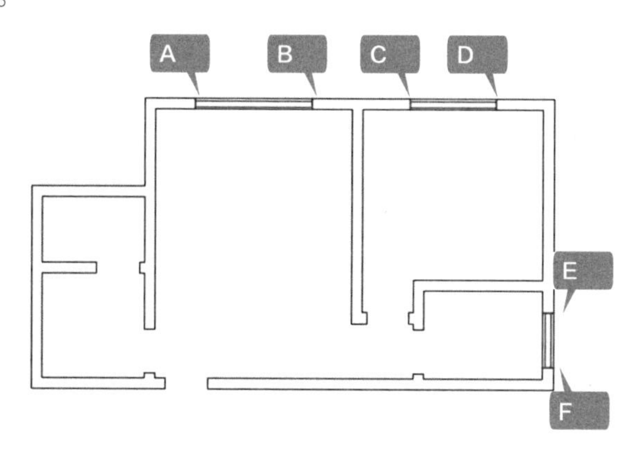

14.2.3 绘制燃气灶平面图

在绘制燃气灶的过程中用到直线、矩形、圆、定数等分和点等命令，具体操作步骤如下。

第 1 步 将“家具”层切换为当前层，然后单击【默认】选项卡 ➤【绘图】面板 ➤【直线】按钮，根据命令行提示输入“−1700，200”“@0，1900”为第一点、第二点，结果如下图所示。

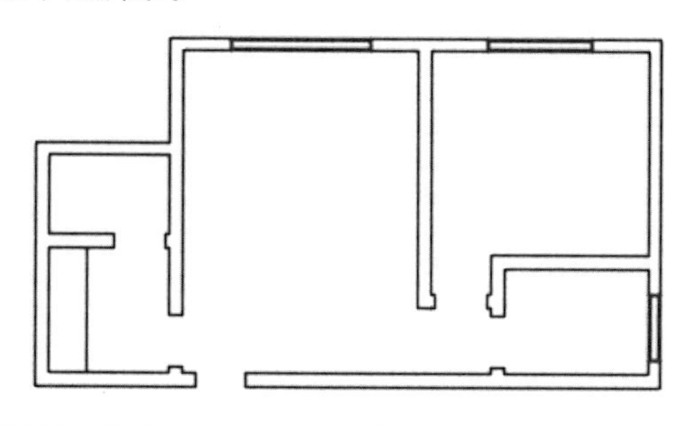

第 2 步 单击【默认】选项卡 ➤【绘图】面板 ➤【矩形】按钮，绘制燃气灶外轮廓，在命令行中输入“−1750，1270”为第一个角点，“@−500，700”为第二个角点，结果如下图所示。

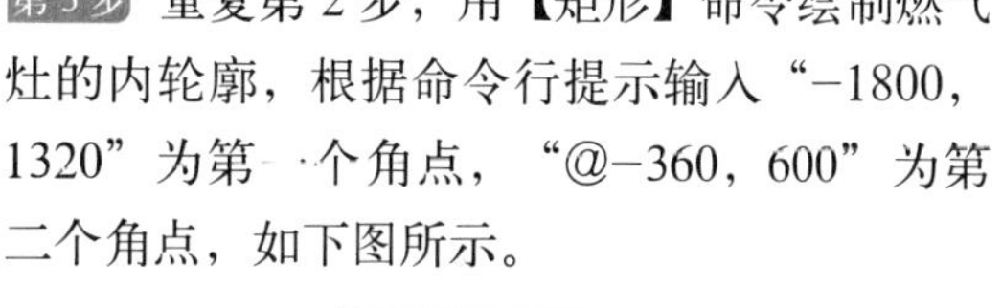

第 3 步 重复第 2 步，用【矩形】命令绘制燃气灶的内轮廓，根据命令行提示输入“−1800，1320”为第一个角点，“@−360，600”为第二个角点，如下图所示。

第 4 步 调用【直线】命令，命令行提示如下。

```
命令 :_LINE 指定第一个点 : −1825,1320
指定下一点或 [ 放弃 (U)]: @0,600
指定下一点或 [ 放弃 (U)]:
// 按 Enter 键或空格键结束命令
命令 : LINE 指定第一个点 : −1850,1320
指定下一点或 [ 放弃 (U)]: @0,600
指定下一点或 [ 放弃 (U)]:
// 按 Enter 键或空格键结束命令
```

结果如下图所示。

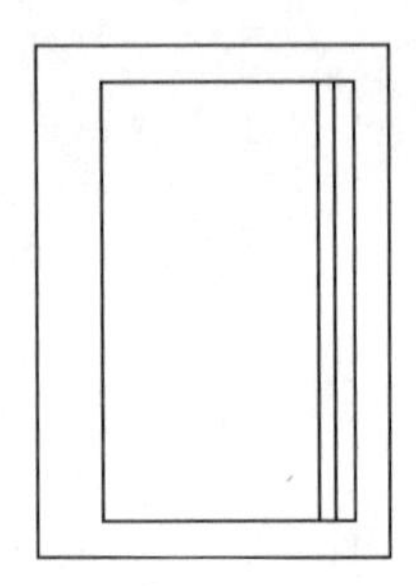

第 5 步 单击【默认】选项卡 ➤【绘图】面板 ➤【圆心、半径】按钮，绘制两组同心圆，命令行提示如下。

命令：_CIRCLE

指定圆的圆心或 [三点 (3P)/ 两点 (2P)/ 切点、切点、半径 (T)]: −2000,1490

指定圆的半径或 [直径 (D)] <80.0000>: 80

命令：CIRCLE

指定圆的圆心或 [三点 (3P)/ 两点 (2P)/ 切点、切点、半径 (T)]: // 捕捉刚绘制圆的圆心

指定圆的半径或 [直径 (D)] <80.0000>: 60

命令：CIRCLE

指定圆的圆心或 [三点 (3P)/ 两点 (2P)/ 切点、切点、半径 (T)]: −2000,1750

指定圆的半径或 [直径 (D)] <60.0000>:

// 按 Enter 键或空格键

命令：CIRCLE

指定圆的圆心或 [三点 (3P)/ 两点 (2P)/ 切点、切点、半径 (T)]: // 捕捉刚绘制圆的圆心

指定圆的半径或 [直径 (D)] <60.0000>: 80

结果如下图所示。

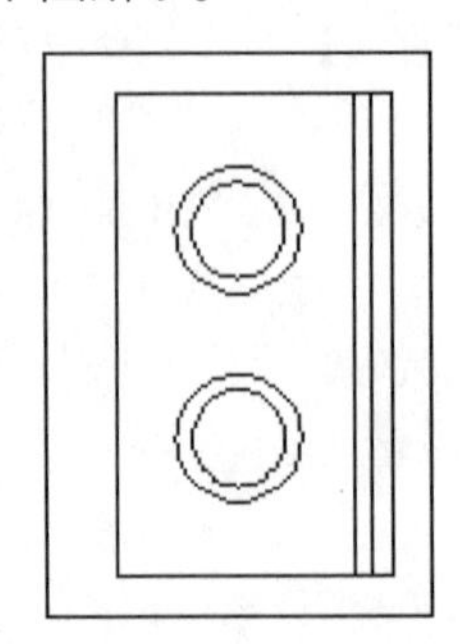

第 6 步 选择【格式】➤【点样式】菜单命令，在【点样式】对话框中选择点样式为，设置大小为 15，选择【按绝对单位设置大小】选项，然后单击【确定】按钮，如下图所示。

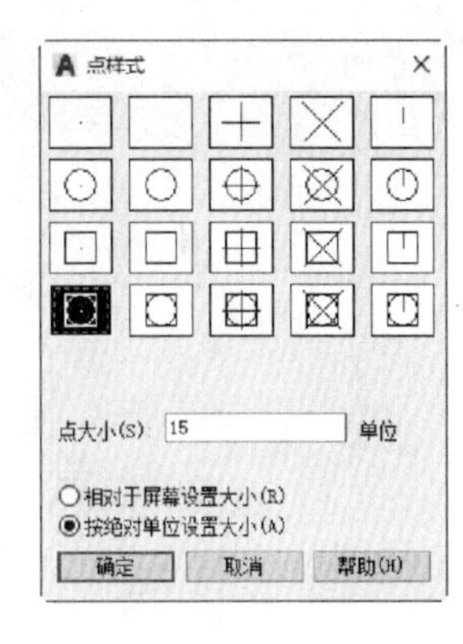

第 7 步 单击【默认】选项卡 ➤【绘图】面板 ➤【定数等分】按钮，对绘制的圆进行 6 等分，通过等分点来创建燃气孔，如下图所示。

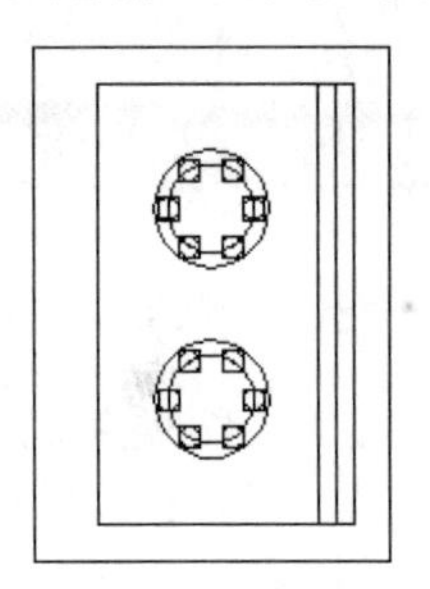

第 8 步 单击【默认】选项卡 ➤【绘图】面板 ➤【多点】按钮，如下图所示。

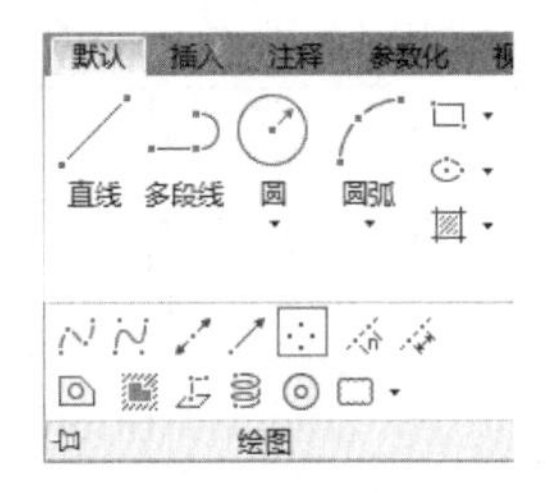

提示

除了通过面板调用【点】命令外，还可以通过以下方法调用【点】命令。

（1）选择【绘图】➤【点】命令，选择多点或单点。

（2）在命令行中输入“POINT/PO”命令并按空格键。

通过面板调用的是多点命令，通过命令行输入调用的是单点命令。

第 9 步 根据命令行提示，分别输入两点坐标（−1825,1470）和（−1825,1770），结果如

下图所示。

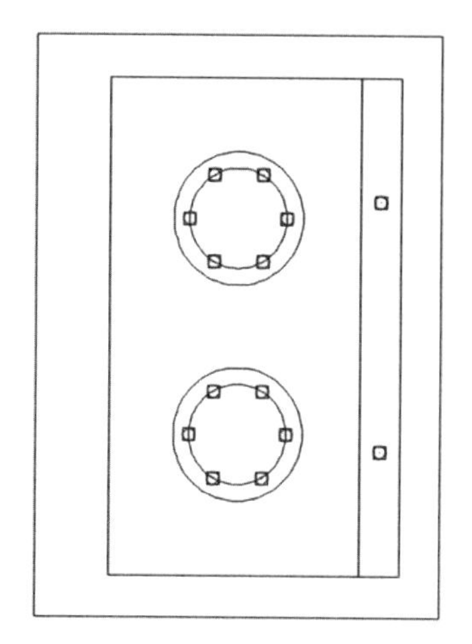

第10步 调用【圆心、半径】绘图命令，以刚创建的两个点为圆心，绘制两个半径为15的圆，最终效果如下图所示。

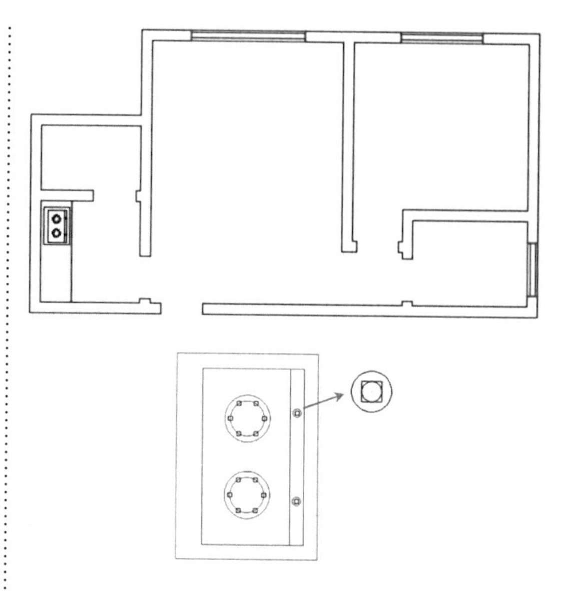

提示

定数等分点和点命令绘制的点都属于节点，因此在绘制圆之前，首先应打开【草图设置】对话框，勾选【节点】复选框。

14.2.4 绘制水槽平面图

绘制完燃气灶后，接下来绘制厨房设施中的另一个必不可少的设备——水槽。在绘制水槽的过程中主要应用到矩形、圆、多段线、旋转和修剪等命令，绘制水槽的具体步骤如下。

第1步 调用【矩形】命令，通过矩形绘制水槽的轮廓，命令行提示如下。

命令：_RECTANG

指定第一个角点或 [倒角 (C)/ 标高 (E)/ 圆角 (F)/ 厚度 (T)/ 宽度 (W)]: f

指定矩形的圆角半径 <0.0000>: 30

指定第一个角点或 [倒角 (C)/ 标高 (E)/ 圆角 (F)/ 厚度 (T)/ 宽度 (W)]: -2225,365

指定另一个角点或 [面积 (A)/ 尺寸 (D)/ 旋转 (R)]: @450,675

命令：RECTANG　当前矩形模式：圆角=30.0000

指定第一个角点或 [倒角 (C)/ 标高 (E)/ 圆角 (F)/ 厚度 (T)/ 宽度 (W)]: f

指定矩形的圆角半径 <30.0000>: 60

指定第一个角点或 [倒角 (C)/ 标高 (E)/ 圆角 (F)/ 厚度 (T)/ 宽度 (W)]: -2140,395

指定另一个角点或 [面积 (A)/ 尺寸 (D)/ 旋转 (R)]: @335,185

命令：RECTANG　当前矩形模式：圆角=60.0000

指定第一个角点或 [倒角 (C)/ 标高 (E)/ 圆角 (F)/ 厚度 (T)/ 宽度 (W)]: -2140,610

指定另一个角点或 [面积 (A)/ 尺寸 (D)/ 旋转 (R)]: @335,400

结果如下图所示。

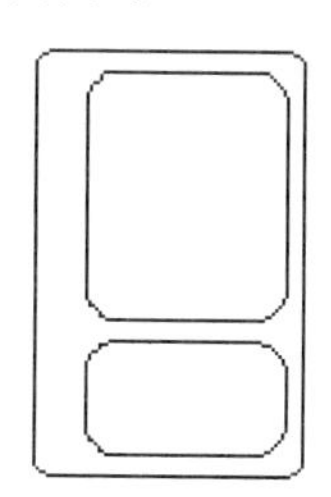

第 2 步 调用【圆心、半径】命令，分别绘制两个以“−1970，490”“−1970，810”为圆心，25 为半径的圆和三个以“−2175，560”“−2175，640”“−2175，760”为圆心，20 为半径的圆，如下图所示。

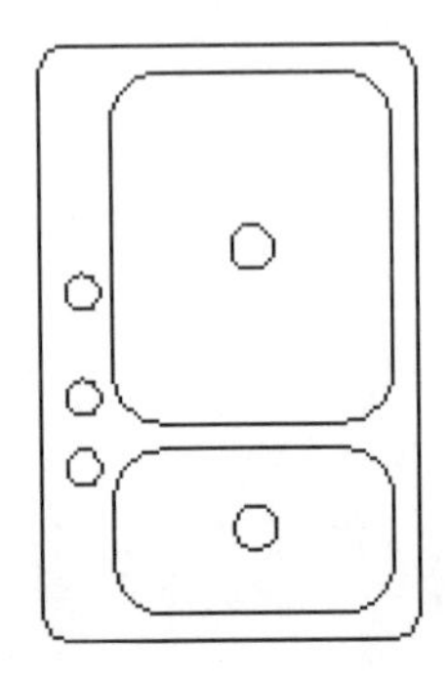

第 3 步 单击【默认】选项卡 ➤【绘图】面板 ➤【多段线】按钮，通过多段线绘制水龙头的开关，命令行提示如下。

```
命令 : _pline
指定起点 : −2050,680
当前线宽为 0.0000
指定下一个点或 [ 圆弧 (A)/ ……/ 宽度 (W)]:
@0,20
指定下一点或 [ 圆弧 (A)/ ……/ 宽度 (W)]:
@130<170
指定下一点或 [ 圆弧 (A)/ ……/ 宽度 (W)]: a
指定圆弧的端点或 [ 角度 (A)/……/ 宽度 (W)]: r
指定圆弧的半径 : 20
指定圆弧的端点或 [ 角度 (A)]: a
指定包含角 : 100
指定圆弧的弦方向 <170>: 219
指定圆弧的端点或 [ 角度 (A)/ ……/ 宽度 (W)]: l
指定下一点或 [ 圆弧 (A)/ ……/ 宽度 (W)]:
@0,−20
指定下一点或 [ 圆弧 (A)/ ……/ 宽度 (W)]: a
指定圆弧的端点或 [ 角度 (A)/ ……/ 宽度 (W)]: r
指定圆弧的半径 : 20
指定圆弧的端点或 [ 角度 (A)]: a
指定包含角 : 100
指定圆弧的弦方向 <270>: 321
指定圆弧的端点或 [ 角度 (A)/ ……/ 宽度 (W)]: l
指定下一点或 [ 圆弧 (A)/ ……/ 宽度 (W)]: c
```

结果如下图所示。

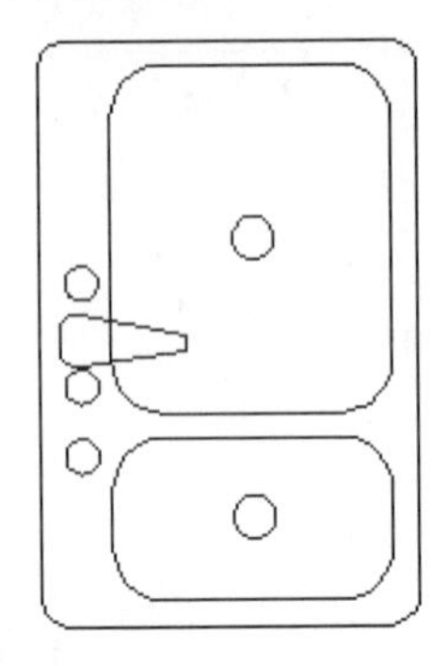

第 4 步 单击【默认】选项卡 ➤【修改】面板 ➤【旋转】按钮，然后选择第 3 步中绘制的多段线为旋转对象，以多段线圆弧的圆心为旋转基点，将多段线旋转 30°，结果如下图所示。

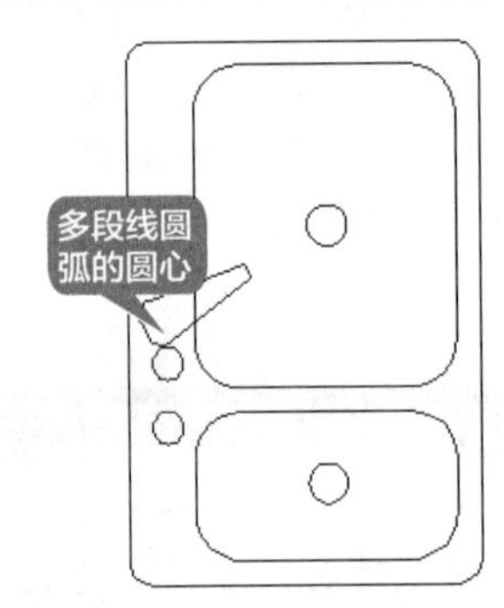

第 5 步 单击【默认】选项卡 ➤【修改】面板 ➤【修剪】按钮，将水龙头开关遮住的部分修剪掉，如下图所示。

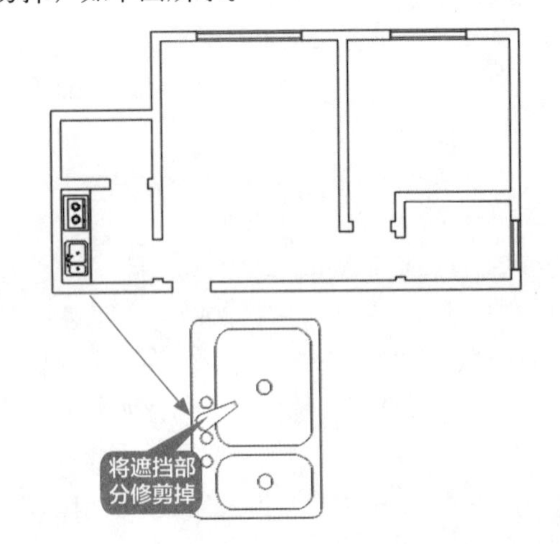

14.2.5 绘制沙发平面图

在绘制沙发的过程中应用到多段线、偏移、圆弧、圆角、定数等分和直线等命令操作，具体操作步骤如下。

第 1 步 调用【多段线】命令，通过多段线绘制沙发的外轮廓，命令行提示如下。

```
命令：_PLINE
指定起点：1100,2350  当前线宽为 0.0000
指定下一个点或 [圆弧(A)/半宽(H)/长度(L)/放弃(U)/宽度(W)]: @0,-600
指定下一点或 [圆弧(A)/闭合(C)/半宽(H)/长度(L)/放弃(U)/宽度(W)]: @-1300,0
指定下一点或 [圆弧(A)/闭合(C)/半宽(H)/长度(L)/放弃(U)/宽度(W)]: @0,2600
指定下一点或 [圆弧(A)/闭合(C)/半宽(H)/长度(L)/放弃(U)/宽度(W)]: @1300,0
指定下一点或 [圆弧(A)/闭合(C)/半宽(H)/长度(L)/放弃(U)/宽度(W)]: @0,-600
指定下一点或 [圆弧(A)/闭合(C)/半宽(H)/长度(L)/放弃(U)/宽度(W)]:     // 按 Enter 键或回车
结束命令
```

结果如下图所示。

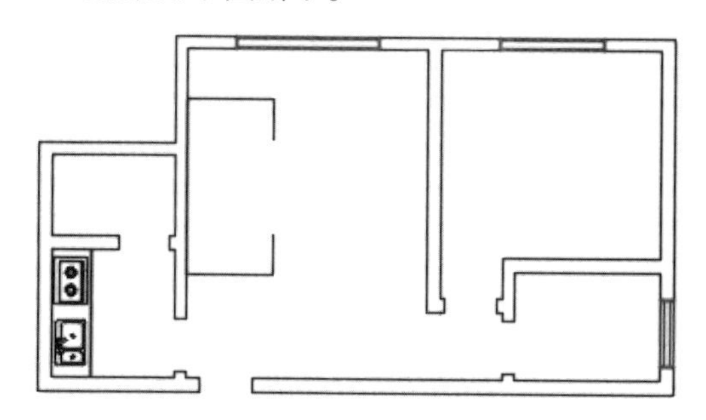

第 2 步 单击【默认】选项卡 ➢【修改】面板 ➢【偏移】按钮，将第 1 步绘制的多段线向内侧偏移 100，结果如下图所示。

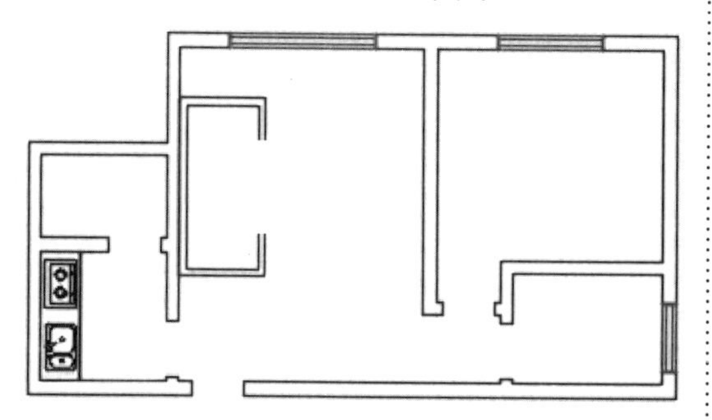

第 3 步 单击【默认】选项卡 ➢【修改】面板 ➢【分解】按钮，然后选择第 2 步偏移后的多段线将其分解。调用【偏移】命令，选择右侧的两条竖直直线为偏移对象，将它们向左侧偏移 500，结果如下图所示。

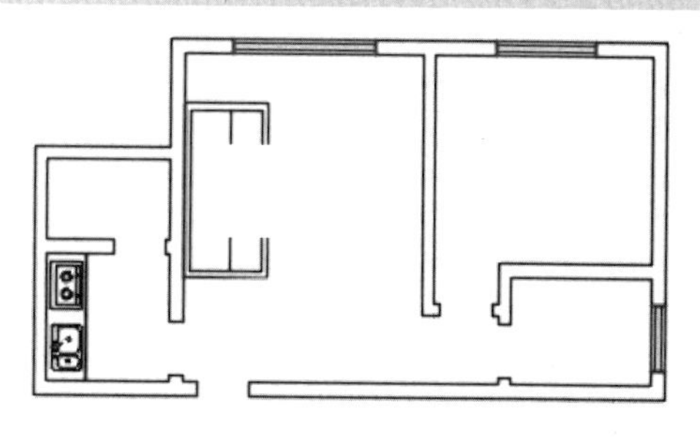

第 4 步 调用【定数等分】命令，然后选择直线（沙发的靠背）为等分对象，将它进行 4 等分，结果如下图所示。

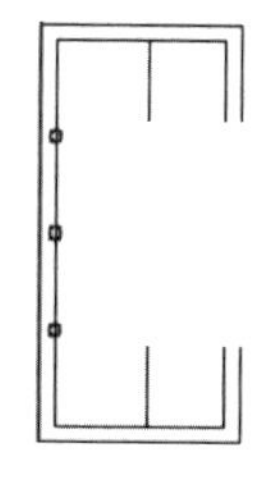

第 5 步 调用【直线】命令，以定数等分点为直线的起点，绘制两条长为 500 的水平直线，如下图所示。

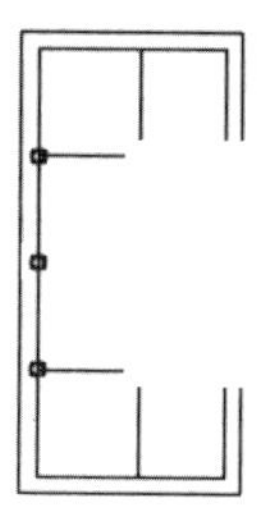

第 6 步 单击【默认】选项卡➢【绘图】面板➢【起点、端点、半径】按钮，绘制一条半径为 870 的圆弧，如下图所示。

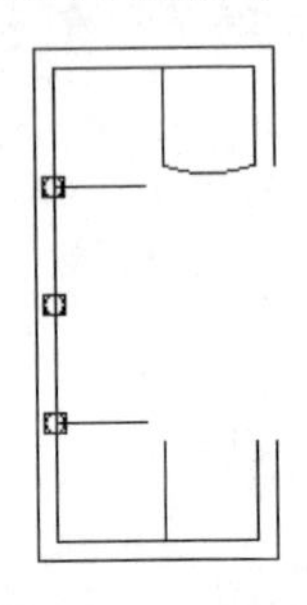

第 7 步 重复第 6 步，分别绘制半径为 3300 和半径为 870 的圆弧，如下图所示。

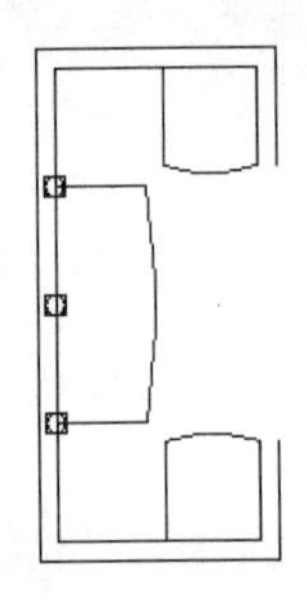

第 8 步 调用【直线】命令，绘制 5 条直线，如下图所示。

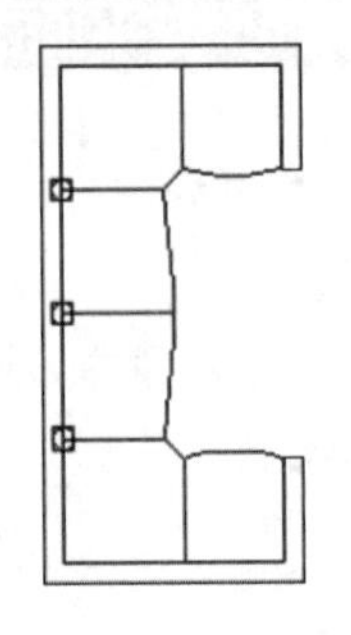

第 9 步 单击【默认】选项卡➢【修改】面板➢【圆角】按钮，然后输入“r”，设置圆角半径为 250，选择需要圆角的两条边进行圆角，将等分点删除后结果如下图所示。

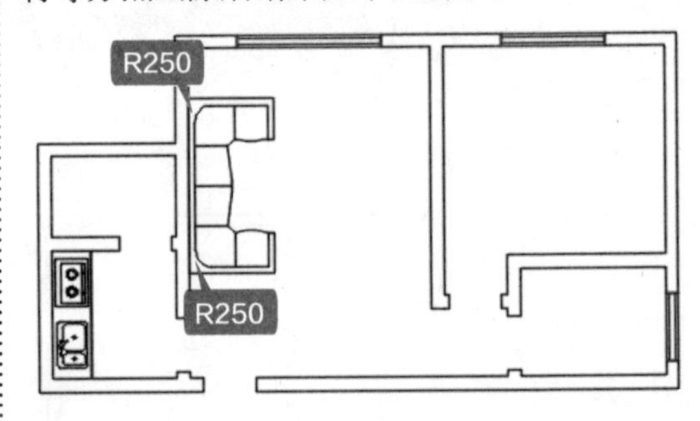

14.2.6 绘制电视桌和茶几平面图

绘制电视桌和茶几主要用到矩形、偏移和填充等命令。绘制电视桌和茶几的具体步骤如下。

第 1 步 调用【矩形】命令，然后输入“f”，设置矩形的圆角半径为 50，分别以“650,2650”和“@400,800”为角点绘制一个矩形作为茶几的外轮廓，如下图所示。

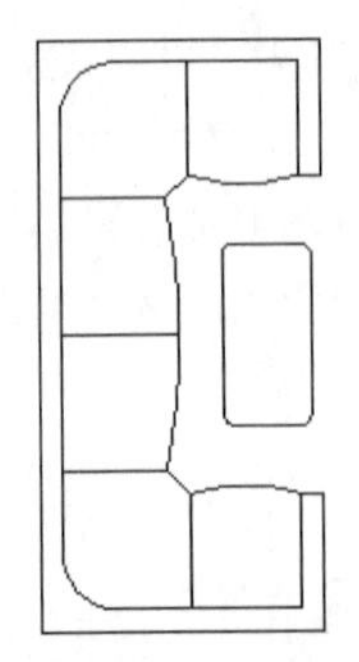

第 2 步 调用【偏移】命令，将第 1 步绘制的矩形向内侧偏移 25，结果如下图所示。

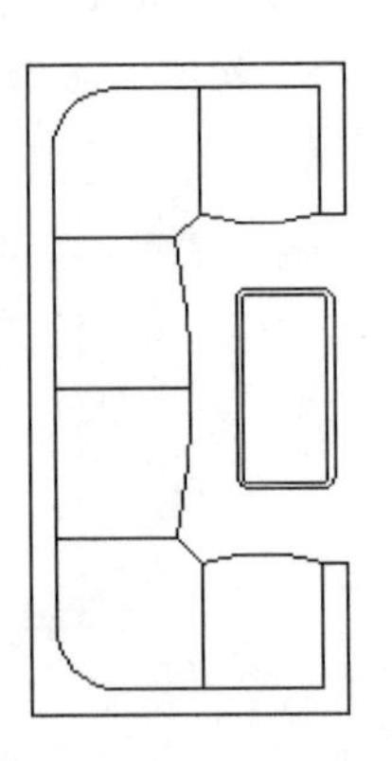

第 3 步 单击【默认】选项卡➢【绘图】面板➢【图案填充】按钮，选择“ANSI36”为填充图案，然后单击需要填充的区域，并设置比例为 20，结果如下图所示。

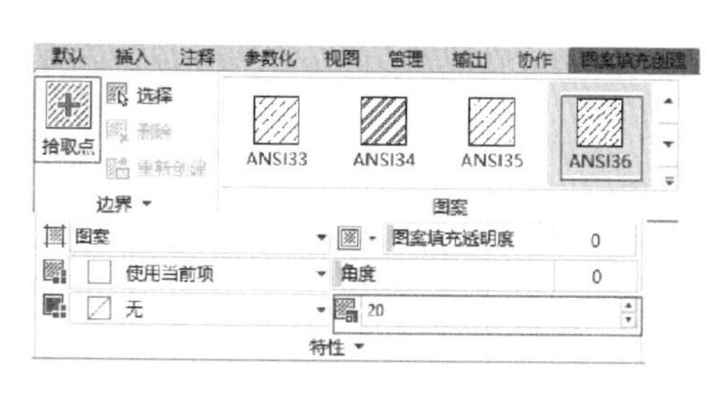

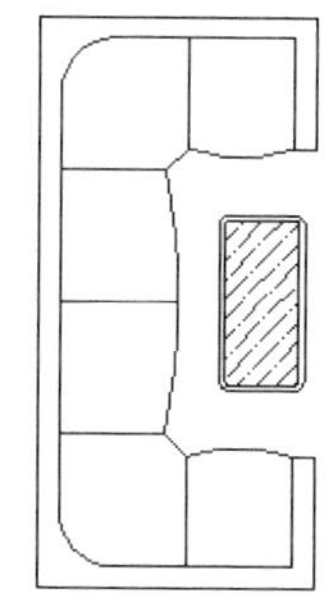

第 4 步 调用【矩形】命令，命令行提示如下。

命令：RECTANG 当前矩形模式：圆角 = 50.0000

指定第一个角点或 [倒角 (C)/ 标高 (E)/ 圆角 (F)/ 厚度 (T)/ 宽度 (W)]: f

指定矩形的圆角半径 <50.0000>: 0

指定第一个角点或 [倒角 (C)/ 标高 (E)/ 圆角 (F)/ 厚度 (T)/ 宽度 (W)]: 2900,1900

指定另一个角点或 [面积 (A)/ 尺寸 (D)/ 旋转 (R)]: @600,2300

命令：RECTANG

指定第一个角点或 [倒角 (C)/ 标高 (E)/ 圆角 (F)/ 厚度 (T)/ 宽度 (W)]: 4300,2800

指定另一个角点或 [面积 (A)/ 尺寸 (D)/ 旋转 (R)]:

@-600,2300

结果如下图所示。

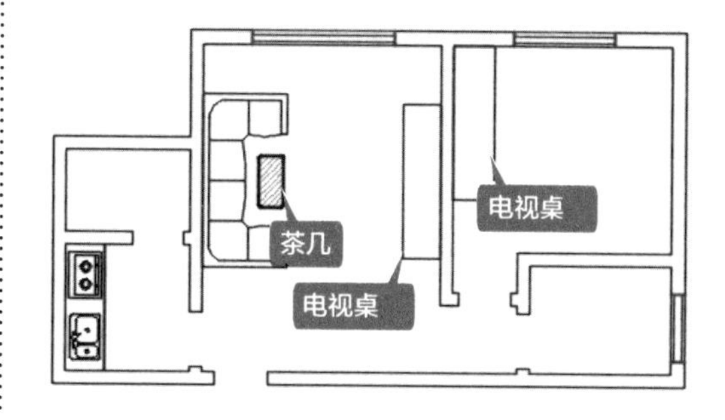

14.2.7 绘制双人床和床头柜平面图

绘制完客厅家具后，接下来绘制双人床和床头柜。在绘制双人床、床头柜的过程中应用到矩形、直线、圆、镜像等命令，绘制双人床和床头柜的具体操作步骤如下。

第 1 步 调用【矩形】命令，绘制床和枕头，命令行提示如下。

命令：RECTANG

指定第一个角点或 [倒角 (C)/ 标高 (E)/ 圆角 (F)/ 厚度 (T)/ 宽度 (W)]: f

指定矩形的圆角半径 <0.0000>: 25

指定第一个角点或 [倒角 (C)/ 标高 (E)/ 圆角 (F)/ 厚度 (T)/ 宽度 (W)]: 7100,3120

指定另一个角点或 [面积 (A)/ 尺寸 (D)/ 旋转 (R)]:

@-50,1500

命令：RECTANG 当前矩形模式：圆角 =25.0000

指定第一个角点或 [倒角 (C)/ 标高 (E)/ 圆角 (F)/ 厚度 (T)/ 宽度 (W)]: 7050,3120

指定另一个角点或 [面积 (A)/ 尺寸 (D)/ 旋转 (R)]:

@-2000,1500

命令 :RECTANG 当前矩形模式：圆角 =25.0000

指定第一个角点或 [倒角 (C)/ 标高 (E)/ 圆角 (F)/ 厚度 (T)/ 宽度 (W)]: f

指定矩形的圆角半径 <0.0000>: 50

指定第一个角点或 [倒角 (C)/ 标高 (E)/ 圆角 (F)/ 厚度 (T)/ 宽度 (W)]: 6600,3260

指定另一个角点或 [面积 (A)/ 尺寸 (D)/ 旋转 (R)]: @360,520

结果如下图所示。

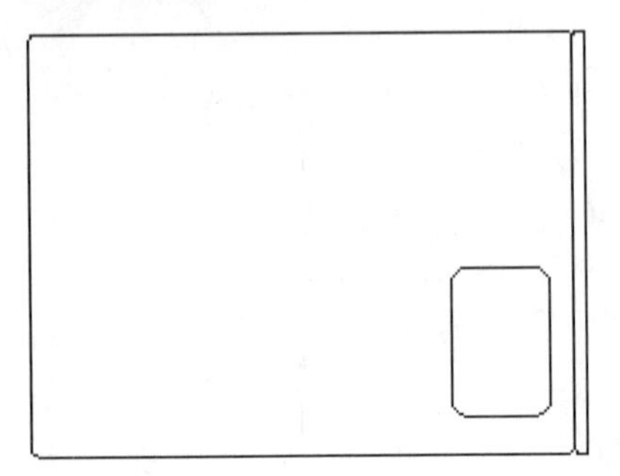

第 2 步 调用【偏移】命令，将第 1 步绘制的矩形向内侧偏移 37.5，结果如下图所示。

第 3 步 单击【默认】选项卡 ➢【修改】面板 ➢【复制】按钮，选择枕头为复制对象，将枕头向上复制 700 的距离，命令行提示如下。

命令：COPY 选择对象：指定对角点：找到 2 个 // 选择枕头平面图

选择对象： // 按 Enter 键或空格键结束选择

当前设置：复制模式 = 多个

指定基点或 [位移 (D)/ 模式 (O)] < 位移 >: 0,700

指定第二个点或 [阵列 (A)] < 使用第一个点作为位移 >: // 按 Enter 键或空格键

结果如下图所示。

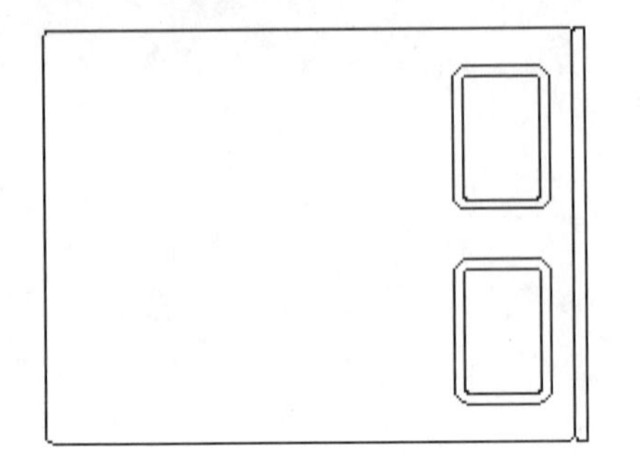

第 4 步 调用【直线】命令，绘制被子，命令行提示如下。

命令：_LINE

指定第一个点：6350,4620

指定下一点或 [放弃 (U)]: @0,-300

指定下一点或 [放弃 (U)]: @1380<240

指定下一点或 [闭合 (C)/ 放弃 (U)]: @400<120

指定下一点或 [闭合 (C)/ 放弃 (U)]: // 捕捉 A 点

指定下一点或 [闭合 (C)/ 放弃 (U)]:

// 按 Enter 键或空格键

结果如下图所示。

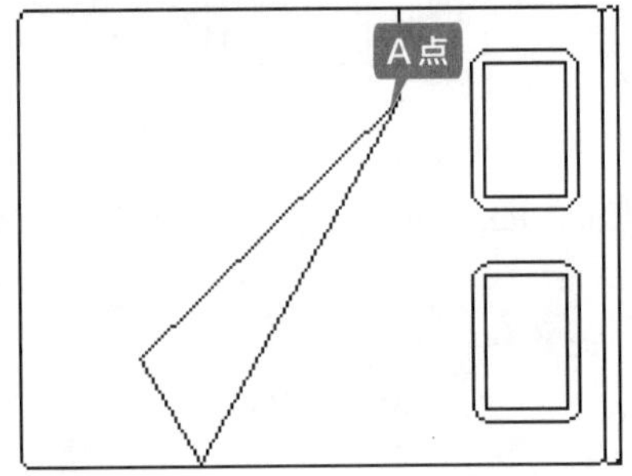

第 5 步 调用【矩形】命令，然后输入“f”，将半径值设置为 0，分别以图中的 A 点和“@-510，-430”为角点绘制矩形，如下图所示。

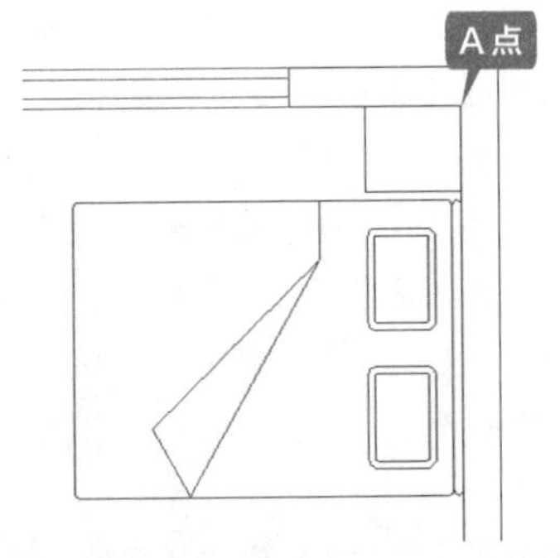

第 6 步 调用【偏移】命令，将第 5 步绘制的矩形分别向内偏移 35 和 70，结果如下图所示。

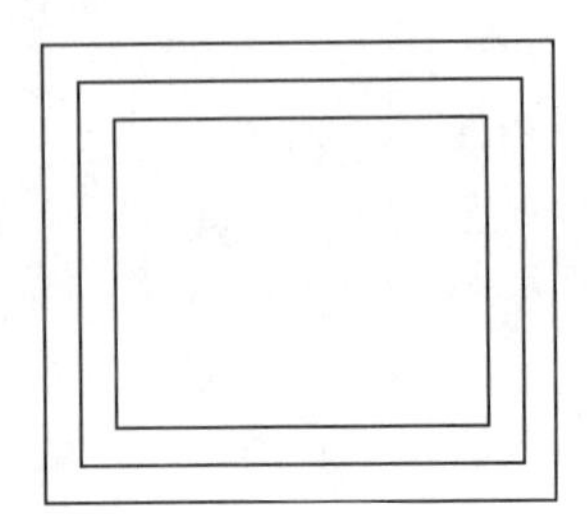

第 7 步 调用【直线】命令，连接第 6 步偏移后矩形的水平直线和竖直直线的中点绘制两条直线，如下图所示。

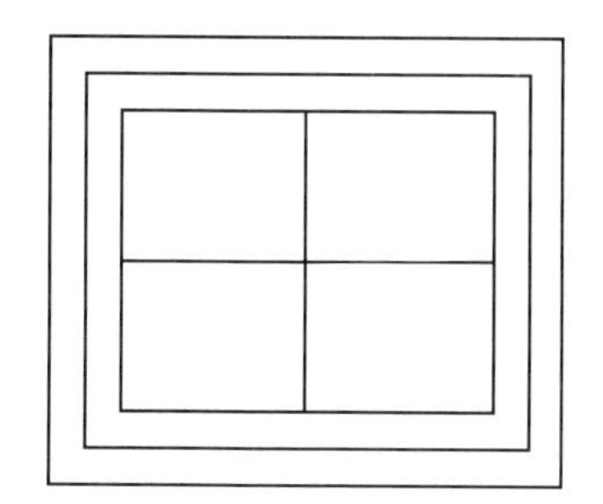

第 8 步 调用【圆心、半径】绘图命令，以第 7 步绘制直线的交点为圆心，绘制两个半径分别为 100 和 50 的同心圆，如下图所示。

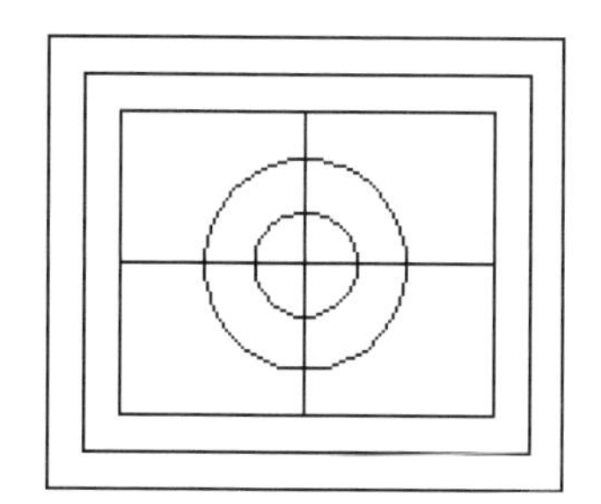

第 9 步 单击【默认】选项卡 ➢【修改】面板 ➢【镜像】按钮，将绘制的床头柜沿床的中心线进行镜像，命令行提示如下。

```
命令 : _mirror
选择对象 :
指定对角点 : 选择床头柜
选择对象 :  // 按 Enter 键或空格键结束选择
指定镜像线的第一点 :  // 双人床左侧竖直线的中点
指定镜像线的第二点 : // 双人床右侧竖直线的中点
要删除源对象吗? [ 是 (Y)/ 否 (N)] <N>:n
```

结果如下图所示。

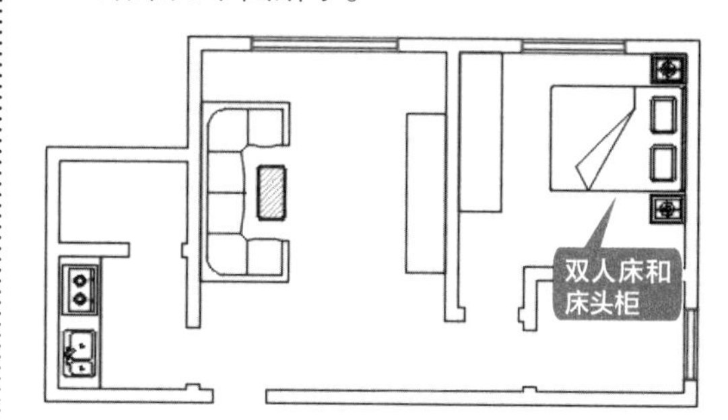

14.2.8 绘制浴盆平面图

完成双人床和床头柜的绘制后，接下来介绍卫生间的浴盆和台式洗脸盆的绘制，本节主要介绍浴盆的绘制方法，具体操作步骤如下。

第 1 步 调用【多段线】命令，绘制浴盆的轮廓，命令行提示如下。

```
命令 : PLINE  指定起点 : 6400,1620
当前线宽为 0.0000
指定下一个点或 [ 圆弧 (A)/ 半宽 (H)/ 长度 (L)/ 放弃 (U)/ 宽度 (W)]: @630,0
指定下一点或 [ 圆弧 (A)/ 闭合 (C)/ 半宽 (H)/ 长度 (L)/ 放弃 (U)/ 宽度 (W)]: @0,-1040
指定下一点或 [ 圆弧 (A)/ 闭合 (C)/ 半宽 (H)/ 长度 (L)/ 放弃 (U)/ 宽度 (W)]: a
指定圆弧的端点或
[ 角度 (A)/ 圆心 (CE)/ 闭合 (CL)/ 方向 (D)/ 半宽 (H)/ 直线 (L)/ 半径 (R)/ 第二个点 (S)/ 放弃 (U)/ 宽度 (W)]: ce
指定圆弧的圆心 : @-315,0
指定圆弧的端点或 [ 角度 (A)/ 长度 (L)]: a 指定包含角 : -180
指定圆弧的端点或
[ 角度 (A)/ 圆心 (CE)/ 闭合 (CL)/ 方向 (D)/ 半宽 (H)/ 直线 (L)/ 半径 (R)/ 第二个点 (S)/ 放弃 (U)/ 宽度 (W)]: l
指定下一点或 [ 圆弧 (A)/ 闭合 (C)/ 半宽 (H)/ 长度 (L)/ 放弃 (U)/ 宽度 (W)]: c
```

结果如下图所示。

第2步 调用【圆角】命令，然后输入“r”将圆角半径设置为30，分别对两侧边进行圆角，结果如下图所示。

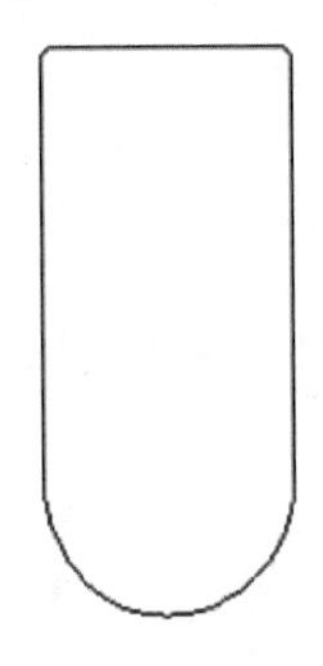

第3步 调用【圆心、半径】绘图命令，以“6715，1520”点为圆心，绘制一个半径为20的圆作为排水孔，如下图所示。

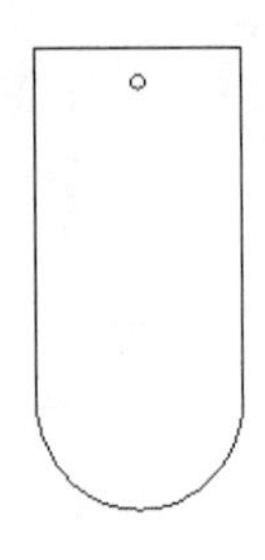

第4步 调用【直线】命令，绘制直线，命令行提示如下。

```
命令: LINE
指定第一个点: 6350,200
指定下一点或 [放弃(U)]: @0,1600
指定下一点或 [闭合(C)/放弃(U)]:
// 按 Enter 键或空格键
命令: LINE 指定第一个点: 6350,1700
指定下一点或 [放弃(U)]: @750, 0
指定下一点或 [闭合(C)/放弃(U)]:
// 按 Enter 键或空格键
```

结果如下图所示。

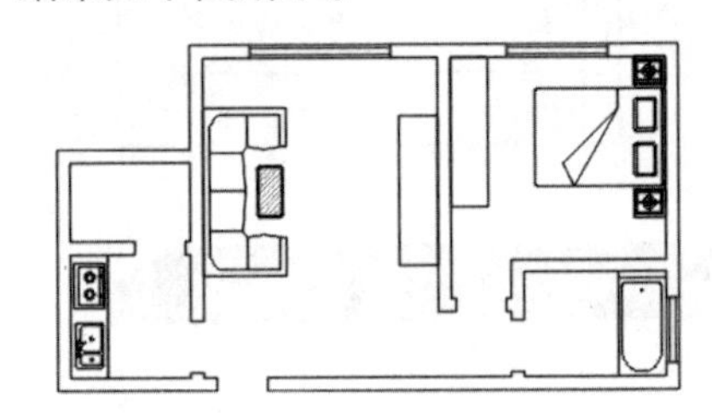

14.2.9 绘制台式洗脸盆平面图

在绘制台式洗脸盆的过程中需要用到直线、椭圆、圆环、偏移等命令，具体操作步骤如下。

第1步 调用【直线】命令，绘制两条直线，命令行提示如下。

```
命令: _LINE
指定第一个点: 5200,1550
指定下一点或 [放弃(U)]: @530, 0
指定下一点或 [闭合(C)/放弃(U)]:
// 按 Enter 键或空格键
命令: LINE
指定第一个点: 5465,1350
指定下一点或 [放弃(U)]: @0, 400
指定下一点或 [闭合(C)/放弃(U)]:
// 按 Enter 键或空格键
```

结果如下图所示。

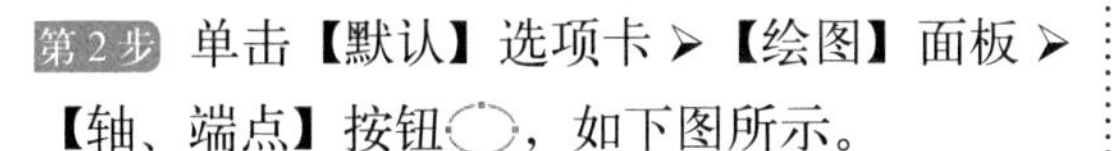

第2步 单击【默认】选项卡 ➢【绘图】面板 ➢【轴、端点】按钮，如下图所示。

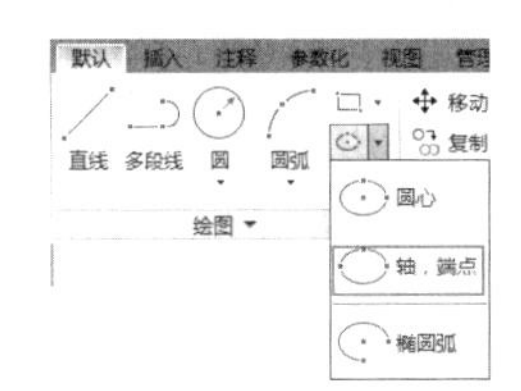

提示

除了通过面板调用【椭圆】命令外，还可以通过以下方法调用【椭圆】命令。

（1）选择【绘图】➢【椭圆】菜单命令，选择一种椭圆的绘制方式或选择绘制椭圆弧。

（2）在命令行中输入“ELLIPSE/EL”命令并按空格键，根据提示选择椭圆的绘制方式或选择绘制椭圆弧。

第3步 命令行提示如下。

命令：_ELLIPSE

指定椭圆的轴端点或 [圆弧 (A)/ 中心点 (C)]: // 捕捉 A 点

指定轴的另一个端点： // 捕捉 B 点

指定另一条半轴长度或 [旋转 (R)]: // 捕捉 C 点

命令：ELLIPSE

指定椭圆的轴端点或 [圆弧 (A)/ 中心点 (C)]: c

指定椭圆的中心点： // 捕捉 D 点

指定轴的端点：@235,0

指定另一条半轴长度或 [旋转 (R)]: @0,175

结果如下图所示。

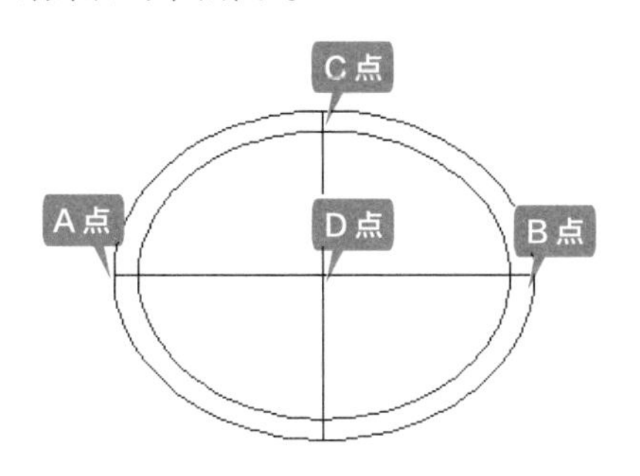

第4步 调用【偏移】命令，将水平直线分别向上、下偏移 110 和 90，如下图所示。

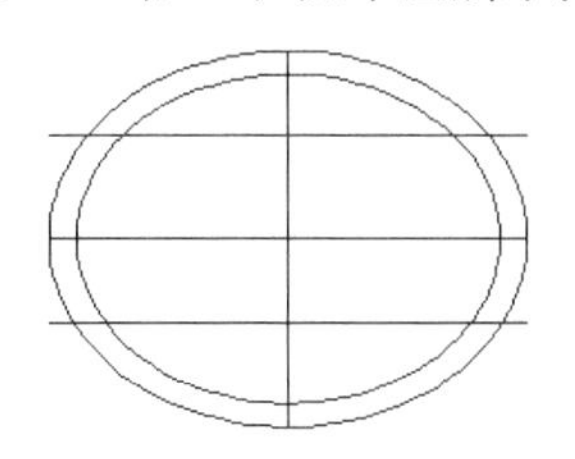

第5步 调用【圆角】命令，命令行提示如下。

命令：_FILLET

当前设置：模式 = 修剪，半径 = 30.0000

选择第一个对象或 [放弃 (U)/ 多段线 (P)/ 半径 (R)/ 修剪 (T)/ 多个 (M)]: r

指定圆角半径 <30.0000>: 25

选择第一个对象或 [放弃 (U)/ 多段线 (P)/ 半径 (R)/ 修剪 (T)/ 多个 (M)]: m

选择第一个对象或 [放弃 (U)/ 多段线 (P)/ 半径 (R)/ 修剪 (T)/ 多个 (M)]: // 选择水平直线

选择第二个对象，或按住 Shift 键选择对象以应用角点或 [半径 (R)]: // 选择椭圆的下半部分

选择第一个对象或 [放弃 (U)/ 多段线 (P)/ 半径 (R)/ 修剪 (T)/ 多个 (M)]: // 选择水平直线

选择第二个对象，或按住 Shift 键选择对象以应用角点或 [半径 (R)]: // 选择椭圆的下半部分

选择第一个对象或 [放弃 (U)/ 多段线 (P)/ 半径 (R)/ 修剪 (T)/ 多个 (M)]: // 按 Enter 键或空格键结束命令

结果如下图所示。

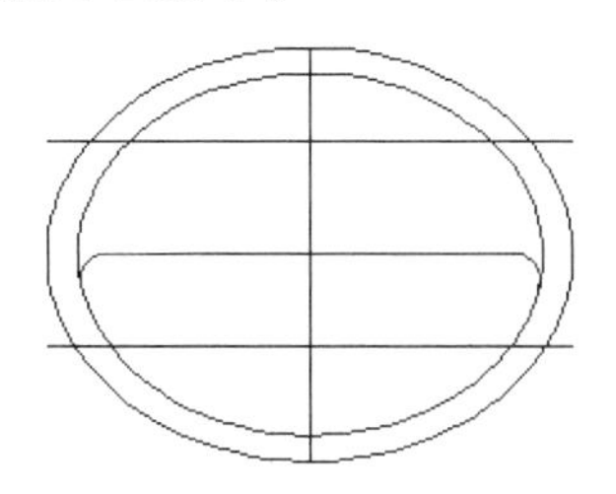

第6步 单击【默认】选项卡 ➢【绘图】面板 ➢【圆环】按钮，如下图所示。

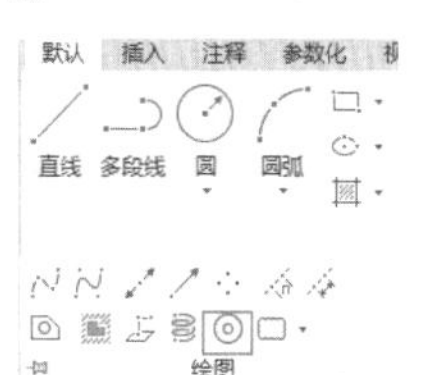

根据命令行提示进行如下操作。

命令：_donut
指定圆环的内径 <0.5000>: 0
指定圆环的外径 <1.0000>: 20
指定圆环的中心点或 < 退出 >:
// 选择水平线与椭圆的交点
指定圆环的中心点或 < 退出 >: // 按 ESC 键退出

结果如下图所示。

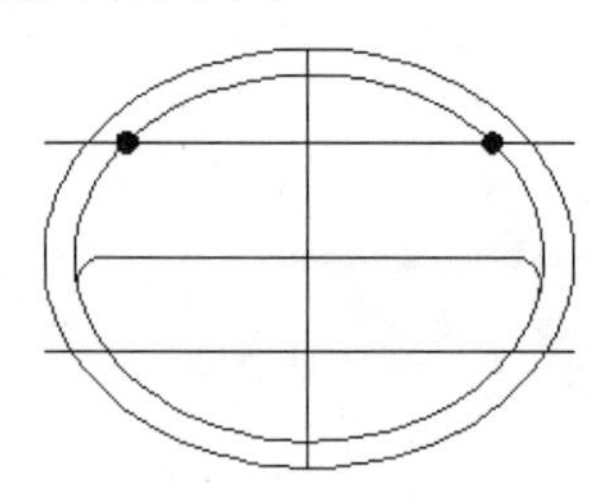

第 7 步 重复【圆环】命令，绘制一个内径为 20，外径为 30 的圆环，结果如下图所示。

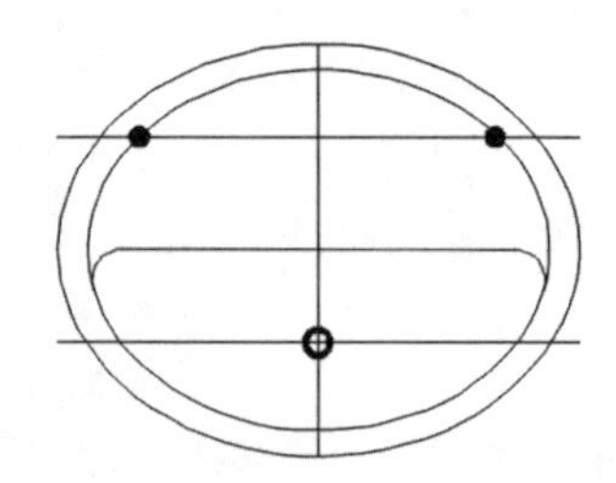

提示

除了通过面板调用【圆环】命令外，还可以通过以下方法调用【圆环】命令。

（1）选择【绘图】➢【圆环】命令。

（2）在命令行中输入"DONUT/DO"命令并按空格键。

绘制圆环可以分为填充圆环和不填充圆环，圆环填充与否也是由系统变量 Fillmode 决定的。当 Fillmode=1 时，可以绘制填充圆环，如图（a）和图（b）所示，其中图（b）所示的圆环的内径为 0；当 Fillmode=0 时，可以绘制不填充圆环，如图（c）所示。

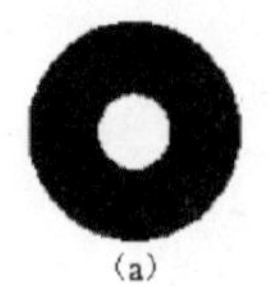
（a）

（b）

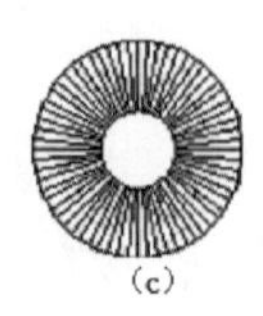
（c）

第 8 步 调用【修剪】命令，将多余的对象修剪掉，如下图所示。

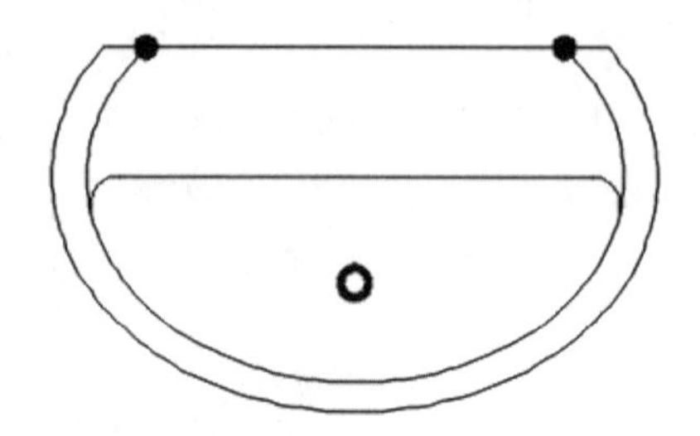

第 9 步 调用【直线】命令，命令行提示如下。

命令：_LINE
指定第一个点：5100,1800
指定下一点或 [放弃 (U)]: @0,-340
指定下一点或 [放弃 (U)]:
// 按 Enter 键或空格键结束命令
命令：LINE
指定第一个点：5830,1800
指定下一点或 [放弃 (U)]: @0,-340
指定下一点或 [放弃 (U)]:
// 按 Enter 键或空格键结束命令

结果如下图所示。

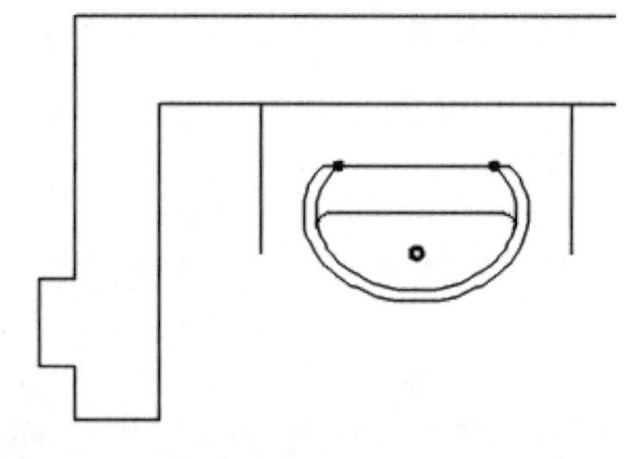

第 10 步 单击【默认】选项卡➢【绘图】面板➢【椭圆弧】按钮，根据命令行提示进行如下操作。

命令：_ELLIPSE
指定椭圆的轴端点或 [圆弧 (A)/ 中心点 (C)]: _a
指定椭圆弧的轴端点或 [中心点 (C)]:
// 捕捉左侧竖直线的下端点
指定轴的另一个端点： // 捕捉右侧竖直线的下端点
指定另一条半轴长度或 [旋转 (R)]: @0,160
指定起点角度或 [参数 (P)]:
// 捕捉左侧竖直线的下端点
指定端点角度或 [参数 (P)/ 夹角 (I)]:

// 捕捉右侧竖直线的下端点

结果如下图所示。

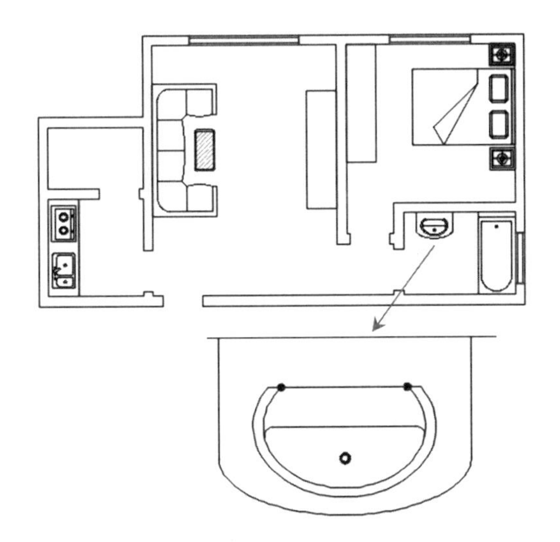

提示

椭圆弧是椭圆上某一角度到另一角度的一段，AutoCAD 中绘制椭圆弧前必须先绘制一个椭圆，然后指定椭圆弧的起点角度和终点角度，即可绘制椭圆弧，绘制椭圆弧的操作步骤如表 14-2 所示。

表 14-2　椭圆弧的绘制方法

绘制方法	绘制步骤	结果图形	相应命令行显示
椭圆弧	1. 选择椭圆弧命令 2. 指定椭圆弧的一条轴的端点 3. 指定该条轴的另一端点 4. 指定另一条半轴的长度 5. 指定椭圆弧的起点角度 6. 指定椭圆弧的终点角度	端点 起点	命令： _ELLIPSE 指定椭圆的轴端点或 [圆弧 (A)/ 中心点 (C)]: _a 指定椭圆弧的轴端点或 [中心点 (C)]: 指定轴的另一个端点 : 指定另一条半轴长度或 [旋转 (R)]: 指定起点角度或 [参数 (P)]: 指定端点角度或 [参数 (P)/ 包含角度 (I)]:

14.2.10 绘制马桶平面图

本节来绘制卫生间的马桶，绘制马桶需要用到矩形、椭圆、直线等命令，绘制马桶的具体步骤如下。

第 1 步　调用【矩形】命令，以“5700，200”“@500，200”为角点，绘制一个圆角半径为 30 的矩形，如下图所示。

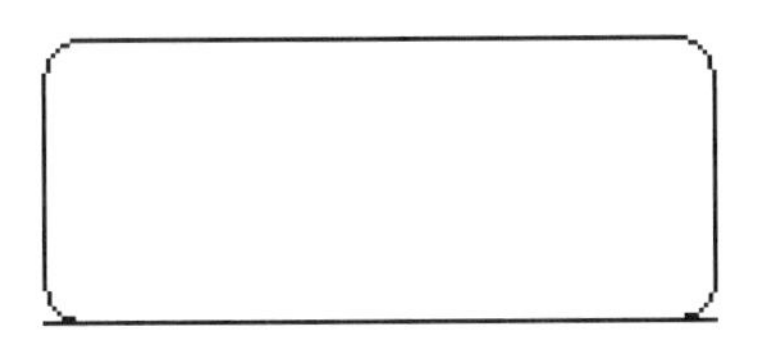

第2步 调用【椭圆】命令，以“5950，600”为中心点，根据命令行提示输入两个半轴的端点“@175，0”和“@0，250”，结果如下图所示。

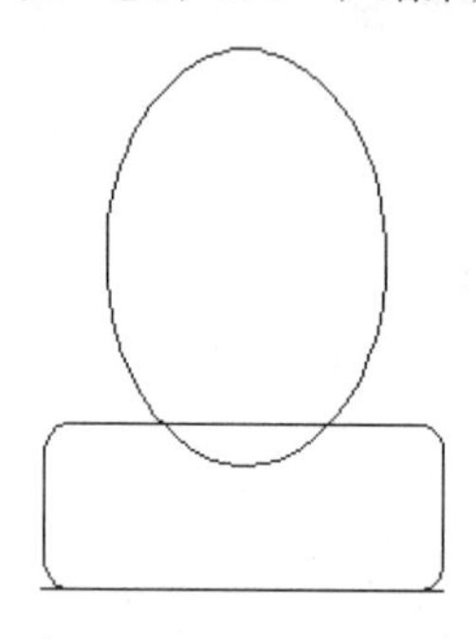

第3步 调用【直线】命令，根据命令行提示进行如下操作。

```
命令：_LINE
指定第一个点：5775,400
指定下一点或 [放弃(U)]: @0,400
指定下一点或 [放弃(U)]:
 // 按 Enter 键或空格键结束命令
命令： LINE  指定第一个点：6125,400
指定下一点或 [放弃(U)]: @0,400
指定下一点或 [放弃(U)]:
 // 按 Enter 键或空格键结束命令
命令： LINE  指定第一个点：5775,460
指定下一点或 [放弃(U)]: @350, 0
指定下一点或 [放弃(U)]:
 // 按 Enter 键或空格键结束命令
```

结果如下图所示。

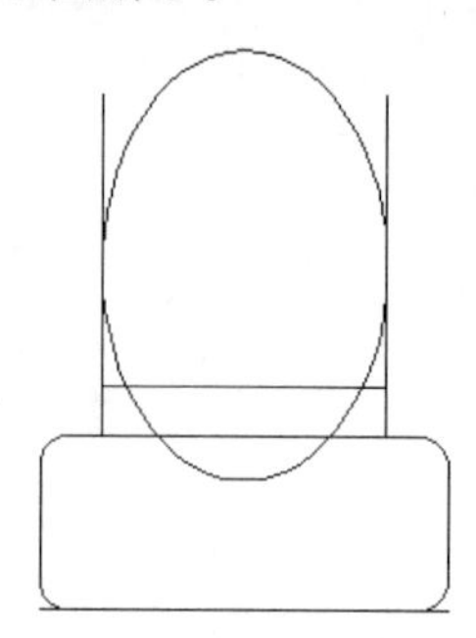

第4步 调用【修剪】命令，将多余的对象修剪掉，结果如下图所示。

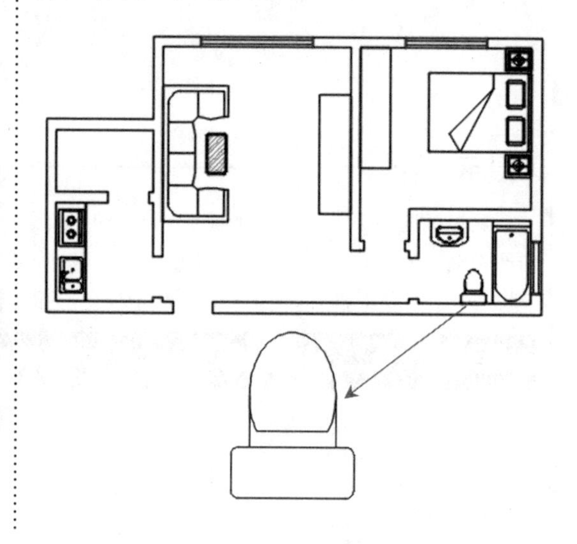

14.2.11 创建门图块

在建筑制图过程中，有些图形经常被用到，如门。在设计过程中一般会把这些图形做成图块，然后再把图块插入到相应的位置即可。

第1步 将“门窗”图层设置为当前层，然后调用【矩形】命令，在绘图窗口中任意单击一点为第一个角点，输入“@50，800”为第二个角点，结果如下图所示。

第2步 单击【默认】选项卡 ➢【绘图】面板 ➢【起点、圆心、角度】按钮，选择左上角的端点为起点，右下角的端点为圆心，绘制包含角度为90°的圆弧，结果如下图所示。

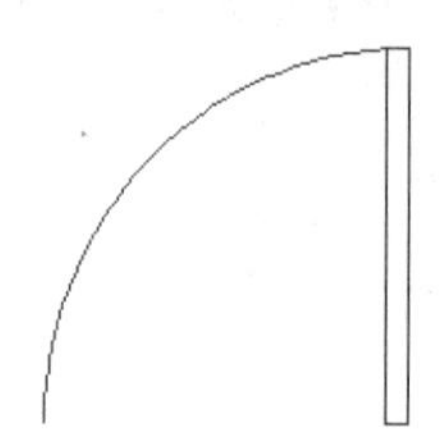

第 3 步 单击【默认】选项卡 ➢【块】面板 ➢【定义属性】按钮，在弹出的【属性定义】对话框中进行如下图所示的设置。

第 4 步 单击【确定】按钮，将创建的属性放置到合适的位置，结果如下图所示。

第 5 步 单击【默认】选项卡 ➢【块】面板 ➢【创建】按钮，在弹出的【块定义】对话框中进行如下图所示的设置，设置完成后单击【确定】按钮即可。

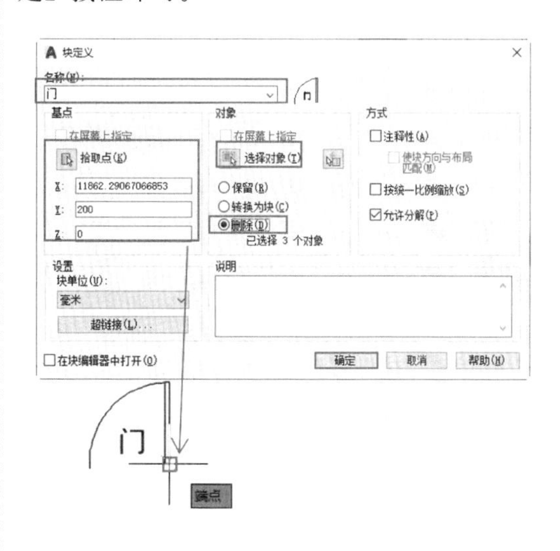

14.2.12 插入图块

本节将 14.2.11 节创建的门图块及附件中的其他图块插入到图形中。

第 1 步 单击【插入】➢【块选项板】菜单命令，在弹出的【块】选项板中右击“门”，然后选择【插入】命令，如下图所示。

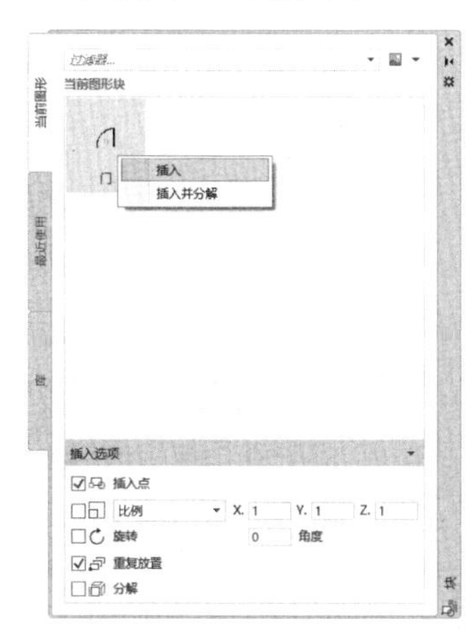

第 2 步 在图中指定插入位置，如下图所示。

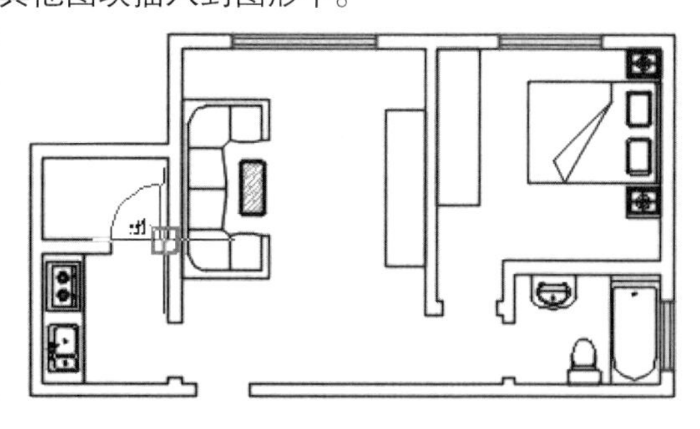

第 3 步 在弹出的【编辑属性】对话框中输入门编号“M1”，如下图所示。

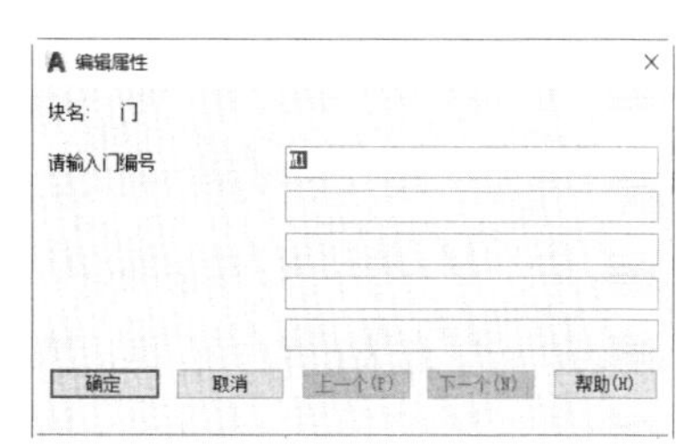

第4步 单击【确定】按钮后即可将门M1插入到指定的位置，结果如下图所示。

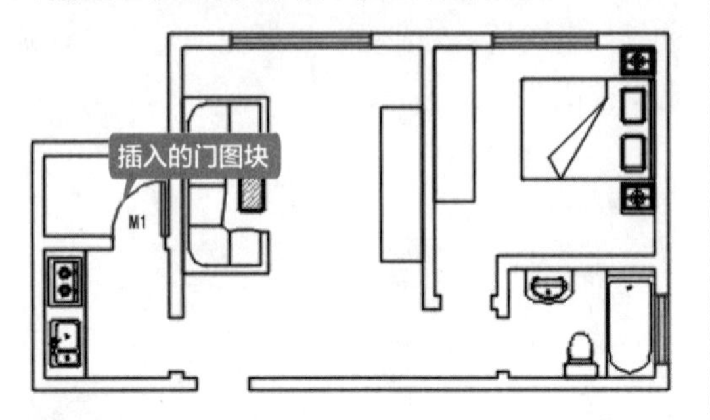

第5步 重复第2~3步，插入门M2，结果如下图所示。

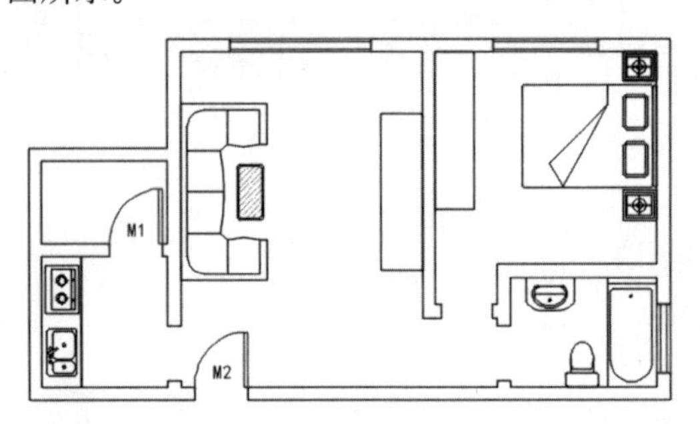

第6步 在【块】选项板中选中“门”图块，并将 X 轴的插入比例设置为 -1，将旋转角度设置为90，然后右击“门”图块，选择【插入】命令。

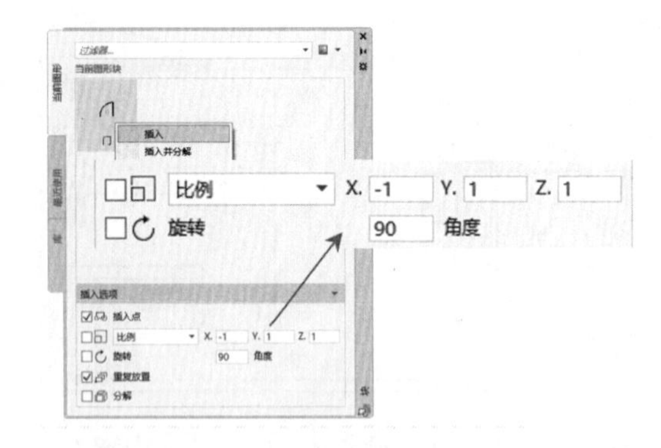

提示

当 $X=-1$ 时，图块绕 Y 轴对称；当 $Y=-1$ 时，图块绕 X 轴对称；当 $X=Y=-1$ 时，图块绕 X 轴、Y 轴对称。

第7步 在图中指定插入位置，在弹出的【编辑属性】对话框中输入门编号“M3”，单击【确定】按钮后即可将门M3插入到指定的位置，如下图所示。

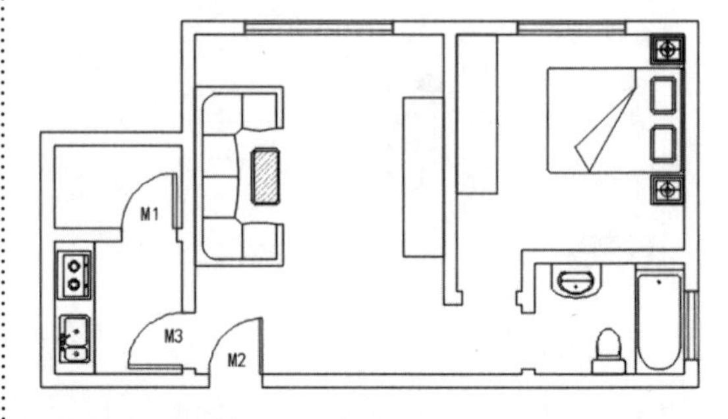

第8步 重复第6~7步，将门M4、M5插入到图形中，结果如下图所示。

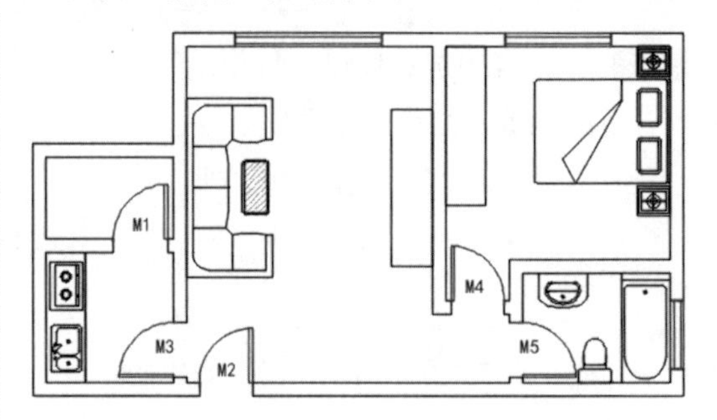

提示

门M4：$X=-1$，$Y=1$，旋转角度为0；
门M5：$X=Y=1$，旋转角度为270。

第9步 在【块】选项板上单击【库】选项卡，然后单击按钮，在弹出的【为块库选择文件夹或文件】对话框中选择附件文件夹，如下图所示。

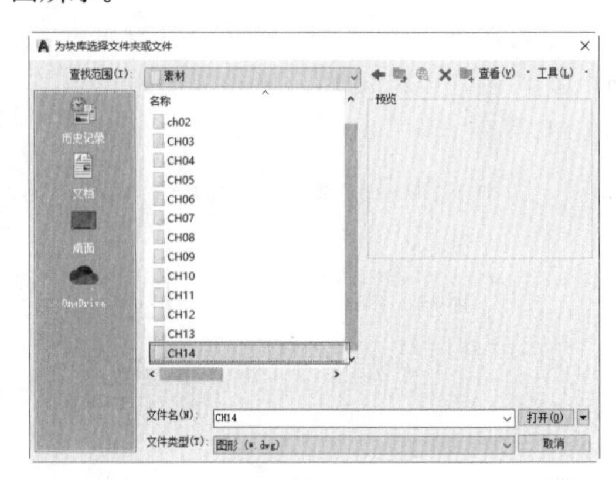

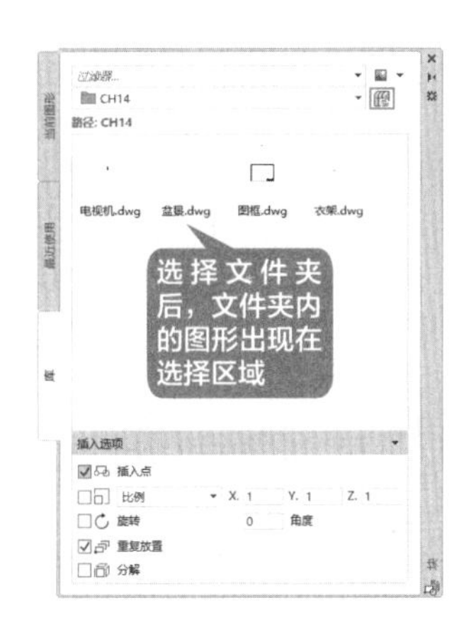

第 10 步 单击【确定】按钮，把电视机、盆景、衣架及图框等图块插入到绘图窗口中，结果如下图所示。

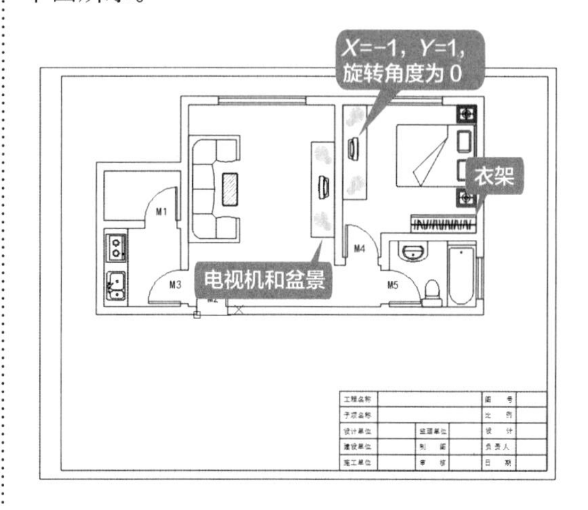

14.2.13 添加标注、填充和文字说明

一幅完整的装潢图除了基本形状外，还要有标注、地面铺装、文字说明等，下面就通过尺寸标注、图案填充及文字命令来对图形进行完善。

第 1 步 将“标注”层设置为当前层，选择标注命令为图形添加标注对象，结果如下图所示。

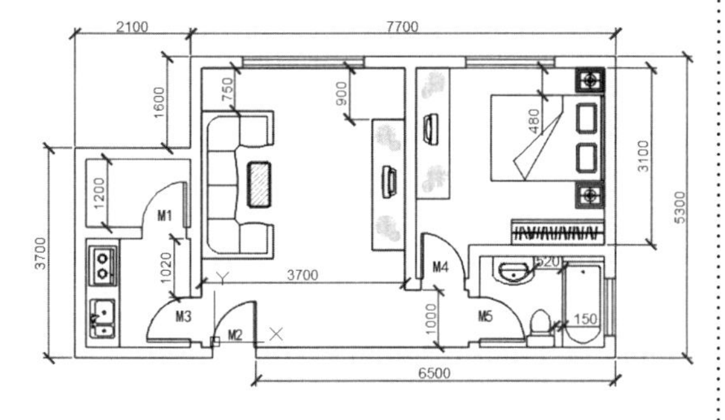

第 2 步 将“文字”层设置为当前层，单击【默认】选项卡 ➤【注释】面板 ➤【单行文字】按钮A，将文字高度设置为 200，旋转角度设置为 0，给各房间添加文字标识，结果如下图所示。

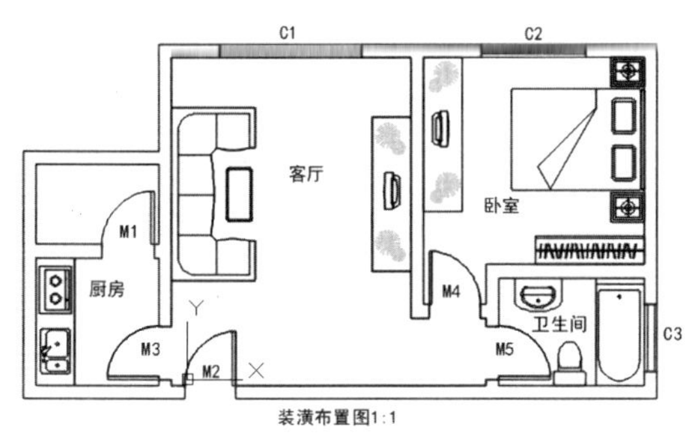

第 3 步 单击【默认】选项卡 ➤【注释】面板 ➤【多行文字】按钮A，添加一室一厅装潢设计的设计说明，如下图所示。

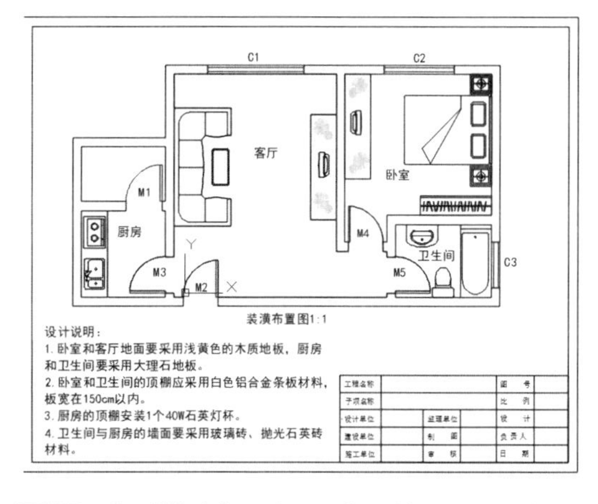

第 4 步 将“填充”层设置为当前层，然后调用【直线】命令，将各门框用直线连接起来，如下图所示。

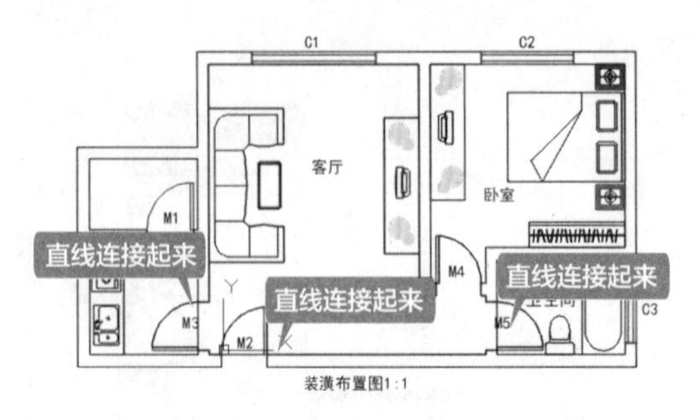

第5步 调用【图案填充】命令，选择“ANGLE”为填充图案，将填充比例设置为50，如下图所示。

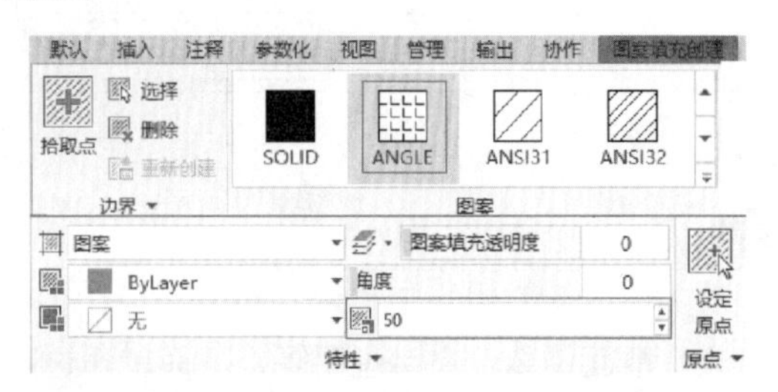

第6步 选择“厨房”和“卫生间”为填充对象，结果如下图所示。

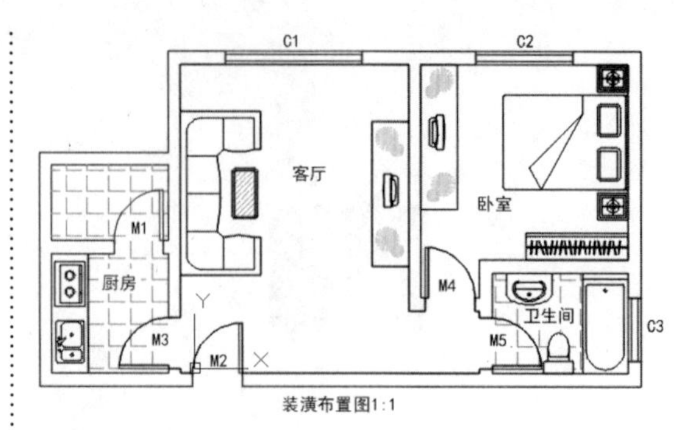

第7步 重复第5~6步，选择“AR-RROOF”为填充图案，设置填充比例为5，对“客厅”和“卧室”进行填充，结果如下图所示。

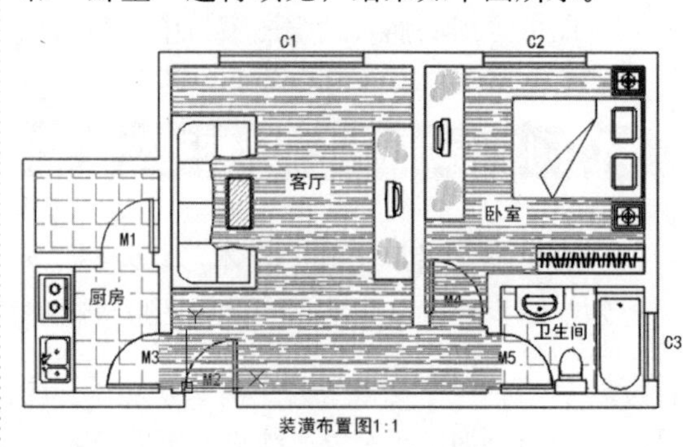

第8步 选择第4步绘制的辅助直线并删除，最终结果如下图所示。

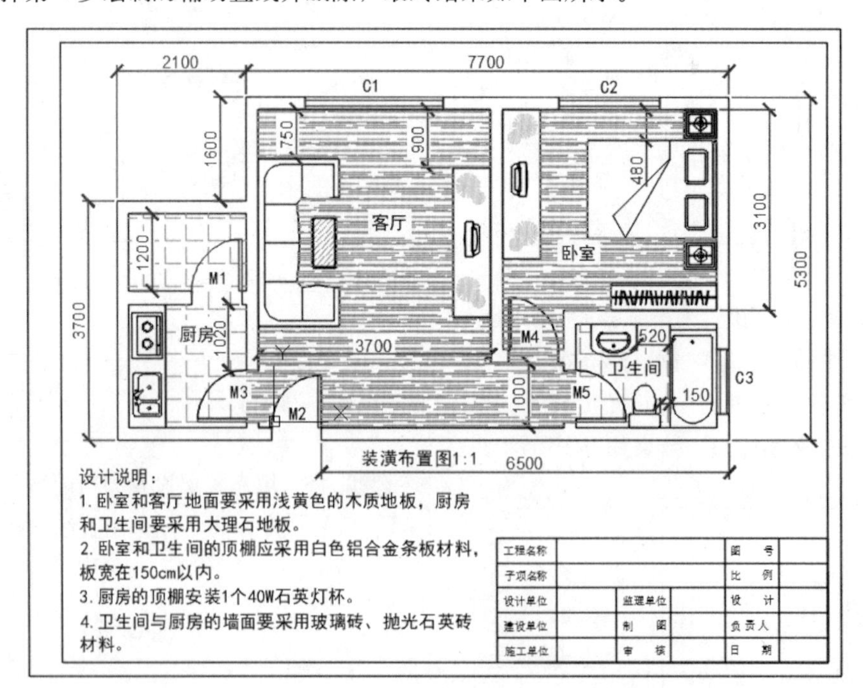